이해가 쉬운 정역학

저자 소개

유봉조 bjryu701@hanbat.ac.kr

연세대학교 기계공학과에서 학사 및 석·박사학위를 취득하였으며, 삼성종합기술원 선임연구원, 일본 대판부립대학 항공우주공학과 방문교수를 역임하였다. 현재, 한밭대학교 기계공학과 교수로 재직 중이며, 주요 공저 및 번역서를 집필하였다.

공저

- 『문제 해결력을 키우는 동역학』(한빛 아카데미(주), 2022)
- 『기계공학실험 I』(홍릉과학출판사, 2019)
- 『기초역학 II』(아트미디어21, 2018)

공역

- 『공업역학 동역학(13판)』(프로텍미디어, 2015)
- 『동역학(3판)』(한티미디어, 2014)
- 『기계진동학(2판)』(한티미디어, 2013)
- 『진동공학』(인터비젼, 2007)
- 『공업역학 동역학(11판, 10판)』(피어슨에듀케이션코리아, 2007, 2004)
- 『핵심재료역학』(인터비젼, 2004)
- 『동역학(8판)』(반도출판사, 1999)
- 『소음·진동학』(동화기술, 1998)

김영식 youngshik@hanbat.ac.kr

인하대학교 기계공학과에서 학사, 미국 University of Utah 기계공학과에서 석사와 박사학위를 취득하였다. 이후 University of Utah 포스닥연구원, 방위사업청 사무관, DGIST 선임연구원으로 근무했었다. 현재, 한밭대학교 기계공학과 교수로 재직 중이며, 다음의 공동 집필 및 공동 번역에 참여하였다.

공저

- 『기계공학실험 I』(홍릉과학출판사, 2019)
- 『Autonomous Mobile Robots in Unknown Outdoor Environments』(CRC Press, 2017)

공역

- 『정역학 (4판)』(한티미디어, 2018)
- 『정역학 (3판)』(한티미디어, 2014)

STATICS

이해가 쉬운 정역학

유봉조 · 김영식 지음

한티미디어

이해가 쉬운 **정역학**

발행일 2023년 8월 30일 1쇄
지은이 유봉조·김영식
펴낸이 김준호
펴낸곳 한티미디어 | 서울시 마포구 동교로 23길 67 Y빌딩 3층
등 록 제15-571호 2006년 5월 15일
전 화 02)332-7993~4 | **팩 스** 02)332-7995
ISBN 978-89-6421-472-5
가 격 35,000원
마케팅 김택성 노호근 박재인 최상욱 김원국
편 집 김은수 유채원 | **관 리** 김지영 문지희
본 문 이경은 | **표 지** 유채원

이 책에 대한 의견이나 잘못된 내용에 대한 수정 정보는 한티미디어 홈페이지나 이메일로 알려주십시오.
독자님의 의견을 충분히 반영하도록 늘 노력하겠습니다.
홈페이지 www.hanteemedia.co.kr | **이메일** hantee@hanteemedia.co.kr

서문

'정역학'은 대부분 대학들의 기계공학, 항공우주공학, 조선공학, 토목공학 등의 1학년 전공 과정에서 학습하게 되는데, 이 분야 전공 학생들에게 '정역학'을 가르치다 보면, 학생들이 수학(미·적분학, 선형 대수학 등)이나 물리학의 기초 내용도 어려워하는 경우가 종종 있습니다. 또한, '정역학'은 기계, 항공우주, 조선공학, 토목공학 등에 있어, 다른 역학 교과목(동역학, 유체역학, 재료역학(또는 고체역학)을 학습하는 데 있어서, 가장 기초가 되는 기초역학 교과목입니다. 이미 출판된 많은 '정역학' 관련 교재들(원서, 번역서, 저서 등)이 있음에도 불구하고, 저자들이 이 책을 쓰게 된 주된 이유는 기존의 교재들에서 다소 간과했던 부분들('정역학' 용어들의 상세한 개념과 정의, 응용력을 키울 수 있는 예제들의 학습자 관점에서의 상세한 풀이 과정, '분석', '풀이', '고찰'의 3단계 예제풀이 해법, 부록에 수록한 'Matlab'의 명령어를 통한 전산 해의 도출 등)을 포함시켜, 학습자들이 '정역학'이란 교과목을 훨씬 더 쉽게 접근할 수 있도록 한 것이며, 이를 요약하면 다음과 같습니다.

- '정역학' 학습에 필요한 수학/물리학 기초내용의 수록과 '정역학' 용어의 상세한 개념과 정의 제시!
- ['분석', '풀이', '고찰']의 3단계 예제풀이 해법의 제시!
- 부록에 수록한 'Matlab'의 명령어를 통한 전산 해의 도출!
- '정역학' 관련 주요 공식이나 결과 식의 상세한 유도과정 제시!

감사의 글

그동안 대학에서 역학 관련 교과목을 학습자에게 가르치면서, 수록해 둔 강의 자료들과 강의 경험을 토대로, 어떻게 하면 '정역학' 학습자분들이 좀 더 쉽게 '정역학'을 이해할 수 있을까? 하는 마음에서 이 책을 집필하게 되었습니다. 먼저, 오랫동안 교육과 연구에 매진하며 후학들을 양성할 수 있도록 기회를 주신 한밭대학교에 진심으로 감사의 말씀를 드립니다. 또한, 이 책의 기획부터 편집 출판까지 세심하게 조언을 주신 김은수 선생님과 재정적 지원을 아끼지 않은 '한티미디어' 출판사에도 진심으로 감사의 말씀을 전합니다. 끝으로, 이 책의 미흡한 부분과 오류 등을 끊임없이 지적해 주실 미래의 독자분들께도 미리 감사의 말씀을 드립니다. 부디, 이 책이 '정역학'을 학습하는 분들이 문제 풀이 응용력을 키우는 데, 조금이라도 도움이 되었으면 합니다.

지은이 유봉조, 김영식

강의 계획

■ 교수용 강의 자료

이 책을 강의 교재로 채택하신 분들께는 '교수용 강의 자료'를 제공해 드리고 있습니다.

■ 연습문제 정답 및 풀이

연습문제 정답은 이 책의 끝에 수록해 놓았습니다. 연습문제의 상세한 풀이는 학습자에게는 제공하지는 않지만, 이 책을 교재로 채택하신 분들께는 '교수용 연습문제 풀이'를 제공해 드립니다.

■ 권장 schedule표

통상적으로 '정역학' 교과목은 한 학기 3학점으로 진행되는 경우가 많습니다. 본 책 전체를 한 학기(3학점, 15주 기준)에 강의하기에는 다소 시간이 부족할 수 있습니다. 따라서, 기계, 토목, 조선, 항공우주공학 분야에 대해, 권장 수업 schedule표를 두 형태로 제시하오니, 해당 강의 환경에 적합하게 선택하시기 바랍니다.

장	장 제목	절	주차			
			기계 ❶	기계 ❷	토목·조선 항공우주 ❶	토목·조선 항공우주 ❷
01	정역학의 기초*	1.1~1.6 (1.4**, 1.5**)	1주차	1주차	1주차	1주차
02	힘의 표현*	2.1~2.3	2주차	2주차	2주차	2주차
03	질점의 평형	3.1~3.2	3주차	3~4주차	3주차	3~4주차
04	힘의 등가 시스템과 강체의 평형	4.1~4.6	4~5주차	5~6주차	4~5주차	5~6주차
05	구조물의 구조해석	5.1~5.4	6~7주차	7주차	6~7주차	7주차
06	분포력(도심과 무게중심)	6.1~6.4	9주차	9주차	9주차	9주차
07	분포력(관성모멘트)*	7.1~7.4 (7.3**, 7.4**)	10~11주차	10주차	10~11주차	10주차
08	내력과 모멘트	8.1~8.5 (8.5**)	12주차	11~12주차	12주차	11~12주차
09	마찰과 마찰의 응용	9.1~9.6	13주차	13~14주차	13주차	13~14주차
10	*일과 에너지**	10.1~10.4 (10.3**)	14주차	–	14주차	–

*표시 : chapter의 일부 내용에 대한 개념이나 정의 중심으로 강의 권장
**표시 : 해당 장이나 절을 생략할 수도 있음
(8주차 : 중간고사 / 15주차 : 기말고사)

이 책의 특징과 활용법

정역학의 영어 알파벳 STATICS를 이용하여, 이 책의 특징과 활용법을 설명한다.

Simplification　공학적 문제를 해결하려는 경우, 가장 중요한 것은 해당 문제 해결의 절차나 방법의 단서를 찾아 이를 구체화하는 것이다. 그러나, 물리학 및 수학적 기초지식을 지니고 있어도 주어진 문제가 너무 복잡해 보이면 문제 해결 방법을 찾기란 생각만큼 쉽지는 않다. '단순화'란 문제에 제시된 수가 많거나 계산이 복잡할 경우, 이를 간단한 수로 바꾸거나 좀 더 단순한 문제로 변경하여 해결해 보고, 이 해결 과정을 주어진 문제에 적용함으로써 문제를 쉽게 풀어갈 수 있다. 이 책에서는 다양한 공학적 문제 풀이에 '단순화'과정을 적용하여 풀이하는 경우가 많다.

Thought　사고 또는 생각의 사전적 의미는 "결론을 얻으려는 관념의 과정이고, 목표에 이르는 방법을 찾으려고 하는 정신 활동"을 말한다. 이 책은 각각의 장(chapter)마다, 이론의 단계 단계가 어떻게 도출되었는지 상세한 유도과정을 포함하였고, 공학적 문제를 어떻게 이해할 것인가를 도식적인 방법을 사용하여 제공함으로써, 해당 문제를 쉽게 헤아릴 수 있도록 하였다. 또한, 귀납적 사고와 연역적 사고를 다양하게 적용하여, 학습자가 그때 순간만 문제를 해결할 수 있는 것이 아니라, 어떤 정리된 통일적 사고를 통해, 새로운 문제 풀이 능력을 키울 수 있게 하였다.

Analysis　분석 또는 해석은 공학적 문제를 다루는 데 있어 매우 중요하다. 복잡한 내용, 많은 내용을 지닌 사물을 정확하게 이해하기 위해서는 그 내용을 단순한 요소로 나누어 생각할 수도 있고, 그 목적에 따라 일정한 관점을 지니도록 해야 하고, 분석으로 명확해진 각 요소와의 관계를 통일적으로 정리하는 것 또한 중요하다. 이 책의 예제들은 3단계(분석－풀이－고찰)의 방법을 통해, 문제를 풀이한다. 먼저, '분석'에서는 문제에서 주어진 조건 등을 이용하여, 어떤 방법을 이용할 것인지를 생각한다. '풀이'에서는 분석에서 생각한 방법이나 조건 등을 통해 풀이를 전개하여 답을 구한다. 끝으로 '고찰'에서는 해당 문제의 풀이에 대해 다른 방법은 없는지? 또는 문제 풀이에 간과한 점은 없는지? 등을 검토하여 문제에 대한 응용력을 더 키울 수 있다.

Technique 기술이란 용어는 과학, 공학, 기능과 관련하여 다양한 의미로 사용된다. 사전적 의미로는 "과학 이론을 실제로 적용하여 자연의 사물을 인간 생활에 유용하도록 가공하는 수단"을 일컫는다. 정역학은 공학에 관련된 기계장치나 구조물에 작용하는 다양한 힘이나 모멘트에 대해, 역학적 법칙을 이용하여 구조물의 저항력이나 반력 모멘트를 얻고, 이를 통해 보다 더 실용적이고 안전한 기계장치나 구조물을 설계할 수 있는 능력을 키울 수 있다.

Interest 수학이나 공학에 관련된 문제를 접하게 되면, 우선 복잡하고 골치 아픈 생각을 하기 쉽다. 어떤 일이든지 관심과 흥미가 있어야 그에 대한 호기심을 갖게 되듯이, 이 책에서는 일상생활과 관련된 공학적 주제나 문제를 다양하게 다룸으로써, 학습자 관점에서 복잡한 공학 문제에 관심과 흥미를 갖도록 하였다.

Concept 이 책에서는 어떤 용어가 지니는 용법·기능·내용 등을 상세히 설명하고 있으며, 특히, 그 용어를 확실히 이해할 수 있도록 예를 들어 설명한다. 예를 들어 "질점(particle)"의 개념을 설명하는 데 있어, "질점이란 물체의 크기를 무시하고, 질량이 하나의 점에 집중되어 있다고 보는 점을 일컬으며, 이 점에 의하여 물체의 위치 및 운동을 나타낸다."라는 식으로 학습자분들이 정역학에 관련된 용어의 개념을 쉽게 파악할 수 있도록 하였다.

Strategy '전략'의 사전적 의미를 살펴보면 전략은 "전쟁에서 승리를 위한 방법이나 책략"을 일컫는 군사용어지만, 공학적 문제 해결에도 전략이 필요하다. 공학적으로 복잡한 문제는 이미 제시한 '단순화'과정을 거쳐 문제를 좀 더 쉽게 풀어가기도 하지만, 이 단순화에는 '전략'이 있으면 더 쉽게 문제를 풀어갈 수도 있다. 이 전략은 예를 들어, 복잡한 문제를 몇 개의 '부분적인 문제로 나누어 풀기'도 하고, '규칙성을 찾아 해결하기', '표로 만들어 해결하기' 등의 전략과도 관련이 있으며, 다른 전략의 보조적인 역할을 하는 중요한 전략이라고도 할 수 있다. 이 책의 7장의 경우, 복잡한 복합 도형의 관성모멘트를 구하는 경우, '표로 만들어 해결하기' 전략을 이용하여, 문제를 쉽게 풀어갈 수 있도록 하였다.

이 책의 구성

각 장의 도입글
각 장에서 학습할 내용이 실생활이나 공학과 어떤 관계가 있는지를 설명합니다.

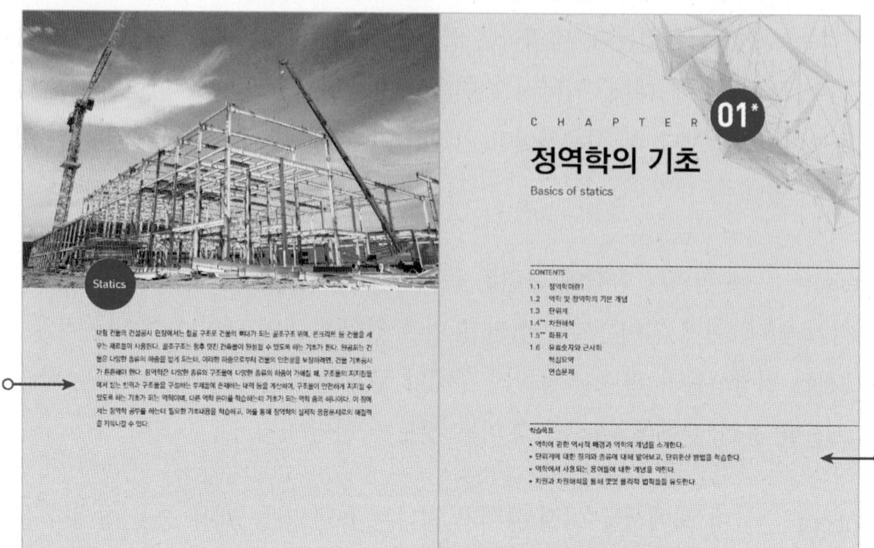

Statics

CHAPTER 01*
정역학의 기초
Basics of statics

CONTENTS

1.1 정역학이란?
1.2 역학 및 정역학의 기본 개념
1.3 단위계
1.4** 차원해석
1.5** 좌표계
1.6 유효숫자와 근사화
핵심요약
연습문제

학습목표
- 역학에 관한 역사적 배경과 역학의 개념을 소개한다.
- 단위계에 대한 정의와 종류에 대해 알아보고, 단위환산 방법을 학습한다.
- 역학에서 사용되는 용어들에 대한 개념을 익힌다.
- 차원과 차원해석을 통해 몇몇 물리적 법칙들을 유도한다.

각 장의 학습목표
각 장에서 학습하게 될 학습목표를 제시합니다.

각 절의 학습목표
각 절에서 학습하게 될 학습목표를 제시합니다.

각 장의 주요용어
각 장의 주요용어를 굵은 글씨체로 표시하여, 해당 용어가 한 눈에 들어올 수 있도록 하였습니다.

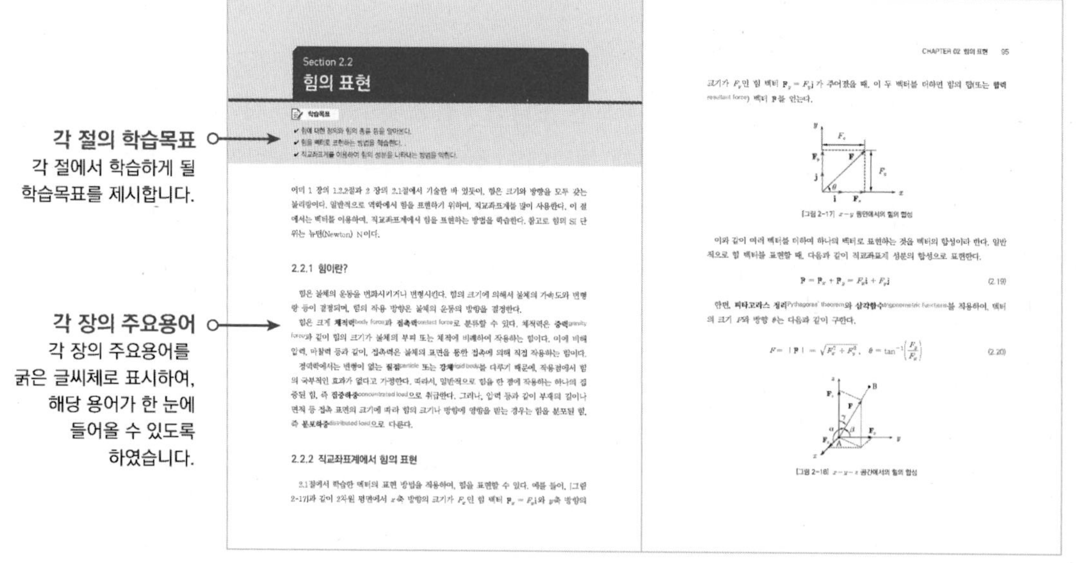

Section 2.2
힘의 표현

학습목표
- 힘에 대한 정의와 힘의 종류 등을 알아본다.
- 힘을 벡터로 표현하는 방법을 학습한다.
- 직교좌표계를 이용하여 힘의 성분을 나타내는 방법을 익힌다.

이미 1 장의 1.2.2절과 2 장의 2.1절에서 기술한 바 있듯이, 힘은 크기와 방향을 모두 갖는 물리량이다. 일반적으로 역학에서 힘을 표현하기 위하여, 직교좌표계를 많이 사용한다. 이 절에서는 벡터를 이용하여, 직교좌표계에서 힘을 표현하는 방법을 학습한다. 참고로 힘의 SI 단위는 뉴턴(Newton) N이다.

2.2.1 힘이란?

힘은 물체의 운동을 변화시키거나 변형시킨다. 힘의 크기에 의해서 물체의 가속도와 변형량 등이 결정되며, 힘의 작용 방향은 물체의 운동의 방향을 결정한다.

힘은 크게 **체적력**body force과 **접촉력**contact force로 분류할 수 있다. 체적력은 **중력**gravity force과 같이 힘의 크기가 물체의 부피 또는 체적에 비례하여 작용하는 힘이다. 이에 비해 압력, 마찰력 등과 같이, 접촉력은 물체의 표면을 통한 접촉에 의해 직접 작용하는 힘이다.

정역학에서는 변형이 없는 **질점**particle 또는 **강체**rigid body를 다루기 때문에, 작용점에서 힘의 국부적인 효과가 없다고 가정한다. 따라서, 일반적으로 힘을 한 점에 작용하는 하나의 집중된 힘, 즉 **집중하중**concentrated load으로 취급한다. 그러나, 압력 등과 같이 부재의 길이나 면적 등 접촉 표면의 크기에 따라 힘의 크기나 방향에 영향을 받는 경우는 힘을 분포된 힘, 즉 **분포하중**distributed load으로 다룬다.

2.2.2 직교좌표계에서 힘의 표현

2.1절에서 학습한 벡터의 표현 방법을 적용하여, 힘을 표현할 수 있다. 예를 들어, [그림 2-17]과 같이 2차원 평면에서 x축 방향의 크기가 F_x인 힘 벡터 $\mathbf{F}_x = F_x\mathbf{i}$와 y축 방향의

CHAPTER 02 힘의 표현 95

크기가 F_y인 힘 벡터 $\mathbf{F}_y = F_y\mathbf{j}$가 주어졌을 때, 이 두 벡터를 더하면 힘의 합(또는 **합력**resultant force) 벡터 $\mathbf{F}$를 얻는다.

[그림 2-17] $x-y$ 평면에서의 힘의 합성

이와 같이 여러 벡터를 더하여 하나의 벡터로 표현하는 것을 벡터의 합성이라 한다. 일반적으로 힘 벡터를 표현할 때, 다음과 같이 직교좌표계 성분의 합성으로 표현한다.

$$\mathbf{F} = \mathbf{F}_x + \mathbf{F}_y = F_x\mathbf{i} + F_y\mathbf{j} \quad (2.19)$$

한편, **피타고라스 정리**Pythagoras' theorem와 **삼각함수**trigonometric functions를 적용하여, 벡터의 크기 F와 방향 θ는 다음과 같이 구한다.

$$F = |\mathbf{F}| = \sqrt{F_x^2 + F_y^2}, \quad \theta = \tan^{-1}\left(\frac{F_y}{F_x}\right) \quad (2.20)$$

[그림 2-18] $x-y-z$ 공간에서의 힘의 합성

예제
각 장에서 학습할 내용이 실생활이나
공학과 어떤 관계가 있는지를 설명합니다.

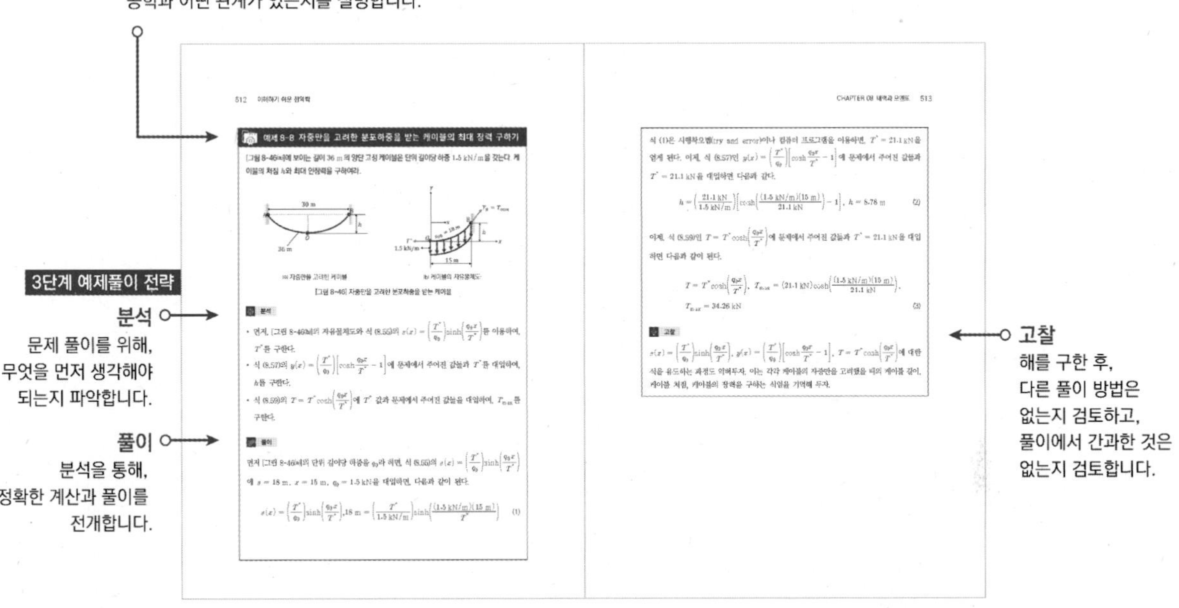

3단계 예제풀이 전략

분석
문제 풀이를 위해,
무엇을 먼저 생각해야
되는지 파악합니다.

풀이
분석을 통해,
정확한 계산과 풀이를
전개합니다.

고찰
해를 구한 후,
다른 풀이 방법은
없는지 검토하고,
풀이에서 간과한 것은
없는지 검토합니다.

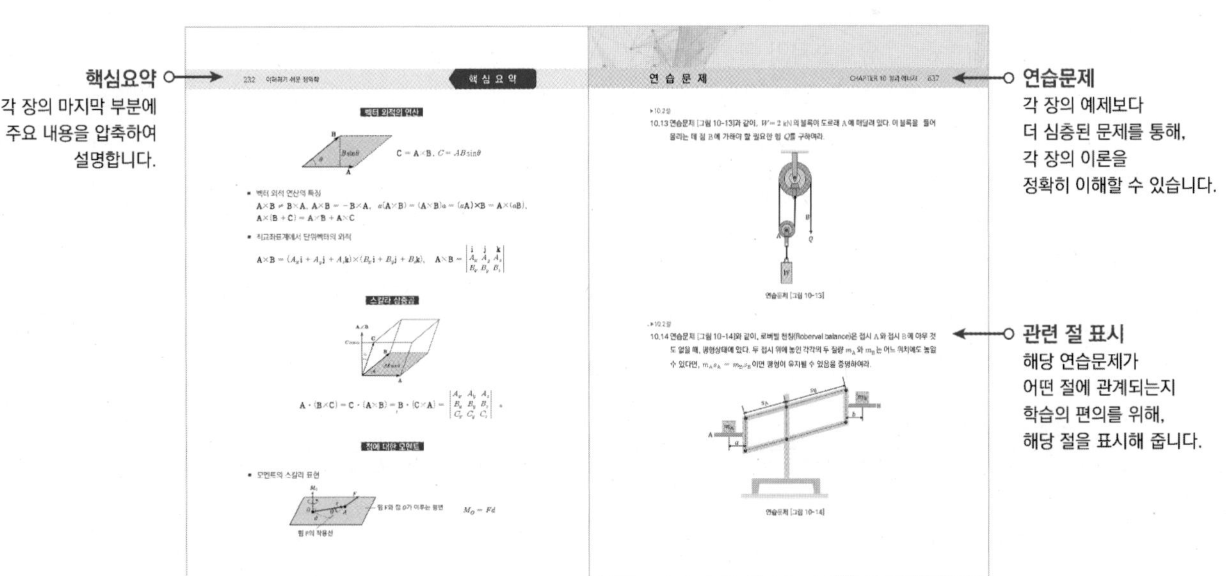

핵심요약
각 장의 마지막 부분에
주요 내용을 압축하여
설명합니다.

연습문제
각 장의 예제보다
더 심층된 문제를 통해,
각 장의 이론을
정확히 이해할 수 있습니다.

관련 절 표시
해당 연습문제가
어떤 절에 관계되는지
학습의 편의를 위해,
해당 절을 표시해 줍니다.

CONTENTS

Statics

대형 건물의 건설공사 현장에서는 철골구조로 건물의 뼈대가 되는 골조구조 위에, 콘크리트 등 건물을 세우는 재료들이 사용된다. 골조구조는 향후 멋진 건축물이 완성될 수 있도록 하는 기초가 된다. 완공되는 건물은 다양한 종류의 하중을 받게 되는데, 이러한 하중으로부터 건물의 안전성을 보장하려면, 건물 기초공사가 튼튼해야 한다. 정역학은 다양한 종류의 구조물에 다양한 종류의 하중이 가해질 때, 구조물의 지지점들에서 받는 반력과 구조물을 구성하는 부재들에 존재하는 내력 등을 계산하여, 구조물이 안전하게 지지될 수 있도록 하는 기초가 되는 역학이며, 다른 역학 분야를 학습하는 데 기초가 되는 역학 중의 하나이다. 이 장에서는 정역학 공부를 하는 데 필요한 기초내용을 학습하고, 이를 통해 정역학의 실제적 응용문제로의 해결력을 키워나갈 수 있다.

CHAPTER 01*

정역학의 기초

Basics of statics

CONTENTS

학습목표

- 역학에 관한 역사적 배경과 역학의 개념을 소개한다.
- 단위계에 대한 정의와 종류에 대해 알아보고, 단위환산 방법을 학습한다.
- 역학에서 사용되는 용어들에 대한 개념을 익힌다.
- 차원과 차원해석을 통해 몇몇 물리적 법칙들을 유도한다.

Section 1.1

정역학이란?

학습목표

✔ 역학의 개념을 소개하고, 역사적 배경을 살펴본다.
✔ 정역학에서 다루게 될 기본 내용과 응용 예를 소개한다.

물리학의 한 분야가 될 수 있는 **정역학**statics은 움직임이 없고, 고정되어 있는 물체의 정적 평형상태에서, 물체에 적용되는 역학의 한 분야이다. 물체의 정적 평형상태에서는 물체의 하위계system들의 상대적 위치가 시간에 따라 변화하지 않으며, 물체를 구성하는 물질과 구조가 외력external force의 작용 하에서, 정지상태에 있게 된다. 또한, 정적 평형상태에서 계는 정지해 있거나, 물체의 **질량중심**이 등속도로 움직인다. 이 절에서는 역학의 종류와 분류, 그리고 정역학의 역사적 배경을 살펴본다.

1.1.1 역학의 역사적 배경

역학mechanics이란 힘을 받는 물체의 거동에 대해 연구하는 학문으로 이러한 역학 중의 하나인 **정역학**statics의 학문의 탄생은 2,000여 년이 넘는다. 고전 물리학과 수학을 접목시킨 고전 자연과학의 아버지라 불릴 수 있는 **아르키메데스**[1]는 "액체 속에 잠긴 물체는 액체가 밀어낸 액체의 무게만큼 가벼워진다"는 '부력의 원리'뿐만 아니라, '지렛대의 원리'와 '도르래의 원리'를 발견하였으며, 이는 오늘날의 **유체역학**fluid mechanics과 정역학 태동의 시초가 되었다. 이러한 기초 역학의 태동은 중세와 르네상스 시대의 학문 발전에 큰 영향을 미쳤다. 일반적으로 역학은 **강체역학**mechanics of rigid bodies, **변형체역학**mechanics of deformable bodies, **유체역학**fluid mechanics으로 분류할 수 있다. 강체역학은 실제에는 존재하지 않는 이상적인 물체를 다루는 역학이고, 강체는 힘을 받아도 물체의 변형이 없다고 가정한 물체이다. 이러한 강체를 다루는 역학의 종류는 크게 정역학과 **동역학**dynamics으로 나눌 수 있다. 동역학은 물체의 운동에 관한 강체역학의 한 부류이며, 정역학은 평형상태에서의 물체의 거동에 관해 연구하는 강체역학의 한 부류이다. 이에 비해 변형체 역학은 힘을 받는 물체의 변형을 다루는

---

1 Archimedes(B.C. 287년 경 ~ B.C. 212년 경, 그리스)

학문으로 이때 변형은 아주 작은 것으로 간주한다. 변형체 역학의 대표적인 역학의 종류로는 **고체역학**solid mechanics 또는 **재료역학**mechanics of materials의 예를 들 수 있다. 고체의 예로써 지우개를 들 수 있는데, 지우개인 고체는 힘을 받았을 때, 변형이 어느 정도 진행되다 평형이 이루어져 멈추는 물체이다. 한편, 유체역학은 힘을 받는 기체와 액체의 거동을 연구하는 변형체 역학의 한 종류이다. 한편, 운동법칙과 만유인력 법칙으로 유명한 **뉴턴**[2]은 "내가 남들보다 멀리 볼 수 있었던 것은 거인의 어깨 위에서 봤기 때문이다."라는 말을 남겼는데, 이 거인 중, 뉴턴에게 큰 영향을 미쳤던 사람은 동역학의 창시자라고 할 수 있는 **갈릴레이**[3]라고 할 수 있다. 1.1.2절에서는 먼저 역학의 학문적 발전에 지대한 영향을 미친 몇몇 사람들의 연구를 살펴보고, 그 외의 역학과 관련한 몇몇 사람들의 업적을 소개한다.

1.1.2 역학의 발전에 영향을 준 과학자들

1) 갈릴레이의 관성의 법칙과 개념

정역학과도 관련된 **관성**inertia의 개념은 갈릴레이에 의해 개념이 완성되었는데, 갈릴레이는 그의 저서 『논증』에서 관성은 "높은 건물에서 물체를 떨어뜨리면 지구가 도는데도 불구하고 왜 물체가 뒤처지지 않고 건물 옆에 떨어지는가?"를 설명하는 개념으로서 갈릴레이는 이를 "지상의 모든 물체는 지구의 원운동을 그대로 지니기 있기 때문이다."라고 설명하였고, 이를 증명하기 위해 [그림 1-1]과 같은 마찰이 없는 경사면을 이용한 사고 실험을 행하였다. 갈릴레이는 예로써, 마찰이 없는 상태에서 A의 위치에서 공을 놓으면, A 위치와 같은 높이인 B 위치까지 올라가고, 마주 보는 경사면의 기울기가 더 작아지면 최초와 같은 높이인 C, D의 위치에 도달할 때까지 더 긴 거리를 굴러가고, 기울기가 없는 수평한 상태에서는 공은 E와 같이 수평면을 따라 무한히 굴러갈 것이라고 생각하였다. 이는 관성의 법칙(뉴턴의 운동 제 1법칙)과 관련된 것으로 "어떤 물체에 외력이 작용하지 않는 한, 그 물체는 정지해 있거나 **등속도 운동**을 한다"는 것과도 일맥상통한다.

---

2 Issac Newton(1643~1727년, 영국)

3 Galileo Galilei(1564~1642년, 이탈리아)

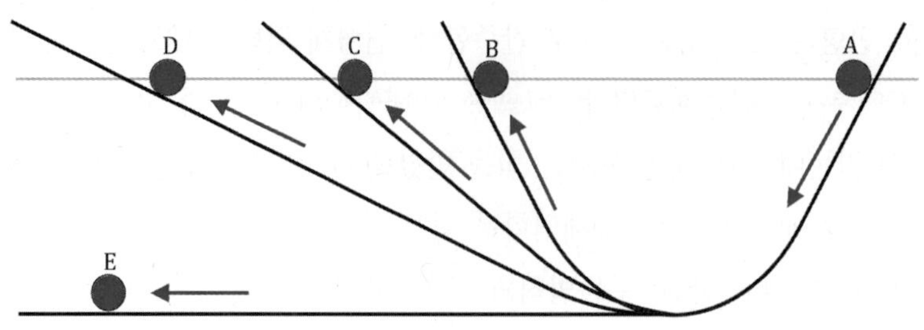

[그림 1-1] 갈릴레이의 빗면 사고 실험

2) 뉴턴의 운동법칙과 만유인력 법칙

뉴턴은 갈릴레이와 함께 물리학과 역학의 발전에 지대한 공헌을 한 과학자이다. 뉴턴은 수학과 물리, 그리고 천문학에도 많은 업적을 남겼는데, 특히 2가지의 유명한 법칙인 **운동법칙**law of motion과 **만유인력 법칙**law of universal gravitational force의 발견이었다. 인류 과학사에서 가장 저명한 것으로 손꼽히는 책 중의 하나인 『프린키피아(자연철학의 수학적 원리)』에는 만유인력 법칙과 운동의 3가지 법칙이 수록되어 있다.

(1) 뉴턴의 운동법칙

❶ 운동 제 1법칙

운동의 제 1법칙은 이미 갈릴레이가 예측하였던 내용으로 "어떤 물체에 외력이 작용하지 않는 한, 정지한 물체는 계속해서 정지할 것이고, 한번 운동하기 시작한 물체는 같은 속도, 같은 방향으로 계속해서 운동을 한다."는 **관성의 법칙**이다. [그림 1-2]는 주행 중인 승합차 위의 나무상자(그림 1-2(a))가, 승합차의 급정거(그림 1-2(b))로 앞으로 튀어 나가는 그림을 보여준다. 이는 운동하던 물체는 계속해서 운동하려고 하고, 정지해 있던 물체는 계속 정지해 있으려는 관성의 성질 때문에 이러한 현상이 나타난다.

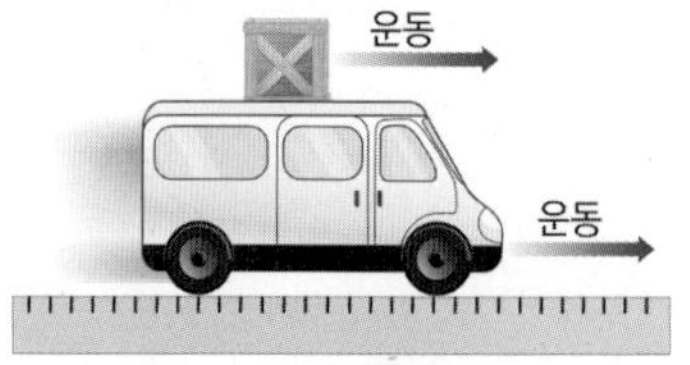

(a) 운동 중인 차량 위의 나무상자

(b) 급정거하는 차량 위의 나무상자

[그림 1-2] 관성력에 의해 운동하던 물체는 계속 운동하려고 함

❷ 운동 제 2법칙

뉴턴 **운동의 제 2법칙**은 **힘과 가속도의 법칙**으로, "어떤 물체에 외력이 가해지면 그 물체에는 가속도가 발생한다."는 법칙이다. [그림 1-3]은 수직 방향으로 중력에 의해 가속을 받는 농구공의 운동을 보여준다. 수평 방향으로는 가속도가 없어 일정 속도를 유지하지만, 수직 방향으로는 중력의 작용으로 인하여, 농구공이 내려갈수록 속도가 점점 증가한다.

[그림 1-3] 포물선 운동을 하는 농구공의 운동

❸ 운동 제 3법칙

뉴턴의 **운동의 제 3법칙**은 "어떤 물체에 **작용**action이 있으면, 반드시 크기가 같고 방향이 반대인 **반작용**reaction이 있다"라는 작용과 반작용의 법칙이다.

[그림 1-4] 대포의 포탄 발사(작용)와 대포의 되튐(반작용)

[그림 1-4]는 대포의 포탄 발사의 그림을 보여준다. 그림에서 포탄이 발사되어 나가는 것이 작용이라면 대포가 뒤로 약간 밀리는 것이 반작용이다. 또 다른 예로써, 지구가 지구 위의 사람을 끌어당길 때의 힘을 작용력이라 한다면, 사람이 지구를 끌어당기는 힘은 반작용력이다.

(2) 뉴턴의 만유인력 법칙

운동법칙과 함께 뉴턴의 또 다른 발견 중의 하나는 '**만유인력 법칙**'이다. "삼라만상의 모든 만물 사이에는 서로 끌어당기는 힘이 존재한다"는 법칙이다. 여기서 만유인력의 크기는 두 물체의 질량의 곱에 비례하고, 두 물체의 중심 간의 거리의 제곱에 반비례한다. [그림 1-5]는 지구와 항공기 두 물체 사이에 끌어당기는 만유인력의 예를 보여준다. 식 (1.1)은 [그림 1-5]를 참조로 한, 만유인력 식을 보여준다.

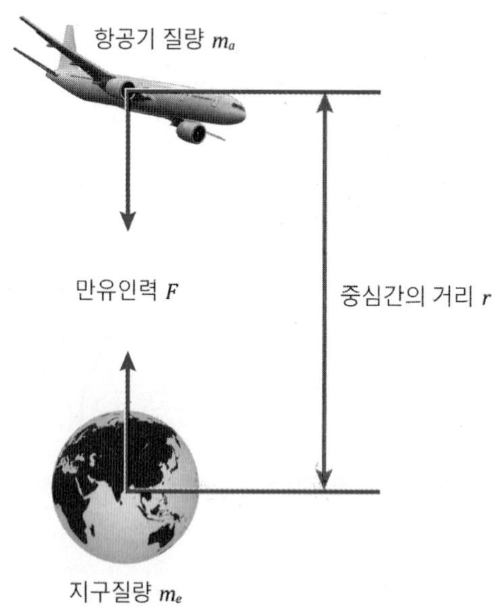

[그림 1-5] 지구와 항공기 사이의 만유인력

$$F = \frac{G m_e m_a}{r^2} \tag{1.1}$$

식 (1.1)에서 G는 **만유인력 상수**universal gravitational constant 또는 **중력 상수**gravitational constant라 일컬으며, $G = 6.67 \times 10^{-11}\ \mathrm{m^3/kg \cdot s^2}$의 값을 갖는다.

만유인력과 중력에 관한 추가적인 설명을 하면, 만유인력이란 삼라만상의 두 물체 사이의 인력을 일컫고, 중력은 지구와 어떤 물체 사이의 인력을 말한다. 따라서, 만유인력과 중력을 같은 개념으로도 사용하기도 하지만, 엄밀한 의미에 있어서는 아주 미묘한 뜻의 차이를 두고 있다.

위와 같이 이 절에서는 역학의 발전에 많은 영향을 미친 두 과학자에 대한 소개와 역사적 배경을 알아보았다.

Section 1.2

역학 및 정역학의 기본 개념

학습목표

✔ 역학 및 정역학의 기본 개념을 학습하고, 역학과 관련된 용어들을 익힌다.
✔ 정역학에서 다루게 될 기본 내용과 응용 예를 소개한다.

정역학은 일반적으로 고체역학(재료역학)을 학습하기 전에, 먼저 배우는 강체역학의 한 분야로 1.1절에서 설명한 바와 같이 물체의 변형은 없는 것으로 가정한 이상적인 물체에 대한 역학적 해석을 다루는 학문이다. 실제 대부분의 물체는 그 물체의 전체 형상과 비교할 때, 변형이 매우 작기 때문에, 위의 이상적인 가정은 타당할 수도 있다. 그러나, 외력을 받아 물체 내부에서 발생하는 응력과 변형에 대한 세부적인 고려는 어려울 수 있고, 더군다나 외부의 급격한 충격에 의한 변형을 고려할 수 없는 점은 아쉬운 점이다. 이러한 물체의 변형에 대해서는 고체역학에서 다룰 것이다. 이 절에서는 역학이나 정역학에서 주로 사용되는 역학 내용의 개념과 역학과 관련된 용어들에 대한 정의를 알아볼 것이다.

1.2.1 역학 관련 기초 용어

이 절에서는 역학과 관련된 용어들과 역학 관련 해석을 하는 데 필요한 용어들을 살펴본다.

1) 공간space

공간이란 어떤 물체나 물질이 존재할 수 있거나, 어떤 사건이 일어날 수 있는 장소가 되는 곳이다. 고전 물리학에서 공간이란, 3차원 좌표계에서 어떤 위치에서 물체 또는 물질이 차지하는 기하학적 영역으로 정의하였다. 그러나, 아인슈타인의 상대론적 물리학에서는 고전 물리학에서의 공간의 개념을 4차원의 시공간으로 확장하였다.

2) 시간time

시간이란 어떤 사물의 변화를 인식하기 위한 개념으로서, 과거, 현재, 미래로 이어지는 명백히 1차원적 불가역적인 연속성이 특징이며, 어떤 사건의 연속에 대한 단위이다. 정역학에서는 이 물리량을 직접 포함하고 있지는 않지만, 동역학에서는 기본적인 물리량에 속한다.

3) 질량 mass

질량은 물리학에서 물질이 가지고 있는 고유한 양을 일컫는 말로서, 어떤 물체의 가속도에 저항하려는 물리적인 척도가 되는 양으로 정의된다. 또한, 질량은 어떤 물체 속에 있는 물질의 양으로도 생각할 수 있다.

4) 힘 force

물리학에서 힘이란 물체의 운동, 방향 또는 구조를 변화시킬 수 있으며, 한 물체의 다른 물체 또는 다른 물체의 한 물체에 대한 상호작용을 일컫는다. 힘은 작용하는 방향으로 물체를 이동시키려는 경향이 있고, 크기, 방향, 작용점의 특성을 갖는 벡터 물리량이다.

5) 질점 particle

질점이란 물체의 크기를 무시하고, 질량이 하나의 점에 집중되어 있다고 보는 점을 일컬으며, 이 점에 의하여 물체의 위치 및 운동을 나타낸다.

6) 강체 rigid body

강체란 어떤 힘을 받아도 절대로 변형이 일어나지 않는 물체라고 정의된다. 실제로 이러한 물체는 존재하지 않지만, 물체 내의 임의의 두 점 사이의 거리가 변형이 없을 때, 즉 일정 불변인 경우의 물체를 일컫는다. 물체 내의 상대적인 변형이 무시할 정도로 작을 때 그 물체를 강체로 간주한다.

1.2.2 뉴턴 역학의 기본 개념

이 절에서는 뉴턴 역학의 기본 개념을 살펴본다. 뉴턴 역학의 기본 개념에 대한 설명은 정역학과 정역학을 학습한 후, 배우게 될 동역학까지 포함하여 설명할 것이다. [그림 1-6]은 뉴턴 역학의 개념도를 나타낸다.

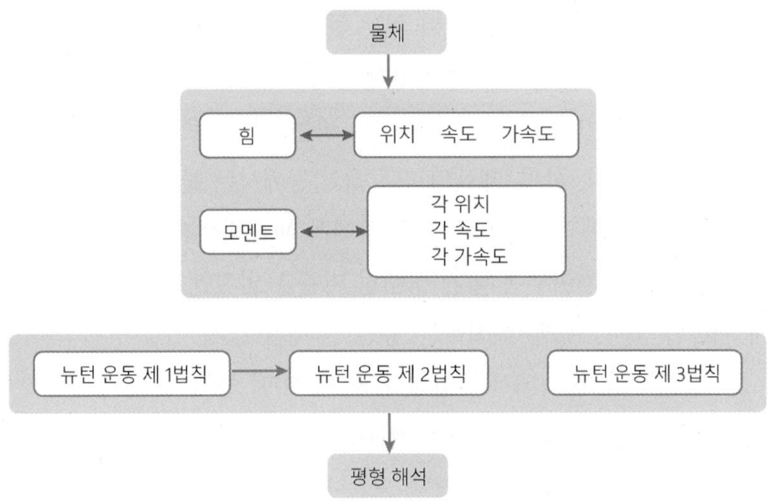

[그림 1-6] 뉴턴 역학의 개념도

[그림 1-6]에서 전체 개념도는 동역학과 관계있으며, 이 중에서 정역학과 관련된 부분은 다음과 같다. 정역학에서는 어떤 물체에 힘이 작용하거나 모멘트가 작용하면 위치 또는 각위치에 대한 것과 관계되고, 뉴턴 운동법칙에서도 물체는 제 1법칙과 제 3법칙에만 관계된다.

1) 역학에서의 물체

역학에서의 물체는 단일 객체로 해석되는 물질의 집합체를 일컫는다. 이러한 물체는 고무공과 같은 단순한 것일 수도 있고, 자동차와 같이 많은 부품으로 이루어진 것일 수도 있다. 물체로 간주할 수 있는 것과 물체로 간주할 수 없는 것은 해석상태에 따라 다르다. 역학의 일부 상황에서는 해석 중인 물체에 대해 특정한 가정을 하는 것이 유용하다. 때로는 물체를 질점 또는 **확장체**extended bodies(여기서 확장체란 견고할 수도 있고, 변형이 가능할 수도 있음)로 가정해야 하며, 때에 따라 물체를 강체 또는 변형체로 가정할 수 있다. 좀 더 보충 설명을 하자면, 위의 확장체는 **강체**(입자 간에 견고하여 변형이 없다고 가정한 확장체)와 변형체(입자 간에 견고하지 않아 변형을 고려한 확장체)로 나눌 수 있다. 반복된 설명이지만, 정역학과 동역학에서는 물체를 질점과 강체(확장체 중에서 강체)만으로 가정하여 해석한다.

(1) 강체 및 변형체

강체와 **변형체**는 모두 확장체이지만, 강체는 외력을 받았을 때 변형(인장, 압축, 굽힘, 비틀림 등)되지 않는 물체이며, 변형체는 변형이 있는 물체이다. 실제로 모든 물체는 변형이 있는 변형체이다. 그러나, 이러한 변형체라도 그 변형은 일반적으로 대단히 작아서, 변형은 변형 해석에 미소한 영향을 미친다. 이러한 이유로 우리는 일반적으로 정역학과 동역학에서는 물체를 견고하다고 가정한다. 한편, 재료의 강도해석 등에서는 물체가 견고하다는 가정을 배제하고, 물체가 어떻게 변형되어 더 큰 하중 하에서 파손되는지를 해석하는 것이다.

강체로 취급할 수 있는지? 여부에 대한 정해진 기준은 없지만, 강체로의 가정이 타당하지 않은 두 가지 이유가 있다. 첫째, 해석하는 동안, 물체가 크게 인장이나 압축 또는 굽힘이 있는 경우는 물체를 강체로 해석해서는 안된다. 둘째, 어떤 물체 요소 서로에 대해 자유로이 움직일 수 있는 부분이 있는 경우는 물체 전체를 강체로 해석해서는 안된다.

[그림 1-7]은 물체를 확장체 중에서, 강체 또는 변형체로 가정하여 해석할 수 있는 예를 보여준다. [그림 1-7(a)]의 햄머는 강체 해석의 전형적인 예이다. 햄머의 통상적인 사용에 있어서는 망치의 어떤 부분도 다른 부분에 대해 상대적인 움직임이 없다. [그림 1-7(b)]의 자동차 충돌해석의 경우, 자동차의 변형은 크게 이루어진다. 이런 경우, 자동차는 더 이상 강체로 취급할 수 없고 변형체로 해석해야 한다. 한편, [그림 1-7(c)]의 가위는 한 쌍의 가위 날을 가지고, 리벳 조인트로 서로 연결되어 있다. 또한, 양쪽 가위 날개는 서로 상대적으로 움직임을 갖는다. 따라서, 가위는 전체를 강체로 취급할 수 없다.

(a) 햄머 (b) 자동차 충돌 (c) 가위

[그림 1-7] 강체 또는 변형체로의 해석 예

(2) 질점과 확장체

질점은 모든 질량이 공간의 한 점에 집중된 물체이다. 이러한 질점에 대한 회전은 고려하지 않으므로 질점 해석에 있어서는 물체에 작용하는 힘과 **병진운동**translational motion만 고려하면 된다. 이와는 달리, 확장체는 물체 체적 전체에 질량이 분산된 경우이다. 정역학과 동역학에서는 이 확장체를 확장체를 이루는 질점 간에 변형이 없는 강체로 간주한다. 변형을 고려한 확장체의 해석은 훨씬 더 복잡하며, 모멘트와 회전도 고려해야 한다. 실제로 어떤 물체도 질점은 아니지만, 그러나, 일부 물체는 해석을 단순화하기 위해 질점으로 간주하는 것이다.

병진운동과 비교할 때 **회전운동**rotational motion을 무시할 수 있는 경우 또는 어떤 한 점에 작용하는 힘이 한 점에 모아진 경우처럼 물체에 가해지는 모멘트가 없는 시스템에서는 물체는 때때로 질점으로 간주한다.

[그림 1-8]은 물체를 질점 또는 변형체로 가정하여 해석할 수 있는 예를 보여준다. 먼저, [그림 1-8(a)]의 노루발 못뽑이는 못을 뽑을 때, 회전과 모멘트가 대단히 중요하여 해석에서 이를 배제할 수 없다. 따라서, 이런 경우 노루발 못뽑이는 강체로 취급하고 질점으로 취급할 수는 없다. 그런데 비해, [그림 1-8(b)]의 혜성의 궤도를 해석하는 경우는 혜성의 회전과 혜성에 가해지는 모멘트는 그리 중요하지 않다. 따라서, 이런 경우는 혜성을 질점으로 취급할 수 있다.

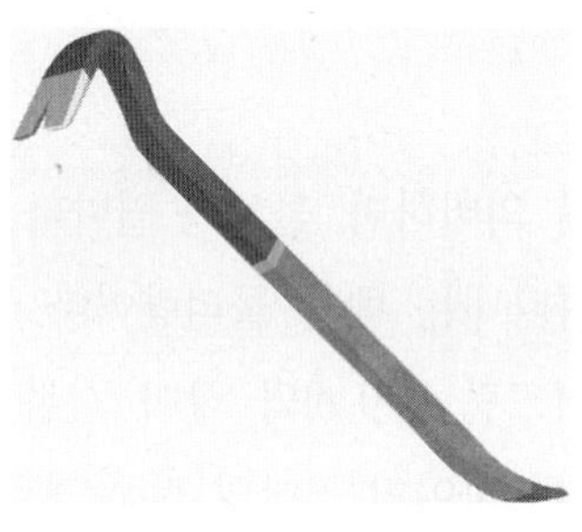

(a) 노루발 못뽑이crow bar

(b) 혜성comet

[그림 1-8] 질점 또는 강체로서의 해석 예

2) 위치, 변위, 속도 및 가속도

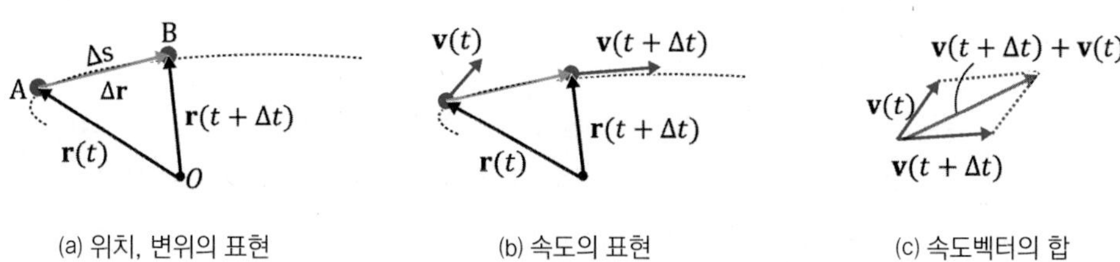

(a) 위치, 변위의 표현 (b) 속도의 표현 (c) 속도벡터의 합

[그림 1-9] 위치, 변위, 속도, 속도의 합 표현

(1) 위치

물체의 **위치**position는 단순히 그 물체의 현재 위치를 말한다. 질점의 경우는 위치에 대한 인식이 쉽지만, 강체(정역학과 동역학에 한정할 경우)는 그 위치를 나타내는 것이 좀 더 복잡하다. 이는 위치가 물체의 어떤 점의 위치를 나타낼 수 있기 때문이다. 그러나 역학에서는 특별히 명시되지 않는 한, 강체의 위치는 일반적으로 질량중심 또는 무게중심이 그 위치를 나타낸다. [그림 1-9(a)]에서 두 질점 A와 B의 위치벡터는 각각 $\mathrm{r}(t)$와 $\mathrm{r}(t+\Delta t)$로 각각 시간 t와 $t+\Delta t$에서의 위치벡터를 보여준다.

물체의 위치를 정량화하는 데는 두 가지 선택이 있다. 첫째, 설정된 원점으로부터의 거리와 방향을 정하는 것이고, 둘째, 설정된 좌표 방향에서 원점으로부터의 거리를 기준으로 위치를 나타낼 수 있다. 두 경우 모두 먼저 측정할 원점을 식별하고 사용할 좌표축을 선택하는 것이 중요하다. 이러한 정보 없이는 위치를 완전히 정의할 수 없으므로 해석 중인 문제에서 이러한 위치를 명확하게 인식하는 것이 중요하다.

(2) 변위

변위displacement는 단순히 두 점 사이의 위치 변화를 의미하며, 물체가 얼마나 멀리 이동했는지 뿐만 아니라 어떤 방향으로 이동했는지를 나타내는 벡터 물리량이다. 변위의 또 다른 중요한 측면은 경로와 독립적이라는 것이다. [그림 1-9(a)]와 같이 시간 t와 시간 $t+\Delta t$에 있어, 경로에 관계없이, 해당 시간에서의 위치 사이의 최단의 직접 경로 $\Delta\mathrm{r}$이다. 따라서, [그림 1-9(a)]의 파선으로 나타낸 길이는 시간 t와 시간 $t+\Delta t$ 사이의 질점이 움직인 거리이다.

(3) 속도

물체의 속도는 **평균속도**average velocity와 **순간속도**instantaneous velocity로 나눌 수 있다.

❶ 평균속도

평균속도는 [그림 1-9(b)]에서와 같이 어떤 물체의 변위 벡터 $\Delta\mathrm{r}$을 걸린 시간 Δt로 단순히 나눈 값이다. 즉, 단위시간 동안 물체의 위치가 얼마나 변화했는가를 나타낸다. Δt라는 시간 간격 동안 질점의 위치가 $\Delta\mathrm{r}$ 만큼 변하였을 때, 평균속도 v_{ave}는 다음과 같다.

$$\mathrm{v}_{ave} = \frac{\Delta \mathrm{r}}{\Delta t} = \frac{\mathrm{r}(t+\Delta t) - \mathrm{r}(t)}{\Delta t} \tag{1.2}$$

평균속도는, 가령 3초 동안 3 m를 움직였을 때 1초 동안 평균적으로 1 m를 움직였다는 것으로 물체가 어떻게 움직였는가를 정확히 나타내지는 못한다. 처음에 느리게 움직이다가 나중에는 빠르게 움직였을 수도 있는 것이다.

❷ 속도 또는 순간속도

순간속도 v는 시간이 몇 초일 때 그 순간 물체가 얼마나 빠른가를 나타낸다. 순간이란 매우 짧은 시간 간격을 뜻하므로 순간속도는 평균속도 식 (1.2)에서 $\Delta t \to 0$으로 극한을 취하면 다음과 같이 된다.

$$\mathrm{v} = \lim_{\Delta t \to 0} \frac{\Delta \mathrm{r}}{\Delta t} = \frac{d\mathrm{r}}{dt} = \dot{\mathrm{r}} \tag{1.3}$$

식 (1.3)에서 r 위의 dot(˙) 표시는 시간 t에 대한 미분을 나타내는데, 일반적으로 속도라 함은 순간속도를 뜻한다. [그림 1-9(b)]와 같이 시간 t와 $t + \Delta t$에 있어서 운동 경로에 대한 접선 방향으로 나타낼 수 있다. 한편, [그림 1-9(c)]는 속도벡터의 합을 보여준다.

(4) 가속도

가속도acceleration 또한 **평균가속도**average acceleration와 **순간가속도**instantaneous acceleration로 나눌 수 있고, 벡터 물리량이다. 가속도란 단위 시간 당 속도가 얼마나 변했는가를 나타내므로 속도를 정의한 것과 유사하게 정의할 수 있다.

❶ 평균가속도

평균가속도는 단위시간 동안 물체의 속도의 변화량을 나타낸다. Δt라는 시간 간격 동안 질점의 속도 변화가 $\Delta \mathrm{v}$일 때, 평균가속도 a_{ave}는 다음과 같이 나타낼 수 있다.

$$\mathrm{a}_{ave} = \frac{\Delta \mathrm{v}}{\Delta t} = \frac{\mathrm{v}(t+\Delta t) - \mathrm{v}(t)}{\Delta t} \tag{1.4}$$

❷ 순간가속도

일반적으로 가속도라 함은 순간가속도를 일컫는다. 시간 t에서의 질점의 순간가속도는 평균가속도 식 (1.4)에서 $\Delta t \rightarrow 0$으로 극한을 취해 얻을 수 있고, 가속도 a는 다음과 같다.

$$\mathrm{a} = \lim_{\Delta t \rightarrow 0} \frac{\Delta \mathrm{v}}{\Delta t} = \frac{d\mathrm{v}}{dt} = \dot{\mathrm{v}} = \frac{d^2 \mathrm{r}}{dt^2} = \ddot{\mathrm{r}} \tag{1.5}$$

3) 힘

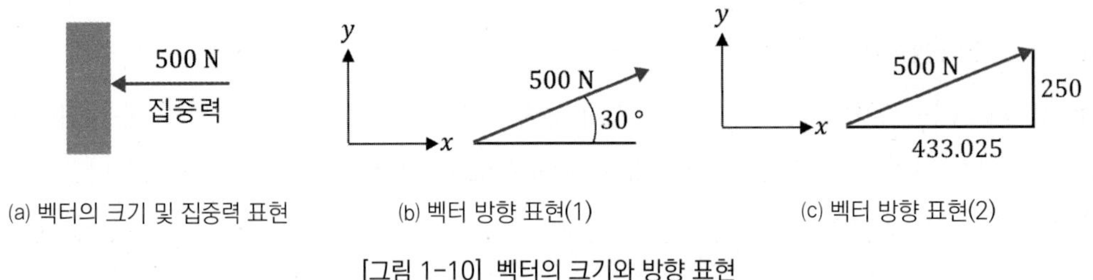

(a) 벡터의 크기 및 집중력 표현 (b) 벡터 방향 표현(1) (c) 벡터 방향 표현(2)

[그림 1-10] 벡터의 크기와 방향 표현

힘은 물체를 가속하는 원인이 되며, 물체에 가해지는 힘으로 인해, 물체 내에 응력stress을 발생시켜, 물체의 변형을 가져오거나 물체를 파손할 수도 있다. 모든 힘에는 세 가지 특징이 있는데, 이러한 특징은 **힘의 크기**magnitude, **힘의 방향**direction 및 **힘의 작용점**point of application 이다. 힘은 가끔 [그림 1-10(a)]와 같이, 벡터로 나타내지며, 위의 세 가지 특징은 힘 벡터의 표현으로 해결될 수 있다.

(1) 크기

힘은 원래 벡터 물리량으로 그 크기는 힘이 작용하는 물체를 가속하는 정도를 나타내며, **스칼라양**scalar quantity으로 표시된다. 힘의 크기는 힘의 세기라고도 생각할 수 있다. 힘이 벡터로 표현될 때 힘의 크기는 숫자 또는 길이로 나타내진다.

일반적으로 힘의 크기는 질량과 가속도의 곱인 단위로 측정된다. 미터법 단위에서 힘의 단위는 뉴턴(N)으로 여기서 1 N은 다음과 같이 나타낸다.

$$1\,\mathrm{N} = (1\,\mathrm{kg}) \times (1\,\mathrm{m/s^2}) \tag{1.6}$$

1 N은 1 kg의 물체가 1 $\mathrm{m/s^2}$으로 가속된다는 것을 의미한다. 영미 단위계에서는 힘의 단위로 파운드pound를 사용하는데, 기호로는 lb로 표시하고, 1 lb는 다음과 같이 나타내진다.

$$1\,\mathrm{lb} = (1\,\mathrm{slug}) \times (1\,\mathrm{ft/s^2}) \tag{1.7}$$

단위에 대한 보다 더 자세한 내용은 다음 절인 1.3절에서 상세히 설명하고자 한다.

(2) 방향

힘은 벡터 물리량이기 때문에, 방향도 갖는다. 이 방향은 가속도의 방향과 일치한다. 힘의 방향은 힘을 나타내는 벡터의 방향으로 나타낸다. 방향은 단위가 없지만, [그림 1- 10(b)]와 같이, 일반적으로 힘과 좌표축을 나타내는 벡터 사이의 각도를 표시하거나, [그림 1-10(c)]와 같이, 2차원 좌표축(x, y)을 설정했을 때, 벡터의 방향은 x, y 방향의 성분으로 방향을 나타낼 때도 있다.

(3) 작용점

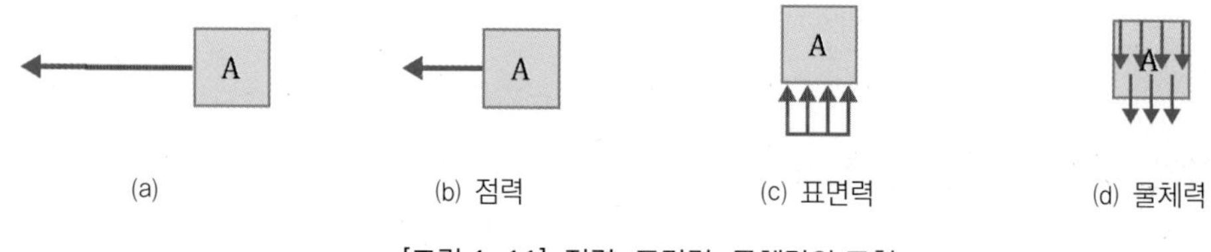

[그림 1-11] 점력, 표면력, 물체력의 표현

물체에 힘이 작용하는 작용점은 물체가 어떻게 반응하는지를 이해하는 데에 매우 중요하다. 질점의 경우는 힘이 작용하는 작용점은 하나뿐이지만, 강체의 경우에는 작용점이 무한하다. 일부 작용점은 물체가 단순한 선형가속을 하도록 하지만, 일부는 물체에 모멘트를 가하여 물체가 선형가속뿐만 아니라 회전 가속을 하게도 한다.

힘의 작용점의 특성에 따라 세 가지 일반적인 형태의 힘이 있다. 이 힘들의 형태는 **점력**point force, **표면력**surface force 및 **물체력**body force이다. [그림 1-11(a)]는 마찰이 없는 바닥 위에 블록 A가 로프에 연결되어 당겨지는 그림이다. 블록에는 세 가지 힘이 작용한다. 첫째, 로프를 잡아당기는 힘으로 어떤 점에 작용하는 힘이다. 이것은 [그림 1-11(b)]와 같이 점힘에 해당되고, 단일 벡터로 표시된다. 둘째, 블록을 지지하는 바닥으로부터의 수직항력이다. 이 수직항력은 블록의 바닥 표면에 고르게 작용되는 표면력이다. 이러한 표면력은 [그림 1-11(c)]와 같이, 임의의 지점에서 힘의 크기를 나타내기 위해 평행인 여러 개의 벡터로 표시된다. 셋째, 블록을 아래로 당기는 무게(중력)이다. 이 힘은 블록 전체 부피에 고르게 작용되기 때문에 물체력 또는 체적력에 해당된다. 물체력은 [그림 1-11(d)]와 같이, 많은 벡터 선의 합들로 표현하여, 자유물체도를 복잡하게 하므로, 자유물체도에는 그려 넣지 않는 경우가 많다. 한편,

[그림 1-12(a)]와 같이 점력은 작용점 벡터 화살표의 꼬리가 오든지 머리가 오든지 상관없다. 이는 힘의 전달성의 원리 때문에 어떻게 표현해도 관계가 없는 것이다. [그림 1-12(b)]의 표면력의 표현도 표면부터 분포 힘이 작용하게 그리든지, 표면에 벡터의 작용점이 닿도록 그리든지 관계는 없다.

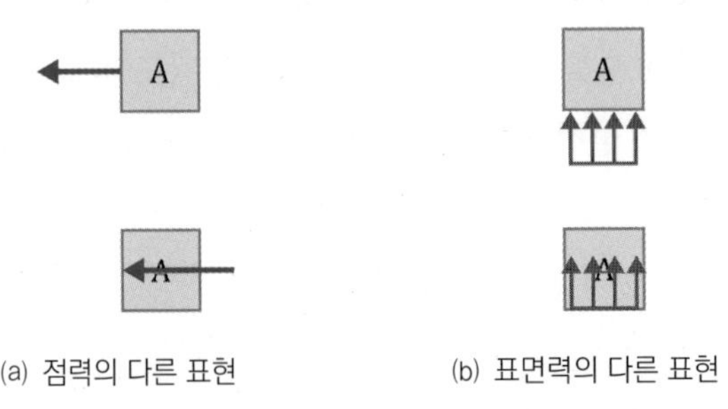

(a) 점력의 다른 표현 (b) 표면력의 다른 표현

[그림 1-12] 점력과 표면력의 다른 표현들

4) 각위치, 각변위, 각속도, 각가속도

(1) 각위치 angular position

병진과 회전이 모두 가능한 강체를 논의할 때, 이러한 강체의 운동을 완전히 기술하기 위해서는 위치, 변위, 속도, 가속도 외에도 **각위치**, **각변위**, **각속도** 및 **각가속도**의 개념을 익혀야 한다.

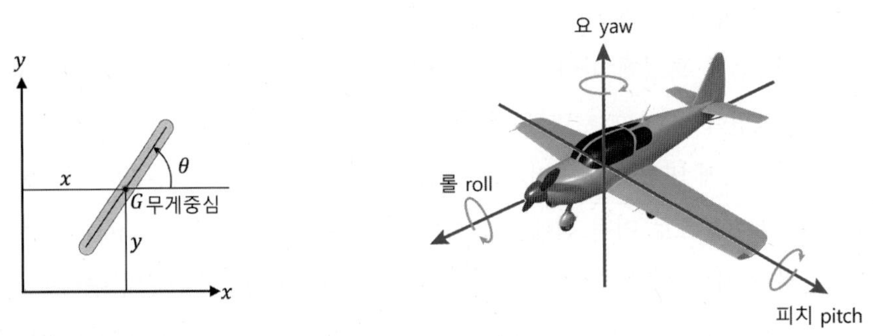

(a) 평면에서의 강체의 회전 (b) 공간에서의 강체의 회전

[그림 1-13] 평면 및 공간에서의 강체의 회전

[그림 1-13(a)]와 같이, 2차원 시스템에서는 단일 각도 θ로 방향을 완전히 정의할 수 있지만, [그림 1-13(b)]와 같이, 3차원 시스템에서는 방향을 완전히 정의하기 위해, 3개의 각도(롤각(roll angle), 피치 각(pitch angle), 요 각(yaw angle))가 필요하다. 이 3개의 각도는 일반적으로 3개의 좌표(x, y, z)축 각각에 대한 회전으로 설정된다.

(2) 각변위 angular displacement

각변위는 단순히 두 지점 사이의 방향의 변화이다. 2차원 시스템에서는 스칼라양(시계 방향 또는 반시계 방향으로 회전)으로 표현할 수 있지만, 3차원 시스템에서는 값을 벡터양으로 처리하여 회전각과 회전하는 축을 표현해야 한다.

(3) 각속도 angular velocity

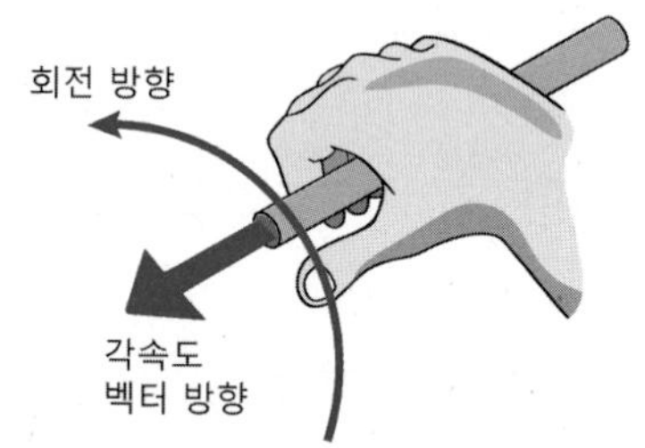

[그림 1-14] 평면 및 공간에서의 강체의 회전

각속도는 각위치의 시간 변화율로 정의되며, 회전의 크기와 방향을 모두 나타내는 벡터양이다. 각속도 벡터는 [그림 1-14]와 같이, 오른손 법칙을 사용하여, 해당 축을 따라 벡터의 방향이 결정된다. 각속도 또한 속도와 마찬가지로 평균 각속도와 순간 각속도로 나눌 수 있다.

❶ 평균 각속도

평균 각속도는 각위치의 변화량 $\Delta\theta$를 미소 시간 Δt로 나눈 값으로 다음과 같이 정의한다.

$$\omega_{ave} = \frac{\Delta\theta}{\Delta t} \tag{1.8}$$

❷ 순간 각속도 또는 각속도

$$\omega = \lim_{\Delta t \to 0} \frac{\Delta\theta}{\Delta t} = \frac{d\theta}{dt} = \dot{\theta} \tag{1.9}$$

(4) 각가속도angular acceleration

각가속도 또한, 평균 각가속도와 순간 각가속도로 나눌 수 있다.

❶ 평균 각가속도

평균 각가속도는 각속도의 변화량 $\Delta\omega$를 미소 시간 Δt로 나눈 값으로 다음과 같이 정의한다.

$$\boldsymbol{\alpha}_{ave} = \frac{\Delta\omega}{\Delta t} \tag{1.10}$$

❷ 순간 각가속도 또는 각가속도

각가속도는 각속도의 시간 변화율로 정의되고, 각속도가 각위치의 시간 변화율이기 때문에 각가속도는 시간에 대한 각위치의 2계 도함수로 표현된다.

$$\boldsymbol{\alpha} = \lim_{\Delta t \to 0} \frac{\Delta\omega}{\Delta t} = \frac{d\omega}{dt} = \dot{\omega} = \ddot{\theta} \tag{1.11}$$

5) 모멘트

모멘트는 "물체를 회전시키는 힘의 영향"으로 정의하고, 힘이 가속도를 발생시킨다면, 모멘트는 각가속도를 발생시킨다. [그림 1-15(a)]는 작용력 F로 인한 물체의 가속을 발생시키는 상태를 보여주고 있고, [그림 1-15(b)]는 작용력이 물체의 모서리 부분에 작용되어, 물체의 가속과 함께 물체의 회전도 유발시킨다. 이때, 물체의 회전을 유발시키는 힘의 영향인 모멘트를 M이라 하면, 모멘트의 크기는 $M = F \cdot d$로 작용력의 크기와 작용력과 회전축 사이의 수직거리 d와의 곱으로 계산된다. 모멘트는 벡터 물리량으로 그 방향은 [그림 1-15(b)]의 회

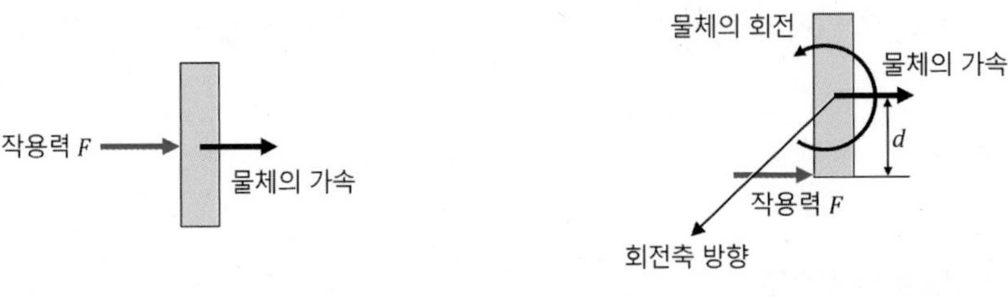

(a) 작용력에 의한 물체의 가속

(b) 작용력에 의한 물체의 가속과 회전

[그림 1-15] 물체의 가속과 회전

전축의 방향이 된다. 모멘트의 단위는 힘 곱하기 거리의 단위인 N·m, kgf·m 등으로 나타낸다.

6) 자유물체도

자유물체도는 공학에 있어, 역학 문제의 풀이에 이용되는 그림이다. 그 이름에서 알 수 있듯이, 자유물체도를 그리는 이유는 주어진 물체 주변의 다른 대상과 표면으로부터 물체를 자유롭게 하여 개별적으로 해석할 수 있게 하고자 하기 때문이다. 또한, 떼어낸 주변 대상과 표면에 의해 가해지는 힘과 모멘트를 포함하여 물체에 작용하는 모든 힘이나 모멘트를 나타내는 것이다.

예를 들어, [그림 1-16]은 사람을 지지하고 벽체와 바닥에 놓여있는 사다리(그림 1- 16(a))를 보여준다. 만일, 벽체와 사다리 사이에는 마찰이 없고, 바닥과 사다리 사이에는 마찰이 있다고 가정할 때, [그림 1-16(b)]는 이 사다리의 자유물체도를 나타낸다. 사다리는 다른 주변의 모든 물체(사람, 벽체, 바닥)와 분리되어 있으며, 주요 치수와 각도가 표시된 상태로 사다리에 작용하는 모든 힘을 표시한다.

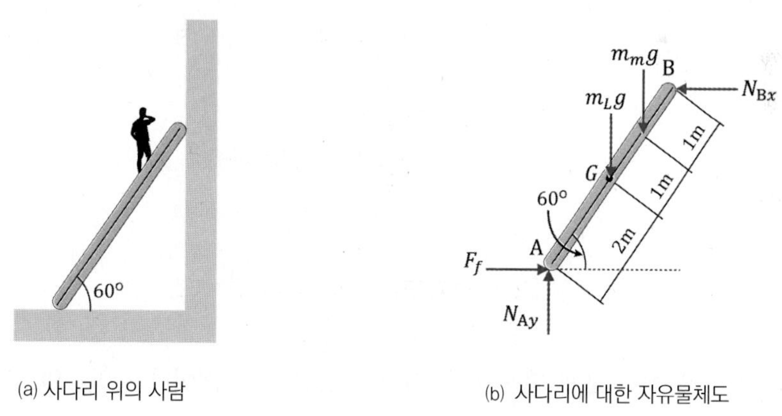

(a) 사다리 위의 사람 (b) 사다리에 대한 자유물체도

[그림 1-16] 사다리와 사람으로 주어진 문제와 자유물체도

역학 문제를 푸는 제일 첫 과정은 자유물체도를 작성하는 것이다. 이 단순화된 자유물체도를 이용하면 정역학이나 재료역학 문제의 평형방정식 또는 동역학 문제의 운동방정식을 보다 더 쉽게 구성할 수 있다. 자유물체도를 작성하기 위한 절차는 다음과 같다.

❶ 첫째, 표면 및 모든 다른 주변의 물체와 분리된 해석 대상의 물체를 그린다. 해석 대상 물체와 주변 물체 및 표면과의 경계 부분에 주의를 기울여야 한다.

❷ 둘째, 물체에 직접 작용하는 모든 외력과 모멘트를 표시한다. 해석 대상의 물체에 직접적으로 작용하지 않는 힘이나 모멘트는 포함하지 않는다. 해석 대상의 물체 내부의 힘들도 포함하지 않는다.

일반적으로 역학 문제에서 나타날 수 있는 몇 가지 형태의 힘은 다음과 같다.

- 무게(중력): 특별히 명시되지 않는 한, 물체의 질량은 해당 물체에 중력을 부과한다. 이 힘은 항상 지구의 중심을 가리키고 물체의 무게중심 또는 질량중심에 작용하는 것으로 한다.
- 수직항력(또는 반력): 대상 물체와 직접 접촉하는 다른 모든 물체는 대상 물체에 **수직항력**을 가한다. 또한, 표면과 접촉하는 대상 물체도 접촉하는 표면에 직각인 수직항력을 가한다.

한편, 물체 사이의 조인트나 연결부분도 반력이나 반력 모멘트를 유발할 수 있다.

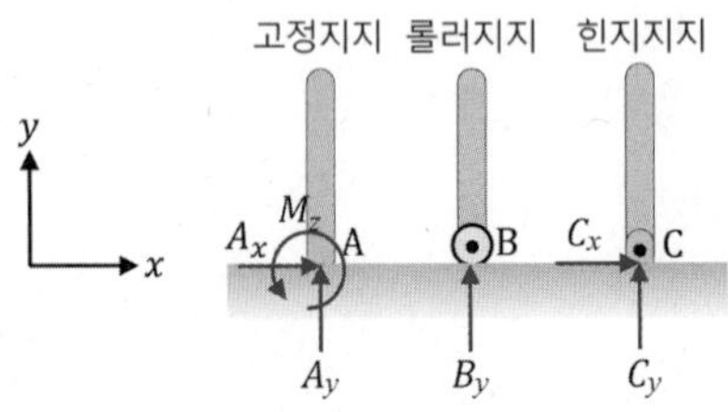

[그림 1-17] 조인트나 지지점의 경계조건

향후 다른 장들에서 보게 되겠지만, [그림 1-17]은 지지점이나 조인트의 경계조건에 대한 그림으로 점 A는 고정지지를 나타내는데, 고정지지란 x, y 방향으로 전혀 움직이지 못하고, 회전도 없는 지지이므로 점 A에서는 수평 반력 A_x, 수직 반력 A_y, 반력 모멘트 M_z를 가정해야 한다. 한편, 점 B에서는 롤러지지로 롤러지지는 수평 방향 x 방향으로는 구속을 받지 않고, 회전도 가능한 지지를 일컫는다. 따라서, 점 B에서는 수직 반력 B_y만 가정하면 된다. 또한 점 C는 힌지지지로 회전이 가능하지만, 수평과 수직 방향으로 구속을 받는 지지를 말한다. 따라서, 점 C에서는 수평 반력 C_x와 수직 반력 C_y를 가정해야 한다.

- **마찰력**: 대상 물체와 직접 접촉하는 다른 물체는 대상 물체에 마찰력을 가할 수 있으며, 이는 두 물체가 서로 미끄러지는 것에 대한 저항을 나타낸다. 이러한 힘은 항상 접촉하는 표면에 평행으로 가정하고, 표면이 거친가, 매끄러운가에 따라 마찰력을 가정하기도 하고, 그렇지 않기도 한다. [그림 1-18]은 표면 상태의 거칠기에 따른 마찰력의 가정을 할 것인가, 아닌가를 보여주는 그림이다. 일반적으로 거친 표면에서는 마찰력(F_f)을 가정하지만, 매끄러운 표면에서는 **마찰력**을 무시하고, B_y의 수직항력만이 있는 것으로 가정한다.

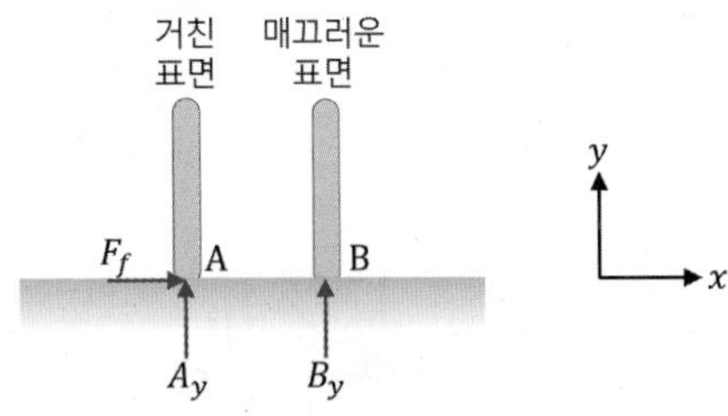

[그림 1-18] 거친 표면과 매끄러운 표면에서 마찰력 가정

- **케이블의 장력**: 대상 물체에 부착된 케이블, 와이어 또는 로프는 케이블 방향으로 대상 물체에 장력을 가한다. 이러한 힘은 로프, 케이블 및 기타 유연한 밧줄을 미는 데는 사용할 수 없기 때문에, 항상 대상 물체를 끌어당긴다. [그림 1-19(a)]는 블록에 연결된 케이블의 그림을 보여주고 있고, [그림 1-19(b)]는 케이블과 블록 사이의 자유물체도를 보여준다. [그림 1-19(b)]에서와 같이, 장력은 항상 물체를 끌어당기는 쪽으로 **장력**의 방향을 가정한다.

(a) 케이블과 블록 A

(b) 케이블과 블록의 자유물체도

[그림 1-19] 블록과 연결된 케이블

위에 열거한 힘들이 역학 문제에 자주 등장하지만, 이 힘들 외에도 유체의 압력, 스프링의 탄성력, 자기력과 같은 다른 힘이 존재할 수 있으며, 이 힘들도 대상 물체에 작용할 수 있다.

❸ 셋째, 자유물체도에 ❷항의 힘들이 자유물체도에 그려지면, 마지막 단계는 자유물체도에 주요 치수와 각도뿐만 아니라, 필요에 따라 어떤 점이나 위치 등에 라벨을 붙여, 해석하기 쉽게 할 수도 있다.

예제 1-1 자중만 받는 블록의 자유물체도 그리기

[그림 1-20(a)]와 같이 두 개의 블록 A와 B의 각각에 대한 자유물체도를 작성하라. 단 블록 A의 무게는 10 N이고, 블록 B의 무게는 20 N이다.

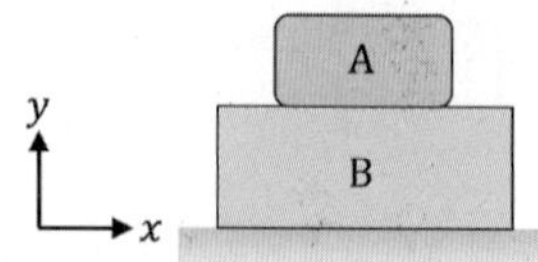

[그림 1-20(a)] 평면 위에 놓인 두 블록

분석

- 먼저, [그림 1-20(a)]에 나타난 두 블록에는 블록을 움직이는 어떤 외부의 힘도 작용하지 않는다. 오로지 자중(블록 자신의 무게)에 의한 힘밖엔 없다. 또한, 블록 A와 블록 B 사이에는 상호 작용력(블록 A가 블록 B에 주는 힘을 F_{AB}라 하면 블록 B가 블록 A에 주는 힘도 F_{AB}이다)만 존재한다.
- 블록 B와 바닥과의 사이에는 블록 B의 자중에 의한 힘과 바닥이 블록 B에 대한 수직항력, 그리고 블록 B가 블록 A에 작용하는 상호 작용력 F_{AB}가 존재한다.

풀이

❶ 먼저, 블록 A에 대한 자유물체도를 그려보자. 블록 A에는 자중 10 N과 블록 B가 블록 A에 주는 상호 작용력 F_{AB}(위 방향↑)만 존재한다. 따라서, 블록 A에 대한 자유물체도는 [그림 1-20(b)]에 나타난 바와 같다.

❷ 다음은 블록 B에 대한 자유물체도를 그려보자. 블록 B에는 자중과 블록 A가 블록 B에 주는 상호 작용력 F_{AB}(아래 방향↓), 그리고 바닥이 블록 B에 가하는 수직항력 N_B가 존재한다. 따라서, 블록 B의 자유물체도는 [그림 1-20(c)]에 나타난 바와 같다.

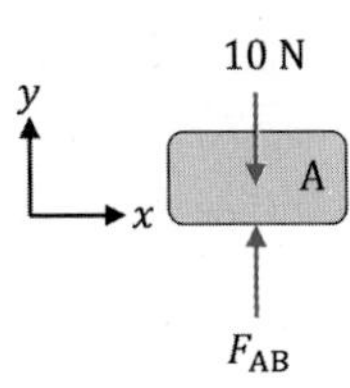

[그림 1-20(b)] 블록 A의 자유물체도

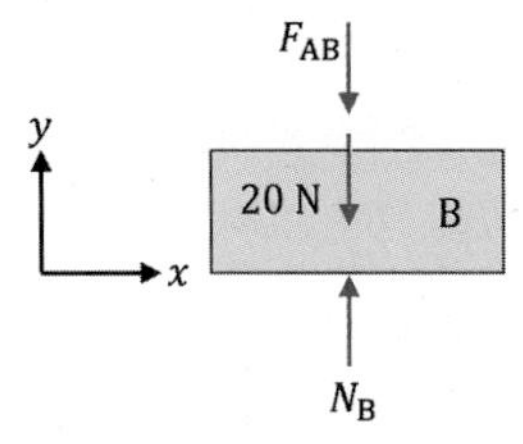

[그림 1-20(c)] 블록 B의 자유물체도

고찰

간단한 문제이지만, 블록 A와 블록 B 사이에는 크기가 같고 방향이 반대인 상호 작용력 F_{AB}가 존재함을 알아야 한다. 따라서, 한쪽의 자유물체도에 F_{AB}의 방향을 적으면 다른 쪽 자유물체도에는 방향을 반대로 그려주어야 한다.

예제 1-2 외팔보 구조에 집중하중 작용 시 보의 자유물체도 그리기

[그림 1-21(a)]와 같이 길이 1 m의 외팔보 구조물의 점 A에 500 N의 하중이 아래로 작용하고, 보의 자중은 100 N이다. 외팔보에 대한 자유물체도를 그려라.

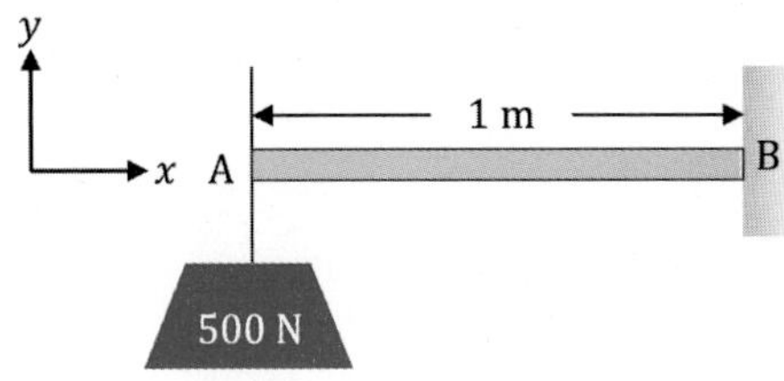

[그림 1-21(a)] 외팔보에 작용하는 외력과 자중

분석

- 먼저, [그림 1-21(a)]에 나타난 외팔보는 점 B의 고정단에서는 x, y 방향의 반력과 반력 모멘트(z축 방향이 회전축이 된다)가 존재한다. 또한 보의 자중은 100 N으로 주어져 있고, 외팔보의 자유단 점 A에 하중 500 N이 걸려 있으므로, 이 힘들이 자유물체도에 포함되어야 한다.

풀이

❶ 외팔보의 자유물체도는 이미 분석에서 전술한 바와 같이, 고정단에 작용하는 수평 및 수직 반력 B_x와 B_y, 그리고, 보의 자중과 외력 500 N으로 인해 발생하는 모멘트에 저항하기 위한 저항 모멘트가 고정단 쪽에 걸리게 된다. 이 모멘트의 회전축은 z 방향이 된다. 외팔보에 대한 자유물체도는 [그림 1-21(b)]에 나타난 바와 같다.

❷ [그림 1-21(b)]에서, x,y 좌표의 양의 방향은 [그림 1-21(b)]와 같이 잡을 필요는 없다. 특히, x 방향은 반대로 표현하는 것이 더 편리할 때도 있다.

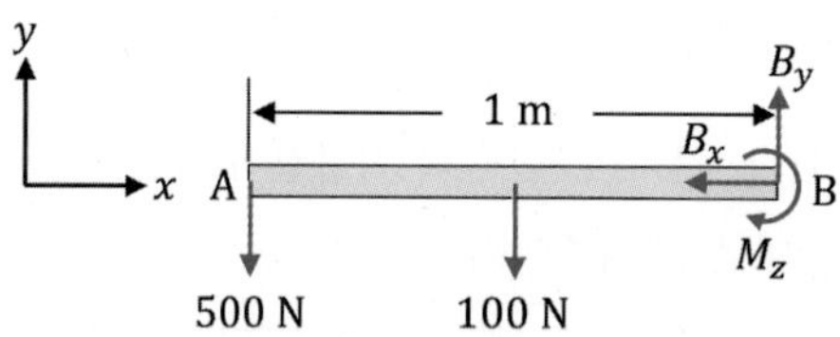

[그림 1-21(b)] 외팔보의 자유물체도

고찰

이 문제도 비교적 간단한 문제이지만, 고정단의 경계조건에 적합한 힘들과 모멘트를 가정하여야 한다. 반복된 얘기지만, 자유물체도에는 모든 알려진 힘들과 반력, 반력 모멘트, 그리고 각종 주어진 치수 등을 다 기입해 넣는 것이 해석 풀이에 훨씬 편리하다.

Section 1.3

단위계

학습목표

- ✔ 단위계의 개념을 익히고, 단위계의 종류를 살펴본다.
- ✔ 어떤 단위계에서 다른 단위계로의 단위환산을 하는 방법을 학습한다.

우주 삼라만상은 모든 것이 물질로 이루어져 있으며, 이러한 물질은 유한한 질량과 부피를 갖는다. 물질에는 양이 있고, 셀 수 있는 양(동식물의 수 등)도 있지만, 셀 수 없는 양(물, 불, 공기 등)도 있다. 물질의 양을 셀 때는 일정한 기준이나 도구가 있어야 되는데, 그렇지 않으면 처음부터 비교 대상이 되지 않는다. 단위란 이 일정한 크기를 일컫는다. 이 세상에는 형태가 있는 물질이 아니라도, 정도(강하든지 약하든지, 빠르든지 느리든지 등)로 나타낼 수 있는 것도 있다. 예를 들어, 바람의 속도는 어떻게 나타낼까? 이는 얼마만큼의 길이를 바람이 지나갈 때의 걸린 시간으로 나누어주면 속도를 구할 수 있을 것이다. 이와 같이 문명이 발달하면 할수록 단위의 종류는 늘어나게 되고, 단위의 측정이 보다 더 정밀해진다. 이 절에서는 이러한 **단위계**units에 대한 내용을 학습하고, 다양한 단위계의 종류를 알아본다.

1.3.1 단위계의 종류

단위계units는 크게 절대단위계와 중력단위계로 나눌 수 있으며, 이중 **중력단위계**gravitational units는 **공학단위계**engineering units라고도 부른다. 이러한 단위계에는 **기본 단위**fundamental units or basic units가 있고, 이 기본 단위들에서 유도된 유도 단위들도 있다.

1) 절대단위계

절대단위계absolute units는 일반적으로 질량, 길이, 시간 차원의 물리량들의 단위를 기본 단위fundamental units로 갖는 단위계를 일컫는다. 단위계를 형성할 때는 일반적으로 서로 독립적인 소수의 물리량들(예를 들어, 질량, 길이, 시간 등)을 채택하고, 이들 독립적인 소수의 물리량들이 시간과 공간에 대해 독립적일 경우, 이 단위계를 절대단위계로 지칭한다. 한편, 이들 독립적인 소수의 물리량들을 이용해 다른 물리량들(예를 들어, 압력, 속도 등)을 조합할 수 있는데, 이 물리량들의 단위는 **유도단위**derived units이다. 여기서 독립적이란 말은 가령 시간을 길이로 표현할 수 없고, 길이 또한 시간이나 질량으로 나타낼 수 없듯이, 질량, 길이, 시간의 물리량들끼리는 서로 종속적인 관계가 없다는 뜻이다. 그러나 독립된 물리량과는 달리, 유도된 물리량들은 종속적인 관계를 갖는다. 예를 들어, 속도는 길이 나누기 시간으로서 길이와 속도는 서로 독립적인 관계가 아니라 종속적인 관계이다. 이러한 독립적이 아닌 관계의 물리량들의 단위를 유도단위라고 부른다.

이전에는 절대단위계의 물리량의 종류로 세 종류(질량, 길이, 시간)의 물리량을 사용해 왔으나, 현재는 7개(길이, 시간, 질량, 온도, 전류, 물질의 수량, 광도)의 물리량의 단위들이 절대단위계에 속한다. 2018년 11월 프랑스의 베르사이유에서 열린 제 26차 '국제도량형총회'에서 질량의 단위인 kg, 전류의 단위인 A(암페어), 온도의 단위인 K(캘빈), 물질의 단위인 mol(몰)의 재정의가 의결되었고, 한국도 2019년 5월 20일 0시를 기점으로 국제단위계로 변경된 정의가 공식적으로 시행되게 되었다.

이러한 절대단위계의 종류로는 CGS(cm, g, s ; 길이는 센티미터 cm, 질량은 그램 g, 시간은 초 s) 단위, MKS(m, kg, s ; 길이는 미터 m, 질량은 킬로그램 kg, 시간은 초 s) 단위, 국제단위인 **SI 단위**international system of units를 들 수 있다. SI 단위는 세계 각국에서

[표 1-1] 절대단위계의 종류

절대단위계의 종류	물리량	단위
CGS 단위	길이	cm(센티미터)
	질량	g(그램)
	시간	s(초)
MKS 단위	길이	m(미터)
	질량	kg(킬로그램)
	시간	s(초)
SI 단위 중, 7개	질량	kg(킬로그램)
	길이	m(미터)
	시간	s(초)
	온도	K(캘빈온도)
	전류	A(암페어)
	물질의 수량	mol(몰)
	광도	cd(칸델라)

사용하는 단위가 달라 국제적으로 표준으로 만든 단위계이다. SI 단위에는 위에서 설명되었던 7개의 절대 물리량의 기본 단위와 15개의 유도 물리량을 나타내는 유도단위가 있다. [표 1-1]은 절대단위계의 물리량들의 예와 단위들을 나타낸다.

2) 중력단위계

중력단위계gravitational units는 길이, 시간, 힘을 기본 물리량으로 하고, 이들의 단위들로 구성된 단위계를 말한다. 즉 절대단위계의 기본 물리량들 중의 하나인 질량 대신 힘을 사용하는 것이다. 질량 대신 지구중력가속도에 의한 힘 또는 무게를 채택하므로 절대단위계라고 말할 수 없다. 중력단위계는 공학단위계engineering units라고도 부르지만, 엄밀한 의미에서는 완전히 일치하는 개념은 아니다. 중력단위계에서는 MKS 단위를 기반으로 할 때의 힘의 단위를 kgf[4]로 나타내고, 야드파운드yard-pound법을 기반으로 할 때의 힘의 단위는 lbf[5]로 나타낸다. 예를 들어 MKS 단위를 기반으로 할 때는 $1\ \mathrm{kgf}$의 힘으로 약 $9.80665\ \mathrm{m/s^2}$의 가속도가 나올 때의 질량을 1 kg으로 한다. 한편, 중력단위계 중의 하나인 **미국 관습단위계**U.S. customary units에서는 $1(\mathrm{lbf})$의 힘으로 $1\ \mathrm{ft/s^2}$의 가속도가 나올 때의 질량을 1($\mathrm{slug} = \mathrm{lbf} \cdot \mathrm{s^2/ft}$)로 한다. 우리가 흔히 $1\ \mathrm{kgf}$를 약 $9.81\ \mathrm{N}$이라 하는 것은 $F = ma$로부터 다음 관계에 의한 것이다.

$$F(1\ \mathrm{kgf}) = m(1\ \mathrm{kg}) \times a(9.80665\ \mathrm{m/s^2}) = 9.80665\ \mathrm{kg \cdot m/s^2} = 9.80665\ \mathrm{N} \simeq 9.807\ \mathrm{N} \tag{1.12}$$

이전에는 많은 국가들에서 중력단위계를 사용하였지만, 현재는 국제적으로 점차 사라져가는 상황이다.

다음은 이·공학에서 많이 사용되는 SI 십진 배량과 십진 분량을 [표 1-2]에 나타내었다. 이러한 십진 배량이나 십진 분량을 만드는 데 사용하는 접두어를 기호와 함께 나타내었다.

4 kg중, kg force로 부른다.

5 lb force로 부른다.

[표 1-2] SI 단위계 접두어

배수	접두어	기호	분수	접두어	기호
10^{24}	Yota	Y	10^{-1}	Deci	d
10^{21}	Zetta	Z	10^{-2}	Centi	c
10^{18}	Exa	E	10^{-3}	Milli	m
10^{15}	Peta	P	10^{-6}	Micro	μ
10^{12}	Tera	T	10^{-9}	Nano	n
10^{9}	Giga	G	10^{-12}	Pico	p
10^{6}	Mega	M	10^{-15}	Femto	f
10^{3}	Kilo	k	10^{-18}	Atto	a
10^{2}	Hecto	h	10^{-21}	Zepto	z
10^{1}	Deka	da	10^{-24}	Yocto	y

1.3.2 단위의 환산

위의 1.3.1절에서는 단위계에 대해 알아보았다. 현재, 전 세계적으로 통일된 단위를 사용하자는 추세에 따라 점차 SI 단위계로의 전환이 이루어지고 있다. 그러나, 국제사회에서 미국의 영향이 크기 때문에, 전공 서적이나 미국 공학 설계도 등에서는 아직도 미국 관습단위계가 여전히 사용되고 있다. 이 절에서는 단위계끼리의 환산을 통해, 어떤 단위계에서 다른 단위계로의 전환을 살펴보고자 한다. SI 단위계와 미국 관습단위계의 기본 단위에서는 시간을 나타내는 초second는 공통으로 같으므로 여기서는 길이와 질량의 단위에 대해서만 단위 환산을 살펴보기로 한다.

1) 길이의 단위

정의에 의해, **미국 관습단위계**는 SI 단위계로 다음과 같이 나타내진다.

$$1\ \text{ft} = 0.3048\ \text{m} \tag{1.13}$$

이로부터, 1 마일mile은 다음과 같은 관계를 갖는다.

$$1\ \text{mi} = 5{,}280\ \text{ft} = (5{,}280\ \text{ft})(0.3048\ \text{m/ft}) = 1{,}609\ \text{m} \tag{1.14}$$

한편, 1 인치inch는 다음과 같은 관계를 갖는다.

$$1\ \mathrm{in} = \frac{1}{12}\ \mathrm{ft} = \frac{1}{12}(1\ \mathrm{ft})(0.3048\ \mathrm{m/ft}) = 0.0254\ \mathrm{m} \tag{1.15}$$

식 (1.13)~식 (1.15)는 미국 관습단위계에서 사용되는 길이에 관계된 단위들 ft, mi, in를 SI 단위계의 m로의 환산 또는 변환을 살펴보았다. 여기서 **환산인자**conversion factor를 소개하는데, 환산인자는 "등식으로 표현될 수 있는 단위를 포함한 어떤 두 값의 관계를 분수 또는 배수로 나타낸 것"을 일컫는다. 예를 들어 in와 ft 사이에는 $\frac{1}{12}$ 또는 12가 환산인자에 해당된다.

2) 무게와 질량의 단위

무게는 질량에 중력가속도를 곱한 것인데, 1 lbf는 1 lbm = 0.4536 kg의 질량과 중력가속도(식 1.12 참조) 값 $g = 9.807\ \mathrm{m/s^2}$을 곱한 값으로 다음과 같이 된다.

$$1\ \mathrm{lbf} = (0.4536\ \mathrm{kg})(9.807\ \mathrm{m/s^2}) = 4.448\ \mathrm{kg{\cdot}m/s^2} = 4.448\ \mathrm{N} \tag{1.16}$$

한편, 질량에 대해, 미국 관습단위계에서 1 slug는 1(lbf)의 힘으로 1 $\mathrm{ft/s^2}$의 가속도를 얻게 될 때의 질량을 말한다. 즉, 다음과 같은 관계를 갖는다.

$$1\ \mathrm{slug} = \frac{1\ \mathrm{lbf}}{1\ \mathrm{ft/s^2}} = \frac{4.448\ \mathrm{N}}{0.3048\ \mathrm{m/s^2}} = 14.59\ \mathrm{N{\cdot}s^2/m} = 14.59\ \mathrm{kg} \tag{1.17}$$

Section 1.4

차원해석

학습목표

✔ 차원의 개념을 익히고, 버킹엄의 파이 정리의 의미를 파악한다.
✔ 차원해석을 통해 어떤 물리 시스템의 물리학적 법칙이나 공식들을 유도한다.

기하학geometry의 아버지라 불리는 그리스의 수학자인 **유클리드**Euclid[6]에 의하면 "점이란 부분을 갖지 않는 것"이고, "선이란 폭이 없는 길이만 가진 것", "면이란 길이와 폭만 가진 것", "입체란 길이와 폭과 높이를 가진 것"이라고 정의를 내렸다.

수학적 개념으로의 '차원'의 개념은 "좌표계를 구성하는 요소"를 의미하기도 하지만, 물리학 관점에서는 "어떤 특정한 물리량의 기준"을 나타내는 용도로 쓰이기도 한다. 예를 들어, 길이의 차원인 m(미터)를 시간의 차원인 s(초)로 나누어, 초당 어느 정도의 거리 m를 움직였는가를 나타내는 값인 m/s의 '속도'라는 새로운 차원을 만들어낼 수 있는 것이다. 이 절에서는 차원해석의 예를 통해 어떤 물리 시스템의 물리학 법칙이나 공식들을 계산하거나 도출해 본다.

1.4.1 버킹엄의 π 정리

일반적으로 물리적인 현상이나 이·공학 문제를 어떤 법칙이나 수식화된 공식으로 도출하기 전에, 물리적인 **필드 변수**field variables들끼리 어떤 관계가 있는지? 먼저 검토해 보는 해석의 과정을 **차원해석**dimensional analysis이라 한다. 즉, 완벽하지는 않지만, 물리적 필드 변수 사이의 관계를 대략적으로 파악하는 해석이라 생각하면 된다. 다음은 **버킹엄**Buckingham의 **π 정리**로서, 차원해석을 통해, 물리적인 현상 속에 나타나는 물리적인 법칙을 개략적으로 유도할 수 있는데, 다음과 같은 내용으로 되어 있다.

6 Euclid(B.C. 330년경 ~ B.C. 275년경, 그리스)

버킹엄의 π 정리

물리적 현상을 지배하는 k개의 기본 단위로 표현될 수 있는 n개의 필드 변수field variables $(x_1, x_2, x_3, x_4 \cdots\cdots x_n)$를 갖는 물리적 시스템은 $x_1 = f(x_2, x_3, x_4 \cdots\cdots x_n)$과 같은 관계를 가질 때, 이 필드 변수들의 거듭제곱$(x_1, x_2^{\alpha}, x_3^{\beta}, x_4^{\gamma} \cdots\cdots)$으로 이루어진 $n-k$개의 무차원 변수를 구할 수 있고, 이 무차원 변수들 사이의 관계는 다음과 같은 함수로 나타낼 수 있다.

$$\pi_1 = f(\pi_2, \pi_3, \pi_4 \cdots\cdots, \pi_{n-k}) \tag{1.18}$$

식 (1.18)에서 무차원 변수들은 일반적으로 $n-k$개이다.

실제로 어떤 물리적 현상에 나타난 필드 변수들로부터 차원해석을 통해 개략적인 물리적 법칙을 유도해보자. [그림 1-22]와 같이 질량 m을 갖는 공이 지면으로부터 높이 h의 위치에서 자유 낙하한다고 했을 때, 지면에서의 속도는 어떻게 될까? 이와 관련된 물리적인 공식은 어떻게 될까? 하는 필드 변수들 사이의 관계를 찾아보자. 우선 이러한 물리적 현상 속의 필드 변수는 구하고자 하는 속도 v, 중력가속도 g, 공의 질량 m, 공의 최초 높이 h이다. 따라서, 필드 변수의 수는 $n=4$개이다. 이 필드 변수를 구성하는 기본 단위의 수를 찾기 위해서 필드 변수들의 차원을 살펴봐야 한다. 첫째 v는 $[L][T^{-1}]$, m은 $[M]$, g는 $[L][T^{-2}]$, h는 $[L]$로서, 필드 변수를 구성하는 기본 단위의 수는 $[M]$, $[L]$, $[T]$로 3개이다. 즉, 무차원 변수는 $n-k = 4-3 = 1$개가 된다.

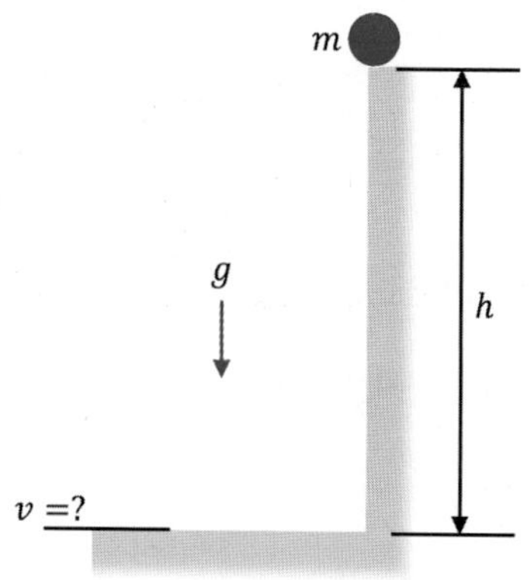

[그림 1-22] 자유 낙하하는 공의 속도

버킹엄의 π 정리로부터, 이 1개의 무차원 변수를 π_1이라 하면, π_1은 필드 변수들의 거듭 제곱 형태로 구성되며, 이때, 구하고자 하는 변수 v에는 다음과 같이 거듭 제곱을 표시하지 않는다.

$$\pi_1 = v^1 m^\alpha h^\beta g^\gamma \tag{1.19}$$

이제 식 (1.19)의 양변을 차원으로 표시하면 다음과 같이 된다. 나타내기에 앞서, π_1은 무차원 변수이므로 계산상의 편의를 위해 1로 놓는다.

$$[M]^0 [L]^0 [T]^0 = [LT^{-1}][M]^\alpha [L]^\beta [LT^{-2}]^\gamma \tag{1.20}$$

식 (1.20)을 다시 정리하면 다음과 같이 된다.

$$[M]^0 [L]^0 [T]^0 = [M]^\alpha [L]^{\beta+1+\gamma} [T]^{-1-2\gamma} \tag{1.20}$$

식 (1.20)에서 양변의 계수를 비교하면 α, β, γ 값을 구할 수 있다.

$$-2\gamma - 1 = 0,\ \beta + \gamma + 1 = 0,\ \alpha = 0,\quad \gamma = -\frac{1}{2},\ \beta = -\frac{1}{2} \tag{1.21}$$

식 (1.21)의 $\alpha = 0$, $\gamma = -\frac{1}{2}$, $\beta = -\frac{1}{2}$ 값을 식 (1.19)에 대입하면 다음과 같은 식의 관계를 얻을 수 있다.

$$v = \pi_1 \sqrt{gh} \tag{1.22}$$

식 (1.22)는 물리법칙의 개략적인 관계를 나타내는 식이라고 앞서 언급하였다. 실제로는 v는 $v = \sqrt{2gh}$ 이지만, 상수 $\sqrt{2}$ 는 때에 따라 실험 등에 의해 얻어질 수 있는 값이다.

Section 1.5
좌표계

학습목표

✔ 좌표계의 정의와 다양한 종류의 좌표계를 학습한다.

✔ 좌표변환을 통해 한 좌표계를 다른 좌표계로의 변환과정을 학습한다.

일반적으로 **좌표계**coordinates는 기하학에서 숫자나 기호를 써서 위치를 표기하는 방식을 뜻한다. 이때의 위치를 지정하는 숫자나 기호는 좌표라 불린다. 필요에 따라 무수히 많은 임의의 좌표계를 만들 수 있으나, 과학에서 크게 유용한 2차원 좌표계는 두 가지, 3차원에서는 세 가지이며, 각각의 특성이 있어서, 용도에 맞게 사용되곤 한다.

- **좌표계**: 좌표를 정하는데 기준을 제공하는 틀을 말하며, 3차원 공간에서 통상적으로 다음과 같은 3개의 좌표계(직각좌표계, 원통좌표계(극좌표계 포함(2차원 공간)), 구좌표계)를 사용한다.

1.5.1 직각좌표계

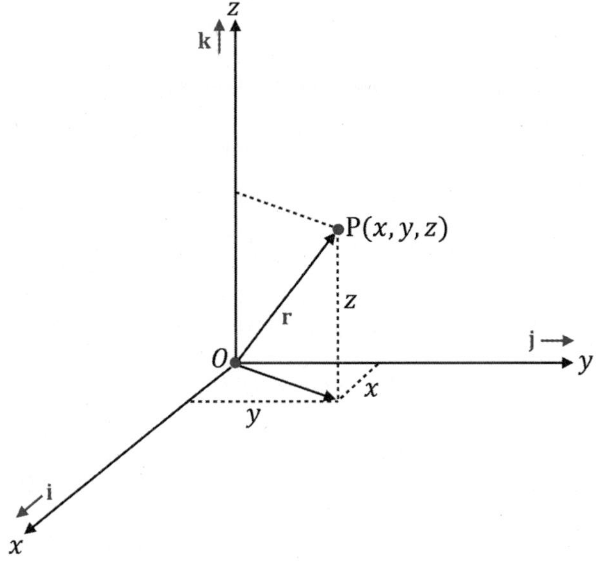

[그림 1-23] 직각좌표계에서 점 P의 위치

직각좌표계rectangular coordinates는 [그림 1-23]에서 알 수 있듯이, 세 축이 서로 직각인 x, y, z축을 좌표계로 잡은 좌표계이다. 이때, 두 개의 축의 방향은 임의대로 잡아도 되지만, 남은 하나의 축은 우수계(오른나사 법칙: 오른나사를 조이는 방향)의 방향으로 잡아야 한다. 예를들어, x축과 y축을 그림과 같이 먼저 잡으면 z축은 반시계 방향으로 도는 방향으로 잡는 것이다. 이제, 공간상의 한 점 P의 위치벡터를 r이라 하면 r은 다음과 같이 나타내진다.

$$\mathrm{r} = x\mathrm{i} + y\mathrm{j} + z\mathbf{k} \tag{1.23}$$

통상적으로 x, y, z축 방향의 단위벡터는 각각 i, j, $\mathbf{k}$로 쓰는데, 다른 벡터 기호로도 표현하여도 무방하다.

1.5.2 원통좌표계

1) 극좌표계polar coordinates

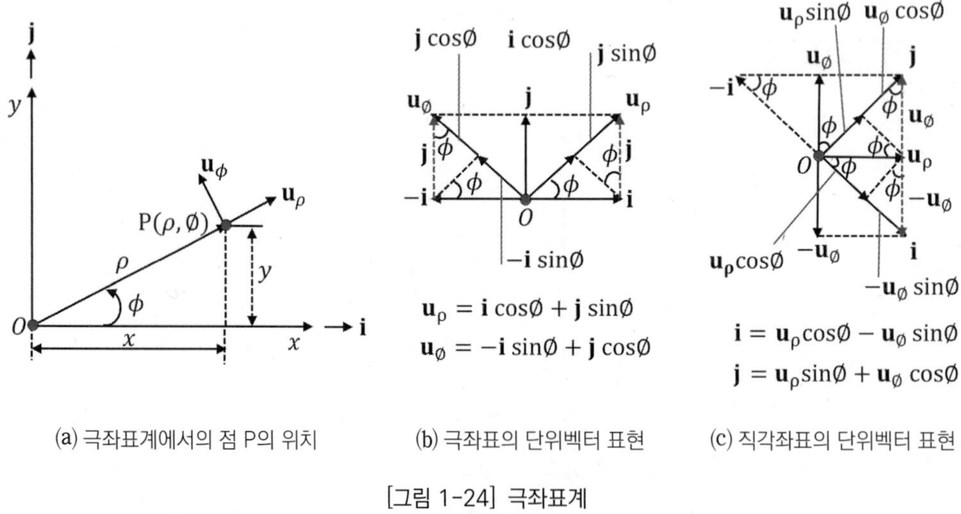

(a) 극좌표계에서의 점 P의 위치 (b) 극좌표의 단위벡터 표현 (c) 직각좌표의 단위벡터 표현

[그림 1-24] 극좌표계

극좌표계polar coordinates는 [그림 1-24(a)]에 나타난 바와 같이, 점 P의 위치를 나타내는데 있어 ρ 방향과 이 축에 직각인 ϕ방향을 두 개의 좌표로 잡은 좌표계로서, 직각좌표계의 x와 y와의 관계는 다음과 같다.

$$x = \rho\cos\phi,\ y = \rho\sin\phi \tag{1.24}$$

$$\rho = \sqrt{x^2 + y^2},\ \phi = \tan^{-1}\left(\frac{y}{x}\right) \tag{1.25}$$

[그림 1-24(b)]의 극좌표계의 두 방향의 **단위벡터**unit vector를 각각 $\mathbf{u}_\rho$와 $\mathbf{u}_\phi$라 하면, 이러한 극좌표계와 직각좌표계와의 상관관계는 [그림 1-24(b)]를 참조하면, 식 (1.26)과 같이 나타낼 수 있다.

$$\mathbf{u}_\rho = (\cos\phi)\mathbf{i} + (\sin\phi)\mathbf{j},\ \mathbf{u}_\phi = (-\sin\phi)\mathbf{i} + (\cos\phi)\mathbf{j} \tag{1.26}$$

이와는 반대로 [그림 1-24(c)]에 나타난 바와 같이, 평면에서의 직각좌표계의 단위벡터 $\mathbf{i}$와 $\mathbf{j}$를 극좌표계의 단위벡터들 $\mathbf{u}_\rho$와 $\mathbf{u}_\phi$를 써서 나타내면 식 (1.27)과 같이 된다.

$$\mathbf{i} = (\cos\phi)\mathbf{u}_\rho - (\sin\phi)\mathbf{u}_\phi,\ \mathbf{j} = (\sin\phi)\mathbf{u}_\rho + (\cos\phi)\mathbf{u}_\phi \tag{1.27}$$

식 (1.26)과 식 (1.27)의 관계는 식 (1.28)과 식 (1.29)와 같은 좌표변환 관계의 행렬 형태로 쓸 수 있다.

$$\begin{Bmatrix} \mathbf{u}_\rho \\ \mathbf{u}_\phi \end{Bmatrix} = \begin{bmatrix} \cos\phi & \sin\phi \\ -\sin\phi & \cos\phi \end{bmatrix} \begin{Bmatrix} \mathbf{i} \\ \mathbf{j} \end{Bmatrix} \tag{1.28}$$

$$\begin{Bmatrix} \mathbf{i} \\ \mathbf{j} \end{Bmatrix} = \begin{bmatrix} \cos\phi & -\sin\phi \\ \sin\phi & \cos\phi \end{bmatrix} \begin{Bmatrix} \mathbf{u}_\rho \\ \mathbf{u}_\phi \end{Bmatrix} \tag{1.29}$$

식 (1.28)은 평면에서의 직각좌표($x-y$)를 극좌표($\rho-\phi$)로 변환하는 절차이고, 식 (1.29)는 극좌표($\rho-\phi$)를 평면에서의 직각좌표($x-y$)로 변환하는 절차이다. 식 (1.28)은 다시 표현하면 다음과 같은 행렬 형태의 식이라 할 수 있다.

$$\{A\} = [C]\{B\} \tag{1.30}$$

식 (1.30)에서 $[C] = \begin{bmatrix} \cos\phi & \sin\phi \\ -\sin\phi & \cos\phi \end{bmatrix}$이다. 식 (1.30)의 양변에 $[C]$의 역행렬 $[C]^{-1}$를 앞에 곱해주면 다음과 같이 된다.

$$\{B\} = [C]^{-1}\{A\} = \begin{bmatrix} \cos\phi & -\sin\phi \\ \sin\phi & \cos\phi \end{bmatrix}\{A\} \tag{1.31}$$

따라서, 식 (1.31)은 식 (1.29)와 같음을 알 수 있다.

2) 원통좌표계 cylindrical coordinates

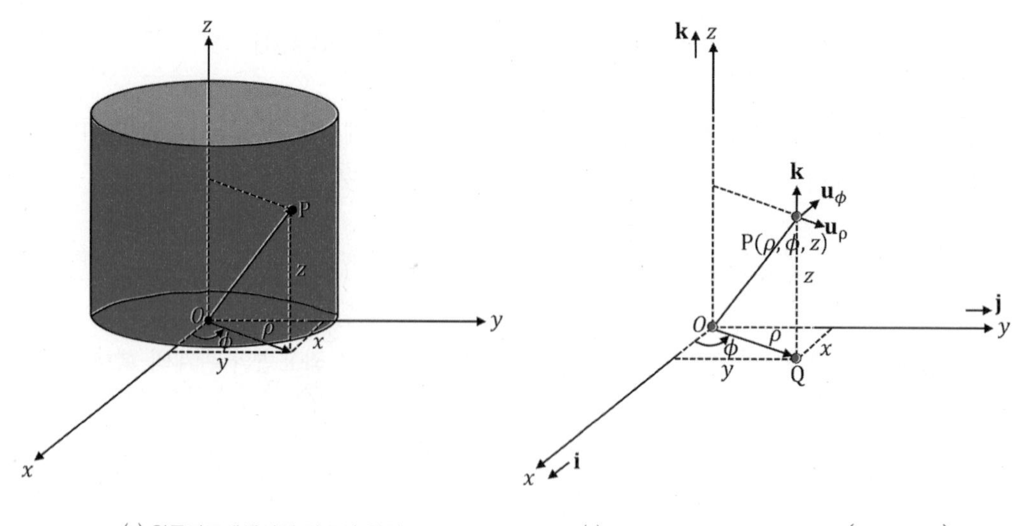

(a) 원통좌표계에서의 점 P의 위치

(b) 원통좌표계의 단위벡터 표현($\mathbf{u}_\rho$, $\mathbf{u}_\phi$, $\mathbf{k}$)

[그림 1-25] 원통좌표계

원통좌표계cylindrical coordinates는 [그림 1-25(a)]와 [그림 1-25(b)]에서와 같이 ρ, ϕ, z축을 좌표계로 잡았을 때, 원점 O와 좌표 공간 위의 점 P에서 $x-y$ 평면으로 정사영시킨 점을 Q라 하자. 원점 O와 점 Q 사이의 거리를 ρ, 선분 $\overline{OQ}$와 x축의 양의 방향이 이루는 반시계 방향의 각을 ϕ, 그리고 두 점 P와 Q 사이의 거리 $\overline{PQ}$를 z로 나타낸 좌표계이다. 이 세 축 방향의 단위벡터는 각각 $\mathbf{u}_\rho$, $\mathbf{u}_\phi$, $\mathbf{k}$로 표시하기로 한다. 그림으로부터 원통좌표계와 직각좌표계와의 관계는 다음의 식 (1.32)와 식 (1.33)과 같이 관계지을 수 있다.

$$x = \rho\cos\phi,\ y = \rho\sin\phi,\ z = z \tag{1.32}$$

$$\rho = \sqrt{x^2 + y^2},\ \phi = \tan^{-1}\left(\frac{y}{x}\right),\ z = z \tag{1.33}$$

(1) 직각좌표계의 원통좌표계로의 변환

원통좌표계는 극좌표계에서 높이 방향(z 방향)으로의 좌표를 하나 더 증가시킨 좌표계로서, 식 (1.28)의 관계를 응용하면 다음과 같은 행렬 형태의 식을 얻을 수 있다.

$$\begin{Bmatrix} \mathrm{u}_\rho \\ \mathrm{u}_\phi \\ \mathbf{k} \end{Bmatrix} = \begin{bmatrix} \cos\phi & \sin\phi & 0 \\ -\sin\phi & \cos\phi & 0 \\ 0 & 0 & 1 \end{bmatrix} \begin{Bmatrix} \mathrm{i} \\ \mathrm{j} \\ \mathbf{k} \end{Bmatrix} \tag{1.34}$$

식 (1.34)는 직각좌표계의 원통좌표계로의 변환식을 나타내며, 다음과 같은 행렬 형태의 식으로 다시 쓰면 다음과 같다.

$$\{D\} = [F]\,\{E\} \tag{1.35}$$

여기서, $[F]$는 $\begin{bmatrix} \cos\phi & \sin\phi & 0 \\ -\sin\phi & \cos\phi & 0 \\ 0 & 0 & 1 \end{bmatrix}$이다.

(2) 원통좌표계의 직각좌표계로의 변환

이제 식 (1.35)의 양변에 $[F]$의 역행렬 $[F]^{-1}$를 앞에 곱해주면 식 (1.36)과 같다.

$$\{E\} = [F]^{-1}\{D\} = \begin{Bmatrix} \mathrm{i} \\ \mathrm{j} \\ \mathbf{k} \end{Bmatrix} = \begin{bmatrix} \cos\phi & -\sin\phi & 0 \\ \sin\phi & \cos\phi & 0 \\ 0 & 0 & 1 \end{bmatrix} \begin{Bmatrix} \mathrm{u}_\rho \\ \mathrm{u}_\phi \\ \mathbf{k} \end{Bmatrix} \tag{1.36}$$

식 (1.36)은 원통좌표계의 직각좌표계로의 변환 식이 된다.

1.5.3 구좌표계

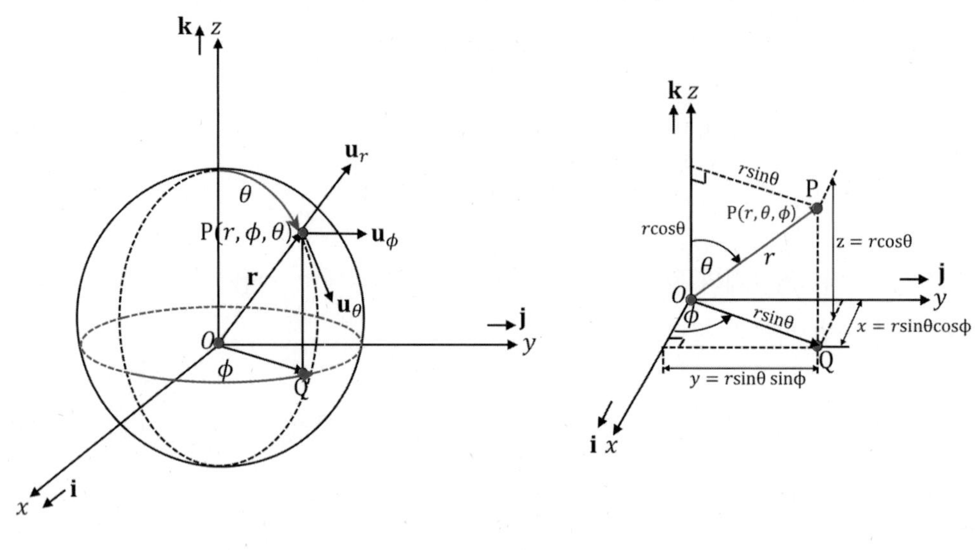

(a) 구좌표계와 단위벡터 $\mathbf{u}_r$, $\mathbf{u}_\theta$, $\mathbf{u}_\phi$ (b) 구좌표계의 성분 표현

[그림 1-26] 구좌표계

[그림 1-26(a)]와 [그림 1-26(b)]는 **구좌표계**spherical coordinates를 나타낸다. 여기서, r, θ, ϕ는 다음과 같이 정의된다.

- r: 원점 O부터 점 P까지의 거리
- θ: z축의 양의 방향으로부터 원점 O와 점 P가 이루는 직선까지의 각
- ϕ: x축의 양의 방향으로부터 원점 O와 점 P가 이루는 직선을 $x-y$ 평면에 투영시킨 직선($\overline{OQ}$)까지의 각

구좌표계의 경우는 좌표값에 따라 한 점을 여러 좌표가 가리키는 경우가 있으므로 각 변수의 범위를 보통 다음과 같이 제한한다. $r \geq 0$, $0 \leq \theta \leq \pi$, $0 \leq \phi \leq 2\pi$

[그림 1-26(b)]의 구좌표계의 점 P의 위치벡터 $\mathbf{r}$은 직각좌표계의 각각의 성분들 x, y, z를 이용하여 식 (1.37)과 같이 나타낼 수 있다.

$$\mathbf{r} = (r\sin\theta\cos\phi)\mathbf{i} + (r\sin\theta\sin\phi)\mathbf{j} + (r\cos\theta)\mathbf{k} \tag{1.37}$$

위치벡터 $\mathbf{r}$은 구좌표계의 r 방향 단위벡터 $\mathbf{u}_r$을 사용하면 $\mathbf{r} = r\mathbf{u}_r$이므로, r 방향 단위벡터 $\mathbf{u}_r$은 식 (1.38)과 같이 나타낼 수 있다.

$$\mathbf{u}_r = (\sin\theta\cos\phi)\mathbf{i} + (\sin\theta\sin\phi)\mathbf{j} + (\cos\theta)\mathbf{k} \tag{1.38}$$

한편, 구좌표계의 θ 방향 단위벡터 $\mathbf{u}_\theta$는 각 ϕ는 그대로 둔채, r 방향 단위벡터 $\mathbf{u}_r$을 $\frac{\pi}{2}$ rad 만큼 회전시킨 단위벡터이므로 식 (1.38)의 θ 대신 $\theta+\frac{\pi}{2}$를 대입하여 식 (1.39)와 같은 결과를 얻을 수 있다.

$$\mathbf{u}_\theta = (\cos\theta\cos\phi)\mathbf{i} + (\cos\theta\sin\phi)\mathbf{j} + (-\sin\theta)\mathbf{k} \tag{1.39}$$

왜냐하면, $\sin\left(\theta+\frac{\pi}{2}\right) = \cos\theta$이고, $\cos\left(\theta+\frac{\pi}{2}\right) = -\sin\theta$이기 때문이다. 끝으로 구좌표계의 ϕ 방향 단위벡터 $\mathbf{u}_\phi$는 $\mathbf{u}_r$의 θ에 $\theta = \frac{\pi}{2}$ rad을 대입한 후, ϕ 방향으로 $\phi = \frac{\pi}{2}$ rad 만큼 회전하였을 때 얻을 수 있으므로, $\mathbf{u}_\phi$는 식 (1.38)에 $\theta = \frac{\pi}{2}$ rad을 대입하고, ϕ 대신 $\phi+\frac{\pi}{2}$를 대입하여 식 (1.40)과 같이 된다.

$$\mathbf{u}_\phi = (-\sin\phi)\mathbf{i} + (\cos\phi)\mathbf{j} + 0\mathbf{k} \tag{1.40}$$

구좌표계의 단위벡터들의 외적cross product은 우수계를 이용하여 다음과 같이 나타내진다.

$$\mathbf{u}_r \times \mathbf{u}_\theta = \mathbf{u}_\phi,\ \mathbf{u}_\theta \times \mathbf{u}_\phi = \mathbf{u}_r,\ \mathbf{u}_\phi \times \mathbf{u}_r = \mathbf{u}_\theta \tag{1.41}$$

(1) 직각좌표계의 구좌표계로의 변환

직각좌표계의 구좌표로계의 변환은 식 (1.38), (1.39), (1.40)으로부터 다음과 같이 변환이 가능하다.

$$\begin{Bmatrix} \mathbf{u}_r \\ \mathbf{u}_\theta \\ \mathbf{u}_\phi \end{Bmatrix} = \begin{bmatrix} \sin\theta\cos\phi & \sin\theta\sin\phi & \cos\theta \\ \cos\theta\cos\phi & \cos\theta\sin\phi & -\sin\theta \\ -\sin\phi & \cos\phi & 0 \end{bmatrix} \begin{Bmatrix} \mathbf{i} \\ \mathbf{j} \\ \mathbf{k} \end{Bmatrix} \tag{1.42}$$

식 (1.42)의 행렬방정식은 $\{G\} = [I]\{H\}$와 같은 형태를 나타내게 되고, 여기서 $[I]$ 행렬은 다음과 같다.

$$[I] = \begin{bmatrix} \sin\theta\cos\phi & \sin\theta\sin\phi & \cos\theta \\ \cos\theta\cos\phi & \cos\theta\sin\phi & -\sin\theta \\ -\sin\phi & \cos\phi & 0 \end{bmatrix} \tag{1.43}$$

(2) 구좌표계의 직각좌표계로의 변환

$\{G\} = [I]\{H\}$의 양변에 $[I]$의 역행렬 $[I]^{-1}$을 앞에 곱하면 다음과 같이 된다.

$$\{H\} = [I]^{-1}\{G\} \tag{1.44}$$

따라서, 직각좌표계 x, y, z축의 단위벡터 i, j, k는 구좌표의 단위벡터 u_r, u_θ, u_ϕ를 써서 다음과 같이 나타내진다.

$$\begin{Bmatrix} \mathrm{i} \\ \mathrm{j} \\ \mathrm{k} \end{Bmatrix} = \begin{bmatrix} \sin\theta\cos\phi & \cos\theta\cos\phi & -\sin\phi \\ \sin\theta\sin\phi & \cos\theta\sin\phi & \cos\phi \\ \cos\theta & -\sin\theta & 0 \end{bmatrix} \begin{Bmatrix} \mathrm{u}_r \\ \mathrm{u}_\theta \\ \mathrm{u}_\phi \end{Bmatrix} \tag{1.45}$$

(3) 원통좌표계의 구좌표계로의 변환

원통좌표계의 구좌표계로의 변환은 직각좌표계의 구좌표계로의 변환 식인 식 (1.42)와 원통좌표계의 직각좌표계로의 변환 식 (1.36)의 관계를 통해, 다음의 식 (1.46)으로부터 식 (1.47)의 관계식을 거쳐, 최종적으로 식 (1.48)의 관계를 얻을 수 있다.

$$\begin{Bmatrix} \mathrm{u}_r \\ \mathrm{u}_\theta \\ \mathrm{u}_\phi \end{Bmatrix} = \begin{bmatrix} \sin\theta\cos\phi & \sin\theta\sin\phi & \cos\theta \\ \cos\theta\cos\phi & \cos\theta\sin\phi & -\sin\theta \\ -\sin\phi & \cos\phi & 0 \end{bmatrix} \begin{Bmatrix} \mathrm{i} \\ \mathrm{j} \\ \mathrm{k} \end{Bmatrix}, \quad \begin{Bmatrix} \mathrm{i} \\ \mathrm{j} \\ \mathrm{k} \end{Bmatrix} = \begin{bmatrix} \cos\phi & -\sin\phi & 0 \\ \sin\phi & \cos\phi & 0 \\ 0 & 0 & 1 \end{bmatrix} \begin{Bmatrix} \mathrm{u}_\rho \\ \mathrm{u}_\phi \\ \mathrm{k} \end{Bmatrix} \tag{1.46}$$

$$\begin{Bmatrix} \mathrm{u}_r \\ \mathrm{u}_\theta \\ \mathrm{u}_\phi \end{Bmatrix} = \begin{bmatrix} \sin\theta\cos\phi & \sin\theta\sin\phi & \cos\theta \\ \cos\theta\cos\phi & \cos\theta\sin\phi & -\sin\theta \\ -\sin\phi & \cos\phi & 0 \end{bmatrix} \begin{bmatrix} \cos\phi & -\sin\phi & 0 \\ \sin\phi & \cos\phi & 0 \\ 0 & 0 & 1 \end{bmatrix} \begin{Bmatrix} \mathrm{u}_\rho \\ \mathrm{u}_\phi \\ \mathrm{k} \end{Bmatrix} \tag{1.47}$$

$$\begin{Bmatrix} \mathbf{u}_r \\ \mathbf{u}_\theta \\ \mathbf{u}_\phi \end{Bmatrix} = \begin{bmatrix} \sin\theta & 0 & \cos\theta \\ \cos\theta & 0 & -\sin\theta \\ 0 & 1 & 0 \end{bmatrix} \begin{Bmatrix} \mathbf{u}_\rho \\ \mathbf{u}_\phi \\ \mathbf{k} \end{Bmatrix} \tag{1.48}$$

(4) 구좌표계의 원통좌표계로의 변환

식 (1.48)의 행렬방정식은 다음과 같은 식의 형태이다.

$$\{J\} = [L]\{K\} \tag{1.49}$$

식 (1.49)의 양변에 $[L]$의 역행렬인 $[L]^{-1}$를 앞에 곱하면 $\{K\} = [L]^{-1}\{J\}$가 되며, 따라서 구좌표계의 원통좌표계로의 변환 식은 식 (1.50)이 된다.

$$\begin{Bmatrix} \mathbf{u}_\rho \\ \mathbf{u}_\phi \\ \mathbf{k} \end{Bmatrix} = \begin{bmatrix} \sin\theta & \cos\theta & 0 \\ 0 & 0 & 1 \\ \cos\theta & -\sin\theta & 0 \end{bmatrix} \begin{Bmatrix} \mathbf{u}_r \\ \mathbf{u}_\theta \\ \mathbf{u}_\phi \end{Bmatrix} \tag{1.50}$$

Section 1.6

유효숫자와 근사화

학습목표

✔ 유효숫자와 반올림에 대한 개념을 이해한다.

✔ 미소량에 대한 근사화시키는 과정을 학습하고, 그 예를 살펴본다.

이제까지 1.3절의 단위계와 1.4절의 차원해석을 통해, 단위와 차원에 대한 내용을 학습하였다. 공학적 문제를 취급하여 숫자가 산출될 때, 그 숫자를 어디까지 나타낼 것인가? 하는 고민이 있을 수 있다. 이 절에서는 이러한 숫자에서 유효자리의 개념을 설명하고, 반올림을 시키는 과정을 배우게 된다. 또한, 미소량의 물리량에 대하여 근사화시키는 과정을 소개한다.

1.6.1 유효숫자

어떤 수치계산 값이 소수점 이하 많은 숫자가 있다고 할 때, 어디까지 계산 값을 쓸 것인가? 하는 궁금증이 있다. 무조건 소수점 이하 수의 개수를 많이 쓰면 더 정확한가? 아니면 계산한 사람의 자의대로 대충 쓸 것인가? 하는 문제이다. 이 절에서의 **유효숫자**significant figure와 정확도의 개념은 이러한 예를 들어 설명하면 좋을 것 같다. 예를 들어, 비커beaker에 물을 넣고 끓인 후, 비커를 내려놓고 온도계를 꽂아, 시간의 경과에 따른 온도를 측정한다고 하자. 이때, 시간이 지남에 따라 온도를 기록하였다고 할 때, 그 기록한 온도가 100.0℃, 98.234℃, 95.25℃, 93.1℃, 91.2875℃ 등이라 하면, 이렇게 기록한 숫자는 유효자리를 몇 자리까지 취해 기록한 것이 아니라, 뒤죽박죽 통일성이 없는 기록 방법이다. 따라서, 여기에서 말하는 정확도의 개념은 소수점 이하 많은 숫자까지 기록해야 정확한 기록이다라는 관점이 아니라 일관성 있는 유효자리를 택해 기록했느냐 하는 개념이다. 이제 유효숫자의 개념에 대하여 알아보자.

숫자 83241은 유효숫자를 5개 갖는다. 그러나 영zero으로 끝이 나는 정수의 유효숫자의 개수는 어떻게 계산하나? 결정하기 쉽지 않다. 예를 들면 123000은 123(유효자리 3개), 1230(유효자리 4개), 12300(유효자리 5개), 123000(유효자리 6개) 등을 가질 수 있다. 이와 같이 명확하지 않음을 회피하기 위해, 공학적 표현을 사용하여, 적절한 유효자리를 선택하기 위해 반올림한 후, 그 뒤에 10^3, 10^{-3}, 10^6, 10^{-9} 등으로 나타낸다. 123000을 123×10^3으로 나타내면 유효숫자가 3개가 된다. 한편, 1보다 작은 숫자로 수의 시작 부분에 영이 되는 경우는 이 영을 유효숫자로 간주하지 않는다. 예를 들어 0.003421는 유효숫자가 4개이고, 공학적 표현으로는 3.421×10^{-3}, 3421×10^{-6}과 같이 표현할 수 있다.

1.6.2 반올림

1.6.1절에서 유효숫자와 정확도의 개념을 설명하였다. 계산된 숫자가 길 경우는 적절히 반올림을 취하여 택할 수 밖에 없는데, 일반적으로 숫자 5를 기준으로 5 이상이면 **반올림**을 하고, 5 미만이면 버린다. 예를 들어, 5.7687의 경우 유효숫자를 3개까지 택한다면, 네 번째 숫자인 8이 5 이상이므로 **반올림**하여 5.77로 표기한다. 만일 2.432를 유효숫자 3개까지 취할 경우는 네 번째 숫자가 2로서 5 미만의 숫자이므로 버리게 된다. 즉, 2.43으로 표기한다. 유사하게, 유효숫자 3개를 취할 때, 0.4378은 네 번째 숫자에서 반올림하여, 0.438로 표기한다. 끝으로 반올림의 경계가 되는 5로 끝날 때라도 5 앞의 숫자가 홀수일 경우는 반올림하고, 5 앞의 숫자가 짝수이면 버린다고 생각하면 된다. 예를 들어, 유효숫자 3개를 취할 경우, 23.75는 23.8로 13.25의 경우는 13.2로 적는다. 소숫점이 있는 경우도 예를 들어, 0.1235는 0.124로, 0.1245의 경우는 0.124로 쓴다.

1.6.3 근사화

어떤 물리량이 미소량이나 미소 값에서 다루어지는 경우, **근사화**approximation를 시켜, 다소 단순화시킨 식이나 값을 취할 수 있다. 공학이나 역학문제에서 자주 등장하는 함수에 대한 근사화는 다음과 같은 과정을 거쳐 근사화시킬 수 있다. 많이 사용하는 방법 중의 하나로 **테일러 급수전개**Taylor series expansion를 들 수 있고, 이에 의한 근사화 방법을 소개한다. 테일러 급수 전개는 어떤 함수 $f(\theta)$가 있어, 이 함수의 θ를 영zero 근방에서 테일러 급수 전개하면 다음과 같이 나타내진다.

$$f(\theta) = f(0) + \theta f'(0) + \theta^2 \frac{f''(0)}{2!} + \theta^3 \frac{f'''(0)}{3!} + \cdots \tag{1.51}$$

만일 $f(\theta) = \sin\theta$라면, $f(0) = 0$, $f'(0) = \cos(0) = 1$, $f''(0) = 0$, $f'''(0) = -1$,

$f''''(0) = 0$으로 계산되어 이를 식 (1.51)에 대입하면 $f(\theta) = \sin\theta$는 다음과 같이 다시 쓸 수 있다.

$$f(\theta) = \theta - \frac{\theta^3}{3!} + \cdots \tag{1.52}$$

만일 식 (1.52)를 첫 항만 취해서 θ의 선형화된 식으로 나타내면, $\sin\theta \simeq \theta$로 근사화될 수 있다. 이때, 이와 같이 나타낼 수 있을 때는 $\theta \ll 1$로 θ가 아주 작은 경우이다. 이와 유사하게, $f(\theta) = \cos\theta$의 경우도 식 (1.51)을 이용한다.

$f(\theta) = \cos\theta$, $f(0) = 1$, $f'(0) = -\sin(0) = 0$, $f''(0) = -1$, $f'''(0) = 0$, $f''''(0) = 1$로 계산되어, 이를 식 (1.52)에 대입하면, 다음과 같이 다시 쓸 수 있다.

$$f(\theta) = 1 - \frac{\theta^2}{2!} + \cdots \tag{1.53}$$

만일 식 (1.53)을 첫 항만 취해서 θ의 선형화된 식으로 나타내면, $\cos\theta \simeq 1$로 근사화될 수 있다. 이 또한 $\theta \ll 1$로 θ가 아주 작은 경우에 근사화시킬 수 있는 것이다.

■ 역학의 정의

외력을 받는 물체의 거동에 대해 연구하는 학문

■ 강체역학

강체는 이상적인 물체로서 힘을 받아도 물체의 변형이 없다고 가정한 물체에 대한 역학

• **정역학**: 정적 평형상태에서의 물체의 거동에 관해 연구하는 강체역학의 한 부류
• **동역학**: 물체의 운동에 관한 강체역학의 한 부류

■ 변형체 역학

힘을 받는 물체의 변형을 다루는 학문으로 이때 변형은 아주 작은 것으로 간주한다.

• **고체역학**: 정적 평형상태에서의 물체의 거동에 관해 연구하는 변형체 역학의 한 부류
• **유체역학**: 힘을 받는 기체와 액체의 거동을 연구하는 변형체 역학의 한 부류

뉴턴의 운동의 세 가지 법칙

■ 제 1법칙

어떤 물체에 외력이 작용하지 않는 한, 그 물체는 정지해 있거나 직선 등속운동을 한다.

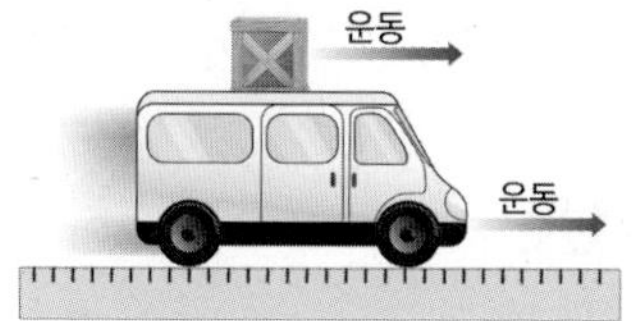

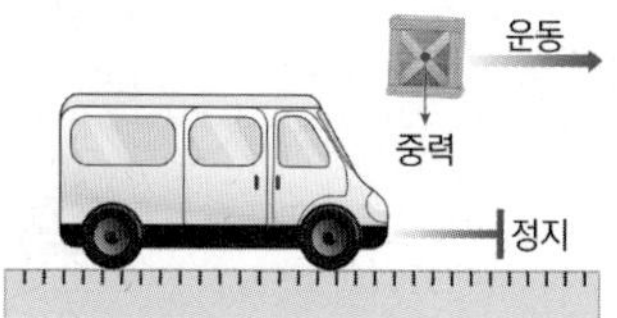

■ 제 2법칙

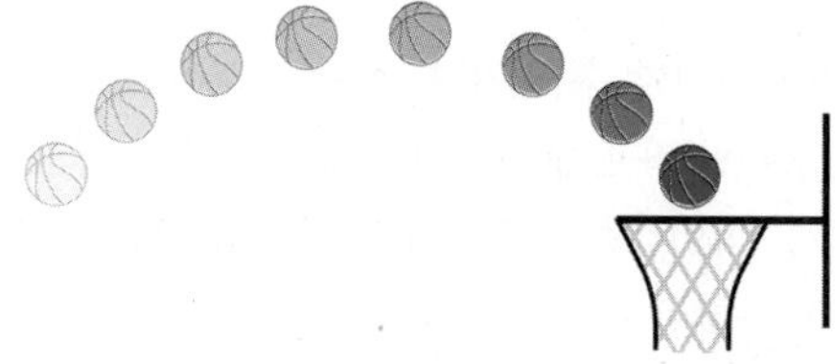

어떤 물체에 외력이 가해지면 그 물체에는 가속도가 발생한다.

■ 제 3법칙

어떤 물체에 작용이 있으면, 반드시 크기가 같고 방향이 반대인 반작용이 있다

뉴턴의 만유인력 법칙

만유인력의 크기는 두 물체의 질량의 곱에 비례하고, 두 물체의 중심 간의 거리의 제곱에 반비례한다.

$$F = \frac{Gm_e m_a}{r^2}$$

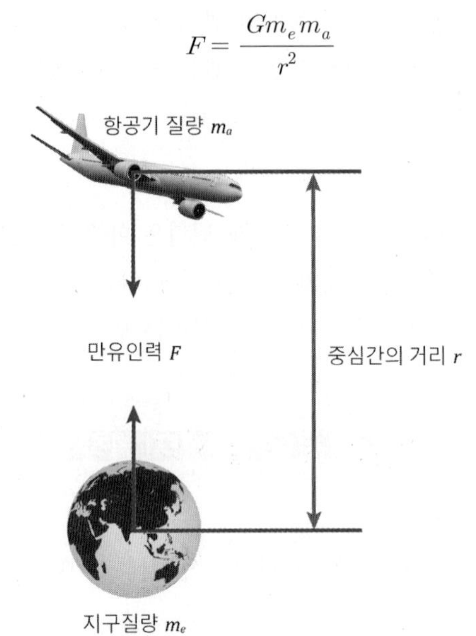

역학 관련 기초 용어

이 절에서는 역학과 관련된 용어들과 역학 관련 해석을 하는 데 필요한 용어들을 살펴본다.

■ 공간

공간이란 어떤 물체나 물질이 존재할 수 있거나, 어떤 사건이 일어날 수 있는 장소가 되는 곳이다. 고전 물리학에서 공간이란, 3차원 좌표계에서 어떤 위치에서 물체 또는 물질이 차지하는 기하학적 영역으로 정의하였다. 그러나, 아인슈타인의 상대론적 물리학에서는 고전 물리학에서의 공간의 개념을 4차원의 시공간으로 확장하였다.

■ 시간

시간이란 어떤 사물의 변화를 인식하기 위한 개념으로서, 과거, 현재, 미래로 이어지는 명백히 1차원적 불가역적인 연속성이 특징이며, 어떤 사건의 연속에 대한 단위이다. 정역학에서는 이 물리량을 직접 포함하고 있지는 않지만, 동역학에서는 기본적인 물리량에 속한다.

■ 질량

질량은 물리학에서 물질이 가지고 있는 고유한 양을 일컫는 말로서, 어떤 물체의 가속도에 저항하려는 물리적인 척도가 되는 양으로 정의된다. 또한, 질량은 어떤 물체 속에 있는 물질의 양으로도 생각할 수 있다.

■ 힘

물리학에서 힘이란 물체의 운동, 방향 또는 구조를 변화시킬 수 있으며, 한 물체의 다른 물체 또는 다른 물체의 한 물체에 대한 상호작용을 일컫는다. 힘은 작용하는 방향으로 물체를 이동시키려는 경향이 있고, 크기, 방향, 작용점의 특성을 갖는 벡터 물리량이다.

■ 질점

질점이란 물체의 크기를 무시하고, 질량이 하나의 점에 집중되어 있다고 보는 점을 일컬으며, 이 점에 의하여 물체의 위치 및 운동을 나타낸다.

■ 강체

강체란 어떤 힘을 받아도 절대로 변형이 일어나지 않는 물체라고 정의된다. 실제로 이러한 물체는 존재하지 않지만, 물체 내의 임의의 두 점 사이의 거리가 변형이 없을 때, 즉 일정 불변인 경우의 물체를 일컫는다. 물체 내의 상대적인 변형이 무시할 정도로 작을 때 그 물체를 강체로 간주한다.

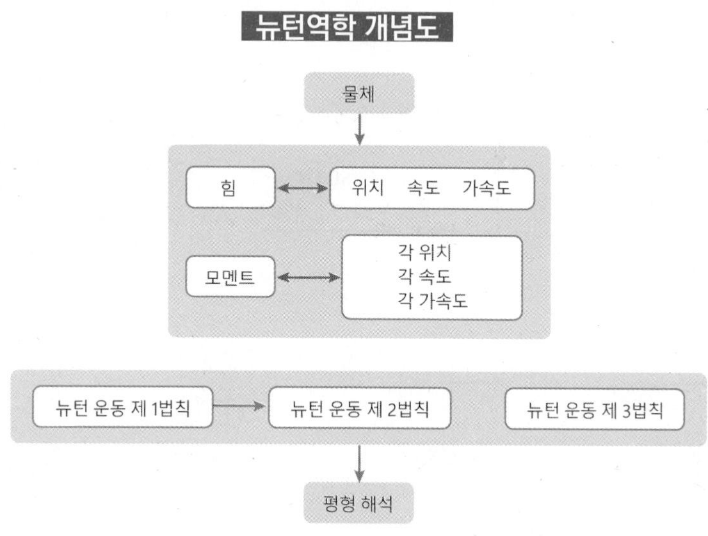

■ 물체

❶ 강체 및 변형체

강체와 변형체는 모두 확장체이지만, 강체는 외력을 받았을 때 변형(인장, 압축, 굽힘, 비틀림 등)되지 않는 물체이며, 변형체는 변형이 있는 물체이다.

❷ 질점과 확장체

질점은 모든 질량이 공간의 한 점에 집중된 물체이다. 이러한 질점에 대한 회전은 고려하지 않으므로, 질점 해석에 있어서는 물체에 작용하는 힘과 병진운동만 고려하면 된다. 이와는 달리, 확장체는 물체 체적 전체에 질량이 분산된 경우이다. 정역학과 동역학에서는 이 확장체를, 확장체를 구성하는 질점들 사이에 변형이 없는 강체로 간주한다.

■ 위치, 변위, 속도, 가속도

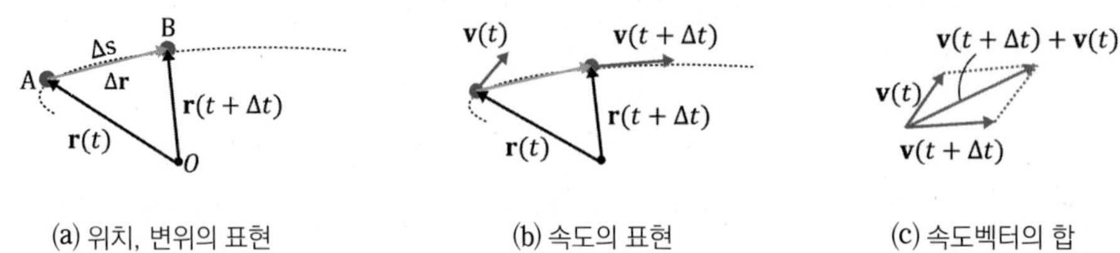

(a) 위치, 변위의 표현 (b) 속도의 표현 (c) 속도벡터의 합

❶ 위치: $\mathrm{r}(t)$, $\mathrm{r}(t+\Delta t)$

❷ 변위: $\Delta \mathrm{r}$

❸ 속도: 평균속도: $\mathrm{v}_{ave} = \dfrac{\Delta \mathrm{r}}{\Delta t} = \dfrac{\mathrm{r}(t+\Delta t) - \mathrm{r}(t)}{\Delta t}$, 순간속도: $\mathrm{v} = \lim\limits_{\Delta t \to 0} \dfrac{\Delta \mathrm{r}}{\Delta t} = \dfrac{d\mathrm{r}}{dt} = \dot{\mathrm{r}}$

❹ 가속도: 평균가속도: $\mathrm{a}_{ave} = \dfrac{\mathrm{v}(t+\Delta t) - \mathrm{v}(t)}{\Delta t}$, 순간가속도: $\mathrm{a} = \lim\limits_{\Delta t \to 0} \dfrac{\Delta \mathrm{v}}{\Delta t} = \dot{\mathrm{v}} = \ddot{\mathrm{r}}$

■ 힘

❶ 크기와 방향

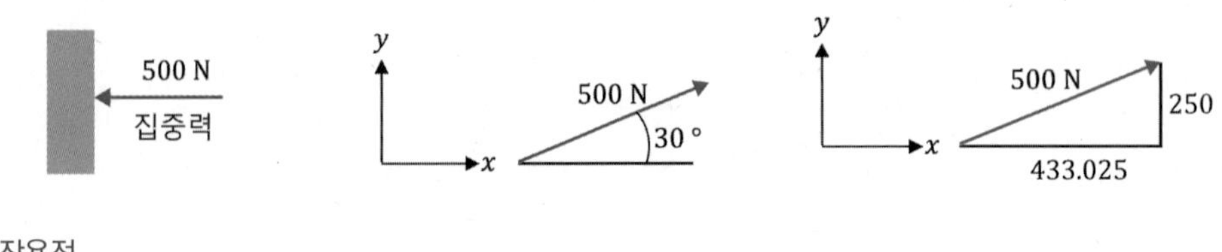

❷ 작용점

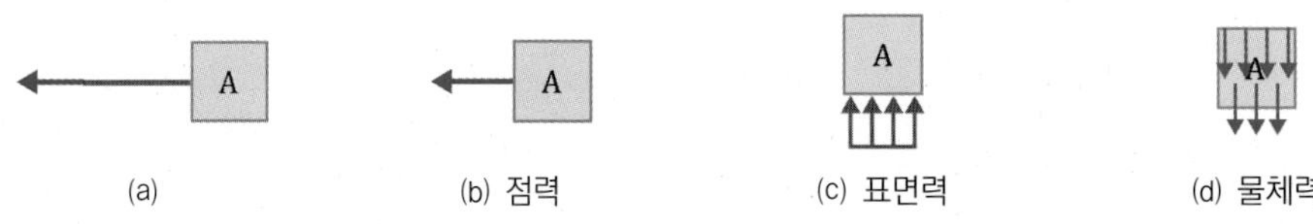

(a) (b) 점력 (c) 표면력 (d) 물체력

■ 각위치, 각변위, 각속도, 각가속도

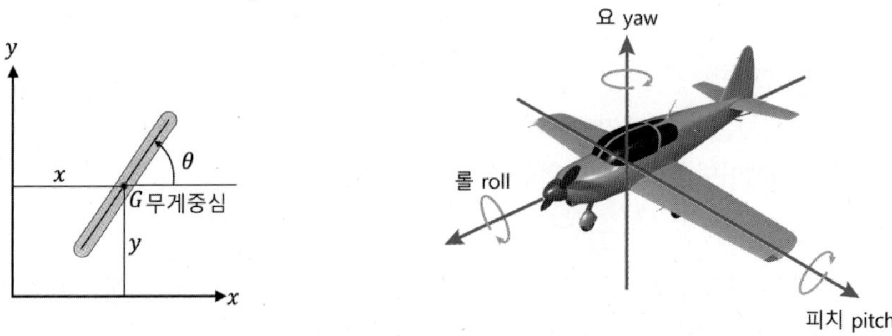

❶ 각위치: θ

❷ 각변위: $\Delta\theta$

❸ 각속도: 평균각속도: $\omega_{ave} = \dfrac{\Delta\theta}{\Delta t}$, 순간각속도: $\omega = \lim_{\Delta t \to 0} \dfrac{\Delta\theta}{\Delta t} = \dfrac{d\theta}{dt} = \dot{\theta}$

❹ 각가속도: 평균각가속도: $\alpha_{ave} = \dfrac{\Delta\omega}{\Delta t}$, 순간각가속도: $\alpha = \lim_{\Delta t \to 0} \dfrac{\Delta\omega}{\Delta t} = \dfrac{d\omega}{dt} = \dot{\omega} = \ddot{\theta}$

■ 모멘트

모멘트는 "물체를 회전시키는 힘의 영향"으로 정의하고, 힘이 가속도를 발생시킨다면, 모멘트는 각가속도를 발생시킨다.

■ 자유물체도

자유물체도는 공학에 있어, 역학 문제의 풀이에 이용되는 그림이다. 그 이름에서 알 수 있듯이, 자유물체도를 그리는 이유는 주어진 물체 주변의 다른 대상과 표면으로부터 물체를 자유롭게 하여 개별적으로 해석할 수 있게 하고자 하기 때문이다.

❶ 첫째, 표면 및 모든 다른 주변의 물체와 분리된 해석 대상의 물체를 그린다. 해석 대상 물체와 주변 물체 및 표면과의 경계 부분에 주의를 기울여야 한다.

❷ 둘째, 물체에 직접 작용하는 모든 외력과 모멘트를 표시한다. 해석 대상의 물체에 직접적으로 작용하지 않는 힘이나 모멘트는 포함하지 않는다. 해석 대상의 물체 내부의 힘들도 포함하지 않는다.

❸ 셋째, 자유물체도에 ❷항의 힘들이 자유물체도에 그려지면, 마지막 단계는 자유물체도에 주요 치수와 각도뿐만 아니라, 필요에 따라 어떤 점이나 위치 등에 라벨을 붙여, 해석하기 쉽게 할 수도 있다.

단위계의 종류

■ 절대단위계

일반적으로 질량, 길이, 시간 차원의 물리량들의 단위를 기본 단위로 갖는 단위계. 이전에는 절대단위계의 물리량의 종류로 세 종류(질량, 길이, 시간)의 물리량을 사용해 왔으나, 현재는 7개(길이, 시간, 질량, 온도, 전류, 물질의 수량, 광도)의 물리량의 단위들이 절대단위계에 속한다.

■ 중력단위계

길이, 시간, 힘을 기본 물리량으로 하고, 이들의 단위들로 구성된 단위계를 말한다. 즉 절대단위계의 기본 물리량들 중의 하나인 질량 대신 힘을 사용하는 것이다. 질량 대신 지구중력가속도에 의한 힘 또는 무게를 채택하므로 절대단위계라고 말할 수 없다.

단위의 환산

■ 길이의 단위

$1\ \text{ft} = 0.3048\ \text{m}$, $1\ \text{mi} = 5{,}280\ \text{ft} = (5{,}280\ \text{ft})(0.3048\ \text{m/ft}) = 1{,}609\ \text{m}$, $1\ \text{in} = 0.0254\ \text{m}$

■ 무게와 질량의 단위

무게는 질량에 중력가속도를 곱한 것인데, $1\ \text{lbf}$는 $1\ \text{lbm} = 0.4536\ \text{kg}$의 질량과 중력가속도 $g = 9.807\ \text{m/s}^2$를 곱한 값이다.

$1\ \text{lbf} = 4.448\ \text{N}$, $1\ \text{slug} = 14.59\ \text{kg}$

차원해석

일반적으로 물리적인 현상이나 이·공학 문제를 어떤 법칙이나 수식화된 공식으로 도출하기 전에, 물리적인 필드 변수들끼리 어떤 관계가 있는지 먼저 검토해 보는 해석의 과정을 일컫는다.

버킹엄의 π 정리

물리적 현상을 지배하는 k개의 기본 단위로 표현될 수 있는 n개의 필드 변수field variables $(x_1, x_2, x_3, x_4 \cdots\cdots x_n)$를 갖는 물리적 시스템은 $x_1 = f(x_2, x_3, x_4 \cdots\cdots x_n)$과 같은 관계를 가질 때, 이 필드 변수들의 거듭제곱$(x_1, x_2^{\alpha}, x_3^{\beta}, x_4^{\gamma} \cdots\cdots)$으로 이루어진 $n-k$개의 무차원 변수를 구할 수 있고, 이 무차원 변수들 사이의 관계는 다음과 같은 함수로 나타낼 수 있다.

$$\pi_1 = f(\pi_2, \pi_3, \pi_4 \cdots\cdots, \pi_{n-k}) \tag{1.18}$$

식 (1.18)에서 무차원 변수들은 일반적으로 $n-k$개이다.

좌표계

일반적으로 좌표계coordinates는 기하학에서 숫자나 기호를 써서 위치를 표기하는 방식을 뜻한다. 이때의 위치를 지정하는 숫자나 기호는 좌표라 불린다.

■ 직각좌표계: $\mathrm{r} = x\mathrm{i} + y\mathrm{j} + z\mathrm{k}$

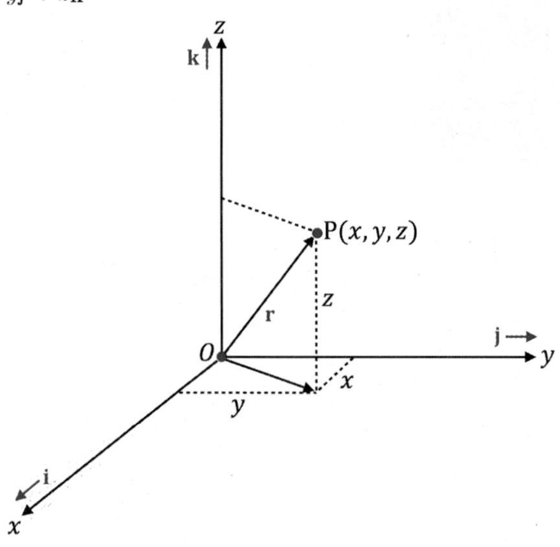

■ 원통좌표계

❶ 극좌표계: $x = \rho\cos\phi,\ y = \rho\sin\phi,\ \rho = \sqrt{x^2 + y^2},\ \phi = \tan^{-1}\left(\dfrac{y}{x}\right)$

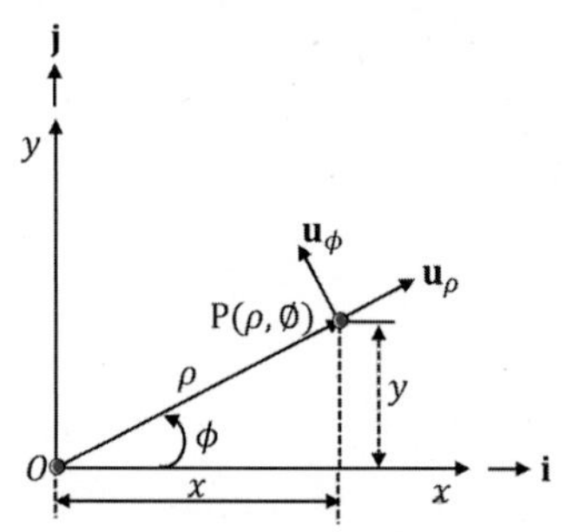

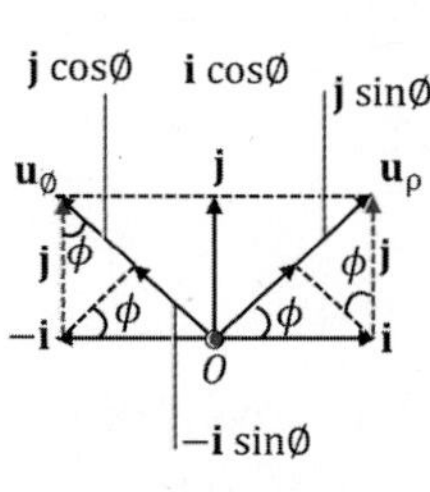

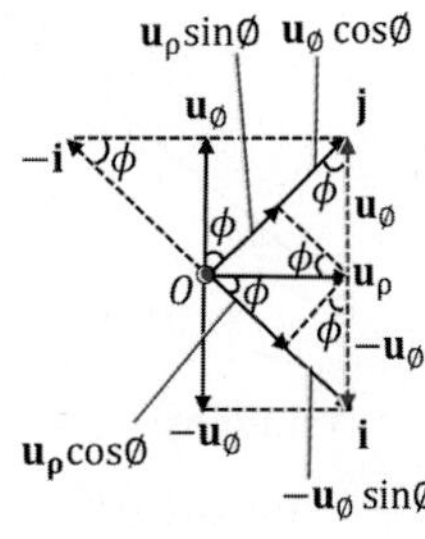

❷ 원통좌표계: $x = \rho\cos\phi,\ y = \rho\sin\phi,\ z = z,\ \rho = \sqrt{x^2 + y^2},\ \phi = \tan^{-1}\left(\dfrac{y}{x}\right),\ z = z$

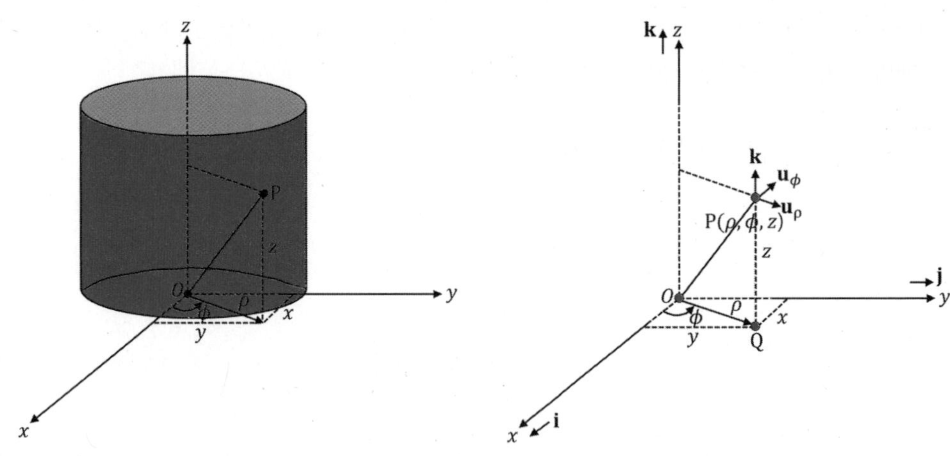

■ 구좌표계: $r \geq 0,\ 0 \leq \theta \leq \pi,\ 0 \leq \phi \leq 2\pi$

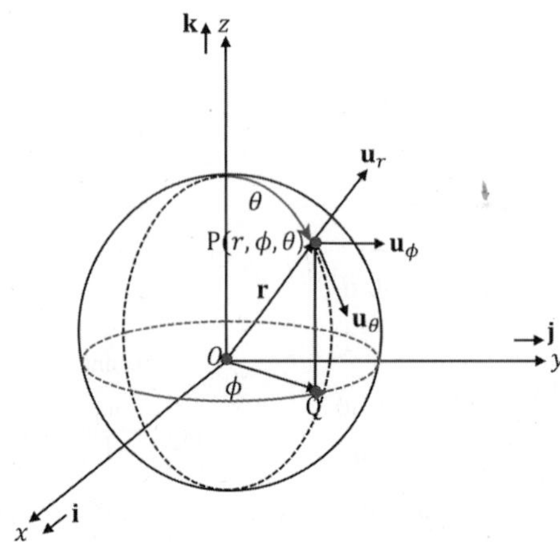

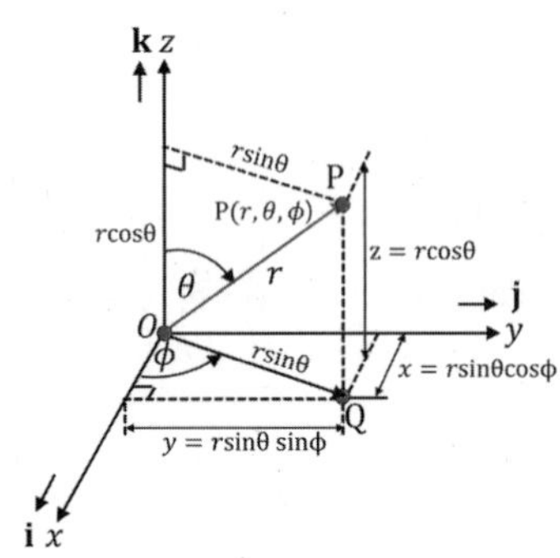

$\mathbf{r} = (r\sin\theta\cos\phi)\,\mathbf{i} + (r\sin\theta\sin\phi)\,\mathbf{j} + (r\cos\theta)\,\mathbf{k}$

$\mathbf{u}_r = (\sin\theta\cos\phi)\,\mathbf{i} + (\sin\theta\sin\phi)\,\mathbf{j} + (\cos\theta)\,\mathbf{k}$

$\mathbf{u}_\theta = (\cos\theta\cos\phi)\,\mathbf{i} + (\cos\theta\sin\phi)\,\mathbf{j} + (-\sin\theta)\,\mathbf{k}$

$\mathbf{u}_\phi = (-\sin\phi)\,\mathbf{i} + (\cos\phi)\,\mathbf{j} + 0\mathbf{k}$

좌표계의 변환

■ 직각좌표계의 구좌표계로의 변환

$$\begin{Bmatrix} u_r \\ u_\theta \\ u_\phi \end{Bmatrix} = \begin{bmatrix} \sin\theta\cos\phi & \sin\theta\sin\phi & \cos\theta \\ \cos\theta\cos\phi & \cos\theta\sin\phi & -\sin\theta \\ -\sin\phi & \cos\phi & 0 \end{bmatrix} \begin{Bmatrix} i \\ j \\ k \end{Bmatrix}$$

■ 구좌표계의 직각좌표계로의 변환

$$\begin{Bmatrix} i \\ j \\ k \end{Bmatrix} = \begin{bmatrix} \sin\theta\cos\phi & \cos\theta\cos\phi & -\sin\phi \\ \sin\theta\sin\phi & \cos\theta\sin\phi & \cos\phi \\ \cos\theta & -\sin\theta & 0 \end{bmatrix} \begin{Bmatrix} u_r \\ u_\theta \\ u_\phi \end{Bmatrix}$$

■ 원통좌표계의 구좌표계로의 변환

$$\begin{Bmatrix} u_r \\ u_\theta \\ u_\phi \end{Bmatrix} = \begin{bmatrix} \sin\theta & 0 & \cos\theta \\ \cos\theta & 0 & -\sin\theta \\ 0 & 1 & 0 \end{bmatrix} \begin{Bmatrix} u_\rho \\ u_\phi \\ k \end{Bmatrix}$$

■ 구좌표계의 원통좌표계로의 변환

$$\begin{Bmatrix} u_\rho \\ u_\phi \\ k \end{Bmatrix} = \begin{bmatrix} \sin\theta & \cos\theta & 0 \\ 0 & 0 & 1 \\ \cos\theta & -\sin\theta & 0 \end{bmatrix} \begin{Bmatrix} u_r \\ u_\theta \\ u_\phi \end{Bmatrix}$$

유효숫자와 근사화

■ 유효숫자

- 숫자 83241: 유효숫자 5개, 숫자 123000 (유효숫자 6개), 숫자 12300(유효숫자 5개), 숫자 1230 (유효숫자 4개)
- 숫자 123(유효숫자 3개)
- 공학적 표현: 유효숫자 뒤에, 10^3, 10^{-3}, 10^6, 10^{-9} 등으로 나타낸다.

  예 123000을 123×10^3으로 나타내면 유효숫자가 3개이다.
  1보다 작은 숫자로 수의 시작 부분에 영이 되는 경우는 이 영을 유효숫자로 간주하지 않는다.
  0.003421는 유효숫자가 4개, 공학적 표현: 3.421×10^{-3}, 3421×10^{-6}과 같이 표현할 수 있다.

■ 반올림

일반적으로 숫자 5를 기준으로 5 이상이면 반올림을 하고, 5 미만이면 버린다.

예 5.7687의 경우 유효숫자를 3개까지 택한다면, 네 번째 숫자인 8이 5 이상이므로 반올림하여 5.77로 표기한다.

예 2.432를 유효숫자 3개까지 취할 경우는 네 번째 숫자가 2로서, 5 미만의 숫자이므로 버리게 된다. 즉, 2.43으로 표기한다.

예 유효숫자 3개를 취할 때, 0.4378은 네 번째 숫자에서 반올림하여, 0.438로 표기한다.
반올림의 경계가 되는 5로 끝날 때라도 5 앞의 숫자가 홀수일 경우는 반올림하고, 5 앞의 숫자가 짝수이면 버린다.

예 유효숫자 3개를 취할 경우, 23.75는 23.8로 13.25의 경우는 13.2로 표기한다.

예 소숫점이 있는 경우도 유효숫자 3개를 취할 경우, 0.1235는 0.124로, 0.1245의 경우는 0.124로 쓴다.

- 근사화

테일러 급수 전개는 어떤 함수 $f(\theta)$가 있어, 이 함수의 θ를 영zero 근방에서 테일러 급수 전개하면 다음과 같이 나타낸다.

$$f(\theta)=f(0)+\theta f'(0)+\theta^2\frac{f''(0)}{2!}+\theta^3\frac{f'''(0)}{3!}+\cdots$$

만일 $f(\theta)=\sin\theta$라면, $f(\theta)=\theta-\frac{\theta^3}{3!}+\cdots$, 첫 항만 취하면, $\sin\theta\simeq\theta$

만일 $f(\theta)=\cos\theta$라면, $f(\theta)=1-\frac{\theta^2}{2!}+\cdots$, 첫 항만 취하면, $\cos\theta\simeq 1$

▶ 1.1절

1.1 '강체역학'과 '변형체 역학'의 차이에 대해 설명하고, '강체역학'과 '변형체 역학'의 예를 들어 보라.

▶ 1.1절

1.2 연습문제 [그림 1-1]을 보고, 중력과 만유인력의 의미상의 미세한 차이를 구별하여 설명하여라.

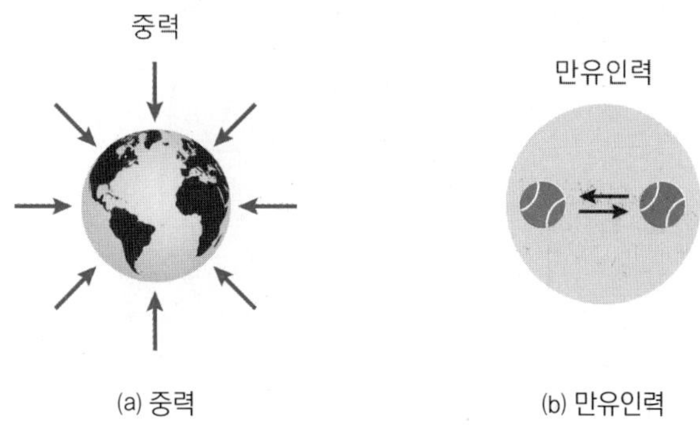

(a) 중력 (b) 만유인력

연습문제 [그림 1-1]

▶ 1.1절

1.3 뉴턴의 운동 제 1법칙과 제 3법칙에 대하여 간단히 설명하여라.

▶ 1.1절

1.4 뉴턴의 만유인력 법칙에 대하여 간단히 설명하여라.

▶ 1.1절

1.5 연습문제 [그림 1-2]와 같이 두 물체 A와 B의 질량은 각각 $m_{\mathrm{A}} = 10\ \mathrm{kg}$, $m_{\mathrm{B}} = 1\ \mathrm{kg}$이고, 두 물체의 중심 간의 거리 r은 $r = 100\ \mathrm{km}$일 때, 두 물체 간의 만유인력은 얼마인가? (단, 중력상수 또는 만유인력 상수 G는 $G = 6.67 \times 10^{-11}\ \mathrm{m^3/kg \cdot s^2}$로 한다.)

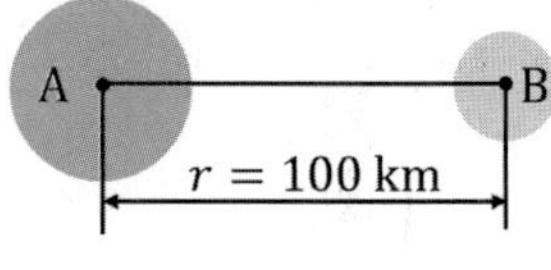

연습문제 [그림 1-2]

▶ 1.2절

1.6 질점(particle)과 강체(rigid body)의 차이점을 설명하여라.

▶ 1.2절

1.7 연습문제 [그림 1-3]과 같이, 물체 A, B, C의 무게가 각각 $W_A = 10\ \mathrm{N}$, $W_B = 20\ \mathrm{N}$, $W_C = 30\ \mathrm{N}$일 때, 각 물체에 대한 자유물체도를 그려라.

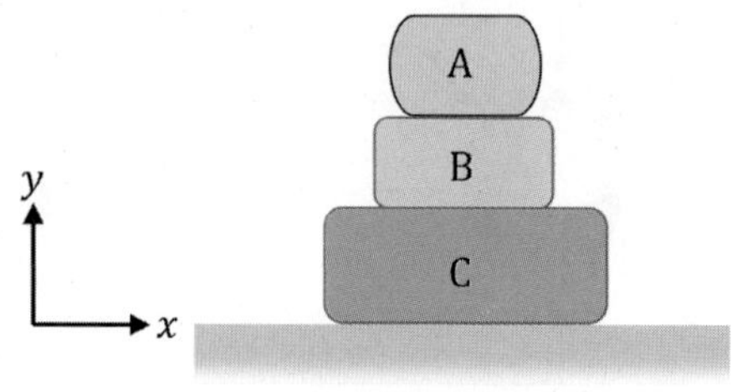

연습문제 [그림 1-3]

▶ 1.2절

1.8 연습문제 [그림 1-4]와 같이, 보의 자중은 $10\ \mathrm{N}$이라 하고, 보 위에 $5\ \mathrm{N}$의 외력이 작용한다. 주어진 하중들에 대한 자유물체도를 그려라.

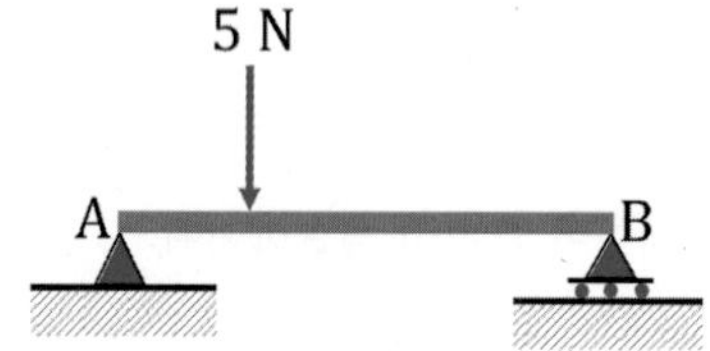

연습문제 [그림 1-4]

▶ 1.3절

1.9 다음의 수치계산과 단위를 $\mathrm{m/s}$로 단위환산 하여라.

(1) $5\ \mathrm{km/h}$ (2) $6\ \mathrm{mm/h}$

▶ 1.3절

1.10 다음 수치와 단위를 곱셈하여 그 결과를 적합한 SI 단위의 접두어를 사용하여 나타내어라.

(1) $(100\ \mathrm{mN})\times(8\ \mathrm{GN})$ (2) $(500\ \mu\mathrm{m})\times(5\ \mathrm{MN})^2$

▶ 1.3절

1.11 어떤 물체의 질량이 $100\ \mathrm{kg}$으로 측정되었다. 이 물체의 무게를 SI 단위로 나타내어라. (단, 이 물체가 위치한 위치의 중력가속도는 $9.81\ \mathrm{m/s^2}$으로 가정하여라.)

▶ 1.3절

1.12 다음 $5\ \mathrm{lbf/ft^2}$의 미국 관습단위계를 SI 단위계로 단위 환산하여 다시 나타내어라.

▶ 1.4절

1.13 연습문제 [그림 1-5]와 같이 속력 v를 갖고, 반경 r의 원 궤도를 도는 질량 m의 물체의 원심력을 구하는 식을 차원해석을 통해 구하여라.

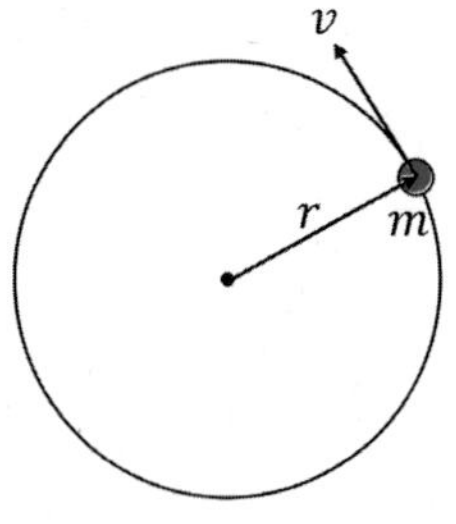

연습문제 [그림 1-5]

▶ 1.4절

1.14 연습문제 [그림 1-6]과 같이 질량 m과 길이 L의 단진자가 주기적인 회전운동을 하고 있다. 진자의 주기를 나타내는 물리적 공식을 차원해석을 통해 나타내어라.

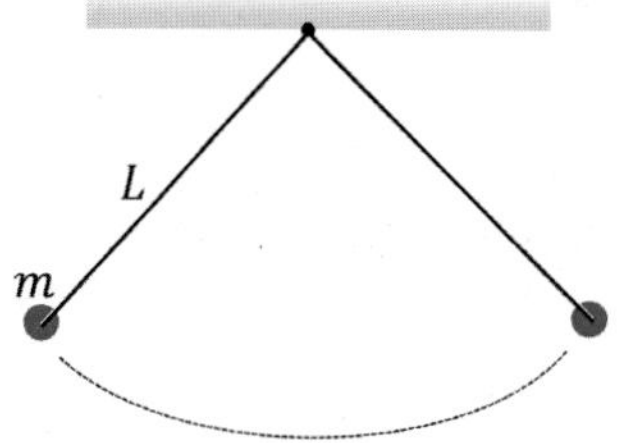

연습문제 [그림 1-6]

▶ 1.5절

1.15 연습문제 [그림 1-7]의 $x-y$좌표계를 $r-\theta$좌표계로 변환할 때, 두 좌표계의 관계를 나타내어라.

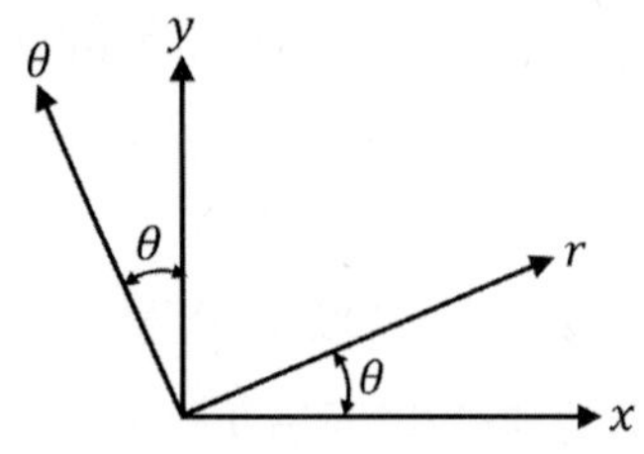

연습문제 [그림 1-7]

▶ 1.6절

1.16 다음과 같은 수치를 유효자리 세 자리까지 계산하고, 적합한 SI 단위의 접두어를 사용하여 나타내어라.

(1) $(500\ \mathrm{m})^3$　　(2) $(0.007\ \mathrm{mm})^3$

▶ 1.6절

1.17 다음과 같은 숫자를 유효자리가 네 자리가 되도록 반올림하여 나타내어라.

(1) 1245786　　(2) 0.0023567

▶ 1.6절

1.18 아래와 같은 숫자를 유효자리가 세 자리가 되도록 반올림하여 나타내어라.

(1) $3.45675\ \mathrm{m}$　　(2) $3378\ \mathrm{kg}$　　(3) $2575\ \mathrm{N}$

▶ 1.6절

1.19 다음과 같은 $f(x)=e^x$ 함수의 테일러 급수 전개를 하고, $x=0$근방에서의 첫 항까지의 근사 값을 구하여라.

▶ 1.6절

1.20 다음과 같은 $f(\theta)=e^{i\theta}$ 함수의 테일러 급수 전개를 하고, $\theta=0$ 근방에서의 둘째 항까지의 근사 값을 구하여라.

MEMO

Statics

오늘날 건강을 생각해, 피트니스 헬스장에 가서, 아령이나 역기 등을 들어 올려 근육을 키우는 사람들이 많이 있다. 또한, 스쿼트 등을 통해 다리의 근육을 키우기도 한다. 이러한 근육운동을 하는 동안, 어느 방향으로 힘을 가해야 근육 발달에 더 도움이 될까? 손의 위치나 발의 위치는 어떻게 배치해야 좋을까? 등을 생각해 볼 수 있다. 운동을 할 때, 가하는 힘은 벡터 물리량으로 크기와 방향성을 모두 갖고 있다. 따라서, 얼마만큼의 힘의 크기와 어느 방향으로 힘을 가하느냐에 따라 물체에 작용하는 힘의 효과가 달라진다. 본 장에서는 벡터 물리량 중의 하나인 힘을 이해하고, 벡터를 사용하여 힘을 표현하는 방법을 학습한다. 또한, 벡터 물리량의 연산(덧셈과 뺄셈, 그리고 스칼라 곱)을 학습한다.

CHAPTER 02*

힘의 표현

Representation of forces

CONTENTS

학습목표

- 벡터 물리량에 대한 개념과 벡터를 표현하는 방법을 학습한다.
- 힘의 개념과 힘의 합성과 분해를 학습한다.
- 벡터의 내적의 정의와 방향 코사인direction cosine을 익힌다.

Section 2.1

벡터

학습목표

- ✔ 벡터를 이해하고, 표현하는 방법을 학습한다
- ✔ 벡터의 스칼라곱, 덧셈과 뺄셈 등 벡터의 연산을 학습한다.
- ✔ 직교좌표계를 이용하여 벡터를 표현하는 방법을 익힌다.
- ✔ 단위벡터와 위치벡터를 이해한다

정역학statics에서 **힘계**force system는 어떤 물체에 작용하는 힘과 **모멘트**moment로 구성된 시스템을 일컫는다. 이 힘과 모멘트는 일반적으로 수학에서 배운 벡터를 이용하여 표현할 수 있다. 2장에서는 벡터의 정의와 특성, 힘의 표현, 그리고 벡터의 연산에 대한 기초지식을 학습한다. 다만, 모멘트는 강체의 평형을 다루는 4장에서 자세히 다룰 것이다.

2.1.1 벡터의 이해

1) 스칼라와 벡터

정역학에서 물리량을 표현할 때, 주로 **스칼라**scalar와 **벡터**vector가 사용된다. 스칼라는 시간, 길이, 면적, 부피, 질량 등과 같이, 물리량의 크기를 나타내는 **실수**real number값이다. 이에 반해 벡터는 크기와 방향을 동시에 표현할 수 있는 역학에서 매우 중요한 수학 도구이다. 벡터는 힘, 모멘트, 위치, 속도, 가속도 등과 같이 물리량의 크기와 작용하는 방향을 동시에 고려하는 것이 필요할 때 사용된다. 벡터에 있어, 그 크기는 0보다 크거나 같은 스칼라 값이다. 벡터는 수식과 그림으로 표현이 가능하고, 또한, 대수의 사칙연산(덧셈, 뺄셈, 곱셈, 나눗셈)과 유사하게, 덧셈, 뺄셈, 스칼라 곱, 크로스 곱 등의 연산이 가능하다. 일반적으로 스칼라와 벡터를 문자로 표기할 때, 이를 구별하여 위해 스칼라는 '기울임 글꼴'italic체 알파벳으로 표현하고, 벡터는 '로만 굵은 글꼴'Roman bold체 알파벳을 사용한다. 예를 들면, F는 스칼라이고, $\mathbf{F}$는 벡터이다. 벡터는 응용 대상에 따라 다음과 같이 3가지로 분류할 수 있다.

(1) 자유벡터free vector

일반적으로 수학에서는 벡터의 크기와 방향만 중요하며, 벡터의 위치는 중요하지 않다. 자유 벡터는 글자 그대도 자유롭게 공간상에서 움직여도 그 효과가 동일하여, 자유롭게 이동이 가능하다. 일반적으로 벡터를 연산할 때는 벡터들을 **자유벡터**로 취급한다.

(2) 슬라이딩 벡터sliding vector

정역학에서 힘을 작용선을 따라 어느 위치로 이동시키더라도 그 힘의 물리적 효과는 동일하다. 이와 같이, 작용선을 따라 자유롭게 시작점을 이동시킬 수 있는 벡터를 슬라이딩 벡터라고 한다. 정역학에서는 단순히 힘을 **슬라이딩 벡터**로 취급한다.

(3) 고정벡터fixed vector

고정벡터는 벡터의 시작점이 고정되어 있는 벡터이다. 벡터의 시작점이 변하면, 그 효과가 달라지는 경우에 고정벡터를 사용한다. 예를 들어, 변형하는 물체에 작용하는 힘과 같이 국부적인 변화를 고려해야 할 경우, 힘을 고정벡터로 취급한다.

2) 벡터의 표현

[그림 2-1]과 같이, 임의의 벡터 A를 직선 선분 OP와 방향을 나타내는 화살표로 표현할 수 있다. 여기서 꼬리(시작점) O와 머리(끝점) P를 연결하여 직선 선분 OP는 벡터의 크기 $A = |\mathrm{A}|$에 해당한다. 그러나, 벡터를 도식적으로 연산하는 경우를 제외한 일반적인 경우, 편의상 벡터를 그릴 때 크기 비율을 고려하지는 않는다. 화살표의 방향은 벡터의 작용 방향을 나타낸다. [그림 2-1]과 같이, 벡터의 꼬리에 연결한 수평선분(일반적으로 x축으로 표기함)으로부터 측정한 각도 θ로 벡터의 방향을 표시할 수 있다. 주어진 벡터에 평행한 연장선 aa'를 이 벡터의 **작용선**line of action이라고 부른다.

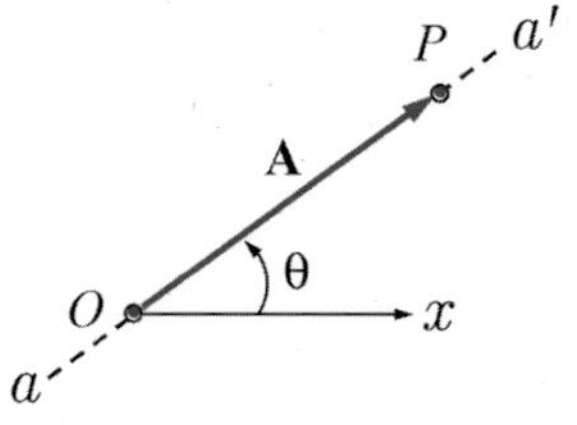

[그림 2-1] 벡터의 표현

2.1.2 스칼라와 벡터의 곱

임의의 벡터 A에 스칼라 a를 곱하면, 다음과 같이 A에 평행하지만 크기가 a배만큼 변화된 새로운 벡터 B를 얻게 된다.

$$\mathrm{B} = a\mathrm{A} \tag{2.1}$$

여기서 $a = \pm 0.5, \ \pm 1, \ \pm 2$이면, [그림 2-2]와 같이 표현된다.

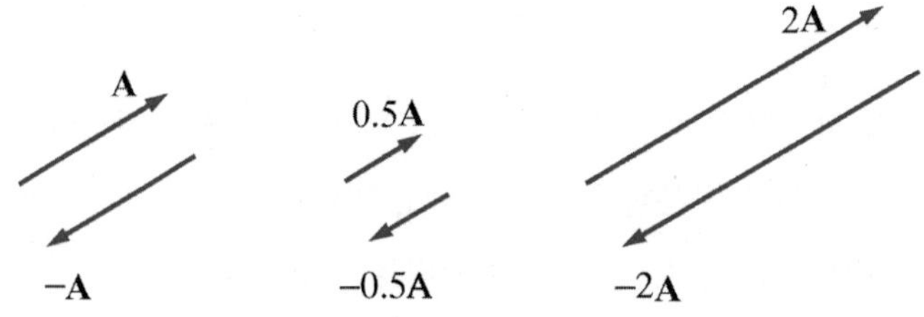

[그림 2-2] 벡터와 스칼라 곱의 표현

2.1.3 벡터의 덧셈과 뺄셈

임의의 벡터 A에 임의의 벡터 B를 더하거나 빼면, 다음과 같이 합 벡터 C와 D를 얻게 된다.

$$\mathrm{C} = \mathrm{A} + \mathrm{B}, \ \mathrm{D} = \mathrm{A} - \mathrm{B} = \mathrm{A} + (-\mathrm{B}) \tag{2.2}$$

여기서 $-$B는 벡터 B에 스칼라 -1을 곱한 벡터로, B와 크기는 같고, 방향이 반대인 벡터이다. 따라서 일반적인 스칼라 연산과 마찬가지로 뺄셈 연산 D는 A에 $-$B를 합한 덧셈 연산으로 취급할 수 있다. 또한, 덧셈과 뺄셈의 연산은 다음과 같이 교환법칙이 성립한다.

$$\mathrm{A} + \mathrm{B} = \mathrm{B} + \mathrm{A}, \quad \mathrm{A} - \mathrm{B} = -\mathrm{B} + \mathrm{A} \tag{2.3}$$

한편, 벡터의 덧셈을 그림으로 표현하는 방법에는 **평행사변형 법칙**과 **삼각형 법칙**이 있다.

1) 평행사변형 법칙

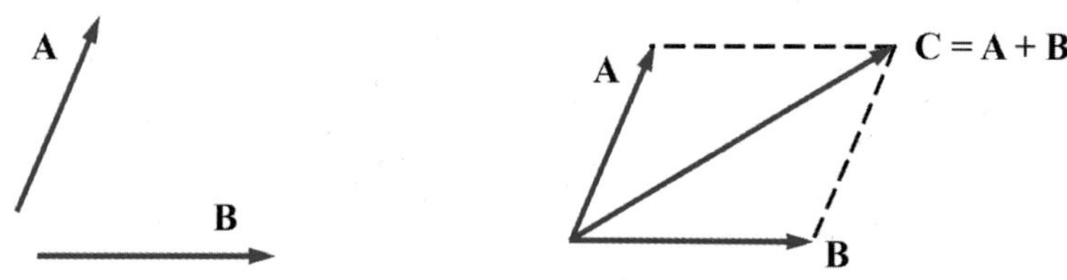

[그림 2-3] 평행사변형 법칙을 통한 벡터의 합

임의의 벡터 A에 임의의 벡터 B를 더하는 경우, 먼저 [그림 2-3]과 같이 두 벡터의 꼬리를 한점에 일치시키고, 각각의 벡터를 그린다. 그리고, 두 벡터를 변으로 하는 평행사변형을 그린다. 이때, 이 대각선 벡터가 두 벡터의 합 C= A+B를 나타낸다.

2) 삼각형 법칙

임의의 벡터 A에 임의의 벡터 B를 더하는 경우, 먼저 [그림 2-4]의 좌측 그림과 같이, 벡터 A를 그린다. 벡터 B는 꼬리를 벡터 A의 머리에 연결하여 그린다. 그리고, 두 벡터를 변으로 하는 삼각형을 그린다. 이때 나머지 변이 두 벡터의 합을 나타낸다. 이번에는 연산의 순서를 바꾸어 벡터 B를 먼저 그리고, 벡터 A를 벡터 B의 머리에 연결하여 그린다. [그림 2-4]의 우측 그림과 같이, 두 벡터를 변으로 하는 삼각형을 그릴 수 있고, 나머지 한 변이 두 벡터의 합 C= A+B를 나타낸다. 한편, [그림 2-4]의 좌측 그림과 우측 그림을 결합하면, [그림 2-3]의 평행사변형이 된다. 기본적으로 평행사변형 법칙과 삼각형 법칙은 동일한 연산 결과를 보여주기 때문에, 둘 중 자신에게 편리한 방법을 사용하면 된다.

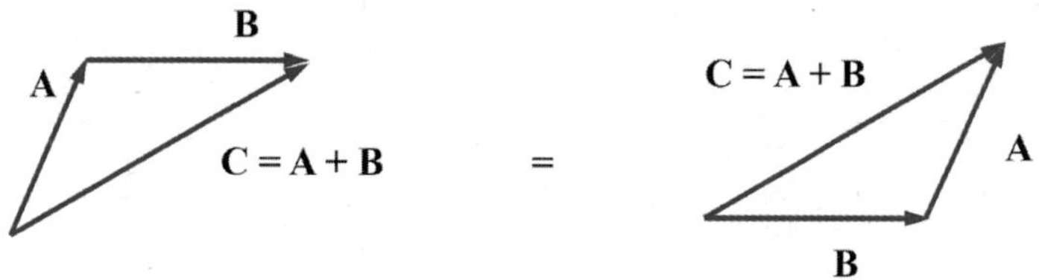

[그림 2-4] 삼각형 법칙을 통한 벡터의 합

벡터의 빨셈 연산은 [그림 2-5]와 같이, 빨셈할 벡터의 방향을 반대 방향으로 그리고, 덧셈 연산을 행하면 된다. [그림 2-5]의 좌측 그림은 삼각형 법칙을, 우측 그림은 평행사변형 법칙을 적용한 뺄셈 연산 결과를 보여준다.

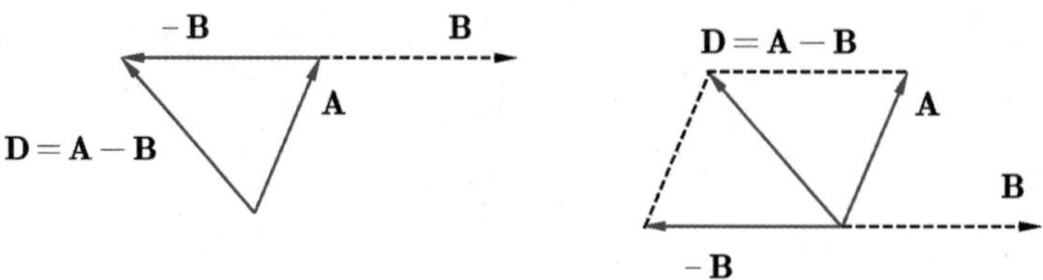

[그림 2-5] 삼각형 법칙과 평행사변형 법칙을 통한 벡터의 뺄셈

특별한 경우로, 만일 두 벡터가 평행한 경우에는 [그림 2-6]과 같이, 같은 동일직선 위에서 덧셈과 뺄셈 연산을 수행하면 된다.

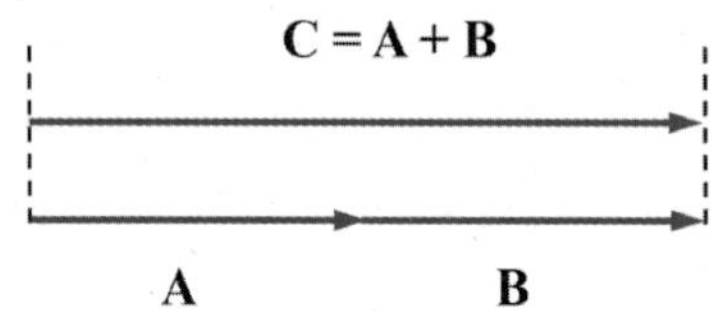

[그림 2-6] 동일 직선 위의 두 벡터의 합

2.1.4 삼각법칙을 이용한 벡터의 크기와 방향 구하기

평행사변형 법칙 또는 삼각형 법칙을 적용하여 벡터의 덧셈과 뺄셈 문제를 도식화하여 풀 때, 벡터의 크기와 방향을 결정하기 위해서 삼각형의 한 변의 길이와 사잇각을 구할 필요가 있다. 이 경우, 다음의 사인(sine) 법칙 또는 코사인(cosine) 법칙은 자주 사용되며, 매우 유용하다. [그림 2-7]의 삼각형이 주어졌을 때, 사인 법칙은 다음과 같다.

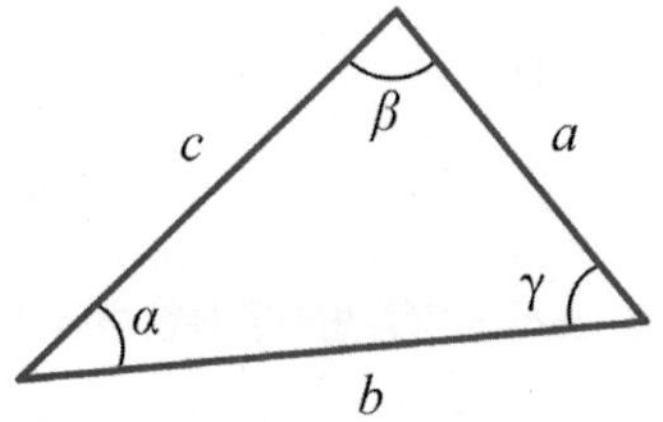

[그림 2-7] 삼각형의 세 변과 세 사잇각

$$\frac{a}{\sin\alpha} = \frac{b}{\sin\beta} = \frac{c}{\sin\gamma} \tag{2.4}$$

한편, 코사인 법칙은 다음과 같이 표현된다.

$$a^2 = b^2 + c^2 - 2bc\cos\alpha,\ b^2 = a^2 + c^2 - 2ac\cos\beta,\ c^2 = a^2 + b^2 - 2ab\cos\gamma \tag{2.5}$$

사인 법칙은 삼각형의 두 변의 길이와 하나의 마주 보는 사잇각을 알 때, 또는 두 사잇각과 마주 보는 하나의 변의 길이를 알고 있을 때 유용하다. 코사인 법칙은 삼각형의 세 변의 길이를 알고, 삼각형의 내각을 구할 때, 또는 이웃한 두 변의 길이와 사잇각을 알고, 나머지 변의 길이를 구할 때 유용하다.

2.1.5 직교좌표계에서 벡터의 표현

벡터를 수식으로 표현하기 위해서는 그 크기와 방향을 수치화해서 표현해야 한다. 이를 위해서, 일반적으로 x, y, z축으로 이루어진 **직교좌표계**를 활용하여, 벡터의 크기와 방향을 표현하는 것이 편리하다. 먼저 직교좌표계의 각 축의 방향을 나타내는 크기가 1인, 방향 단위벡터 i, j, k를 [그림 2-8]과 같이 정의한다. 즉, 단위벡터 i, j, k의 크기는 1이며, 방향은 각각 x, y, z축 방향에 평행하다.

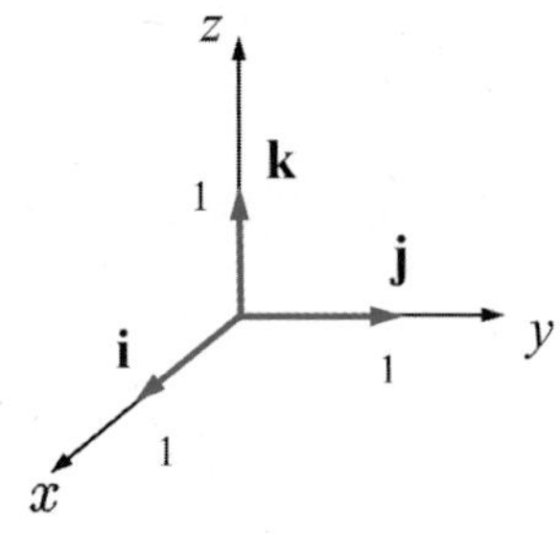

[그림 2-8] 3축 방향의 단위벡터의 표현

참고로 이 단위벡터를 2차원 평면에 표시하면, [그림 2-9]와 같다.

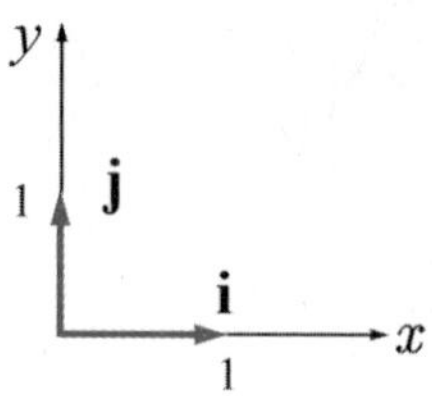

[그림 2-9] 2차원 ($x-y$) 평면에서의 단위벡터

직교좌표계의 **단위벡터**에 스칼라 곱을 적용하면, 직교좌표의 각 축에 평행한 벡터의 크기와 방향을 표현할 수 있다. 또한, 2.1.3절에서 학습한 벡터의 연산을 단위벡터 i, j, k에 적용하여 임의의 벡터를 표현할 수 있다.

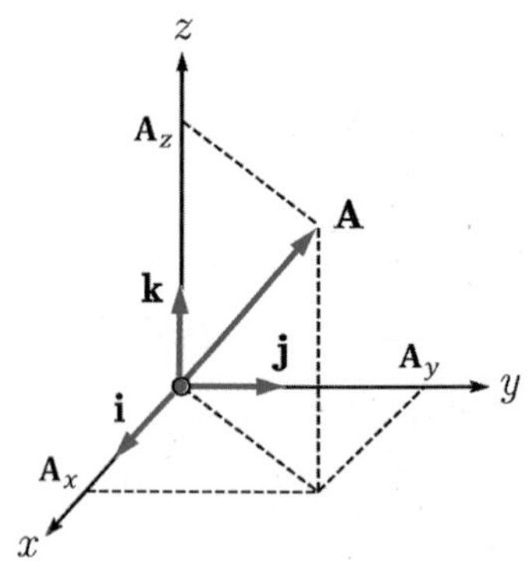

[그림 2-10] 직교좌표계에서 임의의 벡터의 표현

만일, [그림 2-10]과 같이, 임의의 벡터 A를 x, y, z축으로 분해한 성분의 크기 A_x, A_y, A_z를 알고 있다면, 벡터 A를 직교좌표계의 단위벡터를 사용하여 다음과 같이 표현할 수 있다.

$$\mathbf{A} = \mathbf{A}_x + \mathbf{A}_y + \mathbf{A}_z = A_x\mathbf{i} + A_y\mathbf{j} + A_z\mathbf{k} \tag{2.6}$$

이때, 벡터의 크기를 A라 하면, A는 **피타고라스의 정리**Pythagoras' theorem를 사용하여 다음과 같이 계산할 수 있다.

$$A = |\mathbf{A}| = \sqrt{A_x^2 + A_y^2 + A_z^2} \tag{2.7}$$

예제 2-1 벡터의 성분과 크기 구하기

x, y, z축의 3차원 직교좌표에서, 벡터의 시점이 $\mathrm{P}(4, 0, 1)$이고, 종점이 $\mathrm{Q}(8, -2, 2)$인 벡터 A가 있을 때, 벡터 A의 성분과 크기를 구하여라.

분석

- 벡터의 크기를 구하는 방법과 성분을 구하는 방법을 이용한다.

풀이

주어진 벡터 A의 x, y, z 방향의 성분을 각각 A_x, A_y, A_z라 할 때, 좌표를 이용하여, 이 벡터의 성분을 나타내면 식 (1)과 같다.

$$A_x = 8-4 = 4,\ A_y = -2-0 = -2,\ A_z = 2-1 = 1 \tag{1}$$

따라서, 벡터 A의 성분은 $\mathrm{A} = [4, -2, 1]$이다.
위의 성분을 이용할 때, 벡터 A의 크기를 A라 하면 A는 다음과 같다.

$$A = |\mathrm{A}| = \sqrt{4^2 + (-2)^2 + 1^2} = \sqrt{21} = 4.583 \tag{2}$$

고찰

벡터의 성분과 크기를 구하는 방법을 생각한다.
직교좌표계에서 벡터를 나타내는 방법도 함께 익혀둔다.

예제 2-2 벡터의 합과 차 구하기

3개의 벡터 A, B, C가 있을 때, 이 세 벡터의 직각좌표 상에서의 성분은 다음과 같다.
$\mathrm{A} = [4,0,2]$, $\mathrm{B} = [2,-2,2]$, $\mathrm{C} = [3,-1,1]$, 이 경우, 다음을 구하여라.

(a) $\mathrm{A} + \mathrm{B}$ (b) $\mathrm{A} + \mathrm{B} + \mathrm{C}$ (c) $\mathrm{B} - \mathrm{C} + \mathrm{A}$

분석

- 벡터의 합과 차를 구하는 방법으로 합과 차를 구한다.

풀이

주어진 세 벡터 A, B, C의 성분 좌표를 이용하여 문제의 벡터 합을 구해보자.

(a) $A + B = [4+2, 0-2, 2+2] = [6, -2, 4]$
(b) $A + B + C = [4+2+3, 0-2-1, 2+2+1] = [9, -3, 5]$
(c) $B - C + A = [2-3+4, -2+1+0, 2-1+2] = [3, -1, 3]$

고찰

벡터의 합과 차의 성질을 다시 한번 생각한다.

예제 2-3 벡터와 스칼라 곱 구하기

두 벡터 A, B가 있을 때, 이 두 벡터의 직각좌표 상에서의 성분은 다음과 같다. $A = [2, -1, 3]$, $B = [2, 0, 4]$ 이때, 다음을 구하여라.

(a) $-A$ (b) $4B$ (c) $2(A - B)$

분석

• 벡터의 스칼라 곱, 벡터의 합과 차를 구하는 방법으로 해를 구한다.

풀이

주어진 두 벡터 A, B 의 성분 좌표를 이용하여 주어진 문제의 해를 구해보자.

(a) $-A = [-2, 1, -3]$
(b) $4B = [8, 0, 16]$
(c) $2(A - B) = [0, -2, -2]$

고찰

벡터의 합의 성질과 스칼라 곱의 성질을 다시 한번 학습한다.

예제 2-4 두 벡터의 합력 벡터 구하기

[그림 2-11(a)]와 같은 두 벡터 a와 b의 합력 벡터를 c라 할 때, 합력 벡터 c를 다음과 같은 두 방법, (a) 삼각형 법칙을 이용한 해석 방법, (b) 삼각형 법칙을 사용한 도식적 방법에 의해 구하여라. 단, 벡터 a와 b의 크기는 각각 $5\ \mathrm{m}$와 $10\ \mathrm{m}$이다.

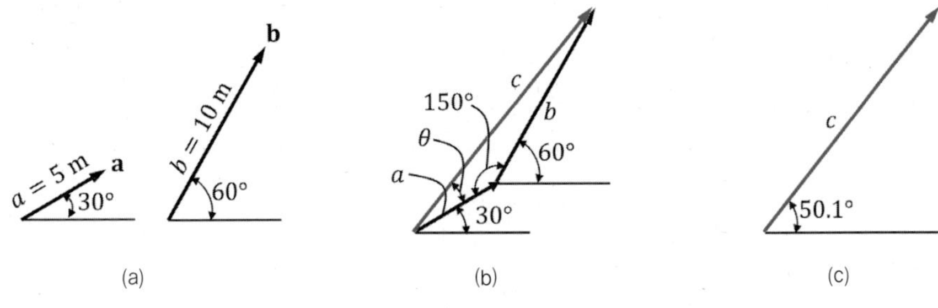

[그림 2-11] 두 벡터의 합력

분석

- 먼저, 삼각형 법칙을 사용하기 위해, [그림 2-11(b)]에서처럼 벡터 a의 시점과 벡터 b의 종점을 연결한 벡터 c를 생각한다. 그런 후, 코사인 법칙에 의해 합력 벡터의 크기 c를 구한다.
- 또한, 사인 법칙에 의해, [그림 2-11(b)]의 각 θ를 구한 후, [그림 2-11(c)]와 같이 수평축과 이루는 각도를 표기한다.
- 도식적 방법으로는 벡터 a의 시점과 벡터 b의 종점을 연결한 벡터 c를 생각한다. 각도기를 이용하여 각도를 측정하고, 벡터 c의 길이를 측정하면 벡터 c의 크기 c를 구할 수 있다.

풀이

(a) 벡터 c의 크기를 c라 하면, c는 코사인 법칙에 따라, 다음과 같이 계산할 수 있다.

$$c^2 = 5^2 + 10^2 - 2(5)(10)\cos 150^\circ,\ c = 14.55\ \mathrm{m} \tag{1}$$

이제, [그림 2-11(b)]로부터, 사인 법칙을 적용하면 다음과 같이 각 θ를 구할 수 있다.

$$\frac{10\ \mathrm{m}}{\sin\theta} = \frac{c}{\sin 150^\circ},\ \frac{10\ \mathrm{m}}{\sin\theta} = \frac{14.55\ \mathrm{m}}{\sin 150^\circ},$$

$$\sin\theta = 0.3436,\ \theta = \sin^{-1}(0.3436) = 20.1^\circ \tag{2}$$

(b) 도식적 방법으로, 벡터 a의 시점과 벡터 b의 종점을 연결한 벡터 c를 생각한다. 각도기를 이용하여 각도를 측정하고, 벡터 c의 길이를 측정하면 된다.

고찰

벡터 합력을 구하는 방법에는 삼각형 방법 외에도 좌표계 이용 방법도 있다. 좌표계 이용 방법은 벡터 a와 b의 각각의 x 방향성분끼리 합하고, y 방향의 성분끼리 합한 후, 합성된 크기의 합력 벡터의 x, y 성분에 의한 벡터의 크기를 구하고, 수평축과 이루는 각을 구한다.

2.1.6 단위벡터

단위벡터unit vector는 크기가 1인 벡터로 정의되며, 주어진 벡터의 방향을 나타내기 위해 사용된다. 따라서, 단위벡터는 자유벡터로 취급한다. 어떤 벡터의 단위벡터는 그 벡터를 자신의 크기로 나누어 구한다. [그림 2-12]에서 주어진 벡터 A의 단위벡터 $\mathbf{u}_A$를 식 (2.6)과 식 (2.7)을 사용하여, 다음과 같이 구할 수 있다.

$$\mathbf{u}_A = \frac{\mathbf{A}}{A} = \left(\frac{A_x}{A}\right)\mathbf{i} + \left(\frac{A_y}{A}\right)\mathbf{j} + \left(\frac{A_z}{A}\right)\mathbf{k} \tag{2.8}$$

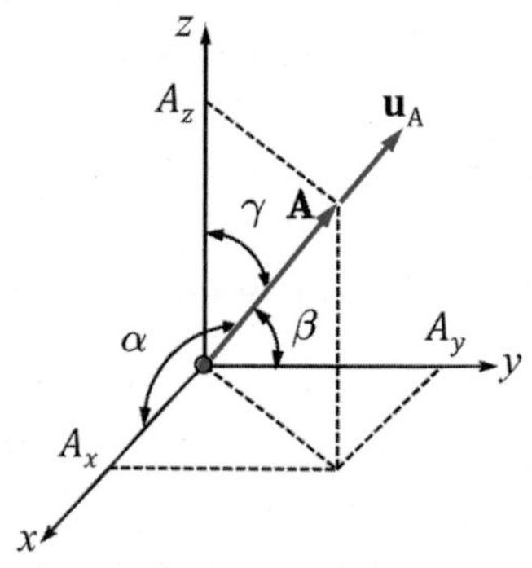

[그림 2-12] 직교좌표계에서 단위벡터와 방향 코사인

한편, [그림 2-12]와 같이, 벡터 A가 x, y, z축과 이루는 사잇각을 각각 α, β, γ라고 하면, 이 벡터의 크기와 x, y, z축 방향의 성분의 크기는 다음과 같은 관계가 성립한다.

$$\cos\alpha = \frac{A_x}{A},\ \cos\beta = \frac{A_y}{A},\ \cos\gamma = \frac{A_z}{A} \tag{2.9}$$

식 (2.9)에서 $\cos\alpha$, $\cos\beta$, $\cos\gamma$를 **방향 코사인**direction cosine이라 한다. 또한, 벡터의 방향을 나타내는 방향 코사인 각 α, β, γ는 다음과 같이 결정할 수 있다.

$$\alpha = \cos^{-1}\left(\frac{A_x}{A}\right),\ \beta = \cos^{-1}\left(\frac{A_y}{A}\right),\ \gamma = \cos^{-1}\left(\frac{A_z}{A}\right) \tag{2.10}$$

식 (2.10)에서, α, β, γ의 각은 $0° < \alpha,\ \beta,\ \gamma \leqq 180°$이 된다. 따라서, 단위벡터 $\mathbf{u}_A$는 방향 코사인을 적용하여, 다음과 같이 표현할 수 있다.

$$\mathbf{u}_A = \cos\alpha\mathbf{i} + \cos\beta\mathbf{j} + \cos\gamma\mathbf{k} \tag{2.11}$$

식 (2.11)의 단위벡터 $\mathbf{u}_A$의 크기 u_A는 식 (2.7)과 식 (2.9)를 참조할 때, 식 (2.12)와 같이 계산되며, $u_A = 1$임을 쉽게 확인할 수 있다.

$$u_A = |\mathbf{u}_A| = \sqrt{\cos^2\alpha + \cos^2\beta + \cos^2\gamma} = \sqrt{\frac{A_x^2 + A_y^2 + A_z^2}{A^2}} = 1 \tag{2.12}$$

만일, 벡터 $\mathbf{A}$의 크기 A와 단위벡터 $\mathbf{u}_A$가 주어지면, 식 (2.8)로부터 벡터 $\mathbf{A}$를 다음과 같이 표현할 수 있음을 알 수 있다.

$$\mathbf{A} = A\mathbf{u}_A \tag{2.13}$$

2.1.7 위치벡터

어떤 물체나 힘 등의 대상의 위치를 나타내는 벡터를 **위치벡터**라고 한다. 위치벡터는 주어진 시작점(또는 기준점)과 끝점을 사용하여 표현할 수 있다. 만일, 시작점이 기준 좌표계의 원점이 아니면 이 위치벡터를 상대 위치벡터라고 부른다. 예를 들어 [그림 2-13]과 같이 두 점 A와 B의 위치가 기준 좌표계의 원점 O로부터 $(x_A,\ y_A,\ z_A)$, $(x_B,\ y_B,\ z_B)$라고 할 때,

점 A와 B의 위치를 나타내는 위치벡터 $\mathbf{r}_A$, $\mathbf{r}_B$를 다음과 같이 표현할 수 있다.

$$\mathbf{r}_A = x_A\mathbf{i} + y_A\mathbf{j} + z_A\mathbf{k},\ \mathbf{r}_B = x_B\mathbf{i} + y_B\mathbf{j} + z_B\mathbf{k} \tag{2.14}$$

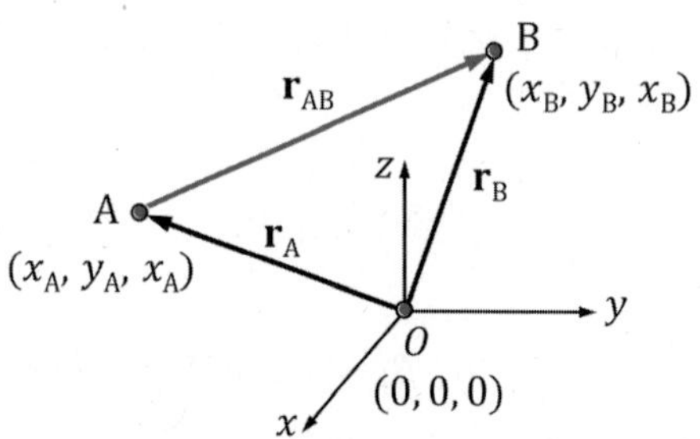

[그림 2-13] 직교좌표계에서 위치벡터의 표현

한편, 점 A를 기준으로 점 B의 위치를 나타내는 상대 위치벡터 $\mathbf{r}_{AB}$는 다음과 같이 표현된다.

$$\mathbf{r}_{AB} = \mathbf{r}_B - \mathbf{r}_A = (x_B - x_A)\mathbf{i} + (y_B - y_A)\mathbf{j} + (z_B - z_A)\mathbf{k} \tag{2.15}$$

참고로 식 (2.7)과 식 (2.10)을 사용하여 위치벡터에 대한 크기와 방향을 계산할 수 있다. 또한, 식 (2.8) 또 식 (2.11)을 사용하여 단위벡터를 구할 수 있다. 따라서 위치벡터 $\mathbf{r}_{AB}$의 단위벡터 $\mathbf{u}_{AB}$는 다음과 같이 구할 수 있다.

$$\mathbf{u}_{AB} = \frac{\mathbf{r}_{AB}}{r_{AB}} = \frac{(x_B - x_A)\mathbf{i} + (y_B - y_A)\mathbf{j} + (z_B - z_A)\mathbf{k}}{r_{AB}} \tag{2.16}$$

식 (2.16)에서 위치벡터 $\mathbf{r}_{AB}$의 크기 r_{AB}는 $r_{AB} = \sqrt{(x_B - x_A)^2 + (y_B - y_A)^2 + (z_B - z_A)^2}$ 이다.

예제 2-5 위치벡터의 직교좌표 성분의 벡터로 표현

[그림 2-14(a)]에서 주어진 위치벡터 C에 대한 (a) 직교좌표 표현과 (b) 벡터 C가 직교좌표 x, y, z축을 이루는 방향 코사인 각도를 구하여라.

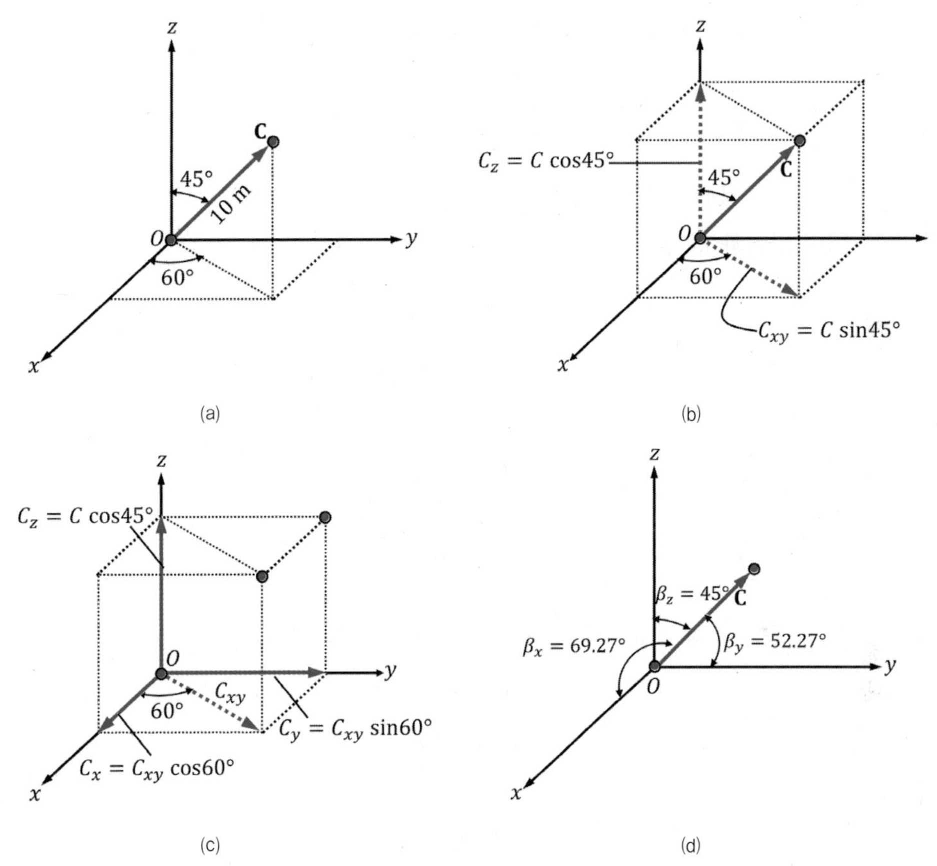

[그림 2-14] 위치벡터 C의 직교좌표 벡터로의 표현

분석

- 먼저, [그림 2-14(a)]의 위치벡터 C를 [그림 2-14(b)]와 같이, z축 상의 벡터 C_z의 성분 C_z와 xy 평면 상에 있는 벡터 C_{xy}의 성분 C_{xy}로 분해한다.
- 다음, [그림 2-14(c)]에서와 같이, 벡터 C_{xy}의 성분 C_{xy}를 x, y축을 따르는 성분 C_x와 C_y로 분해한다.
- [그림 2-14(d)]와 같이, 위치벡터 C의 방향 코사인(direction cosine)으로 각 좌표축 x, y, z축 방향과의 각도를 나타낸다.

풀이

(a) 먼저, [그림 2-14(a)]의 위치벡터 C를 [그림 2-14(b)]와 같이, z축 상의 벡터 C_z의 성분 C_z와 C_{xy}로 나타내면 다음과 같다.

$$C_z = C\cos 45^\circ = 10\cos 45^\circ = 7.07\ \mathrm{m},$$
$$C_{xy} = C\sin 45^\circ = 10\sin 45^\circ = 7.07\ \mathrm{m} \qquad (1)$$

이제, [그림 2-14(c)]에서와 같이, xy 평면 상에 있는 C_{xy}의 성분 C_{xy}를 C_x와 C_y로 나타내면 다음과 같다.

$$C_x = C_{xy}\cos 60^\circ = 7.07\cos 60^\circ = 3.54\ \mathrm{m},$$
$$C_y = C_{xy}\sin 60^\circ = 7.07\sin 60^\circ = 6.12\ \mathrm{m} \qquad (2)$$

따라서, 위치벡터 C의 직교좌표 표현은 식 (1) 및 식 (2)를 이용하여 다음과 같이 된다.

$$\mathrm{C} = C_x\mathbf{i} + C_y\mathbf{j} + \mathrm{C}_z\mathbf{k} = 3.54\mathbf{i} + 6.12\mathbf{j} + 7.07\mathbf{k} \qquad (3)$$

(b) 이제, 위치벡터 C의 직교좌표 축과의 방향 코사인은 다음과 같다([그림 2-14(d)] 참조).

$$\beta_x = \cos^{-1}\left(\frac{C_x}{C}\right) = \cos^{-1}\left(\frac{3.54}{10}\right),\ \beta_y = \cos^{-1}\left(\frac{C_y}{C}\right) = \cos^{-1}\left(\frac{6.12}{10}\right),$$
$$\beta_z = \cos^{-1}\left(\frac{C_z}{C}\right) = \cos^{-1}\left(\frac{7.07}{10}\right) \qquad (4)$$

따라서, $\beta_x = 69.27^\circ$, $\beta_{y=}52.27^\circ$, $\beta_z = 45^\circ$가 된다.

고찰

3차원 공간상의 어떤 벡터의 직교좌표로의 표현을 익혀두고, 해당 벡터의 방향 코사인을 구하는 방법도 익혀두자.

2.1.8 벡터의 분해

벡터의 분해는 하나의 벡터를 서로 평행이 아닌 서로 다른 벡터로 성분을 나누어 표현하는 것을 말한다. 벡터의 분해는 벡터의 합성 또는 덧셈 연산의 반대 과정으로 생각할 수 있다. 만일, [그림 2-15]와 같이, 임의의 벡터 C가 주어졌을 때, 서로 평행이 아닌 서로 다른 두 벡터 A와 B로 표현이 가능하다.

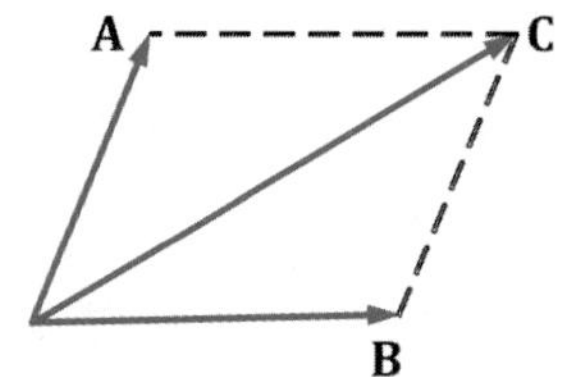

[그림 2-15] 임의의 벡터 C의 분해

$$\mathrm{C} = \mathrm{A} + \mathrm{B} \tag{2.17}$$

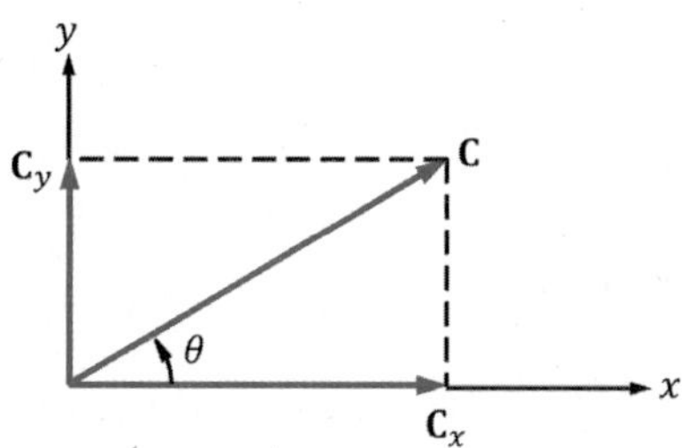

[그림 2-16] 임의의 벡터 C의 직교좌표 평면에서의 분해

일반적으로 정역학에서는 직교좌표계를 사용하여, 벡터의 성분을 x, y, z축으로 분해하는 것이 편리하다. 만일, [그림 2-16]의 벡터 C를 x, y축 방향으로 분해한 성분 벡터 $\mathrm{C}_x = C_x\mathrm{i}$와 $\mathrm{C}_y = C_y\mathrm{j}$를 알고 있으면, 벡터 C는 식 (2.18)과 같이 분해가 가능하다.

$$\mathrm{C} = \mathrm{C}_x + \mathrm{C}_y = C_x\mathrm{i} + C_y\mathrm{j} \tag{2.18}$$

Section 2.2

힘의 표현

학습목표

- ✔ 힘에 대한 정의와 힘의 종류 등을 알아본다.
- ✔ 힘을 벡터로 표현하는 방법을 학습한다. .
- ✔ 직교좌표계를 이용하여 힘의 성분을 나타내는 방법을 익힌다.

이미 1장의 1.2.2절과 2장의 2.1절에서 기술한 바 있듯이, 힘은 크기와 방향을 모두 갖는 물리량이다. 일반적으로 역학에서 힘을 표현하기 위하여, 직교좌표계를 많이 사용한다. 이 절에서는 벡터를 이용하여, 직교좌표계에서 힘을 표현하는 방법을 학습한다. 참고로 힘의 SI 단위는 뉴턴(Newton) N이다.

2.2.1 힘이란?

힘은 물체의 운동을 변화시키거나 변형시킨다. 힘의 크기에 의해서 물체의 가속도와 변형량 등이 결정되며, 힘의 작용 방향은 물체의 운동의 방향을 결정한다.

힘은 크게 **체적력**body force과 **접촉력**contact force로 분류할 수 있다. 체적력은 **중력**gravity force과 같이 힘의 크기가 물체의 부피 또는 체적에 비례하여 작용하는 힘이다. 이에 비해 압력, 마찰력 등과 같이, 접촉력은 물체의 표면을 통한 접촉에 의해 직접 작용하는 힘이다.

정역학에서는 변형이 없는 **질점**particle 또는 **강체**rigid body를 다루기 때문에, 작용점에서 힘의 국부적인 효과가 없다고 가정한다. 따라서, 일반적으로 힘을 한 점에 작용하는 하나의 집중된 힘, 즉 **집중하중**concentrated load으로 취급한다. 그러나, 압력 등과 같이 부재의 길이나 면적 등 접촉 표면의 크기에 따라 힘의 크기나 방향에 영향을 받는 경우는 힘을 분포된 힘, 즉 **분포하중**distributed load으로 다룬다.

2.2.2 직교좌표계에서 힘의 표현

2.1절에서 학습한 벡터의 표현 방법을 적용하여, 힘을 표현할 수 있다. 예를 들어, [그림 2-17]과 같이 2차원 평면에서 x축 방향의 크기가 F_x인 힘 벡터 $\mathrm{F}_x = F_x\mathrm{i}$와 y축 방향의

크기가 F_y인 힘 벡터 $\mathrm{F}_y = F_y\mathrm{j}$가 주어졌을 때, 이 두 벡터를 더하면 힘의 합(또는 **합력** resultant force) 벡터 F를 얻는다.

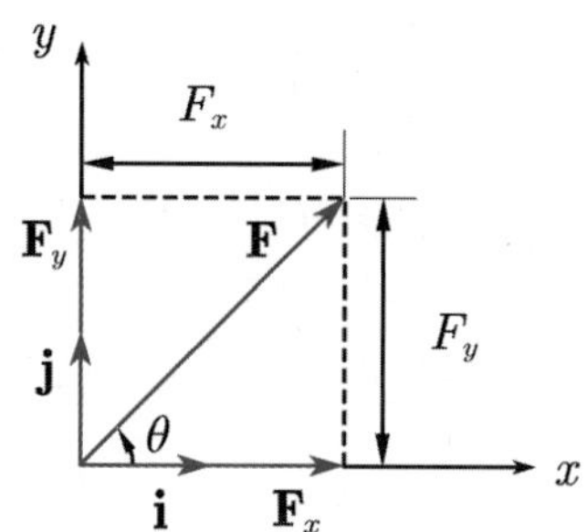

[그림 2-17] $x-y$ 평면에서의 힘의 합성

이와 같이 여러 벡터를 더하여 하나의 벡터로 표현하는 것을 벡터의 합성이라 한다. 일반적으로 힘 벡터를 표현할 때, 다음과 같이 직교좌표계 성분의 합성으로 표현한다.

$$\mathrm{F} = \mathrm{F}_x + \mathrm{F}_y = F_x\mathrm{i} + F_y\mathrm{j} \tag{2.19}$$

한편, **피타고라스 정리**Pythagoras' theorem와 **삼각함수**trigonometric functions를 적용하여, 벡터의 크기 F와 방향 θ는 다음과 같이 구한다.

$$F = |\mathrm{F}| = \sqrt{F_x^2 + F_y^2}, \quad \theta = \tan^{-1}\left(\frac{F_y}{F_x}\right) \tag{2.20}$$

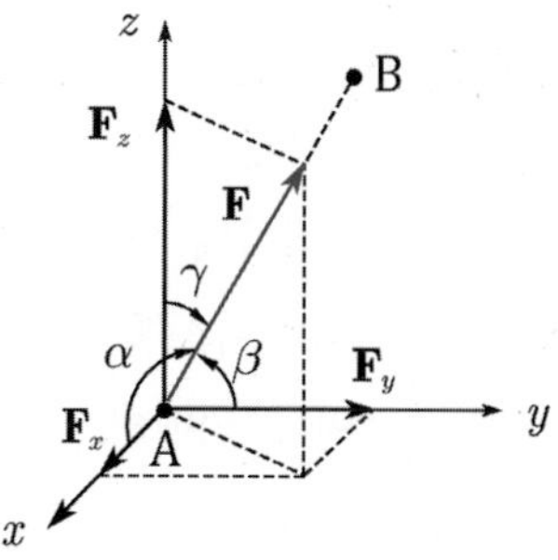

[그림 2-18] $x-y-z$ 공간에서의 힘의 합성

이제, 식 (2.20)의 결과를 3차원 공간으로 확장할 수 있다. [그림 2-18]과 같이 x축 방향의 크기가 F_x인 힘 벡터 $\mathbf{F}_x = F_x\mathbf{i}$와 y축 방향의 크기가 F_y인 힘 벡터 $\mathbf{F}_y = F_y\mathbf{j}$, 그리고 z축 방향의 크기가 F_z인 힘 벡터 $\mathbf{F}_z = F_z\mathbf{k}$가 주어졌을 때, 이 세 벡터를 더하면 힘의 합 벡터 $\mathbf{F}$를 얻을 수 있다.

$$\mathbf{F} = \mathbf{F}_x + \mathbf{F}_y + \mathbf{F}_z = F_x\mathbf{i} + F_y\mathbf{j} + F_z\mathbf{k} \tag{2.21}$$

이때, 벡터 $\mathbf{F}$의 크기 F와 방향 코사인 각 α, β, γ는 다음과 같이 결정된다.

$$F = |\mathbf{F}| = \sqrt{F_x^2 + F_y^2 + F_z^2}, \quad \alpha = \cos^{-1}\left(\frac{F_x}{F}\right),$$
$$\beta = \cos^{-1}\left(\frac{F_y}{F}\right), \ \gamma = \cos^{-1}\left(\frac{F_z}{F}\right) \tag{2.22}$$

식 (2.22)에서, $0 < \alpha, \beta, \gamma \leq 180^\circ$이다. 3차원 공간에서 벡터의 방향을 결정하기 위해서는 3개의 방향각이 필요하다. 여기서, 방향 코사인 각 α, β, γ는 [그림 2-18]에 나타난 바와 같이, 각각 벡터 $\mathbf{F}$와 x, y, z축 사이에서 측정된 사잇각이며, 방향 코사인은 다음과 같이 표현된다.

$$\cos\alpha = \left(\frac{F_x}{F}\right), \ \cos\beta = \left(\frac{F_y}{F}\right), \ \cos\gamma = \left(\frac{F_z}{F}\right) \tag{2.23}$$

2.2.3 단위벡터를 이용한 힘의 표현

단위벡터는 크기가 1인 벡터로, 주어진 벡터의 방향을 나타내기 위해서 사용된다. 어떤 벡터의 단위벡터는 벡터를 자신의 크기로 나누어 구한다. [그림 2-18]을 참조하고, 식 (2.21)과 식 (2.22)를 사용하여, 주어진 벡터 $\mathbf{F}$의 단위벡터 $\mathbf{u}_F$를 다음과 같이 표현할 수 있다.

$$\mathbf{u}_F = \frac{\mathbf{F}}{F} = \left(\frac{F_x}{F}\right)\mathbf{i} + \left(\frac{F_y}{F}\right)\mathbf{j} + \left(\frac{F_z}{F}\right)\mathbf{k} \tag{2.24}$$

식 (2.24)에 식 (2.23)의 방향 코사인을 적용하면, 단위벡터 $\mathbf{u}_F$를 다음과 같이 표현할 수 있다.

$$\mathbf{u}_F = \cos\alpha\mathbf{i} + \cos\beta\mathbf{j} + \cos\gamma\mathbf{k} \tag{2.25}$$

만일, 힘의 방향과 동일한 직선 위에 있거나, 평행인 위치벡터를 알고 있다면, 이 위치벡터로부터 힘 방향의 단위벡터를 구할 수 있다. [그림 2-18]에서 점 A와 점 B의 위치가 주어지면, 식 (2.15)를 이용하여, 이 두 점 사이의 상대 위치벡터 $\mathbf{r}_{\mathrm{AB}}$를 구할 수 있고, 식 (2.16)으로부터 단위벡터 $\mathbf{u}_{\mathrm{AB}}$를 구할 수 있다. 단위벡터 $\mathbf{u}_{\mathrm{AB}}$와 $\mathbf{u}_F$는 서로 평행하고 크기가 같아, 동일한 벡터이므로, 식 (2.16)과 식 (2.24)를 이용하여 $\mathbf{u}_F$를 다음과 같이 나타낼 수 있다.

$$\mathbf{u}_F = \mathbf{u}_{\mathrm{AB}} = \frac{\mathbf{F}}{F} = \frac{\mathbf{r}_{\mathrm{AB}}}{r_{\mathrm{AB}}} \tag{2.26}$$

따라서, 벡터의 크기 F와 힘 방향의 위치벡터 $\mathbf{r}$이 주어졌을 때, 힘 $\mathbf{F}$는 다음과 같이 나타낼 수 있다.

$$\mathbf{F} = F\mathbf{u}_F = F\left(\frac{\mathbf{r}}{r}\right) \tag{2.27}$$

2.2.4 동일점에 작용하는 힘의 합성

[그림 2-19]와 같이, 임의의 벡터 A와 B가 다음과 같이 주어졌다고 하자.

$$\mathbf{A} = A_x\mathbf{i} + A_y\mathbf{j} + A_z\mathbf{k},\ \mathbf{B} = B_x\mathbf{i} + B_y\mathbf{j} + B_z\mathbf{k} \tag{2.28}$$

이 두 벡터를 합한 힘의 합력resultant force R은 다음과 같이 계산된다.

$$\begin{aligned}\mathbf{R} = \mathbf{A} + \mathbf{B} &= (A_x\mathbf{i} + A_y\mathbf{j} + A_z\mathbf{k}) + (B_x\mathbf{i} + B_y\mathbf{j} + B_z\mathbf{k}) \\ &= (A_x + B_x)\mathbf{i} + (A_y + B_y)\mathbf{j} + (A_z + B_z)\mathbf{k}\end{aligned} \tag{2.29}$$

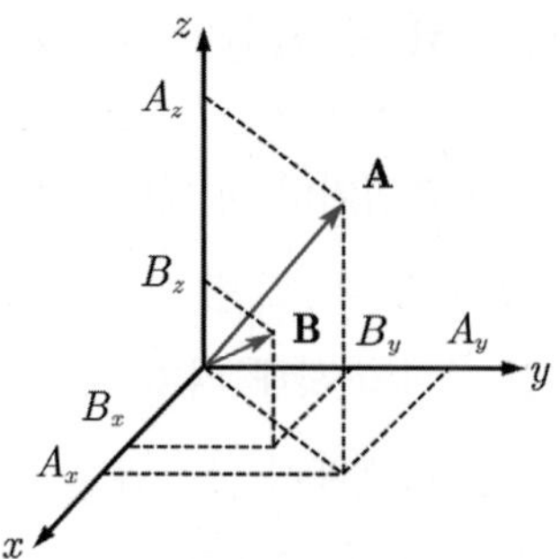

[그림 2-19] $x-y-z$ 공간에서 동일점에 작용하는 힘의 합성

위의 동일한 점에 작용하는 두 개의 힘 벡터에 대한 표현을 일반화하여, [그림 2-20]과 같이 n개의 힘 벡터가 동일한 점에 작용한다고 하면, 이들 힘 벡터들은 다음과 같이 나타낼 수 있다.

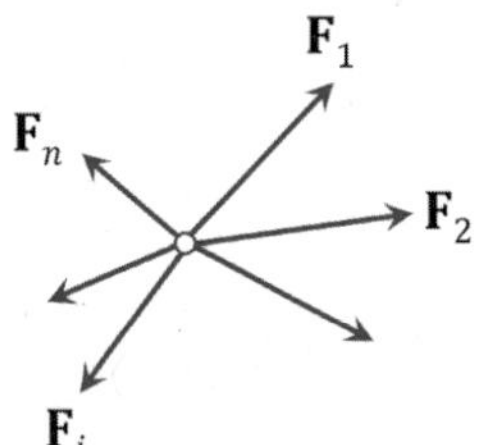

[그림 2-20] 동일점에 작용하는 n개의 힘 벡터

$$\mathrm{F}_1 = F_{1,x}\mathrm{i} + F_{1,y}\mathrm{j} + F_{1,z}\mathbf{k},\ \mathrm{F}_2 = F_{2,x}\mathrm{i} + F_{2,y}\mathrm{j} + F_{2,z}\mathbf{k},\ \ldots\ldots,$$
$$\mathrm{F}_n = F_{n,x}\mathrm{i} + F_{n,y}\mathrm{j} + F_{n,z}\mathbf{k} \tag{2.30}$$

식 (2.30)의 힘 벡터들을 합성한 합력 벡터 R을 직교좌표계를 사용하여, 다음과 같이 표현할 수 있다.

$$\begin{aligned}\mathrm{R} &= \sum_{i=1}^{n}\mathrm{F}_i = \mathrm{F}_1 + \mathrm{F}_2 + \ldots\ldots + \mathrm{F}_n \\ &= (F_{1,x} + F_{2,x} + \ldots\ldots + F_{n,x})\mathrm{i} + (F_{1,y} + F_{2,y} + \ldots\ldots + F_{n,y})\mathrm{j} \\ &\quad + (F_{1,z} + F_{2,z} + \ldots\ldots + F_{n,z})\mathbf{k}\end{aligned} \tag{2.31}$$

식 (2.31)에서, 만일 합력 벡터 R의 x, y, z축 성분을 각각 R_x, R_y, R_z라고 하면, R은 다음과 같이 나타낼 수 있다.

$$\mathrm{R} = \sum_{i=1}^{n} \mathrm{F}_i = R_x\mathbf{i} + R_y\mathbf{j} + R_z\mathbf{k} \tag{2.32}$$

식 (2.32)에서, R_x, R_y, R_z는 다음과 같이 각각의 힘을 x, y, z축으로 분해한 성분의 합이다.

$$R_x = \sum_{i=1}^{n} F_{i,x} = F_{1,x} + F_{2,x} + \cdots\cdots + F_{n,x} \tag{2.33}$$

$$R_y = \sum_{i=1}^{n} F_{i,y} = F_{1,y} + F_{2,y} + \cdots\cdots + F_{n,y} \tag{2.34}$$

$$R_z = \sum_{i=1}^{n} F_{i,z} = F_{1,z} + F_{2,z} + \cdots\cdots + F_{n,z} \tag{2.35}$$

2.2.5 힘의 전달성의 원리

실제 힘의 작용점에서 힘의 효과와 변형을 모두 고려하기 위해서는 고정벡터로 취급해야 한다. 하지만 정역학에서는 물체를 변형이 없는 이상적인 물체인 강체 또는 질점으로 가정하여 물체에 작용하는 힘을 분석한다. 따라서 힘의 작용점에서 발생하는 변형과 같은 내부적인 효과를 고려할 필요가 없다. 그러므로 힘의 작용점과 상관없이 힘이 작용하는 방향으로 연장한 선, 즉, 힘의 작용선을 따라 힘이 평행 이동하여 작용하더라도 동일한 힘의 효과를 얻게 된다. 정역학에서는 힘을 외적 효과의 변화 없이, 힘의 작용선을 따라 자유롭게 이동할 수 있는 **슬라이딩 벡터**sliding vector로 취급한다. 이를 힘의 **전달성의 원리**principle of transmissibility라고 한다. 또한, 이 힘의 외부적 효과가 동일한 상태 또는 힘계를 모두 **등가**equivalence라고 부른다.

[그림 2-21]에서 보듯이, 단단한 벽에 사람이 F의 힘을 작용시키는 경우, 힘의 작용선 aa'을 따라 힘의 작용점이 어느 위치에 있더라도 같은 효과를 보여준다. 힘의 전달성의 원리에 따라 점 A, B, C에 작용하는 각각의 힘 벡터 F를 동일하게 취급한다.

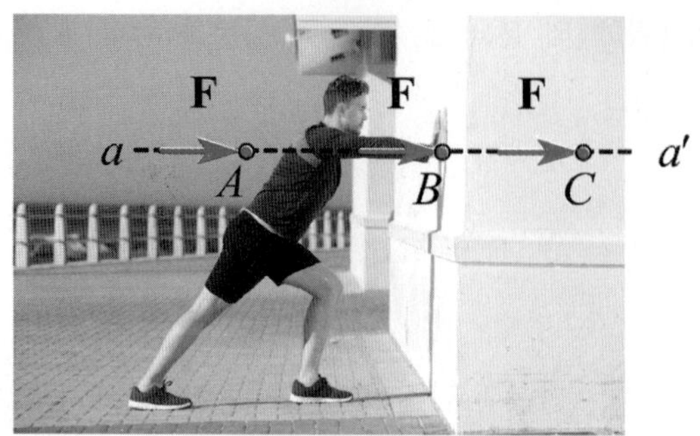

[그림 2-21] 힘의 전달성의 원리

이제, [그림 2-22]와 같이, 동일한 작용선 위에 있는 크기가 같고 방향이 반대인 두 힘을 고려해 보자. 이 경우, 두 힘은 힘의 전달성의 원리에 의해 자유롭게 이동이 가능하다. 따라서 [그림 2-22]의 인장(a)과 압축(c)의 경우, 각각 (b)와 (d)처럼 한 점 A에 작용하는 등가 힘계로 표현이 가능하다. 이때, 힘의 합이 0이 되며, [그림 2-22(a)~(d)]의 힘계는 모두 등가이다. 실제로는 힘의 내부적인 효과가 다르지만, 변형을 고려하지 않는 정역학에서는 이와 같이 동일 작용선 위에 있는 크기가 같고 서로 반대 방향인 힘은 어떠한 힘의 외부 효과도 발생시키지 않는 것으로 간주한다. 따라서, 임의의 힘계에서 이러한 외부 효과가 없는 한 쌍의 힘은 자유롭게 이동 및 추가가 가능하다. 참고로, 이 한 쌍의 힘은 **우력**couple of forces으로 **모멘트 팔**moment arm(4장에서 학습할 내용)이 0이므로, 크기가 0인 **우력 모멘트**couple moment이다.

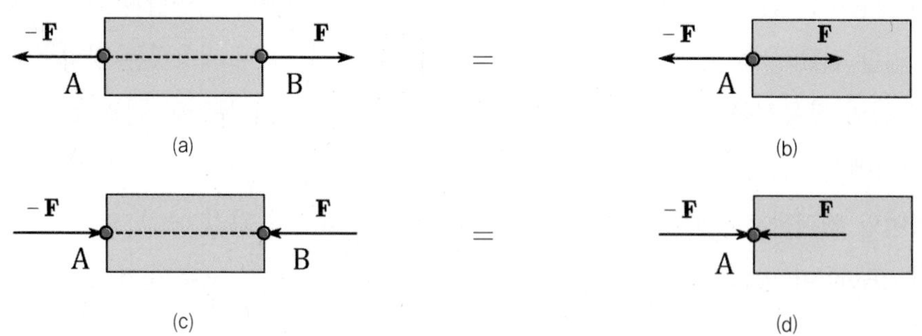

[그림 2-22] 힘의 전달성의 원리와 등가 힘계

예제 2-6 힘 벡터를 직교좌표 성분 벡터로 표현

[그림 2-23(a)]와 같이 고리 볼트에 부착된 케이블이 크기가 400 N인 힘 P에 의해 당겨지고 있다. 이 힘 벡터 P를 주어진 직교좌표를 사용하여 표현하여라.

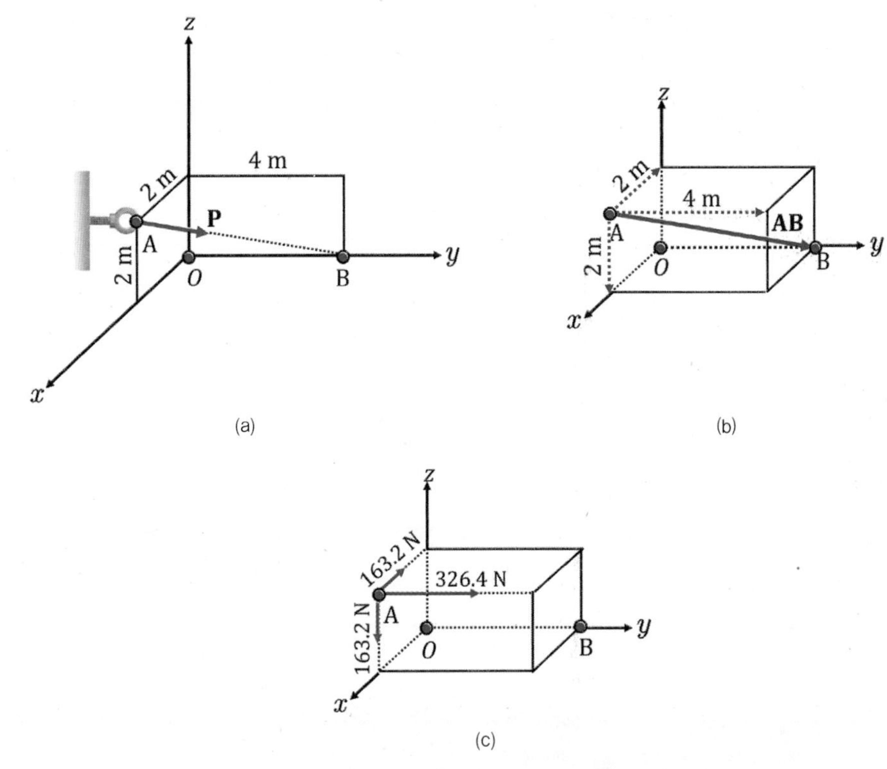

[그림 2-23] 힘 벡터 P의 직교좌표 벡터로의 표현

분석

- [그림 2-23(a)]의 힘 벡터 P의 작용선 상에 있는 점 A와 점 B의 좌표를 알고 있으므로, 이 힘 벡터의 직교좌표로의 표현은 쉽게 구할 수 있다.
- 먼저, [그림 2-23(b)]에서와 같이, 점 A에서 점 B로 향하는 벡터 AB를 직교벡터 형태로 나타낸다.
- 점 A에서 점 B를 향하는 단위벡터를 표현한 후, 단위벡터를 써서 힘 벡터 P를 나타낸다.

풀이

[그림 2-23(b)]의 벡터 AB는 다음과 같이 나타낼 수 있다.

$$\mathbf{AB} = -2\mathbf{i} + 4\mathbf{j} - 2\mathbf{k} \tag{1}$$

이제, 점 A에서 점 B를 향하는 단위벡터를 u라 하면, u는 다음과 같이 표현된다.

$$\mathbf{u} = \frac{\mathbf{AB}}{|\mathbf{AB}|} = \frac{-2\mathbf{i} + 4\mathbf{j} - 2\mathbf{k}}{\sqrt{(-2)^2 + (4)^2 + (-2)^2}} = -0.408\mathbf{i} + 0.816\mathbf{j} - 0.408\mathbf{k} \tag{2}$$

따라서, 힘 P의 직교좌표 표현은 식 (2)의 단위벡터를 사용하여 다음과 같이 나타낼 수 있다.

$$\mathbf{P} = P\mathbf{u} = (400\text{ N})(-0.408\mathbf{i} + 0.816\mathbf{j} - 0.408\mathbf{k}) \tag{3}$$
$$= -163.2\mathbf{i} + 326.4\mathbf{j} - 163.2\mathbf{k}$$

힘 P를 직교좌표계에서 표현하면 [그림 2-2(c)]와 같다.

고찰

어떤 벡터의 크기와 방향을 나타내는 단위벡터를 알고 있을 때, 이 벡터는 벡터의 크기와 단위벡터를 곱하여 나타낼 수 있다.

즉, 힘 벡터를 F는 그 크기를 F라 하고, 그 힘 방향의 단위벡터를 u라 하면, $\mathbf{F} = F\mathbf{u}$로 나타낼 수 있다는 것을 기억하자.

예제 2-7 한 점에 작용하는 3개 벡터들의 합 벡터 구하기(공점력 계)

[그림 2-24(a)]와 같이, xy 평면에 작용하는 3개의 힘 벡터가 주어졌을 때, 세 힘의 합력을 구하여라.

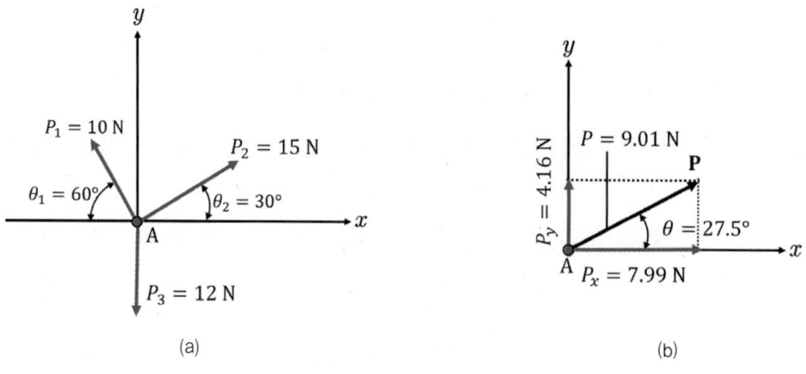

[그림 2-24] 공점력계에 있어 세 벡터

분석

- 먼저, 수평 우측 방향과 수직 상 방향을 각각 x와 y축 방향의 양positive의 방향으로 잡고, 세 벡터의 x 방향 및 y 방향성분끼리 합한다.
- x 방향과 y 방향끼리 합한 성분을 토대로 합력 벡터를 구성하고, 합력 벡터와 수평축이 이루는 각을 나타낸다.
- 다른 방법으로는 그냥 세 개의 벡터를 x,y 방향의 단위벡터 i, j를 이용하여, 세 개의 벡터를 나타낸 후, 세 벡터를 더하면 된다.

풀이

$$\Sigma F_x = P_x; \quad P_x = -10\cos 60° + 15\cos 30° = 7.99\ \mathrm{N} \tag{1}$$

$$\Sigma F_y = P_y; \quad P_y = (10\sin 60° + 15\sin 30° - 12)\ \mathrm{N} = 4.16\ \mathrm{N} \tag{2}$$

식 (1)과 식 (2)를 통해, 합 벡터를 [그림 2-24(b)]에 나타내었고, 이를 통해 합력 벡터의 크기와 합 벡터와 수평축이 이루는 각을 구한다.

$$P = \sqrt{7.99^2 + 4.16^2} = 9.01\ \mathrm{N},\ \theta = \tan^{-1}\left(\frac{4.16}{7.99}\right) = 27.5° \tag{3}$$

다른 방법으로 각각의 벡터를 x, y 방향의 단위벡터를 써서 나타내자.

$$\mathrm{P}_1 = -10\cos 60°\,\mathrm{i} + 10\sin 60°\,\mathrm{j},\ \mathrm{P}_2 = 15\cos 30°\,\mathrm{i} + 15\sin 30°\,\mathrm{j},\ \mathrm{P}_3 = -12\mathrm{j} \tag{4}$$

$$\mathrm{P} = -5\mathrm{i} + 8.66\mathrm{j} + 12.99\mathrm{i} + 7.5\mathrm{j} - 12\mathrm{j},\quad \mathrm{P} = 7.99\mathrm{i} + 4.16\mathrm{j},$$

$$P = \sqrt{7.99^2 + 4.16^2} = 9.01\ \mathrm{N}$$

$$\theta = \tan^{-1}\left(\frac{4.16}{7.99}\right) = 27.5°$$

고찰

동일 평면 상의 세 벡터의 합은 각각의 x, y 방향의 성분들의 합으로부터 합력 벡터의 크기와 방향을 나타내기도 하고, 그냥 세 벡터를 더해서 합력 벡터를 나타내기도 한다.

예제 2-8 아이 볼트에 작용하는 힘들의 합력과 미지의 힘 구하기

[그림 2-25(a)]와 같이 아이 볼트eyebolt에 두 힘이 작용하고 있다. $P_1 = 1\,\mathrm{kN}$이고, P_2는 미지의 힘이다. 두 힘의 합력과 미지의 힘 P_2가 수평축과 이루는 각도를 α라 할 때, 미지의 힘 P_2의 크기가 최소가 될 때의 P_2의 값, 각도 α, 그리고 P_1과 P_2의 합력 P_R을 구하여라.

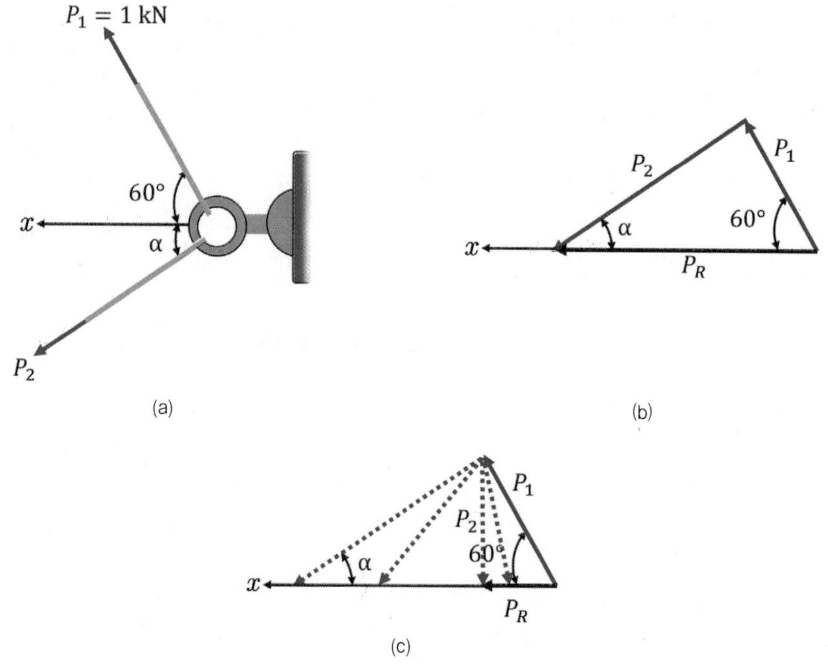

[그림 2-25] 아이 볼트에 작용하는 두 힘.

분석

- [그림 2-25(a)]의 주어진 예제에서, 합력 선도는 [그림 2-25(b)]이고, P_2가 최소가 될 때의 그림은 [그림 2-25(c)]에서 찾을 수 있다.

풀이

주어진 예제 [그림 2-25(a)]로부터, 두 힘 P_1과 P_2의 합력 P_R을 도시한 [그림 2-25(b)]에서, P_2가 최소화되는 경우는 [그림 2-25(c)]에서 알 수 있듯이, $\alpha = 90°$인 경우이다. 왜냐하면, $\alpha = 90°$가 아니면, P_2의 벡터 길이가 최소가 아니기 때문이다. 따라서, $\alpha = 90°$

이제, $\alpha = 90°$를 이용하여, P_2와 두 힘 P_1과 P_2의 합력 P_R은 다음과 같이 계산된다.

$$P_R = (1\,\text{kN})(\cos 60°) = 500\,\text{N} \tag{1}$$

$$P_2 = (1\,\text{kN})(\sin 60°) = 866\,\text{kN} \tag{2}$$

고찰

추후 3장에서 질점의 평형을 배우게 되면, $P_2\cos\alpha + P_1\cos 60° = P_R$이 되게 되고, $(1\,\text{kN})\sin 60° - P_2\sin\alpha = 0$이 된다. 이때, $P_2\cos\alpha + P_1\cos 60° = P_R$의 식은 P_R, P_2, α까지 미지수이므로 사용할 수 없고, $(1\,\text{kN})\sin 60° - P_2\sin\alpha = 0$에서는 P_2, α만 미지수이므로 $f(\alpha) = P_2\sin\alpha$라 놓고, 극값을 구하기 위해, $f'(\alpha) = 0$으로 놓으면, $P_2\cos\alpha = 0$이 된다. 따라서, $\cos\alpha = 0$로부터 $\alpha = 90°$를 얻게 된다.

Section 2.3

벡터 내적의 표현

학습목표

- ✔ 벡터 내적의 정의를 익히고, 벡터 내적을 이용하여 두 벡터가 이루는 사잇각을 계산한다.
- ✔ 벡터 내적의 연산을 학습하고, 다양한 벡터 내적의 연산을 행한다.
- ✔ 직교좌표계를 이용하여 힘 벡터를 분해하는 방법을 이해한다.

벡터의 곱셈에 해당하는 연산으로는 벡터의 **내적**inner product과 **외적**cross product이 있다. 두 벡터의 내적은 두 벡터의 방향이 얼마나 유사한지의 정도를 나타낸다. 벡터 내적의 결과는 스칼라양이다. 벡터의 내적이 사용되는 대표적인 예로 힘에 의한 일work을 들 수 있다. 만약 일정한 힘 F가 물체를 힘의 방향과 θ 각도만큼 이루는 방향으로 변위 s 만큼 이동시키면, 이 힘에 의한 일은 힘의 크기와 힘 방향으로 이동한 변위량의 곱, 즉 힘 벡터와 변위 벡터의 내적, $Fs\cos\theta$가 된다. 이 절에서는 벡터 내적의 정의와 특성, 계산 방법을 학습한다. 벡터의 외적은 4장에서 다룬다..

2.3.1 벡터의 내적

벡터의 내적inner product은 dot product 또는 scalar product라고도 하는데, 벡터를 분해하거나 특정 벡터의 방향성분의 크기를 구할 때 유용하다. 또한, 두 벡터가 이루는 사잇각을 구하는 경우도 벡터의 내적을 사용할 수 있다. [그림 2-26]과 같이, 임의의 두 벡터 A와 B의 내적은 다음과 같이 정의되며, 이 연산 결과는 스칼라이다.

$$\mathrm{A}\cdot\mathrm{B} = AB\cos\theta \tag{2.36}$$

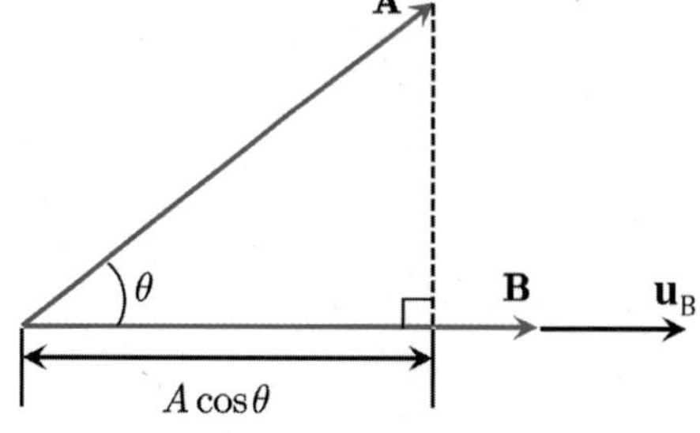

[그림 2-26] 두 벡터 A와 B의 내적

즉, 내적은 [그림 2-26]에서 두 벡터의 크기와 두 벡터가 이루는 사잇각의 코사인 곱이다. 내적의 정의 식 (2.36)에서 $B\cos\theta$는 벡터 B를 벡터 A의 방향으로 정사영(수직으로 투영)한 선분의 크기이다. 마찬가지로 $A\cos\theta$는 벡터 A를 벡터 B의 방향으로 정사영한 선분의 크기이다. 만일, 벡터 B대신 단위벡터 $\mathrm{u_B}$를 사용하면, $\mathrm{A}\cdot\mathrm{u_B} = A\cos\theta$로 계산된다. 이 내적의 결과는 벡터 A를 단위벡터 $\mathrm{u_B}$방향으로 투영한 성분의 크기를 의미한다. 주어진 두 벡터에 대하여, 식 (2.36)으로부터 두 벡터가 이루는 사잇각 θ를 다음과 같이 계산할 수 있다.

$$\theta = \cos^{-1}\left(\frac{\mathrm{A}\cdot\mathrm{B}}{AB}\right) \tag{2.37}$$

또한, 벡터의 내적을 이용하여, 어떤 벡터를 임의의 방향으로 쉽게 분해할 수 있다. [그림 2-27]로부터 임의의 벡터 A를 임의의 축 bb'(벡터 B 또는 u_B)방향과 θ의 각도를 이룬다고 할 때, 다음과 같이 이 축에 접선 성분 벡터 A_p와 수직 성분 벡터 A_n으로 분해할 수 있다.

$$\mathrm{A}_p\mathrm{u_B}\ ,\ \mathrm{A}_n = \mathrm{A} - \mathrm{A}_p \tag{2.38}$$

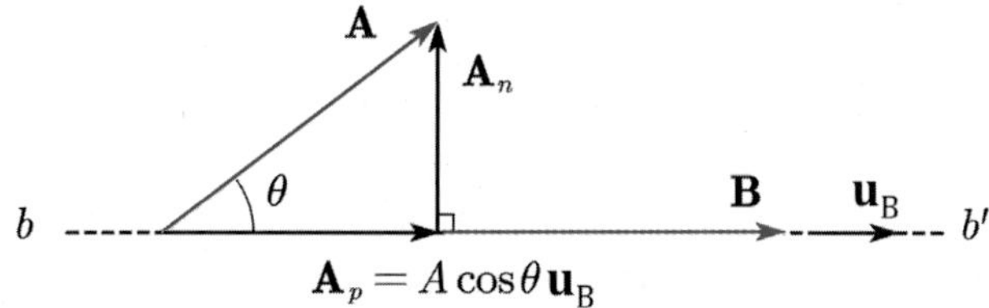

[그림 2-27] 벡터 A의 분해

또한, 분해된 벡터 A_p와 A_n의 각 성분의 크기는 다음과 같이 내적, 삼각함수 또는 피타고라스 정리를 이용하여 결정할 수 있다.

$$A_p = |\mathrm{A}_p| = A\cos\theta = \frac{\mathrm{A}\cdot\mathrm{B}}{B},\ A_n = |\mathrm{A} - \mathrm{A}_p| = A\sin\theta = \sqrt{A^2 - A_p^2} \tag{2.39}$$

일반적인 직교좌표계에서 내적을 이용한 벡터의 분해를 고려해보자. 만일, [그림 2-28]과 같이, 평면에서 임의의 벡터 C가 주어졌을 때, 내적을 이용하면, 다음과 같이 이 벡터를 x, y축 방향으로 분해한 성분의 크기를 쉽게 구할 수 있다.

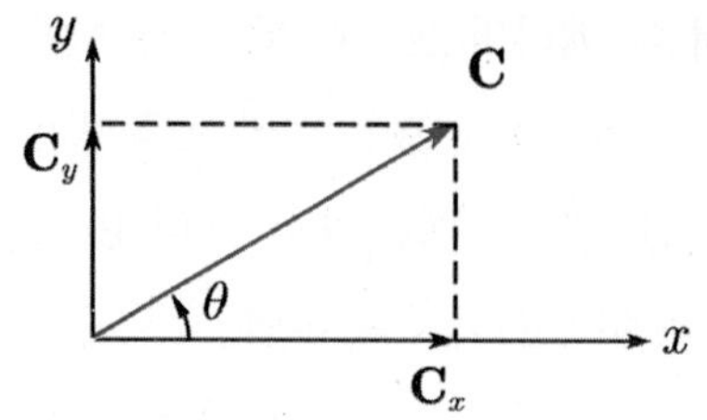

[그림 2-28] 직교좌표계에서 벡터 C의 분해

$$C_x = \mathrm{i} \cdot \mathrm{C}, \; C_y = \mathrm{j} \cdot \mathrm{C} \tag{2.40}$$

한편, 벡터 C를 x, y축 방향으로 투영한 벡터 성분 $\mathrm{C}_x = C_x\mathrm{i}$, $\mathrm{C}_y = C_y\mathrm{j}$를 이용하면, 벡터 C는 다음과 같이 분해가 가능하다.

$$\mathrm{C} = \mathrm{C}_x + \mathrm{C}_y = C_x\mathrm{i} + C_y\mathrm{j} \tag{2.41}$$

1) 내적 연산의 특징

내적의 정의에 따르면 내적 연산의 순서를 바꾸어도 그 결과는 동일하므로 다음과 같이 교환법칙이 성립한다.

$$\mathrm{A} \cdot \mathrm{B} = \mathrm{B} \cdot \mathrm{A} \tag{2.42}$$

또한, 스칼라 곱의 연산 순서는 다음과 같이 내적의 연산 결과에 영향을 주지 않는다.

$$a(\mathrm{A} \cdot \mathrm{B}) = (\mathrm{B} \cdot \mathrm{A})a = (a\mathrm{A}) \cdot \mathrm{B} = \mathrm{A} \cdot (a\mathrm{B}) \tag{2.43}$$

그리고 다음과 같이 분배 또는 결합 법칙도 성립한다.

$$\mathrm{A} \cdot (\mathrm{B} + \mathrm{C}) = \mathrm{A} \cdot \mathrm{B} + \mathrm{A} \cdot \mathrm{C} \tag{2.44}$$

2) 직교좌표계에서 내적의 계산

직교좌표계에서 주어진 벡터의 내적을 연산하기 위해서 먼저 직교좌표계 단위벡터의 내적을 학습한다. 직교좌표계 단위벡터는 서로 수직이고, 크기가 1이다. 따라서, 이 단위벡터의 내적은 다음과 같이, 같은 방향일 경우에는 1 그리고 서로 수직이면 0으로 계산된다.

$$\mathrm{i}\cdot\mathrm{i} = \mathrm{j}\cdot\mathrm{j} = \mathrm{k}\cdot\mathrm{k} = 1\times 1\times\cos 0^\circ = 1 \tag{2.45}$$

$$\mathrm{i}\cdot\mathrm{j} = \mathrm{i}\cdot\mathrm{k} = \mathrm{j}\cdot\mathrm{i} = \mathrm{j}\cdot\mathrm{k} = \mathrm{k}\cdot\mathrm{i} = \mathrm{k}\cdot\mathrm{j} = 1\times 1\times\cos 90^\circ = 0 \tag{2.46}$$

만일, 임의의 벡터 A와 B가 다음과 같이 주어진다고 하자.

$$\mathrm{A} = A_x\mathrm{i} + A_y\mathrm{j} + A_z\mathrm{k},\quad \mathrm{B} = B_x\mathrm{i} + B_y\mathrm{j} + B_z\mathrm{k} \tag{2.47}$$

이 경우, 두 벡터의 내적을 다음과 같이 나타낼 수 있다.

$$\mathrm{A}\cdot\mathrm{B} = (A_x\mathrm{i} + A_y\mathrm{j} + A_z\mathrm{k})\cdot(B_x\mathrm{i} + B_y\mathrm{j} + B_z\mathrm{k}) \tag{2.48}$$

식 (2.48)에 분배의 법칙을 적용하면, 다음과 같이 각 단위벡터 성분들의 내적으로 표현할 수 있다.

$$\begin{aligned}\mathrm{A}\cdot\mathrm{B} &= A_x\mathrm{i}\cdot(B_x\mathrm{i} + B_y\mathrm{j} + B_z\mathrm{k}) + A_y\mathrm{j}\cdot(B_x\mathrm{i} + B_y\mathrm{j} + B_z\mathrm{k}) \\ &\quad + A_z\mathrm{k}\cdot(B_x\mathrm{i} + B_y\mathrm{j} + B_z\mathrm{k}) \\ &= A_xB_x(\mathrm{i}\cdot\mathrm{i}) + A_xB_y(\mathrm{i}\cdot\mathrm{j}) + A_xB_z(\mathrm{i}\cdot\mathrm{k}) + A_yB_x(\mathrm{j}\cdot\mathrm{i}) \\ &\quad + A_yB_y(\mathrm{j}\cdot\mathrm{j}) + A_yB_z(\mathrm{j}\cdot\mathrm{k}) \\ &\quad + A_zB_x(\mathrm{k}\cdot\mathrm{i}) + A_zB_y(\mathrm{k}\cdot\mathrm{j}) + A_zB_z(\mathrm{k}\cdot\mathrm{k})\end{aligned} \tag{2.49}$$

식 (2.49)의 단위벡터들의 내적을 정리함으로써, 벡터 A와 B의 내적의 결과는 다음과 같다.

$$\mathrm{A}\cdot\mathrm{B} = A_xB_x + A_yB_y + A_zB_z \tag{2.50}$$

예제 2-9 벡터의 내적과 벡터들 사이의 각도 구하기

다음의 주어진 벡터들 $\mathbf{a} = 2\mathbf{i} + 4\mathbf{j} - \mathbf{k}$ (N), $\mathbf{b} = 3\mathbf{j} + 4\mathbf{k}$ (m), $\mathbf{c} = 2\mathbf{i} + 3\mathbf{j} + \mathbf{k}$ (m)에 대해 다음을 구하라. (a) $\mathbf{a} \cdot \mathbf{b}$, (b) 벡터 $\mathbf{a}$를 벡터 $\mathbf{c}$방향으로 분해할 때, 벡터 $\mathbf{c}$에 수직 성분 크기

분석

- 내적의 계산 방법을 이용하여, $\mathbf{a} \cdot \mathbf{b}$를 계산한다. 또한, $\mathbf{c}$방향에서의 $\mathbf{a}$의 직교 성분은 $\mathbf{a}$의 방향 코사인(벡터 $\mathbf{a}$와 벡터 $\mathbf{c}$가 이루는 각을 β라 하면 $\cos\beta$)과 $\mathbf{a}$의 크기 a를 곱한다.

풀이

(a) $\mathbf{a} \cdot \mathbf{b} = (2\mathbf{i} + 4\mathbf{j} - \mathbf{k}) \cdot (3\mathbf{j} + 4\mathbf{k})$, $\mathbf{a} \cdot \mathbf{b} = (4)(3) + (-1)(4) = 8\ \mathrm{N \cdot m}$ (1)

(b) $\mathbf{a}$와 벡터 $\mathbf{c}$가 이루는 각을 β라 하고, $\boldsymbol{\mu}_c$를 단위벡터라 하면, 벡터 $\mathbf{c}$방향에 대한 벡터 $\mathbf{a}$의 수직 성분은 다음과 같이 계산한다.

$$a\cos\beta = \mathbf{a} \cdot \boldsymbol{\mu}_c = (\mathbf{a}) \cdot \left(\frac{\mathbf{c}}{c}\right) = \frac{(2\mathbf{i} + 4\mathbf{j} - \mathbf{k}) \cdot (2\mathbf{i} + 3\mathbf{j} + \mathbf{k})}{\sqrt{2^2 + 3^2 + 1^2}} = 4.01\ \mathrm{N} \qquad (2)$$

고찰

벡터의 내적을 구하는 방법과 벡터 사이의 방향 코사인을 구하는 방법을 기억하자.

벡터의 이해

■ 스칼라와 벡터

- **스칼라**: 시간, 길이, 면적, 부피, 질량 등과 같이, 물리량의 크기를 나타내는 실수 값
- **벡터**: 힘, 모멘트, 위치, 속도, 가속도 등과 같이 크기와 방향을 모두 갖는 물리량

■ 벡터의 종류

- **자유벡터**: 자유롭게 공간상에서 움직여도 그 효과가 동일하여, 자유롭게 이동이 가능한 벡터로, 일반적으로 벡터를 연산할 때는 벡터들을 자유벡터로 취급한다.
- **슬라이딩 벡터**: 작용선을 따라 자유롭게 시작점을 이동시킬 수 있는 벡터
- **고정벡터**: 벡터의 시작점이 고정되어있는 벡터

■ 벡터의 표현

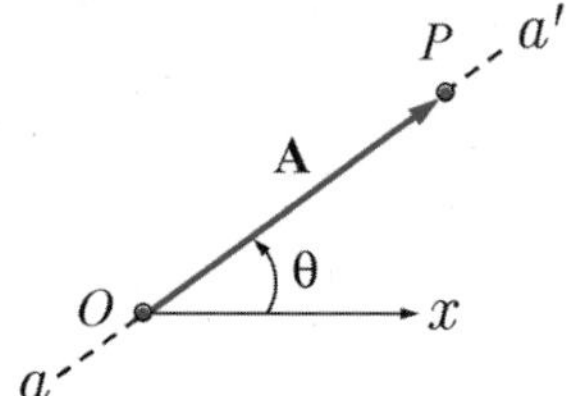

직선 선분 OP 와 방향을 나타내는 화살표로 표현한다. 벡터의 크기 $A = |\mathbf{A}|$에 해당된다.

스칼라와 벡터의 곱

$$\mathbf{B} = a\mathbf{A}$$

벡터의 덧셈과 뺄셈

$$\mathbf{C} = \mathbf{A} + \mathbf{B},\ \mathbf{D} = \mathbf{A} - \mathbf{B} = \mathbf{A} + (-\mathbf{B}),\ \mathbf{A} + \mathbf{B} = \mathbf{B} + \mathbf{A},\quad \mathbf{A} - \mathbf{B} = -\mathbf{B} + \mathbf{A}$$

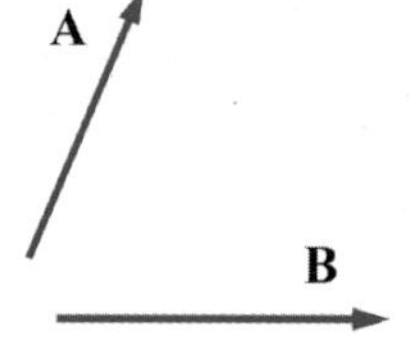

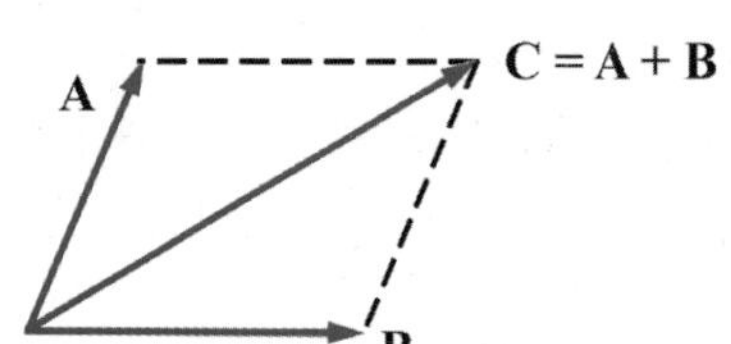

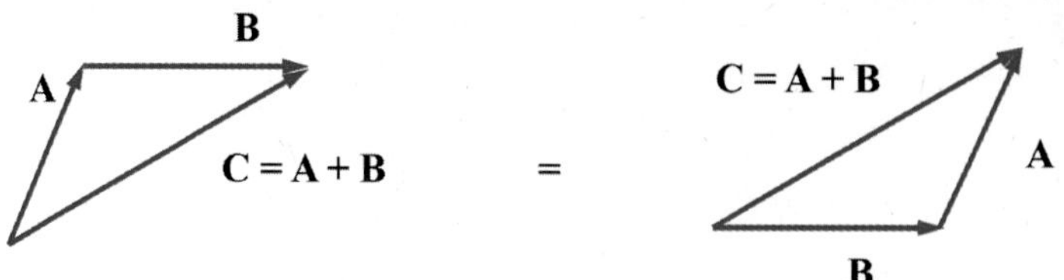

삼각법칙을 이용한 벡터의 크기와 방향 구하기

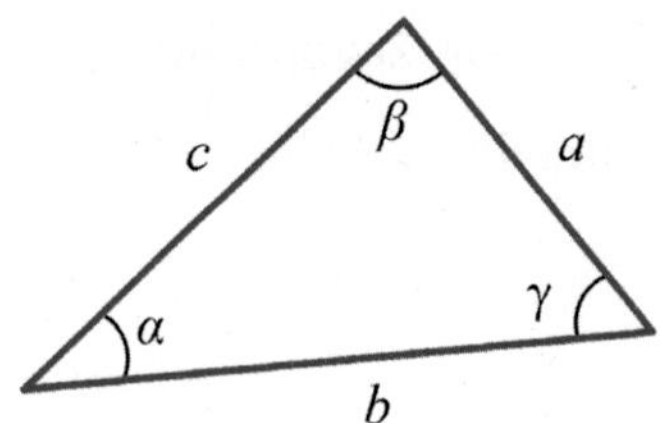

$$\frac{a}{\sin\alpha} = \frac{b}{\sin\beta} = \frac{c}{\sin\gamma}$$

$$a^2 = b^2 + c^2 - 2bc\cos\alpha,\ b^2 = a^2 + c^2 - 2ac\cos\beta,\ c^2 = a^2 + b^2 - 2ab\cos\gamma$$

직교좌표계에서 벡터의 표현

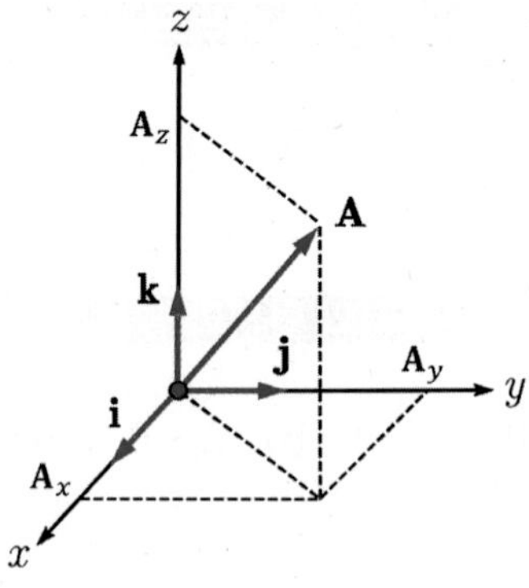

$$\mathrm{A} = \mathrm{A}_x + \mathrm{A}_y + \mathrm{A}_z = A_x\mathrm{i} + A_y\mathrm{j} + A_z\mathrm{k},\quad A = |\mathrm{A}| = \sqrt{A_x^2 + A_y^2 + A_z^2}$$

단위벡터

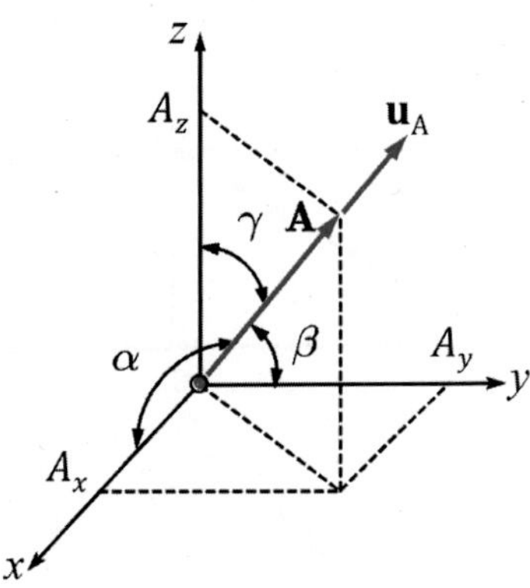

$$\mathrm{u_A} = \frac{\mathrm{A}}{A} = \left(\frac{A_x}{A}\right)\mathrm{i} + \left(\frac{A_y}{A}\right)\mathrm{j} + \left(\frac{A_z}{A}\right)\mathrm{k}$$

$$\alpha = \cos^{-1}\left(\frac{A_x}{A}\right),\ \beta = \cos^{-1}\left(\frac{A_y}{A}\right),\ \gamma = \cos^{-1}\left(\frac{A_z}{A}\right)\ ,\ (0^\circ < \alpha,\beta,\gamma \leqq 180^\circ)$$

$$\mathrm{u_A} = \cos\alpha\,\mathrm{i} + \cos\beta\,\mathrm{j} + \cos\gamma\,\mathrm{k}\ ,\quad \mathrm{A} = A\mathrm{u_A}$$

위치벡터

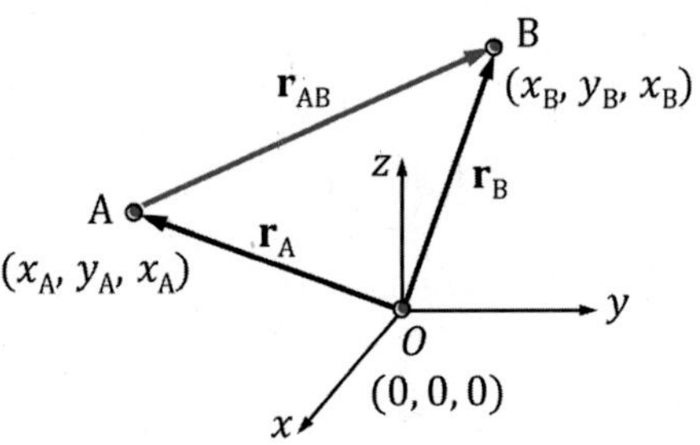

$$\mathrm{r_A} = x_A\mathrm{i} + y_A\mathrm{j} + z_A\mathrm{k},\ \mathrm{r_B} = x_B\mathrm{i} + y_B\mathrm{j} + z_B\mathrm{k}$$

$$\mathrm{r_{AB}} = \mathrm{r_B} - \mathrm{r_A} = (x_B - x_A)\mathrm{i} + (y_B - y_A)\mathrm{j} + (z_B - z_A)\mathrm{k}$$

$$r_{AB} = \sqrt{(x_B - x_A)^2 + (y_B - y_A)^2 + (z_B - z_A)^2}$$

벡터의 분해

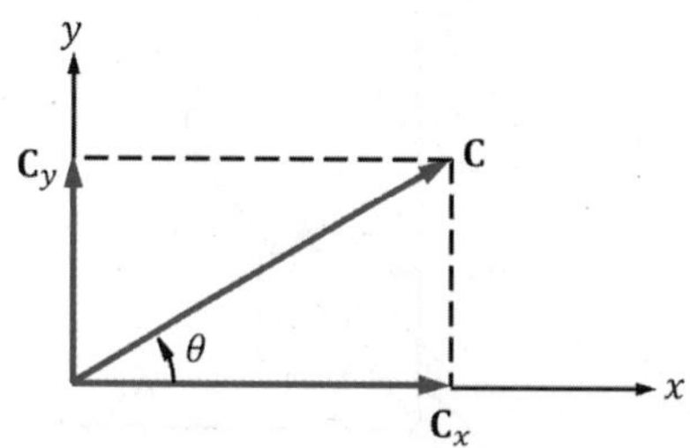

$$\mathrm{C} = \mathrm{C}_x + \mathrm{C}_y = C_x\mathrm{i} + C_y\mathrm{j}$$

직교좌표계에서 힘의 표현

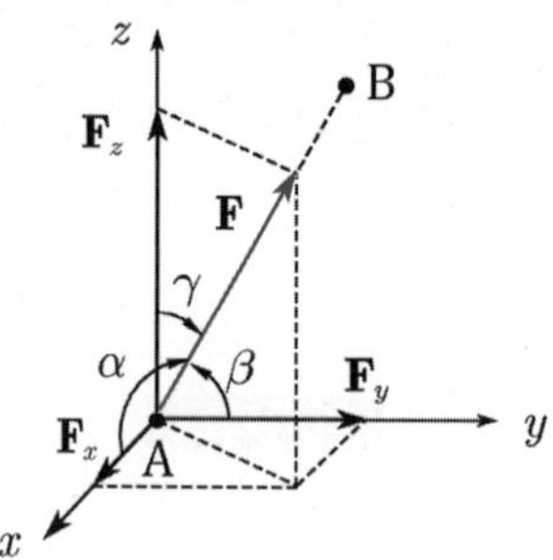

$$\mathrm{F} = \mathrm{F}_x + \mathrm{F}_y + \mathrm{F}_z = F_x\mathrm{i} + F_y\mathrm{j} + F_z\mathrm{k}$$

$$F = |\mathrm{F}| = \sqrt{F_x^2 + F_y^2 + F_z^2},\ \alpha = \cos^{-1}\left(\frac{F_x}{F}\right),\ \beta = \cos^{-1}\left(\frac{F_y}{F}\right),\ \gamma = \cos^{-1}\left(\frac{F_z}{F}\right)$$

단위벡터를 이용한 힘의 표현

$$\mathrm{u}_F = \frac{\mathrm{F}}{F} = \left(\frac{F_x}{F}\right)\mathrm{i} + \left(\frac{F_y}{F}\right)\mathrm{j} + \left(\frac{F_z}{F}\right)\mathrm{k},\ \mathrm{u}_F = \cos\alpha\mathrm{i} + \cos\beta\mathrm{j} + \cos\gamma\mathrm{k}$$

$$\mathrm{u}_F = \mathrm{u}_{\mathrm{AB}} = \frac{\mathrm{F}}{F} = \frac{\mathrm{r}_{\mathrm{AB}}}{r_{\mathrm{AB}}},\quad \mathrm{F} = F\mathrm{u}_F = F\left(\frac{\mathrm{r}}{r}\right)$$

동일점에 작용하는 힘의 합성

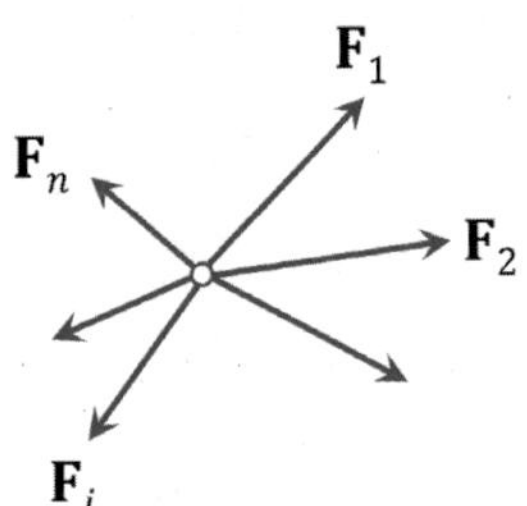

$$\mathrm{F}_1 = F_{1,x}\mathrm{i} + F_{1,y}\mathrm{j} + F_{1,z}\mathrm{k},\ \mathrm{F}_2 = F_{2,x}\mathrm{i} + F_{2,y}\mathrm{j} + F_{2,z}\mathrm{k},\ \ldots\ldots,$$
$$\mathrm{F}_n = F_{n,x}\mathrm{i} + F_{n,y}\mathrm{j} + F_{n,z}\mathrm{k}$$

$$\begin{aligned}\mathrm{R} &= \sum_{i=1}^{n}\mathrm{F}_i = \mathrm{F}_1 + \mathrm{F}_2 + \ldots\ldots + \mathrm{F}_n \\ &= (F_{1,x} + F_{2,x} + \ldots\ldots + F_{n,x})\mathrm{i} + (F_{1,y} + F_{2,y} + \ldots\ldots + F_{n,y})\mathrm{j} \\ &\quad + (F_{1,z} + F_{2,z} + \ldots\ldots + F_{n,z})\mathrm{k}\end{aligned}$$

$$R_x = \sum_{i=1}^{n} F_{i,x} = F_{1,x} + F_{2,x} + \ldots\ldots + F_{n,x},$$

$$R_y = \sum_{i=1}^{n} F_{i,y} = F_{1,y} + F_{2,y} + \ldots\ldots + F_{n,y},$$

$$R_z = \sum_{i=1}^{n} F_{i,z} = F_{1,z} + F_{2,z} + \ldots\ldots + F_{n,z}$$

힘의 전달성의 원리

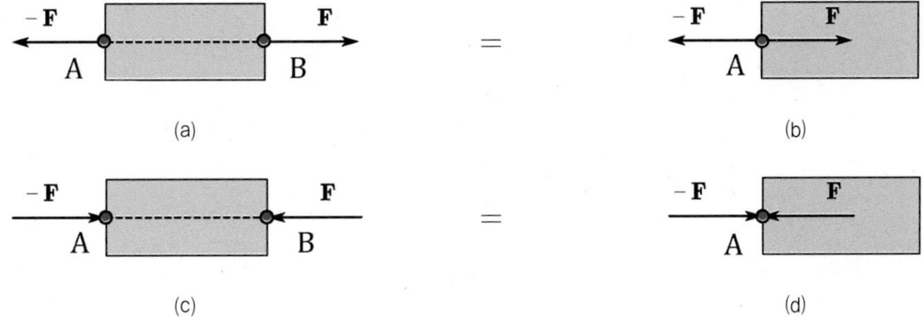

벡터의 내적

$$\mathrm{A} \cdot \mathrm{B} = AB\cos\theta,\ \theta = \cos^{-1}\left(\frac{\mathrm{A} \cdot \mathrm{B}}{AB}\right)$$

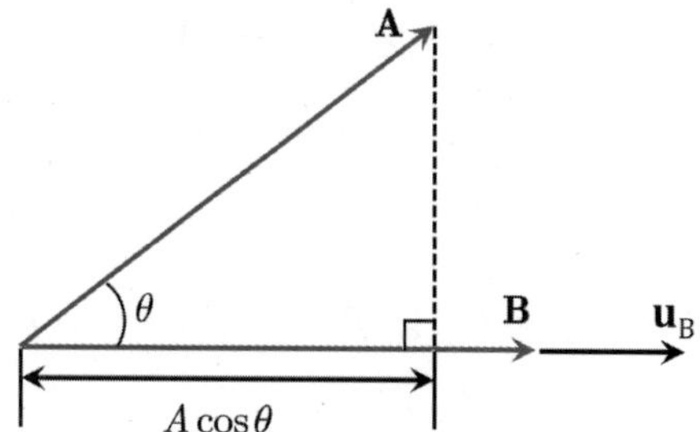

■ 벡터 A의 분해

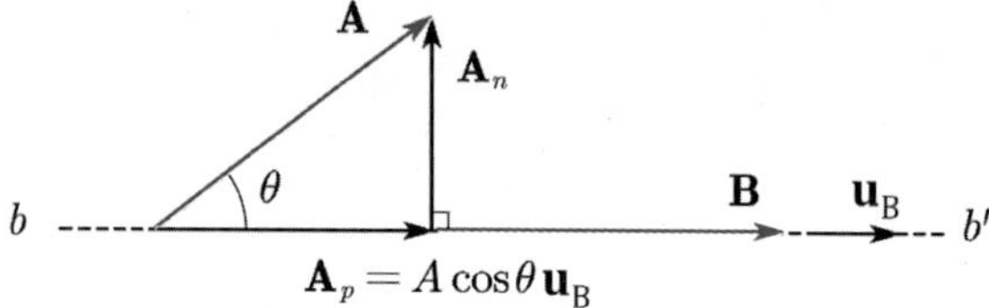

$$A_p = |\mathrm{A}_p| = A\cos\theta = \frac{\mathrm{A} \cdot \mathrm{B}}{B},\ A_n = |\mathrm{A} - \mathrm{A}_p| = A\sin\theta = \sqrt{A^2 - A_p^2}$$

■ 직교좌표계에서 벡터의 분해

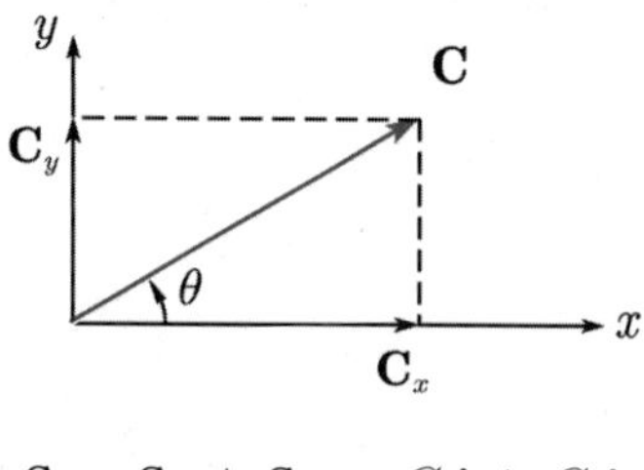

$$\mathrm{C} = \mathrm{C}_x + \mathrm{C}_y = C_x\mathbf{i} + C_y\mathbf{j}$$

■ 내적의 연산 특징

$$\mathrm{A} \cdot \mathrm{B} = \mathrm{B} \cdot \mathrm{A},\ a(\mathrm{A} \cdot \mathrm{B}) = (\mathrm{B} \cdot \mathrm{A})a = (a\mathrm{A}) \cdot \mathrm{B} = \mathrm{A} \cdot (a\mathrm{B}),$$
$$\mathrm{A} \cdot (\mathrm{B} + \mathrm{C}) = \mathrm{A} \cdot \mathrm{B} + \mathrm{A} \cdot \mathrm{C}$$

■ 직교좌표계에서 내적의 계산

$$\mathrm{A} \cdot \mathrm{B} = (A_x\mathbf{i} + A_y\mathbf{j} + A_z\mathbf{k}) \cdot (B_x\mathbf{i} + B_y\mathbf{j} + B_z\mathbf{k}) = A_xB_x + A_yB_y + A_zB_z$$

▶ 2.1절

2.1 연습문제 [그림 2-1]과 같이 바닥에 박혀있는 볼트(bolt) H에 $Q = 1\ \mathrm{kN}$의 힘이 작용하고 있다. 이 힘의 수평 및 수직 성분을 구하여라.

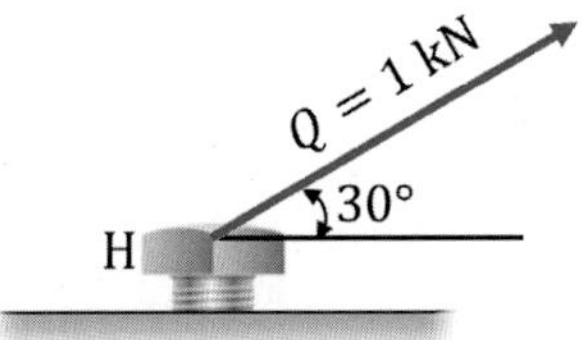

연습문제 [그림 2-1]

▶ 2.1절

2.2 연습문제 [그림 2-2]와 같이, 볼트(bolt) J에 $\mathbf{Q} = (-300\ \mathrm{N})\mathbf{i} + (400\ \mathrm{N})\mathbf{j}$의 힘이 작용하고 있다. 이 힘의 크기와 수평축과 이루는 각 β를 구하여라.

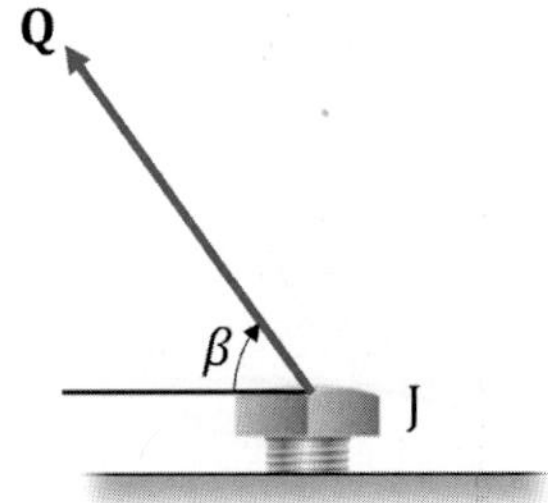

연습문제 [그림 2-2]

▶ 2.1절

2.3 연습문제 [그림 2-3]과 같이, 후크(hook)의 점 A에 두 힘 $R = 200\ \mathrm{N}$과 $S = 200\ \mathrm{N}$이 작용하고 있다. 두 힘에 의한 합력의 크기와 방향을 구하여라.

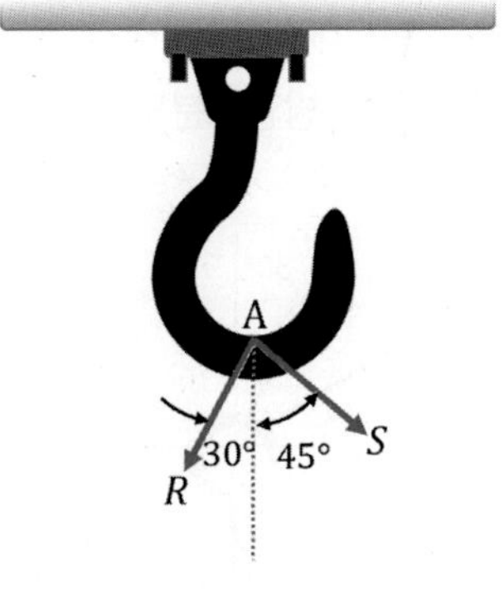

연습문제 [그림 2-3]

▶ 2.1절

2.4 연습문제 [그림 2-4]와 같이, 브라켓에 두 힘 600 N과 400 N이 작용할 때, 두 힘의 합력의 크기를 구하여라.

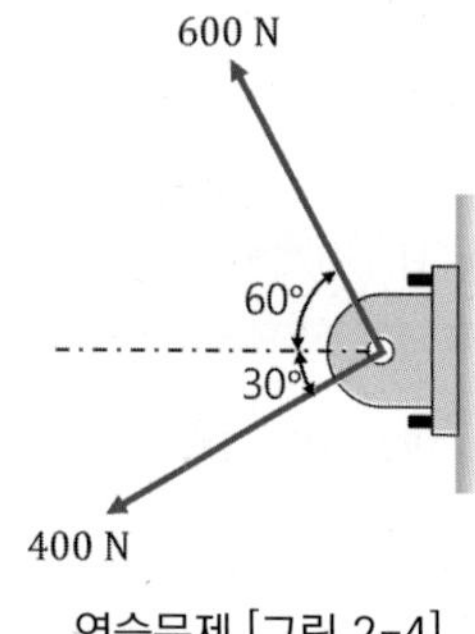

연습문제 [그림 2-4]

▶ 2.1절

2.5 연습문제 [그림 2-5]와 같이, 고리 볼트에 4개의 힘이 작용할 때, 이 힘들의 합력의 크기와 방향을 구하여라.

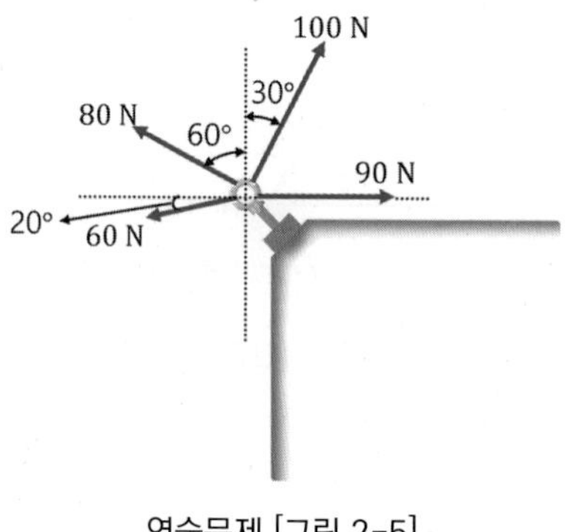

연습문제 [그림 2-5]

▶ 2.1절

2.6 연습문제 [그림 2-6]과 같이, 후크 볼트(hook bolt)에 세 방향의 힘 $Q_1 = 500 \text{ N}$, $Q_2 = 300 \text{ N}$, $Q_3 = 1 \text{ kN}$이 작용한다. 각 힘들의 x 방향성분의 합과 y 방향성분의 합을 구하여라.

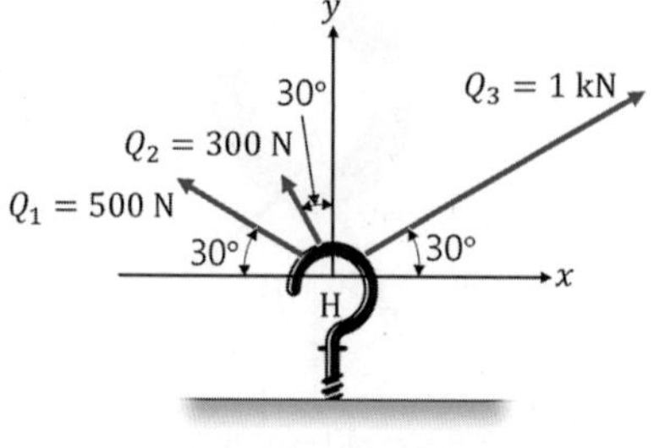

연습문제 [그림 2-6]

▶ 2.1절

2.7 연습문제 [그림 2-7]과 같이, 브라켓에 가해지는 세 개의 힘에 대한 x 성분의 합과 y 성분의 합을 구하여라.

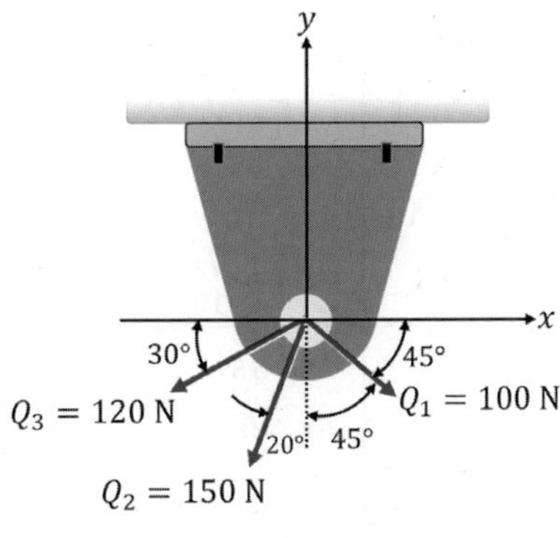

연습문제 [그림 2-7]

▶ 2.1절

2.8 연습문제 [그림 2-8]에 표시된 각각의 힘들의 x 방향성분의 합과 y 방향성분의 합을 구하여라. (단, $Q_1 = 300$ N, $Q_2 = 100$ N, $Q_3 = 150$ N 이다.)

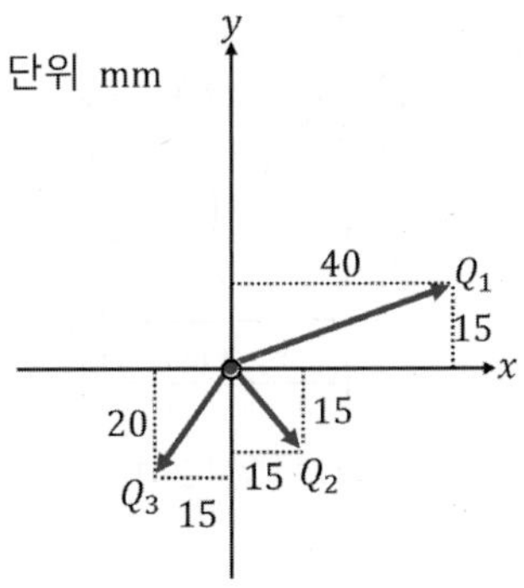

연습문제 [그림 2-8]

▶ 2.1절

2.9 연습문제 [그림 2-9]에 표시된 각각의 힘들의 x 방향성분의 합과 y 방향성분의 합을 구하여라. (단, $Q_1 = 250\ \mathrm{N}$, $Q_2 = 200\ \mathrm{N}$, $Q_3 = 180\ \mathrm{N}$이다.)

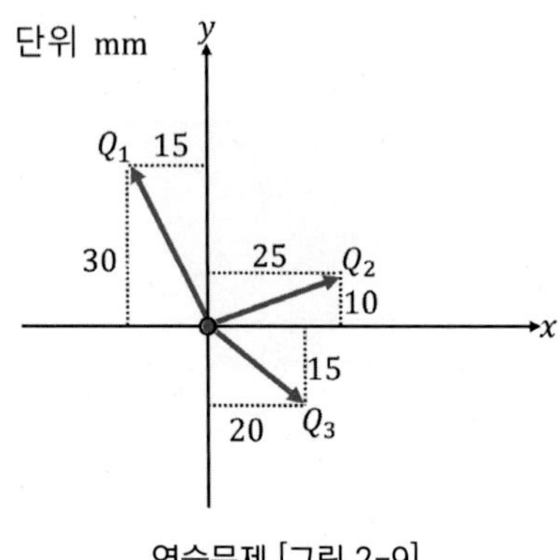

연습문제 [그림 2-9]

▶ 2.1절

2.10 연습문제 [그림 2-10]과 같이, 봉 CD가 봉 AB에 축 선 CD를 따라 힘 Q를 작용시키고 있다. Q의 수평 방향성분이 $200\ \mathrm{N}$일 때, 전체 힘 Q와 Q의 수직 방향성분을 계산하여라.

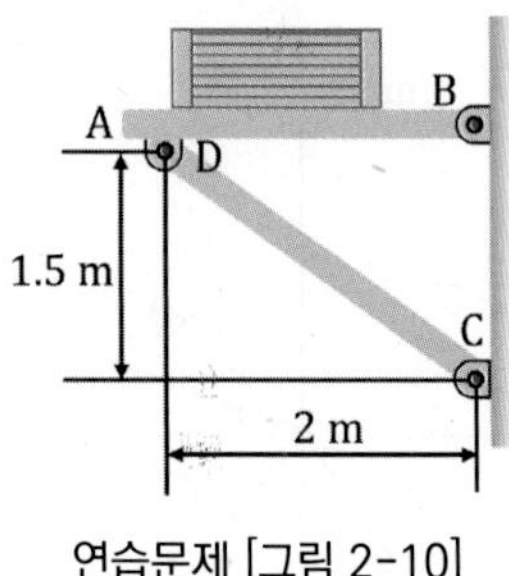

연습문제 [그림 2-10]

▶ 2.1절

2.11 연습문제 [그림 2-11]에서 $\theta = 40^\circ$일 때, 세 힘의 합력을 구하여라.

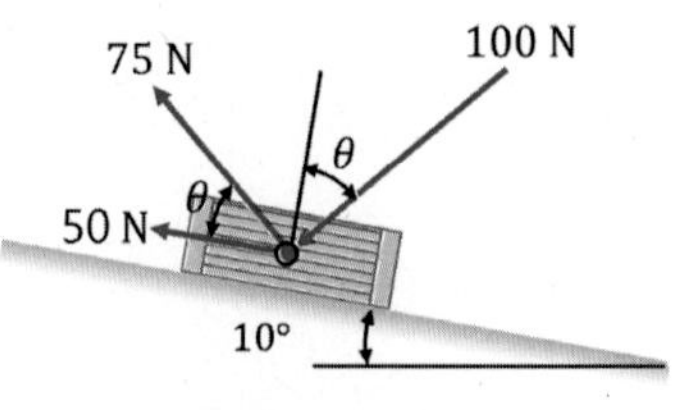

연습문제 [그림 2-11]

▶ 2.1절

2.12 연습문제 [그림 2-12]에서 $\theta = 70^\circ$ 일 때, 세 힘의 합력을 구하여라.

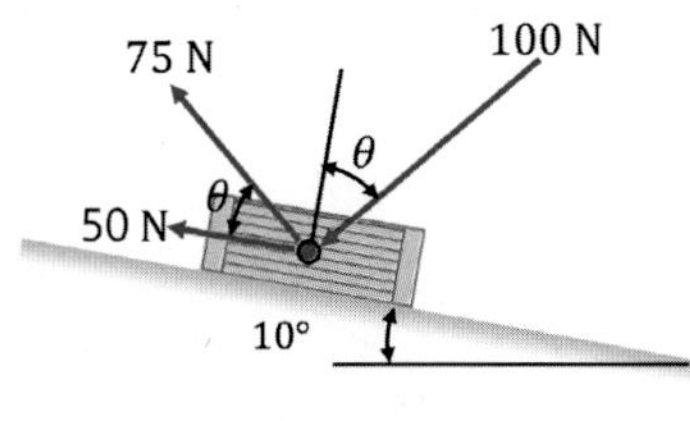

연습문제 [그림 2-12]

▶ 2.1절

2.13 연습문제 [그림 2-13]의 봉 AC가 BCD에 대해, 선(line) AC 방향으로 힘 Q를 작용시키고 있다. 힘 Q의 수평 방향성분이 $100\ \mathrm{N}$일 때, 힘 Q의 크기와 힘 Q의 수직 방향성분을 구하여라.

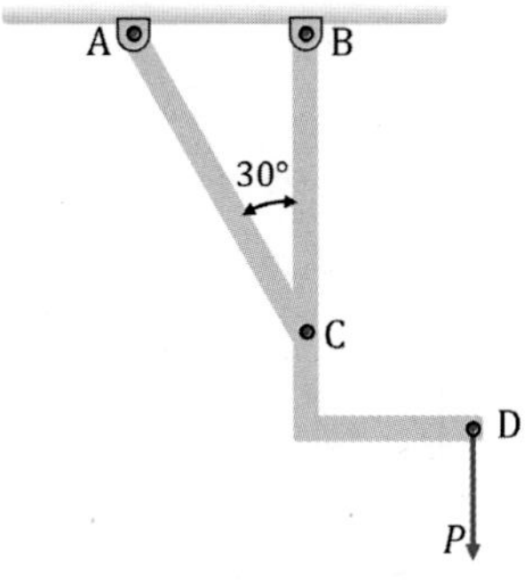

연습문제 [그림 2-13]

▶ 2.1절

2.14 연습문제 [그림 2-14]의 케이블 AB가 선(line) AB 방향으로 보 CA에 힘 Q를 작용시키고 있다. Q의 수직 방향성분이 $Q_y = 400\ \mathrm{N}$일 때, 전체 힘 Q의 크기와 Q의 수평 방향성분을 구하여라.

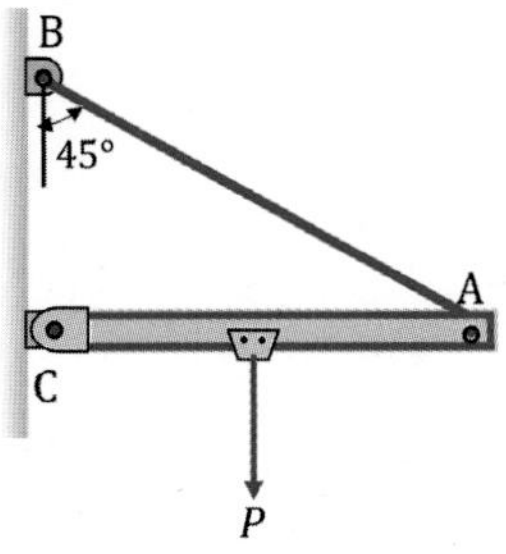

연습문제 [그림 2-14]

▶ 2.2절

2.15 연습문제 [그림 2-15]에서 $800\ \mathrm{N}$의 힘을 x, y 직교좌표 성분으로 분해하여 벡터로 표현하여라.

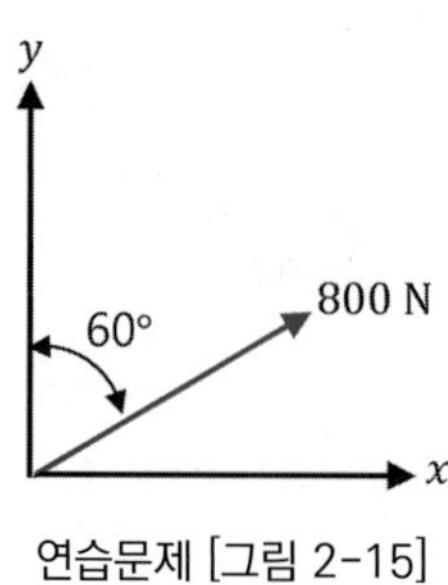

연습문제 [그림 2-15]

▶ 2.2절

2.16 연습문제 [그림 2-16]에서 두 힘 $60\ \mathrm{N}$과 $30\ \mathrm{N}$을 각각 x축과 y축 방향성분으로 분해하여라. 그리고 이 결과를 사용하여 $60\ \mathrm{N}$과 $30\ \mathrm{N}$을 합성한 힘의 x축과 y축 방향성분을 구하여라.

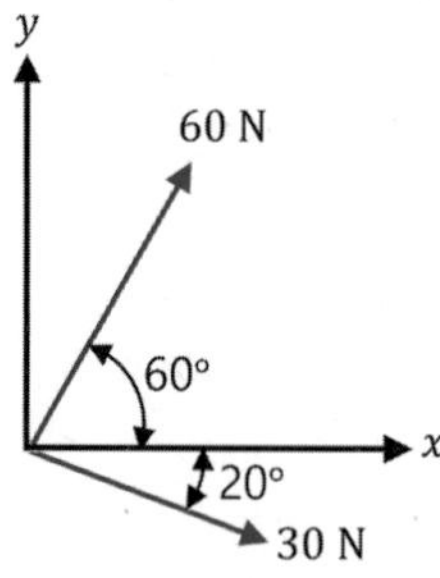

연습문제 [그림 2-16]

▶ 2.2절

2.17 연습문제 [그림 2-17]에서 크기가 각각 Q_1, Q_2인 두 힘을 합성한 결과 크기가 Q_R인 힘을 얻는다. 주어진 정보를 사용하여, Q_2와 방향각 θ를 구하여라.

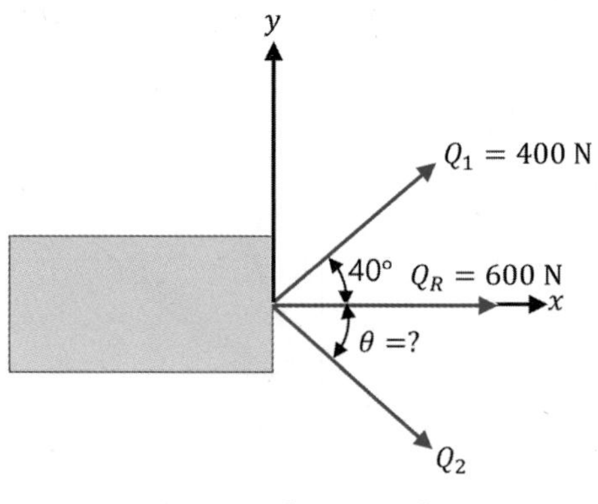

연습문제 [그림 2-17]

▶ 2.3절

2.18 연습문제 [그림 2-18]의 3차원 벡터 OA의 x, y, z축과 이루는 각을 각각 $\beta_x = 30°$, $\beta_y = 60°$, $\beta_z = 120°$라 할 때, 이 힘을 x, y, z축의 각각의 단위벡터 i, j, k를 이용하여 나타내어라.

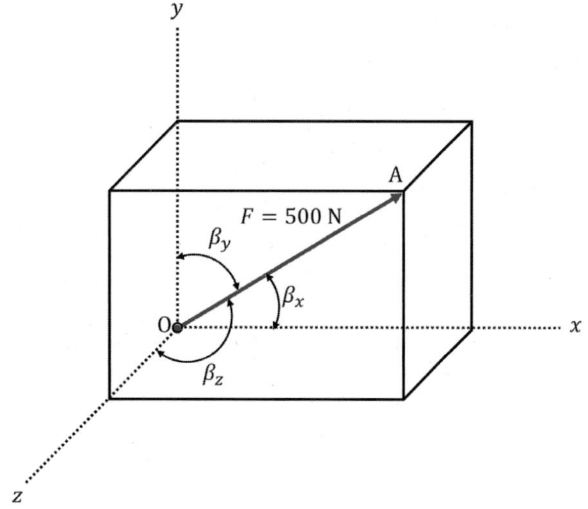

연습문제 [그림 2-18]

연 습 문 제

▶ 2.3절

2.19 연습문제 [그림 2-19]의 마스터 봉(mast rod)의 끝에 $F_1 = 500\ \mathrm{N}$, $F_2 = 300\ \mathrm{N}$, $F_3 = 200\ \mathrm{N}$이 작용하고 있다. 힘 F_1과 x, y, z축과의 이루는 각을 각각 α, β, γ라 하고, 세 힘의 합력을 F_R이라 하면 크기는 $F_R = 350\ \mathrm{N}$이고, 방향은 정확히 x축의 양의 방향이라고 할 때, α, β, γ의 각을 구하여라.

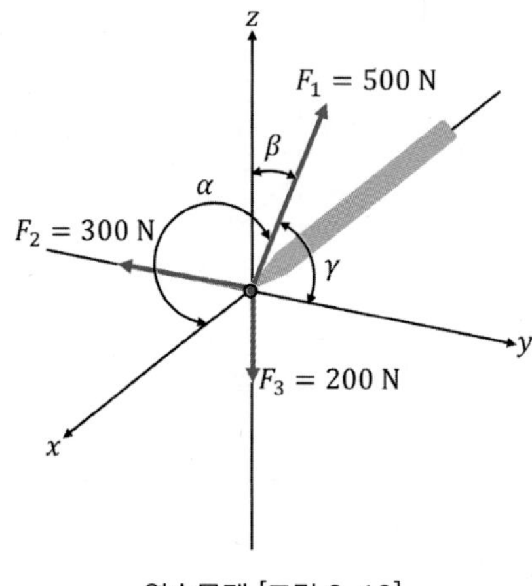

연습문제 [그림 2-19]

▶ 2.3절

2.20 연습문제 [그림 2-20]의 아이 볼트(eye bolt)에 묶인 끈에 작용하는 힘의 크기를 F라 하고, 이 F의 x, z 방향의 성분을 각각 $F_x = 50\ \mathrm{N}$, $F_z = -75\ \mathrm{N}$, 그리고 F와 y 방향 힘 성분 F_y가 이루는 각을 $\theta = 75^{\circ}$라 할 때, F와 F_y를 구하여라.

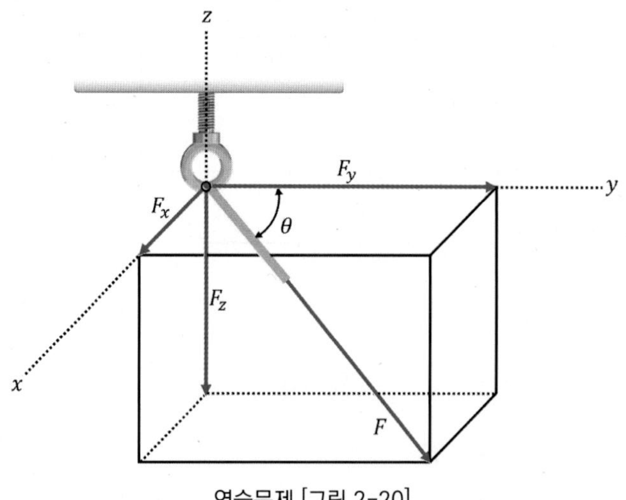

연습문제 [그림 2-20]

MEMO

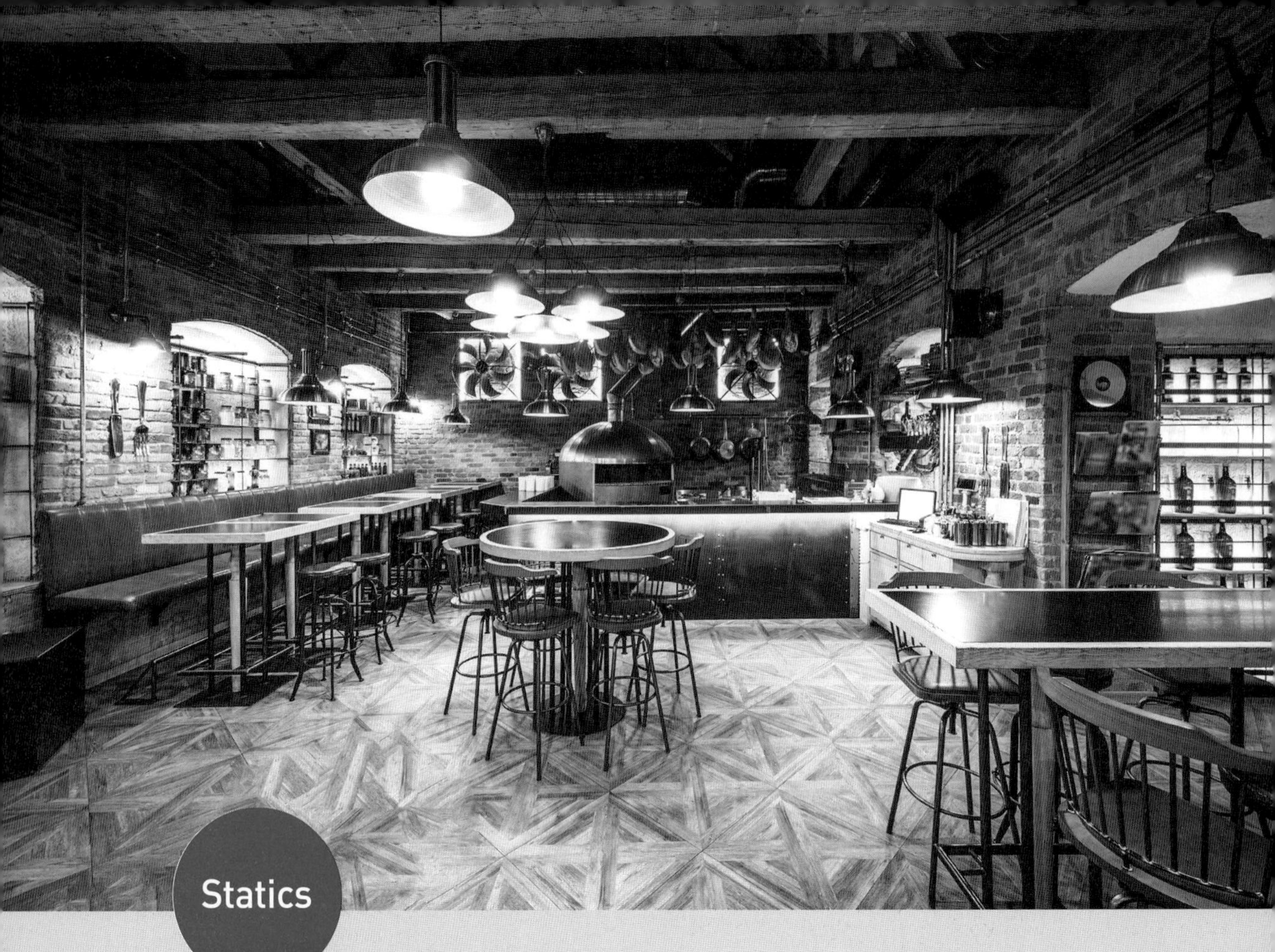

Statics

고급 레스토랑이나 고급 건물을 방문하면 천장에 매달린 크고 화려한 샹들리에의 조명에 종종 매료되기도 한다. 하지만 이러한 샹들리에 밑을 지나갈 때에는 상들리에가 머리 위로 떨어지는 않을까 하는 걱정이 들 수도 있다. 대부분의 샹들리에나 조명등을 매단 케이블에는 샹들리에의 하중을 안전하게 지지할 수 있는 충분한 장력이 작용한다. 이렇게 설치된 조명등이나 샹들리에는 외부의 큰 힘이 작용하지 않는 한, 보통은 정적 평형을 이루며, 안전하게 지지되어 있다. 샹들리에는 크기와 부피를 가지고 있지만, 케이블에 걸리는 장력을 계산할 때, 일반적으로 크기와 부피를 무시하고 단순히 샹들리에의 무게만을 고려하는 것이 일반적이다. 이럴 경우, 샹들리에를 하나의 질점으로 간주할 수 있다. 이 장에서는 이러한 질점의 평형 문제를 다룬다.

CHAPTER 03

질점의 평형

Equilibrium of particles

CONTENTS

학습목표

- 2차원 평면에서 질점의 평형 개념을 학습하고, 평형조건을 이해한다.
- 3차원 공간에서 질점의 평형 개념을 학습하고, 평형조건을 이해한다.
- 질점의 자유물체도를 작성하고 평형을 해석하는 방법을 학습한다.

Section 3.1

2차원 질점의 평형

학습목표

✔ 2차원 평면에서 질점의 평형조건을 학습한다.

✔ 평형 해석을 위한 자유물체도를 이해하고, 평형에 대한 응용 문제를 학습한다.

2장에서 힘을 표현하는 방법과 힘을 합성하는 방법, 그리고 단위벡터를 사용하여 임의의 힘 벡터를 표현하는 방법 등 힘의 평형을 해석하는 데 필요한 기초적인 지식을 학습하였다. 이를 위해 2장에서는 한 점 또는 물체에 작용하는 모든 힘의 합이 0이 아닌 경우를 다루었다. 이 경우에는 물체에 작용하는 외력과 내력의 합인 **알짜 힘**net forces이 존재한다. 하지만 3장에서는 질점에 작용하는 알짜 힘이 0인 질점의 **평형**equilibrium문제를 해석한다. 특히, 본 절에서는 2차원 평면에서 질점의 평형을 다룬다. 이를 통해 2차원 공간에서의 평형조건을 이해하고 응용 문제를 학습한다.

3.1.1 질점의 평형

1장의 1.2.2절에서 **질점**particle과 **확장체**extended bodies에 대해 설명한 바와 같이, 질점은 모든 질량이 공간의 한 점에 집중된 물체로 간주되며 물체의 크기size는 고려하지 않고, 위치 정보만을 갖는다. 그 결과 역학에서 질점을 해석할 때, 회전력(모멘트)와 회전운동을 고려할 필요가 없이, 선형 힘과 **병진운동**translational motion만을 고려하면 된다. 참고로 역학 중에서

(a) 케이블에 매달린 신호등

(b) 나무에 매달린 그네 의자

[그림 3-1] 질점의 평형을 보여주는 신호등과 그네 의자

정역학은 정적 평형(정지 또는 등속운동) 상태를 다룬다. 실제로는 어떤 물체도 질점은 아니지만, 일부 물체는 해석의 단순화를 위해 질점으로 간주될 수 있다. 따라서, 이 절에서는 질점으로 간주할 수 있는 물체의 평형을 취급한다. 질점의 평형은 "한 질점에 작용하는 모든 힘의 합이 0이면, 질점은 평형상태에 있다"라는 의미이다.

[그림 3-1(a)]와 [그림 3-1(b)]는 각각 케이블에 매달린 신호등과 나무에 매달린 그네 의자를 보여주는데, 이 경우 신호등과 그네 의자를 모두 질점으로 간주할 수 있다. 먼저 신호등의 경우, 신호등을 매달고 있는 케이블의 장력과 신호등의 무게가 서로 평형을 이룸으로써 안정적으로 매달려 있는 것을 알 수 있으며, 그네 의자도 마찬가지로 그네 의자의 무게와 케이블의 장력이 평형을 이루어, 지면으로 떨어지지 않고 안정적으로 그네줄에 매달려 있다는 것을 알 수 있다.

1) 1차원 평형

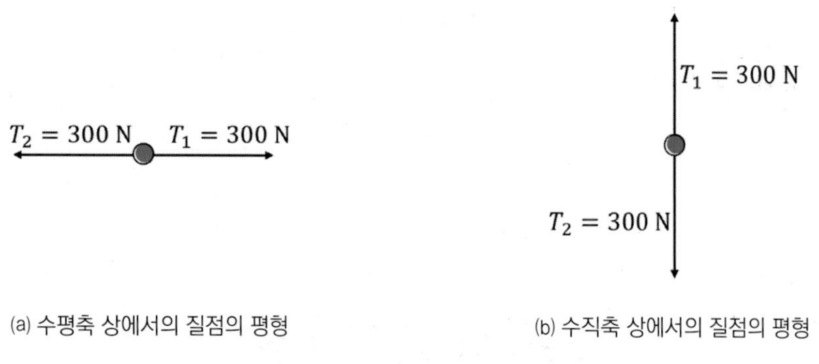

(a) 수평축 상에서의 질점의 평형

(b) 수직축 상에서의 질점의 평형

[그림 3-2] 질점의 1차원 평형

[그림 3-2]와 같이, 두 힘이 작용하는 질점의 **1차원 평형** 해석에서 질점을 중심으로 힘의 작용선을 따라 크기가 같고 방향이 반대인 힘이 작용할 때, 평형을 이룬다. 따라서, 두 힘이 작용하는 질점의 1차원 평형 해석에서 한 힘이 알려져 있으면, 이에 대해 평형을 이루는 힘은 주어진 힘과 크기가 같고 반대 방향으로 작용하며, 다음의 평형방정식을 만족한다.

$$\Sigma F_x = 0,\ \Sigma F_y = 0,\ \Sigma F_z = 0 \tag{3.1}$$

2) 2차원 평형

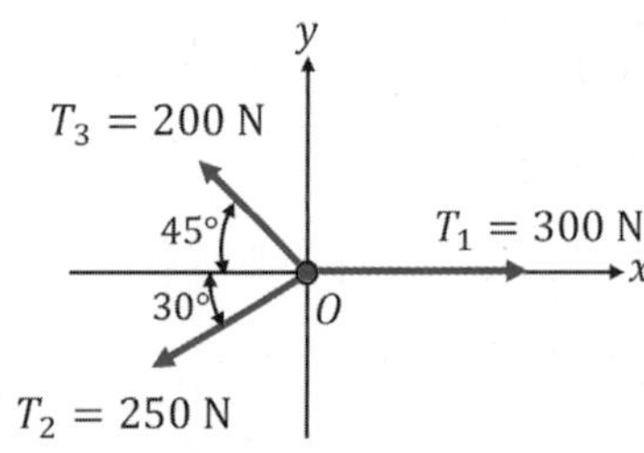

(a) 평면 상에서 질점의 불평형

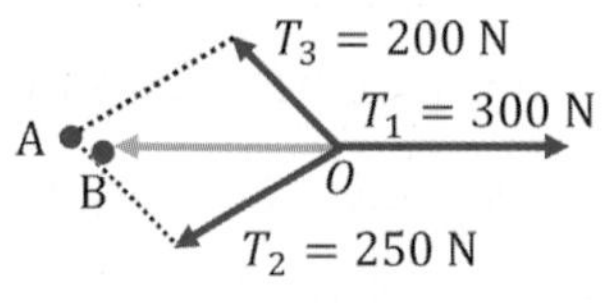

(b) 평행사변형 법칙을 이용한 질점 불평형의 증명

[그림 3-3] 질점의 2차원 불평형

[그림 3-3(a)]는 $T_1 = 300\ \mathrm{N}$, $T_2 = 250\ \mathrm{N}$, $T_3 = 200\ \mathrm{N}$의 세 힘이 한 질점에 작용하는 경우를 보여주고 있다. 이 경우, 세 힘이 평형이 이루어지지 않았다는 것을 [그림 3-3(b)]에서 보여준다. [그림 3-3(a)]의 힘 벡터 3개를 그대로 옮겨 놓아 그린 것이 [그림 3-3(b)]이고, 다만, [그림 3-3(a)]의 두 힘 T_2와 T_3를 **평행사변형 법칙**을 이용하여 합한 힘(벡터의 종점이 점 A에 있음)은 힘 T_1에 크기가 같고 방향이 반대인 힘(벡터의 종점이 점 B에 있음)과 일치하지 않음을 알 수 있다. 따라서, 질점에서 힘의 평형이 이루어지지 않음을 알 수 있다.

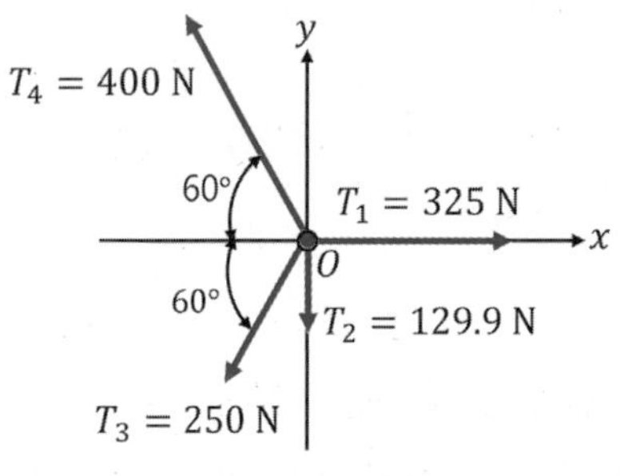

(a) 평면 상에서 질점의 평형

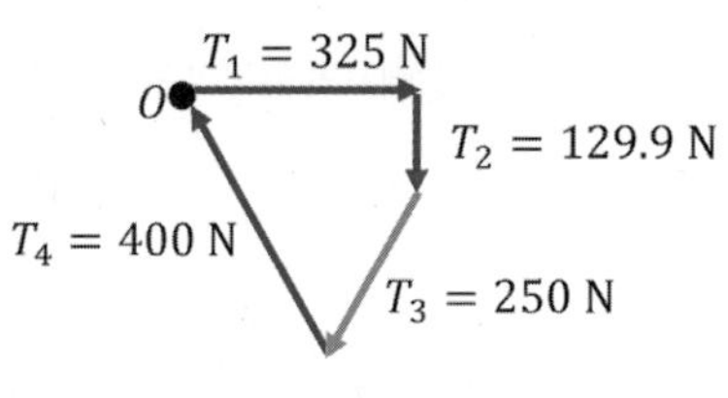

(b) 벡터의 다각형 방법을 이용한 질점 평형의 증명

[그림 3-4] 질점의 2차원 평형

이에 반해 [그림 3-4(a)]에서는 네 개의 힘 $T_1 = 325\ \mathrm{N}$, $T_2 = 129.9\ \mathrm{N}$, $T_3 = 250\ \mathrm{N}$, $T_4 = 400\ \mathrm{N}$이 평형을 이루고 있는 상태를 보여주고 있다. 또한, [그림 3-4(b)]는 다각형 방법에 의해, [그림 3-4(a)]의 4개의 힘을 크기와 방향을 변경하지 않고 벡터들의 시작점과 종점을 연결하여 그린 그림이다.

만약 벡터들이 평형상태에 있으면, 다각형 방법에서 다각형의 시작점과 종점이 일치한다. [그림 3-4(b)]에서, 다각형의 시작점(T_1의 시작점)과 종점(T_4의 종점)이 점 O로 일치함을 알 수 있고, 이는 4개의 힘 벡터가 질점 O에 대해 평형을 이루고 있다는 것을 증명한다.

이제, [그림 3-4]에서 주어진 힘 벡터 T_1, T_2, T_3, T_4를 평형 조건식에 적용하여 다시 힘의 평형을 분석해 보자. 일반적인 질점의 평형을 나타내는 **평형방정식**(또는 평형 조건식)을 벡터로 나타내면 다음과 같다.

$$\Sigma \mathrm{F} = 0 \tag{3.2}$$

직교좌표계에서 x, y 방향의 단위벡터를 사용하여 벡터 평형방정식 (3.2)를 2차원 평면상에서 질점의 벡터 평형방적식으로 표현하면 다음과 같다.

$$\Sigma (F_x \mathrm{i} + F_y \mathrm{j}) = 0 \tag{3.3}$$

벡터 식 (3.3)에서 x축과 y축 방향성분은 서로 독립적인 관계에 있으므로 다음과 같이 2개의 스칼라 평형 조건식으로 나타낼 수 있다.

$$\Sigma F_x = 0,\ \Sigma F_y = 0 \tag{3.4}$$

[그림 3-4(a)]에 대해 x축 방향과 y축 방향 평형 조건식 (3.4)를 적용하면, 다음과 같이 평형조건을 만족한다는 것을 확인할 수 있다.

$$\begin{aligned}\Sigma F_x = 0\ ;\ & T_1 - T_4\cos 60° - T_3\cos 60° \\ &= 325 - 400(0.5) - 250(0.5) = 0(\text{만족함})\end{aligned} \tag{3.5}$$

$$\begin{aligned}\Sigma F_y = 0\ ;\ & T_4\sin 60° - T_3\sin 60° - T_2 \\ &= (150)\left(\frac{\sqrt{3}}{2}\right) - 129.9 = 0(\text{만족함})\end{aligned} \tag{3.6}$$

따라서, [그림 3-4(a)]의 힘들은 질점인 원점 O에 대해 평형을 이루고 있음을 알 수 있다.

3.1.2 뉴턴의 운동 제 1법칙

뉴턴의 운동 법칙 중, **정역학**과 관계된 법칙은 제 1법칙(**관성의 법칙**)과 제 3법칙(**작용 반

작용의 법칙)이다. 1장의 1.2.2절에서 이미 소개하였기에, 여기서는 뉴턴의 운동 제 1법칙에 대해서만 다시 언급하기로 한다.

뉴턴의 운동 제 1법칙은 "정지상태에 있는 물체는 외부의 **불평형력**unbalanced force, 즉 외력이 작용하지 않는 한, 정지상태를 유지할 것이고, 운동상태에 있는 물체는 외력이 작용하지 않는 한, 동일 방향으로 등속도로 계속 움직일 것이다"라는 것을 의미한다.

뉴턴의 운동 제 1법칙과 질점의 평형 법칙으로부터, 평형상태에 있는 모든 질점은 정지해 있거나, 등속도의 직선 병진운동을 한다는 것을 알 수 있다. 만일 질점이 정지하거나 등속 직선운동을 하지 않는다면, 힘의 평형이 유지되지 않고 질점은 속도가 변하는 가속운동을 하게 된다.

(a) 우주 캡슐

(b) 산 위의 큰 암석

[그림 3-5] 질점의 2차원 평형

[그림 3-5(a)]와 [그림 3-5(b)]는 각각 우주 캡슐과 산 위의 큰 암석을 보여주는 그림이다. 먼저, [그림 3-5(a)]에서, 우주에는 마찰이 거의 없기 때문에, 우주 캡슐은 외력이 작용하지 않으면 현재의 속도를 계속해서 유지하는 등속운동을 한다. 다음으로, [그림 3-5(b)]에서 산 위의 암석은 속도가 0으로 정지해 있으며, 암석에 작용하는 모든 힘의 합, 즉 알짜 힘net force이 0이면, 계속해서 정지상태를 유지할 것이다. 이 암석에 대한 알짜 힘은 암석에 작용하는 외력과 중력 등의 힘(작용력)과 마찰력과 수직항력 등과 같이 작용력에 반대되는 방향으로 지면에서 암석을 지지하기 위해 발생하는 힘(반력)의 합이다.

뉴턴의 운동 제 1법칙은 정역학에서 가장 중요한 개념 중의 하나인 평형상태를 설명하고 있다. 그리고 실제 빌딩이나 교량과 같은 구조물을 설계할 때, 정역학에서 학습하는 평형 해석을 활용한다. 이를 통해 구조물에 작용하는 힘과 모멘트를 파악하고, 구조물을 안전하게 설계할 수 있다.

3.1.3 자유물체도와 평형 해석

이미 1.2.2절에서 **자유물체도**free body diagram를 작성하는 방법을 설명하였지만, 중요하기 때문에 한 번 더 자유물체도를 그리는 방법을 살펴보기로 한다.

자유물체도는 다양한 공학분야, 특히 역학 문제의 풀이에 이용되는 중요한 다이어그램diagram으로 물체에 작용하는 힘을 시각적으로 표현한 그림이다. 자유물체도를 작성하는 이유는 '자유물체도'란 이름 그대로 물체를 주변의 다른 대상과 표면으로부터 자유롭게 분리하여, 그 물체에 작용하는 힘을 쉽게 이해하고 해석하기 위해서이다. 따라서 자유물체도는 분리한 주변 대상과 표면에 의해 가해지는 힘을 포함하여, 물체에 작용하는 모든 힘을 나타낸다. 자유물체도를 작성하는 절차는 다음과 같다.

- 첫째, 해석 대상인 물체를 다른 모든 주변의 물체 및 표면과 분리하여 그린다. 이때, 물체의 경계 부분에 주의를 기울여, 물체와 주변을 명확히 구별한다.
- 둘째, 물체에 직접 작용하는 모든 외력들을 포함시킨다. 해석 중인 물체에 직접 작용하지 않는 힘은 포함시키지 않는다. 또한, 물체 내부에 작용하는 힘도 포함하지 않는다.

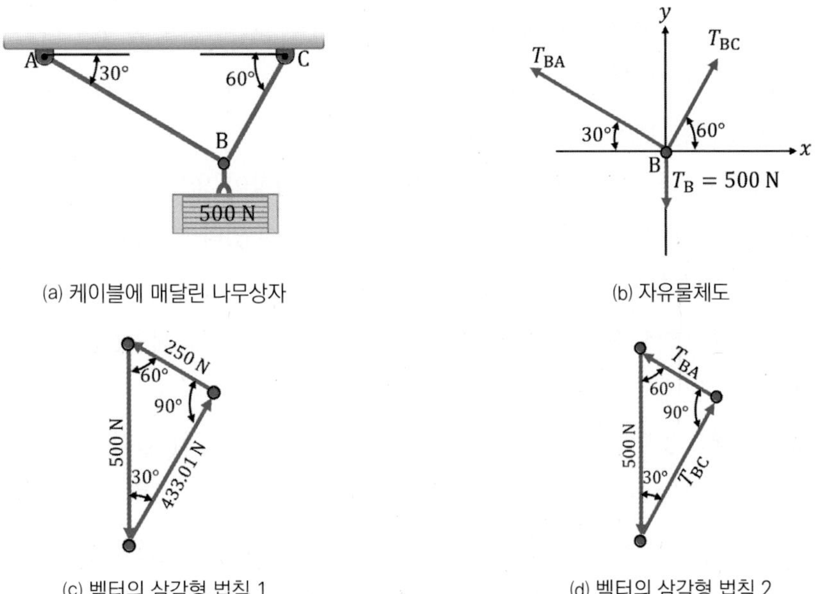

(a) 케이블에 매달린 나무상자

(b) 자유물체도

(c) 벡터의 삼각형 법칙 1

(d) 벡터의 삼각형 법칙 2

[그림 3-6] 나무상자와 케이블의 자유물체도 및 벡터의 삼각 구도

• 셋째, 자유물체도에 힘의 해석을 위해 필요한 크기, 치수, 각도, 점, 또는 위치 등을 문자 또는 숫자로 표시한다.

질점의 평형을 해석하기 위해 그리는 자유물체도에는 이미 평형상태에 있는 내력을 제외한 모든 힘을 나타내야 한다. 물체에 작용하는 외력을 중력과 같이 쉽게 인지할 수 있는 작용력applied force과 물체의 내력 또는 물체 사이의 상호 작용력에 의해 발생하는 상대적으로 인지하기 어려운 반력reactive force으로 나눌 수 있다. 질점의 평형 문제에서 자주 사용되는 반력으로는 다른 물체와의 접촉으로 발생하는 마찰력friction force과 수직력(또는 수직항력)normal force, 케이블cable 또는 줄의 인장력tension과 스프링spring의 힘 등이 있다. 4장 강체의 평형에서 더 자세히 반력에 대해서 다루기로 하고, 여기서는 다음 세 반력의 특징을 간단히 설명한다.

(1) **접촉에 의한 반력**: 수직항력은 물체와 접촉하는 단단한 지면이 물체가 지면 아래로 움지이지 못하도록 지지하는 힘으로 항상 접촉면에 수직한 방향으로 작용한다. 또한, 평형을 유지하기 위해 지면에서 물체의 수평 이동을 제약하는 방향으로, 마찰력이 지면과 물체의 접촉면에 발생한다. 거친 표면에서는 마찰력을 항상 고려해야 한다. 하지만 마찰을 무시할 수 있는 부드러운 표면에서는 마찰력을 0이라고 가정할 수 있다.

(2) **케이블 또는 줄의 반력**: 정역학에서 다루는 케이블 또는 줄의 특성은 다음과 같다.
- 케이블 또는 줄의 무게는 질점에 비해 무시할 정도로 가벼워 무게를 0으로 가정한다.
- 인장력에 의한 변형이 없다고 가정한다
- 케이블 또는 줄은 유연하며 압축 방향의 힘에 저항이 없다.
- 케이블 또는 줄은 인장력, 즉 당기는 힘만 지지할 수 있다. 그리고 이 인장력의 방향은 항상 케이블 또는 줄의 방향과 일치한다.
- 케이블 또는 줄에 작용하는 인장력의 크기는 일정하다. 즉 케이블 또는 줄의 양 끝단 및 절단면에서 발생하는 인장력의 크기는 일정하다.

(3) **스프링의 반력**: 정역학에는 탄성 스프링만을 고려한다. 후크의 법칙Hooke's Law에 따라 스프링의 힘은 $F = k\Delta l = k(l - l_0)$로 정의된다. 여기서 k는 스프링 상수, l은 스프링의 변형된 길이, l_0는 변형되지 않은 원래 스프링의 길이, 스프링의 변형량은 $\Delta l = l - l_0$이다. 스프링의 힘은 스프링 방향으로 작용한다. 하지만, 케이블과 달리 스프링은 인장력 또는 압축력을 제공할 수 있다.

이제 자유물체도를 사용하여, [그림 3-6(a)]와 같이, 케이블에 매달린 나무상자의 평형을 해석해 보자. [그림 3-6(a)]로부터 자유물체도 [그림 3-6(b)]를 그리기 위해 앞에서 설명한 자유물체도를 그리는 3단계 절차를 적용하였다.

첫째, 대상 물체인 나무상자 및 케이블을 지지 점 A와 점 C로부터 분리시켰다. 둘째, 물체에 직접 작용하는 모든 외력, 나무상자의 무게 500 N, 두 줄의 장력을 나타냈다. 셋째, 해석에 필요한 장력 T_{BA}, T_{BC}와 무게 $T_B = 500\ \mathrm{N}$를 문자 또는 숫자로 표시하였다. 또한, x축, y축 좌표와 수평축과 이루는 각도 30°, 60°도 기입해 넣었다. 자유물체도가 완성되면, 다음과 같이, 식 (3.4)의 x 방향 및 y 방향에 대해 평형방정식을 세운다.

$$\Sigma F_x = 0\ ;\ T_{BC}\cos 60° - T_{BA}\cos 30° = 0 \tag{3.7}$$

$$\Sigma F_y = 0\ ;\ T_{BC}\sin 60° + T_{BA}\sin 30° - 500\ \mathrm{N} = 0 \tag{3.8}$$

식 (3.7)을 정리하면, $T_{BC} = \sqrt{3}\ T_{BA}$이 되고, 이 관계를 식 (3.8)에 대입하고 정리하면 $T_{BA} = 250\ \mathrm{N}$이 된다. 또한, $T_{BA} = 250\ \mathrm{N}$의 결과를 식 (3.7)에 대입하면 $T_{BC} = 433.01\ \mathrm{N}$이 된다.

앞에서 구한 장력 값들 $T_{BA} = 250\ \mathrm{N}$, $T_{BC} = 433.01\ \mathrm{N}$과 무게 $T_B = 500\ \mathrm{N}$을 사용하여 벡터의 삼각형 법칙에 따라 작도하면 [그림 3-6(c)]와 같이 삼각형을 얻는다. 이 결과는 세 힘 벡터가 작용하는 질점이 평형상태에 있음을 나타낸다.

참고로, 이 문제를 평형방정식 대신 벡터의 삼각형 법칙을 사용하여 도식적으로 풀 수 있다. 먼저 평형상태에 있으면 세 힘 벡터를 [그림 3-6(d)]와 같이 삼각형으로 나타낼 수 있다. 2장에서 설명한 사인 법칙 또는 라미의 법칙Lami's theorem을 이용하면 다음과 같은 관계를 얻는다.

$$\frac{T_{BA}}{\sin 30°} = \frac{T_{BC}}{\sin 60°} = \frac{500\ \mathrm{N}}{\sin 90°} \tag{3.9}$$

식 (3.9)로부터, $T_{BA} = 500\sin 30° = 250\ \mathrm{N}$이 되고, $T_{BC} = 500\sqrt{3} = 433.01\ \mathrm{N}$이 된다. 이 결과는 앞에서 구한 평형방정식을 사용한 해석 결과와 일치한다.

예제 3-1 질점의 자유물체도 그리기

[그림 3-7(a)]와 같이, 질량이 5 kg인 구(sphere)가 스프링 상수가 $k = 100\ \mathrm{N/m}$ 인 스프링과 케이블에 의해 지지되고 있다. 이때, 구, 케이블 CE, 매듭 C에 대한 자유물체도를 그려라.

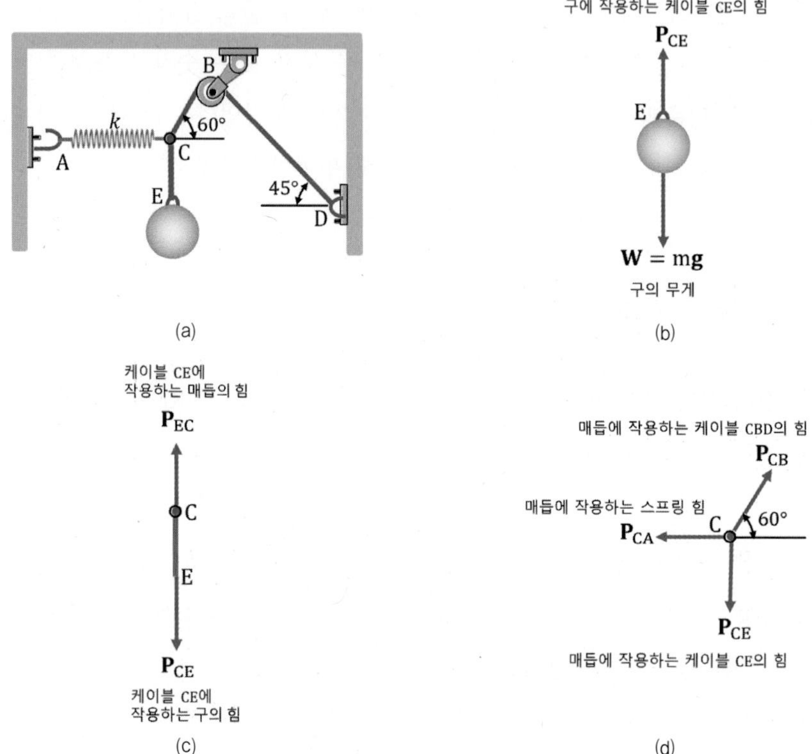

[그림 3-7] 구, 케이블, 매듭의 자유물체도

분석

- 먼저, [그림 3-7(b)]에서처럼 구와 케이블 CE 사이의 힘의 관계를 나타낸다. 둘째, [그림 3-7(c)]와 같이, 케이블 CE에 작용하는 힘의 관계를 나타내고, 끝으로 [그림 3-7(d)]와 같이, 매듭 C에 관계하는 힘을 도시한다.

풀이

먼저, [그림 3-7(b)]와 같이, 구에 작용하는 힘을 분석하고 도시한다. 구에 작용하는 힘은 구의 무게 또는 중력 $W = (5\ \mathrm{kg})(9.81\ \mathrm{m/s^2}) = 49.05\ \mathrm{N}$과 케이블 CE의 장력 P_{CE}를 도

시하면 된다. 다만, 여기서 굵은 로만 고딕체는 벡터($\mathbf{W}$(무게), $\mathbf{P}_{CE}$(장력))를 나타내고, 이탤릭체는 스칼라양(W(무게), P_{CE}(장력의 크기))을 나타낸다.

다음은 [그림 3-7(c)]와 같이, 케이블 CE에 작용하는 힘을 도시하면 된다. 이 힘은 오로지 2개의 힘, 즉 $\mathbf{P}_{CE}$와 $\mathbf{P}_{EC}$이다. 여기서 $\mathbf{P}_{CE}$는 [그림 3-7(b)]의 $\mathbf{P}_{CE}$와 크기는 같지만, 방향은 뉴턴의 작용과 반작용의 법칙에 따라 반대이다. 한편, $\mathbf{P}_{CE}$와 $\mathbf{P}_{EC}$는 줄이 느슨해지지 않도록 하고, 평형을 이루기 위해서는 $P_{CE} = P_{EC}$인 관계가 되어야 한다.

끝으로 [그림 3-7(d)]와 같이, 매듭 C에는 매듭에 작용하는 스프링의 힘 $\mathbf{P}_{CA}$, 매듭에 작용하는 케이블 CBD의 힘 $\mathbf{P}_{CB}$, 그리고 매듭에 작용하는 케이블의 힘 $\mathbf{P}_{CE}$가 있다.

고찰

어떤 질점들에 작용하는 자유물체도에 있어, 전체 자유물체도를 그리는 경우도 있지만, 부분들에 대한 자유물체도를 그리는 경우도 있다. 힘의 해석을 위해 이러한 부분 자유물체도도 필요한 것이다.

예제 3-2 실린더와 연결된 케이블 장력 구하기

[그림 3-8(a)]와 같이 좌우 벽의 고리 볼트에 부착된 케이블이 실린더를 지지하고 있다. 실린더의 질량이 50 kg이라면, 케이블 CA와 CB에 걸리는 장력의 크기를 구하여라.

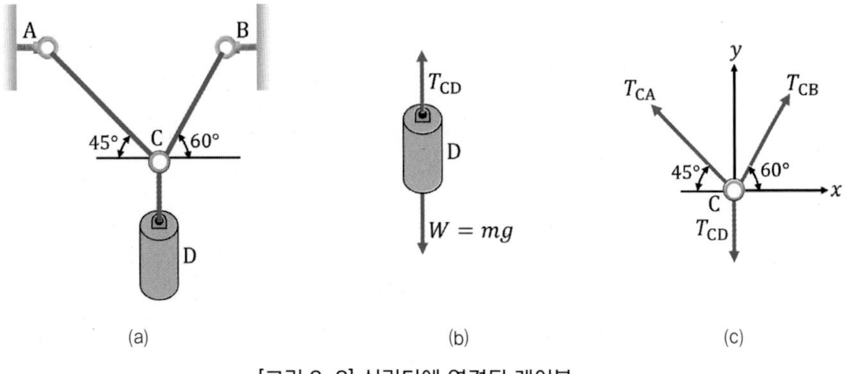

[그림 3-8] 실린더에 연결된 케이블

분석

- [그림 3-8(b)]의 실린더에 작용하는 힘들과 [그림 3-8(c)]의 원형 고리에 작용하는 힘들(장력들)로 자유물체도를 분리한다.
- [그림 3-8(b)]의 장력 T_{CD}와 [그림 3-8(c)]의 장력 T_{CD}는 작용 반작용 법칙에 의해 크기가 같고 방향이 반대이다.
- [그림 3-8(c)]의 x, y 방향에 대한 힘의 평형방정식을 적용하여, 케이블 CA와 CB에 걸리는 장력들 T_{CA}와 T_{CB}를 구할 수 있다.

풀이

[그림 3-8(b)]의 자유물체도에서, 수직 방향 힘의 평형조건으로부터, 다음과 같은 관계를 갖는다는 것을 알 수 있다.

$$\sum F_y = 0\ ;\quad T_{\mathrm{CD}} - mg = 0,\quad T_{\mathrm{CD}} = (50\ \mathrm{kg})(9.81\ \mathrm{m/s^2}) = 490.5\ \mathrm{N} \tag{1}$$

이제, 이제, [그림 3-8(c)]의 자유물체도로부터, x, y 방향에 대한 힘의 평형방정식을 적용하면 다음과 같다.

$$\sum F_x = 0\ ;\ T_{\mathrm{CB}}\cos 60° - T_{\mathrm{CA}}\cos 45° = 0 \tag{2}$$

$$\sum F_y = 0\ ;\ T_{\mathrm{CA}}\sin 45° + T_{\mathrm{CB}}\sin 60° - 490.5\ \mathrm{N} = 0 \tag{3}$$

식 (1)로부터 $T_{\mathrm{CB}} = \sqrt{2}\,T_{\mathrm{CA}}$의 관계를 얻고, 이를 식 (2)에 대입하면, 장력들 T_{CA}와 T_{CB}는 다음과 같이 얻을 수 있다.

$$T_{\mathrm{CA}} = 253.9\ \mathrm{N},\ T_{\mathrm{CB}} = 359.07\ \mathrm{N}$$

고찰

위의 예제와 유사한 문제의 경우, [그림 3-8(b)]와 [그림 3-8(c)]의 두 개의 자유물체도를 사용하지 않고, 바로 [그림 3-8(c)]의 T_{CD} 대신 실린더의 무게 490.5 N을 바로 적용하면, 더 빠르게 문제를 풀 수 있다.

예제 3-3 나무상자를 묶은 케이블이 끊어지지 않을 최소각 구하기

[그림 3-9(a)]와 같이 케이블 BA와 BC를 사용하여, 무게 2 kN의 나무상자를 지지하고 있다. 각 케이블은 최대 8 kN의 하중까지 지탱할 수 있다. 만일 케이블 BC가 항상 수평 상태를 유지한다면, 두 케이블 BA와 BC 중, 하나가 끊어지기 전에 나무상자를 지지할 수 있는 최소 각도 θ를 구하여라.

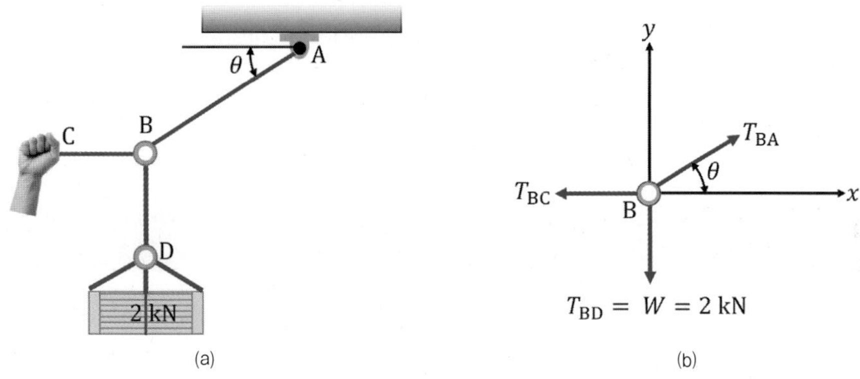

[그림 3-9] 나무상자를 묶은 케이블

분석

- [그림 3-9(b)]과 같이, 케이블에 작용하는 장력들 T_{BA}, T_{BC}를 가정하고, 나무상자의 무게 $W = 2$ kN도 중력 방향으로 가정한다. 장력 T_{BD}는 나무상자의 무게와 같다.
- 장력 T_{BD}는 주어진 조건 $T_{BD} < 8$ kN이어야 한다.
- [그림 3-9(b)]에서 x, y축에 대한 평형방정식을 적용한다.

풀이

[그림 3-9(b)]에서 x, y축에 대한 평형방정식을 적용하면 다음과 같다.

$$\Sigma F_x = 0 \ ; \ T_{BA}\cos\theta - T_{BC} = 0, \ T_{BA} = \frac{T_{BC}}{\cos\theta} \tag{1}$$

$$\Sigma F_y = 0 \ ; \ T_{BA}\sin\theta - 2\text{ kN} = 0 \tag{2}$$

식 (1)에서 $\cos\theta \leq 1$이므로, T_{BA}는 T_{BC}보다 항상 크게 된다. 따라서, 케이블 BA는 케이블 BC보다 최대 인장력 8 kN에 먼저 도달하게 될 것이다. $T_{BA} = 8$ kN을 식 (2)에 대입하자.

$$8\text{ kN}(\sin\theta) - 2\text{ kN} = 0, \ \sin\theta = 0.25, \ \theta = \sin^{-1}(0.25) = 14.48° \tag{3}$$

참고로 식 (3)의 $\theta = 14.48°$를 식 (1)에 대입하면, $T_{BC} = 7.75\ \text{kN}$을 얻을 수 있다.

고찰

질점의 평형을 다루는 다른 예제들과 달리, 본 예제처럼 케이블이 끊어지기 전의 최소 각도를 구하는 문제는 최대가 되는 장력이 어느 케이블의 장력인지를 먼저 구분하여, 이 장력 값에 최대 가할 수 있는 하중 값을 대입하여, 평형방정식에 대입하여야 한다.

예제 3-4 전등을 달기 위해 필요한 케이블의 길이 구하기

[그림 3-10(a)]와 같이, 100 N의 전등을 지지하기 위해 필요한 케이블 BC의 길이를 구하여라. 스프링 AB의 변형되지 않은 길이는 $L_{AB} = 0.5\ \text{m}$이고, 스프링 상수는 $k_{AB} = 500\ \text{N/m}$이다.

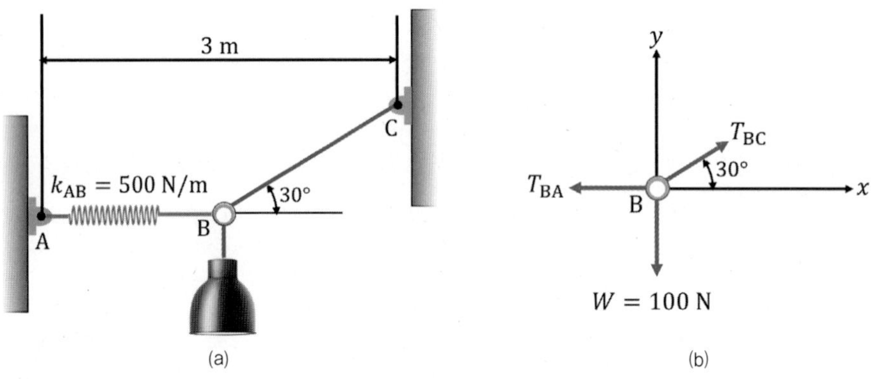

[그림 3-10] 전등과 연결된 케이블

분석

- 먼저, [그림 3-10(b)]의 자유물체도로부터 스프링 AB에 작용하는 힘 T_{BA}를 구한다.
- 스프링 힘과 선형적 관계인 스프링 변위 식 $T_{BA} = k_{AB}x$로부터 스프링의 길이를 구하여, 케이블 BC의 길이를 구한다.

풀이

[그림 3-10(b)]의 자유물체도에서 스프링 AB에 작용하는 힘 T_{BA}를 구하기 위해, x, y축에 대한 평형방정식을 적용한다.

$$\Sigma F_x = 0 \ ; \ -T_{BA} + T_{BC}\cos 30° = 0 \quad (1)$$

$$\Sigma F_y = 0 \ ; \ T_{BC}\sin 30° - 100\ \mathrm{N} = 0 \quad (2)$$

식 (2)로부터, T_{BC}는 $T_{BC} = 200\ \mathrm{N}$이 된다. 이제, $T_{BC} = 200\ \mathrm{N}$를 식 (1)에 대입하면, T_{BA}는 $T_{BA} = 173.21\ \mathrm{N}$이 된다.

스프링의 늘어난 길이를 x_{AB}라 하면, $T_{BA} = k_{AB}x_{AB}$로부터,

$x_{AB} = \dfrac{173.21\ \mathrm{N}}{500\ \mathrm{N/m}} = 0.346\ \mathrm{m}$.

따라서, 스프링의 변형 후의 전체 길이를 L'_{AB}이라 하면 $L'_{AB} = L_{AB} + x_{AB} = 0.846\ \mathrm{m}$이다.

한편, [그림 3-10(a)]에서와 같이 점 A와 점 C 사이의 전체 수평 길이가 주어졌으므로 다음의 관계가 있다.

$3\ \mathrm{m} = L_{BC}\cos 30° + 0.846\ \mathrm{m}$, $L_{BC} = 2.487\ \mathrm{m}$가 된다.

고찰

본 예제는 단순히 케이블이나 스프링에 작용하는 힘을 구하는 것이 아니고, 스프링 힘과 변위와의 관계를 이용하여, 어떤 케이블의 길이를 구하는 문제로써, 케이블 장력 문제의 변형된 문제이므로, 이를 푸는 해법을 잘 익혀두자.

예제 3-5 한 점에 작용하는 3개 벡터들의 합 벡터 구하기(공점력 계)

[그림 3-11(a)]와 같이, 케이블에 매달린 권투 샌드백의 무게는 200 N 이다. 이 샌드백을 지지하는 두 케이블이 수평축과 $\theta = 45°$를 이룰 때, 케이블 CA와 CB에 걸리는 장력을 구하여라.

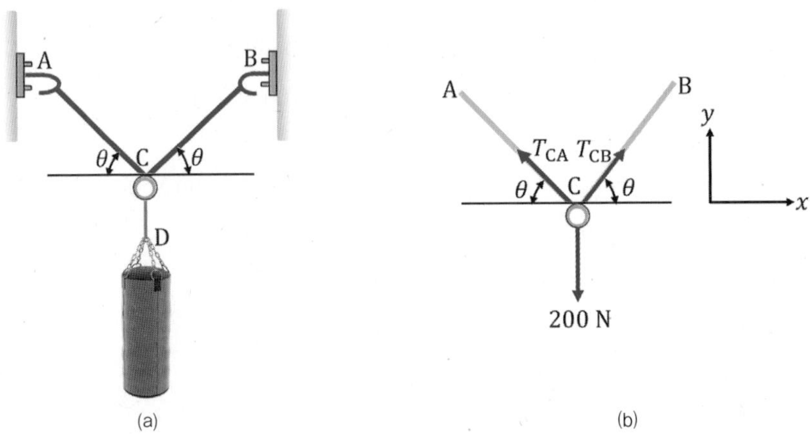

[그림 3-11] 케이블에 의해 지지된 권투 샌드백

분석

- 먼저, [그림 3-11(b)]에서, x, y 좌표축에 대한 힘의 평형 조건식을 적용한다.
- x, y축에 대한 힘의 평형방정식을 연립으로 풀어 장력을 구한다.

풀이

먼저 x 방향에 대한 힘의 평형방정식을 적용하면 다음과 같다.

$$\Sigma F_x = 0 \ ; \ -T_{CA}\cos\theta + T_{CB}\cos\theta = 0 \tag{1}$$

식 (1)로부터 $T_{CA} = T_{CB}$임을 알 수 있다.

이제, y 방향에 대한 힘의 평형방정식을 적용하면 다음과 같다.

$$\Sigma F_y = 0 \ ; \quad T_{CA}\sin\theta + T_{CB}\sin\theta - 200\text{ N} = 0 \tag{2}$$

$T_{CA} = T_{CB}$의 관계를 식 (2)에 대입하면 다음과 같이 장력 값을 얻을 수 있다.

$$\sqrt{2}\,T_{CA} = 200\text{ N},\ T_{CA} = 141.42\text{ N},\ T_{CB} = 141.42\text{ N}$$

고찰

만일, θ의 각도와 케이블의 길이가 다를 때, 케이블 길이에 대한 구속 조건만 주어지는 경우, 장력을 구하는 방법을 생각해 보라. 이 경우 4개의 미지수를 갖는 방정식이라 아주 쉽게 해를 구하기는 어렵다.

예제 3-6 한 점에 작용하는 3개 벡터들의 합 벡터 구하기(공점력 계)

[그림 3-12(a)]에서 신호등의 무게는 $100\ \mathrm{N}$이다. 신호등을 매달고 있는 케이블의 장력을 구하여라.

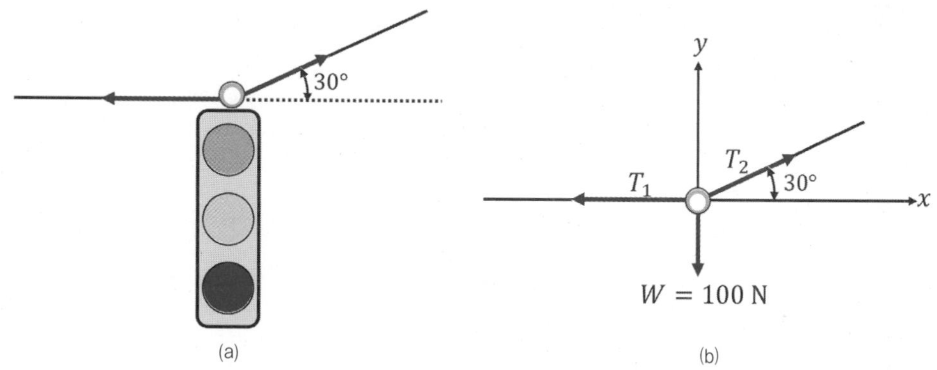

[그림 3-12] 신호등에 작용하는 장력

분석

- [그림 3-12(b)]와 같이, 신호등에 작용하는 장력과 신호등의 무게에 의한 자유물체도에서, x, y축에 대한 힘의 평형 조건식을 적용한다.
- x, y에 대한 두 개의 방정식을 연립으로 푼다.

풀이

[그림 3-12(b)]에서, 먼저 x축에 대한 힘의 평형 조건식을 적용하면 다음과 같이 된다

$$\sum F_x = 0\ ;\ \ T_2\cos 30° - T_1 = 0 \tag{1}$$

이제, y축 방향에 대한 힘의 평형 조건식을 적용하면 다음과 같다.

$$\Sigma F_y = 0 \ ; \ T_2 \sin 30° - 100\,\mathrm{N} = 0 \qquad (2)$$

식 (2)로부터 T_2에 대한 장력을 구하면, $T_2 = 200\,\mathrm{N}$을 얻을 수 있다.
$T_2 = 200\,\mathrm{N}$의 값을 식 (1)에 대입하면, T_1은 다음과 같이 계산된다.

$$T_1 = T_2 \cos 30°, \ T_1 = 200(\cos 30°) = 173.21\,\mathrm{N} \qquad (3)$$

고찰

신호등을 매단 케이블의 다양한 각도 변화, 또는 어떤 하나의 장력의 크기를 주고, 수평축과 이루는 각도를 주어지지 않은 경우, 다른 미지의 케이블의 장력을 구해보자.

Section 3.2

3차원 질점의 평형

학습목표

- ✔ 3차원 공간에서 질점의 평형조건을 학습한다.
- ✔ 3차원 질점의 평형 문제를 풀 수 있다.

평형 문제를 해석하는 방법은 기본적으로 동일하기 때문에, 본 절에서는 3.1절에서 설명한 2차원 평면에서 **질점의 평형** 해석 방법을 기반으로 3차원 공간에서 질점의 평형을 해석한다. 일반적으로 x, y, z축 방향의 힘 성분이 작용하는 3차원 직교좌표계 공간에서 질점의 평형 문제는 x와 y축 방향의 힘 성분이 작용하는 2차원 질점의 평형 문제보다 좀 더 복잡하다. 따라서, 3차원 질점의 평형 문제를 다룰 때, 힘을 스칼라보다는 직교좌표계 벡터을 이용하여 표현하는 것이 종종 더 편리하다. 본 절에서는 2.1.6절의 단위벡터 개념과 2.1.7절의 위치벡터 개념을 이용하여 질점에 작용하는 힘을 벡터로 표현하고, 이를 평형방정식에 적용하여 평형을 해석하는 방법을 간단히 소개한다.

3.2.1 3차원 질점의 평형

3차원 공간상에서 질점의 평형은 3.1절에서 학습한 2차원 평면상에서 질점의 평형 개념을 그대로 3차원으로 확장한 것이다. 3차원 질점의 평형을 해석하는 방법을 다음 2개의 예시로 설

[그림 3-13] 3차원 공간에서 케이블에 의해 지지되는 블록

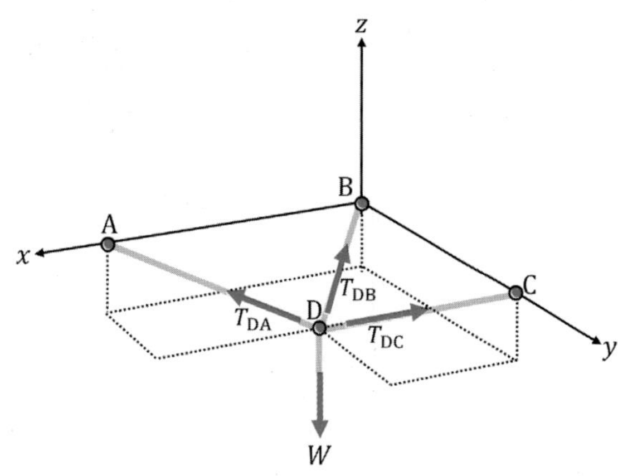

[그림 3-14] 자유물체도

명하도록 한다. 먼저, [그림 3-13]와 같이 4개의 체인 케이블로 블록을 인양하는 크레인이 평형 상태에 있을 때를 고려해 보자. 이 블록에는 블록의 하중과 체인 케이블의 장력이 작용한다.

이 경우 평형을 위해 블록의 직선운동만 고려하면 되기 때문에, 블록을 질점으로 간주할 수 있다. 따라서 블록에 대한 자유물체도를 그리면 [그림 3-14]와 같이 된다. 여기서 T_{DA}, T_{DB}, T_{DC}, W는 케이블의 장력과 중력의 크기를 나타낸다. 질점 D에 작용하는 네 개의 힘은 3차원 공간에 존재한다. 3.1절에서 소개한 질점의 벡터 평형방정식 (3.2)는 3차원 공간에서도 성립하므로, 평형을 위해서는 질점에 작용하는 모든 힘 벡터의 합성 결과가 0벡터가 되어야 한다. 질점의 벡터 평형방정식을 다시 쓰면 식 (3.10)과 같다.

$$\Sigma \mathrm{F} = 0 \tag{3.10}$$

벡터 평형방정식 (3.10)을 x, y, z축 방향의 단위벡터를 써서 표현하면 다음과 같다.

$$\Sigma(F_x \mathrm{i} + F_y \mathrm{j} + F_z \mathrm{k}) = 0 \tag{3.11}$$

식 (3.11)의 벡터 식에서 x, y, z축 방향의 힘 성분은 서로 독립적이기 때문에, 3차원 질점의 평형방정식을 식 (3.12)와 같이 3개의 독립 스칼라 방정식으로 나타낼 수 있다.

$$\Sigma F_x = 0,\ \Sigma F_y = 0,\ \Sigma F_z = 0 \tag{3.12}$$

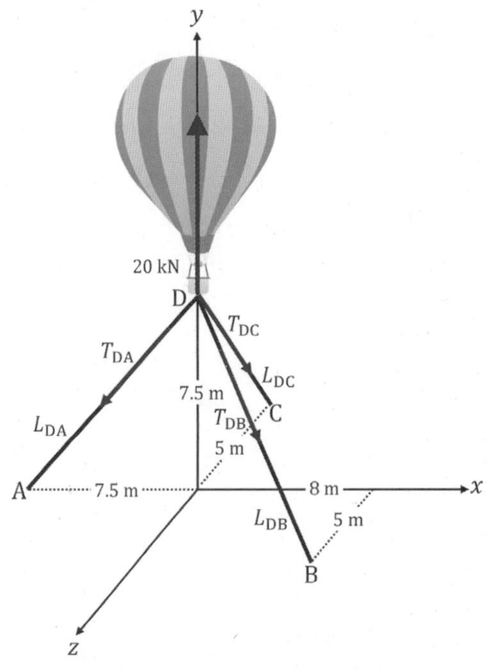

[그림 3-15] 케이블에 의해 지지된 열기구

다음으로 [그림 3-15]와 같이 수직 방향으로 20 kN의 힘을 받아 추진되는 열기구가 지상에 연결된 3개의 케이블에 묶여 평형상태에 있는 경우를 생각해 보자. 이 경우 역시, 케이블에 걸리는 장력을 구하는 3차원 질점의 평형 문제이다. 열기구 풍선을 질점으로 간주하고, 각 케이블의 길이를 각각 L_{DA}, L_{DB}, L_{DC}, 그리고 케이블의 장력을 각각 T_{DA}, T_{DB}, T_{DC}라고 하자. 각 케이블의 길이를 먼저 계산하면 다음과 같다.

$$L_{\mathrm{DA}} = \sqrt{7.5^2 + 7.5^2} = 10.61\ \mathrm{m},\ L_{\mathrm{DB}} = \sqrt{8^2 + 7.5^2 + 5^2} = 12.05\ \mathrm{m},$$
$$L_{\mathrm{DC}} = \sqrt{7.5^2 + 5^2} = 9.01\ \mathrm{m} \tag{3.13}$$

질점 D에 대하여 x, y, z축 방향의 힘의 평형방 정식을 적용하면 다음과 같이 된다.

$$\Sigma F_x = 0\ ;\ -T_{\mathrm{DA}}\left(\frac{7.5}{10.61}\right) + T_{\mathrm{DB}}\left(\frac{8}{12.05}\right) + 0 = 0 \tag{3.14}$$

$$\Sigma F_y = 0\ ;\ -T_{\mathrm{DA}}\left(\frac{7.5}{10.61}\right) - T_{\mathrm{DB}}\left(\frac{7.5}{12.05}\right) - T_{\mathrm{DC}}\left(\frac{7.5}{9.01}\right) + 20{,}000\ \mathrm{N} = 0 \tag{3.15}$$

$$\Sigma F_z = 0\ ;\ 0 + T_{\mathrm{DB}}\left(\frac{5}{12.05}\right) - T_{\mathrm{DC}}\left(\frac{5}{9.01}\right) = 0 \tag{3.16}$$

식 (3.14), (3.15), (3.16)을 연립하여 풀면, 각 케이블의 장력은 다음과 같이 계산된다.

$$T_{\mathrm{DA}} = 9{,}842.91\ \mathrm{N},\ T_{\mathrm{DB}} = 10{,}480.33\ \mathrm{N},\ T_{\mathrm{DC}} = 7{,}836.64\ \mathrm{N} \tag{3.17}$$

예제 3-7 화분을 지지하는 케이블의 장력 구하기

[그림 3-16(a)]와 같이, 3차원 공간상에서, 무게가 $100\ \mathrm{N}$인 화분이 케이블 AB, AC, AD에 의해 지지되고 있다. 평형을 이루기 위해 각 케이블에 걸리는 장력을 구하여라.

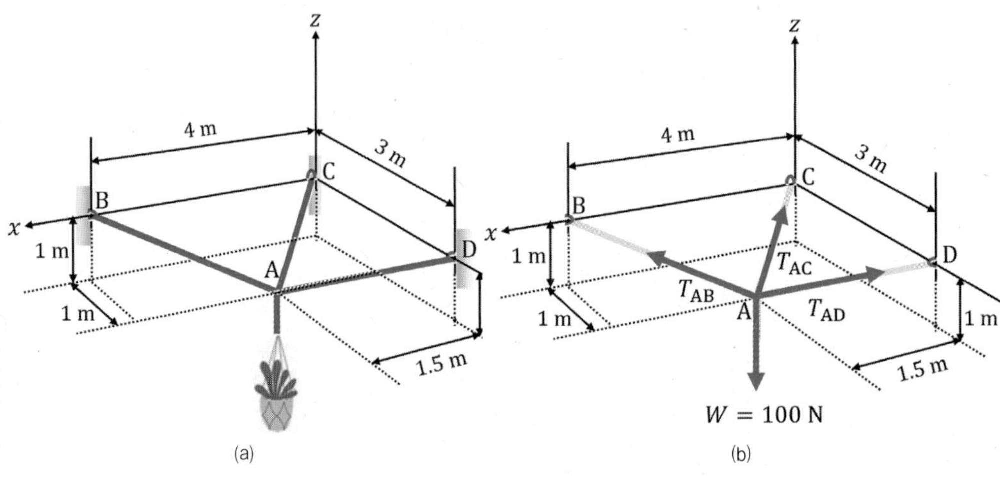

[그림 3-16] 화분을 매달고 있는 케이블

분석

먼저, [그림 3-16(b)]의 자유물체도로부터, 장력 벡터 T_{AB}, T_{AD}, T_{AC}와 화분의 무게 벡터 W를 3차원 요소의 벡터로 나타낸다.
각 장력 벡터들과 화분의 무게를 각각 x, y, z축 방향의 평형 조건식에 대입하고 정리한다.

풀이

[그림 3-16(b)]의 자유물체도에서, T_{AB}, T_{AD}, T_{AC}와 W를 3차원 벡터로 표시하면 다음과 같다.

$$\mathrm{T}_{AB} = T_{AB}\left[\frac{2.5\mathrm{i} - \mathrm{j} + \mathrm{k}}{\sqrt{(2.5)^2 + (1)^2 + (1)^2}}\right],\ \mathrm{T}_{AD} = T_{AD}\left[\frac{-1.5\mathrm{i} + 2\mathrm{j} + \mathrm{k}}{\sqrt{(1.5)^2 + (2)^2 + (1)^2}}\right] \quad (1)$$

$$\mathrm{T}_{AC} = T_{AC}\left[\frac{-1.5\mathrm{i} - \mathrm{j} + \mathrm{k}}{\sqrt{(1.5)^2 + (1)^2 + (1)^2}}\right],\ \mathrm{W} = -100\,\mathrm{k} \quad (2)$$

이제, 식 (1)과 식 (2)를 이용하여, 3축 방향 x, y, z 방향의 힘의 평형 조건식을 세우면 다음과 같이 된다.

$$\sum F_x = 0 \;;\; 0.871\,T_{\mathrm{AB}} - 0.728\,T_{\mathrm{AC}} - 0.558\,T_{\mathrm{AD}} = 0 \tag{3}$$

$$\sum F_y = 0 \;;\; -0.348\,T_{\mathrm{AB}} - 0.485\,T_{\mathrm{AC}} + 0.743\,T_{\mathrm{AD}} = 0 \tag{4}$$

$$\sum F_z = 0 \;;\; 0.348\,T_{\mathrm{AB}} + 0.485\,T_{\mathrm{AC}} + 0.372\,T_{\mathrm{AD}} - 100 = 0 \tag{5}$$

식 (3)~식 (5)를 연립으로 풀면 각 장력들은 다음과 같다.

$$T_{\mathrm{AB}} = 107.70\,\mathrm{N},\; T_{\mathrm{AC}} = 60.12\,\mathrm{N},\; T_{\mathrm{AD}} = 89.69\,\mathrm{N}$$

해를 계산하는 다른 방법으로는 부록 A-3에서 소개한 선형 연립방정식 풀이 방법을 적용할 수 있다. 이를 위해 먼저, 평형방정식 (3)~(5)를 다음과 같이 행렬과 벡터를 이용하여 $\mathrm{Ax} = \mathrm{B}$ 행태로 표현한다.

$$\begin{bmatrix} 0.871 & -0.728 & -0.558 \\ -0.348 & -0.485 & 0.743 \\ 0.348 & 0.485 & 0.372 \end{bmatrix} \begin{Bmatrix} T_{\mathrm{AB}} \\ T_{\mathrm{AC}} \\ T_{\mathrm{AD}} \end{Bmatrix} = \begin{Bmatrix} 0 \\ 0 \\ 100 \end{Bmatrix};\; \mathrm{A} = \begin{bmatrix} 0.871 & -0.728 & -0.558 \\ -0.348 & -0.485 & 0.743 \\ 0.348 & 0.485 & 0.372 \end{bmatrix},$$

$$\mathrm{x} = \begin{Bmatrix} T_{\mathrm{AB}} \\ T_{\mathrm{AC}} \\ T_{\mathrm{AD}} \end{Bmatrix},\; \mathrm{B} = \begin{Bmatrix} 0 \\ 0 \\ 100 \end{Bmatrix} \tag{6}$$

식 (6)에서 역행렬을 이용하여 방정식의 해, $\mathrm{x} = \mathrm{A}^{-1}\mathrm{B}$를 계산할 수 있다. 또는 다음과 같이 Matlab 또는 Octave 스크립트를 이용하여 해를 구할 수 있다.

```
>>A=[0.871 -0.728 -0.558 ;

  0.348 -0.485  0.743 ;

  0.348  0.485  0.372 ];

>>B=[0; 0 ; 100];

>>x=A\B

x =

  107.703
   60.116
   89.686
```

앞의 컴퓨터 프로그램으로부터 도출된 마지막 결과는 장력들을 나타내며, 다음과 같다.

$$T_{AB} = 107.703\ \mathrm{N},\ T_{AC} = 60.116\ \mathrm{N},\ T_{AD} = 89.686\ \mathrm{N}$$

고찰

질점의 3차원 평형 문제는 먼저, 장력 벡터를 3차원 벡터로 표현한 후, x, y, z 방향의 힘의 평형 조건식을 적용하는 순서로 진행하는 것이 편리하다.

예제 3-8 케이블과 봉에 의해 지지된 전등의 최대 무게 구하기

[그림 3-17(a)]에서, 케이블 AB와 AC는 최대 500 N의 인장력을 견딜 수 있고, OA 봉은 최대 300 N의 압축력을 지지할 수 있다. 이때, 케이블과 봉이 지지할 수 있는 전등의 최대 무게를 구하여라. 단, 봉에 걸리는 힘은 봉의 축을 따라 작용한다.

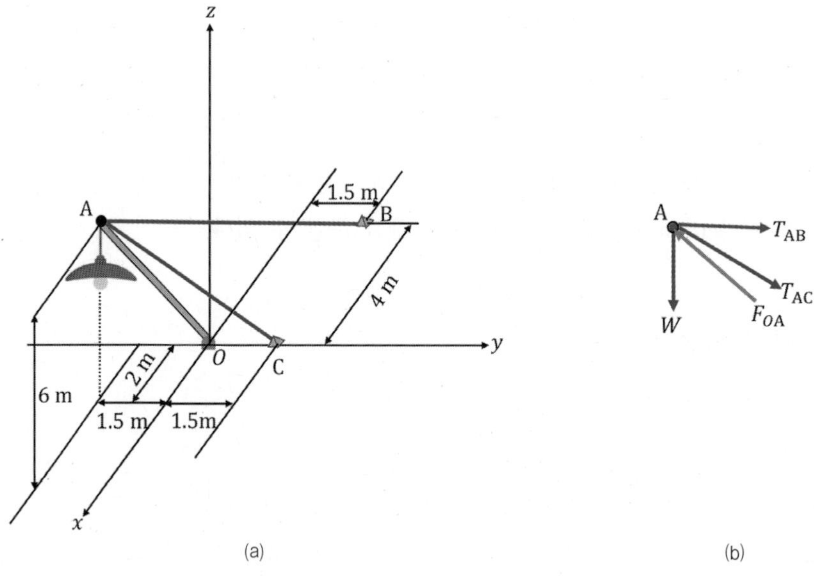

[그림 3-17] 전등을 매달고 있는 케이블과 봉

분석

- 자유물체도 [그림 3-17(b)]로부터 점 A에 케이블의 인장력 T_{AB}, T_{AC}와 봉의 힘 F_{OA}, 그리고 전등의 무게 W가 작용한다는 것을 파악한다. 그리고 주어진 좌표계와 좌표점을 이용하여 방향 단위벡터를 구하고 힘을 벡터로 나타낸다.

- 질점에 대한 평형방정식을 세우고 케이블과 봉에 작용하는 힘을 전등의 무게 W로 푼다. 그리고 최종적으로 케이블과 봉이 지지할 수 있는 최대 힘을 고려하여 전등의 최대 무게를 구한다.

풀이

3차원 평형 해석을 위해 자유물체도 [그림 3-17(b)]에서 점 A에 작용하는 힘을 벡터로 표현하는 것이 편리하다. 힘을 벡터로 나타내기 위해 먼저 힘의 방향을 나타내는 단위벡터를 결정한다. 전등의 무게는 z축의 음의 방향, 즉 단위벡터로 표현하면 $-\mathbf{k}$ 방향으로 작용한다는 것을 알 수 있다. 케이블과 봉에 작용하는 힘의 방향은 주어진 케이블과 봉의 방향과 같다. 따라서 주어진 좌표점 A, B, C, O를 사용하여 케이블과 봉의 위치벡터를 구한 후, 식 (2.27)에 대입하여 힘을 벡터를 표현할 수 있다. 이를 위해 다음과 같이 케이블과 봉의 위치벡터 $\mathbf{r}_{O\mathrm{A}}$, $\mathbf{r}_{\mathrm{AB}}$, $\mathbf{r}_{\mathrm{AC}}$를 구한다.

$$\mathbf{r}_{O\mathrm{A}} = 2\mathbf{i} - 1.5\mathbf{j} + 6\mathbf{k},\ \mathbf{r}_{\mathrm{AB}} = -6\mathbf{i} + 3\mathbf{j} - 6\mathbf{k},\ \mathbf{r}_{\mathrm{AC}} = -2\mathbf{i} + 3\mathbf{j} - 6\mathbf{k} \tag{1}$$

식 (2.27)을 이용하여 $\mathbf{F}_{O\mathrm{A}}$, $\mathbf{T}_{\mathrm{AB}}$, $\mathbf{T}_{\mathrm{AC}}$와 $\mathbf{W}$를 벡터로 표시하면 다음과 같다.

$$\begin{aligned}
\mathbf{F}_{O\mathrm{A}} &= F_{O\mathrm{A}}\left[\frac{2\mathbf{i} - 1.5\mathbf{j} + 6\mathbf{k}}{\sqrt{6^2 + 1.5^2 + 2^2}}\right] = F_{O\mathrm{A}}\left[\frac{2\mathbf{i} - 1.5\mathbf{j} + 6\mathbf{k}}{6.5}\right], \\
\mathbf{T}_{\mathrm{AB}} &= T_{\mathrm{AB}}\left[\frac{-6\mathbf{i} + 3\mathbf{j} - 6\mathbf{k}}{\sqrt{6^2 + 6^2 + 3^2}}\right] = T_{\mathrm{AB}}\left[\frac{-6\mathbf{i} + 3\mathbf{j} - 6\mathbf{k}}{9}\right], \\
\mathbf{T}_{\mathrm{AC}} &= T_{\mathrm{AC}}\left[\frac{-2\mathbf{i} + 3\mathbf{j} - 6\mathbf{k}}{\sqrt{6^2 + 2^2 + 3^2}}\right] = T_{\mathrm{AC}}\left[\frac{-2\mathbf{i} + 3\mathbf{j} - 6\mathbf{k}}{7}\right], \\
\mathbf{W} &= -W\mathbf{k}
\end{aligned} \tag{2}$$

이제, 점 A에 작용하는 모든 힘 (2)를 질점의 벡터 평형방정식 (3.10) 또는 스칼라 평형방정식 (3.12)에 대입하면, 다음의 x, y, z축 방향의 스칼라 평형방정식을 얻게 된다.

$$\Sigma F_x = 0\ ;\quad \frac{4}{13}F_{O\mathrm{A}} - \frac{2}{3}T_{\mathrm{AB}} - \frac{2}{7}T_{\mathrm{AC}} = 0 \tag{3}$$

$$\Sigma F_y = 0\ ;\quad -\frac{3}{13}F_{O\mathrm{A}} + \frac{1}{3}T_{\mathrm{AB}} + \frac{3}{7}T_{\mathrm{AC}} = 0 \tag{4}$$

$$\Sigma F_z = 0\ ;\quad \frac{12}{13}F_{O\mathrm{A}} - \frac{2}{3}T_{\mathrm{AB}} - \frac{6}{7}T_{\mathrm{AC}} - W = 0 \tag{5}$$

식 (3)~식 (5)를 연립해서 풀어 봉과 케이블에 작용하는 힘의 크기, F_{OA}, T_{AB}, T_{AC}를 전등의 무게 W로 구한다. 그리고 봉의 힘 F_{OA}의 최댓값 300 N, 케이블 인장력 T_{AB}와 T_{AC}의 최댓값 500 N을 적용하면, 다음의 결과를 얻는다.

$$F_{OA} = \frac{13}{6} W \le 300 \text{ N} \tag{6}$$

$$T_{AB} = \frac{3}{4} W \le 500 \text{ N} \tag{7}$$

$$T_{AC} = \frac{7}{12} W \le 500 \text{ N} \tag{8}$$

식 (6)~식 (8)을 W에 대해 풀면 다음의 부등식을 얻게 된다.

$$W \le 138.46 \text{ N}, \quad W \le 666.67 \text{ N}, \quad W \le 857.14 \text{ N} \tag{9}$$

전등의 무게는 세 조건 (9)을 모두 만족해야 한다. 따라서 케이블과 봉이 지지할 수 있는 전등의 최대 무게는 $W = 138.46$ N이다.

고찰

본 예제와 같이, 변수의 개수가 독립 평형방정식의 개수보다 많은 경우는 추가적인 조건이 더 필요하다. 그리고 이 조건이 여러 개인 경우는 모든 조건을 만족하는 값을 정답으로 선택한다.

평면에서의 질점의 평형

평면에서의 모든 힘의 합인 알짜 힘이 0인 질점의 평형문제를 다룬다.

■ 1차원 평형

$T_2 = 300$ N $T_1 = 300$ N

(a) 수평축 상에서의 질점의 평형

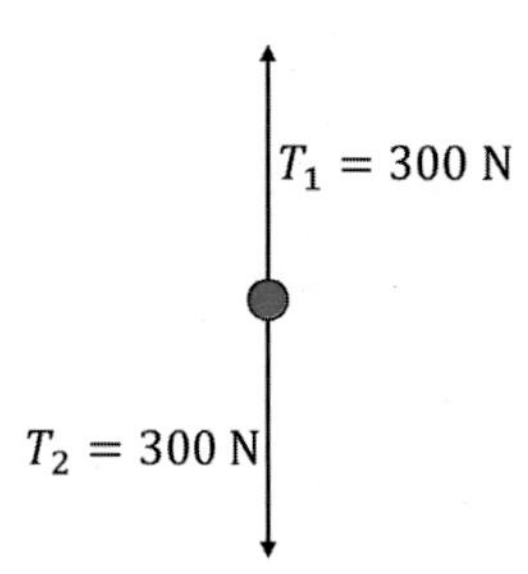

(b) 수직축 상에서의 질점의 평형

$$\Sigma F_x = 0,\ \Sigma F_y = 0,\ \Sigma F_z = 0$$

■ 2차원 평형

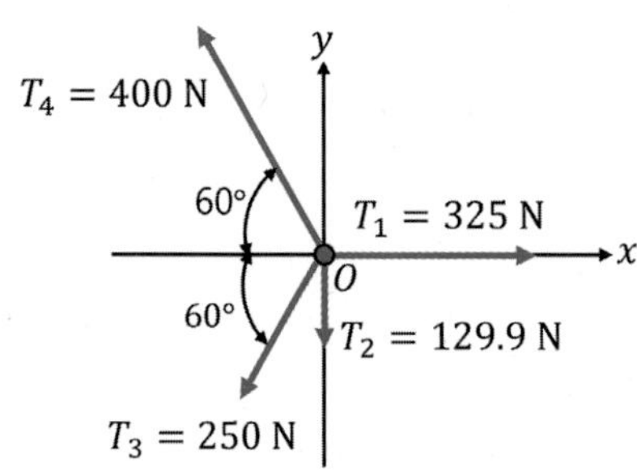

(a) 평면상에서 질점의 평형

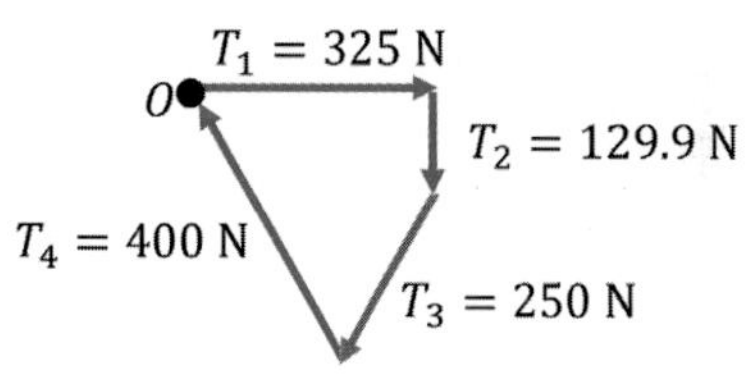

(b) 벡터의 다각형 방법을 이용한 질점 평형의 증명

- **벡터 평형 조건식**: $\Sigma \mathrm{F} = 0,\ \Sigma(F_x \mathrm{i} + F_y \mathrm{j}) = 0$
- **스칼라 평형 조건식**: $\Sigma F_x = 0,\ \Sigma F_y = 0$

뉴턴 운동의 제 1법칙

뉴턴의 운동 제 1법칙은 "정지상태에 있는 물체는 외부의 불평형력unbalanced force, 즉 외력이 작용하지 않는 한, 정지상태를 유지할 것이고, 운동상태에 있는 물체는 외력이 작용하지 않는 한, 동일 방향으로 등속도로 계속 움직일 것이다"라는 것을 의미한다.
뉴턴의 운동 제 1법칙과 질점의 평형 법칙으로부터, 평형상태에 있는 모든 질점은 정지해 있거나,

등속도의 직선 병진운동을 하는 것을 알 수 있다.

자유물체도 그리는 절차

- 첫째, 해석 대상인 물체를 다른 모든 주변의 물체 및 표면과 분리하여 그린다. 이때, 물체의 경계 부분에 주의를 기울여, 물체와 주변을 명확히 구별한다.
- 둘째, 물체에 직접 작용하는 모든 외력들을 포함시킨다. 해석 중인 물체에 직접 작용하지 않는 힘은 포함시키지 않는다. 또한, 물체 내부에 작용하는 힘도 포함하지 않는다.
- 셋째, 자유물체도에 힘의 해석을 위해 필요한 크기, 치수, 각도, 점, 또는 위치 등을 문자 또는 숫자로 표시한다.

공간에서의 질점의 평형방정식

- **벡터 평형 조건식**: $\sum \mathbf{F} = \sum(F_x\mathbf{i} + F_y\mathbf{j} + F_z\mathbf{k}) = 0$
- **스칼라 평형 조건식**: $\sum F_x = 0,\ \sum F_y = 0,\ \sum F_z = 0$

▶ 3.1절

3.1 연습문제 [그림 3-1]의 경사면 위에 나무 블록이 놓여 있다. 나무 블록이 평형상태를 유지하기 위해 필요한 최소 힘 Q를 구하여라. 경사면에서 나무 블록에 작용하는 수직항력은 경사면에 수직을 이루는 것을 유의하여라.

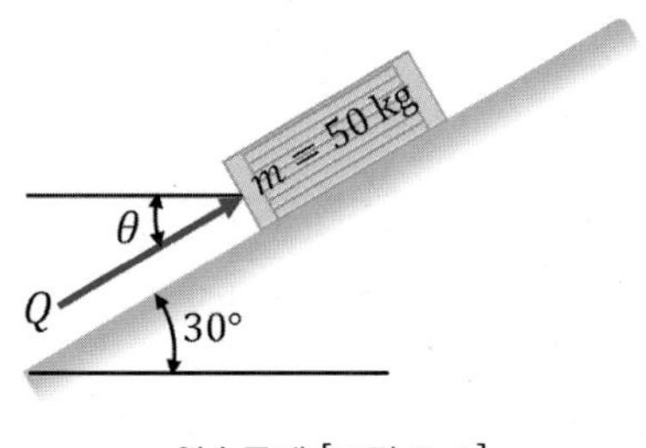

연습문제 [그림 3-1]

▶ 3.1절

3.2 연습문제 [그림 3-2]의 $200\ \mathrm{N}$의 나무 블록이 두 줄에 의해 지지되어 평형상태에 있다. 이때, 두 줄의 장력을 구하여라.

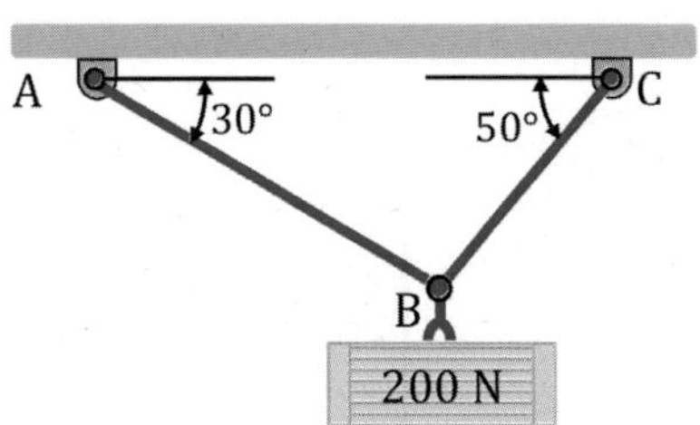

연습문제 [그림 3-2]

▶ 3.1절

3.3 연습문제 [그림 3-3]의 질점 A에 $T = 500\ \mathrm{N}$이 작용할 때, 이 질점이 평형을 이루는 데 필요한 힘 T_1과 T_2를 구하여라.

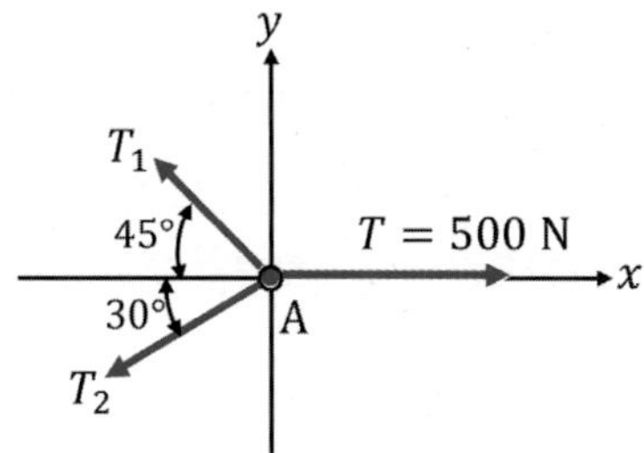

연습문제 [그림 3-3]

▶ 3.1절

3.4 연습문제 [그림 3-4]의 질점 A에 $T_1 = 10\ \mathrm{kN}$과 $T_2 = 5\ \mathrm{kN}$이 작용할 때, 이 계가 평형을 이룬다면, 힘 T와 힘 T가 수평축과 이루는 각 θ를 구하여라.

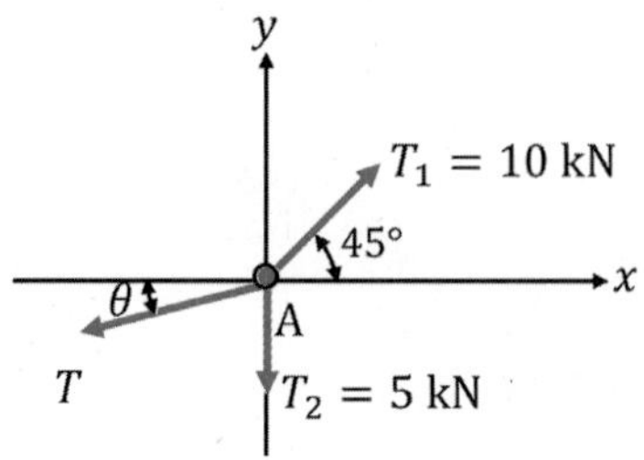

연습문제 [그림 3-4]

▶ 3.1절

3.5 연습문제 [그림 3-5]와 같이, $5\ \mathrm{kg}$의 신호등이 질량을 무시할 만한 두 케이블에 연결되어 있다. 두 케이블의 장력에 의해 신호등이 지지된다고 할 때, 평형상태에서의 두 케이블의 장력은 각각 얼마가 되겠는가?

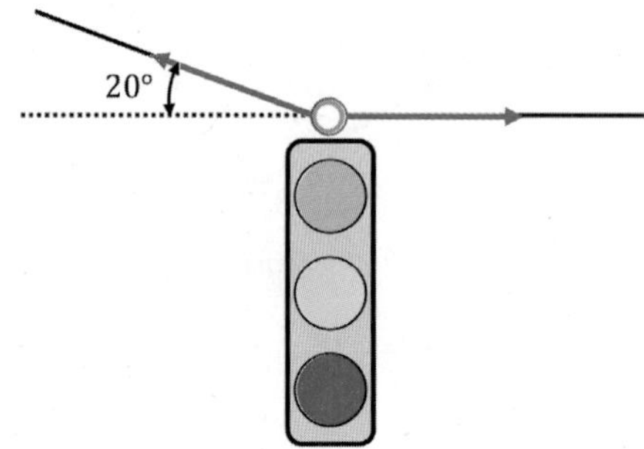

연습문제 [그림 3-5]

▶ 3.1절

3.6 연습문제 [그림 3-6]과 같이, 수평면과 $45°$를 이루는 마찰이 없는 경사면 위에 $200\ \mathrm{kg}$의 두께와 크기를 무시할 수 있는 작은 원판이 있다고 가정하자. 이 원판을 경사면 아래로 미끄러져 내려가지 않도록 케이블의 장력과 경사면에 수직한 방향으로 작용하는 수직항력으로 지지하고 있다. 이때, 경사면에서 얇은 원판에 작용하는 수직항력을 구하여라.

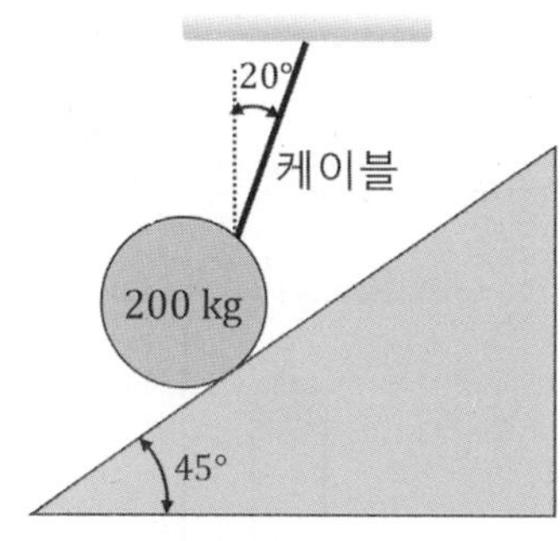

연습문제 [그림 3-6]

▶3.1절

3.7 연습문제 [그림 3-7]과 같이 무게가 1 kN인 공이 마찰이 없는 두 경사면과 점 A와 B에 접하여 놓여 있다. 이때 점 A와 B에는 각각 경사면에서 수직한 방향으로 공을 지지하는 수직항력이 작용한다. 수직항력을 구하여라.

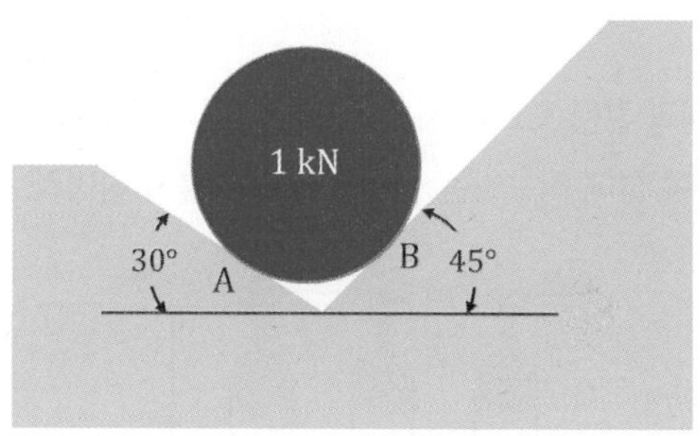

연습문제 [그림 3-7]

3.8 연습문제 [그림 3-8]과 같이 동일 밀도의 두 개의 배럴(barrel) A와 B가 손수레에 지지되어 있다. 이 시스템이 평형상태에 있다고 할 때, 각 지지점의 수직항력과 아래 배럴 B와 위 배럴 A의 접촉면에 작용하는 상호 작용력을 구하여라. 여기서 접촉하는 점에서 상호 작용력은 접촉면에 수직 방향으로 작용한다. 그리고 손수레와 베럴 사이의 마찰은 없다고 가정한다.

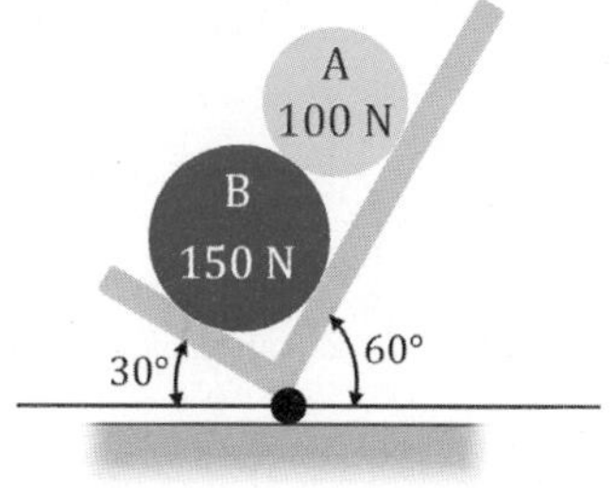

연습문제 [그림 3-8]

▶ 3.1절

3.9 연습문제 [그림 3-9]와 같은 도르래 시스템에 $5\ \mathrm{kN}$ 무게의 블록이 매달려 있다. 도르래가 평형을 유지한다면, 맨 왼쪽 줄에 작용하는 장력의 크기 F를 구하여라.

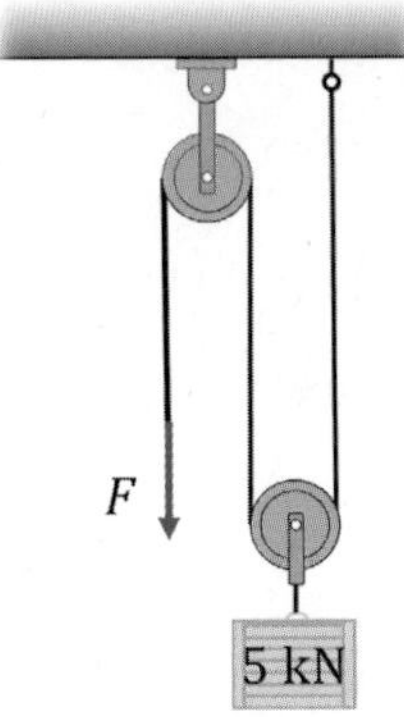

연습문제 [그림 3-9]

▶ 3.1절

3.10 연습문제 [그림 3-10]과 같은 도르래 시스템에 $6\ \mathrm{N}$ 무게의 블록이 매달려 있다. 도르래가 평형을 유지한다면, 맨 왼쪽 줄에 작용하는 장력의 크기 F를 구하여라.

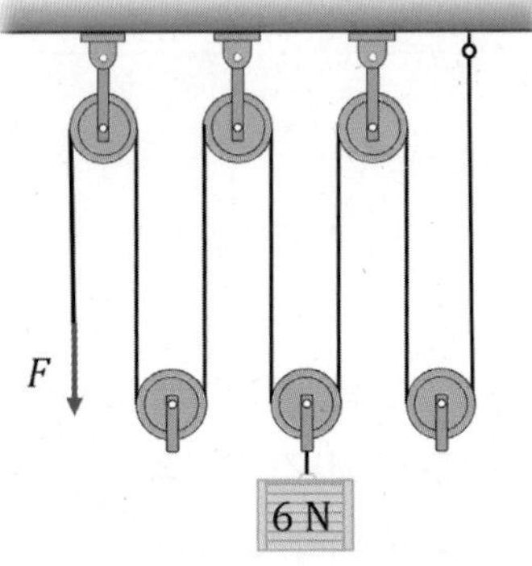

연습문제 [그림 3-10]

▶ 3.1절

3.11 연습문제 [그림 3-11]과 같은 도르래 시스템에 $8\ \mathrm{N}$ 무게의 블록이 매달려 있다. 도르래가 평형을 유지한다면, 맨 우측 줄에 작용하는 장력의 크기 F를 구하여라.

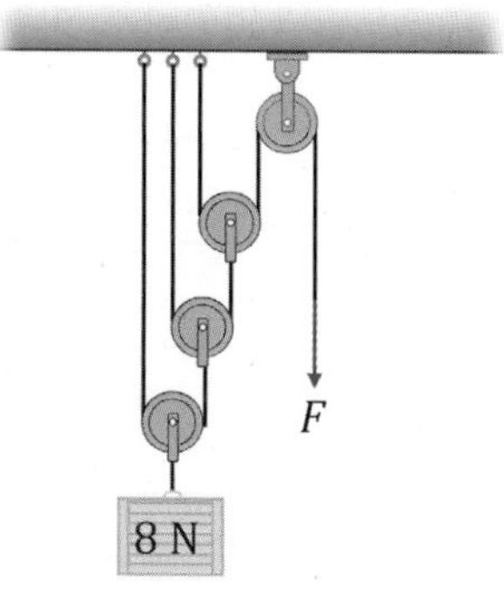

연습문제 [그림 3-11]

▶ 3.1절

3.12 연습문제 [그림 3-12]와 같이 무게가 $W = 5\ \mathrm{N}$이고, 직경이 $d = 0.4\ \mathrm{m}$인 동일한 3개의 공이 그림과 같이 쌓여 있다. 마찰을 무시할 때, 공 A와 주변으로부터 공 C에 작용하는 모든 반력을 구하여라. 여기서 반력은 각 접촉면에 수직 방향으로 작용한다.

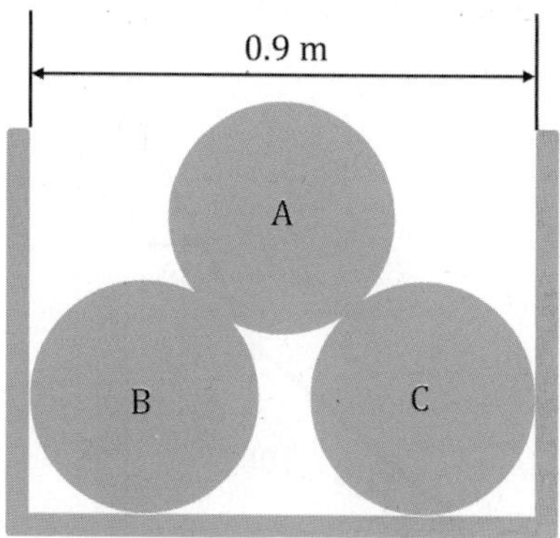

연습문제 [그림 3-12]

▶ 3.1절

3.13 연습문제 [그림 3-13]과 같이 스프링 상수가 각각 $k_{\mathrm{AB}} = 1\ \mathrm{kN/m}$, $k_{\mathrm{BC}} = 2\ \mathrm{kN/m}$인 스프링에 연결된 무게 $300\ \mathrm{N}$의 나무 블록이 있다. 이 시스템이 평형을 이룰 때, 스프링 AB와 스프링 BC에 작용하는 힘을 구하고, 각 스프링의 변형되기 전의 길이를 구하여라.

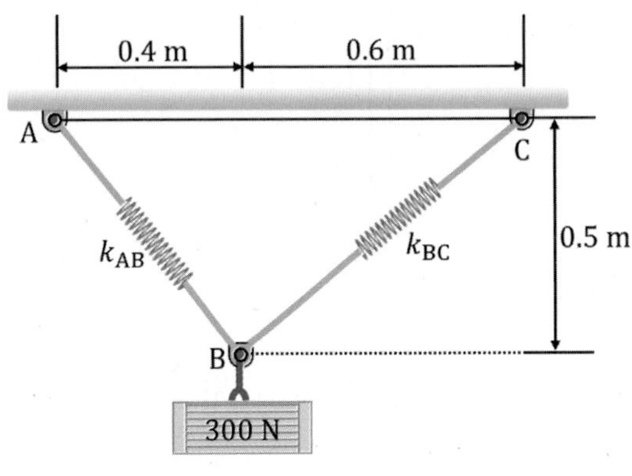

연습문제 [그림 3-13]

▶ 3.1절

3.14 연습문제 [그림 3-14]와 같이, 3개의 케이블이 점 B에서 서로 묶여 있고, 무게가 $100\ \mathrm{N}$인 상자를 지지하고 있다. 케이블 BA와 케이블 BC의 장력을 구하여라.

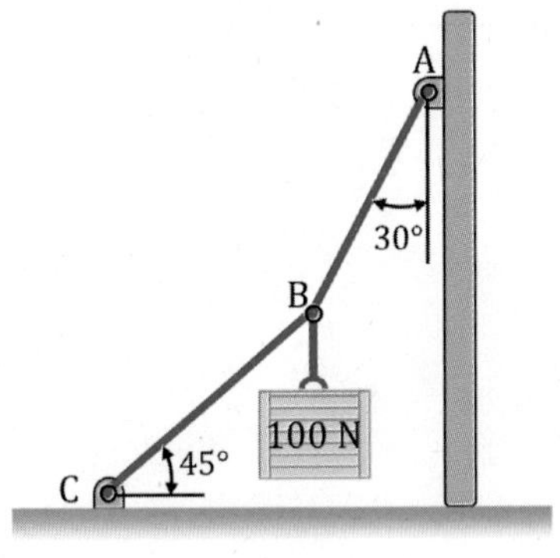

연습문제 [그림 3-14]

▶ 3.1절

3.15 연습문제 [그림 3-15]와 같이, 두 케이블 CA와 CB는 점 C에서 묶여 있고, $200\ \mathrm{N}$과 $400\ \mathrm{N}$의 힘이 점 C에 작용하고 있다. 평형을 이루려면 케이블 CA와 CB에 작용하는 장력은 각각 얼마인가?

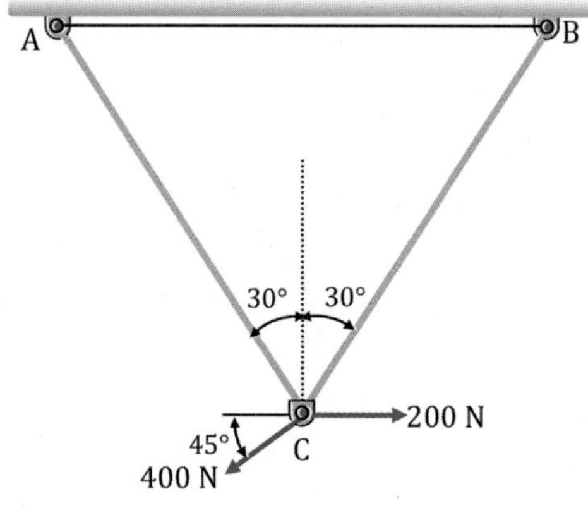

연습문제 [그림 3-15]

▶ 3.1절

3.16 연습문제 [그림 3-16]과 같이, 세 개의 케이블이 점 C에 연결되어 $20\ \mathrm{N}$의 나무상자를 지지하고 있다. 이때, 각 케이블에 작용하는 장력의 크기를 구하여라.

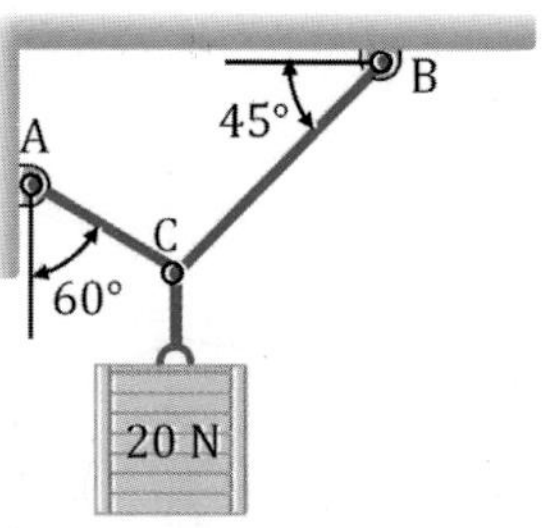

연습문제 [그림 3-16]

▶ 3.2절

3.17 연습문제 [그림 3-17]과 같이, 4개의 케이블에 의해 $100\ \mathrm{N}$ 의 나무상자를 지지할 때, 각 케이블에 작용하는 장력의 크기를 구하여라.

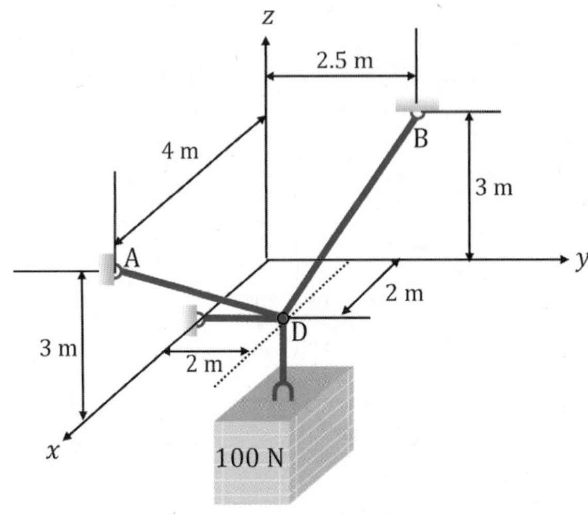

연습문제 [그림 3-17]

▶ 3.2절

3.18 연습문제 [그림 3-18]과 같이 4개의 케이블에 의해 $50\ \mathrm{N}$ 의 나무상자를 지지할 때, 각 케이블에 작용하는 장력의 크기를 구하여라.

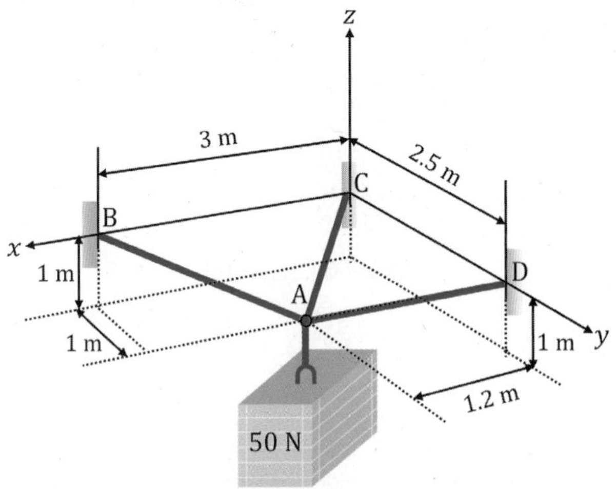

연습문제 [그림 3-18]

▶ 3.2절

3.19 연습문제 [그림 3-19]와 같이 4개의 케이블에 의해 4 kN의 나무상자를 지지할 때, 각 케이블에 작용하는 장력의 크기를 구하여라.

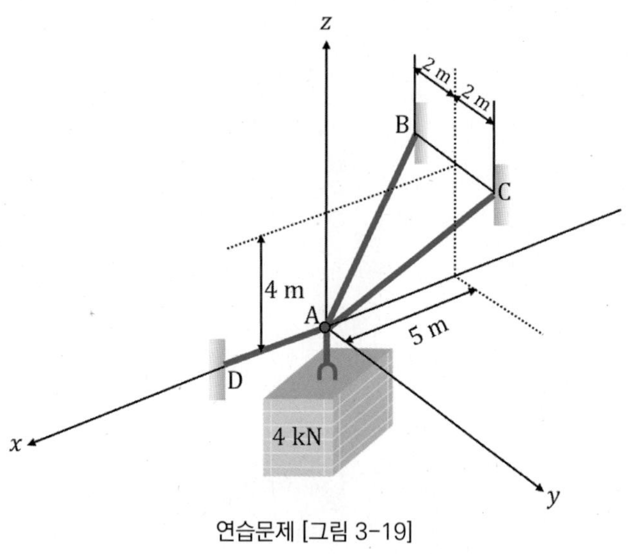

연습문제 [그림 3-19]

▶ 3.2절

3.20 연습문제 [그림 3-20]과 같이 지상에 정박된 열기구 풍선이 3개의 케이블로 지지되어 있다. 만일 열기구 풍선에 수직 방향으로 2 kN의 힘이 작용할 때, 평형을 이루기 위해 각 케이블에 작용하는 장력의 크기를 구하여라.

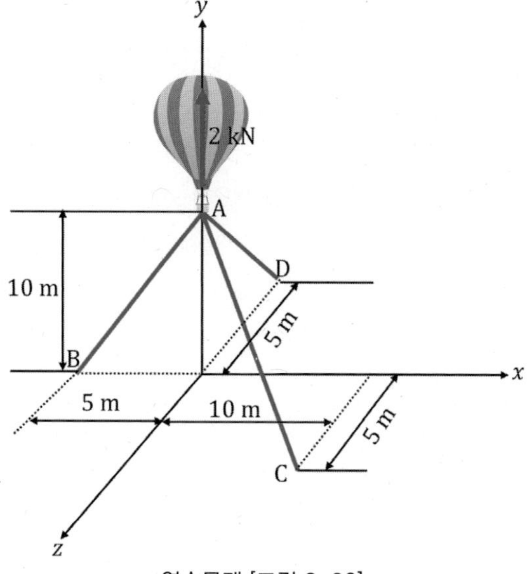

연습문제 [그림 3-20]

Statics

건물의 천장 공사를 하는 경우, 작업자들은 다양한 종류의 사다리 위에서 전기 배선이나 천장의 마무리 작업을 할 때가 많다. 보통은 사다리 위에서 작업자가 공사를 할 때는 몸을 대단히 많이 움직이는 경우가 드물고, 간단한 전기 배선이나 천장 부재의 부착 등에 관계된 공사들이다. 이 경우 사다리를 강체로 취급할 수 있다. 작업자와 사다리가 중력 방향으로 가하는 힘들이 작용력으로 작용한다. 그리고 지면과의 접촉에 의한 수직력과 마찰력이 발생한다. 사다리가 벽에 기대어 있는 경우에는 벽과의 접촉에 의한 수직력과 마찰력도 발생하게 된다. 강체의 평형은 크게 2차원 평면에서의 평형과 3차원 공간상에서의 평형으로 나눌 수 있다. 이 장에서는 먼저 강체의 평형 문제를 이해하기 위해 필요한 모멘트와 힘계의 등가 시스템에 대한 내용을 학습한다. 그리고 작용력과 반력을 이해하고 강체의 자유물체도와 평형방정식을 사용하여 2차원과 3차원 강체의 평형 문제를 분석하고 풀이하는 방법을 학습한다.

CHAPTER 04

힘의 등가 시스템과 강체의 평형

Equivalent system of forces and equilibrium of rigid bodies

CONTENTS

학습목표

- 벡터의 외적과 모멘트에 대한 표현과 모멘트의 원리를 학습한다.
- 한 점과 한 축에 대한 모멘트의 계산과 우력 모멘트에 대한 개념을 이해한다.
- 힘의 등가 시스템에 대한 개념을 학습하고, 다양한 힘계의 등가 시스템을 이해한다.
- 강체의 2차원 평형 조건식을 이해하고, 그 응용 문제들을 해결한다.
- 강체의 3차원 평형 조건식을 이해하고, 그 응용 문제들을 해결한다.

Section 4.1

벡터의 외적과 스칼라 삼중곱

학습목표

✔ 벡터 외적의 정의와 개념을 이해하고, 특성과 계산 방법을 학습한다.
✔ 스칼라 삼중곱을 이해하고, 계산 방법을 학습한다.

벡터의 외적cross product은 물리학이나 역학 분야에서 주로 모멘트를 구하는 데 많이 사용된다. 본 절에서는 벡터 외적의 정의와 개념을 이해하고, 벡터 외적의 연산 특성과 스칼라 삼중곱을 학습한다.

4.1.1 벡터 외적의 연산

벡터 외적의 연산은 모멘트 벡터를 구할 때 사용된다. 임의의 벡터 A와 B를 외적 연산하고, 그 결과를 벡터 C라고 하면, 외적 연산을 식 (4.1)과 같이 표현한다. 2장의 2.3절에서 학습한 벡터의 내적inner product과 달리, 벡터 외적의 연산 결과는 벡터이다.

$$\mathrm{C} = \mathrm{A} \times \mathrm{B} \tag{4.1}$$

식 (4.1)에서 벡터 A와 B의 크기를 각각 A와 B라 하면, 외적 연산의 결과 벡터 C의 크기 C는, [그림 4-1]에서 볼 수 있듯이, 벡터 A와 B로 이루어진 평행사변형의 밑변 A와 높이 $B\sin\theta$의 곱, 즉 평행사변형의 면적으로 다음과 같이 정의된다.

$$C = AB\sin\theta \tag{4.2}$$

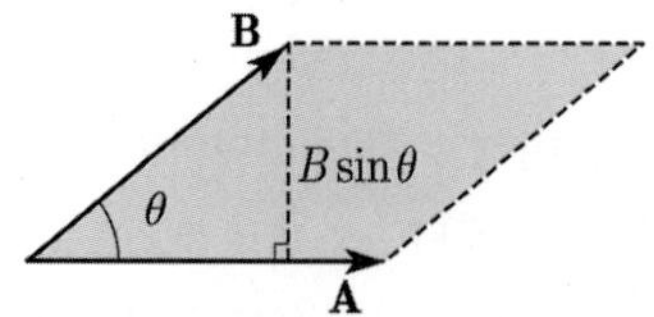

[그림 4-1] 벡터 외적의 크기 계산

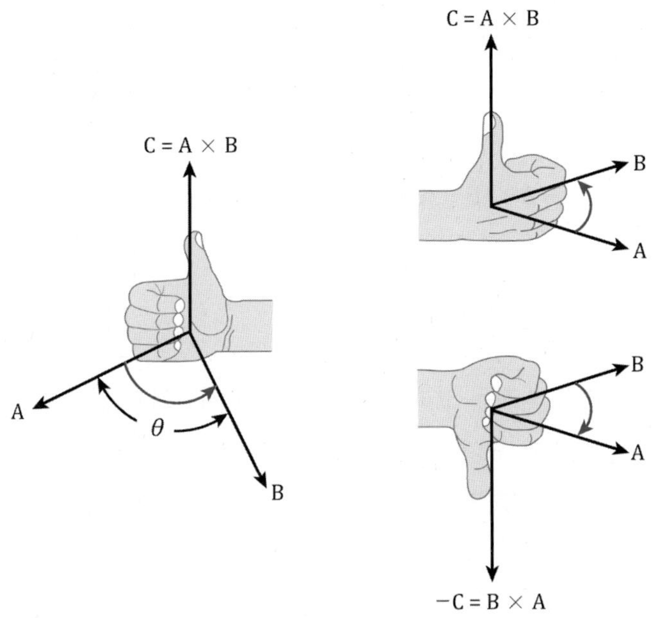

[그림 4-2] 벡터 외적의 방향: 오른손 법칙

또한, 벡터 외적의 연산 결과로 얻은 벡터의 방향은 두 벡터로 이루어진 평면에 수직인 방향이며, [그림 4-2]와 같이 오른손 법칙에 따라 결정된다. 오른손 손가락을 벡터 A 방향으로 뻗은 후, 벡터 B의 방향으로 감쌌을 때, 엄지손가락이 가르키는 방향이 벡터 외적의 방향이다.

1) 벡터 외적 연산의 특성

[그림 4-2]에서 알 수 있듯이, 벡터 외적의 연산 순서에 따라 방향이 바뀌기 때문에, 벡터 외적의 연산은 다음과 같이 교환법칙이 성립하지 않는다.

$$\mathrm{A} \times \mathrm{B} \neq \mathrm{B} \times \mathrm{A} \tag{4.3}$$

그 대신 다음과 같은 관계는 성립한다.

$$\mathrm{A} \times \mathrm{B} = -\mathrm{B} \times \mathrm{A} \tag{4.4}$$

또한, 벡터 외적에 임의의 스칼라 a를 곱할 때, 다음과 같이 스칼라 곱의 순서는 연산 결과에 영향을 미치지 않는다.

$$a(\mathrm{A}\times\mathrm{B}) = (\mathrm{A}\times\mathrm{B})a = (a\mathrm{A})\times\mathrm{B} = \mathrm{A}\times(a\mathrm{B}) \tag{4.5}$$

만일, 임의의 벡터 A, B, C가 주어졌을 때, 다음과 같이 **분배법칙**이 성립한다.

$$\mathrm{A}\times(\mathrm{B}+\mathrm{C}) = \mathrm{A}\times\mathrm{B} + \mathrm{A}\times\mathrm{C} \tag{4.6}$$

2) 직교좌표계에서 단위벡터의 외적

직교좌표계에서 벡터의 외적을 고려하기 위해, 먼저 직교좌표계의 단위벡터의 외적에 대해 알아본다. 이 단위벡터는 크기가 1이고, 서로 수직이므로 계산이 간단하다. 예를 들어, 같은 방향의 단위벡터를 외적하면, 사잇각이 0°이기 때문에, 다음과 같이 외적 벡터의 크기는 0이 된다.

$$|\mathrm{i}\times\mathrm{i}| = |\mathrm{j}\times\mathrm{j}| = |\mathrm{k}\times\mathrm{k}| = 1\times1\times\sin0° = 0 \tag{4.7}$$

따라서 같은 방향의 단위벡터를 외적한 결과는 모두 0 벡터가 된다. 그러나, 서로 수직인 두 단위벡터의 외적의 크기는 사잇각이 90°이기 때문에, 다음과 같이 외적의 크기는 모두 1이 된다.

$$|\mathrm{i}\times\mathrm{j}| = |\mathrm{i}\times\mathrm{k}| = |\mathrm{j}\times\mathrm{i}| = |\mathrm{j}\times\mathrm{k}| = |\mathrm{k}\times\mathrm{i}| = |\mathrm{k}\times\mathrm{j}| = 1\times1\times\sin90° = 1 \tag{4.8}$$

식 (4.8)에서, 각 단위벡터 외적의 크기는 동일하지만, 외적 벡터의 방향은 서로 다르다. 외적 벡터의 방향은 [그림 4-2]의 오른손 법칙을 사용하여 결정한다.

단위벡터의 외적 계산의 결과를 정리하면 다음과 같다.

$$\begin{aligned}&\mathrm{i}\times\mathrm{i} = 0,\ \mathrm{i}\times\mathrm{j} = \mathrm{k},\ \mathrm{i}\times\mathrm{k} = -\mathrm{j},\ \mathrm{j}\times\mathrm{j} = 0,\ \mathrm{j}\times\mathrm{k} = \mathrm{i},\ \mathrm{j}\times\mathrm{i} = -\mathrm{k},\\ &\mathrm{k}\times\mathrm{k} = 0,\ \mathrm{k}\times\mathrm{i} = \mathrm{j},\ \mathrm{k}\times\mathrm{j} = -\mathrm{i}\end{aligned} \tag{4.9}$$

식 (4.9)에서, 세 개의 단위벡터 중 서로 다른 두 단위벡터를 외적하면, 나머지 단위벡터가 되는 것을 알 수 있다. 한편, 단위벡터를 외적한 결과 벡터의 부호는 [그림 4-3]과 같이, 두 벡터를 반시계 방향 순서로 외적하면 +, 시계방향 순서로 외적하면 −가 된다.

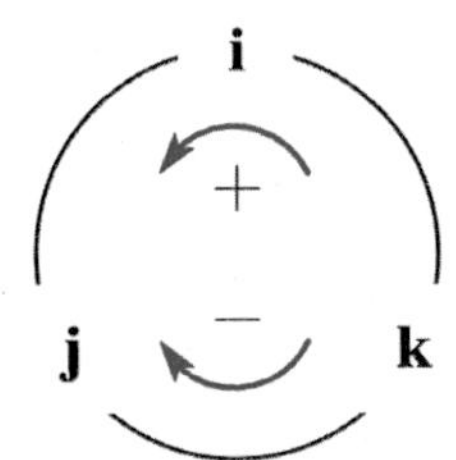

[그림 4-3] 단위벡터 외적의 방향

만일, 임의의 벡터 A, B가 다음과 같이 주어진다고 하자.

$$\mathrm{A} = A_x \mathrm{i} + A_y \mathrm{j} + A_z \mathrm{k},\ \mathrm{B} = B_x \mathrm{i} + B_y \mathrm{j} + B_z \mathrm{k} \tag{4.10}$$

이 두 벡터의 외적은 다음과 같이 표현할 수 있다.

$$\mathrm{A} \times \mathrm{B} = (A_x \mathrm{i} + A_y \mathrm{j} + A_z \mathrm{k}) \times (B_x \mathrm{i} + B_y \mathrm{j} + B_z \mathrm{k}) \tag{4.11}$$

이를 분배의 법칙에 따라 괄호를 풀고, 각 단위벡터 성분들의 외적을 계산하면 다음과 같이 된다.

$$\begin{aligned}\mathrm{A} \times \mathrm{B} &= (A_x \mathrm{i}) \times (B_x \mathrm{i} + B_y \mathrm{j} + B_z \mathrm{k}) \\ &\quad + (A_y \mathrm{j}) \times (B_x \mathrm{i} + B_y \mathrm{j} + B_z \mathrm{k}) + (A_z \mathrm{k}) \times (B_x \mathrm{i} + B_y \mathrm{j} + B_z \mathrm{k}) \\ &= A_x B_x (\mathrm{i} \times \mathrm{i}) + A_x B_y (\mathrm{i} \times \mathrm{j}) + A_x B_z (\mathrm{i} \times \mathrm{k}) + A_y B_x (\mathrm{j} \times \mathrm{i}) \\ &\quad + A_y B_y (\mathrm{j} \times \mathrm{j}) + A_y B_z (\mathrm{j} \times \mathrm{k}) + A_z B_x (\mathrm{k} \times \mathrm{i}) + A_z B_y (\mathrm{k} \times \mathrm{j}) + A_z B_z (\mathrm{k} \times \mathrm{k}) \\ &= 0 + A_x B_y \mathrm{k} - A_x B_z \mathrm{j} - A_y B_x \mathrm{k} + 0 + A_y B_z \mathrm{i} + A_z B_x \mathrm{j} - A_z B_y \mathrm{i} + 0\end{aligned} \tag{4.12}$$

이를 같은 방향의 성분끼리 결합하여 정리하면, 벡터 A와 벡터 B의 외적 결과는 다음과 같다.

$$\mathrm{A} \times \mathrm{B} = (A_y B_z - A_z B_y)\mathrm{i} + (A_z B_x - A_x B_z)\mathrm{j} + (A_x B_y - A_y B_x)\mathrm{k} \tag{4.13}$$

또한, 일반적으로 이 벡터 외적의 연산을 다음과 같이 **행렬식**determinant으로 표현하며, 식 (4.13)과 동일한 계산 결과를 얻는다.

$$\mathrm{A}\times\mathrm{B} = \begin{vmatrix} \mathrm{i} & \mathrm{j} & \mathrm{k} \\ A_x & A_y & A_z \\ B_x & B_y & B_z \end{vmatrix}$$

$$= (A_yB_z - A_zB_y)\mathrm{i} + (A_zB_x - A_xB_z)\mathrm{j} + (A_xB_y - A_yB_x)\mathrm{k} \tag{4.14}$$

4.1.2 스칼라 삼중곱

모멘트를 특정한 축 방향의 성분으로 분해하여 모멘트 성분의 크기를 계산할 때, 스칼라 삼중곱을 사용하면 편리하다. 만일 임의의 벡터 A, B, C가 다음과 같이 주어진다고 하자.

$$\mathrm{A} = A_x\mathrm{i} + A_y\mathrm{j} + A_z\mathrm{k},\ \mathrm{B} = B_x\mathrm{i} + B_y\mathrm{j} + B_z\mathrm{k},\ \mathrm{C} = C_x\mathrm{i} + C_y\mathrm{j} + C_z\mathrm{k} \tag{4.15}$$

스칼라 삼중곱은 다음과 같이 행렬식을 사용하여 표현하고, 계산할 수 있다.

$$\mathrm{A}\cdot(\mathrm{B}\times\mathrm{C}) = \mathrm{C}\cdot(\mathrm{A}\times\mathrm{B}) = \mathrm{B}\cdot(\mathrm{C}\times\mathrm{A}) = \begin{vmatrix} A_x & A_y & A_z \\ B_x & B_y & B_z \\ C_x & C_y & C_z \end{vmatrix} \tag{4.16}$$

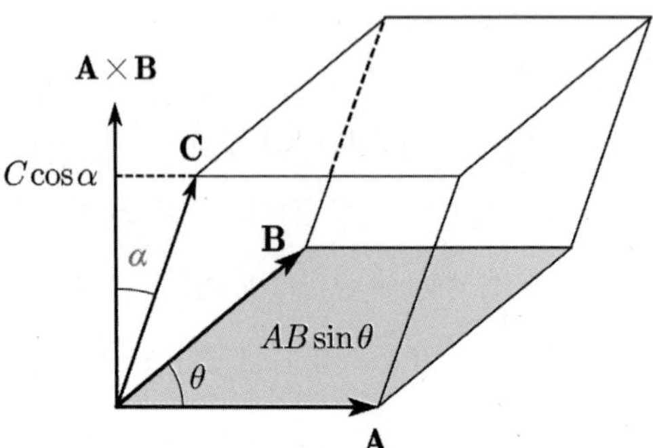

[그림 4-4] 벡터의 스칼라 삼중곱

스칼라 삼중곱의 결과는 스칼라이다. 참고로 [그림 4-4]에서 볼 수 있듯이, 기하학적으로 스칼라 삼중곱의 결과는 3개의 벡터를 선분으로 하는 평행 육면체의 부피 V와 같다.

$$V = \mathrm{C}\cdot(\mathrm{A}\times\mathrm{B}) = (C\cos\alpha)AB\sin\theta \tag{4.17}$$

Section 4.2

모멘트의 표현

학습목표

- ✔ 모멘트를 스칼라와 벡터로 표현하는 방법을 학습한다.
- ✔ 점에 대한 모멘트와 축에 대한 모멘트 계산할 수 있다.
- ✔ 우력을 이해하고 우력 모멘트를 계산할 수 있다.

어떤 축에 고정되어 회전할 수 있는 물체에, 작용선이 회전축을 통과하지 않는 힘이 작용하는 경우, 이 힘은 그 물체를 회전시킨다. 이와 같이, 회전을 발생시키는 힘, 즉, 이 회전력을 **모멘트**moment 또는 **토크**torque라고 부른다. 모멘트는 점 또는 축을 중심으로 힘이 물체를 회전시키려는 경향을 측정한 물리량이다. 모멘트는 크기와 방향을 모두 가지며 벡터로 표현된다. 이 절에서는 모멘트의 표현 방법을 학습한다.

4.2.1 점에 대한 모멘트

1) 모멘트의 크기와 방향

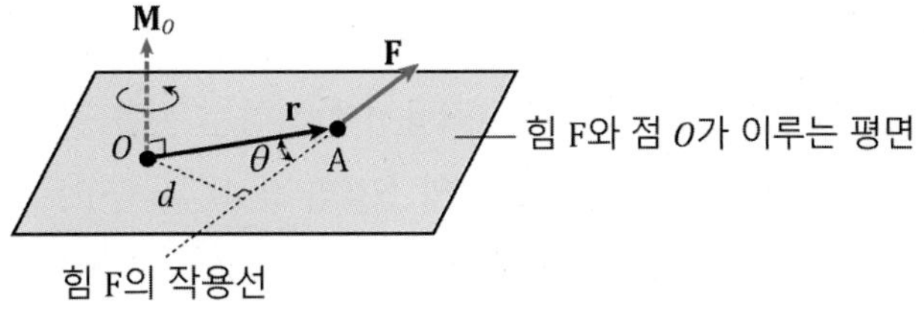

[그림 4-5] 점에 대한 힘의 모멘트

힘과 마찬가지로 모멘트는 벡터 물리량으로 크기와 방향을 갖는다. 모멘트의 벡터 표현을 학습하기 전에, 특히 2차원 평면에서 유용한 모멘트의 크기와 방향을 결정하는 방법을 알아보도록 한다. [그림 4-5]와 같이, 임의의 힘 F가 점 A에 작용할 때, 임의의 점 O에 대한 힘의 모멘트 크기 M_O는 다음과 같이 정해진다.

$$M_O = Fd \tag{4.18}$$

식 (4.18)에서 d는 힘 벡터 F의 작용선과 점 O 사이의 거리이며, **모멘트 팔**moment arm이라고 부른다. 여기서 M_O는 점 O를 기준으로 힘 F가 물체를 회전시키려는 회전력의 크기를 나타낸다. 모멘트의 단위는 SI 단위로 N · m이다.

모멘트의 방향은 벡터의 외적에서 사용했던 동일한 **오른손 법칙**을 사용하여 결정한다. 즉, [그림 4-6]과 같이, 점 O를 기준으로 손가락을 힘 방향으로 감싸서 엄지 손가락이 가르키는 방향으로 모멘트의 방향을 결정한다.

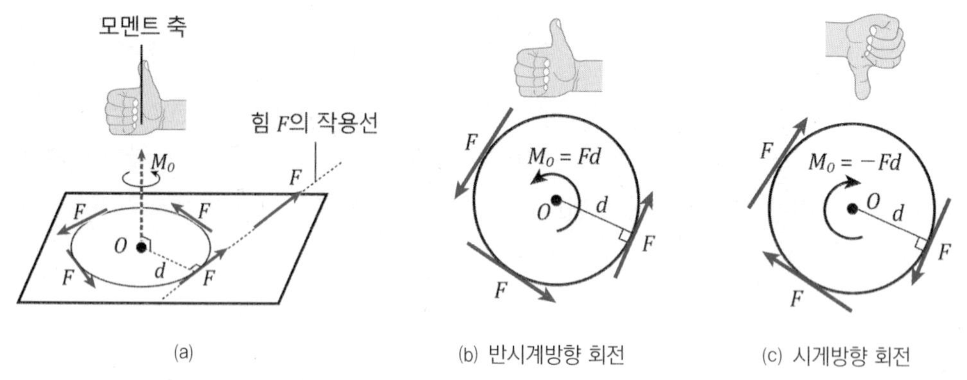

[그림 4-6] 모멘트의 방향: 오른손 법칙

이는 모멘트가 위치벡터와 힘 벡터를 외적한 연산의 결과이기 때문이다. 모멘트의 방향은 물체를 회전시키려고 하는 힘의 회전축 방향을 의미한다. 일반적으로 평면에서는 점 O를 중심으로 모멘트 팔을 반지름으로 하는 힘의 작용선에 접하는 원을 가정하고, 힘이 이 원의 반시계 방향으로 작용하는 경우, 모멘트를 양(+)의 스칼라 값 $M_O = Fd$로, 힘이 시계 방향으로 작용하는 경우는 모멘트를 음(−)의 스칼라 값 $M_O = -Fd$로 표시한다. 참고로 힘이 모멘트 팔을 반지름으로 하는 원과 접하며 이동하면 모멘트의 크기는 변화가 없이 동일하다.

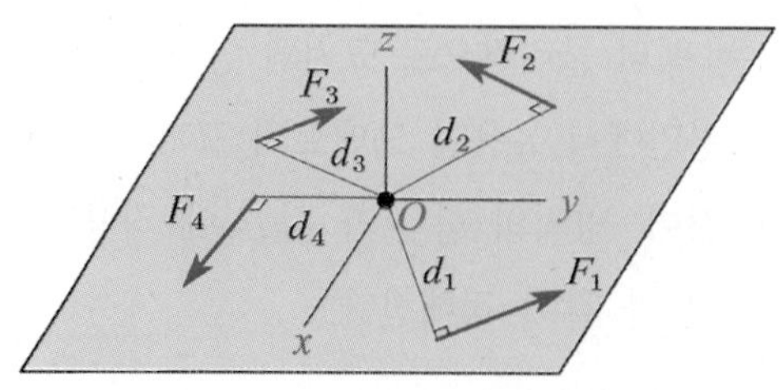

[그림 4-7] 동일 평면 위의 힘들에 의한 모멘트

이제, [그림 4-7]과 같이, $x-y$ 평면에서, 힘과 임의의 점 O로부터의 모멘트 팔을 알고 있다고 할 때, 점 O에 대한 이 힘들에 의한 모멘트의 크기 M_O는 다음과 같이 각 힘의 점 O에 대한 모멘트를 모두 더하여 결정된다.

$$M_O = \Sigma F_i d_i = F_1 d_1 + F_2 d_2 + (-F_3 d_3) + F_4 d_4 \tag{4.19}$$

식 (4.19)에서 모멘트의 방향은 역시 오른손 법칙에 따른다. 식 (4.19)에서 양의 부호(+)는 는 반시계 방향의 회전축 ($+z$축)을, 음의 부호(−)는 시계방향의 회전축 ($-z$축)을 의미한다.

2) 모멘트의 벡터 표현

[그림 4-5]를 참조하여, 이번에는 모멘트를 벡터로 표현하는 방법을 알아본다. 점 O에 대한 힘 벡터 F의 모멘트 M_O는 다음과 같이 위치벡터 r과 힘 F의 외적으로 구할 수 있다.

$$\mathrm{M}_O = \mathrm{r} \times \mathrm{F} \tag{4.20}$$

식 (4.20)에서 벡터 외적의 연산 순서에 따라, 방향이 바뀌므로 계산에 주의해야 한다. 식 (4.20)에서, r은 점 O에서 점 A까지 위치벡터이다. [그림 4-5]에서, 점 A는 힘 F의 작용선 위에 존재하는 임의의 점을 나타낸다. 점 O와 힘 벡터 F의 작용선 사이의 수직거리인 모멘트 팔 d와 크기가 r인 위치벡터 r을 두 변으로 하고, r과 F의 사잇각 θ를 꼭지각으로 하는 직각삼각형에서 삼각 법칙을 적용하면 $d = r\sin\theta$가 된다. 따라서, 모멘트의 크기를 M_O라 하면, 모멘트의 크기는 다음과 같이 표현된다.

$$M_O = Fd = Fr\sin\theta \tag{4.21}$$

한편, 모멘트의 방향은 오른손 법칙을 사용하여 결정한다. 위치벡터 r과 힘 벡터 F의 직교좌표계 성분이 다음과 같이 주어졌다고 하자.

$$\mathrm{r} = r_x\mathrm{i} + r_y\mathrm{j} + r_z\mathrm{k},\ \mathrm{F} = F_x\mathrm{i} + F_y\mathrm{j} + F_z\mathrm{k} \tag{4.22}$$

그러면, 식 (4.22)를 모멘트 식 (4.20)에 대입하여 모멘트 벡터 M_O를 다음과 같이 계산할 수 있다.

$$M_O = r \times F = \begin{vmatrix} i & j & k \\ r_x & r_y & r_z \\ F_x & F_y & F_z \end{vmatrix}$$

$$= (r_yF_z - r_zF_y)i + (r_zF_x - r_xF_z)j + (r_xF_y - r_yF_x)k \tag{4.23}$$

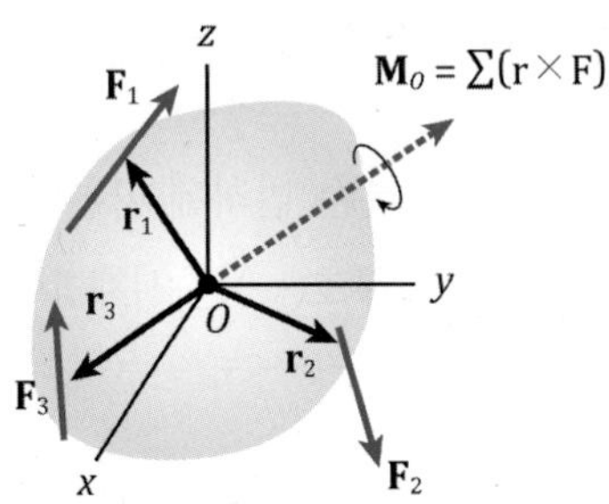

[그림 4-8] 다수의 힘들에 의한 모멘트

만일, 여러 힘이 [그림 4-8]과 같이 작용할 때, 점 O에 대한 이 힘들의 모멘트 벡터 M_O는 다음과 같이 각 힘의 점 O에 대한 모멘트를 구하여 더하면 된다.

$$M_O = \Sigma(r_i \times F_i) = r_1 \times F_1 + r_2 \times F_2 + r_3 \times F_3 \tag{4.24}$$

4.2.2 전달성의 원리

모멘트를 구할 때도 힘의 전달성의 원리가 성립한다. 모멘트를 구할 때, 힘을 힘의 작용선을 따라 자유롭게 이동하여도 모두 동일한 결과를 얻는다. 예를 들어 [그림 4-9]에서 힘의 작용점 A, B, C에 상관없이 같은 작용선 위에 있는 힘 F의 외부 효과는 동일하다.

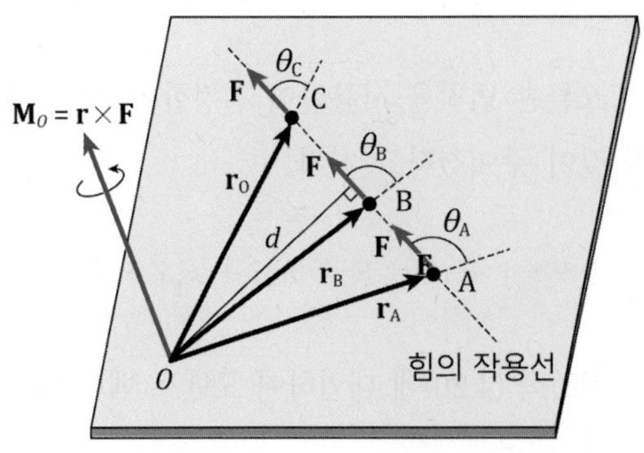

[그림 4-9] 힘의 전달성 원리와 모멘트

힘 F를 각각 점 A, B, C로 이동하면, 점 O로부터 힘까지의 위치벡터는 각각 r_A, r_B, r_C가 된다. 여기서 모멘트 팔의 길이 d는 각 위치벡터의 크기와 다음의 관계를 갖는다.

$$d = r_\mathrm{A}\sin\theta_\mathrm{A} = r_\mathrm{B}\sin\theta_\mathrm{B} = r_\mathrm{C}\sin\theta_\mathrm{C} \tag{4.25}$$

점 O에 대한 힘의 모멘트를 각각의 위치벡터와 힘 벡터의 외적으로 계산한다. 먼저 모멘트의 방향은 오른손 법칙을 적용하면, 힘이 작용선을 따라 이동하더라도 모멘트의 방향은 모두 동일하다는 사실을 쉽게 확인할 수 있다. 또한, 모멘트 팔과 위치벡터의 관계인 식 (4.25)를 사용하면, 모멘트의 크기 M_O는 힘이 작용선 상에 존재할 때 힘의 위치에 상관없이 다음과 같이 일정하다는 것을 알 수 있다.

$$M_O = Fd = F(r_\mathrm{A}\sin\theta_\mathrm{A}) = F(r_\mathrm{B}\sin\theta_\mathrm{B}) = F(r_\mathrm{C}\sin\theta_\mathrm{C}) \tag{4.26}$$

따라서, 모멘트를 구할 경우에도 **힘의 전달성의 원리**가 적용된다는 사실을 확인하였다. 벡터로 점 O에 대한 힘의 모멘트 M_O를 표현하면 다음과 같다.

$$\mathrm{M}_O = \mathrm{r}_\mathrm{A} \times \mathrm{F} = \mathrm{r}_\mathrm{B} \times \mathrm{F} = \mathrm{r}_\mathrm{C} \times \mathrm{F} \tag{4.27}$$

4.2.3 모멘트의 원리

모멘트의 원리는 **바리뇽**Varignon의 정리라고도 하는데, 한 점 O에 대한 힘의 모멘트가 주어진 힘을 분해하여, 각 성분 힘들의 점 O에 대한 모멘트의 합과 같다는 것이다. 만일, [그림 4-10]과 같이, 점 A에 작용하는 힘의 합력을 R이라고 할 때, R은 다음과 같이 표현할 수 있다.

$$\mathrm{R} = \Sigma\mathrm{F}_i = \mathrm{F}_1 + \mathrm{F}_2 + \mathrm{F}_3 + \cdots \tag{4.28}$$

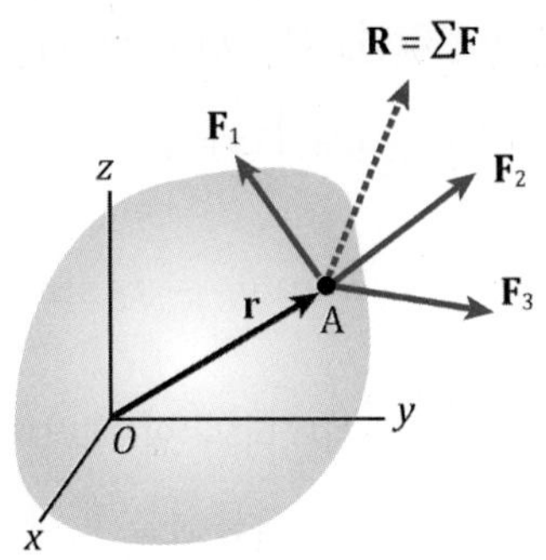

[그림 4-10] 한 점에 합력 또는 다수의 힘이 작용하는 힘계

점 O에 대한 힘의 모멘트는 위치벡터 r과 합력 R의 외적으로 표현된다. 여기에 식 (4.28)을 적용하고 힘의 분배법칙을 사용하여 정리하면 다음과 같이 표현된다.

$$\begin{aligned} \mathrm{M}_O &= \mathrm{r} \times \mathrm{R} = \mathrm{r} \times \sum \mathrm{F}_i = \mathrm{r} \times (\mathrm{F}_1 + \mathrm{F}_2 + \mathrm{F}_3 + \cdots) \\ &= \mathrm{r} \times \mathrm{F}_1 + \mathrm{r} \times \mathrm{F}_2 + \mathrm{r} \times \mathrm{F}_3 \ \cdots = \sum(\mathrm{r} \times \mathrm{F}_i) \end{aligned} \tag{4.29}$$

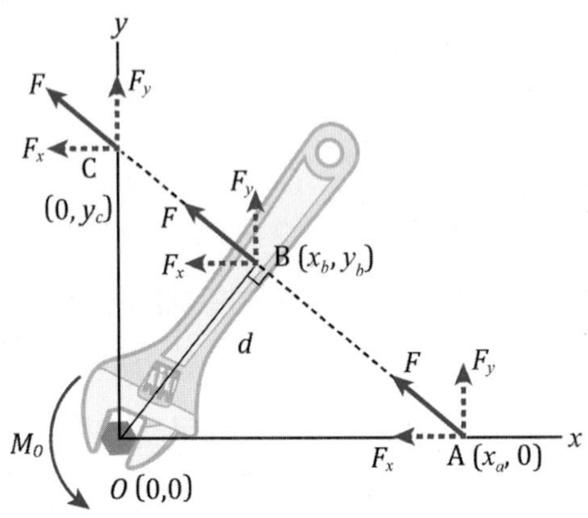

[그림 4-11] 전달성의 원리와 모멘트 원리 적용 예시

예를 들어, [그림 4-11]과 같이 힘 F가 점 B에 작용하고 있는 힘계를 가정하자. 이때, 힘의 크기 F와 모멘트 팔 d가 주어지면 점 O에 대한 힘 F의 모멘트는 $M_O = Fd$이다. 그리고 힘 F를 x축과 y축 성분으로 분해하여 모멘트의 원리를 적용하면 다음과 같이 M_O를 구할 수 있다.

$$M_O = Fd = F_x y_b + F_y x_b \tag{4.30}$$

한편, 전달성의 원리를 사용하면, 힘의 작용점을 점 B에서 점 A 또는 점 C로 이동할 수 있다. 또한, 점 A와 C에서 각각 모멘트의 원리를 적용하여 점 O에 대한 힘 F의 모멘트의 크기를 구하면 다음의 결과를 얻게 된다.

$$M_O = Fd = F_y x_a = F_x y_c \tag{4.31}$$

이처럼 모멘트의 원리와 전달성의 원리를 주어진 힘계에서 적절히 이용하면, 종종 모멘트의 표현과 계산을 더 쉽게 할 수 있다.

4.2.4 축에 대한 모멘트

4.2.1절에서는 한 점에 대한 힘의 모멘트를 학습하였다. 이 절에서는 임의의 축에 대한 힘의 모멘트를 알아본다. [그림 4-12]와 같은 힘계에서, **단위벡터** $\mathbf{u}_{\mathrm{AB}}$에 평행한 임의의 축 AB에 대한 힘의 모멘트를 구해보자.

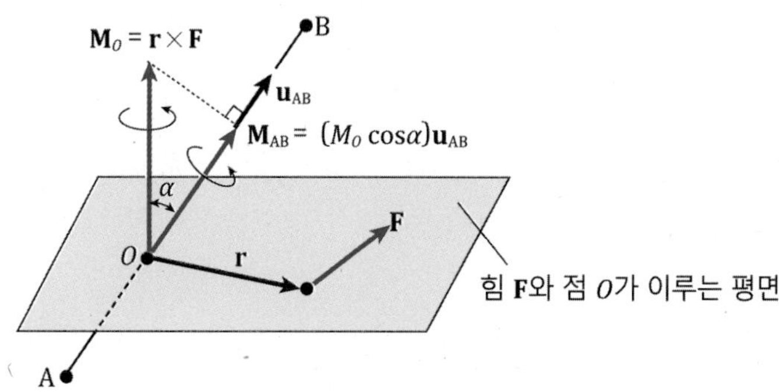

[그림 4-12] 임의의 축에 대한 힘의 모멘트

이를 위해, 먼저 축 AB 위에 위치하는 임의의 점 O를 선택하고, 이 점 O에 대한 힘의 모멘트 M_O를 주어진 위치벡터 $\mathbf{r}$과 힘 F를 사용하여 구한다.

$$\mathrm{M}_O = \mathrm{r} \times \mathrm{F} = \begin{vmatrix} \mathrm{i} & \mathrm{j} & \mathrm{k} \\ r_x & r_y & r_z \\ F_x & F_y & F_z \end{vmatrix} \tag{4.32}$$

여기서 $\mathbf{r} = r_x\mathbf{i} + r_y\mathbf{j} + r_z\mathbf{k}$, $\mathbf{F} = F_x\mathbf{i} + F_y\mathbf{j} + F_z\mathbf{k}$이다. 이 외적 계산 결과는 식 (4.23)을 참고한다. 또한, 이 모멘트를 축 AB의 단위벡터 $\mathbf{u}_{\mathrm{AB}}$와 내적하면, 축 AB에 대한 모멘트의 크기 M_{AB}를 다음과 같이 구할 수 있다.

$$M_{\mathrm{AB}} = \mathbf{M}_O \cdot \mathbf{u}_{\mathrm{AB}} = (\mathbf{r} \times \mathbf{F}) \cdot \mathbf{u}_{\mathrm{AB}} = M_O \cos\alpha \tag{4.33}$$

주어진 단위벡터 $\mathbf{u}_{\mathrm{AB}} = u_x\mathbf{i} + u_y\mathbf{j} + u_z\mathbf{k}$를 식 (4.33)에 대입하면, 스칼라 삼중곱 식 (4.16)을 이용하여 축의 모멘트 M_{AB}를 행렬식으로 다음과 같이 표현할 수 있다.

$$M_{\mathrm{AB}} = (\mathbf{r} \times \mathbf{F}) \cdot \mathbf{u}_{\mathrm{AB}} = \begin{vmatrix} u_x & u_y & u_z \\ r_x & r_y & r_z \\ F_x & F_y & F_z \end{vmatrix} \tag{4.34}$$

최종적으로 축 AB에 대한 힘의 모멘트 $\mathbf{M}_{\mathrm{AB}}$는 다음과 같이 모멘트의 크기와 단위벡터를 사용하여 표현할 수 있다.

$$\mathbf{M}_{\mathrm{AB}} = M_{\mathrm{AB}}\mathbf{u}_{\mathrm{AB}} = (\mathbf{M}_O \cdot \mathbf{u}_{\mathrm{AB}})\mathbf{u}_{\mathrm{AB}} = [(\mathbf{r} \times \mathbf{F}) \cdot \mathbf{u}_{\mathrm{AB}}]\mathbf{u}_{\mathrm{AB}} \tag{4.35}$$

참고로, x, y, z축에 대한 $\mathbf{M}_O$의 성분 M_x, M_y, M_z는 다음과 같이 축 방향 단위벡터와의 내적을 사용하여 구할 수 있다.

$$M_x = \mathbf{M}_O \cdot \mathbf{i} = r_yF_z - r_zF_y,\ \ M_y = \mathbf{M}_O \cdot \mathbf{j} = r_zF_x - r_xF_z,$$
$$M_z = \mathbf{M}_O \cdot \mathbf{k} = r_xF_y - r_yF_x \tag{4.36}$$

4.2.5 우력 모멘트

[그림 4-13]과 같이, 동일 직선상에 있지 않은 크기가 같고 방향이 반대인 두 힘의 쌍을 **우력**couple이라 부른다. 우력은 힘의 방향이 서로 반대이기 때문에, 힘의 합력은 0이다. 즉, 우력에 의한 외부 힘의 효과가 없다. 그러나, 우력은 작용점과 상관없이 일정한 크기의 모멘트를 발생시킨다. 우력은 외부 힘의 효과가 없고, 작용하는 위치에 상관없이 순수한 모멘트 효과만 발생한다. 따라서 우력은 원래 힘이지만, 모멘트로 취급하며, **우력 모멘트**라고도 부른다. 우력은 위치에 상관없으므로 공간상에서 자유롭게 이동할 수 있는 자유 벡터이다. [그림

4-13]에서 우력에 의해 발생하는 모멘트의 크기 M은 힘의 크기 F와 두 힘 사이의 거리 d의 곱으로만 결정되며, 방향은 오른손 법칙으로 결정한다.

$$M = Fd \tag{4.37}$$

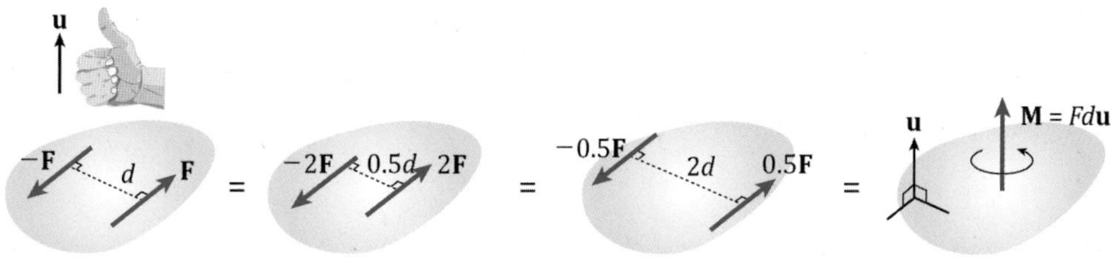

[그림 4-13] 두 힘의 쌍에 의한 우력 모멘트와 등가 우력

참고로, [그림 4-13]과 같이 우력의 모멘트 크기와 방향이 같은 우력을 서로 등가 우력이라고 한다.

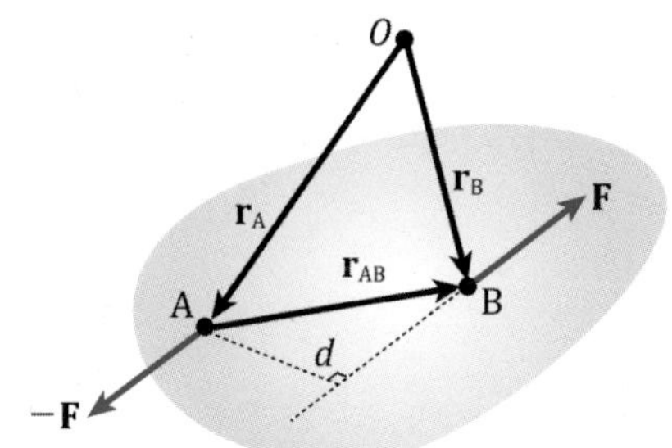

[그림 4-14] 우력에 대한 위치벡터

[그림 4-14]와 같이 크기가 같고 방향이 반대인 두 힘, 즉 우력이 작용할 때, 임의의 점 O에 대한 우력의 모멘트를 구해보자. 이를 위해, 먼저 두 힘의 작용선 위의 각각 임의의 점 A, B를 선택하여 점 O로부터 두 힘의 위치벡터 $\mathbf{r}_{\mathrm{A}}$와 $\mathbf{r}_{\mathrm{B}}$를 결정한다. 이때, AB 사이의 상대 위치벡터 $\mathbf{r}_{\mathrm{AB}}$는 다음과 같이 나타낼 수 있다.

$$\mathbf{r}_{\mathrm{AB}} = \mathbf{r}_{\mathrm{B}} - \mathbf{r}_{\mathrm{A}} \tag{4.38}$$

식 (4.38)을 이용하면, 점 O에 대한 우력 모멘트는 다음과 같이 상대 위치벡터와 힘의 외적으로 표현된다.

$$\mathbf{M}_O = \Sigma(\mathbf{r} \times \mathbf{F}) = \mathbf{r}_\mathrm{A} \times (-\mathbf{F}) + \mathbf{r}_\mathrm{B} \times \mathbf{F} = \mathbf{r}_\mathrm{AB} \times \mathbf{F} \tag{4.39}$$

이 결과는 우력의 모멘트는 모멘트의 기준점과 관계없이, 우력 사이의 상대 위치에 의해서 결정된다는 것을 알 수 있다. 따라서 우력 모멘트의 크기는 식 (4.37)과 같이 우력의 크기와 우력 사이의 수직거리의 곱으로 결정된다.

Section 4.3

힘계의 등가 시스템

학습목표

- ✔ 힘의 외부 효과가 동일한 등가 시스템의 개념을 이해하고, 응용 문제를 해결할 수 있다.
- ✔ 등가 힘과 우력 계의 단순화 과정을 이해하고, 다양한 힘계(공점힘계, 평행힘계)를 학습한다.

2장과 4장의 4.1절과 4.2절에서, **힘계**force system를 구성하는 힘과 모멘트를 벡터로 표현하는 방법을 학습하였다. 이 절에서는 이를 바탕으로 힘계의 **등가 시스템**에 대한 개념과 다양한 힘계(**공점힘계**, **평행힘계**, 분포하중의 등가 시스템, 힘이 이동된 등가 시스템)를 학습한다.

4.3.1 힘의 표현

이미, 1.2.2절에서 힘에 대한 크기, 방향, 작용점 등에 대한 설명을 한 바 있다. 다소 반복적인 내용이 될 수 있지만, 4.3절은 힘계의 등가 시스템에 대한 내용을 다루므로, 4.3.1절에서 힘에 대한 추가적인 설명을 하기로 한다. 힘은 크기와 방향을 갖는 물리량으로 물체의 운동을 변화시키거나 변형시킨다. 힘의 크기에 의해서 물체의 가속도와 변형량 등이 결정되며, 힘의 작용 방향은 물체의 운동 및 변형 방향을 결정한다.

물체에 작용하는 외부 힘은 **체적력**body force과 **접촉력**contact force으로 분류할 수 있다. 체적력은 중력과 같이 힘의 크기가 물체의 부피 또는 체적body에 비례하여 작용하는 힘이다. 이에 반해, 압력, 마찰력 등과 같이 접촉력은 물체의 표면을 통한 접촉에 의해 직접 작용하는 힘이다. 물체의 길이, 면적, 부피에 따라 힘의 크기나 방향에 영향을 받는 힘을 분포된 힘, 즉, **분포하중**distributed force이라고 한다. 체적력과 첩촉력은 분포하중이다. 그러나, 정역학에서는 변형이 없는 질점 또는 강체를 다루기 때문에, 작용점에서 힘의 국부적인 효과가 없다고 가정한다. 따라서, 분포하중 문제를 제외한 일반적인 힘계에서는 힘을 한 점에 작용하는 하나의 집중된 힘, 즉 등가의 **점력**point force 또는 **집중하중**concentrated force으로 취급한다.

4.3.2 등가 시스템

두 힘계에서 힘의 외부 효과가 동일한 경우, 이를 **등가**equivalence라고 하고, 그림과 수식에서 일반적으로 등호(=)로 등가임을 표시한다. 다음의 여러 가지 경우에 대하여, 힘계의 **등가 시스템**equivalent system을 알아보자.

1) 힘이 작용선을 따라 이동한 등가 시스템

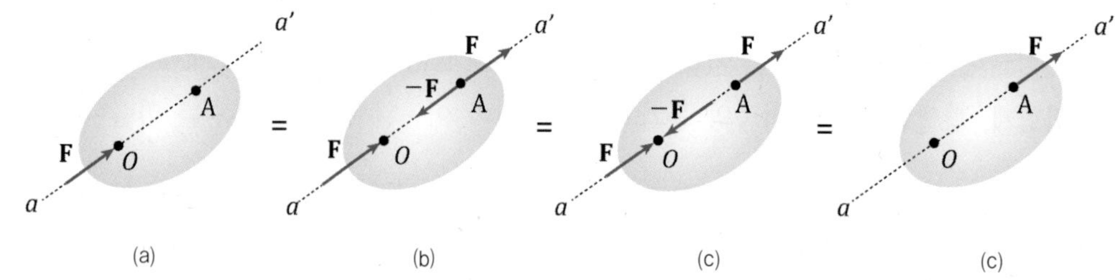

[그림 4-15] 힘이 작용선을 따라 이동한 등가 시스템

[그림 4-15]와 같이 힘의 작용선 위에 있는 임의의 두 점 O와 A를 생각해 보자. 전달성의 원리에 의해, 힘 F는 변형이 없는 강체인 물체에 대해, 외부 힘의 효과를 변화시키지 않는 등가인 상태로 [그림 4-15(a)], [그림 4-15(d)]와 같이 힘의 작용선을 따라 임의의 점 O에서 임의의 점 A로 단순히 힘이 이동한 것으로 생각할 수 있다. 임의의 한 점에, 크기가 같고 방향이 서로 반대로 작용하고 있는 힘 F와 −F가 작용한다고 가정하면, 이 힘의 합력과 모멘트는 모두 0이기 때문에 외부 힘의 효과가 없다. 따라서, 한 점에 작용하는 합력이 0인 힘을 임의의 힘계에, 자유롭게 추가하여도 등가 상태가 유지된다. 힘의 등가 상태를 좀 더 이해하기 위해, 한 점에 작용하는 합력이 0인 힘을 추가한 [그림 4-15(b)]와 [그림 4-15(c)]의 등가 상태를 추가로 고려해 보자. 힘의 외부 효과를 변경하지 않고, [그림 4-15(a)]의 상태에서 점 A에 F와 −F를 적용시켜, 등가 힘계 [그림 4-15(b)]를 얻게 된다. 또한, 전달성의 원리에 따라, −F를 점 O로 이동하여, 등가 힘계 [그림 4-15(c)]를 얻게 된다. 이때, 점 O에서 F와 −F의 합력은 0이므로, 최종적으로 F가 점 A에 작용하는 [그림 4-15(d)]의 등가 힘계를 얻게 된다. 따라서, [그림 4-15(a)]~[그림 4-15(d)] 모두, 힘의 외부적인 효과가 동일하므로 등가 시스템이다. 참고로, 힘의 내부적인 효과는 힘의 작용점에 영향을 받는다.

2) 힘이 임의의 점으로 이동한 등가 시스템

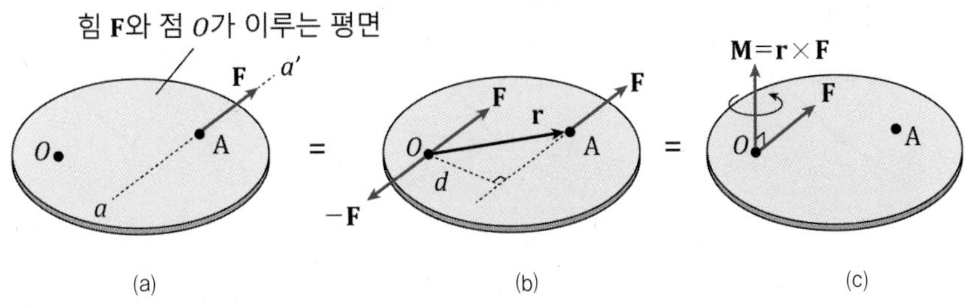

[그림 4-16] 힘이 임의의 점으로 이동한 등가 시스템

[그림 4-16]과 같이, 힘이 임의의 점 A에서 힘의 작용선 위에 있지 않은 임의의 점 O로 이동하는 경우를 생각해 보자. 이 경우도 마찬가지로 한 점에 작용하는 합력이 0인 한 쌍의 힘을 점 O에 추가하여 등가 시스템 [그림 4-16(b)]를 만들 수 있다. 또한, 점 A의 F와 점 O의 $-$F는 우력이 되며, 기준점과 상관없는 크기가 $M = Fd$인 순수한 모멘트 M으로 표현이 된다. $M = Fd$에서, d는 우력의 모멘트 팔이다. 따라서 원래의 힘계 [그림 4-16(a)]는 점 O에 힘 F와 모멘트 $\mathrm{M} = \mathrm{r} \times \mathrm{F}$가 작용하는 힘계 [그림 4-16(c)]와 등가 시스템이 된다. $\mathrm{M} = \mathrm{r} \times \mathrm{F}$에서, r은 점 O로부터 점 A의 위치를 나타내는 위치벡터이다. 그리고 우력에 의해서 발생하는 모멘트는 기준점 또는 기준 축이 필요 없는 자유 벡터임에 주의한다. 따라서, 우력의 모멘트 M은 힘의 작용선 aa'과 점 O를 포함하는 평면 위의 어느 위치에 있더라도 그 효과가 동일하다. 여기서는 단순히 편의상 점 O에 M을 위치시켰다.

이 결과로부터 임의의 힘을 평행 이동하면 힘의 이동에 의해서 발생하는, 힘과 수직인 우력을 추가하여 등가로 표현할 수 있다는 사실을 알 수 있다. 이를 바꾸어 말하면, 서로 수직인 힘과 우력으로 이루어진 힘계의 경우 우력에 수직인 평면 위에서, 힘을 모멘트 팔만큼 평행 이동하면, 힘 하나만으로 등가 시스템을 표현할 수 있다.

3) 여러 힘이 임의의 한 점으로 이동한 등가 시스템

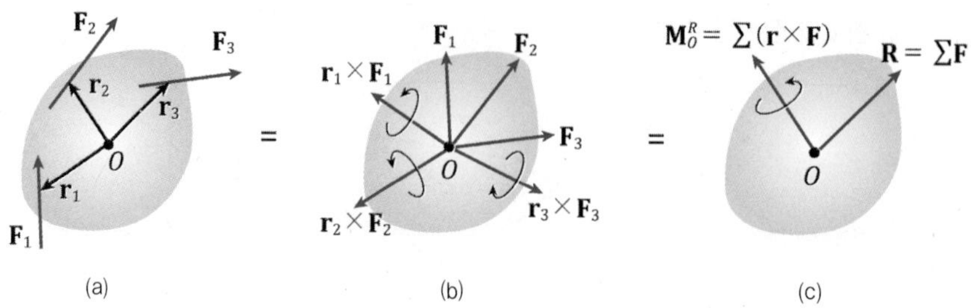

[그림 4-17] 여러 힘이 임의의 한 점으로 이동한 등가 시스템

[그림 4-17]과 같이, 여러 힘이 서로 다른 위치에서 작용할 때, 이를 임의의 한 점으로 이동시킨 등가 시스템을 고려해 보자. 이를 위해, 원래의 힘계 [그림 4-17(a)]로부터 각각의 힘을 임의의 점 O로 이동한다. 그러면, 힘의 이동으로 인한 각 힘의 점 O에 대한 모멘트 효과를 추가한 등가 시스템 [그림 4-17(b)]를 얻게 된다. 이 등가 시스템에서 힘과 모멘트를 모두 벡터적으로 합성하게 되면 다음과 같이 표현할 수 있다.

$$\mathrm{R} = \Sigma \mathrm{F},\ \mathrm{M}_O^R = \mathrm{M}_O = \Sigma(\mathrm{r} \times \mathrm{F}) \tag{4.40}$$

벡터의 합성 식 (4.40)을 이용하면, 원래의 여러 힘이 작용하는 힘계 [그림 4-17(a)]를 [그림 4-17(b)]를 거쳐, 최종적으로 하나의 힘과 하나의 모멘트로 표현되는 힘-우력 등가 시스템 [그림 4-17(c)]로 단순화할 수 있다.

4) 일반적인 힘계의 단순화된 힘-우력 등가 시스템

지금까지 논의한 결과를 바탕으로 힘계의 등가 힘-우력 시스템을 구하기 위한 절차를 요약하면 다음과 같다.

(1) 힘계에 직교좌표계 설정하기

(2) 힘의 합 구하기

- 힘의 성분을 직교좌표계 방향으로 분해하여 각 성분별로 합하는 것이 편리하다.

(3) 모멘트 합 구하기

- 2차원 평면에서는 모멘트의 원리를 사용하여 힘의 모멘트를 스칼라로 계산하는 것이 편리하다.
- 3차원 공간에서는 일반적으로 모멘트를 벡터로 계산하는 것이 편리하다.

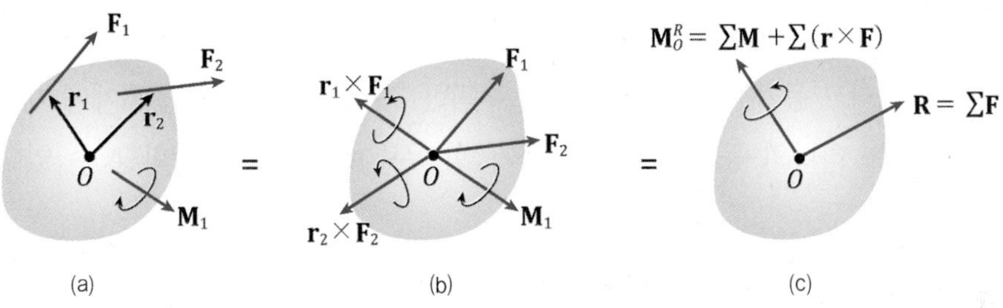

[그림 4-18] 다수의 힘과 우력 모멘트가 작용하는 일반적인 힘계

지금까지 학습한 내용을 바탕으로 [그림 4-18]과 같이, 여러 힘과 우력 모멘트가 작용하는 일반적인 힘계로 확장하여, 등가 시스템을 구할 수 있다. 각각의 힘을 임의의 점 O로 이동하고, 작용하는 힘과 우력의 모멘트를 합성하면, 다음과 같이 하나의 힘과 우력으로 단순화된, 힘-우력 등가 시스템을 구할 수 있다.

$$\mathrm{R} = \Sigma\mathrm{F},\ \mathrm{M}_O^R = \Sigma\mathrm{M} + \mathrm{M}_O = \Sigma\mathrm{M} + \Sigma(\mathrm{r} \times \mathrm{F}) \tag{4.41}$$

이를 2차원 x, y 평면에 적용하면 등가 힘-우력계를 식 (4.42)와 같이 표현할 수 있다. 단 여기서 $|\mathrm{r}\times\mathrm{F}|$는 힘 F의 점 O에 대한 모멘트의 크기를 나타내며, 반시계 방향 모멘트의 경우는 양의 부호$(+)$를 시계 방향 모멘트의 경우는 음의 부호$(-)$ 적용한다.

$$\mathrm{R} = \Sigma\mathrm{F} = R_x\mathrm{i} + R_y\mathrm{j},\ \mathrm{M}_O^R = (\Sigma M + M_O)\mathrm{k} = (\Sigma M + \Sigma|\mathrm{r}\times\mathrm{F}|)\mathrm{k} \tag{4.42}$$

4.3.3 등가 힘-우력계의 단순화

힘계의 합성resultant of a force system은 주어진 힘계를 가장 단순화된 등가의 힘-우력계로 나타내는 것을 말한다. 힘계의 합성 결과는 다음 3가지 경우가 있을 수 있다.

- 하나의 합력 R: $\mathrm{M}_O^R = 0$ 또는 R과 M_O^R이 수직인 경우
- 하나의 합 우력 M_O^R: $\mathrm{R} = 0$인 경우
- 등가 힘-우력계 R과 M_O^R: R과 M_O^R 이 서로 수직이 아닌 일반적인 경우

앞에서 논의했듯이, 일반적인 힘계는 단순화된 하나의 등가 힘과 우력으로 구성된 등가 힘-우력계로 표현할 수 있다. 그러나, 힘의 작용선이 모두 한 점에서 만나는 경우, 모든 힘이 평행한 경우, 그리고 등가 힘과 우력이 서로 수직한 경우와 같이 특별한 힘계에 대하여 하나의 등가 힘 또는 하나의 등가 우력으로 등가 힘-우력계를 더욱 단순화할 수 있다.

1) 힘과 우력이 서로 수직인 힘계

[그림 4-19]의 2차원 평면에서 힘과 모멘트가 서로 수직으로 작용하는 힘계 [그림 4-19](a)]에 대해 점 O에서 등가 시스템을 구하면 [그림 4-19](b)]와 같이 나타낼 수 있다. 여기서, 등가 힘과 등가 우력, 즉, 합력 R과 합우력 M_O^R이 작용하는 2차원에서 일반적인 등가 힘-우력계는 식 (4.42)에 따라 다음과 같이 표현된다.

$$\mathrm{R} = \Sigma \mathrm{F} = R_x \mathrm{i} + R_y \mathrm{j}, \ \mathrm{M}_O^R = (\Sigma M + M_O)\mathbf{k} = (\Sigma M + \Sigma |\mathrm{r} \times \mathrm{F}|)\mathbf{k} \tag{4.43}$$

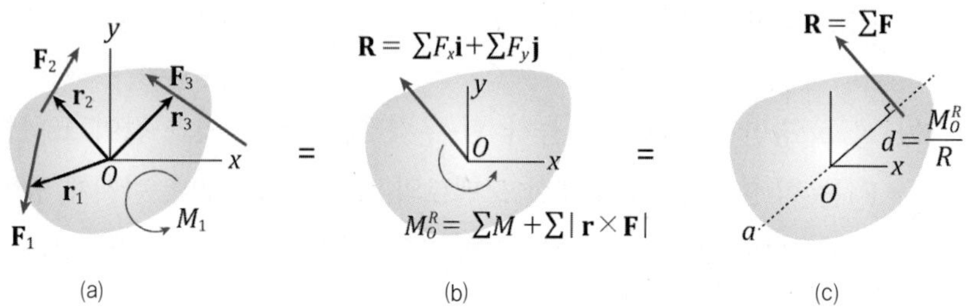

[그림 4-19] 힘과 모멘트가 수직인 2차원 힘계의 합성

여기서 합력과 합우력이 수직이므로, 주어진 평면에서 점 O를 기준으로 합우력의 방향을 고려하여 합력과 합우력에, 동시에 수직인 직선 aa'을 따라 합우력의 방향을 고려하여 합력을 모멘트 팔 d 만큼 평행 이동하면 합력만으로 표현되는 힘계의 합성 [그림 4-19](c)]를 얻게 된다. 여기서 모멘트 팔 d는 힘계 [그림 4-19](b)]와 [그림 4-19](c)]에서 모멘트가 등가가 되도록 다음과 같이 합우력을 합력으로 나눈 거리로 결정된다.

$$d = \frac{M_O^R}{R} \tag{4.44}$$

이는 4.3.2절에서 설명한 힘이 임의의 점으로 이동한 등가 시스템의 역과정이다. 2차원 힘계의 합성 결과는 힘과 모멘트가 서로 수직인 3차원 등가 힘계 [그림 4-20(b)]에도 동일하게 적용된다.

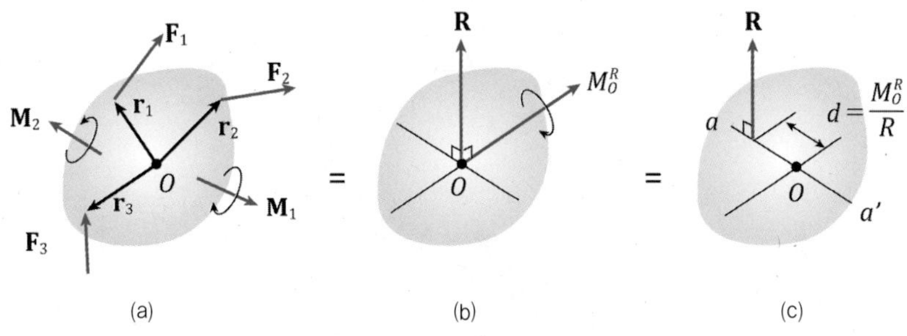

[그림 4-20] 힘과 모멘트가 수직인 3차원 등가 힘계의 합성

힘과 우력이 작용하는 힘계 [그림 4-20(a)]에서, 점 O에 대해 구한 등가 시스템 [그림 4-20(b)]의 합력 R과 합우력 M_O^R 이 서로 수직이라고 가정하자. 그러면 2차원 평면의 경우와 마찬가지로, 식 (4.44)로 표현된 **모멘트 팔** d 만큼 합우력의 방향을 고려하여, 점 O를 기준으로 합력과 합우력에 동시에 수직인 직선 aa'을 따라 합력을 평행 이동하면, 등가 힘-우력계 [그림 4-20(b)]를 단순화한 힘계의 합성 [그림 4-20(c)]를 구할 수 있다.

2) 평행 힘계

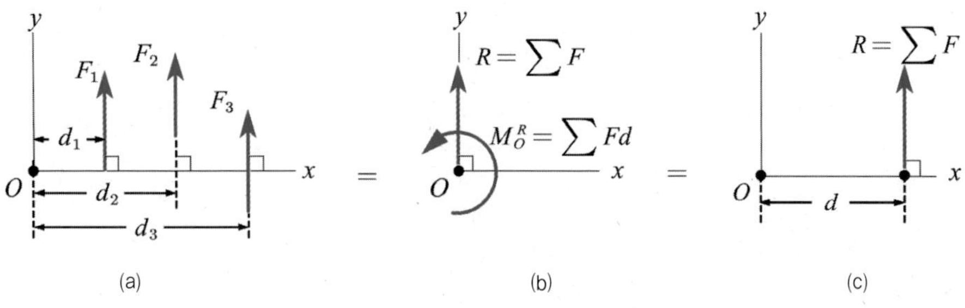

[그림 4-21] 평면에서의 평행인 힘계

[그림 4-21]과 같이 동일 평면에서 작용하는 모든 힘들이 평행한 힘계 [그림 4-21(a)]의 경우, 등가 시스템으로 표현하면 [그림 4-21(b)]와 같이 합력과 합우력이 서로 수직이다. 따라서 이 경우에도 점 O를 기준으로 합력과 합우력에 동시에 수직인 직선(이 경우는 x축)을 따라 합력을 모멘트 팔 d 만큼 이동하여 힘계 [그림 4-21(b)]를 [그림 4-21(c)]와 같이 더 단순화할 수 있다. 만일, 점 O를 기준으로 각 힘의 모멘트 팔 d_i가 주어지면, 점 O에 대한 합력의 모멘트 팔 d는 다음과 같이 표현할 수 있다.

$$d = \frac{M_O^R}{R} = \frac{\sum Fd}{\sum F} = \frac{F_1 d_1 + F_2 d_2 + \cdots}{F_1 + F_2 + \cdots} \tag{4.45}$$

(a) (b) (c)

[그림 4-22] 공간에서의 평행인 힘계

[그림 4-22]와 같은 3차원 공간의 평행 힘계 [그림 4-22(a)]에 대해서도 평면에 작용하는 평행 힘계와 같은 방법으로 등가 힘-우력계 [그림 4-22(b)]와 힘계의 합성 [그림 4-22(c)]를 구할 수 있다.

3) 공점 힘계

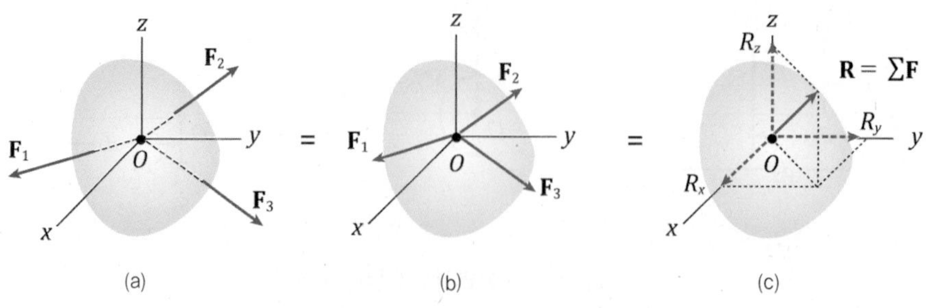

[그림 4-23] 3차원 공점 힘계

[그림 4-23]과 같이, 동일 작용선 위에 있지 않은 여러 힘이 동시에 작용하는 힘계에서, 각 힘들의 작용선이 모두 한 점에서 만나는 경우를 **공점 힘계**(또는 **공점력계**)concurrent force system라고 부른다. 이 경우 전달성의 원리에 따라 힘의 작용선의 교차점 (또는 공점) O로 모든 힘을 이동시켜 등가 시스템 [그림 4-23(b)]를 찾을 수 있다. 여기서, 모든 힘의 작용선이 점 O에서 교차하므로 이 힘들의 교차점 O에 대한 모멘트는 모두 0이다. 따라서 이 힘들을 합성하면 다음과 같이 하나의 힘, 즉 합력 R로 표현되는 단순화된 등가 시스템 [그림 4-23(c)]를 얻게 되며, 식 (4.46)과 같이 직교좌표계 성분으로 나타낼 수 있다.

$$\mathrm{R} = \Sigma \mathrm{F} = \mathrm{F}_1 + \mathrm{F}_2 + \cdots = R_x \mathrm{i} + R_y \mathrm{j} + R_z \mathrm{k} \qquad (4.46)$$

식 (4.46)에서, $R_x = \Sigma F_x$, $R_y = \Sigma F_y$, $R_z = \Sigma F_z$이다.

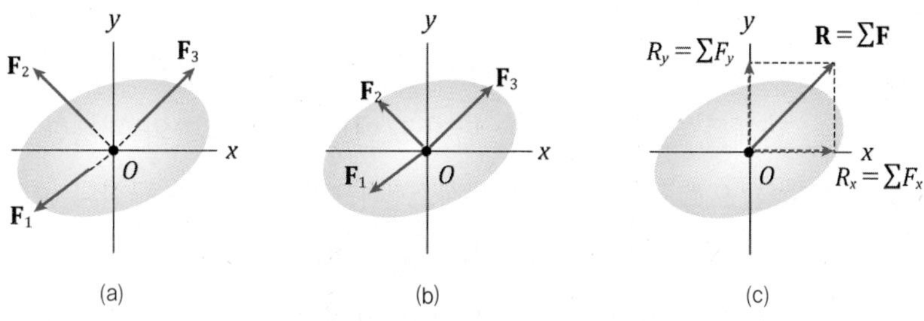

[그림 4-24] 2차원 공점 힘계

[그림 4-24]에서는 2차원 평면에서의 공점 힘계의 단순화된 등가 시스템을 보여준다. 3차원 힘계와 마찬가지로 합력 R은 식 (4.46)을 사용하여 표현할 수 있다. 2차원의 경우 합력의 직교좌표 성분은 $R_x = \Sigma F_x$, $R_y = \Sigma F_y$, $R_z = 0$이 된다.

4) 렌치

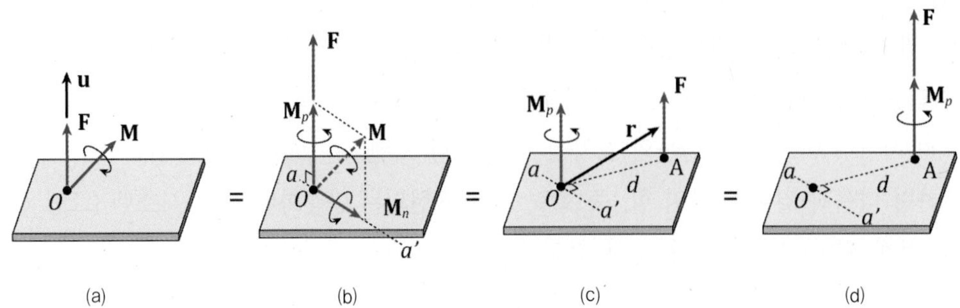

[그림 4-25] 일반적인 힘-우력계의 렌치 표현

[그림 4-25(a)]와 같이, 힘과 우력이 서로 수직이 아닌 일반적인 힘-우력계에 대하여, 우력을 힘에 평행한 방향과 수직한 방향으로 분해할 수 있다. 마치, **렌치**wrench에 힘과 회전력이 작용하는 것처럼, 주어진 평면에 수직으로 힘이 작용하며 힘에 평행한 방향의 축으로 우력의 모멘트가 작용하는 힘계를 렌치라고 한다. 먼저 모멘트 M을 힘 F와 평행한 방향성분 M_p와 수직한 방향성분 M_n으로 분해하여, 등가 시스템 [그림 4-25(b)]를 구한다. 이를 위해 축에 대한 모멘트를 구하는 방법을 그대로 적용하여 M_p는 M과 힘의 단위벡터 u의 내적을 이용하여 구하고, 이후 벡터의 뺄셈 연산을 이용하여 M_n을 다음과 같이 결정한다.

$$\mathrm{M}_p = (\mathrm{M} \cdot \mathrm{u})\mathrm{u}, \ \mathrm{M}_n = \mathrm{M} - \mathrm{M}_p \tag{4.47}$$

또한, M_n과 F가 서로 수직이므로, F를 모멘트 팔 d 만큼 평행 이동하여, 하나의 힘 F로 구성된 등가 시스템 [그림 4-25(c)]로 단순화할 수 있다. 모멘트 팔 d는 [그림 4-25(b)]와 [그림 4-25(c)]의 모멘트가 등가, 즉 $\mathrm{M}_n = \mathrm{r} \times \mathrm{F}$를 만족하도록 다음과 같이 결정된다.

$$d = \frac{M_n}{F} \tag{4.48}$$

우력의 모멘트는 기준점 또는 기준 축이 필요 없는 자유 벡터이므로, 최종적으로 M_p를 점 A로 이동하면 일반적인 힘-우력계를 등가의 렌치 시스템 [그림 4-25(d)]로 표현할 수 있다.

5) 분포하중의 등가 시스템

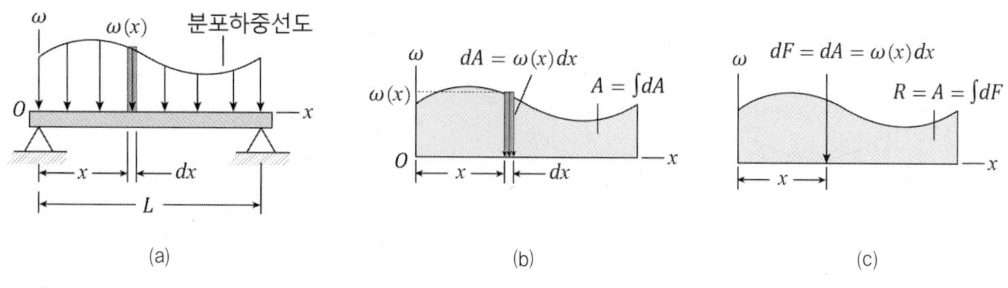

[그림 4-26] 분포하중의 등가 시스템

이 항에서는 힘이 한 점이 아닌 면적 또는 길이에 걸쳐 분포되어 작용하는 힘, 즉 분포하중distributed load의 등가 시스템에 대하여 알아본다. 이를 위해 [그림 4-26(a)]와 같이 평면에서 길이가 L인 부재 위에 위치 x에 따라 크기가 변화하는 임의의 분포하중 $w(x)$가 작용하는 힘계를 가정하자. 여기서 $w(x)$는 단위 길이 당 힘으로 단위는 $\mathrm{N/m}$이다. 이제, 이 힘계의 점 O에 대한 합력의 크기 R과 합우력의 크기 M_O^R을 구하기 위해, [그림 4-26(b)]와 [그림 4-26(c)]에서와 같이, 먼저 점 O로부터 x 만큼 떨어진 부재의 아주 작은 길이 dx 위에 작용하는 아주 작은 힘 dF를 고려한다. 전체 힘은 이 작은 힘 dF를 x축을 따라 0에서 L까지 모두 더하면 전체 힘의 합, 즉 합력 R이 된다. 여기서 분포하중 선도는 작용하는 분포하중의 크기를 나타낸다. 따라서 분포하중 선도의 면적 A는 합력 R과 동일하며, 분포하중 선도의 면적 변화량 dA와 힘의 변화량 dF는 동일하다. 즉, $R=A$, $dF=dA$이다. 참고로, dx와 dF는 0에 가까운 아주 작은 값으로 수학의 미분에서 사용하는 개념이다. [그림 4-26(b)]와 [그림 4-26(c)]에서는 각각 dx 위에 작용하는 분포하중과 이의 등가 힘 dF를 나타낸다. 이 힘 dF를 구하기 위해서는 길이 dx에 작용하는 분포하중 $w(x)$를 곱하면 된다.

$$dF = dA = w(x)\,dx \tag{4.49}$$

또한, 분포하중이 작용하는 힘계의 점 O에 대한 합력의 크기 R과 합우력의 크기 M_O^R을 구하기 위해, 각각 힘 dF와 점 O에 대한 dF의 모멘트 $x\,dF$를 모두 더하면 다음과 같이 적분으로 표현된다.

$$R = \lim_{\triangle F \to 0} \Sigma \triangle F = \int dF = \int_0^L w(x)dx = \int_A dA = A \tag{4.50}$$

$$M_O^R = \lim_{\triangle F \to 0} \Sigma x \triangle F = \int_0^L x w(x)\, dx = \int_A x dA = \bar{x} R \tag{4.51}$$

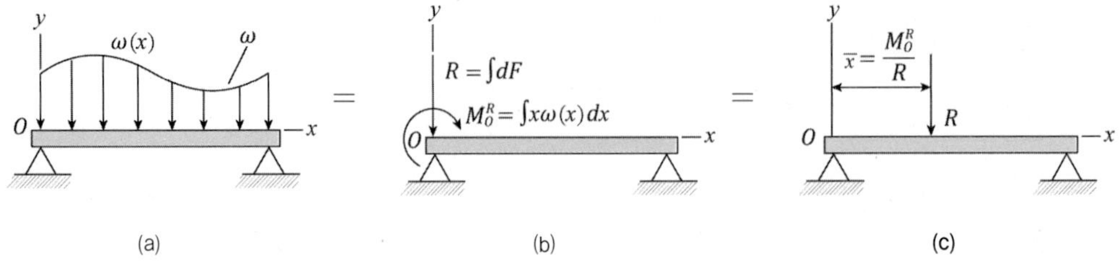

(a) (b) (c)

[그림 4-27] 분포하중의 힘-우력계와 힘계의 합성 표현

이 결과에 따라, 주어진 힘계에 대한 등가 힘-우력계를 [그림 4-27(b)]와 같이 구할 수 있다. 여기서 주어진 원래의 힘계 [그림 4-27(a)]는 평행 힘계 또는 모든 힘이 동일 평면에 작용하는 힘과 모멘트가 서로 수직인 힘계이다. 따라서 식 (4.50)과 (4.51)로부터 구한 합력과 합우력을 사용하여 힘계 [그림 4-27(b)]와 [그림 4-27(c)]의 모멘트가 등가가 되도록 다음과 같이 x축 방향의 모멘트 팔 $\bar{x}$를 결정한다.

$$\bar{x} = \frac{M_O^R}{R} = \frac{\int_0^L xw(x)dx}{\int_0^L w(x)dx} = \frac{\int_A xdA}{\int_A dA} \tag{4.52}$$

따라서 x축 방향으로 $\bar{x}$ 만큼 R을 평행 이동하면, 단순화된 힘계의 합성 [그림 4-27(c)]를 구할 수 있다. 식 (4.52)에 따르면 기하학적으로 분포하중의 모멘트 팔은 작용하는 힘에 수직 방향으로 구한 분포하중 선도의 **도심**centroid이다. 즉, [그림 4-27]에서는 힘이 y축 방향으로 작용하므로 분포하중 선도로부터 모멘트 팔을 계산할 때, y축에 수직인 x축 방향의 도심을 사용한다. 따라서 하중선도의 면적과 도심을 적분을 하지 않고 기하학적으로 쉽게 결정할 수 있는 경우, 이를 이용하여 분포하중이 작용하는 힘계의 등가 시스템 및 힘의 합성을 구하는 것이 편리하다. 참고로, [그림 4-28]은 자주 사용되는 사각형과 직각삼각형에 대한 면적과 도심을 보여준다.

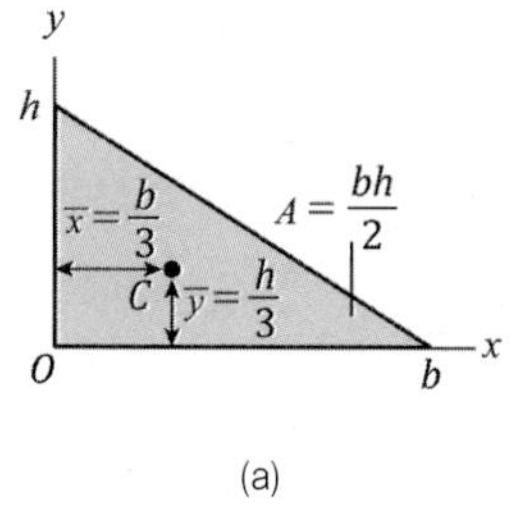

(a)

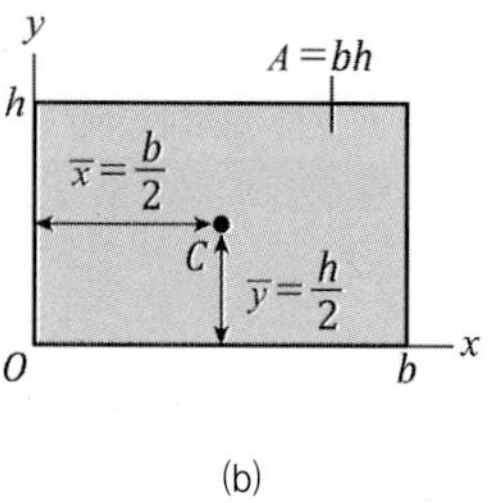

(b)

[그림 4-28] 직각삼각형과 사각형에 대한 면적 A와 도심 $C(\bar{x}, \bar{y})$

예제 4-1 벡터의 외적 계산

다음 3개의 벡터 a $=[1, 0, 2]$, b $=[1, 2, -2]$, c $=[3, -2, 1]$에 대해 다음 외적을 계산하여라.
$\mathrm{a}\times(\mathrm{b}\times\mathrm{c})$, $\mathrm{a}\times\mathrm{b}\times\mathrm{c}$

분석

- 벡터 외적의 정의에 따라 주어진 예제의 외적을 계산한다.

풀이

a $=[1, 0, 2]$, b $=[1, 2, -2]$, c $=[3, -2, 1]$에서 $\mathrm{a}\times(\mathrm{b}\times\mathrm{c})$을 계산하기에 앞서 $\mathrm{b}\times\mathrm{c}$를 먼저 계산하자.

$$\mathrm{b}\times\mathrm{c}=\begin{vmatrix}\mathrm{i} & \mathrm{j} & \mathrm{k}\\ 1 & 2 & -2\\ 3 & -2 & 1\end{vmatrix}=-2\mathrm{i}-7\mathrm{j}-8\mathrm{k} \qquad (1)$$

이제, $\mathrm{a}\times(\mathrm{b}\times\mathrm{c})$를 계산하면 다음과 같이 된다.

$$\mathrm{a}\times(\mathrm{b}\times\mathrm{c})=\begin{vmatrix}\mathrm{i} & \mathrm{j} & \mathrm{k}\\ 1 & 0 & 2\\ -2 & -7 & -8\end{vmatrix}=14\mathrm{i}+4\mathrm{j}-7\mathrm{k} \qquad (2)$$

다음은 $\mathrm{a}\times\mathrm{b}$부터 계산하고, 최종적으로 $\mathrm{a}\times\mathrm{b}\times\mathrm{c}$를 계산하자.

$$\mathrm{a}\times\mathrm{b}=\begin{vmatrix}\mathrm{i} & \mathrm{j} & \mathrm{k}\\ 1 & 0 & 2\\ 1 & 2 & -2\end{vmatrix}=4\mathrm{i}+4\mathrm{j}+2\mathrm{k} \qquad (3)$$

$$\mathrm{a}\times\mathrm{b}\times\mathrm{c}=\begin{vmatrix}\mathrm{i} & \mathrm{j} & \mathrm{k}\\ 4 & 4 & 2\\ 3 & -2 & 1\end{vmatrix}=8\mathrm{i}+2\mathrm{j}-20\mathrm{k} \tag{4}$$

고찰

벡터의 외적은 위와 같이 순서를 변경하여 곱하면, 다른 결과를 도출한다.

예제 4-2 우력 모멘트 구하기

[그림 4-29(a)]의 사면체에 작용하는 우력에 대해, (a) 우력 모멘트 벡터와 (b) 축 BF의 방향으로 작용하는 우력 모멘트 성분의 크기를 구하여라.

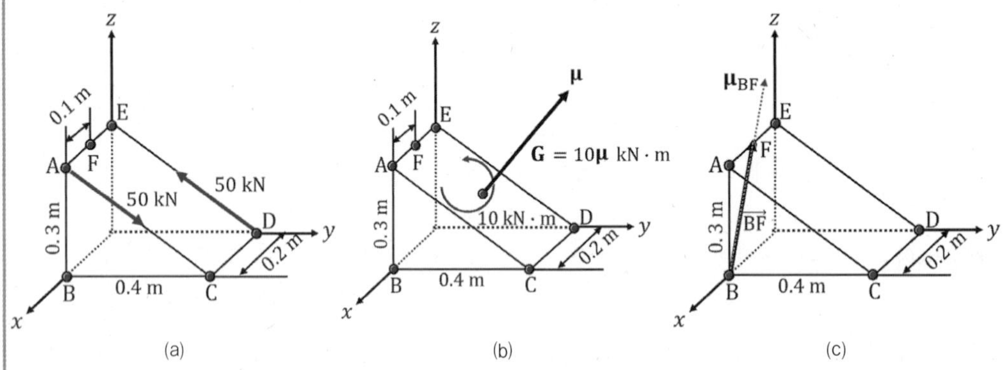

[그림 4-29] 3차원 공간상에 작용하는 우력

분석

- [그림 4-29(a)]의 우력에 대한 우력 모멘트의 크기에 대해, [그림 4-29(b)]의 단위벡터 μ를 이용하여, 우력 모멘트 벡터 G를 구한다.
- [그림 4-29(c)]의 축 BF 방향의 단위벡터 μ_{BF}를 이용하여, 축 BF에 대한 우력 모멘트를 구한다.

풀이

(a) [그림 4-29(a)]로부터 우력 모멘트의 크기를 M이라 하면 $M=(50\,\mathrm{kN})(0.2\,\mathrm{m})$이 되고, 즉, $M=10\mathrm{kN}\cdot\mathrm{m}$이 된다. 따라서, [그림 4-29(b)]와 같이, 이 우력 모멘트 벡터를 G

라 하면, G는 다음과 같이 그 방향의 단위벡터 μ를 써서 표현할 수 있다. 여기서, μ는 선분 $\overline{AC}$에 수직이므로 $\mu = \frac{0.3\mathbf{j} + 0.4\mathbf{k}}{0.5}$이다.

$$G = (10\text{ kN}\cdot\text{m})\mu = (10\text{ kN}\cdot\text{m})(0.6\mathbf{j} + 0.8\mathbf{k}),\ G = (6\mathbf{j} + 8\mathbf{k})\text{ kN}\cdot\text{m} \quad (1)$$

식 (1)은 우력 힘 벡터를 써서도 표현할 수 있는데, 만일 Q를 선분 $\overline{DE}$ 방향으로 작용하는 힘 벡터라면, Q는 다음과 같다.

$$Q = (50\text{ kN})\mu_{DE} = (50\text{ kN})\left(\frac{\overrightarrow{DE}}{|\overrightarrow{DE}|}\right) = (50\text{ kN})\left(\frac{-0.4\mathbf{j} + 0.3\mathbf{k}}{0.5}\right)$$

$$= -40\mathbf{j} + 30\mathbf{k} \quad (2)$$

어떤 편리한 점 C에 관한 모멘트를 M_C라 하면 M_C는 다음의 행렬식으로 구해진다.

$$M_C = \mathbf{r}_{CD} \times Q = \begin{vmatrix} \mathbf{i} & \mathbf{j} & \mathbf{k} \\ -0.2 & 0 & 0 \\ 0 & -40 & 30 \end{vmatrix},\quad M_C = G = 6\mathbf{j} + 8\mathbf{k}\text{ kN}\cdot\text{m} \quad (3)$$

(b) 축 BF에 대한 우력 모멘트를 M_{BF}라 하면, $M_{BF} = G\cdot\mu_{BF}$로 계산할 수 있고, G는 이미 구해서 알기 때문에, 단위벡터 μ_{BF}만을 써서, M_{BF}를 다음과 같이 구할 수 있다.

$$M_{BF} = G\cdot\mu_{BF} = G\cdot\left(\frac{\overrightarrow{BF}}{|\overrightarrow{BF}|}\right) = (6\mathbf{j} + 8\mathbf{k})\cdot\left(\frac{(-0.1\mathbf{i} + 0.3\mathbf{k})}{0.316}\right),$$

$$M_{BF} = 7.595\text{ kN}\cdot\text{m}$$

고찰

우력 모멘트 벡터 G는 우력 모멘트 크기 M에 단위벡터 μ를 곱하여 얻을 수도 있고, 어떤 편리한 점 C에 대해, 위치벡터 $\mathbf{r}_{CD}$와 우력 Q의 크로스 곱에 의해서도 구할 수 있음을 알자. 어떤 임의의 축 BF에 대한 우력 모멘트는 주어진 우력에 대한 우력 모멘트 벡터에 단위벡터 μ_{BF}를 스칼라 곱을 해서, 어떤 축에 대한 우력 모멘트 크기를 구할 수 있다.

예제 4-3 힘계의 등가 힘-우력계, 단일 힘 또는 합력으로 변환하기

[그림 4-30(a)]에 보이는 길이 10 m 인 보에 네 개의 집중하중이 작용할 때, 다음을 구하라. (a) 점 A 에서의 등가 힘-우력계, (b) 점 D 에서의 등가 힘-우력계, (c) 단일 힘 또는 합력으로 변환하여라.

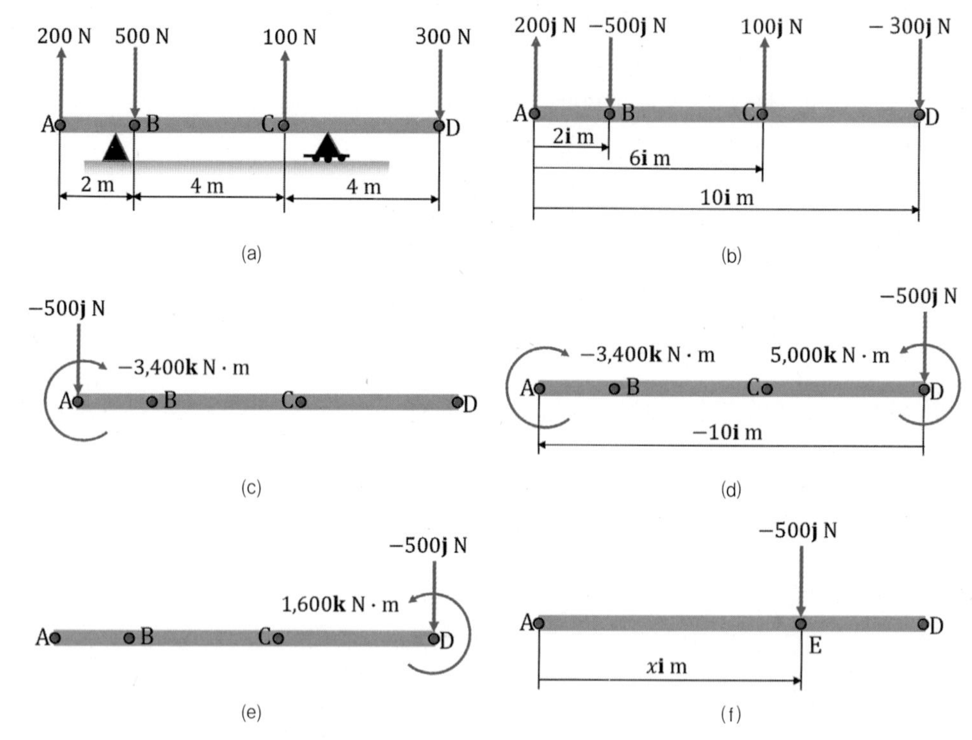

[그림 4-30] 보에 작용하는 4개의 집중하중

분석

- [그림 4-30(a)]에서, 지지점의 반력은 주어진 힘계에 포함시키지 않는다. 먼저, 점 A와 점 D에 작용하는 힘-우력계로 변환하고, 둘째, 단일 힘이 작용하는 작용점의 위치를 구하여, 단일 힘으로 나타낸다.

풀이

(a) [그림 4-30(b)]에서, 점 A로부터 점 B, 점 C, 점 D까지의 위치벡터를 각각 2i m, 6i m, 10i m라 하고, 합력 P와 우력 모멘트 M_A^P를 구하자. ([그림 4-30(c)] 참조)

$$\Sigma F = P = (200j - 500j + 100j - 300j)\,N,\ P = -500j\ N \tag{1}$$

$$\mathbf{M}_A^P = (2\mathbf{i})\times(-500\mathbf{j}) + (6\mathbf{i})\times(100\mathbf{j}) + (10\mathbf{i})\times(-300\mathbf{j}),$$

$$\mathbf{M}_A^P = -3{,}400\mathbf{k}\ \text{N}\cdot\text{m} \tag{2}$$

(b) $\mathbf{M}_D^P = \mathbf{M}_A^P + (\text{DA})\times(\mathbf{P}) = -3{,}400\mathbf{k} + (-10\mathbf{i})\times(-500\mathbf{j}),$

$$\mathbf{M}_D^P = 1{,}600\mathbf{k}\ \text{N}\cdot\text{m} \tag{3}$$

$\mathbf{P} = -500\mathbf{j}$ N(동일함), ([그림 4-30(d)], [그림 4-30(e)] 참조)

(c) $\mathbf{M}_A^P = \mathbf{r}\times\mathbf{P}$; $(x\mathbf{i}\ \text{m})\times(-500\mathbf{j}\ \text{N}) = -3{,}400\mathbf{k}\ \text{N}\cdot\text{m}$, $x = 6.8$ m,

$$\mathbf{P} = -500\mathbf{j}\ \text{N} \tag{4}$$

([그림 4-30(f)] 참조)

고찰

예제에서 주어진 힘계를 다양한 힘계(힘-우력계 및 단일 힘계)로 변환하는 것은 정역학의 구조물 해석이나 무게중심 등을 구하는 데도 적용될 수 있다.

Section 4.4

평형 분석 방법

학습목표

- ✔ 강체의 평형 분석 방법을 이해하고, 자유물체도를 그리는 방법을 학습한다.
- ✔ 강체의 평형을 분석하는 방법, 정정과 부정정의 의미를 이해한다.

본 절에서는 3장의 질점의 평형을 확장하여, 강체에 작용하는 힘계의 평형을 이해하고, 평형을 분석하는 데 필요한 자유물체도와 평형방정식을 학습한다. 그리고 4.5절과 4.6절에서 2차원과 3차원 강체의 평형 문제를 다룬다. 강체rigid body란 힘이 작용할 때, 물체의 변형이 발생하지 않는다고 간주하는 이상적인 물체를 일컫는다. 3장에서 다룬 질점과 달리, 부피/형상을 고려하기 때문에 힘에 의한 회전운동이 발생할 수 있다. 따라서, 질점과 달리 강체의 경우는 직선 힘과 회전 힘, 즉 힘과 모멘트를 동시에 고려하여야 한다.

4.4.1 강체에 작용하는 힘계의 평형조건

힘계의 **평형**equilibrium이란 외력과 우력 모멘트가 작용하는 어떤 물체 또는 시스템이 가속되지 않는 상태, 즉, 정지하거나 등속운동하는 상태를 일컫는다. 일반적으로 많은 경우, **정역학**statics에서는 물체가 정지한 상태를 평형이라 가정한다.

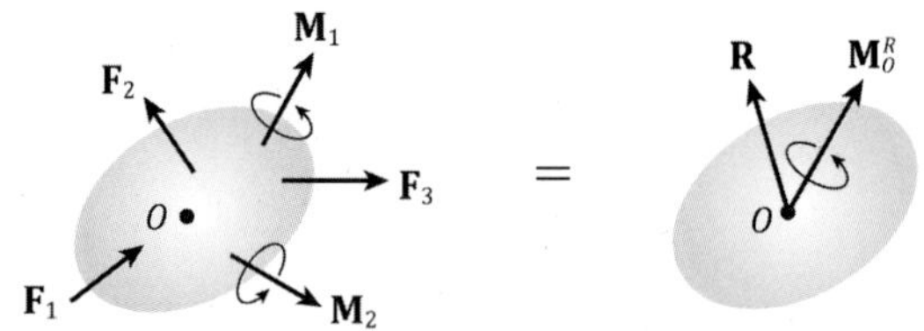

[그림 4-31] 외력과 우력 모멘트가 작용하는 일반적인 강체 힘계

[그림 4-31]과 같이 다수의 외력과 우력 모멘트가 작용하는 일반적인 강체 힘계를 생각해 보자. 이러한 힘계에서 평형상태를 위해서는 뉴턴의 운동 제 2법칙에 따라 물체에 작용하는 모든 힘과 모멘트의 합성 결과가 0이 되어야 한다. 다시 말해 이 힘계를 단순화한 등가 힘-우력계에서, 등가 힘 R과 모멘트 M_O^R(또는 합력과 합 우력 모멘트)가 모두 0이어야 한다.

이를 벡터 수식으로 표현하면, 다음과 같고, 이 방정식을 평형방정식이라고 부른다.

$$\mathbf{R} = \Sigma\mathbf{F} = \mathbf{0},\ \mathbf{M}_O^R = \Sigma\mathbf{M} + \Sigma(\mathbf{r} \times \mathbf{F}) = \mathbf{0} \tag{4.53}$$

이 평형방정식을 만족하기 위해서는 등가 힘과 모멘트 벡터의 스칼라 성분이 모두 0이 되어야 한다. 따라서 x, y, z 직교좌표계에서 힘과 모멘트의 성분을 분해하여, 평형방정식을 표현하면 다음과 같이 6개의 스칼라 평형방정식을 얻게 된다.

$$\Sigma F_x = 0,\ \Sigma F_y = 0,\ \Sigma F_z = 0,\ \Sigma M_x = 0,\ \Sigma M_y = 0,\ \Sigma M_z = 0 \tag{4.54}$$

이 평형방정식은 평형을 위한 필요충분조건이다. 따라서 평형방정식을 만족하면, 물체는 평형상태에 있다. 또한, 평형상태에 있는 물체는 평형방정식을 만족한다.

4.4.2 자유물체도

3장의 '질점의 평형'에서 설명하였듯이 자유물체도는 역학에서 가장 중요한 개념 중의 하나이다. 힘계를 분석하기 위해서는 먼저 자유물체도를 그린다. 자유물체도에 관심 대상 물체를 외부의 환경, 주변의 구속, 지지하는 물체 및 접촉하는 물체 등으로부터 분리하여, 주변으로부터 자유로운 상태로 물체의 외형을 스케치한다. 또한, 이 자유물체도에는 중력, 작용력과 반작용력을 포함하여, 물체의 내력을 제외한 모든 힘을 표시한다. 자유물체도 그리는 절차는 다음과 같다.

① 주변으로부터 관심 대상인 물체body를 분리하여 그 윤곽/외형을 스케치한다.

② 여기서, 물체는 하나의 요소로 구성된 단일 물체일 수도 있고, 여러 개의 요소로 구성된 복합적인 시스템, 즉, 복합체일 수도 있다.

③ 분리된 물체에 작용하는 모든 힘을 표시한다.

- 물체의 내부에 작용하는 내력은 무시한다.
- 물체의 운동을 유발하는 모든 **작용력**applied force을 고려한다.
- 물체로부터 분리된 주변 또는 지지부로부터 물체의 운동을 제약하는 모든 **지지반력**support reaction을 고려한다.
- 힘의 방향을 나타내기 위해, 필요한 좌표축을 설정한다.

- 모든 힘을 방향을 고려하여 화살표로 나타내고, 힘의 크기를 숫자 또는 문자로 표시한다.
  - 작용력 또는 작용 방향을 아는 힘의 경우 힘의 방향으로 화살표를 그린다.
  - 지지반력 또는 작용 방향을 모르는 힘의 경우 일반적으로 좌표축의 양의 방향 또는 인장의 방향으로 힘의 방향을 가정하여 화살표로 나타낸다.
  - 힘의 크기를 아는 경우는 숫자로, 모르는 경우는 알파벳 또는 그리스 문자로 표시한다.
  - 이후, 평형방정식을 풀어 나온 힘의 부호에 따라 반력 또는 방향을 모르는 힘의 방향을 결정한다. 만일, 힘의 부호가 양수(+)이면 가정한 힘의 방향이 맞고, 음수(−)이면 가정한 방향의 반대 방향으로 힘이 작용한다.

④ 평형방정식을 세우기 위해, 필요한 각도와 치수 표시한다.

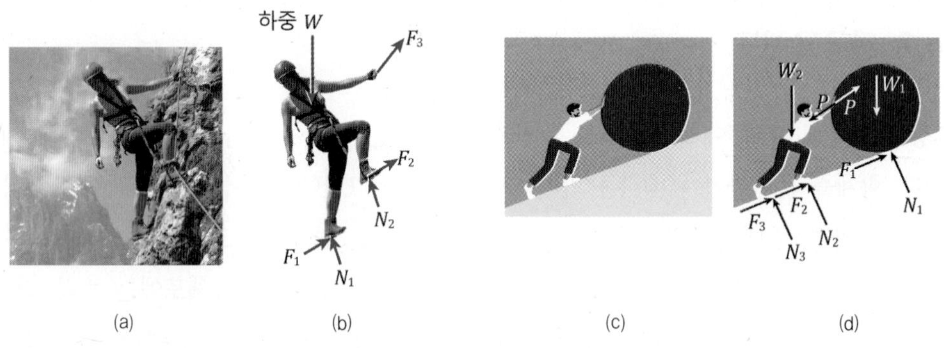

[그림 4-32] 자유물체도 예시

[그림 4-32(a, c)]의 주어진 힘계에 대해, [그림 4-32(b, d)]는 자유물체도를 그리는 절차에 따라 대상을 주변으로부터 분리하고, 작용하는 모든 힘을 표시한 자유물체도의 예를 보여준다.

4.4.3 강체에 작용하는 힘

강체에 작용하는 힘을 크게 **외력**external force과 **내력**internal force으로 구분할 수 있다. 외력은 물체를 이동시키기도 하고, 변형시킨다. 외력에는 **작용력**applied force, **중력**gravitational force, **마찰력**friction force 등이 있다. 외력은 비교적 쉽게 관찰할 수 있다. 외력 중에서, 중력은 가장 대표적인 작용력으로 지구상의 질량을 가지는 모든 물체에 작용한다. 중력은 만유인력에 의해서 결정되는 체적력으로 비접촉 힘이다. 균질한 재질의 균일한 물체에서 중력은 물체의 기하학적 도심에 작용한다. 따라서 정역학에서는 특별한 언급이 없으면 일반적으로 균질한 물체로 가정하며, 중력은 강체의 기하학적 도심에 작용한다.

내력은 물체를 지지, 구속하는 힘으로, 작용-반작용 힘인 내력과 지지 반력support reaction 등이 있다. 내력은 물체 내부의 분자들 사이에 작용하거나, 물체들 사이의 연결, 지지, 접촉contact 등에 의해 발생하는 작용과 반작용의 상호작용 힘이다. 이제, 강체의 내력과 지지 반력에 대해서 좀 더 살펴보기로 하자.

1) 강체의 내력

강체는 질점으로 구성된 변형이 없는 단단한 물체이다. 강체 내의 각 질점 사이에는 크기가 같고 방향이 반대인 작용과 반작용의 상호작용을 하는 한 쌍의 힘들이 존재하며, 이 힘들을 내력이라고 부른다. 이 내력은 강체의 내부에서 평형을 유지하며, 질점들을 하나의 강체로 결합시킨다. 따라서, 내력은 이미 평형상태에 있으므로, 강체의 평형에서 내력을 고려하지 않고 외력만 고려하면 된다. 그러나, 이 강체를 분리 또는 절단하게 되면, 그 절단된 단면에는 제거된 강체에 의해서 발생하는 내력을 고려해야 한다.

2) 지지 반력

지지 반력의 작용 방향과 종류는 물체의 이동과 회전에 대한 제약을 고려하여 결정한다. 만일, 지지부가 물체의 직선 이동을 방지하면, 직선 이동을 방지하는 방향으로 힘이 물체에 반력으로 작용한다. 만일, 지지부가 물체의 회전을 방지하면, 회전을 방지하는 방향으로 우력이 반력으로 작용한다. 예를 들어, 4.5절에서 다루게 될 2차원 평면에서 움직이는 강체의 위치 이동을 모두 제약하기 위해서는 서로 수직인 2개의 힘 성분이 필요하고, 회전을 제약하기 위해서는 평면에 수직으로 작용하는 우력 성분 1개가 필요하다. 한편, 4.6절에서 다루게 될 3차원 강체의 위치 이동을 모두 제약하기 위해서는 서로 수직인 3개의 힘 성분이 필요하고, 회전을 모두 제약하기 위해서는 서로 수직인 3개의 우력 성분이 필요하다.

4.4.4 평형 분석 방법

평형을 분석하고 문제를 풀기 위한 절차를 요약하면 다음과 같다.

① 자유물체도를 그린다.

② 평형방정식을 세운다.

③ 미지수의 개수와 독립 평형방정식의 개수를 확인하여 평형 문제를 풀 수 있는지 확인한다.

- 미지수의 개수와 방정식의 개수가 같으면 문제를 풀 수 있다.
- 만일, 미지수의 개수가 방정식의 개수보다 많으면 이 문제는 풀 수 없다.
- 만일, 미지수의 개수가 많아 답을 풀 수 없는 문제라면, 자유물체도를 조사하여 미지수의 개수를 줄이거나, 미지수의 개수가 줄어들도록 물체를 선택하여 새로 자유물체도를 그린다.
- 또한, 여러 개의 부재로 구성된 복합체의 경우는 적절히 부재를 분리하고 자유물체도를 그려서 문제 풀이에 필요한 충분한 평형방정식을 세운다.

④ 미지수의 개수와 방정식의 개수가 같으면, 방정식을 풀어 미지수를 구하고, 문제의 답을 찾는다.

⑤ 그리고 주어진 조건, 직관 또는 상식을 통해 답이 타당한지 검토한다.

평형 문제를 풀 때, 자유물체도를 그리고 독립 평형방정식의 개수와 미지수의 개수를 확인하는 것이 필요하다. 이 평형방정식의 개수와 미지수의 개수에 따라 평형 문제를 정정과 부정정 문제로 분류할 수 있다. '정정'과 '부정정'을 간단히 설명하면 다음과 같다.

1) 정정statically determinate

만일, 자유물체도로부터 구한 독립 평형방정식의 개수와 미지수의 개수가 같으면, 평형상태에 있는 힘계를 '**정정**'이라 부른다. 방정식의 개수와 미지수의 개수가 같으면 방정식의 해를 구할 수 있다. 따라서, 정정인 평형 문제는 해를 구할 수 있다. 참고로, 정역학에서 다루는 대부분 문제는 모두 정정이다.

2) 부정정statically indeterminate

만일, 주어진 자유물체도로부터 미지수의 개수가 독립 평형방정식의 개수보다 많으면, 평형상태에 있는 힘계를 '**부정정**'이라고 부른다. 미지수의 개수가 방정식의 개수보다 많으면 해를 구할 수 없다. 따라서 부정정인 평형 문제는 해를 구할 수 없다. 부정정인 문제를 풀기 위해서는 물체의 변형 및 경계조건 등의 추가적인 정보를 활용하거나, 미지수를 줄이기 위해 힘계의 단순화가 필요하다.

Section 4.5

2차원 강체의 평형

학습목표

✔ 2차원 평면에서 강체의 평형을 이해하고, 평형방정식을 적용해 평형 문제의 해를 구한다.

✔ 다양한 2차원 강체의 평형을 다루고 응용 문제를 학습한다.

3장의 질점의 평형에 이어, 4.5절과 4.6절에서는 강체의 평형을 학습한다. 특히, 4.5절에서는 평면에서의 2차원 강체의 평형을 다루게 되는데, 평형 조건식과 지지부의 조건에 따라 지지 반력과 모멘트를 결정하는 것이 필요하다.

4.5.1 2차원 강체의 평형 분석

4.4절에서 언급했듯이, 강체의 평형을 위해서는 합력과 합우력이 모두 0이 되어야 하고, 이를 표현한 평형방정식 (4.53)을 만족해야 한다. 이 평형방정식은 강체의 평형을 위한 필요충분조건이다. 따라서, 평형방정식을 만족하면, 물체는 평형상태에 있게 된다. 또한, 평형상태에 있는 물체는 평형방정식을 만족한다.

이 평형방정식을 세우기 위해 필요한 힘과 모멘트를 결정하기 위하여, 4.4.2절에서 기술한 절차와 방법에 따라, 자유물체도를 그린다. 이를 위해, 먼저 주변으로부터 분리할 물체를 선택하고, 그 외형을 스케치한다. 또한, 물체에 작용하는 모든 힘을 표시한다. 모든 힘을 표시하기 위해, 먼저 작용력을 결정한다. 그런 후, 물체를 지지 또는 연결하는 부분으로부터 작용하는 모든 반력을 구한다. 2차원 평면에서, 지지 반력의 대표적 예시 8가지를 [표 4-1]에서 요약하여 설명한다. 지지 반력을 결정하는 기본 원칙은 강체의 직선 이동을 제한하는 방향으로 힘이 작용하고, 회전을 제한하는 방향으로 우력이 작용한다는 것이다.

[표 4-1] 평면에서의 지지 반력

지지	반력
[1] 무게를 무시할 수 있는 유연한 케이블 또는 줄 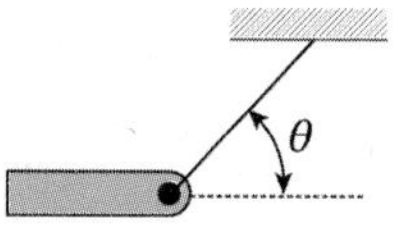 • 특성: 케이블 또는 줄의 방향으로 당기는 힘(인장력)만 제공할 수 있음. 이 인장력은 지지부를 케이블 또는 줄의 인장 방향으로 이동하지 못하도록 제약함.	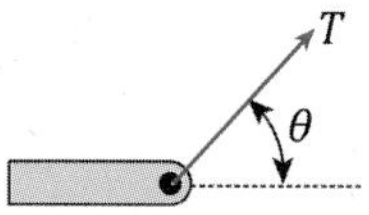 케이블 또는 줄의 방향으로 이동을 제약하는 크기가 $T \geq 0$인 힘 미지수 1개: T
[2] 무게를 무시할 수 있는 스프링 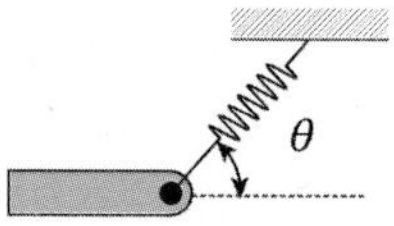 • 특성: 스프링은 인장력 또는 압축력을 제공함. 이 힘은 지지부를 스프링의 인장 또는 압축 방향으로 이동하지 못하도록 제약함.	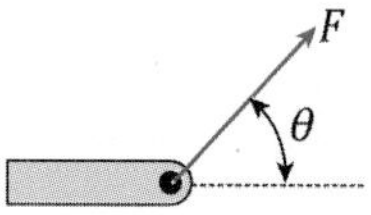 또는 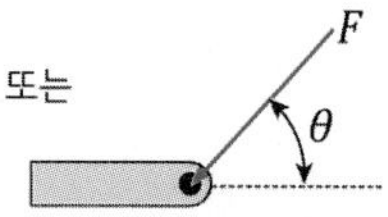 스프링의 인장 또는 압축 방향으로 이동을 제약하는 크기가 F인 힘 미지수 1개: F
[3] 롤러 또는 부드러운(마찰이 없는) 표면 위의 물체 ❶ 수평면 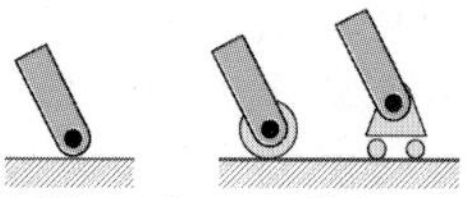 마찰이 없는 표면 롤러 ❷ 경사면 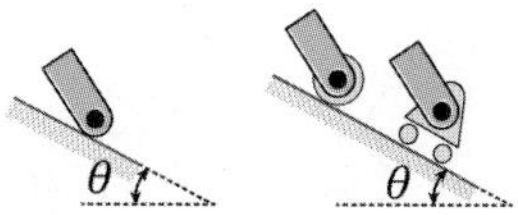 마찰이 없는 표면 롤러 • 특성: 회전과 표면 위에서 이동에 제약이 없음. 그러나, 표면 안으로는 이동할 수 없음.	❶ 수평면 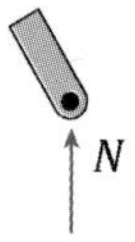 ❷ 경사면 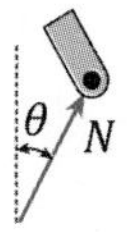 표면 안으로 이동을 제약하는 표면에 수직한 축의 위 방향으로 작용하는 크기가 $N \geq 0$인 힘 미지수 1개: N
[4] 거친(마찰이 있는) 표면 위의 물체 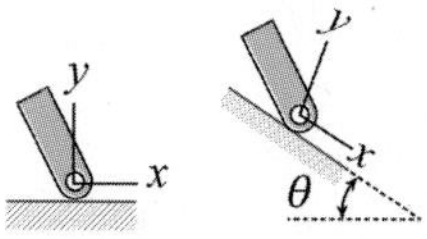 수평면 경사면 • 특성: 회전에 대한 제약이 없음. 하지만 표면 위에서 이동과 표면 아래 방향으로 이동에 제약이 있음.	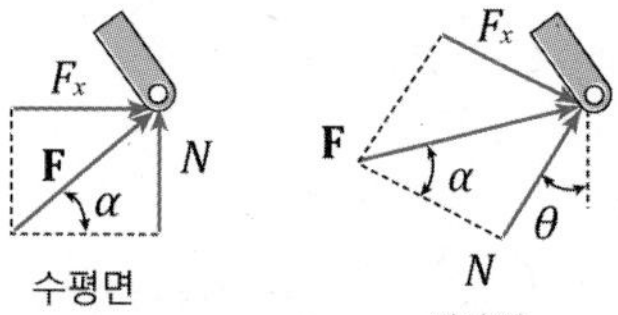 수평면 경사면 표면 위에서 마찰에 의해 이동을 제약하는 수평 성분 F_x와 표면 안으로 이동을 제약하는 수직 성분 $N \geq 0$으로 구성된 힘 $\mathbf{F}$ 미지수 2개: F_x, N(또는 F, α)

지지	반력
[5] 마찰이 없는 핀/힌지 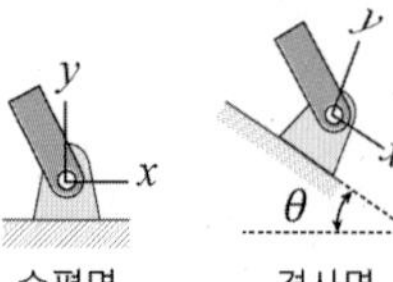 • 특성: 회전에 대한 제약이 없음. 하지만 모든 방향으로 직선 이동할 수 없음.	수평면 경사면 모든 방향으로 직선 이동을 제약하는 좌표축의 수평과 수직 방향성분 F_x와 F_y로 구성된 힘 F 미지수 2개: F_x, F_y (또는 F, α)
[6] 이중 슬롯 또는 부드러운(마찰이 없는) 슬라이더 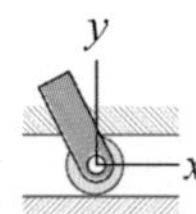 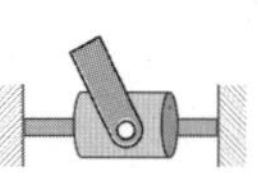 마찰이 없는 슬라이더 • 특성: 슬롯 또는 슬라이더 방향으로 직선 이동과 회전에 제약이 없음. 하지만 수직 방향으로 직선 이동할 수 없음.	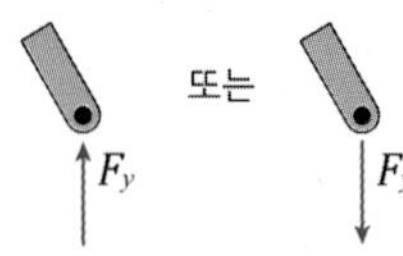 슬롯 또는 슬라이더의 수직 방향으로 직선 이동을 제약하는 크기가 F_y인 힘 미지수 1개: F_y
[7] 고정지지(또는 캔틸레버cantilever) 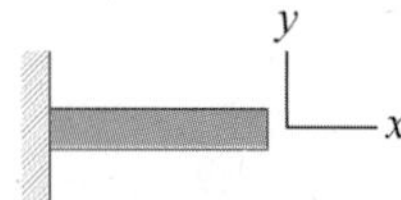 • 특징: 지지부는 고정되어 모든 방향으로 직선 이동과 회전을 할 수 없음. 평면에서는 지지부의 수직 및 수평 방향으로 이동과 회전을 모두 제약함.	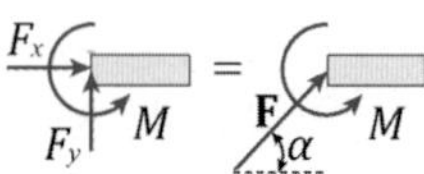 모든 방향으로 직선 이동을 제약하는 좌표축의 수평과 수직 방향성분 F_x와 F_y로 구성된 힘 F(또는 크기가 F이고 작용 방향이 α인 힘) 및 회전을 제약하는 크기가 M인 우력 미지수 3개 : F_x, F_y, M (또는 F, α, M)
[8] 내력에 의한 반력 ❶ 하나의 물체를 절단하는 경우 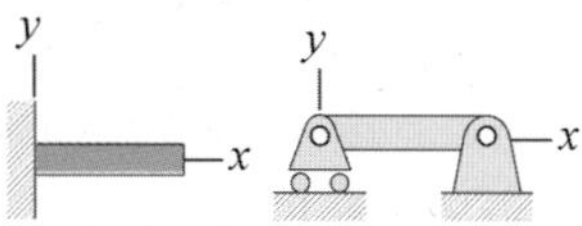 • 특징: 강체 내부의 질점들은 고정되어 직선 이동과 회전을 할 수 없음. ❷ 핀으로 연결된 복합체를 분리하는 경우 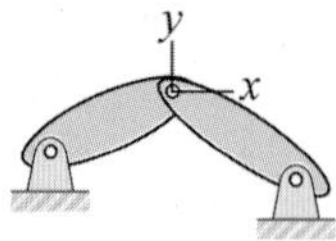 • 특징: 핀으로 연결된 부분은 회전은 가능하나 직선 이동은 할 수 없음.	❶ 하나의 물체를 절단하는 경우 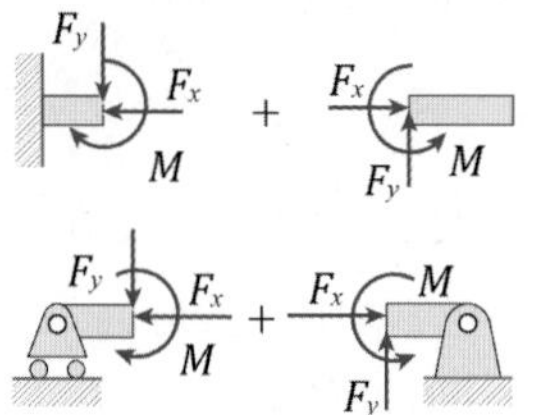 강체의 절단면은 고정지지와 같은 반력이 작용함. 미지수 3개: F_x, F_y, M ❷ 복합체를 분리하는 경우 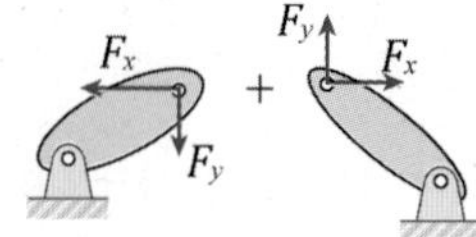 핀지지와 같은 반력이 작용함. 미지수 2개: F_x, F_y

이제, 자유물체도를 완성하였으면, 평형방정식을 세운다. 먼저, 벡터 평형방정식을 고려해 보자. [그림 4-33]과 같이, 임의의 2차원 강체 힘계에 대하여, x, y 직교좌표계를 사용하여 힘과 우력, 그리고 점 O에 대한 힘의 모멘트 M_O를 벡터로 표현하면 각각 다음과 같다.

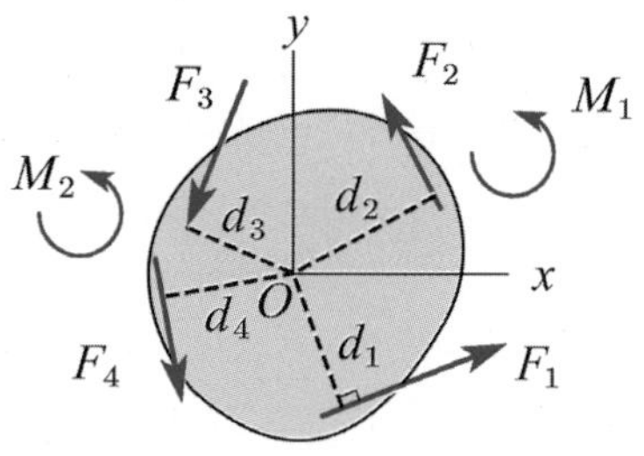

[그림 4-33] 2차원 강체 힘계

$$\mathrm{F}_1 = F_{1x}\mathrm{i} + F_{1y}\mathrm{j},\ \mathrm{F}_2 = F_{2x}\mathrm{i} + F_{2y}\mathrm{j},\ \cdots,\ \mathrm{M}_1 = M_1\mathbf{k},\ \mathrm{M}_2 = M_2\mathbf{k},\ \cdots \tag{4.55}$$

$$\mathrm{M}_O = (F_1 d_1 + F_2 d_2 + \cdots)\mathbf{k} \tag{4.56}$$

식 (4.55)와 식 (4.56)을 평형방정식 (4.53)에 대입하고 정리하면 다음과 같이 표현할 수 있다.

$$\mathrm{R} = \Sigma\mathrm{F} = \mathrm{F}_1 + \mathrm{F}_2 + \cdots = (\Sigma F_x)\mathrm{i} + (\Sigma F_y)\mathrm{j} = 0 \tag{4.57}$$

$$\mathrm{M}_O^R = \Sigma\mathrm{M} + \mathrm{M}_O = (\Sigma M)\mathbf{k} + (\Sigma Fd)\mathbf{k} = (\Sigma M_z)\mathbf{k} = 0 \tag{4.58}$$

식 (4.57)과 식 (4.58)이 벡터 평형방정식을 만족하기 위해서는 각각의 벡터 성분이 모두 0이 되어야 한다. 즉, 2차원 강체가 평형상태에 있으면 다음과 같이 x축 방향의 힘 성분의 합 ΣF_x, y축 방향의 힘 성분의 합 ΣF_y와 z축 방향의 모멘트의 합 ΣM_z가 다음과 같이 모두 0이 되어야 한다.

$$\Sigma F_x = 0,\ \Sigma F_y = 0,\ \Sigma M_z = 0 \tag{4.59}$$

따라서 2차원 강체의 평형 문제에서 하나의 자유물체도로부터 최대 3개의 스칼라 평형방정식을 얻게 된다. 2차원 평형 문제는 특별한 경우를 제외하고는 대부분 스칼라 평형방정식으로 풀이하는 것이 편리할 경우가 많다.

평형방정식을 세우고 나서, 독립 평형방정식의 개수와 미지수의 개수를 비교하여, 주어진 평형 문제를 풀 수 있는 '정정' 문제인지? 풀 수 없는 '부정정' 문제인지?를 확인해 보는 과정이 필요하다.

'정정' 문제인 경우는 독립 방정식을 풀어서 미지수를 구하면 된다. 만일, 주어진 문제가 '부정정'이면, 문제 풀이를 위해 사용할 수 있는 추가적인 정보나 조건을 확인하고, 문제의 단순화 또는 추가적인 자유물체도를 사용할 수 있는지 등을 검토하는 것이 필요하다. 여러 부재가 조립되어 구성된 복합체의 경우는 일반적으로 복합체와 개별 부재에 대한 자유물체도를 동시에 고려해야 문제를 풀 수 있는 경우가 많다.

4.5.2 2력 부재와 3력 부재

이제, **2력 부재**two force member와 **3력 부재**three force member에 대하여 논하여 보자. 2력 부재와 3력 부재를 이용하면 평형 문제의 풀이가 간단해지는 경우가 많다. 2력 부재란 [그림 4-34]와 같이, 두 개의 힘이 동시에 작용하고 있는 평형상태의 물체 또는 부재를 말한다. 만일, 물체가 평형상태에 있고, 두개의 힘만이 이 물체에 작용한다면, 평형을 유지하기 위해서, 이 두 힘은 항상 동일한 작용선을 따라 크기는 같고 반대 방향으로 작용해야만 한다.

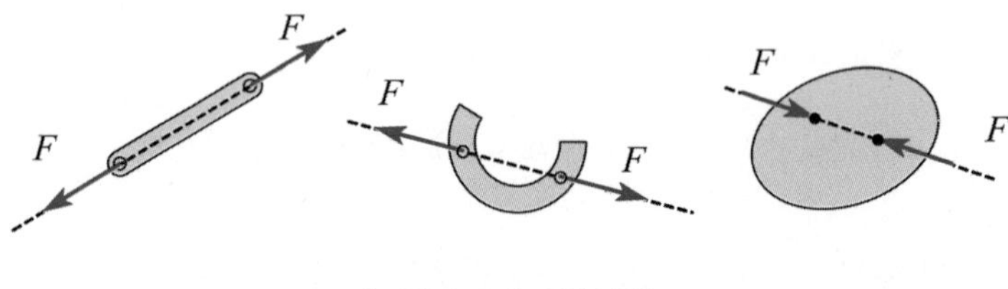

[그림 4-34] 2력 부재

이를 확인하기 위하여, [그림 4-35]의 자유물체도와 같이, 강체에 임의의 두 힘이 작용하고, 평형상태에 있다고 가정하고, 이 강체가 평형을 유지하기 위해, 필요한 힘의 조건을 조사해보자.

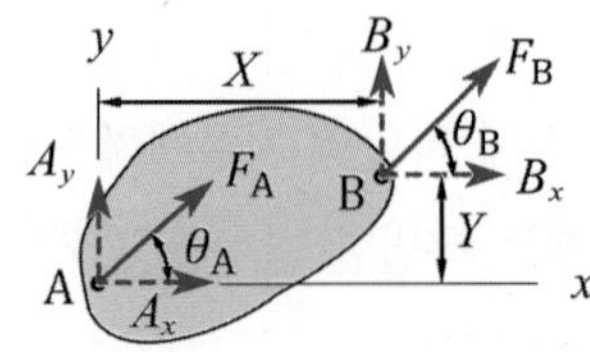

[그림 4-35] 2력 부재의 자유물체도 예

임의의 점 A와 점 B에 크기가 F_A와 F_B인 임의의 두 힘이 작용한다고 가정한다. 여기서 점 A와 점 B는 각각 x축 방향으로의 거리 X, y축 방향으로의 거리 Y 만큼 떨어져 있다. 또한, 두 힘을 각각 x축과 y축 방향으로 성분을 분해하였을 때, F_A의 각각의 성분을 A_x, A_y, F_B의 각각의 성분을 B_x, B_y라고 하면, 다음과 같이 두 힘을 벡터로 표현할 수 있다.

$$\mathbf{F}_A = A_x\mathbf{i} + A_y\mathbf{j}\,,\ \mathbf{F}_B = B_x\mathbf{i} + B_y\mathbf{j} \tag{4.60}$$

한편, [그림 4-35]의 자유물체도와 힘 F_A의 성분 A_x, A_y와 힘 F_B의 성분 B_x, B_y를 이용하여, 평형방정식을 세우면 다음과 같다.

$$\Sigma F_x = 0\ ;\ A_x + B_x = 0,\ \Sigma F_y = 0\ ;\ A_y + B_y = 0 \tag{4.61}$$

$$\Sigma M_z = 0\ ;\ \Sigma M_A = B_y X - B_x Y = 0,\ \text{또는}\ \Sigma M_B = A_x Y - A_y X = 0 \tag{4.62}$$

참고로, 모멘트 평형방정식에서 모멘트의 기준 위치는 임의로 정할 수 있으며, 계산이 편리한 기준점을 선택하는 것이 좋다. 식 (4.61)과 식 (4.62)의 평형방정식을 풀면, 다음의 결과를 얻는다.

$$A_x = -B_x,\ A_y = -B_y,\ \frac{Y}{X} = \frac{A_y}{A_x} = \frac{B_y}{B_x} = \tan\theta_A = \tan\theta_B \tag{4.63}$$

식 (4.63)으로부터, $\theta_A = \theta_B$임을 알 수 있고, 만일, 선분 $\overline{AB}$가 x축과 이루는 각을 θ라고 하면, 선분 $\overline{AB}$의 기울기는 $\tan\theta = \dfrac{Y}{X}$가 된다. 따라서 선분 $\overline{AB}$, F_A, F_B의 기울기는 모두 동일하다. 즉, $\theta = \theta_A = \theta_B$이다. 또한, 힘 F_A는 점 A를, 힘 F_B는 점 B를 통과한다. 그러므로 두 힘의 작용선은 점 A와 B를 통과하는 동일한 직선이다. 즉, 식 (4.63)는 2력 부재의 두 힘은 [그림 4-36]과 같이, 크기가 같고 방향이 반대이며, 두 힘의 작용점을 연장한 선분과 동일한 작용선 위에 있어야 한다는 것을 증명한다.

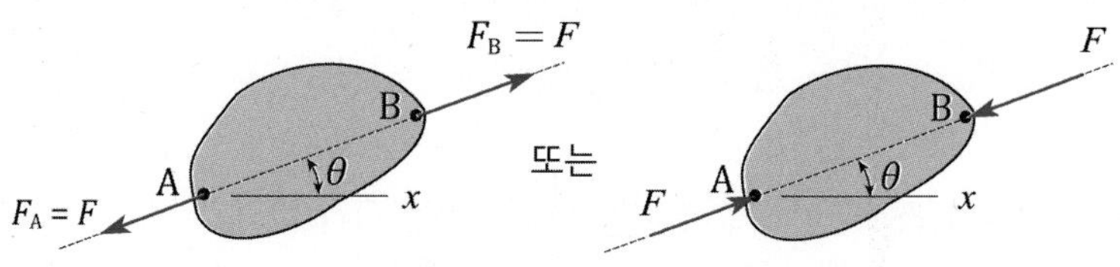

[그림 4-36] 동일 직선상의 크기가 같고, 방향이 반대인 힘

한편, 3개의 힘이 작용하는 물체 또는 부재가 평형상태에 있을 때, 이 물체를 3력 부재라고 한다. 3력 부재일 경우는 부재가 평형을 유지하기 위해서는 [그림 4-37]과 같이, 세 힘의 작용선이 한 점에서 만나는 공점 힘이거나 세 힘이 서로 평행해야만 한다. 2력 부재와 마찬가지로 평형방정식을 풀어 이를 확인할 수 있으나, 이에 대해서는 생략하기로 한다.

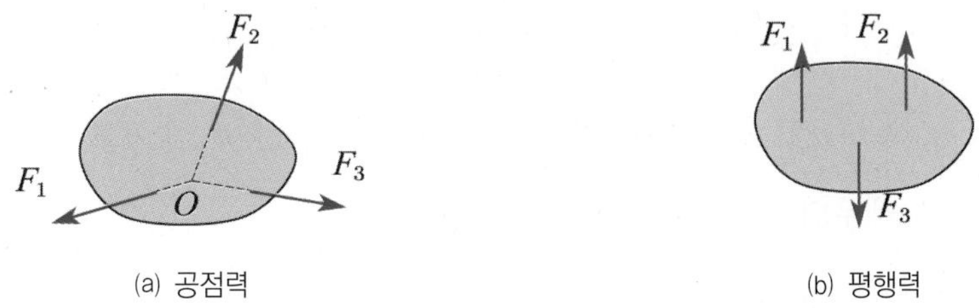

(a) 공점력 (b) 평행력

[그림 4-37] 3력 강체의 공점력과 평행력

예제 4-4 롤러로 지지된 봉의 반력과 장력 구하기

[그림 4-38(a)]와 같은 균일한 밀도의 봉 AC의 점 B는 벽에 연결된 줄에 의해, 그리고 점 A와 점 C는 롤러에 의해 지지되고 있다. 봉의 무게가 $W = 500$ N일 때, A와 C에서의 반력과 줄의 장력 T를 구하여라.

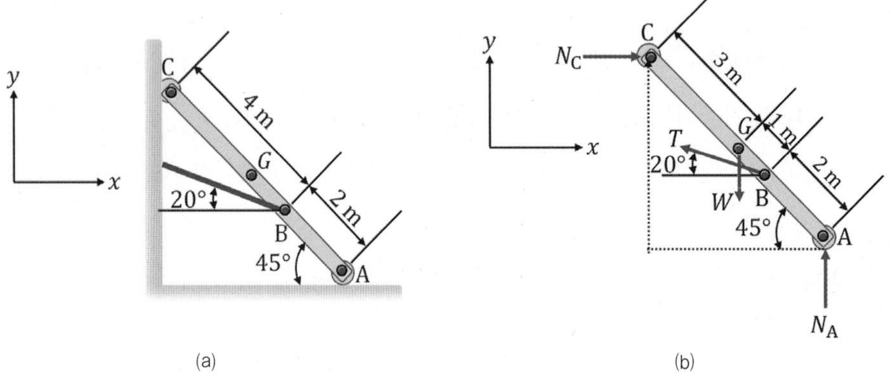

(a) (b)

[그림 4-38] 롤러지지 봉에서의 반력과 장력

분석

- 자유물체도 [그림 4-38(b)]에서, 롤러지지 A와 C에는 각각 바닥과 벽면에 수직으로 작용하는 반력 N_A와 N_C, 봉의 무게중심 점 G에는 무게 W, 점 B에는 줄의 장력 T가 작용

하고 있다.

- 2차원 강체의 평형 문제이므로 모멘트 평형방정식, x와 y 방향의 힘의 평형방정식을 적용한다.
- 일반적으로 미지수를 줄이기 위해 반력 또는 미지의 힘이 작용하는 점, 여기서는 점 A, B 또는 C 중의 한 점에 대하여 모멘트를 계산하는 것이 좋다.

풀이

먼저, [그림 4-38(b)]에서, 점 C에 대한 모멘트 평형 조건식을 적용하면 다음과 같이 된다.

$$M_C = 0 \ ; \ (6\cos 45°)N_A - (3\cos 45°)W - (T\cos 20°)(4\sin 45°) + (T\sin 20°)(4\cos 45°) = 0 \tag{1}$$

다음으로 [그림 4-38(b)]에서, x, y 방향에 대한 힘의 평형 조건식을 적용하면 다음과 같다.

$$\Sigma F_x = 0 \ ; \ N_C - T\cos 20° = 0 \tag{2}$$

$$\Sigma F_y = 0 \ ; \ N_A - 500 + T\sin 20° = 0 \tag{3}$$

식 (1)과 식 (3)을 다시 정리하면 다음과 같다.

$$N_A - 0.399T = 250 \ (\text{식 (1)의 정리}),$$
$$N_A + 0.342T = 500 \ (\text{식 (3)의 정리}) \tag{4}$$

식 (4)의 두 식을 연립으로 풀면, $T = 337.38\text{ N}$, $N_A = 384.62\text{ N}$이 된다. $T = 337.38\text{ N}$을 식 (2)에 대입하면, $N_C = 317.14\text{ N}$이 된다.

해를 계산하는 다른 방법으로는 부록 A−3에서 소개한 선형 연립방정식 풀이 방법을 적용할 수 있다. 이를 위해 먼저 식 (1)~(3)을 다음과 같이 행렬과 벡터 형태, Ax= B로 표현한다.

$$\begin{bmatrix} 0 & 1 & -0.399 \\ 1 & 0 & -0.94 \\ 1 & 0 & 0.342 \end{bmatrix} \begin{bmatrix} N_A \\ N_C \\ T \end{bmatrix} = \begin{bmatrix} 250 \\ 0 \\ 500 \end{bmatrix}; \ \mathrm{A} = \begin{bmatrix} 0 & 1 & -0.399 \\ 1 & 0 & -0.94 \\ 1 & 0 & 0.342 \end{bmatrix}, \mathrm{x} = \begin{bmatrix} N_A \\ N_C \\ T \end{bmatrix}, \mathrm{B} = \begin{bmatrix} 250 \\ 0 \\ 500 \end{bmatrix} \tag{5}$$

식 (5)에서 역행렬을 이용하여 방정식의 해, $\mathrm{x} = (\mathrm{A}^{-1})\mathrm{B}$를 계산할 수 있다. 또는 다음과 같이 Matlab 또는 Octave 스크립트를 이용하여 해를 구할 수 있다.

```
>>A=[1 0 -0.399;
  0 1 -0.94;
  1 0 0.342 ];
>>B=[250; 0 ; 500];
>>x=A\B
x =

   384.62
   317.14
   337.38
```

고찰

롤러지지 점 A와 점 C에서는 수직 방향으로의 반력만이 존재함을 알아야 하고, 모멘트 평형 조건식 1개와 x, y 방향의 힘의 평형 조건식을 적용하여, 미지수 3개(장력 T, 반력 N_A, N_C)를 구한다.

모멘트를 구할 때는 미지수를 고려하여 계산이 편리한 점을 선택하는 것이 좋다. 이 문제에서는 모멘트를 점 B에 대하여 구하면 계산이 좀 더 간단해진다.

$$M_B = 0 \ ; \ (2\cos 45°)N_A + (\cos 45°)W - (4\cos 45°)N_C$$
$$= 2N_A + 500 - 4N_A = 0 \tag{6}$$

예제 4-5 원판 디스크의 지지점의 반력과 장력 구하기

[그림 4-39(a)]와 같은 균일한 원판 디스크는 무게가 $W = 500$ N이고, 케이블에 의해 벽면에 놓여 있다. 지지점 C에서의 반력과 케이블의 장력 T를 구하여라.

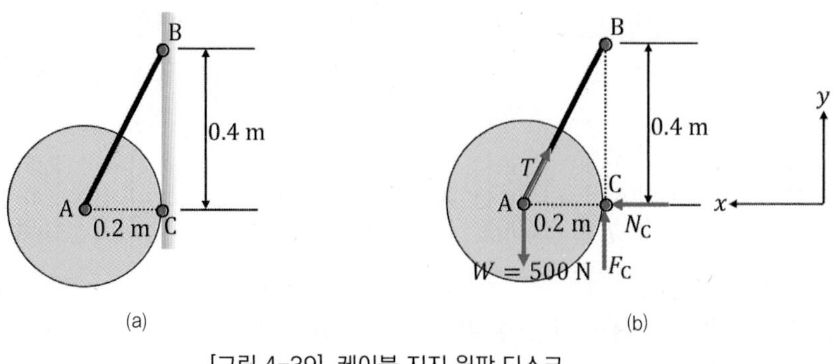

[그림 4-39] 케이블 지지 원판 디스크

분석

- 자유물체도 [그림 4-39(b)]에서, 점 C에서의 반력 N_C와 F_C를 가정하고, 케이블을 따르는 장력 T를 가정한다. 또한, 원판 디스크의 무게 $W = 500\ \mathrm{N}$도 표기한다.
- 모멘트의 평형방정식과 x, y 방향에 대한 힘의 평형방정식을 적용하여, 반력과 장력을 구한다.

풀이

케이블의 길이를 L이라 하면, $L = \sqrt{0.2^2 + 0.4^2} = 0.447\ \mathrm{m}$이 된다.
[그림 4-39(b)]에서, 점 A에 대한 모멘트 평형 조건식을 적용하면 다음과 같이 된다.

$$M_A = 0\ ;\ -F_C(0.2\,\mathrm{m}) = 0, \qquad \therefore F_C = 0 \tag{1}$$

다음은 [그림 4-39(b)]에서, x, y 방향에 대한 힘의 평형 조건식을 적용하면 다음과 같다.

$$\Sigma F_x = 0\ ;\ N_C - T\left(\frac{0.2\ \mathrm{m}}{0.447\ \mathrm{m}}\right) = 0 \tag{2}$$

$$\Sigma F_y = 0\ ;\ T\left(\frac{0.4\ \mathrm{m}}{0.447\ \mathrm{m}}\right) - 500\ \mathrm{N} = 0 \tag{3}$$

식 (3)으로부터, $T = 558.75\ \mathrm{N}$이 된다. 또한, 식 (2)에 $T = 558.75\ \mathrm{N}$를 대입하면, N_C는 다음과 같다. $N_C = 250\ \mathrm{N}$

고찰

점 C는 고정지지로 수평 반력과 수직 반력으로 가정할 수 있고, 모멘트 평형 조건식 1개와 x, y 방향의 힘의 평형 조건식을 적용하여, 미지수 3개(장력 T, 반력 F_C, N_C)를 구한다.

예제 4-6 트랙터의 바퀴에 가해지는 반력 구하기

[그림 4-40(a)]와 같이 앞바퀴 2개, 뒷바퀴 2개의 트랙터의 무게중심은 G에 있고, 트랙터의 무게는 $10\ \mathrm{kN}$이다. 트랙터가 자갈을 들어 올리는 데 필요한 $2\ \mathrm{kN}$의 버켓(bucket)을 매달고 있을 때, 지면이 바퀴들에 가하는 반력을 구하여라. 단, 지면과 바퀴들 사이의 마찰은 무시한다.

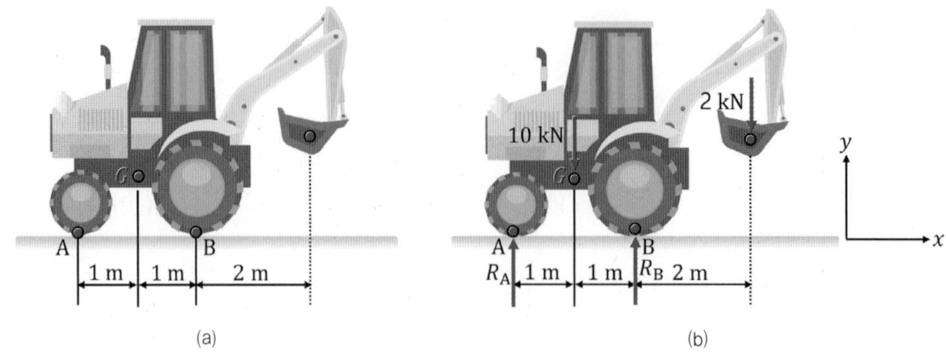

[그림 4-40] 버켓을 매단 트랙터

분석

- 자유물체도 [그림 4-40(b)]에서, 점 A나 점 B에 모멘트를 취하여, 모멘트 평형 조건식을 적용하고, y 방향에 대한 힘의 평형 조건식을 적용한다.

풀이

[그림 4-40(b)]에서 바퀴가 두 개씩이므로 점 A 및 점 B에서의 반력은 각각 $2R_A$, $2R_B$임을 알자. 이제, 점 B에 대해 모멘트 평형 조건식을 적용하면 다음과 같이 된다.

$$M_B = 0\ ;\ (10\ \mathrm{kN})(1\ \mathrm{m}) - (2R_A\ \mathrm{kN})(2\ \mathrm{m}) - (2\ \mathrm{kN})(2\ \mathrm{m}) = 0 \tag{1}$$

x 방향으로는 어떤 힘도 없으므로, y 방향에 대한 힘의 평형방정식을 적용하자.

$$\sum F_y = 0\ ;\ 2R_A + 2R_B - 10\ \mathrm{kN} - 2\ \mathrm{kN} = 0 \tag{2}$$

식 (1)로부터, $R_A = 1.5\ \mathrm{kN}$을 얻고, $R_A = 1.5\ \mathrm{kN}$을 식 (2)에 대입하면 R_B는 다음과 같이 된다.

$$2(1.5\ \mathrm{kN}) + 2R_B - 12\ \mathrm{kN} = 0,\ R_B = 4.5\ \mathrm{kN} \tag{3}$$

고찰

본 예제에서와 같이, 바퀴들이 2개씩이라는 것을 명확히 주어지는 경우도 있지만, 그냥 바퀴의 그림만 그려놓는 경우의 문제들도 있다.
또한, 마찰이 작용하는 경우에 대해서도 생각해 보자.

예제 4-7 접이식 테이블의 부재에 작용하는 힘과 장력 구하기

[그림 4-41(a)]와 같은 접이식 테이블 위에 $50\ \mathrm{N}$의 나무상자가 놓여 있다. 바닥과의 마찰과 부재의 무게를 무시할 때, 부재 AFH에 작용하는 모든 힘, 그리고 점 B와 점 D를 연결하는 케이블에 작용하는 장력 T_{BD}를 구하여라.

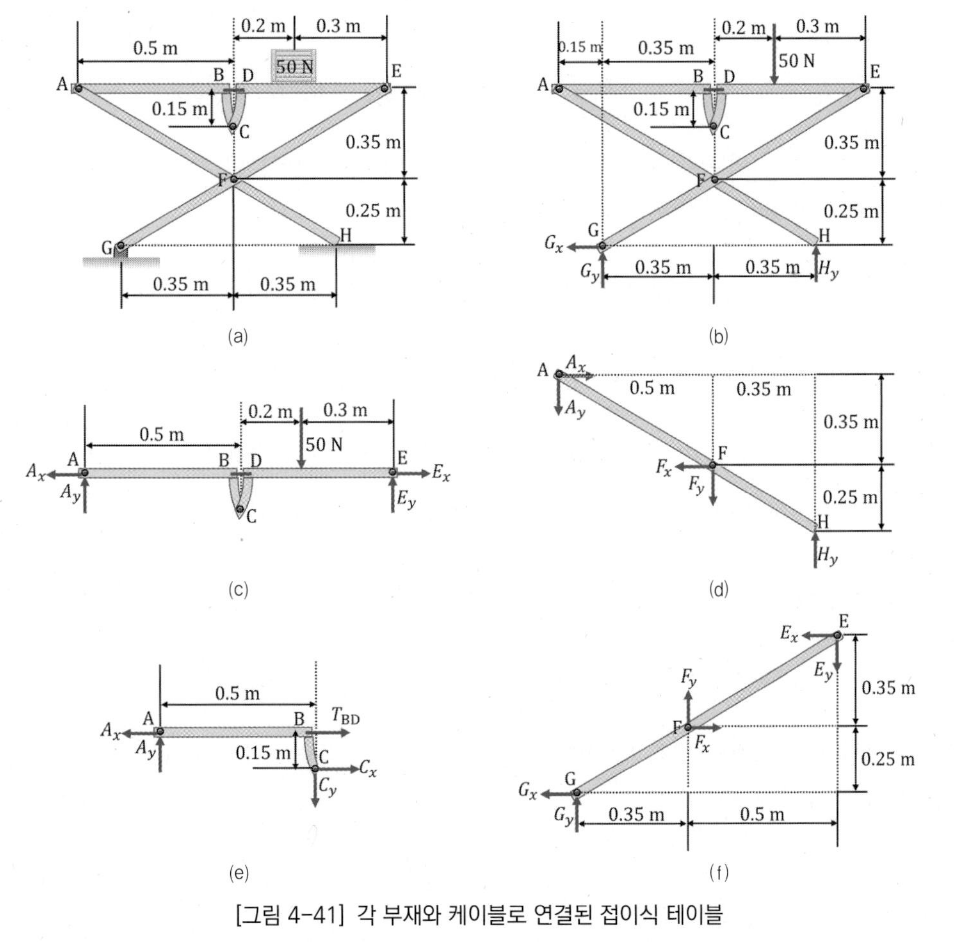

[그림 4-41] 각 부재와 케이블로 연결된 접이식 테이블

분석

- 전체 자유물체도 [그림 4-41(b)]에서, 미지수가 많은 점 G에 모멘트를 취하여, H_y의 반력을 먼저 구한다.
- 부재 AE의 부분 자유물체도 [그림 4-41(c)]에서, 점 E에 모멘트를 취하여 반력 A_y를 구한다.
- 부재 AH의 부분 자유물체도 [그림 4-41(d)]에서, A_x, F_x, F_y의 미지수를 평형방정식 3개로부터 구한다.
- 부재 ABC의 부분 자유물체도 [그림 4-41(e)]에서, 케이블 BD의 장력 T_{BD}를 구한다.

풀이

[그림 4-41(b)]의 전체 자유물체도로부터, 점 G에 대한 모멘트 평형 조건식을 적용하면 다음과 같다.

$$\Sigma M_G = 0 \ ; \ (0.7\text{ m})(H_y) - (50\text{ N})(0.55\text{ m}) = 0, \ H_y = 39.2857\text{ N} \tag{1}$$

이제, [그림 4-41(c)]의 부분 자유물체도로부터, 점 E에 대한 모멘트의 평형방정식을 적용하면 다음과 같이 된다.

$$\Sigma M_E = 0 \ ; \ (50\text{ N})(0.3\text{ m}) - (A_y)(1.0\text{ m}) = 0, \ A_y = 15\text{ N} \tag{2}$$

한편, [그림 4-4(d)]에서 점 F에 대한 모멘트 평형 조건식을 적용하면 다음과 같다.

$$\Sigma M_F = 0 \ ; \ (0.35\text{ m})(H_y) + (0.5\text{ m})(A_y) - (0.35\text{ m})(A_x) = 0,$$
$$A_x = 60.714\text{ N} \tag{3}$$

이제, [그림 4-41(d)]에서, 수평 방향에 대한 힘의 평형 조건식을 적용하면 다음과 같이 된다.

$$\Sigma F_x = 0 \ ; \ A_x - F_x = 0, \ F_x = A_x = 60.714\text{ N} \tag{4}$$

또한, [그림 4-41(d)]에서, 수직 방향에 대한 힘의 평형 조건식을 적용하면 다음과 같이 된다.

$$\Sigma F_y = 0 \ ; \ H_y - F_y - A_y = 0, \quad F_y = 24.2857\text{ N} \tag{5}$$

마지막으로 [그림 4-41(e)]의 부분 자유물체도로부터 점 C에 대한 모멘트 평형 조건식을 적용하면 다음과 같이 된다.

$$\Sigma M_C = 0 \ ; \ (A_x)(0.15\text{ m}) - (A_y)(0.5\text{ m}) - (T_{BD})(0.15\text{ m}) = 0 \tag{6}$$

식 (6)에 $A_x = 60.714\text{ N}$과 $A_y = 15\text{ N}$을 대입하고 정리하면, $T_{BD} = 10.714\text{ N}$이 된다.

고찰

본 예제에서, 부재 EFG에 걸리는 힘들은 어떻게 되는지 계산해 보자. 우선, 전체 자유물체도인 [그림 4-41(b)]에서, 점 H에 관한 모멘트를 취하면 다음과 같이 된다.

$$\Sigma M_H = 0 \ ; \ (50\text{ N})(0.15\text{ m}) - (0.7\text{ m})G_y = 0,\ G_y = 10.714\text{ N} \tag{7}$$

또한, [그림 4-41(c)]에서 점 A에 모멘트 평형방정식과 수평 방향(x 방향)에 대한 힘의 평형방정식을 적용하면, 각각 다음과 같이 된다.

$$\Sigma M_A = 0 \ ; \ (-50\text{ N})(0.7\text{ m}) + (1.0\text{ m})E_y = 0,\ E_y = 35\text{ N} \tag{8}$$

$$\Sigma F_x = 0 \ ; \ E_x - A_x = 0,\ E_x = A_x = 60.714\text{ N} \tag{9}$$

이제, 부재 EFG에 대한 [그림 4-41(f)]를 살펴보자. [그림 4-41(f)]에서 점 F에 모멘트 평형조건식과 수평 방향(x 방향), 수직 방향(y 방향)에 대한 힘의 평형 조건식을 각각 적용하면 다음과 같이 된다.

$$\Sigma M_F = 0 \ ; \ (0.35\text{ m})(E_x) - (0.5\text{ m})(E_y) - (0.35\text{ m})(G_y) - (0.25\text{ m})(G_x) = 0 \tag{10}$$

$$\Sigma F_x = 0 \ ; \ -E_x + F_x + G_x = 0,\ G_x = 60.714\text{ N} - 60.714\text{ N} = 0\text{ N} \tag{11}$$

$$\Sigma F_y = 0 \ ; \ G_y - E_y + F_y = 0,\ G_y = 35\text{ N} - 24.2857\text{ N} = 10.714\text{ N} \tag{12}$$

식 (10)에 이미 구했던 $E_x = 60.714\text{ N}$, $E_y = 35\text{ N}$, $G_y = 10.714\text{ N}$을 대입하면, $G_x = 0\text{ N}$이 되고, 이는 식 (11)에서도 검증된다. 식 (12)에서 구한 $G_y = 10.714\text{ N}$은 이전 단계에서 구했던 $G_y = 10.714\text{ N}$과 동일하다.

예제 4-8 보 구조물에 작용하는 집중하중에 대한 반력 구하기

[그림 4-42(a)]의 점 A에서 힌지로 지지되고, 점 B에서 롤러로 지지된 보 구조물에 집중하중이 작용하고 있다. 보의 자중은 무시한다고 할 때, 점 A와 점 B에서의 반력들을 구하여라.

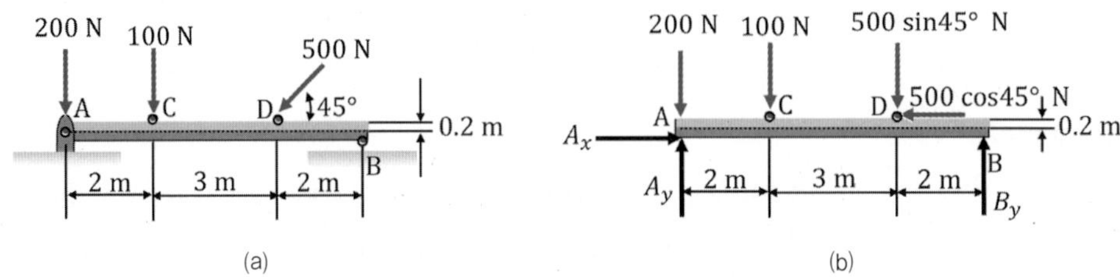

[그림 4-42] 보 구조물에 작용하는 집중하중

분석

- 1.2.2절의 자유물체도에서 설명한 바와 같이, 자유물체도 [그림 4-42(b)]에서, 힌지지지와 롤러지지에 대한 반력들을 A_x, A_y, B_y로 가정한다.
- 자유물체도 [그림 4-42(b)]에서, 수평축과 45°의 각도를 이루는 집중하중 500 N을 수평 방향과 수직 방향으로 분력화한 후, 모멘트의 평형방정식과 힘의 평형방정식 두 방향(수평 및 수직 방향)을 적용한다.

풀이

[그림 4-42(b)]의 자유물체도로부터, 점 A에 대한 모멘트 평형 조건식을 적용하면 다음과 같다.

$$\Sigma M_A = 0 \; ; \; -(2\text{ m})(100\text{ N}) - (500\sin 45°\text{ N})(5\text{ m}) + (7\text{ m})(B_y) + (500\cos 45°\text{ N})(0.2\text{ m}) = 0 \quad (1)$$

이제, 수평 방향(x 방향)과 수직 방향(y 방향)에 대한 힘의 평형방정식을 적용하면 다음과 같이 된다.

$$\Sigma F_x = 0 \; ; \; A_x - 500\cos 45°\text{ N} = 0, \; A_x = 353.55\text{ N} \quad (2)$$

$$\Sigma F_y = 0 \; ; \; A_y + B_y - 100\text{ N} - 200\text{ N} - 500\sin 45°\text{ N} = 0 \quad (3)$$

식 (1)로부터 B_y는 $B_y = 271.01$ N을 얻고, 식 (3)에 $B_y = 271.01$ N을 대입하고 정리하면 A_y는 $A_y = 382.54$ N이 된다.

고찰

본 예제에서, 보의 지지점 A와 점 B는 각각 힌지지지와 롤러지지로서, 힌지지지는 수평 및 수직 방향으로의 자유로운 움직임이 없기 때문에, 각각 수평 및 수직 반력 A_x와 A_y를 모두 가정해야 하고, 롤러지지인 점 B에서는 수직으로의 움직임만 자유롭지 못하므로 수직 반력인 B_y만 가정하면 된다는 것을 기억하자.

예제 4-9 강체 프레임에 작용하는 집중하중에 대한 반력 구하기

[그림 4-43(a)]의 점 A와 점 F에서 핀으로 지지되고, 수평 집중하중 $Q = 50\text{ kN}$을 받는 프레임 구조에서, 핀 F에서의 반력과 부재 ABC에 작용하는 모든 힘을 구하여라. 단, 부재들의 자중은 무시하고, 이력(two forces) 원리를 적용할 수 있는 부재에 대해서는 이력 원리를 사용하여라.

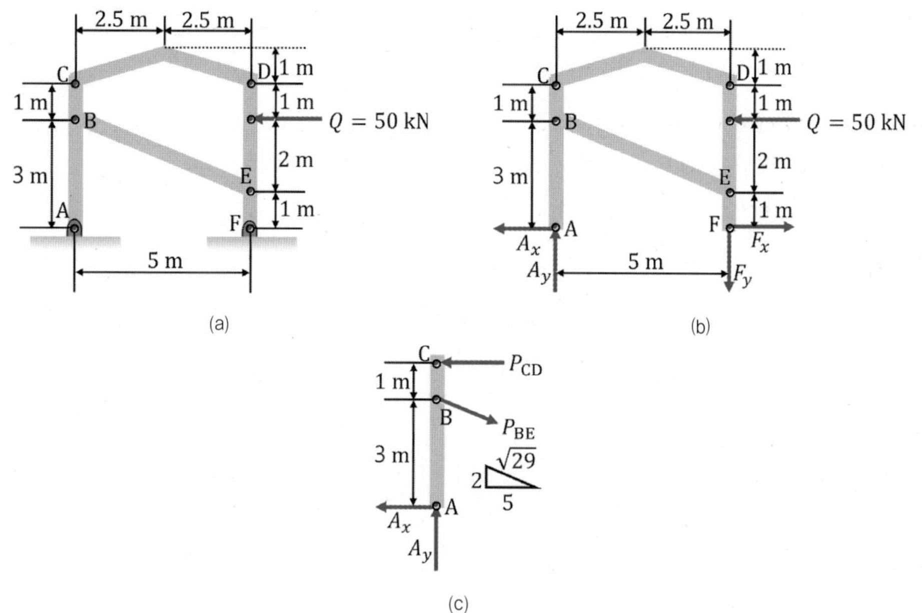

[그림 4-43] 강체 프레임에 작용하는 집중하중

분석

- 전체 자유물체도 [그림 4-43(b)]에서, 점 A와 점 F에서의 모멘트 평형으로부터 A_y와 F_y를 구한다.

• 부재 ABC의 자유물체도 [그림 4-43(c)]에서, 수직 방향(y 방향)의 힘의 평형 조건식과 점 A에 대한 모멘트 평형 조건식으로부터 각각 P_{BE}와 P_{CD}를 구한다.

풀이

[그림 4-43(b)]의 전체 자유물체도에서, 점 A와 점 F에서의 모멘트 평형방정식을 적용하면 다음과 같다.

$$\Sigma M_{\mathrm{A}} = 0\ ;\ (50\ \mathrm{kN})(3\ \mathrm{m}) - (5\ \mathrm{m})(F_y) = 0,\ F_y = 30\ \mathrm{kN} \tag{1}$$

$$\Sigma M_{\mathrm{F}} = 0\ ;\ (50\ \mathrm{kN})(3\ \mathrm{m}) - (5\ \mathrm{m})(A_y) = 0,\ A_y = 30\ \mathrm{kN} \tag{2}$$

이제, [그림 4-43(c)]의 부재 ABC에 대해 수직 방향(y 방향)에 대한 힘의 평형 조건식을 적용하면 다음과 같이 된다.

$$\Sigma F_y = 0\ ;\ A_y - P_{\mathrm{BE}}\left(\frac{2}{\sqrt{29}}\right) = 0,\ P_{\mathrm{BE}} = 80.777\,\mathrm{kN} \tag{3}$$

이제, 점 A에 대한 모멘트 평형방정식을 적용하면 다음과 같이 된다.

$$\Sigma M_{\mathrm{A}} = 0\ ;\ P_{\mathrm{CD}}(4\ \mathrm{m}) - P_{\mathrm{BE}}\left(\frac{5}{\sqrt{29}}\right)(3\ \mathrm{m}) = 0,\ P_{\mathrm{CD}} = 56.25\ \mathrm{kN} \tag{4}$$

한편, 수평 방향(x 방향)에 대한 힘의 평형방정식을 적용하면 다음과 같다.

$$\Sigma F_x = 0\ ;\ -A_x - P_{\mathrm{CD}} + P_{\mathrm{BE}}\left(\frac{5}{\sqrt{29}}\right) = 0,\quad A_x = 18.75\ \mathrm{kN} \tag{5}$$

또한, 전체 자유물체도 [그림 4-43(b)]로부터, 수평 방향(x 방향)에 대한 힘의 평형 조건식을 적용하면 다음과 같이 된다.

$$\Sigma F_x = 0\ ;\ F_x - A_x - Q = 0,\ F_x = 68.75\ \mathrm{kN} \tag{6}$$

이제, 이상에서 구한 값들에 대한 검증으로써, [그림 4-43(d)]의 수평 방향(x 방향) 및 수직 방향(y 방향)에 대한 힘의 평형 조건식을 적용하면 다음과 같이 된다.

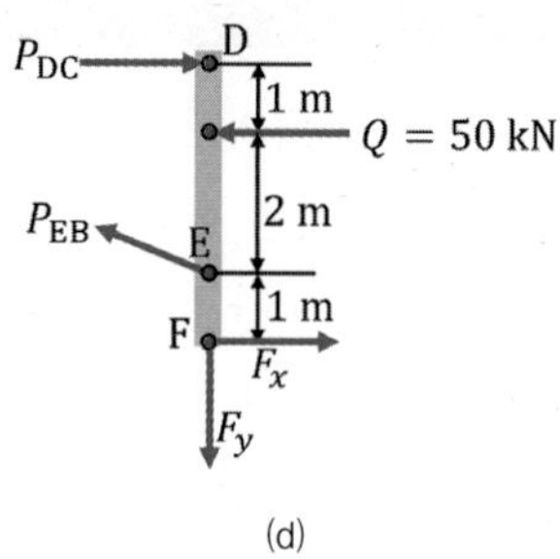

(d)

[그림 4-43] 강체 프레임에 작용하는 집중하중

$$\Sigma F_x = 0 \ ; \ F_x - 50\text{ kN} + 56.25\text{ kN} - (80.777\text{ kN})\left(\frac{5}{\sqrt{29}}\right) = 0,$$

$$F_x = 68.75\text{ kN} \tag{7}$$

$$\Sigma F_y = 0 \ ; \ P_{\text{EB}}\left(\frac{2}{\sqrt{29}}\right) - F_y = 0, \ F_y = 30\text{ kN} \tag{8}$$

한편, [그림 4-43(d)]의 점 F에 대한 모멘트에 대한 평형방정식을 적용하면 다음과 같다.

$$\Sigma M_{\text{F}} = 0 \ ; \ P_{\text{EB}}\left(\frac{5}{\sqrt{29}}\right)(1\text{ m}) - P_{\text{DC}}(4\text{ m}) + (50\text{ N})(3\text{ m}) = 0$$

$$(\Sigma M_{\text{F}} = 0\text{을 만족함}) \tag{9}$$

고찰

본 예제에서, 부재 ABC에 걸리는 힘들과 핀 F의 반력들 F_x 및 F_y를 구하였다.
한편, 이미 구한 값들에 대한 검증으로써, [그림 4-43(d)]의 부재 DEF에 힘의 평형 조건식인 식 (7)과 식 (8), 모멘트의 평형 조건식인 식 (9)를 이용하였다.
이와 같이, 주어진 문제에서 요구하는 값에 대한 검증을 위해서는 모든 부재에 대한 힘들에 대한 계산이 필요하다. 항상 전체 자유물체도로부터 지지점의 반력들을 구하고, 그 후, 각 부재들에 대한 모든 힘들을 구하는 과정이 기본 풀이 과정이라는 것을 기억하자.

예제 4-10 손수레의 손잡이에 가해지는 합력 구하기

[그림 4-44(a)]의 손수레로 물건을 나르는 사람이 있다. 손수레 바퀴는 하나로서 점 B가 지면과 맞닿아 있고, 손수레와 상자의 무게중심은 점 G에 있다. 한편 점 A는 사람이 손잡이에 가하는 점의 위치를 나타낸다. 만일 손잡이가 두 개일 때, 손수레의 평형을 위해 하나의 손잡이에 가해야 할 합력의 크기를 구하여라. 단, 물건과 손수레의 합의 무게는 500 N이다.

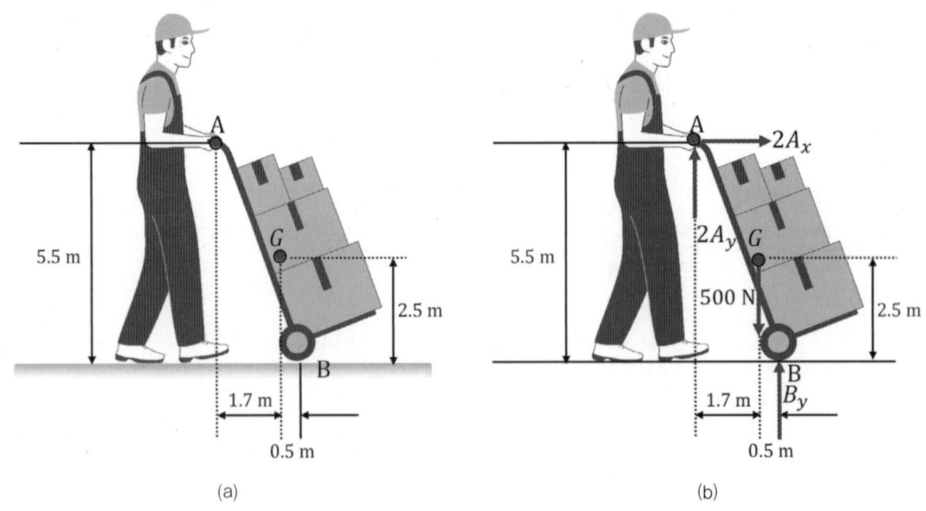

[그림 4-44] 손수레를 끄는 사람

분석

- 자유물체도 [그림 4-44(b)]에서 손잡이 하나에 가해지는 수평 방향과 수직 방향의 힘을 각각 A_x와 A_y라 하고, 바퀴는 하나이므로 점 B의 반력을 B_y라 할 때, 모멘트의 평형방정식과 힘의 평형방정식을 적용한다.

풀이

[그림 4-44(b)]의 자유물체도에서, 점 A에 대한 모멘트의 평형방정식을 적용하면 다음과 같다.

$$\sum M_{\mathrm{A}} = 0 \ ; \ (2.2\ \mathrm{m})(B_y) - (500\ \mathrm{N})(1.7\ \mathrm{m}) = 0, \ B_y = 386.36\ \mathrm{N} \tag{1}$$

이제, [그림 4-44(b)]의 자유물체도에 대해 수평 방향(x 방향)과 수직 방향(y 방향)에 대한 힘의 평형 조건식을 적용하면 다음과 같이 된다.

$$\Sigma F_x = 0 \; ; \; 2A_x = 0, \; A_x = 0\,\text{N} \tag{2}$$

$$\Sigma F_y = 0 \; ; \; 2A_y + B_y - 500\,\text{N} = 0, \tag{3}$$

식 (3)에 식 (1)의 $B_y = 386.36\,\text{N}$을 대입하면 $A_y = 56.82\,\text{N}$가 된다.

손잡이 하나에 작용하는 합력을 구하라고 하였으므로, 점 A의 전체 합력을 F_A라 하면, $F_\text{A} = \sqrt{A_x^2 + A_y^2} = 56.82\,\text{N}$이 된다.

고찰

손수레의 바퀴가 몇 개인지, 손잡이가 몇 개인지에 대한 문제의 기술에 따라 풀이가 달라질 수 있음을 알자.

Section 4.6

3차원 강체의 평형

학습목표

✔ 3차원 공간에서의 강체의 평형을 이해하고, 자유물체도와 평형방정식을 적용해 평형 문제를 풀 수 있다.

✔ 다양한 3차원 강체의 평형을 다루고 응용 문제를 학습한다.

4.5절의 2차원 강체의 평형에 이어, 4.6절에서는 3차원 강체의 평형을 다룬다. 3차원 강체의 평형을 분석할 때도, 자유물체도와 평형 조건식, 그리고 지지부의 조건에 따른 반력의 이해가 필요하다.

4.6.1 3차원 강체의 평형 분석

3차원 강체의 평형 분석 방법과 절차는 2차원 강체와 기본적으로 동일하다. 먼저, 물체를 주변으로터 분리하고 모든 힘을 고려하여 자유물체도를 그린다. 그런 후, 평형방정식을 세우고, '정정' 문제인지 '부정정' 문제인지 확인한다. '정정'이면 방정식을 풀어 미지수를 푼다. '부정정'이면 미지수의 수를 줄이거나 독립 방정식을 추가하기 위한 조건을 찾아 '정정' 문제가 되도록 하여야 한다.

공간에서는 물체가 x, y, z축 방향으로 각각 직선운동과 회전운동을 할 수 있기 때문에, 2축 방향의 직선운동과 1축 방향의 회전운동이 가능한 2차원 평면 위의 물체에 비해, 평형 분석이 복잡해진다. 공간에서 물체의 평형상태(정지 또는 등속도 운동상태)를 유지하기 위해서는 평형의 필요충분조건인 평형방정식을 만족해야 한다. 따라서, 총 6개의 스칼라 평형방정식, 즉, 세 방향의 힘과 세 방향의 모멘트 평형방정식을 고려해야 한다. 여기서 4.4.1절에서 언급했던, 일반적인 3차원 강체의 벡터 평형방정식 (4.53)과 스칼라 평형방정식 (4.54)을 다시 반복해서 기술한다.

$$\mathrm{R} = \Sigma \mathrm{F} = \mathbf{0},\ \mathrm{M}_O^R = \Sigma \mathrm{M} + \Sigma(\mathrm{r} \times \mathrm{F}) = \mathbf{0} \tag{4.64}$$

$$\Sigma F_x = 0,\ \Sigma F_y = 0,\ \Sigma F_z = 0,\ \Sigma M_x = 0,\ \Sigma M_y = 0,\ \Sigma M_z = 0 \tag{4.65}$$

일반적으로 3차원 평형 분석에서는 벡터 표현법을 사용하는 것이 스칼라 표현법을 사용하는 것보다 편리하고, 많은 경우의 실수를 줄일 수 있다. 물론, 특별한 경우에는 스칼라 표현 방법이 벡터 표현 방법보다, 3차원 평형 해석에 용이한 경우도 있으므로, 주어진 힘계에 따라 적절히 벡터 표현 방법과 스칼라 표현 방법을 선택하여 사용하는 것이 좋다. 2차원 강체의 평형과 마찬가지로, 3차원 강체에 대해서도 지지 반력을 결정할 경우는 특정 방향의 직선 운동을 막는 지지부는 그 방향으로 힘을 추가하고, 축에 대한 회전운동을 막는 지지부는 그 축에 대한 우력을 추가하면 된다. 일반적으로 3차원 강체의 평형에서 많이 사용되는 지지반력을 [표 4-2]에 요약하여 설명한다.

[표 4-2] 3차원 공간에서의 지지 반력

지지	반력
[1] 무게를 무시할 수 있는 유연한 케이블 또는 줄 B, A • 특성: 케이블 또는 줄은 인장력만 제공함. 이 인장력은 지지부를 케이블 또는 줄의 인장 방향으로 이동하지 못하도록 제약함.	T, B, A 케이블 또는 줄의 방향으로 이동을 제약하는 크기가 $T \geq 0$인 힘 미지수 1개: T
[2] 무게를 무시할 수 있는 스프링 B, A • 특성: 스프링은 인장력 또는 압축력을 제공함. 이 힘은 지지부를 스프링의 인장 또는 압축 방향으로 이동하지 못하도록 제약함.	F, B, A 또는 F, B, A 스프링의 인장 또는 압축 방향으로 이동을 제약하는 크기가 F인 힘 미지수 1개: F
[3] 구형 롤러 또는 부드러운(마찰이 없는) 표면 위의 물체 구형 롤러 마찰이 없는 표면 • 특성: 지지부의 회전과 표면에 수평 방향으로 이동에 제약이 없음. 하지만 수직 방향으로는 이동할 수 없음.	N 표면에 수직한 방향으로 이동을 제약하는 크기가 $N \geq 0$인 힘 미지수 1개: N

지지	반력
[4] 마찰이 있는 표면 또는 레일 위의 원통형 롤러 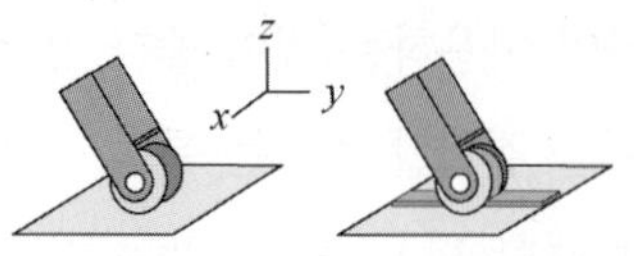 • 특성: 롤러의 진행 방향으로 이동과 회전에 대한 제약이 없음. 하지만 롤러의 축 방향 및 표면에 수직 방향으로는 이동할 수 없음.	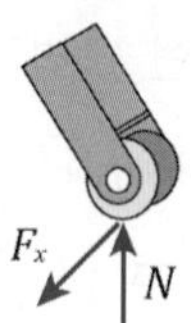 롤러의 축 방향과 표면에 수직 방향으로 이동을 제약하는 크기가 F_x와 $N \geq 0$인 힘 F 참고로, 표면에 작용하는 힘의 성분 F_x는 마찰력임. 미지수 2개: F_x, N
[5] 거친(마찰이 있는) 표면 위의 물체 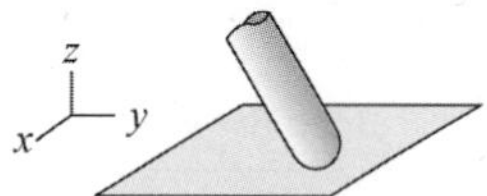 • 특성: 회전에 대한 제약이 없음. 하지만 표면 위에서 수평으로 그리고 표면 안으로 이동할 수 없음.	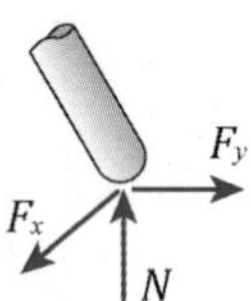 마찰에 의해 표면 위에서 직선 이동을 제약하는 수평 성분 F_x, F_y와 표면 내로 이동을 제약하는 수직 성분 $N \geq 0$로 구성된 힘 F. 미지수 3개: F_x, F_y, N
[6] 볼과 소켓 조인트 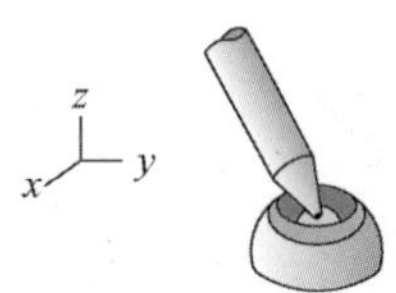 • 특성: 회전에 대한 제약이 없음. 그러나, 모든 방향으로는 직선 이동할 수 없음.	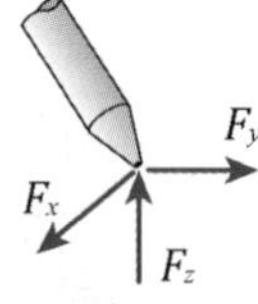 표면에 수평과 수직 방향으로 이동을 제약하는 성분의 크기가 F_x, F_y, F_z인 힘 F 미지수 3개: F_x, F_y, F_z
[7] 하나의 저널journal(미끄럼slider, 라디얼radial) 베어링 또는 힌지만 사용하는 경우 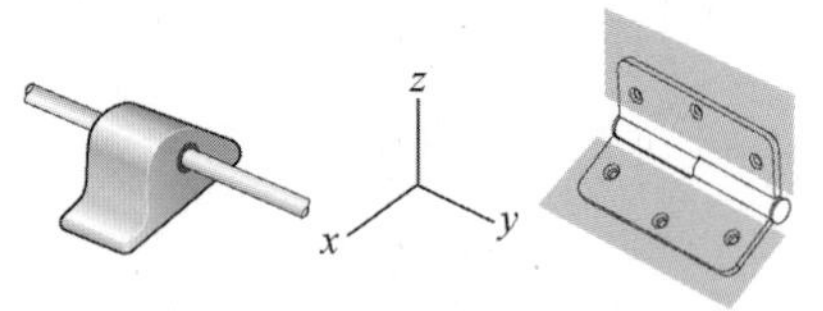 • 특성: 축방향으로 회전과 이동이 자유로움. 축에 수직 방향으로는 회전과 직선 이동을 할 수 없음.	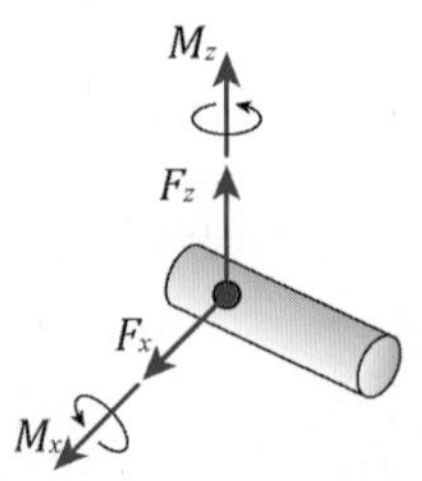 베어링 또는 힌지의 축에 수직 방향으로 이동을 제약하는 성분의 크기가 F_y, F_z인 힘 F와 축에 수직 방향으로 회전을 제약하는 성분의 크기가 M_x, M_z인 우력 M 미지수 4개: F_y, F_z, M_x, M_z

지지	반력
[8] 하나의 추력thrust 베어링, 힌지, 또는 마찰이 없는 핀만 사용하는 경우 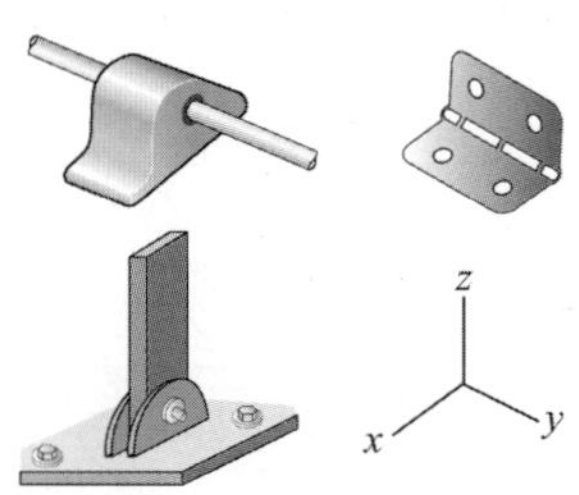 • 특성: 축방향의 회전은 자유로움. 그러나, 축에 수직 방향으로는 회전할 수 없음. 축과 축에 수직한 방향으로 모두 이동을 할 수 없음.	베어링, 힌지, 핀의 축과 축에 수직 방향으로 이동을 제약하는 성분의 크기가 F_x, F_y, F_z인 힘 $\mathbf{F}$와 축에 수직 방향으로 회전을 제약하는 성분의 크기가 M_x, M_z인 우력 $\mathbf{M}$ 미지수 5개: F_x, F_y, F_z, M_x, M_z
[9] 두 개 이상의 베어링/힌지를 같이 사용하는 경우 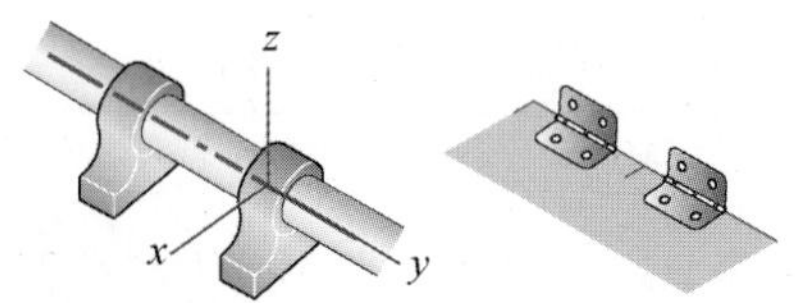	두 개 이상의 베어링/힌지가 사용될 경우, 이들 축에 수직 방향으로 작용하는 반력 힘에 의해, 모멘트가 발생함. 이 모멘트에 의해 축에 수직 방향의 회전이 제약됨. 반력 우력의 효과는 작아서 무시함.
❶ 저널 베어링 또는 힌지 • 특성: 축 방향의 회전과 축 방향으로 이동이 자유로움. 축에 수직한 방향으로는 이동을 할 수 없음.	❶ 저널 베어링 또는 힌지 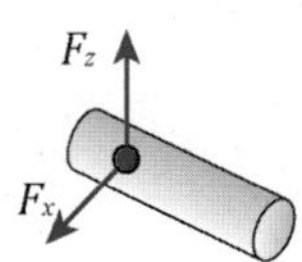 베어링 또는 힌지의 축에 수직 방향으로 이동을 제약하는 성분의 크기가 F_x, F_z인 힘 $\mathbf{F}$ 미지수 2개: F_x, F_z
❷ 추력 베어링 또는 힌지 • 특성: 축방향 회전이 자유로움. 축과 축에 수직한 방향으로 모두 이동을 할 수 없음.	❷ 추력 베어링 또는 힌지 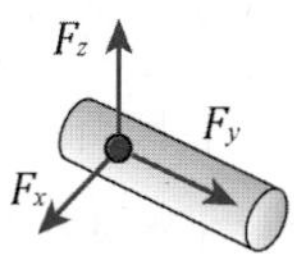 베어링 또는 힌지의 축과 축에 수직 방향으로 이동을 제약하는 성분의 크기가 F_x, F_y, F_z인 힘 $\mathbf{F}$ 미지수 3개: F_x, F_y, F_z
[10] 유니버설 조인트 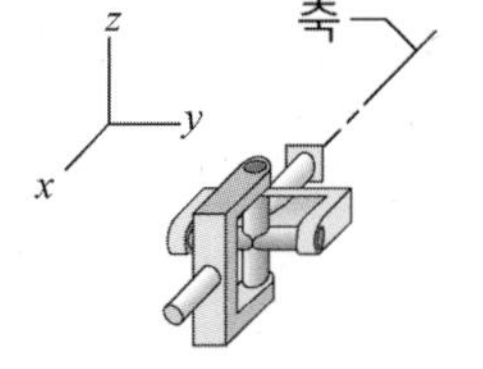	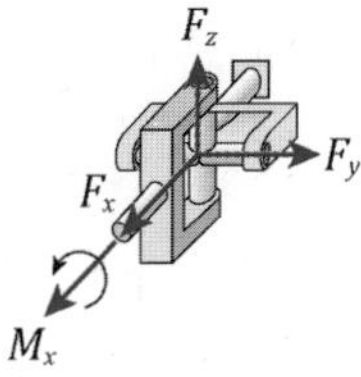

지지	반력
• 특징 : 조인트를 연결하는 두개의 수직으로 교차하는 축에 대하여 자유롭게 회전이 가능함. 그러나, 회전축에 대하여 회전이 제약됨. 모든 방향으로 직선 이동이 가능하지 않음.	축과 축에 수직인 방향으로 이동을 제약하는 성분의 크기가 F_x, F_y, F_z인 힘 F와 축방향으로 회전을 제약하는 크기가 M_x인 우력 M 미지수 4개 : F_x, F_y, F_z, M_x
[11] 고정지지(또는 캔티레버cantilever) • 특징: 지지부는 고정되어 모든 방향으로 이동 및 회전할 수 없음. 평면에서는 지지부의 수직 및 수평 방향으로 이동과 회전을 모두 제약함.	모든 방향으로 이동을 제약하는 성분의 크기가 F_x, F_y, F_z인 힘 F와 모든 방향으로 회전을 제약하는 성분의 크기가 M_x, M_y, M_z인 우력 M 미지수 6개: F_x, F_y, F_z, M_x, M_y, M_z
[12] 내력에 의한 반력 물체를 절단하는 경우 • 특징: 강체 내부의 질점들은 고정되어 직선 이동과 회전을 할 수 없음.	강체의 절단면은 고정지지와 같은 반력이 작용함. 미지수 6개: F_x, F_y, F_z, M_x, M_y, M_z

[그림 4-45]와 같이, 일반적인 3차원 강체 힘계의 경우는 독립 평형방정식의 개수가 식 (4.65)와 같이 6개이다. 하지만, 독립 평형방정식의 개수가 6보다 작은 특별한 힘계들이 존재한다. 이들 힘계는 특정한 방향으로의 운동을 구속할 수 없기 때문에, 그 특정 방향으로의 평형방정식을 사용할 수가 없게 되어, 독립 평형방정식의 개수가 줄어든다.

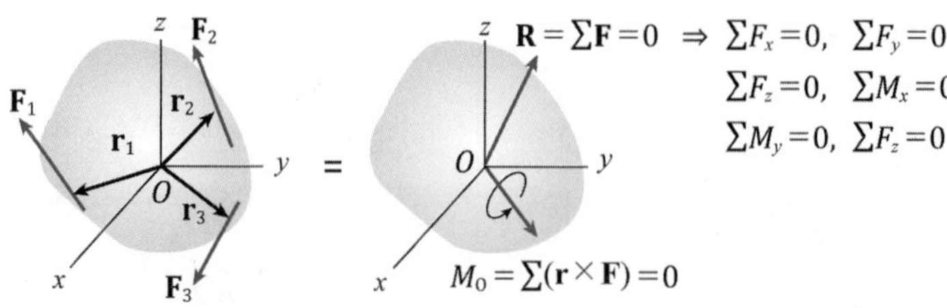

[그림 4-45] 3차원 강체의 일반적 힘계

여기에서, 독립 평형방정식의 개수가 줄어드는 몇 가지 예를 논의한다. [그림 4-46]과 같이, 모든 힘의 작용선이 한 점에서 만나는 공점 힘계의 경우는 회전운동에 대해 구속을 할 수가 없다. 따라서, 공점 힘계의 경우는 질점과 마찬가지로 3개의 힘에 의한 평형방정식만이 서로 독립적이다.

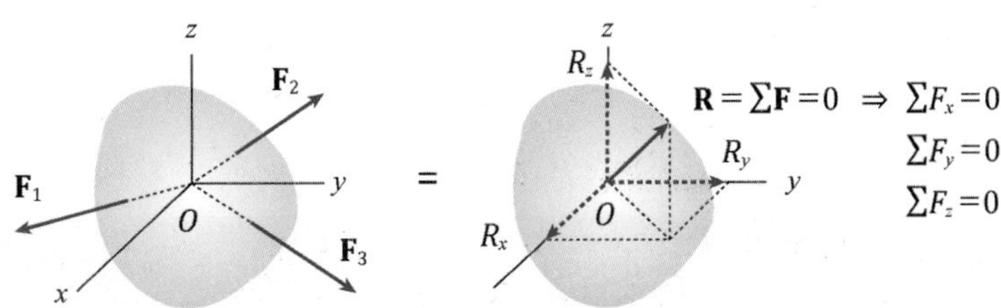

[그림 4-46] 3차원 강체의 공점 힘계

[그림 4-47]과 같이, 모든 힘의 작용선이 평행인 평행 힘계의 경우는 하나의 힘 방정식과 힘에 수직 방향인 두 개의 모멘트 평형방정식이 서로 독립적이다. 또한, [그림 4-48]과 같이, 모든 힘이 하나의 축과 교차하는 힘계의 경우는 축의 방향으로 회전운동을 구할 수 없으므로 3개의 힘 평형방정식과 축에 수직인 두 개의 모멘트 평형방정식이 서로 독립적이다. 이러한 공점 힘계, 평행 힘계, 힘들이 모두 하나의 축과 교차하는 힘계와 같이, 독립 평형방정식의 개수가 6보다 작은 경우는 그 줄어든 힘 또는 모멘트 평형방정식의 방향으로 적절한 구속력을 제공하지 못한다. 평형의 관점에서는 이러한 3차원 힘계를 '부적절한 구속'이라고 할 수 있다. 이와는 상대적으로 강체를 지지하거나 구속할 때, 평형을 위해 필요한 것보다 더 많은 지지로 구속하는 경우가 있는데, 이를 '과잉구속'이라고 한다. 필요에 따라서는 구조물을 보강하기 위하여, 일부러 '과잉구속'을 적용하는 경우가 있다.

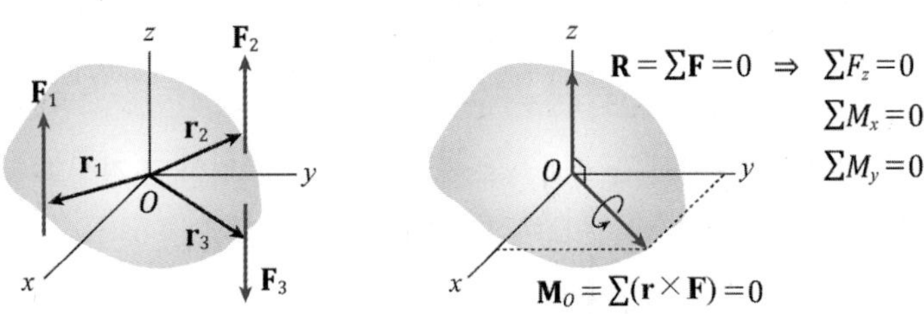

[그림 4-47] 3차원 강체의 평행 힘계

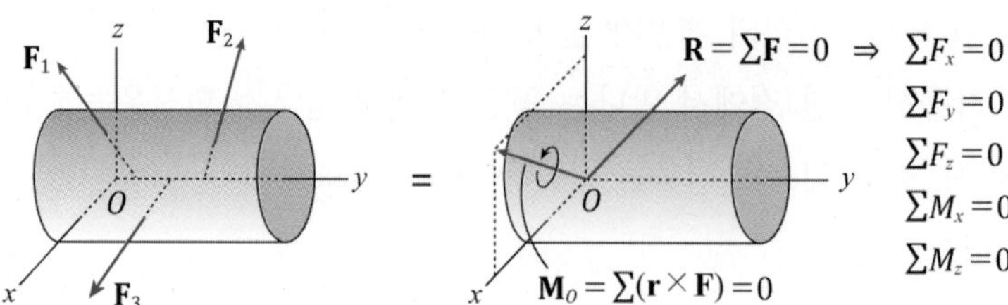

[그림 4-48] 모든 힘이 하나의 축과 교차하는 힘계

예제 4-11 삼각 평판을 지탱하는 케이블의 장력 구하기

[그림 4-49(a)]의 얇은 두께의 비균일 삼각 평판은 무게 $100\ \mathrm{kN}$을 갖고, 점 G에 무게중심을 갖고 있다. 이 평판은 3개의 수직 케이블에 의해, 수평으로 유지되고 있다. 평판이 평형을 이룬다고 할 때, 각 케이블에 걸리는 장력을 구하여라.

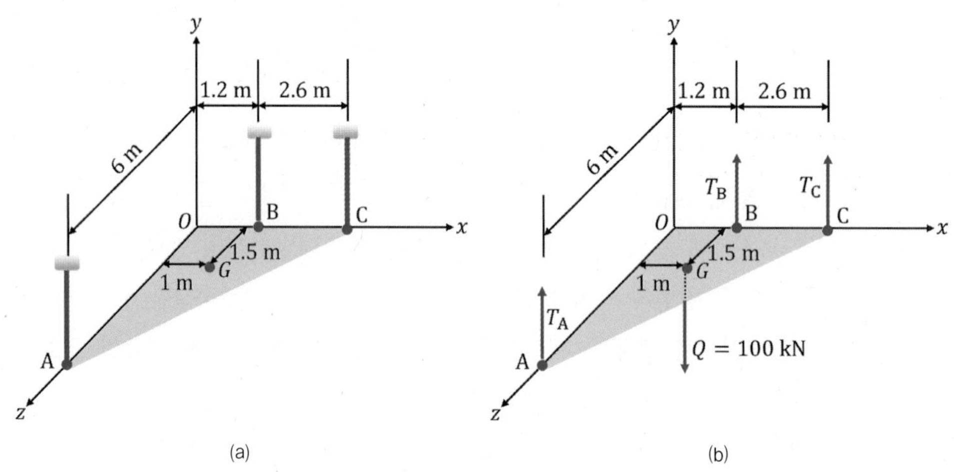

[그림 4-49] 케이블에 매달린 얇은 두께의 삼각평판

분석

- 자유물체도 [그림 4-49(b)]에서, x축과 z축에 관한 모멘트 평형 조건식과 y축에 관한 힘의 평형 조건식을 적용하여, 미지의 케이블 장력들을 구한다.

풀이

[그림 4-49(b)]의 자유물체도에서, 먼저, z축에 대한 모멘트 평형 조건식을 적용하면 다음과 같다.

$$\Sigma M_z = 0 \; ; \; T_B(1.2\,\text{m}) + T_C(3.8\,\text{m}) - (100\,\text{kN})(1\,\text{m}) = 0 \tag{1}$$

이제, x축에 대한 모멘트 평형 조건식을 적용하면 다음과 같다.

$$\Sigma M_x = 0 \; ; \; (100\,\text{kN})(1.5\,\text{m}) - (6\,\text{m})(T_A) = 0, \; T_A = 25\,\text{kN} \tag{2}$$

한편, y축에 대한 힘의 평형 조건식을 적용하면 다음과 같이 된다.

$$\Sigma F_y = 0 \; ; \; T_A + T_B + T_C - 100\,\text{kN} = 0 \tag{3}$$

식 (2)의 $T_A = 25\,\text{kN}$을 식 (3)에 대입하고, 식 (1)과 식 (3)을 연립으로 풀면 다음과 같이 된다.

$$T_C = 3.85\,\text{kN}, \; T_B = 71.15\,\text{kN} \tag{4}$$

고찰

위의 예제에서 모멘트의 평형조건을 적용하는 데 있어, 다른 축에 대한 모멘트 평형을 생각해 보자. $\Sigma M_{AC} = 0$, $\Sigma M_{AB} = 0$는 가능한지 검토해 보라.

벡터 외적의 연산

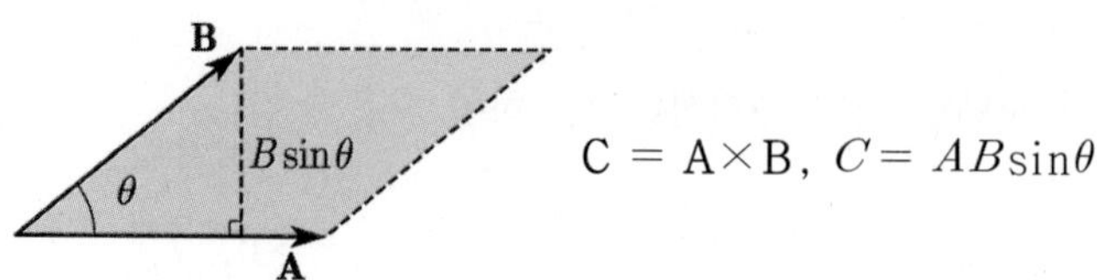

$C = A \times B$, $C = AB\sin\theta$

■ 벡터 외적 연산의 특징

$A\times B \neq B\times A$, $A\times B = -B\times A$, $a(A\times B) = (A\times B)a = (aA)\times B = A\times(aB)$,
$A\times(B + C) = A\times B + A\times C$

■ 직교좌표계에서 단위벡터의 외적

$$A\times B = (A_x\mathbf{i} + A_y\mathbf{j} + A_z\mathbf{k})\times(B_x\mathbf{i} + B_y\mathbf{j} + B_z\mathbf{k}), \quad A\times B = \begin{vmatrix} \mathbf{i} & \mathbf{j} & \mathbf{k} \\ A_x & A_y & A_z \\ B_x & B_y & B_z \end{vmatrix}$$

스칼라 삼중곱

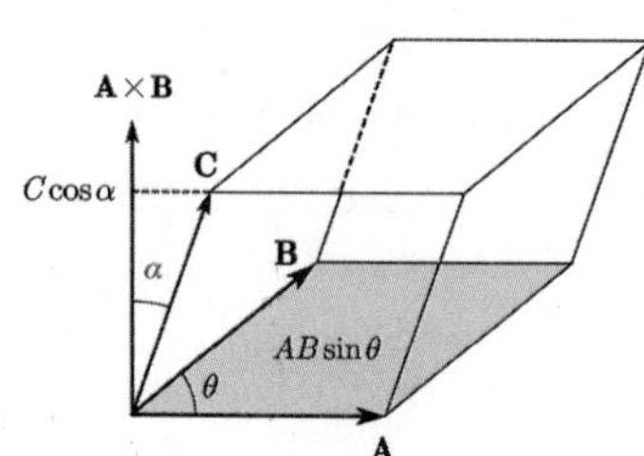

$$A\cdot(B\times C) = C\cdot(A\times B) = B\cdot(C\times A) = \begin{vmatrix} A_x & A_y & A_z \\ B_x & B_y & B_z \\ C_x & C_y & C_z \end{vmatrix}$$

점에 대한 모멘트

■ 모멘트의 스칼라 표현

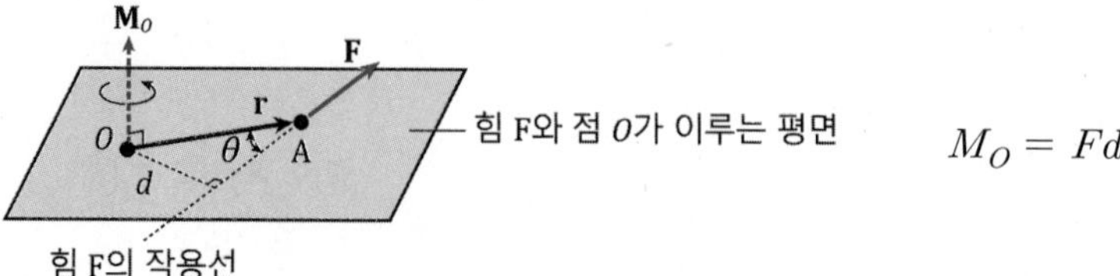

$M_O = Fd$

■ 모멘트의 벡터 표현

$$\mathrm{M}_O = \mathrm{r} \times \mathrm{F}, \quad M_O = Fd = Fr\sin\theta, \ \mathrm{r} = r_x\mathrm{i} + r_y\mathrm{j} + r_z\mathrm{k}, \ \mathrm{F} = F_x\mathrm{i} + F_y\mathrm{j} + F_z\mathrm{k}$$

$$\mathrm{M}_O = \mathrm{r} \times \mathrm{F} = \begin{vmatrix} \mathrm{i} & \mathrm{j} & \mathrm{k} \\ r_x & r_y & r_z \\ F_x & F_y & F_z \end{vmatrix} = (r_yF_z - r_zF_y)\mathrm{i} + (r_zF_x - r_xF_z)\mathrm{i} + (r_xF_y - r_yF_x)\mathrm{k}$$

전달성의 원리

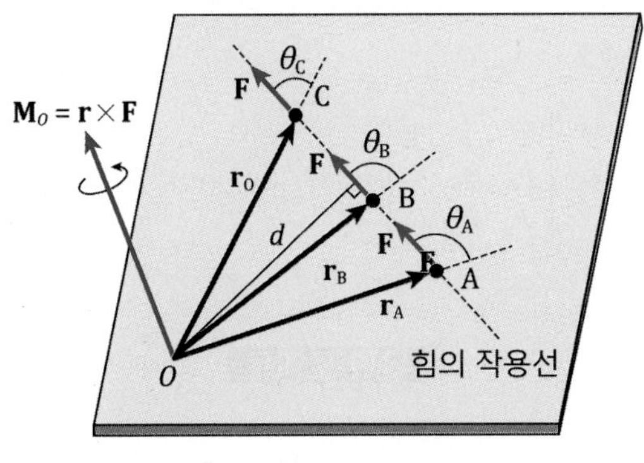

$$\mathrm{M}_O = \mathrm{r}_A \times \mathrm{F} = \mathrm{r}_B \times \mathrm{F} = \mathrm{r}_C \times \mathrm{F}$$

모멘트의 원리(바리뇽의 정리)

점 A에 작용하는 힘의 합력을 R이라고 할 때, R은 다음과 같이 표현할 수 있다.

$$\mathrm{R} = \Sigma \mathrm{F}_i = \mathrm{F}_1 + \mathrm{F}_2 + \mathrm{F}_3 + \cdots$$

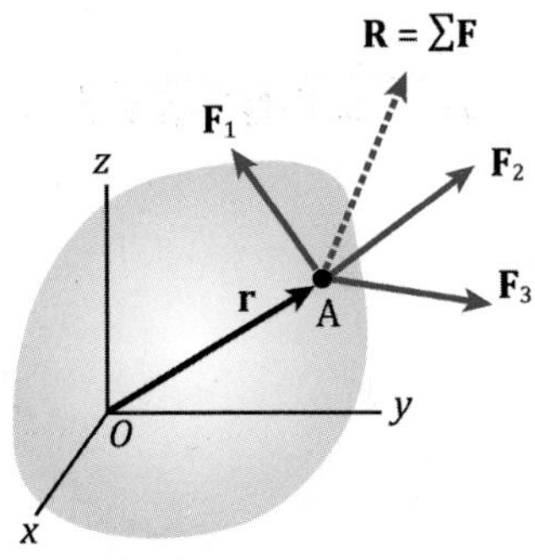

$$\begin{aligned}\mathrm{M}_O &= \mathrm{r} \times \mathrm{R} = \mathrm{r} \times \Sigma \mathrm{F}_i = \mathrm{r} \times (\mathrm{F}_1 + \mathrm{F}_2 + \mathrm{F}_3 + \cdots) \\ &= \mathrm{r} \times \mathrm{F}_1 + \mathrm{r} \times \mathrm{F}_2 + \mathrm{r} \times \mathrm{F}_3 + \cdots = \Sigma(\mathrm{r} \times \mathrm{F}_i)\end{aligned}$$

축에 대한 모멘트

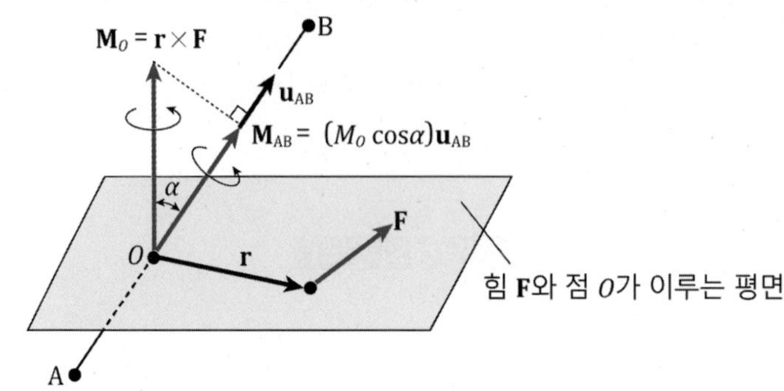

$$\mathrm{M}_O = \mathrm{r} \times \mathrm{F} = \begin{vmatrix} \mathrm{i} & \mathrm{j} & \mathrm{k} \\ r_x & r_y & r_z \\ F_x & F_y & F_z \end{vmatrix}, \quad M_{\mathrm{AB}} = (\mathrm{r} \times \mathrm{F}) \cdot \mathrm{u} = \begin{vmatrix} u_x & u_y & u_z \\ r_x & r_y & r_z \\ F_x & F_y & F_z \end{vmatrix}$$

우력 모멘트

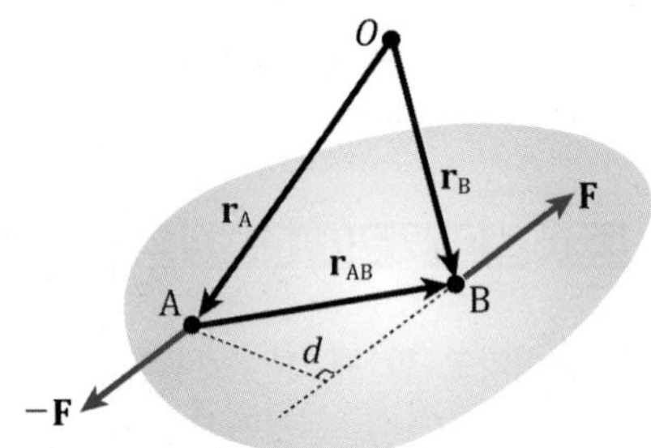

$$\mathrm{M}_O = \Sigma(\mathrm{r} \times \mathrm{F}) = \mathrm{r}_{\mathrm{A}} \times (-\mathrm{F}) + \mathrm{r}_{\mathrm{B}} \times \mathrm{F} = \mathrm{r}_{\mathrm{AB}} \times \mathrm{F}$$

힘계의 등가 시스템

■ 힘이 작용선을 따라 이동한 등가 시스템

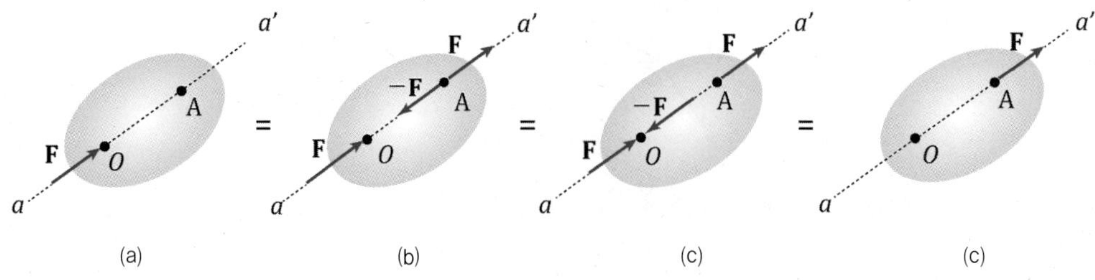

힘이 임의의 점으로 이동한 등가 시스템

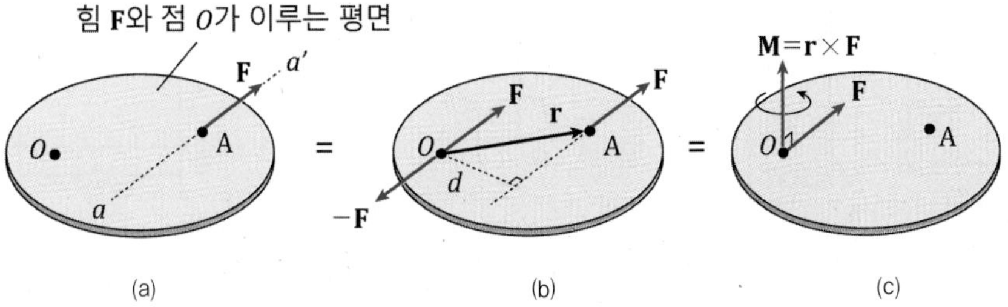

여러 힘이 임의의 한 점으로 이동한 등가 시스템

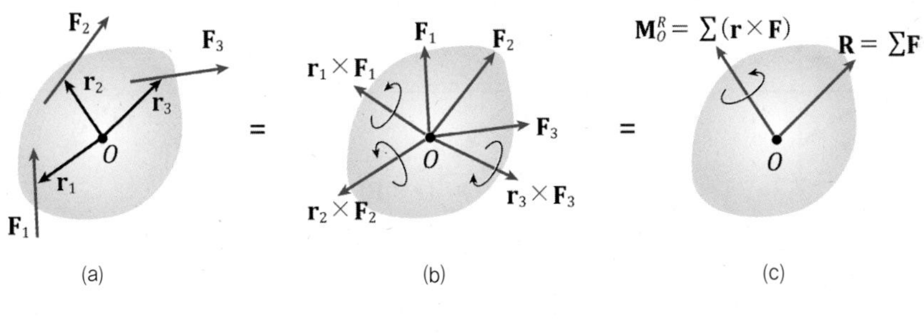

$$\mathrm{R} = \Sigma \mathrm{F},\ \mathrm{M}_O^R = \mathrm{M}_O = \Sigma(\mathrm{r} \times \mathrm{F})$$

등가 힘-우력계의 단순화

- 힘과 우력 모멘트가 서로 수직인 힘계

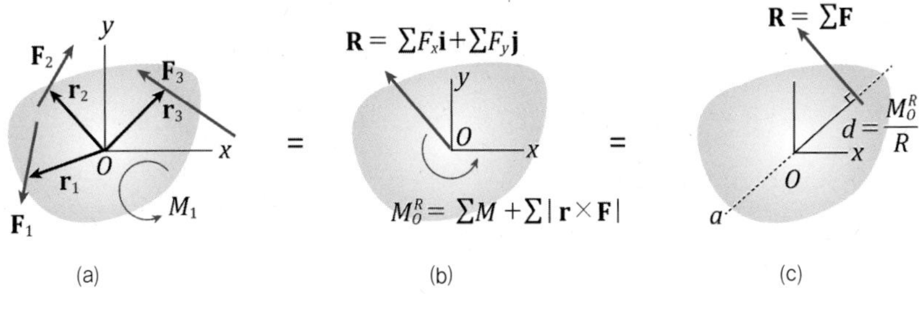

$$\mathrm{R} = \Sigma \mathrm{F},\ \mathrm{M}_O^R = \Sigma \mathrm{M} + \Sigma(\mathrm{r} \times \mathrm{F})$$

■ 평행 힘계

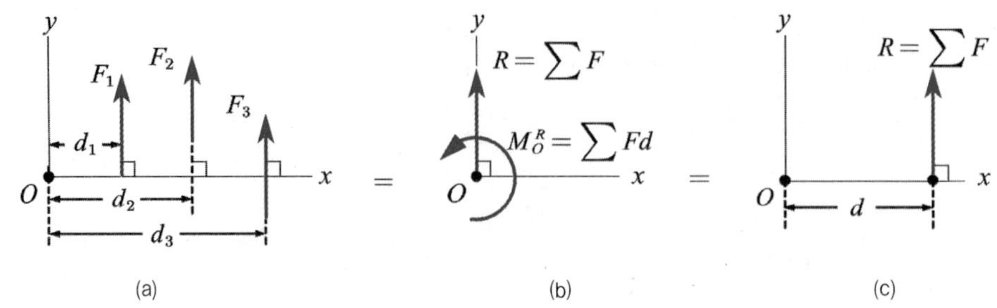

$$d = \frac{M_O^R}{R} = \frac{\sum Fd}{\sum F} = \frac{F_1 d_1 + F_2 d_2 + \cdots}{F_1 + F_2 + \cdots}$$

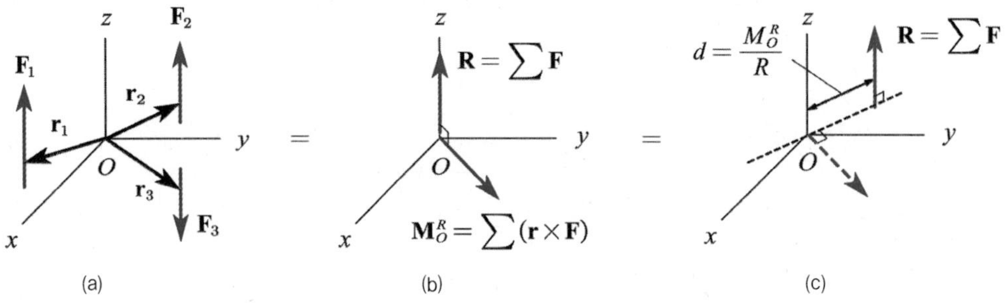

■ 공점 힘계

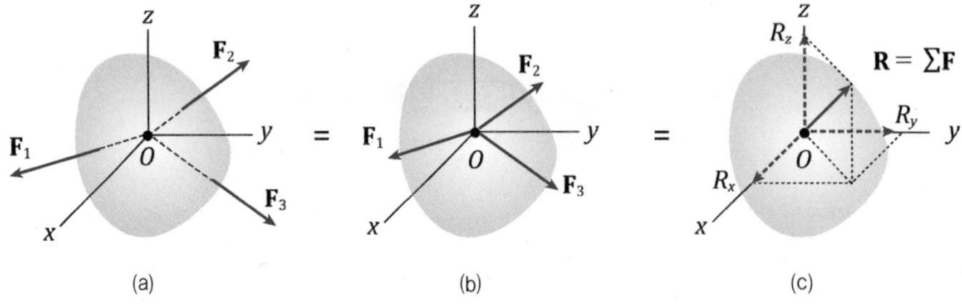

$$\mathrm{R} = \Sigma \mathrm{F} = \mathrm{F}_1 + \mathrm{F}_2 + \cdots = R_x \mathrm{i} + R_y \mathrm{j} + R_z \mathrm{k}$$

■ 렌치

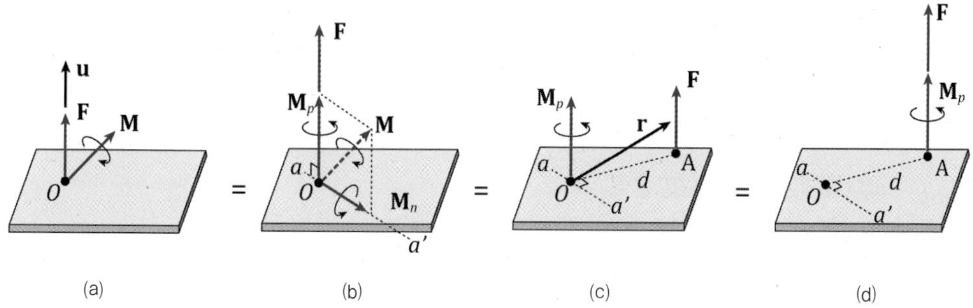

$$M_p = (M \cdot u)u,\ M_n = M - M_p,\ M_n = r \times F,\ d = \frac{M_n}{F}$$

■ 분포하중의 등가 시스템

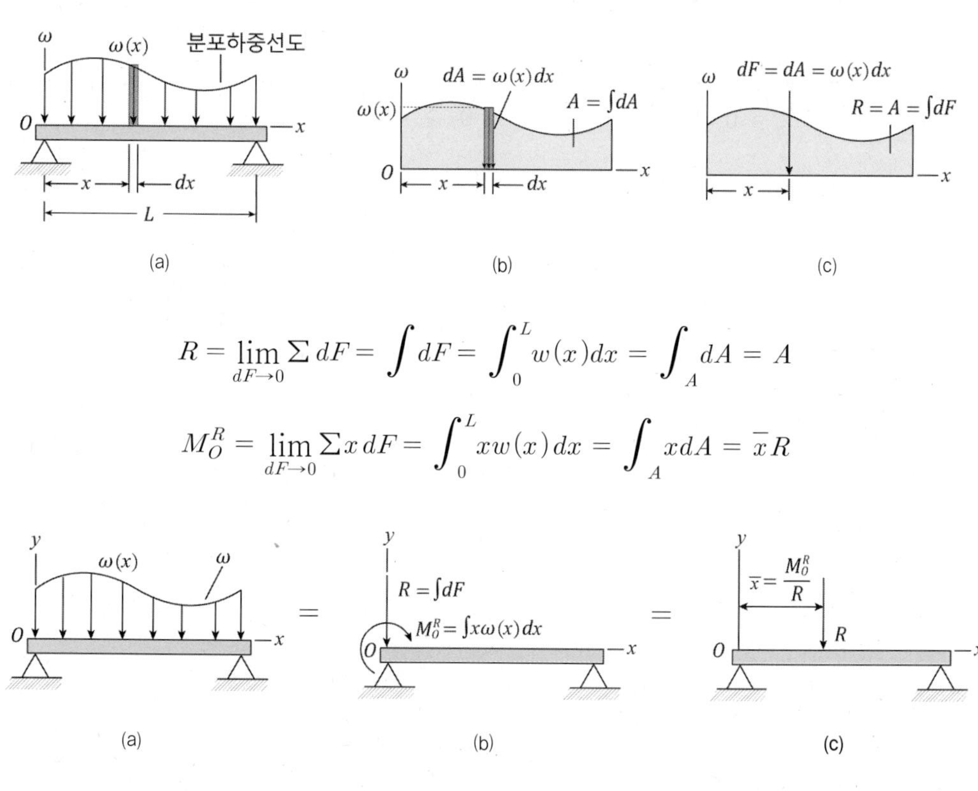

$$R = \lim_{dF \to 0} \Sigma\, dF = \int dF = \int_0^L w(x)dx = \int_A dA = A$$

$$M_O^R = \lim_{dF \to 0} \Sigma x\, dF = \int_0^L x w(x)\, dx = \int_A x dA = \bar{x} R$$

$$\bar{x} = \frac{M_O^R}{R} = \frac{\int_0^L x w(x)dx}{\int_0^L w(x)dx} = \frac{\int_A x dA}{\int_A dA}$$

2차원 강체의 평형

- 벡터로 나타낸 2차원 강체의 평형

  $\mathbf{R} = \Sigma \mathbf{F} = \mathbf{0},\ \mathbf{M}_O^R = \Sigma \mathbf{M} + \Sigma(\mathbf{r} \times \mathbf{F}) = \mathbf{0}$

- x, y 직교좌표계에서의 평형방정식

  $\Sigma F_x = 0,\ \Sigma F_y = 0,\ \Sigma M_z = 0$

3차원 강체의 평형

- 벡터로 나타낸 3차원 강체의 평형

  $\mathbf{R} = \Sigma \mathbf{F} = \mathbf{0},\ \mathbf{M}_O^R = \Sigma \mathbf{M} + \Sigma(\mathbf{r} \times \mathbf{F}) = \mathbf{0}$

- x, y, z 직교좌표계에서의 평형방정식

  $\Sigma F_x = 0,\ \Sigma F_y = 0,\ \Sigma F_z = 0,\ \Sigma M_x = 0,\ \Sigma M_y = 0,\ \Sigma M_z = 0$

▶ 4.4~4.5절

4.1 연습문제 [그림 4-1]의 $0.6\ \mathrm{m}$의 선반이 점 C에서 핀 조인트되어 있고, 점 A와 점 B에서 케이블에 의해 지지되고 있다. 선반 자체의 무게는 $500\ \mathrm{N}$이다. 만일 점 C에 대한 모멘트가 영이 되기를 원한다면, 케이블의 장력은 얼마이어야 하는가?

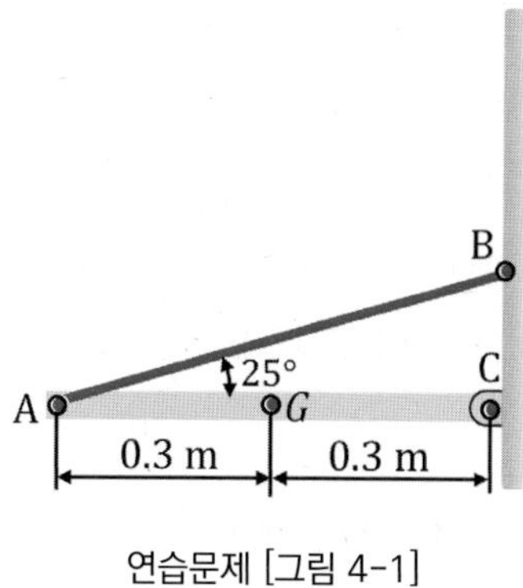

연습문제 [그림 4-1]

▶ 4.4~4.5절

4.2 연습문제 [그림 4-2]의 무게 $500\ \mathrm{N}$의 롤러roller가 수평면과 $30°$의 각도를 이루는 거친 경사면 위에서 정지상태를 계속 유지하는 데 필요한 힘 Q를 구하여라.

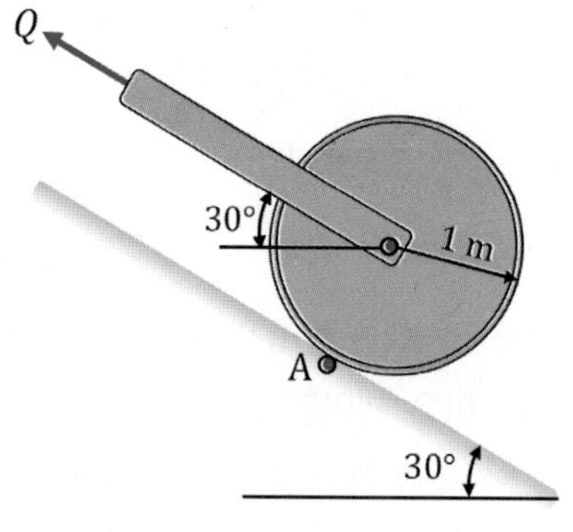

연습문제 [그림 4-2]

▶ 4.4~4.5절

4.3 연습문제 [그림 4-3]과 같이, 200 N의 균질의 디스크가 점 C에서 시작하여 점 B로 연결되는 벨트에 걸쳐져 있다. 한편 스프링 AD는 그림에서처럼 디스크를 잡고 있다. 벨트에서의 장력과 스프링에 걸리는 힘을 구하여라.

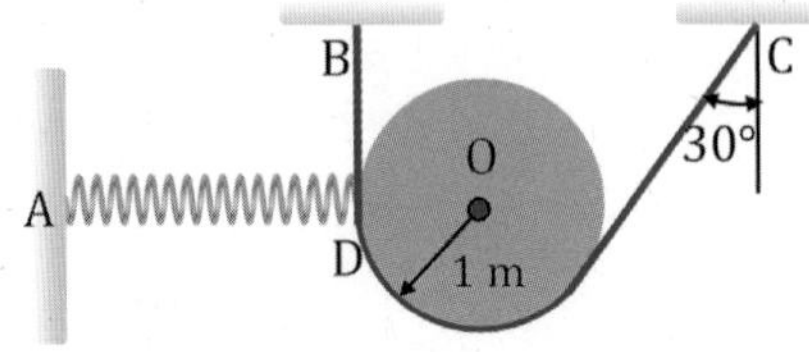

연습문제 [그림 4-3]

1. ▶ 4.4~4.5절

4.4 연습문제 [그림 4-4]의 균일 봉 ABC는 무게 1 kN을 갖고, 점 B에서 수평 케이블과 점 C에서 핀에 의해 지지되고 있다. 만일 봉이 2 kN의 나무상자의 무게를 지탱하고 있다면, 케이블에 걸리는 힘과 지지점 C의 반력을 구하여라.

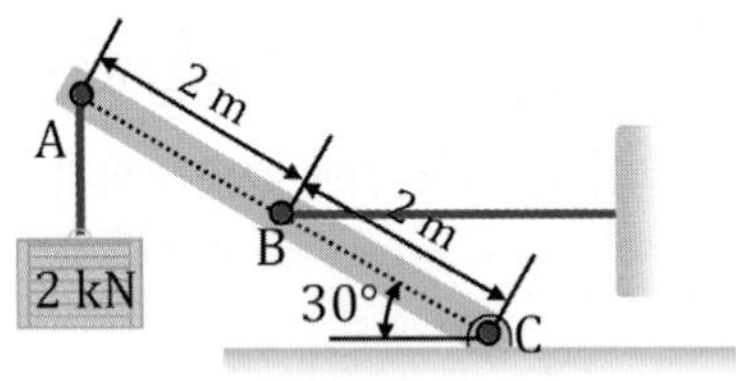

연습문제 [그림 4-4]

▶ 4.4~4.5절

4.5 연습문제 [그림 4-5]의 신호등 거치대는 점 B와 바닥의 고정점 C에 케이블로 연결되어 고정되어 있다. 신호등의 무게가 3 kN이고, 케이블의 장력이 1.5 kN일 때, 바닥의 고정점 A의 반력과 반력 모멘트를 구하여라. 신호등의 무게에 비해 거치대의 무게는 작다고 보아 무시하라.

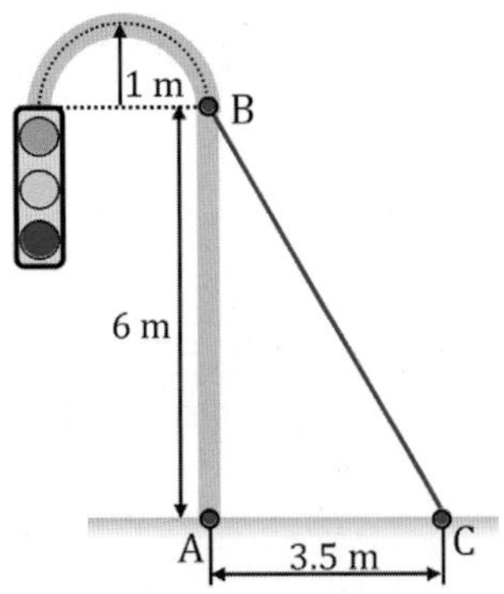

연습문제 [그림 4-5]

▶ 4.4~4.5절

4.6 연습문제 [그림 4-6]의 무게가 $400\ \mathrm{N}$인 봉 ABC에 수직으로 힘 F_{B}가 점 B에 작용하며, 지면과 수직 벽이 만나는 코너 C에 의해 지지되고 있다. 힘 F_{B}를 가할 수 있는 최대 힘이 $F_{\mathrm{B}} = 500\ \mathrm{N}$이라면, 수평축과 이루는 경사각 θ의 최솟값을 구하여라.

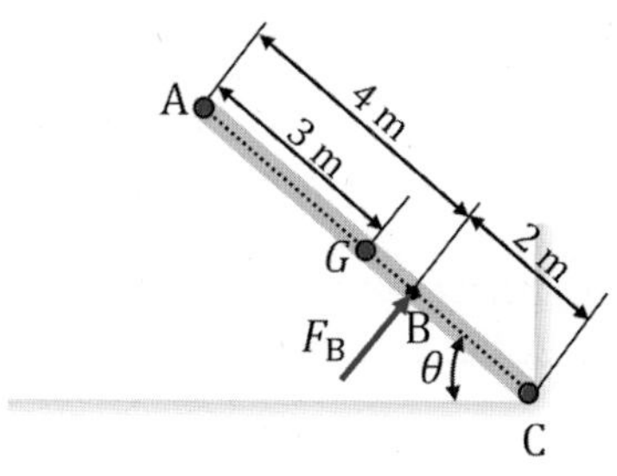

연습문제 [그림 4-6]

▶ 4.4~4.5절

4.7 연습문제 [그림 4-7]의 $5\ \mathrm{kN}$의 블록이 롤러 위에 있고, 롤러는 수평면과 $30°$의 각도를 이루는 경사면 위에 있다. 이 블록이 아래로 밀려 내려오지 않고 평형을 유지하도록 힘 Q를 가한다면, 이 힘 Q와 점 A와 점 B에서의 반력을 구하여라. 단, 경사면과 롤러 사이의 마찰은 없는 것으로 가정한다.

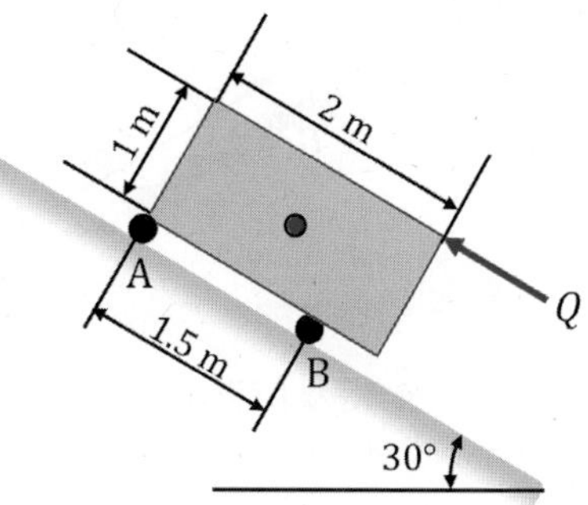

연습문제 [그림 4-7]

▶ 4.4~4.5절

4.8 연습문제 [그림 4-8]의 봉의 무게는 $500\ \mathrm{N}$이다. 이 봉은 점 A에서 핀에 의해 지지되고, 점 B를 거쳐 롤러 D를 감싸고 점 C까지 뻗어 있는 케이블에 의해서도 지지되고 있다. 단, 케이블의 장력은 일정하다고 할 때, 케이블의 장력과 핀 A에서의 반력을 구하여라.

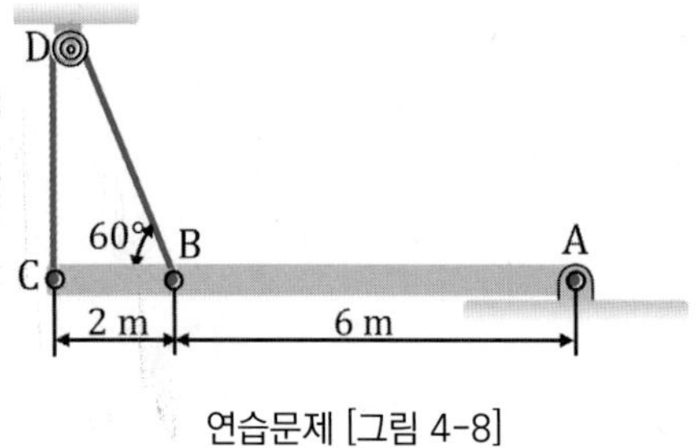

연습문제 [그림 4-8]

▶ 4.4~4.5절

4.9 연습문제 [그림 4-9]의 무게 $W = 1\ \mathrm{kN}$의 봉이 양쪽 벽에 걸쳐있다. 그림에서 주어진 점 A, 점 B, 점 C에서의 반력을 구하여라.

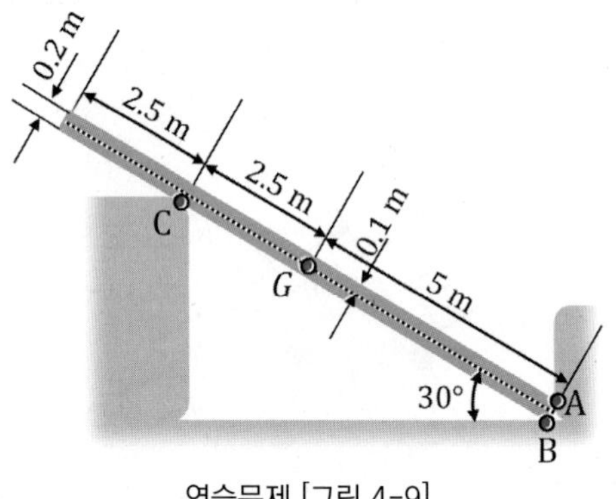

연습문제 [그림 4-9]

▶ 4.4~4.5절

4.10 연습문제 [그림 4-10]의 무게를 무시할 만한 가는 보는 핀지지 점 C, 그리고 점 A와 점 B에서 스프링으로 지지되어 있다. 힘 Q가 작용하기 전에 스프링은 변형되어 있지 않았고, 힘 Q가 작용되더라도 스프링 상수는 $k = 10\ \mathrm{kN/m}$로 매우 커서, 스프링의 변형은 아주 경미한 것으로 간주한다. 힘 Q가 작용될 때, A, B 스프링의 저항력과 A 스프링의 처짐량을 구하여라.

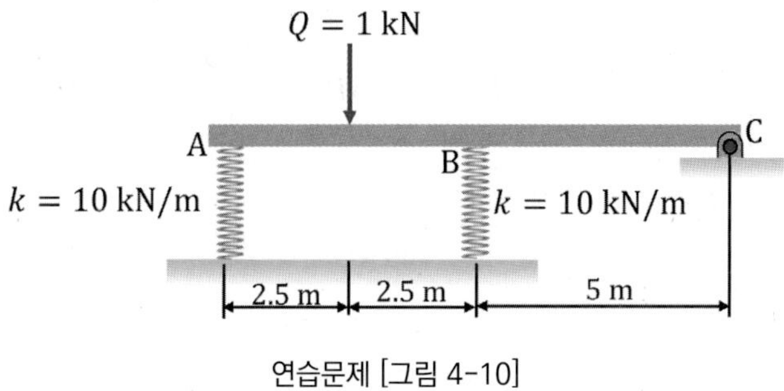

연습문제 [그림 4-10]

▶ 4.4~4.5절

4.11 연습문제 [그림 4-11]과 같이, 점 C에서 힌지로 지지된 브라켓bracket ACB는 케이블 BD에 의해 연결되어 평형을 유지하고 있다. 브라켓이 그림과 같이 수직 힘 200 N을 두 곳에서 받을 때, 점 C에서의 반력과 케이블 BD의 장력 T_{BD}를 구하여라. 브라켓의 무게는 200 N에 비해 상당히 작아 무시한다.

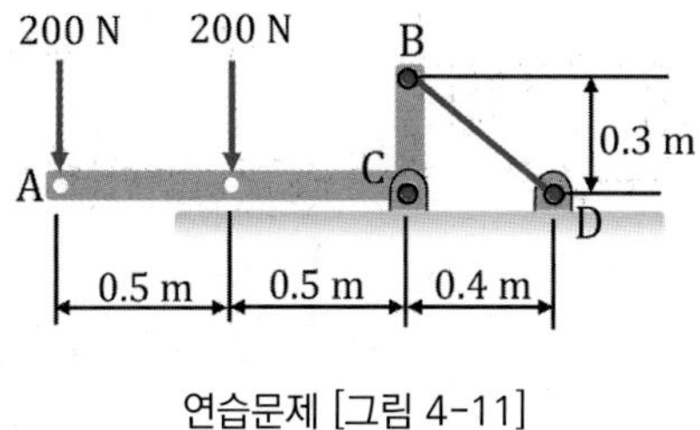

연습문제 [그림 4-11]

▶ 4.4~4.5절

4.12 연습문제 [그림 4-12]와 같이, 점 B에서 힌지로 지지된 봉 CB는 점 C에 연결된 케이블 CA에 의해서도 지탱되고 있다. 봉의 점 D와 점 E에서 각각 수직 힘 200 N이 작용될 때, 점 B에서의 반력과 케이블 CA의 장력 T_{CA}를 구하여라.

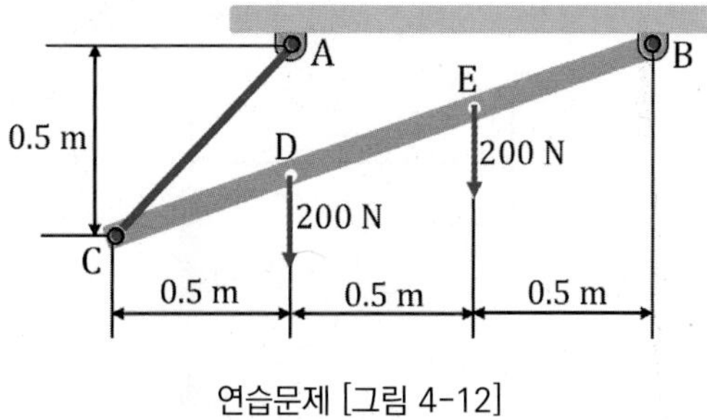

연습문제 [그림 4-12]

▶ 4.4~4.5절

4.13 연습문제 [그림 4-13]과 같이, 브라켓 AB는 점 A에서 핀으로 지지되어 있고, 점 B는 롤러로서 경사면을 자유롭게 구른다. 이 브라켓에 수직하중 $500\ \mathrm{N}$이 작용할 때, 핀 A에서의 반력과 경사면에 수직인 반력 R_{B}를 구하여라.

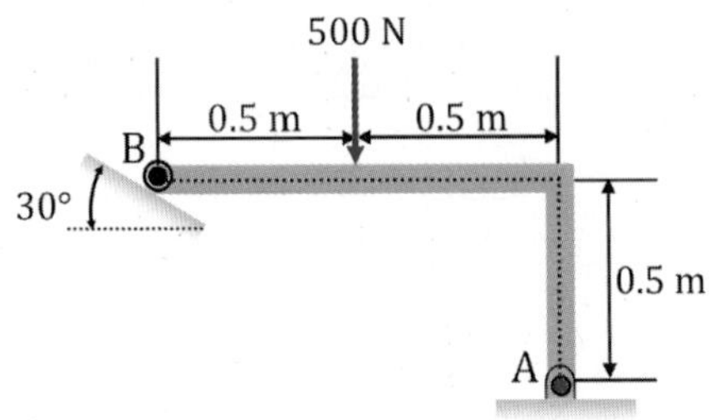

연습문제 [그림 4-13]

▶ 4.4~4.5절

4.14 연습문제 [그림 4-14]와 같이, 브라켓의 롤러 A는 수직면 위에 놓여 있으며, 점 B에서 핀 조인트로 지지되어 있다. 그림과 같이 힘 $Q = 500\ \mathrm{N}$이 브라켓에 작용할 때, 핀에서의 반력과 수직벽에서 롤러 A에 가하는 반력을 구하여라.

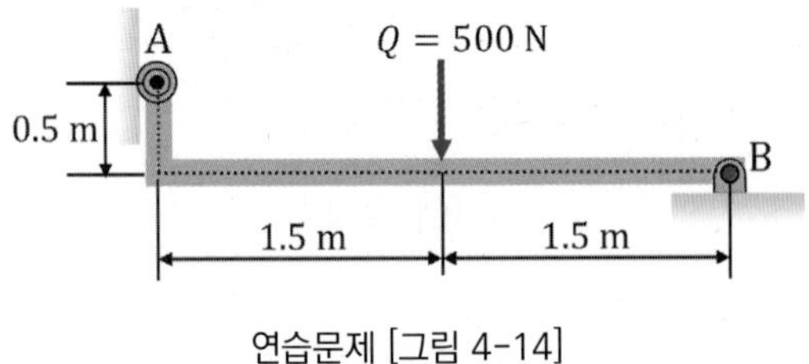

연습문제 [그림 4-14]

▶ 4.4~4.5절

4.15 연습문제 [그림 4-15]와 같이, 칼라[collar] B는 스프링과 연결되어 수직 봉내에서 자유롭게 움직일 수 있다. 스프링 상수 k는 $k = 1\ \mathrm{kN/m}$이며, $\theta = 0°$일 때 스프링은 변형되지 않은 상태이다. $\theta = 30°$라면 칼라가 평형을 유지하기 위한 칼라의 최대 무게는 얼마이어야 하는가?

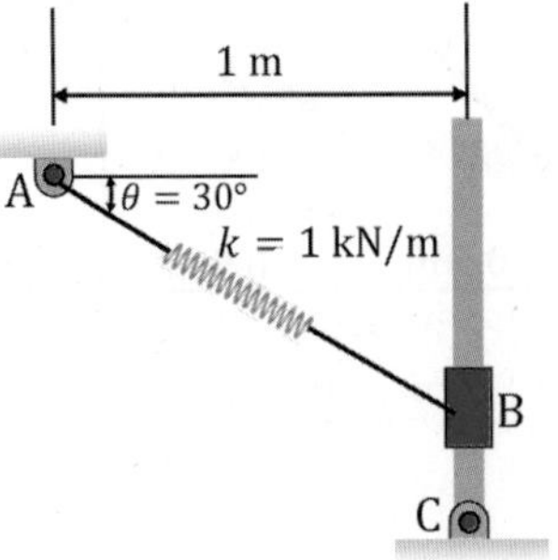

연습문제 [그림 4-15]

▶ 4.4~4.5절

4.16 연습문제 [그림 4-16]과 같이, 종이 박스를 나르는 지게차가 있다. 사람을 포함하여 지게차의 무게중심은 G_1에 있고, 종이 박스의 무게중심은 G_2에 있다. 또한, 사람을 포함한 지게차의 무게는 $8\ \mathrm{kN}$이고, 종이 박스의 전체 무게는 $4\ \mathrm{kN}$으로 무게중심 G_2에 집중되어 있는 것으로 간주할 수 있다. 지게차의 앞바퀴와 뒷바퀴는 각각 2개씩일 때, 앞바퀴와 뒷바퀴의 반력을 구하여라. 단, 바닥과 바퀴 사이의 마찰은 없는 것으로 간주한다.

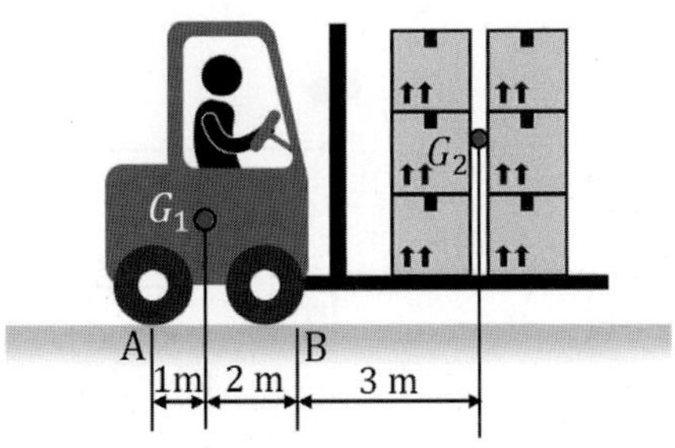

연습문제 [그림 4-16]

▶ 4.4~4.5절

4.17 연습문제 [그림 4-17]과 같이, 얇은 삼각 평판이 점 A에서 힌지로 지지되고, 점 C는 롤러로 지지 되어 있다. 얇은 평판의 무게가 $W = 2\ \mathrm{kN}$일 때, 평형을 유지하기 위해 필요한 핀 A에서의 반력과 점 C에서의 반력을 구하여라.

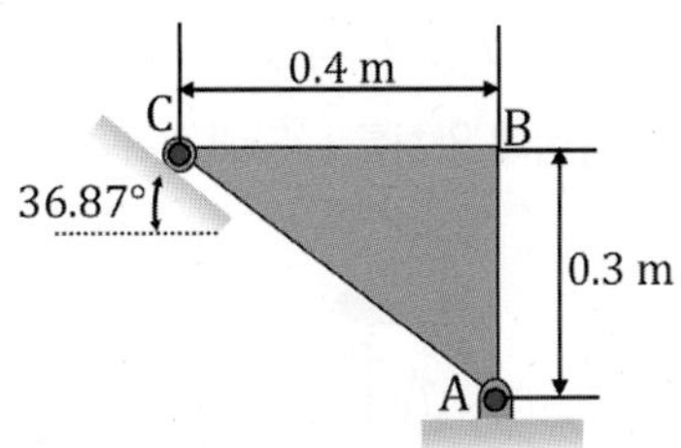

연습문제 [그림 4-17]

▶ 4.6절

4.18 연습문제 [그림 4-18]의 두 개의 파이프 AB와 BC는 점 B에서 서로 용접되어 있으며, 케이블 3개(점 A, 점 D, 점 C)에 의해 천장에 묶여 있다. 파이프 AB와 BC는 분포하중으로 단위 길이당 하중이 100 N/m이다. 이 파이프 시스템이 평형상태를 유지할 때 각 케이블에 걸리는 장력을 구하여라.

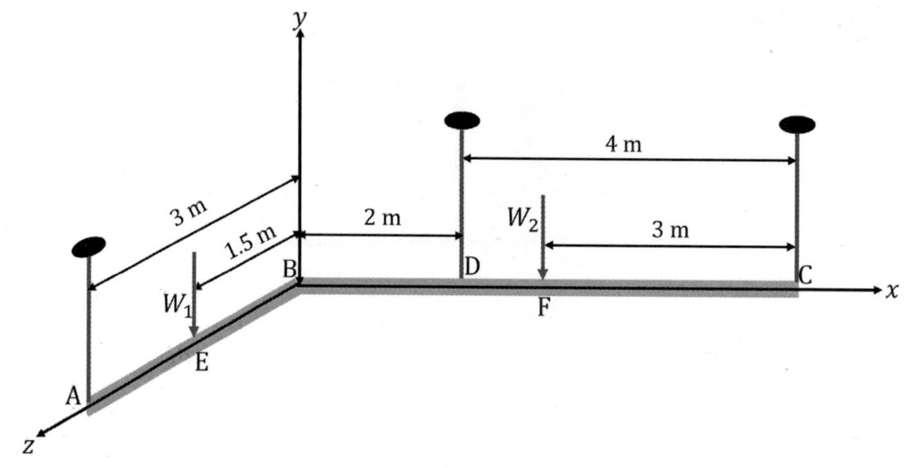

연습문제 [그림 4-18]

▶ 4.6절

4.19 연습문제 [그림 4-19]의 무게가 1 kN인 균일 밀도의 소음흡수 판넬이 세 개의 케이블에 의해 지지되고 있다. 케이블의 장력을 T_A, T_B, T_C라 할 때, 이 판넬이 평형을 유지하기 위한 장력들은 얼마인가? 그림에서 G는 무게중심의 위치를 나타내고, 판넬은 아주 얇아 두께를 무시할 수 있다.

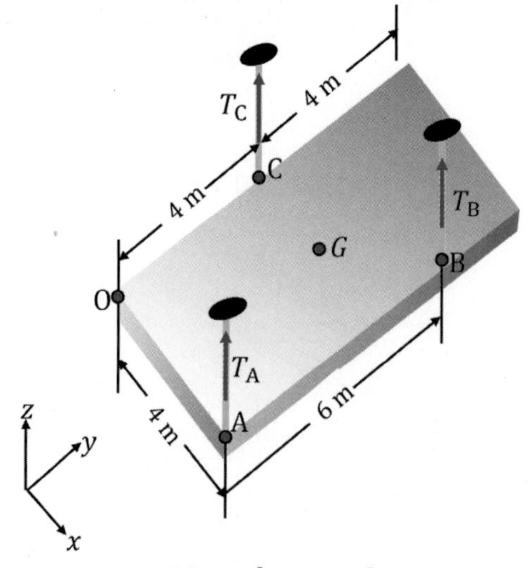

연습문제 [그림 4-19]

▶ 4.6절

4.20 연습문제 [그림 4-20]의 강철봉이 세 개의 케이블에 의해 지지되고 있다. 강철봉의 무게가 1 kN 이라면, 각 케이블에 걸리는 장력을 구하여라.

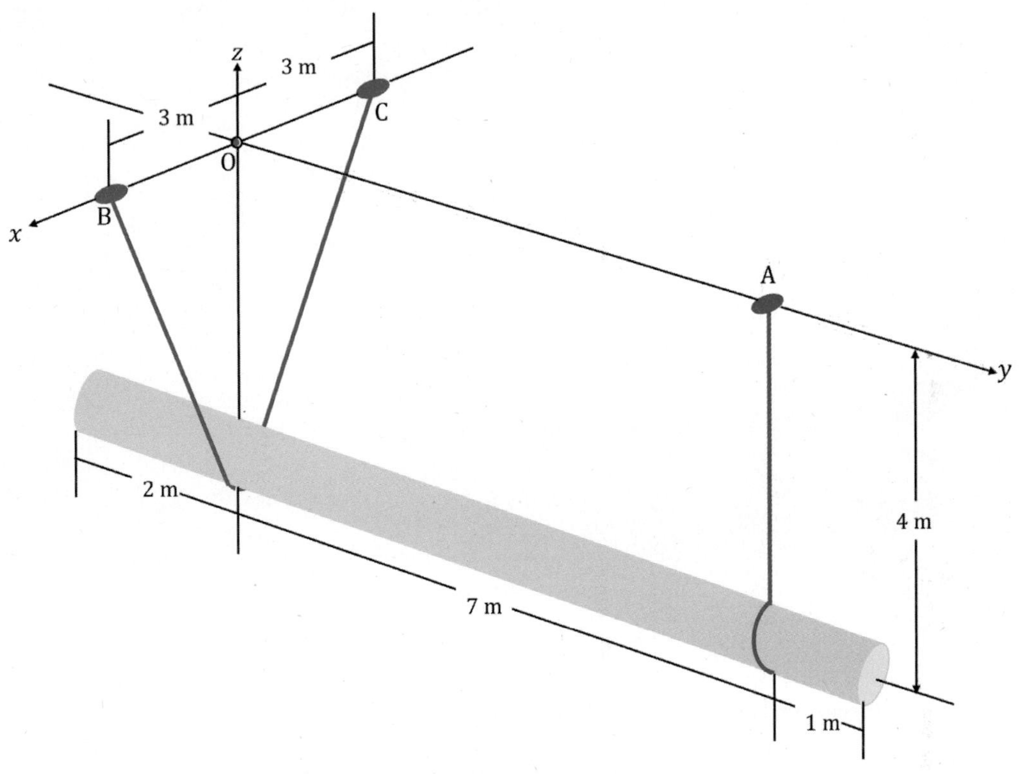

연습문제 [그림 4-20]

Statics

건설 공사장의 작업으로 때때로 멋지고 화려한 높은 건물들이 몇 달 사이에 쑥쑥 올라가는 것을 보면 감탄도 하지만, 때로는 저 건물들이 과연 안전할까? 하는 불안에 휩싸이기도 한다. 거대하고 웅장한 건물을 짓는 건설 공사에는 타워 크레인tower crane이 반드시 사용되는데, 이 타워 크레인을 잘 살펴보면 트러스truss와 각종 부재들members로 구성되어 있음을 알 수 있다. 또한, 건설 공사 처음에는 먼저 철근이나 목재로 골격이나 뼈대를 이루는 틀frame이 먼저 시공된다. 이들을 토대로 웅장하고 높은 건물들이 완성되는 것이다. 이 장에서는 트러스 구조물뿐만 아니라 각종 프레임과 일반적 기계 구조물에 대한 구조해석을 통해, 외력을 받는 구조물의 각종 부재에 걸리는 힘들을 계산하는 방법을 학습한다.

CHAPTER 05

구조물의 구조해석

Structural analysis of structures

CONTENTS

학습목표

- 구조물의 종류와 구조물에 대한 정의를 익힌다.
- 트러스 구조물의 형태, 종류 등을 알아보고, 몇몇 방법(절점법과 단면법)으로 트러스 부재에 작용하는 힘들을 계산한다.
- 프레임 구조물을 해석하는 방법을 익히고, 프레임을 구성하는 다력부재에 대한 해석을 행한다.
- 일반적인 기계 구조물을 구성하는 다력부재들에 대한 해석 방법을 학습한다.

Section 5.1

구조물의 정의

학습목표

✔ 구조물이란 무엇인지를 정의하고, 일상생활에서 볼 수 있는 각종 구조물의 예를 살펴본다.

✔ 구조물의 한 예를 통해, 구조물에 작용하는 외력에 대해 구조물의 여러 부분을 결합하는 힘들을 알아본다.

이전 장들에서는 단일 강체에 대한 내용을 학습한 경우로 모든 힘들이 강체의 외부에 있는 경우를 다루었다. 이 장에서는 구조물에 대한 내용을 다룰 것이다. 일반적으로 **구조물**structures 이란 공간의 형태를 갖고, 그 고유한 기능을 안전하게 행할 수 있는 물체로 정의된다. 예를 들어, 핀pin과 같이 아주 조그만 물체로부터 교량bridge과 같은 큰 물체까지 모두 합하여 구조물이라 할 수 있다. 구조물에는 건물building과 타워tower 등의 건축 구조물과 같이 사람들이 생활할 수 있는 구조물도 있지만, 교량, 터널tunnel, 댐dam 등 토목 구조물과 **베어링**bearing, **캠**cam, **실린더**cylinder, **축**shaft, **기어**gear, **체인**chain 등의 기계 구조물과 같이 사람들이 생활할 수 없는 구조물도 있다.

5.1.1 공학 구조

일반적으로 **공학 구조**engineering structure란 용어는 서로 연결된 물체의 집합을 설명하는 데 사용되는 용어로서, [그림 5-1]과 같이 가위를 구성하는 가위의 앞날개와 손잡이는 뒷날개와 손잡이와 함께 서로 상대적으로 움직이는 구조물도 있지만, [그림 5-2]의 교량과 같이 교량을 구성하는 서로의 구성요소끼리 상대에 대해 고정될 수도 있다.

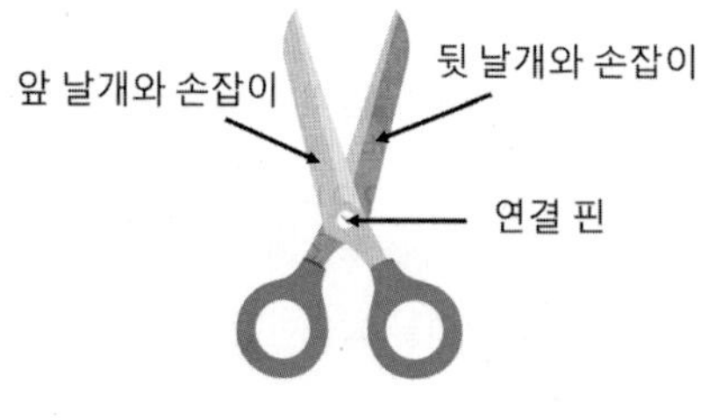

[그림 5-1] 한 쌍의 가위 날

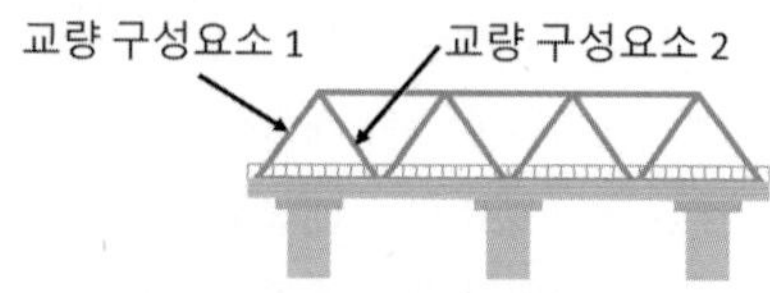

[그림 5-2] 교량을 구성하는 서로 다른 요소

공학 구조를 해석할 경우는 구조 전체를 해석할 때도 있고, 구조를 개개별로 분석하는 개별 몸체로 분해하여 해석할 때도 있다. 이러한 해석에 사용되는 해석 방법은 알고자 하는 미지의 힘들과 해석 중인 구조 형태에 따라 다르다.

1) 내력과 외력

해석 대상이 단일 물체일 경우, 이 단일 물체를 해석할 때는 이 물체가 주위의 다른 물체에 작용하는 힘과 주위의 다른 물체가 해석 대상의 단일 물체에 작용하는 힘을 찾을 수 있다. 이 힘은 해석 대상의 단일 물체와 주위 물체 사이의 힘이기 때문에 모두 **외력**external force으로 간주한다.

공학 구조에서는 어떤 물체가 주위 물체와 상호 작용하는 외력이 여전히 존재하지만, 한 물체에서 서로 다른 구조가 서로에게 가하는 힘([그림 5-1]에서 가위의 핀과 날개 사이의 힘)에 관해서도 생각할 수 있다. 이 서로 다른 구조(가위의 핀과 날개)는 해석 대상의 단일 물체(가위)의 일부이기 때문에, 이 핀과 날개 사이의 힘은 **내력**internal force으로 간주한다.

구조물에 작용하는 외력만 구하려는 경우, 물체 전체 구조를 단일 물체로 취급할 수 있다. (구조가 전체적으로 단단하다고 가정). 구조물의 구성요소 사이에 작용하는 내력을 구하고자 한다면, 해석하는 데 있어 구성요소를 별도의 물체로 분해해서 자유물체도를 그려야 하고, 이때 뉴턴의 제 3법칙(작용 반작용의 법칙)을 인지하고 주의 깊게 관찰하여야 한다.

2) 구조의 형태

일반적으로 구조물을 해석할 때 고려하여야 할 또 다른 중요한 사항은 해석하고자 하는 구조물의 형태이다. 모든 구조물은 크게 트러스, 프레임 및 기계 구조물의 세 가지 범주 중의 하나에 속한다. 프레임과 기계는 같은 방식으로 해석되므로 두 구조물 사이의 구별은 덜 중요하지만, 트러스 구조물에 적용되는 해석 방법은 프레임 및 기계 구조물에 적용되는 해석 방법과 크게 다르므로 우선 구조물이 트러스인지 아닌지를 구별하는 것은 구조해석에 있어 중요한 첫 번째 단계이다.

(1) 트러스

트러스truss는 가해지는 하중을 견디도록 설계되며, 정적으로 완전히 구속된 구조물이다. 또한, 두 개의 힘 부재(이력 부재two force member)만으로 구성된 구조이다. 구조물의 어떤 부분이 두 개의 힘 부재가 아닌 부재로 구성된 경우의 구조물은 프레임 구조물이 아니면 기계 구조물에 해당된다. 한편, 트러스에 존재하는 미지의 힘들을 정역학적 힘의 평형방정식으로 구할 수 있는 트러스가 되려면 트러스가 전체적으로 견고해야 한다. 만일 트러스의 어떤 부재가 다른 부재 서로에 대해 자유롭게 움직일 수 있다면 분리된 트러스는 자체적으로 견고하지 않은 것이다.

이력 부재는 힘이 두 점에만 작용하는 부재로 두 점에만 작용하는 두 힘은 크기가 같고 방향이 반대이다. 힘이 세 개 이상의 점에 작용하거나 모멘트가 작용하는 경우, 그 부재는 이력 부재가 아니다(이전 장들의 이력 부재에 대한 내용 참조). 이력 부재에 대한 독특한 가정이 있어서, 프레임 구조물과 기계 구조물에 적용할 수 없는 두 가지 고유한 방법(절점법과 단면법)을 트러스 해석에는 적용할 수 있다.

(2) 프레임

프레임frame 또한 가해지는 하중을 견디도록 설계되며, 트러스처럼 정적으로 완전히 구속된 구조물이다. 프레임과 트러스의 다른 점은 프레임 구조물에 있어, 구조물의 적어도 하나 또는 그 이상의 구성요소가 이력 부재가 아니라 **다력부재**multi force member라는 점이고, 이 다력부재는 3개 이상의 지점에서 작용력을 가진 부재이다.

(3) 기계

기계machine는 힘을 전달하고 변화시키기 위해 설계되며, 움직이는 부분을 포함하는 경우가 대부분이다. 기계 또한 프레임과 같이 구조물의 적어도 하나 또는 그 이상의 구성요소가 이력 부재가 아니라 다력부재라는 점이다. 그러나, 프레임과 기계의 차이점은 프레임은 전체

(a) 트러스 교량

(b) 핸드 카트의 프레임

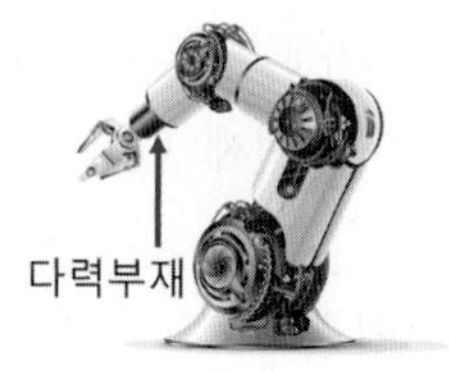

(c) 동력기계 로봇 팔

[그림 5-3] 트러스, 프레임, 동력 기계의 예

적으로 견고rigid하지만 기계는 전체적으로 견고하지 않다는 것이다. 한편, 프레임과 기계는 전적으로 이력 부재만으로 구성되지 않기 때문에 절점법과 단면법을 사용할 수 있는 가정을 할 수 없고, 이러한 이유로 다른 해석 방법을 사용해야 한다.

[그림 5-3]은 트러스 구조물, 프레임 구조물 그리고 동력 기계 중의 하나인 로봇을 보여주고 있다.

5.1.2 이력 부재

이력 부재two force member는 두 위치에서만 작용력(오로지 힘만 있고 모멘트는 없음)이 있는 부재이다. 구조물이 정적 평형상태에서 이력 부재를 가지려면 각위치의 작용력은 크기는 같고 방향은 반대이어야 한다. 이렇게 되어야 한다면, [그림 5-4]와 같이 이력 부재는 모두 인장 또는 압축 상태가 된다.

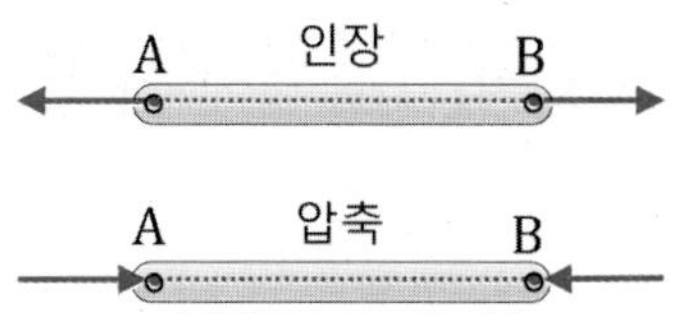

[그림 5-4] 이력 부재에 작용하는 힘

1) 각 점의 힘은 크기가 같고 반대 방향이며, 동일선상에 있어야 하는 이유

[그림 5-4]의 부재의 양 끝점 A와 점 B에서만 힘이 작용하는 이력 부재를 생각해 보자. 부재의 한쪽 끝점 A에 작용하는 영이 아닌 힘을 가지고 있다고 할 때, 이를 그림과 같이 힘 벡터로 그릴 수 있다. 이 부재가 평형상태에 있다면, 이로부터 정역학적 평형인 다음과 같은 두 가지를 알 수 있다: 첫째, 모든 힘의 합은 영($\Sigma F = 0$)과 같아야 하고, 둘째, 모든 모멘트의 합($\Sigma M = 0$)이 영과 같다는 것이다. 즉, 힘의 합이 영이 되려면, 부재의 다른 끝점 B에 있는 힘 벡터의 크기가 동일하고 방향이 반대여야 한다. 이 의미는 힘의 합이 단지 두 개만의 힘으로 영과 같게 하는 유일한 방법이다.

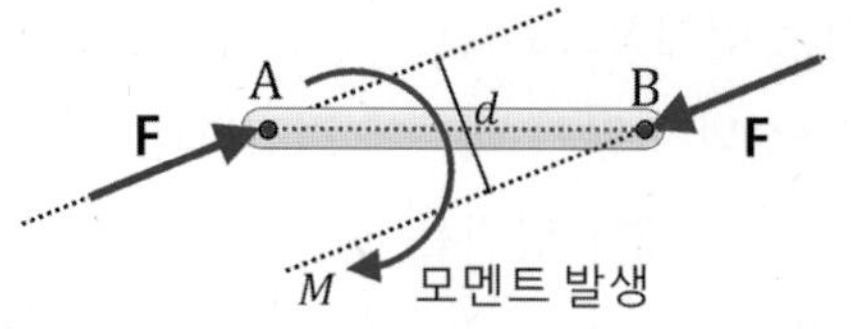

A모멘트 발생 안함B

F F

$d = 0,\ M = 0$

[그림 5-5] 이력 부재에 작용하는 힘

이제, 모멘트의 합이 영이 되려면 [그림 5-5]의 아래 그림처럼 힘 벡터 F가 동일선상에 있어야 한다. [그림 5-5] 위쪽 그림과 같이 힘이 동일선상에 있지 않으면, 크기가 같고 방향이 반대인 두 힘이 한 쌍을 이루게 되고, 이 두 힘에 의해 우력 모멘트 M이 발생하게 되는데, 만일 이 모멘트 크기의 반대 방향 모멘트 M이 없으면 부재는 불평형을 이루어 회전하게 된다. 따라서 모멘트 평형을 이루려면, [그림 5-5]의 아래 그림처럼 두 힘이 가하는 모멘트는 영이 되어야 하고, 두 힘 사이의 수직 거리 d도 영이어야 한다. 이를 해결하는 유일한 방법은 힘이 동일선상에 있는 경우이다.

2) 이력 부재가 중요한 이유

이력 부재를 구별함으로써, 물체에서 알려지지 않은 미지수의 수를 크게 줄일 수 있다. [그림 5-6]과 같이 이력 부재에서는 힘이 부재의 두 연결 지점 사이의 선을 따라 작용해야 한다. 이는 힘 벡터의 방향이 부재의 양쪽에 알려져 있음을 의미한다. 또한, 두 힘의 크기가 같고, 방향이 반대라는 것을 알고 있으므로 부재의 한쪽에 작용하는 힘의 크기와 방향을 구하면 부재의 다른 쪽에 작용하는 힘의 크기와 방향을 쉽게 알 수 있게 된다.

이력 부재는 트러스와 프레임 및 기계를 구별하는 데에도 중요하다. 절점법이나 단면법을 이용하여 트러스를 해석할 때는 모든 트러스 부재가 이력 부재라고 가정한다. 이 가정이 올바르지 않으면 해석에 문제가 발생하게 된다. 그러나 이러한 가정을 통해, 트러스 해석을 프레임과 기계의 해석보다 더 쉽고 빠르게 할 수 있다.

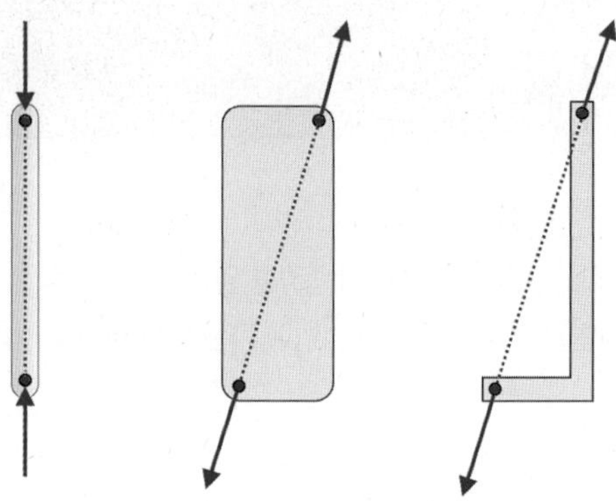

[그림 5-6] 다양한 이력 부재에 작용하는 힘

Section 5.2

트러스의 해석

학습목표

✔ 트러스 구조물의 특징을 파악하고, 트러스 구조물의 종류를 알아본다.

✔ 트러스 구조물의 몇몇 해석 방법을 익히고, 각각의 방법에 따른 해석 절차를 학습한다.

트러스truss는 여러 개의 직선 부재들을 한 개 또는 그 이상의 삼각형 형태로 배치하여, 각 부재를 절점에서 연결하여 구성한 골격 구조를 뜻한다. 직선 부재가 각각의 삼각형의 힌지로 접합되고 결합된 구조로 트러스의 실제 접합부는 강접합이지만, 구조 계산에서는 힌지hinge로 생각한다. 또한, 트러스는 부재가 삼각형으로 구성되는 구조 형식으로, 부재의 절점은 핀 접합으로 다루어진다. 아울러, 트러스는 전적으로 이력 부재로 구성된 공학 구조물로 정적으로 결정된 트러스(평형방정식을 사용하여 완전히 해석할 수 있는 트러스)는 독립적으로 견고해야 한다. 즉, 트러스가 연결 지점에서 분리되면 어느 부분도 나머지 트러스에 대해 독립적으로 이동할 수 없다. 또한, 트러스는 강체와 같이 부재의 변형이 아주 작은 구조물을 구성하기 위해, 부재의 끝단이 힌지로 연결되어 형성된 골격을 의미한다. 대표적인 예로, 교량, 지붕구조 등을 들 수 있다.

5.2.1 트러스의 종류

1) 트러스의 형태에 따른 분류

트러스는 그 형태에 따라 [그림 5-7]과 같이 다양한 종류의 트러스로 분류할 수 있다.

(a) Warren 트러스

(b) Howe 트러스

(c) Pratt 트러스

(d) Parker 트러스

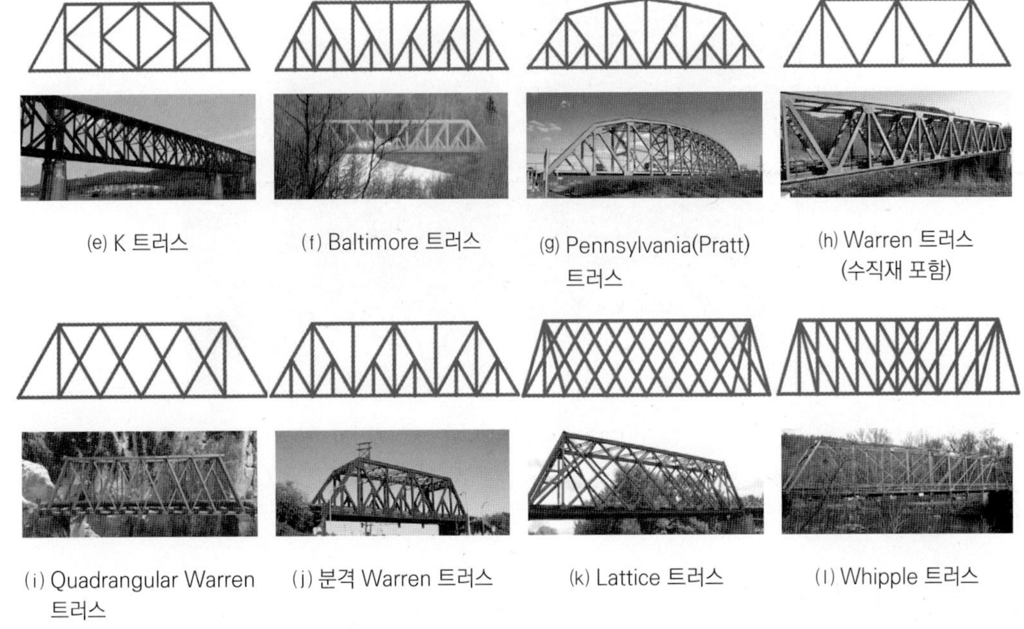

(e) K 트러스 (f) Baltimore 트러스 (g) Pennsylvania(Pratt) 트러스 (h) Warren 트러스 (수직재 포함)

(i) Quadrangular Warren 트러스 (j) 분격 Warren 트러스 (k) Lattice 트러스 (l) Whipple 트러스

[그림 5-7] 다양한 형태에 따른 트러스의 분류

2) 트러스가 분포하는 차원에 따른 분류

(1) 평면 트러스

트러스가 분포하는 차원에 따른 분류로는 크게 평면 트러스와 공간 트러스로 더 나눌 수 있다. 평면 트러스는 모든 부재가 단일 평면에 놓인 트러스인데, 이것은 **평면 트러스**가 본질적으로 2차원 시스템으로 취급될 수 있음을 의미한다.

(2) 공간 트러스

공간 트러스는 단일 평면에 제한되지 않는 부재를 가지고 있고, 이것은 공간 트러스가 3차원 시스템으로 분석되어야 함을 의미한다. [그림 5-8]은 공간 트러스의 한 예를 보여주는 그림이다.

[그림 5-8] 공간 트러스의 예

출처 : https://en.wikipedia.org/wiki/Truss_bridge, http://sunroad.pe.kr(https://sunroad.tistory.com/109)

5.2.2 트러스의 해석

트러스 해석에 대해 언급할 때, 일반적으로 트러스 구조물에 작용하는 외력뿐만 아니라 트러스 내부의 각 부재에 작용하는 힘(내력)도 구별하고자 한다. 트러스의 각 부재는 이력 부재이기 때문에 각 부재에 작용하는 힘의 크기를 알고, 각 부재가 인장 또는 압축 상태에 있는지를 필요로 한다. 이들 미지수를 구하기 위해, **절점법**method of joint과 **단면법**method of section의 두 가지 방법을 사용할 수 있다. 두 방법 모두 같은 결과를 도출하나, 각각 다른 절차를 통해 계산된다.

1) 절점법

절점법은 절점 또는 부재 사이의 연결 지점에 초점을 두며, 질점particle으로 모델링하는 각 점에 핀이 있다고 가정하고, 각 핀에 대한 자유물체도를 그린 다음, 각 핀에 대한 평형방정식을 세운다. 절점법은 일반적으로 트러스의 모든 미지의 힘을 구하는 가장 빠르고 쉬운 방법이다. 절점법에 사용되는 절차는 다음과 같다.

처음에는 일반적으로 트러스의 부재와 절점이나 조인트에 라벨을 지정하는 것이 유용하다. 이렇게 하면 이후 해석에서 모든 풀이를 체계적이고도 일관되게 유지하는 데 도움이 된다. 이 책에서는 부재는 문자로 표시하고, 절점은 문자 또는 숫자로 표시한다.

(1) 절점법의 풀이 절차

다음은 절점법으로 트러스 문제를 풀어가는 절차를 소개하기로 한다. 절차를 소개하는 데는 [그림 5-9(a)]에 보이는 4개의 부재로 구성된 평면 트러스에 외력 P가 작용하는 경우를 살펴본다.

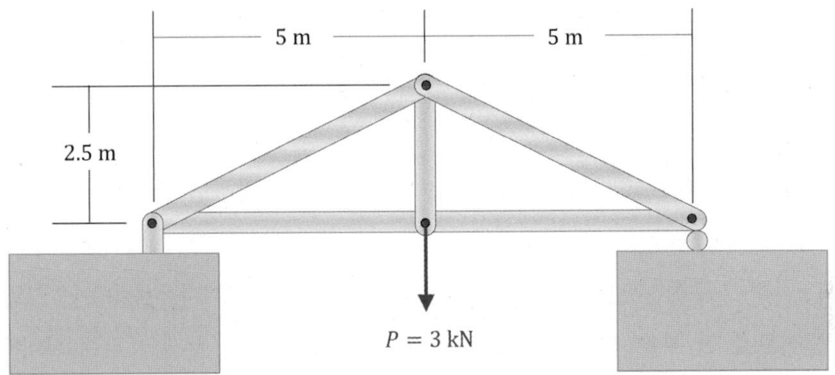

(a) 외력 P가 작용하는 트러스(절점법)

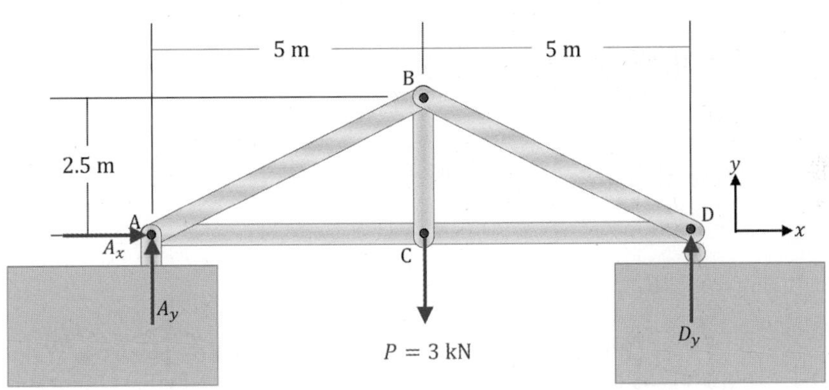

(b) 절점의 라벨과 반력의 설정

[그림 5-9] 4개의 부재를 갖는 트러스 구조물(절점법)

❶ [그림 5-9(a)]와 같이 주어진 문제에 대해, 첫째, [그림 5-9(b)]에 나타나 보이는 것처럼 절점에 A, B, C, D의 라벨label을 붙인다. 다만, 이 라벨은 숫자가 될 수도 있다.

❷ 둘째, [그림 5-9(b)]에 보이는 것과 같이, 외력 P에 대한 반력을 가정하고, 좌표계(x, y)를 설정하여 전체 자유물체도를 그린다. 이전 장들에서 학습한 바 있듯이, 점 A는 핀 또는 힌지 지점이므로 각각 수평과 수직 반력(A_x, A_y)이 있는 것으로 가정하고, 점

D는 롤러지지이므로 오로지 수직 반력 D_y만 존재하는 것으로 가정한다.

❸ 셋째, 트러스 전체 구조를 강체로 보고, x, y 각각의 방향에 대한 힘의 평형방정식과 모멘트 평형방정식을 적용하여 식 (5.1)~식 (5.3)으로부터 반력을 구한다.

$$\Sigma F_x = 0 \ ; \ A_x - 0 = 0, \quad A_x = 0 \tag{5.1}$$

$$\Sigma F_y = 0 \ ; \ A_y + D_y - P = 0 \tag{5.2}$$

$$\Sigma M_A = 0 \ ; \ D_y(10\text{ m}) - P(5\text{ m}) = 0, \ D_y = 1.5\text{ kN} \tag{5.3}$$

식 (5.3)으로부터 구한 $D_y = 1.5\text{ kN}$을 식 (5.2)에 대입하면 $A_y = 1.5\text{ kN}$이 된다.

❹ 넷째, 반력이 구해졌으므로, 이제, 절점을 중심으로 한 부분 자유물체도를 그린다. 절점을 중심으로 한 부분 자유물체도를 그리기에 앞서, 주어진 문제의 부재 사이의 사잇각을 먼저 구해 둔다. [그림 5-9(b)]에 있어 부재 AB와 AC 사이의 사잇각과 부재 AB와 BC 사이의 사잇각을 각각 θ_1과 θ_2라 하면 θ_1과 θ_2는 다음과 같다.

$$\theta_1 = \tan^{-1}\left(\frac{2.5\text{ m}}{5\text{ m}}\right) = 26.57°, \quad \theta_2 = \tan^{-1}\left(\frac{5\text{ m}}{2.5\text{ m}}\right) = 63.43° \tag{5.4}$$

따라서, 절점을 중심으로 한 부분 자유물체도는 [그림 5-10]에 나타난 바와 같다.

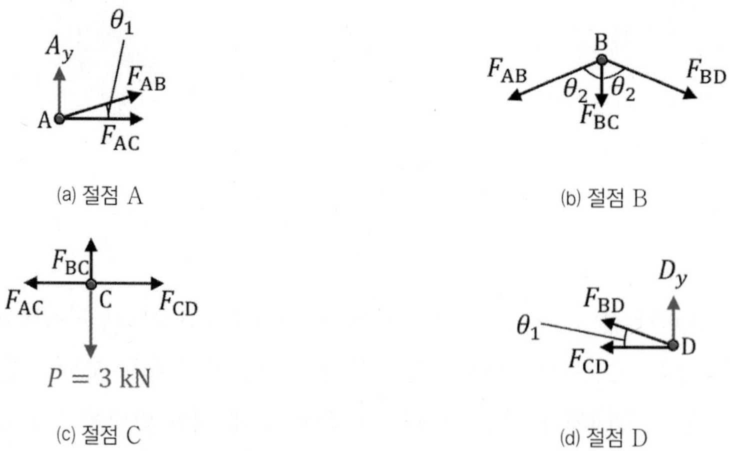

(a) 절점 A (b) 절점 B

(c) 절점 C (d) 절점 D

[그림 5-10] 각 절점에서의 자유물체도

❺ [그림 5-10]의 부분 자유물체도를 이용하여, 각 절점에서 힘의 평형방정식을 적용한다. 이 경우, 어느 절점부터 시작하느냐 하는 문제인데, 어떤 절점에서 미지의 힘이 2개인 절점에서부터 시작하면 된다. 그 이유는 x, y 평면에서 각 방향에 대한 힘의 평형방정식이 2개이므로 미지수 2개를 구할 수 있는 것이다. 따라서, 이 문제에서는 절점 A나 절점 D에서 시작하면 된다. 여기서는 절점 A부터 시작하기로 한다.

■ 절점 A

$$\Sigma F_x = 0 \ ; \ F_{\mathrm{AB}}(\cos 26.57°) + F_{\mathrm{AC}} = 0 \tag{5.5}$$

$$\Sigma F_y = 0 \ ; \ A_y + F_{\mathrm{AB}}(\sin 26.57°) = 0,\ F_{\mathrm{AB}} = -\frac{1.5\ \mathrm{kN}}{\sin 26.57°} = -3.35\ \mathrm{kN} \tag{5.6}$$

$F_{\mathrm{AB}} = -3.35\ \mathrm{kN}$를 식 (5.5)에 대입하면 $F_{\mathrm{AC}} = 2.996\ \mathrm{kN}$ (5.7)

이상의 결과는 [그림 5-10(a)]에서와 같이, 절점 A에서 가정한 힘 F_{AB}와 F_{AC}, 그리고 이미 구한 반력 A_y 모두 밖으로 나가는 쪽이다. 따라서 식 (5.5)~식 (5.7)에서 계산된 힘의 값이 양의 값이면 가정한 힘의 방향이 옳았다는 것이고, 음의 값으로 산출되면 실제는 가정한 힘의 방향과 반대라는 의미가 있다.

■ 절점 B

$$\Sigma F_x = 0 \ ; \ -F_{\mathrm{AB}}(\sin 63.43°) + F_{\mathrm{BD}}(\sin 63.43°) = 0,$$

$$F_{\mathrm{BD}} = F_{\mathrm{AB}} = -3.35\ \mathrm{kN} \tag{5.8}$$

$$\Sigma F_y = 0 \ ; \ -F_{\mathrm{AB}}\cos(63.43°) - F_{\mathrm{BC}} - F_{\mathrm{BD}}(\cos 63.43°) = 0,$$

$$F_{\mathrm{BC}} = 3\ \mathrm{kN} \tag{5.9}$$

식 (5.8)과 식 (5.9)에서 얻은 $F_{\mathrm{BD}} = F_{\mathrm{AB}} = -3.35\ \mathrm{kN}$, $F_{\mathrm{BC}} = 3\ \mathrm{kN}$ 값들에 있어, 음의 값은 최초 가정한 [그림 5-10(b)]에서의 힘의 방향이 반대이어야 한다는 것이고, 양의 값은 가정한 힘의 방향이 옳았다는 것이다.

■ 절점 C

$$\Sigma F_x = 0 \ ; \ -F_{\mathrm{AC}} + F_{\mathrm{CD}} = 0,\ F_{\mathrm{AC}} = F_{\mathrm{CD}} = 3\ \mathrm{kN} \tag{5.10}$$

$$\sum F_y = 0 \; ; \quad F_{\mathrm{BC}} - 3 = 0, \; F_{\mathrm{BC}} = 3\,\mathrm{kN} \tag{5.11}$$

식 (5.10)과 식 (5.11)로부터, F_{CD}와 F_{BC}는 양의 값으로 산출되었으므로 최초의 가정한 방향은 타당하다.

■ 절점 D

$$\sum F_x = 0 \; ; \; -F_{\mathrm{CD}} - F_{\mathrm{BD}}\cos 26.47° = 0,$$

$$F_{\mathrm{CD}} =- F_{\mathrm{BD}}\cos 26.57° = 3.35\,\mathrm{kN} \tag{5.12}$$

$$\sum F_y = 0 \; ; \; 1.5\,\mathrm{kN} + F_{\mathrm{BD}}\sin 26.57° = 0,$$

$$F_{\mathrm{BD}} = -\frac{1.5\,\mathrm{kN}}{\sin 26.57°} = -3.35\,\mathrm{kN} \tag{5.13}$$

식 (5.12)와 식 (5.13)으로부터, F_{CD}는 양의 값, F_{BD}는 음의 값으로 산출되었다. 이는 F_{CD}의 방향 가정은 최초 가정한 방향이 옳았고, F_{BD}는 최초 가정한 방향과 반대로 되어야 타당함을 알 수 있다.

풀이 과정을 통해, 실제로 절점 A, B, C, D에서의 힘의 다각형은 [그림 5-11]에 나타난 바와 같다.

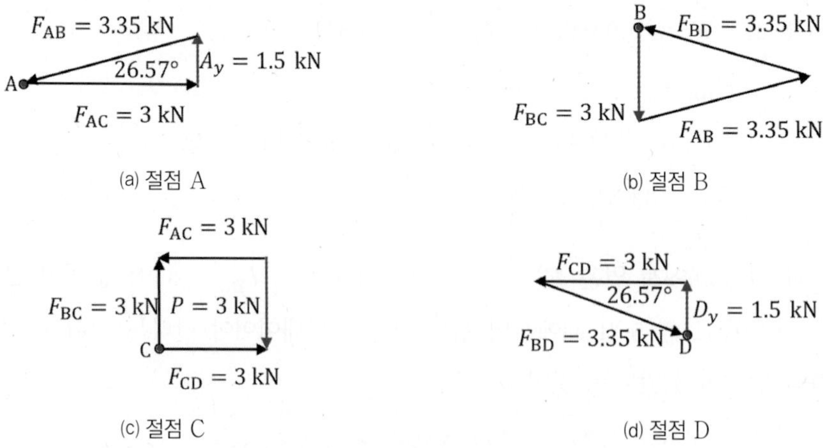

(a) 절점 A (b) 절점 B

(c) 절점 C (d) 절점 D

[그림 5-11] 각 절점에서의 힘의 다각형

❻ 이제, 힘의 다각형으로부터 각 부재가 인장 부재인지, 압축 부재인지를 살펴보기로 한다. 첫째, 부재 AB는 압축 부재이다. 왜냐하면 부재에 걸리는 힘 F_{AB}가 [그림 5-11(a)]와 [그림 5-11(b)]에 나타난 바와 같이, 절점 A와 절점 B를 향해 들어가는 힘이기 때문에 부재에서는 작용 반작용 법칙에 따라 안쪽으로 들어오는 힘이 된다. 따라서 압축 부재이다. 둘째, 부재 AC는 인장 부재이다. 왜냐하면 부재에 걸리는 힘 F_{AC}가 [그림 5-11(a)]와 [그림 5-11(c)]에 나타난 바와 같이, 절점 A와 절점 C로부터 나가는 힘에 해당된다. 따라서, 부재 AC는 작용 반작용에 의해 부재는 인장이 일어난다. 셋째, 부재 BD는 압축 부재이다. [그림 5-11(b)]와 [그림 5-11(d)]에서 F_{BD}는 절점 B나 절점 D로 들어가는 힘이라 부재 BD에서는 작용 반작용 법칙에 의해 부재 안쪽으로 들어가는 힘이 되기 때문에 압축 부재인 것이다. 이와 같은 방법으로 나머지 부재 CD와 부재 BC는 모두 인장 부재이다.

2) 단면법

단면법은 트러스를 두 개 또는 그 이상의 다른 단면으로 분할한 후, 각 단면을 평형상태에 있는 별도의 강체로 취급하여 해석하는 것이다. 이 방법은 어떤 트러스 부재에 작용하는 미지의 힘들을 구하고자 할 때, 구하고자 하는 부재들을 포함하는 적절한 단면을 결정하고, 각 단면에 대한 자유물체도를 그린 다음, 각 단면에 대한 평형방정식을 세우고 이 방정식을 푸는 방법이다.

단면법은 특정 부재에 작용하는 힘을 구하는 것이 목적이라면 모든 미지수를 풀 필요 없이, 단지 몇몇 부재에 작용하는 힘들을 목표로 삼고 푸는 데 더 적합하다. 따라서, 단면법은 일반적으로 트러스의 특정 부재에 작용하는 미지의 힘을 결정하는 가장 빠르고 쉬운 방법이다. 또한, 필요한 경우, 문제를 푸는 사람의 목적에 가장 부합할 수 있도록 절점법과 결합하여 문제를 해결할 수도 있다.

(1) 단면법의 풀이 절차

단면법으로 트러스 문제를 풀어가는 절차를 소개하기로 한다. 절차를 소개하는 데는 절점법에서 이용했던 [그림 5-9(a)]와 동일한 [그림 5-12(a)]에 보이는 4개의 부재로 구성된 평면 트러스에 외력 P가 작용하는 경우를 살펴본다.

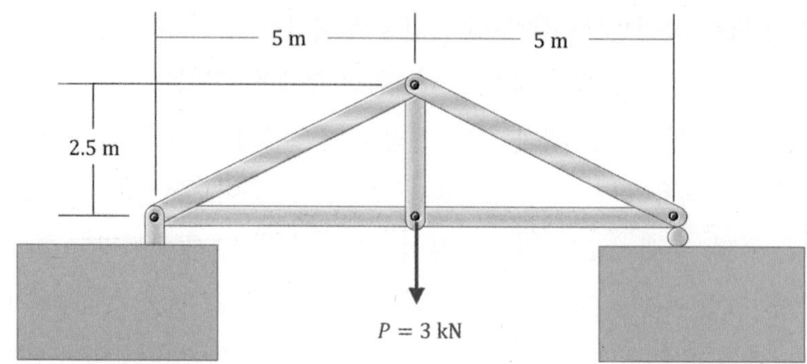

(a) 외력 P가 작용하는 트러스(단면법)

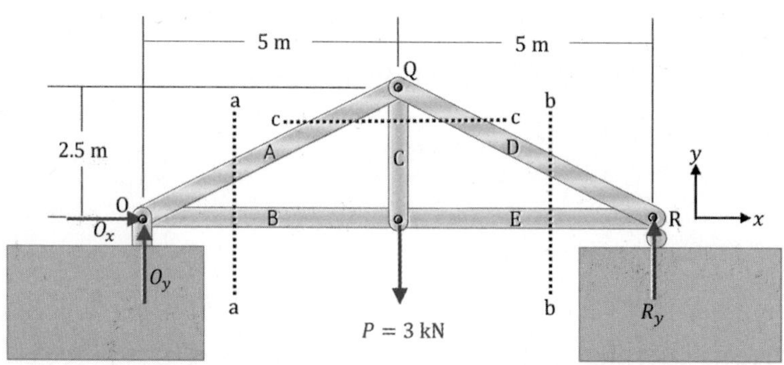

(b) 부재의 라벨과 반력의 설정

[그림 5-12] 4개의 부재를 갖는 트러스 구조물(단면법)

❶ [그림 5-12(a)]와 같이 주어진 문제에 대해, 첫째, [그림 5-12(b)]에 나타나 보이는 것처럼 트러스 부재에 A, B, C, D, E의 라벨label을 붙인다. 반드시 라벨을 붙여야 하는 것은 아니지만, 설명의 편리성과 절점법에서 사용한 기호들과의 구별을 위해 트러스 부재에 라벨을 붙이기로 한다.

❷ 둘째, 절점법에서 행하였던 것처럼, [그림 5-12(b)]에 보이는 것과 같이, 외력 P에 대한 반력을 가정하고, 좌표계(x, y)를 설정하여 전체 자유물체도를 그린다. 절점법과의 공통된 반복 설명은 여기서는 생략하기로 한다.

❸ 셋째, 트러스 전체 구조를 강체로 보고, x, y 각각의 방향에 대한 힘의 평형방정식과 모멘트 평형방정식을 적용하여 식 (5.14)~식 (5.16)으로부터 반력을 구한다.

$$\Sigma F_x = 0 \ ; \ O_x - 0 = 0, \quad O_x = 0 \tag{5.14}$$

$$\Sigma F_y = 0 \ ; \ O_y + R_y - P = 0 \tag{5.15}$$

$$\Sigma M_A = 0 \ ; \ R_y(10\ \mathrm{m}) - P(5\ \mathrm{m}) = 0, \ R_y = 1.5\ \mathrm{kN} \tag{5.16}$$

식 (5.16)으로부터 구한 $R_y = 1.5\ \mathrm{kN}$을 식 (5.15)에 대입하면 $O_y = 1.5\ \mathrm{kN}$이 된다.

❹ 넷째, 반력이 구해졌으므로, 이제, 구하고자 하는 부재에 걸리는 힘을 구하기 위해 [그림 5.12(b)]에 보이는 가상적인 단면(a－a 단면, b－b 단면, c－c 단면)을 설정한다. 주어진 문제의 부재 사이의 사잇각을 먼저 구해 둔다. [그림 5-9(a)]에 있어 부재 A와 B 사이의 사잇각과 부재 A와 C 사이의 사잇각을 각각 θ_1과 θ_2라 하면 θ_1과 θ_2는 다음과 같다.

$$\theta_1 = \tan^{-1}\left(\frac{2.5\ \mathrm{m}}{5\ \mathrm{m}}\right) = 26.57°, \quad \theta_2 = \tan^{-1}\left(\frac{5\ \mathrm{m}}{2.5\ \mathrm{m}}\right) = 63.43°$$

❺ 이제 구하고자 하는 부재에 작용하는 힘을 구하기 위해, 부분 자유물체도를 그린다. 예를 들어, 부재 A와 부재 B에 걸리는 힘을 구하기 위해서는 [그림 5-12(b)]의 a－a 단면을 가상단면으로 생각하여, 가상 절단한 자유물체도를 [그림 5-13(a)]와 같이 나타낸다.

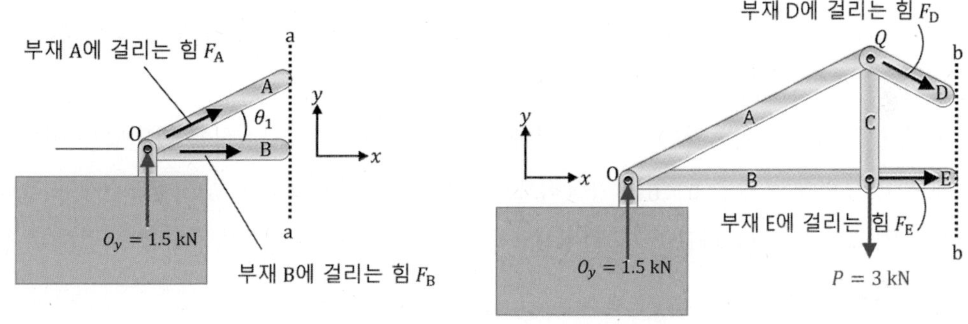

(a) 부재 A, B에 작용하는 힘

(b) 부재 D, E에 작용하는 힘

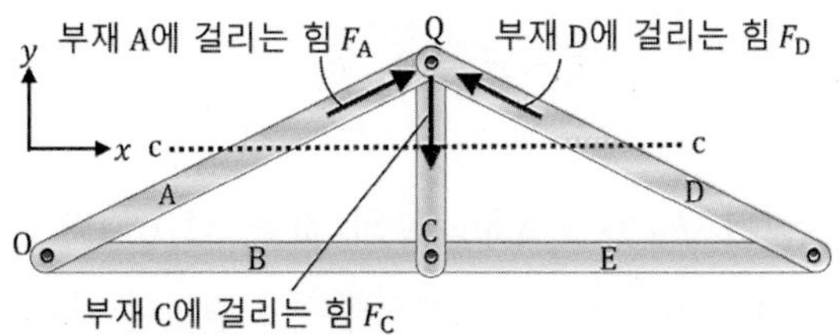

(c) 부재 C에 작용하는 힘

[그림 5-13] 임의의 부재에 걸리는 힘(단면법)

[그림 5-13(a)]에 나타난 바와 같이, 부재 A에 걸리는 힘을 F_{A}, 부재 B에 걸리는 힘을 F_{B} 라 하면 점 O에서의 반력 O_y와 함께 힘의 평형방정식에 대입하고 정리하면 다음과 같다.

$$\Sigma F_x = 0 \;;\; F_{\mathrm{B}} + F_{\mathrm{A}}\cos 26.57° = 0, \tag{5.17}$$

$$\Sigma F_y = 0 \;;\; F_{\mathrm{A}}\sin 26.57° + O_y = 0,\; F_{\mathrm{A}} = -\frac{O_y}{\sin 26.57°} = -3.35\ \mathrm{kN} \tag{5.18}$$

식 (5.18)의 F_{A} 값을 식 (5.17)에 대입하면 $F_{\mathrm{B}} = 3.35\cos 26.57° = 3\ \mathrm{kN}$이 된다.

여기서 검토해 볼 것은 F_{A}가 $F_{\mathrm{A}} = -3.35\ \mathrm{kN}$의 음의 부호가 산출된 것은 [그림 5-13(a)]의 F_{A}의 방향이 점 O를 향해야 올바른 가정이었다는 의미를 지니고 있다. 이는 이미 전술한 절점법에서 학습한 바와 같이, 부재 A는 압축 부재가 되는 것이다.

한편, 부재 B에 걸리는 힘 F_{B}는 양의 값이 산출되었으므로 [그림 5-13(a)]의 F_{B}의 방향이 올바르게 가정된 것이다. 단면법을 사용할 때도 가정하는 부재에 걸리는 힘의 방향은 일관성 있게 바깥쪽으로 힘을 가정하면 혼동이 없을 것이다. F_{A}와 F_{B}는 절점법에서 구한 값과 동일하다.

단면법은 트러스 전체가 아니고, 트러스 일부의 부재에 걸리는 힘을 구할 때는 빠르고 편리하다. 그러나, 트러스 전체 부재에 대해, 각 부재에 걸리는 힘을 구할 때는 단면을 여러 번 분할한 자유물체도를 이용해야 한다는 번거로움이 있다.

이제, [그림 5-13(b)]와 같이, 트러스 부재 D와 부재 E에 걸리는 힘을 단면법을 이용하여 구해보자. 그림에는 단면 b−b를 가상적으로 절단한 형태가 나타나 있다. 각 부재에 걸리는 힘을 각각 F_{D}와 F_{E}라 하고, O_y, 주어진 하중 P와 함께 힘의 평형방정식에 대입하고 정리하면 다음과 같다.

$$\Sigma F_x = 0 \;;\; F_{\mathrm{E}} + F_{\mathrm{D}}\cos 26.57° = 0, \tag{5.19}$$

$$\Sigma F_y = 0 \;;\; -F_{\mathrm{D}}\sin 26.57° + O_y - P = 0,\; F_{\mathrm{D}} = -\frac{1.5\ \mathrm{kN}}{\sin 26.57°} = -3.35\ \mathrm{kN} \tag{5.20}$$

식 (5.20)으로부터 계산된 $F_{\mathrm{D}} = -3.35\ \mathrm{kN}$의 값을 식 (5.19)에 대입하면 F_{E}의 값은 $F_{\mathrm{E}} = 3.35(\cos 26.57) = 3\ \mathrm{kN}$이 된다. 즉, 절점법에서 얻었던 값들과 동일한 결과를 얻을 수 있다. 부재 D는 압축 부재가 되고, 부재 E는 인장 부재가 된다.

끝으로, [그림 5-13(c)]에 나타난 부재 C에 걸리는 힘을 구하기 위해 그림의 c−c 단면을 가상 절단면으로 생각한다. c－c 단면 윗 부분을 택하고, 부재 C가 연관되어있는 부재 A와 부재 D를 함께 고려하자. 식 (5.18)과 식 (5.20)에서 F_A와 F_D는 모두 $F_A = F_D = -3.35\ \text{kN}$으로 계산된 바 있다. 따라서, 각 부재의 걸리는 힘의 방향은 [그림 5-13(c)]에 나타나 있는 방향이 올바른 가정이다. 이 3개의 힘 F_A, F_D, F_C에 대한 힘의 평형방정식을 이용하면 다음과 같은 관계를 얻을 수 있다. 이때, F_A와 F_D는 [그림 5-13(c)]에서 양의 값으로 가정한 것이다.

$$\Sigma F_y = 0\ ;\ F_A \cos 63.43^\circ + F_D \cos 63.43^\circ - F_C = 0,\ F_C = 3\ \text{kN} \tag{5.21}$$

이미 절점법에서도 살펴보았던 것처럼, 부재 C는 인장 부재가 된다.

이상과 같이 동일 문제를 절점법과 단면법을 통해 트러스의 각 부재에 걸리는 힘을 계산해 보았다. 트러스 구조물을 해석하는 절점법과 단면법에 더 익숙해지기 위해, 다양한 예제들을 풀어보자.

예제 5-1 트러스 구조물의 각 부재에 걸리는 힘 구하기 1

[그림 5-14(a)]와 같은 트러스 구조물에 각각 30 kN과 60 kN인 집중하중이 작용하고 있다. 점 A 지점은 힌지지지이고, 점 F 지점은 롤러지지이다. 트러스 각 부재에 걸리는 힘을 절점법과 단면법 모두를 이용하여 구하고, 각 부재가 인장을 받는지 압축을 받는지를 결정하라.

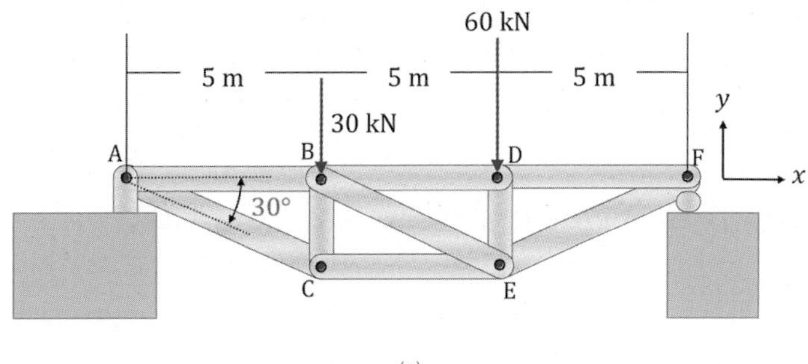

(a)

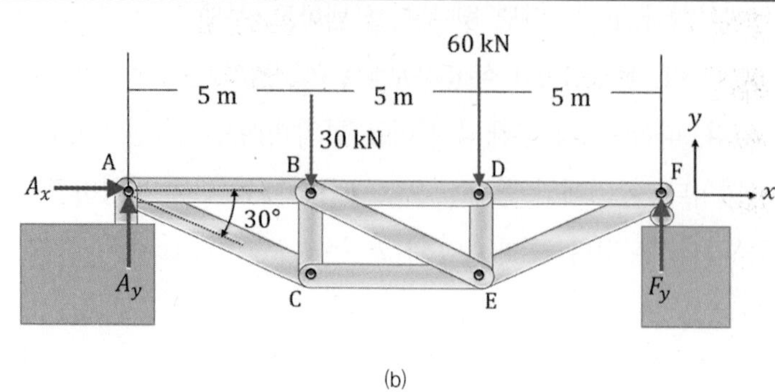

(b)

[그림 5-14] 집중하중을 받는 트러스 1

분석

- 한단 힌지, 타단 롤러지지의 경계조건에서는 [그림 5-14(b)]에서와 같이 지점 A 에서 각각 수평 및 수직 반력 A_x, A_y와 지점 F에서 F_y의 수직 반력이 있다고 가정한다.
- 반력을 구한 후, 각각의 절점에서의 자유물체도를 그리고, 평형방정식을 세운다. (절점법)
- 가상단면을 절단하고, 자유물체도를 그린 후, 평형방정식을 세우고 미지의 힘을 구한다. (단면법)

풀이

먼저 [그림 5-14(b)]에 보이는 A_x, A_y, F_y를 구하기 위해 다음과 같이 평형방정식을 세운다.

$$\Sigma F_x = 0 \; ; \quad A_x - 0 = 0, \quad A_x = 0\,\mathrm{N} \tag{1}$$

$$\Sigma F_y = 0 \; ; \; A_y + F_y - 30\,\mathrm{kN} - 60\,\mathrm{kN} = 0 \tag{2}$$

$$\Sigma M_{\mathrm{A}} = 0 \; ; \; F_y(15\,\mathrm{m}) - 30\,\mathrm{kN}(5\,\mathrm{m}) - 60\,\mathrm{kN}(10\,\mathrm{m}) = 0, \; F_y = 50\,\mathrm{kN} \tag{3}$$

식 (3)의 $F_y = 50\,\mathrm{kN}$를 식 (2)에 대입하면 $A_y = 40\,\mathrm{kN}$이 된다.

■ 절점법

이제 [그림 5-15]와 같이 트러스 각 절점의 자유물체도를 그려보자.

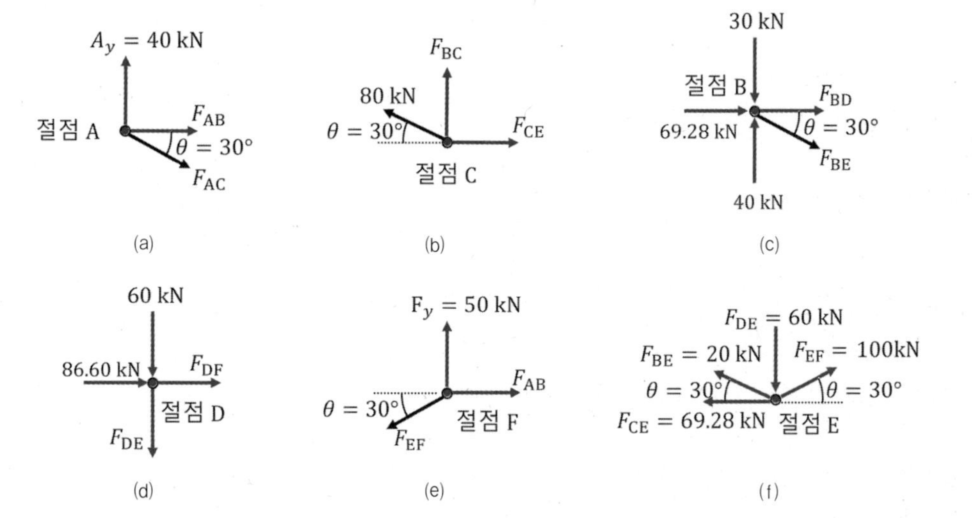

[그림 5-15] 트러스 절점의 자유물체도 1

❶ 절점 A : [그림 5-15(a)]는 절점 A에 대한 자유물체도이다. 이에 대한 힘의 평형방정식을 적용하면 다음과 같다.

$$\Sigma F_x = 0 \ ; \ F_{AB} + F_{AC}\cos 30° = 0 \tag{4}$$

$$\Sigma F_y = 0 \ ; \ 40 \text{ kN} - F_{AC}\sin 30° = 0, \ F_{AC} = 80 \text{ kN} \tag{5}$$

식 (5)의 $F_{AC} = 80$ kN을 식 (4)에 대입하면 $F_{AB} = -69.28$ kN이 된다.

❷ 절점 C : [그림 5-15(b)]는 절점 C에 대한 자유물체도이다. 이에 대한 힘의 평형방정식을 적용하면 다음과 같다.

$$\Sigma F_x = 0 \ ; \ F_{CE} - 80\cos 30° = 0, \ F_{CE} = 69.28 \text{ kN} \tag{6}$$

$$\Sigma F_y = 0 \ ; \ F_{BC} + 80\sin 30° = 0, \ F_{BC} = -40 \text{ kN} \tag{7}$$

❸ 절점 B : [그림 5-15(c)]는 절점 B에 대한 자유물체도이다. 이에 대한 힘의 평형방정식을 적용하면 다음과 같다.

$$\Sigma F_x = 0 \ ; \ F_{BD} + 69.28 + F_{BE}\cos 30° = 0 \tag{8}$$

$$\Sigma F_y = 0 \ ; \ 40 - 30 - F_{BE}\sin 30° = 0, \ F_{BE} = 20 \text{ kN} \tag{9}$$

식 (9)의 $F_{BE} = 20\text{ kN}$을 식 (8)에 대입하면 $F_{BD} = -86.60\text{ kN}$이 된다.

❹ 절점 D : [그림 5-15(d)]는 절점 D에 대한 자유물체도이다. 이에 대한 힘의 평형방정식을 적용하면 다음과 같다.

$$\Sigma F_x = 0 \ ; \ F_{DF} + 86.60 = 0, \ F_{DF} = -86.60 \text{ kN} \tag{10}$$

$$\Sigma F_y = 0 \ ; \ -F_{DE} - 60 = 0, \ F_{DE} = -60 \text{ kN} \tag{11}$$

❺ 절점 F : [그림 5-15(e)]는 절점 F에 대한 자유물체도이다. 이에 대한 힘의 평형방정식을 적용하면 다음과 같다.

$$\Sigma F_x = 0 \ ; \ -F_{EF}\cos 30° + 86.60 = 0, \ F_{EF} = 100 \text{ kN} \tag{12}$$

$$\Sigma F_y = 0 \ ; \ 50 - F_{EF}\sin 30° = 0, \ F_{EF} = 100 \text{ kN} \tag{13}$$

절점 F에 대한 평형방정식 $\Sigma F_x = 0$, $\Sigma F_y = 0$으로부터 F_{EF} 값은 동일한 값 100 kN으로 산출되기 때문에, 둘 중의 하나의 평형방정식만으로도 F_{EF} 값을 구할 수 있다.

❻ 절점 E : [그림 5-15(f)]는 절점 E에 대한 자유물체도이다. 이에 대한 힘의 평형방정식을 적용하면 다음과 같다.

$$\Sigma F_x = 0 \ ; \ 100\cos 30° - 69.28 - 20\cos 30° = 0 \ \text{(스스로 만족됨)} \tag{14}$$

$$\Sigma F_y = 0 \ ; \ -60 + 100\sin 30° + 20\sin 30° = 0 \ \text{(스스로 만족됨)} \tag{15}$$

절점 E에 대한 절점법은 사용하지 않아도 트러스의 모든 부재에 걸리는 힘들을 구할 수 있다. 다만, 여기서는 검증용으로 절점 E에 대해서도 살펴본 것이다.
이제, 각 트러스 부재가 인장 부재인지, 압축 부재인지 결정하기로 한다.

$F_{AB} = -69.28\text{ kN}$, $F_{AC} = 80\text{ kN}$, $F_{BC} = -40\text{ kN}$,

$F_{CE} = 69.28\text{ kN}$, $F_{BE} = 20\text{ kN}$,

$F_{BD} = -86.60\ \text{kN}$, $F_{DE} = -60\ \text{kN}$, $F_{DF} = -86.60\ \text{kN}$, $F_{EF} = 100\ \text{kN}$이 산출되었다.

따라서, 인장 부재는 AC, CE, BE, EF 부재이고, 나머지는 압축 부재에 해당된다.

■ 단면법

다음은 단면법을 이용하여 각 부재에 걸리는 힘들을 구하기 위해 [그림 5-16]과 같은 라벨 붙인 트러스 부재의 자유물체도를 그린다.

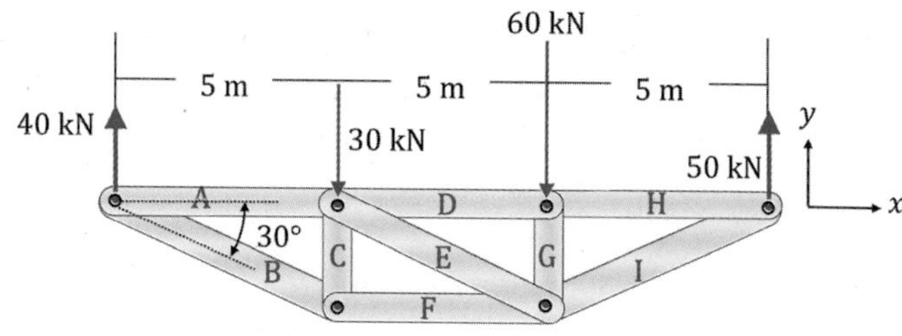

[그림 5-16] 라벨 붙인 트러스 부재의 자유물체도

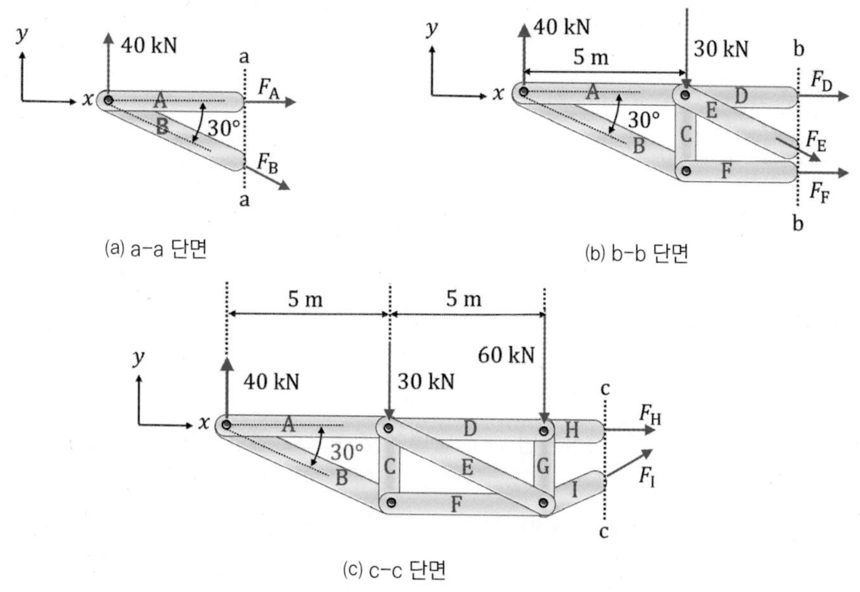

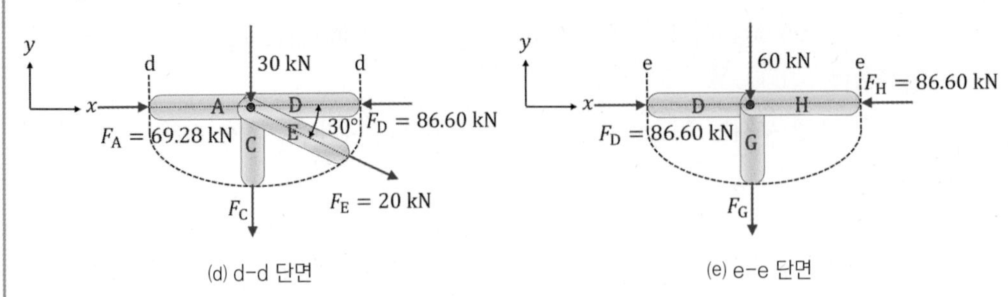

(d) d-d 단면

(e) e-e 단면

[그림 5-17] 트러스 부재 각 단면에서의 자유물체도

❶ [그림 5-17(a)]와 같이 가상단면 a-a 단면을 기준으로 평형 방정식을 세우면 다음과 같다.

$$\sum F_x = 0 \ ; \ F_A + F_B \cos 30° = 0, \tag{16}$$

$$\sum F_y = 0 \ ; \ 40 \text{ kN} - F_B \sin 30° = 0, \ F_B = 80 \text{ kN} \tag{17}$$

식 (17)의 $F_B = 80$ kN을 식 (16)에 대입하면 $F_A = -69.28$ kN이 된다.

❷ [그림 5-17(b)]와 같이 가상단면 b-b 단면을 기준으로 평형방정식을 세우면 다음과 같다.

$$\sum F_x = 0 \ ; \ F_D + F_E \cos 30° + F_F = 0 \tag{18}$$

$$\sum F_y = 0 \ ; \ 40 - 30 - F_E \sin 30° = 0, \ F_E = 20 \text{ kN} \tag{19}$$

$$\sum M_1 = 0 \ ; \ (5\tan 30°) F_F - 40 \times 5 = 0, \ F_F = 69.28 \text{ kN} \tag{20}$$

식 (19), 식 (20)의 결과 값 $F_E = 20$ kN, $F_F = 69.28$ kN을 식 (18)에 대입하면 F_D는 $F_D = -86.60$ kN이 된다.

❸ [그림 5-17(c)]와 같이 가상단면 c-c 단면을 기준으로 평형방정식을 세우면 다음과 같다.

$$\sum F_x = 0 \ ; \ F_H + F_I \cos 30° = 0 \tag{21}$$

$$\sum F_y = 0 \ ; \ 40 - 30 - 60 + F_I \sin 30° = 0, \ F_I = 100 \text{ kN} \tag{22}$$

식 (22)의 $F_I = 100$ kN을 식 (21)에 대입하면 $F_H = -86.60$ kN이 된다.

❹ [그림 5-17(d)]와 같이 가상단면 d-d 단면을 기준으로 평형방정식을 세우면 다음과 같다.

$$\Sigma F_x = 0 \ ; \ 69.28 - 86.60 + 20\cos 30° = 0 \ (\text{스스로 만족}) \tag{23}$$

$$\Sigma F_y = 0 \ ; \ -F_C - 20\sin 30° - 30 = 0, \ F_C = -40 \text{ kN} \tag{24}$$

❺ [그림 5-17(e)]와 같이 가상단면 e-e 단면을 기준으로 평형방정식을 세우면 다음과 같다.

$$\Sigma F_x = 0 \ ; \ 86.60 - 86.60 = 0 \ (\text{스스로 만족}) \tag{25}$$

$$\Sigma F_y = 0 \ ; \ -F_G - 60 = 0, \ F_G = -60 \text{ kN} \tag{26}$$

트러스의 각 부재의 인장, 압축 문제는 이미 절점법에서 설명하였으므로 여기서는 생략한다. 또한 절점법에서 구한 부재의 힘과 단면법에서 구한 힘 값이 같다.

고찰

절점법의 시작점을 어떤 점으로 할 것인가 하는 문제는 중요한데, 무엇보다도 미지의 힘이 2개인 절점에서 시작하면 된다. 왜냐하면 평면 트러스의 문제에서는 힘의 평형방정식이 2개 (x, y) 방향에 대한 조건만이 있으므로 미지수의 해결이 가능하기 때문이다.

단면법으로도 트러스 모든 부재에 걸리는 힘을 구할 수도 있지만, 특정 부재에만 작용하는 힘을 구하는 데는 절점법보다는 단면법을 사용하는 것이 좀 더 빠르고 쉬운 방법이다.

예제 5-2 트러스 구조물의 각 부재에 걸리는 힘 구하기 2

[그림 5-18(a)]와 같은 트러스 구조물의 좌단에 20 kN 의 집중하중이 작용하고 있다. 트러스의 우단은 힌지지지이고, 중간 지점은 롤러지지이다. 트러스 각 부재에 걸리는 힘을 절점법과 단면법 모두를 이용하여 구하고, 각 부재의 인장 및 압축 여부를 결정하라.

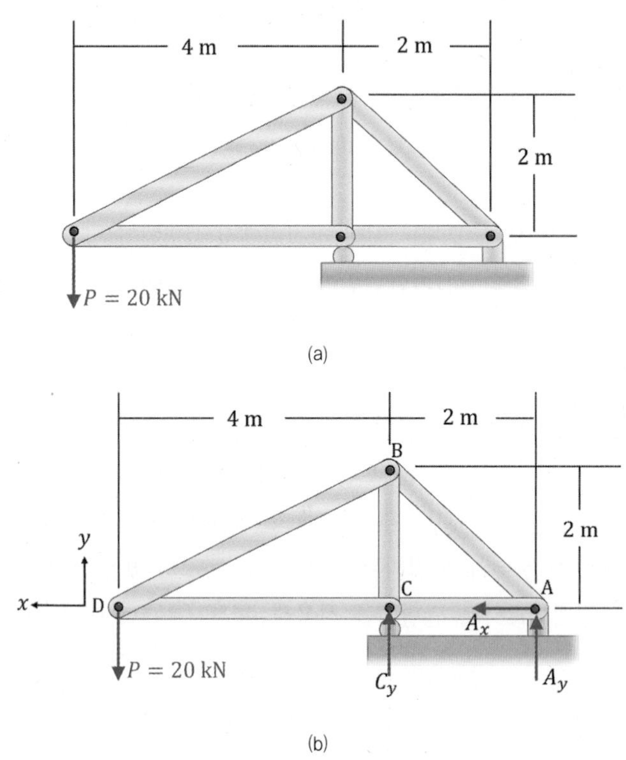

[그림 5-18] 집중하중을 받는 트러스 2

분석

- 먼저 절점법을 사용하기 위해, [그림 5-18(b)]와 같이 절점에 라벨을 붙인다. 또한, 지점 A는 힌지, 지점 C는 롤러지지이므로 지점 A에서는 각각 수평 및 수직 반력 A_x, A_y와 지점 C에서는 C_y의 수직 반력이 있다고 가정한다.
- 반력을 구한 후, 각각의 절점에서의 자유물체도를 그리고, 평형방정식을 세운다. (절점법)
- 가상단면을 절단하고, 자유물체도를 그린 후, 평형방정식을 세우고, 미지 힘을 구한다. (단면법)

풀이

먼저 [그림 5-18(b)]에 보이는 A_x, A_y, C_y를 구하기 위해 다음과 같이 평형방정식을 세운다.

$$\Sigma F_x = 0 \ ; \quad A_x - 0 = 0, \quad A_x = 0 \text{ N} \tag{1}$$

$$\Sigma F_y = 0 \ ; \ A_y + C_y - 20 \text{ kN} = 0 \tag{2}$$

$$\Sigma M_A = 0 \ ; \ -C_y(2 \text{ m}) + 20 \text{ kN}(6 \text{ m}) = 0, \ C_y = 60 \text{ kN} \tag{3}$$

식 (3)의 $C_y = 60$ kN를 식 (2)에 대입하면 $A_y = -40$ kN이 된다. 따라서, A_y는 가정한 방향의 반대인 하향 방향(↓)이다.

■ 절점법

이제 [그림 5-19]와 같이 트러스 각 절점의 자유물체도를 그려보자.

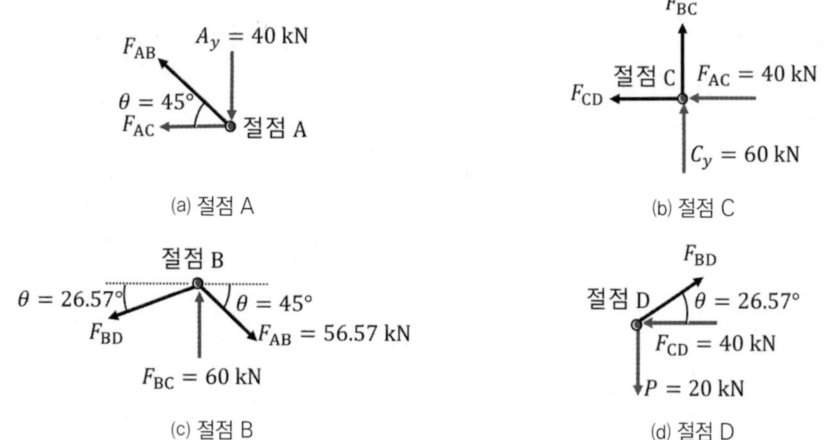

[그림 5-19] 트러스 절점의 자유물체도 2

❶ 절점 A : [그림 5-19(a)]는 절점 A에 대한 자유물체도이다. 이에 대한 힘의 평형방정식을 적용하면 다음과 같다.

$$\Sigma F_x = 0 \ ; \ F_{AC} + F_{AB}\cos 45° = 0 \tag{4}$$

$$\Sigma F_y = 0 \ ; \ -40 \text{ kN} + F_{AB}\sin 45° = 0, \ F_{AB} = 56.57 \text{ kN} \tag{5}$$

식 (5)의 $F_{AB} = 56.57\ \text{kN}$을 식 (4)에 대입하면 $F_{AC} = -40\ \text{kN}$이 된다.

❷ 절점 C : [그림 5-19(b)]는 절점 C에 대한 자유물체도이다. 이에 대한 힘의 평형방정식을 적용하면 다음과 같다.

$$\Sigma F_x = 0\ ;\ F_{CD} + 40\ \text{kN} = 0,\ F_{CD} = -40\ \text{kN} \tag{6}$$

$$\Sigma F_y = 0\ ;\ F_{BC} + 60 = 0,\ F_{BC} = -60\ \text{kN} \tag{7}$$

❸ 절점 B : [그림 5-19(c)]는 절점 B에 대한 자유물체도이다. 이에 대한 힘의 평형방정식을 적용하면 다음과 같다.

$$\Sigma F_x = 0\ ;\ -56.57(\cos 45°) + F_{BD}(\cos 26.57) = 0,\ F_{BD} = 44.72\ \text{kN} \tag{8}$$

$$\Sigma F_y = 0\ ;\ 60 - 56.57\sin 45° - F_{BD}\sin 26.57° = 0,\ F_{BD} = 44.72\ \text{kN} \tag{9}$$

식 (8)과 식 (9)는 동일한 값을 산출하므로 두 식 중 하나의 식만 사용해도 된다.

❹ 절점 D : [그림 5-19(d)]는 절점 D에 대한 자유물체도이다. 이에 대한 힘의 평형방정식을 적용하면 다음과 같다.

$$\Sigma F_x = 0\ ;\ F_{BD}\cos 26.57° - 40\ \text{kN} = 0,\ F_{BD} = 44.72\ \text{kN} \tag{10}$$

$$\Sigma F_y = 0\ ;\ F_{BD}\sin 26.57° - 20\ \text{kN} = 0,\ F_{BD} = 44.72\ \text{kN} \tag{11}$$

위의 결과들을 보면 절점은 절점 A, C, B를 택하든, 절점 A, C, D만을 택해도 트러스 모든 부재에 걸리는 힘들을 구할 수 있다.
이제 각 부재들의 인장, 압축 여부를 결정하자.
$F_{AB} = 56.57\ \text{kN}$, $F_{AC} = -40\ \text{kN}$, $F_{CD} = -40\ \text{kN}$, $F_{BC} = -60\ \text{kN}$, $F_{BD} = 44.72\ \text{kN}$이 산출되었다. 따라서, 인장 부재는 AB, BD부재이고, 나머지는 압축 부재에 해당된다.
참고로 각 절점에서의 힘의 다각형을 그려보면 [그림 5-20]과 같다.

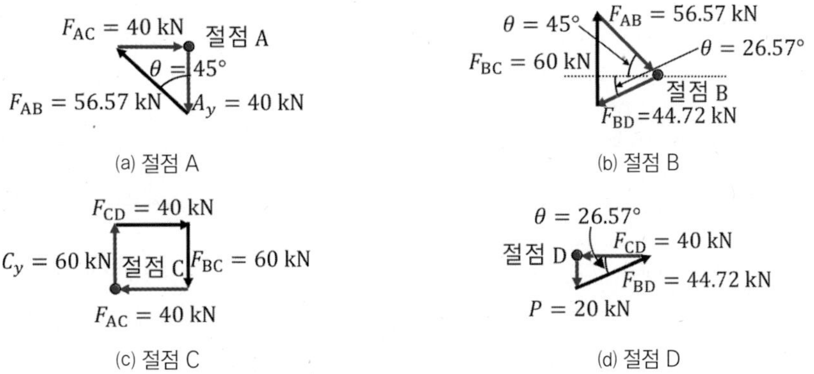

F_{AC} = 40 kN
절점 A
θ = 45°
F_{AB} = 56.57 kN
A_y = 40 kN
(a) 절점 A
θ = 45°
F_{AB} = 56.57 kN
θ = 26.57°
F_{BC} = 60 kN
절점 B
F_{BD}=44.72 kN
(b) 절점 B
F_{CD} = 40 kN
C_y = 60 kN
절점 C
F_{BC} = 60 kN
F_{AC} = 40 kN
(c) 절점 C
θ = 26.57°
절점 D
F_{CD} = 40 kN
F_{BD} = 44.72 kN
P = 20 kN
(d) 절점 D

[그림 5-20] 트러스 각 절점에서의 힘의 다각형

■ 단면법

이제 단면법을 써서 각 부재에 걸리는 힘을 구하기 위해 [그림 5-21]과 같은 트러스 부재에 라벨을 붙인 자유물체도를 그린다.

4 m
2 m
2 m
y
x
D
C
A
E
B
P = 20 kN

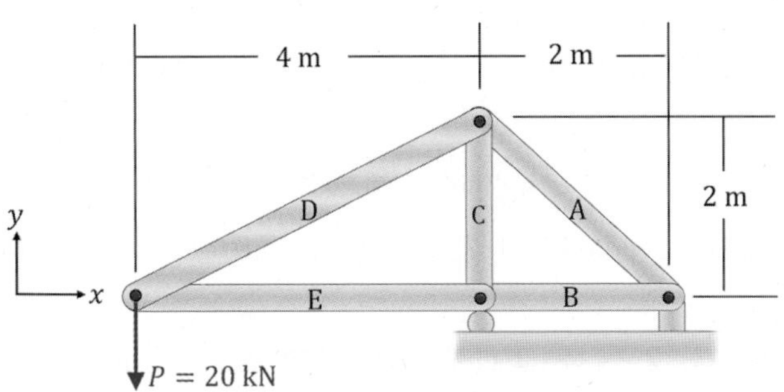

[그림 5-21] 라벨 붙인 트러스 자유물체도

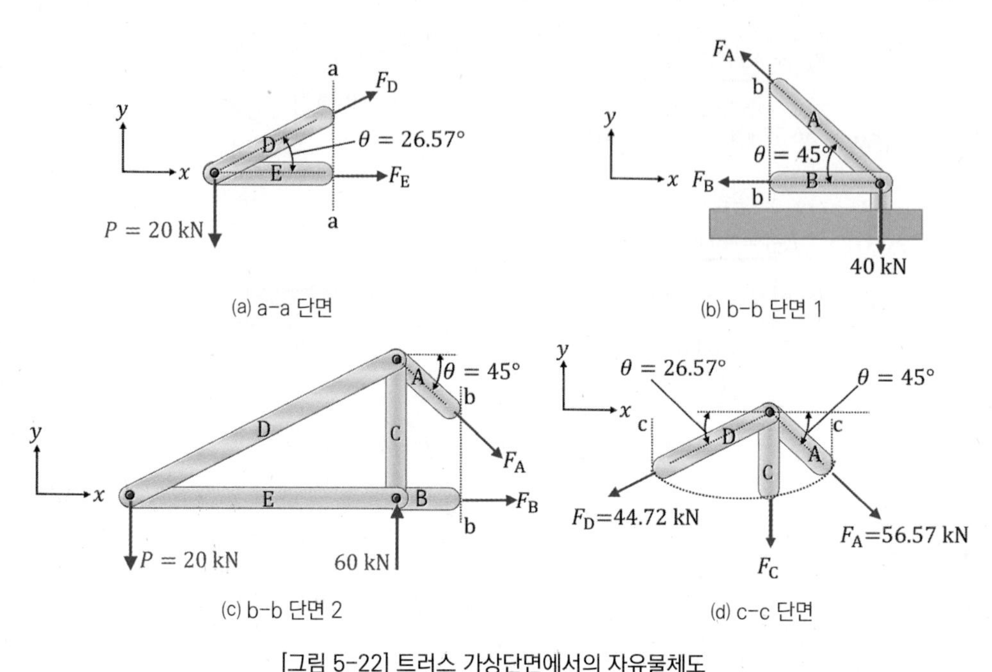

[그림 5-22] 트러스 가상단면에서의 자유물체도

❶ [그림 5-22(a)]와 같이 가상단면 a-a 단면을 기준으로 평형방정식을 세우면 다음과 같다.

$$\Sigma F_x = 0 \ ; \ F_E + F_D \cos 26.57° = 0 \qquad (12)$$

$$\Sigma F_y = 0 \ ; \ -20\text{ kN} + F_D \sin 26.57° = 0, \ F_D = 44.72\text{ kN} \qquad (13)$$

식 (13)의 $F_D = 44.72$ kN를 식 (12)에 대입하면 $F_E = -40$ kN이 된다.

❷ [그림 5-22(b)]와 같이 가상단면 b-b 단면 1을 기준으로 평형방정식을 세우면 다음과 같다.

$$\Sigma F_x = 0 \ ; \ -F_B - F_A \cos 45° = 0 \qquad (14)$$

$$\Sigma F_y = 0 \ ; \ -40\text{ kN} + F_A \sin 45° = 0, \ F_A = 56.57\text{ kN} \qquad (15)$$

식 (15)의 $F_A = 56.57$ kN을 식 (14)에 대입하면 $F_B = -40$ kN이 된다.

❸ [그림 5-22(c)]와 같이 가상단면 b-b 단면 2를 기준으로 평형방정식을 세우면 다음과 같다.

$$\Sigma F_x = 0 \ ; \ F_B + F_A \cos 45° = 0 \tag{16}$$

$$\Sigma F_y = 0 \ ; \ 60 - 20 - F_A \sin 45° = 0, \ F_A = 56.57 \text{ kN} \tag{17}$$

식 (17)의 $F_A = 56.57$ kN을 식 (16)에 대입하면 $F_B = -40$ kN이 된다.

가상단면 b-b 단면은 [그림 5-22(b)]와 같이 b-b 단면의 좌측에서 접근할 수도 있고, [그림 5-22(c)]와 같이 b-b 단면의 우측에서도 접근할 수 있다. 어느 쪽이든 동일한 결과를 얻을 수 있으므로 편한 방법을 택하면 된다.

❹ [그림 5-22(d)]와 같이 가상단면 c-c 단면을 기준으로 평형방정식을 세우면 다음과 같다.

$$\Sigma F_x = 0 \ ; \ 44.72 \cos 26.57° - 56.57 \cos 45° = 0 \ (\text{스스로 만족함}) \tag{18}$$

$$\Sigma F_y = 0 \ ; \ -44.72 \sin 26.57° - 56.57 \sin 45° - F_C = 0, \ F_C = -60 \text{ kN} \tag{19}$$

이상의 결과에서 $F_D = 44.72$ kN, $F_E = -40$ kN, $F_A = 56.57$ kN, $F_B = -40$ kN, $F_C = -60$ kN이 도출되었다. 반복된 설명이지만, 인장 부재는 A, D 부재이고, B, C, E 부재는 압축 부재이다.

고찰

절점법의 시작점은 미지의 힘이 2개인 절점에서 시작하면 된다. 이는 이미 앞의 예제에서 살펴본 바 있다.

단면법은 본 예제에서는 b-b 단면을 먼저 해석하든지, c-c 단면을 먼저 해석하든지 큰 상관이 없다. 따라서, 해석하기 쉬운 단면부터 시작하면 된다. 다만, b-b 단면에 있어서는 [그림 5-22(b)] 또는 [그림 5-22(c)]와 같이 자유물체도를 그려 해석할 수 있는데, 어느 쪽이든 상관이 없기 때문에 편리하다고 생각하는 방법을 택하면 된다.

Section 5.3

프레임 구조물의 해석

학습목표

- ✔ 프레임 구조물의 특징을 파악하고, 프레임 구조물의 종류를 알아본다.
- ✔ 프레임 구조물의 해석 방법을 익히고, 해석 절차를 학습한다.

이미 5.1.1절에서 전술했던 바와 같이, 트러스 구조물과는 달리 프레임이나 기계 구조물은 최소한 1개 이상의 부재는 이력 부재만으로 구성되지는 않는다. 즉 최소한 1개 이상의 부재는 셋 이상의 힘이 해당 부재에 작용한다. 프레임 구조물도 이에 해당되며, 하중을 지지하기 위해 설계되고, 일반적으로 정적이며 완전히 구속된 구조물이다. [그림 5-23]은 프레임 구조물의 예를 보여주고 있다.

[그림 5-23] 프레임 구조물의 예

5.3.1 프레임이란?

프레임 또는 **기계**는 하나 이상의 이력 부재가 아닌 부재를 포함하는 공학 구조물이다. 또한, 프레임은 단단한 구조이지만, 기계는 단단하지 않다. 즉, 프레임의 어떤 부품도 다른 부품에 대해 상대적으로 이동할 수 없지만, 기계에서 부품은 서로에 대해 이동할 수 있다. 프레임과 기계를 설명하는 데 어휘상에는 차이가 있지만, 동일한 프로세스를 사용하여 이 두 구조를 모두 해석하기 때문에 함께 그룹화될 수도 있다.

[그림 5-24] 프레임에 해당되는 의자

[그림 5-24]의 나무 의자는 이력 부재가 아닌 힘 부재(의자 다리)를 포함하고 있고, 의자의 단단함rigid 때문에 어느 부분도 다른 부분에 대해 움직일 수가 없다. 따라서 의자는 프레임에 해당된다.

프레임 해석에 있어, 일반적으로 프레임 구조물에 작용하는 외력과 구조물 내의 부재와 부재 사이에 작용하는 내력을 모두 구별하고자 한다.

프레임 구조물을 해석하는 데 사용하는 방법은 특별히 명명된 방법은 없다. 그냥 프레임 구조를 개별적인 구성요소로 분해하고 각 구성요소를 강체로 간주하여 해석하는 절차를 진행하면 된다. 프레임의 구성요소가 연결되어 있는 경우, 뉴턴의 제 3법칙에 의해 각 물체가 다른 물체에 크기가 같고 방향이 반대되는 힘을 가하게 된다. 프레임의 각 구성요소는 각 구성요소에 대해 독립적인 강체로 취급하여 평형방정식을 적용한다. 다만 이때, 뉴턴의 제 3 법칙에 의해, 일부의 미지수는 두 물체의 각각에 작용할 수 있다.

5.3.2 프레임의 해석 절차

프레임 구조물을 해석하는 절차에는, 프레임 각 구성요소에 작용하는 미지의 힘을 구하기 위해 프레임 구조를 개별적인 구성요소로 분해하는 절차가 포함된다. 때때로 구조물 전체를 강체로 취급하여 해석할 수 있고, 각 구성요소는 항상 강체로 해석할 수 있다. 프레임 구조물을 해석하는 절차는 다음과 같다.

1) 라벨label 부여

먼저, [그림 5-25(a)]의 사다리 프레임 구조물에 있어, [그림 5-25(b)]와 같이 일반적으로 구조물의 조인트joint에 라벨을 부여하는 것이 효과적이므로 라벨을 부여한다. 이렇게 라벨을 부여하면, 이후의 해석에서 모든 것을 일관되고 체계적으로 진행하는 데 상당한 도움이 된다. 이 절에서는 프레임 구조물의 각 조인트에 문자를 할당하여 라벨 A, B, C, D, E를 부여한다.

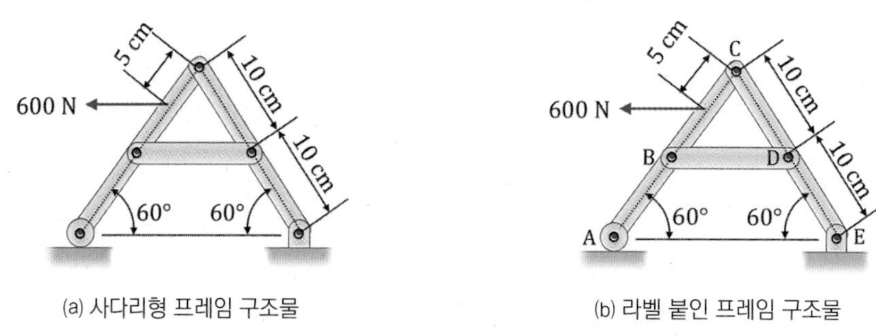

(a) 사다리형 프레임 구조물 (b) 라벨 붙인 프레임 구조물

[그림 5-25] 프레임 구조물

2) 전체 강체의 구별

라벨을 부여한 후, 프레임 전체 구조를 강체로 해석할 수 있는지 확인해야 한다. 프레임 구조물은 독립적으로도 단단하기 때문에 프레임 구조물을 단일 강체로 간주하여, [그림 5-26]과 같이 외력에 의한 프레임 구조물에 작용하는 반력을 구한다. [그림 5-25(a)]의 프레임 구조물의 지지 조건은 좌측 단은 롤러지지이므로 수직 반력만이 존재하고, 우측 단은 힌지 또는 핀지지이므로 [그림 5-26]과 같은 전체 자유물체도에 의해 반력들을 구한다. 다만,

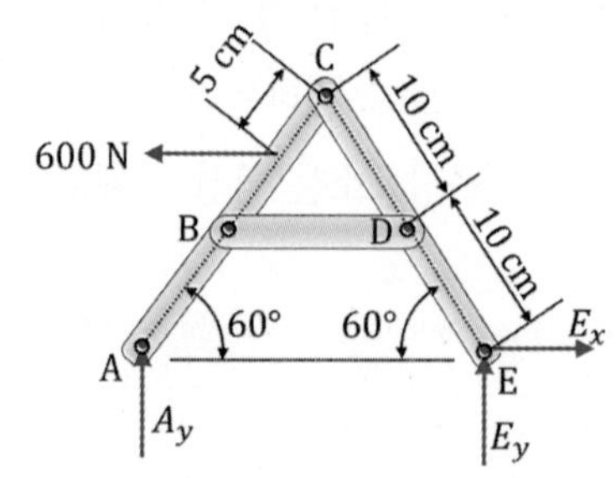

[그림 5-26] 전체 프레임 구조의 외력 및 반력

구조가 독립적으로 단단하지 않은 경우(예: 기계 구조물의 경우)에는 이 두 번째 단계를 생략한다.

[그림 5-26]과 같이, 주어진 외력 600 N에 대해 지점 반력들 A_y, E_x, E_y를 가정하고, 이들 반력들을 평형방정식으로부터 구한다.

$$\Sigma F_x = 0 \;;\; E_x - 600\,\text{N} = 0,\; E_x = 600\,\text{N} \tag{5.22}$$

$$\Sigma F_y = 0 \;;\; E_y + A_y = 0 \tag{5.23}$$

$$\Sigma M_{\text{E}} = 0 \;;\; 600(0.15\sin 60^\circ) - A_y(0.2) = 0,\; A_y = 389.71\,\text{N} \tag{5.24}$$

3) 구성 부재 개별 자유물체도 작도

프레임 구조의 각 구성 부재에 대한 자유물체도를 그린다. 주의해야 할 점은 다음과 같다.

❶ 각 구성 부재 자유물체도를 그릴 때는 각 부재에 작용하는 모든 힘들을 포함해야 하는데, 특히, 구성 부재에 작용할 수 있는 주어진 외력 및 외부 반력도 모두 포함해야 한다.

❷ 각 구성 부재에서 먼저 이력 부재를 구별하고, 각 부재의 연결 지점에서 미지의 크기지만 방향이 알려진 힘을 표시한다(이력 부재에 작용하는 힘은 부재의 두 연결점 사이의 선을 따라 작용한다).

❸ 이력 부재가 아닌 부재 사이의 연결 지점에서 반력 및 모멘트를 추가한다. 크기와 방향을 알 수 없는 미지의 힘(2차원 문제의 경우: x, y 성분, 3차원 문제의 경우: x, y, z 성분의 힘)이 있는 것으로 그려져야 한다.

❹ 각 연결 지점의 힘은 뉴턴의 제 3법칙에 의해 한 쌍이 된다는 것을 알아야 한다. 즉, 어떤 하나의 첫 번째 부재가 두 번째 다른 부재에 어떤 힘을 가하면, 그 두 번째 부재는 첫 번째 부재에 크기가 같고 방향이 반대인 힘을 가하게 된다. 특히, 연결 지점에서 미지의 힘을 구하고자 할 때, 각 부재에 작용하는 힘의 방향이 반대 방향인지를 검토해야 한다.

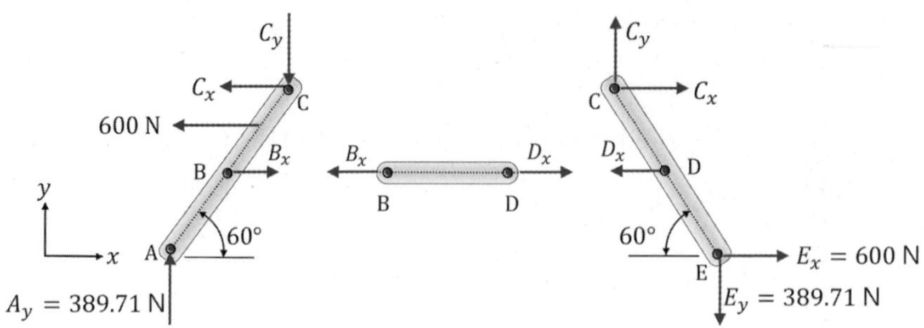

[그림 5-27] 프레임 개별 부재에 대한 자유물체도

[그림 5-27]은 프레임 구조물의 개별 부재에 대한 자유물체도를 보여준다.

4) 구성 부재 개별 평형방정식 구성

구성 부재 개별 자유물체도를 작성한 후, 각 부재에 대한 **평형방정식**(힘과 모멘트 평형방정식)을 구성한다.

2차원 문제(x, y 평면 문제)의 경우, 각 성분에 대해 세 개의 가능한 방정식(두 개의 힘의 평형방정식과 하나의 모멘트 방정식)을 구성한다.

$$\Sigma F_x = 0,\ \Sigma F_y = 0,\ \Sigma M_z = 0 \tag{5.25}$$

3차원 문제(x, y, z 공간 문제)의 경우, 각 성분에 대해 여섯 개의 가능한 방정식(세 개의 힘의 평형방정식과 세 개의 모멘트 방정식)을 구성한다.

$$\Sigma F_x = 0,\ \Sigma F_y = 0,\ \Sigma F_z = 0,\ \Sigma M_x = 0,\ \Sigma M_y = 0,\ \Sigma M_z = 0 \tag{5.26}$$

5) 구성 부재 개별 평형방정식 풀이

끝으로 구성 부재의 개별 평형방정식을 미지수에 대해 푸는 절차이다. 평형방정식을 풀 때는 대수적으로 풀이를 하여 한 번에 하나의 변수를 풀거나, 아니면 행렬방정식을 이용하여 모든 미지수를 한 번에 풀 수도 있다. 가정한 미지의 힘의 값이 음수로 산출되면 힘이 실제로는 초기 자유물체도에 표시했던 방향과 반대 방향으로 작용함을 의미한다.

이제, [그림 5-27]의 프레임 부재에 대한 개별 자유물체도를 참고로 부재 하나씩에 대한 평형방정식을 도입하자.

❶ 부재 CDE

먼저 외력이 없는 부재 CDE에 대한 평형방정식을 적용하면 다음과 같다.

$$\Sigma F_x = 0 \; ; \; -D_x + C_x + 600\,\mathrm{N} = 0 \tag{5.27}$$

$$\Sigma F_y = 0 \; ; \; -389.71\,N + C_y = 0, \; C_y = 389.71\,\mathrm{N} \tag{5.28}$$

$$\Sigma M_\mathrm{C} = 0 ; \; D_x(0.1\sin 60^\circ) - 600(0.2\sin 60^\circ) + 389.71\,\mathrm{N} \times 0.2\cos 60^\circ = 0 \tag{5.29}$$

식 (5.29)로부터 $D_x = 750\,\mathrm{N}$이 된다. $D_x = 750\,\mathrm{N}$ 값을 식 (5.27)에 대입하면 C_x는 $C_x = 150\,\mathrm{N}$이 된다.

❷ 부재 BD

다음은 가운데 부재 부재 BD에 대한 평형방정식을 적용하면 뉴턴의 제 3법칙인 작용 반작용의 법칙에 따라 다음과 같은 결과를 얻는다.

$$\Sigma F_x = 0 \; ; \; D_x - B_x = 0, \; B_x = 750\,\mathrm{N} \tag{5.30}$$

이상으로 각 부재에 걸리는 힘들을 모두 구하였다.

❸ 부재 ABC

그러나, 추가로 부재 ABC에 대해서도 평형방정식을 적용하면 다음과 같다.

$$\Sigma F_x = 0 \; ; \; B_x - C_x - 600\,\mathrm{N} = 0 \tag{5.31}$$

$$\Sigma F_y = 0 \; ; \; 389.71\,\mathrm{N} - C_y = 0, \; C_y = 389.71\,\mathrm{N} \tag{5.32}$$

$$\Sigma M_\mathrm{C} = 0 \; ; \; B_x(0.1\sin 60°) - 600(0.05\sin 60°) - 389.71\,\mathrm{N} \times 0.2\cos 60° = 0 \tag{5.33}$$

식 (5.33)으로부터 $B_x = 750\,\mathrm{N}$이 되고, 이를 식 (5.31)에 대입하면 $C_x = 150\,\mathrm{N}$이 된다. 이는 이미 앞서 구했던 값들과 동일함을 알 수 있다. 따라서, 지금과 같은 3개의 개별 부재를 지닌 프레임 구조의 연결 부재에 있어서는 두 개의 부재에 대한 힘들의 관계를 통해서도 3개

부재에 작용하는 모든 힘들을 구할 수 있다. 위에서 구한 모든 힘들을 개별 부재별로 나타낸 그림은 [그림 5-28]에 잘 나타나 있다.

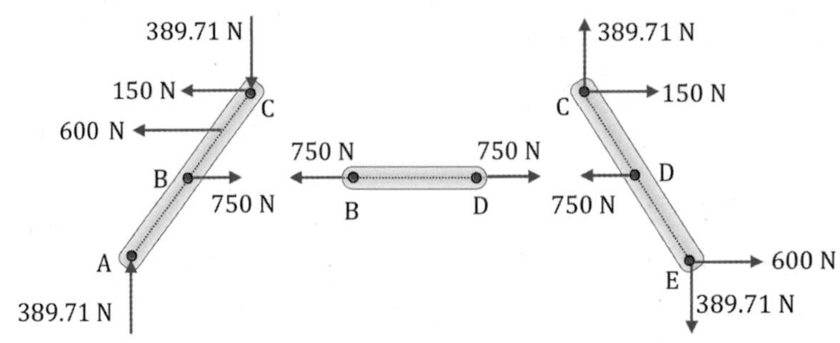

[그림 5-28] 프레임 개별 부재의 힘의 분포 물체도

예제 5-3 프레임 구조물의 각 부재에 걸리는 힘 구하기 1

[그림 5-29(a)]와 같은 구조물의 점 B로부터 1 m 떨어진 부분에 6 kN의 하중이 작용하고 있다. 프레임의 우단인 점 C는 힌지지지이고, 점 A도 힌지지지이다. 구조물의 각 부재에 걸리는 힘을 구하여라.

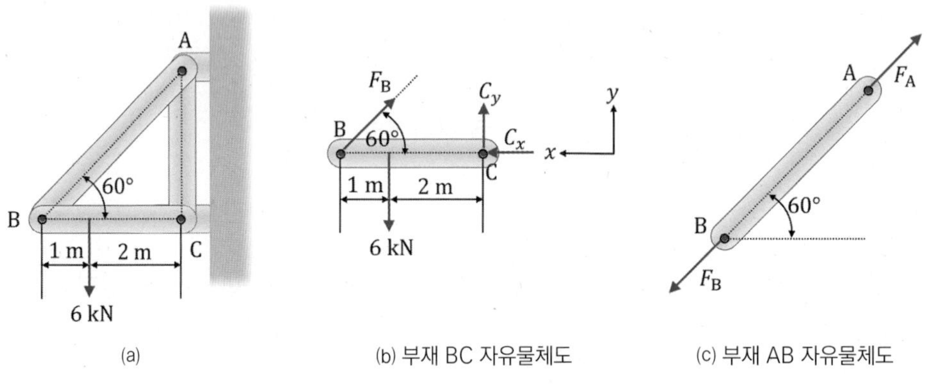

(a) (b) 부재 BC 자유물체도 (c) 부재 AB 자유물체도

[그림 5-29] 집중하중을 받는 프레임 구조물

분석

- 먼저 부재 AB는 이력 부재라는 것을 알 수 있어, 이런 경우 [그림 5-29(c)]처럼 직선 AB 선상에 부재의 힘이 놓이게 된다. 이들 힘 F_A, F_B를 부재 AB에 각각 그려 넣는다. 이 가정된 힘의 방향은 어떤 쪽으로 그려도 상관은 없지만, 통상적으로 밖으로 나가는 쪽 방

향으로 그린다.

- 부재 BC에 대해 [그림 9-29(b)]와 같이, 점 C에서의 반력 C_x, C_y를 가정하고 자유물체도를 이용하여 평형방정식을 세운 후, 해를 구한다.

풀이

먼저 [그림 5-29(b)]에 나타낸 자유물체도를 토대로 다음과 같이 평형방정식을 세운다.

$$\sum F_x = 0 \;;\quad C_x - F_{\mathrm{B}}\cos 60° = 0 \tag{1}$$

$$\sum F_y = 0 \;;\quad F_{\mathrm{B}}\sin 60° + C_y - 6\ \mathrm{kN} = 0 \tag{2}$$

$$\sum M_{\mathrm{C}} = 0 \;;\quad -F_{\mathrm{B}}(\sin 60°)(3\ \mathrm{m}) + (6\ \mathrm{kN})(2\ \mathrm{m}) = 0,\ F_{\mathrm{B}} = 4.62\ \mathrm{kN} \tag{3}$$

식 (3)의 $F_{\mathrm{B}} = 4.62\ \mathrm{kN}$를 식 (1)에 대입하면 $C_x = 2.31\ \mathrm{kN}$이 되고, 식 (2)에 대입하면 $C_y = 2\ \mathrm{kN}$이 된다.

부재 AB에 있어서는 이력 부재이므로 동일선상에 F_{A}가 존재하므로 $F_{\mathrm{A}} = 4.62\ \mathrm{kN}$이 된다.

이제, 각 부재의 힘의 분포를 그림으로 그려보면 [그림 5-30]과 같다.

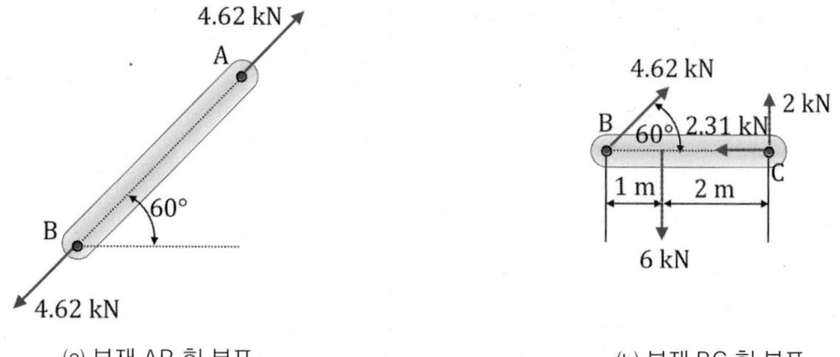

(a) 부재 AB 힘 분포

(b) 부재 BC 힘 분포

[그림 5-30] 프레임 부재의 힘의 분포 물체도

고찰

프레임 구조물의 각 부재에 걸리는 힘을 구하기 위해서는 먼저 이력 부재가 있는지를 먼저 구분해야 한다. 그런 후, 부재 개개별로 자유물체도를 그리고, 각 부재에 대한 평형방정식을 적용시켜 문제를 해결하는 것이다.

예제 5-4 프레임 구조물의 각 부재에 걸리는 힘 구하기 2

[그림 5-31]과 같은 구조물에 있어, 풀리의 반경을 25 mm라고 할 때, 점 D와 점 E에서의 반력을 구하여라. 점 D와 점 E는 힌지지지이다.

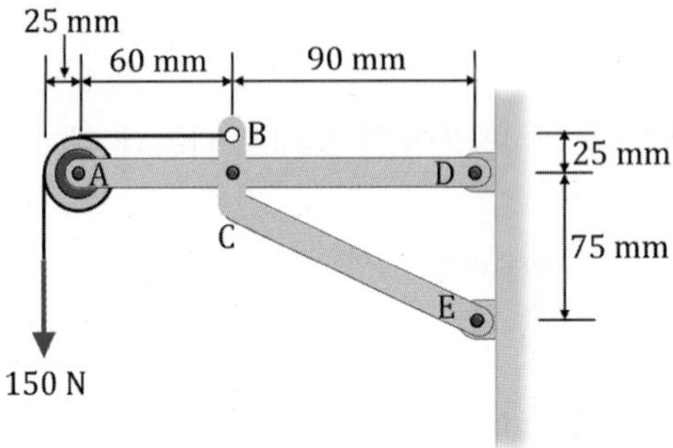

[그림 5-31] 풀리를 포함하는 프레임 구조물

분석

- 먼저, 점 D와 점 E의 힌지지지의 반력을 [그림 5-32(a)]와 같이 D_x, D_y, E_x, E_y로 가정하고, 평형방정식을 구성한다. 주어진 문제는 2차원이므로 힘의 평형방정식 2개와 모멘트 평형방정식 1개로는 4개의 미지수를 해결할 수 없다는 것을 안다. 따라서, [그림 5-32(b)]처럼 부재 BCE에 대한 개별 자유물체도를 이용한다.

풀이

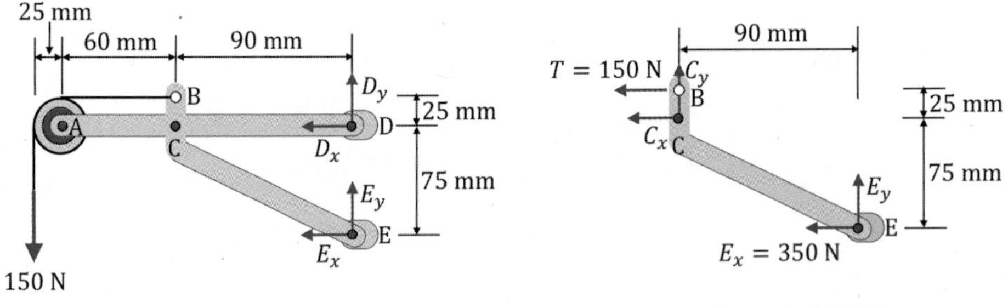

(a) 구조물 전체의 자유물체도

(b) 부재 BCE의 자유물체도

[그림 5-32] 프레임 구조물 자유물체도

❶ 먼저 [그림 5-32(a)]에 나타낸 전체 시스템의 자유물체도를 토대로 다음과 같이 평형방정식을 세운다.

$$\Sigma F_x = 0 \; ; \quad D_x + E_x = 0 \tag{1}$$

$$\Sigma F_y = 0 \; ; \; D_y + E_y - 150\,\text{N} = 0 \tag{2}$$

$$\Sigma M_\text{E} = 0 \; ; \; D_x(75\,\text{mm}) + (150\,\text{N})(175\,\text{mm}) = 0,$$

$$D_x = -350\,\text{N}, \; D_x = 350\,\text{N} \rightarrow \tag{3}$$

식 (3)에서 구한 $D_x = -350\,\text{N}$을 식 (1)에 대입하면 $E_x = 350\,\text{N} \leftarrow$이 된다.

❷ 이미 전술한 바와 같이 힘의 평형방정식 2개와 모멘트 평형방정식 1개로는 아직 미지수 D_y, E_y를 구할 수 없다. 따라서, 이제 [그림 5-32(b)]와 같이 부재 BCE에 대한 개별 자유물체도를 이용하여 점 C에 대한 모멘트 평형방정식을 세운 후 나머지 미지수를 구한다.

$$\Sigma M_\text{C} = 0 \; ; \; (150\,\text{N})(25\text{mm}) - (350\,\text{N})(75\,\text{mm}) + E_y(90\,\text{mm}) = 0,$$

$$E_y = 250\,\text{N} \uparrow \tag{4}$$

식 (4)의 $E_y = 250\,\text{N}$ 의 값을 식 (2)에 대입하면 $D_y = 100\,\text{N} \downarrow$ 이 된다.

고찰

프레임 구조물의 각 부재에 걸리는 힘을 구하기 위해서는 전체 자유물체도를 그려, 외력과 반력에 대한 평형방정식을 구성하고, 이로부터 미지의 힘들을 구할 수 없으므로 각 부재에 대한 평형방정식을 적용시켜 문제를 해결한다.

Section 5.4

기계 구조물의 해석

학습목표

✔ 기계 구조물의 특징을 파악하고, 기계 구조물의 종류를 알아본다.
✔ 기계 구조물의 해석 방법을 익히고, 해석 절차를 학습한다.

5.3절의 [그림 5-24]의 의자의 프레임 구조물에 대해 살펴보았듯이, 프레임은 이력 부재가 아닌 힘 부재를 포함하고는 있지만, 부재 상호 간에 단단해서 서로가 서로에 대해 고정되어 있다. 이에 반해, [그림 5-33]의 **잠금 플라이어**locking plier의 한 쌍의 날개는 이력 부재가 아닌 힘 부재를 포함하고 있는 점은 프레임 구조물과는 같지만, 날개 상호 간에는 단단하지 않아 서로 간에 움직일 수 있는 부품이 있다. 따라서, 잠금 플라이어는 **기계 구조물**에 해당된다.

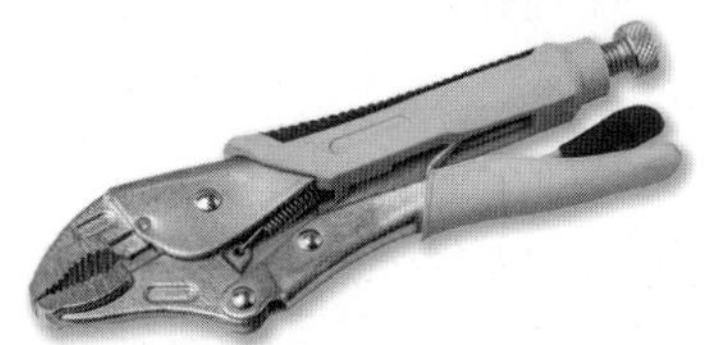

[그림 5-33] 기계 구조물인 잠금 플라이어

[그림 5-34]는 **절단 플라이어**cutting plier에 힘(R과 $-R$)을 가해 와이어를 자르는 그림을 보여준다. 이때, 가해지는 입력 힘 R과 $-R$에 대해 와이어를 자르려는 힘(S와 $-S$)을 나타내고 있다.

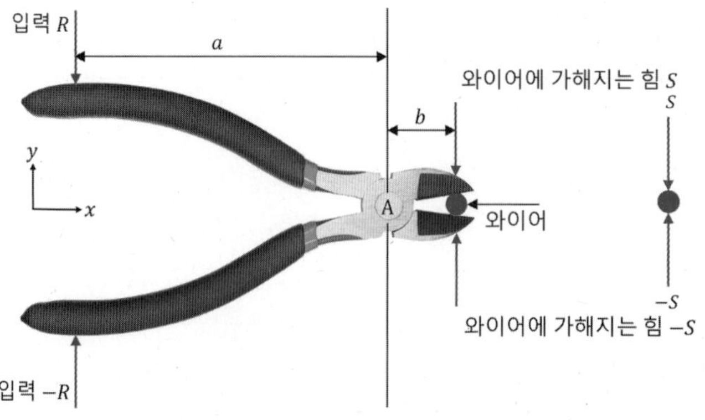

[그림 5-34] 절단 플라이어에 작용하는 힘

[그림 5-34]의 전체 기계 구조물에 평형방정식을 적용하면 다음과 같이 스스로 평형이 이루어진다.

$$\sum F_x = 0 \tag{5.34}$$

$$\sum F_y = 0 \;;\; R - R + S - S = 0 \tag{5.35}$$

$$\sum M_{\mathrm{A}} = 0 \;;\; Ra - Sb - Ra + Sb = 0 \tag{5.36}$$

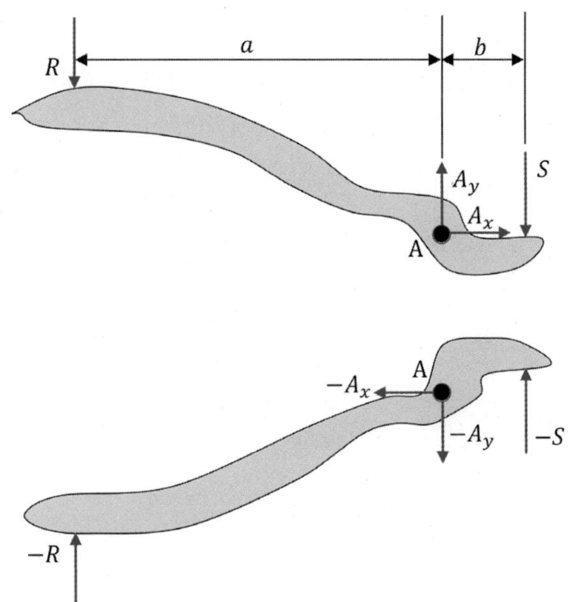

[그림 5-35] 절단 플라이어 날개 각각에 작용하는 힘

이처럼 전체 구조물에 대해 스스로 평형이 이루어질 때는 손잡이에 가해진 힘 R이나 와이어에 가해지는 힘 S 등을 구할 수가 없다. 이런 경우는 절단 플라이어의 날개를 별도로 분리한 [그림 5-35]와 같이 자유물체도를 그려서 날개 각각에 대한 평형방정식을 적용하여 미지의 힘을 알아내는 것이다.

[그림 5-35]를 이용하여 평형방정식을 적용하면 다음과 같이 된다.

$$\sum F_x = 0 \;;\quad A_x = 0 \tag{5.37}$$

$$\sum F_y = 0 \;;\quad A_y - R - S = 0,\; A_y = R + S \tag{5.38}$$

$$\sum M_{\mathrm{A}} = 0 \;;\; Ra - Sb = 0,\; S = \frac{a}{b} R \tag{5.39}$$

식 (5.37)~식 (5.39)를 이용하여 미지의 힘들을 구한다.

기계 구조물의 해석 절차는 프레임의 해석 절차와 동일하기 때문에 5.3.2절의 프레임 해석 절차를 따르면 된다.

예제 5-5 토글 바이스의 BD 부재의 수평력 구하기

[그림 5-36]과 같은 토글 바이스toggle vise 기계 구조물의 점 C 에 200 N 의 하중이 가해진다. CD 와 DE 의 길이가 그림에 보이는 것처럼 각각 12 cm 와 8 cm 일 때, 링크 부재 BD 가 조그만 나무상자에 가하는 수평력을 구하여라. 단, BD 의 길이는 12 cm 이다.

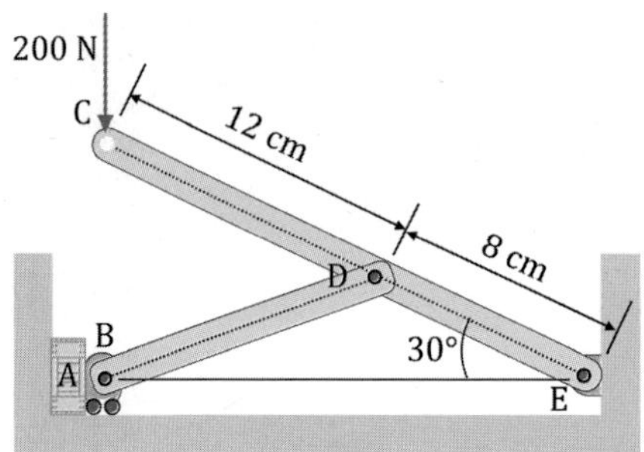

[그림 5-36] 토글 바이스 구조물

분석

- 먼저, 점 E 의 힌지지지의 반력을 [그림 5-37]과 같이 E_x, E_y로 가정하고, 평형방정식을 구성한다. 평형방정식으로부터 부재 BD 의 수평 반력을 구한다.

풀이

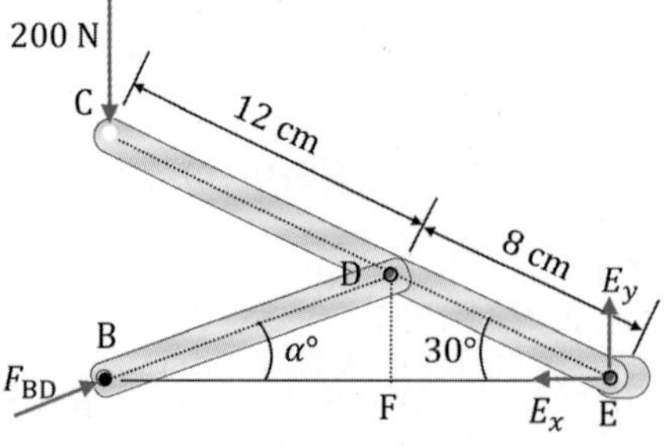

[그림 5-37] 토글 바이스 구조물의 자유물체도

❶ 평형방정식을 구성하기에 앞서, 우선 [그림 5-37]에 나타낸 DF의 길이를 계산해 두자. 그림에 나타난 바와 같이 DF의 길이는 쉽게 $\overline{\mathrm{DF}} = 8\sin 30° = 4\,\mathrm{cm}$가 된다. 또한, BD의 길이가 12 cm라고 주어졌으므로 BD와 BF가 이루는 각 α는 다음과 같이 계산된다.

$$\sin\alpha = \frac{4}{12} = \frac{1}{3},\ \alpha = \sin^{-1}\left(\frac{1}{3}\right) = 19.47° \qquad (1)$$

한편, BE의 길이는 $\mathrm{BE} = 8\cos 30° + 12\cos 19.47° = 18.24\,\mathrm{cm}$가 된다.

❷ 이제 [그림 5-37]의 전체 자유물체도를 토대로 다음과 같이 평형방정식을 세운다.

$$\Sigma M_{\mathrm{E}} = 0\ ;\ -(200\,\mathrm{N})(20\,\mathrm{cm})(\cos 30°) + F_{\mathrm{BD}}(\sin 19.47°)(18.24\,\mathrm{cm}) = 0 \qquad (2)$$

식 (2)로부터, $F_{\mathrm{BD}} = 569.79\,\mathrm{N}$이 된다.

❸ 따라서, BD의 F_{BD}의 수평 반력은 $F_{\mathrm{BD}}(\cos 19.47°) = 537.21\,\mathrm{N}$, 수평력 $= 537.21\,\mathrm{N}$이다.

고찰

기계 구조물의 각 부재에 걸리는 힘을 구하기 위해서는 전체 자유물체도를 그려, 외력과 반력에 대한 평형방정식을 구성하고, 이로부터 미지의 힘들을 구할 수도 있지만, 이로부터 구할 수 없는 경우에는 전체 물체를 세부적으로 나누어 각 세부 물체에 대한 평형방정식을 적용시켜 문제를 해결한다.

예제 5-6 봉-칼라rod-collar 기계 구조물의 반력 모멘트 구하기

[그림 5-38]과 같은 봉-칼라 기계 구조물의 봉 AC는 칼라 A에 부착되어 있고, 레버 BD에 용접된 칼라 B를 지닌다. 봉 AC와 수평 봉이 이루는 각이 $45°$일 때, 기계 구조물의 평형을 유지하기 위해, D에 필요한 우력 모멘트 M을 구하여라. 칼라 A에는 400 N의 힘이 가해지고 있다.

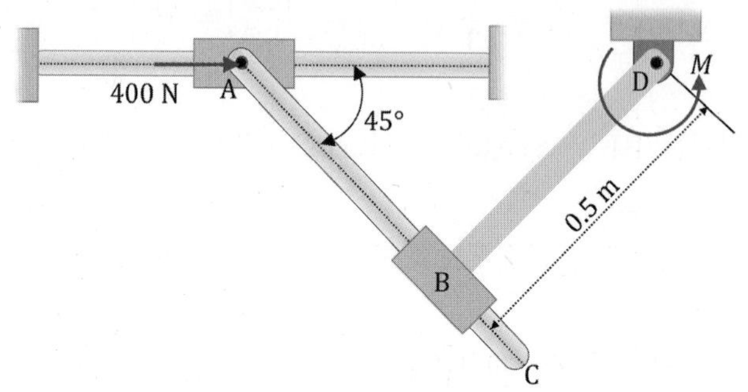

[그림 5-38] 봉-칼라 기계 구조물

분석

- 먼저, 봉 AC에 대한 자유물체도를 그리고, 이로부터 칼라 A의 수직 반력을 구한다. 전체 구조물에 대한 자유물체도로부터 평형방정식을 적용하여, 필요한 우력 모멘트 M을 구한다.

풀이

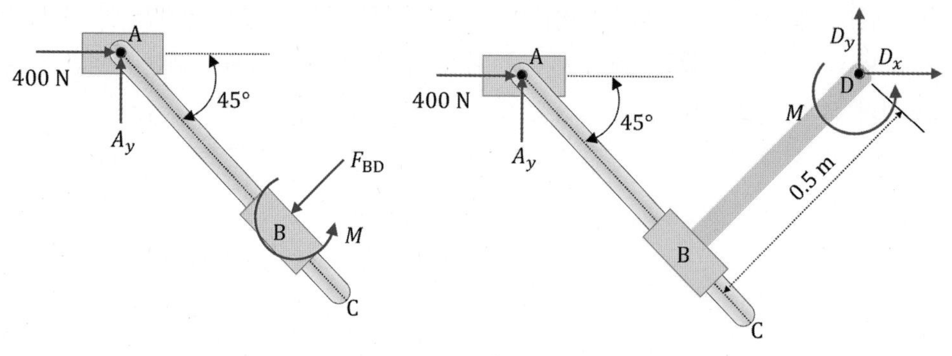

(a) 봉 AC의 자유물체도

(b) 구조물 전체 자유물체도

[그림 5-39] 봉-칼라 기계 구조물

❶ [그림 5-39(a)]의 봉 AC에 대한 자유물체도로부터, 봉 AC 길이 방향을 x 방향으로 취하면 다음과 같은 힘의 평형방정식을 얻을 수 있다.

$$\Sigma F_x = 0 \ ; \ -A_y \sin 45° + 400 \cos 45° = 0, \ A_y = 400 \text{ N} \tag{1}$$

❷ 이제 [그림 5-39(b)]의 전체 자유물체도를 토대로 다음과 같이 평형방정식을 세운다.

$$\Sigma M_{\text{D}} = 0 \ ; \ M - A_y(0.5 \text{ m}/\sin 45°) = 0, \ M = 282.84 \text{ N} \cdot \text{m} \tag{2}$$

고찰

전체 자유물체도를 먼저 그릴 것인가, 부분 자유물체도를 먼저 그릴 것인가는 상황에 따라 다르기 때문에 잘 판단해야 하며, 이로부터 평형방정식을 통해 구하고자 하는 값을 구해야 한다.

공학 구조물

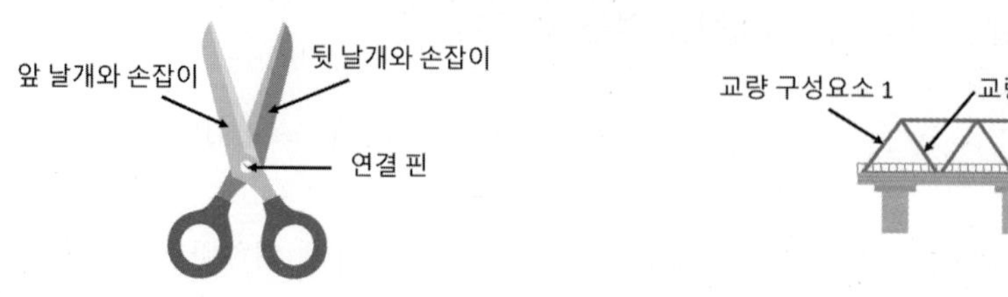

■ 서로 상대적으로 움직이는 구조물
가위를 구성하는 가위의 앞날개와 손잡이는 뒷날개와 손잡이와 함께 서로 상대적으로 움직이는 구조물

■ 서로 상대적으로 고정된 상태의 구조물
교량과 같이 교량을 구성하는 서로의 구성요소끼리 상대에 대해 고정될 수 있는 구조물

트러스 구조물의 해석

트러스truss는 가해지는 하중을 견디도록 설계되며, 정적으로 완전히 구속된 구조물이다. 또한, 두 개의 힘 부재(이력 부재two force member)만으로 구성된 구조이다.

■ 절점법

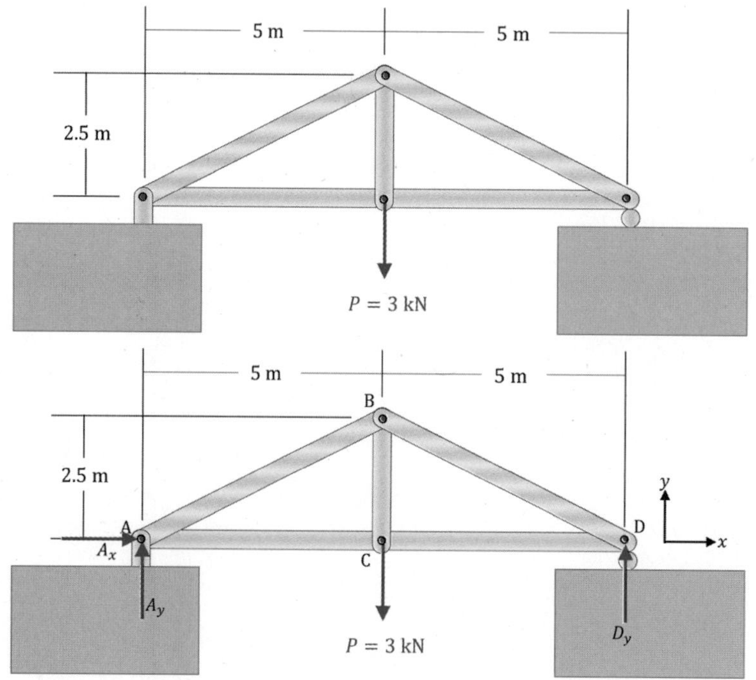

❶ 앞의 아래 그림과 같이, 절점에 A, B, C, D의 라벨label을 붙인다.

❷ 외력 P에 대한 반력을 가정하고, 좌표계(x, y)를 설정하여 전체 자유물체도를 그린다. 점 A는 핀 또는 힌지 지점이므로 각각 수평과 수직 반력(A_x, A_y)이 있는 것으로 가정하고, 점 D는 롤러지지이므로 오로지 수직 반력 D_y만 존재하는 것으로 가정한다.

❸ 트러스 전체 구조를 강체로 보고, x, y 각각의 방향에 대한 힘의 평형방정식과 모멘트 평형방정식을 적용하여 반력을 구한다.

❹ 절점을 중심으로 한 절점의 자유물체도를 그린다.

❺ 각 절점의 자유물체도를 이용하여, 각 절점에서 힘의 평형방정식을 적용하여, 각 부재에 걸리는 힘들을 구한다. 이 경우, 어느 절점부터 시작하느냐 하는 문제인데, 어떤 절점에서 미지의 힘이 2개인 절점에서부터 시작하면 된다.

❻ 미지의 힘들을 구한 후, 각 부재가 인장 부재인지, 압축 부재인지를 구분한다.

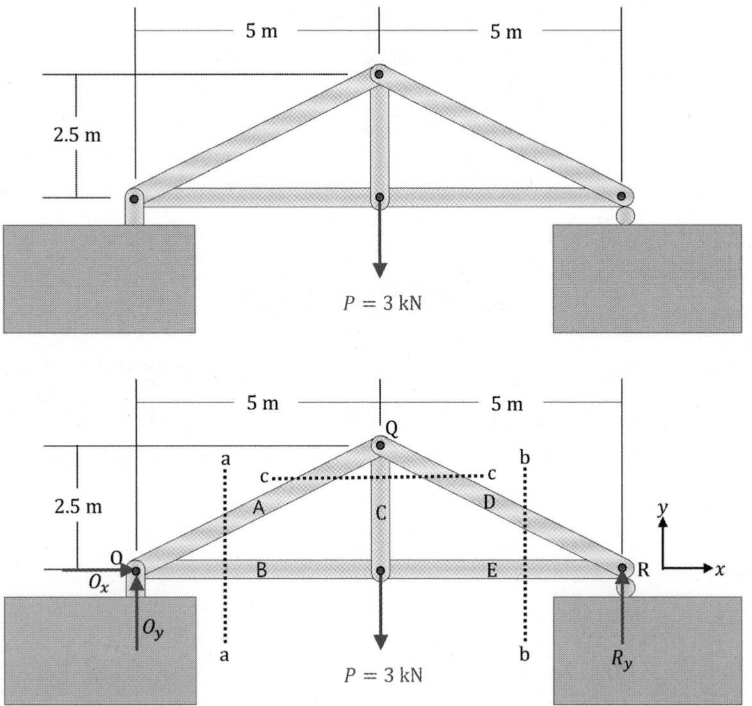

❶ 위의 아래 그림처럼 트러스 부재에 A, B, C, D, E의 라벨label을 붙인다.

❷ 외력 P에 대한 반력을 가정하고, 좌표계(x, y)를 설정하여 전체 자유물체도를 그린다(절 점법과 동일하다).

❸ 트러스 전체 구조를 강체로 보고, x, y 각각의 방향에 대한 힘의 평형방정식과 모멘트 평형방정식을 적용하여 반력을 구한다.

❹ 가상적인 단면(a－a 단면, b－b 단면, c－c 단면)을 설정한다.

❺ 가상단면을 기준으로 반쪽의 부분 자유물체도를 그리고, 가상단면의 각각에 대한 평형방정식을 풀어 미지의 힘들을 구한다.

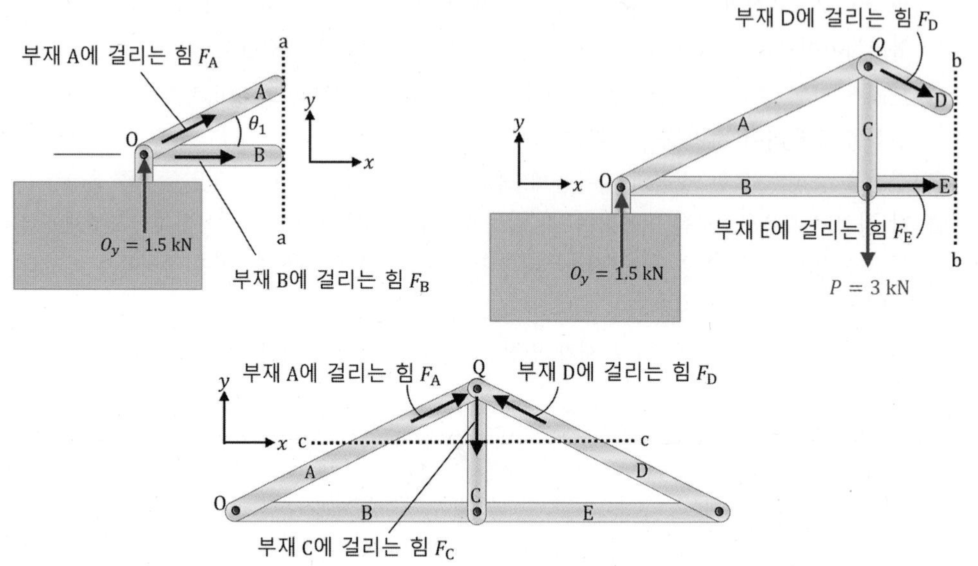

프레임 구조물의 해석

프레임frame 또한 가해지는 하중을 견디도록 설계되며, 트러스처럼 정적으로 완전히 구속된 구조물이다. 프레임과 트러스의 다른 점은 프레임 구조물에 있어, 구조물의 적어도 하나 또는 그 이상의 구성요소가 이력 부재가 아니라 다력부재multi force member라는 점이고, 이 다력부재는 3개 이상의 지점에서 작용력을 가진 부재이다.

■ 라벨label 부여

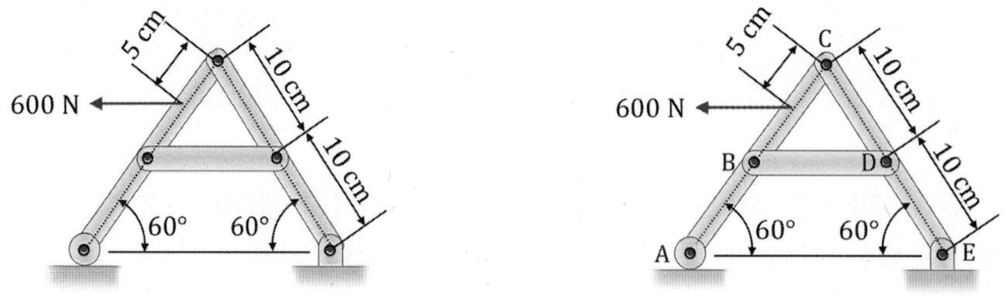

주어진 위의 좌측 그림에 대해, 우측 그림과 같이 구조물의 조인트joint에 라벨을 부여한다.

■ 전체 강체의 구별

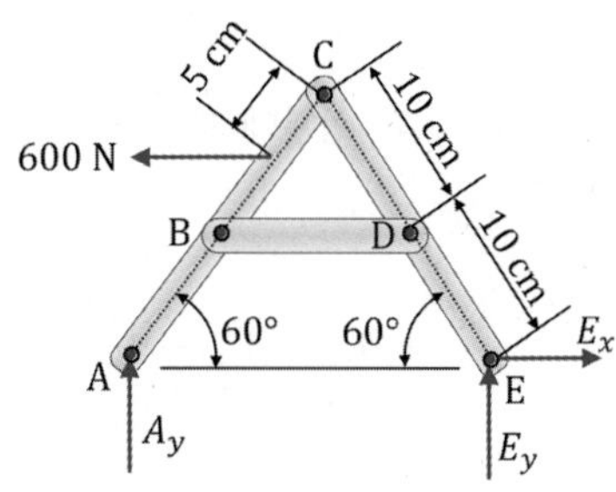

프레임 전체 구조를 강체로 해석할 수 있는지 확인해야 한다. 프레임 구조물은 독립적으로도 단단하기 때문에 프레임 구조물을 단일 강체로 간주하여, 위의 그림처럼 외력에 의한 반력을 구한다.

■ 구성 부재 개별 지유물체도 작도

❶ 각 구성 부재 자유물체도를 그릴 때는 각 부재에 작용하는 모든 힘들을 포함해야 하는데, 특히, 구성 부재에 작용할 수 있는 주어진 외력 및 외부 반력도 모두 포함해야 한다.

❷ 각 구성 부재에서 먼저 이력 부재를 구별하고, 각 부재의 연결 지점에서 미지의 크기지만 방향이 알려진 힘을 표시한다(이력 부재에 작용하는 힘은 부재의 두 연결점 사이의 선을 따라 작용한다).

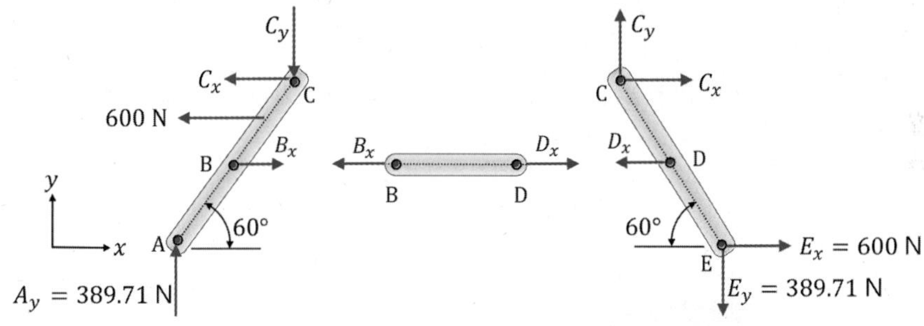

❸ 이력 부재가 아닌 부재 사이의 연결 지점에서 반력 및 모멘트를 추가한다. 크기와 방향을 알 수 없는 미지의 힘(2차원 문제의 경우: x, y 성분, 3차원 문제의 경우: x, y, z 성분의 힘)이 있는 것으로 그려져야 한다.

❹ 각 연결 지점의 힘은 뉴턴의 제 3법칙에 의해 한 쌍이 된다는 것을 알아야 한다.

■ 구성 부재 개별 평형방정식 구성

구성 부재 개별 자유물체도를 작성한 후, 각 부재에 대한 평형방정식(힘과 모멘트 평형방정식)을 구성한다. 2차원 문제(x, y 평면 문제)의 경우, 각 성분에 대해 세 개의 가능한 방정식(두 개의 힘의 평형방정식과 하나의 모멘트 방정식)을 구성한다.

$$\Sigma F_x = 0,\ \Sigma F_y = 0,\ \Sigma M_z = 0$$

3차원 문제(x, y, z 공간 문제)의 경우, 각 성분에 대해 여섯 개의 가능한 방정식(세 개의 힘의 평형방정식과 세 개의 모멘트 방정식)을 구성한다.

$$\Sigma F_x = 0,\ \Sigma F_y = 0,\ \Sigma F_z = 0,\ \Sigma M_x = 0,\ \Sigma M_y = 0,\ \Sigma M_z = 0$$

■ 구성 부재 개별 평형방정식 풀이

구성 부재의 개별 평형방정식을 미지수에 대해 푸는 절차이다. 평형방정식을 풀 때는 대수적으로 풀이를 하여 한 번에 하나의 변수를 풀거나, 아니면 행렬방정식을 이용하여 모든 미지수를 한 번에 풀 수도 있다. 가정한 미지의 힘의 값이 음수로 산출되면 힘이 실제로는 초기 자유물체도에 표시했던 방향과 반대 방향으로 작용함을 의미한다.

기계 구조물의 해석

기계machine는 힘을 전달하고 변화시키기 위해 설계되며, 움직이는 부분을 포함하는 경우가 대부분이다. 기계 또한 프레임과 같이 구조물의 적어도 하나 또는 그 이상의 구성요소가 이력 부재가 아니라 다력부재라는 점이다. 그러나, 프레임과 기계의 차이점은 프레임은 전체적으로 견고rigid하지만 기계는 전체적으로 견고하지 않다는 것이다. 한편, 프레임과 기계는 전적으로 이력 부재만으로 구성되지 않기 때문에 절점법과 단면법을 사용할 수 있는 가정을 할 수 없고, 이러한 이유로 다른 해석 방법을 사용해야 한다.

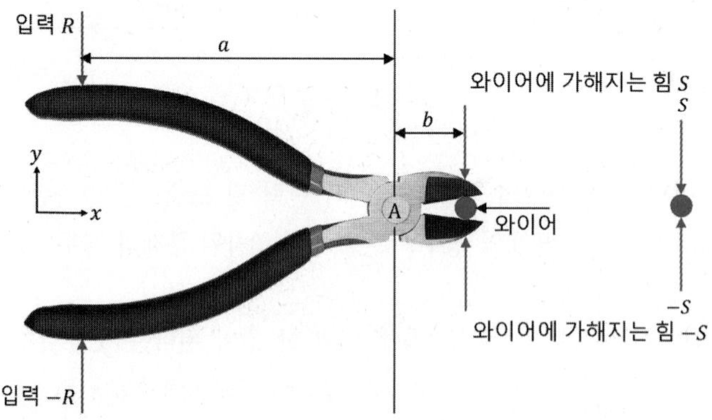

위의 그림과 같이 전체 기계 구조물에 평형방정식을 적용하여, 미지의 힘들을 구할 수 없으면 다음과 같이 구조물을 개별적으로 분리하여 해석한다.

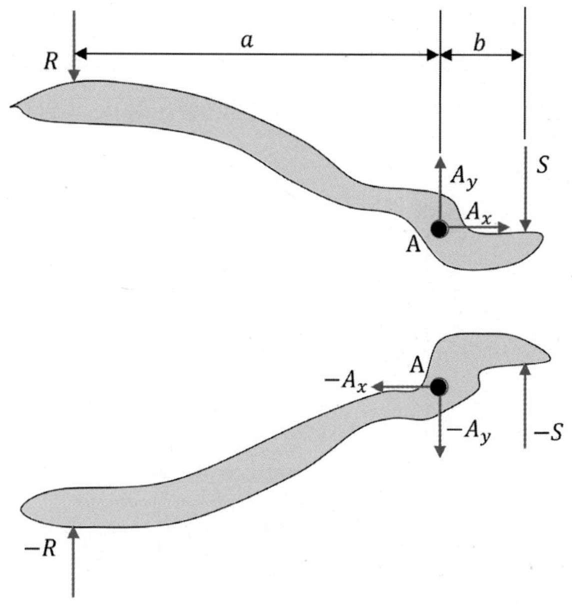

위의 그림과 같이 개별 자유물체도를 그려서 날개 각각에 대한 평형방정식을 적용한다.

▶ 5.1~5.2절

5.1 연습문제 [그림 5-1]의 구조물은 각각 $Q = 5\ \mathrm{kN}$과 $P = 30\ \mathrm{kN}$의 힘을 받고, 점 A에서 힌지지지, 점 C에서 롤러지지되었다. 각 부재에 걸리는 힘들을 구하고, 그 힘들이 인장인지 압축인지를 나타내어라.

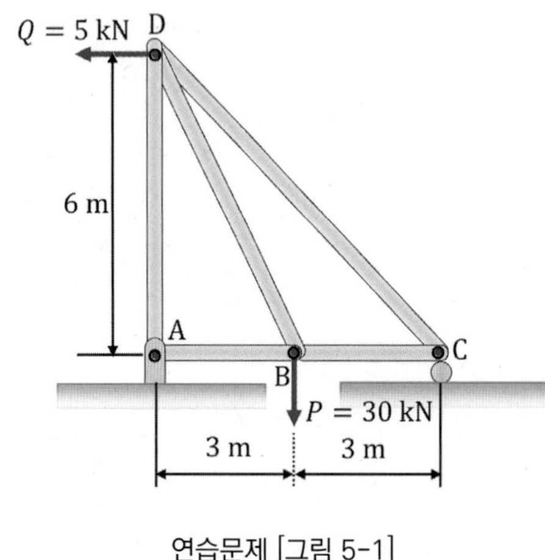

연습문제 [그림 5-1]

▶ 5.1~5.2절

5.2 연습문제 [그림 5-2]의 점 A에서 힌지지지, 점 D에서 롤러지지된 구조물에 있어 각 부재에 발생하는 내력들을 구하여라.

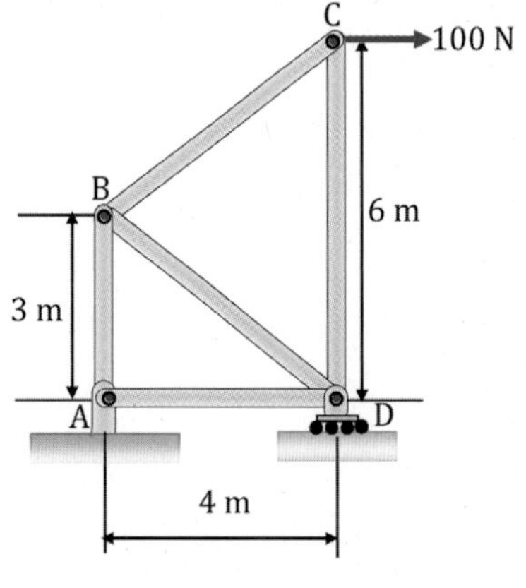

연습문제 [그림 5-2]

▶ 5.1~5.2절

5.3 연습문제 [그림 5-3]의 구조물의 각 부재에 발생하는 내력들을 구하고 인장인지 압축인지를 구별하여라.

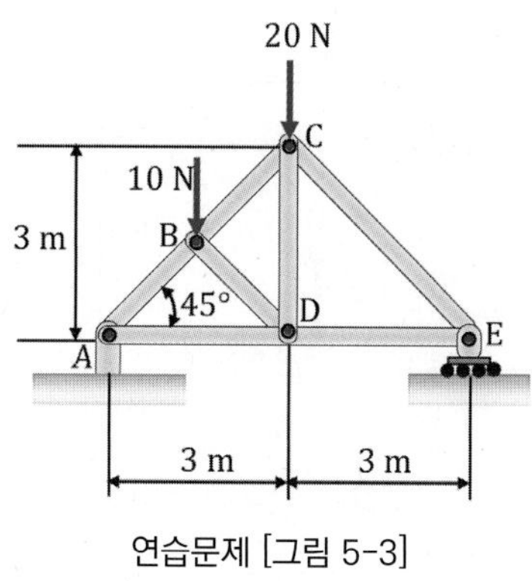

연습문제 [그림 5-3]

▶ 5.1~5.2절

5.4 연습문제 [그림 5-4]의 구조물의 각 부재에 발생하는 내력들을 구하고 인장인지 압축인지를 구별하여라.

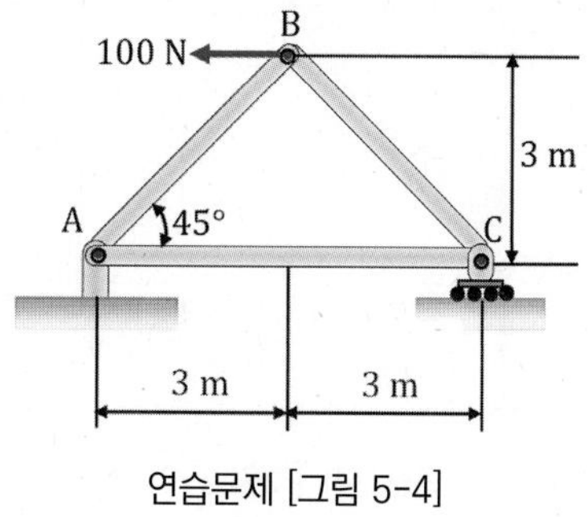

연습문제 [그림 5-4]

▶ 5.1~5.2절

5.5 연습문제 [그림 5-5]의 구조물의 각 부재에 발생하는 내력들을 구하고 인장인지 압축인지를 구별하여라.

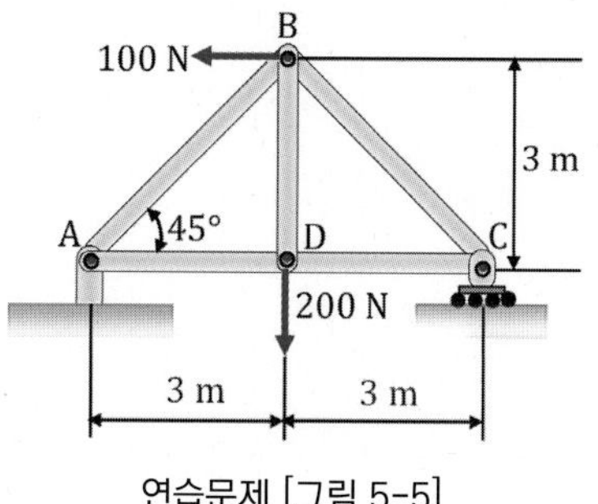

연습문제 [그림 5-5]

▶ 5.1~5.2절

5.6 연습문제 [그림 5-6]의 구조물의 반력과 각 부재에 발생하는 내력들을 구하고 인장인지 압축인지를 구별하여라.

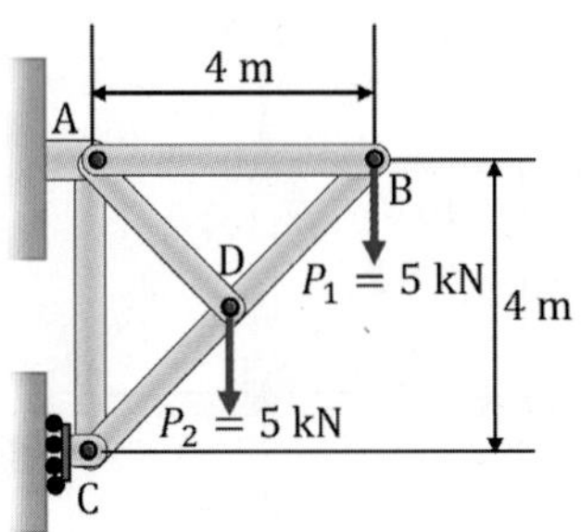

연습문제 [그림 5-6]

▶ 5.1~5.2절

5.7 연습문제 [그림 5-7]의 구조물의 반력과 각 부재에 발생하는 내력들을 구하고 인장인지 압축인지를 구별하여라.

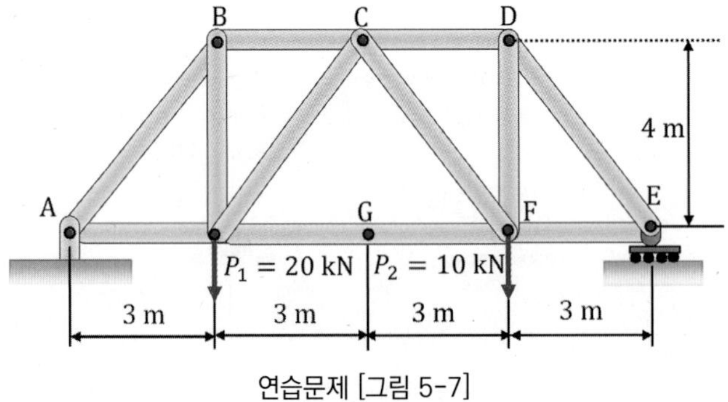

연습문제 [그림 5-7]

▶ 5.1~5.2절

5.8 연습문제 [그림 5-8]의 구조물의 반력과 각 부재에 발생하는 내력들을 구하고 인장인지 압축인지를 구별하여라.

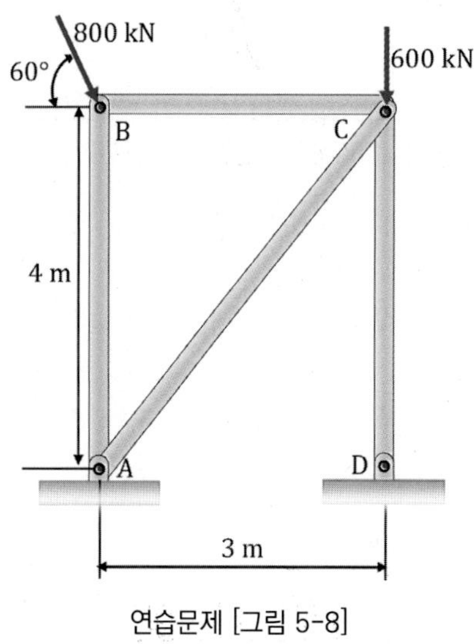

연습문제 [그림 5-8]

▶ 5.1~5.2절

5.9 연습문제 [그림 5-9]의 구조물의 부재 AB, AC, CD 에 작용하는 내력들을 단면법을 이용하여 구하고, 해당 부재가 인장인지 압축인지를 구별하여라.

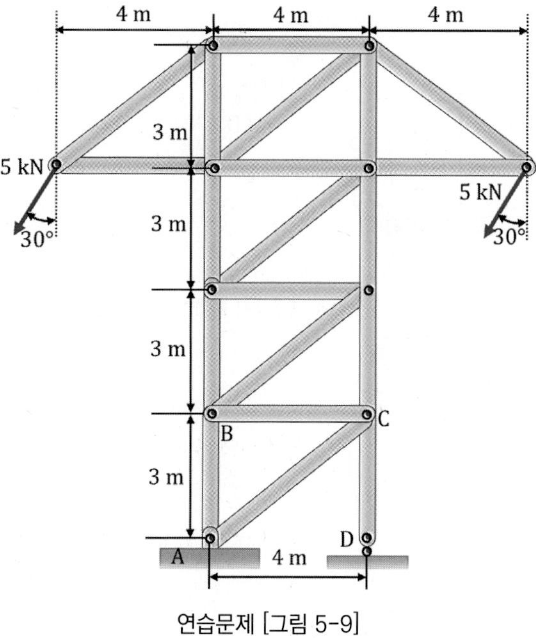

연습문제 [그림 5-9]

▶ 5.1~5.2절

5.10 연습문제 [그림 5-10]의 구조물의 부재 AB, DE에 작용하는 내력들을 단면법을 이용하여 구하고, 해당 부재가 인장인지 압축인지를 구별하여라.

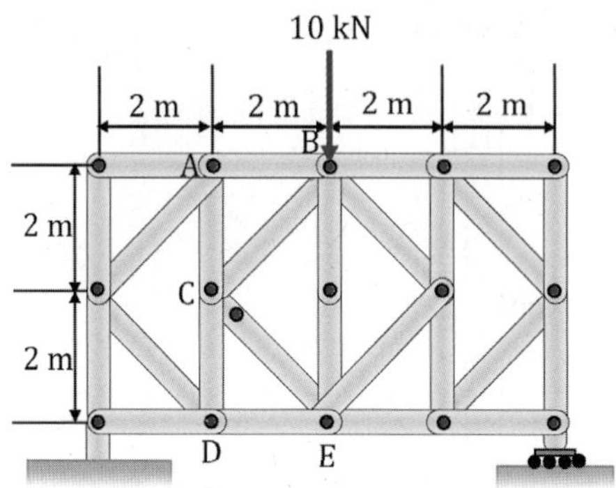

연습문제 [그림 5-10]

▶ 5.1~5.2절

5.11 연습문제 [그림 5-11]의 구조물의 각 부재에 작용하는 내력들을 구하고, 해당 부재가 인장인지 압축인지를 구별하여라.

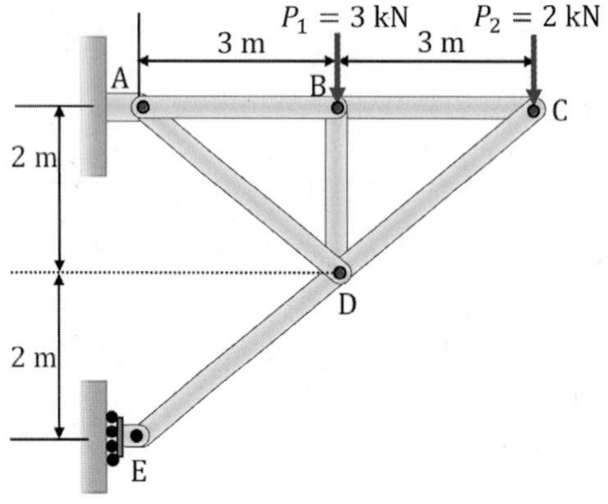

연습문제 [그림 5-11]

▶ 5.1~5.2절

5.12 연습문제 [그림 5-12]의 구조물의 지점 반력과 각 부재에 작용하는 내력들을 구하고, 해당 부재가 인장인지 압축인지를 구별하여라.

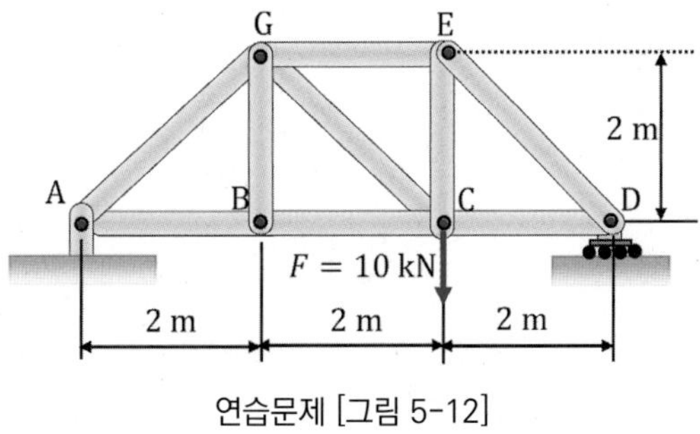

연습문제 [그림 5-12]

▶ 5.1~5.2절

5.13 연습문제 [그림 5-13]의 구조물의 지점 반력과 각 부재에 작용하는 내력들을 구하고, 해당 부재가 인장인지 압축인지를 구별하여라.

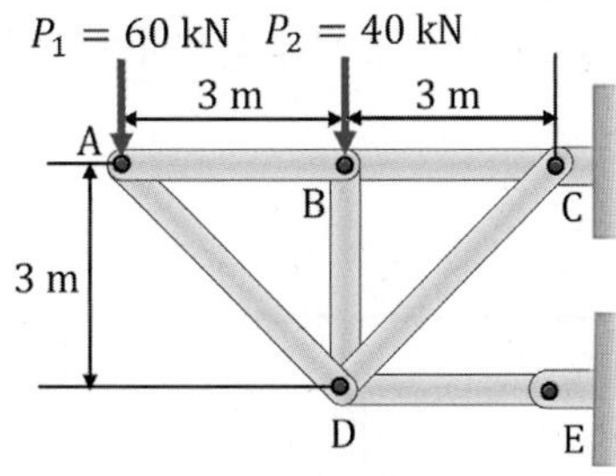

연습문제 [그림 5-13]

▶ 5.1~5.2절

5.14 연습문제 [그림 5-14]의 구조물의 지점 반력과 각 부재에 작용하는 내력들을 구하고, 해당 부재가 인장인지 압축인지를 구별하여라.

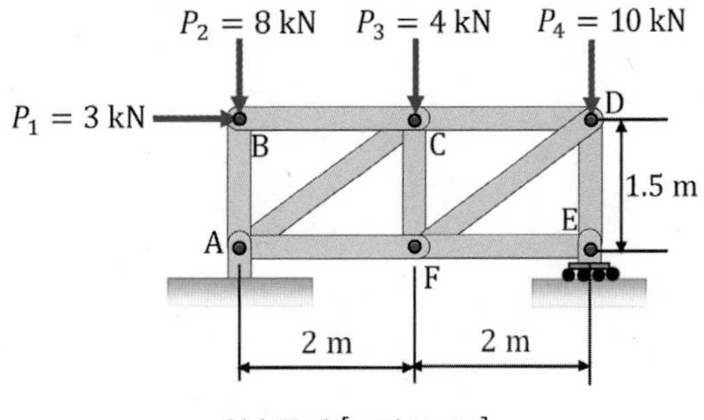

연습문제 [그림 5-14]

▶ 5.3

5.15 연습문제 [그림 5-15]와 같은 프레임 구조물의 점 D의 조그만 바퀴peg에 걸쳐있는 줄에 20 N의 나무상자의 하중이 작용하고 있다. 핀지지된 점 A, B, C의 반력을 구하여라.

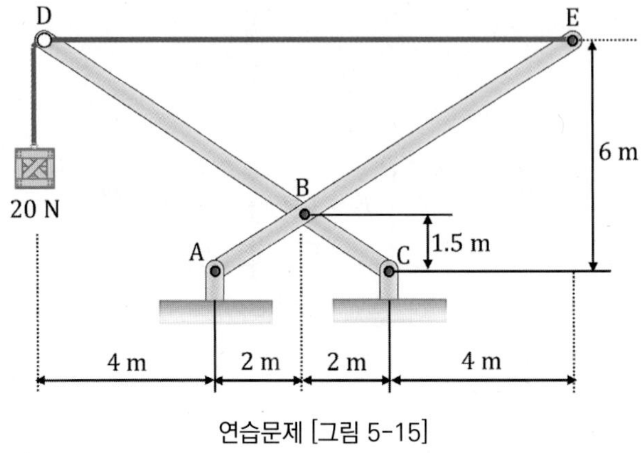

연습문제 [그림 5-15]

▶ 5.3

5.16 연습문제 [그림 5-16]과 같은 프레임 구조물에 작용하는 반력과 내력들을 구하여라.

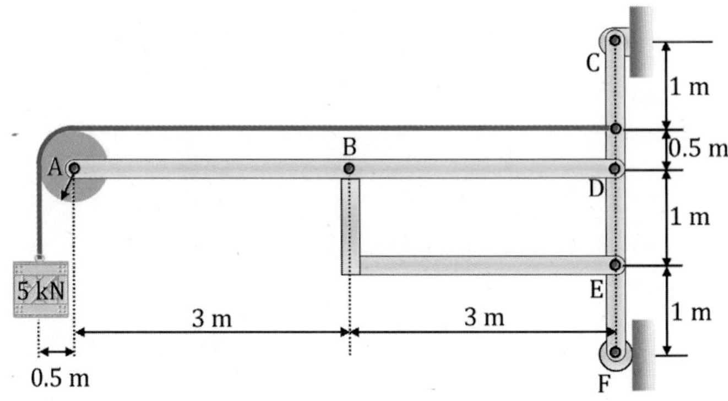

연습문제 [그림 5-16]

▶ 5.3

5.17 연습문제 [그림 5-17]과 같은 프레임 구조물에 두 개의 힘 $120\ \mathrm{N}$ 과 $200\ \mathrm{N}$ 이 작용할 때, 각 프레임 부재의 내력들과 지지점 A 및 C 에서의 핀 반력은 얼마인가?

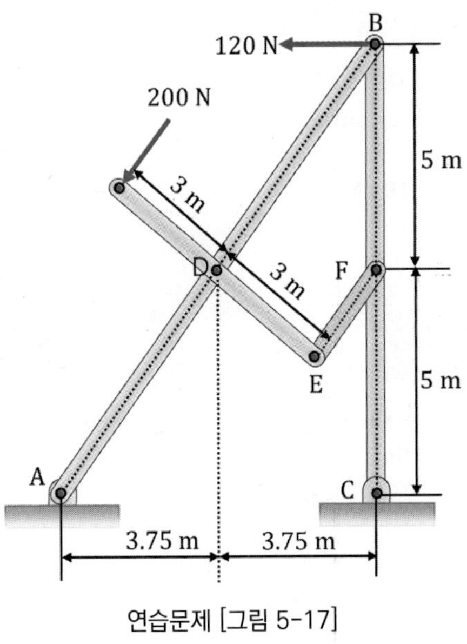

연습문제 [그림 5-17]

▶ 5.4

5.18 연습문제 [그림 5-18]과 같은 지게차forklift truck가 물건을 실은 상태로 있다. 지게차의 무게는 $20\ \mathrm{kN}$ 이며, 물건은 $10\ \mathrm{kN}$ 이다. 또한, G_1과 G_2는 각각 지게차와 물건의 무게중심을 나타낼 때, 2개의 앞바퀴와 2개의 뒷바퀴가 있는 경우, 앞바퀴 한 개와 뒷바퀴 한 개의 반력을 구하여라. 바닥과 바퀴와의 마찰은 무시하여라.

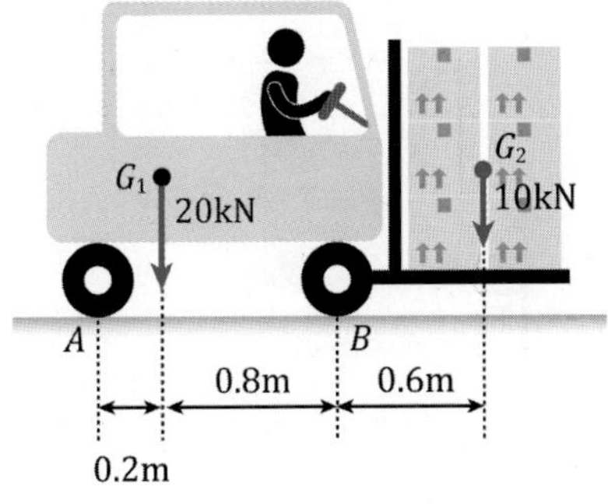

연습문제 [그림 5-18]

▶ 5.4

5.19 연습문제 [그림 5-19]와 같은 트레일러는 점 B에서 볼-소켓 조인트에 의해 지프jeep차에 연결되어 있다. 지프차의 무게는 15 kN이며, 트레일러의 무게는 10 kN이다. 또한, G_1과 G_2는 각각 트레일러와 지프차의 무게중심을 나타낸다. 지프차의 2개의 앞바퀴와 2개의 뒷바퀴, 트레일러의 바퀴가 모두 2개씩일 때, 총 6개 바퀴 중 각각의 바퀴 하나에 작용하는 반력을 구하고, 조인트 점 B에서의 반력을 구하여라. 단, 바닥과 바퀴들 사이의 마찰은 무시하여라.

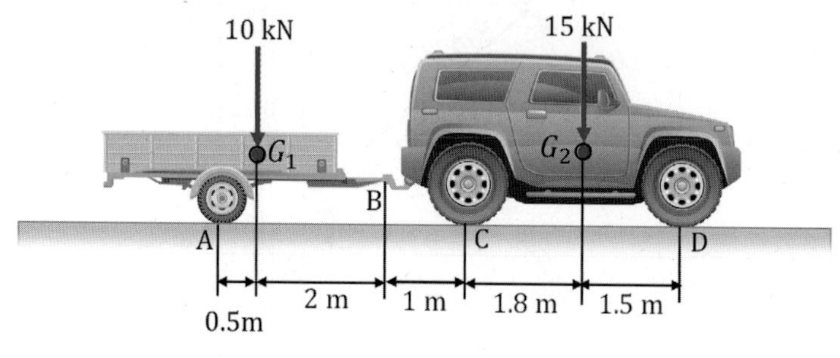

연습문제 [그림 5-19]

▶ 5.4

5.20 연습문제 [그림 5-20]과 같은 원판 기구의 우력 모멘트 $M = 500\ \mathrm{N \cdot m}$에 의해 발생하는 핀 C, D, E에서의 반력을 구하여라.

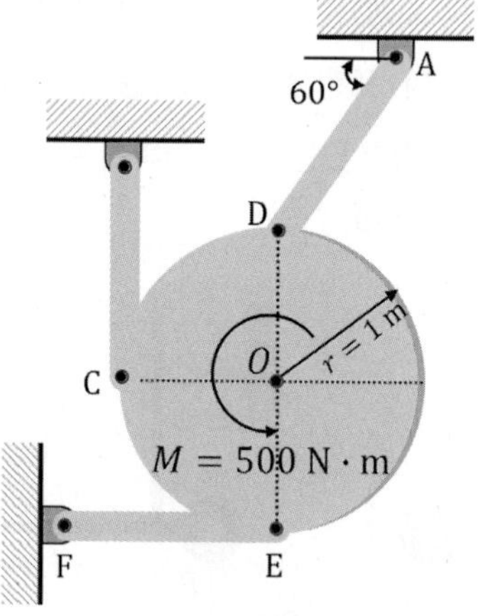

연습문제 [그림 5-20]

MEMO

Statics

댐의 조성으로 생물들이 살아갈 수 있는 자연 농·습지를 해친다거나, 수몰지구 이주민들의 생활 터전이 사라지는 등의 단점도 있지만, 장마철 홍수 조절, 댐의 물을 이용한 수력 발전, 농업용수로의 효과적 이용, 연중 식수 공급의 지속성, 갈수기나 가뭄에 용수 활용이 가능하다는 많은 장점을 가지고 있다. 댐을 건설하는 대공사를 통해 댐의 건설이 이루어졌더라도 댐 주변을 산책하노라면 과연 저 댐은 계속해서 안전할 수 있을까 잠시 걱정에 빠지기도 한다. 댐에 가하는 힘들은 첫째 유체(물)의 압력에 의한 힘, 둘째, 토지 위에 건설됨으로써 토지로부터의 압력, 셋째 댐 구조물의 자중 등이 있다. 이러한 힘들은 분포력distributed force으로 어느 한 점에 작용하는 힘이 아니다. 그러면 이 힘들과 관련하여 역학 해석을 할 경우, 이 힘들의 계산은 어떻게 할까라는 궁금증에 빠질 수 있다. 이 장에서는 이러한 분포력을 계산하는 방법과 각 구조의 도형의 중심과 무게의 중심은 어디에 위치하는지에 대해 학습한다.

CHAPTER 06

분포력(도심과 무게중심)

Distributed forces(centroid & center of gravity)

CONTENTS

학습목표

- 도심과 무게중심 또는 질량중심의 개념과 정의를 학습한다.
- 파푸스-굴디너스의 정리의 개념을 익히고, 이 정리를 통해 회전물체의 면적과 체적을 구하는 방법을 학습한다.
- 다양한 물체에 분포력이 주어지는 경우, 도심을 통해, 구조물의 반력과 반력 모멘트를 구한다.
- 3차원 물체의 도심과 무게중심을 계산한다.

Section 6.1

도심과 무게중심의 개념과 정의

학습목표

- ✔ 도심과 무게중심 또는 질량중심의 개념을 소개하고, 선의 중심, 면적의 중심을 구하는 방법을 익힌다.
- ✔ 단순 도형과 복합물체의 도심과 무게중심을 구하는 응용 예를 통해, 도심과 무게중심을 명확히 이해한다.

도심centroid은 도형의 중심이란 뜻을 지니고 있어, 대부분이 2차원 또는 3차원 도형의 기하학적 중심을 일컫지만, 1차원인 선line의 도심도 표현할 수는 있다. **무게중심**center of gravity 또는 **질량중심**center of mass은 해당 물체가 가지고 있는 무게 또는 질량의 중심을 일컫는다. 무게중심과 질량중심은 같은 의미로 사용되기도 하는데, 이는 동일 위치에서는 중력가속도가 같으므로 무게중심과 질량중심은 같게 된다. 한편, 어떤 물체가 밀도가 일정한 균질의 물체라고 한다면, 물체의 기하학적 중심(도심)과 무게중심은 같은 점이 된다. 이 절에서는 도심과 무게중심의 개념을 소개하고, 몇몇 도형들에 대한 도심과 무게중심을 계산해 본다.

6.1.1 도심

1) 선의 도심

[그림 6-1(a)]와 같이, 임의의 전체 길이가 L인 선line의 도심을 C라 하자. 이 선의 도심을 구하기 위해, [그림 6-1(b)]와 같이 선을 미소 길이 ΔL_i로 나눈다.

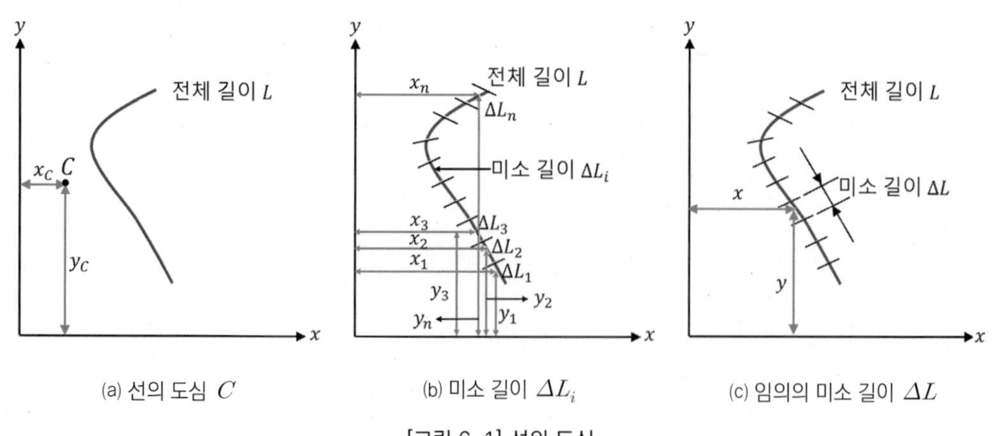

(a) 선의 도심 C　　(b) 미소 길이 ΔL_i　　(c) 임의의 미소 길이 ΔL

[그림 6-1] 선의 도심

[그림 6-1(b)]의 임의의 미소 길이 ΔL_i에서 각각의 x, y축까지 떨어진 임의의 거리를 각각 y_i, x_i라 하면 다음과 같은 관계식을 얻게 된다.

$$\sum x_1 \Delta L_1 + x_2 \Delta L_2 + x_3 \Delta L_3 + \cdots\cdots x_n \Delta L_n = \sum_{i=1}^{i=n} x_i \Delta L_i = x_C L \tag{6.1}$$

$$\sum y_1 \Delta y_1 + y_2 \Delta L_2 + y_3 \Delta L_3 + \cdots\cdots y_n \Delta L_n = \sum_{i=1}^{i=n} y_i \Delta L_i = y_C L \tag{6.2}$$

식 (6.1)의 합의 기호는 무한 항까지 합해야 적분기호와 정확히 같지만, 항이 유한하더라도 무수히 많은 경우(n)는 근사적으로 적분기호와 같은 개념으로 쓸 수 있다. 따라서, 식 (6.1)은 [그림 6-1(c)]와 같이, 대표가 되는 미소 길이 ΔL로부터, 각각의 축까지 떨어진 거리 y, x를 사용하여 다음과 같이 식을 변환할 수 있다.

$$\int x\,dL = x_C L, \quad \int y\,dL = y_C L, \quad x_C = \frac{\int x\,dL}{L}, \quad y_C = \frac{\int y dL}{L} \tag{6.3}$$

2) 주어진 함수의 적분에 의한 선의 도심

어떤 선 또는 곡선의 도심을 구하는 데 있어, 주어진 함수의 적분으로부터 도심을 구하는 방법을 소개한다. 이 때 사용되는 식은 식 (6.3)을 이용하지만, 미소 길이 dL을 [그림 6-2]와 같이 $x-y$ 좌표와 $r-\theta$ 좌표로 나타낼 수 있다.

(a) 미소 길이 dL ($x-y$ 좌표) (b) 미소 길이 dL ($r-\theta$좌표)

[그림 6-2] 미소 길이 dL의 표현

[그림 6-2(a)]의 $x-y$ 좌표와 [그림 6-2(b)]의 $r-\theta$ 좌표로 dL을 나타내면 다음과 같다.

$$\mathrm{dL} = dx\,\mathrm{i} + dy\,\mathrm{j}, \; dL = \sqrt{(dx^2 + dy^2)} = dx\left[\sqrt{1+\left(\frac{dy}{dx}\right)^2}\right] = dy\left[\sqrt{1+\left(\frac{dx}{dy}\right)^2}\right] \quad (6.4)$$

$$\mathrm{dL} = dr\,\mathrm{e}_r + rd\theta\,\mathrm{e}_\theta, \; dL = \sqrt{(dr^2 + (r\,d\theta)^2)} = d\theta\left[\sqrt{r^2 + \left(\frac{dr}{d\theta}\right)^2}\right] \quad (6.5)$$

예제 6-1 주어진 함수로 된 선의 도심 구하기

[그림 6-3(a)]의 주어진 함수 $y = x$에 대한 선의 도심을 구하여라.

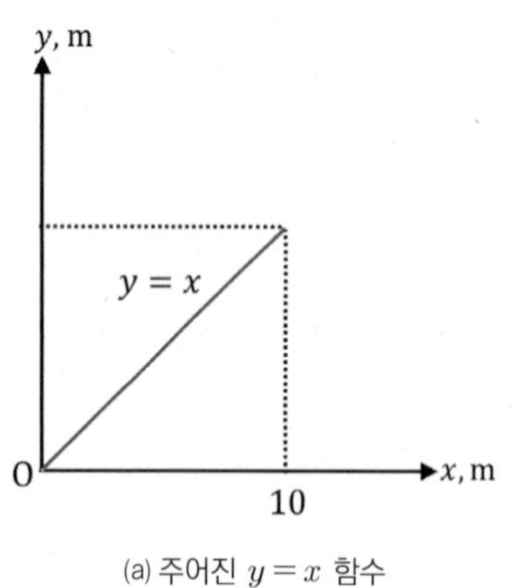

(a) 주어진 $y = x$ 함수

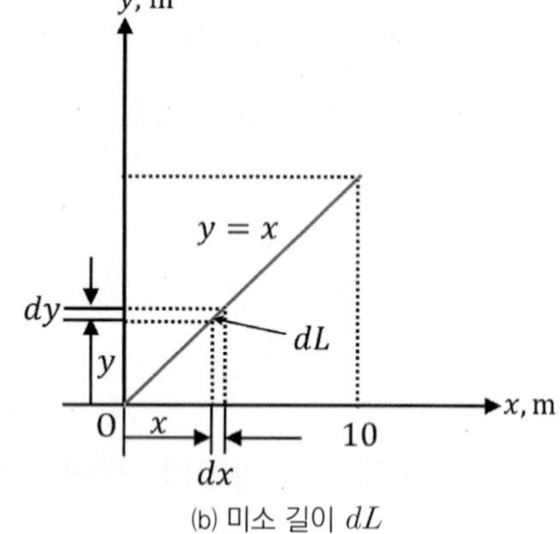

(b) 미소 길이 dL

[그림 6-3] $y = x$의 함수

분석

- 먼저, [그림 6-3(b)]에 나타난 함수로부터 미소 길이 dL을 구한다.
- x 방향의 도심 x_C와 y 방향의 도심 y_C를 구하는 식, $x_C = \frac{\int x\,dL}{L}$, $y_C = \frac{\int y dL}{L}$에 대입하여 도심을 구한다.

풀이

❶ [그림 6-3(b)]에서, 선의 미소 길이 dL은 다음과 같이 된다.

$$dL = \sqrt{(dx^2 + dy^2)} = dx\left[\sqrt{1+\left(\frac{dy}{dx}\right)^2}\right] = dy\left[\sqrt{1+\left(\frac{dx}{dy}\right)^2}\right] \quad (1)$$

$y = x$로부터, $\dfrac{dy}{dx} = 1$, 따라서, $dL = \sqrt{2}\,dx$가 된다. 또한, 선의 전체 길이는 $L = \int dL = \int_0^{10} \sqrt{2}\,dx = 10\sqrt{2}$ m이 된다.

❷ 먼저, $x_C = \dfrac{\int x\,dL}{L}$로부터 수치값을 대입하면 다음과 같이 된다.

$$x_C = \frac{\int x\,dL}{L} = \frac{\int_0^{10} \sqrt{2}\,x dx}{10\sqrt{2}} = 5\text{ m},\ x_C = 5\text{ m}$$

❸ 다음은 $y_C = \dfrac{\int ydL}{L}$로부터 수치값을 대입하면 다음과 같다.

$$y_C = \frac{\int ydL}{L} = \frac{\int_0^{10} y\sqrt{2}\,dx}{10\sqrt{2}} = 5\text{ m},\quad y_C = 5\text{ m}$$

고찰

비교적 간단한 문제이지만, 어떤 함수가 주어지면, 첫째, dL을 먼저 구하고, 둘째, 전체 길이 L을 구한 후, x_C와 y_C를 구하는 식 $x_C = \dfrac{\int x\,dL}{L}$, $y_C = \dfrac{\int ydL}{L}$에 대입하여 구한다.

3) 면적의 도심

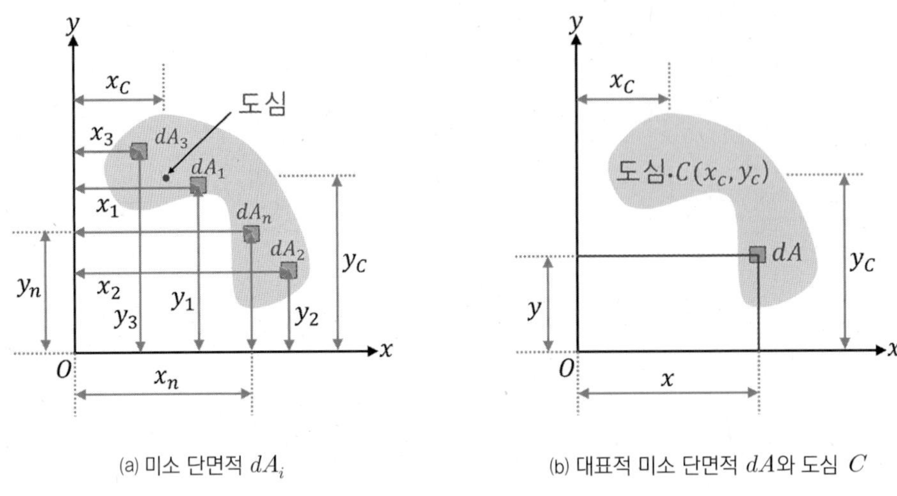

(a) 미소 단면적 dA_i　　　(b) 대표적 미소 단면적 dA와 도심 C

[그림 6-4] 임의의 단면을 갖는 평면도형

[그림 6-4]는 임의의 단면을 갖는 평면도형을 보여주고 있다. 먼저 평면도형의 성질들 중의 하나인 **단면의 1차모멘트**first area moment of inertia를 살펴본다. 단면의 1차모멘트는 주로 단면의 도심centroid을 구하는 데 사용된다. [그림 6-4(a)]의 도형의 전체 단면적을 A라 할 때, A가 n개의 수많은 미소 단면적 dA_1, dA_2 $dA_3 \cdots\cdots$ dA_n으로 구성되어 있다고 하자. 즉 $\sum_{i=1}^{i=n} dA_i = A$가 된다. 한편, 미소 단면적의 x축과의 떨어진 거리를 각각 y_1, y_2, y_3.... y_n이라 하자.

x축에 대한 단면의 1차모멘트는 식 (6.6)과 같이 무수히 많은 각각의 미소 단면적에 x축과 떨어진 거리를 곱한 것의 합으로 정의된다.

$$I_x = y_1 dA_1 + y_2 dA_2 + y_3 dA_3 + \cdots\cdots + y_n dA_n = \sum_{i=1}^{i=n} y_i dA_i \tag{6.6}$$

또한, 미소 단면적의 y축과 떨어진 거리를 각각 x_1, x_2, $x_3 \cdots\cdots$ x_n이라 하자. y축에 대한 단면의 1차모멘트는 무수히 많은 각각의 미소 단면적에 y축과 떨어진 거리를 곱한 것의 합으로 정의된다.

$$I_y = x_1 dA_1 + x_2 dA_2 + x_3 dA_3 + \cdots\cdots x_n dA_n = \sum_{i=1}^{i=n} x_i dA_i \tag{6.7}$$

식 (6.6)과 식 (6.7)의 우변의 합의 기호는 [그림 6-4(b)]와 같이, 대표가 되는 미소 단면적을 dA라 하고, 이 미소 단면적의 y축 및 x축과의 떨어진 거리를 각각 x, y라 할 때, 다음과 같이 적분으로 변환하여 식 (6.8)과 같이 다시 나타낼 수 있다.

$$I_x = \int_A y\,dA, \quad I_y = \int_A x\,dA \tag{6.8}$$

식 (6.8)의 x축에 대한 단면의 1차모멘트 I_x와 y축에 대한 단면의 1차모멘트 I_y는 전체 도형의 단면적 A와 도형의 도심의 좌표(x_C, y_C)를 이용할 때, 다음과 같은 관계를 갖는다.

$$I_y = \int_A x\,dA = A\,x_C, \; I_x = \int_A y\,dA = A\,y_C \tag{6.9}$$

식 (6.9)로부터, 도심의 좌표는 다음과 같이 구해진다.

$$x_C = \frac{\int_A x\,dA}{A}, \quad y_C = \frac{\int_A y\,dA}{A} \tag{6.10}$$

4) 주어진 함수의 적분에 의한 면적의 도심

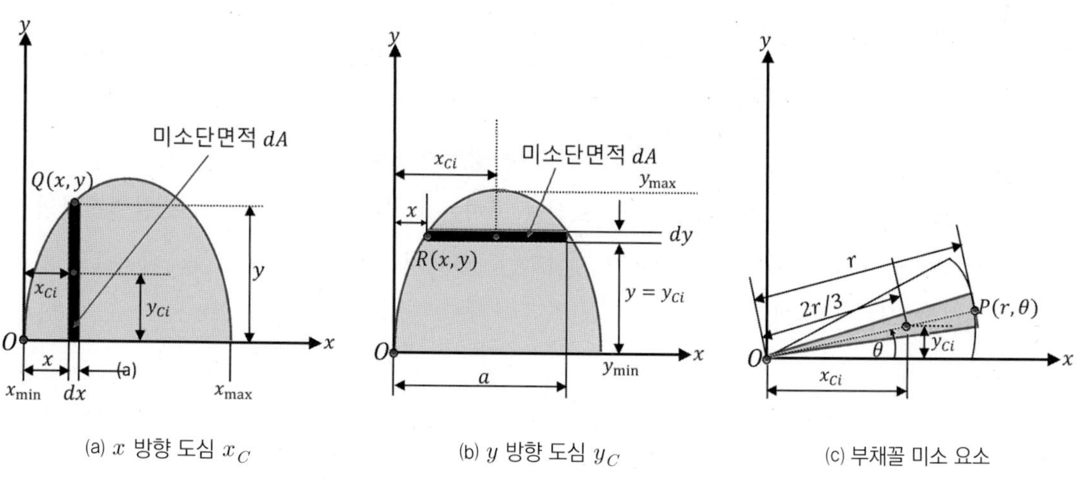

(a) x 방향 도심 x_C

(b) y 방향 도심 y_C

(c) 부채꼴 미소 요소

[그림 6-5] 미소 요소의 도심과 면적

어떤 도형의 도심을 구하는 데 있어, 주어진 함수의 적분으로부터 도심을 구하는 방법을 소개한다. 먼저, [그림 6-5(a)]의 미소 단면적 dA는 $dA = y\,dx$인 관계가 있고, 전체 단면적을 A라 하면, 식 (6.10)의 관계에 의해 x 방향의 도심 x_C를 다음과 같이 나타낼 수 있다.

$$x_C = \frac{\displaystyle\int_{x_{\min}}^{x_{\max}} x\,dA}{A} \tag{6.11}$$

식 (6.11)에서 dA는 주어진 x의 어떤 값에서 곡선 함수의 한 점 $Q(x,y)$까지의 높이와 미소 길이 dx의 곱으로 표현된다. 또한, 적분구간은 그림에서와 같이 $x_{\min}$부터 $x_{\max}$까지이다. 또한, y축에 대한 단면의 1차모멘트 I_y는 $I_y = \int x_{Ci}\,dA$로도 표시할 수 있다. [그림 6-5(a)]에서 x_{Ci}와 y_{Ci}는 각각 미소 단면적 dA만의 x축 방향과 y축 방향의 도심이다.

한편, [그림 6-5(b)]의 미소 단면적 dA는 $dA = (a-x)dy$인 관계가 있고, 전체 단면적을 A라 하면, 식 (6.11)과 유사하게 y 방향의 도심 y_C를 다음과 같이 나타낼 수 있다.

$$y_C = \frac{\displaystyle\int_{y_{\min}}^{y_{\max}} y\,dA}{A} \tag{6.12}$$

식 (6.12)에서 dA는 주어진 y의 어떤 값에서 곡선 함수의 한 점 $R(x,y)$에서의 폭과 미소 길이 dy의 곱으로 표현된다. 또한, 적분구간은 그림에서와 같이 $y_{\min}$부터 $y_{\max}$까지이다. 또한, x축에 대한 단면의 1차모멘트 I_x는 $I_x = \int y_{Ci}\,dA$로도 표시할 수 있다. [그림 6-5(b)]에서 x_{Ci}와 y_{Ci}는 각각 미소 단면적 dA만의 x축 방향과 y축 방향의 도심이다.

[그림 6-5(c)]는 부채꼴 형태의 도형의 도심을 구하는 데 있어, 푸른색의 미소 단면적만의 도심 x_{Ci}와 y_{Ci}를 r, θ로 좌표변환하여 계산하는 것이 더 편리할 수 있다. x_{Ci}와 y_{Ci}를 r, θ로 변환한 식은 다음과 같다.

$$x_{Ci} = \frac{2r}{3}\cos\theta,\ y_{Ci} = \frac{2r}{3}\sin\theta \tag{6.13}$$

예제 6-2 주어진 함수로 된 도형의 도심 구하기

다음 [그림 6-6(a)]의 삼각 도형에 대한 도심을 구하여라.

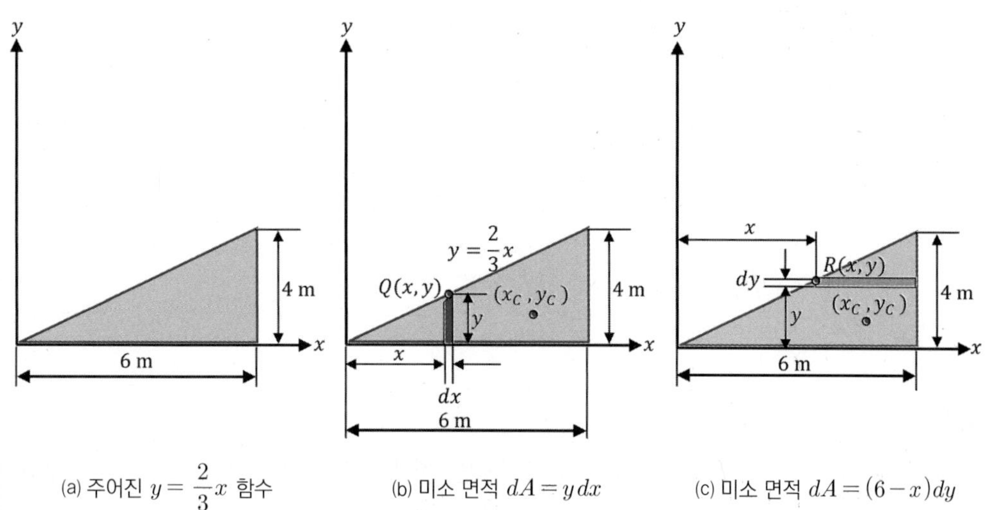

(a) 주어진 $y = \dfrac{2}{3}x$ 함수 (b) 미소 면적 $dA = y\,dx$ (c) 미소 면적 $dA = (6-x)dy$

[그림 6-6] 삼각형의 도심

분석

- 먼저, [그림 6-6(b)]에 나타난 미소 면적 dA를 $dA = y\,dx$로 잡고, $y = \dfrac{2}{3}x$를 대입하여, $dA = \dfrac{2}{3}x\,dx$로 놓는다.
- x 방향의 도심 x_C를 구하는 식 $x_C = \dfrac{\int x\,dA}{A}$에 대입하여 도심의 x좌표를 구한다.
- [그림 6-6(c)]에 나타난 미소 면적 dA를 $dA = (6-x)dy$로 잡고, $y = \dfrac{2}{3}x$의 관계 그래프로부터 $x = \dfrac{3}{2}y$를 대입하여, $dA = \left(6 - \dfrac{3}{2}y\right)dy$로 놓는다.
- y 방향의 도심 y_C를 구하는 식 $y_C = \dfrac{\int y\,dA}{A}$에 대입하여 도심의 y좌표를 구한다.

풀이

❶ [그림 6-6(b)]의 dA는 $dA = y\,dx$이고, 여기에 $y = \dfrac{2}{3}x$를 대입하여, $dA = \dfrac{2}{3}x\,dx$로 놓는다.

$$x_C = \frac{\int x\,dA}{A} = \frac{\int_0^6 x\left(\frac{2}{3}x\right)dx}{12} = \frac{\frac{2}{9}x^3 \mid_0^6}{12} = 4\text{ m},\ x_C = 4\text{ m} \quad (1)$$

❷ 다음, [그림 6-6(c)]의 $dA = (6-x)dy$이고, 여기에 $x = \frac{3}{2}y$를 대입하여, dA 값을 $dA = \left(6 - \frac{3}{2}y\right)dy$로 놓는다.

$$y_C = \frac{\int ydA}{A} = \frac{\int y(6 - \frac{3}{2}y)dy}{A} = \frac{\int_0^4 (6y - 1.5y^2)dy}{12} = \frac{4}{3}\text{ m},\ y_C = 1.333\text{ m} \quad (2)$$

고찰

비교적 간단한 문제이지만, 어떤 함수가 주어지면, 첫째, [그림 6-6(b)]의 dA를 먼저 구하고, x 방향의 도심 x_C를 구하는 식 $x_C = \frac{\int x\,dA}{A}$에 대입하여, x_C를 구한다.

[그림 6-6(c)]의 y 방향의 dA를 구하는 데 주의해야 한다. 왜냐하면 [그림 6-6(a)]의 주어진 함수는 $y = \frac{2}{3}x$이기 때문에, $dA = (6-x)dy$의 x 값에 $x = \frac{3}{2}y$를 대입해야 한다. 그런 후, y 방향의 도심 y_C를 구하는 식 $y_C = \frac{\int ydA}{A}$에 대입하여 y_C를 구한다.

이제, 보다 더 복잡하고, 더 다양한 도형의 도심의 위치를 찾아보자. 6.1.2절에서 무게중심을 찾는 경우에도 도심을 찾는 경우와 유사하게 적용되기 때문에, 도심을 구하는 많은 훈련이 필요하다. 또한, 1장의 1.5절 좌표계를 학습하였듯이, 도심을 찾는 데에는 익숙한 직각좌표계만 활용하는 것이 아니라, **극좌표계**의 활용도 필요할 때가 있다. 따라서, 이후의 도심을 찾는 과정에는 다양한 좌표계가 활용된다.

(1) 반원의 도심

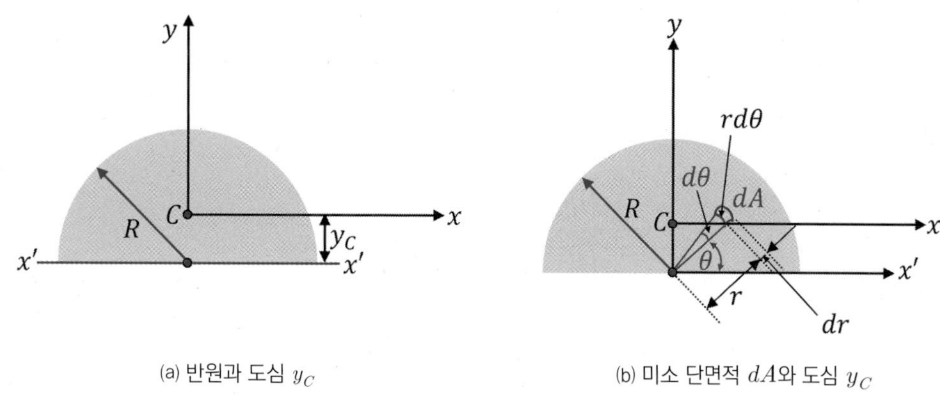

(a) 반원과 도심 y_C (b) 미소 단면적 dA와 도심 y_C

[그림 6-7] 반원의 도심 C의 좌표 y_C

[그림 6-7(a)]는 **반원**semicircle으로 y축에 대해 대칭이다. 어떤 축에 대해 대칭인 관계는 그 축 상에 도심이 존재한다. 왜냐하면, y축을 중심으로 좌측의 모든 미소 단면적의 단면의 1차모멘트의 합과 우측의 모든 미소 단면적의 단면의 1차모멘트의 합은 서로 상쇄되어 영zero이 된다. 즉, y축에 대한 단면의 1차모멘트 I_y가 영이 되므로 $I_y = Ax_C$로부터 $x_C = 0$이 된다. 이는 y축 상에 도심이 존재한다는 의미이다. [그림 6-7]의 y축 상에 있는 도심 C의 위치를 구해보자.

x축에 대해서는 비대칭이므로 x축으로부터 떨어진 도심의 좌표 y_C만 구하면 된다. [그림 6-7(b)]에 나타낸 미소 단면적 dA를 설정하면 $y = r\sin\theta$이고, $dA = r\,d\theta\,dr$이므로, y 방향 도심의 좌표 y_C는 다음과 같이 계산된다.

$$y_C = \frac{\int y\,dA}{A} = \frac{\int_0^R \int_0^\pi (r\sin\theta)\,r\,d\theta\,dr}{A} = \frac{\left(\int_0^R r^2\,dr\right)\left(\int_0^\pi \sin\theta\,d\theta\right)}{A}$$

$$= \frac{\left[\frac{1}{3}r^3\right]_0^R \times [-\cos\theta]_0^\pi}{\frac{\pi R^2}{2}} = \frac{4R}{3\pi} \tag{6.14}$$

(2) 1/4원의 도심

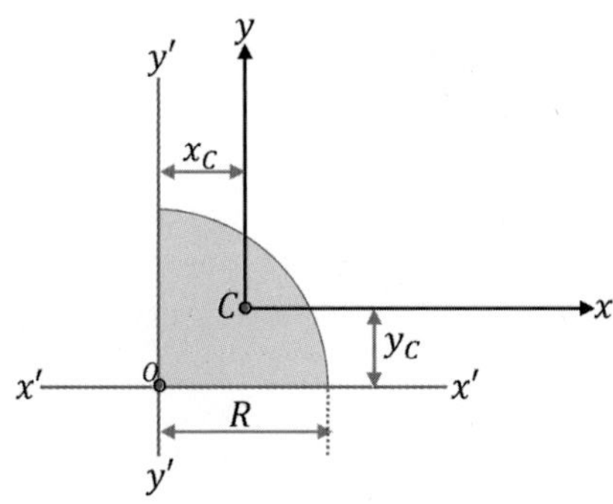

[그림 6-8] 1/4원의 도심 C의 좌표 x_C, y_C

[그림 6-8]은 1/4원quater circle을 보여준다. x, y축 모두에 대해서 비대칭이므로 각각의 축으로부터 떨어진 거리 x_C, y_C를 구해야 한다. [그림 6-7(b)]를 통해 다루었던 미소 단면적 dA를 1/4원에 대해서도 설정하면 도심의 좌표 x_C, y_C는 다음과 같이 계산된다.

$$x_C = \frac{\int x\,dA}{A} = \frac{\int_0^R \int_0^{\pi/2} (r\cos\theta)\,r\,d\theta\,dr}{A} = \frac{\left(\int_0^R r^2\,dr\right)\left(\int_0^{\pi/2} \cos\theta\,d\theta\right)}{A}$$

$$= \frac{\left[\frac{1}{3}r^3\right]_0^R \times [\sin\theta]_0^{\pi/2}}{\frac{\pi R^2}{4}} = \frac{4R}{3\pi} \tag{6.15}$$

$$y_C = \frac{\int y\,dA}{A} = \frac{\int_0^R \int_0^{\pi/2} (r\sin\theta)\,r\,d\theta\,dr}{A} = \frac{\left(\int_0^R r^2\,dr\right)\left(\int_0^{\pi/2} \sin\theta\,d\theta\right)}{A}$$

$$= \frac{\left[\frac{1}{3}r^3\right]_0^R \times [-\cos\theta]_0^{\pi/2}}{\frac{\pi R^2}{4}} = \frac{4R}{3\pi} \tag{6.16}$$

(3) 부채꼴

[그림 6-9]의 **부채꼴**fan shape 도형은 y축에 대해서는 대칭이므로 y축 상에 도심이 존재한다. x축에 대해서는 비대칭이므로 x축으로부터 떨어진 도심의 좌표 y_C만 구하면 된다.

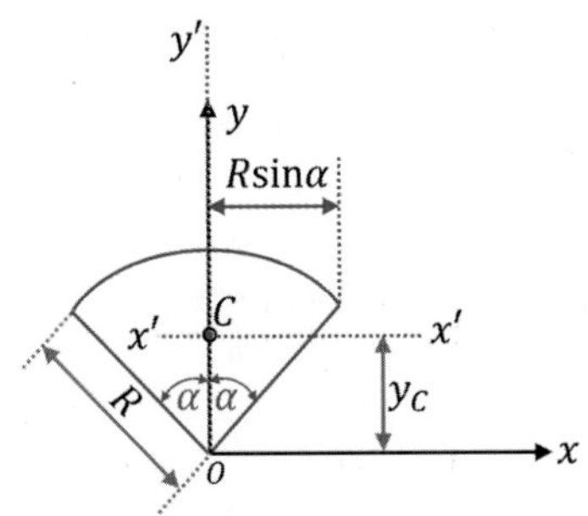

[그림 6-9] 부채꼴의 도심 C의 y 방향 좌표 y_C

[그림 6-7(b)]를 통해 다루었던 미소 단면적 dA를 원호 도형에 대해서도 설정하면 y 방향 도심의 좌표는 다음과 같이 계산된다.

$$y_C = \frac{\int y\,dA}{A} = \frac{\int_0^R \int_{-\alpha}^{\alpha} (r\cos\theta)\, r\, d\theta\, dr}{A} = \frac{\left(\int_0^R r^2\, dr\right)\left(\int_{-\alpha}^{\alpha} \cos\theta\, d\theta\right)}{A}$$

$$= \frac{\left[\frac{1}{3} r^3\right]_0^R \times [\sin\theta]_{-\alpha}^{\alpha}}{\alpha R^2} = \frac{2R\sin\alpha}{3\alpha} \tag{6.17}$$

(4) n차 포물선 아치

[그림 6-10]은 n차 **포물선 아치** spandrel *n*th degree와 미소 단면적을 보여주고 있다.

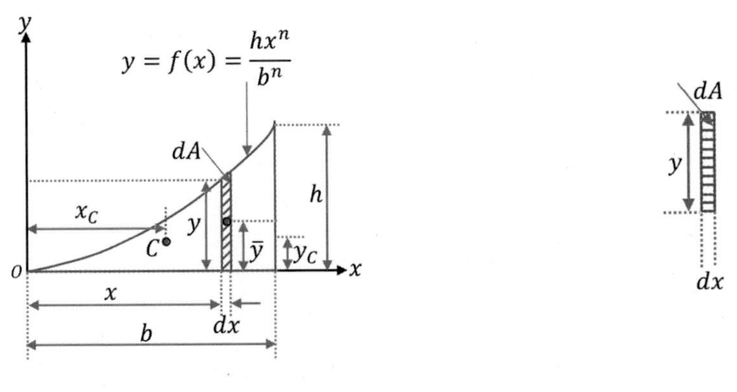

(a) n차 포물선 아치의 도심 (b) 미소 단면적

[그림 6-10] n차 포물선 아치

[그림 6-10(a)]의 n차 포물선 아치는 x축 및 y축에 대해 비대칭이므로 점 C의 도심의 좌표 (x_C, y_C)는 다음과 같이 계산된다. 먼저 전체 단면적 A를 구한 후, 도심의 좌표를 구하자.

$$A = \int f(x)dx = \int_0^b \frac{hx^n}{b^n}dx = \frac{hx^{n+1}}{b^n(n+1)}\Big|_0^b = \frac{bh}{n+1} \tag{6.18}$$

$$x_C = \frac{\int_A x\,dA}{A} = \frac{\int_0^b x\left(\frac{hx^n}{b^n}\right)dx}{A} = \frac{\frac{hx^{n+2}}{b^n(n+2)}}{\frac{bh}{n+1}}\Bigg|_0^b = \frac{\frac{hb^2}{(n+2)}}{\frac{bh}{n+1}} = \frac{b(n+1)}{n+2} \tag{6.19}$$

y 방향 도심 y_C를 구하는 데 있어서는 주의를 요한다. 왜냐하면 x 방향의 도심 x_C를 구할 때는 미소 단면적의 y축 방향까지의 거리가 x로 균일하지만, x축 방향까지의 거리가 일정치 않아서, 미소 단면적만의 도심 거리 $\bar{y}$를 이용하여야 한다. 따라서, 아래 식의 y대신 $\bar{y} = \frac{y}{2}$를 단면의 1차모멘트를 구하는 데 모멘트 팔의 길이로 사용해야 한다. 즉 $\int_A y\,dA$의 식에 있어서 y를 실제 적용에는 $\frac{y}{2}$를 대입하여야 한다. 한편, [그림 6-10(b)]의 미소 단면적 dA는 $dA = ydx$로 이때의 y는 온전히 y(함수 $y = f(x)$)가 대입되어야 한다.

$$y_C = \frac{\int_A y\,dA}{A} = \frac{\int_0^b \bar{y}\left(\frac{hx^n}{b^n}\right)dx}{A} = \frac{\int_0^b \frac{1}{2}\left(\frac{h^2x^{2n}}{b^{2n}}\right)dx}{A} = \frac{\frac{h^2x^{2n+1}}{2b^{2n}(2n+1)}}{\frac{bh}{n+1}}\Bigg|_0^b$$
$$= \frac{h(n+1)}{2(2n+1)} \tag{6.20}$$

(5) n차 반 포물선 요소

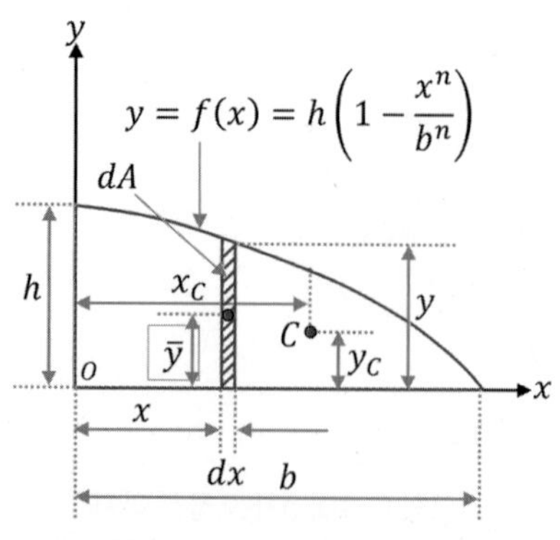

[그림 6-11] n차 반 포물선 요소의 도심

[그림 6-11]의 n차 반 포물선 요소semisegment of nth degree는 x축 및 y축에 대해 비대칭이므로, 점 C의 도심의 좌표 $(x_C,\ y_C)$는 다음과 같이 계산된다. 먼저 전체 단면적 A를 구한 후, 도심의 좌표를 구하자.

$$A = \int f(x)dx = \int_0^b h\left(1 - \frac{x^n}{b^n}\right)dx = h\left(x - \frac{x^{n+1}}{b^n(n+1)}\right)\Bigg|_0^b = h\left(b - \frac{b}{n+1}\right)$$

$$= \frac{nbh}{n+1} \tag{6.21}$$

$$x_C = \frac{\int_A x\,dA}{A} = \frac{\int_0^b x\left(h - \frac{hx^n}{b^n}\right)dx}{A} = \left(\frac{\frac{hx^2}{2} - \frac{hx^{n+2}}{b^n(n+2)}}{\frac{nbh}{n+1}}\right)\Bigg|_0^b$$

$$= \frac{hb^2\left(\frac{1}{2} - \frac{1}{n+2}\right)}{\frac{nbh}{n+1}} = \frac{b(n+1)}{2(n+2)} \tag{6.22}$$

이제 y 방향의 도심 y_c를 계산할 때도 주의를 요한다. $\bar{y} = \frac{y}{2}$를 대입하는 것을 다시 기억하자.

$$y_C = \frac{\int_A y\,dA}{A} = \frac{\int_A \bar{y}\,dA}{A} = \frac{\frac{1}{2}\int_0^b h^2\left(1 - \frac{x^n}{b^n}\right)^2 dx}{A} = \frac{\frac{h^2}{2}\int_0^b \left(1 - \frac{2x^n}{b^n} + \frac{x^{2n}}{b^{2n}}\right)dx}{A}$$

$$= \frac{h^2}{2}\left(\frac{x - \frac{2x^{n+1}}{b^n(n+1)} - \frac{x^{2n+1}}{b^{2n}(2n+1)}}{\frac{nbh}{n+1}}\right)\Bigg|_0^b = \frac{\left[\frac{bh^2}{2}\left(1 - \frac{2}{(n+1)} + \frac{1}{(2n+1)}\right)\right]}{\frac{nbh}{n+1}}$$

$$= \frac{nh}{(2n+1)} \tag{6.23}$$

(6) 직각삼각형

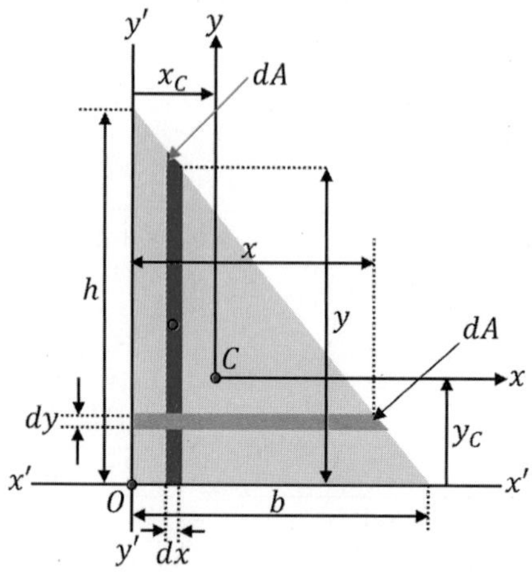

[그림 6-12] 직각삼각형

[그림 6-12]는 **직각삼각형**right triangle을 나타내는데, 도심 x_C, y_C 중, 먼저 x_C를 구하기 위해 선형적 비례관계를 보이는 삼각형의 닮은꼴을 이용한다.

$$h : b = h(x) : b - x,\ h(x) = h - \frac{hx}{b} \tag{6.24}$$

$$x_C = \frac{\int_A x dA}{A},$$

$$\int_A x dA = \int_0^b x h(x) dx = \int_0^b x \frac{(b-x)h}{b} dx = \frac{h}{2}x^2 - \frac{h}{3b}x^3 \Big|_0^b = \frac{hb^2}{6}$$

$$\therefore x_C = \frac{\frac{hb^2}{6}}{\frac{bh}{2}} = \frac{b}{3} \tag{6.25}$$

이제 y_C를 구하기 위해 식 (6.24)와 유사한 다음과 같은 선형적 비례관계를 보이는 삼각형의 닮은꼴을 이용한다.

$$b : h = b(y) : h - y,\ b(y) = \frac{b(h-y)}{h} \tag{6.26}$$

따라서, y_C는 다음과 같다.

$$y_C = \frac{\int_A ydA}{A},$$

$$\int_A ydA = \int_0^h yb(y)dy = \int_0^h y\frac{(h-y)b}{h}dy = \frac{b}{2}y^2 - \frac{b}{3h}y^3 \bigg|_0^h = \frac{bh^2}{6}$$

$$\therefore y_C = \frac{\frac{bh^2}{6}}{\frac{bh}{2}} = \frac{h}{3} \tag{6.27}$$

(7) 삼각형

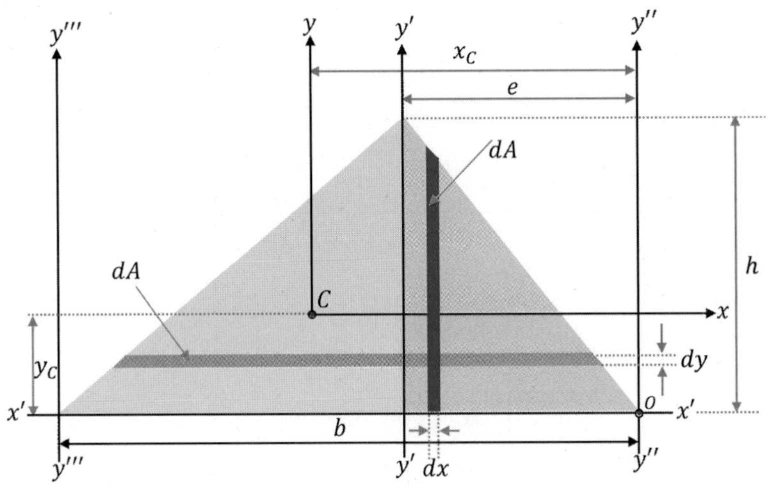

[그림 6-13] 삼각형

[그림 6-13]은 **삼각형**triangle을 보여주고 있는데, 도심 x_C, y_C 중 먼저 y_C를 구하기 위해 [그림 6-13]의 미소 면적 요소 dA의 폭을 $b(y)$라 놓고, 다음과 같은 선형적 비례관계를 보이는 삼각형의 닮은꼴을 이용한다.

$$b : h = b(y) : h-y, \quad b(y) = \frac{b(h-y)}{h} \tag{6.28}$$

$$y_C = \frac{\int_A ydA}{A},$$

$$\int_A ydA = \int_0^h yb(y)dy = \int_0^h y\frac{(h-y)b}{h}dy = \frac{b}{2}y^2 - \frac{b}{3h}y^3 \bigg|_0^h = \frac{bh^2}{6}$$

$$\therefore\ y_C = \frac{\dfrac{bh^2}{6}}{\dfrac{bh}{2}} = \frac{h}{3} \tag{6.29}$$

그러나, x_C를 구하는 데 있어서는 미소 단면적 $dA = b(x)dx$를 이용하지 않고, 이미 직각삼각형 [그림 6-12]에서 구한 x 방향 도심의 좌표를 구한 것을 이용한다. 또한, [그림 6-13]의 왼쪽 직각삼각형의 단면적을 A_1, 우측 직각삼각형의 단면적을 A_2라 하자. [그림 6-13]에서 $y''-y''$축을 기준으로 할 때, 단면적 A_1만의 도심은 $y''-y''$축으로부터 $e+\dfrac{b-e}{3}$에 있고, 단면적 A_2만의 도심은 $y''-y''$축으로부터 $\dfrac{2e}{3}$에 있음을 이미 직각삼각형의 도심을 구하는 것으로부터 쉽게 추측할 수 있다. 따라서, x_C는 다음과 같이 구할 수 있다.

$$x_C = \frac{\left(A_1 \times \left(e + \dfrac{(b-e)}{3}\right) + A_2\left(\dfrac{2e}{3}\right)\right)}{A} = \frac{(b+e)}{3} \tag{6.30}$$

(8) 사각형

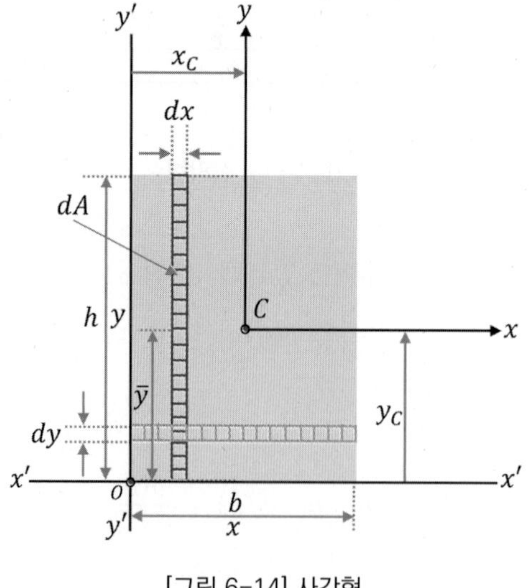

[그림 6-14] 사각형

[그림 6-14]는 **사각형**rectangle을 보여주는데, 도심 x_C, y_C는 비교적 쉽게 구해진다. 먼저 x_C를 구하기 위해서는 적색 미소 면적 $dA = h\,dx$를 이용하고, y_C를 구하기 위해 [그림

6-14]의 미소 면적 요소 $b\,dy$를 이용한다.

$$x_C = \frac{\int_A x dA}{A} = \frac{\int_0^b xydx}{bh} = \frac{\int_0^b xhdx}{bh} = \frac{h\frac{1}{2}x^2 \Big|_0^b}{bh} = \frac{b}{2} \tag{6.31}$$

$$y_C = \frac{\int_A y dA}{A} = \frac{\int_0^h yxdy}{A} = \frac{\int_0^h bydy}{bh} = \frac{\frac{1}{2}by^2 \Big|_0^h}{bh} = \frac{h}{2} \tag{6.32}$$

(9) 얇은 두께의 원형 아크

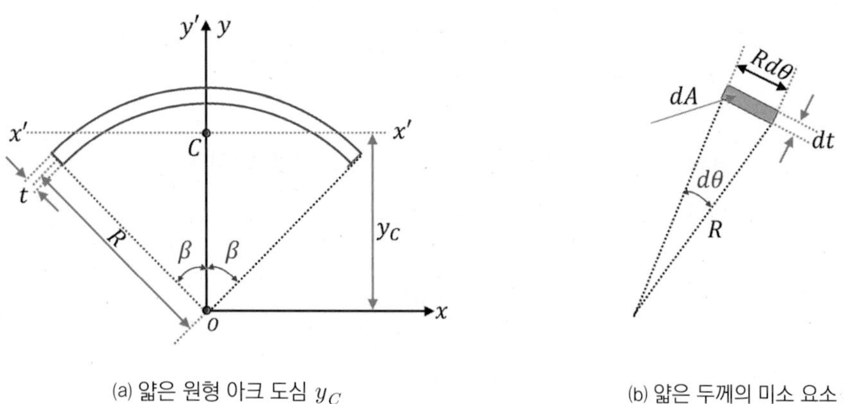

(a) 얇은 원형 아크 도심 y_C (b) 얇은 두께의 미소 요소

[그림 6-15] 얇은 원형 아크

[그림 6-15(a)]는 **얇은 원형 아크**thin circular arc를 나타내는데, y축에 대해 대칭이므로 y 방향 도심 y_C만 구하면 된다. 도심을 구하기에 앞서 단면적을 먼저 구해보자. 얇은 두께를 갖는 원형 아크에 있어서는 근사적으로 $2\beta Rt$가 단면적이 된다. 이제 y_C를 구하기 위해 [그림 6-15(b)]의 미소 면적 요소 $dA = (Rd\theta\, dt)$와 임의의 $y = R\cos\theta$를 생각하자.

$$y_C = \int_A \frac{y\,dA}{A},$$

$$\int_A y\,dA = \int_{-\beta}^{\beta} R^2\cos\theta d\theta \int_0^t dt = R^2 t(\sin\theta)\Big|_{-\beta}^{\beta} = 2R^2 t\sin\beta$$

$$\therefore y_C = \frac{2R^2 t\sin\beta}{2\beta Rt} = \frac{R\sin\beta}{\beta} \tag{6.33}$$

(10) 사다리꼴

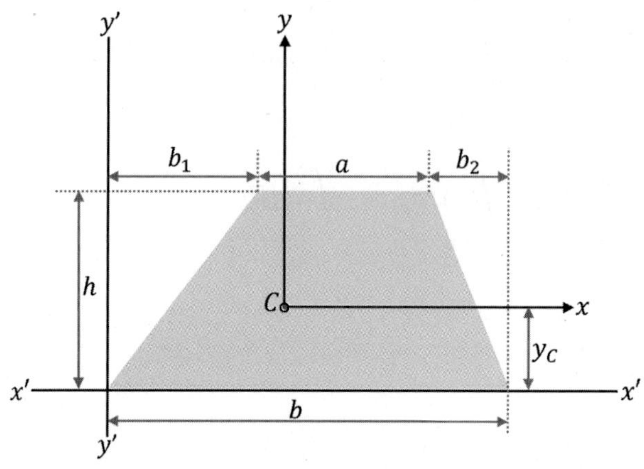

[그림 6-16] 사다리꼴

[그림 6-16]은 **사다리꼴**trapezoid 도형으로 도심을 구하기에 앞서 먼저 단면적을 구하자. 사다리꼴의 단면적은 다음과 같이 쉽게 구해진다.

$$A = \frac{(a+b)h}{2} \tag{6.34}$$

x 방향 도심 좌표 x_C는 구할 수는 있으나, [그림 6-16]과 같은 경우는 복잡한 수식 관계로 나타나기 때문에 여기서는 y 방향 도심의 좌표만 구하기로 한다.

$$y_C = \frac{\int_A y dA}{A},$$

$$\int y dA = \left(\frac{b_1 h}{2}\right)\left(\frac{h}{3}\right) + ah\left(\frac{h}{2}\right) + \left(\frac{b_2 h}{2}\right)\left(\frac{h}{3}\right) = \frac{(b_1 + b_2 + 3a)h^2}{6}$$

따라서, $$y_C = \frac{\dfrac{(b_1 + b_2 + a + 2a)h^2}{6}}{\dfrac{(a+b)h}{2}} = \frac{(b+2a)h}{3(a+b)} \tag{6.35}$$

(11) 원 부분

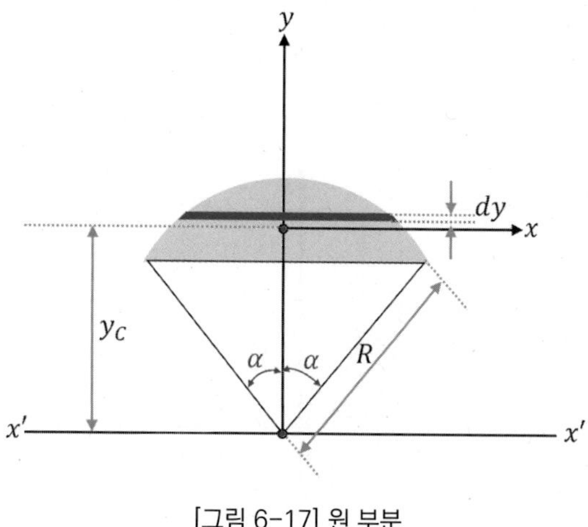

[그림 6-17] 원 부분

[그림 6-17]은 원 부분circular segment을 나타내는데, 단면적은 부채꼴 형태에서 삼각형 면적 2개를 잘라낸 면적이므로 다음과 같이 계산된다.

$$A = \alpha R^2 - (R\sin\alpha)(R\cos\alpha) = R^2(\alpha - \sin\alpha\cos\alpha) \tag{6.36}$$

도심의 좌표는 y축에 대한 대칭이므로 x_C는 y축 상에 있게 된다. 이제 y_C를 구해보자.

우선 원의 부분의 방정식은 $x^2 + y^2 = R^2$으로부터 [그림 6-17]의 미소 단면적의 한쪽 수평면의 폭은 $x = \sqrt{(R^2 - y^2)}$와 같다.

이제 $\int_A y\,dA = \int 2y\sqrt{(R^2 - y^2)}\,dy$에서, $R^2 - y^2$을 p라 치환하고, 이를 양변 미분하면 $-2ydy = dp$인 관계가 성립된다. 적분 구간은 y가 $R\cos\alpha$부터 R까지로, p는 $R^2(1-\cos^2\alpha)$부터 0까지이다. $-2ydy = dp$인 관계로 적분구간은 0부터 $R^2(1-\cos^2\alpha)$로 변경된다.

$$\int_A y\,dA = \int 2y\sqrt{(R^2 - y^2)}\,dy = \int_0^{R^2(1-\cos^2\alpha)} \sqrt{p}\,dp = \left[\frac{2p^{3/2}}{3}\right]\Bigg|_0^{R^2(1-\cos^2\alpha)}$$

$$= \frac{2R^3\sin^3\alpha}{3}$$

따라서 $$y_C = \frac{\int_A y\,dA}{A} = \frac{2R}{3}\left(\frac{\sin^3\alpha}{\alpha - \sin\alpha\cos\alpha}\right) \tag{6.37}$$

(12) 코사인 곡선

[그림 6-18]은 코사인 곡선cosine wave을 나타내고, x축 방향의 도심은 도형이 y축에 대해 대칭이므로 y축 상에 존재한다. 따라서 y_C만 구하면 된다. 우선 단면적부터 구해보자.

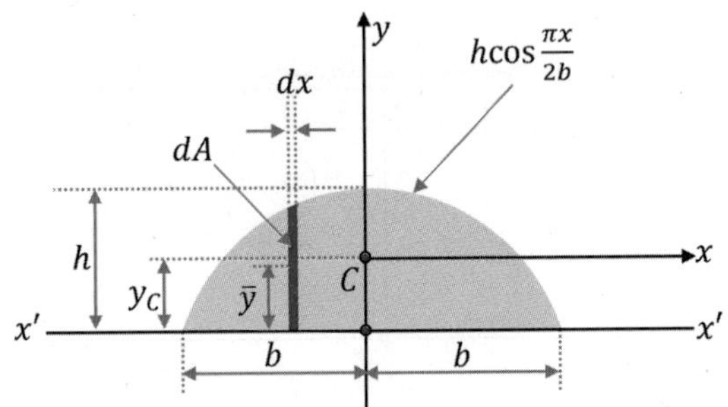

[그림 6-18] 코사인 곡선

$$A = \int_{-b}^{b} h\cos\left(\frac{\pi x}{2b}\right)dx = \left[\frac{2bh}{\pi}\sin\left(\frac{\pi x}{2b}\right)\right]\Big|_{-b}^{b} = \frac{4bh}{\pi} \tag{6.38}$$

한편, 단면의 1차모멘트는 다음과 같다.

$$\int_A ydA = \int_{-b}^{b}\bar{y}ydx = \frac{1}{2}\int_{-b}^{b}h^2\left(\cos\left(\frac{\pi x}{2b}\right)\right)^2 dx = \frac{h^2}{2}\int_{-b}^{b}\left[\frac{1+\cos\dfrac{\pi x}{b}}{2}\right]dx$$

$$= \frac{h^2}{4}\left[x + \frac{b}{\pi}\sin\frac{\pi}{b}x\right]\Big|_{-b}^{b} = \frac{2bh^2}{4} \tag{6.39}$$

따라서, $y_C = \dfrac{\dfrac{2bh^2}{4}}{\dfrac{4bh}{\pi}} = \dfrac{\pi h}{8}$ (6.40)

6.1.2 무게중심

무게중심center of gravity 또는 **질량중심**center of mass은 일상생활 중에서도 많이 접할 수 있고, 때에 따라서는 무게중심의 위치를 찾을 필요성도 있다. 어떤 물체의 평형점이라고도 할 수 있는 이 위치는 돌로 탑을 쌓는다든지, 등산 시에 낭떠러지로부터 떨어지지 않기 위해 균형을 잡아야 할 때도 필요하다. [그림 6-19]는 균형을 잡은 돌탑의 사진을 보여준다.

[그림 6-19] 돌탑의 균형과 무게중심

무게중심을 좀 더 풀어서 설명하면, 어떤 물체를 뾰족한 받침대 위에 올려놓았을 때, 그 물체가 평형을 유지해서 어느 한 쪽으로도 기울어지지 않는 점을 일컫는다. 6.1.1절에서도 설명했듯이, 어떤 물체의 밀도가 균일하다면 무게중심은 그 물체의 기하학적 중심과 일치한다. 따라서, 6.1.1절에서 선의 중심과 면적의 도심(도형의 기하학적 중심)에 대해 학습했듯이, 도심은 무게중심과도 밀접한 관계가 있다.

1) 선의 무게중심

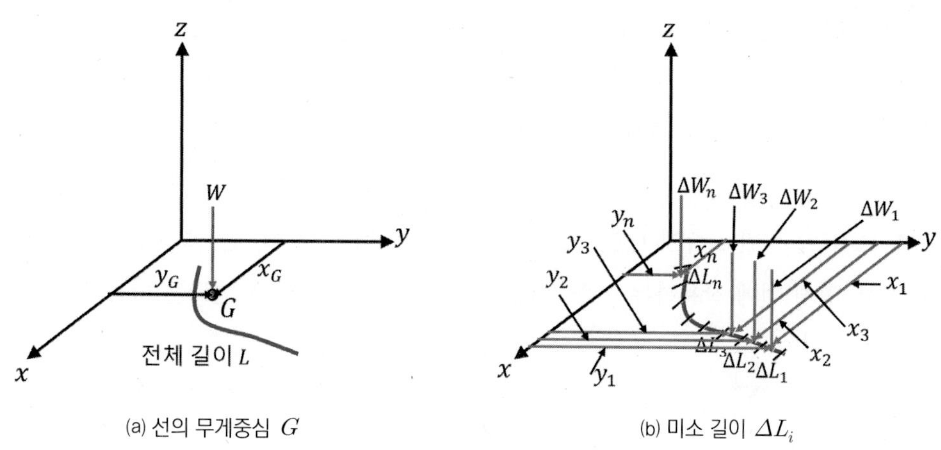

(a) 선의 무게중심 G

(b) 미소 길이 ΔL_i

[그림 6-20] 선의 무게중심 (계속)

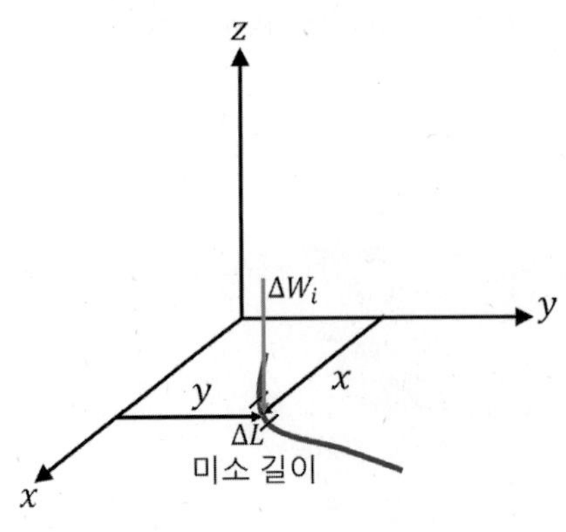

(c) 임의의 미소 길이 ΔL

[그림 6-20] 선의 무게중심

전체 길이 L인 어떤 선[line]의 전체의 무게를 W라 하면, [그림 6-20(a)]의 G는 그 전체 무게가 집중되어있는 무게중심을 나타낸다. [그림 6-20(b)]는 선의 전체 길이 L을 n개의 미소 길이로 분할한 그림을 보여주고 있다. 임의의 미소 길이 ΔL_i에 작용하는 무게를 ΔW_i라 하고, ΔW_i에서 각각의 x, y축까지 떨어진 임의의 거리를 각각 y_i, x_i라 하자. 이제, ΔW_i에 의한 y축에 대한 모멘트를 ΔM_{iy}라 하면, ΔM_{iy}는 $\Delta M_{iy} = \Delta W_i x_i$가 된다. 따라서, 전체 선에 작용하는 미소 무게들에 의한 y축에 대한 모멘트는 다음과 같이 된다.

$$\sum_{i=1}^{i=n} M_{iy} = \sum_{i=1}^{i=n} (x_1 \Delta W_1 + x_2 \Delta W_2 + x_3 \Delta W_3 + \cdots\cdots x_n \Delta W_n)$$

$$= \sum_{i=1}^{i=n} x_i \Delta W_i = x_G W \tag{6.41}$$

한편, ΔW_i에 의한 x축에 대한 모멘트를 ΔM_{ix}라 하면, ΔM_{ix}는 $\Delta M_{ix} = \Delta W_i y_i$가 된다. 따라서, 전체 선에 작용하는 미소 무게들에 의한 x축에 대한 모멘트는 다음과 같이 된다.

$$\sum_{i=1}^{i=n} M_{ix} = \sum_{i=1}^{i=n} (y_1 \Delta W_1 + y_2 \Delta W_2 + y_3 \Delta W_3 + \cdots\cdots y_n \Delta W_n) = \sum_{i=1}^{i=n}$$

$$y_i \Delta W_i = y_G W \tag{6.42}$$

식 (6.41)과 식 (6.42)로부터 무게중심의 좌표 (x_G, y_G)는 다음과 같다.

$$x_G = \frac{\sum_{i=1}^{i=n} x_i \Delta W_i}{W}, \quad y_G = \frac{\sum_{i=1}^{i=n} y_i \Delta W_i}{W} \tag{6.43}$$

식 (6.43)의 합의 기호는 무한 항까지 합해야 적분기호와 정확히 같지만, 항이 유한하더라도 무수히 많은 경우(n)는 근사적으로 적분기호와 같은 개념으로 쓸 수 있다. 따라서, 식 (6.43)은 [그림 6-20(c)]와 같이, 대표가 되는 미소 길이 ΔL로부터, 각각의 축까지 떨어진 거리 y, x를 사용하여 다음과 같이 식을 변환할 수 있다.

$$\int x\,dW = x_G W, \quad \int y\,dW = y_G W, \quad x_G = \frac{\int x\,dW}{W}, \quad y_G = \frac{\int y\,dW}{W} \tag{6.44}$$

2) 면적의 무게중심

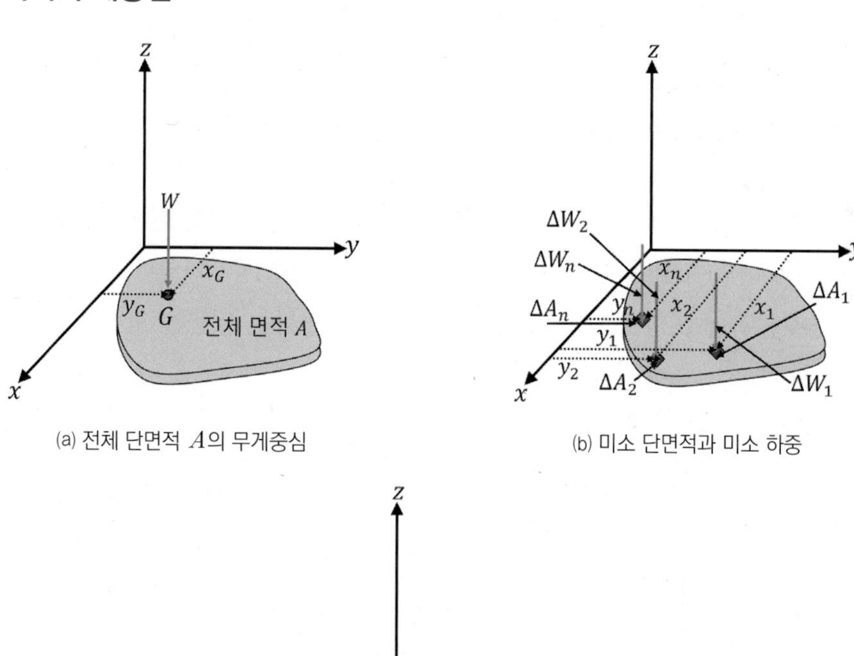

(a) 전체 단면적 A의 무게중심

(b) 미소 단면적과 미소 하중

(c) 대표적 미소 단면적 ΔA_i

[그림 6-21] 두께가 매우 얇은 임의의 단면을 갖는 도형

[그림 6-21(a)]는 매우 얇은 일정한 두께를 갖고, 전체 단면적이 A인 임의의 단면을 갖는 도형을 보여주고 있다. 도형의 전체 단면적 A가 [그림 6-21(b)]와 같이, n개의 수많은 미소 하중 ΔW_1, ΔW_2, …… ΔW_n으로 구성되어 있다고 하자. 즉 $\sum_{i=1}^{i=n} \Delta W_i = W$가 된다. 선의 무게중심에서 설명한 것과 같은 반복된 내용이지만, 다시 한번 기술하기로 한다. 이제, ΔW_i에 의한 y축에 대한 모멘트를 ΔM_{iy}라 하면, ΔM_{iy}는 $\Delta M_{iy} = \Delta W_i x_i$가 되고, 따라서, 전체 단면적에 작용하는 미소 무게들에 의한 y축에 대한 모멘트는 식 (6.41)과 같다.

한편, ΔW_i에 의한 x축에 대한 모멘트를 ΔM_{ix}라 하면, ΔM_{ix}는 $\Delta M_{ix} = \Delta W_i y_i$가 되고, 따라서, 전체 단면적에 작용하는 미소 무게들에 의한 x축에 대한 모멘트는 식 (6.42)와 같다. 식 (6.41)과 식 (6.42)로부터, 무게중심의 좌표 (x_G, y_G)는 식 (6.43)과 같고, 다시 한번 합의 기호를 적분으로 대치한다는 개념으로 식 (6.44)와 같이 된다.

6.1.3 복합 선(와이어 등)과 복합 도형의 도심과 무게중심

6.1.1절에서는 단일 선과 단일 도형에 대한 도심을 구하는 과정을 살펴보았고, 6.1.2절에서는 단일 선과 단일 도형에 대한 무게중심을 구하는 과정을 공부하였다. 이제 6.1.3절에서는 복합 선이나 복합 도형에 대한 도심과 무게중심을 구하는 내용을 학습할 것이다.

1) 복합 선의 도심과 무게중심

단일 선에 대한 도심과 무게중심을 구하는 방법을 배웠기 때문에, 이를 확장하여 이제 복합선에 대한 도심과 무게중심을 구해본다. 이 책에서의 복합 선이란 **와이어**wire같은 얇은 두께를 지닌 선을 일컫는다. [그림 6-22(a)]는 $\overline{AB}$, $\overline{BC}$, $\overline{CD}$, $\overline{DA}$의 단일 선분이 조합된 복합 선을 나타내고 있다.

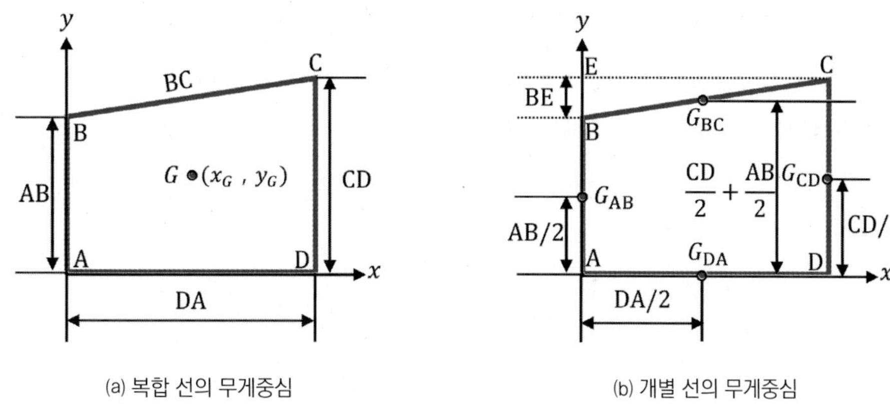

(a) 복합 선의 무게중심 (b) 개별 선의 무게중심

[그림 6-22] 두께가 얇은 복합 선

이미 학습한 바 있듯이, 우선 x, y축에 대한 선의 도심은 식 (6.3)과 같이, 각각 $x_C = \dfrac{\int x\,dL}{L}$, $y_C = \dfrac{\int y dL}{L}$가 되고, x, y축에 대한 선의 무게중심은 식 (6.44)와 같이, $x_G = \dfrac{\int x\,dW}{W}$, $y_G = \dfrac{\int y d W}{W}$이 된다. 이는 얇은 두께가 동일한 전체 선의 밀도도 같으면, 선의 도심과 무게중심은 선의 기하학적 중심과 일치함을 알 수 있다. 즉, $x_C = x_G$, $y_C = y_G$이 된다. 따라서, 여기서는 x_G와 y_G만을 구하기로 한다. [그림 6-22(b)]와 같이, 단일 선분들 $\overline{\mathrm{AB}}$, $\overline{\mathrm{BC}}$, $\overline{\mathrm{CD}}$, $\overline{\mathrm{DA}}$만의 무게중심을 각각 G_{AB}, G_{BC}, G_{CD}, G_{DA}라 할 때, 전체 선의 무게중심 x_G와 y_G는 다음과 같이 된다.

$$x_G = \frac{\Sigma\,(x_{G_{\mathrm{AB}}} W_{\mathrm{AB}} + x_{G_{\mathrm{BC}}} W_{\mathrm{BC}} + x_{G_{\mathrm{CD}}} W_{\mathrm{CD}} + x_{G_{\mathrm{DA}}} W_{\mathrm{DA}})}{W} \tag{6.45}$$

$$y_G = \frac{\Sigma\,(y_{G_{\mathrm{AB}}} W_{\mathrm{AB}} + y_{G_{\mathrm{BC}}} W_{\mathrm{BC}} + y_{G_{\mathrm{CD}}} W_{\mathrm{CD}} + y_{G_{\mathrm{DA}}} W_{\mathrm{DA}})}{W} \tag{6.46}$$

[그림 6-22(b)]는 개별 선들의 무게중심(G_{AB}, G_{BC}, G_{CD}, G_{DA})과 x축과 y축으로부터 떨어진 무게중심의 위치를 각 선분의 길이 $\overline{\mathrm{AB}}$, $\overline{\mathrm{BC}}$, $\overline{\mathrm{CD}}$, $\overline{\mathrm{DA}}$와 관련하여 길이를 나타낸 것이다.

식 (6.45)의 $x_{G_{\mathrm{AB}}}$, $x_{G_{\mathrm{BC}}}$, $x_{G_{\mathrm{CD}}}$, $x_{G_{\mathrm{DA}}}$는 각각 y축으로부터 개별 도형의 무게중심 G_{AB}, G_{BC}, G_{CD}, G_{DA}까지 떨어진 거리이고, W_{AB}, W_{BC}, W_{CD}, W_{DA}는 각각 $\overline{\mathrm{AB}}$, $\overline{\mathrm{BC}}$, $\overline{\mathrm{CD}}$,

$\overline{\mathrm{DA}}$의 무게를 나타낸다. 또한, 식 (6.46)에서 $y_{G_{AB}}$, $y_{G_{BC}}$, $y_{G_{CD}}$, $y_{G_{DA}}$는 각각 x축으로부터 개별 도형의 무게중심 G_{AB}, G_{BC}, G_{CD}, G_{DA}까지 떨어진 거리이다.

복합선의 도심도 무게중심을 구하는 방법과 유사하게 유도될 수 있으며, 복합선의 도심과 무게중심은 같으므로, 여기서는 다음과 같이 해당 식만을 기술하기로 한다.

$$x_C = \frac{\sum (x_{C_{AB}} L_{\mathrm{AB}} + x_{C_{BC}} L_{\mathrm{BC}} + x_{C_{CD}} L_{\mathrm{CD}} + x_{C_{DA}} L_{\mathrm{DA}})}{L} \tag{6.47}$$

$$y_C = \frac{\sum (y_{C_{AB}} L_{\mathrm{AB}} + y_{C_{BC}} L_{\mathrm{BC}} + y_{C_{CD}} L_{\mathrm{CD}} + y_{C_{DA}} L_{\mathrm{DA}})}{L} \tag{6.48}$$

식 (6.47)에서 L_{AB}, L_{BC}, L_{CD}, L_{DA}는 각각 선분 $\overline{\mathrm{AB}}$, $\overline{\mathrm{BC}}$, $\overline{\mathrm{CD}}$, $\overline{\mathrm{DA}}$의 길이를 나타내고, $x_{C_{AB}}$, $x_{C_{BC}}$, $x_{C_{CD}}$, $x_{C_{DA}}$는 y축으로부터 각 선분 $\overline{\mathrm{AB}}$, $\overline{\mathrm{BC}}$, $\overline{\mathrm{CD}}$, $\overline{\mathrm{DA}}$만의 y 방향 도심까지 떨어진 거리를 나타낸다. 한편, 식 (6.48)에서 $y_{C_{AB}}$, $y_{C_{BC}}$, $y_{C_{CD}}$, $y_{C_{DA}}$는 x축으로부터 각 선분 $\overline{\mathrm{AB}}$, $\overline{\mathrm{BC}}$, $\overline{\mathrm{CD}}$, $\overline{\mathrm{DA}}$만의 x 방향 도심까지 떨어진 거리이다. 또한, 두 식에서 L은 복합 선의 전체 길이를 나타낸다.

예제 6-3 단일 선(와이어)들로 구성된 복합 와이어의 무게중심 또는 도심 구하기

[그림 6-23(a)]의 밀도와 단면적이 동일한 단일 와이어 4개로 구성된 복합 와이어의 무게중심 또는 도심을 구하여라.

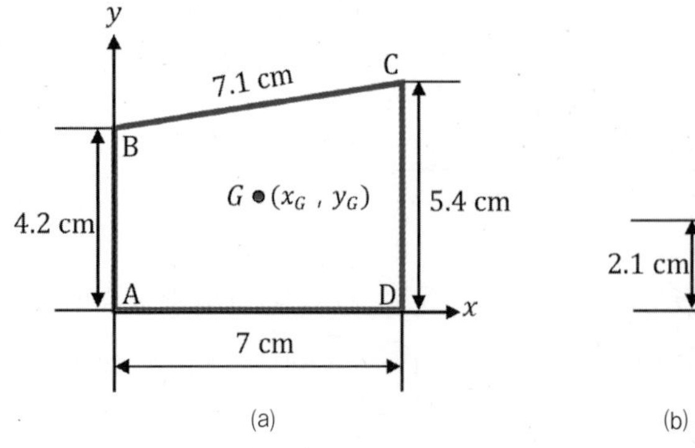

(a)

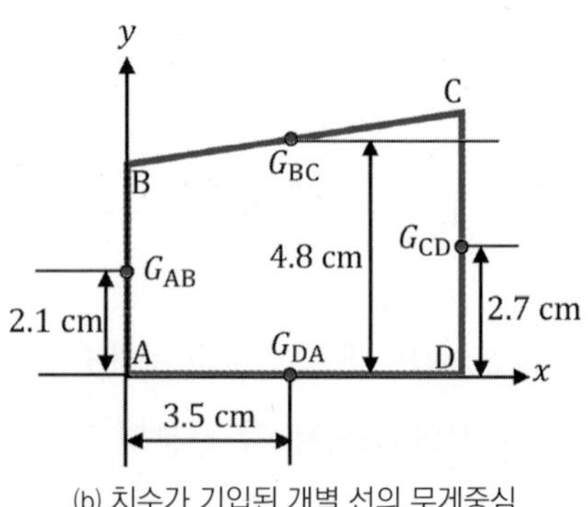

(b) 치수가 기입된 개별 선의 무게중심

[그림 6-23] 두께가 얇은 복합 선

분석

- 복합선의 무게중심과 도심은 같으므로, 여기서는 무게중심을 구하기로 한다. 먼저, [그림 6-23(b)]에 보이는 개별 선분 $\overline{AB}$, $\overline{BC}$, $\overline{CD}$, $\overline{DA}$만의 무게중심 G_{AB}, G_{BC}, G_{CD}, G_{DA}을 먼저 표시하고, 치수를 결정한다.
- x 방향의 무게중심 x_G와 y 방향의 무게중심 y_G를 구하는 다음 식을 이용한다.

$$x_G = \frac{\Sigma\,(x_{G_{AB}} W_{AB} + x_{G_{BC}} W_{BC} + x_{G_{CD}} W_{CD} + x_{G_{DA}} W_{DA})}{W} \tag{1}$$

$$y_G = \frac{\Sigma\,(y_{G_{AB}} W_{AB} + y_{G_{BC}} W_{BC} + y_{G_{CD}} W_{CD} + y_{G_{DA}} W_{DA})}{W} \tag{2}$$

풀이

❶ 주어진 예제에서 선의 밀도와 얇은 단면적은 동일하다고 하였으므로 도심과 무게중심은 같다. 따라서, x_G와 y_G의 식 (1)과 식 (2)의 분모 분자에서 밀도, 단면적, 중력가속도의 곱은 서로 약분되어, 선의 도심을 구하는 다음의 식으로 다시 쓸 수 있다.

$$x_G = x_C = \frac{\Sigma\,(x_{C_{AB}} L_{AB} + x_{C_{BC}} L_{BC} + x_{C_{CD}} L_{CD} + x_{C_{DA}} L_{DA})}{L} \tag{3}$$

$$y_G = y_C = \frac{\Sigma\,(y_{C_{AB}} L_{AB} + y_{C_{BC}} L_{BC} + y_{C_{CD}} L_{CD} + y_{C_{DA}} L_{DA})}{L} \tag{4}$$

❷ 이제, 식 (3)과 식 (4)에 주어진 치수들을 대입하면 다음과 같다.

$$x_G = x_C = \frac{0 + (3.5)(7.1) + (7)(5.4) + (3.5)(7)}{23.7} = 3.677\text{ cm} \tag{5}$$

$$y_G = y_C = \frac{((2.1)(4.2) + (4.8)(7.1) + (2.7)(5.4) + 0)}{23.7} = 2.425\text{ cm} \tag{6}$$

따라서, 구하고자 하는 x_G와 y_G는 다음과 같다.

$$x_G = 3.677\text{ cm},\quad y_G = 2.425\text{ cm}$$

고찰

위의 예제는 비교적 간단하다. 그러나, 각 단일 와이어의 단면적은 같더라도, 밀도가 각기 다르게 주어질 경우, 무게중심의 위치와 도심의 위치는 어떻게 될까?

2) 복합 도형의 도심과 무게중심

단일 도형에 대한 도심과 무게중심을 구하는 방법은 6.1.1절과 6.1.2절에서 학습한 바 있다. 이를 확장하여 이제 복합 도형에 대한 도심과 무게중심을 구해본다. 두께가 얇은 경우는 2차원 복합 평면도형의 도심을 생각하면 된다. [그림 6-24(a)]는 위에서 본 상면도가 사각형과 삼각형으로 구성되어 있음을 알 수 있다. 이렇게 구성된 그림의 상면도만을 [그림 6-24(b)]와 [그림 6-24(c)]에 나타내었는데, [그림 6-24(b)]는 복합 도형 전체의 무게중심을, [그림 6-24(c)]는 개별 도형의 무게중심의 위치를 보여준다.

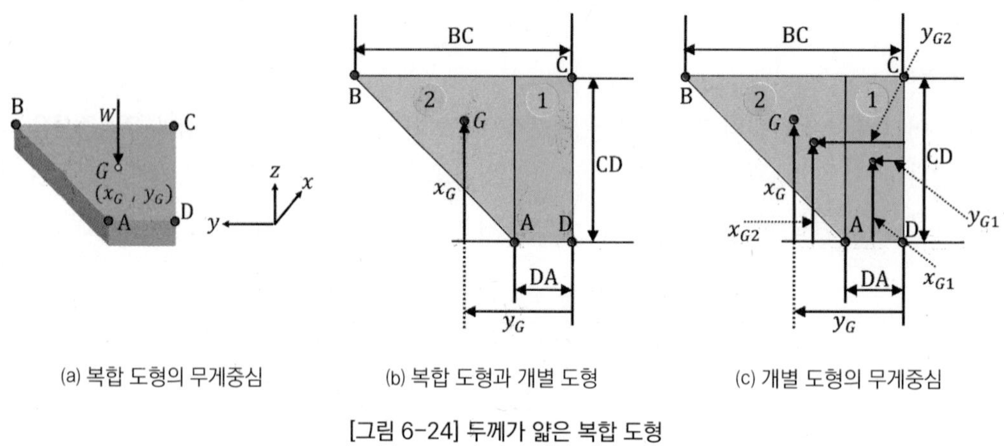

(a) 복합 도형의 무게중심 (b) 복합 도형과 개별 도형 (c) 개별 도형의 무게중심

[그림 6-24] 두께가 얇은 복합 도형

단일 평면도형의 무게중심을 계산해 보았기 때문에, 여기서는 간단히 다음과 같은 관계식만을 기술하여도 될 것으로 본다.

$$x_G = \frac{(x_{G1}W_1 + x_{G2}W_2 \cdots\cdots + x_{Gn}W_n)}{W} = \frac{\sum_{i=1}^{i=n} x_{Gi}W_i}{W} \qquad (6.49)$$

$$y_G = \frac{(y_{G1}W_1 + y_{G2}W_2 \cdots\cdots + y_{Gn}W_n)}{W} = \frac{\sum_{i=1}^{i=n} y_{Gi}W_i}{W} \qquad (6.50)$$

식 (6.49)와 식 (6.50)은 일반적으로 전체 도형을 n개의 단일 도형의 합으로 구성했을 때, 전체 도형의 무게중심을 구하는 데 사용될 수 있는 식들이다. 이 식들에서 x_{Gi}와 y_{Gi}는 각각 y축과 x축으로부터 개별 도형까지 떨어진 거리를 나타내고, W_i는 개별 도형의 무게를 나타낸다. 만일, 도형의 두께와 밀도가 균일하다고 한다면, 도심의 위치 x_G, y_G와 무게중심의 위치 x_G, y_G는 동일하다.

예제 6-4 복합 도형의 무게중심과 도심 구하기

[그림 6-25(a)]의 밀도와 두께가 동일한 단일 도형 2개로 구성된 복합 도형의 무게중심 또는 도심을 구하여라.

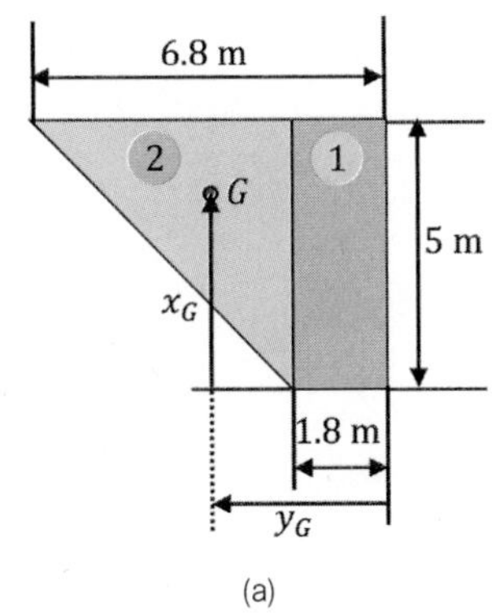

(a)

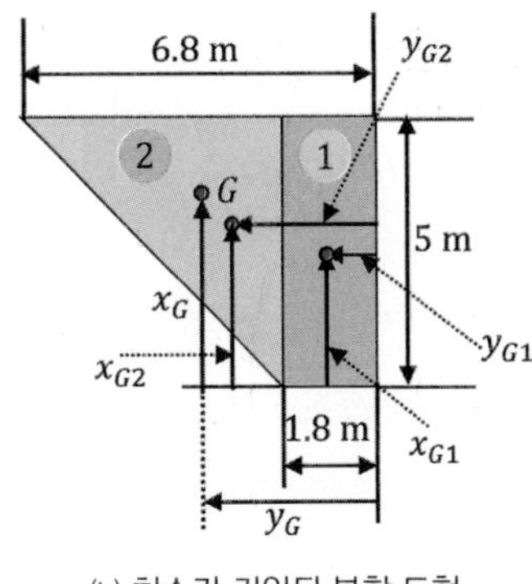

(b) 치수가 기입된 복합 도형

[그림 6-25] 두께가 얇은 복합 도형

분석

- 복합 도형의 밀도와 얇은 두께가 동일하다고 하였으므로 무게중심과 도심은 같다. 여기서는 무게중심을 구하기로 한다. 먼저, [그림 6-25(b)]에 보이는 두 개의 단일 도형만의 무게중심의 위치를 x_{G1}, x_{G2}, y_{G1}, y_{G2}라 한다.
- 이제, x 방향의 무게중심 x_G와 y 방향의 무게중심 y_G를 구하는 다음 식을 이용한다.

$$x_G = \frac{x_{G1} W_1 + x_{G2} W_2}{W}, \quad y_G = \frac{y_{G1} W_1 + y_{G2} W_2}{W} \tag{1}$$

풀이

❶ 주어진 예제에서 도형의 밀도와 얇은 두께가 동일하다고 하였으므로 도심과 무게중심은 같다. 따라서, x_G와 y_G의 식 (1)의 분모 분자에서 밀도, 두께, 중력가속도의 곱은 서로 약분되어, 도형의 도심을 구하는 다음의 식으로 다시 쓸 수 있다.

$$x_G = x_C = \frac{x_{G1} A_1 + x_{G2} A_2}{A} \tag{2}$$

$$y_G = y_C = \frac{y_{G1} A_1 + y_{G2} A_2}{A} \tag{3}$$

❷ 이제, 식 (3)과 식 (4)에 주어진 치수들을 대입하면 다음과 같다.

$$x_G = x_C = \frac{(2.5)(9) + \left(\frac{10}{3}\right)(12.5)}{21.5} = 2.984 \text{ m} \tag{4}$$

$$y_G = y_C = \frac{(0.9)(9) + \left(1.8 + (5)\frac{1}{3}\right)(12.5)}{21.5} = 2.392 \text{ m} \tag{5}$$

따라서, 구하고자 하는 x_G와 y_G는 다음과 같다.

$$x_G = 2.984 \text{ m}, \quad y_G = 2.392 \text{ m}$$

고찰

위의 예제도 비교적 간단하다. 그러나, 각 단일 도형의 두께는 같더라도, 밀도가 각기 다르게 주어질 경우, 무게중심의 위치와 도심의 위치는 어떻게 될까?
복합 도형이라도 보다 더 복잡한 복합 도형의 무게중심이나 도심을 구하려면, 보다 더 다양한 종류의 단일 도형에 대한 무게중심이나 도심을 구하는 훈련이 필요하다.

Section 6.2

파푸스 굴디너스의 정리

학습목표

- ✔ 파푸스와 굴디너스의 정리에 대한 개념을 학습한다.
- ✔ 파푸스와 굴디너스의 정리에 의한 응용 예를 통해, 회전 표면의 면적과 회전 물체의 체적을 통해 도심을 구하는 과정을 익힌다.

고대 그리스의 기하학의 대가 **파푸스**[7]의 이론과 이후 파푸스의 이론을 재차 언급한 스위스의 수학자 **굴디너스**[8]의 수학 이론은 기하학의 발전에 지대한 영향을 미쳤다. 이들의 이론에 의하면 평면상에 있는 어떤 곡선을 어떤 축에 대해 회전시키면 면이 형성되고, 이 형성된 면을 어떤 축에 대해 회전시키면 체적이 생성된다는 것이다. [그림 6-26(a)]에 보이는 선분 AB를 x축 주위로 회전시키면 [그림 6-26(b)]의 **원추**cone의 표면적을 얻게 된다. 또한, [그림 6-27(a)]의 삼각형을 x축 주위로 회전시키면 [그림 6-27(b)]의 원추를 얻게 된다.

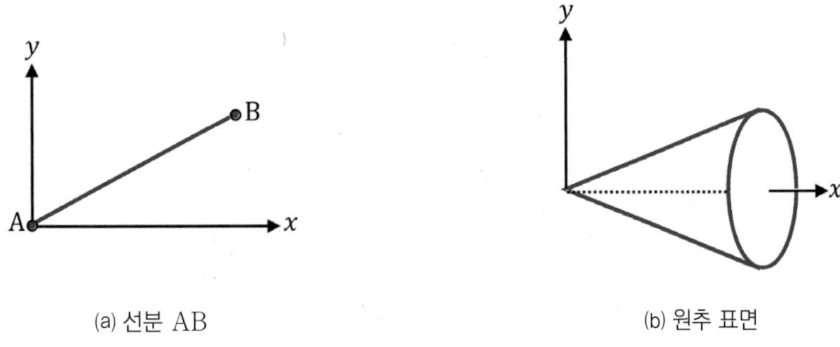

(a) 선분 AB

(b) 원추 표면

[그림 6-26] 선분 AB의 회전에 의한 원추 표면

---

7 Pappus(B.C. 290년경~B.C. 350년경, 그리스)

8 Guldinus(1577~1643, 스위스)

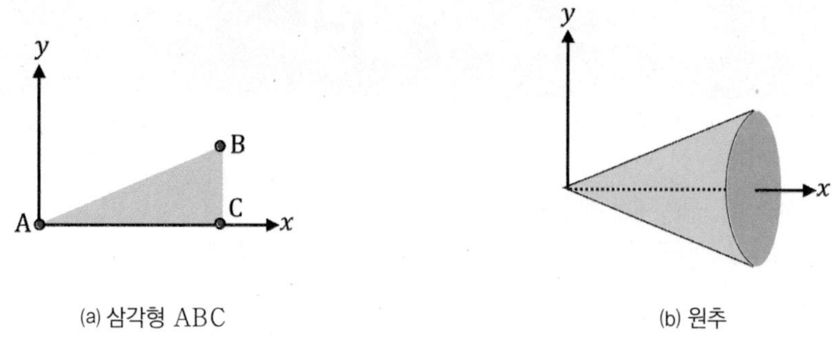

(a) 삼각형 ABC (b) 원추

[그림 6-27] 삼각형 ABC의 회전에 의한 원추

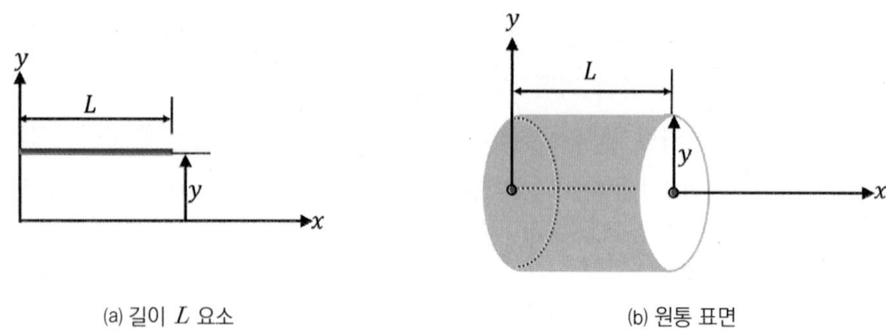

(a) 길이 L 요소 (b) 원통 표면

[그림 6-28] 미소 길이 L의 회전에 의한 원통 표면

또한, [그림 6-28(a)]의 미소 길이 L을 x축 주위로 회전시키면 원통 표면이 된다.

■ 정리 1

어떤 곡선이 회전한 회전 표면적은 그 곡선의 길이와 표면이 형성되는 동안 곡선의 도심이 움직인 거리를 곱한 것과 같다.

[그림 6-29(a)]의 x축으로부터 임의의 거리 y 만큼 떨어진 선분 AB의 미소 길이 dL을 x축 주위로 회전시키면, [그림 6-29(b)]의 원형 띠가 형성된다.

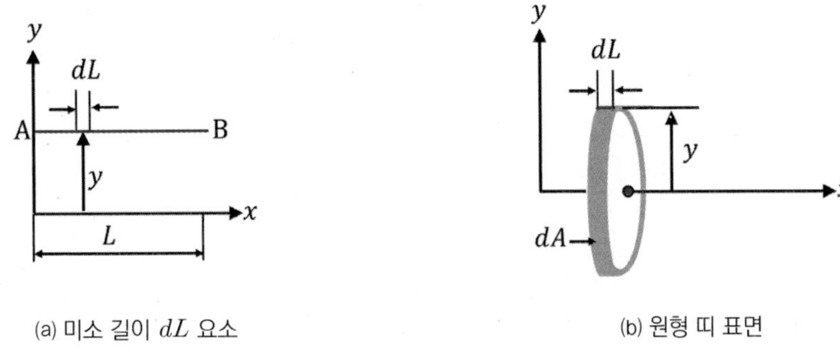

(a) 미소 길이 dL 요소

(b) 원형 띠 표면

[그림 6-29] 미소 길이 dL의 회전에 의한 원형 띠 표면

이 미소 길이 dL에 의해 형성된 dA는 원형 띠의 표면적으로 $dA = 2\pi y\,dL$이 된다. 따라서, 전체 길이 L에 걸쳐 형성된 면적을 A라 하면, A는 다음과 같이 표현된다.

$$A = \int dA = \int 2\pi y\,dL = 2\pi y_C L \tag{6.51}$$

식 (6.51)에서 y_C는 이미 6.1절에서 학습한 도심의 y 방향 좌표로서, $\int y\,dL = y_C L$인 관계가 있다. 또한, 식 (6.51)에서 $2\pi y_C$는 L의 도심이 움직인 거리이다. <정리 1>에서 중요한 것은 형성된 선이 회전축과 교차해서는 안되며, 교차하는 경우는 식 (6.51)의 관계식을 사용할 수 없다.

■ 정리 2

어떤 면적의 물체가 회전한 회전 체적은 그 체적 형성 면적과 이 면적의 도심이 움직인 거리를 곱한 것과 같다.

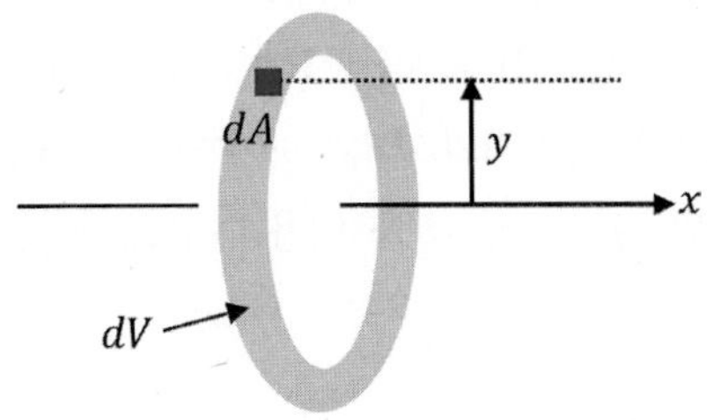

[그림 6-30] 미소 단면적 dA의 회전에 의한 원형 링

이제 [그림 6-30]의 미소 단면적 dA를 x축 주위로 회전한 **원형 링**ring의 미소 체적 dV는 $dV = 2\pi y dA$이고, 따라서, 면적 A에 의해 형성된 전체 체적은 다음과 같이 표현된다.

$$V = \int dV = \int 2\pi y dA = 2\pi y_C A \tag{6.52}$$

식 (6.52)에서 y_C도 이미 6.1절에서 학습한 도심의 y 방향 좌표로서, $\int y dA = y_C A$인 관계가 있다. 또한, 식 (6.52)에서 $2\pi y_C$는 면적 A의 도심이 움직인 거리이다.

예제 6-5 1/4원호의 회전에 따른 도형의 표면적 구하기

[그림 6-31(a)]와 같은 1/4원호를 x축 주위로 회전시켰을 때 만들어지는 도형의 표면적을 파푸스-굴디너스의 정리를 이용하여 구하여라.

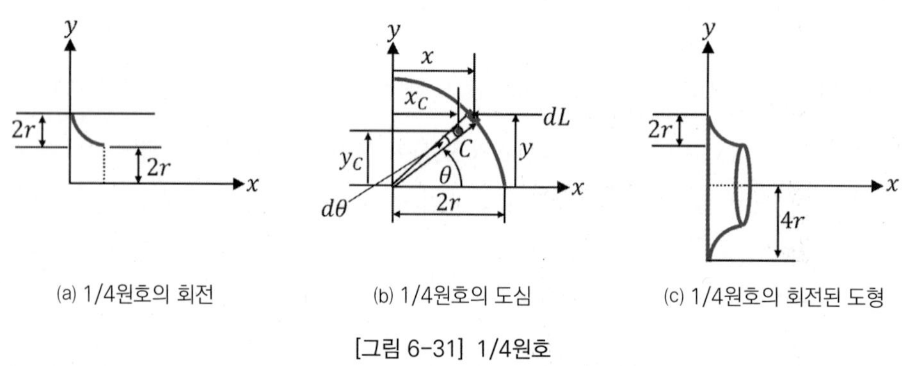

(a) 1/4원호의 회전 (b) 1/4원호의 도심 (c) 1/4원호의 회전된 도형

[그림 6-31] 1/4원호

분석

- 먼저 1/4원호의 도심인 점 C의 좌표 x_C와 y_C는 [그림 6-31(b)]에 나타나 있다. 미소 요소 1/4원호는 거의 두께가 없을 정도이므로 미소 요소 부분을 미소 길이 dL로 놓는다. 좌표의 원점으로부터 미소 요소가 있는 곳까지의 거리는 r이 되고, 극좌표를 이용하여 도심을 구한다.
- 파푸스 굴디너스의 정리인 $A = 2\pi y_C L$을 이용하여 표면적을 구한다.

풀이

❶ 먼저, 반경 $2r$인 1/4원호의 도심을 구하자. [그림 6-31(b)]의 x_C와 y_C는 좌표 축으로부터 동일 거리에 있으므로, 둘 중에 하나만 구한다. 극좌표를 사용하여, 각 축으로부터 미

소 길이 요소 dL까지의 거리는 $y = 2r\sin\theta$, $x = 2r\cos\theta$이다. 한편, $dL = 2r\,d\theta$인 관계가 있고, 다음과 같이 길이의 도심을 구하는 식을 이용한다.

$$y_C = \frac{\int y\,dL}{L} = \frac{\int 2r\sin\theta\,(2rd\theta)}{L} = \frac{4r^2\int_0^{\frac{\pi}{2}}\sin\theta\,d\theta}{\pi r} = \frac{4r^2[-\cos\theta]_0^{\pi/2}}{\pi r} = \frac{4r}{\pi} \quad (1)$$

❷ 위의 y_C는 1/4원호만의 도심의 y좌표이다. 전체 도형의 y 방향 도심을 $y_C{}^*$라 하면 $y_C{}^* = 4r - \frac{4r}{\pi}$이 된다. 따라서, 전체 표면적을 A라하면 다음과 같다.

$$A = 2\pi y_C{}^* L = 2\pi\left[4r - \frac{4r}{\pi}\right](\pi r) = 8\pi^2 r^2\left(1 - \frac{1}{\pi}\right) = 53.82r^2 \quad (2)$$

$$A = 53.82r^2$$

고찰

파푸스 굴디너스의 정리를 이용하더라도 어떤 물체의 표면적이나 체적을 구하려면 도심의 위치를 명확히 알아야 한다. 따라서, 복잡한 도형의 도심을 구하는 훈련이 요구된다.

Section 6.3

도심과 무게중심의 응용

학습목표

- ✔ 도심과 무게중심의 응용으로써 특수한 구조물의 하나인 보 구조물의 분포력에 따른 반력이나 반력 모멘트를 구하는 방법을 익힌다.
- ✔ 다양한 분포하중을 받는 구조물의 도심과 무게중심을 구한다.

이장에서 지금까지 주로 어떤 선이나 면적을 갖는 도형의 도심 또는 무게중심을 구하는 이론과 방법을 살펴보았다. 분포하중은 어떤 길이나 어떤 면적에 걸쳐 작용하기 때문에, 이러한 분포하중을 취급할 때는 도형의 도심이나 무게중심에 밀접한 관련이 있다. 일반적으로 어떤 구조물에 하중이 가해지면, 구조물의 지지반력과 내력이 있을 수 있다. 정역학에서는 주로 외부효과만을 다루므로, 내력에 관한 자세한 사항은 이 책의 8장이나 아니면 구조물의 변형을 다루는 **재료역학**이나 **고체역학**에서 상세히 배우게 될 것이다. 또한, 이 책의 8장에서 다양한 구조물의 경계조건(지지점의 종류나 형태)에 대해 다루므로 이 장에서는 분포하중을 어떻게 집중하중으로 변환하는지에 대한 내용만 다룬다.

6.3.1 분포하중

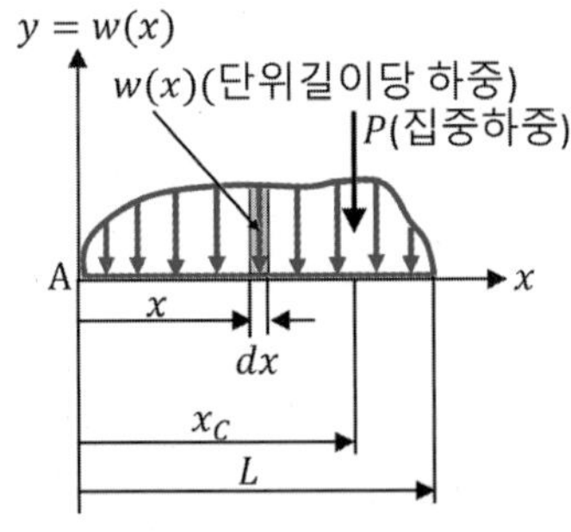

[그림 6-32] 분포하중의 집중하중으로의 변환과 하중 도심

어떤 구조물에 작용하는 하중은 간단한 하중도 있지만, 복잡한 함수로 주어진 분포하중들도 있다. 하중에 대한 일반론을 끌어내기 위해 [그림 6-32]의 분포하중을 생각하자. 그림에서 $w(x)$는 y축으로부터 임의의 거리 x 만큼 떨어져 있는 미소 길이 dx에 작용하는 단위 길이

당 하중이다. 이 **분포하중**을 하중이 한 곳에 집중된 집중하중 P로 대치할 수 있는데, 이 집중하중은 분포하중과 다음과 같은 관계를 갖는다.

$$P = \int_0^L w(x)dx \tag{6.53}$$

분포하중을 집중하중으로 대치한 후, 변환된 **집중하중**의 작용점의 위치 또는 분포하중의 도심 x_C를 알 수 있어야 한다. 이미 6.1절과 6.2절에서 학습한 도심과 무게중심의 위치를 통해, 유사한 방법으로 분포하중의 도심의 위치를 다음과 같이 구할 수 있다.

$$\int_0^L w(x)dx = Px_C,\ x_C = \frac{\int_0^L w(x)dx}{P} \tag{6.54}$$

예제 6-6 단순지지보 위의 분포하중에 대한 반력 구하기

[그림 6-33(a)]와 같은 분포하중을 받는 단순지지보의 점 A와 점 B에서의 반력을 구하여라.

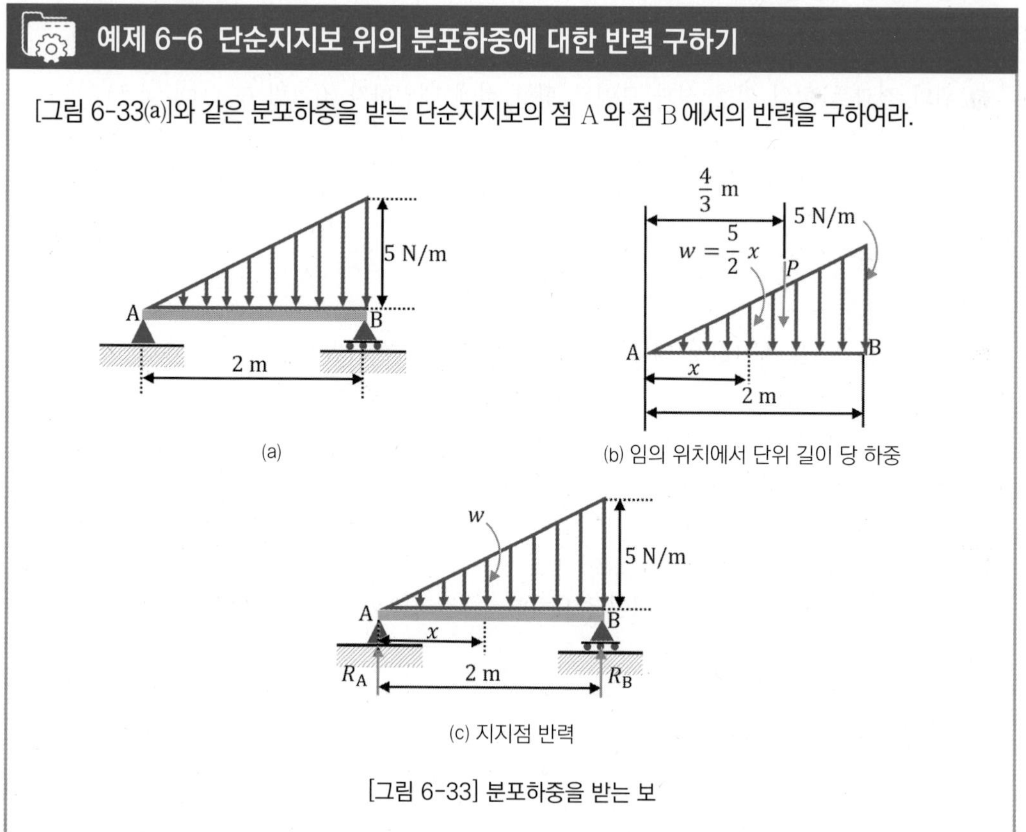

(a)

(b) 임의 위치에서 단위 길이 당 하중

(c) 지지점 반력

[그림 6-33] 분포하중을 받는 보

분석

- 먼저 [그림 6-33(b)]와 같이 점 A로부터 임의의 거리 x에서의 단위 길이 당 하중 w를 구한 후, 분포하중의 도심을 찾는다.
- 힘의 평형조건과 모멘트 평형조건으로부터 반력을 구한다.

풀이

❶ [그림 6-33(b)]로부터 보의 임의의 위치 x에서의 단위 길이 당 하중w는 $2:5=x:w$로부터 $w=\dfrac{5x}{2}$가 된다. 따라서, 집중하중 P로의 변환된 하중은 다음과 같다.

$$P=\int_0^{2\text{ m}}\frac{5x}{2}\,dx=\frac{5x^2}{4}\bigg|_0^{2\text{ m}}=5\text{ N} \tag{1}$$

❷ 삼각형의 도심은 꼭지점으로부터 $\dfrac{2}{3}$되는 위치에 있으므로, [그림 6-33(b)]에서 $\dfrac{4}{3}$ m가 도심의 위치이다.

❸ 위의 결과를 힘의 평형 식과 모멘트 평형 식에 대입하자. ([그림 6-33(c)] 참조)

$$\sum F=0\ ;\ R_A+R_B=5\text{ N} \tag{2}$$

$$\sum M=0\ ;\ R_B\times 2\text{ m}-P\times\frac{4\text{ m}}{3}=0,\quad R_B=\frac{10\text{ N}}{3}=3.33\text{ N} \tag{3}$$

❹ 식 (3)의 결과를 식 (2)에 대입하면 R_A는 다음과 같이 된다.

$$R_A=\frac{5\text{ N}}{3}=1.67\text{ N}$$

고찰

분포하중은 도심의 위치를 찾는 것이 중요하다. 6.1절과 6.2절의 도심을 구하는 방법을 다시 상기해야 한다.

6.3.2 유체 정역학

6.3.1절에서는 유체가 아닌 고체 구조물에 분포하중이 작용하는 경우, 분포하중의 도심을 이용해 집중하중으로 대치하는 방법에 대해 학습하였다. 이 절에서는 댐이나 저수조 등과 같이 유체와 관련된 구조물에서 유체 압력이 있는 경우에 대해 분포하중을 살펴보기로 한다. 유체는 흐르는 경우와 정지해 있는 경우로 나눌 수 있는데, 여기서는 정지한 유체의 분포하중만을 다루기로 하고, 유체에 관한 더 상세한 내용은 **유체역학**이란 교과목에서 다루게 될 것이다.

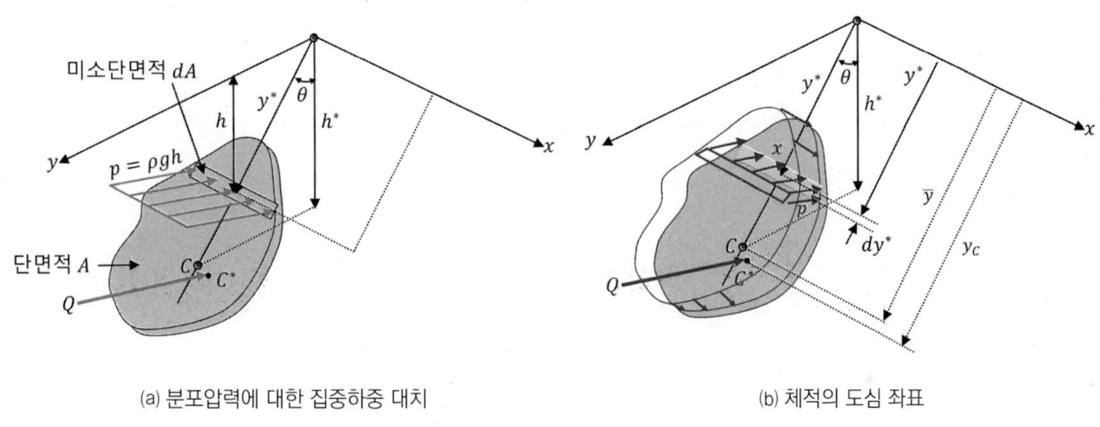

(a) 분포압력에 대한 집중하중 대치

(b) 체적의 도심 좌표

[그림 6-34] 수압을 받는 임의의 평판

유체에 잠긴 임의의 형상의 평판을 나타낸 [그림 6-34(a)]를 생각하자. x-y 평면은 물의 수면을 나타내고, 점 C는 평판 면적의 도심, C^*는 평판 위의 압력 p에 의한 총 힘인 집중하중 Q의 도심 점을 나타낸다. 또한, 평판이 수직축과 이루는 각은 θ이고, 수면으로부터 평판의 미소 단면적 dA까지의 사선 거리는 y^*라 하자. 물의 **밀도**와 중력가속도를 각각 ρ와 g라 할 때, 평판의 미소 단면적 dA에 수직으로 작용하는 압력 p는 $p = \rho gh$이고, 미소 단면적에 작용하는 미소 힘 dQ는 $dQ = pdA = \rho g h dA$가 된다. 따라서, 전체 집중 힘 Q는 다음과 같다.

$$Q = \int dQ = \int pdA = \rho g \int h\,dA \tag{6.55}$$

평판의 총 단면적 A의 도심은 점 C이므로 면적 도심에 관한 관계인 $\int hdA = h^* A$로부터 다음과 같은 식의 관계가 성립된다.

$$Q = \rho g h^* A \tag{6.56}$$

식 (6.56)에서 $\rho g h^*$는 총 단면적 A의 도심 C에 작용하는 압력이며, 전체 평판의 면적에 대한 평균적인 압력이다.

한편, [그림 6-34(b)]에서와 같이, 압력이 작용하는 분포는 수면으로부터 선형적으로 수면 아래로 내려갈수록 커진다. 즉, [그림 6-34(b)]의 분포와 같이 체적 형태가 된다. 이제 다시 평판에 작용하는 총 집중력 Q는 미소 단면적 $dA = xdy^*$를 이용하여 다음과 같이 나타낼 수 있다.

$$Q = \int dQ = \int pdA = \int \rho ghxdy^* \tag{6.57}$$

식 (6.57)에서 미소 단면적의 수직 깊이 h와 [그림 6-34(b)]의 길이 x는 y^*의 항으로 통일시켜 적분을 행하여야 한다.

유체 정역학에 있어 총 합력 Q의 위치를 아는 것도 중요하다. 따라서, 1차모멘트의 식의 관계를 이용하면 다음과 같은 관계를 얻을 수 있다.

$$Qy_C = \int y^* dQ, \quad y_C = \frac{\int y^* pdA}{\int pdA} = \frac{\int y^* (pxdy^*)}{\int pxdy^*} \tag{6.58}$$

예제 6-7 수조에 작용하는 수압에 대한 반력 구하기

[그림 6-35(a)]와 같이, 폭이 $5\ \mathrm{m}$이고 높이가 $3.5\ \mathrm{m}$인 사각 평판에 의해 수로를 지탱하고 있다. 사각 평판은 핀 B에 의해 고정되어 있고, 하단에 수평 방향으로 지탱하는 돌기 단 A에서 수로를 막고 있다. 돌기단 A에서의 저항력을 구하여라. 단, 물의 밀도는 $1{,}000\ \mathrm{kg/m^3}$이고 중력가속도는 $9.81\ \mathrm{m/s^2}$으로 계산하라.

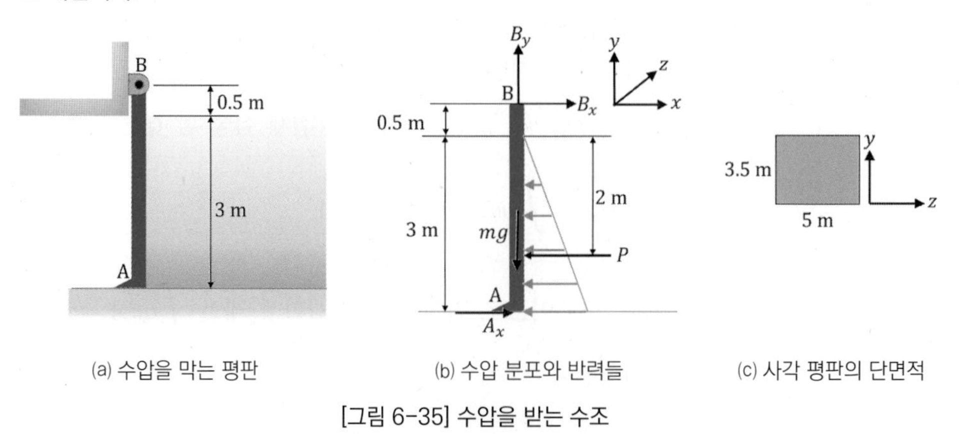

(a) 수압을 막는 평판 (b) 수압 분포와 반력들 (c) 사각 평판의 단면적

[그림 6-35] 수압을 받는 수조

분석

- 먼저 [그림 6-35(b)]와 같이, 선형 분포 압력에 의한 변환 집중력을 P라 하면, P의 위치는 삼각형의 꼭지점으로부터 2/3되는 위치에 있으므로, 그림에서 보듯이 2 m 지점에 위치한다. 모멘트의 평형조건으로부터 점 A의 반력 A_x를 구할 수 있다.

풀이

❶ [그림 6-35(b)]의 압력은 다음과 같이 구할 수 있다.

$$p_{ave} = (1{,}000\ \text{kg/m}^3)(9.81\ \text{m/s}^2)(1.5\ \text{m}) = 14{,}715\ \text{N/m}^2 \tag{1}$$

❷ [그림 6-35(c)]의 사각 평판을 통해, $P = p_{ave}A = (14{,}715)(3.5)(5) = 257.5\ \text{kN}$이다.

❸ 위의 결과를 힘의 평형 식과 모멘트 평형 식에 대입하자.

$$\sum M_{\text{B}} = 0\ ;\ A_x \times 3.5\ \text{m} - P \times 2.5\ \text{m} = 0,\quad A_x = 183.93\ \text{kN}$$

고찰

수압은 대기압과 같은 수면을 수압의 0으로부터 선형적으로 증가함을 기억하자. 또한, 삼각형의 도심을 구하는 증명도 해 보는 것이 필요하다.

Section 6.4

3차원 물체의 체적중심과 무게중심

학습목표

- ✔ 3차원 물체의 도심과 무게중심을 구하는 방법을 익힌다.
- ✔ 3차원 복합물체의 도심과 무게중심을 구하는 응용 예를 통해, 3차원 물체의 도심과 무게중심을 명확히 이해한다.

지금까지 이 장에서는 **선의 도심**과 무게중심과 2차원 물체의 도심과 무게중심에 대해 학습한 바 있다. 실제로 우리들의 생활 속의 물체들은 대부분이 3차원 물체인 경우가 많아서, 이들 물체에 대한 도심(체적중심)과 무게중심을 구하는 것이 필요하게 된다.

6.4.1 3차원 단일 물체의 무게중심과 체적중심

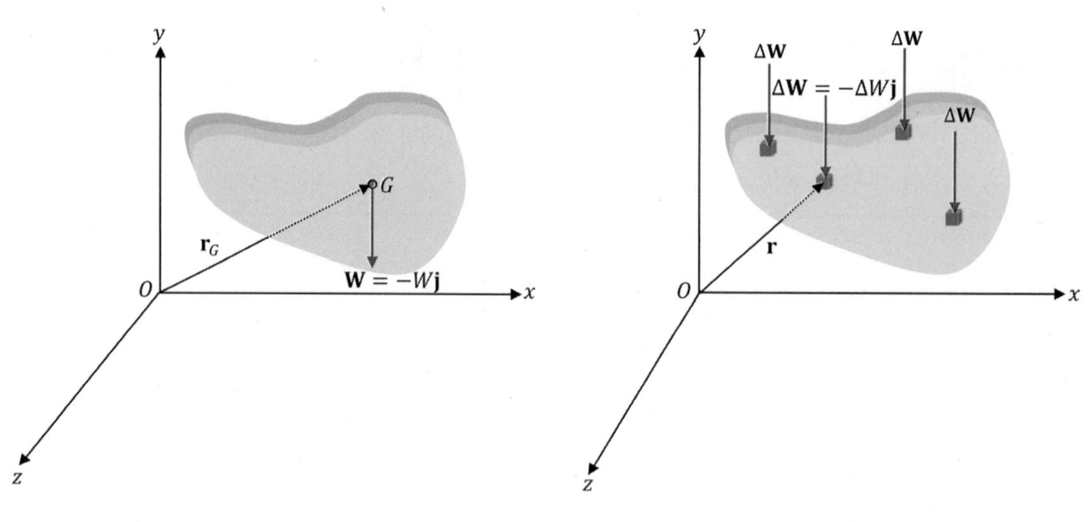

(a) 3차원 물체 전체 무게중심

(b) 3차원 미소 요소의 미소 하중 ΔW

[그림 6-36] 임의의 3차원 물체

[그림 6-36(a)]는 3차원 물체의 무게중심 G의 위치를 보여주고 있으며, r_G는 3차원 좌표계의 원점으로부터의 위치벡터를 나타낸다. 한편, [그림 6-36(b)]는 전체 하중 W를 수많은 미소 하중으로 분할했을 때의 하나의 대표가 되는 미소 하중 ΔW의 위치벡터 r을 보여주고

있다. 힘의 등가관계로부터 전체 무게 W는 미소 하중 ΔW의 합으로 나타낼 수 있고, 전체 하중의 원점 O에 관한 모멘트는 미소 하중 ΔW들의 원점에 관한 모멘트의 합과 같음을 벡터 형태로 나타내면 다음과 같다. 위에서 W는 무게 벡터 W의 크기이다.

$$-W\mathrm{j} = \Sigma(-\Delta W\mathrm{j}), \quad \mathrm{r}_C \times (-W\mathrm{j}) = \Sigma(\mathrm{r} \times (-\Delta W\mathrm{j})) \tag{6.59}$$

식 (6.59)의 우측 식의 관계를 이용하면, 다음과 같은 식의 관계도 성립됨을 알 수 있다.

$$W = \Sigma \Delta W, \quad \mathrm{r}_C W = \Sigma \mathrm{r} \Delta W \tag{6.60}$$

[그림 6-36(b)]에서 미소 요소의 수를 무한히 증가시키고, 요소를 더 세분화시키면 다음과 같은 적분 관계의 식으로 다시 표현할 수 있다.

$$W = \int dW, \quad \mathrm{r}_G W = \int \mathrm{r}\, dW \tag{6.61}$$

식 (6.61)의 우측 식을 각각의 독립 축인 세 개의 좌표 x, y, z축에 대해 다시 표현하면 다음과 같이 된다.

$$x_G = \frac{\int x\, dW}{W}, \quad y_G = \frac{\int y\, dW}{W}, \quad z_G = \frac{\int z\, dW}{W} \tag{6.62}$$

식 (6.62)는 3차원 물체의 각각 x, y, z축 방향의 무게중심의 위치를 나타낸다. 만일 3차원 물체의 밀도가 균일하고, 동일 **중력가속도**를 갖는다면, 전체 하중과 미소 하중은 각각 $W = \rho g V$, $dW = \rho g\, dV$인 관계가 성립된다. 이를 식 (6.61)의 우측 식에 대입하면 다음과 같은 관계식을 얻는다.

$$\mathrm{r}_C V = \int \mathrm{r}\, dV \tag{6.63}$$

식 (6.63)을 각각 독립적인 x, y, z축에 대해 표현하면 체적 도심은 다음과 같다.

$$x_C = \frac{\int x\, dV}{V}, \quad y_C = \frac{\int y\, dV}{V}, \quad z_C = \frac{\int z\, dV}{V} \tag{6.64}$$

식 (6.64)의 도심의 위치와 식 (6.62)의 무게중심의 위치는 밀도가 균일하지 않으면 다르지만, 균일한 경우는 동일한 값을 나타낸다.

6.4.2 3차원 복합 물체의 무게중심과 체적중심

n개의 단일 3차원 물체의 무게중심을 알고 있을 때, 이 단일 3차원 물체들의 합성으로 구성된 복합 물체의 무게중심은 x, y, z축 방향에 대해 다음과 같이 n개의 3차원 단일 물체들의 무게중심 누적 합을 이용하여 나타내진다.

$$x_G = \frac{(x_{G1} W_1 + x_{G2} W_2 \cdots\cdots + x_{Gn} W_n)}{W} = \frac{\sum_{i=1}^{i=n} x_{Gi} W_i}{W} \tag{6.65}$$

$$y_G = \frac{(y_{G1} W_1 + y_{G2} W_2 \cdots\cdots + y_{Gn} W_n)}{W} = \frac{\sum_{i=1}^{i=n} y_{Gi} W_i}{W} \tag{6.66}$$

$$z_G = \frac{(z_{G1} W_1 + z_{G2} W_2 \cdots\cdots + z_{Gn} W_n)}{W} = \frac{\sum_{i=1}^{i=n} z_{Gi} W_i}{W} \tag{6.67}$$

식 (6.65)~식 (6.67)에서, x_G, y_G, z_G는 각각 3차원 복합 물체의 x, y, z축 방향의 무게중심을 나타내고, x_{Gi}, y_{Gi}, z_{Gi}는 3차원 단일 물체의 무게중심을 나타낸다. 또한, W와 W_i는 각각 3차원 복합 물체의 전체 무게와 3차원 단일 물체의 무게를 나타낸다.

한편, n개의 단일 물체의 체적중심을 알고 있을 때, 단일 물체의 조합으로 구성된 복합 물체의 체적중심도 다음과 같이 표현할 수 있다.

$$x_C = \frac{(x_{C1} V_1 + x_{C2} V_2 \cdots\cdots + x_{Cn} V_n)}{V} = \frac{\sum_{i=1}^{i=n} x_{Ci} V_i}{V} \tag{6.68}$$

$$y_C = \frac{(y_{C1} V_1 + y_{C2} V_2 \cdots\cdots + y_{Cn} V_n)}{V} = \frac{\sum_{i=1}^{i=n} y_{Ci} V_i}{V} \tag{6.69}$$

$$z_C = \frac{(z_{C1} V_1 + z_{C2} V_2 \cdots\cdots + z_{Cn} V_n)}{V} = \frac{\sum_{i=1}^{i=n} z_{Ci} V_i}{V} \tag{6.70}$$

식 (6.68)~식 (6.70)에서, x_C, y_C, z_C는 각각 3차원 복합 물체의 x, y, z축 방향의 체적중심을 나타내고, x_{Ci}, y_{Ci}, z_{Ci}는 3차원 단일 물체의 **체적중심**을 나타낸다. 또한, V와 V_i는 각각 3차원 복합 물체의 전체 체적과 3차원 단일 물체의 체적을 나타낸다.

예제 6-8 반구의 체적중심 구하기

[그림 6-37(a)]와 같이, 반경 R인 반구의 체적중심을 구하여라.

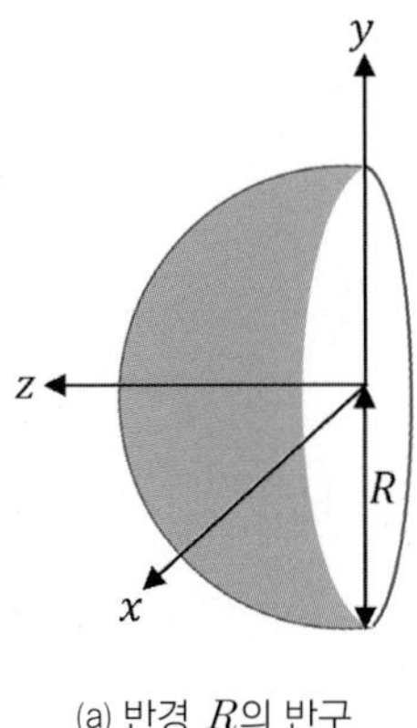

(a) 반경 R의 반구

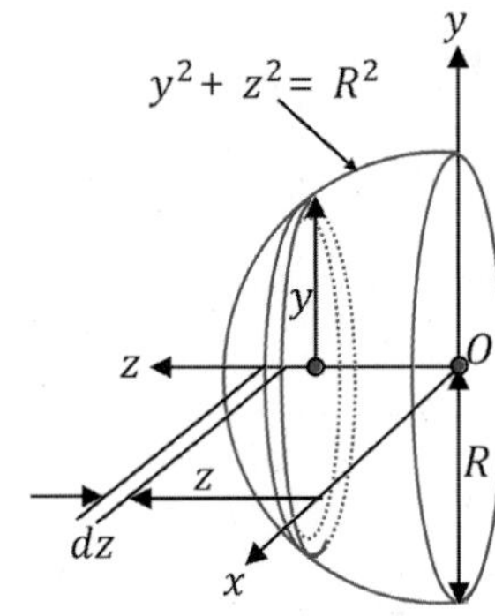

(b) 반구의 미소 체적

[그림 6-37] 반구

분석

- 먼저 [그림 6-37(b)]의 반구는 x 방향과 y 방향으로의 체적중심은 구할 필요가 없고, z축 선상에 체적중심이 있으므로, z축 방향의 체적중심만 구하면 된다.
- 반구의 전체 체적도 알아야 체적중심을 구할 수 있으므로 체적을 먼저 계산한다.

풀이

❶ 반경 R인 구의 체적이 $\frac{4\pi R^3}{3}$이므로, 반구의 체적 $V=\frac{2\pi R^3}{3}$이 된다. 이미 구의 체적을 알고 있는 경우는 이를 이용해도 되지만, 모르는 경우는 [그림 6-37(b)]에서 점 O로부터 임의의 z거리에 있는 미소 체적은 $\pi y^2 dz$이고, 구의 방정식은 $y^2+z^2=R^2$이므로, 반구의 전체 체적은 다음과 같이 계산할 수 있다.

$$V = \int dV = \int_0^R \pi y^2 dz = \int_0^R \pi(R^2 - z^2)dz = \pi\left(R^2 z - \frac{1}{3}z^3\right)_0^R = \frac{2\pi R^3}{3} \tag{1}$$

❷ [그림 6-37(b)]에서 임의의 z거리에 있는 미소 체적 $\pi y^2 dz$를 이용하여, $\int z\,dV$를 계산하자. 왜냐하면 z축 방향의 체적중심 z_C는 $\int z\,dV$와 다음과 같은 관계가 있기 때문이다.

$$z_C V = \int z\,dV \tag{2}$$

❸ 이제, $\int z\,dV$만 구하면 체적중심 z_C를 구할 수 있으므로, 다음과 같이 계산한다.

$$\int z\,dV = \int_0^R z(\pi y^2)dz = \int_0^R \pi z(R^2 - z^2)dz = \left(\frac{\pi R^2 z^2}{2} - \frac{\pi z^4}{4}\right)_0^R = \frac{\pi R^4}{4} \tag{3}$$

$$z_C = \frac{\int z\,dV}{V} = \frac{\frac{1}{4}\pi R^4}{\frac{2}{3}\pi R^3}, \quad z_C = \frac{3R}{8}$$

고찰

체적중심은 해당 물체의 전체 체적을 알아야 구할 수 있기 때문에, 많은 3차원 물체의 체적을 구하는 방법을 익혀두어야 한다. 또한, 어떤 축에 대해 대칭성이 있는지도 함께 알고 있어야, 체적중심을 구하기가 용이하다. 1/4구의 체적중심도 생각해 보자.

예제 6-9

[그림 6-38(a)]와 같이, 반구와 실린더가 결합된 복합 물체의 무게중심을 구하여라. 물체의 밀도는 균일하다고 가정한다.

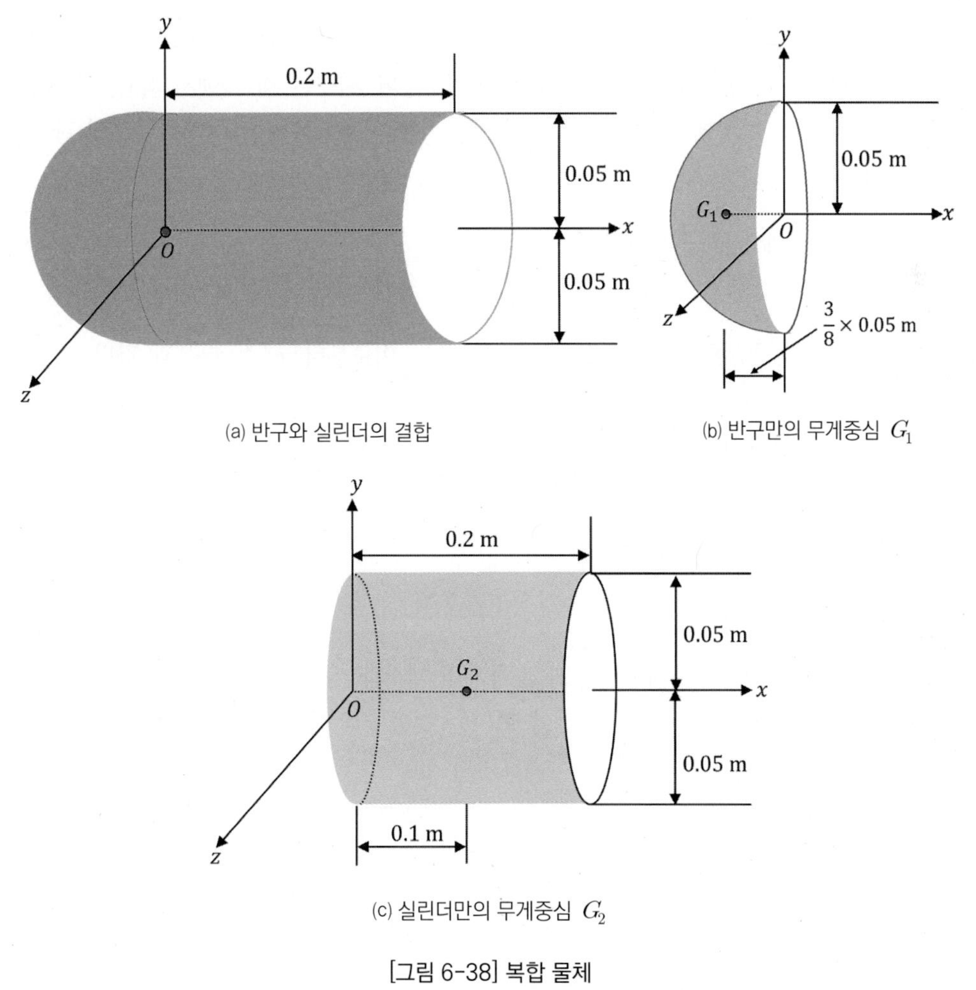

(a) 반구와 실린더의 결합

(b) 반구만의 무게중심 G_1

(c) 실린더만의 무게중심 G_2

[그림 6-38] 복합 물체

분석

- 밀도가 균일하면 무게중심이나 체적중심이 동일하다.
- 먼저 [그림 6-38(b)]의 반구의 체적중심은 예제 6-8에서 구한 바 있으므로 이를 이용하기로 한다. 실린더만의 체적중심은 찾기가 쉽다. [그림 6-38(c)]에서 실린더 길이가 0.2 m이므로 점 O로부터 0.1 m 떨어진 지점이다.

풀이

❶ 반구만의 체적은 예제 6-8로부터, $\frac{2\pi R^3}{3} = \frac{2\pi(0.05)^3}{3} = 2.618\times10^{-4}\ \mathrm{m}^3$이다. 한편, 실린더만의 체적은 $\pi(0.05)^2 0.2 = 1.57\times10^{-3}\ \mathrm{m}^3$이다. 여기서 주의할 점은 복합물체 전체 체적은 반구의 체적과 실린더의 체적을 합하면 되지만, 각 단일 물체만의 체적중심의 위치는 [그림 6-38(b)]와 [그림 6-38(c)]로부터, 반구는 점 O에서 좌측, 실린더는 점 O에서 우측 방향에 있는 것이다. 복합물체의 체적중심을 x_G라 하면 다음의 관계가 성립된다.

❷ [그림 6-38(b)]에서 반구의 체적중심 x_{G1}은 $x_{G1} = -\frac{3}{8}(0.05\ \mathrm{m}) = -0.01875\ \mathrm{m}$이고, [그림 6-38(c)]에서, 실린더의 체적중심 x_{G2}는 $x_{G2} = 0.1\ \mathrm{m}$이다. 따라서, 다음의 관계가 성립된다. $x_G \sum V = x_{G1}V_1 + x_{G2}V_2$이다. 이로부터 x_G는 다음과 같다.

$$x_G = \frac{[(-0.01875)(2.618\times10^{-4}) + (0.1)(1.57\times10^{-3})]}{(1.8318\times10^{-3})} = 0.083\ \mathrm{m} \qquad (1)$$

$$x_G = 0.083\ \mathrm{m}$$

고찰

복합물체의 체적중심이나 무게중심은 개별 물체의 체적과 개별 물체의 체적중심을 알고 있더라도, 덧셈과 뺄셈을 실수 없이 잘해야 한다는 것을 기억하여야 한다. 잘못하면 엉뚱한 결과가 도출되기 때문이다.

도심

■ 선의 도심

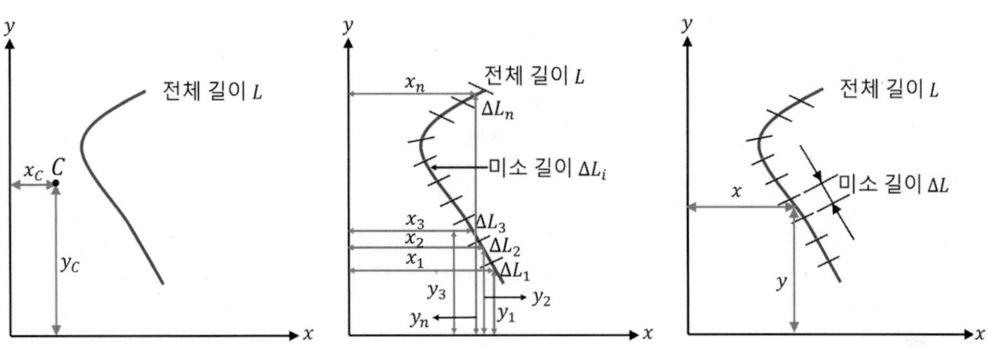

$$\int x\,dL = x_C L,\quad \int y\,dL = y_C L,\quad x_C = \frac{\int x\,dL}{L},\quad y_C = \frac{\int y dL}{L}$$

■ 주어진 함수의 적분에 의한 선의 도심

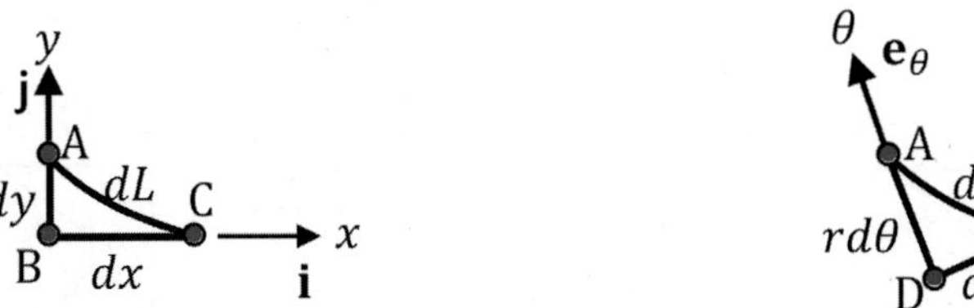

$$\mathrm{dL} = dx\,\mathrm{i} + dy\,\mathrm{j},\quad dL = \sqrt{(dx^2 + dy^2)} = dx\left[\sqrt{1+\left(\frac{dy}{dx}\right)^2}\right] = dy\left[\sqrt{1+\left(\frac{dx}{dy}\right)^2}\right]$$

$$\mathrm{dL} = dr\,\mathrm{e}_r + rd\theta\,\mathrm{e}_\theta,\ dL = \sqrt{(dr^2 + (r\,d\theta)^2)} = d\theta\left[\sqrt{r^2 + \left(\frac{dr}{d\theta}\right)^2}\right]$$

■ 면적의 도심

$$x_C = \frac{\int_A x\,dA}{A},\quad y_C = \frac{\int_A y\,dA}{A}$$

■ 주어진 함수의 적분에 의한 면적의 도심

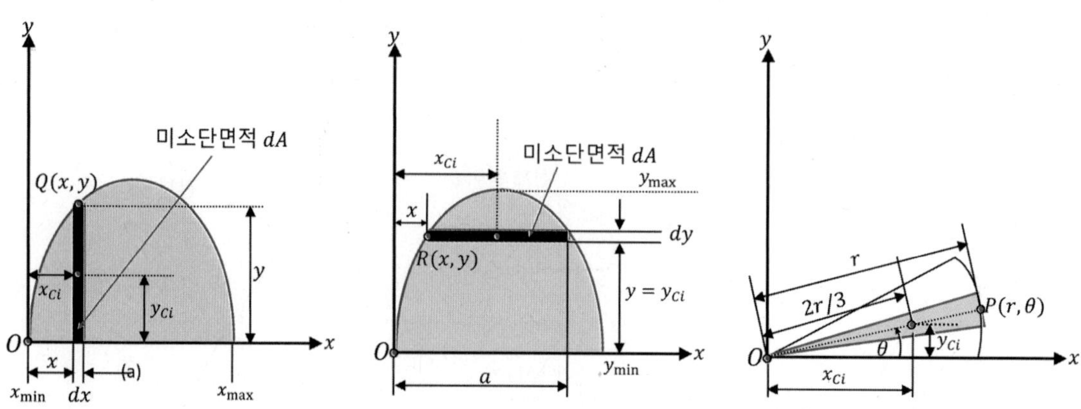

무게중심

■ 선의 무게중심

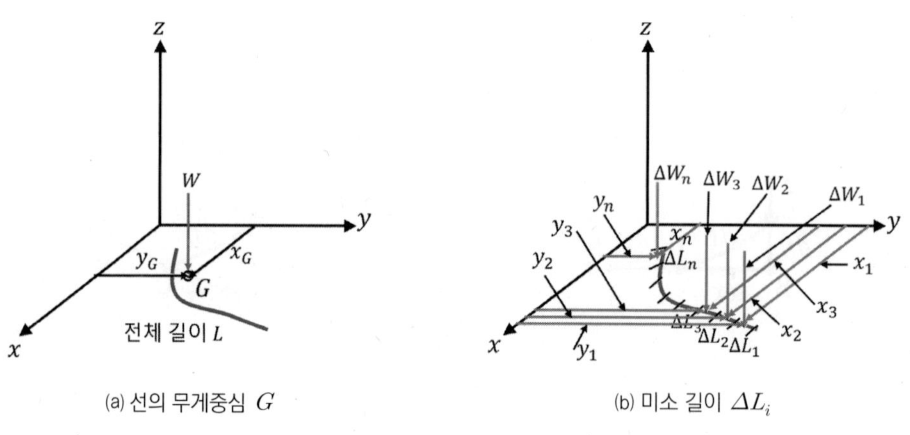

(a) 선의 무게중심 G

(b) 미소 길이 ΔL_i

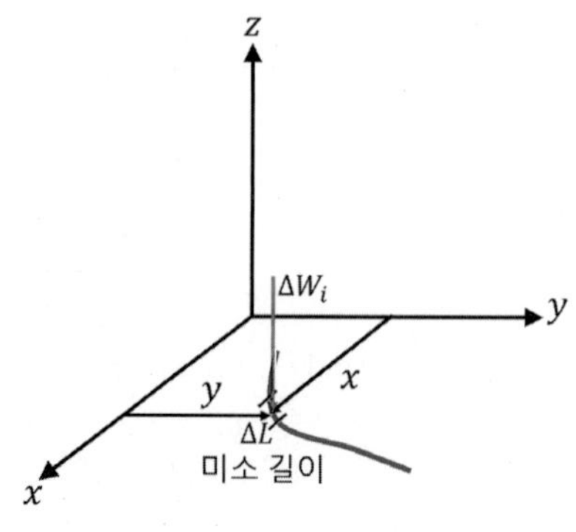

(c) 임의의 미소 길이 ΔL

$$\int x\,dW = x_G W, \quad \int y\,dW = y_G W, \quad x_G = \frac{\int x\,dW}{W}, \quad y_G = \frac{\int y\,dW}{W}$$

■ 면적의 무게중심

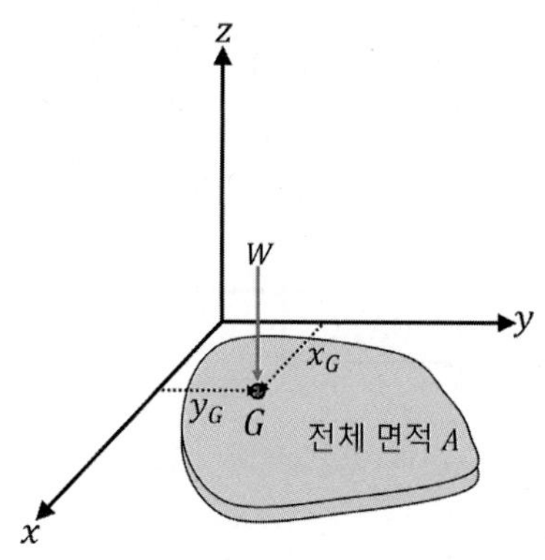

(a) 전체 단면적 A의 무게중심

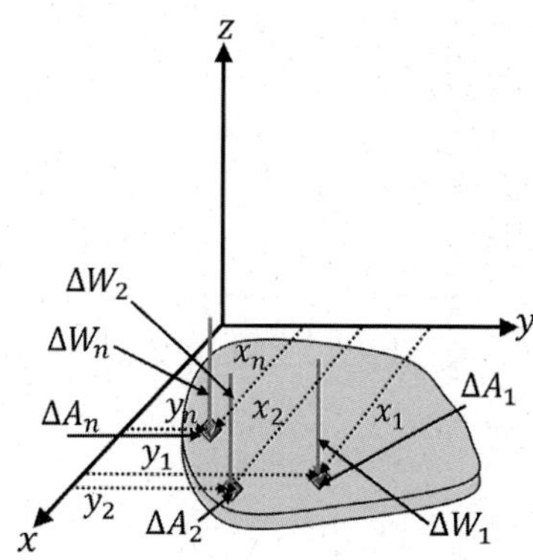

(b) 미소 단면적과 미소 하중

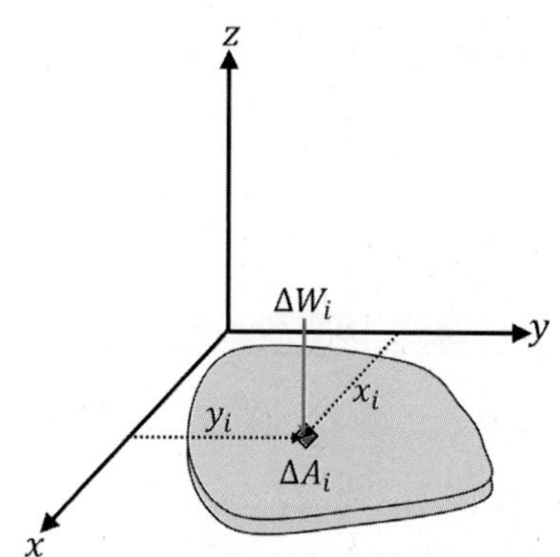

(c) 대표적 미소 단면적 ΔA_i

$$\int x\,dW = x_G W, \quad \int y\,dW = y_G W, \quad x_G = \frac{\int x\,dW}{W}, \quad y_G = \frac{\int y\,dW}{W}$$

복합 선 및 복합 도형의 무게중심

■ 복합 선의 도심과 무게중심

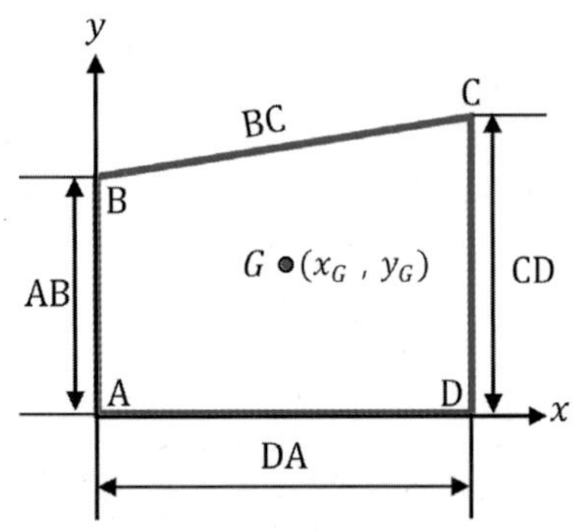

(a) 복합 선의 무게중심

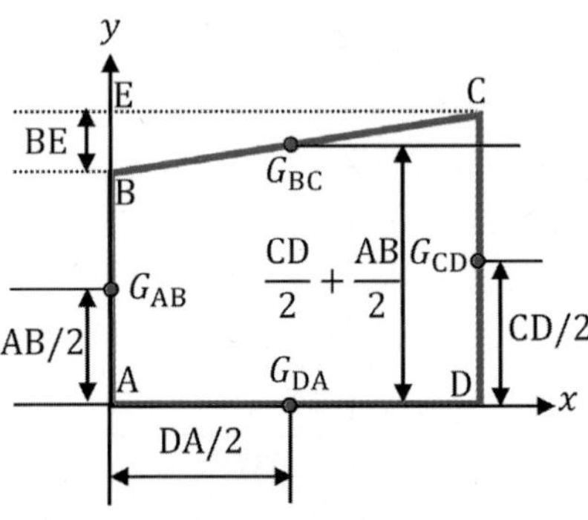

(b) 개별 선의 무게중심

$$x_G = \frac{\Sigma\,(x_{G_{AB}} W_{AB} + x_{G_{BC}} W_{BC} + x_{G_{CD}} W_{CD} + x_{G_{DA}} W_{DA})}{W}$$

$$y_G = \frac{\Sigma\,(y_{G_{AB}} W_{AB} + y_{G_{BC}} W_{BC} + y_{G_{CD}} W_{CD} + y_{G_{DA}} W_{DA})}{W}$$

복합 도형의 도심과 무게중심

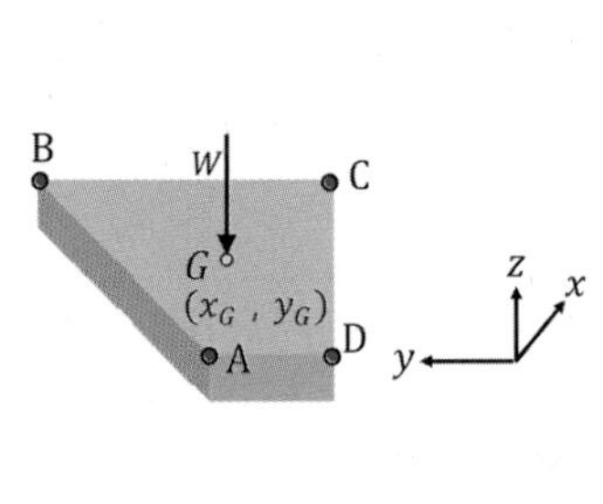

(a) 복합 도형의 무게중심

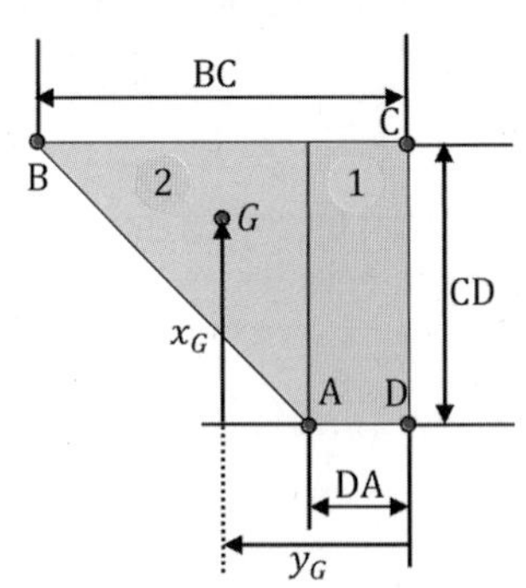

(b) 복합 도형과 개별 도형

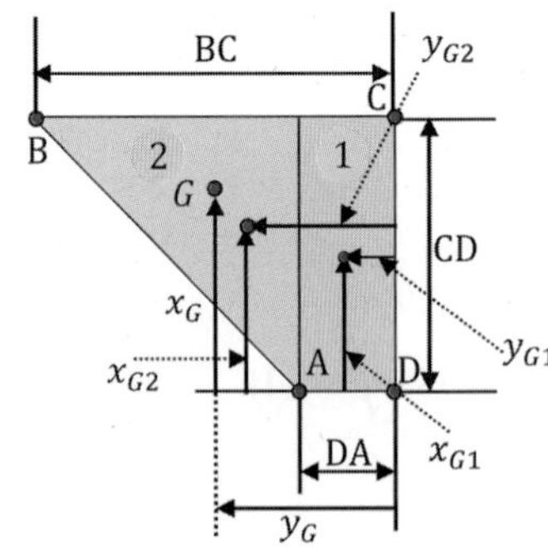

(c) 개별 도형의 무게중심

$$x_G = \frac{(x_{G1} W_1 + x_{G2} W_2 \cdots\cdots + x_{Gn} W_n)}{W} = \frac{\sum_{i=1}^{i=n} x_{Gi} W_i}{W}$$

$$y_G = \frac{(y_{G1} W_1 + y_{G2} W_2 \cdots\cdots + y_{Gn} W_n)}{W} = \frac{\sum_{i=1}^{i=n} y_{Gi} W_i}{W}$$

■ 정리 1

어떤 곡선이 회전한 회전 표면적은 그 곡선의 길이와 표면이 형성되는 동안 곡선의 도심이 움직인 거리를 곱한 것과 같다.

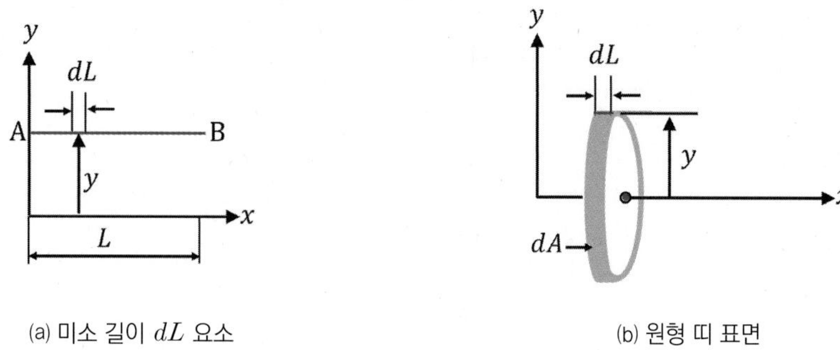

(a) 미소 길이 dL 요소 (b) 원형 띠 표면

$$A = \int dA = \int 2\pi y \, dL = 2\pi y_C L$$

■ 정리 2

어떤 면적의 물체가 회전한 회전 체적은 그 체적 형성 면적과 이 면적의 도심이 움직인 거리를 곱한 것과 같다.

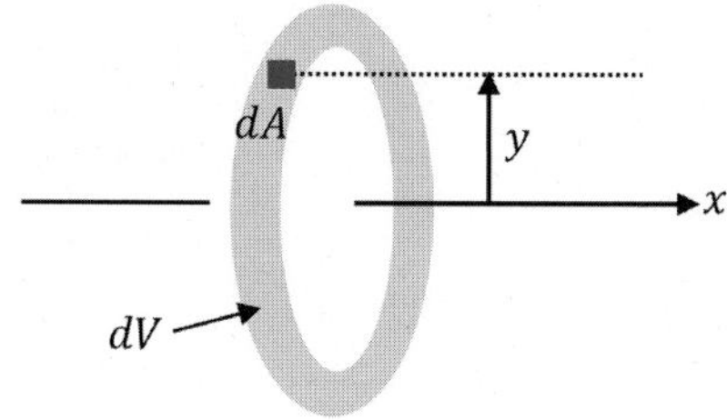

$$V = \int dV = \int 2\pi y \, dA = 2\pi y_C A$$

복합도심과 무게중심의 응용

■ 분포하중

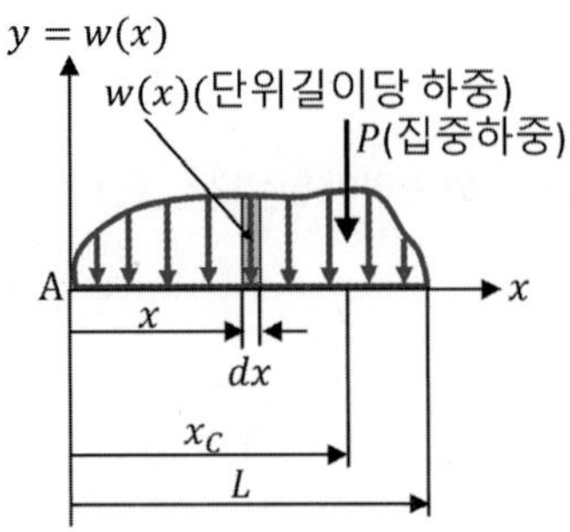

$$P = \int_0^L w(x)dx, \quad \int_0^L w(x)dx = Px_C, \quad x_C = \frac{\int_0^L w(x)dx}{P}$$

유체 정역학

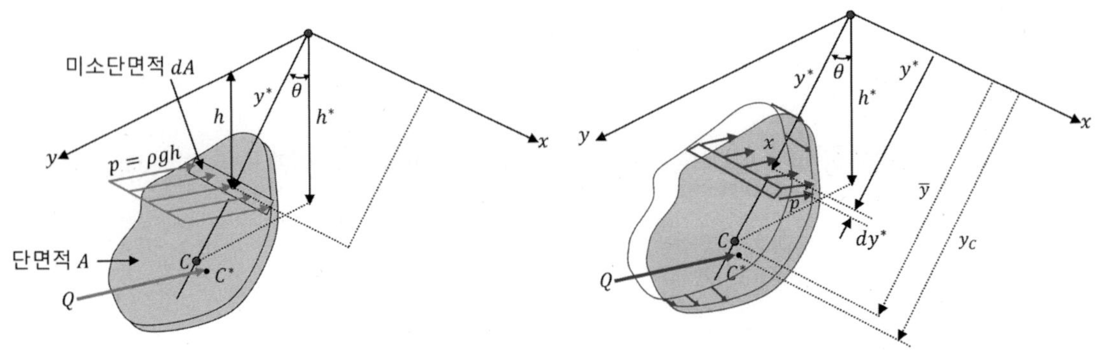

(a) 분포압력에 대한 집중하중 대치

(b) 체적의 도심 좌표

$$Qy_C = \int y^* dQ, \quad y_C = \frac{\int y^* pdA}{\int pdA} = \frac{\int y^* (pxdy^*)}{\int pxdy^*}$$

3차원 단일 물체의 무게중심과 체적중심

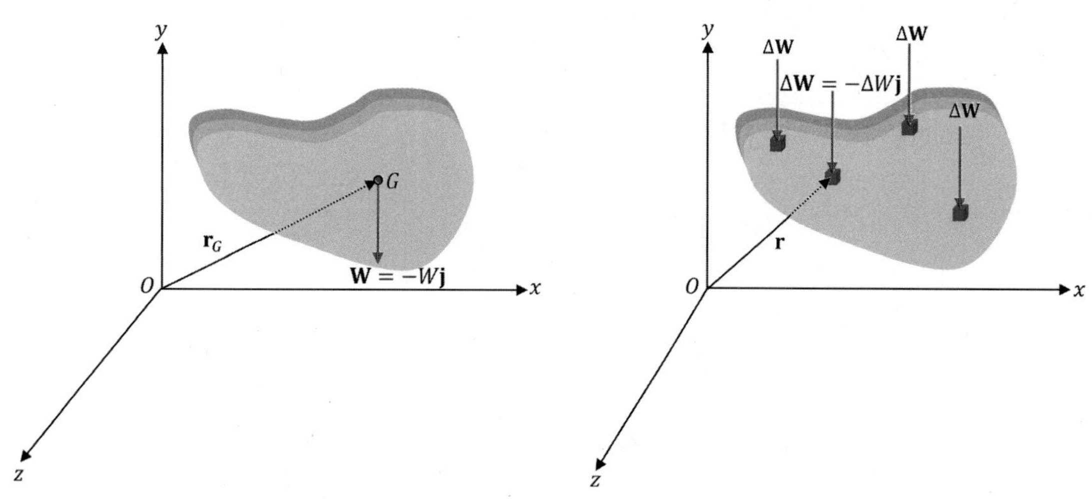

(a) 3차원 물체 전체 무게중심

(b) 3차원 미소 요소의 미소 하중 ΔW

■ 3차원 물체의 무게중심

$$x_G = \frac{\int x\,dW}{W}, \quad y_G = \frac{\int y\,dW}{W}, \quad z_G = \frac{\int z\,dW}{W}$$

■ 3차원 물체의 체적중심

$$x_C = \frac{\int x\,dV}{V}, \quad y_C = \frac{\int y\,dV}{V}, \quad z_C = \frac{\int z\,dV}{V}$$

3차원 복합 물체의 무게중심과 체적중심

■ 3차원 복합 물체의 무게중심

$$x_G = \frac{(x_{G1}W_1 + x_{G2}W_2 \cdots\cdots + x_{Gn}W_n)}{W} = \frac{\sum_{i=1}^{i=n} x_{Gi}W_i}{W}$$

$$y_G = \frac{(y_{G1}W_1 + y_{G2}W_2 \cdots\cdots + y_{Gn}W_n)}{W} = \frac{\sum_{i=1}^{i=n} y_{Gi}W_i}{W}$$

$$z_G = \frac{(z_{G1} W_1 + z_{G2} W_2 \cdots\cdots + z_{Gn} W_n)}{W} = \frac{\sum_{i=1}^{i=n} z_{Gi} W_i}{W}$$

■ 3차원 복합 물체의 체적중심

$$x_C = \frac{(x_{C1} V_1 + x_{C2} V_2 \cdots\cdots + x_{Cn} V_n)}{V} = \frac{\sum_{i=1}^{i=n} x_{Ci} V_i}{V}$$

$$y_C = \frac{(y_{C1} V_1 + y_{C2} V_2 \cdots\cdots + y_{Cn} V_n)}{V} = \frac{\sum_{i=1}^{i=n} y_{Ci} V_i}{V}$$

$$z_C = \frac{(z_{C1} V_1 + z_{C2} V_2 \cdots\cdots + z_{Cn} V_n)}{V} = \frac{\sum_{i=1}^{i=n} z_{Ci} V_i}{V}$$

▶ 6.1절

6.1 연습문제 [그림 6-1]과 같이 복합 도형에 대한 도심의 위치를 구하여라.

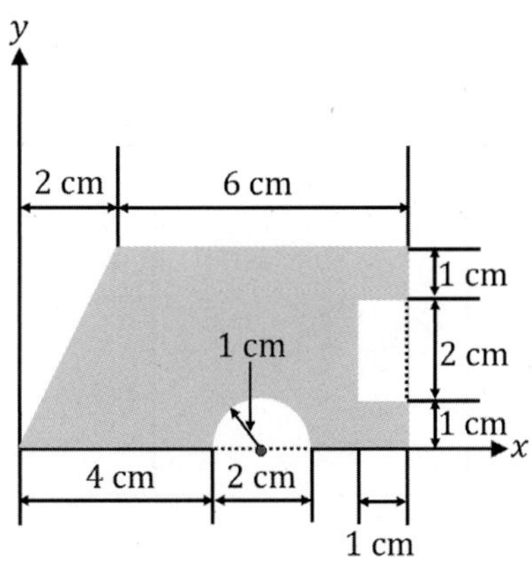

연습문제 [그림 6-1]

▶ 6.1절

6.2 연습문제 [그림 6-2]와 같은 복합 도형에 대한 도심의 위치를 구하여라.

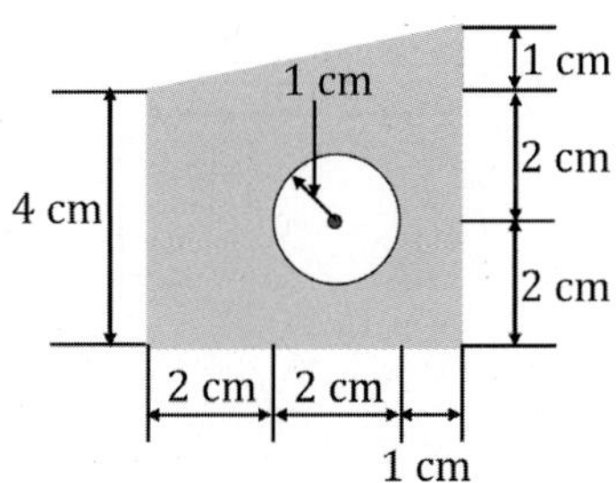

연습문제 [그림 6-2]

▶ 6.1절

6.3 연습문제 [그림 6-3]과 같은 복합 도형에 대한 도심의 위치를 구하여라.

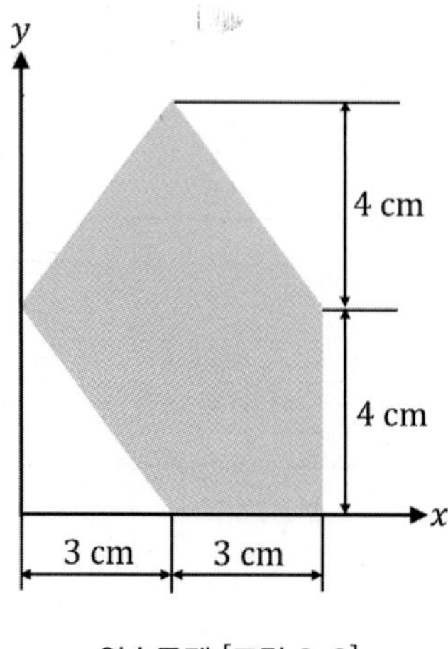

연습문제 [그림 6-3]

▶ 6.1절

6.4 연습문제 [그림 6-4]와 같은 복합 도형에 대한 도심의 위치를 구하여라.

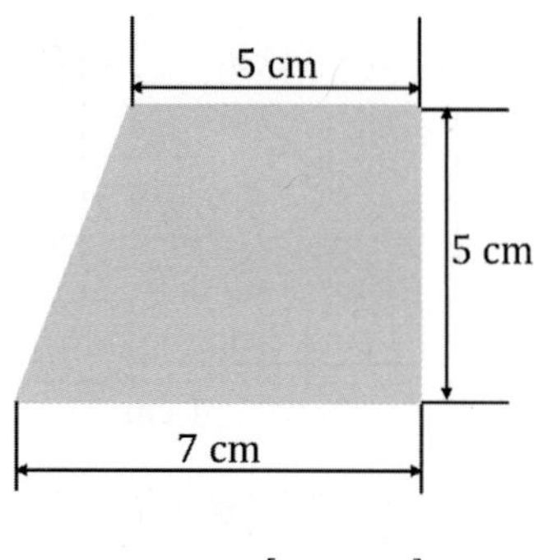

연습문제 [그림 6-4]

▶ 6.1절

6.5 연습문제 [그림 6-5]와 같은 복합 도형에 대한 도심의 위치를 구하여라.

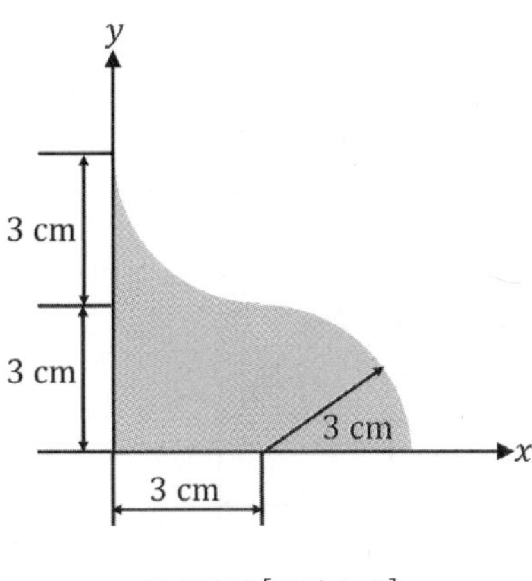

연습문제 [그림 6-5]

▶ 6.1절

6.6 연습문제 [그림 6-6]과 같이, 복합 도형에 대한 도심의 위치를 구하여라.

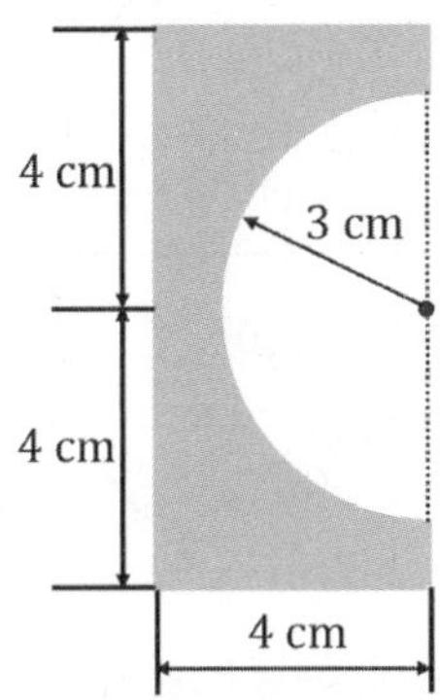

연습문제 [그림 6-6]

▶ 6.1절

6.7 연습문제 [그림 6-7]과 같이, 복합 도형에 대한 도심의 위치를 구하여라.

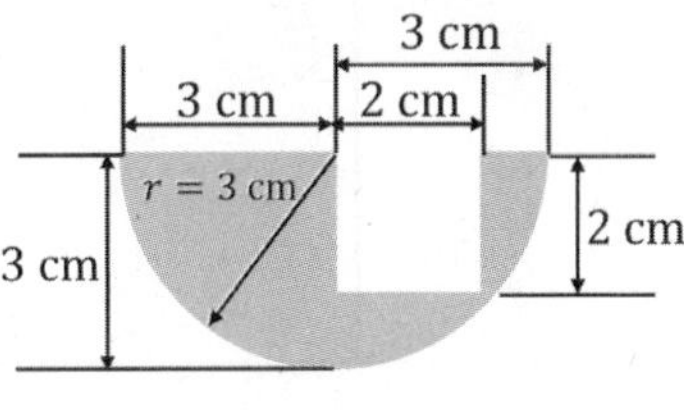

연습문제 [그림 6-7]

▶ 6.1절

6.8 연습문제 [그림 6-8]과 같이, 정사각형에서 반경 $R = 5\ \mathrm{cm}$의 1/4원이 빠진 도형에 대한 도심을 구하여라.

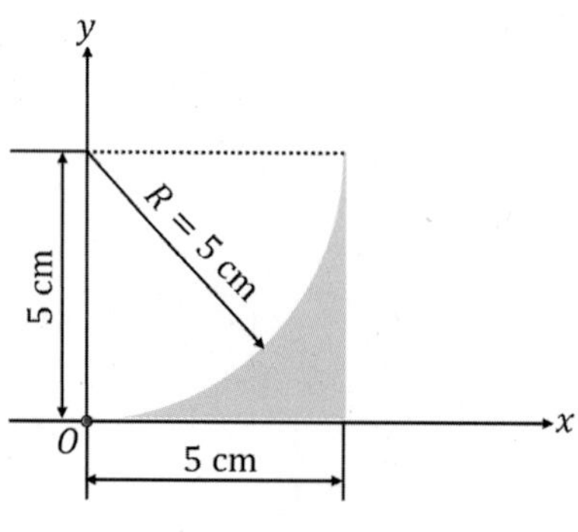

연습문제 [그림 6-8]

▶ 6.1절

6.9 연습문제 [그림 6-9]와 같이, 반경 $r = 10\ \mathrm{cm}$인 원호의 전체 길이와 도심의 좌표를 구하여라.

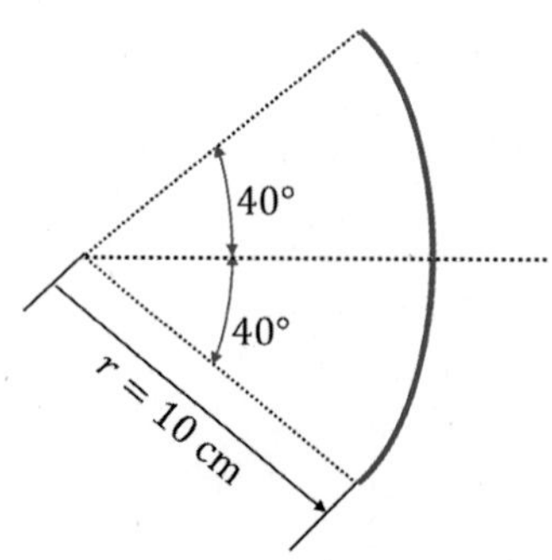

연습문제 [그림 6-9]

▶ 6.1절

6.10 연습문제 [그림 6-10]과 같이, 부채꼴 원호 띠의 도심을 구하여라.

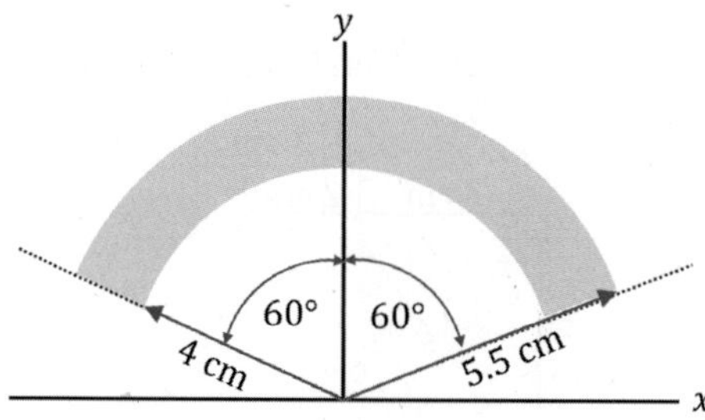

연습문제 [그림 6-10]

▶ 6.2절

6.11 연습문제 [그림 6-11]은 도어door 손잡이의 입체 도형을 보여주고 있다. 이 도어 손잡이의 표면적을 파푸스-굴디너스의 정리를 이용하여 구하여라. (도어 손잡이의 밀도는 균일하다.)

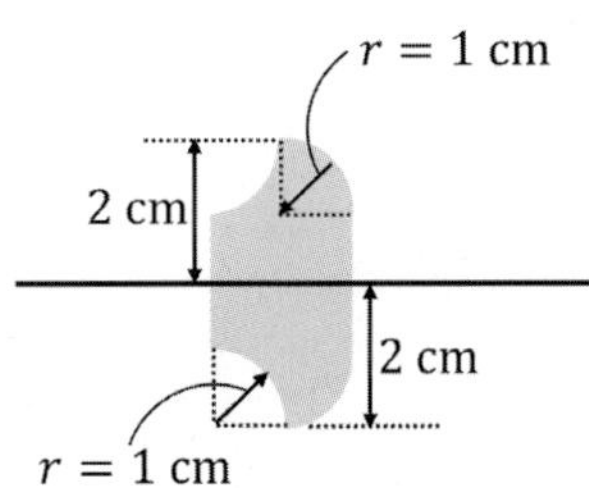

연습문제 [그림 6-11]

▶ 6.3절

6.12 연습문제 [그림 6-12]와 같이, 외팔보에 분포하중이 작용하는 경우, 분포하중을 집중하중으로 대치시킬 때의 총 하중과 대치된 각각의 집중하중들의 위치를 구하고, 고정단에서의 반력과 반력 모멘트를 구하여라.

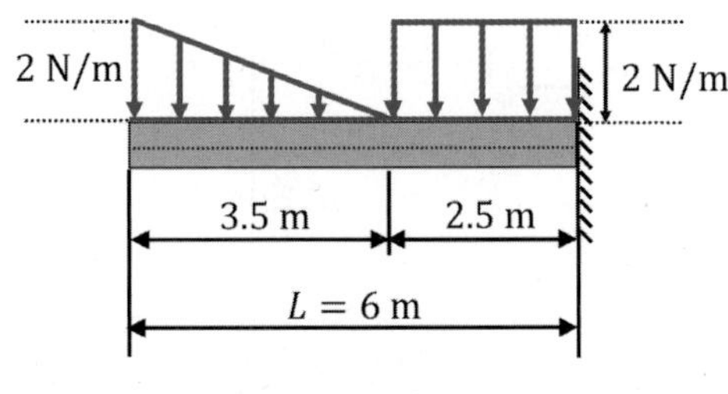

연습문제 [그림 6-12]

▶ 6.3절

6.13 연습문제 [그림 6-13]과 같이, 분포하중을 받는 단순지지보에 있어, 분포하중의 집중하중으로의 변환을 행하여 총 하중을 계산하고, 보의 양 끝단에서의 반력을 구하여라. (단, 보의 자중은 무시한다.)

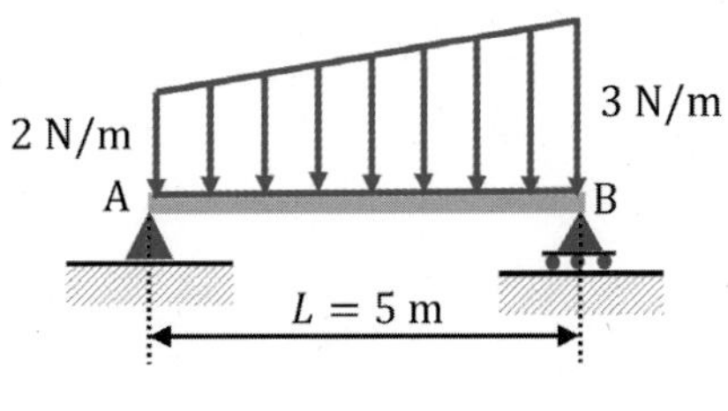

연습문제 [그림 6-13]

▶ 6.3절

6.14 연습문제 [그림 6-14]와 같이, 물에 의해 원통 댐에 부과되는 합력을 구하여라. 단, 물의 밀도는 $1,000\ \mathrm{kg/m^3}$이고, 댐은 폭이 $30\ \mathrm{m}$이다.

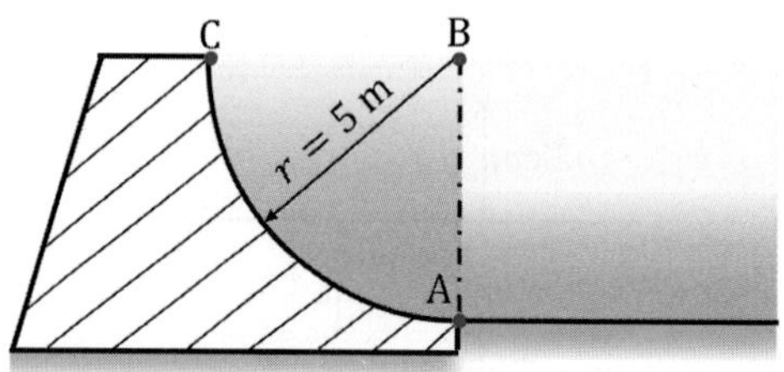

연습문제 [그림 6-14]

▶ 6.3절

6.15 연습문제 [그림 6-15]와 같이, 저수조는 길이 L은 $L = 10\ \mathrm{m}$이다. 저수조가 평형상태를 유지하기 위한 힘 Q의 크기는 얼마인가? 단, 물의 밀도는 $\rho = 1,000\ \mathrm{kg/m^3}$이고, 중력가속도는 $g = 9.81\ \mathrm{m/s^2}$이다.

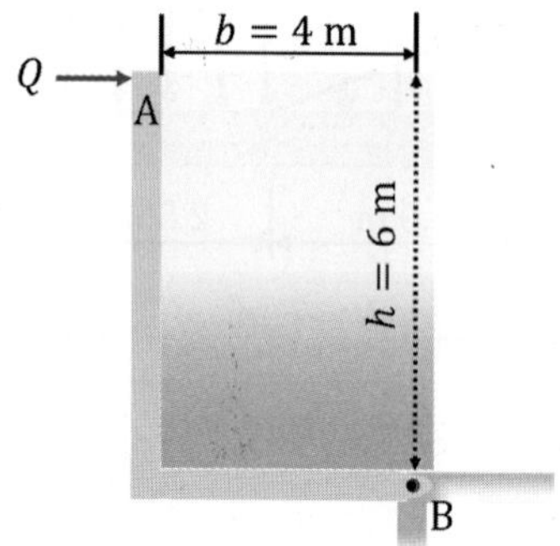

연습문제 [그림 6-15]

▶ 6.4절

6.16 연습문제 [그림 6-16]과 같이, 밀도가 일정한 3차원 가는 강선steel wire의 무게중심을 구하여라.

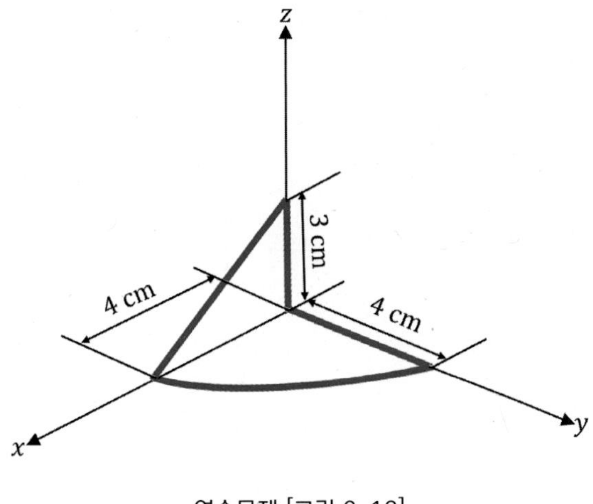

연습문제 [그림 6-16]

▶ 6.4절

6.17 연습문제 [그림 6-17]과 같이, 밀도가 일정한 3차원 물체의 체적중심 또는 무게중심을 구하여라 (원통 실린더와 원뿔 또는 원추로 구성된 3차원 물체).

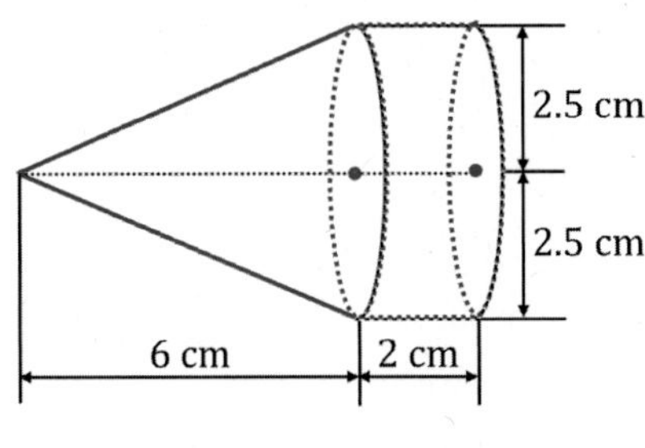

연습문제 [그림 6-17]

▶ 6.4절

6.18 연습문제 [그림 6-18]과 같이, 반경이 $0.5\ \mathrm{m}$인 반구와 길이 $1\ \mathrm{m}$의 실린더가 결합된 복합 물체의 무게중심을 구하여라. 물체의 밀도는 균일하다고 가정한다.

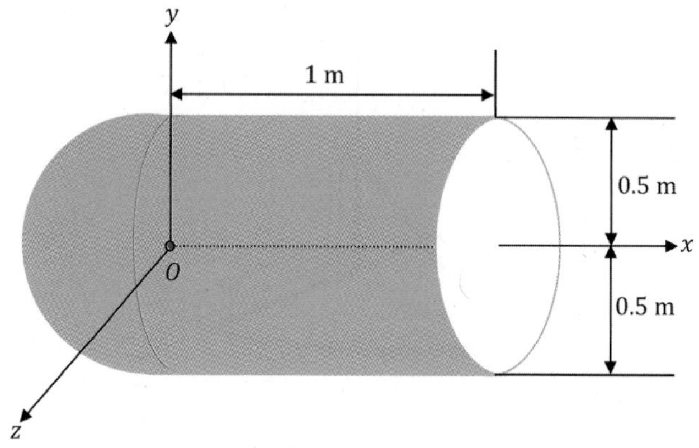

연습문제 [그림 6-18]

▶ 6.4절

6.19 연습문제 [그림 6-19]의 평면을 $x-x$축 주위로 회전시켜 3차원 물체를 얻게 된다. 이 3차원 물체의 밀도를 ρ라 할 때, $\rho = 2,700\ \mathrm{kg/m^3}$으로 주어진다. 이 물체의 질량을 구하여라.

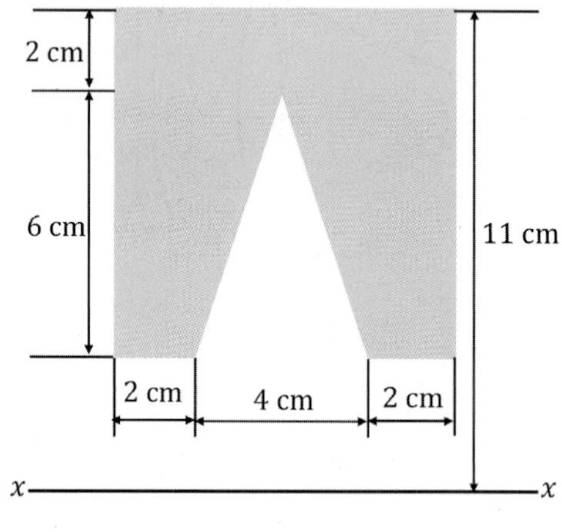

연습문제 [그림 6-19]

▶ 6.4절

6.20 연습문제 [그림 6-20]의 커다란 3차원 타워tower의 체적을 구하여라.

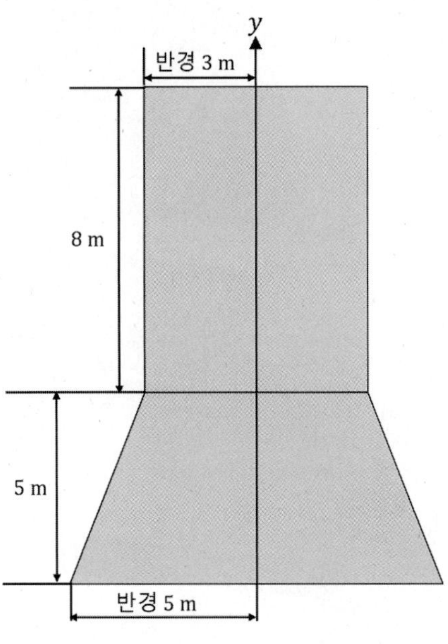

연습문제 [그림 6-20]

공사현장에서 볼 수 있는 철골구조물들은 다양한 종류의 하중과 굽힘모멘트를 받거나 때에 따라서는 비틀림모멘트도 받는 경우도 있다. 이러한 하중이나 모멘트들은 구조물의 단면 형상과 밀접한 관계를 갖고 있으며, 이 장에서 학습하게 될 '단면의 2차모멘트' 또는 '면적 관성모멘트'와도 밀접한 관련이 있다. 구조물이 하중을 받아 휘게 되거나 비틀려질 때, 휨이나 비틀림에 저항하는 정도가 '단면의 2차모멘트' 또는 '면적 관성모멘트'와 관계되는 것이다. 정역학에서의 이러한 공부는 향후 '재료역학'이나 '고체역학' 교과목에서 보다 더 상세히 배우게 될 것이지만, 여기서는 그 기초가 되는 내용만을 다루게 된다. 또 하나의 관성모멘트는 '질량 관성모멘트'인데 이것은 회전에 대한 저항의 척도가 되는 물리적 성질이다. 이 물리적 성질 또한 향후 배우게 될 '동역학' 교과목과 깊은 연관이 있다. 이 장에서는 다양한 평면도형의 '면적 관성모멘트'와 다양한 물체의 '질량 관성모멘트'에 대한 이론을 학습한다.

CHAPTER 07*

분포력(관성모멘트)

Distributed forces(moment of inertia)

CONTENTS

학습목표

- 면적 관성모멘트 또는 단면의 2차모멘트에 대한 개념과 정의를 학습한다.
- 면적 관성 상승적과 의미를 익히고, 다양한 도형에 대한 면적 관성 상승적을 계산한다.
- 모아 원의 이론을 통해, 임의의 축에 대한 면적 관성모멘트와 면적 관성 상승적을 익힌다.
- 질량 관성모멘트의 개념과 정의를 학습하고, 질량 관성 상승적과 주축의 의미를 익힌다.

Section 7.1

면적 관성모멘트와 관성 상승적

학습목표

✔ 면적 관성모멘트 또는 단면의 2차모멘트의 정의를 학습하고, 극관성 모멘트의 개념을 익힌다.

✔ 평행축 이론을 전개하고, 복합 도형의 면적 관성모멘트를 계산한다.

면적 관성모멘트area moment of inertia 또는 **단면의 2차모멘트**second area moment는 공학 역학과정에 있어, **굽힘하중**bending load 및 **비틀림 하중**torsional load에 대한 물체의 저항의 정도를 나타낸다. 이 절에서는 면적 관성모멘트와 **관성 상승적**product of inertia의 개념과 정의를 공부하고, 평면도형의 도심축이 아닌 다른 축에 대한 면적 관성모멘트 및 관성 상승적을 평행축 정리를 써서 계산한다.

7.1.1 면적 관성모멘트

이미 전술한 바와 같이, 면적 관성모멘트는 단면의 2차모멘트라고도 하는데, 말 자체대로 단면적 곱하기 거리의 제곱을 의미하는데, 미소 단면적 dA를 이용하면 미소 단면적의 어떤 축에 대한 2차모멘트 적분과 같다.

6장에서 소개한 어떤 축에 대한 단면의 1차모멘트는 하첨자 1개를 써서 해당 축에 대한 단면의 1차모멘트라고 정의했다면, 단면의 2차모멘트는 하첨자 2개를 연속으로 써서 나타내기로 한다. 예를 들어, x축에 대한 면적 관성모멘트는 I_{xx}, y축에 대한 면적 관성모멘트는 I_{yy}, z축에 대한 면적 관성모멘트는 I_{zz}로 표시한다.

각 축에 대한 면적 관성모멘트는 [그림 7-1]과 같이 각 축에 적용된 모멘트에 대한 **형상 저항**shape resistance을 나타낸다.

[그림 7-1]에서 x, y축에 대한 모멘트 M_x와 M_y는 물체를 휘게 하려는 경향이 있고, z축에 대한 모멘트 M_z는 물체를 비틀려는 경향이 있다.

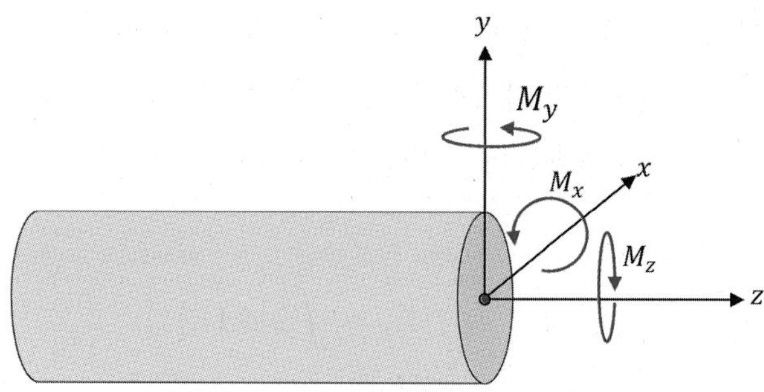

[그림 7-1] 원형 단면 축에 작용하는 모멘트

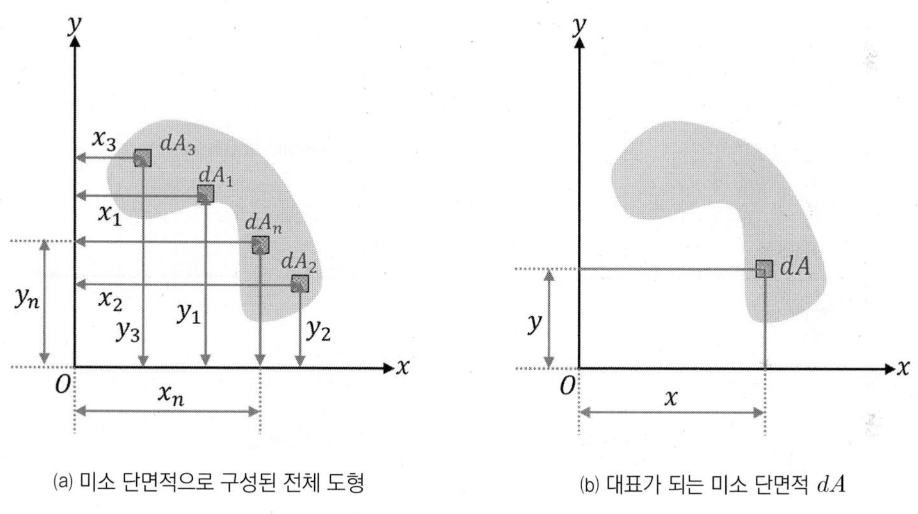

(a) 미소 단면적으로 구성된 전체 도형

(b) 대표가 되는 미소 단면적 dA

[그림 7-2] 임의의 단면의 면적 관성모멘트

이제, [그림 7-2(a)]와 같이, 임의의 단면적 A를 갖는 도형의 무수히 많은 미소 단면적 dA_1, dA_2 dA_3…… dA_n을 생각하자. 이 미소 단면적들로부터 y축과 떨어진 거리를 각각 x_1, x_2, x_3…… x_n이라 하자. 그러면 이 미소 단면적들에 대한 y축과 떨어진 거리의 제곱은 $\Sigma x_i^2 dA_i$와 같다. 또한, 미소 단면적 dA_1, dA_2 dA_3…… dA_n의 x축과 떨어진 거리의 제곱은 $\Sigma y_i^2 dA_i$과 같다. 이들 합의 기호는 각각 다음과 같이 y축에 관한 면적 관성모멘트 I_{yy}와 x축에 관한 면적 관성모멘트 I_{xx}를 나타낸다. 즉, 다음과 같다.

$$I_{yy} = \Sigma x_i^2 dA_i, \quad I_{xx} = \Sigma y_i^2 dA_i \tag{7.1}$$

식 (7.1)의 합의 기호는 [그림 7-2(a)]의 전체 단면적을 더 많은 미소 단면적과 더 미소한 단면으로 나눌 때, [그림 7-2(b)]의 대표가 되는 미소 단면적 dA와 이 미소 단면적 dA와 y축과 x축과의 떨어진 거리 x와 y를 사용하여, 다음과 같이 적분의 기호로 나타낼 수 있다.

$$I_{yy} = \int x^2 dA,\ I_{xx} = \int y^2 dA \tag{7.2}$$

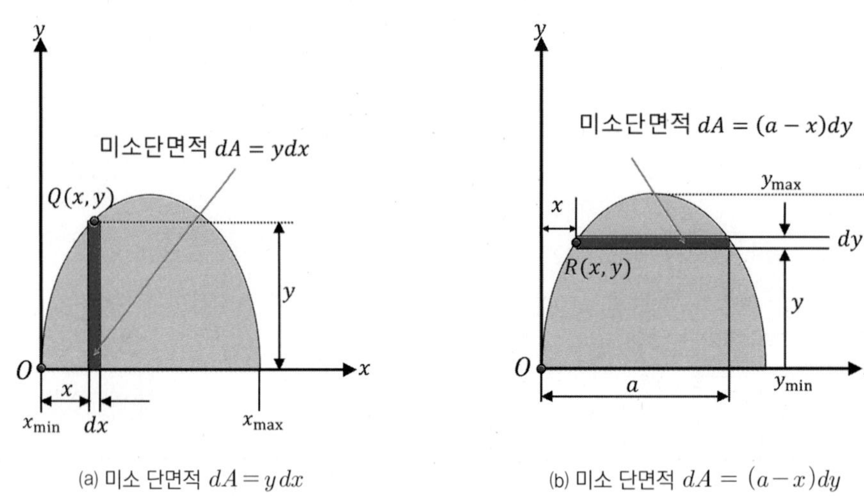

(a) 미소 단면적 $dA = y\,dx$ (b) 미소 단면적 $dA = (a-x)dy$

[그림 7-3] 주어진 함수에 의한 면적 관성모멘트

한편, [그림 7-3(a)]와 같이 어떤 주어진 함수에 대한 적분으로 면적 관성모멘트를 표시하는 경우, y축에 대한 면적 관성모멘트는 $I_{yy} = \int x^2 dA = \int_{x_{min}}^{x_{max}} x^2 y dx$로 y를 x 함수로 변환하여 적분을 행하여야 한다. 또한, [그림 7-3(b)]와 같이, 주어진 함수에 대한 적분으로 면적 관성모멘트를 나타내는 경우, x축에 대한 면적 관성모멘트는 $I_{xx} = \int y^2 dA = \int_{y_{min}}^{y_{max}} y^2 (a-x) dy$로 x를 y 함수로 변환하여 적분을 행하여야 한다.

7.1.2 극관성 모멘트

극관성 모멘트polar moment of inertia는 면적 관성모멘트의 일종이지만, 어떤 축에 대한 면적 관성모멘트라고 하기보다는 **극점**polar point에 대한 면적 관성모멘트를 일컫는다. [그림 7-4]는 임의의 단면적을 갖는 도형의 극점 O를 보여준다. 그림에서 미소 단면적 dA의 극점에 대한 극관성 모멘트는 미소 단면적의 극점까지의 거리 r의 제곱과 미소 단면적의 곱의 적분으로 정의된다. 이 극관성 모멘트를 I_p라 하면 I_p는 다음과 같다.

$$I_p = \int r^2\,dA = \int (x^2 + y^2)dA = \int x^2 dA + \int y^2 dA = I_{yy} + I_{xx} \tag{7.3}$$

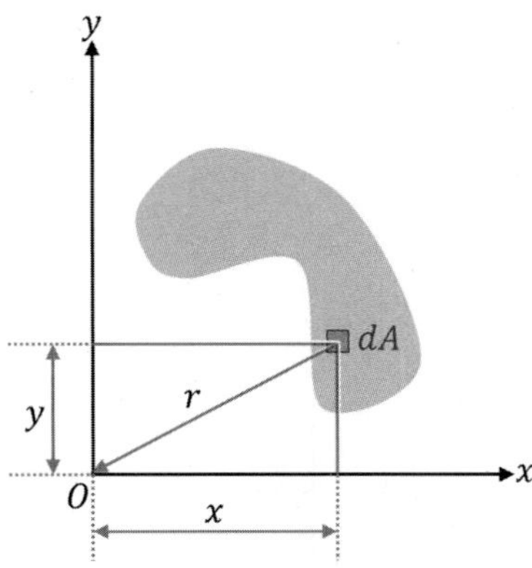

[그림 7-4] 미소 단면적의 극점 O에 대한 극관성 모멘트

7.1.3 단면의 회전반경

7.1.1절에서 배운 면적 관성모멘트 중, x, y축에 대한 면적 관성모멘트는 각각 I_{xx}, I_{yy}로 표기하기로 하였다. 그렇다면, 어떤 단면적 A를 갖는 평면도형의 x, y축에 대한 단면의 **회전반경**radius of gyration 또는 단면의 2차 반경을 각각 r_x, r_y라 할 때, r_x, r_y는 다음과 같이 정의된다.

$$r_x = \sqrt{\frac{I_{xx}}{A}}, \quad r_y = \sqrt{\frac{I_{yy}}{A}} \tag{7.4}$$

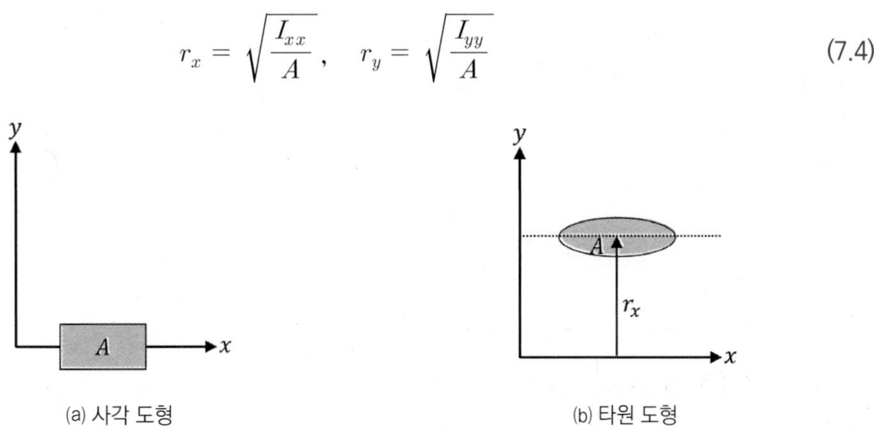

(a) 사각 도형 (b) 타원 도형

[그림 7-5] 동일 단면적을 갖는 두 도형의 회전반경의 비교

이제, [그림 7-5]와 같이 동일한 단면적 A를 지닌 두 평면도형을 살펴보자. [그림 7-5(b)]의 경우가 [그림 7-5(a)]의 경우에 비해 x축에 대한 회전반경 r_x가 크므로, 해당 단면을 갖는 구조물이 **휨**bending에 대한 저항이 더 크다는 의미이다. 이 의미는 구조적으로 해당 단면의 배치가 유리하다는 의미이기도 하다. 또한, 이는 [그림 7-5(b)]의 경우가 [그림 7-5(a)]의 경우에 비해, 단면을 회전시키기가 더 어렵다는 뜻이다.

7.1.4 단면의 관성 상승적

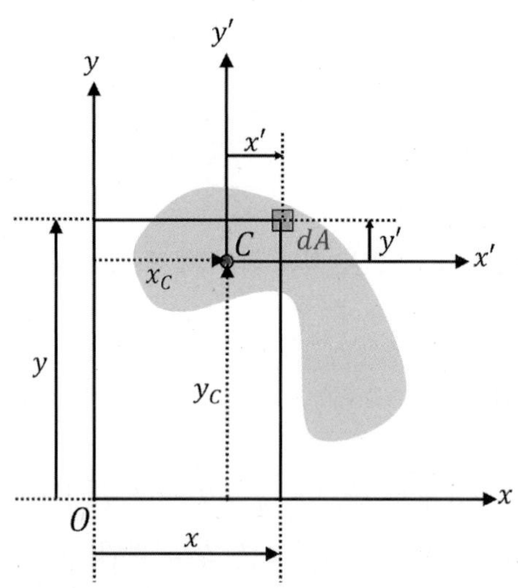

[그림 7-6] 기준 좌표축 $x-y$와 도심 좌표축 $x'-y'$

단면의 관성 상승적product of inertia 또는 단면의 상승모멘트는 [그림 7-6]의 기준 좌표축이 그림의 평면도형의 도심 좌표축과 어느 정도 떨어져 있는지를 나타내는 척도로써, 다음과 같이 정의된다.

$$I_{xy} = \int xy\,dA,\ \ I_{yx} = \int yx\,dA,\ \ I_{xy} = I_{yx} \tag{7.5}$$

단면의 관성 상승적 $I_{xy} = I_{yx}$ 값이 작다는 것은 [그림 7-6]의 기준 좌표축과 면적의 도심 좌표축의 거리가 가깝다는 뜻이고, $I_{xy} = I_{yx} = 0$인 경우는 면적의 도심 점 C가 기준 좌표축에 위치하는 것을 의미한다.

7.1.5 평행축 정리와 복합 단면적

평행축 정리parallel theorem란 예를 들어, 어떤 평면도형의 도심축에 대한 면적 관성모멘트를 알고 있을 때, 이 도심축과 평행인 다른 축에 대한 면적 관성모멘트를 쉽게 구할 수 있는 정리이다. 또한 복합 단면적이란 단일 평면도형이 여러 개가 합해진 도형 또는 어떤 단일 도형에 다른 단일 도형만큼이 비어 있는 도형 등을 일컫는다.

1) 평행축 정리

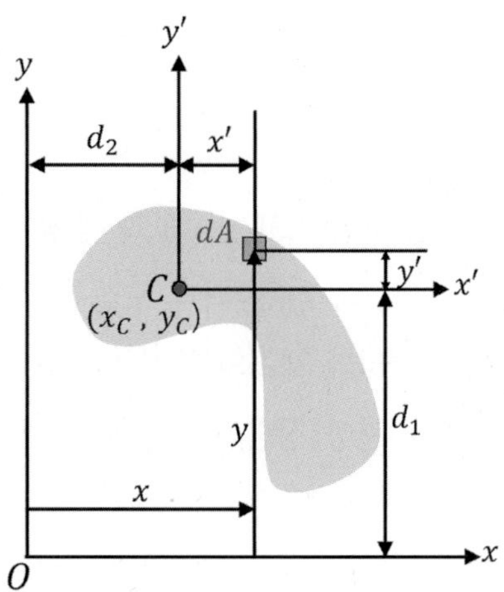

[그림 7-7] $x-y$축과 $x'-y'$축의 평행

[그림 7-7]의 평면도형의 미소 단면적 dA의 x축과 y축에 대한 단면의 2차모멘트 I_{xx}와 I_{yy}, 그리고 단면의 관성 상승적은 다음과 같이 표현된다.

$$I_{xx} = \int y^2 dA, \quad I_{yy} = \int x^2 dA, \quad I_{xy} = I_{yx} = \int xy\, dA \tag{7.6}$$

[그림 7-7]에서 $x = x' + d_2$, $y = y' + d_1$인 관계가 있으므로 이 관계를 식 (7.6)에 대입하면, I_{xx}와 I_{yy}는 각각 다음과 같은 식으로 변경된다.

$$I_{xx} = \int y^2 dA = \int (y' + d_1)^2 dA = \int y'^2 dA + d_1^2 \int dA + 2d_1 \int y' dA \tag{7.7}$$

$$I_{yy} = \int x^2 dA = \int (x' + d_2)^2 dA = \int x'^2 dA + d_2^2 \int dA + 2d_2 \int x' dA \tag{7.8}$$

$$I_{xy} = \int xy\,dA = \int (x' + d_2)(y' + d_1)dA$$
$$= \int x'y'dA + \int d_1 d_2 dA + d_2 \int y'dA + d_1 \int x'dA \tag{7.9}$$

식 (7.7)~ 식 (7.9)에서, $\int dA = A$인 관계가 있고, $\int y'dA = 0$, $\int x'dA = 0$이 된다. 도심축에 대한 단면의 1차모멘트가 영이 된다는 것은 이미 6장에서 학습한 바 있다. 한편, 식 (7.7)~식 (7.9)에서, $\int y'^2 dA = I_{x'x'}$이고, $\int x'^2 dA = I_{y'y'}$이며, $\int x'y'dA = I_{x'y'}$를 의미한다. 따라서, I_{xx}, I_{yy}, I_{xy}는 최종적으로 다음과 같이 x축과 y축에 대한 평행축 정리가 된다.

$$I_{xx} = I_{x'x'} + Ad_1^2, \quad I_{yy} = I_{y'y'} + Ad_2^2, \quad I_{xy} = I_{x'y'} + Ad_1 d_2 \tag{7.10}$$

식 (7.10)이 의미하는 것은 먼저, 도심 좌표 x', y'과 평행이고, 각각 d_1, d_2 만큼 떨어진 x, y축에 대한 단면의 2차모멘트 I_{xx}와 I_{yy}는 각각 도심축에 대한 단면의 2차모멘트 $I_{x'x'}$, $I_{y'y'}$ 와 전체 단면적 A와 떨어진 거리의 제곱의 합이 된다는 것이다. 또한, 단면의 관성 상승적 I_{xy}도 도심축에 대한 단면의 관성 상승적 $I_{x'y'}$과 전체 단면적과 떨어진 거리의 곱 Ad_1d_2의 합으로 된다는 것이다.

2) 복합 단면적

이미 7.1.5절의 서두에서 설명한 것처럼, 복합 단면적이란 단일 도형의 합과 차로 이루어진 도형을 일컫는다. [그림 7-8(a)]와 [그림 7-8(b)]는 각각 단일 도형이 합해진 경우의 복합 단면과 어떤 단일 도형에서 다른 단일 도형이 빼내진 복합 단면을 보여주고 있다.

먼저, [그림 7-8(a)]에서, 삼각형과 사각형의 합으로 이루어진 **복합 도형**의 x축에 대한 단면의 2차모멘트는 (1도형만의 도심축인 x_1-x_1축에 대한 단면의 2차모멘트와 1도형의 단면적 곱하기 d_2^2을 합한 값)과 (2도형만의 도심축 x_2-x_2축에 대한 단면의 2차모멘트와 2도형의 단면적 곱하기 d_1^2을 합한 값)을 더하면 된다. 한편 [그림 7-8(b)]의 속이 빈 사각채널인 복합 도형의 x'축에 대한 단면의 2차모멘트는 먼저, (1도형만의 도심축에 대한 단면의 2차모멘트와 1도형의 단면적 곱하기 x_2^2을 합한 값)의 2배와 (2도형만의 자신의 도심축에 대한 단면의 2차모멘트와 2도형의 단면적 곱하기 x_1^2을 합한 값)의 4배를 더하면 된다. 좀 더 자세한 내용은 예제를 통해 익히기로 한다.

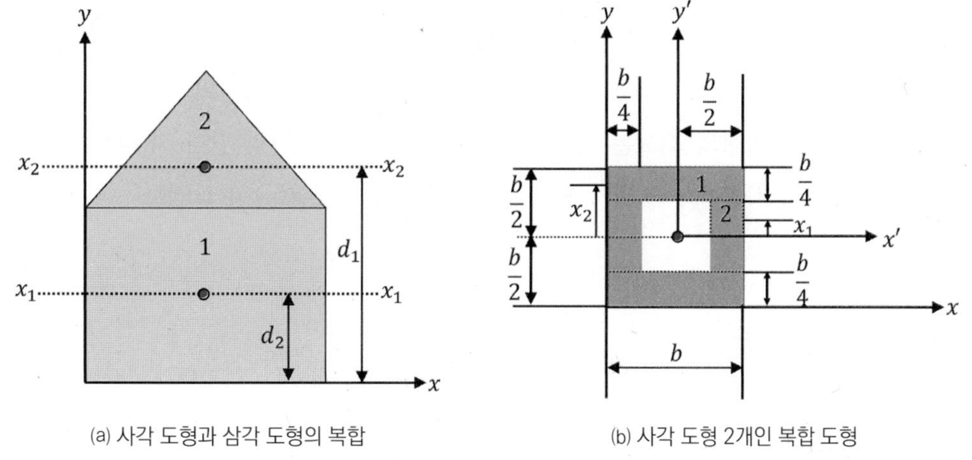

(a) 사각 도형과 삼각 도형의 복합

(b) 사각 도형 2개인 복합 도형

[그림 7-8] 복합 평면도형

7.1.6 다양한 도형의 평면도형의 성질

이제 다양한 단일 도형의 평면도형의 성질들(단면의 2차모멘트, 극관성 모멘트, 단면의 관성 상승적 등)을 상세히 계산해 보자. 많은 단일 도형의 평면도형의 성질을 계산할 줄 알면, 복합 도형에 대한 평면도형의 성질들은 단일 도형의 평면도형 성질로부터 손쉽게 계산할 수 있다. 또한, 다양한 단일 도형의 도심축이 아닌 도심축과 평행인 다른 축에 대한 평면도형의 성질들을 평행축 정리를 사용하여 구하는 방법도 제시한다.

1) 원circle

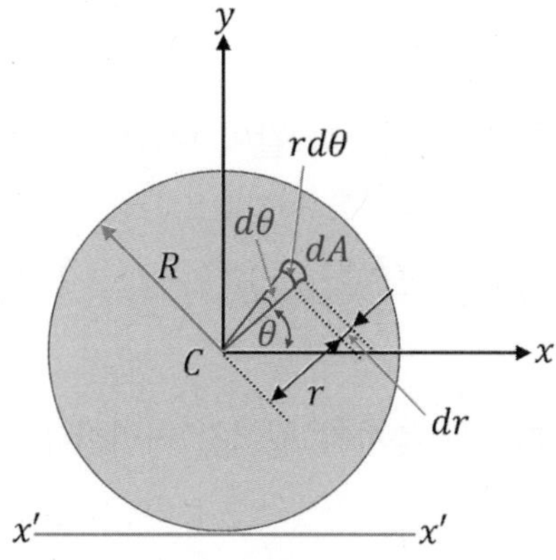

[그림 7-9] 반경 R을 갖는 원과 원의 미소 단면적의 표현

• 단면의 2차모멘트 I_{xx}, I_{yy}, 단면의 상승모멘트 $I_{xy}=I_{yx}$, 극관성 모멘트 I_p

[그림 7-9]에서 도심 C로부터 임의의 미소 단면적 dA의 중심까지의 거리를 r이라 하면 dA의 x 방향과 y 방향의 좌표는 각각 $x=r\cos\theta$, $y=r\sin\theta$와 같다. 따라서, 도심축에 관한 단면의 2차모멘트 I_{xx}, I_{yy}와 단면의 상승모멘트 I_{xy} 및 극관성 모멘트는 다음과 같이 계산된다.

$$I_{xx}=\int y^2\,dA=\int_0^R\int_0^{2\pi}(r^2\sin^2\theta)\,r\,dr\,d\theta=\int_0^R r^3\,dr\int_0^{2\pi}\sin^2\theta\,d\theta$$

$$=\int_0^R r^3\,dr\int_0^{2\pi}\left(\frac{1-\cos 2\theta}{2}\right)d\theta=\left[\frac{1}{4}r^4\right]_0^R\times\left[\frac{\theta}{2}-\frac{1}{4}\sin 2\theta\right]_0^{2\pi}=\frac{\pi R^4}{4}=\frac{\pi D^4}{64}$$

여기서, D는 원의 직경을 나타낸다.

$$I_{yy}=\int x^2\,dA=\int_0^R\int_0^{2\pi}(r^2\cos^2\theta)\,r\,dr\,d\theta=\int_0^R r^3\,dr\int_0^{2\pi}\cos^2\theta\,d\theta$$

$$=\int_0^R r^3\,dr\int_0^{2\pi}\left(\frac{1+\cos 2\theta}{2}\right)d\theta=\left[\frac{1}{4}r^4\right]_0^R\times\left[\frac{\theta}{2}+\frac{1}{4}\sin 2\theta\right]_0^{2\pi}=\frac{\pi R^4}{4}=\frac{\pi D^4}{64}$$

$$I_{xy}=I_{yx}=\int xy\,dA=\int_0^R\int_0^{2\pi}(r^2\sin\theta\cos\theta)\,r\,dr\,d\theta=\int_0^R r^3\,dr\int_0^{2\pi}\frac{1}{2}\sin 2\theta\,d\theta$$

$$=\left[\frac{1}{4}r^4\right]_0^R\times\left[-\frac{1}{4}\cos 2\theta\right]_0^{2\pi}=\left(\frac{R^4}{4}\right)\times\left(\frac{-1}{4}\cos 2\theta\right)_0^{2\pi}=0$$

$$I_p=I_{xx}+I_{yy}=\frac{\pi R^4}{2}=\frac{\pi D^4}{32}$$

한편, $I_{x'x'}$는 평행축 정리를 써서 다음과 같이 나타내진다.

$$I_{x'x'}=I_{xx}+Ad^2=\frac{\pi R^4}{4}+\pi R^2(R^2)=\frac{5\pi R^4}{4}=\frac{5\pi D^4}{64}$$

여기서, d는 도심축으로부터 $x'x'$축까지 떨어진 거리이다.

2) 반원semicircle

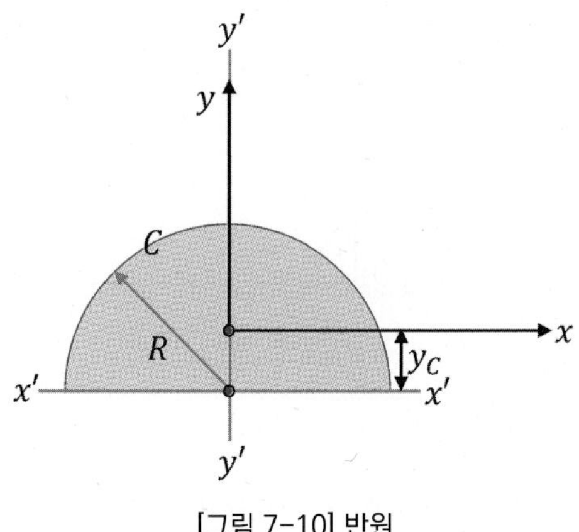

[그림 7-10] 반원

- 단면의 2차모멘트 $I_{x'x'}$, $I_{y'y'}$, I_{xx}, I_{yy}, 단면의 상승모멘트 $I_{x'y'}$, $I_{y'x'}$ ([그림 7-10] 참조)

$$I_{x'x'} = \int y^2\,dA = \int_0^R\int_0^\pi (r^2\sin^2\theta)\,r\,dr\,d\theta = \int_0^R r^3\,dr\int_0^\pi \sin^2\theta\,d\theta$$

$$= \int_0^R r^3\,dr\int_0^\pi\left(\frac{1-\cos 2\theta}{2}\right)d\theta = \left[\frac{1}{4}r^4\right]_0^R \times \left[\frac{\theta}{2} - \frac{1}{4}\sin 2\theta\right]_0^\pi = \frac{\pi R^4}{8} = \frac{\pi D^4}{128}$$

$$I_{y'y'} = \int x^2\,dA = \int_0^R\int_0^\pi (r^2\cos^2\theta)\,r\,dr\,d\theta = \int_0^R r^3\,dr\int_0^\pi \cos^2\theta\,d\theta$$

$$= \int_0^R r^3\,dr\int_0^\pi\left(\frac{1+\cos 2\theta}{2}\right)d\theta = \left[\frac{1}{4}r^4\right]_0^R \times \left[\frac{\theta}{2} + \frac{1}{4}\sin 2\theta\right]_0^\pi = \frac{\pi R^4}{8} = \frac{\pi D^4}{128}$$

$$I_{x'x'} = I_{xx} + Ad^2,\quad I_{xx} = I_{x'x'} - Ad^2 = \frac{\pi R^4}{8} - \left(\frac{\pi R^2}{2}\right)\times\left(\frac{4R}{3\pi}\right)^2 = \frac{(9\pi^2-64)R^4}{72\pi}$$

$$I_{yy} = I_{y'y'} = \frac{\pi R^4}{8}$$

$$I_{x'y'} = I_{y'x'} = \int xy\,dA = \int_0^R\int_0^\pi (r^2\sin\theta\cos\theta)\,r\,dr\,d\theta = \int_0^R r^3\,dr\int_0^\pi \frac{1}{2}\sin 2\theta\,d\theta$$

$$= \left[\frac{1}{4}r^4\right]_0^R \times \left[-\frac{1}{4}\cos 2\theta\right]_0^\pi = \left(\frac{R^4}{4}\right)\times\left(\frac{-1}{4}\cos 2\theta\right)_0^\pi = 0$$

3) 1/4원quarter circle

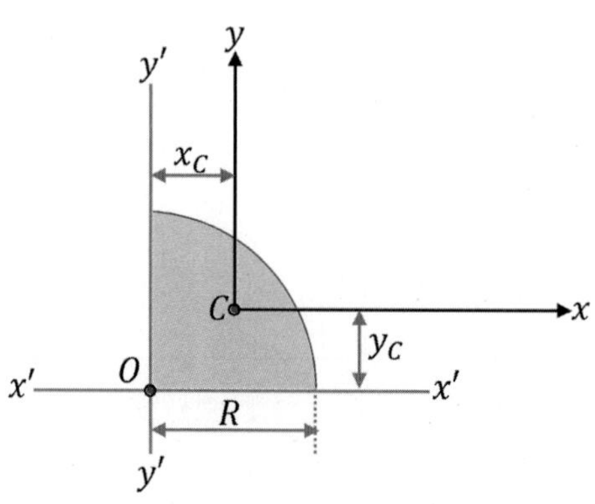

[그림 7-11] 1/4원

- 단면의 2차모멘트 $I_{x'x'}$, $I_{y'y'}$, I_{xx}, I_{yy}, 단면의 상승모멘트 $I_{x'y'}$, $I_{y'x'}$ ([그림 7-11] 참조)

$$I_{x'x'} = \int y^2\,dA = \int_0^R \int_0^{\pi/2} (r^2 \sin^2\theta)\,r\,dr\,d\theta = \int_0^R r^3\,dr \int_0^{\pi/2} \sin^2\theta\,d\theta$$

$$= \int_0^R r^3\,dr \int_0^{\pi/2} \left(\frac{1-\cos 2\theta}{2}\right) d\theta = \left[\frac{1}{4}r^4\right]_0^R \times \left[\frac{\theta}{2} - \frac{1}{4}\sin 2\theta\right]_0^{\pi/2} = \frac{\pi R^4}{16} = \frac{\pi D^4}{256}$$

$$I_{y'y'} = \int x^2\,dA = \int_0^R \int_0^{\pi/2} (r^2 \cos^2\theta)\,r\,dr\,d\theta = \int_0^R r^3\,dr \int_0^{\pi/2} \cos^2\theta\,d\theta$$

$$= \int_0^R r^3\,dr \int_0^{\pi/2} \left(\frac{1+\cos 2\theta}{2}\right) d\theta = \left[\frac{1}{4}r^4\right]_0^R \times \left[\frac{\theta}{2} + \frac{1}{4}\sin 2\theta\right]_0^{\pi/2} = \frac{\pi R^4}{16} = \frac{\pi D^4}{256}$$

$$I_{x'y'} = I_{y'x'} = \int xy\,dA = \int_0^R \int_0^{\pi/2} (r^2 \sin\theta \cos\theta)\,r\,dr\,d\theta = \int_0^R r^3\,dr \int_0^{\pi/2} \frac{1}{2}\sin 2\theta\,d\theta$$

$$= \left[\frac{1}{4}r^4\right]_0^R \times \left[-\frac{1}{4}\cos 2\theta\right]_0^{\pi/2} = \left(\frac{R^4}{4}\right) \times \left(\frac{-1}{4}\cos 2\theta\right)_0^{\pi/2} = \frac{R^4}{8}$$

$$I_{x'x'} = I_{xx} + Ad^2,\ I_{xx} = I_{x'x'} - Ad^2 = \frac{\pi R^4}{16} - \left(\frac{\pi R^2}{4}\right) \times \left(\frac{4R}{3\pi}\right)^2 = \frac{(9\pi^2 - 64)R^4}{144\pi}$$

$$I_{y'y'} = I_{yy} + Ad^2,\ I_{yy} = I_{y'y'} - Ad^2 = \frac{\pi R^4}{16} - \left(\frac{\pi R^2}{4}\right) \times \left(\frac{4R}{3\pi}\right)^2 = \frac{(9\pi^2 - 64)R^4}{144\pi}$$

4) 원호 부분circular sector

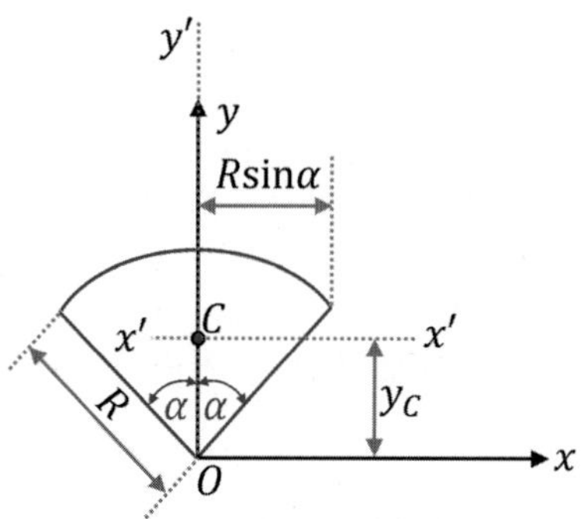

[그림 7-12] 원호(부채꼴 도형)

- 단면의 2차모멘트 I_{xx}, I_{yy}, 단면의 상승모멘트 $I_{xy} = I_{yx}$, 극관성 모멘트 I_p

[그림 7-12]에서 부채꼴 도형의 미소 단면적을 dA라 할 때, dA의 중심까지의 거리를 r이라 하면 dA의 x 방향과 y 방향의 좌표는 각각 $x = r\sin\theta$, $y = r\cos\theta$와 같다. 따라서, x, y축에 관한 단면의 2차모멘트 I_{xx}, I_{yy}와 단면의 상승모멘트 I_{xy} 및 극관성 모멘트는 다음과 같이 계산된다.

$$I_{xx} = \int y^2\,dA = \int_0^R \int_{-\alpha}^{\alpha} (r^2\cos^2\theta)\,r\,dr\,d\theta = \int_0^R r^3\,dr \int_{-\alpha}^{\alpha} \cos^2\theta\,d\theta$$

$$= \int_0^R r^3\,dr \int_{-\alpha}^{\alpha} \left(\frac{1+\cos 2\theta}{2}\right) d\theta = \left[\frac{1}{4}r^4\right]_0^R \times \left[\frac{\theta}{2} + \frac{1}{4}\sin 2\theta\right]_{-\alpha}^{\alpha} = \frac{R^4}{4}(\alpha + \sin\alpha\cos\alpha)$$

$$I_{yy} = \int x^2\,dA = \int_0^R \int_{-\alpha}^{\alpha} (r^2\sin^2\theta)\,r\,dr\,d\theta = \int_0^R r^3\,dr \int_{-\alpha}^{\alpha} \sin^2\theta\,d\theta$$

$$= \int_0^R r^3\,dr \int_{-\alpha}^{\alpha} \left(\frac{1-\cos 2\theta}{2}\right) d\theta = \left[\frac{1}{4}r^4\right]_0^R \times \left[\frac{\theta}{2} - \frac{1}{4}\sin 2\theta\right]_{-\alpha}^{\alpha} = \frac{R^4}{4}(\alpha - \sin\alpha\cos\alpha)$$

$$I_{xy} = I_{yx} = \int xy\,dA = \int_0^R \int_{-\alpha}^{\alpha} (r^2\sin\theta\cos\theta)\,r\,dr\,d\theta = \int_0^R r^3\,dr \int_{-\alpha}^{\alpha} \frac{1}{2}\sin 2\theta\,d\theta$$

$$= \left[\frac{1}{4}r^4\right]_0^R \times \left[-\frac{1}{4}\cos 2\theta\right]_{-\alpha}^{\alpha} = \left(\frac{R^4}{4}\right) \times \left(\frac{-1}{4}\cos 2\theta\right)_{-\alpha}^{\alpha} = 0$$

$$I_p = I_{xx} + I_{yy} = \frac{\alpha R^4}{2} = \frac{\alpha D^4}{32}$$

한편, $I_{x'x'}$는 평행축 정리를 써서 다음과 같이 나타내진다.

$$I_{x'x'} = I_{xx} - Ad^2 = \frac{R^4}{4}(\alpha + \sin\alpha\cos\alpha) - \alpha R^2\left(\frac{2R\sin\alpha}{3\alpha}\right)^2$$
$$= \frac{9\alpha^2R^4 + 9\alpha R^4\cos\alpha\sin\alpha - 16R^4\sin^2\alpha}{36\alpha}$$

여기서, d는 x축으로부터 $x'x'$축까지 떨어진 거리이다. 또한, $I_{y'y'} = I_{yy}$이다.

5) n차 포물선 아치spandrel n-th degree

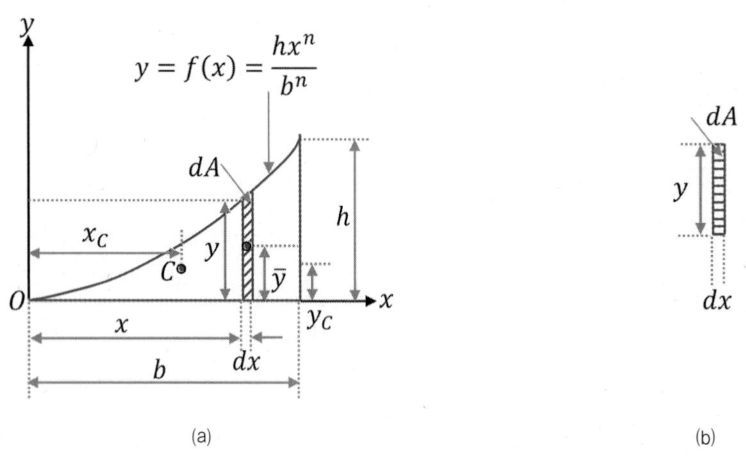

[그림 7-13] n차 포물선 아치

• 단면의 2차모멘트 I_{xx}, I_{yy}, 단면의 상승모멘트 $I_{xy} = I_{yx}$

단면의 2차모멘트 I_{xx}를 구하는 데 있어서도 주의를 요한다. 이미 x축 방향 단면의 1차모멘트 $\int_A y\,dA$를 계산하는 데 주의를 요했듯이, x축 방향의 단면의 2차모멘트(면적 관성모멘트)를 구할 때도 주의가 필요한 것이다.

먼저, 폭이 b이고, 높이가 h인 사각 단면의 도심축의 하나를 $\bar{x}$축이라 하면, $\bar{x}$축에 대한 단면의 2차모멘트는 $I_{\bar{x}\bar{x}} = \frac{bh^3}{12}$이고, 이 $\bar{x}$축과 평행한 축이자, 사각 단면의 맨 아래 x축에 대한 단면의 2차모멘트는 평행축 정리에 의해, $I_{xx} = I_{\bar{x}\bar{x}} + (bh)\left(\frac{h}{2}\right)^2 = \frac{bh^3}{12} + \frac{bh^3}{4} = \frac{bh^3}{3}$이라

는 것을 이미 학습한 바 있다.

폭이 b이고, 높이가 h인 사각 단면의 $I_{xx} = \dfrac{bh^3}{3}$와 유사하게, [그림 7-13(a)]의 n차 포물선 아치의 미소 단면적을 이용하여 설명한다. [그림 7-13(b)]의 미소 사각 단면적에 대해서도, 폭이 dx, 높이가 y인 것으로 생각할 수 있다.

이러한 미소 사각단면의 맨 아래 축인 x축에 대한 미소 단면의 2차모멘트를 dI_{xx}라 하면, $dI_{xx} = \dfrac{dx\, y^3}{3}$와 같다. 이 dI_{xx}를 적분하면 I_{xx}를 구할 수 있다. 따라서, n차 포물선 아치 $y = f(x) = \dfrac{hx^n}{b^n}$의 x축에 대한 단면의 2차모멘트 I_{xx}는 다음과 같이 구한다.

$$I_{xx} = \int_A dI_{xx} = \int_0^b \frac{y^3}{3} dx = \frac{1}{3}\int_0^b \frac{h^3 x^{3n}}{b^{3n}} dx = \frac{h^3 x^{3n+1}}{3(3n+1)b^{3n}} \Bigg|_0^b = \frac{bh^3}{3(3n+1)}$$

한편, I_{yy}도 다음과 같이 구할 수 있다.

$$I_{yy} = \int_A x^2 dA = \int_0^b x^2 y\, dx = \int_0^b \frac{hx^{n+2}}{b^n} dx = \frac{h\, x^{n+3}}{(n+3)b^n} \Bigg|_0^b = \frac{hb^3}{(n+3)}$$

그러나, 단면의 상승모멘트 $I_{xy} = I_{yx}$를 구할 때는 x축에 대한 단면의 1차모멘트를 계산할 때와 같이 주의를 요한다.

$$I_{xy} = I_{yx} = \int_A xy\, dA = \int_0^b x\bar{y}\, y\, dx = \int_0^b \frac{xy^2}{2} dx = \int_0^b \frac{h^2 x^{2n+1}}{2\, b^{2n}} dx = \frac{h^2\, x^{2n+2}}{2(2n+2)b^{2n}} \Bigg|_0^b$$

$$= \frac{h^2 b^2}{4(n+1)}$$

6) n차 반 포물선 요소semisegment of n-th degree

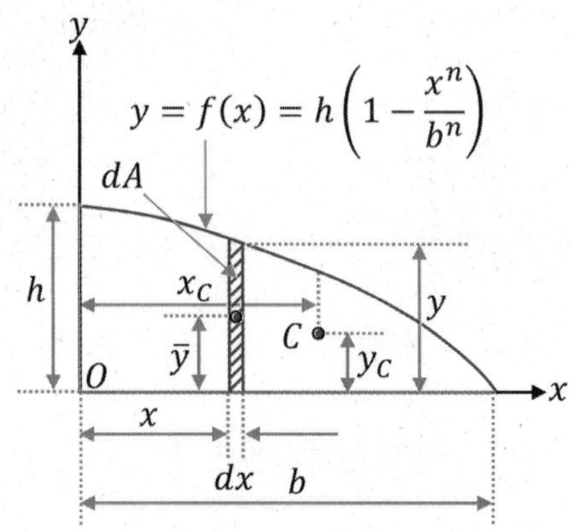

[그림 7-14] n차 반 포물선 요소

• 단면의 2차모멘트 I_{xx}, I_{yy}, 단면의 상승모멘트 $I_{xy} = I_{yx}$ ([그림 7-14] 참조)

폭이 b이고, 높이가 h인 사각 단면의 $I_{xx} = \dfrac{bh^3}{3}$와 유사하게, 이전의 [그림 7-13(b)]의 미소 사각 단면적에 대해서도, 폭이 dx, 높이가 y인 것으로 생각할 수 있다. 이러한 미소 사각 단면의 맨 아래 축인 x축에 대한 미소 단면의 2차모멘트를 dI_{xx}라 하면, $dI_{xx} = \dfrac{dx\,y^3}{3}$와 같다. 이 dI_{xx}를 적분하면 I_{xx}를 구할 수 있다. 따라서, n차 반 포물선 요소 $y = f(x) = h\left(1 - \dfrac{x^n}{b^n}\right)$의 x축에 대한 단면의 2차모멘트 I_{xx}는 다음과 같이 구한다.

$$
\begin{aligned}
I_{xx} &= \int_A dI_{xx} = \int_0^b \frac{y^3}{3} dx = \frac{1}{3}\int_0^b h^3\left(1 - \frac{x^n}{b^n}\right)^3 dx \\
&= \int_0^b \frac{h^3}{3}\left(1 - 3\frac{x^n}{b^n} + 3\frac{x^{2n}}{b^{2n}} - \frac{x^{3n}}{b^{3n}}\right)dx \\
&= \frac{h^3}{3}\left(x - 3\frac{x^{n+1}}{(n+1)b^n} + 3\frac{x^{2n+1}}{(2n+1)b^{2n}} - \frac{x^{3n+1}}{(3n+1)b^{3n}}\right)\Bigg|_0^b \\
&= \frac{h^3}{3}\left(b - 3\frac{b}{(n+1)} + 3\frac{b}{(2n+1)} - \frac{b}{(3n+1)}\right) = \frac{2bh^3n^3}{(n+1)(2n+1)(3n+1)}
\end{aligned}
$$

한편, I_{yy}도 다음과 같이 구할 수 있다.

$$I_{yy} = \int_A x^2 dA = \int_0^b x^2 y\,dx = \int_0^b h\left(1 - \frac{x^n}{b^n}\right)x^2 dx = \int_0^b h\left(x^2 - \frac{x^{n+2}}{b^n}\right)dx$$

$$= h\left(\frac{x^3}{3} - \frac{x^{n+3}}{b^n(n+3)}\right)\Bigg|_0^b = h\left(\frac{b^3}{3} - \frac{b^3}{(n+3)}\right) = \frac{nhb^3}{3(n+3)}$$

그러나, 단면의 상승모멘트 $I_{xy} = I_{yx}$를 구할 때는 x축에 대한 단면의 1차모멘트를 계산할 때와 같이 주의를 요한다.

$$I_{xy} = I_{yx} = \int_A xy\,dA = \int_0^b x\bar{y}y\,dx = \int_0^b \frac{1}{2}xy^2\,dx = \int_0^b \frac{h^2}{2}\left(1 - \frac{x^n}{b^n}\right)^2 x\,dx$$

$$= \int_0^b \frac{h^2}{2}\left(1 - 2\frac{x^n}{b^n} + \frac{x^{2n}}{b^{2n}}\right)x\,dx = \frac{h^2}{2}\left(\frac{x^2}{2} - \frac{2x^{n+2}}{b^n(n+2)} + \frac{x^{2n+2}}{b^{2n}(2n+2)}\right)\Bigg|_0^b$$

$$= \frac{b^2h^2}{2}\left(\frac{1}{2} - \frac{2}{n+2} + \frac{1}{2(n+1)}\right) = \frac{n^2b^2h^2}{4(n+1)(n+2)}$$

7) 타원ellipse

- 단면의 2차모멘트 I_{xx}, I_{yy}, 단면의 상승모멘트 $I_{xy} = I_{yx}$

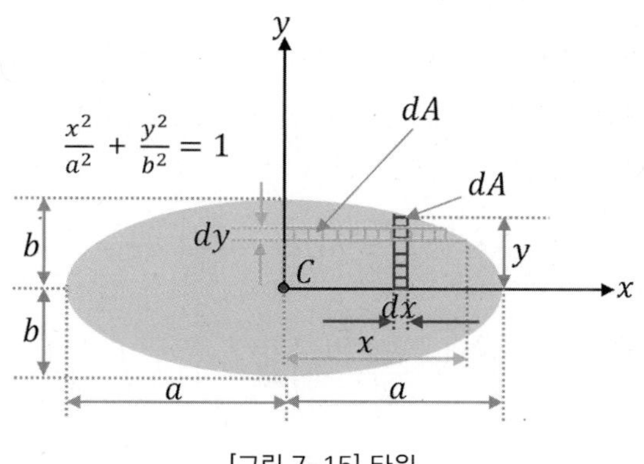

[그림 7-15] 타원

먼저 단면적부터 구해보자. **타원**의 방정식은 $\dfrac{x^2}{a^2} + \dfrac{y^2}{b^2} = 1$과 같다. 타원의 장축을 $2a$, 단축을 $2b$라 할 때, 단면적 A를 구해보자. 우선 $x = a\sin\theta$, $y = b\cos\theta$라 놓자. 그러면 $dx = a\cos\theta\,d\theta$이 된다.

$$A = \int y\,dx = \int b\sqrt{\left(1-\frac{x^2}{a^2}\right)}\,dx = \int b\sqrt{1-\sin^2\theta}\,(a\cos\theta\,d\theta) = ab\int \cos^2\theta\,d\theta$$

타원의 전체 면적 A는 [그림 7-15]의 1사분면에 있는 면적의 4배에 해당된다. 따라서 1사분면의 면적을 A^*라 하면 A^*를 먼저 구하기로 한다.

$$A^* = ab\int_0^{\frac{\pi}{2}} \cos^2\theta\,d\theta = ab\int_0^{\frac{\pi}{2}}\left(\frac{1+\cos 2\theta}{2}\right)d\theta = ab\left(\frac{\theta}{2}+\frac{1}{4}\sin 2\theta\right)\Big|_0^{\frac{\pi}{2}} = \frac{\pi ab}{4}$$

따라서, 전체 단면적 A는 $A = 4A^* = \pi ab$이다.

이제, 단면의 2차모멘트를 구해보자. 먼저 $x = a\cos\theta$, $y = b\sin\theta$라 놓는다. 그러면, 단면의 2차모멘트 I_{xx}와 I_{yy}는 다음과 같이 계산된다.

$$I_{xx} = \int_A y^2 dA = 4\int_0^b y^2 x\,dy = 4\int_0^b y^2 a\sqrt{\left(1-\frac{y^2}{b^2}\right)}\,dy = 4\int_0^{\frac{\pi}{2}} b^3 a\sin^2\theta\cos^2\theta\,d\theta$$

$$= 4b^3 a\int_0^{\frac{\pi}{2}}\left(\frac{(1+\cos 2\theta)}{2}\right)\left(\frac{(1-\cos 2\theta)}{2}\right)d\theta = 4b^3 a\int_0^{\frac{\pi}{2}}\left(\frac{1-\cos^2 2\theta}{4}\right)d\theta$$

$$= 4b^3 a\int_0^{\frac{\pi}{2}}\left(\frac{1}{4}-\frac{(1+\cos 4\theta)}{8}\right)d\theta = 4b^3 a\left(\frac{\theta}{4}-\frac{\theta}{8}-\frac{\sin 4\theta}{32}\right)\Big|_0^{\frac{\pi}{2}} = \frac{\pi ab^3}{4}$$

이번에는 $x = a\sin\theta$, $y = b\cos\theta$라 놓고 y축에 대한 단면의 2차모멘트를 구해본다.

$$I_{yy} = \int_A x^2 dA = 4\int_0^a x^2 y\,dx = 4\int_0^a x^2 b\sqrt{\left(1-\frac{x^2}{a^2}\right)}\,dx = 4\int_0^{\frac{\pi}{2}} a^3 b\sin^2\theta\cos^2\theta\,d\theta$$

$$= 4a^3 b\int_0^{\frac{\pi}{2}}\left(\frac{(1+\cos 2\theta)}{2}\right)\left(\frac{(1-\cos 2\theta)}{2}\right)d\theta = 4a^3 b\int_0^{\frac{\pi}{2}}\left(\frac{1-\cos^2 2\theta}{4}\right)d\theta$$

$$= 4a^3 b\int_0^{\frac{\pi}{2}}\left(\frac{1}{4}-\frac{(1+\cos 4\theta)}{8}\right)d\theta = 4a^3 b\left(\frac{\theta}{4}-\frac{\theta}{8}-\frac{\sin 4\theta}{32}\right)\Big|_0^{\frac{\pi}{2}}$$

$$= \frac{4a^3 b\pi}{16} = \frac{\pi a^3 b}{4}$$

단면의 상승모멘트 I_{xy}와 I_{yx}는 타원의 단면이 [그림 7-15]와 같이 도심축에 대해 대칭이므로 모두 영이다. 즉, $I_{xy} = I_{yx} = 0$이다. 한편, 극관성 모멘트를 I_p라 하면, I_p는 $I_{xx} + I_{yy}$이므로 다음과 같이 된다.

$$I_p = I_{xx} + I_{yy} = \frac{\pi ab^3}{4} + \frac{\pi ba^3}{4} = \frac{\pi ab(a^2+b^2)}{4}$$

8) 사각형rectangle

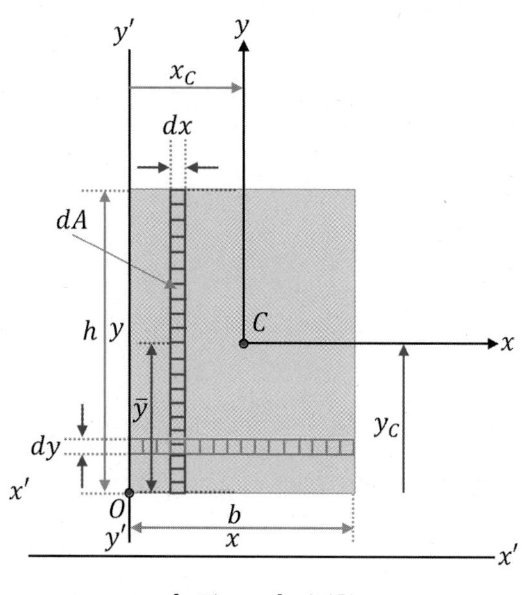

[그림 7-16] 사각형

- 단면의 2차모멘트 I_{xx}, I_{yy}, 단면의 상승모멘트 $I_{xy} = I_{yx}$

먼저 $I_{x'x'}$를 구하기 위해서 [그림 7-16]을 생각해 보자. 미소 단면적 $dA = xdy$를 고려하자.

$$I_{x'x'} = \int_A y^2 dA = \int_0^h b\,y^2 dy = \frac{by^3}{3}\Bigg|_0^h = \frac{bh^3}{3}$$

다른 방법으로 $I_{x'x'}$을 구해보자.

$$I_{x'x'} = \int dI_{x'x'} = \int_0^b \frac{dx\,y^3}{3} = \frac{h^3}{3}\int_0^b dx = \frac{bh^3}{3}$$

평행축 정리를 써서 도심축에 대한 단면의 2차모멘트 I_{xx}를 구한다.

$$I_{xx} = I_{x'x'} - Ad^2 = \frac{bh^3}{3} - bh\left(\frac{h}{2}\right)^2 = \frac{bh^3}{12}$$

한편, $I_{y'y'}$을 구해 도심축에 대한 I_{yy}를 구해보자.

$$I_{y'y'} = \int_0^b x^2 dA = \int_0^b x^2 h dx = \frac{1}{3}x^3 h \,\Big|_0^b = \frac{1}{3}hb^3$$

$$I_{yy} = I_{y'y'} - Ad^2 = \frac{1}{3}hb^3 - bh\left(\frac{b}{2}\right)^2 = \frac{1}{12}hb^3$$

$$I_{x'y'} = I_{y'x'} = \int_0^b xy\,dA = \int_0^b x\bar{y}\,h dx = \frac{h^2}{2}\frac{x^2}{2}\,\Big|_0^b = \frac{b^2h^2}{4}$$

$$I_{xy} = I_{yx} = I_{x'y'} - Add' = \frac{b^2h^2}{4} - bh\left(\frac{h}{2}\right)\left(\frac{b}{2}\right) = 0$$

또한, 극관성 모멘트 $I_{p'} = I_{x'x'} + I_{y'y'} = \frac{bh^3}{3} + \frac{hb^3}{3} = \frac{hb(h^2+b^2)}{3}$이고, 도심축에 대한 극관성 모멘트 I_p는 평행축 정리에 의해 다음과 같다.

$$I_{p'} = I_p + Ad'^2,\ I_p = I_{p'} - Ad'^2 = \frac{bh(b^2+h^2)}{3} - \frac{bh(b^2+h^2)}{4} = \frac{bh(b^2+h^2)}{12}$$

단, d'은 [그림 7-16]의 점 O와 점 C와의 거리로서 다음과 같다.

$$d'^2 = x_C^2 + y_C^2 = \left(\frac{b}{2}\right)^2 + \left(\frac{h}{2}\right)^2 = \frac{(b^2+h^2)}{4}$$

9) 직각삼각형right triangle

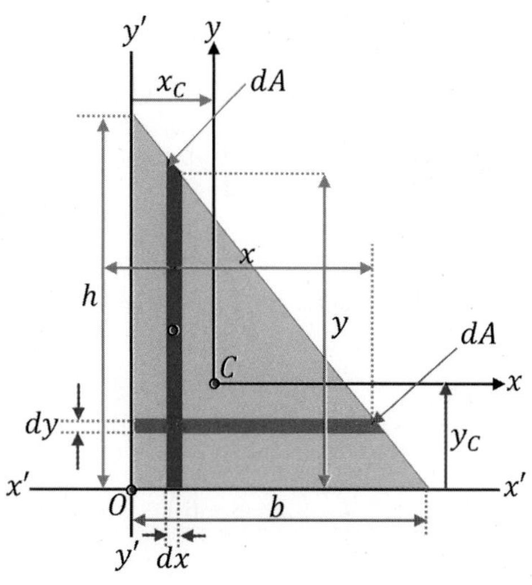

[그림 7-17] 직각삼각형

- 단면의 2차모멘트 $I_{x'x'}$, $I_{y'y'}$, 단면의 상승모멘트 $I_{x'y'} = I_{y'x'}$

먼저 $I_{x'x'}$를 구하기 위해서 [그림 7-17]을 생각하고, 미소 단면적 $dA = xdy$를 고려하자.

$$I_{x'x'} = \int y^2 dA = \int_0^h y^2 b(y) dy = \int_0^h y^2 \left(b - \frac{by}{h}\right) dy = \frac{by^3}{3} - \frac{by^4}{4h} \Big|_0^h$$

$$= \frac{bh^3}{3} - \frac{bh^3}{4} = \frac{bh^3}{12}$$

$$I_{y'y'} = \int x^2 dA = \int_0^b x^2 h(x) dx = \int_0^b x^2 \left(h - \frac{hx}{b}\right) dx = \frac{hx^3}{3} - \frac{hx^4}{4b} \Big|_0^b$$

$$= \frac{hb^3}{3} - \frac{hb^3}{4} = \frac{hb^3}{12}$$

$I_{x'y'}$를 구하기 위해, 두개의 점$(b, 0)$와 $(0, h)$을 지나는 직선의 방정식을 구하면 다음과 같다.

$$y - y_1 = \frac{(x_2 - x_1)}{(y_2 - y_1)}(x - x_1), \quad y - 0 = \frac{(h - 0)}{(0 - b)}(x - b), \; y = -\frac{hx}{b} + h$$

따라서, $I_{x'y'}$는 다음과 같이 계산된다. 계산에 있어 주의해야 할 점은 $dA = ydx$ 요소를 사용할 경우는 $I_{x'y'} = \int xydA$에서 y는 실제로는 $y = \bar{y}$로서 $\frac{y}{2}$를 넣어야 한다. 왜냐하면 미소 단면 요소인 dA의 x축과의 떨어진 거리는 미소 단면 요소의 도심으로부터 떨어진 거리이기 때문에 사각형 요소의 높이 y의 반인 $\frac{y}{2}$가 되는 것이다.

$$I_{x'y'} = I_{y'x'} = \int xy\,dA = \int_0^b x\,\bar{y}\,ydx = \int_0^b \frac{xy^2}{2}dx = \frac{1}{2}\int_0^b x\left(-\frac{hx}{b} + h\right)^2 dx$$

$$= \frac{1}{2}\int_0^b \left(\frac{h^2x^3}{b^2} - \frac{2h^2x^2}{b} + h^2x\right)dx = \frac{1}{2}\left(\frac{h^2x^4}{4b^2} - \frac{2h^2x^3}{3b} + \frac{h^2x^2}{2}\right)\Big|_0^b$$

$$= \frac{b^2h^2}{2}\left(\frac{1}{4} - \frac{2}{3} + \frac{1}{2}\right) = \frac{b^2h^2}{2}\left(\frac{3-8+6}{12}\right) = \frac{b^2h^2}{24}$$

도심축에 대한 단면의 상승모멘트 I_{xy}는 평행축 정리에 의해 다음과 같이 구해진다.

$$I_{x'y'} = I_{xy} + Add',$$

$$I_{xy} = I_{x'y'} - Add' = \frac{b^2h^2}{24} - \left(\frac{bh}{2}\right)\left(\frac{b}{3}\right)\left(\frac{h}{3}\right) = \frac{b^2h^2}{24} - \frac{b^2h^2}{18} = -\frac{b^2h^2}{72}$$

여기서, d는 도심축 x와 x'의 x 방향으로의 떨어진 거리 $\frac{b}{3}$이고, d'은 도심축 y와 y'의 y 방향으로의 떨어진 거리를 나타낸다. 한편, 극관성 모멘트 $I_{p'}$은 다음과 같다.

$$I_{p'} = I_{x'x'} + I_{y'y'} = \frac{bh(h^2 + b^2)}{12}$$

또한, 도심축에 대한 단면의 2차모멘트 I_{xx}, I_{yy}와 단면의 상승모멘트 $I_{xy} = I_{yx}$는 평행축 정리에 의해 다음과 같다.

단, I_{xx}를 구하는 데 있어서, d는 x축과 x'축 사이의 떨어진 거리이고, A는 삼각형의 총 단면적이다.

$$I_{x'x'} = I_{xx} + Ad^2, \ \therefore I_{xx} = I_{x'x'} - \frac{bh}{2}\left(\frac{h}{3}\right)^2 = \frac{bh^3}{12} - \frac{bh^3}{18} = \frac{bh^3}{36}$$

I_{yy}를 구하는 데 있어서, d는 y축과 y'축 사이의 떨어진 거리이고, A는 삼각형의 총 단면적이다.

$$I_{y'y'} = I_{yy} + Ad^2\ , \ \therefore\ I_{yy} = I_{y'y'} - \left(\frac{b}{3}\right)^2\left(\frac{bh}{2}\right) = \frac{hb^3}{12} - \frac{hb^3}{18} = \frac{hb^3}{36}$$

I_p도 평행축 정리에 의해 다음과 같다.

$$I_{p'} = I_p + Ad'^2,\ I_p = I_{p'} - Ad'^2 = \frac{bh(b^2+h^2)}{12} - \left(\frac{bh}{2}\right)\left(\frac{b^2+h^2}{9}\right) = \frac{bh(b^2+h^2)}{36}$$

단, 위 식에서 d'은 [그림 7-17]의 점 O와 점 C와의 거리로서 다음과 같다.

$$d'^2 = x_C^2 + y_C^2 = \left(\frac{b}{3}\right)^2 + \left(\frac{h}{3}\right)^2 = \frac{(b^2+h^2)}{9}$$

10) 삼각형triangle

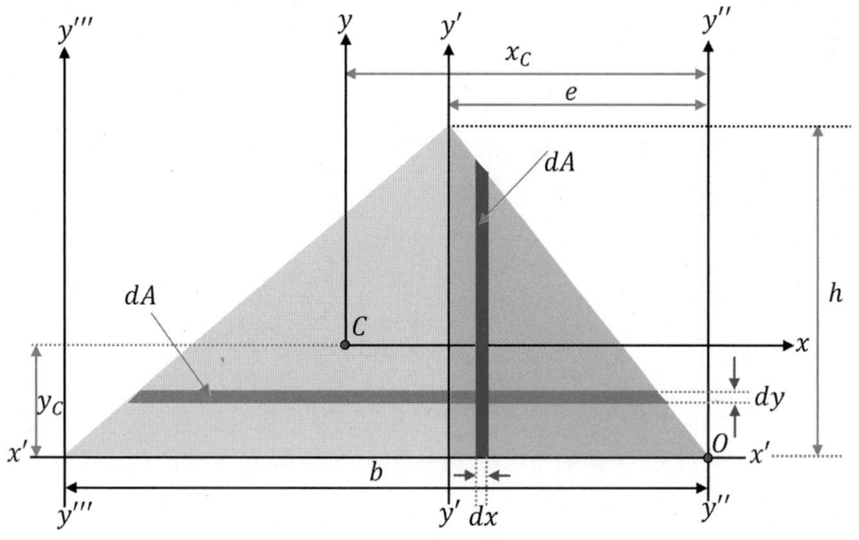

[그림 7-18] 삼각형

• 단면의 2차모멘트 $I_{x'x'}$, $I_{y'y'}$, 단면의 상승모멘트 $I_{x'y'}=I_{y'x'}$

이미 직각삼각형의 x'축에 대한 단면의 2차모멘트를 구한 바 있으므로 [그림 7-18]의 삼각형의 $I_{x'x'}$는 각각의 두 삼각형의 x'축에 대한 단면의 2차모멘트를 합한 것과 같다. 따라서, $I_{x'x'}$는 다음과 같이 계산된다.

$$I_{x'x'}=\frac{(b-e)h^3}{12}+\frac{eh^3}{12}=\frac{bh^3}{12}$$

그러나 $I_{y'y'}$도 직각삼각형의 y'축에 대한 단면의 2차모멘트를 구한 바 있으므로 이를 이용하여 다음과 같이 계산할 수 있다.

$$I_{y'y'}=\frac{h(b-e)^3}{12}+\frac{he^3}{12}=\frac{h(b^3-3b^2e+3be^2-e^3+e^3)}{12}=\frac{bh(b^2-3be+3e^2)}{12}$$

$x'-y'$축에 관한 극관성 모멘트 $I_{p'}$는 다음과 같다.

$$I_{p'}=I_{x'x'}+I_{y'y'}=\frac{bh^3}{12}+\frac{bh(b^2-3be+3e^2)}{12}=\frac{bh(h^2+b^2-3be+3e^2)}{12}$$

이제, [그림 7-18]의 도심축 x,y에 대한 단면의 2차모멘트 I_{xx}, I_{yy}를 구해보자. 이는 평행축 정리로부터 쉽게 구할 수 있다.

$$I_{x'x'}=I_{xx}+Ad^2,\ I_{xx}=I_{x'x'}-Ad^2=\frac{bh^3}{12}-\left(\frac{bh}{2}\right)\left(\frac{h}{3}\right)^2=\frac{bh^3}{12}-\frac{bh^3}{18}=\frac{bh^3}{36}$$

여기서 d는 x'축과 도심축인 x축과의 떨어진 거리이다.

I_{yy}를 구하기 위해서도 평행축 정리를 이용한다. $I_{y'y'}=I_{yy}+Ad^2$ 이므로 I_{yy}는 다음과 같다.

$$I_{yy}=I_{y'y'}-Ad^2=\frac{bh(b^2-3be+3e^2)}{12}-\left(\frac{bh}{2}\right)\left(\frac{b+e}{3}-e\right)^2=\frac{bh}{36}(b^2-be+e^2)$$

여기서, d는 y'축과 도심축인 y축과의 떨어진 거리이다.

한편, 극관성 모멘트 I_p는 다음과 같다.

$$I_p = I_{xx} + I_{yy} = \frac{bh^3}{36} + \frac{bh}{36}(b^2 - be + e^2) = \frac{bh}{36}(h^2 + b^2 - be + e^2)$$

끝으로, $x' - y'$축에 대한 단면의 상승적을 구해보자.

이를 구하기 위해, 9) 직각삼각형right triangle 부분과 13) 또 다른 직각삼각형another right triangle 부분에서 구하게 될 단면 상승적을 이용하기로 한다. [그림 7-18]의 삼각형에 대한 단면의 상승적은 9)의 단면의 상승적과 13)의 단면의 상승적을 더한 것이 된다. 즉, 다음과 같이 된다.

$$I_{x'y'} = -\frac{(b-e)^2 h^2}{24} + \frac{e^2 h^2}{24} = \frac{-b^2 h^2 + 2beh^2}{24} = \frac{bh^2(2e-b)}{24}$$

한편 도심축에 대한 단면의 상승적 I_{xy}는 평행축 정리를 이용하면 된다.

$$I_{x'y'} = I_{xy} + A d_1 d_2,$$

$$I_{xy} = I_{x'y'} - A d_1 d_2 = \frac{bh^2(2e-b)}{24} - \left(\frac{bh}{2}\right)\left(\frac{h}{3}\right)\left(\frac{-(b-2e)}{3}\right) = \frac{bh^2(b-2e)}{72}$$

11) 얇은 두께의 원형 아크thin circular arc

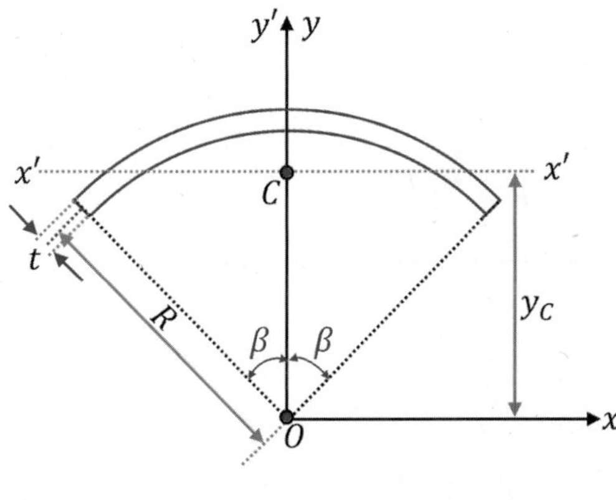

(a) 얇은 원형 아크

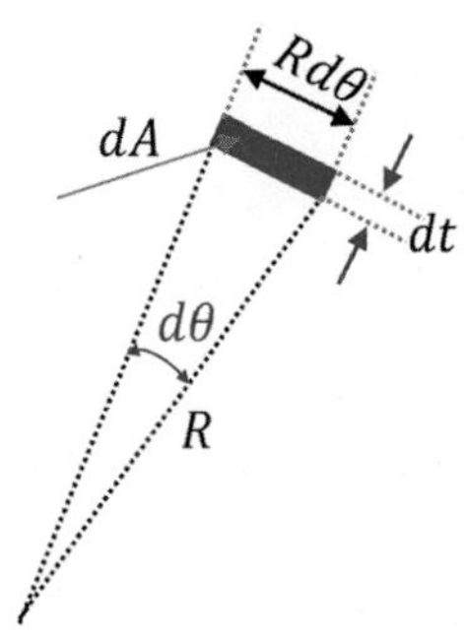

(b) 얇은 두께의 미소 요소

[그림 7-19]

• 단면의 2차모멘트 I_{xx}, I_{yy}, $I_{x'x'}$와 단면의 상승모멘트 $I_{xy} = I_{yx}$ ([그림 7-19(a)] 참조)

[그림 7-19(b)]의 미소 단면 요소에 대해, 임의의 위치에 있을 때, $x = R\cos\theta$, $y = R\sin\theta$ 인 관계가 있으며, 단면의 2차모멘트는 다음과 같이 계산된다.

$$I_{xx} = \int y^2 dA = \int_{-\beta}^{\beta} R^2 \sin^2\theta d\theta\,(R)\int_0^t dt = R^3 t \int_{-\beta}^{\beta}\left(\frac{1-\cos 2\theta)}{2}\right)d\theta$$

$$= R^3 t\left[\frac{\theta}{2} - \frac{\sin 2\theta}{4}\right]\Big|_{-\beta}^{\beta} = tR^3\left[\beta - \frac{\sin 2\beta}{2}\right]$$

$$I_{yy} = \int x^2 dA = \int_{-\beta}^{\beta} R^2 \cos^2\theta\, d\theta\,(R)\int_0^t dt = R^3 t \int_{-\beta}^{\beta}\left(\frac{1+\cos 2\theta)}{2}\right)d\theta$$

$$= R^3 t\left[\frac{\theta}{2} + \frac{\sin 2\theta}{4}\right]\Big|_{-\beta}^{\beta} = tR^3\left[\beta + \frac{\sin 2\beta}{2}\right]$$

$$I_{xy} = 0,$$

$$I_{x'x'} = I_{xx} - Ad^2 = I_{xx} - A\,y_c^2 = tR^3(\beta - \sin\beta\cos\beta) - 2\beta Rt\left(\frac{R\sin\beta}{\beta}\right)^2$$

$$= R^3 t\left(\frac{2\beta - \sin 2\beta}{2} - \frac{(1-\cos 2\beta)}{\beta}\right)$$

12) 얇은 원형 링thin circular ring

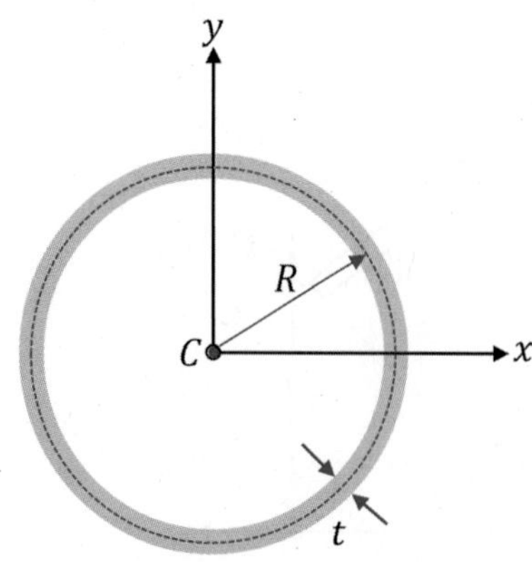

[그림 7-20] 얇은 원형 링

• 단면의 2차모멘트 I_{xx}, I_{yy}, 단면의 상승모멘트 $I_{xy}=I_{yx}$ 및 I_p ([그림 7-20] 참조)

$$I_{xx}=I_{yy}=\frac{\pi}{4}\left(R+\frac{t}{2}\right)^4-\frac{\pi}{4}\left(R-\frac{t}{2}\right)^4=\frac{\pi}{4}\left[\left(R^2+Rt+\frac{t^2}{4}\right)^2-\left(R^2-Rt+\frac{t^2}{4}\right)^2\right]$$
$$=\frac{\pi}{4}\left(4R^3t+Rt^3\right)\approx\pi R^3t$$

t가 매우 얇기 때문에 $\dfrac{\pi Rt^3}{4}$ 항은 근사적으로 영zero으로 취급한 것이다.

극관성 모멘트 I_p는 다음과 같이 계산된다.

$$I_p=I_{xx}+I_{yy}=2\pi R^3t$$

한편, 단면의 상승모멘트 $I_{xy}=I_{yx}$는 도심축을 중심으로 완전 대칭이므로 영이 된다.

$$I_{xy}=I_{yx}=0$$

13) 또 다른 직각삼각형another right triangle

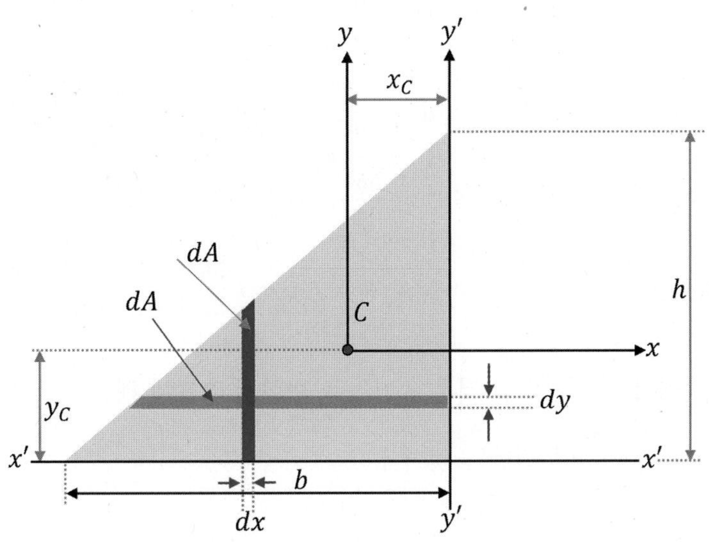

[그림 7-21] 또 다른 직각삼각형

• 단면의 2차모멘트 $I_{x'x'}$, $I_{y'y'}$, 단면의 상승모멘트 $I_{x'y'}=I_{y'x'}$, 극관성 모멘트 I_p

$$I_{y'y'}=\int x^2 dA=\int x^2 y dx=\int x^2\left(\frac{h}{b}(x+b)\right)dx=\int_{-b}^{0}\left(\frac{hx^3}{b}+hx^2\right)dx$$

$$=\left[\frac{hx^4}{4b}+\frac{hx^3}{3}\right]\Big|_{-b}^{0}=\frac{hb^3}{3}-\frac{hb^3}{4}=\frac{hb^3}{12}$$

$$I_{x'x'}=\int y^2 dA=\int dI_{x'x'}=\int\frac{(dx)y^3}{3}=\frac{1}{3}\int\left[\frac{h(x+b)}{b}\right]^3 dx$$

$$=\frac{1}{3}\int_{-b}^{0}\left[h^3\frac{x^3}{b^3}+3h^3\frac{x^2}{b^2}+3h^3\frac{x}{b}+h^3\right]dx=\frac{1}{3}\left[h^3\frac{x^4}{4b^3}+h^3\frac{x^3}{b^2}+3h^3\frac{x^2}{2b}+h^3x\right]\Big|_{-b}^{0}$$

$$=\frac{bh^3}{12}$$

$$I_{x'y'}=I_{y'x'}=\int xy dA=\int x\,\bar{y}\,y dx=\frac{1}{2}\int xy^2 dx=\frac{1}{2}\int x\left(\frac{hx}{b}+h\right)^2 dx$$

$$=\frac{1}{2}\int\left[\frac{h^2x^3}{b^2}+\frac{2h^2x^2}{b}+h^2x\right]dx=\frac{1}{2}\left[\frac{h^2x^4}{4b^2}+\frac{2h^2x^3}{3b}+\frac{h^2x^2}{2}\right]\Big|_{-b}^{0}=-\frac{b^2h^2}{24}$$

이제, [그림 7-21]의 도심축에 대한 단면의 2차모멘트 I_{xx}, I_{yy}와 단면의 상승적 $I_{xy}=I_{yx}$를 구해보자. 이들은 평행축 정리를 사용하여 쉽게 구해진다.

$$I_{x'x'}=I_{xx}+Ad^2\ ,\ I_{xx}=I_{x'x'}-Ad^2=\frac{bh^3}{12}-\left(\frac{bh}{2}\right)\left(\frac{h}{3}\right)^2=\frac{bh^3}{36},\ \left(\text{여기서 } d=\frac{h}{3}\right)$$

$$I_{y'y'}=I_{yy}+Ad^2\ ,\ I_{yy}=I_{y'y'}-Ad^2=\frac{hb^3}{12}-\left(\frac{bh}{2}\right)\left(\frac{b}{3}\right)^2=\frac{hb^3}{36}\ ,\ \left(\text{여기서 } d=\frac{b}{3}\right)$$

$$I_{x'y'}=I_{xy}+Ad_1d_2\ ,\ I_{xy}=I_{x'y'}-Ad_1d_2=-\frac{b^2h^2}{24}-\frac{bh}{2}\left(\frac{h}{3}\right)\left(\frac{-b}{3}\right)=\frac{b^2h^2}{72}$$

단면의 상승적에서 주의해야 할 것은 d_2가 x축 방향의 좌표에 해당하는 거리이므로 음의 값 $-\frac{b}{3}$으로 식에 들어가야 한다는 것이다.

14) 사다리꼴trapezoid

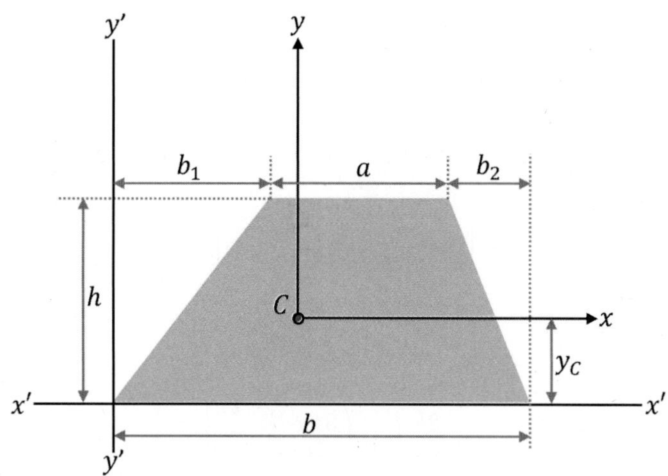

[그림 7-22] 사다리꼴

- 단면의 2차모멘트 $I_{x'x'}$, I_{xx} ([그림 7-22] 참조)

$$I_{x'x'} = \frac{b_1 h^3}{12} + \frac{ah^3}{3} + \frac{b_2 h^3}{12} = \frac{(b_1 + b_2 + a)h^3 + 3ah^3}{12} = \frac{(b+3a)h^3}{12}$$

$$I_{xx} = I_{x'x'} - Ad^2 = \frac{(b+3a)h^3}{12} - \left(\frac{(a+b)h}{2}\right)\left[\frac{(b+2a)^2 h^2}{9(a+b)^2}\right] = \frac{h^3(a^2+4ab+b^2)}{36(a+b)}$$

15) 코사인 곡선cosine wave

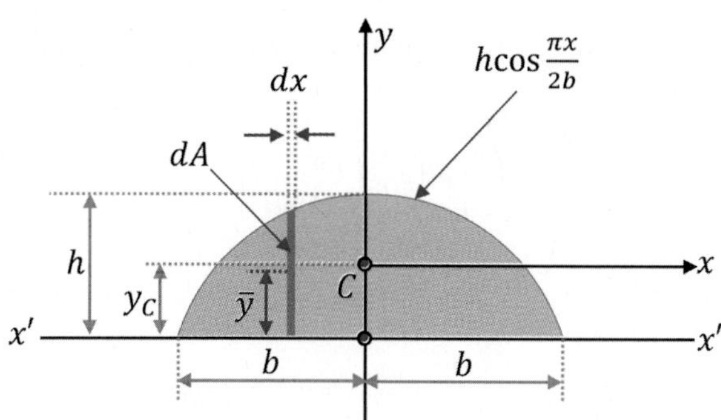

[그림 7-23] 코사인 곡선

• 단면의 2차모멘트 $I_{x'x'}$, I_{xx}, I_{yy}, I_{xy} ([그림 7-23] 참조)

$$I_{x'x'} = \int y^2 dA = \frac{1}{3}\int_{-b}^{b} y^3\, dx = \frac{1}{3}\int_{-b}^{b}\left(h\cos\left(\frac{\pi x}{2b}\right)\right)^3 dx = \frac{h^3}{3}\int_{-b}^{b}\left(\cos\left(\frac{\pi x}{2b}\right)\right)^3 dx$$

$$= \frac{h^3}{6}\int_{-b}^{b}\left[\cos\left(\frac{\pi x}{2b}\right)\left(1+\cos\left(\frac{\pi x}{b}\right)\right)\right] dx$$

$$= \frac{h^3}{6}\int_{-b}^{b}\left[\cos\left(\frac{\pi x}{2b}\right)+\left(\cos\left(\frac{\pi x}{2b}\right)\right)\left(\cos\left(\frac{\pi x}{b}\right)\right)\right] dx$$

$$= \frac{h^3}{6}\int_{-b}^{b}\left[\frac{1}{2}cos\left(\frac{3\pi x}{2b}\right)+\frac{3}{2}cos\left(\frac{\pi x}{2b}\right)\right] dx$$

$$= \frac{h^3}{6}\left[\frac{6b}{2\pi}sin\left(\frac{\pi x}{2b}\right)\Big|_{-b}^{b} + \frac{2b}{6\pi}\left(\sin\left(\frac{3\pi x}{2b}\right)\right)\Big|_{-b}^{b}\right]$$

$$= \frac{h^3}{6}\left[\frac{6b}{2\pi}(2) - \frac{4b}{6\pi}\right] = \left(\frac{h^3}{6}\right)\left(\frac{16b}{3\pi}\right) = \frac{8bh^3}{9\pi}$$

$$\therefore\ I_{x'x'} = \frac{8bh^3}{9\pi}$$

이제 도심축인 x축에 대한 단면의 2차모멘트 I_{xx}는 평행축 정리를 사용하여 구한다.

$$I_{xx} = I_{x'x'} - Ad^2 = \frac{8bh^3}{9\pi} - \left(\frac{4bh}{\pi}\right)\left(\frac{\pi h}{8}\right)^2 = \left[\frac{8}{9\pi} - \frac{\pi}{16}\right]bh^3\ ,$$

$$\therefore\ I_{xx} = \left[\frac{8}{9\pi} - \frac{\pi}{16}\right]bh^3$$

한편, [그림 7-23]의 y 방향 도심축에 관한 단면의 2차모멘트는 다음과 같다.

$$I_{y'y'} = I_{yy} = \int_{-b}^{b} x^2 y\, dx = h\int_{-b}^{b} x^2\left(\cos\left(\frac{\pi x}{2b}\right)\right)dx$$

$$= h\left[x^2\left(\frac{2b}{\pi}\right)\sin\left(\frac{\pi x}{2b}\right)\Big|_{-b}^{b} - \left(\frac{4b}{\pi}\right)\int_{-b}^{b} x\sin\left(\frac{\pi x}{2b}\right)dx\right]$$

$$= h\left[\frac{4b^3}{\pi} - \left(\frac{4b}{\pi}\right)\left[\left(\frac{-2b}{\pi}\right)x\cos\left(\frac{\pi x}{2b}\right)\Big|_{-b}^{b} + \left(\frac{2b}{\pi}\right)\int_{-b}^{b}\cos\left(\frac{\pi x}{2b}\right)dx\right]\right]$$

$$= h\left[\frac{4b^3}{\pi} - \left(\frac{4b}{\pi}\right)\left[\left(\frac{2b}{\pi}\right)\left(\frac{2b}{\pi}\right)(1-(-1))\right]\right] = h\left[\frac{4b^3}{\pi} - \frac{32b^3}{\pi^3}\right]$$

$$\therefore I_{y'y'} = I_{yy} = \left[\frac{4}{\pi} - \frac{32}{\pi^3}\right] hb^3$$

또한, 단면의 상승적은 y축에 대칭이므로 0이 된다. 즉, $I_{xy} = 0$이다.

예제 7-1 복합 도형의 단면의 2차모멘트 구하기

[그림 7-24(a)]와 [그림 7-24(b)]에 있어, 복합 도형의 각각 x축과 x'축에 대한 단면의 2차모멘트를 구하여라.

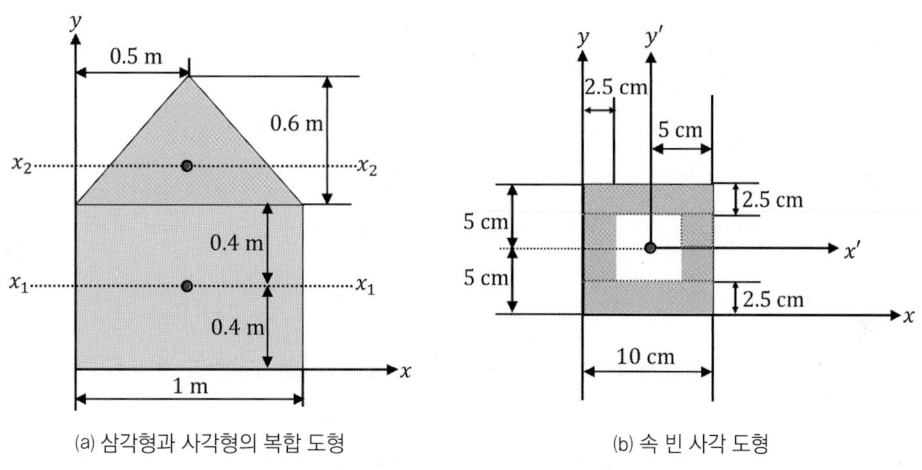

(a) 삼각형과 사각형의 복합 도형 (b) 속 빈 사각 도형

[그림 7-24] 복합 도형의 단면의 2차모멘트

분석

- 먼저, [그림 7-24(a)]에서, 삼각형과 사각형만의 도심축에 대한 단면의 2차모멘트를 구한다.
- [그림 7-24(b)]의 복합 도형에서, 관심 도형만의 도심축에 대한 단면의 2차모멘트를 구한다.
- 평행축 정리를 이용하여, 전체 복합 도형의 단면의 2차모멘트를 구한다.

풀이

❶ [그림 7-24(a)]에서, 개별 도형의 x축에 대한 단면의 2차모멘트는 다음과 같다.

$$I_{x_1x_1} = \frac{(1)(0.8^3)}{12} + (1)(0.8)(0.4^2) = 0.171 \text{ m}^2 \tag{1}$$

$$I_{x_2x_2} = \frac{(1)(0.6)^3}{36} + (1)(0.3)(0.8+0.2)^2 = 0.306\ \text{m}^4 \qquad (2)$$

❷ 따라서, 복합 도형의 x축에 대한 단면의 2차모멘트는 식 (1)과 식 (2)를 합하면 된다.

$$I_{xx} = I_{x_1x_1} + I_{x_2x_2} = 0.477\ \text{m}^4, \quad I_{xx} = 0.477\ \text{m}^4$$

❸ 이제, [그림 7-24(b)]의 복합 도형의 x'축에 대한 단면의 2차모멘트를 구해보자. 복합 도형을 면적이 동일한 상면과 하면, 그리고 단면적이 동일한 4개의 측면 도형의 단면의 2차모멘트를 구하면 된다. 즉, 다음과 같다.

$$\begin{aligned} I_{x'x'} &= 2\left[\frac{(10)(2.5^3)}{12} + (10)(2.5)(2.5+1.25)^2\right] \\ &\quad + 4\left[\frac{(2.5)(2.5^3)}{12} + (2.5)(2.5)(1.25)^2\right] \\ &= (729.17 + 52.08)\ \text{cm}^4, \ \therefore I_{x'x'} = 781.25\ \text{cm}^4 \end{aligned}$$

고찰

개별 도형의 합으로 구성된 복합 도형의 단면의 2차모멘트는 개별 도형의 구하고자 하는 축에 대한 단면의 2차모멘트를 합하면 된다.

속이 빈 복합 도형의 경우는 도형을 수개의 단일 도형으로 나누어, 각 도형을 구하고자 하는 축에 대한 2차모멘트 값을 구하거나, x, y 양축에 대칭인 복합 도형은 큰쪽의 도형에서 속 빈 형태의 개별 도형의 단면의 2차모멘트를 쳐내어도 된다.

예제 7-2 복합 도형의 단면의 2차모멘트 구하기

[그림 7-25(a)]와 같은 복합 도형의 x축에 대한 단면의 2차모멘트를 구하여라.

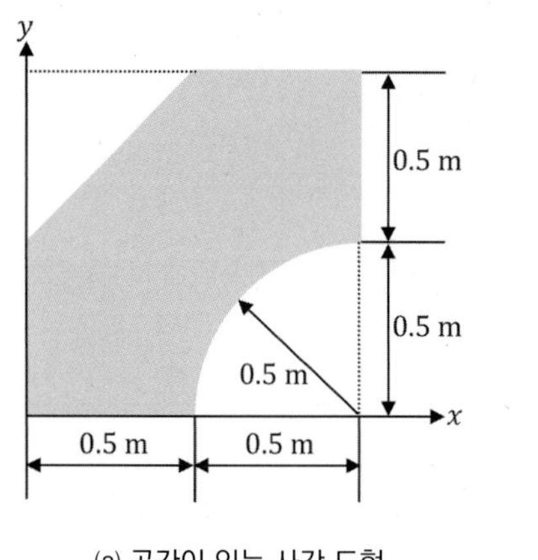

(a) 공간이 있는 사각 도형

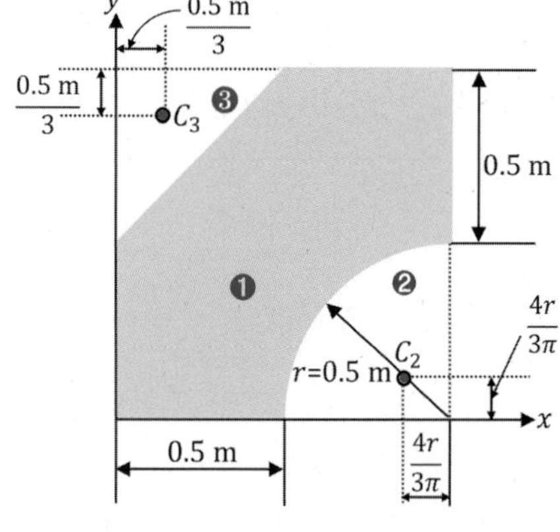

(b) 1/4원과 삼각형이 빠진 사각 도형

[그림 7-25] 속 빈 복합 도형

분석

- 먼저, [그림 7-25(b)]에서, 삼각형과 1/4원의 도심을 표시하고, 삼각형과 1/4원만의 자신의 도심축에 대한 단면의 2차모멘트를 구해 놓는다.
- 평행축 정리를 이용하여, 전체 복합 도형의 단면의 2차모멘트를 구한다.

풀이

❶ 풀이에 앞서, [그림 7-25(b)]에서, 속이 꽉찬 사각 도형을 ❶번 도형, 1/4원을 ❷번 도형, 직각삼각형을 ❸번 도형이라 하자. 각 개별 도형의 자신만의 x 방향 도심축에 대한 단면의 2차모멘트를 각각 I_{1xx}, I_{2xx}, I_{3xx}라 하고, 각각의 단면적을 A_1, A_2, A_3라 한다. 또한, 각 개별 도형의 자신만의 도심축으로부터 [그림 7-25(b)]의 x축까지의 떨어진 거리를 각각 d_{1x}, d_{2x}, d_{3x}라 한다.

❷ 추가적으로 도심을 구하는 6장의 6.1.1절에 있어, 4)항 (8)번 사각형, (2)번 1/4원, (6)번 직각삼각형의 도심을 참조한다. 또한, 7.1.6절의 8)항 사각형, 3)항 1/4원, 9)항 직각삼각형에 대한 단면의 2차모멘트를 참조한다.

❸ [그림 7-25(b)]를 참조하여, 다음과 같은 표를 만들 수 있다.

도형 번호	단면적, m^2	d_{ix}, m	$A_i d_{ix}^2$, m^4	I_{ixx}, m^4
❶	$A_1 = 1 \times 1 = 1$	$d_{1x} = 0.5$	$A_1 d_{1x}^2 = 0.25$	$I_{1xx} = \frac{1 \times (1)^3}{12}$ 0.0833
❷	$A_2 = -\frac{\pi(0.5^2)}{4}$ $= -0.196$	$d_{2x} = \frac{4 \times 0.5}{3\pi}$ $= 0.2122$	$A_2 d_{2x}^2 = -8.826 \times 10^{-3}$	$I_{2xx} = \frac{-(9\pi^2 - 64)(0.5^4)}{144\pi}$ $= -3.43 \times 10^{-3}$
❸	$A_3 = -\frac{(0.5^2)}{2}$ $= -0.125$	$d_{3x} = \left(1 - \frac{0.5}{3}\right)$ $= 0.8333$	$A_3 d_{3x}^2 = -0.0868$	$I_{3xx} = \frac{-(0.5)(0.5^3)}{36}$ $= -1.736 \times 10^{-3}$
합계	0.679		0.1544	0.0781

❹ 따라서, 주어진 복합 도형의 x축에 대한 단면의 2차모멘트는 다음과 같다.

$$I_{xx} = 0.0781 + 0.1544 = 0.2325 \text{ m}^4, \quad I_{xx} = 0.2325 \text{ m}^4$$

고찰

큰 도형에서 작은 도형들이 누락된 복합 도형은 어떤 축에 대한 단면의 2차모멘트를 구하는데 있어, 세심한 주의가 필요하다. 왜냐하면, 개별 도형의 단면의 2차모멘트의 합과 차를 잘 구별해야 하기 때문이다.

도심을 구하는 방법인 6장의 6.1.1절과 단면의 2차모멘트, 극관성 모멘트, 면적 관성 상승적을 구하는 방법인 7.1.6절의 내용을 계속적으로 반복해 훈련할 필요가 있다. 개별 도형에 대한 평면도형의 성질을 잘 알아야, 복합 도형에 대한 평면도형의 성질을 쉽게 구할 수 있기 때문이다.

예제 7-3 단일 도형의 단면의 관성 상승적 구하기

[그림 7-26]과 같은 반원의 $x'-y'$축에 대한 단면의 관성 상승적을 구하여라.

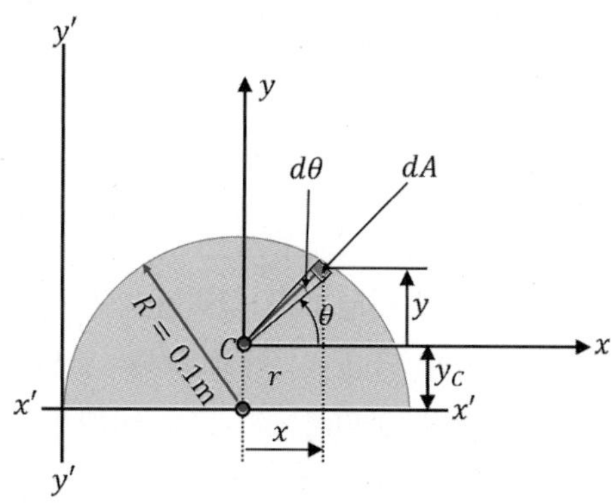

[그림 7-26] 반원의 관성 상승적

분석

- 먼저, [그림 7-26]에서, $x-y$ 좌표계를 $r-\theta$ 좌표로 변환하여 푸는 것이 쉽기 때문에, $x-y$ 좌표를 $r-\theta$ 좌표로 변환한다. 또한, 도심축 $x-y$축에 대한 단면의 관성 상승적을 먼저 구한 후, $x'-y'$축에 대한 단면의 관성 상승적을 구한다.
- 미소 단면적 dA를 $dA = r\,d\theta\,dr$로 변환하고, $I_{xy} = \int xy dA$의 식에 $r-\theta$ 좌표로 표현하기 위해, $x = r\cos\theta$, $y = r\sin\theta$를 대입하여 정리한다.

풀이

❶ 도심축 $x-y$축에 대한 단면의 관성 상승적을 구하기 위해 [그림 7-26]에서, $x = r\cos\theta$, $y = r\sin\theta$의 극좌표로 변환하고, dA를 $dA = r\,d\theta\,dr$로 변환한다.

❷ 이제, 도심축 $x-y$에 대한 단면의 관성 상승적의 식인 $I_{xy} = \int xy dA$를 다음과 같이 먼저 계산한다. 직관적으로도 면적의 대칭성을 고려하면, $I_{xy} = 0$이 되지만, 일단 계산도 해보자.

$$I_{xy} = I_{yx} = \int xy\,dA = \int_0^R \int_0^{2\pi} (r^2 \sin\theta\cos\theta)\,r\,dr\,d\theta = \int_0^R r^3\,dr \int_0^{2\pi} \frac{1}{2}\sin 2\theta\,d\theta$$

$$= \left[\frac{1}{4}r^4\right]_0^R \times \left[-\frac{1}{4}\cos 2\theta\right]_0^{2\pi} = \left(\frac{R^4}{4}\right) \times \left(\frac{-1}{4}\cos 2\theta\right)_0^{2\pi} = 0$$

❸ 따라서, $x'-y'$축에 대한 단면의 관성 상승적은 평행축 정리를 써서 다음과 같이 된다.

$$I_{x'y'} = I_{xy} + A(R)(y_C) = 0 + \frac{(\pi 0.1^2)}{2}\left((0.1)\left(\frac{4\times(0.1)}{3\pi}\right)\right) = 6.667\times 10^{-5}\ \mathrm{m}^4$$

$$I_{x'y'} = 6.667\times 10^{-5}\ \mathrm{m}^4$$

고찰

먼저 단면의 관성 상승적은 부호가 양(+)일 때도 있지만, 음(−)일 때도 있다. 따라서, 이를 표현하는 데 세심한 주의가 필요하게 된다. 이 예제에서는 반원의 위치가 $x'-y'$축 위와 우측에 존재하므로 양이 된다. 그러면, 반원이 $x'-y'$축 아래에 위치할 때는 어떻게 될까?

Section 7.2

면적 관성모멘트의 응용

학습목표

- ✔ 경사진 단면에 대한 면적 관성모멘트와 관성 상승적의 계산 방법을 익히고 나타낸다.
- ✔ 주축의 개념을 이해하고, 모어 원을 이용해 최대 면적 관성모멘트와 최소 면적 관성모멘트를 구하는 방법을 학습한다.

7.1절에서는 어떤 축에 대한 면적 관성모멘트와 단면의 관성 상승적, 극관성 모멘트 등을 학습하였다. 그러나, 때에 따라 해당 축을 좌표변환시키거나 축을 회전시킬 필요가 있을 수 있다. 이 절에서는 이러한 축의 회전과 관련된 내용을 이해하고, **주 면적 관성모멘트**principal area moment of inertia의 개념과 계산된 식을 배우고, 실제 응용으로 예제를 통해 계산해 본다.

7.2.1 축의 회전과 좌표변환

어떤 도심을 통과하는 도심 좌표축이 있을 때, 이 좌표축이 기준 좌표축과 얼마나 이격되어 있는지를 나타내는 척도로 **단면의 관성 상승적**을 배운 바 있다. 만일 어떤 경사진 단면의 면적 관성모멘트를 계산할 필요가 있다면 단면의 관성 상승적을 아는 것이 유용하다. [그림 7-27]의 전체 면적이 A인 평면도형을 생각하고, 이 평면도형 내의 아주 작은 미소 단면적

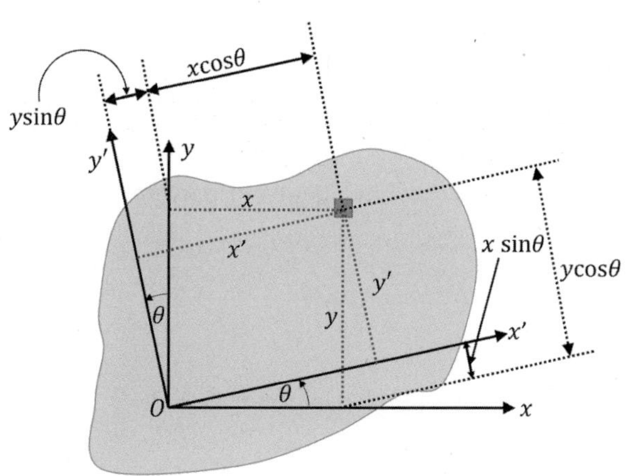

[그림 7-27] $x-y$ 좌표의 $x'-y'$ 좌표로의 변환

dA를 이용하여, 경사진 축인 $x' - y'$축에 대한 면적 관성모멘트 $I_{x'x'}$과 $I_{y'y'}$와 면적 관성상승적을 생각할 때, $I_{x'x'}$, $I_{y'y'}$, $I_{x'y'}$은 다음과 같이 표현할 수 있다.

$$I_{x'x'} = \int y'^2 dA = \int (y\cos\theta - x\sin\theta)^2 dA \tag{7.11}$$

$$I_{y'y'} = \int x'^2 dA = \int (y\sin\theta + x\cos\theta)^2 dA \tag{7.12}$$

$$I_{x'y'} = \int x'y' dA = \int (y\sin\theta + x\cos\theta)(y\cos\theta - x\sin\theta) dA \tag{7.13}$$

식 (7.11)~식 (7.13)을 다시 정리하면 다음과 같이 된다.

$$I_{x'x'} = \int \left[y^2\cos^2\theta + x^2\sin^2\theta - 2xy\sin\theta\cos\theta\right] dA \tag{7.14}$$

$$I_{y'y'} = \int \left[y^2\sin^2\theta + x^2\cos^2\theta + 2xy\sin\theta\cos\theta\right] dA \tag{7.15}$$

$$I_{x'y'} = \int (xy\cos^2\theta + y^2\sin\theta\cos\theta - xy\sin^2\theta - x^2\cos\theta\sin\theta) dA \tag{7.16}$$

이제, 다음과 같은 삼각함수의 성질을 이용하자.

$$\sin^2\theta = \frac{(1-\cos 2\theta)}{2},\ \cos^2\theta = \frac{(1+\cos 2\theta)}{2},\ \sin 2\theta = 2\sin\theta\cos\theta,$$

$$\cos^2\theta - \sin^2\theta = \cos 2\theta \tag{7.17}$$

식 (7.17)을 이용하면, 식 (7.14)~식 (7.16)은 다음과 같은 관계식으로 표현할 수 있다.

$$I_{x'x'} = \frac{I_{xx}+I_{yy}}{2} + \frac{I_{xx}-I_{yy}}{2}\cos 2\theta - I_{xy}\sin 2\theta \tag{7.18}$$

$$I_{y'y'} = \frac{I_{xx}+I_{yy}}{2} - \frac{(I_{xx}-I_{yy})}{2}\cos 2\theta + I_{xy}\sin 2\theta \tag{7.19}$$

$$I_{x'y'} = \frac{I_{xx}-I_{yy}}{2}\sin 2\theta + I_{xy}\cos 2\theta \tag{7.20}$$

식 (7.18)과 식 (7.19)를 더하면 다음과 같은 관계식을 얻을 수 있다.

$$I_{x'x'} + I_{y'y'} = I_{xx} + I_{yy} = I_p \tag{7.21}$$

식 (7.21)은 극관성 모멘트 I_p라고도 부르며, 축의 비틀림과 관계가 있다. 한편, 식 (7.18)~식 (7.20)의 θ에 관한 미분은 다음과 같이 나타내진다.

$$\frac{dI_{x'x'}}{d\theta} = (I_{yy} - I_{xx})\sin 2\theta - 2I_{xy}\cos 2\theta \tag{7.22}$$

$$\frac{dI_{y'y'}}{d\theta} = (I_{xx} - I_{yy})\sin 2\theta + 2I_{xy}\cos 2\theta \tag{7.23}$$

$$\frac{dI_{x'y'}}{d\theta} = (I_{xx} - I_{yy})\cos 2\theta - 2I_{xy}\sin 2\theta \tag{7.24}$$

식 (7.22)~식 (7.23)을 영zero으로 놓으면, 다음과 같은 극값(최댓값 및 최솟값)을 나타내는 2θ의 값을 얻을 수 있다. 즉, 다음과 같다.

$$\tan 2\theta = \frac{2I_{xy}}{I_{yy} - I_{xx}} \tag{7.25}$$

탄젠트 함수는 다음과 같이, $\tan(\pi + 2\theta) = \tan 2\theta$인 관계가 있으므로, 2θ의 관점에서는 π 만큼 차이가 나고, θ의 관점에서는 $\frac{\pi}{2}$ 만큼 차이가 나는 두 개의 각이 존재함을 알 수 있다. 이때, 하나는 최소 면적 관성모멘트와 관계가 있고, 또 다른 하나는 최대 면적 관성모멘트와 관계가 있다. 이 두개의 면적 관성모멘트는 **주 면적 관성모멘트**principal area moment of inertia라 하고, 이 두 개의 면적 관성모멘트에 해당하는 축을 **주축**principal axis이라고 한다. 이 주축에서는 단면의 관성 상승적이 영zero인 상태를 말한다.

이제, 식 (7.25)를 식 (7.18)과 식 (7.19)에 대입하면 다음과 같이 최대 면적 관성모멘트와 최소 면적 관성모멘트 값을 얻게 된다. 이 최대와 최소 면적 관성모멘트를 각각 I_1과 I_2라 하면 I_1과 I_2를 주 면적 관성모멘트라고도 하고, 다음과 같이 나타낼 수 있다.

$$I_1 = \frac{I_{xx} + I_{yy}}{2} + \sqrt{\left[\frac{(I_{xx} - I_{yy})}{2}\right]^2 + I_{xy}^2} \tag{7.26}$$

$$I_2 = \frac{I_{xx} + I_{yy}}{2} - \sqrt{\left[\frac{(I_{xx} - I_{yy})}{2}\right]^2 + I_{xy}^2} \tag{7.27}$$

7.2.2 모어 원에 의한 면적 관성모멘트의 표현

7.2.1절에서 학습한 축의 회전 또는 좌표변환에 의한 면적 관성모멘트와 관성 상승적을 구하는 관계들을 살펴보았다. 이 절에서는 독일의 토목 기술자였던 오토 모어[9]가 발표했던 좌표변환에 따른 응력 변환의 관계를 도식적으로 표현하는 방법을 학습한다. 이 도식적 그림을 **모어 원**Mohr's circle이라고 한다.

모어 원은 [그림 7-28]에 나타난 바와 같이, 수평축을 면적 관성모멘트의 축으로 잡고, 수직축을 단면 관성 상승적의 축으로 잡아 그린 그림이다. 예를 들어, 현재의 상태(면적 관성모멘트와 관성 상승적을 모두 지니고 있는 상태)를 모어 원에 나타내어 x,y 상태라 할 때, 반시계 방향으로 θ 만큼(모어 원에서는 2배 각인 2θ 만큼) 회전시킨 상태는 x', y' 상태가 된다. 또한, 수평축은 주축으로 최대 면적 관성모멘트 I_1과 최소 면적 관성모멘트 I_2에 관계된 축이다. 한편, 수직축은 I_{xy}축으로 단면의 관성 상승적에 해당하는 축이다. 실제 상태에서는 I_{xx}와 I_{yy}가 90°를 이루고 있는데, 모어 원 상에서는 2배 각인 180°를 이루고 있다.

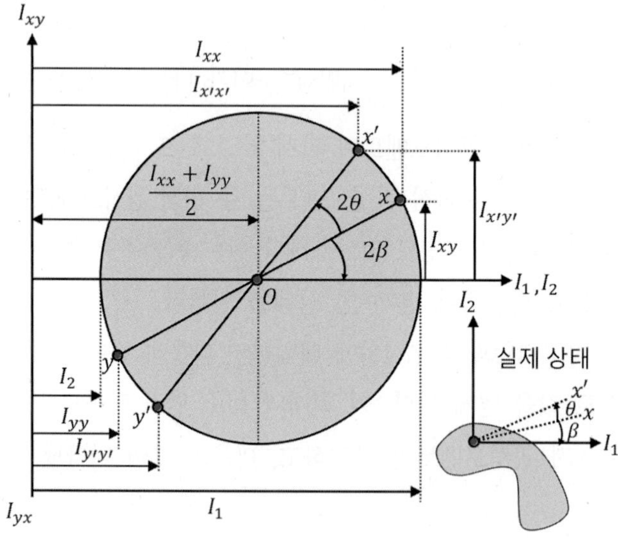

[그림 7-28] 모어 원에 의한 면적 관성모멘트와 관성 상승적

9 Christian Otto Mohr(1835~1918년, 독일)

[그림 7-28]에서 모어 원의 중심의 좌표는 $\frac{I_{xx}+I_{yy}}{2}$ 이고, 반경 R은 $\sqrt{\left[\frac{(I_{xx}-I_{yy})}{2}\right]^2+I_{xy}^2}$ 이 된다. 또한, 최대 면적 관성모멘트 I_1과 최소 면적 관성모멘트 I_2는 각각 다음과 같이 된다.

$$I_1=\frac{I_{xx}+I_{yy}}{2}+R=\frac{I_{xx}+I_{yy}}{2}+\sqrt{\left[\frac{(I_{xx}-I_{yy})}{2}\right]^2+I_{xy}^2} \tag{7.28}$$

$$I_2=\frac{I_{xx}+I_{yy}}{2}-R=\frac{I_{xx}+I_{yy}}{2}-\sqrt{\left[\frac{(I_{xx}-I_{yy})}{2}\right]^2+I_{xy}^2} \tag{7.29}$$

예제 7-4 복합 도형의 면적 관성모멘트, 관성 상승적, 주축의 방향 구하기

[그림 7-29(a)]와 같은 복합 도형의 x축 및 y축에 대한 면적 관성모멘트, 관성 상승적, 주축의 방향, 최대 및 최소 면적 관성모멘트를 구하여라.

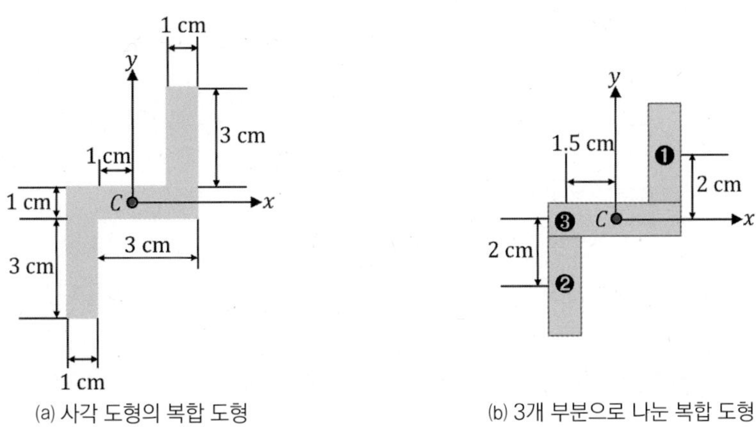

(a) 사각 도형의 복합 도형

(b) 3개 부분으로 나눈 복합 도형

[그림 7-29] 비 대칭 복합 도형

분석

- 먼저, [그림 7-29(b)]에서, ❶, ❷, ❸ 도형만의 도심축에 대한 면적 관성모멘트를 구한다.
- 평행축 정리를 이용하여, 전체 복합 도형의 x축과 y축에 대한 면적 관성모멘트를 구한다.
- x축과 y축에 대한 면적 관성 상승적을 구하고, 모어 원을 이용하여, 최대 및 최소 면적 관성모멘트를 구한다.

풀이

❶ 3개의 각 개별 도형의 x, y축에 대한 단면의 2차모멘트를 각각 I_{1xx}, I_{2xx}, I_{3xx}, I_{1yy}, I_{2yy}, I_{3yy}라 하고, 각각의 단면적을 A_1, A_2, A_3라 한다. 또한, 각 개별 도형의 자신만의 도심축으로부터 [그림 7-29(b)]의 x축까지의 떨어진 거리를 각각 d_{1x}, d_{2x}, d_{3x}라 하고, y축까지의 떨어진 거리를 각각 d_{1y}, d_{2y}, d_{3y}라 하자. [그림 7-29(b)]를 참조할 때, 각 개별 도형의 x축과 y축에 대한 면적 관성모멘트는 다음과 같다.

$$I_{1xx} = \frac{1\times(3^3)}{12} + (1)(3)(2^2) = 14.25\text{ cm}^4,\quad I_{2xx} = I_{1xx} = 14.25\text{ cm}^4 \tag{1}$$

$$I_{3xx} = \frac{4\times1^3}{12} = 0.333\text{ cm}^4 \tag{2}$$

따라서, 복합 도형 전체의 x축에 대한 면적 관성모멘트 I_{xx}는 다음과 같다.

$$I_{xx} = I_{1xx} + I_{2xx} + I_{3xx} = 14.25 + 14.25 + 0.333 = 28.833\text{ cm}^4,$$

$$I_{xx} = 28.833\text{ cm}^4 \tag{3}$$

$$I_{1yy} = \frac{3\times1^3}{12} + (3\times1)(1.5^2) = 7\text{ cm}^4,\ I_{2yy} = I_{1yy} = 7\text{ cm}^4 \tag{4}$$

$$I_{3yy} = \frac{1\times4^3}{12} = 5.333\text{ cm}^4 \tag{5}$$

따라서, 복합 도형 전체의 y축에 대한 면적 관성모멘트 I_{yy}는 다음과 같다.

$$I_{yy} = I_{1yy} + I_{2yy} + I_{3yy} = 7 + 7 + 5.333 = 19.333\text{ cm}^4,\ I_{yy} = 19.333\text{ cm}^4 \tag{6}$$

❷ 이제, 면적의 관성 상승적 I_{xy}를 구해보자.

$$I_{1xy} = I'_{1xy} + A_1(2)(1.5) = 0 + 9 = 9\text{ cm}^4 \tag{7}$$

$$I_{2xy} = I'_{2xy} + A_2(-2)(-1.5) = 0 + 9 = 9\text{ cm}^4 \tag{8}$$

$$I_{3xy} = I'_{3xy} + A_3(0)(0) = 0 + 0 = 0\text{ cm}^4 \tag{9}$$

따라서, 복합 도형 전체의 면적 관성 상승적은 다음과 같다.

$$I_{xy} = I_{1xy} + I_{2xy} + I_{3xy} = 9+9+0 = 18\ \text{cm}^4,\ \ I_{xy} = 18\ \text{cm}^4$$

❸ 이제 모어 원으로 주축의 방향과 주관성모멘트들을 구해보자.

모어 원의 중심

$$\frac{I_{xx}+I_{yy}}{2} = \frac{28.833+19.333}{2} = 24.083\ \text{cm}^4$$

모어 원의 반경

$$\sqrt{\left[\frac{(I_{xx}-I_{yy})}{2}\right]^2 + I_{xy}^2} = \sqrt{\left[\frac{(28.833-19.333)}{2}\right]^2 + (18^2)} = 18.616\ \text{cm}^4$$

❹ 최대 면적 관성 상승적과 최소 관성 상승적을 각각 I_1과 I_2라 하면, I_1과 I_2는 다음과 같이 계산된다.

$$I_1 = \frac{I_{xx}+I_{yy}}{2} + R = \frac{I_{xx}+I_{yy}}{2} + \sqrt{\left[\frac{(I_{xx}-I_{yy})}{2}\right]^2 + I_{xy}^2} = 42.699 \tag{10}$$

$$I_2 = \frac{I_{xx}+I_{yy}}{2} - R = \frac{I_{xx}+I_{yy}}{2} - \sqrt{\left[\frac{(I_{xx}-I_{yy})}{2}\right]^2 + I_{xy}^2} = 5.467 \tag{11}$$

$$I_1 = 42.699\ \text{cm}^4,\ \ I_2 = 5.467\ \text{cm}^4$$

❺ [그림 7-30]은 모어 원을 보여주고 있다. 주축의 방향을 구하기 위해서는 모어 원에서 다음과 같이 구해진다.

$$\tan 2\theta = \frac{18}{\frac{(28.833-19.333)}{2}} = \frac{18}{4.75},\quad 2\theta = 75.217°$$

$$\theta = 37.609°$$

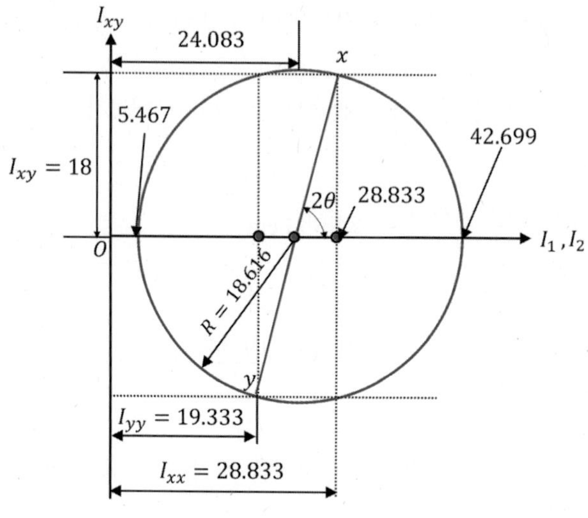

[그림 7-30] 모어 원

고찰

모어 원을 사용하면, 좌표변환에 의한 주축의 방향을 쉽게 구할 수 있으므로, 이를 명확히 익혀두는 것이 좋다. 특히, 각도의 양과 음의 부호를 잘 생각해야 한다.

Section 7.3

질량 관성모멘트

학습목표

- ✔ 질량 관성모멘트에 대한 개념과 정의를 학습한다.
- ✔ 다양한 물체에 대한 질량 관성모멘트의 계산 예를 다루고, 평행축 정리를 사용하여, 무게중심 축에 평행인 다른 축에 대한 질량 관성모멘트를 계산한다.

주축의 **질량 관성모멘트**mass moment of inertia는 뉴턴의 운동 제 2법칙을 회전하는 물체에 적용시켜, 각가속도에 저항하려는 물리적 척도가 되는 양으로 정의된다. 병진운동(회전운동이 동반되지 않는 운동)에 관한 뉴턴의 운동 제 2법칙 $\sum F = ma$에 있어, 질량(**병진관성**이라고도 함)에 대한 물리적인 저항의 척도가 선 가속도이듯이, 회전에 관한 뉴턴의 운동 제 2법칙인 $\sum M = I\alpha$에서 각가속도에 저항하려는 물리적인 척도가 질량 관성모멘트 또는 회전관성이다. 이 절에서는 회전관성을 갖는 다양한 물체들에 있어, **회전관성**을 계산하는 방법을 학습한다.

7.3.1 질량 관성모멘트

[그림 7-31(a)]와 같이 $\mathrm{P-P}$축을 중심으로 회전하고 있는 전체 질량 m의 3차원 물체를 생각하자. 이해를 돕기 위해, 3차원 물체의 내부에 얇은 원판이 있다고 가정하고, [그림 7-31(b)]에 원판만을 따로 독립적으로 그려놓았다. 전체 질량 m의 3차원 물체의 내부에는 무수히 많은 미소 질량들로 구성되어 있다고 볼 때, 이 미소 질량들의 $\mathrm{P-P}$축까지 떨어진 거리를 $r_1, r_2, r_{3,} \cdots\cdots r_n$이라 하자. 질량 관성모멘트는 면적 관성모멘트와 유사하게 미소 질량의 거리의 제곱을 누적한 것으로 표현된다. 즉 다음과 같이 쓸 수 있다.

$$\Delta m_1 r_1^2 + \Delta m_2 r_2^2 + \Delta m_3 r_3^2 \cdots\cdots + \Delta m_n r_n^2 = \sum_{i=1}^{i=n} \Delta m_i r_i^2 \tag{7.30}$$

식 (7.30)의 합의 기호는 미소 질량을 더 세분화하면, 적분의 기호와도 같이 쓸 수 있기 때문에, 질량 관성모멘트를 적분 기호를 써서 나타내면 다음과 같이 표현된다.

$$I = \int r^2 dm \tag{7.31}$$

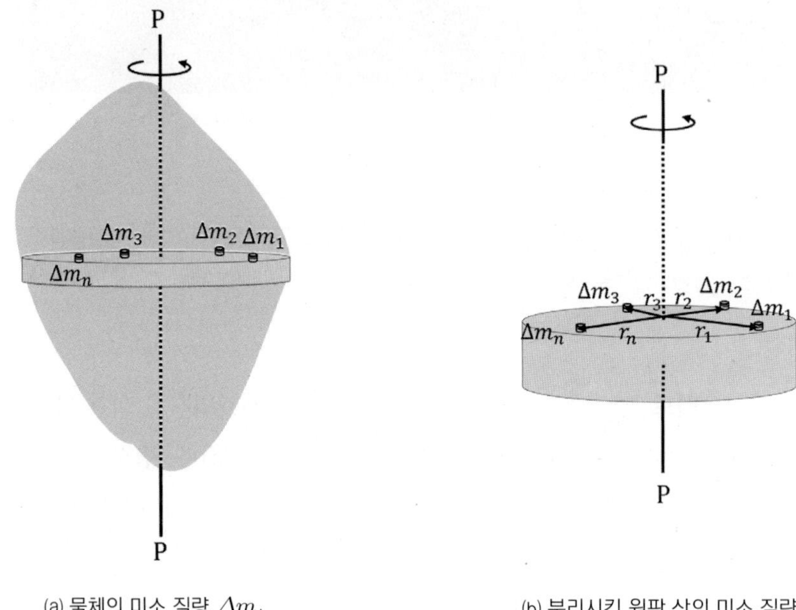

(a) 물체의 미소 질량 Δm_i (b) 분리시킨 원판 상의 미소 질량

[그림 7-31] 회전축에 대한 미소 질량 Δm_i의 질량 관성모멘트

1) 물체의 회전반경

물체의 **회전반경**을 k_r이라 하면, 이 회전반경은 물체가 $\mathrm{P-P}$축에 대해 질량 관성모멘트가 변하지 않는 경우, 물체의 전체 질량이 집중되어야 할 거리를 나타낸다. 즉 다음과 같다.

$$mk_r^2 = I, \quad k_r = \sqrt{\frac{I}{m}} \tag{7.32}$$

이제, [그림 7-32]와 같은 3차원 직각 좌표축 상에서 어떤 물체의 좌표축에 대한 질량 관성모멘트는 다음과 같이 표시될 수 있다.

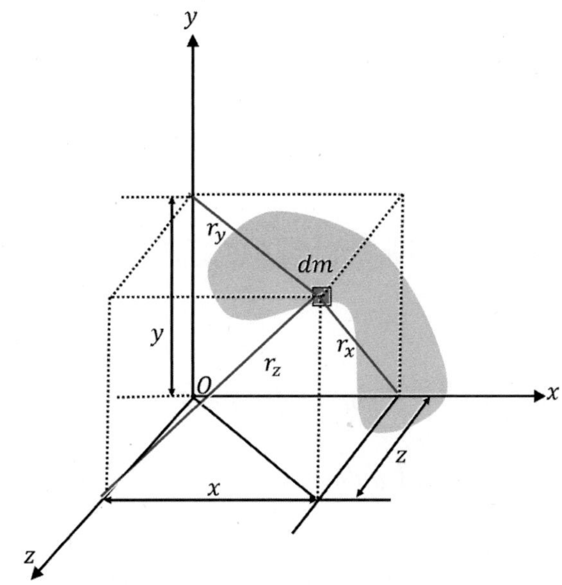

[그림 7-32] x,y,z 좌표 상의 미소 질량 dm

$$I_{xx}^{*} = \int r_x^2\, dm = \int (y^2 + z^2) dm, \; I_{yy}^{*} = \int r_y^2\, dm = \int (x^2 + z^2) dm,$$

$$I_{zz}^{*} = \int r_z^2\, dm = \int (x^2 + y^2) dm \tag{7.33}$$

2) 질량 관성모멘트의 평행축 정리

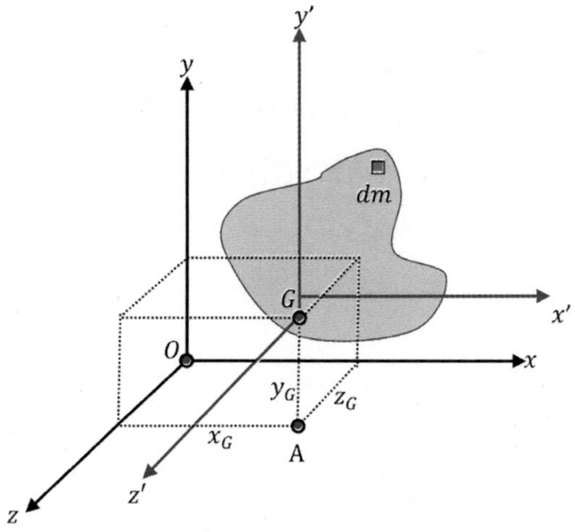

[그림 7-33] 임의의 직각좌표계와 무게중심을 통과하는 좌표계에서의 미소 질량 dm

[그림 7-33]과 같이, 임의의 $x-y-z$ 직각좌표계와 무게중심을 원점으로 하는 $x'-y'-z'$ 좌표계에 있어 미소 질량 dm의 위치를 나타내보면 다음과 같음을 알 수 있다.

$$x = x' + x_G, \quad y = y' + y_G, \; z = z' + z_G \tag{7.34}$$

먼저, 미소 질량의 x축에 대한 질량 관성모멘트를 I^*_{xx} 라 하면 I^*_{xx} 는 다음과 같이 나타내진다.

$$\begin{aligned} I^*_{xx} &= \int r_x^2\, dm = \int (y^2 + z^2) dm = \int [(y' + y_G)^2 + (z' + z_G)^2] dm \\ &= \int (y'^2 + z'^2) + 2y_G \int y'\, dm + 2z_G \int z' dm + \int (y_G^2 + z_G^2) dm \end{aligned} \tag{7.35}$$

식 (7.35)에서 두 번째와 세 번째 항은 각각 무게중심을 포함하고, 각각 $z'x'$ 평면과 $x'y'$ 평면에 대한 물체의 1차모멘트 항이다. 이는 이미 무게중심을 다루는 6장에서 영zero이 됨을 인식한 바 있다. 따라서, 식 (7.35)는 다음 식으로 압축된다.

$$I^*_{xx} = I^*_{x'x'} + m(y_G^2 + z_G^2) \tag{7.36}$$

I^*_{yy} 와 I^*_{zz} 도 식 (7.36)과 유사한 방법으로 다음과 같이 압축된다.

$$I^*_{yy} = I^*_{y'y'} + m\left(x_G^2 + z_G^2\right), \quad I^*_{zz} = I^*_{z'z'} + m\left(x_G^2 + y_G^2\right) \tag{7.37}$$

식 (7.36)과 식 (7.37)에서, $y_G^2 + z_G^2$, $x_G^2 + z_G^2$, $x_G^2 + y_G^2$은 각각 무게중심을 통과하는 축으로부터 x, y, z축까지 떨어진 거리의 제곱이다. 이 거리를 일반화시켜 d_G라 하면, 각 축에 대해 다음과 같은 일반화된 평행축 정리로 귀결된다.

$$I^* = I^*_G + m d_G^2 \tag{7.38}$$

7.3.2 다양한 물체의 질량 관성모멘트 계산

이제, 단일 물체의 질량 관성모멘트를 계산해 보자. 일반화된 식 (7.31)을 사용하여 계산할 수 있다.

1) 원통

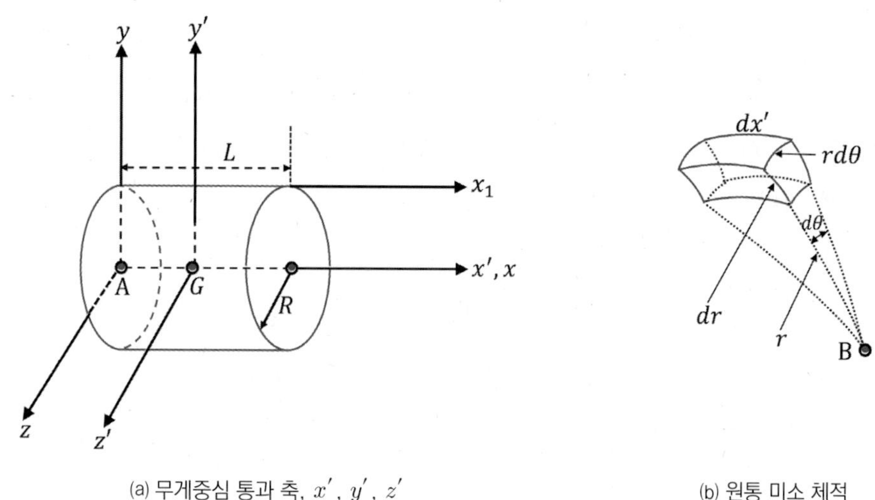

(a) 무게중심 통과 축, x', y', z' (b) 원통 미소 체적

[그림 7-34] 반경 R, 길이 L의 원통

단일 [그림 7-34(a)]의 원통에 대해, 미소 체적 요소를 [그림 7-34(b)]와 같이 잡자. 이때, 미소 체적을 dV라 하면, $dV=(dr)(r\,d\theta)(dx')$가 된다. 먼저, x'축에 대한 질량 관성모멘트 $I^*_{x'x'}$는 다음과 같이 나타내진다.

$$I^*_{x'x'}=\int r^2\,dm=\rho\int r^2\,dV=\rho\int r^2(rdr)\int d\theta\int dx' \tag{7.39}$$

식 (7.39)는 체적 적분을 3개의 선적분으로 나눈 것이며, r은 [그림 7-34(b)]의 점 B로부터 미소 체적 요소의 임의의 r 만큼 떨어진 거리를 의미한다. 또한, 무게중심을 통과하는 x'축에 대한 질량 관성모멘트 $I^*_{x'x'}$에 있어, $r^2=y'^2+z'^2$이 된다. 또한, 식 (7.39)에서, ρ는 밀도, dV는 미소 체적을 의미하고, r이 변하는 구간은 $0\to R$, θ가 변할 수 있는 구간은 $0\to 2\pi\,\text{rad}$, x'이 변할 수 있는 구간은 $\frac{-L}{2}\to\frac{L}{2}$이다. 따라서, 식 (7.39)에 적분구간을 대입하고, 적분을 행하면 다음과 같이 된다.

$$I^*_{x'x'} = \rho\int_0^R r^2(rdr)\int_0^{2\pi}d\theta\int_{-\frac{L}{2}}^{\frac{L}{2}}dx' = \rho\left[\frac{r^4}{4}\right]_0^R[\theta]_0^{2\pi}[x']_{-\frac{L}{2}}^{\frac{L}{2}}$$

$$= \frac{\rho\pi R^4 L}{2} = \frac{1}{2}mR^2 \tag{7.40}$$

식 (7.40)에서, m은 원통의 총 질량을 나타낸다. 다음은 [그림 7-34(a)]에서, 역시 무게중심을 통과하는 축에 대한 질량 관성모멘트 $I^*_{y'y'}$과 $I^*_{z'z'}$를 구하기로 한다. 그러나, 대칭성의 성질 때문에, $I^*_{y'y'} = I^*_{z'z'}$이 된다. 따라서, 둘 중에 어느 하나만 구하면 되고, $I^*_{z'z'}$을 구하는 단계는 다음과 같다.

$$I^*_{z'z'} = \int(x'^2+y'^2)dm = \rho\int x'^2dm + \rho\int y'^2dm$$

$$= \rho\left(\int_{-\frac{L}{2}}^{\frac{L}{2}}x'^2dx'\right)\left(\int_0^R r\,dr\right)\left(\int_o^{2\pi}d\theta\right) + \rho\int_{-\frac{L}{2}}^{\frac{L}{2}}\left(\int y'^2dA\right)dx'$$

$$= \rho\left[\frac{x'^3}{3}\right]_{-\frac{L}{2}}^{\frac{L}{2}}\left[\frac{r^2}{2}\right]_0^R[\theta]_0^{2\pi} + \rho L\int y'^2dA$$

$$= \rho\left(\frac{L^3}{12}\right)\left(\frac{R^2}{2}\right)(2\pi) + \rho L\left(\frac{\pi R^4}{4}\right) = \frac{m(3R^2+L^2)}{12} \tag{7.41}$$

$$I^*_{y'y'} = I^*_{z'z'} = \frac{m(3R^2+L^2)}{12} \tag{7.42}$$

평행축 정리를 써서, 무게중심 축과 평행인 [그림 7-34(a)]의 x_1, y, z축에 대한 질량 관성모멘트 $I^*_{x_1x_1}$, I^*_{yy}, I^*_{zz}는 각각 다음과 같다.

$$I^*_{x_1x_1} = I^*_{xx} + md_G^2 = \frac{1}{2}mR^2 + mR^2 = \frac{3}{2}mR^2$$

$$I^*_{yy} = I^*_{y'y'} + md_G^2 = \frac{m(3R^2+L^2)}{12} + m\left(\frac{L}{2}\right)^2 = \frac{m(3R^2+4L^2)}{12}$$

$$I^*_{zz} = I^*_{z'z'} + md_G^2 = \frac{m(3R^2+L^2)}{12} + m\left(\frac{L}{2}\right)^2 = \frac{m(3R^2+4L^2)}{12}$$

위의 세 개의 식 중, d_G는 무게중심 축과 구하고자 하는 축 사이의 거리이고, m은 물체의 총 질량이다.

2) 직육면체

[그림 7-35(a)]의 직육면체의 무게중심을 통과하는 축은 x', y', z'이다. 이 세 개의 축에 대한 질량 관성모멘트를 각각 $I^*_{x'x'}$, $I^*_{y'y'}$, $I^*_{z'z'}$라 하자. 먼저, $I^*_{x'x'}$를 구해보자. 구하기에 앞서, [그림 7-35(b)]와 [그림 7-35(d)]를 참조한다.

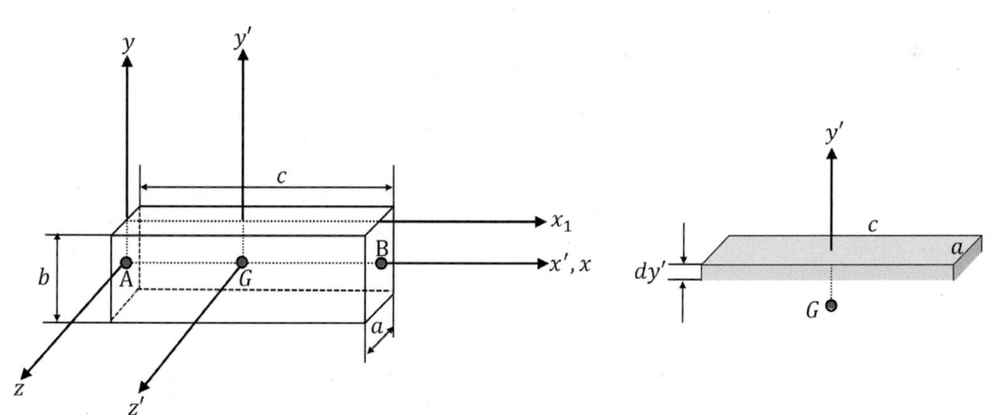

(a) 무게중심 통과 축, x', y', z'

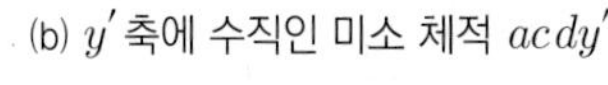

(b) y' 축에 수직인 미소 체적 $acdy'$

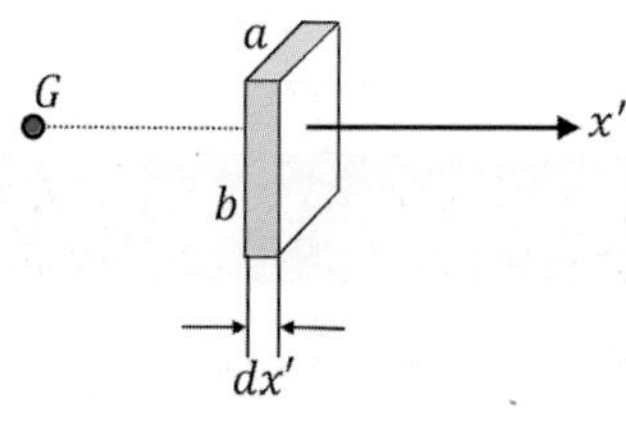

(c) x' 축에 수직인 미소 체적 $abdx'$

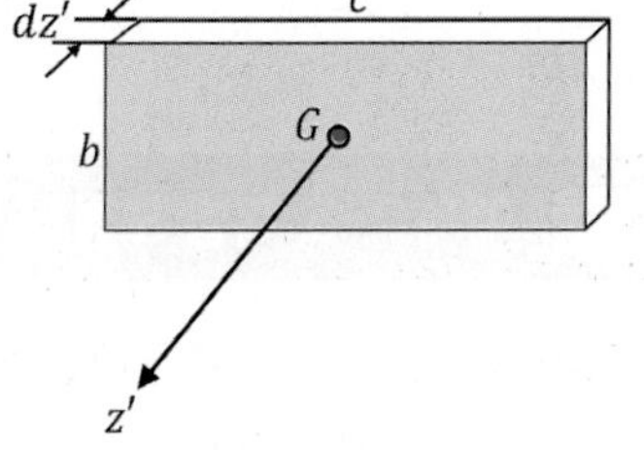

(d) z' 축에 수직인 미소 체적 $bcdz'$

[그림 7-35] a, b, c 세 변의 직육면체

$$I^*_{x'x'} = \int y'^2 dm + \int z'^2 dm = \rho \int y'^2 dV + \rho \int z'^2 dV$$

$$= \rho ac \int_{-\frac{b}{2}}^{\frac{b}{2}} y'^2 dy' + \rho ba \int_{-\frac{a}{2}}^{\frac{a}{2}} z'^2 dz' = \frac{\rho acb^3}{12} + \frac{\rho bca^3}{12} = \frac{m(a^2 + b^2)}{12} \qquad (7.43)$$

식 (7.43)을 도출하기에 앞서 [그림 7-35(b)]와 [그림 7-35(d)]를 참조한 이유는 적분을 y'축과 z'축을 따라 행해야 하기 때문이었다.

이제, y'축에 대한 질량 관성모멘트 $I^*_{y'y'}$을 구해보자. 구하기에 앞서, [그림 7-35(c)]와 [그림 7-35(d)]를 참조한다. 이 역시 적분을 행하려면 x'축과 z'축을 따라 행해야 하기 때문이다. $I^*_{y'y'}$은 다음과 같이 계산된다.

$$I^*_{y'y'} = \int x'^2 dm + \int z'^2 dm = \rho \int x'^2 dV + \rho \int z'^2 dV$$

$$= \rho ab \int_{-\frac{c}{2}}^{\frac{c}{2}} x'^2 dx' + \rho bc \int_{-\frac{a}{2}}^{\frac{a}{2}} z'^2 dz' = \frac{\rho abc^3}{12} + \frac{\rho bca^3}{12} = \frac{m(a^2+c^2)}{12} \tag{7.44}$$

이제, z'축에 대한 질량 관성모멘트 $I^*_{z'z'}$을 구해보자. 구하기에 앞서, [그림 7-35(b)]와 [그림 7-35(c)]를 참조한다. 이 역시 적분을 행하려면 x'축과 y'축을 따라 행해야 하기 때문이다. $I^*_{z'z'}$은 다음과 같이 계산된다.

$$I^*_{z'z} = \int x'^2 dm + \int y'^2 dm = \rho \int x'^2 dV + \rho \int y'^2 dV$$

$$= \rho ac \int_{-\frac{b}{2}}^{\frac{b}{2}} y'^2 dy' + \rho ab \int_{-\frac{c}{2}}^{\frac{c}{2}} x'^2 dx' = \frac{\rho acb^3}{12} + \frac{\rho abc^3}{12} = \frac{m(b^2+c^2)}{12} \tag{7.45}$$

예제 7-5 복합 도형의 면적 관성모멘트, 관성 상승적, 주축의 방향 구하기

[그림 7-36]과 같은 두께가 매우 얇은 사각 평판의 무게중심 축을 통과하는 축(x', y', z'축)에 대한 질량 관성모멘트를 구하여라. (단, 밀도 ρ는 $\rho = 5\ \mathrm{kg/cm^3}$으로 계산하라.)

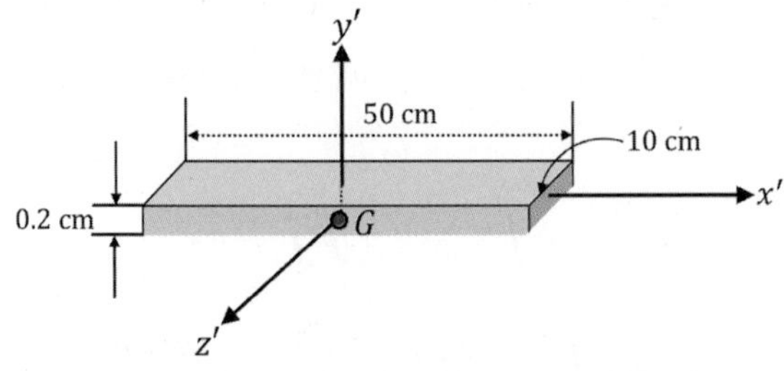

[그림 7-36] 두께가 매우 얇은 사각 평판

분석

- 두께가 매우 얇은 사각 평판은 그림에서 두께에 해당하는 0.2 cm 부분의 길이는 무시해도 무방하다. 직육면체의 질량 관성모멘트를 구하는 식을 이용한다.

풀이

❶ $I^*_{x'x'} = \dfrac{m(a^2+b^2)}{12}$, $I^*_{y'y'} = \dfrac{m(a^2+c^2)}{12}$, $I^*_{z'z'} = \dfrac{m(b^2+c^2)}{12}$에 수치 값을 대입하자.

❷ $m = \rho V = (5\ \mathrm{kg/cm^3})(10\ \mathrm{cm})(50\ \mathrm{cm})(0.2\ \mathrm{cm}) = 500\ \mathrm{kg}$이다.

❸ $I^*_{y'y'} = \dfrac{m(a^2+c^2)}{12} = \dfrac{(500\ \mathrm{kg})(10^2\ \mathrm{cm}^2 + 50^2\ \mathrm{cm}^2)}{12} = 10.83\ \mathrm{kg \cdot m^2}$

$I^*_{x'x'} = \dfrac{m(a^2+b^2)}{12} = \dfrac{(500\ \mathrm{kg})(10^2\ \mathrm{cm}^2)}{12} = 0.417\ \mathrm{kg \cdot m^2}$

$I^*_{z'z'} = \dfrac{m(b^2+c^2)}{12} = \dfrac{(500\ \mathrm{kg})(50^2\ \mathrm{cm}^2)}{12} = 10.417\ \mathrm{kg \cdot m^2}$

고찰

원통으로부터 가는 봉, 얇은 원판의 질량 관성모멘트를 쉽게 계산할 수 있고, 직육면체로부터 얇은 사각 평판과 얇은 두께의 사각 단면 봉의 질량 관성모멘트를 구할 수 있으므로, 원통과 직육면체의 무게중심 축에 대한 질량 관성모멘트를 반복해 계산한다.

Section 7.4

질량 관성 상승적과 응용

학습목표

✔ 질량 관성 상승적에 대한 개념과 정의를 학습한다.

✔ 질량 관성 주축과 주 질량 관성모멘트에 대한 개념과 정의를 학습한다.

질량 관성 상승적product of inertia이란 3차원 공간상에서, 어떤 무게중심 축이 다른 점을 통과하는 축과 얼마만큼 이격되어 있는지를 나타내는 물리적인 척도이다. 이 절에서는 이러한 질량 관성 상승적에 대한 개념과 정의를 학습하고, 관성 주축에 대한 내용을 배운다.

7.4.1 질량 관성 상승적

7.3.1절의 [그림 7-32]에서 보여주는 바와 같이, 미소 질량 요소 dm의 질량 관성 상승적은 두 개의 수직평면에 대해, 미소 질량 요소로부터 두 평면까지의 거리와의 곱으로 정의한다. 예를 들어, 미소 질량 요소 dm이 $y-z$ 평면과 떨어진 거리 x와, $x-y$ 평면과 떨어진 거리 z를 곱한 것을 미소 질량 관성 상승적 dI_{xz}^*라 한다. 즉, $dI_{xz}^* = xz\,dm$이다. 유사하게 dI_{zx}^*도 $dI_{zx}^* = zx\,dm$이 되어, $dI_{xz}^* = dI_{zx}^*$인 관계가 성립된다. 이제, $dI_{xz}^* = xz\,dm$을 전체 질량에 대해 적분하면, 다음과 같은 식을 얻을 수 있다.

$$I_{xz}^* = I_{zx}^* = \int xz\,dm \tag{7.46}$$

동일한 방법으로 xy, yz에 대해서도 질량 관성 상승적을 나타내면 다음과 같다.

$$I_{xy}^* = I_{yx}^* = \int xy\,dm \tag{7.47}$$

$$I_{yz}^* = I_{zy}^* = \int yz\,dm \tag{7.48}$$

면적 관성 상승적도 부호가 양positive, 음negative, 영zero의 값을 가졌듯이, 질량 관성 상승적도 양, 음, 영의 값을 갖는다. 이 값은 서로 독립적인 두 개의 좌표의 부호에 의존하여 변한다.

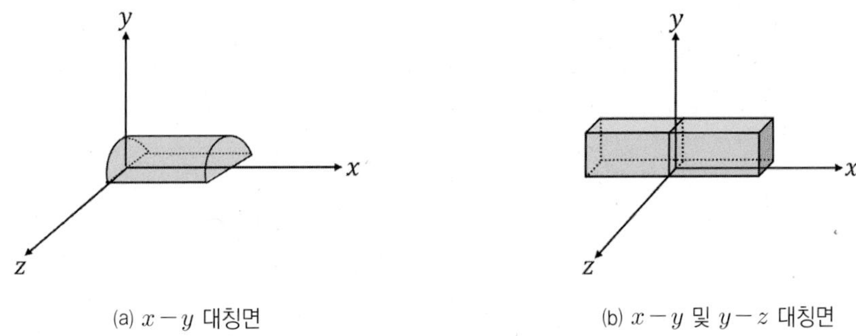

(a) $x-y$ 대칭면

(b) $x-y$ 및 $y-z$ 대칭면

[그림 7-37] 대칭면을 갖는 입체도형

한편, 일반적으로 $x-y-z$ 직교좌표계의 직교하는 3개의 평면 중, 한 개 또는 두 개의 평면이 물체의 대칭면이라고 하면, 이 대칭면에 대한 **질량 관성 상승적**은 영이 된다. 예를 들어, [그림 7-37(a)]와 같이, $x-y$ 대칭면을 1개 갖고 있는 경우는 $I^*_{xz} = I^*_{yz} = 0$이 된다. 또한, [그림 7-37(b)]와 같이, $x-y$ 평면 및 $y-z$ 평면의 2개의 대칭면을 갖고 있는 경우는 $I^*_{xy} = I^*_{xz} = I^*_{yz} = 0$이 된다.

평행면 정리parallel plane theorem는 [그림 7-38]과 같이 무게중심 점 G와 맞닿고, 직교하는 빗금친 세 개의 평면 상으로부터 다른 어떤 점과 맞닿은 세 개의 평행면으로 물체의 질량 관성 상승적을 대체하는 데 사용할 수 있다.

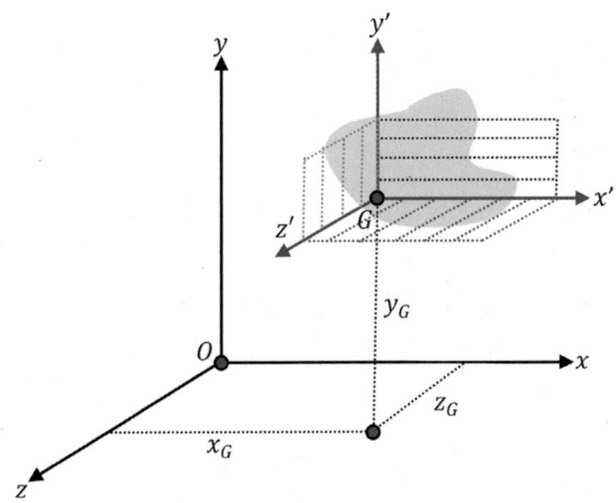

[그림 7-38] 무게중심 축과 무게중심이 속한 평면과의 거리

[그림 7-38]과 같이, 무게중심과 직교하는 세 개의 빗금친 평면과 각각 x_G, y_G, z_G 만큼 떨어진 축에 대한 질량 관성 상승적은 평행면 정리를 통해, 다음과 같이 표현할 수 있다.

$$I_{xy}^* = I_{x'y'}^* + mx_G y_G \tag{7.49}$$

$$I_{yz}^* = I_{y'z'}^* + my_G z_G \tag{7.50}$$

$$I_{zx}^* = I_{z'x'}^* + mz_G x_G \tag{7.51}$$

7.4.2 질량 관성 텐서와 질량 관성 주축

3차원 질량 관성 **텐서**tensor는 식 (7.33)의 질량 관성모멘트와 식 (7.46)~식 (7.48)의 질량 관성 상승적으로 구성되는 9개의 성분으로 다음과 같이 나타내진다. 여기서, 텐서란 선형대수학과 아주 밀접한 관계를 갖는데, 쉽게 표현하면, 3차원 이상의 물리량을 표현하는 수의 나열이라고 보면 된다.

$$\begin{pmatrix} I_{xx}^* & -I_{xy}^* & -I_{xz}^* \\ -I_{yx}^* & I_{yy}^* & -I_{yz}^* \\ -I_{zx}^* & -I_{zy}^* & I_{zz}^* \end{pmatrix} \tag{7.52}$$

식 (7.52)의 질량 관성 텐서는 좌표축의 원점과 방향이 설정되면 유일한 값을 갖게 된다.

1) 주 질량 관성모멘트

주 질량 관성모멘트principal mass moment of inertia는 식 (7.52)의 질량 관성 텐서에서 질량 관성 상승적의 값을 영zero으로 하는 어떤 축을 설정할 수 있는데, 이때의 질량 관성모멘트를 주 질량 관성모멘트라고 하고, 식 (7.53)과 같이 나타내진다.

$$\begin{pmatrix} I_1^* & 0 & 0 \\ 0 & I_2^* & 0 \\ 0 & 0 & I_3^* \end{pmatrix} \tag{7.53}$$

식 (7.53)에서 $I_1^* = I_{xx}^*$, $I_2^* = I_{yy}^*$, $I_3^* = I_{zz}^*$ 는 주 질량 관성모멘트라고 하고, 이때의 세

개의 축인 $x-y-z$축을 질량 관성주축principal axis of mass moment of inertia이라 한다. 예를 들어, [그림 7-37(b)]와 같이, 대칭면을 두 개 가지고 있는 경우, $I^*_{xy} = I^*_{xz} = I^*_{yz} = 0$이므로, 이때의 $x-y-z$축이 질량 관성 주축이 되는 것이다.

2) 임의의 축에 대한 질량 관성모멘트

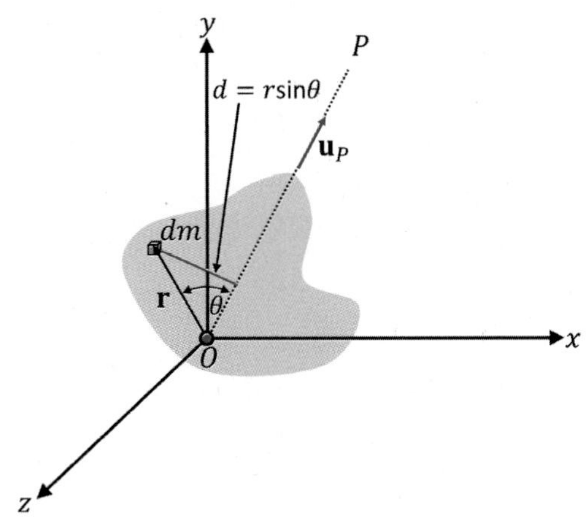

[그림 7-39] 임의의 축에 대한 질량 관성모멘트

[그림 7-39]에 보이는 원점 O를 갖는 물체가 $x-y-z$축에 대한 질량 관성모멘트와 질량 관성 상승적으로 구성된 질량 관성 텐서를 갖고 있고, 이 텐서를 계산할 수 있다고 하자. 이때, 임의의 축 OP에 대한 질량 관성모멘트와 질량 관성 상승적을 구해보자. 한편, 축 OP의 단위벡터를 u_P라 한다. 축 OP에 대한 질량 관성모멘트는 다음과 같이 정의된다.

$$I^*_{OP} = \int d^2\, dm \tag{7.54}$$

식 (7.54)에서 d는 미소 질량 dm으로부터 축 OP까지의 수직거리이다. 만일 미소 질량 dm의 위치벡터를 r이라 하면, $d = r\sin\theta$인 관계가 있고, 이는 단위벡터 u_P와 위치벡터 r의 외적 또는 벡터적의 크기 $|\mathrm{u}_P \times \mathrm{r}|$와 같다. 따라서, 축 OP에 대한 질량 관성모멘트는 다음과 같이 다시 표현할 수 있다.

$$I^*_{OP} = \int |\mathrm{u}_P \times \mathrm{r}|^2 dm = \int [\mathrm{u}_P \times \mathrm{r}] \cdot [\mathrm{u}_P \times \mathrm{r}]\, dm \tag{7.55}$$

만일, 축 OP의 단위벡터 $\mathbf{u}_P$를 $\mathbf{u}_P = u_{Px}\mathbf{i} + u_{Py}\mathbf{j} + u_{Pz}\mathbf{k}$라 하고, 미소질량 dm의 위치벡터 $\mathbf{r}$을 $\mathbf{r} = r_x\mathbf{i} + r_y\mathbf{j} + r_z\mathbf{k}$라 할 때, 이 단위벡터와 위치벡터를 식 (7.55)에 대입하고 정리하면 다음과 같은 식으로 된다.

$$\begin{aligned} I_{OP}^{*} &= \int [(u_{Py}r_z - u_{Pz}r_y)^2 + (u_{Pz}r_x - u_{Px}r_z)^2 + (u_{Px}r_y - u_{Py}r_x)^2]dm \\ &= u_{Px}^2\int (r_y^2 + r_z^2)dm + u_{Py}^2\int (r_z^2 + r_x^2)dm + u_{Pz}^2\int (r_x^2 + r_y^2)dm \\ &\quad - 2u_{Px}u_{Py}\int r_x r_y\, dm - 2u_{Py}u_{Pz}\int r_y r_z\, dm - 2u_{Pz}u_{Px}\int r_z r_x\, dm \end{aligned} \tag{7.56}$$

식 (7.56)을 $x-y-z$축에 대한 질량 관성모멘트와 질량 관성 상승적으로 다시 나타내면 다음과 같이 된다.

$$I_{OP}^{*} = I_{xx}^{*}u_{Px}^2 + I_{yy}^{*}u_{Py}^2 + I_{zz}^{*}u_{Pz}^2 - 2I_{xy}^{*}u_{Px}u_{Py} - 2I_{yz}^{*}u_{Py}u_{Pz} - 2I_{zx}^{*}u_{Pz}u_{Px} \tag{7.57}$$

면적 관성모멘트

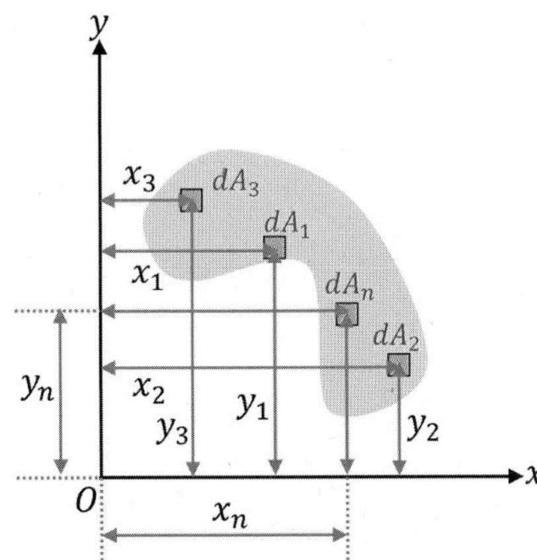

(a) 미소 단면적으로 구성된 전체 도형

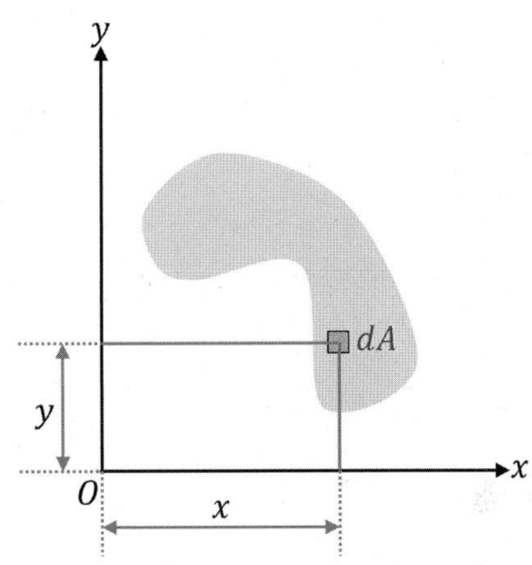

(b) 대표가 되는 미소 단면적 dA

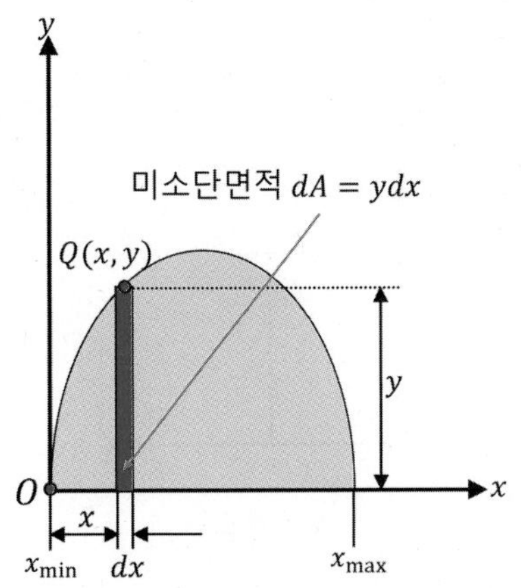

(a) 미소 단면적 $dA = y\,dx$

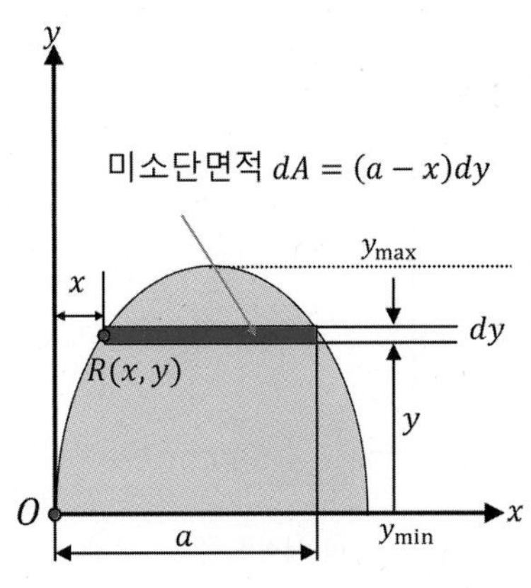

(b) 미소 단면적 $dA = (a - x)dy$

$$I_{yy} = \Sigma x_i^2 dA_i\ ,\quad I_{xx} = \Sigma y_i^2 dA_i\ ,\quad I_{yy} = \int x^2 dA\ ,\ I_{xx} = \int y^2 dA$$

$$I_{yy} = \int x^2 dA = \int_{x_{min}}^{x_{max}} x^2\, y dx,\ I_{xx} = \int y^2 dA = \int_{y_{min}}^{y_{max}} y^2\,(a-x)dy$$

극관성 모멘트

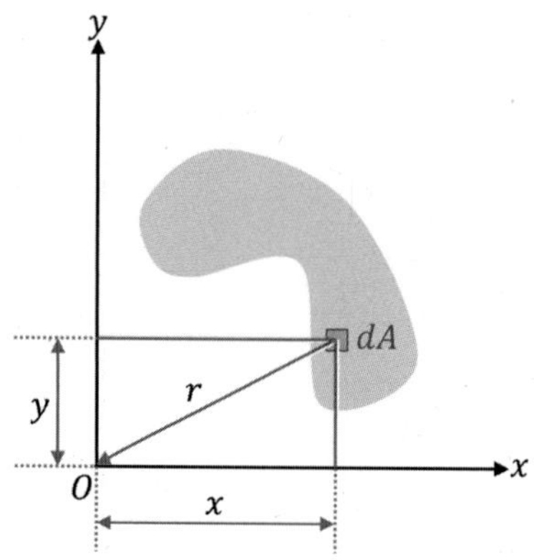

$$I_p = \int r^2 dA = \int (x^2 + y^2) dA = \int x^2 dA + \int y^2 dA = I_{yy} + I_{xx}$$

■ 단면의 회전반경

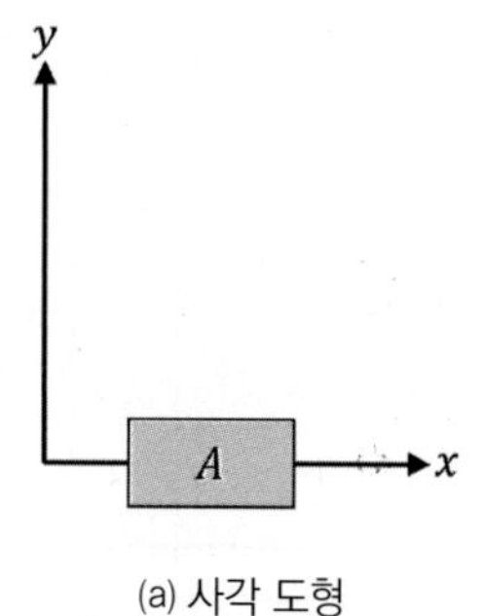

(a) 사각 도형

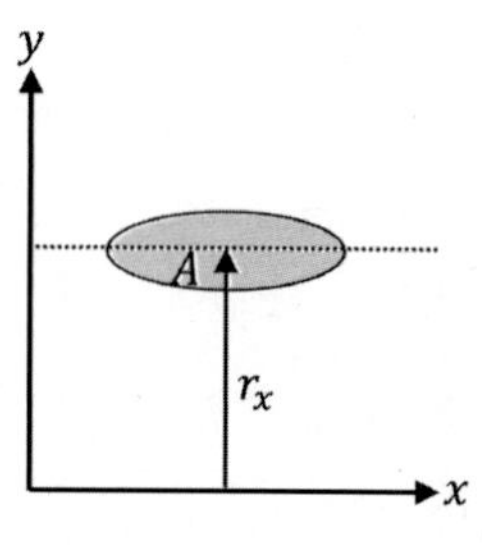

(b) 타원 도형

$$r_x = \sqrt{\frac{I_{xx}}{A}}, \quad r_y = \sqrt{\frac{I_{yy}}{A}}$$

단면의 관성 상승적

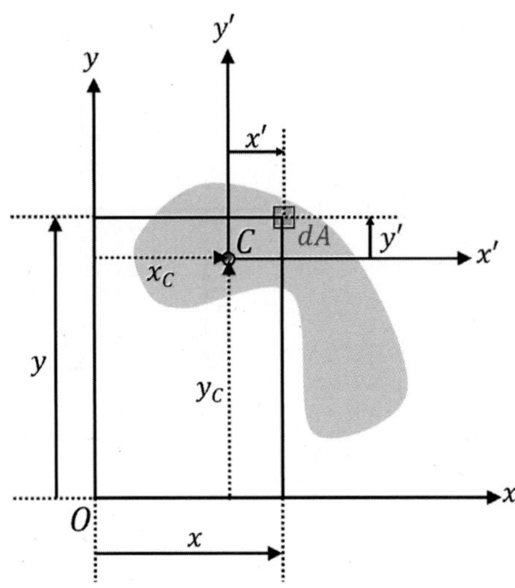

$$I_{xy} = \int xy\,dA,\ I_{yx} = \int yx\,dA,\ I_{xy} = I_{yx}$$

평행축 정리

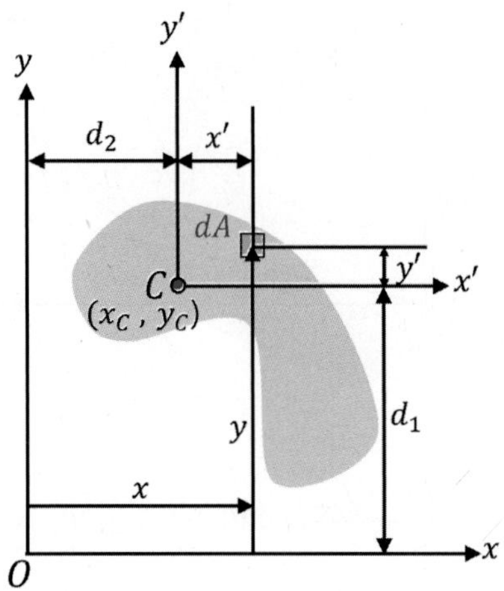

$$I_{xx} = I_{x'x'} + Ad_1^2, \quad I_{yy} = I_{y'y'} + Ad_2^2, \quad I_{xy} = I_{x'y'} + Ad_1 d_2$$

복합 단면적

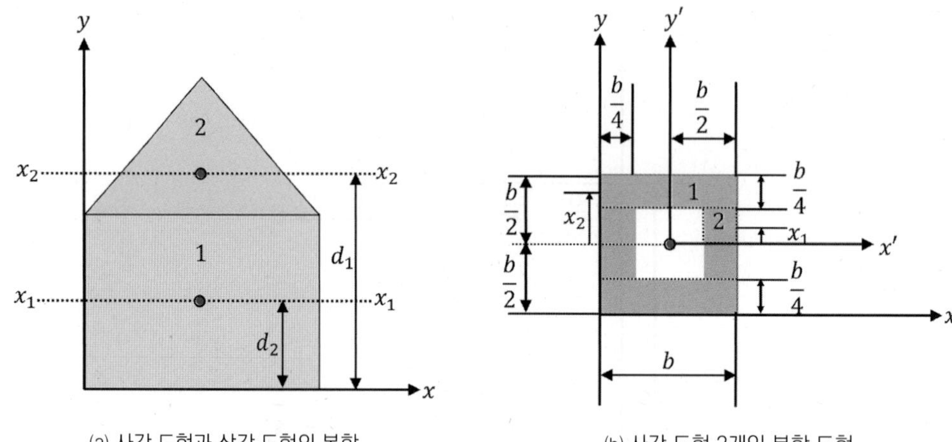

(a) 사각 도형과 삼각 도형의 복합

(b) 사각 도형 2개인 복합 도형

면적 관성모멘트의 응용

■ 축의 회전과 좌표변환

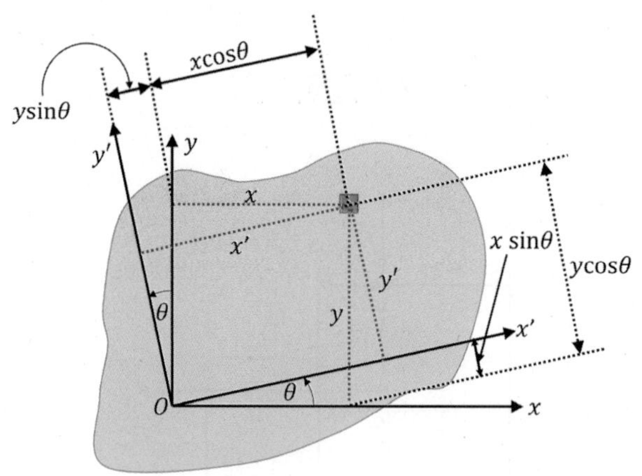

$$I_{x'x'} = \frac{I_{xx} + I_{yy}}{2} + \frac{I_{xx} - I_{yy}}{2}\cos 2\theta - I_{xy}\sin 2\theta,$$

$$I_{y'y'} = \frac{I_{xx} + I_{yy}}{2} - \frac{(I_{xx} - I_{yy})}{2}\cos 2\theta + I_{xy}\sin 2\theta$$

$$I_{x'y'} = \frac{I_{xx} - I_{yy}}{2}\sin 2\theta + I_{xy}\cos 2\theta, \quad \tan 2\theta = \frac{2I_{xy}}{I_{yy} - I_{xx}}$$

$$I_1 = \frac{I_{xx}+I_{yy}}{2} + \sqrt{\left[\frac{(I_{xx}-I_{yy})}{2}\right]^2 + I_{xy}^2}\ ,\quad I_2 = \frac{I_{xx}+I_{yy}}{2} - \sqrt{\left[\frac{(I_{xx}-I_{yy})}{2}\right]^2 + I_{xy}^2}$$

■ 모어 원

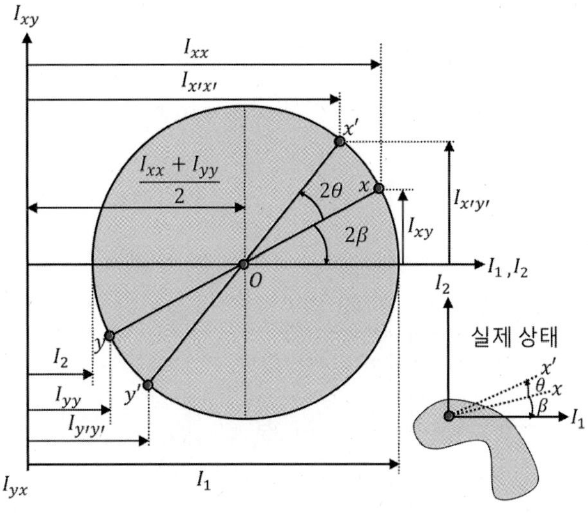

모어 원의 중심의 좌표는 $\frac{I_{xx}+I_{yy}}{2}$, 반경: $\sqrt{\left[\frac{(I_{xx}-I_{yy})}{2}\right]^2 + I_{xy}^2}$

질량 관성모멘트

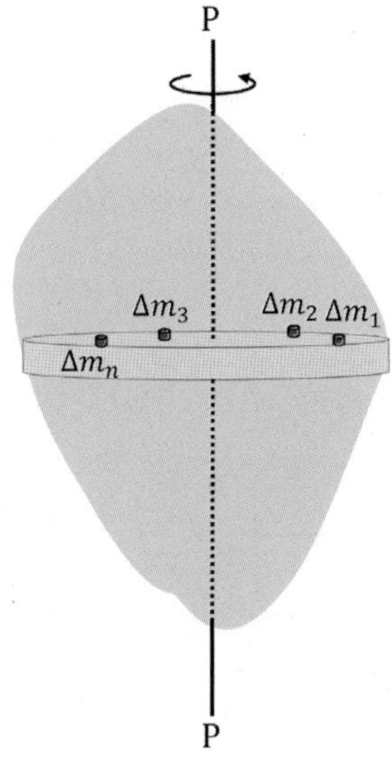

(a) 물체의 미소 질량 Δm_i

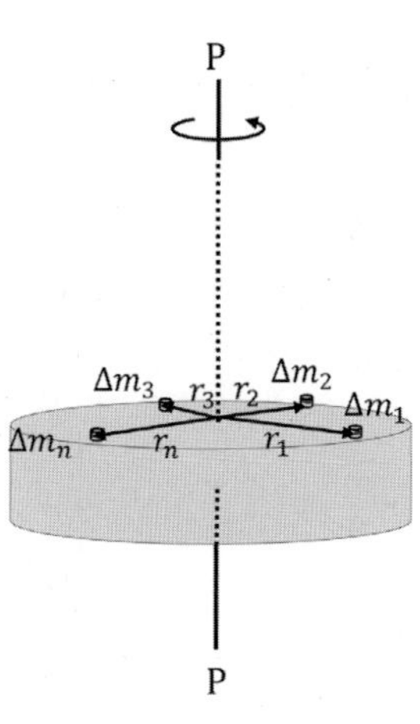

(b) 분리시킨 원판 상의 미소 질량

$$\Delta m_1 r_1^2 + \Delta m_2 r_2^2 + \Delta m_3 r_3^2 \cdots\cdots + \Delta m_n r_n^2 = \sum_{i=1}^{i=n} \Delta m_i r_i^2,\quad I = \int r^2 dm$$

■ 물체의 회전반경

$$mk_r^2 = I,\quad k_r = \sqrt{\frac{I}{m}}$$

■ 좌표축 상의 미소 요소의 질량 관성모멘트

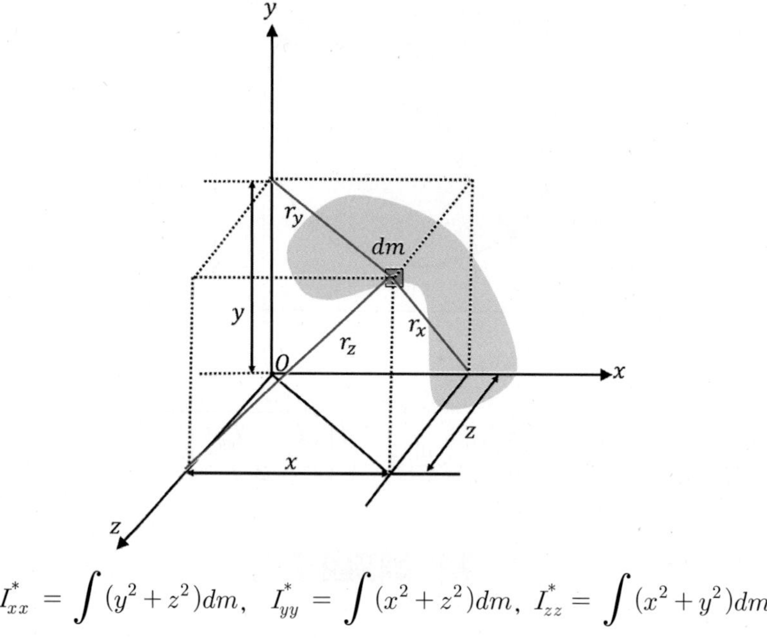

$$I_{xx}^* = \int (y^2+z^2)dm,\quad I_{yy}^* = \int (x^2+z^2)dm,\ I_{zz}^* = \int (x^2+y^2)dm$$

■ 질량 관성모멘트의 평행축 정리

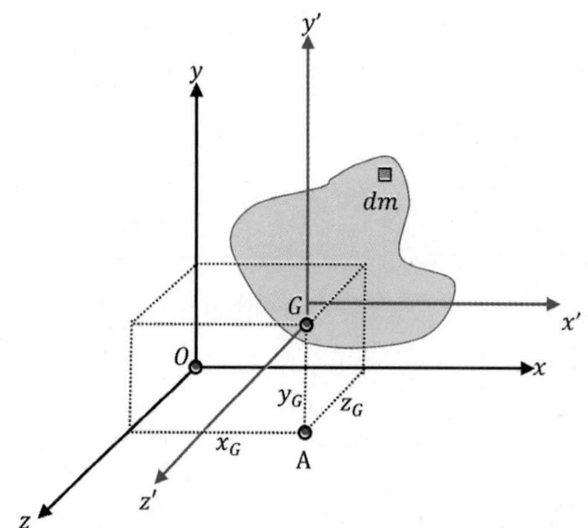

$$I^*_{xx} = I^*_{x'x'} + m(y_G^2 + z_G^2),\ I^*_{yy} = I^*_{y'y'} + m(x_G^2 + z_G^2),\quad I^*_{zz} = I^*_{z'z'} + m(x_G^2 + y_G^2)$$

$$I^* = I^*_G + md_G^2$$

질량 관성 상승적

$$I^*_{xz} = I^*_{zx} = \int xz\,dm,\ I^*_{xy} = I^*_{yx} = \int xy\,dm,\ I^*_{yz} = I^*_{zy} = \int yz\,dm$$

■ 평행면의 정리

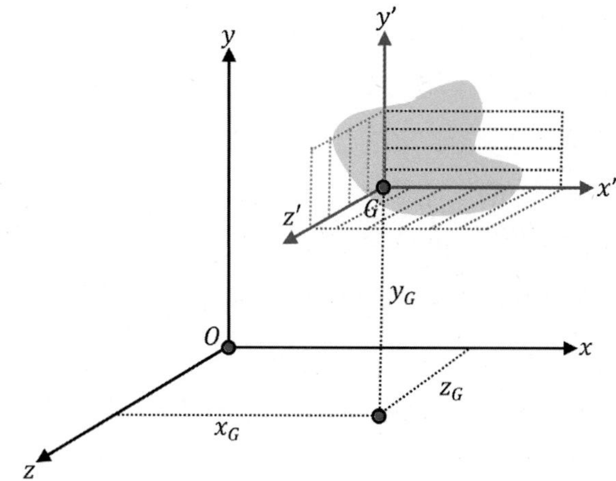

$$I^*_{xy} = I^*_{x'y'} + mx_Gy_G,\quad I^*_{yz} = I^*_{y'z'} + my_Gz_G,\quad I^*_{zx} = I^*_{z'x'} + mz_Gx_G$$

질량 관성 텐서와 질량 관성 주축

■ 질량 관성 텐서

$$\begin{pmatrix} I^*_{xx} & -I^*_{xy} & -I^*_{xz} \\ -I^*_{yx} & I^*_{yy} & -I^*_{yz} \\ -I^*_{zx} & -I^*_{zy} & I^*_{zz} \end{pmatrix}$$

■ 주 질량 관성모멘트

$$\begin{pmatrix} I^*_1 & 0 & 0 \\ 0 & I^*_2 & 0 \\ 0 & 0 & I^*_3 \end{pmatrix},\quad I^*_1 = I^*_{xx},\quad I^*_2 = I^*_{yy},\quad I^*_3 = I^*_{zz}$$

임의의 축에 대한 질량 관성모멘트

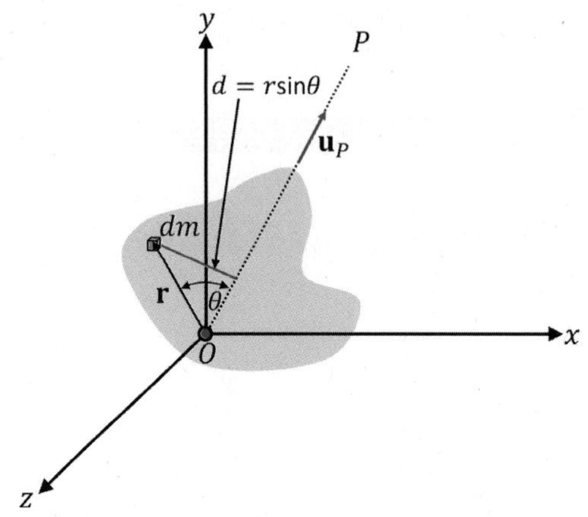

$$I_{OP}^{*} = \int d^2\, dm \ , \qquad I_{OP}^{*} = \int |\, \mathrm{u}_P \times \mathrm{r}\, |^2\, dm = \int [\mathrm{u}_P \times \mathrm{r}] \cdot [\mathrm{u}_P \times \mathrm{r}]\, dm$$

$$I_{OP}^{*} = I_{xx}^{*} u_{Px}^2 + I_{yy}^{*} u_{Py}^2 + I_{zz}^{*} u_{Pz}^2 - 2I_{xy}^{*} u_{Px} u_{Py} - 2I_{yz}^{*} u_{Py} u_{Pz} - 2I_{zx}^{*} u_{Pz} u_{Px}$$

▶ 7.1절

7.1 연습문제 [그림 7-1]에 나타난 평면도형에 대해, x축과 y축에 대한 단면의 2차모멘트와 회전반경radius of gyration을 구하여라.

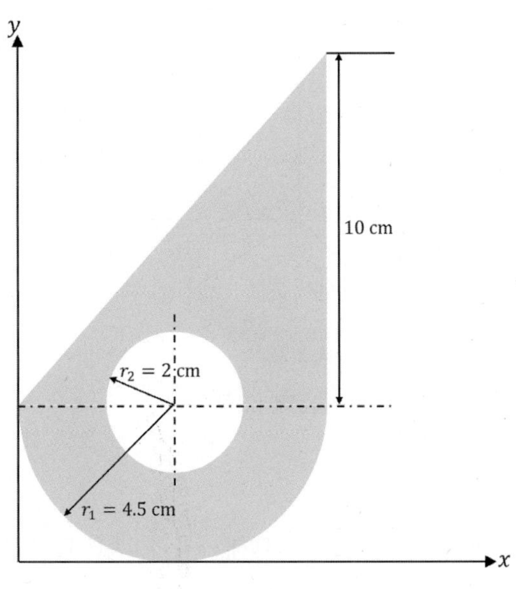

연습문제 [그림 7-1]

▶ 7.1절

7.2 연습문제 [그림 7-2]에 나타난 평면도형에 대해, x축과 y축에 대한 단면의 2차모멘트를 계산하여라.

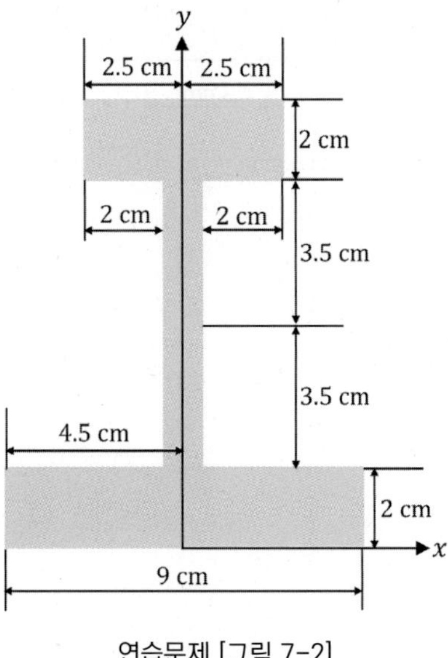

연습문제 [그림 7-2]

▶ 7.1절

7.3 연습문제 [그림 7-3]에 나타난 평면도형에 대해, x축과 y축에 대한 단면의 2차모멘트를 계산하여라.

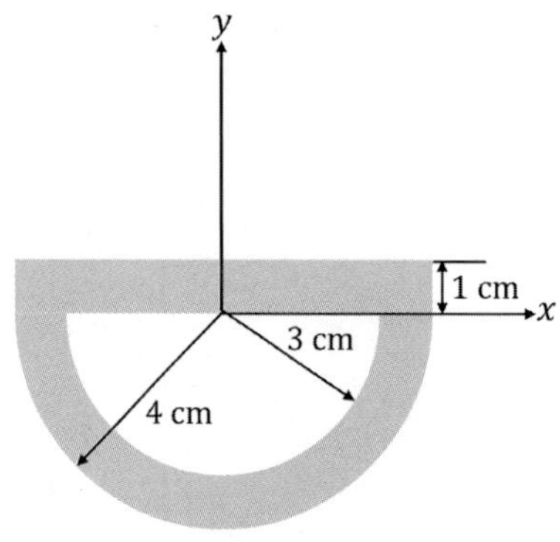

연습문제 [그림 7-3]

▶ 7.1절

7.4 연습문제 [그림 7-4]에 나타난 평면도형에 대해, x축과 y축에 대한 단면의 2차모멘트를 계산하여라.

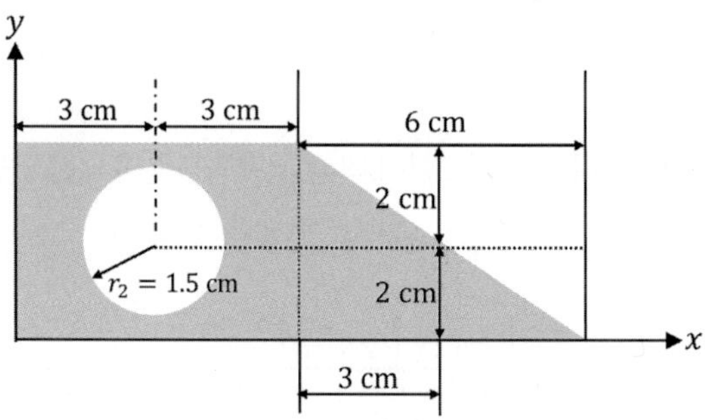

연습문제 [그림 7-4]

▶ 7.1절

7.5 연습문제 [그림 7-5]에 보이는 두께 $t = 2\ \mathrm{mm}$, 평균 중심반경이 $r = 10\ \mathrm{cm}$의 얇은 두께 링의 x축과 y축에 대한 단면의 2차모멘트, 단면의 관성 상승적 및 극관성 모멘트를 구하여라.

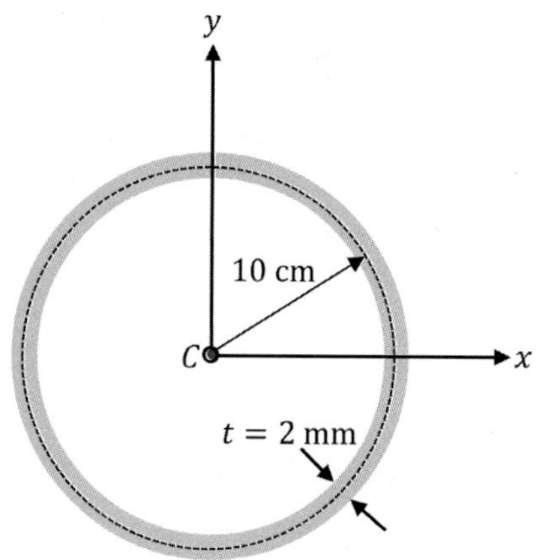

연습문제 [그림 7-5]

▶ 7.1절

7.6 연습문제 [그림 7-6]에 보이는 반경 $r = 10\ \mathrm{cm}$의 1/4원의 x축과 y축, x'축, y'축에 대한 단면의 2차모멘트를 계산하여라.

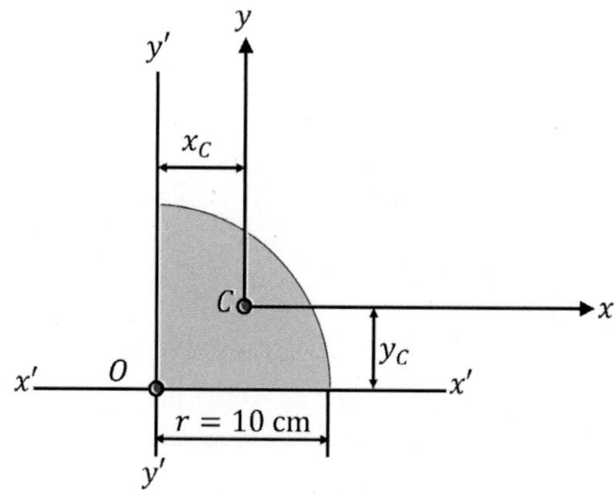

연습문제 [그림 7-6]

▶ 7.1절

7.7 연습문제 [그림 7-7]에 보이는 $y=x$와 $y=x^3$으로 둘러싸인 도형의 x축과 y축에 대한 단면의 2차모멘트를 함수의 적분으로 계산하여라.

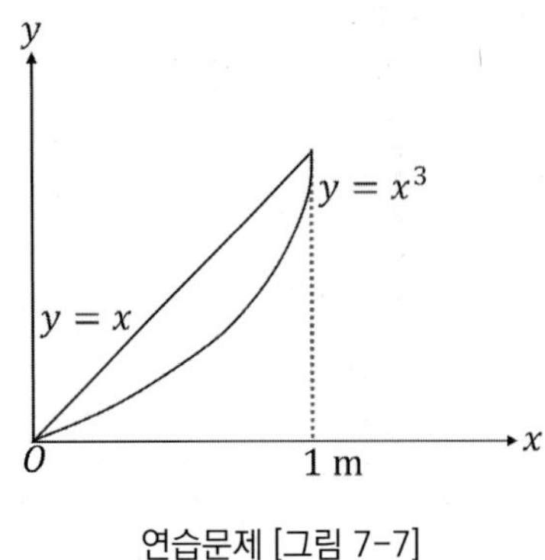

연습문제 [그림 7-7]

▶ 7.1절

7.8 연습문제 [그림 7-8]에 나타난 음영진 면적의 y축에 대한 단면의 2차모멘트를 함수의 적분에 의해 계산하여라.

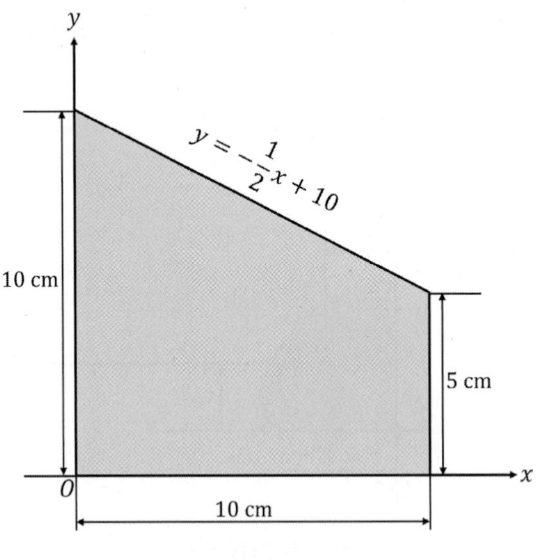

연습문제 [그림 7-8]

▶ 7.1절

7.9 연습문제 [그림 7-9]에 나타난 도형에 대한 x축과 y축에 대한 단면의 2차모멘트를 계산하여라.

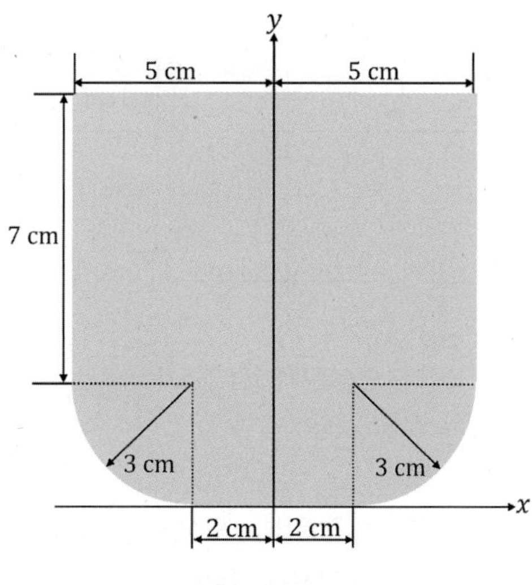

연습문제 [그림 7-9]

▶ 7.1절

7.10 연습문제 [그림 7-10]에 나타난 도형의 도심축에 대한 단면의 2차모멘트 I_{xx}, I_{yy} 및 단면의 관성 상승적 I_{xy}를 구하여라.

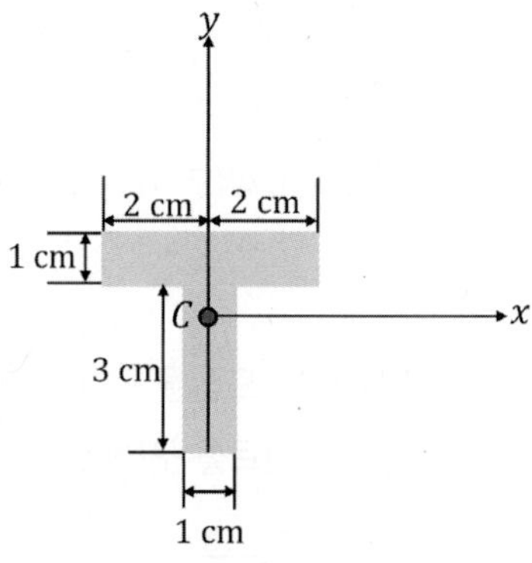

연습문제 [그림 7-10]

▶ 7.2절

7.11 연습문제 [그림 7-11]과 같은 복합 도형의 (a) x축과 y축에 대한 단면의 2차모멘트 I_{xx}, I_{yy} 및 단면의 관성 상승적 I_{xy}를 구하고, (b) 모어 원을 이용하여, 최대 및 최소 주 면적 관성모멘트와 주축의 방향을 구하여라.

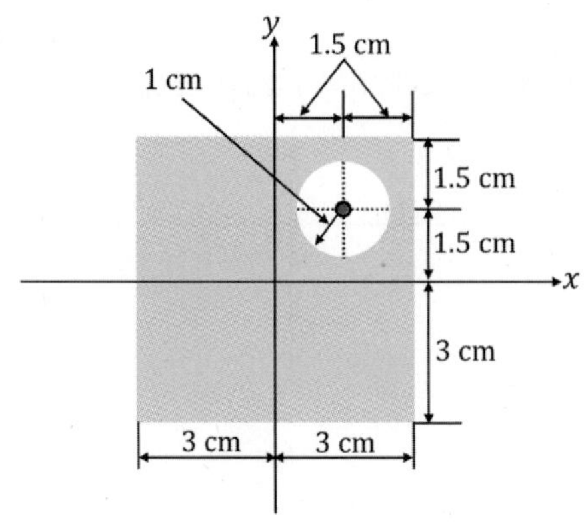

연습문제 [그림 7-11]

▶ 7.2절

7.12 연습문제 [그림 7-12]와 같은 역 L자 앵글의 (a) 도심을 구하고, (b) 도심을 지나는 면적 관성 주축의 방향을 구하여라. (c)또한, 주 면적 관성모멘트를 구하여라.

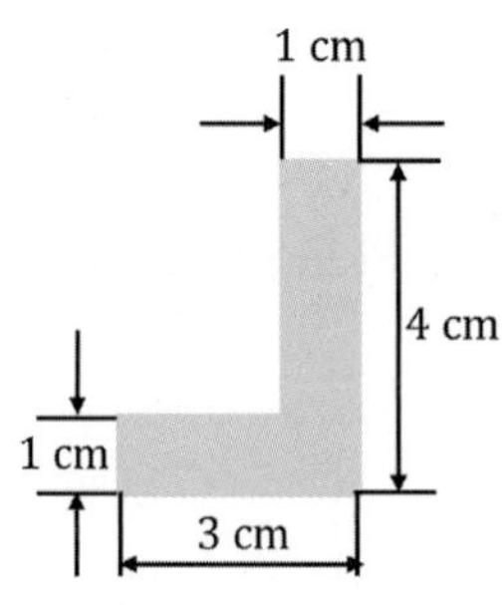

연습문제 [그림 7-12]

▶ 7.2절

7.13 연습문제 [그림 7-13]과 같은 평면도형의 (a) 도심을 구하고, (b) 도심을 지나는 면적 관성 주축의 방향을 구하여라. (c) 또한, 주 면적 관성모멘트를 구하여라.

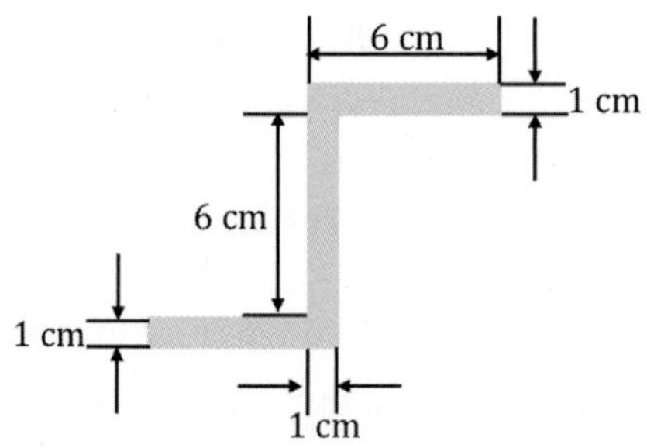

연습문제 [그림 7-13]

▶ 7.2절

7.14 연습문제 [그림 7-14]와 같은 도형의 x, y축에 대한 (a) 면적 관성모멘트 I_{xx}, I_{yy}와 면적 관성 상승적 I_{xy}를 구하고, (b) 최대 및 최소 면적 관성모멘트 I_1, I_2와 주축의 방향을 구하여라.

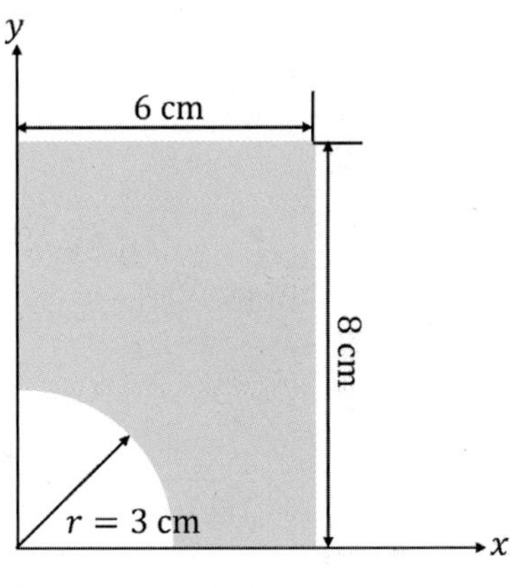

연습문제 [그림 7-14]

▶ 7.3절

7.15 연습문제 [그림 7-15]와 같은 두께가 얇은 속이 빈 3차원 원판 디스크의 무게중심 축 y와 y축에 평행인 y_1축에 대한 질량 관성모멘트를 구하여라. (단, 물체의 밀도는 균일하고, 그 값은 $\rho = 2,700\ \mathrm{kg/m^3}$이다. 또한, 반경 r_1과 r_2는 각각 $r_1 = 0.5\ \mathrm{m}$, $r_2 = 0.25\ \mathrm{m}$이다.)

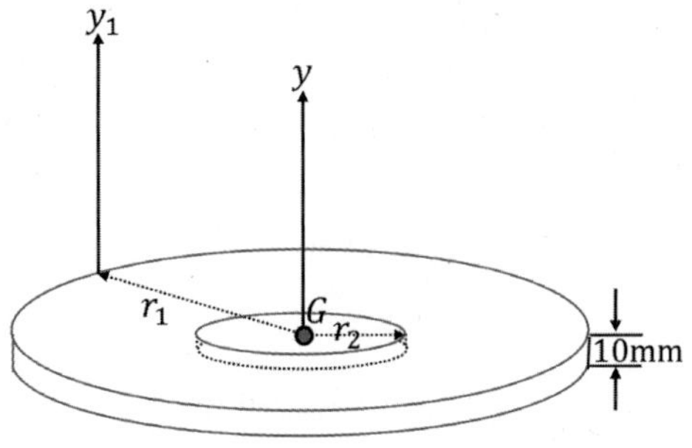

연습문제 [그림 7-15]

▶ 7.3절

7.16 연습문제 [그림 7-16]과 같이 두께가 $0.1\ \mathrm{m}$, 밀도가 $\rho = 100\ \mathrm{kg/m^3}$인 얇은 판의 힌지 축 O를 통과하며, 앞으로 뻗은 축 대한 질량 관성모멘트를 계산하여라.

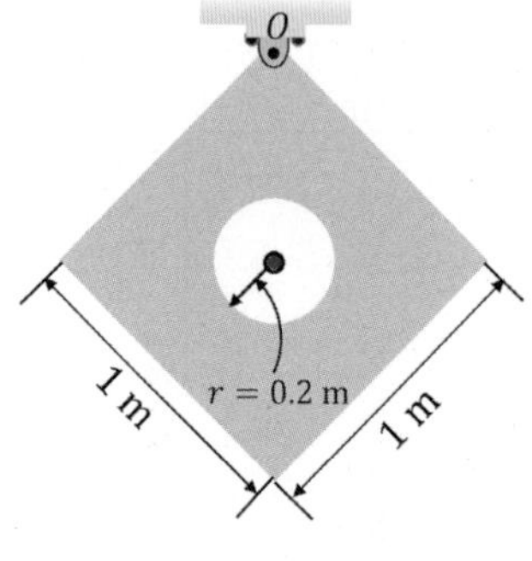

연습문제 [그림 7-16]

▶ 7.3절

7.17 연습문제 [그림 7-17]과 같이 $10\ \mathrm{kg}$의 가는 봉과 $20\ \mathrm{kg}$의 구sphere로 구성된 진자가 있다. 진자가 매달린 O축에 대한 질량 관성모멘트를 구하여라.

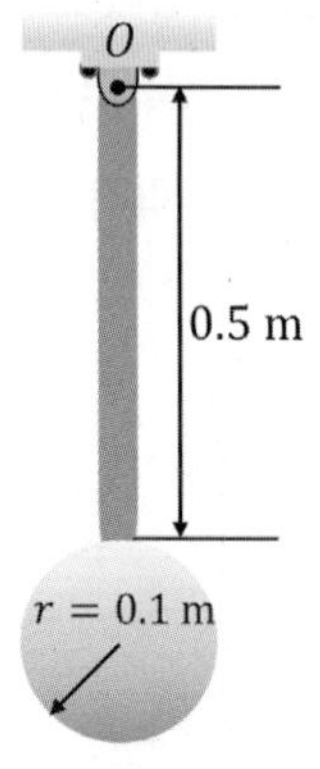

연습문제 [그림 7-17]

▶ 7.3절

7.18 연습문제 [그림 7-18]과 같이 힌지 점 O를 통과하면서 앞으로 쭉 뻗은 축에 대한 질량 관성모멘트를 구하여라. 단, 복합 물체의 면밀도 $\rho^* = 100\ \mathrm{kg/m^2}$이다.

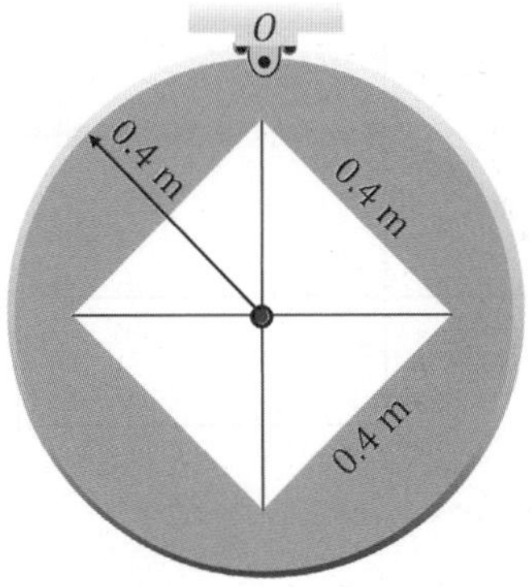

연습문제 [그림 7-18]

▶ 7.3절

7.19 연습문제 [그림 7-19]의 삼각형 음영진 부분을 x축 주위로 회전시켜 원추 형태가 만들어진다. 원추의 밀도가 $\rho = 3\ \mathrm{kg/cm^3}$일 때, x축에 대한 질량 관성모멘트를 구하여라.

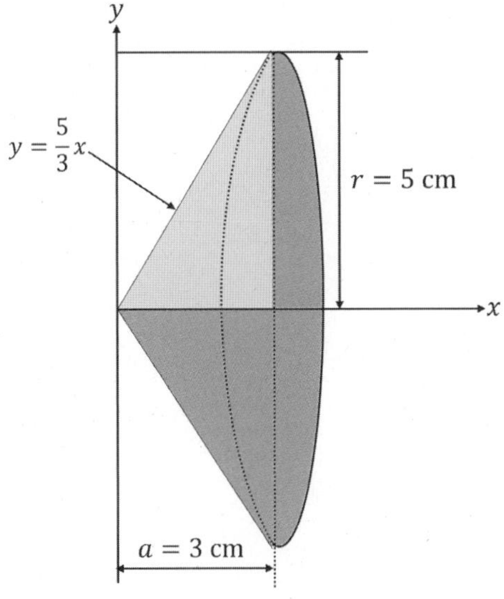

연습문제 [그림 7-19]

▶ 7.4절

7.20 연습문제 [그림 7-20]과 같이 가는 봉 3개로 연결된 휘어진 복합 봉의 질량 관성모멘트를 축 $O-O$에 대하여 구하여라. 단, 각 봉의 질량은 $m_{OA} = 1\ \mathrm{kg}$, $m_{\mathrm{AB}} = 1\ \mathrm{kg}$, $m_{\mathrm{BC}} = 2\ \mathrm{kg}$이다.

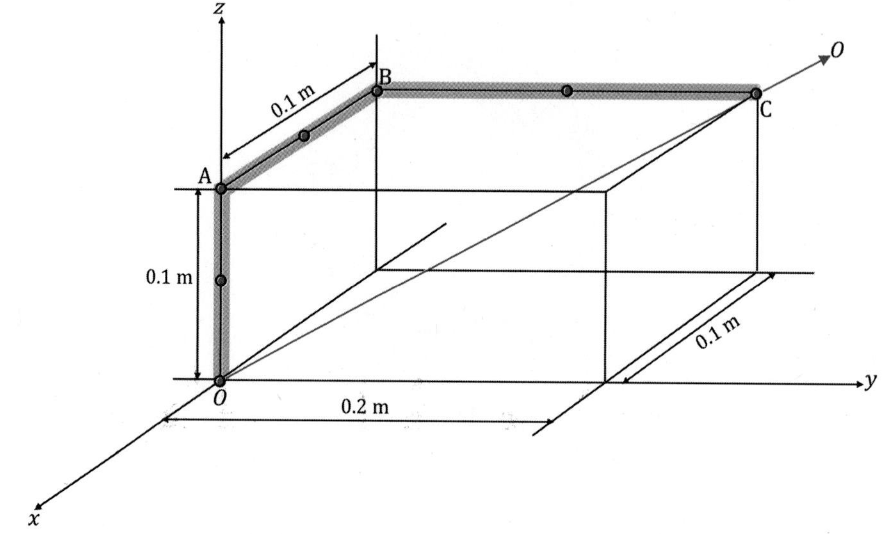

연습문제 [그림 7-20]

MEMO

Statics

때로는 강을 가로질러 시원하게 내닫는 고가 교량을 차량으로 달리다 보면 주위의 멋진 풍경을 즐기는 즐거움도 있지만, 아래로 내려다보이는 아찔한 광경에 과연 이 고가 교량은 안전할까라는 걱정에 휩싸이기도 한다. 이러한 고가 교량 위를 차량 등이 지나가면 교량 구조물 내부에는 내력이 쌓여 구조물에 응력을 유발하게 된다. 그런데 이러한 고가 교량 구조물은 보 구조물과 트러스 구조물로 이루어져 있다. 트러스 구조물은 이미 앞의 장들에서 학습했기 때문에, 이 장에서는 주로 보 구조물을 중심으로 구조물의 내력과 내부모멘트를 구하는 방법을 익히고, 이들을 계산한다.

CHAPTER 08

내력과 모멘트

Internal forces and moments

CONTENTS

학습목표

- 내력의 정의와 각종 부재를 통해 내력을 구하는 방법을 익힌다.
- 보 구조물의 형태, 하중의 종류 등을 알아보고, 반력 및 반력 모멘트, 경계조건 등을 학습한다.
- 축력, 전단력, 굽힘모멘트에 대한 의미와 이들의 관계를 이해한다.
- 축력 선도, 전단력 선도, 굽힘모멘트 선도의 식을 유도하고 시각적으로 나타낸다.

Section 8.1

내력

학습목표

- ✔ 내력의 정의를 익히고, 2차원 및 3차원 구조물의 내력, 내부모멘트, 전단력을 학습한다.
- ✔ 각종 기계 구조물에 작용하는 외력에 대해 내력, 내부모멘트, 전단력을 구하는 응용 예를 익힌다.

내력internal force이란 물체의 **외력**external force과 힘의 **균형**equilibrium을 맞추기 위해 물체 내에 존재하는 힘을 일컫는다. 이러한 내부 힘을 이해하는 것은 주어진 **하중**load 하에서 물체가 어떻게 변형되거나 파손되는지를 결정하는 데 있어 필수적이다. 지금까지 주로 물체에 작용하는 외력에 초점을 맞추었다. 이러한 외력은 다른 주변 물체가 한 물체에 가하는 힘이다. 그러나 물체에 작용하는 외력이 있을 때마다 외력과의 균형을 맞추기 위해 물체 내에서 내력과 내부모멘트가 발생한다. 물체가 어떻게 변형되고 하중이 가해지면 파손되는지 이해하려면 이러한 내부 힘과 내부모멘트를 이해하는 것이 중요하다. 이미 앞의 장들에서 구조물에 작용하는 외력뿐만 아니라 구조물의 여러 부분을 결합하는 힘들을 구하였다. 전체 구조물의 관점에서 볼 때는 이 구조물의 여러 부분을 결합하는 힘들도 내력은 내력이다. 트러스와 같은 구조물을 구성하는 **부재**member는 직선인 **이력부재**two force member들로만 구성되지만, 트러스 이외의 다양한 구조물에 있어서는 직선이 아닌 **다력부재**multi force member들로 구성된 경우가 많아서, 이런 경우에는 힘-우력계force moment system와 등가계equivalent system라는 것을 알아야 한다.

8.1.1 축력, 전단력, 굽힘모멘트

1) 축력

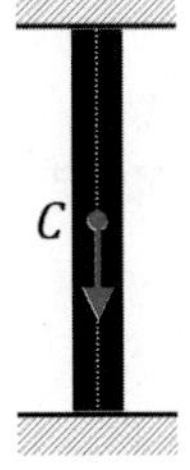

[그림 8-1] 일반적인 축력 작용의 예

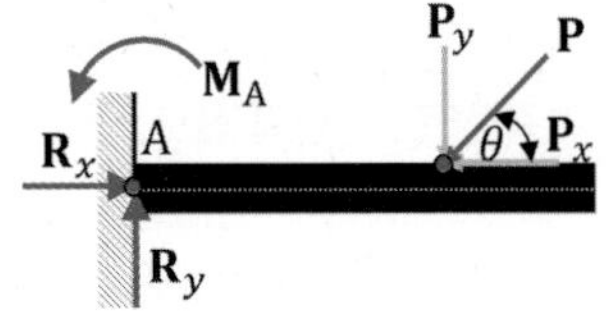

[그림 8-2] 보 구조물에서 축력의 예

어떤 구조물에 있어 구조물 단면의 무게중심선을 따라 작용하는 외력(인장력 또는 압축력)이나 이 외력에 대한 축 방향의 **내력**internal force을 총칭하여 **축력**axial force이라고 부른다. [그림 8-1]과 같이 축력의 주된 작용 조건은 구조물의 단면의 **도심**centroid축 선상에 작용하는 것이다. 보 구조물에 있어서의 축력은 통상적으로 보의 축 방향(길이 방향)으로 존재하는 내력을 일컫는 경우가 많다. 예를 들어, [그림 8-2]의 **외팔보**cantilever beam에 외력 P가 수평면에 대해 각도 θ로 비스듬이 작용한다고 할 때, 외력 P의 x축 방향의 힘 벡터 $P_x = P\cos\theta$에 대한 고정단 쪽(점 A)의 축 방향 반력을 R_x라 하면 R_x는 내력으로써 힘의 평형조건으로부터 외력의 x 방향 벡터 $P_x = P\cos\theta$와 같게 된다.

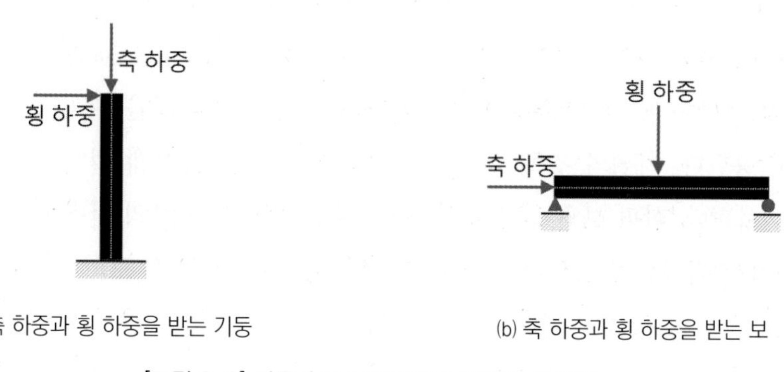

(a) 축 하중과 횡 하중을 받는 기둥 (b) 축 하중과 횡 하중을 받는 보

[그림 8-3] 기둥과 보 구조물에서 축력과 횡 하중

축 하중 또는 축력은 하중의 작용선이 축 방향을 향하거나 구조물 내부의 축 방향을 향하는 내력을 말하지만 이와는 다르게 **횡 하중**transverse force 또는 횡력이라고 하는 것은 [그림 8-3]에 나타난 바와 같이 하중이 주어지는 동일 평면에서 축 방향에 직각 방향으로 작용하는 힘을 말한다.

2) 전단력

어떤 물체 내에 어떤 면에 크기가 같고 방향이 반대인 힘이 해당 면에 접하여 평행하게 작용할 때, 물체가 해당 면을 따라 미끄러져서 절단되는 것을 전단이라고 한다. 이때 물체가 받는 작용을 전단 작용이라 하고 해당 면을 따라 평행하게 작용하는 힘을 **전단력**shear force이라 한다. 전단력은 일종의 운동에 대한 **항력**resistant force인 마찰력을 의미한다. 이미 이전의 장에서 학습한 바 있지만 이 전단력에 의해 물체 내부의 단면에 발생하는 단위 면적당 저항 내력을 **전단응력**shear stress이라 한다. 전단력은 [그림 8-4(a)]와 같이 서로 다른 양쪽 편에서 힘이 작용하지만 힘이 일렬로 나열되어 있지 않은 힘들을 의미하고, 힘이 [그림 8-4(b)]와 같이 일렬로 나열되어 있을 때는 전단력이 아니라 압축력을 의미한다.

(a) 전단력의 작용 예 (b) 압축력의 작용 예

[그림 8-4] 전단력과 압축력의 작용 예

전단력이 작용하는 예로써 가위scissors를 들 수 있는데, [그림 8-5(a)]는 가위로 종이를 자르는 광경을 나타낸다. 일상생활에서 가위를 사용하여 종이를 자를 때, [그림 8-5(b)]와 같이 전단력이 작용한다. 가위의 위쪽 날과 아래쪽 날은 아주 미세하게 벌어져 있고, 이 차이로 전단력이 작용한다. 한편 보와 같은 구조물에 있어서 전단력은 보의 단면에 전단응력을 유발하고, 이러한 전단응력이 보의 안전성에 영향을 줄 수 있으므로 보의 각 부분에 존재하는 전단력의 분포를 아는 것이 중요하다.

(a) 가위로 종이를 자르는 광경 (b) 가위와 종이 사이에 작용하는 전단력

[그림 8-5] 가위 전단의 예

3) 굽힘모멘트

보와 같은 구조 부재에 외력이나 모멘트가 가해질 때, 구조 부재 내부에서 유발되어 부재를 휘어지게 하려는 힘의 효력을 **굽힘모멘트**bending moment라고 부른다. 추후, 재료역학mechanics of materials이나 고체역학solid mechanics에서 배우게 되겠지만, 굽힘모멘트는 수직응

력의 하나인 굽힘응력에 영향을 미치고, 이러한 굽힘응력은 보의 안전성에 영향을 미칠 수 있기 때문에, 보 구조물의 각각의 부분에 존재하는 굽힘모멘트의 분포를 아는 것이 중요하다. [그림 8-6]은 굽힘 작용을 받는 차량 축을 보여주고 있다.

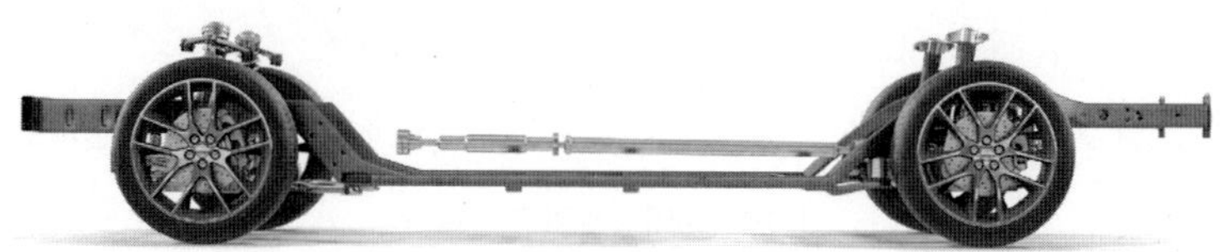

[그림 8-6] 차량 축의 굽힘을 받는 예

8.1.2 축력, 전단력, 굽힘모멘트 계산

[그림 8-7(a)]는 다양한 힘 P와 Q를 받는 2차원 구조물과 가상단면 A − A를 보여준다. 또한, [그림 8-7(b)]와 [그림 8-7(c)]는 각각 가상단면 아래와 위의 자유물체도를 보여준다. 두 그림들에서 세 개의 미지수는 부재 내부에 존재하는 내력이나 내부모멘트를 나타내는데, 이 들 중, 두 개는 미지의 힘 V와 N이고, 한 개는 미지의 모멘트 M_b이다. 여기서, V는 전단력 shear force, N은 축력 axial force, M_b은 굽힘모멘트 bending moment라고 부른다. 이것들은 앞의 장들에서는 학습하지 않았다.

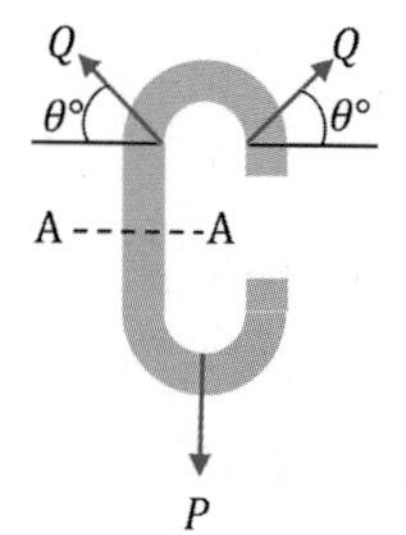

(a) 2차원 구조물의 가상단면

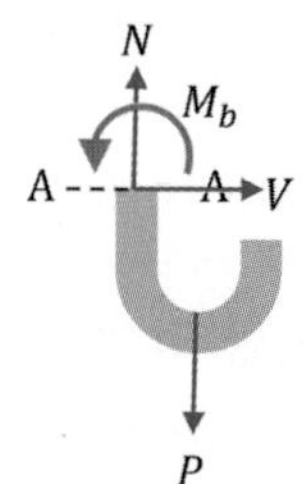

(b) 가상단면 아래 자유물체도

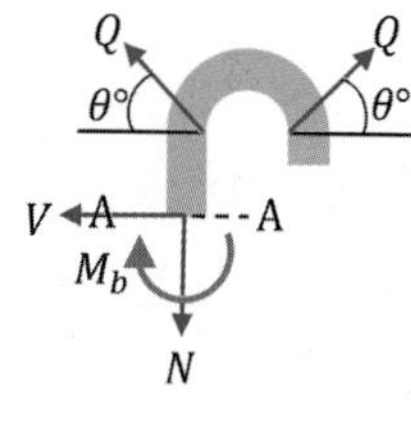

(c) 가상단면 위 자유물체도

[그림 8-7] 2차원 구조물과 가상단면 아래 및 위의 자유물체도

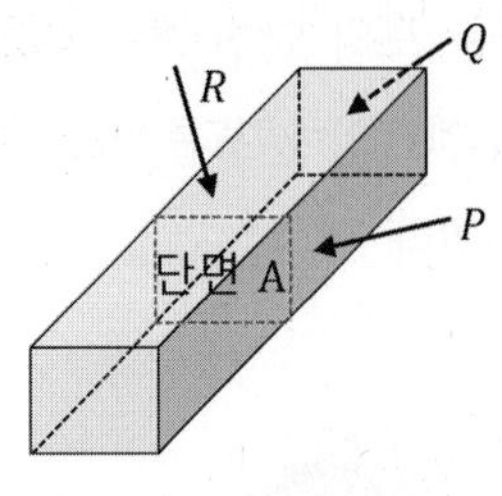

(a) 3차원 구조물의 가상단면

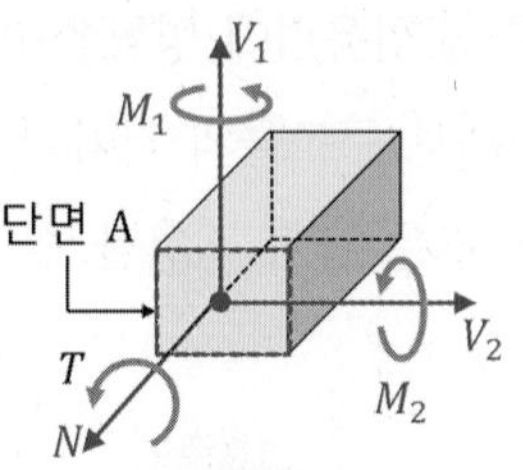

(b) 가상단면의 자유물체도

[그림 8-8] 3차원 구조물

한편, [그림 8-8(a)]는 3차원 물체에 대해 여러 방향으로 주어지는 힘들이 작용하는 경우의 그림이다. [그림 8-8(a)]의 단면 A를 가상단면으로 생각하여, [그림 8-8(b)]에 가상단면(단면 A)에 존재하는 미지의 힘들(축력 N 1개, 전단력 V_1, V_2 2개)과 미지의 모멘트들(굽힘모멘트 M_1, M_2 2개, 비틀림모멘트 T 1개)이 있다. 2차원 물체의 가상단면 아래쪽 부분([그림 8-7(b)] 참조) 및 위쪽 부분([그림 8-7(c)] 참조)과 같이, 3차원 물체에 대해서도 단면 A의 전면과 후면에서의 내력과 내부모멘트를 나타낼 수 있다. 그러나 3차원 물체에 대해서는 [그림 8-8(b)]와 같이 단면 A의 전면에서의 내력과 내부모멘트만을 나타내었다.

1) 내력과 내부모멘트를 구하는 절차

이제, 평형 분석을 통해 내부 힘과 모멘트를 결정하는 절차를 생각해 보기로 하자. 이 절차는 다음과 같이 크게 네 단계로 나눌 수 있다.

(1) 모든 외력을 먼저 구한다.
이것은 이전 장에서 설명한 것처럼 강체에 대한 평형 분석을 통하여 구할 수 있다.

(2) 관심 지점에서 물체를 가상 절단하고, 가상단면의 반쪽에 대한 자유물체도를 그린다. 가상단면을 중심으로 어느 반쪽의 자유물체도를 선택하느냐는 자유지만, 외력이 적은 쪽을 선택하는 것이 해석을 더 쉽게 만든다. 선택된 반쪽의 자유물체도에 외력을 포함하는지를 알면 미지의 축력, 미지의 전단력, 그리고 단면 표면에서는 알 수 없는 미지의 내부모멘트를 추가하여 반쪽의 자유물체도를 완성한다. [그림 8-7(b)]는 외력 P를 포함하는 반쪽 자유물체도이고, [그림 8-7(c)]는 외력 Q를 포함하는 반쪽 자유물체도이다.

(3) 반쪽의 자유물체도를 토대로 평형방정식을 구성한다.

선택된 반쪽의 자유물체도에 대해, 힘의 평형방정식과 모멘트 평형방정식을 구성한다. 예를 들어, x-y 평면에 대한 2차원 물체에 대해서는 힘의 평형방정식 2개($\Sigma F_x = 0$, $\Sigma F_y = 0$)와 모멘트 평형방정식 1개($\Sigma M_z = 0$)를 구성한다. 3차원 물체에 대해서는 힘의 평형방정식 3개($\Sigma F_x = 0$, $\Sigma F_y = 0$, $\Sigma F_z = 0$)와 모멘트 평형방정식 3개($\Sigma M_x = 0$, $\Sigma M_y = 0$, $\Sigma M_z = 0$)를 구성할 수 있다.

(4) 알려지지 않은 내부 힘과 모멘트에 대한 평형방정식을 푼다.

이제 구성된 평형방정식을 푸는 절차를 통해 미지의 축력, 전단력, 굽힘모멘트, **비틀림 모멘트**를 구할 수 있다.

2) 축력, 전단력, 굽힘모멘트 방향의 가정

통상적으로 하중이란 외부에서 가해지는 힘을 일컫는데, 이러한 힘이 수평 방향으로 가해지면 내부의 축력은 [그림 8-9(a)]와 같은 방향을 양positive의 방향과 음negative의 방향으로 가정한다.

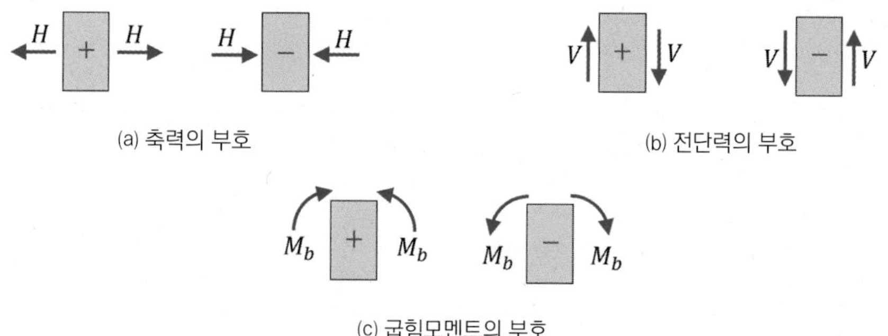

(a) 축력의 부호

(b) 전단력의 부호

(c) 굽힘모멘트의 부호

[그림 8-9] 보 요소의 축력, 전단력, 굽힘모멘트의 부호

전단력의 부호는 [그림 8-9(b)]와 같이, 요소의 우측 단면에서는 위에서 아래 방향으로의 힘이 양, 좌측 단면에서는 아래에서 위 방향으로의 힘을 양의 부호로 규약하고, 요소의 좌측 단면에서 아래에서 위 방향으로의 부호가 음, 좌측 단면에서는 위에서 아래 방향을 향하는 힘을 음으로 규약한다. 한편, 굽힘모멘트에 있어서는 [그림 8-9(c)]와 같이, 위의 면을 오목하게 하는 굽힘모멘트를 양, 이와 반대인 방향을 음으로 규약한다.

예제 8-1 브라켓의 축력, 전단력, 굽힘모멘트 구하기

[그림 8-10(a)]와 같이 벽에 장착된 브라켓에 수평축과 30°의 각도를 이루며 2 kN의 힘이 작용하고 있다. A-A 단면에 대해 축력, 전단력, 그리고 굽힘모멘트를 구하여라.

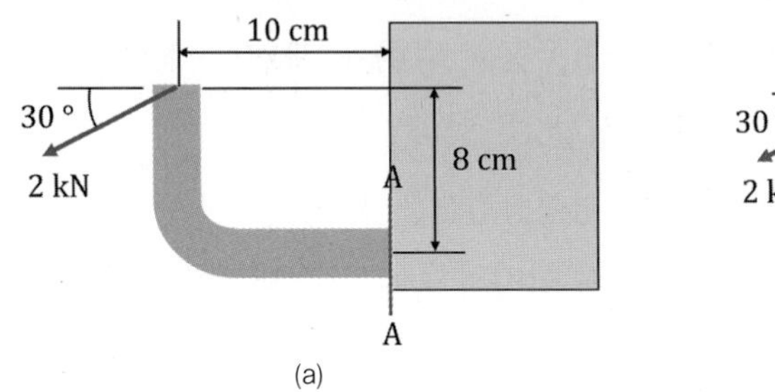

(a)

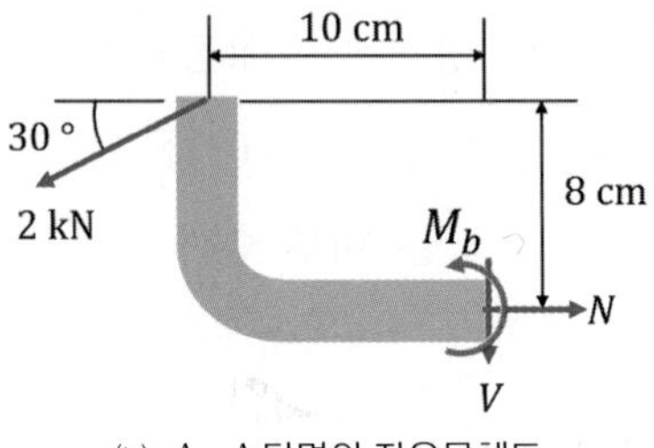

(b) A-A단면의 자유물체도

[그림 8-10] 외벽에 정착된 브라켓

분석

- [그림 8-10(a)]의 A-A단면에 대해 [그림 8-10(b)]와 같이 자유물체도를 먼저 그린다.
- [그림 8-10(b)]의 자유물체도에 양의 방향으로 가정하는 축력, 전단력, 굽힘모멘트를 나타내고, 힘의 평형방정식과 모멘트 평형방정식을 구성하여 푼다.

풀이

[그림 8-10(b)]의 자유물체도에 대해, 수평 방향과 수직 방향을 각각 x, y 방향이라 하면 각각의 방향에 대한 힘의 평형방정식은 다음과 같다.

$$\sum F_x = 0 \ ; \ N - (2{,}000\ \mathrm{N})\cos 30° = 0,$$

$$\therefore N = (2{,}000\ \mathrm{N})\cos 30° = 1{,}732.05\ \mathrm{N} \quad \text{답} \tag{1}$$

$$\sum F_y = 0 \ ; \ V + (2{,}000\ \mathrm{N})\sin 30° = 0,$$

$$\therefore V = -(2{,}000\ \mathrm{N})\sin 30° = -1{,}000\ \mathrm{N} \quad \text{답} \tag{2}$$

이제 [그림 8-10(b)]의 자유물체도에 대해, 모멘트의 평형방정식을 적용하자. 미지의 모멘트는 x, y 평면에 직각인 축 z에 관한 평형방정식이 되고 다음과 같다.

$$\sum M_z = 0 \ ; \ M_b + (2{,}000\ \mathrm{N})(\sin 30°)(0.1\ \mathrm{m}) + (2{,}000\ \mathrm{N})(\cos 30°)(0.08\ \mathrm{m}) = 0, \tag{3}$$

식 (3)을 다시 정리하면, $M_b = -238.56\ \mathrm{N \cdot m}$ 답

고찰

양의 값은 가정한 방향과 같고, 음의 값은 가정한 방향의 반대되는 방향이라는 것을 알자.

예제 8-2 후크의 축력, 전단력, 굽힘모멘트 구하기

[그림 8-11(a)]와 같이 후크에 50 N의 힘이 작용하고 있고, 점 C로부터 후크의 평균 중심선까지의 길이는 10 mm이다. A-A 단면에 대해 축력, 전단력, 그리고 굽힘모멘트를 구하여라.

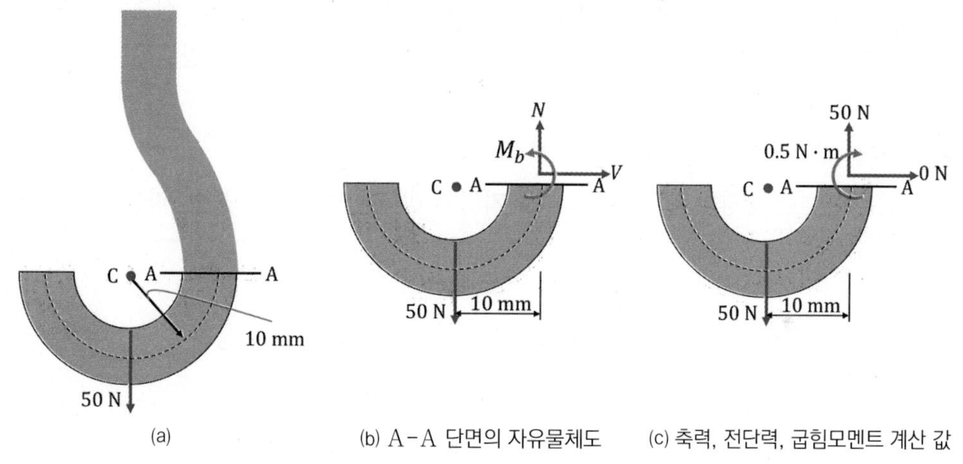

(a) (b) A-A 단면의 자유물체도 (c) 축력, 전단력, 굽힘모멘트 계산 값

[그림 8-11] 후크에 작용하는 외력과 내력

분석

- [그림 8-11(a)]의 A-A단면에 대해 [그림 8-11(b)]와 같이 자유물체도를 먼저 그린다.
- [그림 8-11(b)]의 자유물체도에 양의 방향으로 가정하는 축력, 전단력, 굽힘모멘트를 나타내고, 힘의 평형방정식과 모멘트 평형방정식을 구성하여 푼다.

풀이

[그림 8-11(b)]의 자유물체도에 대해, 수평 방향과 수직 방향을 각각 x, y 방향이라 하면 각각의 방향에 대한 힘의 평형방정식은 다음과 같다.

$$\Sigma F_x = 0 \ ; \ V - 0 = 0, \quad V = 0 \text{ 답} \tag{1}$$

$$\Sigma F_y = 0 \ ; \ N - 50\,\mathrm{N} = 0, \ N = 50\,\mathrm{N} \quad 답 \tag{2}$$

이제 [그림 8-11(b)]의 자유물체도에 대해, 모멘트의 평형방정식을 적용하자. 미지의 모멘트는 x, y 평면에 직각인 축 z에 관한 평형방정식이 되고 다음과 같다.

$$\Sigma M_z = 0 \ ; \ M_b + 50\,\mathrm{N} \times 0.01\,\mathrm{m} = 0, \ M_b = -0.5\,\mathrm{N \cdot m} \quad 답 \tag{3}$$

본 예제에서 구한 축력, 전단력, 굽힘모멘트 값으로부터, [그림 8-11(c)]와 같이, 최초 가정했던 방향을 재설정하여 새로 나타내었다. 힘이나 모멘트를 처음 가정할 때는 그 방향의 가정이 설혹 다르더라도 크게 문제가 되지는 않는다. 반복되는 얘기지만, 음의 값으로 산출되면, 최초의 가정한 방향과 반대 방향의 가정이 옳았다는 얘기이므로 방향을 수정하면 되는 것이다.

고찰

양의 값은 가정한 방향과 같고, 음의 값은 가정한 방향의 반대되는 방향이라는 것을 알자.

Section 8.2

보의 하중, 경계조건, 반력

학습목표

- ✔ 다양한 하중의 종류와 힘의 분류 방법에 대해 학습한다.
- ✔ 보의 지지점의 종류와 경계조건을 이해한다.
- ✔ 보의 종류와 특징을 이해하고, 지지점의 반력이나 반력 모멘트에 대해 학습한다.

8.2.1 보 구조물이란?

보beam 구조물은 우리들의 일상생활에서 많이 접할 수 있는 구조물이다. 이러한 보 구조물의 예는 [그림 8-12]에서 볼 수 있는 교량 구조물, 반도체 공정라인, 건축물 내의 각종 보, 각종 거더 등을 들 수 있다.

(a) 교량구조물

(b) 반도체 공정라인

(c) 건축구조 내의 보

(d) 각종 거더girder

[그림 8-12] 보 구조물 형태의 예

[그림 8-13]과 같이 보는 중력 방향에 가로로 놓여서 휘어지는 힘을 받고, 기둥과 벽체로 수직하중을 전달하게 된다. 또한 기둥과 강접합된 보는 바람이나 지진 등의 수평하중도 부담하게 된다. 건축 구조물에 있어, 통상적으로 철근콘크리트는 기둥과 보의 콘크리트를 동시에 타설하기 때문에 이음 구조가 강접합이 된다. 기둥과 보가 강접합이 되면 수평 방향 변위를 제지할 수 있고 수평 방향 하중에 대한 저지력을 향상시킬 수 있다. 여기서, **강접합**이란 회전이 생기지 않도록 접합하는데, 굽힘모멘트에 대한 저지 능력을 갖추게 되고, 보의 모멘트를 기둥에 또는 기둥의 모멘트를 보에 배분시키는 역할을 한다. 횡 하중(수직 하중)이 작용할 때 보의 굽힘모멘트의 균형을 잡게 하므로 보의 단면을 줄일 수 있는 경제적 효과도 있다.

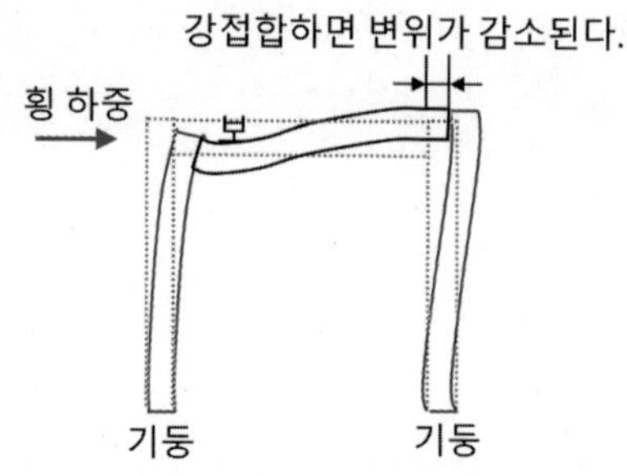

[그림 8-13] 수평하중 작용 시 강접합된 기둥과 보

기둥과 보는 이들의 접합 방법에 따라 굽힘모멘트 분포가 달라진다. 철근콘크리트 구조와 달리 강구조는 기둥과 보를 회전 가동단으로 접합할 수도 있는데, 기둥과 보가 회전 가동단으로 접합하게 되면 보의 지지점에서 굽힘모멘트를 부담할 수 없기 때문에, [그림 8-14(a)]에서 볼 수 있듯이, 보의 가운데 부분의 굽힘모멘트가 커지게 된다. 이 굽힘모멘트를 보가 부담하려면 보 단면의 크기도 커져야 하기 때문에 경제성 측면에서 볼 때 효율적이지 못하다.

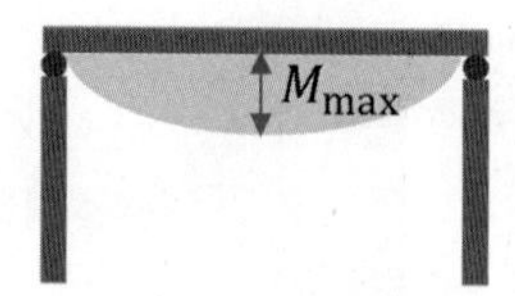

(a) 회전 가동단으로 접합된 보와 기둥

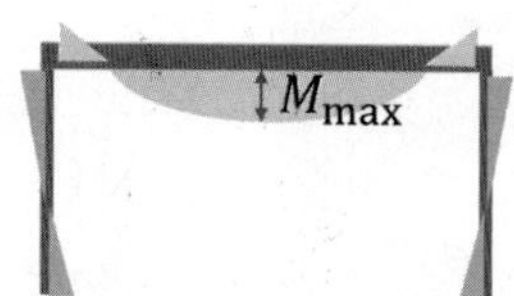

(b) 기둥의 강성이 약한 경우

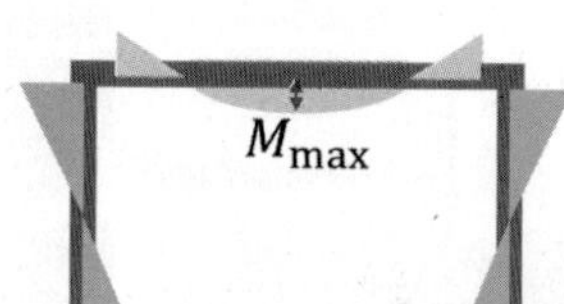

(c) 기둥의 강성이 보강된 경우

[그림 8-14] 보와 기둥의 접합 방법과 굽힘모멘트 분포

기둥과 보가 [그림 8-14(b)]와 [그림 8-14(c)]에서 볼 수 있듯이, 고정단으로 강접합되면 [그림 8-14(a)]에서 보았던 보의 가운데 부분의 굽힘모멘트를 저감시킬 수 있다. 보가 굽힘을 받게 되면 기둥도 같이 굽혀지게 되는데, 기둥이 굽혀지게 되는 정도는 보와 기둥의 각각의 강성의 크기 여부에 달려있다. 통상적으로 기둥과 보는 동일한 콘크리트로 타설하기 때문에 강성은 기둥과 보의 상대적인 크기에 따라 달라진다. [그림 8-14(b)]와 [그림 8-14(c)]는 강접합된 구조면에서는 같은 강접합이지만, [그림 8-14(c)]와 같이 기둥의 강성이 상대적으로 큰 경우는 기둥이 보의 굽힘모멘트를 더 부담할 수 있는 것이다. 즉, 기둥 단면이 크면 큰 굽힘모멘트에 저항할 수 있는 능력이 증대되고, 단면이 작으면 쉽게 굽혀져 저항이 더 어렵게 된다. 따라서 [그림 8-14(b)]에 비해 [그림 8-14(c)]와 같이 상대적으로 보 중앙부의 굽힘모멘트가 작아지게 되고, 이 경우 보 하부에 배치하는 철근량을 감소시킬 수 있다. 이와 같이

보 구조물은 보 자체로만 사용될 수도 있고, 보와 기둥의 결합으로도 사용될 수 있는 것이다. 보는 일반적으로 긴 부재가 주로 횡 하중(수직 하중)을 받는 경우를 보라 부르지만 때에 따라서는 보의 길이 방향에 비스듬이 작용하는 하중 및 수평 방향 하중을 받는 경우도 있다. 이제 8.2.2절에서는 이러한 하중이 가해지는 방향에 따라 축 항력(축 저항력), 전단력, 굽힘 모멘트 등을 살펴본다.

8.2.2 하중, 경계조건, 보의 종류, 반력

본 절에서는 보 구조물에 가해지는 하중과 가해진 하중에 대한 반력(저항력)과 반력모멘트 등을 살펴보고, 보 구조물을 지지하고 있는 경계조건 등에 대해 학습한다.

1) 하중

기계장치나 구조물을 구성하고 있는 재료에 외부로부터 작용하고 있는 힘을 통상적으로 외력이라고 하며, 이 외력을 하중이라고 한다. 한편 그 재료가 가지고 있는 무게는 통상적으로 자중self weight이라고 부른다. 이 절에서는 보에 가해지는 외력인 하중의 종류에 대해 살펴본다.

(1) 힘의 작용 방향에 따른 하중의 분류

❶ 축 하중: 힘의 작용선이 부재의 축 방향과 일치하는 하중(인장하중, 압축 하중)

❷ 횡 하중: 힘의 작용선이 부재와 동일 평면상에서 부재의 축 방향에 법선 방향(직각)으로 작용하는 하중(보 구조물에서는 굽힘하중이라고도 하며, 이에 의해 굽힘모멘트가 발생한다.)

❸ 전단 하중: 부재의 단면에 평행되게 작용하는 하중(예: 볼트 너트로 조여진 두 판재를 양쪽 방향으로 잡아 당겼을 때 볼트 단면이 받는 하중)

❹ 비틀림 하중: 부재의 주위에 비틀림모멘트를 부가하고 부재를 비틀리게 하는 하중(봉과 같은 구조물에서는 봉의 비틀림모멘트를 발생시킨다.)

(2) 힘의 운동상태에 따른 하중의 분류

❶ 정하중static load: 부재에 부가되는 힘이 정지상태에서 변화하지 않거나 아주 서서히 변하는 하중이다. 힘의 크기와 방향, 작용점이 일정한 하중으로 주로 정역학이나 재료역학에서 취급한다.

❷ 동하중dynamic load: 부재에 부가되는 힘의 크기 및 방향, 작용선이 시간의 변화와 함께 변하는 하중으로 **반복하중**, **교번하중**, **충격하중**, **이동하중**, **불규칙 진동하중** 등을 예로 들 수 있으며, 주로 동역학에서 취급한다.

- 반복하중repeated load: 힘의 크기, 방향, 작용점의 위치가 동일하며, 일정한 주기를 가지고 반복적으로 부재에 가해지는 하중
- 교번하중alternate load: 힘의 크기와 방향이 주기적으로 변하며, 일정한 작용점에 작용하는 하중
- 이동하중moving load: 힘의 작용점이 시간에 따라 변하는 하중
- 충격하중impulsive load: 매우 짧은 시간 동안 힘이 한 점에 크게 작용하는 하중
- 불규칙진동하중random vibration load: 힘의 크기와 방향이 주기적이지 않으며 시시각각으로 변하는 하중 (예: 지진 하중)

[그림 8-15]는 힘의 운동상태에 따른 하중의 예를 보여주고 있다.

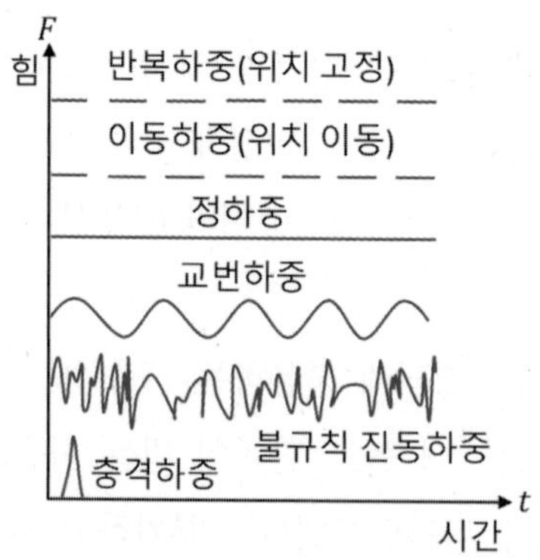

[그림 8-15] 힘의 운동상태에 따른 하중의 예

(3) 힘의 분포상태에 따른 하중의 분류

❶ **집중하중**concentrated load: 힘의 분포가 어느 한 점에 집중적으로 모여있는 하중으로 가장 일반적인 정하중의 예이다.

❷ **분포하중**distributed load: 힘의 분포가 부재의 표면이나 선상에 전 범위에 걸쳐 분포하는 하중으로 **균일분포하중**, **선형분포하중**(삼각분포하중), 불균일분포하중 등을 예로 들 수 있다(분포하중은 하중의 작용 크기를 일정한 점에 작용하는 집중하중으로 대치시킬 수 있다).

- **균일분포하중**uniform distributed load: 힘의 분포가 부재 전체 또는 일부분에 걸쳐 균일한 분포로 작용하는 하중
- **선형분포하중**linearly distributed load: 힘의 분포가 부재 전체 또는 일부분에 걸쳐 선형적으로 변하는 분포로 작용하는 하중
- **불균일분포하중**non_distributed load: 힘의 분포가 부재 전체 또는 일부분에 걸쳐 불균일한 분포로 작용하는 하중

[그림 8-16]은 힘의 분포상태에 따른 하중의 예를 보여주고 있다.

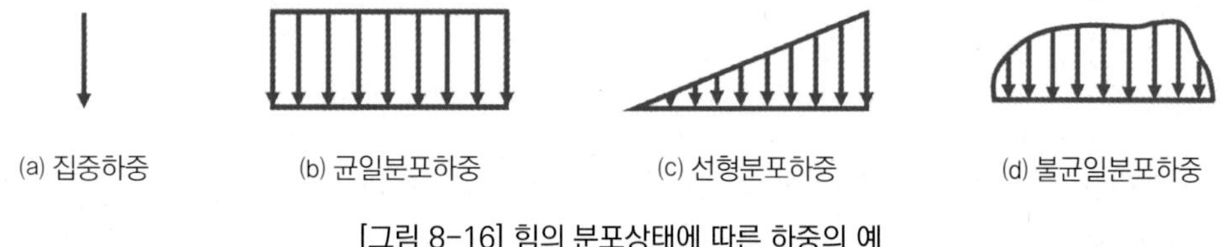

(a) 집중하중 (b) 균일분포하중 (c) 선형분포하중 (d) 불균일분포하중

[그림 8-16] 힘의 분포상태에 따른 하중의 예

2) 경계조건

보 구조물은 작용하는 다양한 하중을 지지하기 위해 지지점을 가지게 되는데, 지지점의 형태에 따라 경계조건이 달라진다. [그림 8-17]은 다양한 지지점의 종류를 보여주고 있다.

(1) **힌지 또는 핀지지**hinged or pinned supports: 회전은 자유로우나 수평 및 수직이동이 가능하지 못한 지지

(2) **롤러지지**roller supports: 보의 회전이나 수평이동은 자유롭지만 수직이동이 가능하지 못한 지지

(3) **고정지지**fixed supports: 완전한 고정지지로 보의 회전뿐만 아니라 수평 및 수직이동이 가능하지 못한 지지 (용접 등에 의한 지지가 고정지지의 한 예이다.)

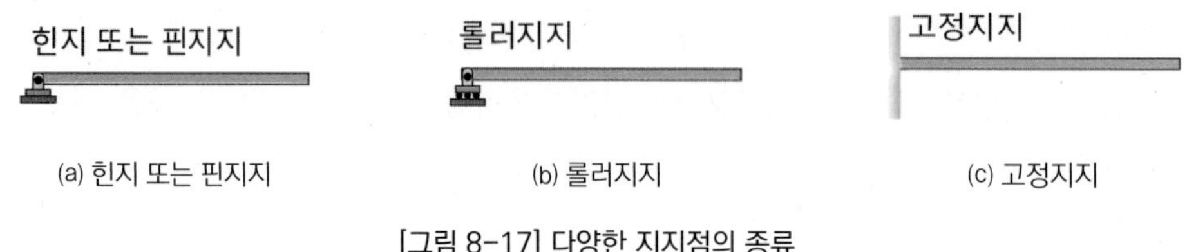

[그림 8-17] 다양한 지지점의 종류

3) 보의 종류

(1) **정정보**statically determinate beam: 반력이나 반력 모멘트의 수가 3개 이하인 경우로서 힘이 평면상에서 주어질 때, 힘의 평형 조건식 2개(1개일 수도 있음)와 모멘트 평형 조건식 1개로 미지의 반력이나 반력 모멘트를 구할 수 있는 보를 일컫는다.

❶ **단순지지보**simply supported beam: 한단은 힌지지지, 타단은 롤러지지된 보

❷ **외팔보**cantilevered beam: 한단은 고정지지, 타단은 지점이 없는 자유인 보

❸ **돌출보**overhang beam: 한단은 힌지지지, 타단은 지점이 없지만, 그 사이에 롤러지지가 있는 보

(2) **부정정보**statically indeterminate beam: 반력이나 반력 모멘트의 수가 4개 이상인 경우로서, 힘의 평형 조건식과 모멘트 평형 조건식으로부터 미지의 반력이나 반력 모멘트를 구할 수 없는 보를 지칭한다.

❶ **연속보**continuous beam: 한단은 힌지지지, 타단은 롤러지지면서, 중간에 1개 이상의 롤러지지된 보

❷ **양단 고정보**fixed–fixed beam: 양단이 모두 고정지지된 보

❸ **한단 고정 타단 롤러지지보**fixed-roller supported beam: 한단이 고정지지되고 타단은 롤러지지된 보

[그림 8-18]은 다양한 종류의 보를 보여주고 있는데, [그림 8-18(a)], [그림 8-18(b)], [그림 8-18(c)]는 정정보, [그림 8-18(d)], [그림 8-18(e)], [그림 8-18(f)]는 부정정보를 보여주고 있다.

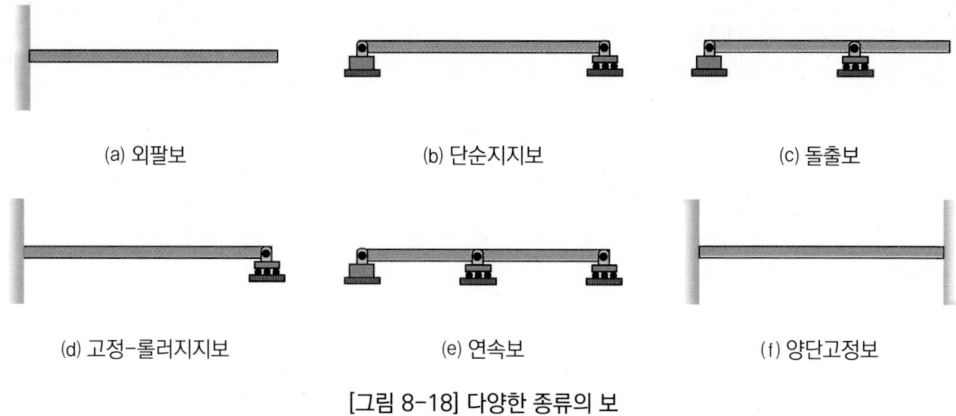

[그림 8-18] 다양한 종류의 보

한편, [그림 8-17]의 힌지 또는 핀지지, 롤러지지 및 고정지지된 보의 수학적 모델을 설정할 경우는 [그림 8-17]에 나타난 모양과 달리 통상적으로 [그림 8-19]에 보이는 것과 같이 나타낸다.

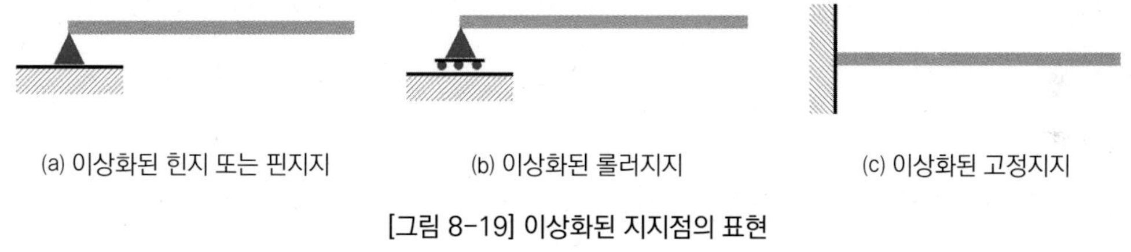

[그림 8-19] 이상화된 지지점의 표현

4) 반력

반력이나 반력 모멘트는 구조물의 평형상태를 유지하기 위하여 가해진 하중에 대해 수동적으로 발생하는 지지점에서의 저항력이나 저항 모멘트를 일컬으며, 하중의 작용이 평면상에서 이루어지는 보 구조물에서는 수직 반력, 수평 반력, 반력 모멘트가 발생할 수 있다. 이미 보의 경계조건과 지지점에 대해 학습한 바와 같이 힌지 또는 핀지지된 지지점에서는 수평 및 수직 반력이 존재하고, 롤러지지점에서는 수직 반력만 존재한다. 또한 고정지지에서는 수평 및 수직 반력 외에도 반력 모멘트도 존재한다.

Section 8.3

하중, 전단력, 굽힘모멘트 관계

학습목표

- ✔ 축력, 전단력, 굽힘모멘트의 양과 음의 부호 규약을 익힌다.
- ✔ 하중, 전단력, 굽힘모멘트 사이의 관계를 알아보고, 이들 관계에 어떤 특징이 있는지를 학습한다.
- ✔ 몇몇 하중이 보 구조물에 부과될 때, 임의의 단면에서의 축력, 전단력, 굽힘모멘트를 계산한다.

보 구조물이 하중이나 우력 모멘트를 받게 되면 보의 내부에는 응력이 쌓이게 되고, 변형도 일어난다. 이러한 응력이나 변형은 보 구조물의 안전성에 큰 영향을 줄 수 있으므로 보 내부의 힘의 상태와 내부모멘트를 구할 필요가 있다. 본 절에서는 먼저 축력, 전단력, 굽힘모멘트의 부호 규약(양의 방향, 음의 방향의 나타냄)을 설명한다. 이 부호 규약은 절대적인 것은 아니기 때문에 각종 정역학이나 재료역학 관련 서적에 있어서도 동일하지는 않다. 부호 규약을 설정한 후, 이러한 부호 규약을 토대로 다양한 경계조건을 갖는 몇몇 보 내부에 존재하는 힘(축력과 전단력)과 내부모멘트(굽힘모멘트)를 구해본다. 마지막으로 하중, 전단력, 굽힘모멘트 사이의 관계를 알아본다.

8.3.1 하중, 전단력, 굽힘모멘트 계산

본 절에서는 몇몇 경계조건을 갖는 보 구조물에 대해, 축력, 전단력, 굽힘모멘트 등을 계산해 본다. 하중, 축력, 전단력 및 굽힘모멘트에 대한 부호 규약은 이미 8.1.2절의 [그림 8-9]에서 설명한 바 있기 때문에 여기서는 반복해 설명하지 않기로 한다.

이제, 몇몇 경계조건을 갖고 하중을 받는 보 구조물에 대한 반력, 반력 모멘트, 축력, 전단력, 굽힘모멘트를 구하는 과정을 살펴보자. [그림 8-20]과 같이, 길이 L인 외팔보 구조물에

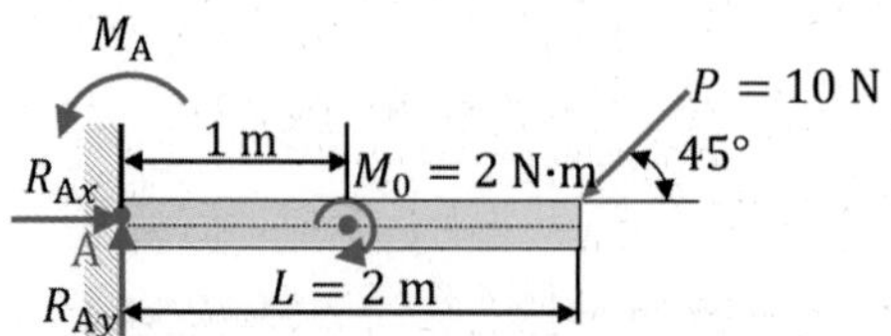

[그림 8-20] 경사하중과 모멘트를 받는 외팔보

집중하중 $P = 10\text{ N}$이 수평면과 45°를 이루고 작용하고 있다. 그림에서 반력과 반력모멘트들은 주어진 경사하중 P에 대한 고정단에서의 반력과 반력 모멘트이다.

수평 방향의 우측을 x축의 양의 방향이라 하고, 수직 상 방향을 y축의 양의 방향이라 가정한다. 고정단에 걸리는 반력과 반력 모멘트를 구하기 위해 x, y축 방향의 힘의 평형 조건식과 점 A(z축)에 대한 모멘트의 평형방정식을 이용하면 다음과 같이 된다.

$$\Sigma F_x = 0 \ ; \ -P\cos 45° + R_{Ax} = 0, \quad R_{Ax} = 10\left(\frac{\sqrt{2}}{2}\right) = 7.071\text{ N} \tag{8.1}$$

$$\Sigma F_y = 0 \ ; \ -P\sin 45° + R_{Ay} = 0, \quad R_{Ay} = 10\left(\frac{\sqrt{2}}{2}\right) = 7.071\text{ N} \tag{8.2}$$

$$\Sigma M_A = 0 \ ; \ P\sin 45°(L) + M_0 - M_A = 0,$$

$$M_A = 10\left(\frac{\sqrt{2}}{2}\right)(2) + 2 = 16.142\text{ N}\cdot\text{m} \tag{8.3}$$

식 (8.1)~식 (8.3)으로부터 고정단의 반력과 반력 모멘트를 구했으므로, 보의 임의의 위치에서의 축력, 전단력, 굽힘모멘트를 구해보자. 먼저 보의 고정단으로부터 보의 중앙보다 약간 왼쪽까지의 요소에 대해 자유물체도를 그려보면 [그림 8-21(a)]와 같고, 보의 중앙보다 약간 우측까지의 요소에 대해 자유물체도를 그리면 [그림 8-21(b)]와 같다. [그림 8-21]에서 V, H, M_b은 각각 전단력, 축력, 굽힘모멘트를 나타낸다.

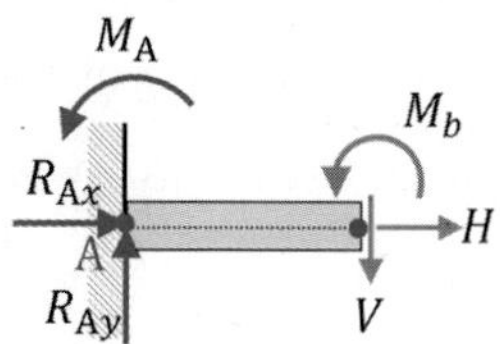

(a) 보의 중앙 직전 요소

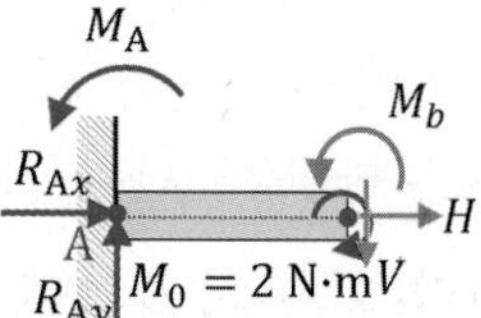

(b) 보의 중앙 직후 요소

[그림 8-21] 외팔보의 자유물체도

[그림 8-21(a)]에 대해 힘과 모멘트 평형방정식을 도입하자.

$$\Sigma F_x = 0 \ ; \ H + R_{Ax} = 0, \ H = -R_{Ax} = -7.071\text{ N} \tag{8.4}$$

$$\Sigma F_y = 0 \ ; \ V - R_{Ay} = 0, \ V = R_{Ay} = 7.071\text{ N} \tag{8.5}$$

$$\sum M = 0 \ ; \ M_b + M_A - R_{Ay}\left(\frac{L}{2}\right) = 0,$$

$$M_b = R_{Ay} \times (1\,\mathrm{m}) - M_A = -9.071\ N \cdot m \tag{8.6}$$

이제, [그림 8-21(b)]에 대해 힘과 모멘트 평형방정식을 도입하자.

$$\sum F_x = 0 \ ; \ H + R_{Ax} = 0,\ H = -R_{Ax} = -7.071\,\mathrm{N} \tag{8.7}$$

$$\sum F_y = 0 \ ; \ V - R_{Ay} = 0,\ V = R_{Ay} = 7.071\,\mathrm{N} \tag{8.8}$$

$$\sum M = 0 \ ; \ M_b + M_A - R_{Ay}(1\,\mathrm{m}) - M_0 = 0,$$

$$M_b = R_{Ay} \times (1\,\mathrm{m}) - M_A + 2 = -7.071\ N \cdot m \tag{8.9}$$

이상에서 살펴본 바와 같이, 보의 중앙을 중심으로 좌측과 우측 단면의 축력, 전단력, 굽힘모멘트의 값에 대해 다음과 같은 결론을 맺을 수 있다. 첫째, 축력은 보의 중앙을 중심으로 수평하중의 변화가 없었으므로 좌측 단면과 우측 단면에서의 축력의 변화는 없이 $H = -7.071\,\mathrm{N}$으로 일정함을 알 수 있다. 둘째, 보 중앙의 좌측 단면과 우측 단면 사이에 수직력의 변화가 없었으므로 전단력 값에 있어서도 변화가 없이 일정한 값 $V = 7.071\,\mathrm{N}$이다.

셋째, 그러나 보의 중앙에 주어진 모멘트 $M_0 = 2\,\mathrm{N \cdot m}$가 걸려 있었으므로, 좌측 단면의 굽힘모멘트 값은 $M_b = -9.071\,\mathrm{N \cdot m}$이지만, 우측 단면의 굽힘모멘트 값은 좌측 단면의 굽힘모멘트 값에 M_0가 더해져 결과적으로는 $M_b = -7.071\,\mathrm{N \cdot m}$로 나타난 것이다. 다음으로는 경계조건이 다르고, 하중도 선형분포하중 또는 삼각분포하중이 보 위에 작용할 때에 대한 전단력과 굽힘모멘트를 살펴본다. [그림 8-22]와 같이 보의 길이가 L인 단순지지보 위에 점 B에서의 하중강도(단위 길이 당 하중)가 w_0인 삼각분포하중이 작용할 때, 최대 전단력과 최대 굽힘모멘트를 계산해 보자.

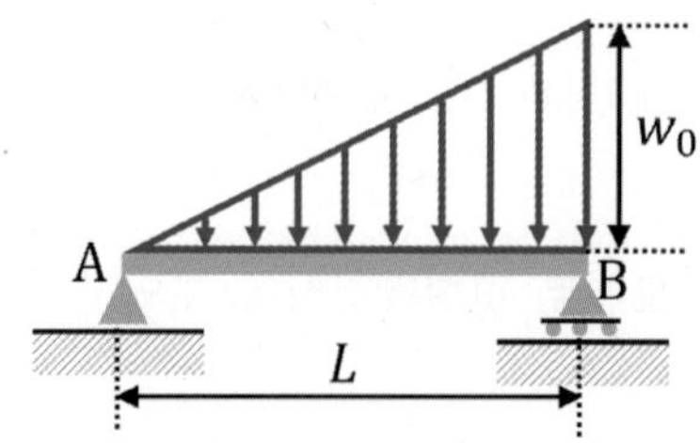

[그림 8-22] 삼각분포하중을 받는 단순지지보

이미 8.2절에서 설명한 바 있듯이 점 A에서는 수평 및 수직 반력이 존재할 수 있고, 점 B에서는 수직 반력만 존재할 수 있다. 그러나, 주어진 하중이 수직하중만 있으므로 점 A에서도 수직 반력만 존재하게 된다. [그림 8-22]에 대해 반력을 구하기 위해 [그림 8-23(a)]와 같이 자유물체도를 이용하고, 보의 좌단으로부터 임의의 위치 x에서의 하중분포를 나타내는 [그림 8-23(b)]를 이용한다.

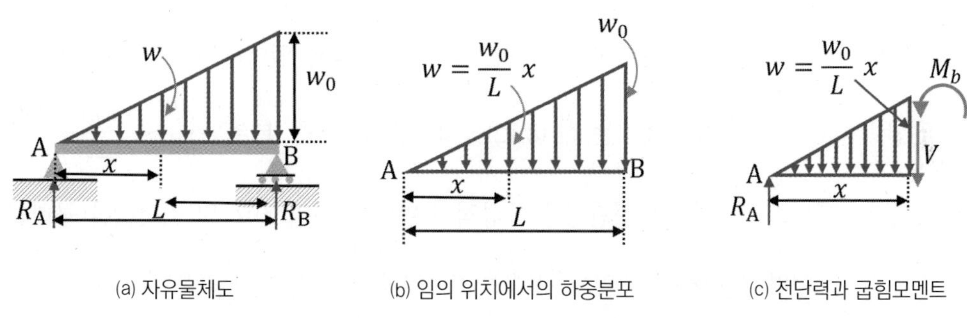

(a) 자유물체도 (b) 임의 위치에서의 하중분포 (c) 전단력과 굽힘모멘트

[그림 8-23] 단순지지보의 자유물체도, 하중분포, 전단력, 굽힘모멘트

힘의 평형 조건식을 수평 방향(x 방향)과 수직 방향(y 방향)에 대해 적용하고, 모멘트 평형식을 이용하면 점 A와 점 B에 있어서의 반력을 다음과 같이 구할 수 있다.

$$\Sigma F_y = 0 \ ; \ R_A + R_B - \int_0^L \frac{w_0 x}{L} dx = 0, \quad R_A + R_B = \frac{w_0 L}{2} \tag{8.10}$$

$$\Sigma M_A = 0 \ ; \ R_B L - \frac{w_0 L}{2} \times \frac{2L}{3} = 0 \tag{8.11}$$

식 (8.11)로부터 $R_B = \frac{w_0 L}{3}$이 되고, R_B를 식 (8.10)에 대입하면 $R_A = \frac{w_0 L}{6}$이 된다. 참고로 식 (8.10)에서 삼각분포하중은 보의 임의의 위치 x에서의 하중강도(단위 길이 당 하중)를 0부터 보의 전체 길이 L까지 적분해서도 구할 수 있지만, 삼각형의 전체 면적 $\frac{1}{2}w_0 \times L = \frac{w_0 L}{2}$을 통해서도 구할 수 있다.

이제 [그림 8-23(c)]와 같이 보의 좌단으로부터 임의의 x 위치에서의 전단력과 굽힘모멘트를 구해보자. 먼저 힘의 평형조건으로부터 다음과 같은 관계가 성립된다.

$$\Sigma F_y = 0 \ ; \ R_A - V - \int_0^x \frac{w_0 x}{L} dx = 0, \ V = \frac{w_0 L}{6} - \frac{w_0 x^2}{2L} \tag{8.12}$$

한편, 모멘트의 평형방정식을 전단력이 작용하는 단면에 대해 적용하면 다음과 같다.

$$\Sigma M = 0 \ ; \ M_b + \left[\frac{w_0 x^2}{2L}\left(\frac{x}{3}\right)\right] - \frac{w_0 L x}{6} = 0, \quad M_b = \frac{w_0 L x}{6} - \left[\frac{w_0 x^3}{6L}\right] \tag{8.13}$$

이제, 최대 전단력과 최대 굽힘모멘트는 보의 어느 위치에서 일어나는지 조사해 보자.

먼저 전단력이 0이 되는 보의 위치는 식 (8.12)를 0으로 놓고, 즉 $V = \frac{w_0 L}{6} - \frac{w_0 x^2}{2L} = 0$으로부터 $x = \frac{L}{\sqrt{3}}$이 된다. 최대 전단력은 통상적인 어떤 함수의 최대 및 최솟값을 구하는 방법으로 구할 수 없다. 왜냐하면 이렇게 구하면 좌표로서의 V의 양의 값을 나타내게 되는 값을 보이게 된다. 식 (8.12)의 함수는 $x = 0$으로부터 $x = L$까지 계속 V 값이 아래로 내려가는 곡선을 취하게 된다. 따라서 맨 아래 값인 즉 $x = L$에서의 V 값을 조사해 봐야 한다. $x = L$에서의 V 값은 $V = -\frac{w_0 L}{3}$이 되는데, 이 값이 $x = 0$에서의 V 값인 $\frac{w_0 L}{6}$보다 절대 값 측면에서 더 크다. 따라서, 최대 전단력 값은 $V_{max} = |V|_{x=L} = \frac{w_0 L}{3}$이 된다.

최대 굽힘모멘트는 식 (8.13)을 x에 대해 한 번 미분하여 구하는데, 식 (8.13)을 x에 대해 한 번 미분하면 $\frac{w_0 L}{6} - \frac{w_0 x^2}{2L} = 0$으로부터, $x = \pm\frac{L}{\sqrt{3}}$이지만, 보의 임의의 위치 x의 음의 값은 해가 될 수 없으므로 $x = \frac{L}{\sqrt{3}}$이 된다. 이 값을 식 (8.13)에 대입하면 굽힘모멘트의 최댓값은 $M_{max} = [M]_{x=\frac{L}{\sqrt{3}}} = \frac{w_0 L^2}{9\sqrt{3}}$이 된다.

이 절에서 끝으로 또 다른 경계조건과 또 다른 하중 형태가 주어지는 보 구조물에 대한 전단력과 굽힘모멘트를 구해보자. [그림 8-24]와 같이 돌출보 위에 보 길이의 $\frac{L}{2}$에 해당하는 부분에 균일분포하중 w_0가 작용할 때, 전단력과 굽힘모멘트를 생각하자. 우선 지지점에서의 반력을 구하기 위해 힘의 평형식과 모멘트 평형식을 사용하면 다음과 같다.

$$\Sigma F_y = 0 \ ; \ R_A + R_B - w_0\left(\frac{L}{2}\right) = 0 \tag{8.14}$$

$$\Sigma M = 0 \ ; \ w_0\left(\frac{L}{2}\right)\left(\frac{L}{4}\right) - R_{\mathrm{B}}\left(\frac{3L}{4}\right) = 0 \tag{8.15}$$

식 (8.15)로부터 미지의 반력 $R_{\mathrm{B}} = \dfrac{w_0 L}{6}$이 되고, 이를 식 (8.14)에 대입하면 $R_{\mathrm{A}} = \dfrac{w_0 L}{3}$로 얻어진다. 이제, 이 반력 값들도 포함하여, [그림 8-24]에 보이는 $\mathrm{A}'-\mathrm{A}'$, $\mathrm{B}'-\mathrm{B}'$, $\mathrm{C}'-\mathrm{C}'$ 단면에 대해 전단력과 굽힘모멘트를 구한다. 단면을 세 부분으로 나누어 구해야 하는 이유는 첫째, 보의 좌단으로부터 $\dfrac{L}{2}$되는 지점까지는 균일분포로 하중이 주어지므로 그 사이의 임의의 단면($\mathrm{A}'-\mathrm{A}'$)에서 전단력과 굽힘모멘트 분포를 살펴볼 필요가 있고, 둘째, 보의 중앙을 지나면 균일분포하중이 없어 하중 변화를 가져오기 때문에 보의 좌단으로부터 $\dfrac{L}{2}$되는 지점과 $\dfrac{3L}{4}$되는 지점 사이의 임의의 단면($\mathrm{B}'-\mathrm{B}'$)에서 전단력과 굽힘모멘트 분포를 살펴볼 필요가 있는 것이다. 셋째, 보의 좌단으로부터 $\dfrac{3L}{4}$되는 지점에 지점 반력 R_{B}가 있어 다시 하중 변화를 가져온다. 따라서, 점 B로부터 보의 우단 사이의 임의의 단면($\mathrm{C}'-\mathrm{C}'$)에서도 전단력과 굽힘모멘트 분포를 살펴볼 필요가 있다.

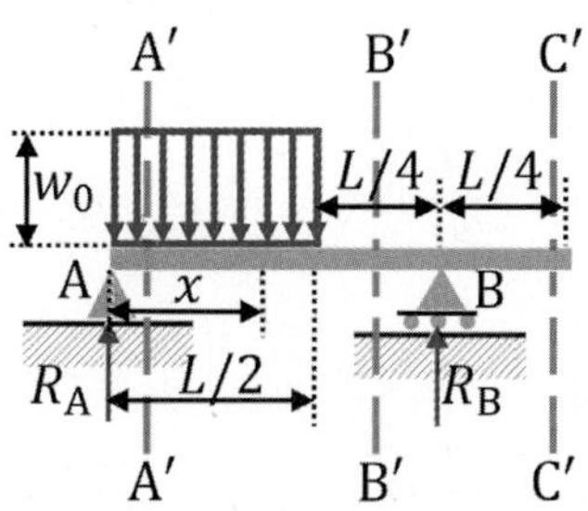

[그림 8-24] 돌출보의 하중분포

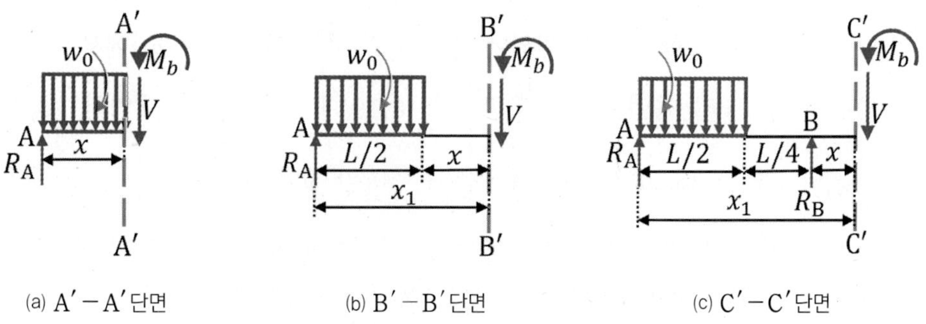

(a) $\mathrm{A}'-\mathrm{A}'$단면　(b) $\mathrm{B}'-\mathrm{B}'$단면　(c) $\mathrm{C}'-\mathrm{C}'$단면

[그림 8-25] 돌출보의 임의의 단면에서의 자유물체도

• A′ − A′ **단면**

[그림 8-25(a)]의 A′ − A′ 단면에서 힘의 평형식과 모멘트 평형식을 적용하면 다음과 같다.

$$\sum F_y = 0 \;;\; R_A - w_0 x - V = 0,\; V = \frac{w_0 L}{3} - w_0 x \tag{8.16}$$

$$\sum M = 0 \;;\; M_b + w_0 x\left(\frac{x}{2}\right) - R_A x = 0,\; M_b = \frac{w_0 L x}{3} - \frac{w_0 x^2}{2} \tag{8.17}$$

• B′ − B′ **단면**

[그림 8-25(b)]의 B′ − B′ 단면에서 힘의 평형식을 적용하면 다음과 같다.

$$\sum F_y = 0 \;;\; R_A - \frac{w_0 L}{2} - V = 0,\; V = \frac{w_0 L}{3} - \frac{w_0 L}{2} = -\frac{w_0 L}{6} \tag{8.18}$$

모멘트 평형식을 적용하는 데 있어서는 [그림 8-25(b)]의 x와 x_1을 어떻게 취하느냐에 따라 식의 형태가 달라진다. 예를 들어 보의 좌단으로부터 임의의 B′ − B′ 단면까지의 거리를 x_1으로 취한 경우와 균일분포하중이 끝나는 보의 중앙에서 임의의 B′ − B′ 단면까지의 거리를 x로 취할 두 경우에 대해 모멘트 평형식을 전개한다.

$$\sum M = 0 \;;\; M_b - \frac{w_0 L x_1}{3} + \left(\frac{w_0 L}{2}\right)\left(x_1 - \frac{L}{4}\right) = 0,\; M_b = \frac{w_0 L^2}{8} - \frac{w_0 L x_1}{6} \tag{8.19}$$

$$\sum M = 0 \;;\; M_b + \left(\frac{w_0 L}{2}\right)\left(\frac{L}{4} + x\right) - \left(\frac{w_0 L}{3}\right)\left(\frac{L}{2} + x\right) = 0,$$

$$M_b = -\frac{w_0 L x}{6} + \frac{w_0 L^2}{24} \tag{8.20}$$

식 (8.19)에서 x_1이 변할 수 있는 범위는 $\frac{L}{2} \le x_1 \le \frac{3L}{4}$이고, 식 (8.20)에서 x가 변할 수 있는 범위는 $0 \le x \le \frac{L}{4}$이 된다. 또한, 식 (8.19)에 $x_1 = \frac{L}{2}$을 대입한 M_b의 값은 $M_b = \frac{w_0 L^2}{24}$으로 식 (8.20)의 $x = 0$를 대입한 M_b의 값은 $M_b = \frac{w_0 L^2}{24}$으로 동일하다. 따라서, 보의 임의의 단면의 거리를 보의 좌단으로부터 취하든 보의 중앙으로부터 취하든 M_b에 관한 식은 달리 표현되어도 M_b의 값은 동일하게 나와야 된다.

• **C′−C′ 단면**

C′−C′ 단면에서 힘의 평형식과 모멘트 평형식을 적용하면 다음과 같다.

$$\Sigma F_y = 0 \ ; \ R_{\mathrm{A}} + R_{\mathrm{B}} - \frac{w_0 L}{2} - V = 0, \ V = 0 \tag{8.21}$$

이제 , C′−C′ 단면에서 모멘트 평형식을 적용하면 다음과 같다.

$$\Sigma M = 0 \ ; \quad M_b - R_{\mathrm{B}}\,x - R_{\mathrm{A}}\left(\frac{3L}{4} + x\right) + \left(\frac{w_0 L}{2}\right)\left(\frac{L}{2} + x\right) = 0, \ M_b = 0 \tag{8.22}$$

$$\Sigma M = 0 \ ; \quad M_b - R_{\mathrm{A}}\,x_1 - R_{\mathrm{B}}\left(x_1 - \frac{3L}{4}\right) + \left(\frac{w_0 L}{2}\right)\left(x_1 - \frac{L}{4}\right) = 0, \ M_b = 0 \tag{8.23}$$

이 경우도 M_b은 동일한 값을 나타내게 된다.

8.3.2 하중, 전단력, 굽힘모멘트 사이의 관계

본 절에서는 보에 가해진 하중과 보의 전단력 및 굽힘모멘트 사이에 어떤 관계가 있는지를 살펴본다. 보 요소에 주어지는 하중의 형태도 크게 분포하중과 집중하중의 경우에 대해, 그리고 우력 모멘트가 주어지는 경우에 대해, 하중, 전단력, 굽힘모멘트 사이의 관계를 살펴본다.

1) 분포하중, 전단력, 굽힘모멘트 사이의 관계식

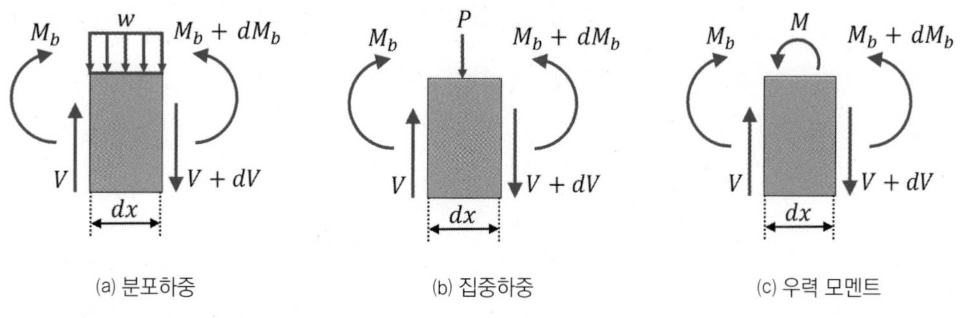

[그림 8-26] 하중, 전단력, 굽힘모멘트

[그림 8-26(a)]와 같이 보 요소에 **균일분포하중**이 작용한다면 이 보 요소에 대한 힘의 평형식과 모멘트 평형식으로부터 다음과 같은 관계가 도출된다.

$$\sum F_y = 0 \; ; \; V - (V + dV) - wdx = 0, \; \frac{dV}{dx} = -w \tag{8.24}$$

$$\sum M = 0 \; ; \; (M_b + dM_b) - M_b - Vdx + wdx\left(\frac{dx}{2}\right) = 0, \; \frac{dM_b}{dx} = V \tag{8.25}$$

식 (8.25)에서 dx는 미소량이고, 따라서 $\frac{wdx^2}{2}$의 양은 매우 작아 무시한 것이다. 식 (8.24)로부터 알 수 있는 것은 하중강도(단위 길이 당 하중) w의 차원은 전단력 V의 x에 대한 한 번 미분과 같고, 부호는 반대인 것이다. 또한, 식 (8.25)로부터 전단력 V는 굽힘모멘트의 x에 대한 한 번 미분과 같음을 알 수 있다. 식 (8.24)의 관계를 [그림 8-22]의 삼각 분포하중을 받는 단순지지보에 대해 검토해 보자. [그림 8-23]의 임의의 위치 x에서의 하중강도 w는 $w = \frac{w_0 x}{L}$인데, 이때의 전단력 식은 식 (8.12)인 $V = \frac{w_0 L}{6} - \frac{w_0 x^2}{2L}$이었다.

이로부터 $\frac{dV}{dx} = -\frac{w_0 x}{L} = -w$인 관계를 얻을 수 있다. 따라서 식 (8.24)가 증명된 셈이다. 이제 식 (8.24)의 양변에 dx를 곱한 후, A부터 B까지 적분을 하면 다음과 같다.

$$\int_{\mathrm{A}}^{\mathrm{B}} dV = V_{\mathrm{B}} - V_{\mathrm{A}} = -\int w\,dx \tag{8.26}$$

식 (8.26)은 두 점 B와 A에서의 전단력의 차이는 하중 선도면적의 음의 부호와 같음을 알 수 있다. 한편, 식 (8.25)의 관계도 [그림 8-22]의 **삼각분포하중**을 받는 **단순지지보**에 대해 검토해 보자. 즉, 식 (8.13) $M_b = \frac{w_0 Lx}{6} - \left[\frac{w_0 x^3}{6L}\right]$을 x에 대해 한 번 미분하면 식 (8.12)인 $V = \frac{w_0 L}{6} - \frac{w_0 x^2}{2L}$과 같게 됨을 알 수 있다. 이는 식 (8.25)의 관계가 증명된 셈이다. 이제 식 (8.25)의 양변에 dx를 곱한 후, A부터 B까지 적분을 하면 다음과 같다.

$$\int_{\mathrm{A}}^{B} dM_b = (M_b)_{\mathrm{B}} - (M_b)_{\mathrm{A}} = \int_{\mathrm{A}}^{B} V dx \tag{8.27}$$

식 (8.27)은 두 점 B와 A에서의 굽힘모멘트의 차이는 전단력 선도면적과 같음을 알 수 있다.

2) 집중하중, 전단력, 굽힘모멘트 사이의 관계식

[그림 8-26(b)]와 같이 보 요소에 집중하중이 작용한다면 이 보 요소에 대한 힘의 평형식과 모멘트 평형식으로부터 다음과 같은 관계가 도출된다.

$$\Sigma F_y = 0 \ ; \ V - (V + dV) - P = 0, \ dV = -P \tag{8.28}$$

$$\Sigma M = 0 \ ; \ (M_b + dM_b) - M_b - Vdx + P\left(\frac{dx}{2}\right) = 0, \ \frac{dM_b}{dx} = V \tag{8.29}$$

식 (8.28)은 보의 미소 요소의 좌측 단면과 우측 단면에서의 전단력의 변화량 dV는 집중하중 P와 같은 양만큼 감소함을 알 수 있다. 한편 식 (8.29)에서 미소량 dx는 작으므로 굽힘모멘트의 증분량 dM_b도 미소하다는 것을 알 수 있기 때문에 집중하중의 작용점을 지날 때의 굽힘모멘트의 변화는 거의 없음을 알 수 있는 것이다. 여기서 주의해야 할 것은 굽힘모멘트는 집중하중 작용점을 지날 때는 거의 변화가 없지만, 굽힘모멘트의 변화율인 $\frac{dM_b}{dx}$는 전단력과 같기 때문에, 식 (8.28)에서 살펴본 바와 같이 집중하중이 작용하는 작용점에서는 집중하중 크기만큼의 큰 차이가 있는 것이다.

3) 우력 모멘트, 전단력, 굽힘모멘트 사이의 관계식

[그림 8-26(c)]와 같이 보 요소에 우력 모멘트가 작용한다면 이 보 요소에 대한 힘의 평형식과 모멘트 평형식으로부터 다음과 같은 관계가 도출된다.

$$\Sigma F_y = 0 \ ; \ V - (V + dV) = 0, \ dV = 0 \tag{8.30}$$

$$\Sigma M = 0 \ ; \ (M_b + dM_b) - M_b + M - Vdx = 0, \ dM_b = -M \tag{8.31}$$

식 (8.30)은 보 단면의 미소 요소의 좌측 단면과 우측 단면에서의 전단력의 차이는 없음을 나타내고 있다. 이는 우력 모멘트가 작용하는 작용점에서는 전단력은 변화가 없음을 보여주는 것이다. 한편 식 (8.31)은 Vdx에서 미소량인 dx가 매우 작다고 간주하여 Vdx 항을 생략하고 얻은 식이다. 식 (8.31)은 미소 요소의 굽힘모멘트의 변화량은 작용하는 우력 모멘트의 크기와 같음을 알 수 있는데, 이는 우력 모멘트의 작용점을 지나감에 따라 굽힘모멘트가 감소함을 알 수 있는 것이다.

Section 8.4

축력, 전단력, 굽힘모멘트 선도

학습목표

- ✔ 다양한 하중에 따른 축력에 관한 식을 도출하고 이로부터 축력 선도를 그린다.
- ✔ 다양한 하중에 따른 전단력에 관한 식을 도출하고 이로부터 전단력 선도를 그린다.
- ✔ 다양한 하중에 따른 굽힘모멘트에 관한 식을 도출하고 이로부터 굽힘모멘트 선도를 그린다.

기계, 건축, 토목 구조물 등에서는 보로 간주할 수 있는 구조물이 많으며, 따라서 보 구조물을 설계하는 경우에 있어, 보의 길이 변화에 따른 전단력과 굽힘모멘트를 계산한다. 이미 4.3절에서 설명한 바 있는 반복되는 설명이지만, 그 이유는 전단력과 굽힘모멘트는 보 속에 내재하는 응력과 절대적 관계가 있기 때문이며, 특히, 전단력과 굽힘모멘트의 최댓값에 더 관심을 갖는다. 이는 이들 값들의 최댓값이 응력의 최댓값을 유발시키기 때문이다. 본 절에서는 축력, 전단력, 굽힘모멘트를 도식적으로 나타내어, 한 눈에 쉽게 보 길이의 어느 부분에서 이들 값들이 크게 나타나고 적게 나타나는지를 알아본다. 이를 각각 **축력 선도**axial force diagram, **전단력 선도**shear force diagram, **굽힘모멘트 선도**bending moment diagram라고 한다. 통상적으로 선도들을 나타내는 방법은 수평축(가로축)에 보의 길이를 나타내고, 수직축에는 축력, 전단력, 굽힘모멘트의 크기를 나타낸다. 이제부터는 다양한 하중과 다양한 경계조건에 대해 선도를 도식적으로 나타내는 예들을 풀어본다.

예제 8-3 단순지지보에 집중하중 작용 시, S.F.D. 및 B.M.D.

[그림 8-27(a)]와 같이 좌단으로부터 $0.5\ \mathrm{m}$ 떨어진 위치에 $P = 2\ \mathrm{N}$의 집중하중을 받는 단순지지보가 있다. 보의 전체 길이를 $2\ \mathrm{m}$라 할 때, 전단력 선도와 굽힘모멘트 선도를 구하여라.

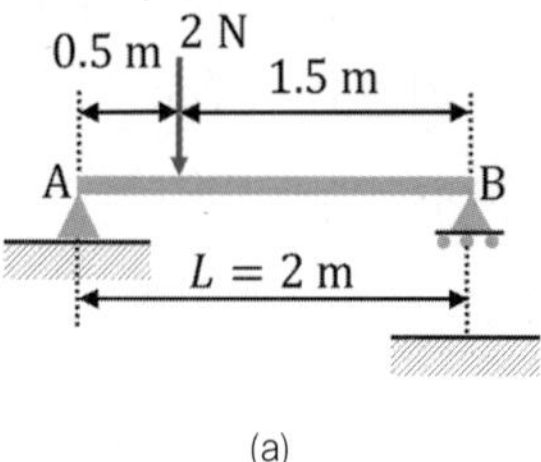

(a)

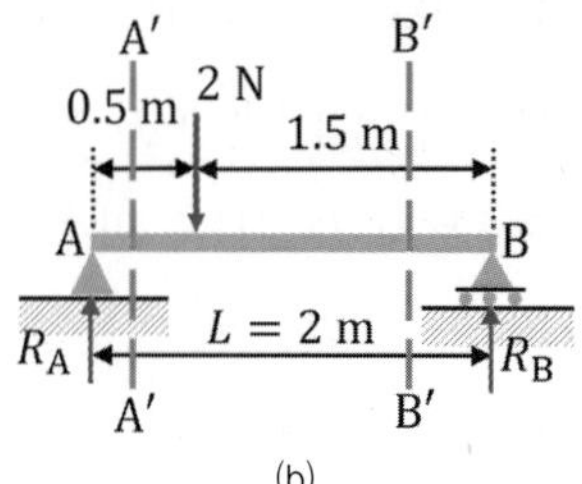

(b)

(c) (d)

[그림 8-27] 집중하중을 받는 단순지지보

분석

- 단순지지 경계조건에서는 지지점 A, B에서 수직 반력만이 존재한다. 원래 점 B는 회전 가동단으로 수직 반력만이 존재하고, 점 A에서는 수평 및 수직 반력이 다 존재할 수 있지만, 보에 가해지는 하중이 수직하중만 있기 때문에, 수직 반력만 존재한다.
- 보의 좌단으로부터 우단으로 가는 동안 하중 변화는 집중하중 2 N 하나만 존재한다. 따라서, 집중하중 2 N을 중심으로 좌측 단면([그림 8-27(b)]의 A′−A′단면)과 우측의 단면([그림 8-27(b)]의 B′−B′ 단면)에 대해 전단력과 굽힘모멘트를 조사하면 된다.

풀이

먼저 [그림 8-27(b)]에 나타난 수직 반력 R_A와 R_B를 힘의 평형식과 모멘트 평형식을 이용하여 구하자.

$$\sum F_y = 0 \ ; \ R_A + R_B - 2\,\text{N} = 0 \tag{1}$$

$$\sum M_A = 0 \ ; \ (2\,\text{N}) \times (0.5\,\text{m}) - R_B \times (2\,\text{m}) = 0 \tag{2}$$

식 (2)로부터 R_B는 $R_B = 0.5\,\text{N}$이 되고, 이 값을 식 (1)에 대입하면 $R_A = 1.5\,\text{N}$이 된다. 이 결과를 보면, 보에 가해진 하중이 보의 중앙보다 좌측에 있기 때문에 지점 A의 반력 $R_A = 1.5\,\text{N}$이 지점 B의 반력 $R_B = 0.5\,\text{N}$보다 큰 것은 당연하다.

[그림 8-27(b)]의 A′−A′ 단면과 B′−B′ 단면만을 독립적으로 따로 나타낸 그림이 [그림 8-27(c)]와 [그림 8-27(d)]이다. 먼저 [그림 8-27(c)]의 보의 좌단으로부터 A′−A′ 단면까지의 임의의 거리를 x라 놓고, 이 단면에서의 전단력과 굽힘모멘트를 각각 V와 M_b라 가정한 후, 힘의 평형식과 모멘트 평형식을 적용하자. 임의의 위치 x의 범위는 보의 좌단($x = 0$)으로부터 하중 작용점($x = 0.5\,\text{m}$)이다. 즉, $0 \le x \le 0.5\,\text{m}$이다.

$$\sum F_y = 0 \ ; \ R_A - V = 0, \ V = 1.5\,\mathrm{N} \ (0 \le x \le 0.5\,\mathrm{m}) \tag{3}$$

$$\sum M = 0 \ ; \ M_b - R_A \times x = 0, \ M_b = 1.5x\,\mathrm{N \cdot m} \ (0 \le x \le 0.5\,\mathrm{m}) \tag{4}$$

[그림 8-27(b)]의 $\mathrm{B}' - \mathrm{B}'$ 단면을 나타내는 [그림 8-27(d)]에 대해 전단력과 굽힘모멘트를 각각 V와 M_b라 가정한 후, 힘의 평형식과 모멘트 평형식을 적용하자. [그림 8-27(d)]에서 임의의 위치 x의 범위는 보에 가해진 하중의 작용점($x = 0$)으로부터 보의 우측단($x = 1.5\,\mathrm{m}$)이다. 즉, $0 \le x \le 1.5\,\mathrm{m}$이다.

$$\sum F_y = 0 \ ; \ R_A - 2\,\mathrm{N} - V = 0, \ V = -0.5\,\mathrm{N} \ (0 \le x \le 1.5\,\mathrm{m}) \tag{5}$$

$$\sum M = 0 \ ; \ M_b - R_A(0.5 + x) + 2x = 0,$$

$$M_b = -0.5x + 0.75\,\mathrm{N \cdot m}(0 \le x \le 1.5\,\mathrm{m}) \tag{6}$$

[그림 8-28(a)]는 전단력 선도로서 집중하중 작용점인 $x = 0.5\,\mathrm{m}$를 중심으로 좌측편은 전단력이 $V = 1.5\,\mathrm{N}$으로 일정하고, 우측편은 $V = -0.5\,\mathrm{N}$으로 일정하다. 또한, 이미 8.3.2절에서 설명한 바와 같이, 보의 좌단으로부터 하중 작용점을 지나감에 따라 집중하중 크기($2\,\mathrm{N}$)만큼 전단력이 감소하게 되는 것이다. 즉, $V = 1.5\,\mathrm{N}$에서 $V = -0.5\,\mathrm{N}$으로 감소한 것이다. 한편, 굽힘모멘트 선도에 있어서는 양의 전단력을 나타내는 $0 \le L \le 0.5\,\mathrm{m}$ 구간에서는 기울기가 양인 1차함수 형태로 나타나고, $0.5 \le L \le 2.0\,\mathrm{m}$ 구간에서는 음의 기울기인 1차함수 형태로 나타남을 알 수 있다.

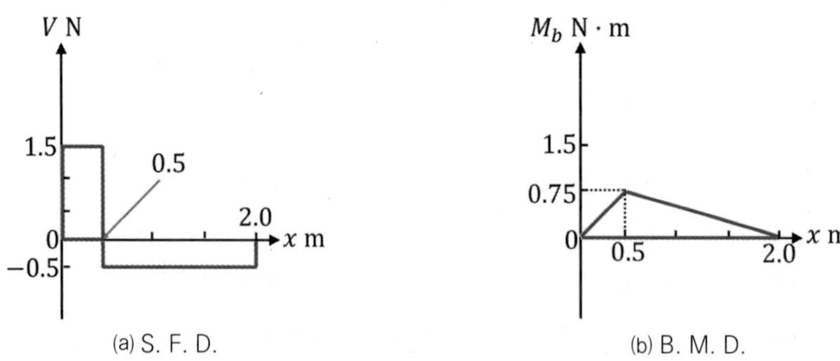

(a) S. F. D.
(b) B. M. D.

[그림 8-28] 전단력 선도와 굽힘모멘트 선도

[그림 8-28(a)]와 [그림 8-28(b)]의 전단력 선도와 굽힘모멘트 선도를 그리는데 있어, 보 단면의 우측 단면에서 접근하는 방법을 택하였다. 이제, 보 단면의 좌측 단면에서 접근하는 방법을 통해 S.F.D.와 B.M.D.를 나타내보자.

[그림 8-29(a)]와 [그림 8-29(b)]는 좌측 단면에서 접근하기 위한 보 단면의 형상을 나타낸다. 먼저 [그림 8-29(a)]의 우측단 점 B로부터 임의의 거리 x에 있는 전단력과 굽힘모멘트는 [그림 8-27(b)]의 $\mathrm{B}'-\mathrm{B}'$ 단면에서의 전단력과 굽힘모멘트를 나타낸다.

[그림 8-29] S. F. D. 및 B. M. D.를 그리는 좌측 단면에서의 접근 방법

[그림 8-29(a)]에 대해 힘의 평형식과 모멘트 평형식을 적용하면 다음과 같다.

$$\sum F_y = 0 \ ; \ R_{\mathrm{B}} + V = 0, \ V = -0.5\,\mathrm{N} \ (0 \le x \le 1.5\,\mathrm{m}) \tag{7}$$

$$\sum M = 0 \ ; \ M_b = 0.5x\,\mathrm{N \cdot m} \ (0 \le x \le 1.5\,\mathrm{m}) \tag{8}$$

이제, [그림 8-29(b)]의 하중 작용점으로부터 좌측으로 임의의 거리 x는 [그림 8-27(b)]의 $\mathrm{A}'-\mathrm{A}'$ 단면을 나타낸다. 이에 대해 힘의 평형식과 모멘트 평형식을 적용하면 다음과 같다.

$$\sum F_y = 0 \ ; \ R_{\mathrm{B}} - 2\,\mathrm{N} + V = 0, \ V = 1.5\,\mathrm{N}(0 \le x \le 0.5\,\mathrm{m}) \tag{9}$$

$$\sum M = 0 \ ; \ M_b - R_{\mathrm{B}}(1.5 + x) + 2x = 0,$$

$$M_b = -1.5x + 0.75\,\mathrm{N \cdot m}(0 \le x \le 0.5\,\mathrm{m}) \tag{10}$$

식 (7)과 식 (9)를 통해 전단력 선도를 그리고, 식 (8)과 식 (10)을 통해 굽힘모멘트 선도를 그리게 된다. 먼저, 식 (7)과 식 (9)를 보면 알 수 있듯이, 상수 값으로 [그림 8-28(a)]와 동일한 그림을 그리게 된다. 단, 그리는 데 있어 보의 우측 단(점 B)부터 그려가야 한다는 것에 주의해야 된다. 즉 우측부터 그리되 첫 구간($0 \le x \le 1.5$)에서 $V = -0.5\,\mathrm{N}$, 둘째 구간($0 \le x \le 0.5$)에서 $V = 1.5\,\mathrm{N}$가 됨을 알 수 있다. 여기서 반드시 기억해야 할 것은 둘째 구간의 $x = 0$ 위치는 하중 작용점을 의미하고, $x = 0.5$는 보의 맨 좌측 단 즉, 지점 A의 위치를 나타내는 것이다.

고찰

전단력 함수를 위치에 대해 한 번 미분하면 단위 길이 당 하중 차원이 되고, 굽힘모멘트를 위치에 대해 한 번 미분하면 전단력이 됨을 상기하자.

전단력과 굽힘모멘트 선도를 그리는 데 있어, 우측 단면 접근 방법과 좌측 단면 접근 방법 어떤 것을 사용하여도 동일한 선도를 나타낸다. 두 방법 모두에 있어 둘째 구간을 나타낼 때, 단면의 임의의 위치 x를 하중 작용점이 아닌 보의 양 끝단으로부터 나타내어 식을 세워보자. 그래도 선도는 동일하게 그려져야 함을 기억하자.

예제 8-4 단순지지보에 균일분포하중 작용 시, S.F.D. 및 B.M.D.

[그림 8-30(a)]와 같이 길이 $L = 2\ \mathrm{m}$의 단순지지보에 하중강도(단위 길이 당 하중) $w_0 = 4\ \mathrm{N/m}$가 작용할 때 전단력 선도와 굽힘모멘트 선도를 그려라.

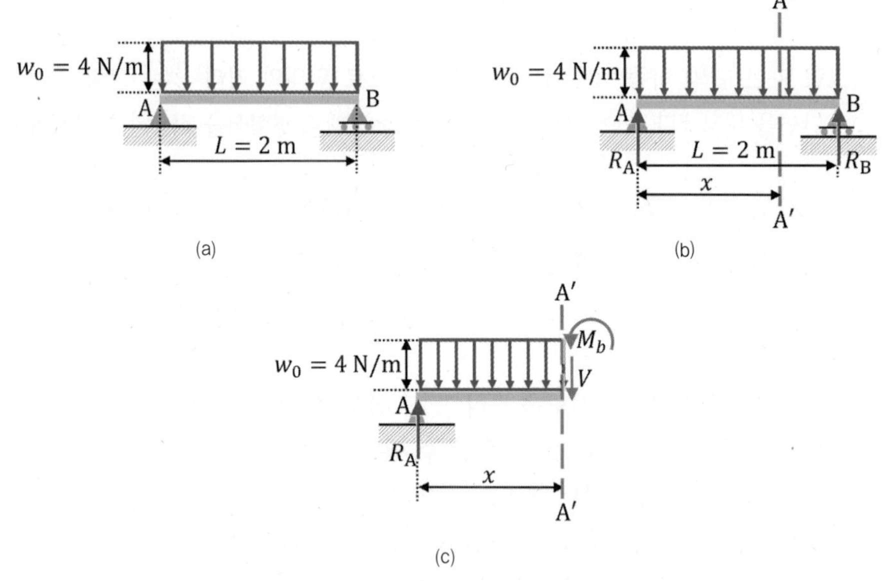

[그림 8-30] 균일분포하중을 받는 단순지지보

분석

- 단순지지 경계조건에서는 지지점 A, B에서 수직 반력만이 존재한다. 원래 점 B는 회전 가동단으로 수직 반력만이 존재하고, 점 A에서는 수평 및 수직 반력이 다 존재할 수 있지

만, 보에 가해지는 하중이 수직하중만 있기 때문에, 수직 반력만 존재한다.

- 보의 좌단으로부터 우단으로 가는 동안 하중 변화는 없다. 따라서, 보의 임의의 위치(그림 8-30(b))의 A′−A′ 단면에 대해서만 전단력과 굽힘모멘트를 조사하면 된다.

풀이

먼저 [그림 8-30(b)]에 나타난 수직 반력 R_A와 R_B를 힘의 평형식과 모멘트 평형식을 이용하여 구하자.

$$\Sigma F_y = 0 \;;\; R_A + R_B - (4 \times 2)\,\mathrm{N} = 0 \tag{1}$$

$$\Sigma M_A = 0 \;;\; (8\,\mathrm{N}) \times (1.0\,\mathrm{m}) - R_B \times (2\,\mathrm{m}) = 0 \tag{2}$$

식 (2)로부터 $R_B = 4\,\mathrm{N}$이고, 이를 식 (1)에 대입하면 $R_A = 4\,\mathrm{N}$이다.

이제 [그림 8-30(c)]와 같이 A′−A′ 단면에 대한 전단력과 굽힘모멘트를 가정하고, 힘과 모멘트 평형식을 적용하면 다음과 같이 된다.

$$\Sigma F_y = 0 \;;\; R_A - V - 4x = 0,\;\; V = 4(1-x)\,\mathrm{N}\;\;(0 \le x \le 2.0\,\mathrm{m}) \tag{3}$$

$$\Sigma M = 0 \;;\; M_b + 4x\left(\frac{x}{2}\right) - R_A x = 0,$$

$$M_b = 2x(2-x)\,\mathrm{N \cdot m}\;\;(0 \le x \le 2.0\,\mathrm{m}) \tag{4}$$

식 (3)과 식 (4)를 토대로 전단력과 굽힘모멘트 선도를 그려보면 각각 [그림 8-31(a)] 및 [그림 8-31(b)]와 같다.

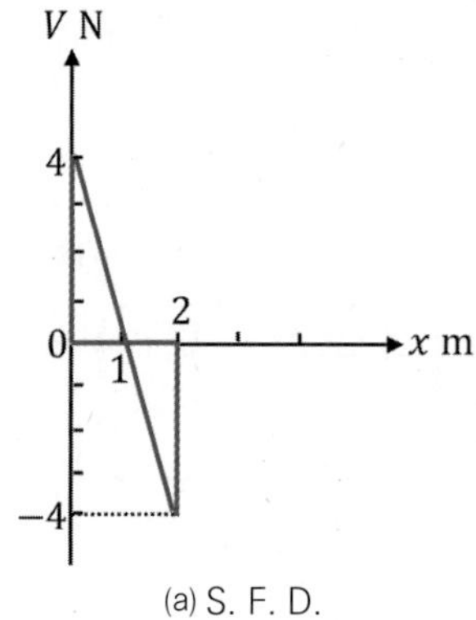

(a) S. F. D.

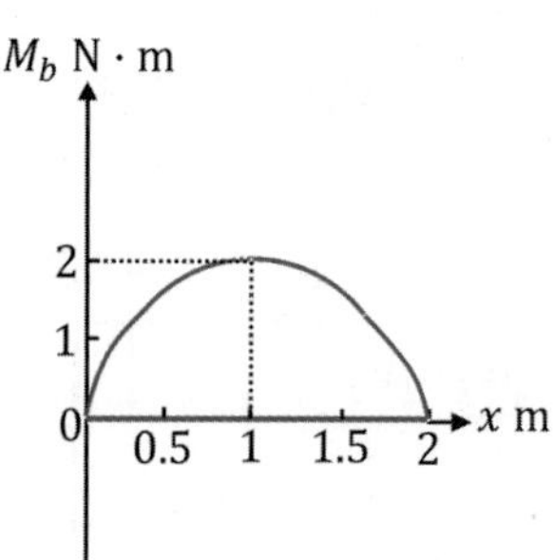

(b) B. M. D.

[그림 8-31] 전단력 선도와 굽힘모멘트 선도

[그림 8-31(a)]는 전단력 선도로서 점 A의 반력인 $R_A = 4\,\mathrm{N}$이 있는 보의 좌단에 $V = 4\,\mathrm{N}$의 전단력이 작용함을 알 수 있고, 이로부터 보의 전체 길이 $2\,\mathrm{m}$에 걸쳐 균일분포하중이 작용함으로 인하여, 선형적으로 전단력이 감소하여 보의 우단인 점 B에 이르러서는 전단력 값이 $V = -4\,\mathrm{N}$임을 알 수 있는 것이다.

한편, 굽힘모멘트 선도에 있어서는 보의 중앙($x = 1\,\mathrm{m}$)까지 2차함수를 따라 증가하여 보의 중앙에서 최댓값 $(M_b)_{\max} = 2\,\mathrm{N\cdot m}$을 갖고, 보의 중앙부터 우단까지 2차함수를 따라 점점 감소해감을 알 수 있다. 또한, 단순지지보의 양 끝단에서는 강제 모멘트가 걸리지 않는 한, 모멘트가 영이 되어야 하는 것을 만족하고 있다.

고찰

식 (3)의 전단력 함수를 위치에 대해 한 번 미분하면 단위 길이 당 하중 차원이 되고, 부호는 반대가 됨을 알 수 있어, 본 예제에서 구한 전단력 식의 값이 타당함을 알 수 있다. 즉, $\dfrac{dV}{dx} = \dfrac{d}{dx}(4-4x) = -4 = -w_0$임을 알 수 있다.

또한, 굽힘모멘트를 위치에 대해 한 번 미분하면 전단력이 되어야 하는데, 식 (4)를 x에 대해 한 번 미분하면 $\dfrac{dM_b}{dx} = \dfrac{d}{dx}(4x-2x^2) = 4-4x = V$로서 본 예제에서 구한 굽힘모멘트 식의 값이 타당함을 알 수 있다.

예제 8-5 외팔보에 집중하중과 균일분포하중 작용 시, S.F.D. 및 B.M.D.

[그림 8-32(a)]와 같은 외팔보에 집중하중 $P = 4\,\mathrm{N}$과 하중강도(단위 길이 당 하중)가 $w_0 = 2\,\mathrm{N/m}$인 균일분포하중이 작용할 때, 전단력 선도와 굽힘모멘트 선도를 그려라.

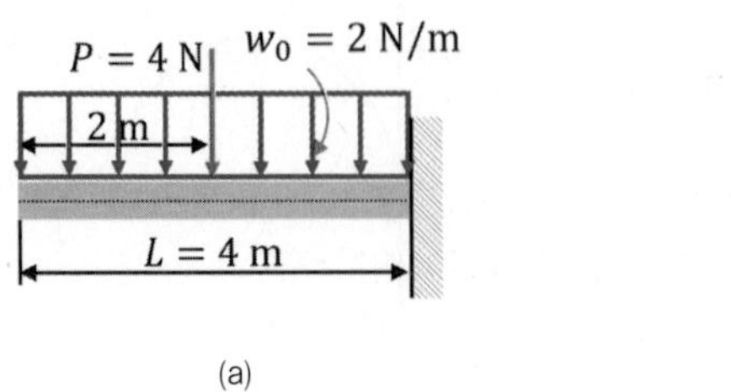

(a)

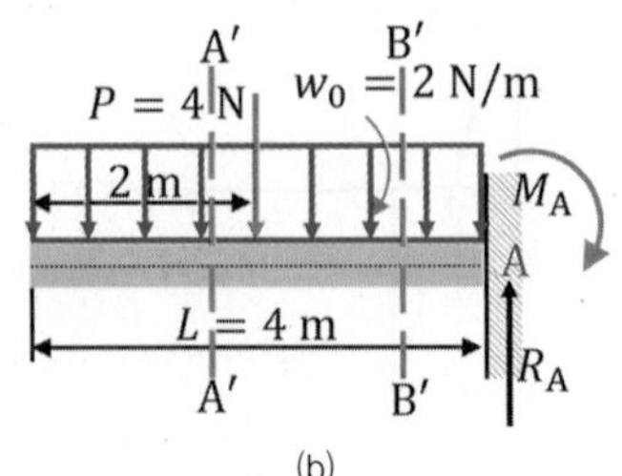

(b)

[그림 8-32] 균일분포하중과 집중하중을 받는 외팔보

분석

- 외팔보 경계조건에서는 [그림 8-32(b)]에서와 같이 지지점 A에서 수직 반력과 저항 모멘트 M_A가 존재한다.
- 보의 좌단으로부터 우단으로 가는 동안에 균일분포하중이 가해지다가 보의 중앙에 집중하중이 더해져 하중 변화가 보의 중앙에서 일어난다. 따라서 보의 중앙을 중심으로 좌측 단면(A′−A′ 단면)과 우측 단면(B′−B′ 단면)에서 전단력과 굽힘모멘트를 조사해 봐야 한다.

풀이

먼저 [그림 8-32(b)]에 나타난 수직 반력 R_A와 저항 모멘트 M_A를 구하기 위해, 힘의 평형식과 모멘트 평형식을 이용하자.

$$\Sigma F_y = 0 \ ; \ R_A - w_0 L - P = 0, \ R_A = 12\ \text{N} \quad (1)$$

$$\Sigma M_A = 0 \ ; \ M_A - P\left(\frac{L}{2}\right) - w_0 L\left(\frac{L}{2}\right) = 0, \ M_A = 24\ \text{N}\cdot\text{m} \quad (2)$$

이제 [그림 8-33(a)]와 같이 A′−A′ 단면에 대한 전단력과 굽힘모멘트를 가정하고, 힘과 모멘트 평형식을 적용하면 다음과 같이 된다.

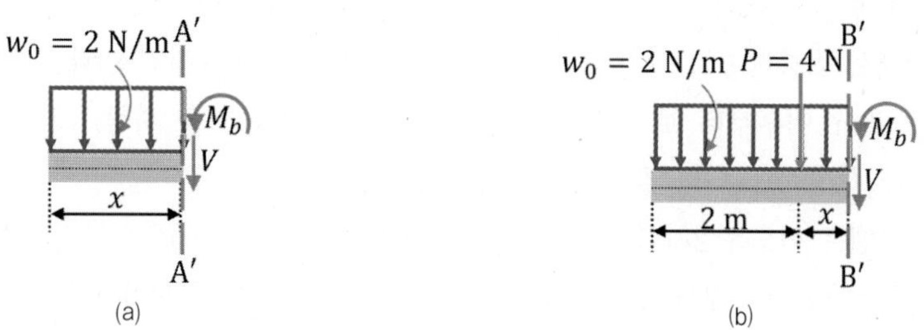

[그림 8-33] A′−A′ 및 B′−B′ 단면에서의 자유물체도

$$\Sigma F_y = 0 \ ; \ V + 2x = 0, \ V = -2x\ \text{N} \ (0 \le x \le 2.0\ \text{m}) \quad (3)$$

$$\Sigma M = 0 \ ; \ M_b + 2x\left(\frac{x}{2}\right) = 0, \ M_b = -x^2 \ (0 \le x \le 2.0\ \text{m}) \quad (4)$$

다음으로 [그림 8-33(b)]와 같이 B′ − B′ 단면에 대한 전단력과 굽힘모멘트를 가정하고, 힘과 모멘트 평형식을 적용하면 다음과 같이 된다.

$$\sum F_y = 0 \;;\; V + 4 + 2(2 + x) = 0,\; V = -2x - 8\text{ N} \;\; (0 \le x \le 2.0\text{ m}) \tag{5}$$

$$\sum M = 0 \;;\; M_b + 4x + 2\frac{(x+2)^2}{2} = 0,$$

$$M_b = -(x^2 + 8x + 4)\text{ N}\cdot\text{m} \;\; (0 \le x \le 2.0\text{ m}) \tag{6}$$

식 (3)∼식 (6)을 토대로 전단력과 굽힘모멘트 선도를 그려보면 각각 [그림 8-34(a)] 및 [그림 8-34(b)]와 같다.

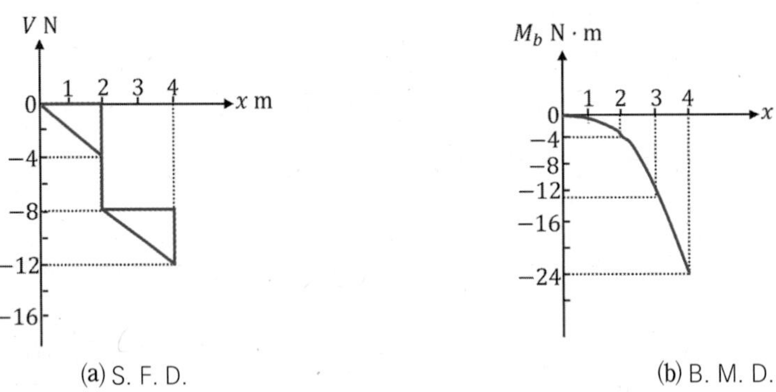

[그림 8-34] 전단력 선도와 굽힘모멘트 선도

[그림 8-34(a)]는 전단력 선도로서 보의 좌단으로부터 $x = 2$ m 되는 지점까지의 총 하중 4 N에 대한 부호의 반대인 −4 N까지 선형적으로 감소하다가, 집중하중이 나타나는 지점($x = 2$ m)에서 집중하중의 크기 4 N 만큼 더 감소하여 −8 N까지 아래로 떨어지게 된다. 그 후, $x = 2$ m 이후부터 보의 우단까지 존재하는 균일분포 총 하중 4 N의 반대 부호인 −4 N 만큼 선형적으로 더 감소하게 되는 것이다.
한편, 굽힘모멘트 선도는 2차함수 포물선으로 보의 좌단($M_b = 0$)으로부터 우단까지 계속하여 증가하여 보의 우단에서 최대($|(M_b)_{max}| = 24$ N·m)가 된다.

고찰

식 (3)과 식 (5)의 전단력 함수를 위치에 대해 한 번 미분하면 단위 길이 당 하중 차원이 되고, 부호는 반대가 됨을 알 수 있어, 본 예제에서 구한 전단력 식의 값이 타당함을 알 수 있다. 즉, $\dfrac{dV}{dx} = -2 = -w_0$임을 알 수 있다.

또한, 굽힘모멘트를 위치에 대해 한 번 미분하면 전단력이 되어야 하는데, 식 (4)와 식 (6)을 x에 대해 한 번 미분하면 각각 $\dfrac{dM_b}{dx} = -2x = V$, $\dfrac{dM_b}{dx} = -2x - 8 = V$로서 본 예제에서 구한 굽힘모멘트 식의 값이 타당함을 알 수 있다.

예제 8-6 외팔보에 균일분포하중 작용 시, S.F.D. 및 B.M.D.

[그림 8-35(a)]와 같은 외팔보에 하중강도가 $w_0 = 2\ \mathrm{N/m}$인 균일분포하중이 작용할 때, 전단력 선도와 굽힘모멘트 선도를 그려라.

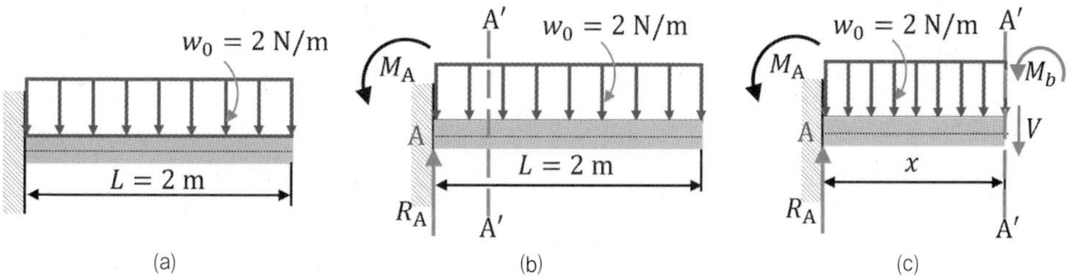

[그림 8-35] 균일분포하중을 받는 외팔보

분석

- 외팔보 경계조건에서는 [그림 8-35(b)]에서와 같이 지지점 A에서 수직 반력과 저항 모멘트 M_A가 존재한다.
- 보의 좌단에서 우단으로 가는 동안에 하중 변화는 없다. 따라서 보 전체에 걸쳐 임의의 단면(A′−A′ 단면)에서만 전단력과 굽힘모멘트를 조사하면 된다.

풀이

먼저 [그림 8-35(b)]에 나타난 수직 반력 R_A와 저항 모멘트 M_A를 구하기 위해, 힘의 평형식과 모멘트 평형식을 이용하자.

$$\Sigma F_y = 0\ ;\ R_A - w_0 L = 0,\ R_A = 4\ \mathrm{N} \tag{1}$$

$$\Sigma M_A = 0\ ;\ M_A - w_0 L\left(\frac{L}{2}\right) = 0,\ M_A = 4\ \mathrm{N\cdot m} \tag{2}$$

이제 [그림 8-35(c)]와 같이 A′−A′ 단면에 대한 전단력과 굽힘모멘트를 가정하고, 힘과 모멘트 평형식을 적용하면 다음과 같고, [그림 8-36]은 S.F.D.와 B.M.D.을 보여준다.

$$\sum F_y = 0 \;;\; V + w_0 x - R_A = 0,\; V = -2x + 4\text{ N}\;(0 \le x \le 2.0\text{ m}) \tag{3}$$

$$\sum M = 0 \;;\; M_b + M_A + w_0 x\left(\frac{x}{2}\right) - R_A x = 0,$$

$$M_b = -x^2 + 4x - 4(0 \le x \le 2.0\text{ m}) \tag{4}$$

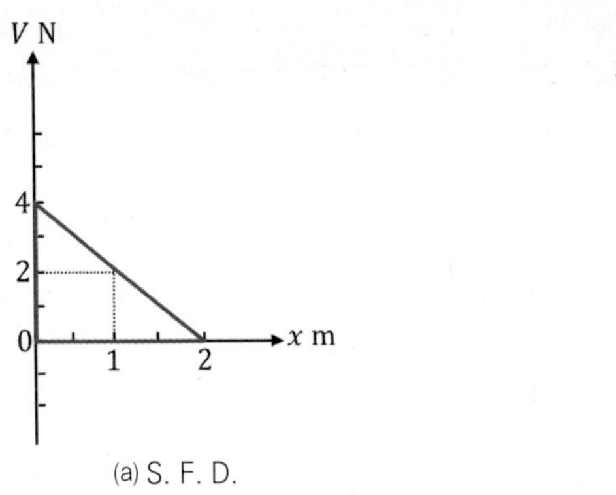

(a) S. F. D.

(b) B. M. D.

[그림 8-36] 전단력 선도와 굽힘모멘트 선도

[그림 8-36(a)]는 전단력 선도로서 먼저 보의 고정단의 반력 $R_A = 4\text{ N}$이므로 이와 반대 방향인 위에서 아래로 전단력 $V = 4\text{ N}$이 작용하고 있음을 알 수 있고, 보의 좌단으로부터 $x = 2\text{ m}$되는 지점까지의 균일분포 총 하중 4 N에 대해 전단력이 선형적으로 감소하다가, 보의 우단($x = 2\text{ m}$)에서 $V = 0\text{ N}$인 것이다.

한편, 굽힘모멘트 선도는 2차함수의 포물선으로 보의 좌단에서의 최댓값 ($|(M_b)_{max}| = 4\text{ N}\cdot\text{m}$)를 갖고, 우단으로 갈수록 점점 감소하여 우단(자유단)에서 $M_b = 0\text{ N}\cdot\text{m}$가 된다.

고찰

- 식 (3)의 전단력 함수를 위치에 대해 한 번 미분하면 단위 길이 당 하중 차원이 되고, 부호는 반대가 됨을 알 수 있어, 본 예제에서 구한 전단력 식의 값이 타당함을 알 수 있다. 즉, $\dfrac{dV}{dx} = -2 = -w_0$임을 알 수 있다.
- 또한, 굽힘모멘트를 위치에 대해 한 번 미분하면 전단력이 되어야 하는데, 식 (4)를 x에 대해 한 번 미분하면 $\dfrac{dM_b}{dx} = -2x + 4 = V$로서 본 예제에서 구한 굽힘모멘트 식의 값이 타당함을 알 수 있다.

8장에서는 축력, 전단력, 굽힘모멘트에 대한 설명과 함께 예제들을 통해, 다양한 경계조건을 갖고 다양한 하중을 받는 보 구조물의 축력 선도, 전단력 선도, 굽힘모멘트 선도를 그리는 방법을 상세히 설명하였다. 끝으로 이 장의 내용에 대한 이해를 돕기 위해, 2차원 평면 요소와 3차원 체적 요소에 가해지는 축력, 전단력, 굽힘모멘트 등을 [그림 8-37(a)]와 [그림 8-37(b)]에 나타낸다.

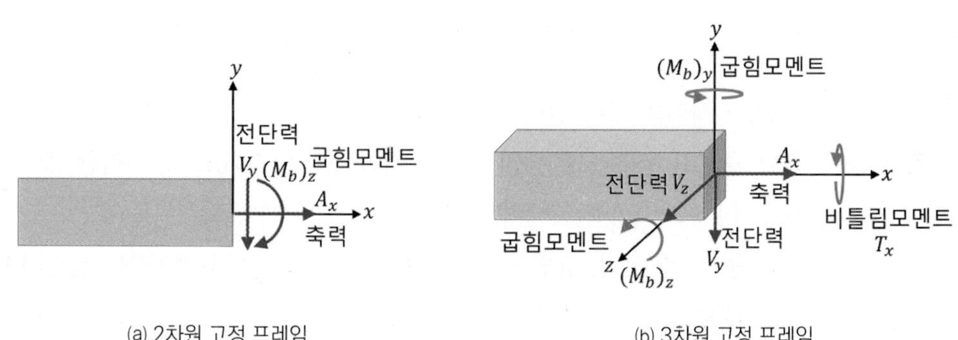

(a) 2차원 고정 프레임

(b) 3차원 고정 프레임

[그림 8-37] 축력, 전단력, 굽힘모멘트

Section 8.5

유연 케이블

학습목표

- ✔ 집중하중의 작용 하의 케이블에 대한 해석 이론을 습득하고, 그 응용 예를 살펴본다.
- ✔ 분포하중을 받는 케이블의 이론을 전개하고, 그 응용 예를 익힌다.
- ✔ 케이블 자중(분포하중)에 의한 케이블의 해석 이론을 학습하고 그 응용 예를 익힌다.

1851년 9월 영국과 프랑스 사이의 도버-칼레 해협에 설치된 구리 케이블의 예가 케이블 역사의 시초라고 볼 수 있다. 중요한 구조 요소 중의 하나는 케이블을 들 수 있으며, 이러한 케이블에 해당되는 예는 현수교suspension bridge 케이블, 전화선telephone lines, 광케이블optical cables, 송전선transmission lines 등을 들 수 있다. 유연한 케이블에 있어, 유연성이란 케이블의 굽힘저항이 작아 이 굽힘저항을 무시할 수 있는 경우를 의미하므로 단순히 장력만을 받는 요소로만 취급할 수 있는 경우이다. 일반적으로 보통 구조적으로 사용하는 유연 케이블은 수 개의 집중질량이나 분포하중을 지탱하는 단순 케이블을 포함한다. [그림 8-38]은 일상생활에서 사용되는 케이블의 예를 보여주고 있는데, [그림 8-38(a)]는 현수교의 케이블을, [그림 8-38(b)]는 이동활차의 케이블 예를 보여주고 있다. 현수교나 이동활차에 사용되는 케이블은 주된 하중 전달요소이다. 이러한 시스템의 장력 해석에 있어, 케이블의 무게는 케이블이 전달하는 하중에 비해 작기 때문에 보통 무시된다.

(a) 현수교 케이블 예

(b) 이동활차 케이블 예

[그림 8-38] 케이블 무게를 무시할 수 있는 케이블 이용 예

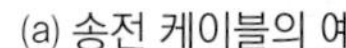

(a) 송전 케이블의 예

(b) 기중기crane 케이블의 예

[그림 8-39] 케이블 무게를 무시할 수 없는 케이블 이용 예

이에 비해, [그림 8-39]와 같이, 송전 케이블이나, 기중기의 버팀 케이블로 사용되는 케이블들은 그 무게가 중요하며, 구조해석에 반드시 포함되어야 한다. 이 절에서는 먼저 집중하중을 받는 케이블을 생각하고, 그 다음, 분포하중을 받는 케이블과 케이블의 자중(분포하중) 하의 케이블 해석 이론을 전개할 것이다.

8.5.1 집중하중을 받는 유연 케이블

자중을 무시할 수 있는 **케이블**이 수 개의 집중하중을 받는 경우에 대한 케이블의 그림을 [그림 8-40]에 나타내고 있다. 케이블에 작용하는 집중하중에 비해 케이블의 무게를 무시할 만 하다면, 케이블은 **이력부재**two force member에 해당된다. 따라서, 이러한 경우의 케이블 해

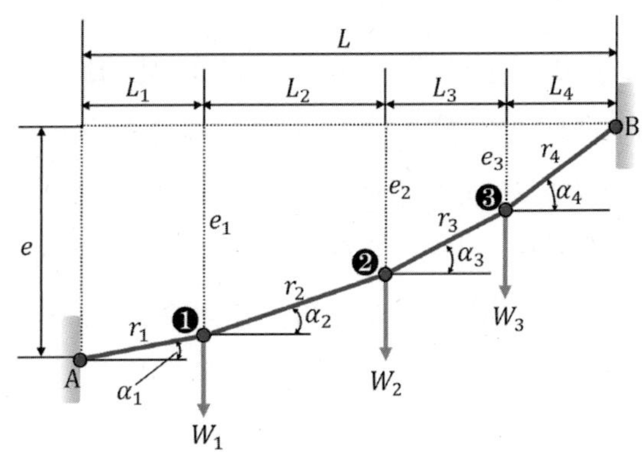

[그림 8-40] 집중하중을 받는 케이블

석은 트러스 해석과 유사한 점이 많다.

[그림 8-40]은 집중하중을 받는 케이블에 대한 그림으로 L은 케이블의 수평 길이, L_1, L_2, L_3, L_4는 케이블 각 구간의 수평 길이, r_1, r_2, r_3, r_4는 케이블의 각 구간 길이, ❶, ❷, ❸은 각각 케이블에 작용하는 집중하중 W_1, W_2, W_3의 절점들, e_1, e_2, e_3는 각각 점 B의 수평선에서 각 집중하중 작용점까지의 수직 길이, e는 케이블 전체의 수직 길이를 나타낸다. 또한, α_1, α_2, α_3, α_4는 각각 케이블 각 구간의 수평선과 케이블의 장력의 선이 이루는 각을 나타낸다.

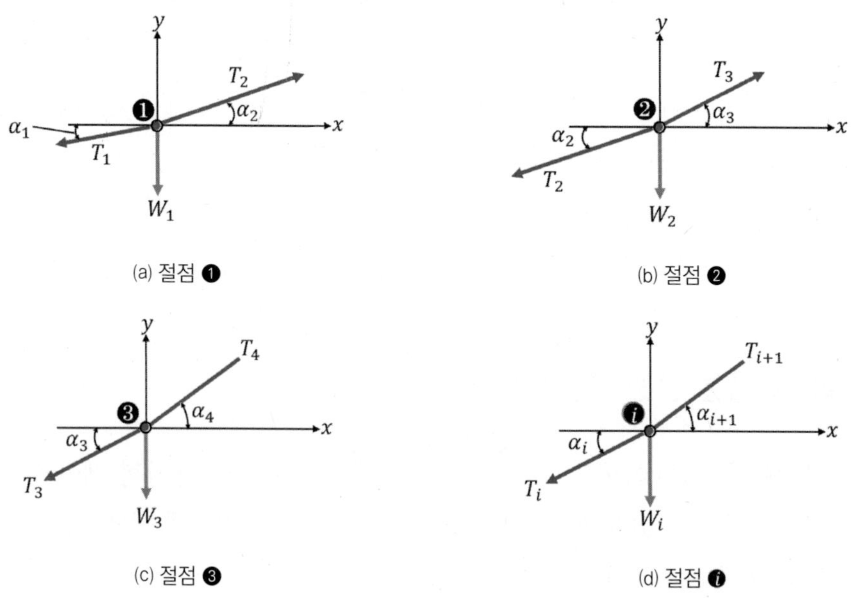

[그림 8-41] 케이블의 각 절점에서의 장력과 집중하중

[그림 8-41(a)]~[그림 8-41(d)]는 [그림 8-40]의 절점 ❶, ❷, ❸과 임의의 i번째 절점 ⓘ에 대한 자유물체도를 보여준다. 만일 케이블이 구간을 n개 갖는다면, 절점은 $n-1$개가 존재하게 되는데, 예를 들어 [그림 8-40]과 같이 케이블의 구간이 4개이면, 절점은 ❶, ❷, ❸의 3개를 갖게 된다. 이제, 일반화를 시키기 위해, 절점 $n-1$개에 대하여 케이블의 각 구간의 길이를 r_i, 구간 길이의 수평 길이(집중하중의 작용점의 수평 길이)를 L_i, 수평선과 구간 길이와의 각도를 α_i, 절점의 수직 위치를 $e_i(i=1,\ 2,\ \cdots,\ n-1)$로 나타내기로 한다.

일반적으로 케이블의 평형 해석에 있어서는 n개의 케이블 구간의 장력 $T_i(i=1,\ 2,\ \cdots,\ n)$와 수평선과의 경사각 α_i의 계산이 포함되고, $n-1$개의 각 절점에 x, y 방향에 대한 평형 방정식이 구성되므로, 평형방정식의 총 개수는 $2(n-1)$개가 된다.

이제, 임의의 i번째 절점에 대한 x, y 방향 평형방정식을 나타내면 식 (8.32) 및 식 (8.33)과 같다.

$$\Sigma F_x = 0 \ ; \ T_{i+1}\cos\alpha_{i+1} - T_i\cos\alpha_i = 0 \tag{8.32}$$

$$\Sigma F_y = 0 \ ; \ T_{i+1}\sin\alpha_{i+1} - T_i\sin\alpha_i - W_i = 0 \tag{8.33}$$

식 (8.32)를 살펴보면 각 구간에서의 장력의 수평 성분 $T_i\cos\alpha_i$는 동일함을 알 수 있다. 예를 들면 다음과 같다.

$$T_2\cos\alpha_2 = T_1\cos\alpha_1,\ T_3\cos\alpha_3 = T_2\cos\alpha_2,\ T_4\cos\alpha_4 = T_3\cos\alpha_3,\ \cdots \tag{8.34}$$

따라서, $T_i\cos\alpha_i = T^*$라 놓으면 다음과 같이 나타낼 수 있다.

$$T_i\cos\alpha_i = T^* \tag{8.35}$$

한편, 식 (8.35)를 이용하여, 식 (8.33)을 식 (8.32)로 나누면, 다음과 같은 관계식을 얻을 수 있다.

$$\frac{T_{i+1}\sin\alpha_{i+1}}{T_{i+1}\cos\alpha_{i+1}} - \frac{T_i\sin\alpha_i}{T_i\cos\alpha_i} - \frac{W_i}{T_i\cos\alpha_i} = 0 \tag{8.36}$$

그런데, $T_{i+1}\cos\alpha_{i+1} = T_i\cos\alpha_i = T^*$이므로, 식 (8.36)은 다음과 같이 변경될 수 있다.

$$T^*(\tan\alpha_{i+1} - \tan\alpha_i) = W_i \tag{8.37}$$

식 (8.37)은 $(n+1)$개의 미지수, 즉, T^*, α_1, α_2, $\cdots$이 포함된 $(n-1)$개의 방정식으로 나타날 수 있다. 이 경우, 미지수의 수가 방정식의 수보다 2개 더 많으므로, 이 미지수를 해결하려면 2개의 추가적인 방정식이 필요하다. 이 추가적인 방정식은 다음의 2개의 주어진 조건에 따라 구성될 수 있다.

1) 케이블 구간의 수평 길이가 주어진 경우

이 경우는 수평 길이(L_1, L_2, $\cdots$, L_n)가 주어진 경우인데, 이는 [그림 8-40]으로부터 다음의 관계를 얻을 수 있다.

$$e = \sum_{i=1}^{n} L_i \tan\alpha_i \tag{8.38}$$

그러나, 식 (8.38)로는 2개의 필요 방정식에서 1개가 모자란다. 따라서, 1개의 추가적인 방정식이나 조건이 없이는 해결할 수가 없다. 이 1개의 추가적인 방정식이나 조건을 첫째, 수평장력 T^* 또는 최대 케이블 인장력이 주어지거나, 둘째, 절점 1개의 수직 위치 e_i가 주어지든지, 셋째, 케이블 전체의 길이가 주어지는 경우의 예를 들 수 있다. 이와 같이 미지수 $(n+1)$개에 대한 $(n+1)$개의 조건이나 방정식이 구성되더라도, 이 $(n+1)$개의 방정식은 α_i에 대한 비선형 연립방정식으로서 손으로 풀 수는 없다.

2) 케이블의 구간 길이가 주어진 경우

케이블의 구간 길이 r_1, r_2, $\cdots$, r_n이 주어진 경우에는 [그림 8-40]에서 케이블의 수직 길이 e와 수평 길이 L을 이용하여, 다음과 같은 관계를 도출할 수 있다.

$$e = \sum_{i=1}^{n} r_i \sin\alpha_i, \quad L = \sum_{i=1}^{n} r_i \cos\alpha_i \tag{8.39}$$

따라서, 식 (8,37)의 $(n-1)$개의 방정식과 식 (8.39)의 2개의 방정식으로부터 $(n+1)$개의 미지수를 해결할 수 있다. 이 경우도 $(n+1)$개의 방정식이 있게 되더라도 이 방정식은 비선형 연립방정식으로 역시 손으로 풀 수는 없는 경우이다.

예제 8-7 집중하중을 받는 케이블의 장력 구하기

[그림 8-42(a)]에 보이는 양단 고정 케이블은 집중하중 $W_1 = 5\,\text{kN}$, $W_2 = 10\,\text{kN}$을 받는다. $\theta_3 = 30°$일 때, 그림에 보이는 각도 θ_1, θ_2를 구하고, 케이블의 각 구간의 장력들과 케이블의 길이를 구하여라.

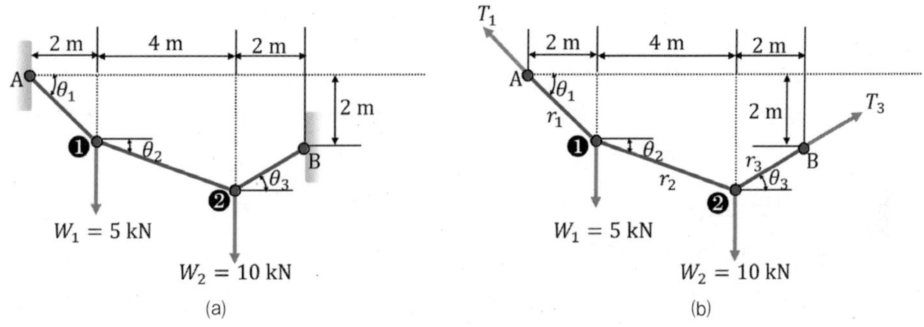

[그림 8-42] 집중하중을 받는 양단 고정 케이블

분석

- 먼저, [그림 8-42(b)]의 자유물체도로부터 점 A나 점 B에 관한 모멘트 평형 조건식을 적용시켜, T_1이나 T_3의 장력을 구한다.
- 케이블 장력의 수평 성분으로부터 각도 θ_1과 θ_2를 구한다. 이후, T_1과 T_2의 장력도 구할 수 있다.

풀이

먼저 [그림 8-42(b)]의 자유물체도에서, 점 A에 대한 모멘트 평형 조건식을 적용하면 다음과 같다.

$$\Sigma M_A = 0\ ;\ T_3\sin30°(8\,\text{m}) + T_3\cos30°(2\,\text{m}) - (5\,\text{kN})(2\,\text{m}) - (10\,\text{kN})(6\,\text{m}) = 0 \quad (1)$$

식 (1)로부터, T_3는 다음과 같이 계산된다.

$$T_3 = 12.21\,\text{kN}$$

이제, 케이블 장력의 수평 성분을 T^*라 하면, T^*는 T_3의 수평 성분을 이용하여 쉽게 계산된다.

$$T^* = T_3\cos\theta_3 = (12.21\text{ kN})(\cos 30°) = 10.57\text{ kN} \tag{2}$$

이제, 식 (8.37)에 $i=2$를 대입하고, $\alpha_{i+1} = \theta_{i+1}$, α_i를 $\alpha_i = \theta_i$로 치환하면, 다음과 같이 된다.

$$T^*(\tan\theta_3 - \tan\theta_2) = W_2, \quad (10.57\text{ kN})(\tan 30° - \tan\theta_2) = 10\text{ kN} \tag{3}$$

식 (3)을 정리하면, $\tan\theta_2 = -0.369$이고, $\theta_2 = -20.254°$이 된다. 여기서, 음의 각도의 의미는 [그림 8-42(b)]에서 수평축으로부터 시계방향으로의 각도를 의미한다.
이제, 식 (8.37)에 $i=1$을 대입하면, 절점 ❶에 대한 평형 조건식으로부터 다음의 관계가 된다.

$$T^*(\tan\theta_2 - \tan\theta_1) = W_1, \quad (10.57\text{ kN})(\tan(-20.254°) - \tan\theta_1) = 5\text{ kN} \tag{4}$$

식 (4)를 정리하면, $\tan\theta_1 = -0.842$이고, $\theta_1 = -40.1°$(시계방향 $40.1°$)가 된다. 따라서, T_1과 T_2의 장력은 다음과 같이 쉽게 계산될 수 있다.

$$T_1 = \frac{T^*}{\cos\theta_1} = 13.82\text{ kN}, \quad T_2 = \frac{T^*}{\cos\theta_2} = 11.27\text{ kN}$$

한편, 케이블의 총 길이를 r이라 하면, r은 다음과 같이 구해진다.

$$\begin{aligned} r &= r_1 + r_2 + r_3 \\ &= \frac{2\text{ m}}{\cos\theta_1} + \frac{4\text{ m}}{\cos\theta_2} + \frac{2\text{ m}}{\cos\theta_3} = \frac{2\text{ m}}{\cos 40.1°} + \frac{4\text{ m}}{\cos 20.254°} + \frac{2\text{ m}}{\cos 30°} \end{aligned} \tag{5}$$

식 (5)로부터, 케이블 전체의 길이는 $r = 9.19\text{ m}$가 된다.

고찰

수평선과 이루는 장력 방향의 각도가 음인지 양인지를 구별하는 것은 일반적으로 시계방향은 음, 반시계방향은 양임을 알아두자.
장력의 방향도 어느 쪽이 되는지를 알아보자.

8.5.2 분포하중을 받는 유연 케이블

분포하중을 받는 케이블의 대표적인 예는 송전선과 교량을 떠받드는 현수교 케이블을 들 수 있다. 송전선의 경우, 송전탑과 송전탑 사이에 걸쳐, 자중만을 고려할 수 있는 케이블의 예에 해당될 수 있고, 교량을 떠받드는 현수교 케이블의 경우는 교량 무게에 비해, **현수 케이블**의 무게는 비교적 작아, 교량의 하중(분포하중)만을 받는 케이블의 예로 볼 수 있다. 따라서, 8.5.2절에서는 크게 두 경우(케이블의 자중만을 고려한 케이블의 경우와 무시할 만한 케이블 자중 외의 분포하중을 받는 케이블의 경우)에 대해 케이블 이론을 전개하기로 한다. 먼저, 케이블의 자중을 고려하든 자중을 고려하지 않든 간에, 일반적 분포하중을 받는 케이블의 경우에 대한 이론을 전개한다.

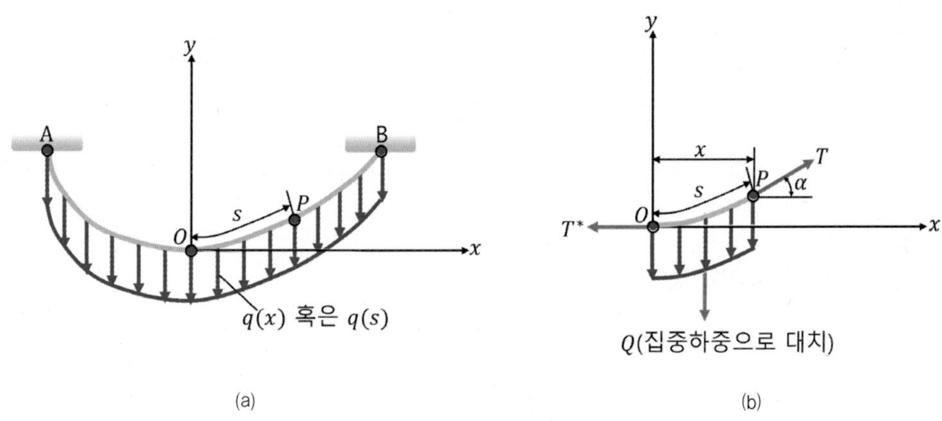

[그림 8-43] 분포하중을 받는 케이블

[그림 8-43(a)]는 단위 길이 당 하중이 q인 분포하중을 받는 케이블을 보여주고 있고, [그림 8-43(b)]는 [그림 8-43(a)]의 점 O부터 점 P까지의 케이블의 일부 부분 요소의 자유물체도를 보여주고 있다. [그림 8-43(b)]에서, T^*와 T는 각각 점 O와 점 P에서의 장력이라 하고, α는 점 P에서의 케이블의 기울기slope를 나타낸다. 이제, [그림 8-43(b)]의 케이블 일부 요소에 대해, x, y 방향의 힘의 평형 조건식을 적용하면 다음과 같다.

$$\Sigma F_x = 0 \; ; \; T\cos\alpha - T^* = 0 \tag{8.40}$$

$$\Sigma F_y = 0 \; ; \; T\sin\alpha - Q = 0 \tag{8.41}$$

식 (8.41)을 식 (8.40)으로 나누면 다음과 같은 관계를 얻는다.

$$\tan\alpha = \frac{Q}{T^*}, \quad T = \sqrt{Q^2 + (T^*)^2} \tag{8.42}$$

1) 케이블의 자중만의 분포하중을 받는 경우

케이블의 자중만을 고려한 경우, 케이블의 길이를 따라 균일분포하중이 분포하고 있는 경우로서, 케이블의 단위 길이 당 하중을 $q(s) = q_0$라 한다. 따라서, 케이블의 전체 하중을 Q라 하면, [그림 8-43(b)]에서처럼 $Q = q_0 s$의 관계를 갖는다.

■ s와 T^*의 함수인 케이블의 기울기 α와 장력 T의 경우

이 경우는 케이블의 전체 하중 $Q = q_0 s$를 식 (8.42)에 대입하면 다음과 같이 된다.

$$\tan\alpha = \frac{q_0 s}{T^*}, \quad T = \sqrt{(T^*)^2 + (q_0 s)^2} \tag{8.43}$$

■ x와 T^*의 함수인 케이블 호의 길이 s의 경우

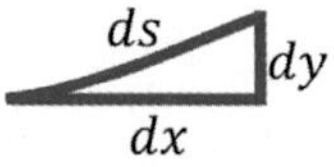

[그림 8-44] 케이블 미소 요소의 길이 ds

이 경우는 [그림 8-44]에서와 같이, $ds^2 \simeq dx^2 + dy^2$의 관계로부터, ds는 다음과 같이 나타낼 수 있다.

$$ds \simeq \sqrt{dx^2 + dy^2} = \sqrt{1 + \left(\frac{dy}{dx}\right)^2}\, dx \tag{8.44}$$

식 (8.44)를 양변 제곱하면, $\left(\frac{ds}{dx}\right)^2 = 1 + \left(\frac{dy}{dx}\right)^2$이 되고, $\left(\frac{dy}{dx}\right)^2 = \left(\frac{ds}{dx}\right)^2 - 1$이 된다.

이제, $\frac{dy}{dx} = \tan\alpha = \frac{q_0 s}{T^*}$의 관계를 이용하면, 다음과 같은 관계식을 얻는다.

$$\left(\frac{ds}{dx}\right)^2 = 1 + \left(\frac{q_0\,s}{T^*}\right)^2, \quad \frac{ds}{dx} = \sqrt{1 + \left(\frac{q_0\,s}{T^*}\right)^2} \tag{8.45}$$

식 (8.45)를 다시 정리하면, dx는 다음과 같이 된다.

$$dx = \frac{ds}{\sqrt{1 + \left(\frac{q_0\,s}{T^*}\right)^2}} \tag{8.46}$$

식 (8.46)의 적분은 다음과 같은 적분 표를 이용하여 다시 계산할 수 있다.

$$\int \frac{ds}{\sqrt{s^2 + a^2}} = \ln \mid s + \sqrt{s^2 + a^2} \mid \tag{8.47}$$

식 (8.47)의 적분 표로부터의 적분을 식 (8.46)의 적분에 적용하기 위해, 식 (8.46)을 수정하면 다음과 같다.

$$dx = \left(\frac{T^*}{q_0}\right)\left[\frac{ds}{\sqrt{s^2 + \left(\frac{T^*}{q_0}\right)^2}}\right] \tag{8.48}$$

식 (8.48)에서 $a = \dfrac{T^*}{q_0}$로 놓으면, 식 (8.48)의 적분은 다음과 같이 행해진다.

$$\begin{aligned} x(s) &= \int_0^x dx = a\int_0^s \frac{ds}{\sqrt{s^2 + a^2}} = a\ln\left[s + \sqrt{s^2 + a^2}\,\right]\Big|_0^s \\ &= a\left[\ln(s + \sqrt{s^2 + a^2}\,) - \ln a\right] = a\ln\left[\frac{s}{a} + \sqrt{1 + \left(\frac{s}{a}\right)^2}\right] \\ &= \left(\frac{T^*}{q_0}\right)\ln\left[\frac{q_0\,s}{T^*} + \sqrt{1 + \left(\frac{q_0\,s}{T^*}\right)^2}\right] \end{aligned} \tag{8.49}$$

식 (8.49)를 s에 대해 풀기 위해 우선, 식 (8.49)를 다음과 같이 변형시킨다.

$$e^{\left(\frac{q_0 x}{T^*}\right)} = \frac{q_0\,s}{T^*} + \sqrt{1 + \left(\frac{q_0\,s}{T^*}\right)^2} \tag{8.50}$$

식 (8.50)에서 $\dfrac{q_0 s}{T^*} = s^*$로 놓으면, 식 (8.50)은 다음과 같이 변경될 수 있다.

$$\left[e^{\left(\frac{q_0 x}{T^*}\right)} - s^*\right] = \sqrt{1 + (s^*)^2} \tag{8.51}$$

식 (8.51)을 양변 제곱하면 다음과 같이 된다.

$$e^{\left(\frac{2q_0 x}{T^*}\right)} + (s^*)^2 - 2e^{\left(\frac{q_0 x}{T^*}\right)}(s^*) = 1 + (s^*)^2 \tag{8.52}$$

식 (8.52)를 다시 정리하면 다음과 같이 된다.

$$1 + 2e^{\left(\frac{q_0 x}{T^*}\right)}(s^*) = e^{\left(\frac{2q_0 x}{T^*}\right)} \tag{8.53}$$

식 (8.53)의 양변에 $e^{\left(\frac{-q_0 x}{T^*}\right)}$를 곱하면 식 (8.53)은 $e^{\left(\frac{-q_0 x}{T^*}\right)} + 2(s^*) = e^{\left(\frac{q_0 x}{T^*}\right)}$이 되고, 따라서, 식 (8.53)은 다음과 같이 나타낼 수 있다.

$$s^* = \frac{e^{\left(\frac{q_0 x}{T^*}\right)} - e^{\left(\frac{-q_0 x}{T^*}\right)}}{2} = \sinh\left(\frac{q_0 x}{T^*}\right) \tag{8.54}$$

이미 앞서서 $\dfrac{q_0 s}{T^*} = s^*$라 놓았기 때문에 식 (8.54)는 s 중심으로 최종적으로 다음과 같이 나타내진다.

$$s(x) = \left(\frac{T^*}{q_0}\right)\sinh\left(\frac{q_0 x}{T^*}\right) \tag{8.55}$$

■ x와 T^*의 함수인 y의 경우

식 (8.55)를 식 (8.43)의 앞 식에 대입하면 다음과 같이 된다.

$$\tan\alpha = \sinh\left(\frac{q_0 x}{T^*}\right) = \frac{dy}{dx} \tag{8.56}$$

따라서, dy는 $dy = (\tan\alpha)dx = \sinh\left(\dfrac{q_0 x}{T^*}\right)dx$가 된다. 그러므로 dy의 적분은 다음과 같다.

$$y(x) = \int_0^x dy = \int_0^x \sinh\left(\frac{q_0 x}{T^*}\right)dx = \left(\frac{T^*}{q_0}\right)\left[\cosh\frac{q_0 x}{T^*}\right]_0^x$$

$$= \left(\frac{T^*}{q_0}\right)\left[\cosh\frac{q_0 x}{T^*} - 1\right] \tag{8.57}$$

식 (8.57)로 표현되는 곡선을 현수선suspension curve이라고 한다.

■ x와 T^*의 함수인 T의 경우

식 (8.40)에 의해 $T = \dfrac{T^*}{\cos\alpha}$가 되고, 기하학적 관계에 의해 $\cos\alpha = \dfrac{dx}{ds}$인 관계를 이용하면, $T = T^*\left(\dfrac{ds}{dx}\right)$가 된다. 식 (8.55)에서 $\dfrac{ds}{dx}$를 취하면, 다음과 같이 된다.

$$\frac{ds}{dx} = \cosh\left(\frac{q_0 x}{T^*}\right) \tag{8.58}$$

따라서, 식 (8.58)을 $T = T^*\left(\dfrac{ds}{dx}\right)$에 대입하면, $T = T^*\cosh\left(\dfrac{q_0 x}{T^*}\right)$ (8.59)

2) 케이블 자중은 고려하지 않는 분포하중을 받는 경우

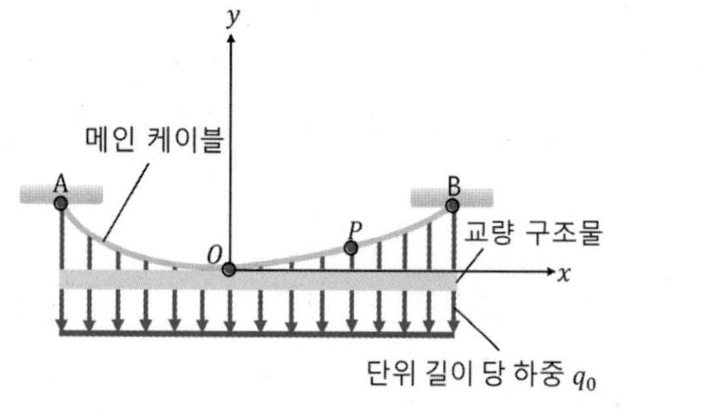

(a) 자중을 고려치 않은 케이블

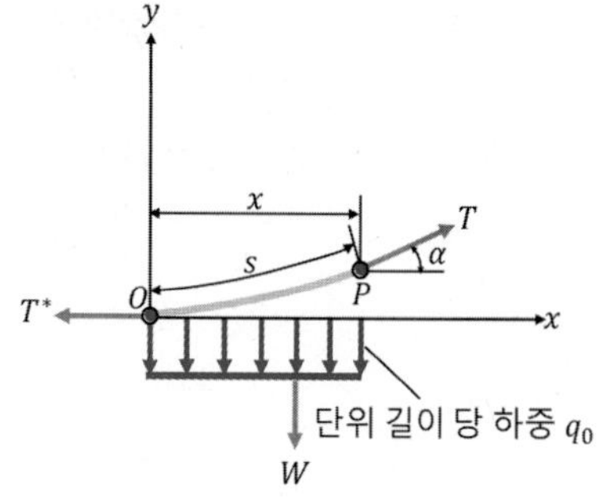

(b) 케이블의 일부 부분 요소

[그림 8-45] 자중을 무시한 분포하중을 받는 케이블

[그림 8-45(a)]는 케이블의 자중을 고려치 않은 경우, 교량 등의 구조물과 같이 분포하중(단위 길이 당 하중)을 받는 케이블을 보여주고 있다. 한편, [그림 8-45(b)]는 케이블 일부분 요소의 길이에 작용하는 분포하중과 장력에 대한 자유물체도이다. 케이블의 자중이 교량의 분포하중에 비해 작다고 간주할 경우, 다음과 같은 경우에 대해 식 (8.42)를 적용해 보자.

■ x와 T^*의 함수인 기울기 α와 장력 T의 경우

이 경우, 전체 하중 Q가 $Q = q_0 x$이므로, 식 (8.42)로부터, 기울기 α와 장력 T는 다음과 같이 나타내진다.

$$\tan\alpha = \frac{q_0 x}{T^*} \ , \qquad T = \sqrt{(T^*)^2 + (q_0 x)^2} \tag{8.60}$$

■ x와 T^*의 함수인 경우의 y

이 경우는 $\dfrac{dy}{dx} = \tan\alpha = \dfrac{q_0 x}{T^*}$로부터, 다음과 같이 $y(x)$를 구할 수 있다.

$$y(x) = \int dy = \int \left(\frac{q_0 x}{T^*} \right) dx = \frac{q_0 x^2}{2T^*} \tag{8.61}$$

식 (8.61)에서 적분상수는 $x = 0$에서 $y(x) = 0$이므로 영이 된다.

■ x와 T^*의 함수인 경우의 $s(x)$

[그림 8-44]에서와 같이 케이블의 미소 길이 $ds \simeq \sqrt{dx^2 + dy^2} = \sqrt{1 + \left(\dfrac{dy}{dx}\right)^2}\, dx$로부터 $\dfrac{dy}{dx} = \dfrac{q_0 x}{T^*}$인 식 (8.60)의 관계를 이용하면, $s(x)$는 다음과 같이 나타낼 수 있다.

$$s(x) = \int_0^x \sqrt{1 + \left(\frac{q_0 x}{T^*} \right)^2}\, dx \tag{8.62}$$

(식 8.62)는 적분 표를 이용하여 다음과 같이 적분을 행할 수 있다. 먼저, 적분 표의 적분 형태는 다음과 같다.

$$\int \sqrt{x^2 + a^2}\, dx = \left(\frac{1}{2}x\sqrt{x^2 + a^2}\right) + \frac{1}{2}a^2 \ln \mid x + \sqrt{x^2 + a^2} \mid \tag{8.63}$$

이제, 식 (8.62)를 변형시키면, 다음과 같이 쓸 수 있다.

$$s(x) = \left(\frac{q_0}{T^*}\right)\int_0^x \sqrt{\left(\frac{T^*}{q_0}\right)^2 + x^2}\, dx \tag{8.64}$$

이제, $\frac{T^*}{q_0} = a$라 놓으면, 식 (8.64)의 적분은 식 (8.63)의 적분 표에 나타난 적분에 의해 다음과 같이 다시 쓸 수 있다.

$$s(x) = \frac{q_0}{T^*}\left[\frac{1}{2}x\sqrt{x^2 + \left(\frac{T^*}{q_0}\right)^2} + \frac{1}{2}\left(\frac{T^*}{q_0}\right)^2 \ln \left| x + \sqrt{x^2 + \left(\frac{T^*}{q_0}\right)^2} \right|\right]_0^x \tag{8.65}$$

식 (8.65)는 최종적으로 정리하면 다음과 같이 나타내진다.

$$s(x) = \frac{x}{2}\sqrt{1 + \left(\frac{q_0 x}{T^*}\right)^2} + \frac{1}{2}\left(\frac{T^*}{q_0}\right)\ln\left[\left(\frac{q_0 x}{T^*}\right) + \sqrt{1 + \left(\frac{q_0 x}{T^*}\right)^2}\right] \tag{8.66}$$

예제 8-8 자중만을 고려한 분포하중을 받는 케이블의 최대 장력 구하기

[그림 8-46(a)]에 보이는 길이 36 m의 양단 고정 케이블은 단위 길이 당 하중 1.5 kN/m을 갖는다. 케이블의 처짐 h와 최대 인장력을 구하여라.

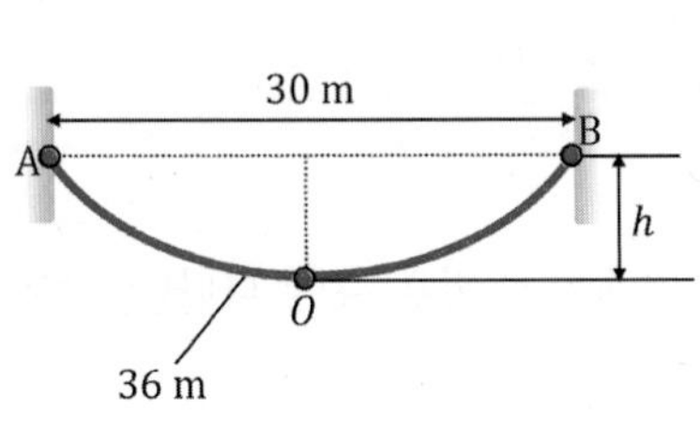

(a) 자중만을 고려한 케이블

(b) 케이블의 자유물체도

[그림 8-46] 자중만을 고려한 분포하중을 받는 케이블

분석

- 먼저, [그림 8-46(b)]의 자유물체도와 식 (8.55)의 $s(x) = \left(\dfrac{T^*}{q_0}\right)\sinh\left(\dfrac{q_0 x}{T^*}\right)$를 이용하여, T^*를 구한다.
- 식 (8.57)의 $y(x) = \left(\dfrac{T^*}{q_0}\right)\left[\cosh\dfrac{q_0 x}{T^*} - 1\right]$에 문제에서 주어진 값들과 T^*를 대입하여, h를 구한다.
- 식 (8.59)의 $T = T^* \cosh\left(\dfrac{q_0 x}{T^*}\right)$에 T^* 값과 문제에서 주어진 값들을 대입하여, T_{max}를 구한다.

풀이

먼저 [그림 8-46(a)]의 단위 길이 당 하중을 q_0라 하면, 식 (8.55)의 $s(x) = \left(\dfrac{T^*}{q_0}\right)\sinh\left(\dfrac{q_0 x}{T^*}\right)$에 $s = 18 \text{ m}$, $x = 15 \text{ m}$, $q_0 = 1.5 \text{ kN}$을 대입하면, 다음과 같이 된다.

$$s(x) = \left(\frac{T^*}{q_0}\right)\sinh\left(\frac{q_0 x}{T^*}\right), 18 \text{ m} = \left(\frac{T^*}{1.5 \text{ kN/m}}\right)\sinh\left(\frac{(1.5 \text{ kN/m})(15 \text{ m})}{T^*}\right) \quad (1)$$

식 (1)은 시행착오법try and error이나 컴퓨터 프로그램을 이용하면, $T^* = 21.1\text{ kN}$을 얻게 된다. 이제, 식 (8.57)인 $y(x) = \left(\frac{T^*}{q_0}\right)\left[\cosh\frac{q_0 x}{T^*} - 1\right]$에 문제에서 주어진 값들과 $T^* = 21.1\text{ kN}$을 대입하면 다음과 같다.

$$h = \left(\frac{21.1\text{ kN}}{1.5\text{ kN/m}}\right)\left[\cosh\left(\frac{(1.5\text{ kN/m})(15\text{ m})}{21.1\text{ kN}}\right) - 1\right],\ h = 8.78\text{ m} \tag{2}$$

이제, 식 (8.59)인 $T = T^*\cosh\left(\frac{q_0 x}{T^*}\right)$에 문제에서 주어진 값들과 $T^* = 21.1\text{ kN}$을 대입하면 다음과 같이 된다.

$$T = T^*\cosh\left(\frac{q_0 x}{T^*}\right),\ T_{\max} = (21.1\text{ kN})\cosh\left(\frac{(1.5\text{ kN/m})(15\text{ m})}{21.1\text{ kN}}\right),$$

$$T_{\max} = 34.26\text{ kN} \tag{3}$$

고찰

$s(x) = \left(\frac{T^*}{q_0}\right)\sinh\left(\frac{q_0 x}{T^*}\right)$, $y(x) = \left(\frac{T^*}{q_0}\right)\left[\cosh\frac{q_0 x}{T^*} - 1\right]$, $T = T^*\cosh\left(\frac{q_0 x}{T^*}\right)$에 대한 식을 유도하는 과정도 익혀두자. 이는 각각 케이블의 자중만을 고려했을 때의 케이블 길이, 케이블 처짐, 케이블의 장력을 구하는 식임을 기억해 두자.

축력, 전단력, 굽힘모멘트

■ 축력

어떤 구조물에 있어 구조물 단면의 무게중심선을 따라 작용하는 외력(인장력 또는 압축력)이나 이 외력에 대한 축 방향의 내력internal force을 총칭한다.

■ 전단력

어떤 물체 내에 어떤 면에 크기가 같고 방향이 반대인 힘이 해당 면에 접하여 평행하게 작용할 때, 물체가 해당 면을 따라 미끄러져서 절단되는 것을 전단이라고 하고, 해당 면을 따라 평행하게 작용하는 힘을 전단력shear force이라 한다.

■ 굽힘모멘트

보와 같은 구조 부재에 외력이나 모멘트가 가해질 때, 구조 부재 내부에서 유발되어 부재를 휘어지게 하려는 힘의 효력을 굽힘모멘트bending moment라고 한다.

축력, 전단력, 굽힘모멘트의 부호 규약

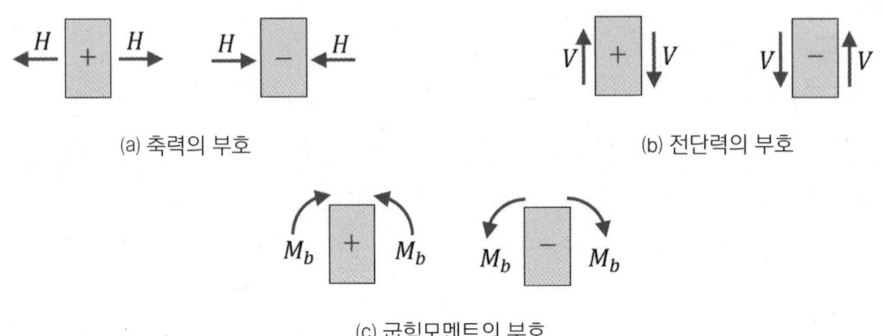

(a) 축력의 부호

(b) 전단력의 부호

(c) 굽힘모멘트의 부호

■ 하중의 분류

■ 힘의 작용 방향에 따른 하중의 분류

- **축 하중**: 힘의 작용선이 부재의 축 방향과 일치하는 하중(인장하중, 압축 하중)
- **횡 하중**: 힘의 작용선이 부재와 동일 평면상에서 부재의 축 방향에 법선 방향(직각)으로 작용하는 하중(보 구조물에서는 굽힘하중이라고도 하며, 이에 의해 굽힘모멘트가 발생한다.)
- **전단 하중**: 부재의 단면에 평행되게 작용하는 하중(예: 볼트 너트로 조여진 두 판재를 양쪽 방향으로 잡아당겼을 때 볼트 단면이 받는 하중)
- **비틀림 하중**: 부재의 주위에 비틀림모멘트를 부가하고 부재를 비틀리게 하는 하중(봉과 같은 구조물에서는 봉의 비틀림모멘트를 발생시킨다.)

■ 힘의 운동상태에 따른 하중의 분류

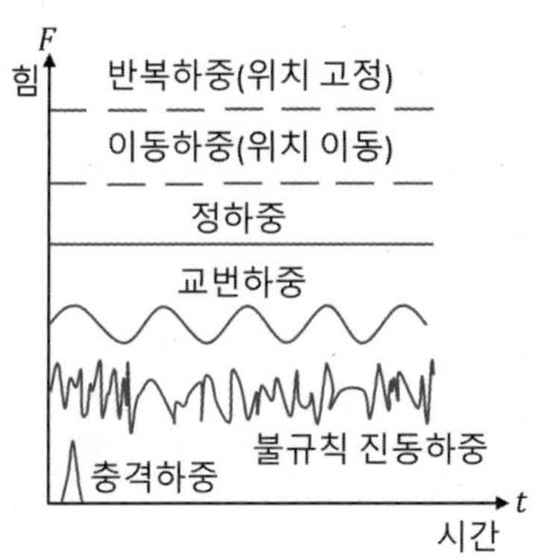

■ 힘의 분포상태에 따른 하중의 분류

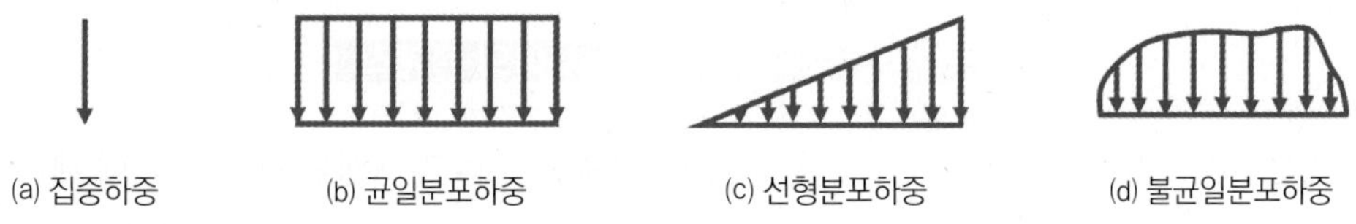

(a) 집중하중 (b) 균일분포하중 (c) 선형분포하중 (d) 불균일분포하중

경계조건

- **힌지 또는 핀지지**hinged or pinned supports: 회전은 자유로우나 수평 및 수직이동이 가능하지 못한 지지
- **롤러지지**roller supports: 보의 회전이나 수평이동은 자유롭지만 수직이동이 가능하지 못한 지지
- **고정지지**fixed supports: 완전한 고정지지로 보의 회전뿐만 아니라 수평 및 수직이동이 가능하지 못한 지지(용접 등에 의한 지지가 고정지지의 한 예이다.)

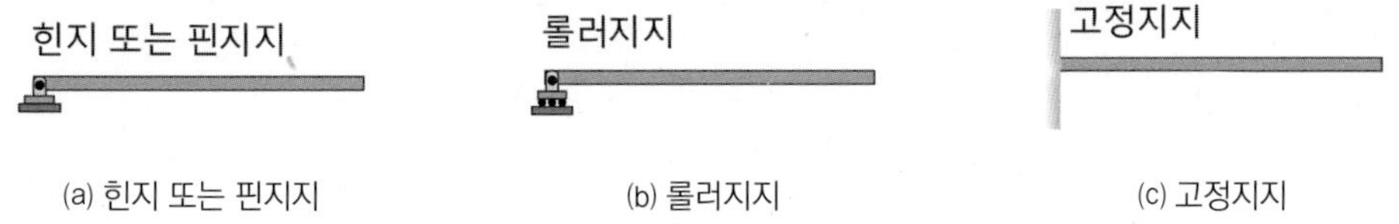

(a) 힌지 또는 핀지지 (b) 롤러지지 (c) 고정지지

보의 종류

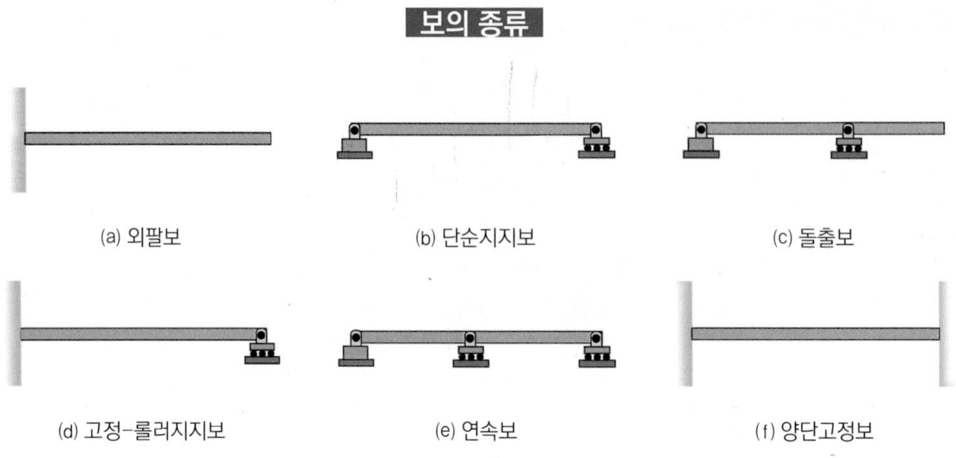

(a) 외팔보 (b) 단순지지보 (c) 돌출보

(d) 고정-롤러지지보 (e) 연속보 (f) 양단고정보

하중, 전단력, 굽힘모멘트 사이의 관계식

전단력의 위치에 대한 미분은 단위 길이 당 하중의 음의 부호이고, 굽힘모멘트의 위치에 대한 미분은 전단력이다.

$$\frac{dV}{dx} = -w, \quad \frac{dM_b}{dx} = V$$

집중하중을 받는 유연 케이블

자중을 무시할 수 있는 케이블이 수 개의 집중하중을 받는 경우에 대한 케이블의 그림을 [그림 8-40]에 나타내고 있다. 케이블에 작용하는 집중하중에 비해 케이블의 무게를 무시할 만하다면, 케이블은 이력부재two-force member에 해당된다. 따라서, 이러한 경우의 케이블 해석은 트러스 해석과 유사한 점이 많다.

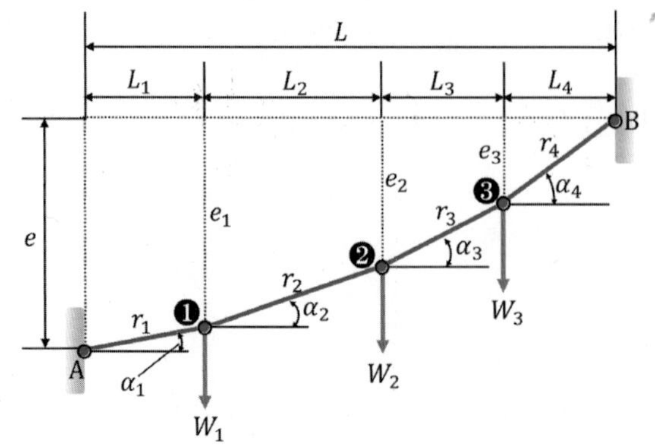

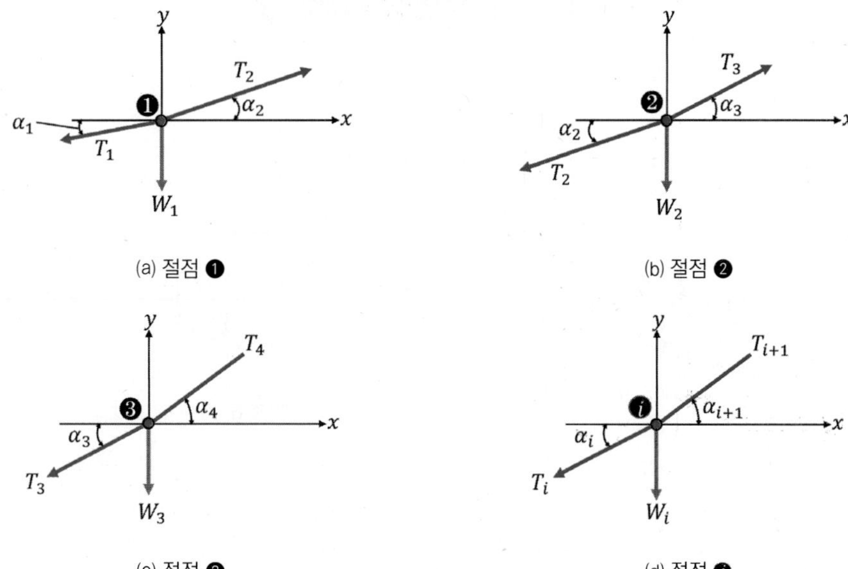

(a) 절점 ❶ (b) 절점 ❷

(c) 절점 ❸ (d) 절점 ⓘ

$$T^*(\tan\alpha_{i+1} - \tan\alpha_i) = W_i$$

■ 케이블 구간의 수평 길이가 주어진 경우

$$e = \sum_{i=1}^{n} L_i \tan\alpha_i \ \text{([그림 8-40] 참조)}$$

- 수평장력 T^* 또는 최대 케이블 인장력,
- 절점 1개의 수직 위치 e_i,
- 케이블 전체 길이

■ 케이블 구간의 길이가 주어진 경우

$$e = \sum_{i=1}^{n} r_i \sin\alpha_i, \quad L = \sum_{i=1}^{n} r_i \cos\alpha_i \ \text{([그림 8-40] 참조)}$$

분포하중을 받는 유연 케이블

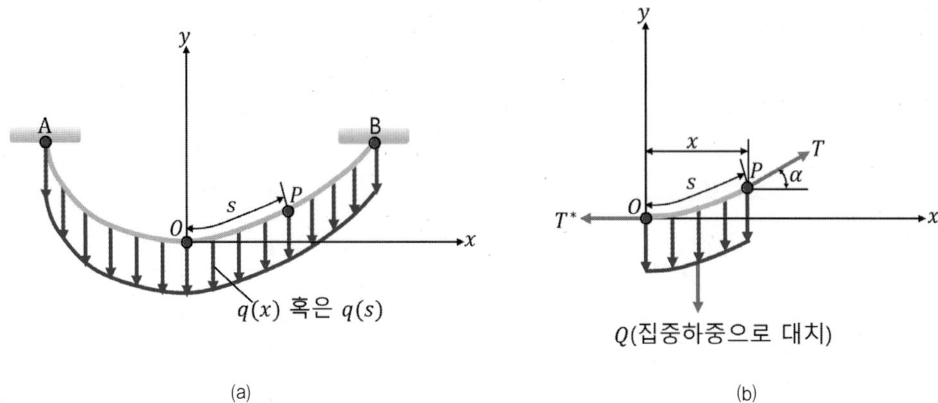

(a) (b)

$$\Sigma F_x = 0 \;;\; T\cos\alpha - T^* = 0,\; \Sigma F_y = 0 \;;\; T\sin\alpha - Q = 0,$$

$$\tan\alpha = \frac{Q}{T^*},\; T = \sqrt{Q^2 + (T^*)^2}$$

- 케이블 자중만의 분포하중을 받는 경우

$$\tan\alpha = \frac{q_0 s}{T^*}, \quad T = \sqrt{(T^*)^2 + (q_0 s)^2}$$ ([그림 8-43] 참조)

- x와 T^*의 함수인 케이블 호의 길이 s의 경우

ds dy dx

$$s(x) = \left(\frac{T^*}{q_0}\right)\sinh\left(\frac{q_0 x}{T^*}\right)$$

- x와 T^*의 함수인 y의 경우

$$y(x) = \int_0^x dy = \int_0^x \sinh\left(\frac{q_0 x}{T^*}\right)dx = \left(\frac{T^*}{q_0}\right)\left[\cosh\frac{q_0 x}{T^*}\right]_0^x = \left(\frac{T^*}{q_0}\right)\left[\cosh\frac{q_0 x}{T^*} - 1\right]$$

- x와 T^*의 함수인 T의 경우

$$T = T^*\cosh\left(\frac{q_0 x}{T^*}\right)$$

■ 케이블 자중은 고려하지 않는 분포하중을 받는 경우

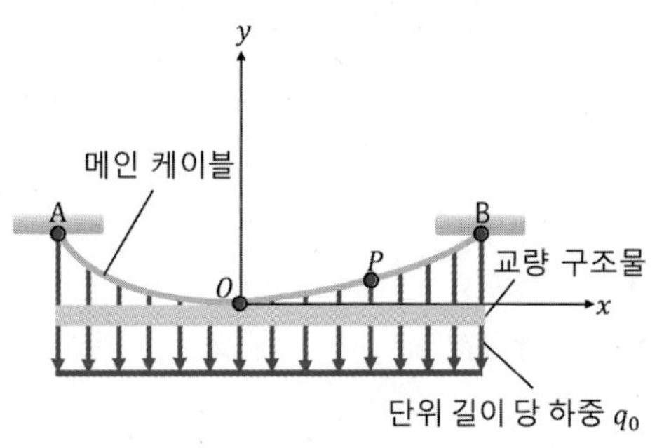

(a) 자중을 고려치 않은 케이블

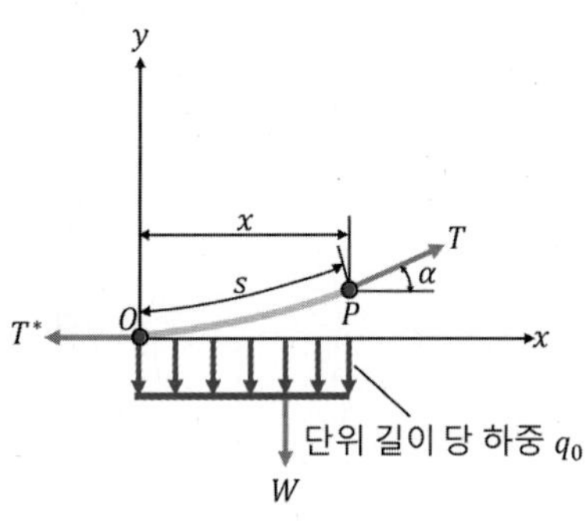

(b) 케이블의 일부 부분 요소

• x와 T^*의 함수인 기울기 α와 장력 T의 경우

$$\tan\alpha = \frac{q_0 x}{T^*}, \quad T = \sqrt{(T^*)^2 + (q_0 x)^2}$$

• x와 T^*의 함수인 경우의 y

$$y(x) = \int dy = \int \left(\frac{q_0 x}{T^*}\right) dx = \frac{q_0 x^2}{2T^*}$$

• x와 T^*의 함수인 경우의 $s(x)$

$$s(x) = \frac{x}{2}\sqrt{1 + \left(\frac{q_0 x}{T^*}\right)^2} + \frac{1}{2}\left(\frac{T^*}{q_0}\right)\ln\left[\left(\frac{q_0 x}{T^*}\right) + \sqrt{1 + \left(\frac{q_0 x}{T^*}\right)^2}\,\right]$$

▶ 8.1절

8.1 연습문제 [그림 8-1]과 같은 프레임의 단면 ❶의 핀 D 의 바로 아래 단면에 작용되는 내력들과 반력들을 구하여라.

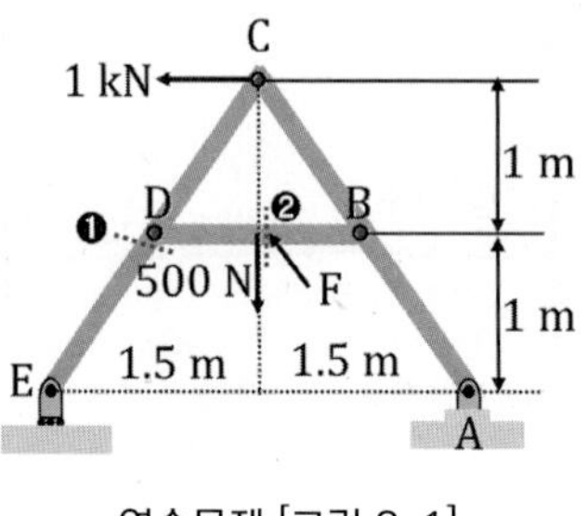

연습문제 [그림 8-1]

▶ 8.1절

8.2 연습문제 [그림 8-2]와 같은 프레임의 ❷의 F 단면에 작용되는 내력들을 구하여라.

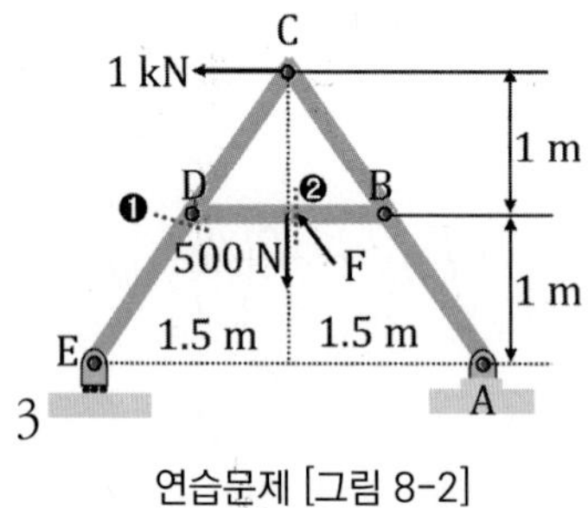

연습문제 [그림 8-2]

▶ 8.1절

8.3 연습문제 [그림 8-3]과 같은 구조물의 점 E 단면에 작용하는 내력들인 축력, 전단력, 굽힘모멘트를 구하여라.

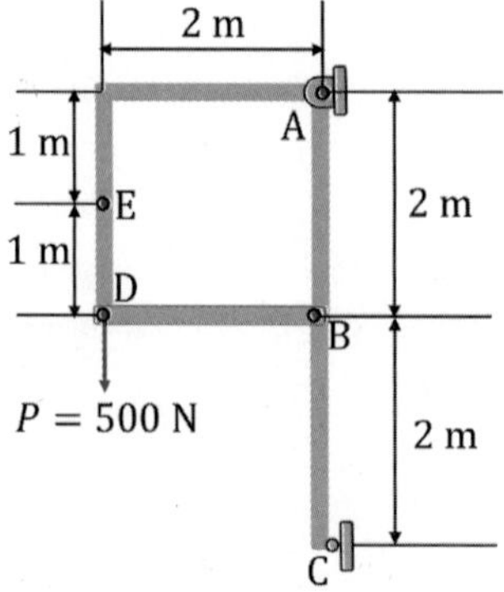

연습문제 [그림 8-3]

▶ 8.1절

8.4 연습문제 [그림 8-4]와 같은 프레임 구조물의 반력과 내력들을 구하고, ❶-❶ 단면의 점 G에서의 축력, 전단력, 굽힘모멘트를 구하여라.

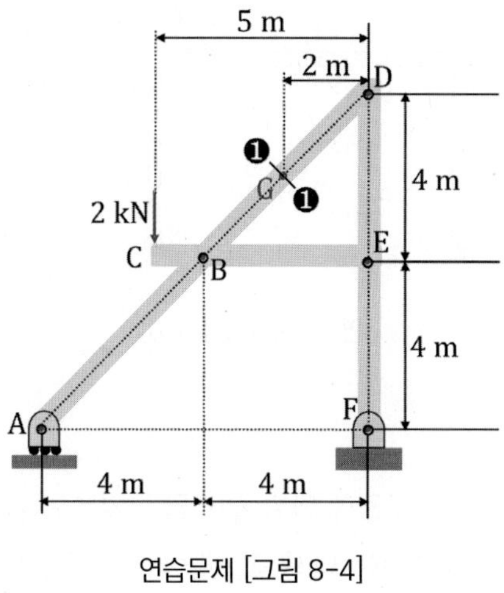

연습문제 [그림 8-4]

▶ 8.1절

8.5 연습문제 [그림 8-5]와 같은 프레임 구조물의 ❷-❷ 단면의 점 H에서의 축력, 전단력, 굽힘모멘트를 구하여라.

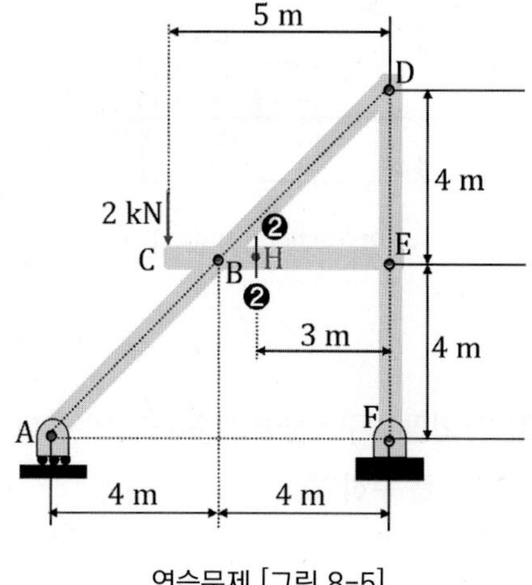

연습문제 [그림 8-5]

▶ 8.1절

8.6 연습문제 [그림 8-6]과 같은 구조물의 점 D에 $P = 10\text{ kN}$의 힘이 부과될 때, 점 D의 바로 좌측 단면인 ❶-❶ 단면에 작용하는 축력, 전단력, 굽힘모멘트를 구하여라.

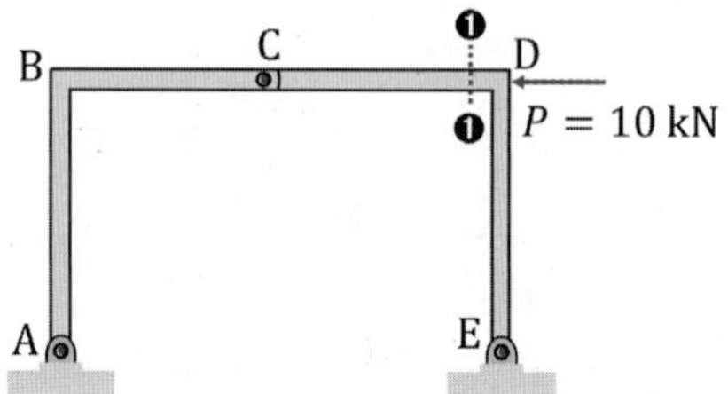

연습문제 [그림 8-6]

▶ 8.2절

8.7 연습문제 [그림 8-7]과 같은 구조물에 단위 길이 당 균일분포하중 500 N/m이 작용할 때, ❶-❶ 단면의 바로 좌측과 바로 우측에서의 축력, 전단력, 굽힘모멘트를 구하고, 양쪽의 값이 같음을 보여라.

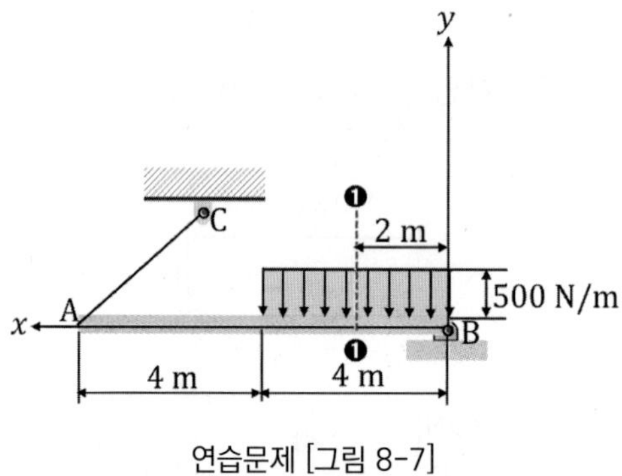

연습문제 [그림 8-7]

▶ 8.2절

8.8 연습문제 [그림 8-8]과 같이, 외팔보 구조물에 집중하중 $P = 500\text{ N}$이 작용할 때, ❶-❶ 단면에서의 축력, 전단력, 굽힘모멘트를 구하여라.

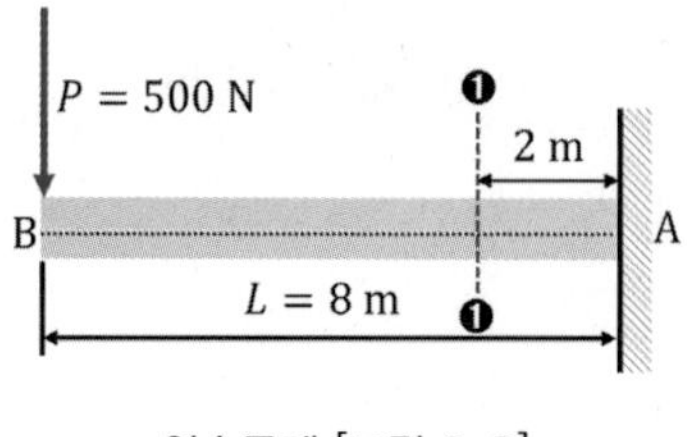

연습문제 [그림 8-8]

▶ 8.2절

8.9 연습문제 [그림 8-9]와 같은 돌출보에 집중하중이 2개 작용할 때, 점 B에서의 모멘트가 영zero이 되도록 하는 보의 우단에서 지점 C까지의 거리 d는 얼마인가?

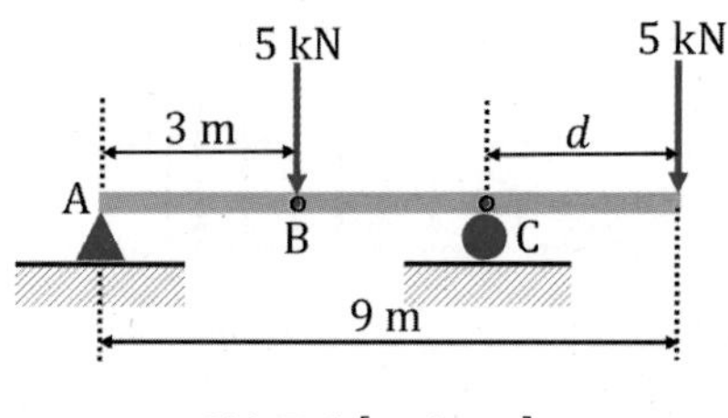

연습문제 [그림 8-9]

▶ 8.2절

8.10 연습문제 [그림 8-10]과 같이 한단 힌지, 타단 롤러지지인 보에 균일분포하중 w가 작용하고 있다. ❶-❶ 단면에서의 전단력과 굽힘모멘트를 구하여라.

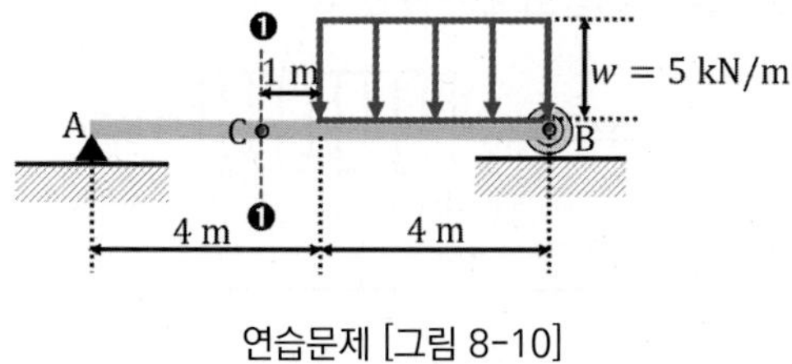

연습문제 [그림 8-10]

▶ 8.2절

8.11 연습문제 [그림 8-11]과 같은 좌단 롤러지지, 우단 힌지지지인 보 구조물에 삼각분포하중이 대칭으로 작용할 때, 점 B에 있어서 내력인 전단력과 굽힘모멘트를 계산하여라.

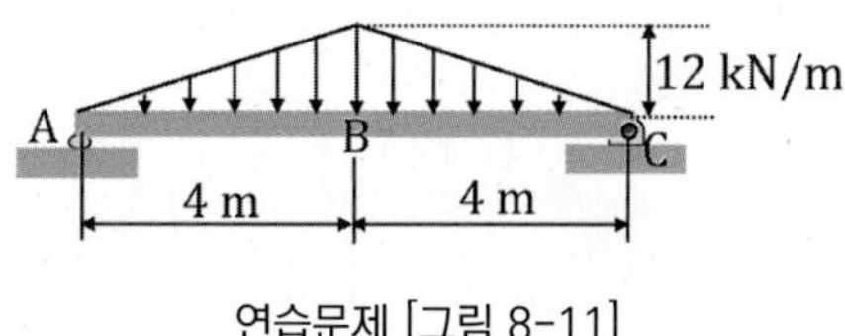

연습문제 [그림 8-11]

▶ 8.3절

8.12 연습문제 [그림 8-12]와 같은 단순지지보에 삼각분포하중이 작용할 때, 최대 전단력과 최대 굽힘 모멘트 값을 계산하여라.

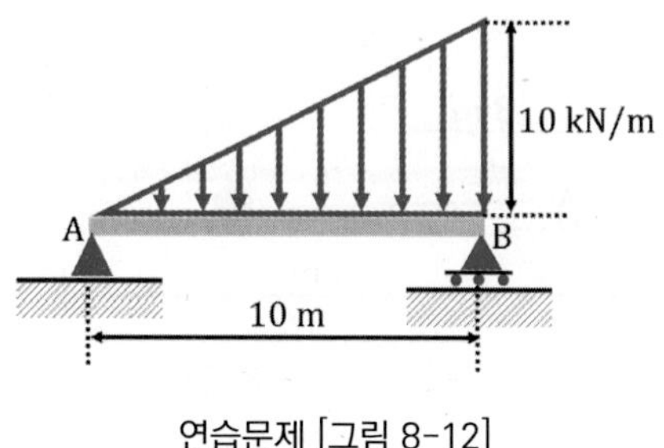

연습문제 [그림 8-12]

▶ 8.3절

8.13 연습문제 [그림 8-13]과 같은 외팔보의 중앙부터 끝단까지 $2\ \mathrm{kN/m}$의 균일분포하중이 작용할 때, 전단력의 최댓값과 굽힘모멘트의 최댓값을 구하여라.

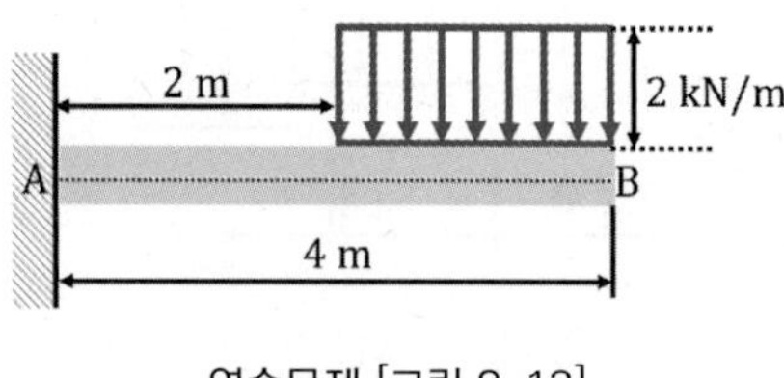

연습문제 [그림 8-13]

▶ 8.3절

8.14 연습문제 [그림 8-14]와 같은 돌출보의 최대 굽힘모멘트와 최대 전단력을 일으키는 보의 위치를 구하여라.

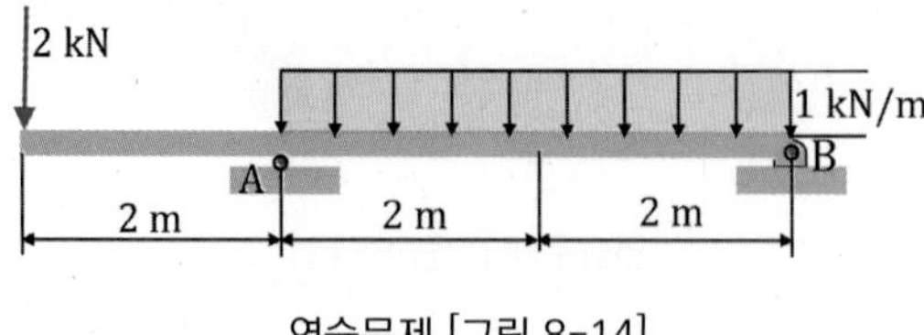

연습문제 [그림 8-14]

▶ 8.4절

8.15 연습문제 [그림 8-15]와 같이 외팔보 구조물의 자유 단에 우력 모멘트 $M_0 = 5\ \mathrm{kN \cdot m}$를 받을 때, 전단력 선도와 굽힘모멘트 선도를 구하여라.

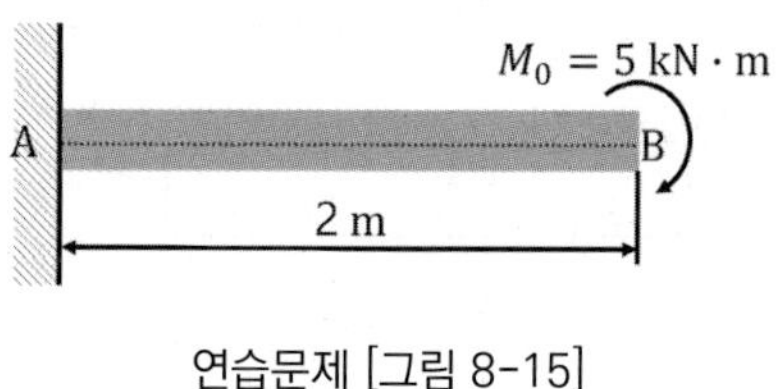

연습문제 [그림 8-15]

▶ 8.4절

8.16 연습문제 [그림 8-16]과 같이 한단 롤러지지, 한단 힌지지지인 보의 좌단에 우력 모멘트 $M_0 = 2\ \mathrm{kN \cdot m}$를 받는 경우, 전단력 선도와 굽힘모멘트 선도를 구하여라.

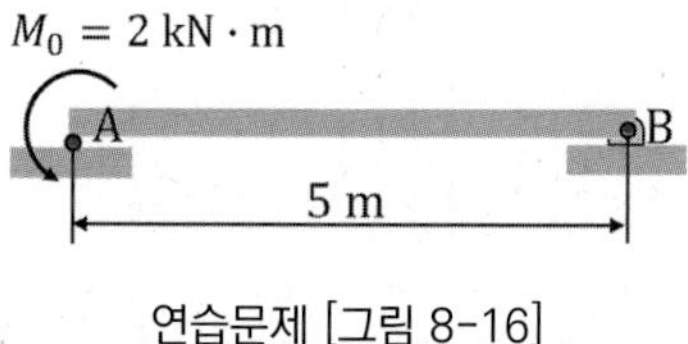

연습문제 [그림 8-16]

▶ 8.4절

8.17 연습문제 [그림 8-17]과 같이 한단 롤러지지, 한단 힌지지지인 보의 점 B에 우력 모멘트 $2\ \mathrm{kN \cdot m}$와 점 C에 집중하중 $10\ \mathrm{kN}$이 작용할 때, 전단력 선도와 굽힘모멘트 선도를 작성하라.

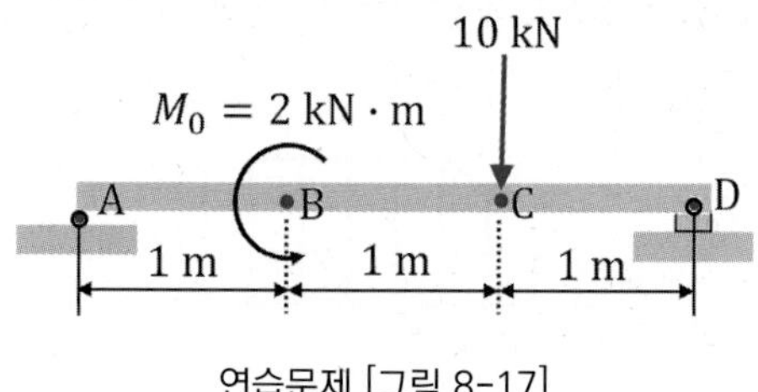

연습문제 [그림 8-17]

연 습 문 제

▶ 8.4절

8.18 연습문제 [그림 8-18]과 같이 돌출보의 양 끝단에 $M_A = 1\ \text{kN}\cdot\text{m}$와 $M_C = 3\ \text{kN}\cdot\text{m}$가 작용할 때, 전단력 선도와 굽힘모멘트 선도를 작성하여라.

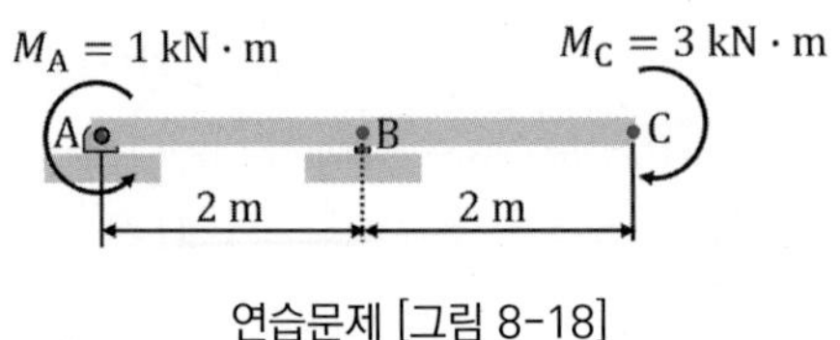

연습문제 [그림 8-18]

▶ 8.4절

8.19 연습문제 [그림 8-19]와 같이 외팔보에 크기가 다른 균일분포하중이 작용할 때, 전단력 선도와 굽힘모멘트 선도를 작성하여라.

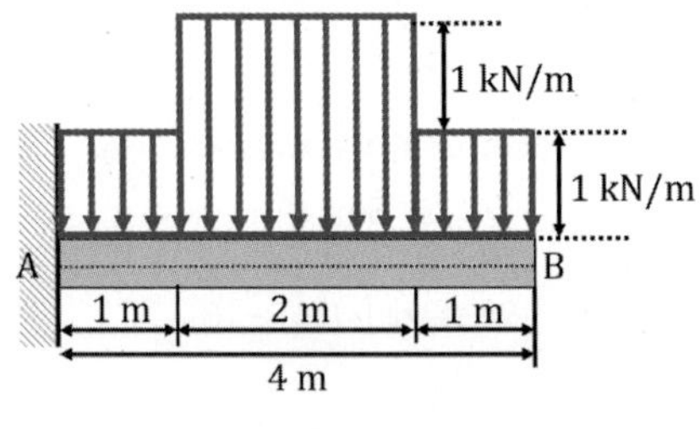

연습문제 [그림 8-19]

▶ 8.4절

8.20 연습문제 [그림 8-20]과 같이 돌출보에 삼각분포하중과 균일분포하중이 함께 작용할 때, 전단력 선도와 굽힘모멘트 선도를 작성하여라.

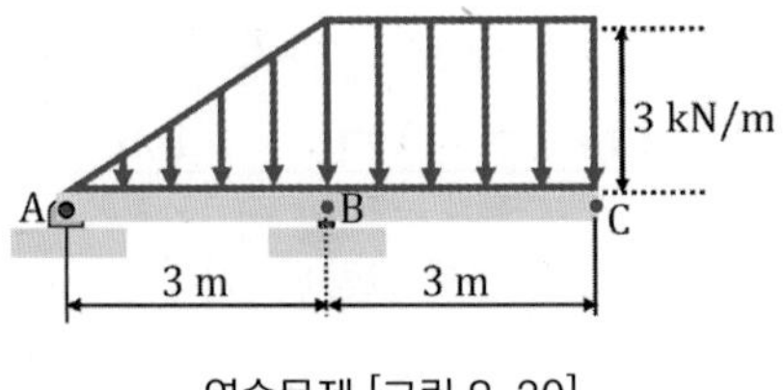

연습문제 [그림 8-20]

▶ 8.5절

8.21 연습문제 [그림 8-21]과 같이, 포물선 케이블 AB는 균일분포하중 $q_0 = 2\ \mathrm{kN/m}$를 지탱한다. 만일 좌측 고정단의 점 A에서 포물선 케이블의 기울기가 영이라면, 케이블의 최대 장력과 케이블의 전체 길이를 계산하여라.

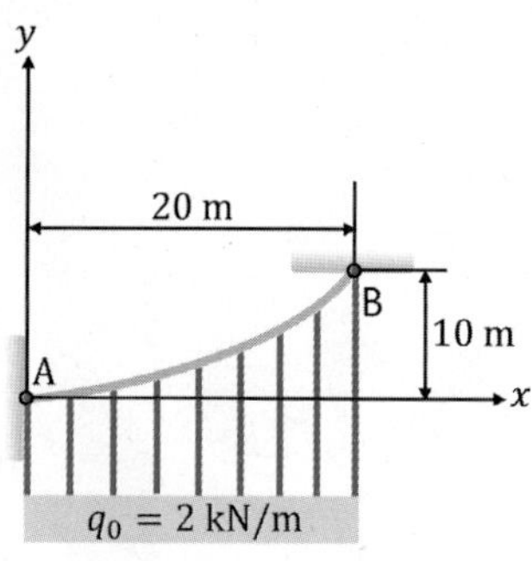

연습문제 [그림 8-21]

Statics

우리가 일상생활에서 많이 접할 수 있는 자동차의 디스크 브레이크는 원판 디스크와 브레이크 패드 사이의 마찰력을 증대시켜, 자동차의 충돌 손상을 방지하고, 운전자의 인명을 구할 수도 있다. 브레이크 디스크와 브레이크 패드의 마찰이 계속되면 마찰력도 감소하게 되어, 브레이크 패드의 마모가 일어날 수 있다. 이러한 브레이크 마모는 디스크의 손상을 가져와 사고의 위험성을 증대시킨다. 이 장에서는 마찰의 종류와 건마찰의 개념을 학습하고, 다양한 마찰의 응용 예(벨트, 쐐기, 전동나사, 베어링, 디스크 등)를 통해, 마찰력이나 마찰계수를 계산하는 방법을 알아본다.

CHAPTER 09

마찰과 마찰의 응용

Friction and friction applications

CONTENTS

학습목표

- 마찰의 종류를 살펴보고, 건 마찰의 개념을 학습한다.
- 건 마찰에 있어, 물체의 미끄러짐과 뒤엎음을 이해한다.
- 벨트 마찰, 쐐기의 마찰, 전동나사의 마찰, 베어링의 마찰, 디스크의 마찰을 학습한다.
- 마찰의 응용에 대한 다양한 예들을 학습한다.

Section 9.1

마찰의 종류와 건조마찰

학습목표

✔ 마찰의 종류들을 살펴보고, 건 마찰의 개념과 이론을 익힌다.

✔ 건 마찰에 있어, 수평면, 수직면, 경사면에서의 마찰력을 학습한다.

9.1.1 마찰의 종류

일반적으로 **마찰**friction이란 두 물체가 문질러질 때, 일어나는 현상으로 두 물체 사이의 접선력을 마찰력이라 한다. 마찰력은 두 물체의 접촉면 사이에서 서로에게 상대적으로 작용하여 서로의 운동을 방해하는 힘을 일컫는다. 또한, 두 물체가 서로에게 마찰을 주는 정도를 나타내는 **마찰계수**coefficient of friction라는 값이 존재한다. 이러한 마찰계수는 각각의 물질마다 다른 것이 아니라, 물체의 표면 상태나 서로 접촉하는 물질이 어떤 종류이냐에 따라 달라지고, 일반적으로 실험을 통하여 결정된다.

이러한 마찰력friction force을 이용하는 일상생활의 예는 다양한 곳에서 찾을 수 있다. 뱀snake의 경우, 비늘과 지면의 마찰력을 작게 만들어 앞으로 나아가는 경우이고, 거미spider의 경우는 발바닥의 털을 벽 등에 잘 달라붙을 수 있도록 마찰력이 크게 작용하는 예이다. 기계류의 경우에도, **베어링**bearing이나 **기어**gear들 사이에는 마찰력이 작게 작용해야 하고, 브레이크 디스크나 타이어tire 등에는 마찰력이 크게 작용해야 한다.

일반적으로 마찰은 다음과 같이 크게 네 종류로 나눌 수 있다.

1) **건조마찰**dry friction: **고체마찰**solid friction 또는 **쿨롱마찰**Coulomb friction이라고도 하며, 유체가 개입되지 않은 상태에서 고체와 고체 사이의 두 마찰면 사이에 윤활제를 갖지 않는 마찰이다. 이 마찰은 '건 마찰'이라고도 하고, 일반적으로 건조마찰계수는 1보다 작다.
2) **표면마찰**skin friction: 통상적으로 고체와 유체(액체 또는 기체) 사이의 표면에서 이루어지는 마찰로서 고체가 고속으로 움직이는 경우, 그 운동을 방해하는 마찰에 해당한다.
3) **유체마찰**fluid friction: **습식마찰**wet friction이라고도 하며, 흔히 고체-유체-고체 사이에서 일어나는 마찰을 일컫는다. 유체의 층이 서로 다른 속도로 이동할 때 발생하며, 상대속도가 발생하지 않으면 마찰이 발생하지 않고, 주로 유체역학에서 취급된다.

4) **내부마찰**internal friction: 어떤 재료의 분자 간, 원자와 원자 간, 또는 분자와 원자 간 등 재료 내부에서의 마찰에 의해 일어나는 현상으로 고체에 변동하중이 작용하는 경우 일어난다. 내부마찰에 의해 에너지 소실이 크면 소성변형이 일어나며, 탄성이 있는 재료는 에너지 소실이 적고 변형이 작아 탄성적으로 쉽게 복원된다.

이제, 9.1.2절에서는 주로 일반 역학계에서 일어나는 고체와 고체 사이의 접촉한 두 면의 **건조마찰**에 대해서만 알아보기로 한다. [그림 9-1]은 일상생활에서의 마찰 작용의 예를 보여준다.

(a) 베어링 마찰

(b) 벨트 마찰

(c) 쐐기 마찰

(d) 디스크 패드 마찰

[그림 9-1] 일상생활에서의 마찰 작용의 예

9.1.2 건조마찰

9.1.1절의 마찰의 종류에서 살펴본 바와 같이, 건조마찰은 두 고체 면이 접촉하여 상대운동을 하는 마찰로서 운동 방향의 반대 방향으로의 접선력인 마찰력이 존재하게 된다.

1) 미끄럼마찰

미끄럼마찰sliding friction은 두 물체 사이의 미끄러짐으로 인하여 발생하는 마찰로서, 수평면 상에서의 마찰과 경사면 상에서의 마찰로 나누어 생각할 수 있다.

(1) 수평면 위에서의 마찰

[그림 9-2(a)]는 블록 A와 수평면 바닥 B 위에서 수평 작용력이 없을 때의 상태로 이 경우, 마찰력은 영zero이 된다. 한편, [그림 9-2(b)]는 수평력 Q가 작용하는 경우로서 수평력 Q에 대해 마찰력 F가 존재하게 된다. 이 마찰력 F는 블록 A가 움직이지 않을 때까지 $Q=F$의

관계가 유효하며, 물체의 운동 방향에 대해 반대 방향으로 작용한다. 즉, $Q=F$인 경우는 정지상태로서 F는 **정지마찰력**static frictional force 또는 정마찰력을 의미하며, F_s로 표기하기로 한다. 정지마찰력의 최대는 **최대정지마찰력**maximum static frictional force이라 일컫는데, 이를 F_m이라 하자. 한편, $Q > F_m$인 경우는 운동상태로 되어 F는 **운동마찰력**kinetic frictional force 또는 동마찰력이 된다. 이제부터 동마찰력은 F_k라 표현하기로 한다.

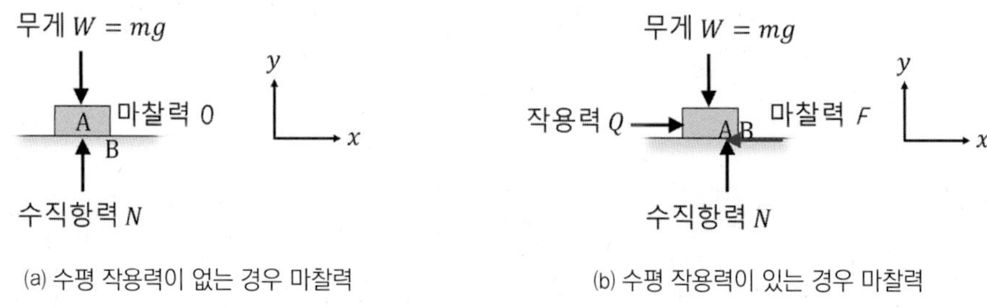

(a) 수평 작용력이 없는 경우 마찰력　(b) 수평 작용력이 있는 경우 마찰력

[그림 9-2] 수평력의 작용 유무에 따른 수평면 상에서의 마찰력 유무

미끄럼마찰에 있어, 마찰력의 종류에는 정지마찰력, 최대정지마찰력, 운동마찰력이 있다.

❶ **정지마찰력:** 정지마찰력은 두 물체가 접촉하는 면과 면이 상대에 대해 움직이지 않는 경우의 마찰력이며, 면끼리 비벼지지 않고 쓸려지지도 않는 경우의 마찰력이다. 물체의 상대 가속도가 영인 조건으로 결정된다.

❷ **최대정지마찰력**: 정지마찰력 중, 최대가 되는 마찰력으로 면과 면이 서로를 향해 얼마나 누르느냐에 따라, 즉 수직항력에 따라 그 크기가 결정된다. 물체 사이에 상대운동이 시작되는 순간에 마찰력의 크기가 최대로 되는데, 이때의 정지마찰력을 최대정지마찰력이라 한다.

❸ **운동마찰력**: 운동마찰력은 두 물체가 맞닿은 면과 면이 상대운동에 의해 움직일 때 작용하는 마찰력이다. 이 경우는 미끄러지게 되는데, 이 마찰력 또한 수직항력과 접촉하는 성질에 따라 다르다.

마찰력에 대한 개념을 달리 해석하지 않도록 하기 위해, 달리는 자동차의 예를 들어 설명하기로 한다. 어떤 자동차가 도로 위를 주행하고 있을 때 작용하는 마찰력은 운동마찰력이 아니라 정지마찰력이다. 즉, 정지마찰력이 작용하여 바퀴가 굴러가는 것이다. 이때 바퀴와 지면 사이에는 미끄러짐이 없다. 그러나 자동차가 주행하는 중, 브레이크를 세게 밟으면 바퀴는 굴러가지 않고 미끄러지며, 바퀴가 굴러 돌지 않은 상태에서 앞으로 나아간다. 즉 지면과 바퀴가 비벼지게 된다. 이때 작용하는 마찰력이 운동마찰력인 것이다. 따라서 마찰력의 구분은 물체가 움직이느냐 그렇지 않으냐가 아니라, 두 물체가 접촉하는 면과 면이 비벼지느냐 아니냐의 문제이다.

이제 각각의 마찰력(정지마찰력, 최대정지마찰력, 운동마찰력)에 대해 운동방정식과 어떤 관계가 있는지 살펴보기로 한다. 반복된 설명이지만, [그림 9-2]의 수평면 상에서의 마찰을 예로 들어, 마찰력에 대한 설명을 추가해 보기로 한다. [그림 9-2(a)]와 같이 작용력 Q가 없는 경우는 마찰력은 영이 되지만, [그림 9-2(b)]와 같이 작용력 Q가 작용하여 마찰력이 작용하는 경우, x축 방향의 운동방정식은 다음과 같다.

$$\sum F_x = m a_x, \quad Q - F = m a_x \tag{9.1}$$

정지마찰력은 정지한 상태($a_x = 0$)에서 작용하는 마찰력이므로 식 (9.1)에서 정지마찰력은 다음과 같이 작용하는 힘의 크기와 같다. 따라서 작용하는 힘이 더 커지면 정지마찰력도 더 커진다.

$$F = F_s = Q \tag{9.2}$$

물체에 힘을 더 세게 가하면 막 움직이기 시작하는데, 이때의 마찰력을 최대정지마찰력이라 한다. 이 최대정지마찰력 F_m은 수직항력에 비례하며, 접촉하는 면의 성질에 따라 그 크기가 결정된다.

$$F_m = \mu_s N \tag{9.3}$$

식 (9.3)에서 μ_s는 **정마찰계수**coefficient of static friction 또는 정지마찰계수라고 한다.

한편, y축 방향에 대해서는 운동은 없어 힘의 평형이 이루어지므로 y 방향에 대해서도 다음과 같은 관계가 성립된다.

$$\sum F_y = 0, \quad N - mg = 0, \quad N = mg \tag{9.4}$$

물체가 움직이면 물체에는 운동 방향과 반대 방향으로 동마찰력이 작용하게 된다. 동마찰력도 수직항력과 두 면의 성질에 의해 그 크기가 결정된다. 즉, 동마찰력 F_k는 다음과 같이 표시된다.

$$F_k = \mu_k N \tag{9.5}$$

식 (9.5)에서 μ_k는 **동마찰계수**coefficient of kinetic friction 또는 운동마찰계수라고 한다. [그림 9-2(b)]에서 등속도로 물체를 미는 경우는 $a_x = 0$이므로, $F_k = \mu_k N$으로부터 동마찰계수 μ_k를 다음과 같이 구할 수 있다.

$$\mu_k = \frac{F_k}{mg} \tag{9.6}$$

[그림 9-3]은 정지마찰력, 최대정지마찰력 및 운동마찰력의 크기를 보여준다. [그림 9-2(b)]와 같이 마찰이 있는 경우, 물체에 힘 Q가 가해지면 마찰력이 발생하는데, 물체가 움직이지 않을 때는 정지마찰력과 최대정지마찰력이 발생하며, 물체가 움직이면 운동마찰력이 작용하게 되는 것이다.

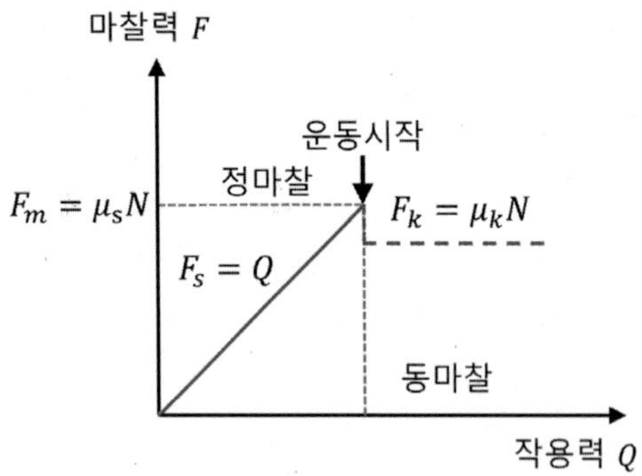

[그림 9-3] 정지마찰력, 최대정지마찰력 및 운동마찰력의 크기

마찰력의 크기 F가 [그림 9-3]에서와 같이 0에서 F_m까지 증가해감에 따라 수평 접촉면에서의 수직항력의 합 N의 작용점 A는 우측으로 이동하게 된다. 한편, 작용력 Q와 마찰력 F가 만드는 우력은 무게 W와 수직항력의 합 N이 만드는 우력과 균형을 이루게 된다. 마찰력 F가 최대정지마찰력 F_m에 도달하기 전에 수직항력의 합 N의 작용점 B를 중심으로 기울어지기 시작한다. 이제 작용력이 수평 방향(x 방향)이 아니라 [그림 9-4(a)]와 같이 수직

방향(y 방향)으로 주어지거나, [그림 9-4(b)]와 같이 경사지게 주어지는 경우를 생각해 보자. 이 경우도 수평면 B는 매끄럽다고 가정한다.

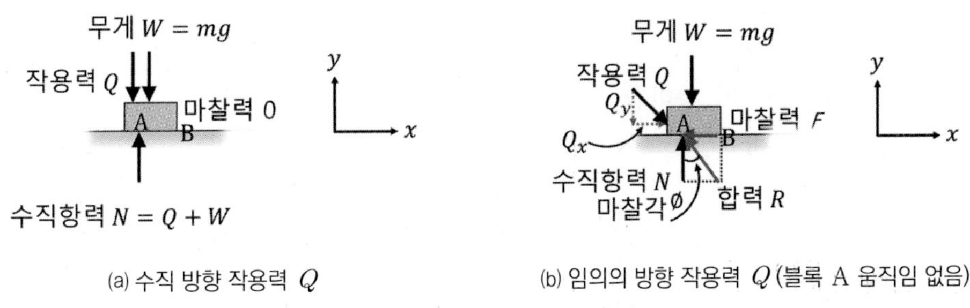

(a) 수직 방향 작용력 Q (b) 임의의 방향 작용력 Q (블록 A 움직임 없음)

[그림 9-4] 수직 및 임의의 방향의 작용력 Q에 대한 마찰력 및 마찰각

[그림 9-4(a)]와 같이 작용력 Q가 수직 방향으로 작용하는 경우는 마찰력은 영이 되고, 수직항력 N은 $N = W + Q$가 된다. 한편, [그림 9-4(b)]와 같이 작용력 Q가 경사지게 작용하는 경우에 있어, 블록 A가 움직임이 없을 때는 마찰력 F는 $F = Q_x$인 관계가 성립되며, 마찰력 F와 수직항력 N의 합력인 R과 수직항력 N이 이루는 각 ϕ를 **마찰각**frictional angle이라 부른다.

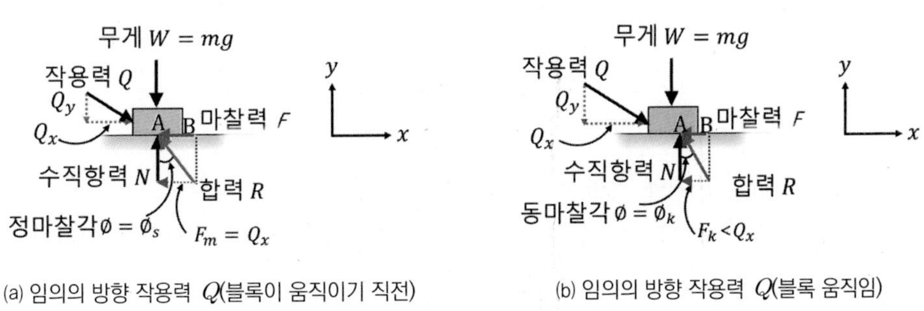

(a) 임의의 방향 작용력 Q(블록이 움직이기 직전) (b) 임의의 방향 작용력 Q(블록 움직임)

[그림 9-5] 임의의 방향의 작용력 Q에 대한 정마찰각과 동마찰각

이제, [그림 9-5(a)]와 같이 작용력 Q가 경사지게 작용하는 경우에 있어서도, 블록이 막 움직이기 시작 직전에 마찰력 F는 최대가 된다. 즉, $F = F_m$(최대정지마찰력)이 되고, $F = F_m$에 이르렀을 때의 사잇각 ϕ_s를 **정마찰각**static frictional angle이라 한다. 이 정마찰각 ϕ_s는 다음과 같은 관계를 갖는다.

$$\tan\phi_s = \frac{F_m}{N} = \frac{\mu_s N}{N} = \mu_s, \ \phi_s = \tan^{-1}(\mu_s) \tag{9.7}$$

한편, [그림 9-5(b)]와 같이 Q_x가 더 커져 블록이 움직이면 동마찰력 F_k가 작용하게 되는데, 이때 마찰력 F는 $F = F_k$인 관계가 되고, $F = F_k$일 때의 사잇각 ϕ_k를 **동마찰각**kinetic frictional angle이라 한다. 이 동마찰각 ϕ_k는 다음과 같은 관계를 갖는다.

$$\tan\phi_k = \frac{F_k}{N} = \frac{\mu_k N}{N} = \mu_k, \ \phi_k = \tan^{-1}(\mu_k) \tag{9.8}$$

식 (9.7)의 ϕ_s와 식 (9.8)의 ϕ_k의 비교에 의하면, $\phi_s > \phi_k$인 관계가 있다.

(2) 경사면 위에서의 마찰

수평면 위에서의 마찰에 이어, 이제 매끄러운 경사면 B 위에서의 마찰에 대해 살펴보자.

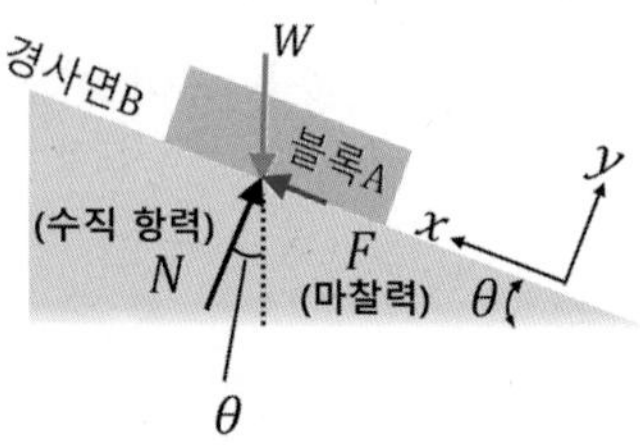

[그림 9-6] 경사면 위의 마찰력

[그림 9-6]은 경사면 B 위에 작용하는 마찰력을 보여준다. 블록 A와 경사면 B 사이의 마찰력을 F, 블록 A의 무게를 W, 수직항력을 N, 수평면과 경사면 B 사이의 경사각을 θ라 하고, x 방향과 y 방향에 대해 운동방정식을 세우면 다음과 같다.

$$\Sigma F_x = m a_x, \quad F - mg\sin\theta = ma_x \tag{9.9}$$

$$\Sigma F_y = m a_y, \quad N - mg\cos\theta = ma_y \tag{9.10}$$

❶ **정지마찰력:** 정지마찰력은 블록 A가 움직이지 않는 경우에 발생하므로 식 (9.9)와 식 (9.10)에서 $a_x = 0$, $a_y = 0$이다. 따라서 이 경우 마찰력 F는 $F = mg\sin\theta$이고, 수직항력 N은 $N = mg\cos\theta$이다.

❷ **최대정지마찰력:** 경사면 B에서 경사각의 θ가 점점 더 커져 블록 A가 움직이기 직전일 때의 경사각을 θ_m이라 하면, 식 (9.9)와 식 (9.10)으로부터 다음과 같은 관계가 된다.

$$\Sigma F_x = m a_x, \quad F_m - mg\sin\theta_m = 0 \tag{9.11}$$

$$\Sigma F_y = m a_y, \quad N - mg\cos\theta_m = 0 \tag{9.12}$$

최대정지마찰력 F_m은 $F_m = \mu_s N$의 관계가 있다. 이제 식 (9.11)을 식 (9.12)로 나누면 정마찰계수 μ_s는 식 (9.13)과 같이 구할 수 있다.

$$\mu_s = \tan\theta_m = \frac{F_m}{N}, \quad N = mg\cos\theta_m \tag{9.13}$$

❸ **운동마찰력:** 경사면 B에서 블록 A가 움직이면 동마찰계수가 적용되고, 이 경우 경사면의 아래 방향으로 힘이 작용하여 운동마찰력 F_k가 작용할 때, x, y 방향에 대한 운동방정식을 적용하면 각각 다음과 같다.

$$\Sigma F_x = m a_x, \quad F_k - mg\sin\theta = ma_x \tag{9.14}$$

$$\Sigma F_y = m a_y, \quad N - mg\cos\theta = ma_y \tag{9.15}$$

식 (9.14)에서 $F_k = \mu_k N$의 관계가 있다.

2) 미끄러짐sliding과 엎어짐tipping over

[그림 9-2(b)] 또는 [그림 9-7(a)]에서와 같이 작용력 Q가 수평 방향으로 작용한 경우, 바닥이 매끄러운 표면보다는 거친 표면일 때, 수직항력이나 마찰력은 실제로는 [그림 9-7(a)]와 같이 표면 분포력을 갖게 된다. 특히, 분포 수직항력의 합은 [그림 9-7(a)]에 나타난 분포력의 도심 C의 위치에 작용하는 집중력으로 대치할 수 있다. 따라서, 분포마찰력의 합 $\Sigma \Delta F_n$과 분포 수직항력의 합 $\Sigma \Delta N_n$을 [그림 9-7(b)]에서와 같이 마찰력의 합 F와 수직항력의 합 N의 집중력으로 나타낼 수 있다(이후부터는 마찰력의 합을 단순히 마찰력 F, 수직항력의 합을 단순히 수직항력 N으로 표현하기로 한다). 이제 수직항력 N이 무게중심 위치로부터 x만큼 떨어져 도심의 위치 C와 동일한 점 A에 작용점이 있다고 하고, 작용력 Q와 마찰력

F가 h 만큼 떨어져 있다고 하자. 수직항력 N의 작용점이 블록의 무게 작용선에서 x 만큼 떨어져 있는 것은 작용력 Q에 의해 블록의 엎어짐에 균형을 이루기 위해서이다. 즉, 작용력의 힘의 크기가 증가하면 점 A의 위치는 점점 더 우측으로 이동하게 된다. 점 A에서의 모멘트 평형은 다음과 같다.

$$\sum M_{\mathrm{A}} = 0 \ ; \ Wx - Qh = 0, \ x = \frac{Qh}{W} \tag{9.16}$$

다시 말하면 작용력 Q가 없는 경우는 마찰력 F는 존재하지 않는다. 작용력 Q가 있는 경우, Q가 점점 증가하게 될 때, x의 위치는 점점 우측으로 이동하게 되고, 마찰력 F는 최대로 커지는 최대정지마찰력 F_m에 도달한다. 작용력 Q가 이보다 더 증가하게 되면, 블록은 움직이게 되며 미끄러진다. 특히, 수직항력 N이 블록의 모서리 점 B에 작용할 때($x = d/2$) 블록은 엎어지려 할 것이다. 따라서, 블록의 가능한 운동은 미끄러짐이나 엎어짐이다.

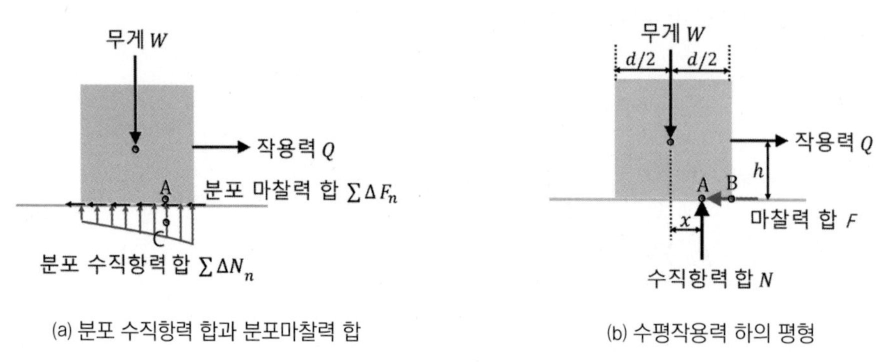

(a) 분포 수직항력 합과 분포마찰력 합

(b) 수평작용력 하의 평형

[그림 9-7] 수평력 작용 하의 블록의 미끄러짐과 엎어짐

예제 9-1 수평면 위의 마찰력과 상자를 움직이는 데 필요한 힘 구하기

[그림 9-8(a)]와 같이 거대한 $1,000\ \mathrm{N}$의 나무상자가 콘크리트 바닥 위에 놓여 있다. 나무상자와 콘크리트 바닥 사이의 정마찰계수 μ_s와 동마찰계수 μ_k가 각각 $\mu_s = 0.7$, $\mu_k = 0.6$인 경우, (a) 나무상자를 끌어당기는 힘이 $400\ \mathrm{N}$일 때, 마찰력은 얼마인가? (b) 나무상자를 움직이게 하려면 끌어당기는 힘이 얼마나 필요한가? (c) 일단 움직이기 시작한 나무상자를 계속해서 움직이게 하는 데 필요한 최소의 힘은 얼마인가?

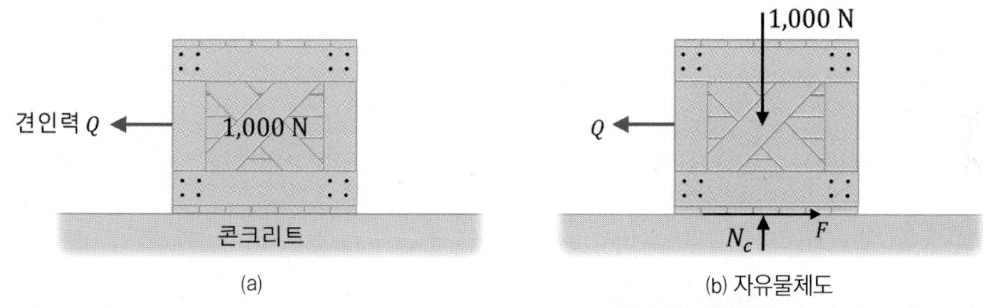

[그림 9-8] 견인력이 작용하는 수평면에서의 마찰력

분석

- 수평면 위에서의 마찰 문제로 첫째, [그림 9-8(b)]와 같이 견인력 Q의 반대 방향으로 마찰력 F를 가정한다.
- 둘째, 평형상태에서의 마찰력을 구하고, 상자가 움직이기 시작할 때의 최대정지마찰력 F_m을 구하며, 계속해 움직이는 경우는 동마찰계수를 사용하여 견인력을 구한다.

풀이

먼저 [그림 9-8(b)]의 자유물체도를 토대로 x, y 방향의 힘의 평형 조건식을 아래의 식 (1) 및 식 (2)와 같이 세운다. 참고로 x의 양의 방향은 좌측, y의 양의 방향은 위쪽이다.

$$\Sigma F_y = 0 \ ; \quad N_c - 1,000\ \mathrm{N} = 0, \ N_c = 1,000\ \mathrm{N} \qquad (1)$$

$$\Sigma F_x = 0 \ ; \ Q - F = 0 \qquad (2)$$

따라서, (a)의 물음에 대한 답은 식 (2)로부터 $Q = 400\ \mathrm{N}$이므로 마찰력 $F = 400\ \mathrm{N}$ (답)

나무상자를 움직이려면 최대정지마찰력과 같은 크기의 견인력에서 움직이게 되므로 이때의 견인력 Q는 식 (3)과 같고, 이것이 (b) 질문에 대한 답이다.

$$F_m = \mu_s N = 0.7 \times 1.000\ \mathrm{N} = 700\ \mathrm{N},\ \text{답}\ F_m = Q = 700\ \mathrm{N} \tag{3}$$

일단 움직이기 시작한 나무상자를 계속 움직이게 하려면 운동마찰력이 개입되고, 이때의 최소의 힘은 식 (4)와 같고, (c) 질문에 대한 답이다.

$$Q = \mu_k N_c = 0.6 \times 1,000\ \mathrm{N} = 600\ \mathrm{N},\ \text{답}\ Q = 600\ \mathrm{N} \tag{4}$$

고찰

나무상자가 움직이느냐 아니냐에 따라 운동마찰력과 최대정지마찰력의 사용이 결정된다.

예제 9-2 경사면 위의 썰매를 계속 움직이게 하는 견인력 구하기

[그림 9-9(a)]와 같이 60 N의 썰매를 30°의 빙판 경사면 위로 끌어올리고 있다. 얼음과 썰매 사이의 정마찰계수 μ_s와 동마찰계수 μ_k는 각각 $\mu_s = 0.4$, $\mu_k = 0.3$일 때, 썰매를 계속 일정한 속도로 움직이게 하는 데 필요한 당기는 힘은 얼마인가?

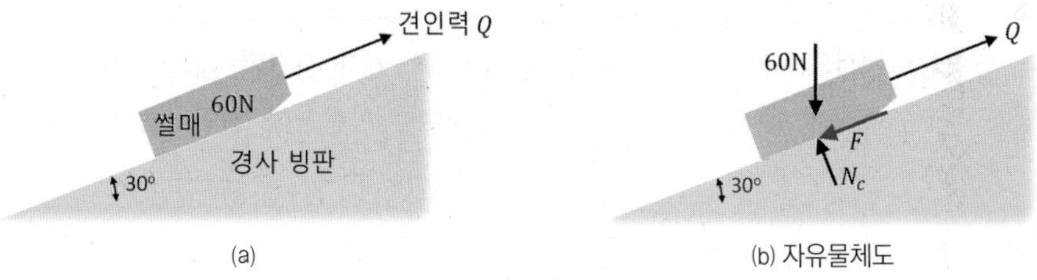

[그림 9-9] 빙판 경사면 위의 썰매에 작용하는 견인력

분석

- 경사면 위에서의 마찰 문제로 [그림 9-9(b)]와 같이 견인력 Q의 반대 방향으로 마찰력 F를 가정하고, 가정한 마찰력 F와 수직항력 N_c의 양의 방향을 각각 x, y축의 양의 방향으로 가정한다.
- x, y축에 대한 정역학적 평형방정식을 정립한 후, 마찰력 F와 수직항력 N_c를 구한다. 썰매를 일정한 속도로 계속 움직이게 하는데 필요한 마찰력은 동마찰력이므로 이를 경사

면(x축)의 평형방정식에 대입한다.

풀이

먼저 [그림 9-9(b)]의 자유물체도를 토대로 x, y 방향의 힘의 평형 조건식을 구성한다.

$$\Sigma F_x = 0 \ ; \quad F + 60(\sin 30°) - Q = 0 \tag{1}$$

$$\Sigma F_y = 0 \ ; \quad N_c - 60(\cos 30°) = 0 \tag{2}$$

식 (2)로부터 썰매가 움직이는 동마찰력은 $F_k = \mu_k N_c = 0.3 \times (60)(\cos 30°) = 15.59\ \mathrm{N}$ 이 동마찰력 $15.59\ \mathrm{N}$을 식 (1)의 마찰력 F에 대입하면 견인력 Q는 다음과 같다.

$$Q = 15.59 + 30 = 45.59\ \mathrm{N}, \text{ 답 } Q = 45.59\ \mathrm{N} \tag{3}$$

고찰

썰매가 계속하여 일정한 속도로 움직이게 될 때는 동마찰력이 작용하며, 썰매는 견인력 $Q = 45.59\ \mathrm{N}$을 받는다. 썰매가 막 움직이려고 할 때(최대정지마찰력)와 계속해서 일정 속도로 움직일 때(동마찰력)를 명확히 구분할 수 있어야 한다.

예제 9-3 경사면 위의 견인력 작용 시, 블록이 미끌어질 것인지 아닌지 결정

[그림 9-10(a)]와 같이 수평면과 $30°$를 이루는 경사면 위의 $400\ \mathrm{N}$의 블록에 $150\ \mathrm{N}$의 힘이 작용한다. 블록과 경사면 사이의 정마찰계수 μ_s와 동마찰계수 μ_k는 각각 $\mu_s = 0.3$, $\mu_k = 0.25$이다. 블록에 작용하는 $150\ \mathrm{N}$의 힘에 의해 블록이 미끄러지는지 아닌지를 살펴보고, 마찰력을 구하여라.

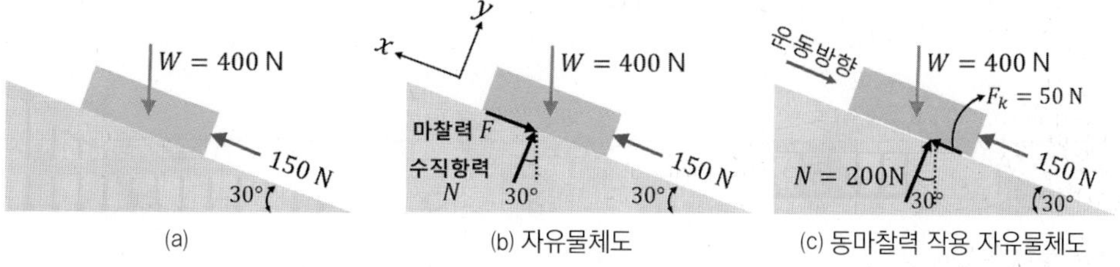

[그림 9-10] 견인력이 작용하는 경사면에서의 마찰력

분석

- 경사면 위에서의 마찰 문제로 첫째, [그림 9-10(b)]와 같이 작용력 150 N의 반대 방향으로 마찰력을 가정한다.
- 둘째, 평형상태에서의 마찰력을 구하여, 블록이 미끄러지는지 아닌지를 판단한다.
- 블록의 미끄러짐의 유무에 따라 평형상태의 마찰력이나 동마찰력을 결정한다.

풀이

먼저 [그림 9-10(b)]의 자유물체도를 토대로 x, y 방향의 힘의 평형 조건식을 아래의 식 (1) 및 식 (2)와 같이 세운다.

$$\sum F_x = 0\ ;\quad 150 - 400\sin 30° - F = 0,\ F = -50\ \text{N},\ \therefore F = -50\ \text{N} \nwarrow \tag{1}$$

$$\sum F_y = 0\ ;\ N - 400\cos 30° = 0,\ N = 346.41\ \text{N} \tag{2}$$

식 (1)로부터 평형을 유지하는 데 필요한 마찰력은 경사면의 윗 방향으로 $F = 50\ \text{N}$임을 알았다. 이제, 이 값을 최대정지마찰력 F_m 값과 비교하자. 식 (2)의 N 값을 이용하면, $F_m = \mu_s N = 0.3 \times 346.41\ \text{N} = 103.92\ \text{N}$이 된다. 평형을 유지하는 데 필요한 마찰력의 크기가 $|F| < F_m$이므로 블록은 평형상태를 유지한다. 만일 어떤 다른 문제에서 마찰력 $|F|$가 $|F| > F_m$라고 하면, 이때는 평형상태를 유지하지 못하고, 아래 방향으로 미끄러지게 될 것이다. 따라서, 이 예제에서의 마찰력은 $F_k = 50\ \text{N} \nwarrow$ (답)이다.

고찰

블록이 움직이는지 아닌지를 결정하기 위하여, 최대정지마찰력을 사용하였음을 주지하여야 한다. 만일, 블록이 미끄러진다는 것이 확인되면, 동마찰력을 구하기 위해, 동마찰계수를 사용하여 최종적인 실제 마찰력을 구한다는 것에 유의하자.

예제 9-4 수평면 위에서 경사 작용력에 의한 평형상태 유무

[그림 9-11(a)]와 같이 수평면과 $20°$를 이루는 $Q = 100\ \mathrm{N}$의 힘이 $30\ \mathrm{kg}$의 나무상자에 가해질 때, 나무상자가 평형상태를 유지할 것인지를 설명하라. 단, 정지마찰계수 $\mu_s = 0.3$이다.

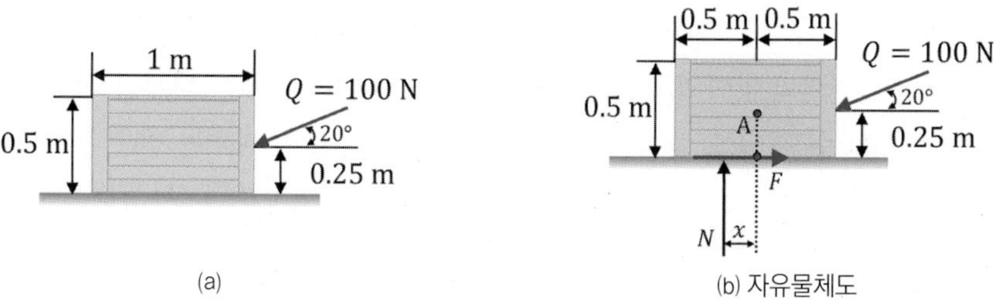

(a) (b) 자유물체도

[그림 9-11] 경사 견인력이 작용하는 수평면에서의 마찰력

분석

- 수평면 위의 나무상자에 경사 방향의 힘이 작용할 때, 상자의 뒤집힘을 방지하기 위하여, [그림 9-11(b)]에 나타난 바와 같이, 무게중심선에서 x 만큼 떨어진 위치에 수직항력 N이 작용하는 것으로 가정한다.
- x, y 방향의 힘의 평형과 [그림 9-11(b)]의 점 A에 대한 모멘트 평형식을 사용한다.

풀이

먼저 [그림 9-11(b)]의 자유물체도를 토대로 x, y 방향의 힘의 평형 조건식 및 점 A에 대한 모멘트 방정식을 적용하면, 아래의 식 (1)~식 (3)과 같이 된다.

$$\leftarrow + \Sigma F_x = 0 \;;\quad 100\cos 20° - F = 0,\ F = 93.97\ \mathrm{N} \tag{1}$$

$$\uparrow + \Sigma F_y = 0 \;;\quad N - 100\sin 20° - 30 \times 9.81 = 0,\ N = 328.502\ \mathrm{N} \tag{2}$$

$$\Sigma M_{\mathrm{A}} = 0 \;;\quad -100(\sin 20°)(0.5) - Nx + 100(\cos 20°)(0.25) = 0,$$

$$x = 0.0195\ \mathrm{m} \tag{3}$$

식 (1)~식 (3)으로부터 마찰력 $F = 93.97\ \mathrm{N}$, 수직항력 $N = 328.502\ \mathrm{N}$, 수직항력의 작용위치 $x = 0.0195\ \mathrm{m}$로서 모두 양positive의 값을 나타냄으로써, 가정한 마찰력, 수직항력 등의 방향이 타당함을 확인하였다. 또한, 마찰력 $F = 93.97\ \mathrm{N}$은 최대정지마찰력 $F_m = \mu_s N = 0.3 \times 328.502\ \mathrm{N} = 98.55\ \mathrm{N}$보다 작으므로 나무상자는 움직이지 않는다.

또한, $x = 0.0195\ \mathrm{m}$는 무게중심선으로부터 좌측 모서리까지의 거리 $0.5\ \mathrm{m}$와 비교할 때, $x \leq 0.5$이므로 상자는 뒤집히지도 않는다.
따라서, 나무상자는 평형상태를 유지한다. (답)

고찰

위의 예제에서 마찰력의 값이 최대정지마찰력보다 크게 나온 경우는 나무상자는 어떻게 되는지 생각해 보고, 수직항력의 작용 위치 x가 음negative의 값이 나오는 것은 무엇을 의미하는지 생각하자.

Section 9.2
벨트 마찰

학습목표

✔ 벨트 마찰에 대한 종류들을 살펴보고, 마찰에 의한 벨트의 장력을 구하는 방법을 학습한다.
✔ V 벨트 마찰에 있어, 마찰력을 학습한다.

벨트나 줄이 도르래나 **풀리** 표면을 감싸는 전동시스템에서 벨트나 줄과 접촉하는 도르래나 풀리 표면 사이에는 마찰이 존재할 가능성이 있다. 물체를 들어 올리는 데 사용되는 나뭇가지 위의 로프와 같은 경우의 마찰에 의한 마찰력은 에너지 손실을 나타내지만, [그림 9-12]와 같은 벨트 구동 시스템과 같은 다른 경우에는 마찰력이 하나의 풀리에서 다른 풀리로 동력을 전달하는 데 사용된다.

[그림 9-12] 도르래와 벨트가 달린 전기모터 전송 예

9.2.1 평벨트 마찰의 이론

평벨트의 마찰 이론은 [그림 9-13(a)]에 보이는 도르래 풀리에 걸쳐있는 줄의 장력 문제와도 관련이 있다. 두 줄에 나무상자가 매달려 있는 경우, 각 줄에는 동일한 장력 T가 걸리게 되는데, 이럴 경우는 [그림 9-13(b)]에 보이는 분포 힘들에 대한 수직항력만이 존재하게 된다. 이제, 도르래 풀리가 줄에 가하는 분포 힘들에 대한 그 이유를 살펴보기로 하자.

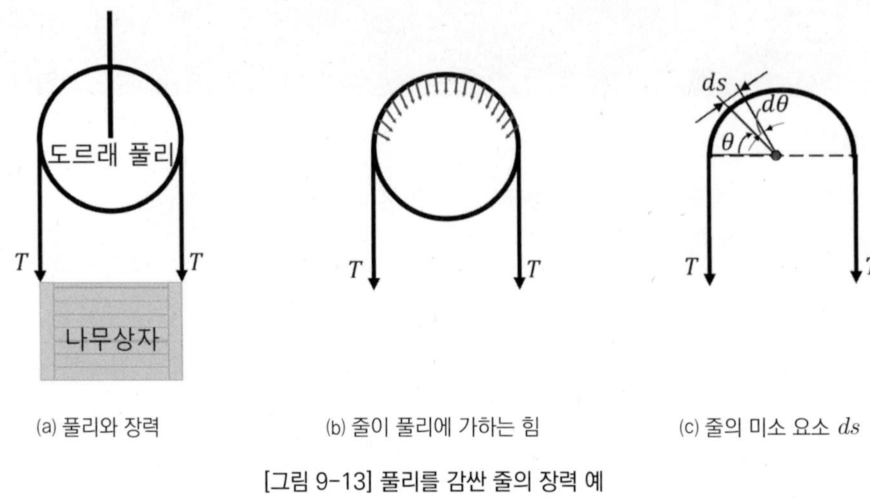

(a) 풀리와 장력 (b) 줄이 풀리에 가하는 힘 (c) 줄의 미소 요소 ds

[그림 9-13] 풀리를 감싼 줄의 장력 예

[그림 9-13(b)]에서 도르래 풀리가 힘을 가해주는 참 이유는 두 줄의 장력 T가 아니라 실제로는 [그림 9-13(b)]에서처럼 줄이 풀리를 지나면서 발생하는 분포 힘이기 때문이다. 그러므로 풀리가 가해주는 힘을 구하기 위해서는 이 분포한 작은 힘들을 모두 더해 주어야 한다. 한편, [그림 9-13(c)]의 줄의 미소 요소 ds에 작용하는 장력, 미소 마찰력, 미소 수직항력 등을 나타낸 [그림 9-14]를 생각해 보자.

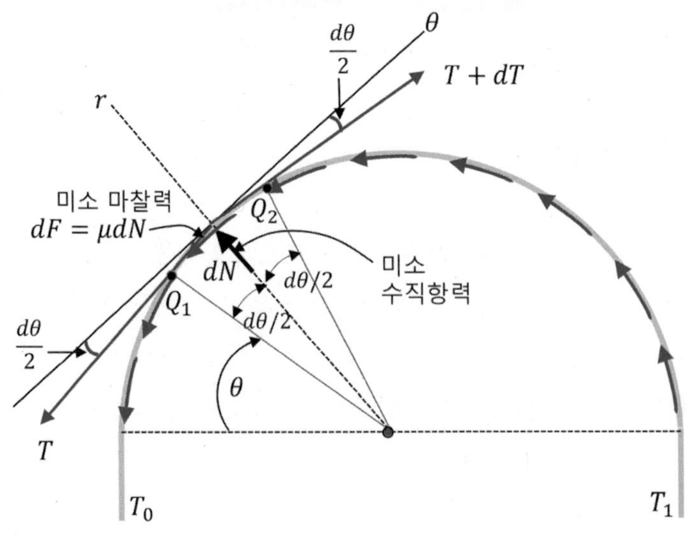

[그림 9-14] 풀리를 감싼 줄이나 벨트의 미소 요소의 장력

ds의 양끝 점 Q_1과 Q_2사이의 각 $d\theta$를 이루는 미소 요소에서, 벨트나 줄의 양 끝단인 좌단과 우단에서의 각각의 장력 T_0와 T_1 사이의 관계를 설정하자.

이제, 미소 요소 ds의 좌측의 장력을 T, 우측의 장력을 $T+dT$라 놓을 때, 이 장력들이 수평면과 이루는 각은 $\frac{d\theta}{2}$가 된다. [그림 9-14)]의 r 방향에 대한 평형 조건식을 적용해 보면 다음과 같이 된다.

$$\sum F_r = 0 \;\; ; \quad dN - (T + dT)\sin\left(\frac{d\theta}{2}\right) - T\sin\left(\frac{d\theta}{2}\right) = 0 \tag{9.17}$$

식 (9.17)에서 $d\theta \ll 1$, $\sin\frac{d\theta}{2} \simeq \frac{d\theta}{2}$이고, $(dT) \times \sin\left(\frac{d\theta}{2}\right) \simeq (dT)\left(\frac{d\theta}{2}\right) \simeq 0$이기 때문에 식 (9.17)은 식 (9.18)과 같이 정리된다. 위의 $(dT)\left(\frac{d\theta}{2}\right) \simeq 0$이 되는 것은 미소량 dT와 또 다른 미소량 $\frac{d\theta}{2}$의 곱은 너무 작아 거의 영에 가깝다는 뜻이다.

$$dN = T d\theta \tag{9.18}$$

식 (9.18)의 dN은 [그림 9-14]에 표시된 dN과 같다. 즉, 임의의 미소 요소 ds에 작용하는 미소 수직항력이다. 그러나, 이 dN의 연직 방향 요소 $(dN)\sin\left(\theta + \frac{d\theta}{2}\right) \simeq (dN)\sin\theta$는 수직 상 방향을 향하는 미소 힘이 되고, $(dN)\sin\theta$를 $(dN)_{eff}$라 놓고, 식 (9.18)의 관계를 이용하면 다음과 같은 관계식을 얻게 된다.

$$(dN)_{eff} = (T\sin\theta)\, d\theta \tag{9.19}$$

식 (9.19)를 양변 적분하면 다음과 같이 된다.

$$N_{eff} = \int (dN)_{eff} = \int_0^{\pi} (T\sin\theta)\, d\theta = \left| -T\cos\theta \right|_0^{\pi} = 2T \tag{9.20}$$

식 (9.20)의 결과인 $2T$가 [그림 9-13(a)]에 나타난 각 줄의 장력들의 합인 $2T$와 같은 것이다. 한편, θ 방향에 대한 평형 조건식을 적용해 보면 다음과 같다.

$$\sum F_\theta = 0 \;\; ; \quad -\mu dN + (T + dT)\cos\left(\frac{d\theta}{2}\right) - T\cos\left(\frac{d\theta}{2}\right) = 0 \tag{9.21}$$

식 (9.21)에서 μ는 줄 또는 벨트와 도르래 풀리 접촉면 사이의 정지 또는 동마찰계수이고, μdN은 줄이나 벨트의 미소 요소에 작용하는 마찰력이다. 식 (9.21)에서 $d\theta \ll 1$이면, $\cos\dfrac{d\theta}{2} \simeq 1$이기 때문에, 식 (9.21)은 다음과 같이 정리된다.

$$dT = \mu dN \tag{9.22}$$

식 (9.18)의 $dN = Td\theta$의 관계를 식 (9.22)에 대입하면 $dT = \mu Td\theta$가 되고, 양변을 적분하면 다음과 같이 된다.

$$\int_{T_0}^{T}\frac{dT}{T} = \int_{0}^{\theta}\mu d\theta \quad ; \quad \left[\ln\frac{T}{T_0}\right] = \mu\theta \quad ; \quad \frac{T}{T_0} = e^{\mu\theta} \tag{9.23}$$

식 (9.23)의 T_0는 도르래의 마찰을 고려한 경우, [그림 9-14]의 줄의 좌단에서의 장력을 나타내고, T는 좌단으로부터 임의의 각 θ(rad)인 상태에서의 장력을 나타낸다. 따라서, 식 (9.23)은 도르래 풀리의 마찰을 고려하는 줄이나 벨트의 장력을 구하는 데 사용할 수 있는 식이다. 여기서 주의할 점은 다음과 같다. 첫째, 마찰계수 μ는 정마찰계수 μ_s이거나 동마찰계수 μ_k일 수 있다. 예를들어 벨트나 줄이 움직이기 직전까지는 정마찰계수 μ_s가 사용되지만, 벨트나 줄이 움직이는 상태에서는 동마찰계수 μ_k를 사용하여야 한다. 또한, 장력 T_0는 벨트나 줄의 이완측(저항하는 측)의 장력을 나타내고, T_1은 긴장측(잡아당기는 측)의 장력을 나타내며, θ는 벨트나 줄의 접촉각으로 rad으로 나타내어진다.

평벨트는 풀리 또는 풀리 표면이 벨트 또는 줄의 바닥 표면하고만 상호 작용하는 시스템이다.

벨트 시스템을 해석할 때, 일반적으로 벨트가 표면에 대해 미끄러지지 않는 장력 값의 범위에 관심이 있게 된다. 한쪽의 더 작은 장력 T_0로 시작하여 벨트나 줄이 미끄러지기 직전 장력 T를 일부 최댓값으로 증가시킬 수 있다. 평벨트의 경우, T의 최댓값은 식 (9.23)에서 T_0값, 벨트와 도르래 또는 풀리 표면 사이의 정마찰계수 μ_s, 벨트 또는 줄과 풀리 표면 사이의 접촉각 θ에 따라 달라진다.

9.2.2 V벨트 마찰의 이론

벨트 구동장치에 사용되는 벨트가 때때로 V**벨트**일 수도 있다. [그림 9-15]는 V벨트 전동장치의 예를 보여주는 그림이다.

[그림 9-15] V벨트 전동장치의 예

[그림 9-16(a)]는 V벨트 풀리의 단면도를 보여주고 있으며, [그림 9-16(b)]는 평벨트 풀리의 단면도를 보여주고 있다.

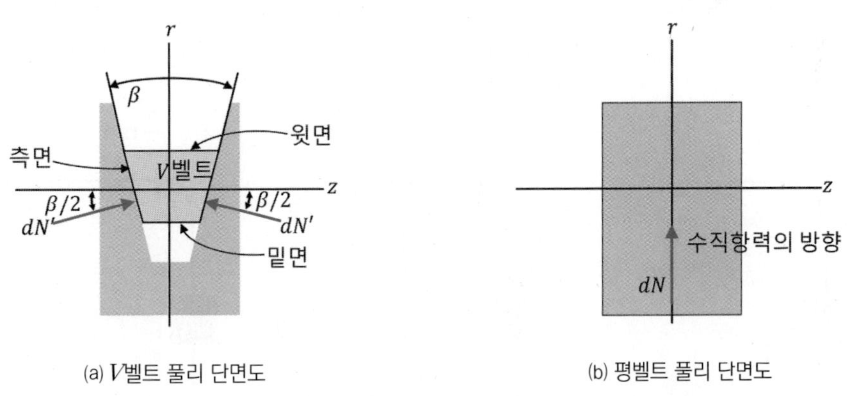

(a) V벨트 풀리 단면도

(b) 평벨트 풀리 단면도

[그림 9-16] V벨트와 평벨트 풀리 단면도 및 수직항력의 방향

V벨트는 도르래 또는 풀리 표면의 홈에 맞는 벨트로서, V벨트가 효율적이려면 벨트 또는 줄이 [그림 9-16(a)]와 같이 홈의 바닥이 아닌 홈의 측면과 접촉해야 한다. 홈의 측면의 양쪽에 미소 수직항력 dN'이 가해지면, 홈의 한쪽 측면 r 방향의 미소 수직항력 성분은 $dN' \sin\frac{\beta}{2}$이 되고, 이것이 평벨트의 미소 수직항력 dN과 같은 개념이 된다. 따라서, V벨트의 경우는 식 (9.22)의 $dT = \mu dN$의 수정된 관계 $dT = \mu dN'$을 장력을 구하는 데 사용하

면 된다. 즉 $dN' = \dfrac{dN}{\sin(\beta/2)}$를 대입하면 다음과 같이 된다.

$$dT = \frac{\mu}{\sin(\beta/2)} dN \tag{9.24}$$

식 (9.24)에서 $\dfrac{\mu}{\sin(\beta/2)}$를 μ^*라 하고, 이를 수정된 마찰계수라고 할 때, 임의의 벨트 접촉각 θ에서의 장력 T는 최종적으로 식 (9.25)와 같은 V벨트 장력에 관한 식을 얻게 된다.

$$T = T_0 e^{\mu\theta/\sin(\beta/2)} \tag{9.25}$$

예제 9-5 마찰력을 고려한 평벨트의 장력 및 최소 인장력 구하기

[그림 9-17(a)]와 같이 강철 벨트가 $m = 50\ \mathrm{kg}$의 질량을 갖는 블록을 지지한 다음, 강철 실린더 주위를 $1/4$바퀴 돌고, 그림과 같이 당기는 힘 Q에 의해 지지된다. 줄과 강철 실린더 사이의 정마찰 계수가 $\mu_s = 0.3$일 때, (a) 블록을 들어 올리는 데 필요한 최소의 인장력은 얼마인가? (b) 블록이 아래로 떨어지는 것을 방지하는 데 필요한 최소 인장력은 얼마인가?

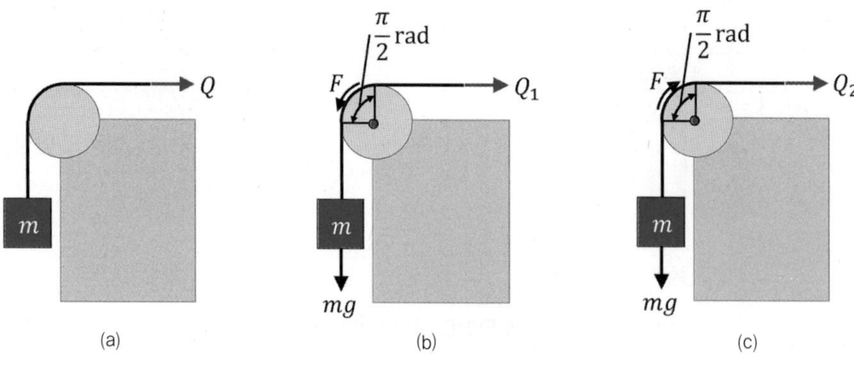

[그림 9-17] 강철 실린더에 감긴 벨트

분석

- 평벨트에 작용하는 장력에 관한 식 (9.23)을 이용하고, [그림 9-17(b)], [그림 9-17(c)]와 같이 벨트의 접촉각 $\theta = \dfrac{\pi}{2}\ \mathrm{rad}$를 고려한다.

- 질량을 들어 올리는 최소한의 힘과 질량이 아래로 떨어지는 것을 방지하는 최소한의 힘에 있어서는 평벨트 장력에 관한 식 (9.23)에서 장력을 어떻게 취급할 것인지를 분류하는 것이 문제를 푸는 핵심이다.

풀이

(a) 먼저 [그림 9-17(b)]에서 아래 방향의 블록의 무게를 식 (9.23)의 입력단의 장력 T_0로 간주하여 식 (9.23)을 다시 정리하면 다음과 같다.

$$T = T_0 e^{\mu\theta} \tag{1}$$

식 (1)에서 $T_0 = mg = 50\ \text{kg} \times 9.81\ \text{m/s}^2 = 490.5\ \text{N}$이 된다. $\mu = \mu_s = 0.3$, $\theta = \frac{\pi}{2}\ \text{rad}$을 식 (1)의 값에 대입하면 블록을 끌어 올리는 최소한의 힘 T는 다음과 같이 계산된다.

$$T = T_0 e^{\mu\theta} = (490.5\ \text{N}) \times e^{\left(0.3\frac{\pi}{2}\right)} = 785.77\ \text{N},\ \text{답}\ Q_1 = 785.77\ \text{N} \tag{2}$$

(b) 블록이 아래로 떨어지지 않기 위해서는 [그림 9-17(c)]를 참조할 때, $T = mg$가 되고, $T_0 = Q_2$를 구하는 것과 같다. 이 경우도 $\mu = \mu_s = 0.3$, $\theta = \frac{\pi}{2}\ \text{rad}$을 이용하면 Q_2는 다음과 같다. $Q_2 = mge^{(-\mu_s\theta)} = (50)(9.81)e^{\left(-0.3\times\frac{\pi}{2}\right)} = 306.18\ \text{N}$, 답 $Q_2 = 306.18\ \text{N}$

고찰

위의 예제에서 블록이 움직이는 것이 아니기 때문에 마찰계수의 값은 (a), (b) 질문 모두에 있어 정마찰계수 μ_s를 사용하여야 한다는 것을 알아야 하고, 접촉각은 $\theta = \frac{\pi}{2}\ \text{rad}(1/4\text{바퀴})$를 사용해야 한다.

예제 9-6 V벨트의 미끄러지기전 최대 토오크 구하기

[그림 9-18(a)]와 같이 V벨트 풀리는 토크를 전달하는 데 사용된다. 그림의 풀리의 반경이 12 cm 이고, 벨트의 정지 장력이 $400\,\mathrm{N}$ 이며, 벨트 재료와 풀리 사이의 마찰계수가 0.4인 경우, 풀리가 미끄러지기 전에 발휘할 수 있는 최대 토크는 얼마인가?

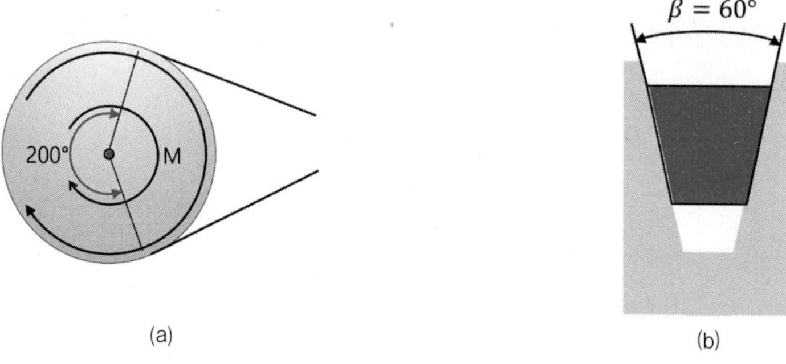

[그림 9-18] 강철 실린더에 감긴 V벨트

분석

- V벨트에 작용하는 장력에 관한 식 (9.25)를 이용하고, [그림 9-18(a)], [그림 9-18(b)]와 같이 벨트의 접촉각 θ를 고려하여 출력단의 최대 장력을 구한다.
- 벨트가 미끄러지기 시작 전 발생할 수 있는 최대 토크는 양단의 장력 차와 풀리의 반경을 곱하여 구한다.

풀이

벨트의 접촉각 θ는 $\theta = 200\,^\circ = (200/360) \times 2\pi = 3.49\,\mathrm{rad}$

[그림 9-18(a)]를 참조하고, 식 (9.25)의 입력단의 장력 T_0를 이용하여, 출력단의 최대 장력 $T_{1,\max}$를 구하자.

$$T_{1,\max} = T_0 e^{\frac{\mu\theta}{\sin(\beta/2)}} = T_0 e^{\frac{0.4 \times \theta}{(\sin(60\,^\circ/2))}} = T_0 e^{(0.8 \times 3.49)}$$

$$= 400 e^{(0.8 \times 3.49)} = 6{,}525.45\,\mathrm{N} \qquad (1)$$

벨트가 미끄러지기 시작 전 발생할 수 있는 최대 토크는 다음과 같다.

$$M_{\max} = (T_{1,\max} - T_0) \times r = (6525.45\,\mathrm{N} - 400\,\mathrm{N}) \times (0.12\,\mathrm{m}) = 735.05\,\mathrm{N}\cdot\mathrm{m}$$

따라서, $M_{max} = 735.05\,\text{N} \cdot \text{m}$ 답

고찰

V벨트의 출력단 장력에 있어서는, 평벨트의 마찰계수 μ의 수정된 마찰계수 μ^*인 $\mu^* = \dfrac{\mu}{\sin(\beta/2)}$의 관계를 이용하여 구한다는 것을 알아야 한다.

최대 토크는 장력들 차이와 반경을 곱하여 구한다.

Section 9.3

쐐기 마찰

학습목표

✔ 쐐기란 무엇이고, 일상생활에서 쐐기가 사용되는 예를 알아본다.
✔ 쐐기의 마찰 이론을 학습하고, 응용 예를 익힌다.

쐐기wedge란 두 물체 사이에 끼워 넣어 두 물체를 강제로 분리하거나 한 물체를 인접한 표면에서 강제로 떼어내는 데 사용할 수 있는 비스듬한 경사진 물체이다. 또한, 어떤 틈gap에 박아 넣어서, 그 틈을 효과적으로 벌릴 수 있도록 하는 도구이다. 또 물체를 들어 올려, 잡고 있는데 쓸 수도 있다. 일종의 휴대용 빗면이라고도 할 수 있다. 쐐기는 매우 큰 수직력을 만들어 상대적으로 작은 힘으로도 물체를 움직이게 할 수 있는 효과가 있다. 쐐기와 맞닿은 물체 사이의 마찰력도 매우 큰 경향이 있으며, 쐐기의 효율성을 감소시킬 수 있다. [그림 9-19]는 일상생활에서 가끔 사용될 수 있는 쐐기 사용의 예를 보여주는 그림이다.

[그림 9-19] 쐐기 사용의 예

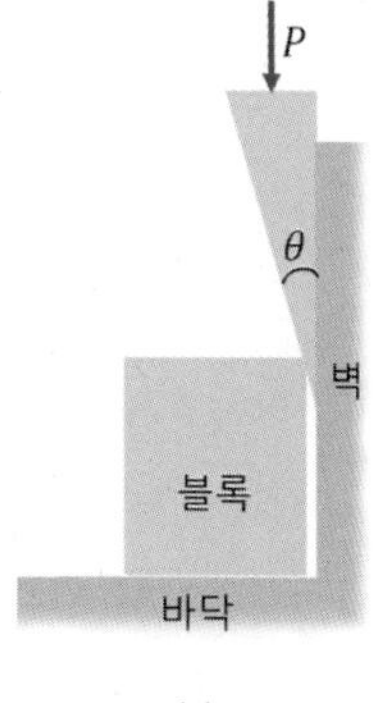

(a)

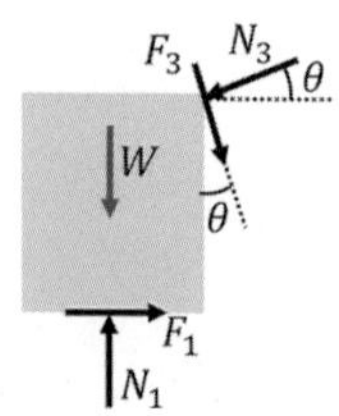

(b) 블록의 자유물체도

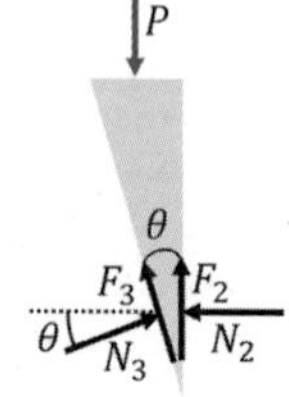

(c) 쐐기의 자유물체도

[그림 9-20] 블록과 벽 사이에 끼워진 쐐기

이제, 쐐기에서의 마찰에 관계된 이론을 정립해 보자. [그림 9-20(a)]와 같이 블록과 벽 사이에 끼워 넣어진 쐐기를 생각할 때, 블록은 [그림 9-20(b)]와 같이 바닥과의 마찰, 쐐기와의 마찰을 생각할 수 있고, 쐐기는 [그림 9-20(c)]와 같이 벽과의 마찰, 블록과의 마찰을 생각할 수 있다. [그림 9-20(b)]와 [그림 9-20(c)]에서, W는 블록의 무게, N_1과 F_1은 각각 바닥의 수직항력과 블록과 바닥 사이의 마찰력을 의미하고, N_2와 F_2는 각각 벽의 수직항력과 쐐기와 벽 사이의 마찰력을 나타낸다. 한편, 블록과 쐐기가 맞닿은 점에서의 N_3와 F_3는 각각 블록의 쐐기에 대한 수직항력 및 블록과 쐐기 사이에 작용하는 마찰력을 나타내며, 이들은 작용과 반작용에 의해 크기가 같고 방향이 반대인 상태로 그림에 나타나 있다. 또한, θ는 쐐기의 경사각이고, P는 쐐기를 밀어 넣을 때의 작용력이다.

여기서 하나 주지할 사실은 마찰력의 방향에 대한 가정이다. [그림 9-20(a)]에서 쐐기에 작용력 P가 가해지면 쐐기는 아래 방향으로 내려오면서 블록을 밀어 블록을 약간 왼쪽으로 움직이게 하므로 [그림 9-20(b)]와 같이 블록의 운동 방향과 반대 방향으로 마찰력 F_1의 방향을 가정한다. 또한, 쐐기는 벽면을 타고도 내려오므로 [그림 9-20(c)]에서 볼 수 있듯이 이 방향에 반대 방향으로 F_2를 가정하는 것이다. 끝으로 쐐기가 내려올 때 블록과도 마주치게 되는데, [그림 9-20(c)]에서와 같이, 쐐기의 내려오는 방향을 거슬러 비스듬이 F_3를 가정한다. 그러나, 이는 작용 반작용 법칙에 의해 [그림 9-20(b)]에서는 이와 반대 방향으로 가정하는 것이다.

이제, [그림 9-20(b)]와 [그림 9-20(c)]의 블록과 쐐기의 자유물체도로부터 각각의 힘의 평형 조건식을 사용하자. 이때, x와 y 방향의 양의 방향은 각각 우측과 위쪽의 방향으로 가정한다. 먼저 [그림 9-20(b)]에 대해 x, y 방향 힘의 평형 조건식을 표현하면 다음과 같다.

$$\sum F_x = 0 \ ; \quad F_1 + F_3\sin\theta - N_3\cos\theta = 0 \tag{9.26}$$

$$\sum F_y = 0 \ ; \quad N_1 - N_3\sin\theta - F_3\cos\theta - W = 0 \tag{9.27}$$

다음은 [그림 9-20(c)]에 대해 다음과 같은 평형 조건식을 나타낼 수 있다.

$$\sum F_x = 0 \ ; \quad N_3\cos\theta - N_2 - F_3\sin\theta = 0 \tag{9.28}$$

$$\sum F_y = 0 \ ; \quad F_2 + F_3\cos\theta + N_3\sin\theta - P = 0 \tag{9.29}$$

한편, 블록과 바닥 사이의 마찰계수를 μ_1, 벽과 쐐기 사이의 마찰계수를 μ_2, 블록과 쐐기 사이의 마찰계수를 μ_3라 하면, 마찰력과 수직항력의 관계로부터 각각 다음과 같은 관계식을 얻게 된다.

$$F_1 = \mu_1 N_1 \tag{9.30}$$

$$F_2 = \mu_2 N_2 \tag{9.31}$$

$$F_3 = \mu_3 N_3 \tag{9.32}$$

실제로 블록의 무게 W와 쐐기의 경사각 θ, 그리고 각각의 마찰계수 μ_1, μ_2, μ_3가 주어지고, 쐐기의 질량을 무시할 때, 쐐기를 밀어 넣을 힘 P를 구하려고 하면, 식 (9.26)~식 (9.32)의 7개의 식을 사용하여, 미지수 7개(N_1, N_2, N_3, F_1, F_2, F_3, P)를 구할 수 있다. 여기서, 마찰계수는 **정마찰계수** μ_s 또는 **동마찰계수** μ_k가 사용되는데, 만일 쐐기를 막 움직이는 최소의 힘을 구하려면, 마찰계수는 정마찰계수 μ_s가 사용되고, 움직여 일정한 속도로 쐐기가 내려간다면, 이 경우는 동마찰계수 μ_k가 사용되어야 할 것이다. 이제 쐐기의 마찰에 관한 몇몇 예제들을 다루어 보자.

예제 9-7 마찰을 고려한 쐐기의 밀어넣는 힘 구하기

[그림 9-21(a)]와 같이 블록이 쐐기로 벽에서 밀려나고 있다. 쐐기의 경사각 θ가 $\theta = 6°$ 이고, 쐐기와 블록 사이의 정마찰계수가 $\mu_{s3} = 0.15$이고, 블록과 바닥, 쐐기와 벽 사이의 정마찰계수가 각각 $\mu_{s1} = \mu_{s2} = 0.35$일 때, 블록을 벽에서 밀어내는 데 필요한 미는 힘은 얼마인가? 단, 블록의 질량은 $200\ \mathrm{kg}$이고, 쐐기의 질량은 무시하라.

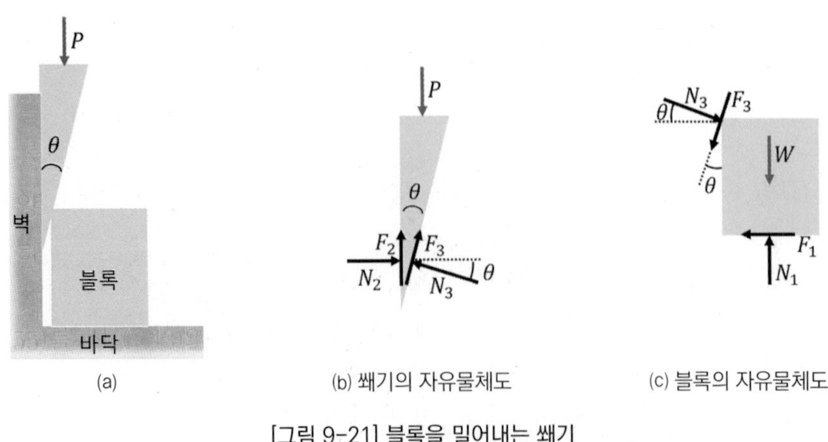

[그림 9-21] 블록을 밀어내는 쐐기

분석

- 블록과 바닥 사이의 자유물체도와 쐐기와 벽 사이의 자유물체도를 먼저 그린다.
- 각각의 자유물체도에 대해 힘의 평형방정식을 적용한다.

풀이

[그림 9-21(b)]의 자유물체도에서, 수평 x 방향, 수직 y 방향의 양의 방향을 각각 우측과 위쪽으로 놓고, 힘의 평형방정식을 적용하면 다음과 같다.

$$\Sigma F_x = 0 \;;\; N_2 + F_3 \sin(6°) - N_3 \cos(6°) = 0 \quad (1)$$

$$\Sigma F_y = 0 \;;\; F_2 - P + N_3 \sin(6°) + F_3 \cos(6°) = 0 \quad (2)$$

[그림 9-21(c)]의 자유물체도에 대해서도 동일한 힘의 평형 조건식을 적용하자.

$$\Sigma F_x = 0 \;;\; -F_1 + N_3 \cos(6°) - F_3 \sin(6°) = 0 \quad (3)$$

$$\Sigma F_y = 0 \;;\; N_1 - N_3 \sin(6°) - F_3 \cos(6°) - 200 \times 9.81 = 0 \quad (4)$$

한편, $F_1 = \mu_{s1} N_1 = 0.35 N_1$, $F_2 = \mu_{s2} N_2 = 0.35 N_2$, $F_3 = \mu_{s3} N_3 = 0.15 N_3$의 관계를 대입하면, 식 (1)로부터 $N_2 = 0.979\, N_3$, 식 (3)으로부터 $N_1 = 2.797 N_3$의 관계를 얻고, 이를 식 (4)에 대입하면 $N_3 = 771.44\ \mathrm{N}$를 얻는다. 따라서, $N_2 = 755.24\ \mathrm{N}$, $N_1 = 2{,}157.72\ \mathrm{N}$이 되고, N_1, N_2, N_3 값을 식 (2)에 대입하면 구하고자 하는 힘 P는 다음과 같다.

$$P = 460.05\ \mathrm{N} \quad \text{답}$$

고찰

블록을 벽에서 밀어내는 데 필요한 힘을 구하는 데 있어, 마찰계수는 정마찰계수를 이용한다.

예제 9-8 집의 기초를 들어 올리기 위한 쐐기의 미는 힘 구하기

[그림 9-22(a)]와 같이 쐐기는 집 기초의 모서리를 들어 올리는 곳에도 사용된다. $10\ \mathrm{kN}$ 의 들어 올리는 힘을 얻으려면 쐐기를 미는 힘 Q는 얼마나 커야 하는가? (단, 쐐기의 경사각 θ는 $\theta = 15^\circ$ 이고, 집 기초와 쐐기 사이의 정마찰계수는 0.2, 쐐기 빗면의 정마찰계수는 0.1이다.)

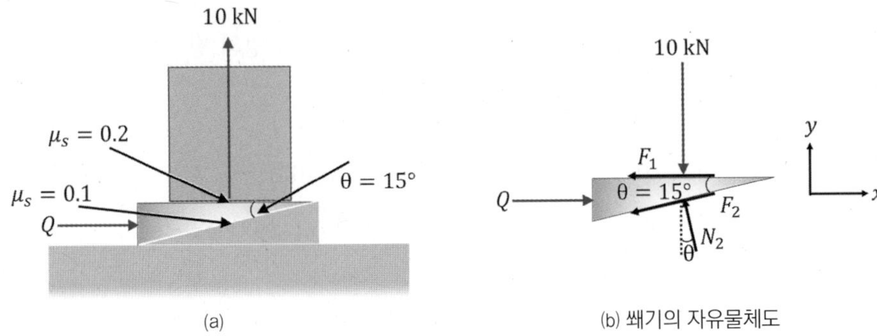

[그림 9-22] 집 기초를 들어 올리는 쐐기와 미는 힘

분석

- [그림 9-22(b)]와 같이, 미는 힘 Q의 방향과 반대 방향으로 마찰력 F_1과 F_2를 가정하고, 쐐기 빗면의 수직항력도 N_2로 가정한다. 여기서, $F_1 = 0.2 \times 10\ \mathrm{kN}$, $F_2 = 0.1 \times N_2$이다.
- [그림 9-22(b)]의 자유물체도에 대해 힘의 평형방정식을 적용한다.

풀이

[그림 9-22(b)]의 자유물체도에서, x, y 방향에 대한 힘의 평형방정식을 적용하면 다음과 같다.

$$\Sigma F_x = 0\ ;\ -F_1 - F_2\cos(15^\circ) - N_2\sin(15^\circ) + Q = 0 \tag{1}$$

$$\Sigma F_y = 0\ ;\ -10{,}000\ \mathrm{N} - F_2\sin(15^\circ) + N_2\cos(15^\circ) = 0 \tag{2}$$

식 (1)과 식 (2)의 F_1과 F_2에 $F_1 = 0.2 \times 10{,}000\ \mathrm{N}$과 $F_2 = 0.1N_2$의 관계를 대입하고 정리하면 다음과 같이 된다.

$$\Sigma F_x = 0\ ;\ -2{,}000\ \mathrm{N} - 0.1N_2\cos(15^\circ) - N_2\sin(15^\circ) + Q = 0 \tag{3}$$

$$\Sigma F_y = 0\ ;\ -10{,}000\ \mathrm{N} - 0.1N_2\sin(15^\circ) + N_2\cos(15^\circ) = 0 \tag{4}$$

따라서, 식 (4)로부터 $N_2 = 10,637.80$ N이 되고, 이를 식 (3)에 대입하고 정리하면 구하고자 하는 쐐기를 미는 힘 Q는 다음과 같다.

$$Q = 5,780.80 \text{ N} \quad \text{답}$$

고찰

쐐기를 미는 힘 Q의 값을 보면 집 기초를 들어 올리는 10 kN의 수직 힘보다도 훨씬 적은 약 5.78 kN의 미는 힘으로도 집 기초를 들어 올릴 수 있는 것이다.

Section 9.4

전동나사 마찰

학습목표

- ✔ 전동나사란 무엇이고, 일상생활에서 전동나사가 사용되는 예를 알아본다.
- ✔ 전동나사의 마찰 이론을 학습하고, 응용 예를 익힌다.

전동나사power screw(리드 스크류lead screw)는 매우 큰 힘을 생성하는 데 사용할 수 있는 또 다른 간단한 기계이다. 나사는 샤프트 주위에 감긴 쐐기 또는 램프ramp로 생각할 수 있는데, 너트를 고정하고 샤프트를 회전시켜 너트가 샤프트의 쐐기 위 아래로 미끄러지도록 할 수 있다. 이러한 방식으로 샤프트의 상대적으로 작은 모멘트는 너트에 매우 큰 힘을 유발할 수 있다. [그림 9-23]은 전동나사의 한 예를 보여주는 그림이다.

[그림 9-23] 전동나사의 예

[그림 9-24(a)]는 나사의 그림이며, W는 무게, M은 나사를 조이거나 풀 때, 수평력에 의해 발생하는 모멘트 또는 토크이다. 또한, p는 **피치**pitch로서 [그림 9-24(b)]에도 나타나 있다. [그림 9-24(b)]는 나사 한 바퀴 둘레를 펼쳐 놓은 그림으로 여기서, L은 **리드**lead로서, 나사가 1회전할 때 이동된 거리를 나타내고, 나사로 구성된 축shaft의 직경diameter과 반경radius을 각각 d와 r이라 하면 $L = \pi d = 2\pi r$인 관계가 있다. 또한, p는 피치로서, 점 A와 점 B의 수직거리이며, 나사산과 나사산 사이의 거리를 나타낸다. 한편, 점 A에 있는 너트는 나사가 1회전(360°)하면 점 B의 위치로 올라가게 된다. 이러한 회전은 피치 p와 길이 L인 경사면에 너트를 올려 놓은 것과 같으며, r은 나사산의 유효 반경, θ는 **리드각**lead angle 또는 **피치각**pitch angle으로 다음과 같은 관계가 있다.

$$\theta = \tan^{-1}\left(\frac{p}{2\pi r}\right) \tag{9.33}$$

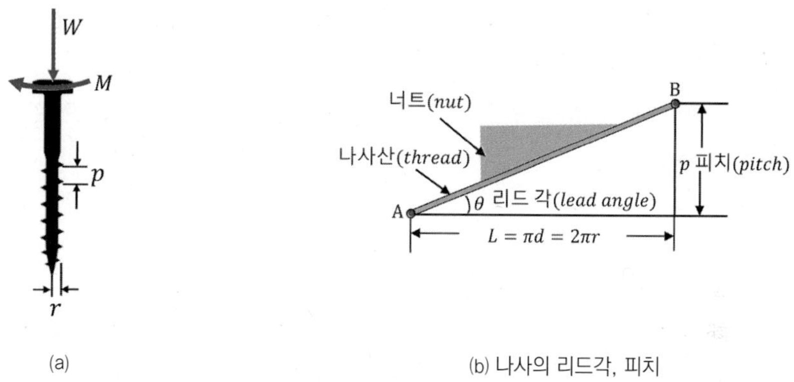

(a)

(b) 나사의 리드각, 피치

[그림 9-24] 나사와 나사 명칭

9.4.1 전동나사의 조임

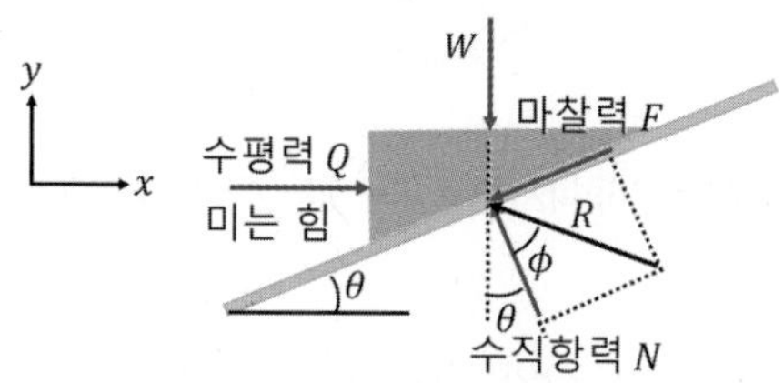

[그림 9-25] 전동나사 시스템의 너트 자유물체도(나사가 조여질 때)

[그림 9-25]는 나사 시스템의 너트 자유물체도를 나타낸 그림이다. [그림 9-25]에 있어, N과 F는 나사산에 작용하는 수직항력과 마찰력을 나타내고, Q와 W는 각각 미는 힘인 수평력과 하중을 나타낸다. 또한, θ는 피치각 또는 리드각, R은 수직항력과 마찰력의 합력을 나타내고, ϕ는 **마찰각**friction angle이라 한다.

이제, 나사가 일정한 속도로 하중을 밀고 있다면 다음과 같이 두 가정을 할 수 있다. 첫째, 너트가 평형상태에 있을 때는 너트에 대한 평형 조건식을 사용할 수 있고, 둘째, 너트가 미끄러질 때는 마찰력이 수직항력과 마찰계수의 곱과 같다는 가정이다. 이때, 움직이면 마찰계수는 동마찰계수 μ_k가 사용되고, 움직이지는 않지만 움직이기 직전이라면 마찰계수는 정마찰계수 μ_s가 사용된다. 따라서, 여기서는 마찰계수를 하첨자가 붙지 않은 그냥 μ라고 쓰기로 한다. [그림 9-25]로부터 x, y 방향에 대한 힘의 평형 조건식을 적용하면 다음과 같다.

$$\sum F_x = 0 \ ; \ Q - N\sin\theta - F\cos\theta = 0, \ Q - N\sin\theta - \mu N\cos\theta = 0 \tag{9.34}$$

$$\sum F_y = 0 \ ; \ -W + N\cos\theta - F\sin\theta = 0, \ -W + N\cos\theta - \mu N\sin\theta = 0 \tag{9.35}$$

식 (9.34)와 식 (9.35)를 연립으로 풀면, 미는 힘 Q와 하중 W만으로 구성된 다음 식으로 표현될 수 있다.

$$Q = \left(\frac{\sin\theta + \mu\cos\theta}{\cos\theta - \mu\sin\theta}\right) W \tag{9.36}$$

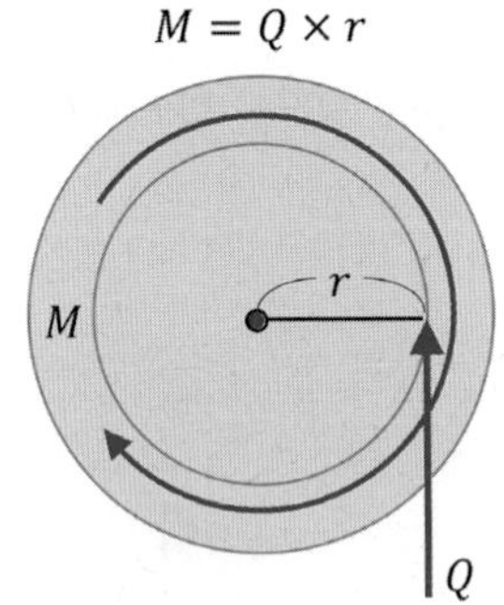

[그림 9-26] 나사에서 미는 힘 Q와 입력 토크 M

[그림 9-26]은 나사에서 미는 힘 Q와 입력 토크 M을 나타내는 그림이다. 실제로 미는 힘은 단일 힘이 아니라, 너트가 나사로 회전하는 것을 막는 힘으로서, 누적된 미는 힘이 실제로 축shaft을 회전시키는 입력 모멘트 M과 동일하고, 반대되는 모멘트를 유발시킨다. 따라서, $M = Qr$과 같고, 이 관계를 식 (9.36)에 대입하면 다음과 같이 된다.

$$M = Wr\left(\frac{\sin\theta + \mu\cos\theta}{\cos\theta - \mu\sin\theta}\right) \tag{9.37}$$

복습하는 의미에서 이제 식 (9.34)~식 (9.37)까지를 마찰각 ϕ가 포함된 식으로 유도해 보자. [그림 9-25]에서 마찰력 F와 수직항력 N의 합력인 R을 이용하여, x, y 방향에 대한 힘의 평형 조건식을 다시 적용하면 다음과 같이 된다.

$$\sum F_x = 0 \ ; \ Q - R\sin(\theta + \phi) = 0, \ Q = R\sin(\theta + \phi) \tag{9.38}$$

$$\Sigma F_y = 0 \ ; \ -W + Rcos(\theta + \phi) = 0, \ W = R\cos(\theta + \phi) \tag{9.39}$$

식 (9.38)과 식 (9.39)를 연립하여 풀면 다음과 같다.

$$Q = \{\tan(\theta + \phi)\} W \tag{9.40}$$

또한, 입력 토크 M도 $M = Qr$의 관계를 이용하면, 다음과 같이 된다.

$$M = Wr\{\tan(\theta + \phi)\} \tag{9.41}$$

여기에서 검토해 볼 사항은 식 (9.36)과 식 (9.37)에서의 $\left(\dfrac{\sin\theta + \mu\cos\theta}{\cos\theta - \mu\sin\theta}\right)$ 항은 식 (9.40)과 식 (9.41)에서의 $\tan(\theta + \phi)$와 같다는 것이다. 이를 간단히 증명해 보면 다음과 같다.

$$\tan(\theta + \phi) = \frac{\sin(\theta + \phi)}{\cos(\theta + \phi)} = \frac{(\sin\theta)(\cos\phi) + (\cos\theta)(\sin\phi)}{(\cos\theta)(\cos\phi) - (\sin\theta)(\sin\phi)} = \frac{\sin\theta + \mu\cos\theta}{\cos\theta - \mu\sin\theta},$$
$$\because \tan\phi = \mu \tag{9.42}$$

9.4.2 전동나사의 풀림

지금까지의 나사에 관한 나사의 식이나 그림들은 나사가 조여질 때에 대한 식이나 그림들이었다. 이제 나사가 풀리기 직전에 대한 식이나 그림들에 대해 살펴보자.

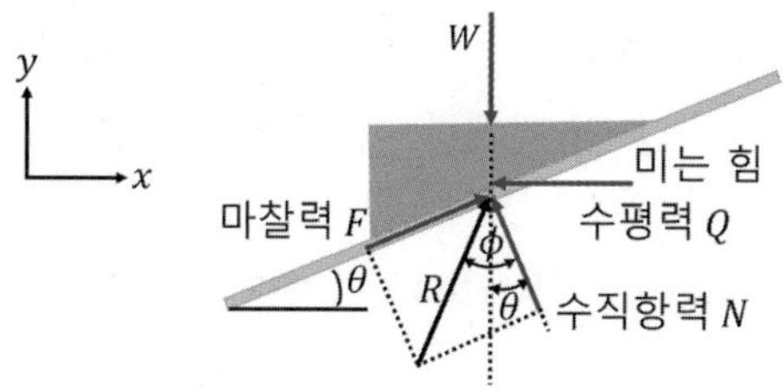

[그림 9-27] 전동나사 시스템의 너트의 자유물체도(나사가 풀릴 때)

나사가 풀리기 직전에는 [그림 9-27]과 같이 마찰각 ϕ가 피치각 θ와 비교할 때, $\phi > \theta$인 경우에 해당된다. 이 경우는 [그림 9-25]와 달리 수평력의 방향이 반대로 작용하고, 마찰력의 방향도 [그림 9-25]와 달리 반대로 작용한다. 이 경우에 대해서도 x, y 방향에 대한 힘의 평형 조건식을 다시 적용하면 다음과 같이 된다.

$$\sum F_x = 0\ ;\ -Q - N\sin\theta + F\cos\theta = 0,\quad -Q - N\sin\theta + \mu N\cos\theta = 0 \tag{9.43}$$

$$\sum F_y = 0\ ;\ -W + N\cos\theta + F\sin\theta = 0,\ -W + N\cos\theta + \mu N\sin\theta = 0 \tag{9.44}$$

식 (9.43)과 식 (9.44)를 연립하여 풀면 다음과 같은 관계식을 얻을 수 있다.

$$Q = \left(\frac{\mu\cos\theta - \sin\theta}{\cos\theta + \mu\sin\theta}\right)W \tag{9.45}$$

$M = Qr$의 관계를 식 (9.45)에 대입하면 M은 다음과 같이 표현된다.

$$M = Wr\left(\frac{\mu\cos\theta - \sin\theta}{\cos\theta + \mu\sin\theta}\right) \tag{9.46}$$

이 경우도 [그림 9-27]을 이용하고, 마찰각 ϕ와 관계된 R을 이용하여, x, y 방향에 대한 힘의 평형 조건식을 다시 적용하면 다음과 같이 된다.

$$\sum F_x = 0\ ;\ -Q + R\sin(\phi - \theta) = 0,\ Q = R\sin(\phi - \theta) \tag{9.47}$$

$$\sum F_y = 0\ ;\ -W + R\cos(\phi - \theta) = 0,\ W = R\cos(\phi - \theta) \tag{9.48}$$

식 (9.47)과 식 (9.48)로부터 Q는 다음과 같이 표현된다.

$$Q = \{\tan(\phi - \theta)\}W \tag{9.49}$$

또한, 입력 토크 M도 $M = Qr$의 관계를 이용하면, 다음과 같이 된다.

$$M = Wr\{\tan(\phi - \theta)\} \tag{9.50}$$

여기에서도 검토해 볼 사항은 식 (9.45)와 식 (9.46)에서의 $\left(\frac{\mu\cos\theta - \sin\theta}{\cos\theta + \mu\sin\theta}\right)$ 항은 식 (9.49)와 식 (9.50)의 $\tan(\phi - \theta)$와 같다는 것이다. 이를 간단히 증명해 보면 다음과 같다.

$$\tan(\phi-\theta)=\frac{\sin(\phi-\theta)}{\cos(\phi-\theta)}=\frac{(\sin\phi)(\cos\theta)-(\cos\phi)(\sin\theta)}{(\cos\phi)(\cos\theta)+(\sin\phi)(\sin\theta)}=\frac{\mu\cos\theta-\sin\theta}{\cos\theta+\mu\sin\theta},$$

$$\because \tan\phi=\mu \tag{9.51}$$

9.4.3 나사의 자동잠김 조건

끝으로 나사의 **자동잠김**self locking 또는 자결 조건에 대하여 알아보자. [그림 9-25]나 [그림 9-27]에서 수평력의 미는 힘 Q가 없는 경우(입력 토크 M이 없는 경우)는 [그림 9-28]과 같은 상태가 된다. 즉, 마찰력은 너트가 경사면 아래로 미끄러지는 것을 방지할 만큼 충분히 크며, 모든 것이 정적 평형상태라는 것을 뜻한다.

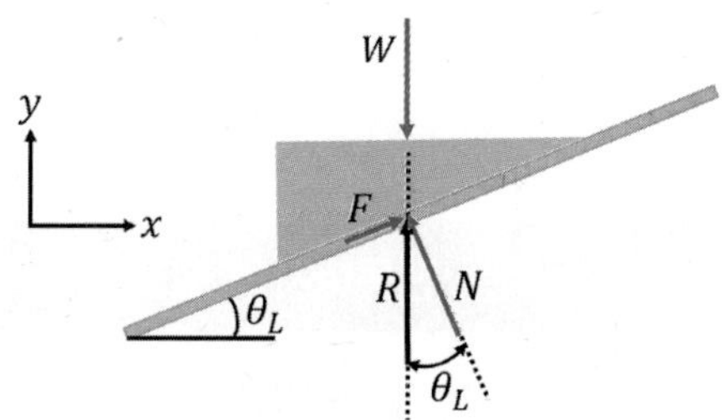

[그림 9-28] 나사의 자동잠김 상태의 자유물체도

너트가 막 미끄러지려는 각도를 **자동잠김 각도**self locking locking θ_L이라고 하는데, 자동잠김 각도를 찾기 위해 [그림 9-28]로부터 다음과 같은 힘의 평형 조건식을 얻을 수 있다.

$$\Sigma F_x=0\ ;\ -N\sin\theta_L+F\cos\theta_L=0,\quad -N\sin\theta_L+\mu_s N\cos\theta_L=0 \tag{9.52}$$

$$\Sigma F_y=0\ ;\ -W+N\cos\theta_L+F\sin\theta_L=0,\ -W+N\cos\theta_L+\mu_s N\sin\theta_L=0 \tag{9.53}$$

식 (9.52)를 다시 정리하면, 다음과 같이 된다.

$$\tan\theta_L=\mu_s,\ \theta_L=\tan^{-1}(\mu_s) \tag{9.54}$$

식 (9.52)~식 (9.54)에서 μ_s는 정마찰계수이다.

나사의 자동잠김 상태는 외력 Q가 가해지지 않으면, 입력 토크 M도 없는 경우이다. 따라서, 식 (9.50)에서 $M=0$일 때 W와 r이 영이 아니면 필연적으로 $\tan(\phi-\theta)=0$이어야 한다. $\tan(\phi-\theta)=0$의 의미는 $\sin(\phi-\theta)=0$이란 의미와 같아서, 결국 리드각 θ와 마찰각 ϕ의 관계가 $\theta=\phi$인 경우이다. 이때의 θ가 자동잠김 각도 θ_L이며, 따라서, $\theta_L=\phi$인 경우는 너트가 빗면 아래로 막 내려가려고 하기 직전의 상태인 자동잠김 상태가 되는 것이다. 따라서, 식 (9.47)과 식 (9.48)의 θ의 자리에 θ_L을 대입하고, $\theta_L=\phi$의 관계를 이용하면 다음과 같은 관계가 된다.

$$Q=R\sin(\phi-\theta_L),\ \ \therefore Q=0,\ \ W=R\cos(\phi-\theta),\ \ \therefore W=R \tag{9.55}$$

끝으로 나사의 자동잠김 상태 또는 **자결상태**란, 나사를 체결해 두면 외력이 가해지지 않는 한 나사는 저절로 풀리지 않는 상태를 의미한다.

예제 9-9 플랫폼을 들어 올리는 전동나사의 토크 구하기

[그림 9-29(a)]와 같이 전동나사는 무게가 60 N 인 플랫폼을 들어 올리는 데 사용된다. 센티미터 당 나사산 수가 6이고, 나사의 직경 d가 $d=1$ cm 라면, (a) 하중 W를 들어 올리기 위해 축에 가해져야 하는 토크는 얼마인가? (b) 토크가 축에서 제거되면 하중이 떨어지는가? (단, 정마찰계수 μ_s와 동마찰계수 μ_k는 각각 $\mu_s=0.15$, $\mu_k=0.20$이다.)

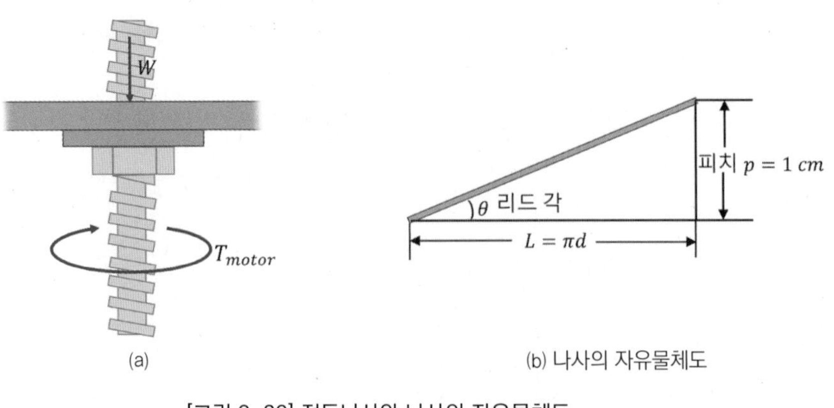

[그림 9-29] 전동나사와 나사의 자유물체도

분석

- cm당 나사산 수가 6이므로 [그림 9-29(b)]에서 길이 L은 $L = \pi d \times 6$(나사산 수)이다.
- [그림 9-29(b)]의 자유물체도에 대해 리드각과 정마찰계수 μ_s를 이용한다.

풀이

(a) [그림 9-29(b)]의 자유물체도에서, 길이 $L = \pi d \times 6 = \pi \times 1\ \mathrm{cm} \times 6 = 18.85\ \mathrm{cm}$

따라서, 리드각 θ는 $\theta = \tan^{-1}(\frac{1}{18.85}) = 3.04^\circ$ 이다.

식 (9.37)을 이용하면 하중 W를 들어 올리기 위한 토크는 다음과 같다.

$$M = Wr\left(\frac{\sin\theta + \mu\cos\theta}{\cos\theta - \mu\sin\theta}\right) = 60\ \mathrm{N} \times 0.005\ \mathrm{m} \times \left(\frac{\sin(3.04^\circ) + 0.15(\cos(3.04))}{\cos(3.04^\circ) - 0.15(\sin(3.04))}\right) \qquad (1)$$

식 (1)로부터 M은

$$M = 60\ \mathrm{N} \times 0.005\ \mathrm{m} \times 0.2047 = 0.0614\ \mathrm{N \cdot m}, \quad \therefore \quad T = 0.0614\ \mathrm{N \cdot m}$$

정마찰계수를 이용하여, 나사의 자동잠김 각도 θ_L을 구하자.

$\theta_L = \tan^{-1}(\mu_s) = \tan^{-1}(0.15) = 8.53^\circ$ 이다. 자동잠김 각도가 리드각보다 크기 때문에 토크가 제거되더라도 하중이 아래로 떨어지지 않는다.

떨어지지 않음. 답

고찰

입력 토크가 주어질 때, 나사에 가해져야 할 수평력을 구하는 방법을 검토하고, 나사의 자동잠김 각을 구하는 방법을 상기하자.

예제 9-10 클램프의 조이는 힘과 풀 때의 토크 구하기

[그림 9-30(a)]와 같이 클램프가 나무상자를 조이고 있다. 이 클램프는 평균 직경 $8\ \mathrm{mm}$인 사각 2줄 나사로 구성되고, 피치가 $1.5\ \mathrm{mm}$이다. 나사의 정마찰계수가 $\mu_s = 0.35$일 때, 만일 $50\ \mathrm{N \cdot m}$의 최대 토크가 클램프를 조이기 위해 가해진다면 (a) 나무상자에 가해지는 수평력 P와 (b) 클램프를 푸는 데 필요한 우력 모멘트 M을 구하여라.

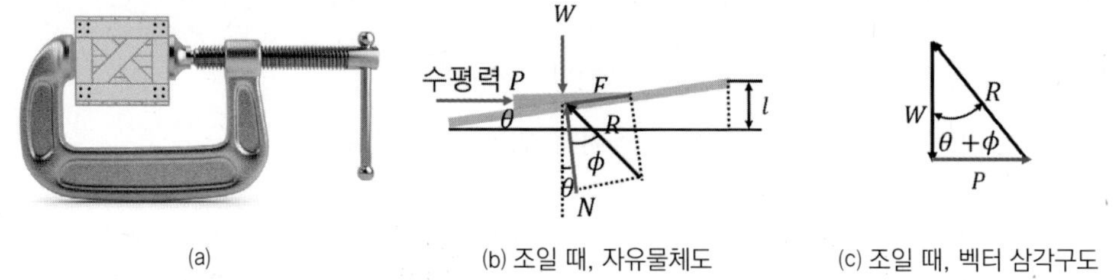

(a) (b) 조일 때, 자유물체도 (c) 조일 때, 벡터 삼각구도

[그림 9-30] 클램프를 조일 때 자유물체도와 벡터 삼각구도

분석

- 2줄 나사로 구성되어 있음을 알고, 리드각과 마찰각을 먼저 구한다.
- [그림 9-30(b)]의 나사를 조일 때의 자유물체도와 [그림 9-30(c)]의 나사를 풀 때의 자유물체도에 대해 힘의 삼각구도를 그려 수평력과 우력 모멘트를 구한다.

풀이

(a) 2줄 나사로, 길이 l은 $l = 2 \times 1.5\ \mathrm{mm} = 3\ \mathrm{mm}$이다. 나사의 평균 직경 $d = 8\ \mathrm{mm}$이므로 [그림 9-30(b)]와 [그림 9-30(c)]를 참조할 때, 리드각과 마찰각은 각각 다음과 같다.

$$\tan\theta = \frac{l}{\pi d} = \frac{3\ \mathrm{mm}}{8\pi\ \mathrm{mm}} = 0.119,\ \ \theta = \tan^{-1}(0.119) = 6.79° \tag{1}$$

$$\tan\phi = \mu_s,\ \ \phi = \tan^{-1}(0.35) = 19.29° \tag{2}$$

클램프를 조이는 최대토크 $M_{\max}$는 수평력과 나사의 반경의 곱이므로 수평력 P는

$$P = \frac{50\ \mathrm{N \cdot m}}{0.004\ \mathrm{m}} = 12{,}500N = 12.5\ \mathrm{kN}\ \ \text{답}$$

한편, 식 (1)의 리드각 6.79° 와 식 (2)의 마찰각 19.29°를 합하면 [그림 9-30(c)]의 $\theta+\phi=26.08°$를 얻을 수 있다. [그림 9-30(c)]에서 $P=W\tan(26.08°)$이므로 $W=12.5\text{ kN}/\tan(26.08°)=25.54\text{ kN}$을 얻을 수 있다.

(b) 클램프의 나사가 풀릴 때에 대한 자유물체도는 [그림 9-31(a)]에 나타난 바와 같고, 이에 관련된 힘들의 벡터 삼각구도는 [그림 9-31(b)]에 나타난 바와 같다. 한편 $\phi-\theta=12.5°$이고, [그림 9-31(b)]를 참조하면 다음과 같은 관계식을 얻을 수 있다.

$$W\tan(\phi-\theta)=P\text{의 관계로부터, } P=25.54\text{ kN}\tan(12.5°)=5.66\text{ kN}$$

따라서, 우력 모멘트 $M=Pr=5.66\text{ kN}\times0.004\text{ m}$

$$\therefore\ M=22.64\text{ N}\cdot\text{m}\quad\text{답}$$

고찰

클램프를 조이는 데 필요한 우력과 클램프를 푸는 데 필요한 우력은 다르다는 것을 상기하자.

Section 9.5

베어링 마찰

학습목표

✔ 베어링의 역할과 베어링의 종류 등을 살펴보고, 베어링 마찰의 개념과 이론을 익힌다.
✔ 베어링에 관련된 응용 예를 통해 베어링 마찰 개념을 확실히 정립한다.

베어링은 회전축을 지지하는 데 사용되는 기계요소로서, 축의 회전 시, 마찰을 되도록 작게 하기 위한 부품으로 회전 부분에는 없어서는 안 될 부품이며, 베어링 마찰은 회전축과 해당 축을 지지하는 베어링 사이에 존재하는 마찰이다. 베어링의 주요 역할과 특징은 마찰을 감소시켜 기계가 작동하는 효율을 높이고, 기계의 수명을 길게 하고, 열융착을 방지하여 기계의 고장을 없애는 것이다.

9.5.1 베어링의 종류

베어링은 접촉 방법에 따라 **미끄럼 베어링**sliding bearing과 **구름 베어링**rolling bearing으로 구분되며, 하중 방향에 따라 **레이디얼 베어링**radial bearing, **트러스트 베어링**thrust bearing, 그리고 **테이퍼 베어링**tapered bearing으로 분류할 수 있다. 많은 베어링이 있지만, 여기서는 기초적인 베어링의 분류만을 설명한다.

1) 접촉 방법에 따른 분류

(1) 미끄럼 베어링

베어링이 저널부journal part의 표면을 둘러싸고 있으며, 베어링과 저널의 접촉면 사이에 윤활유가 있는 베어링이 있다.

(2) 구름 베어링

축과 베어링 사이에 볼이나 롤러를 넣어서 회전체들의 구름 마찰을 이용한 베어링이다.

2) 하중 방향에 따른 분류

(1) 레이디얼 베어링

미끄럼 베어링 및 구름 베어링에 있어 회전축에 직각인 하중을 지지하는 베어링으로 회전축에 수직으로 하중을 받는 경우에 사용한다.

(2) 트러스트 베어링

축 방향 하중을 지지하는 베어링이다.

(3) 테이퍼 베어링

축 방향 및 축 방향에 직각인 하중을 동시에 지지하는 베어링으로 트러스트와 레이디얼 베어링의 역할을 동시에 한다.

9.5.2 베어링의 마찰

다수의 베어링 중에서도 이 절에서는 차축 등에서 많이 사용되는 저널 베어링에 대해 살펴보기로 한다. 또한, 베어링과 축 사이의 윤활제가 많거나 윤활이 잘 되어 있다든지, 베어링과 축 사이에 틈새가 많은 경우는 유체역학적 고찰이 더 필요하다. 그러나, 베어링의 윤활이 없거나 작은 경우는 이 절에서 간략히 다루는 마찰 이론을 이용할 수 있다.

[그림 9-32]는 **저널 베어링**으로 구성된 축의 예를 보여주는 그림이다.

[그림 9-32] 저널 베어링으로 이루어진 축

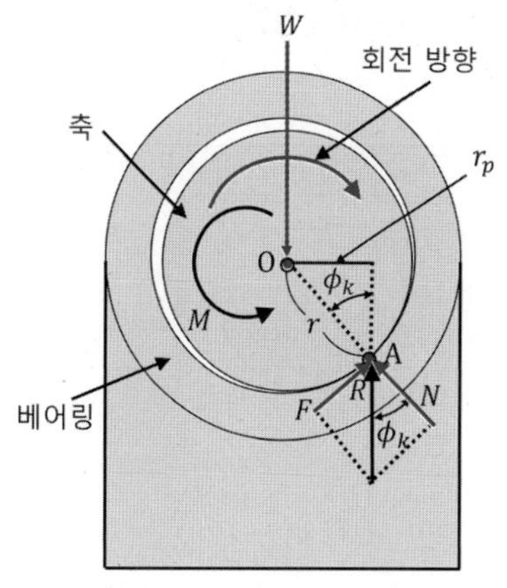

[그림 9-33] 회전축과 베어링의 마찰

저널 베어링 시스템은 [그림 9-33]에 보이는 것처럼 조금 더 큰 원형 구멍에 끼워진 원형 축으로 구성된다. 일반적으로 축은 회전하면서 베어링에 하중 W를 가하게 된다. 이런 경우, 베어링은 약간의 수직력으로 축을 지지하고, 베어링 표면과 축의 표면 사이에 마찰력 F가 발생하게 된다. 가끔은 베어링의 회전으로 인해 축이 베어링 측면으로 올라가 수직력과 마찰력의 각도가 변경되지만, 이 등반은 일반적으로 무시할 만큼 작다. 베어링의 상승이 무시할 수 있다고 가정하면, 마찰력이 축의 회전에 반대되는 방향으로, 축의 중심 주위의 모멘트를 가하게 된다. 즉, 축의 회전에 대한 마찰 저항을 극복하기 위한 우력 모멘트 M과 같아야 한다. [그림 9-33(b)]로부터 다음과 같은 관계가 성립된다.

$$M = Rr\sin\phi_k,\ M = Rr\sin\phi_k = Rr_p \tag{9.56}$$

식 (9.56)에서 ϕ_k는 동마찰각이고, ϕ_k가 작을 경우, $\sin\phi_k \approx \tan\phi_k \approx \mu_k$인 관계가 있으므로 식 (9.56)은 다음과 같이도 쓸 수 있다.

$$M \approx Rr\mu_k \tag{9.57}$$

예제 9-11 베어링의 마찰로 인한 모멘트와 견인력 구하기

[그림 9-34(a)]와 같이 카트에는 직경이 $60\ \mathrm{cm}$이고, 총 하중 $4\ \mathrm{kN}$의 절반을 지지하는 두 개의 바퀴가 있다. 각 바퀴를 카트에 부착하는 저널 베어링은 동마찰계수가 $\mu_k = 0.05$이며, 직경이 $2.5\ \mathrm{cm}$인 강철 축에 연결되어 있다. 각 베어링의 마찰로 인한 모멘트는 얼마인가? 또한, 다른 마찰의 원인이 없다고 가정할 때, 카트가 일정한 속도로 계속 움직이기 위해서는 당겨져야 할 힘의 크기는 얼마이어야 하는가?

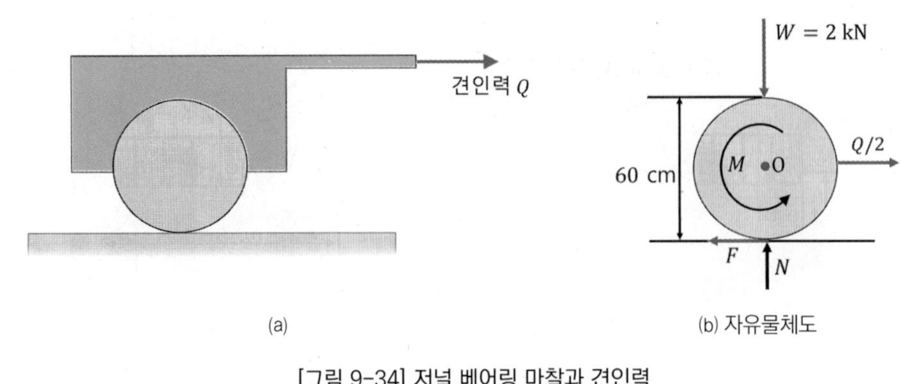

[그림 9-34] 저널 베어링 마찰과 견인력

분석

- 카트의 바퀴가 2개이므로 총 하중을 각 바퀴가 나누어 갖는다.
- [그림 9-34(b)]와 같이 수직항력 N, 마찰력 F를 가정하고, 총 견인력이 Q라면 바퀴 하나에는 $Q/2$의 견인력이 걸린다.
- 바퀴의 중심에 관한 모멘트 평형식을 이용한다.

풀이

❶ 축의 직경을 d라 하고, 반경을 r이라 하면, 베어링의 저항 모멘트 M은 다음과 같다.

$$M = r \times \mu_k N = \left(\frac{0.025}{2}\right)\text{m} \times (0.05) \times 2{,}000\ \text{N} = 1.25\ \text{Nm},\quad M = 1.25\,\text{N}\cdot\text{m}\ \text{답} \quad (1)$$

한편, 바퀴의 중심점 O에 대한 모멘트의 평형식을 도입하면 다음과 같은 관계가 된다.

$$\Sigma M_O = 0\ ;\quad 1.25\ \text{N}\cdot\text{m} - F \times 0.3 = 0,\quad F = 4.17\ \text{N} \quad (2)$$

❷ 이제, 수평축 방향의 힘의 평형 조건식을 대입하면 다음과 같다.

$$\Sigma F_x = 0\ ;\quad \frac{Q}{2} - F = 0,\qquad Q = 2F = 8.34\ \text{N}\ \text{답}$$

고찰

베어링의 마찰력로 인한 모멘트와 계속 움직이기 위한 견인력을 구하는 방법을 익혀둔다.

Section 9.6

디스크 마찰

학습목표

- ✔ 디스크 마찰의 예를 살펴보고, 디스크 브레이크나 칼라 베어링 등과 결부하여 이론을 학습한다.
- ✔ 디스크 마찰에 관련된 응용 예를 통해 디스크 마찰 개념을 정립한다.

디스크disk 마찰은 회전축 또는 다른 회전체의 끝과 고정표면 사이에서 일어나는 마찰이다. 디스크 마찰은 연관된 몸체에 토크를 가하여 몸체의 상대적인 회전에 저항하는 경향이 있는데, **엔드 베어링**end bearing, **칼라 베어링**collar bearing, **디스크 브레이크**disk brake 및 **클러치**clutch를 포함한 다양한 설계에 적용할 수 있다.

9.6.1 축과 저널 베어링의 마찰

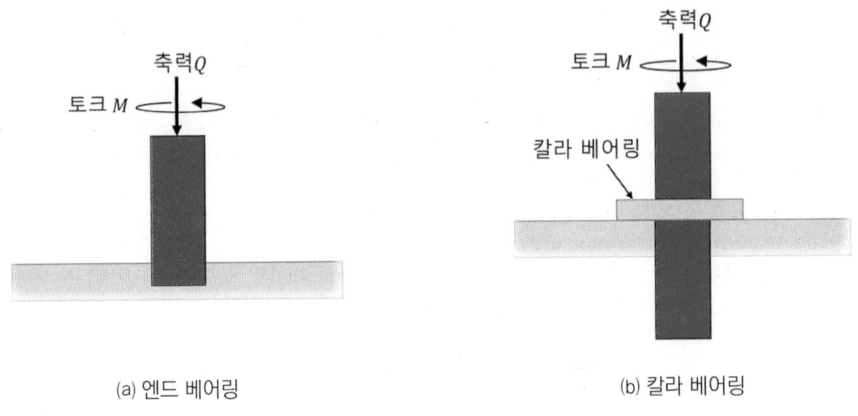

(a) 엔드 베어링

(b) 칼라 베어링

[그림 9-35] 엔드 베어링과 칼라 베어링의 예

[그림 9-35(a)]와 [그림 9-35(b)]는 축력 Q와 토크 M이 작용하는 회전축에 대해, 각각 엔드 베어링과 칼라 베어링의 예를 보여준다. 이들 베어링들은 트러스트 베어링의 일종으로 축 방향의 하중을 받는 것이 특징 중의 하나다. 엔드 베어링의 경우, **중실축**은 원형 단면적 전체에서, **중공축**일 경우는 링ring 모양의 단면적에서 마찰이 일어난다. 이에 비해 칼라 베어링은 [그림 9-35(b)]에 보이는 바와 같이 링 모양의 접촉면에서 마찰이 일어난다.

이제, 디스크 마찰에 대한 일반적인 이론을 전개하기 위해, [그림 9-36]의 칼라 베어링의 중공 원형 단면 축의 회전에 대해 알아보자. 칼라 베어링에서는 표면의 구멍을 통해 이동하는 회전축이 있는데, 축은 축 하중을 지지하고 칼라는 축 자체를 지지하는 데 이용된다. 이 경우 회전하는 칼라와 고정표면 사이에 속이 빈 원형 접촉 영역이 있는 것이다.

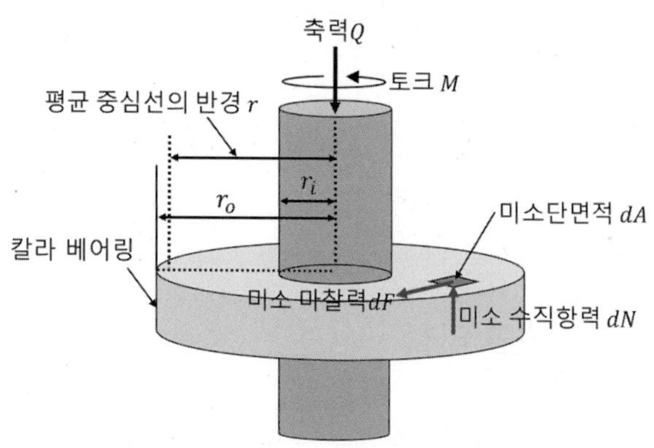

[그림 9-36] 회전하는 축과 칼라 베어링

[그림 9-36]에서 Q는 축 방향으로 작용하는 축력이고, M은 축 회전 토크, r_1과 r_2는 각각 링 모양의 면적의 안쪽 반경과 바깥 반경을 나타낸다. 링 모양의 접촉면에서의 미소 단면적 dA에 작용하는 미소 수직항력 dN의 크기는 $\frac{QdA}{A}$이 된다. 한편, 미소 마찰력 $dF = \mu_k dN$의 관계가 있기 때문에, 다음과 같은 미소 모멘트 dM과의 관계식을 얻게 된다.

$$dM = r^* dF = r^* \mu_k dN = \frac{r^* \mu_k QdA}{\pi(r_o^2 - r_i^2)} \tag{9.58}$$

이제, 미소 단면적 dA를 **극좌표**polar coordinate를 이용하면 $dA = r^* dr^* d\theta$이 된다. 따라서, 식 (9-58)을 적분하면 전체 토크 M에 관한 식을 얻을 수 있다.

$$M = \int dM = \frac{\mu_k Q}{\pi(r_0^2 - r_i^2)} \int_0^{2\pi} d\theta \int_{r_i}^{r_o} r^{*2} dr^* \tag{9.59}$$

식 (9.59)를 다시 정리하면 다음과 같다.

$$M = \frac{2}{3}\mu_k Q \frac{\left(r_o^3 - r_i^3\right)}{\left(r_o^2 - r_i^2\right)} \tag{9.60}$$

만일 반경 r인 중실 원형단면 축에서 접촉이 일어난다면 토크 M은 다음과 같이 된다.

$$M = \frac{2}{3}\mu_k Q r \tag{9.61}$$

만일 미끄러짐이 없이 디스크 클러치가 전달할 수 있는 최대 토크는 식 (9.61)에서 μ_k를 정마찰계수 μ_s로 대치하여 구할 수 있다.

9.6.2 원판 브레이크 디스크 마찰

[그림 9-37]의 **디스크 브레이크**와 같은 경우는 9.6.1절에서 다룬 축과 저널 베어링에서의 마찰과 동일한 개념을 갖지만, 기억해야 할 것은 브레이크 패드가 2개라는 점이다. 9.6.1절의 중공 원형 단면 축에서 마찰 이론을 전개한 것과 같이, 브레이크 패드의 한쪽 부분만을 생각할 때는 마찰력을 생성하고 모멘트를 유발하는 영역이 적지만, 면적이 작을수록 동일한 하중에 대해 해당 접촉 영역에서 더 높은 압력이 발생할 수 있다. 이미 전술한 바와 같이 대부분의 디스크 브레이크에는 한 쌍의 패드(회전하는 브레이크 디스크의 양쪽에 하나씩 존재)가 있으므로 일반적인 패드 쌍에 대한 식의 모멘트를 두 배로 증가시켜야 한다.

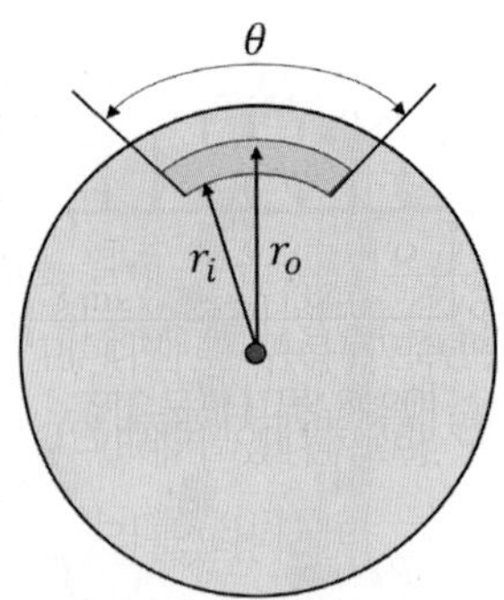

[그림 9-37] 디스크 브레이크와 패드의 마찰

$$M = \frac{2}{3}\mu_k Q \frac{\left(r_o^3 - r_i^3\right)}{\left(r_o^2 - r_i^2\right)}, \text{ (단일 브레이크 패드의 경우)} \tag{9.62}$$

$$M = \frac{4}{3}\mu_k Q \frac{\left(r_o^3 - r_i^3\right)}{\left(r_o^2 - r_i^2\right)},\ \text{(한 쌍 브레이크 패드의 경우)} \tag{9.63}$$

위의 식들을 보면 접촉각 θ는 이론적으로 브레이크의 제동력과 관련이 없음을 알 수 있다. 그러나, 실제로 훨씬 더 큰 브레이크 패드는 브레이크의 제동력을 약간 증가시킬 수 있고, 더 나은 열 방출과 같은 다른 이점이 있다. [그림 9-38]은 패드가 장착된 자동차의 디스크 브레이크를 보여주는 그림이다.

[그림 9-38] 패드가 장착된 자동차의 디스크 브레이크

예제 9-12 디스크 브레이크 패드 시스템의 정지 토크 구하기

[그림 9-39(a)]와 같이 아래 표시된 디스크 브레이크 패드 시스템에서, 한 쌍의 브레이크 패드가 $6\ \mathrm{kN}$의 힘으로 로터에 압착된다. 브레이크 패드와 로터 사이의 동마찰계수 μ_k가 $\mu_k = 0.35$이면 브레이크 패드가 가하는 정지 토크를 구하여라.

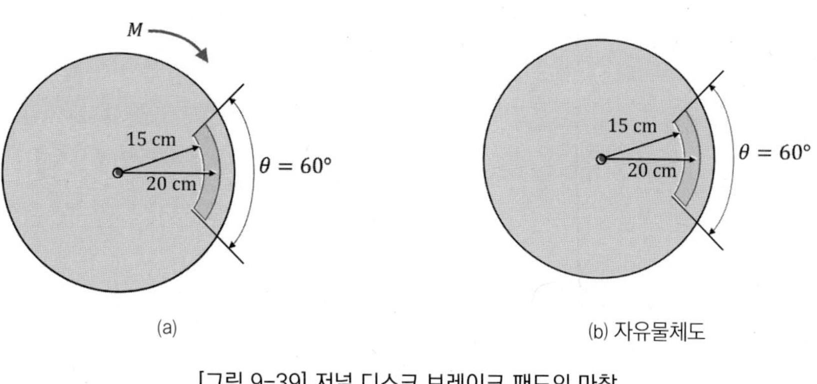

(a) (b) 자유물체도

[그림 9-39] 저널 디스크 브레이크 패드의 마찰

분석

- 중공축의 마찰력을 발생시키고, 토크를 유발하는 식을 생각한다.
- 디스크 브레이크 시스템에 가하게 될 토크는 패드가 2개(한 쌍)임을 고려해야 한다.

풀이

❶ [그림 9-39(b)]에서 유발 토크 M은 다음의 식으로 표현된다.

$$M = \frac{4}{3}\mu_k Q \frac{\left(r_o^3 - r_i^3\right)}{\left(r_o^2 - r_i^2\right)} \qquad (1)$$

❷ 식 (1)에 문제에서 주어진 수치 값을 대입하면 다음과 같이 된다.

$$M = \frac{4}{3}(0.35)(6{,}000\ \text{N})\left(\frac{0.2^3 - 0.15^3}{0.2^2 - 0.15^2}\right) = 740.8\ \text{N}\cdot\text{m}, \quad M = 740.8\ \text{N}\cdot\text{m}$$ 답

고찰

중공축과 중실축에 대해, 토크를 유발하는 각각의 식을 알고 있어야 하고, 디스크 브레이크 시스템의 경우는 패드가 한 쌍(2개)임을 기억하자.

건조마찰

두 고체면이 접촉하여 상대운동을 하는 마찰

■ 미끄럼 마찰

- **수평면 위에서의 마찰**

  물체가 막 움직이려고 할 때, 최대정지 마찰력: $F_m = \mu_s N$

  물체가 움직이면 동마찰력 작용: $F_k = \mu_k N$

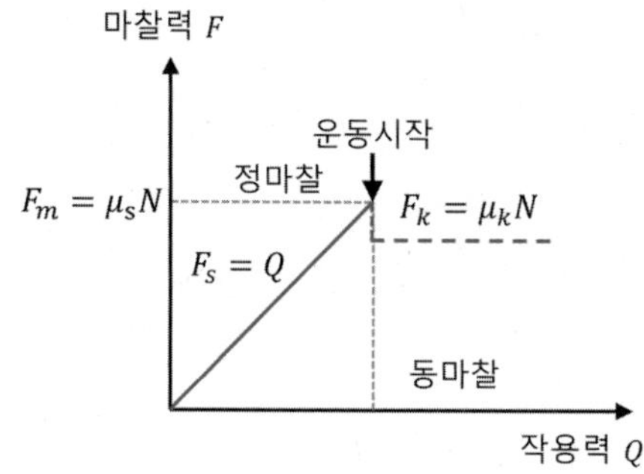

- **경사면 위에서의 마찰**

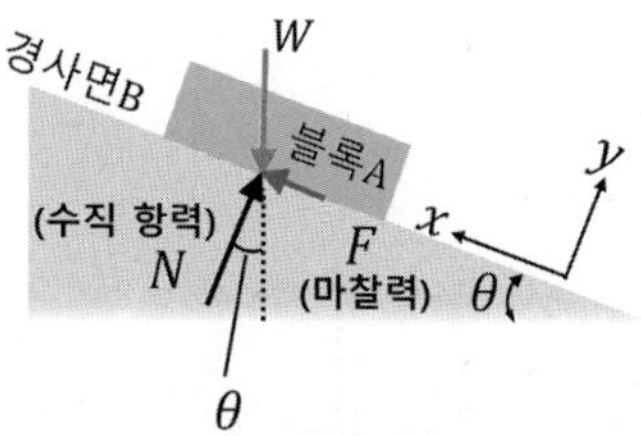

$$\mu_s = \tan\theta_m = \frac{F_m}{N}, \quad N = mg\cos\theta_m$$

벨트 마찰

■ 평벨트 마찰에 의한 장력

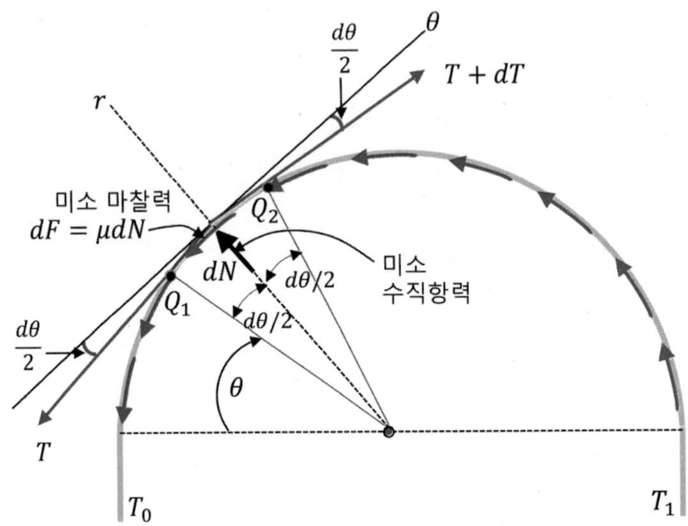

• 장력: $\int_{T_0}^{T} \frac{dT}{T} = \int_0^{\theta} \mu d\theta$; $\left[\ln \frac{T}{T_0}\right] = \mu\theta$; $\frac{T}{T_0} = e^{\mu\theta}$

■ V 벨트 마찰에 의한 장력

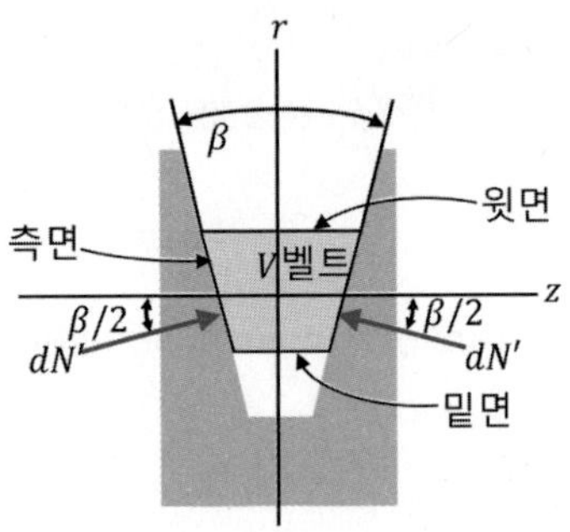

V벨트 풀리 단면도

• 장력: $T = T_0 e^{\mu\theta/\sin(\beta/2)}$

쐐기 마찰

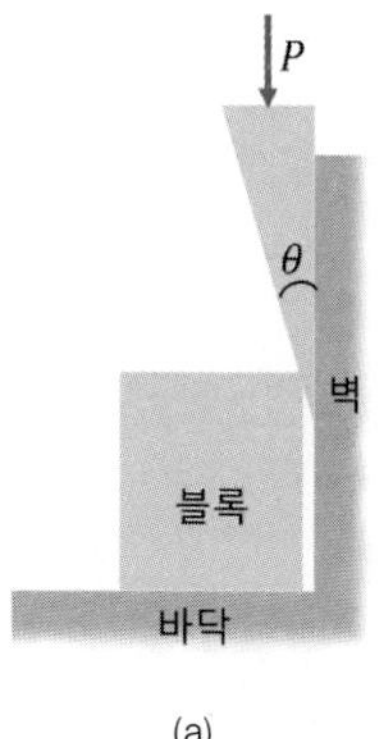

(a)

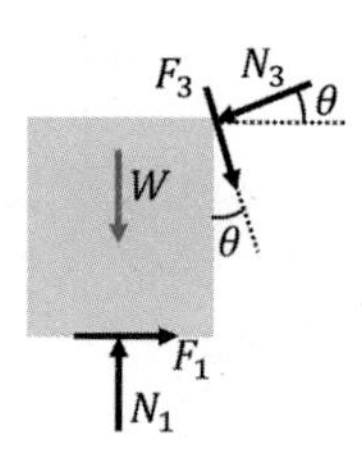

(b) 블록의 자유물체도

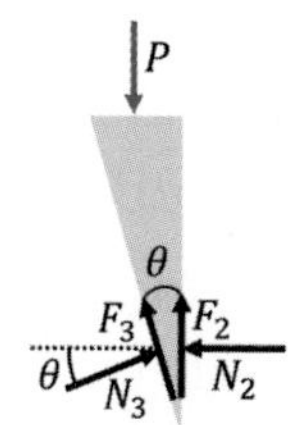

(c) 쐐기의 자유물체도

- (b)에 대한 평형방정식

$$\sum F_x = 0 \;;\quad F_1 + F_3\sin\theta - N_3\cos\theta = 0$$
$$\sum F_y = 0 \;;\quad N_1 - N_3\sin\theta - F_3\cos\theta - W = 0$$

- (c)에 대한 평형방정식

$$\sum F_x = 0 \;;\quad N_3\cos\theta - N_2 - F_3\sin\theta = 0$$
$$\sum F_y = 0 \;;\quad F_2 + F_3\cos\theta - N_3\sin\theta - P = 0$$

- 마찰력과 수직항력의 관계

$$F_1 = \mu_1 N_1, \quad F_2 = \mu_2 N_2, \quad F_3 = \mu_3 N_3$$

전동나사의 마찰

- 나사의 리드각과 피치

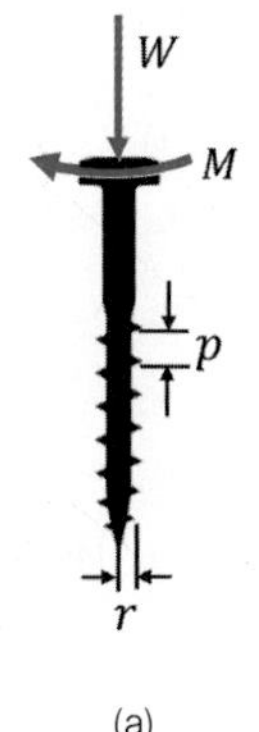

(a)

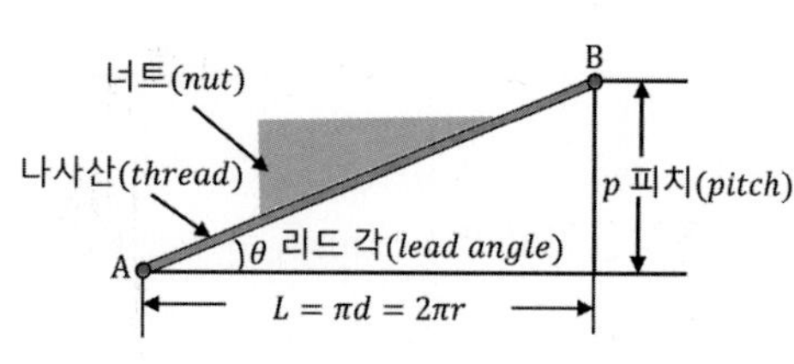

(b) 나사의 리드각, 피치

$$\theta = \tan^{-1}\left(\frac{p}{2\pi r}\right)$$

■ 전동나사의 조임

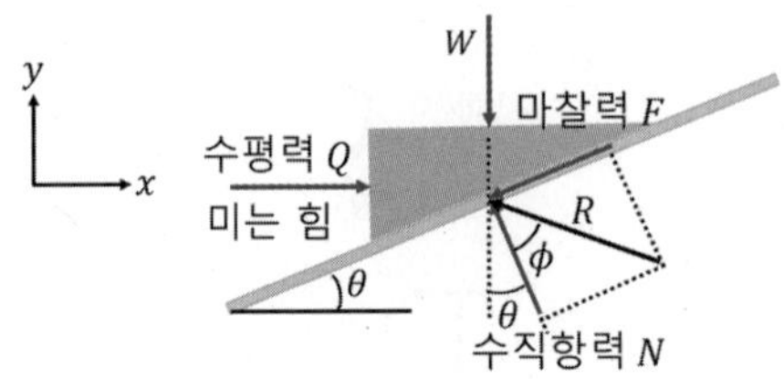

- **미는 힘:** $Q = \{\tan(\theta + \phi)\}\, W$
- **입력 토크:** $M = Wr\{\tan(\theta + \phi)\}$

■ 전동나사의 풀림

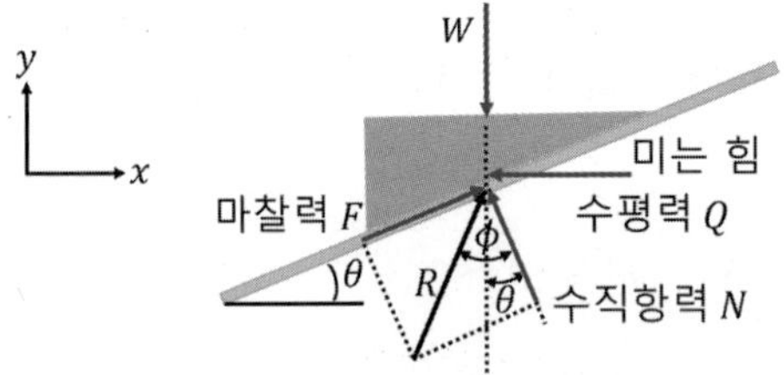

- **미는 힘:** $Q = \{\tan(\phi - \theta)\}\, W$
- **입력 토크:** $M = Wr\{\tan(\phi - \theta)\}$

■ 전동나사의 자동잠김 조건
나사를 체결해 두면 외력이 가해지지 않는 한, 나사는 저절로 풀리지 않는 상태를 의미한다.

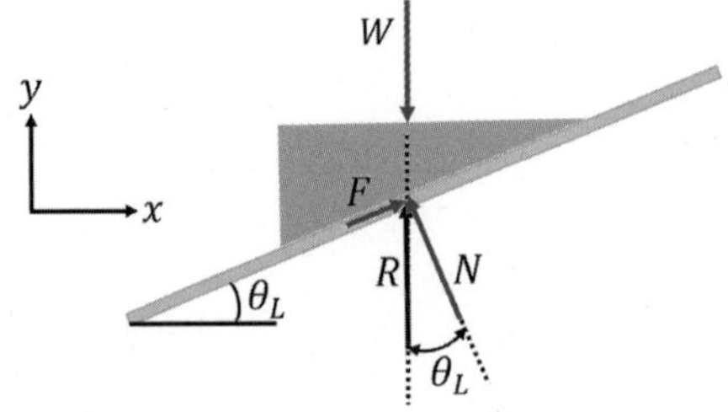

- **자동잠김 각도 θ_L:** $\tan\theta_L = \mu_s$, $\theta_L = \tan^{-1}(\mu_s)$

$$Q = R\sin(\phi - \theta_L),\ \therefore Q = 0,\ W = R\cos(\phi - \theta),\ \therefore W = R$$

베어링 마찰

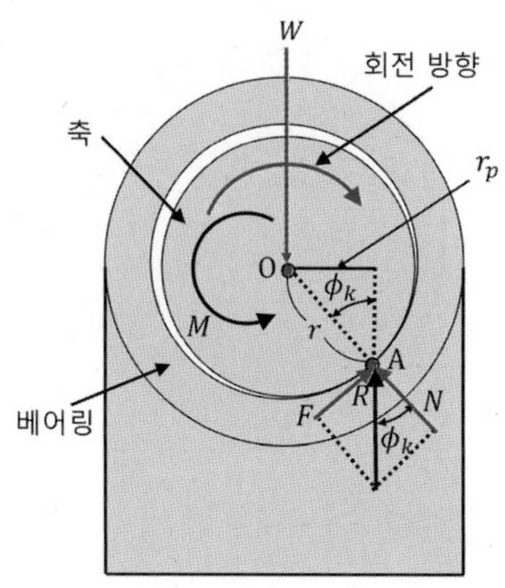

$$M = Rr\sin\phi_k,\ M = Rr\sin\phi_k = Rr_p$$

- 동마찰각 ϕ_k가 작을 경우, $M \approx Rr\mu_k$

디스크 마찰

- 회전하는 축과 베어링

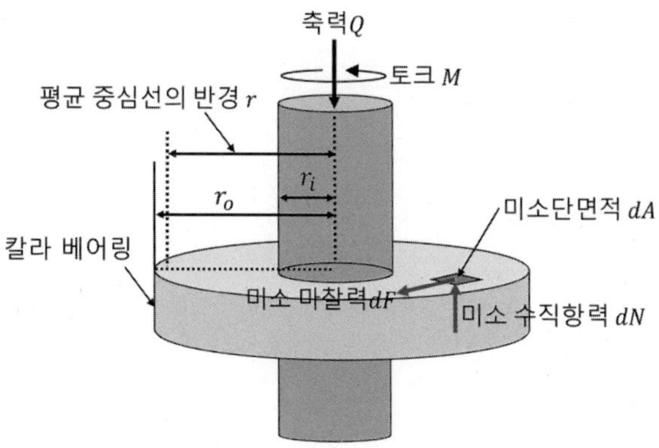

- **중공 원형 단면 축에서의 접촉:** $M = \dfrac{2}{3}\mu_k Q \dfrac{(r_o^3 - r_i^3)}{(r_o^2 - r_i^2)}$
- **중실 원형 단면 축에서의 접촉:** $M = \dfrac{2}{3}\mu_k Qr$
- **미끄러짐 없이 디스크 클러치가 전달할 수 있는 최대 토크 :** 동마찰계수 μ_k를 정마찰계수 μ_s로 대치한다.

■ 회전하는 원판 브레이크 디스크 마찰

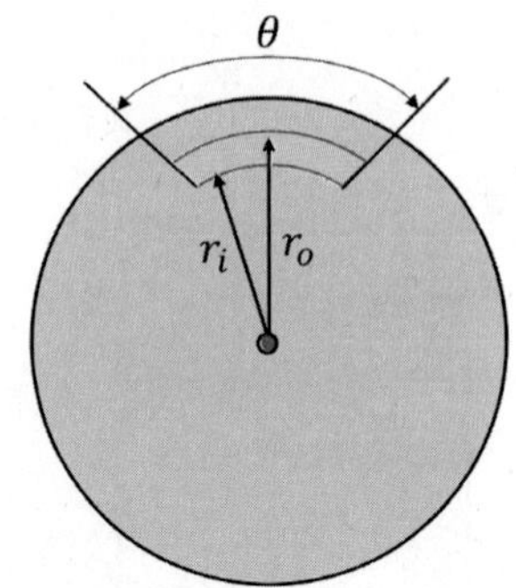

- **단일 브레이크 패드:** $M = \dfrac{2}{3}\mu_k Q \dfrac{\left(r_o^3 - r_i^3\right)}{\left(r_o^2 - r_i^2\right)}$
- **한쌍 브레이크 패드:** $M = \dfrac{4}{3}\mu_k Q \dfrac{\left(r_o^3 - r_i^3\right)}{\left(r_o^2 - r_i^2\right)}$

▶ 9.1절

9.1 연습문제 [그림 9-1]과 같이 수평면과 $30°$ 경사진 경사면에 놓여 있는 나무 블록이 평형상태에 있는지를 확인하고, 이 블록에 수평력 $400\ \mathrm{N}$이 작용할 때, 마찰력의 크기와 방향을 구하여라. 경사면과 블록의 정마찰계수와 동마찰계수는 각각 $\mu_s = 0.3$, $\mu_k = 0.25$이다.

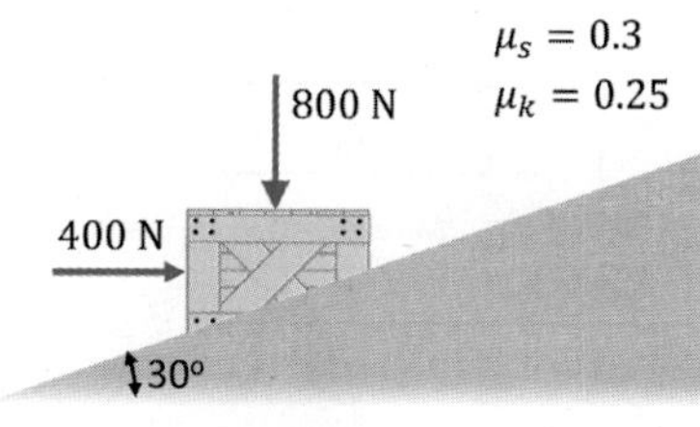

연습문제 [그림 9-1]

▶ 9.1절

9.2 연습문제 [그림 9-2]와 같이 수평면과 $30°$ 경사진 경사면에 놓여 있는 나무 블록이 평형상태에 있는지를 확인하고, 이 블록에 수평력 $600\ \mathrm{N}$이 작용할 때, 마찰력의 크기와 방향을 구하여라. 경사면과 블록의 정마찰계수와 동마찰계수는 각각 $\mu_s = 0.3$, $\mu_k = 0.25$이다.

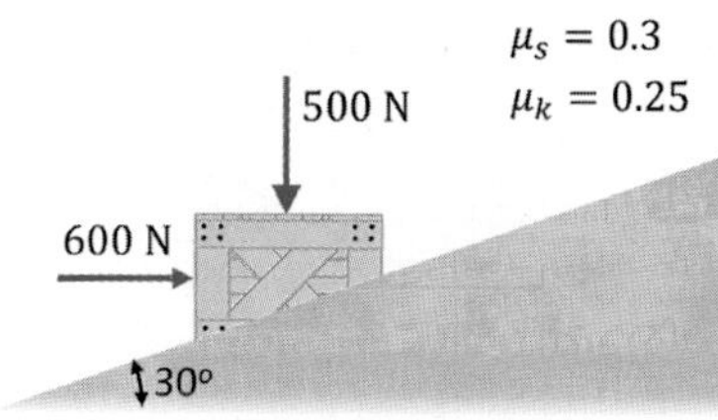

연습문제 [그림 9-2]

▶9.1절

9.3 연습문제 [그림 9-3]과 같이 질량 $200\ \mathrm{kg}$을 갖는 스풀spool이 점 B에서 바닥과 접촉하고 있고, 점 A에서 벽과 접촉하고 있다. 줄에 Q의 힘을 가하여 스풀을 막 끌기 시작하는 데 필요한 힘 Q를 구하여라. (단, 스풀과 벽 및 바닥과의 접촉면에서의 정마찰계수 μ_s는 $\mu_s = 0.25$이다.)

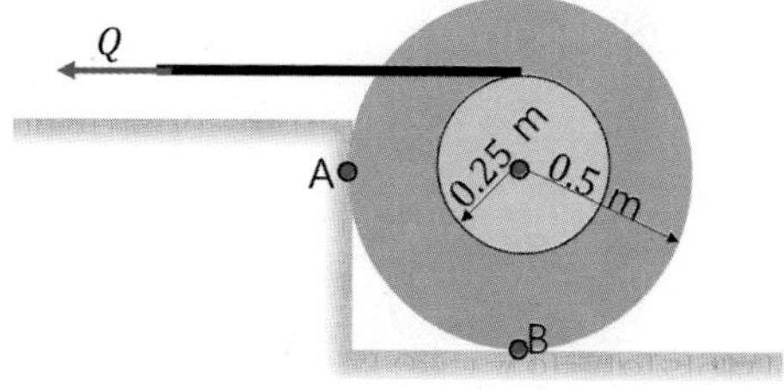

연습문제 [그림 9-3]

▶9.1절

9.4 연습문제 [그림 9-4]와 같이 블록 브레이크block brake는 바퀴가 우력 모멘트 $M_1 = 10\,\mathrm{N\cdot m}$을 받을 때, 회전하는 바퀴를 멈추는 데 이용된다. 만일 바퀴와 블록 브레이크 사이의 정마찰계수가 $\mu_s = 0.25$일 때, 가해져야 하는 최소 힘 Q의 크기를 구하여라.

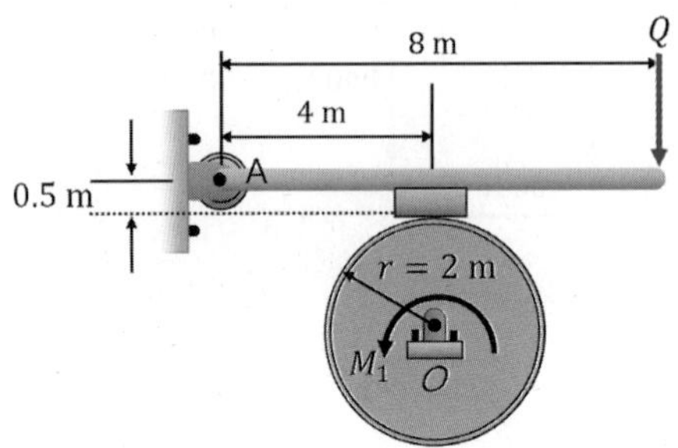

연습문제 [그림 9-4]

▶9.1절

9.5 연습문제 [그림 9-5]와 같이 견인력 Q를 받는 질량 $100\,\mathrm{kg}$의 나무상자가 수평면과 $10°$를 이루는 경사면 위에 놓여 있다. 경사면과 나무상자의 정마찰계수를 $\mu_s = 0.25$라 할 때, 나무상자를 경사면 아래로 막 움직이게 시작할 때의 힘 Q를 구하여라.

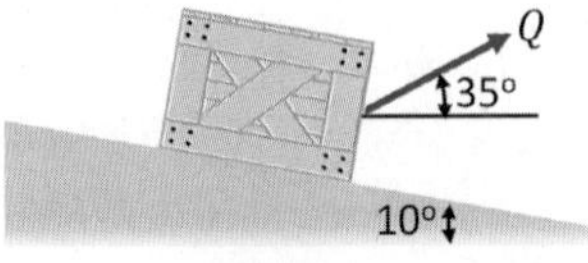

연습문제 [그림 9-5]

▶9.1절

9.6 연습문제 [그림 9-6]과 같이 $20\,\mathrm{kg}$의 사다리가 한쪽 끝은 정마찰계수가 $\mu_s = 0.28$인 비교적 거친 바닥 위에 놓여 있고, 다른 쪽 끝은 매끄러운 벽의 점 A에서 지지된다. 사다리가 막 미끄러지려고 할 때의 각도 θ와 벽에서의 수직항력을 구하여라.

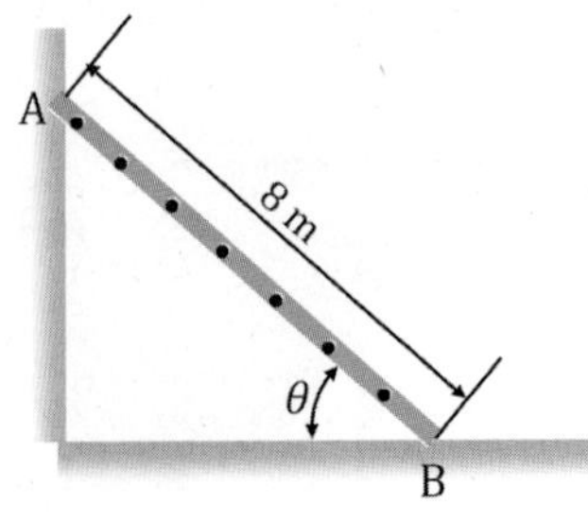

연습문제 [그림 9-6]

▶9.1절

9.7 연습문제 [그림 9-7]과 같이 $25\ \mathrm{kg}$의 봉 AB의 한쪽 끝인 점 A가 정마찰계수가 $\mu_s = 0.3$인 벽에 걸쳐 있고, 다른 한쪽 끝은 매끄러운 바닥에 놓여 있다. 봉 AB가 미끄러지지 않도록 봉 끝의 점 B에 가해야 할 최소 힘 Q는 얼마인가?

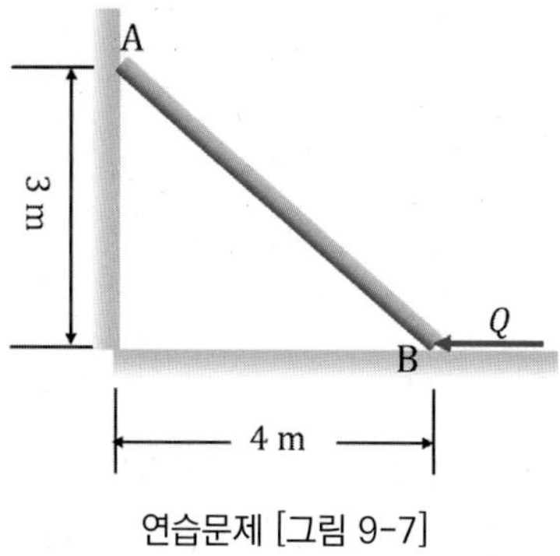

연습문제 [그림 9-7]

▶9.1절

9.8 연습문제 [그림 9-8]과 같이 무게가 $W = 1\ \mathrm{kN}$인 나무 박스의 무게중심은 G이다. 나무 박스를 끈으로 묶어 끌고 가는데 필요한 수평력 Q를 구하고, 점 A로부터 바닥에서의 수직항력이 작용하는 곳까지의 거리를 구하여라. 바닥과 나무 박스의 정마찰계수 μ_s는 $\mu_s = 0.35$이다.

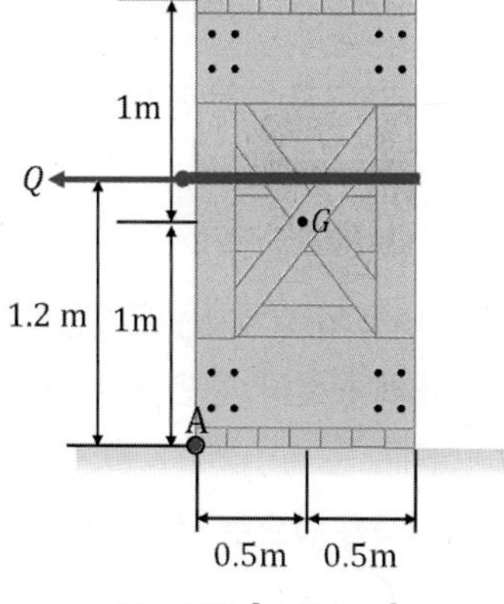

연습문제 [그림 9-8]

▶9.1절

9.9 연습문제 [그림 9-9]와 같이 질량이 각각 $m_{\mathrm{A}} = m_{\mathrm{B}} = 100\ \mathrm{kg}$로 동일한 두 나무 블록 A와 B가 바닥에 놓여 있다. 각각의 나무 블록과 바닥과의 정마찰계수 μ_s가 $\mu_s = 0.3$일 때, 두 나무 블록을 움직이지 않게 하면서 가할 수 있는 힘 Q를 구하여라.

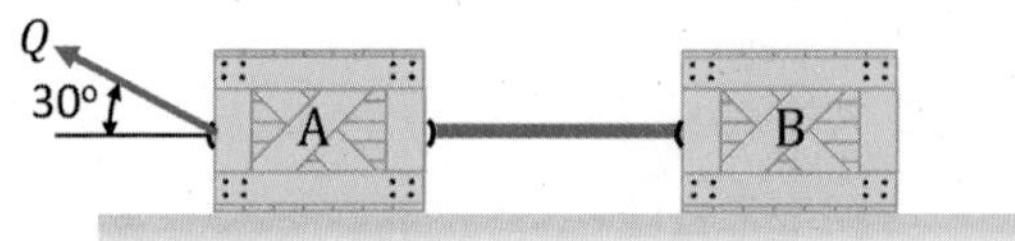

연습문제 [그림 9-9]

▶9.1절

9.10 연습문제 [그림 9-10]과 같이, $100\ \mathrm{kg}$의 스풀이 있다. 스풀spool과 바닥 및 벽과의 정마찰계수가 $\mu_s = 0.25$일 때, 스풀을 움직이지 않게 하면서 가할 수 있는 최대 힘 Q를 구하여라.

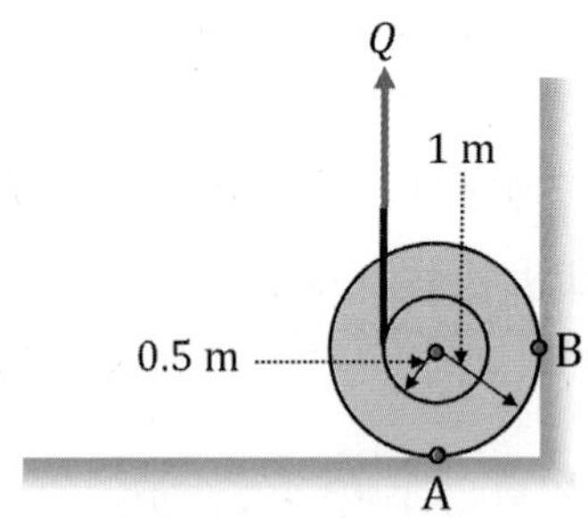

연습문제 [그림 9-10]

▶9.1절

9.11 연습문제 [그림 9-11]과 같이, $10\ \mathrm{kN}$의 지게차는 무게중심이 점 G에 있다. 또한, 지게차는 후륜 구동인 반면에 앞바퀴는 자유롭게 구른다. 한편, 나무상자의 하나의 무게는 $1\ \mathrm{kN}$이고, 지게차 뒷바퀴와 바닥과의 정마찰계수는 $\mu_{s1} = 0.35$, 나무상자와 바닥과의 정마찰계수는 $\mu_{s2} = 0.3$일 때, 지게차가 나무상자를 앞으로 밀 수 있는 최대의 개수는 몇 개인가?

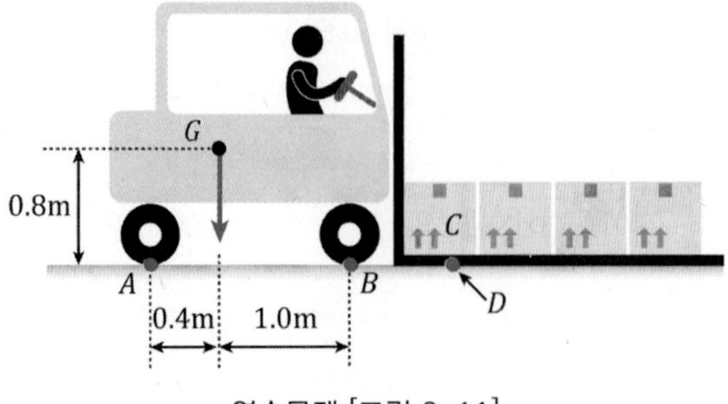

연습문제 [그림 9-11]

▶9.1절

9.12 연습문제 [그림 9-12]와 같이, 줄에 매달린 사각 블록이 평형상태에 있기 위한 경사각의 최댓값을 구하여라. 단, $b = h = 0.5\ \text{m}$ 이고, 경사면과 블록과의 정마찰계수는 $\mu_s = 0.3$, 블록의 무게는 $W = 1\ \text{kN}$ 이다.

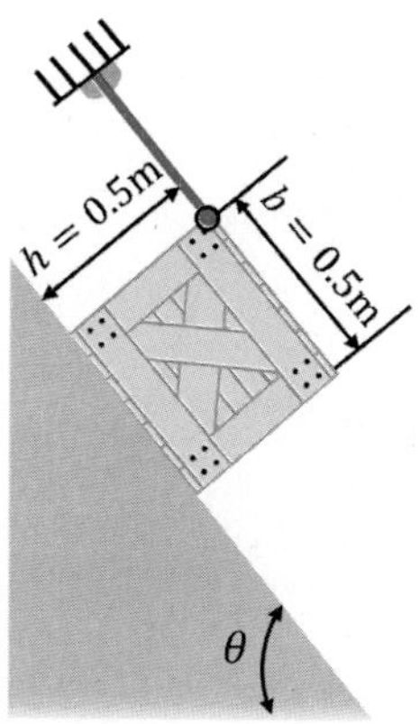

연습문제 [그림 9-12]

▶9.2절

9.13 연습문제 [그림 9-13]과 같이, 평벨트에 작용할 수 있는 장력의 최댓값은 $1\ \text{kN}$ 이다. 그림에 보이는 드럼drum B 및 C 와 벨트의 정마찰계수는 $\mu_s = 0.3$ 이고, 도르래 A 는 자유롭게 구르며 벨트와의 마찰이 없다고 할 때, 줄로 최대로 들어 올릴 수 있는 원통형 실린더 D 의 무게는 얼마인가?

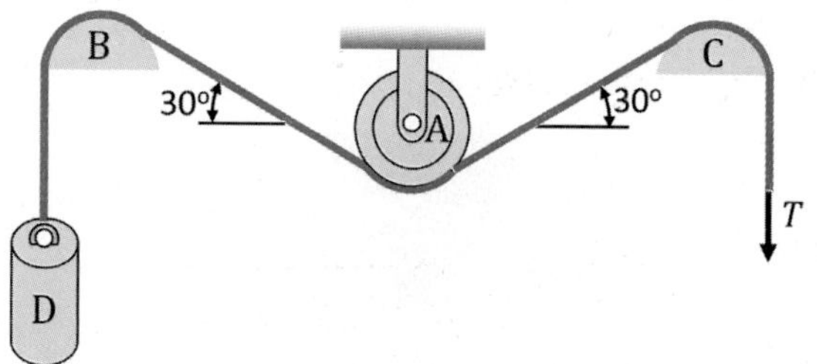

연습문제 [그림 9-13]

▶9.2절

9.14 연습문제 [그림 9-14]와 같이, V 벨트의 마찰계수를 $\mu = 0.28$, 접촉각 $\beta = 60°$, $\alpha = 120°$, 입력단의 장력을 $T_i = 500\ \mathrm{N}$이라 할 때, 임박한 운동 방향의 출력단의 장력 T_o는 얼마인가?

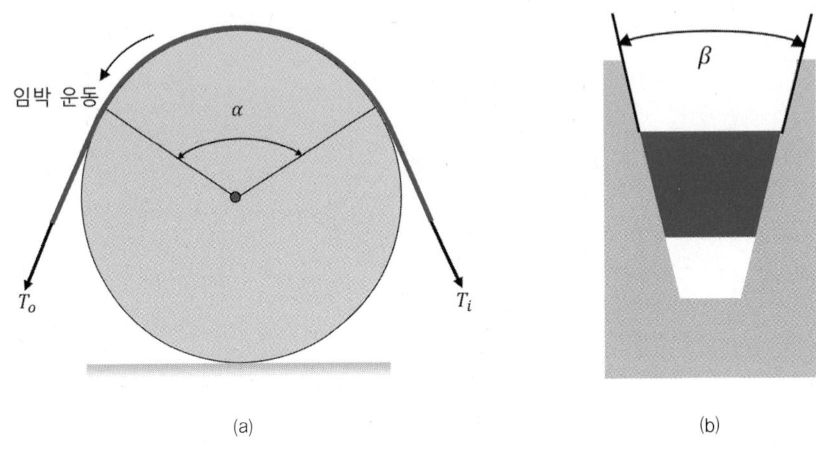

연습문제 [그림 9-14]

▶9.3절

9.15 연습문제 [그림 9-15]와 같이, 무시할 만한 질량을 갖는 쐐기를 $1\ \mathrm{kN}$ 무게를 갖는 나무 블록 사이에 끼워 넣어 나무 블록을 떨어지게 하고 있다. 접촉면에서의 전지 마찰각을 $10°$라 할 때, 나무 블록을 움직이는 데 필요한 힘 Q를 구하여라.

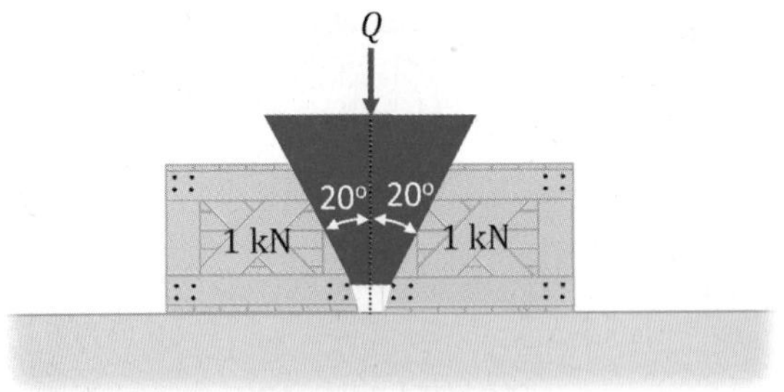

연습문제 [그림 9-15]

▸9.3절

9.16 연습문제 [그림 9-16]과 같이, $200\ \mathrm{kg}$의 균질의 블록을 점 A 에서의 쐐기를 이용하여 수평 상태의 평형을 유지하고 있다. 블록과 쐐기, 바닥과 쐐기 사이의 정마찰계수 μ_s를 $\mu_s = 0.25$라 할 때, 쐐기를 빼어내기 위한 수평력 Q를 구하여라. 블록은 점 B에서 미끄러지지 않는다고 가정하여라.

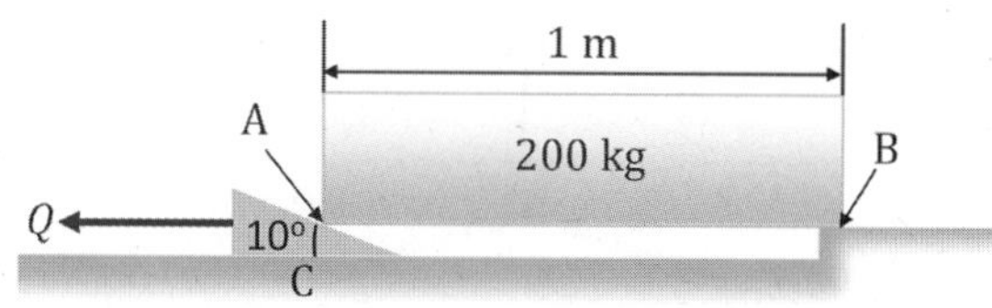

연습문제 [그림 9-16]

▸9.4절

9.17 연습문제 [그림 9-17]과 같이, 스크류screw의 피치가 $p = 12.5\ \mathrm{mm}$ 이고, 스크류의 평균반경이 $45\ \mathrm{mm}$ 이다. 정마찰각을 ϕ_s라 하면, $\phi_s = 8°$일 때, 그림의 $20\ \mathrm{kN}$ 의 무게가 들어 올려지도록 하기 위해 스크류에 가해야 하는 우력 모멘트 M_0는 얼마인가? 또한, 이 무게가 내려지기 시작하기 위해 필요한 우력 모멘트는 얼마인가?

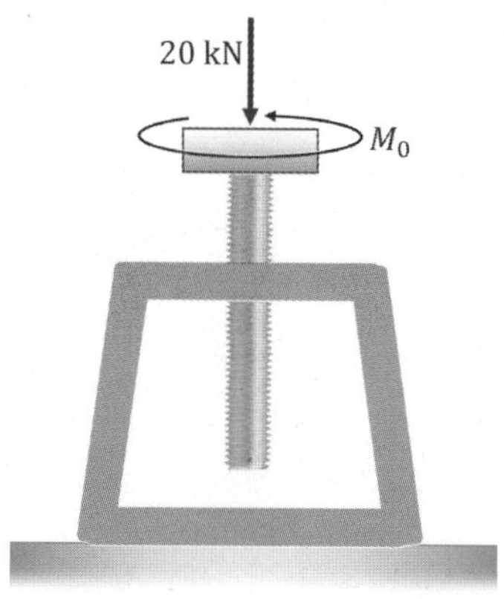

연습문제 [그림 9-17]

▶9.4절

9.18 연습문제 [그림 9-18]과 같이, 차량 잭jack 나사의 피치는 $p = 2.54\ \mathrm{mm}$이고, 잭스크류screw의 평균반경은 $5\ \mathrm{mm}$이다. 만일 나사산 사이의 정마찰계수가 $\mu_s = 0.07$일 때, 그림에 보이는 것과 같이, $5{,}000\ \mathrm{N}$의 하중을 첫째, 윗 방향, 둘째, 아래 방향으로 움직이는 데 필요한 우력 토크는 얼마이어야 하는가?

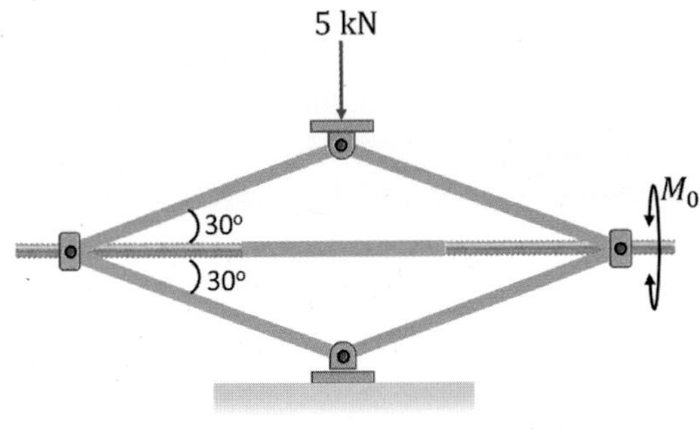

연습문제 [그림 9-18]

▶9.5~9.6절

9.19 연습문제 [그림 9-19]와 같은 칼라colar 베어링이 $Q = 500\ \mathrm{N}$의 축 방향의 힘을 전달하고 있다. 칼라 베어링과 수평면 사이의 정마찰계수가 $\mu_s = 0.20$일 때, 축이 회전을 시작하기 위한 우력 모멘트 M_0는 얼마인가?

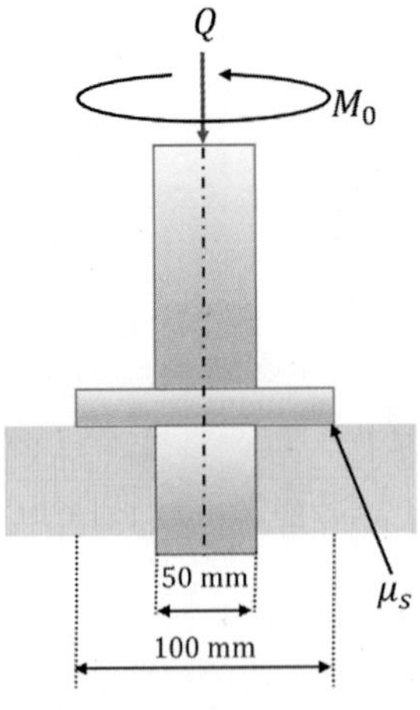

연습문제 [그림 9-19]

▶9.5~9.6절

9.20 연습문제 [그림 9-20]과 같이 점 A와 점 E에서 부드러운 베어링에 의해 지지되는 축이 있다. 그림과 같이, 축에 T_1, T_2, T_3의 토크가 각각 $T_1 = 100\ \mathrm{N \cdot m}$, $T_2 = 200\ \mathrm{N \cdot m}$, $T_3 = 300\ \mathrm{N \cdot m}$로 작용할 때, B, C, D에서의 축 내부에 존재하는 내부 토크를 구하여라.

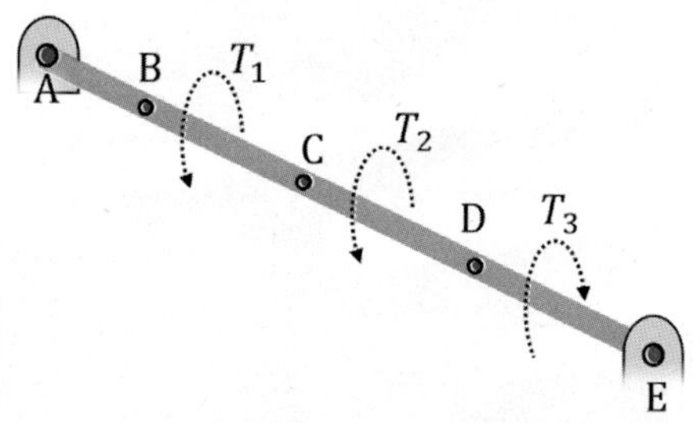

연습문제 [그림 9-20]

Statics

건설 공사장이나 건설 리모델링 현장에서 접할 수 있는 승강 사다리는 유압에 의해 사다리의 오르고 내림을 원활하게 한다. 오르고 내릴 때마다 힘의 작용점이 달라지고, 높은 지점까지 올라갈 때면 저 승강 사다리는 안전할까라는 생각을 할 때도 있다. 승강 사다리의 평형 안정성을 얘기할 때, 어느 지점에서 안전할까, 그 평형 안정 위치는 어떻게 계산할까 하는 생각을 할 때도 있다. 또한, 이러한 승강 사다리의 접히고 펼침은 유압식 말고 다른 방법은 없을까, 사다리를 펼친 후 작업할 때는 하중을 얼마나 지탱할 수 있을까 하는 생각을 할 때도 있다. 이 장에서는 일과 에너지의 개념과 정의를 이해하고, 가상일의 원리를 이용하여 강체의 평형 위치를 계산하는 방법을 학습한다.

C H A P T E R *10**

일과 에너지

Work and energy

CONTENTS

학습목표

- 일의 개념과 다양한 힘에 의한 일의 표현을 학습한다.
- 가상일의 개념을 익히고, 다양한 물체에 가상일의 개념을 응용하여 평형 위치를 구한다.
- 에너지의 개념을 익히고, 퍼텐셜 함수를 설정하며, 퍼텐셜에너지를 이용하여 강체 및 기구에 대한 평형상태와 시스템의 안정성을 논한다.

Section 10.1

일의 개념과 정의

학습목표

✔ 일의 개념과 정의를 정립하고, 일의 차원과 단위를 이해한다.

✔ 다양한 종류의 힘에 의한 일의 개념과 일의 부호(양의 일 또는 음의 일)를 학습한다.

이 절에서는 **일과 에너지**의 개념을 정립하고, 다양한 종류의 힘과 우력 모멘트에 의한 일의 크기와 방향, 단위 등을 소개한다. 또한, 일상생활과 관련된 일의 예를 살펴본다.

10.1.1 일의 정의

일 work done 이란 어떤 물체에 힘이 작용하여, 물체가 힘 방향으로의 이동한 거리와 힘의 크기를 곱한 것으로 정의하며, 크기만 있고 방향은 없는 물리량이다. [그림 10-1]은 P 크기의 힘이 물체에 작용하여 물체가 변위 s 만큼 왼쪽으로 이동했을 때, 일을 한 경우(그림 10-1(a))와 일을 하지 않는 경우(그림 10-1(b))를 나타내고 있다. 물체가 힘의 방향으로 이동하지 않으면 온전한 일이 일어난 것이 아니다. 특히 [그림 10-1(b)]와 같이 변위의 방향과 힘의 방향이 직각인 경우는 전혀 일이 발생된 것이 아니다.

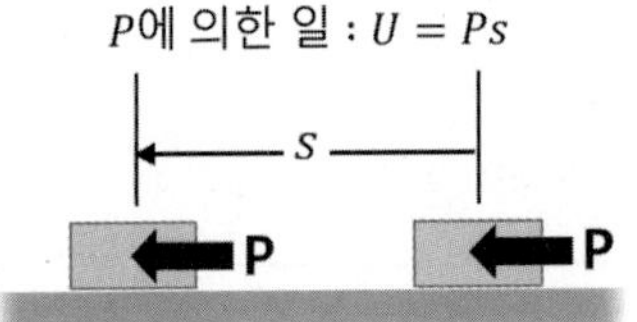

(a) 일을 하는 경우(힘과 이동방향이 같거나 직각 아님)

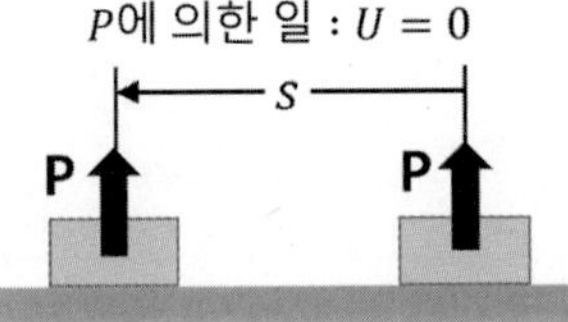

(b) 일을 하지 않는 경우(힘과 이동방향이 직각)

[그림 10-1] 일이 발생된 경우와 일이 발생되지 않은 경우

물체에 작용한 힘의 방향과 물체의 이동 방향이 정반대인 경우에도 일은 일어나지만, 이 경우는 음 negative 의 일을 했다고 일컫는다. 즉 힘의 방향과 변위의 방향이 동일할 경우는 양 positive 의 일을 한 것이고, 힘의 방향과 변위의 방향이 반대일 경우는 음의 일을 한 것이다.

역학 해석을 하는 데 있어서, 일의 부호는 대단히 중요하다. 왜냐하면 일의 부호관계로 인해 해석 값이 달라지므로 엉뚱한 결과를 산출할 수도 있기 때문이다. [그림 10-2(a)]와 같이 축구선수가 힘차게 공을 찰 때는 양의 일을 하는 경우지만, [그림 10-2(b)]와 같이 골키퍼goal keeper가 공을 잡을 때는 음의 일을 한다. 한편, 일의 단위 또한 중요하다. 일반적으로 일의 단위는 힘과 거리의 곱으로 나타낼 수 있다. 일의 단위 예는 N·m Newton·meter, J Joule, kgf·m kilogram force·meter 등을 들 수 있다.

(a) 양의 일을 하는 경우

(b) 음의 일을 하는 경우

[그림 10-2] 축구공을 차는 선수와 공을 받는 골키퍼

[그림 10-3(a)]와 [그림 10-3(b)]는 각각 **도르래** 줄을 잡아당길 때 행한 일과 시계를 밀면서 행한 일을 보여준다. 두 경우 모두 힘의 방향과 움직이는 변위의 방향이 모두 같은 경우로 양의 일을 한 것이다.

(a) 도르래 줄을 잡아당길 때 행한 일

(b) 시계를 밀어 옮길 때 행하는 일

[그림 10-3] 물체를 끌어당기고 밀 때 한 일

10.1.2 다양한 힘에 의한 일

1) 힘 P에 의한 일

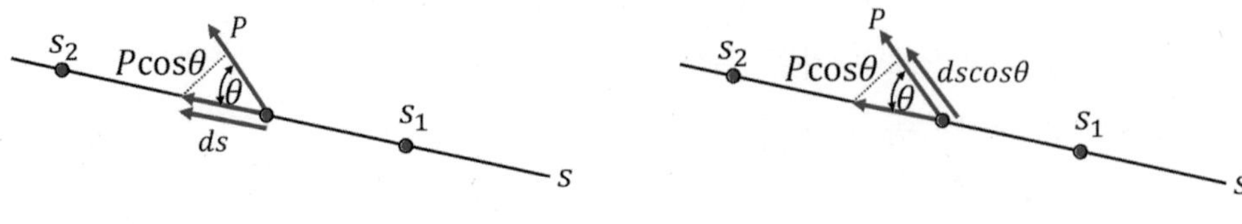

(a) P의 변위 방향성분으로 나타낸 일　　(b) ds의 힘 방향성분으로 나타낸 일

[그림 10-4] 힘의 변위 방향 및 변위의 힘 방향으로의 일

[그림 10-4]는 일정한 힘의 크기가 P인 힘 벡터가 질점에 작용하여 s_1의 위치에서 s_2의 위치까지 일을 한 것을 나타낸 것이다. [그림 10-4(a)]는 힘의 변위 방향성분($P(\cos\theta)$)과 변위 ds가 나란히 평행을 이루고 있음을 보여준다. [그림 10-4(b)]는 변위의 힘 방향성분 ($ds\cos\theta$)과 힘의 방향이 나란히 평행을 이루고 있음을 알 수 있다. 따라서, 힘 P에 의한 전체 일은 식 (10.1) 또는 식 (10.2)와 같이 나타내진다.

$$(U_{1-2})_P = \int_{s_1}^{s_2} P\cos\theta\, ds \tag{10.1}$$

$$(U_{1-2})_P = P\cos\theta\,(s_2 - s_1) \tag{10.2}$$

[그림 10-4]에서 θ는 질점에 가해지는 힘과 변위의 방향이 이루는 각이다. 식 (10.1)에서 알 수 있듯이 $\theta = 90°$이면 $(U_{1-2})_P = 0$으로 일은 없게 된다. 한편, $\theta = 0°$이면 $\cos\theta = 1$로서, 일이 최대가 된다. 즉 $\theta = 0°$이면, 변위의 힘 방향으로의 성분이나 힘의 변위 방향으로의 성분이 힘 P와 함께 온전한 크기의 일($P(s_2 - s_1)$)을 했다고 할 수 있는 것이다.

[그림 10-5]는 벡터의 내적으로 표현하는 일에 대한 정의를 위해, 힘의 크기가 P인 힘 벡터 P가 질점에 작용하는 것을 나타낸 것이다. 힘 벡터 P에 의한 일은 식 (10.3)과 같이 계산할 수 있다.

$$(U_{1-2})_P = \int_{\mathrm{r}_1}^{\mathrm{r}_2} \mathrm{P}\cdot d\mathrm{r} = \int_{s_1}^{s_2} P\cos\theta\, ds \tag{10.3}$$

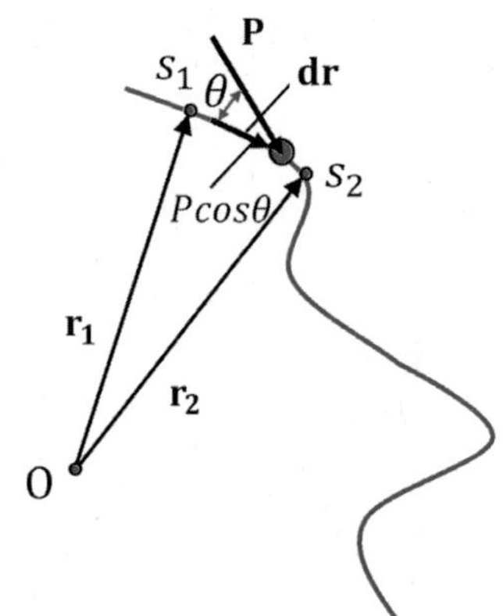

[그림 10-5] 질점에 작용하는 힘 벡터 P

2) 중력에 의한 일

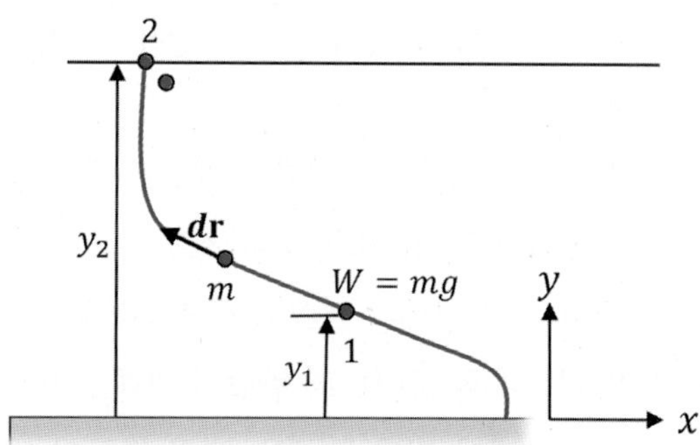

[그림 10-6] 질량 m의 질점의 무게에 의한 일

[그림 10-6]과 같이 질량 m의 질점이 위치 1에서 위치 2로 경로를 따라 위로 이동했을 때, x-y 평면 좌표계의 단위벡터를 각각 i, j라 하고, 무게는 $\mathrm{W} = -mg\mathrm{j}$, 미소 변위벡터는 $d\mathrm{r} = dx\mathrm{i} + dy\mathrm{j}$라 하자. 이때, 중력이 한 일 $(U_{1-2})_g$는 일반적으로 식 (10.4)와 같이 나타내지며, 일의 부호는 음의 값이다. 왜냐하면 중력의 방향은 아래 방향이고, 변위의 방향은 위 방향이기 때문이다.

$$(U_{1-2})_g = \int \mathrm{W} \cdot d\mathrm{r} = \int -mg\,\mathrm{j} \cdot d\mathrm{r} = \int_{y_1}^{y_2} -mg\,dy = -mg(y_2 - y_1) \qquad (10.4)$$

그러나, 질량 m의 질점이 위치 2에서 위치 1로 이동하였다면, 이 경우, 일의 부호는 식 (10.5)와 같이 양의 부호가 된다.

$$(U_{2-1})_g = mg(y_2 - y_1) \tag{10.5}$$

3) 스프링의 탄성력에 의한 일

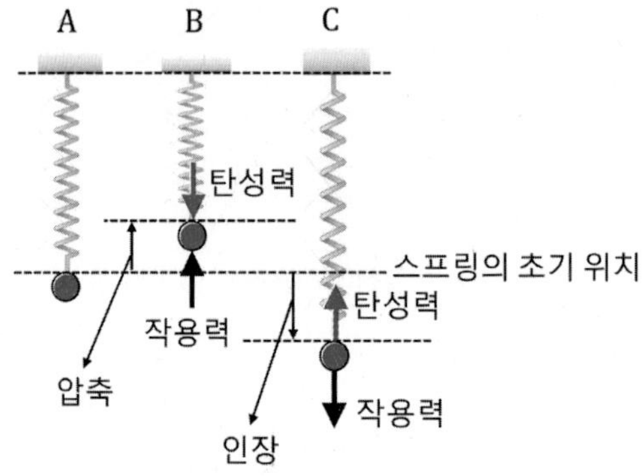

[그림 10-7] 스프링의 인장 압축에 의한 탄성력의 방향

탄성력elastic force이란 물체가 변형되었을 때, 원래 모양으로 돌아가려는 힘을 일컬으며, 그 크기는 물체의 변위에 비례한다. [그림 10-7]의 A는 스프링의 초기, 늘어나거나 줄어들지 않은 상태를 보여준다. 그림에서 B의 상태는 스프링이 압축력을 받은 상태인데, 압축이 되다 보니, 탄성력(스프링 힘)인 저항력은 줄어드는 방향에 반대로 발생하는 것이다. 즉, 탄성력의 방향은 **작용력**applied force(외부에서 질점에 가한 힘)의 방향의 반대가 된다. 한편, [그림 10-7]의 C는 스프링이 인장된 상태이며, 이 경우의 탄성력의 방향도 작용력의 반대 방향이 된다. 또한, 스프링에 인장력이나 압축력을 가하여, 스프링이 늘어나거나 줄어들 때, 스프링의 탄성력에 의한 일은 항상 음이 된다. 왜냐하면, 일의 부호는 힘과 변위의 방향이 같으면, 양(+), 같지 않으면 음(−)이 되기 때문이다.

이제, 스프링의 질점이 위치 x_1에서 위치 x_2로 변위가 발생하면 스프링의 탄성력에 의한 일 $(\Sigma U_{1-2})_e$은 다음과 같다.

$$(\Sigma U_{1-2})_e = \int_{x_1}^{x_2} F_s\,dx = \int_{x_1}^{x_2} -kx\,dx = -\frac{1}{2}k(x_2^2 - x_1^2) \tag{10.6}$$

4) 우력에 의한 일

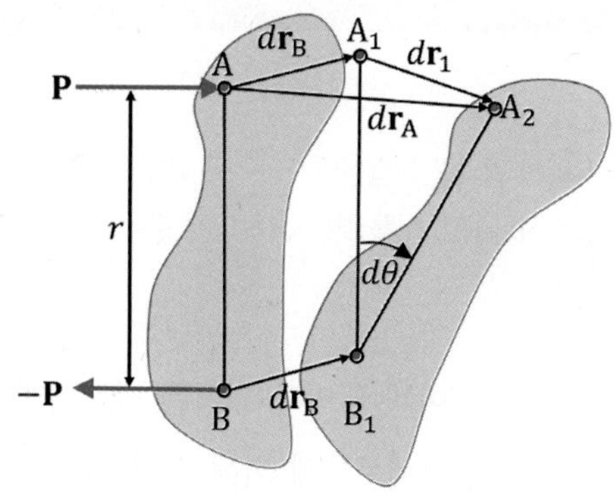

[그림 10-8] 우력에 의해 발생되는 모멘트

[그림 10-8]에 보이는 강체는 회전할 때 일을 행하게 되는데, 강체 상의 점 A와 점 B에, 힘 벡터 P와 -P가 각각 짝힘으로 작용하면, 모멘트가 발생하게 된다. 우력이 작용하여, 점 B는 점 B_1으로 점 A는 점 A_2로 변경되었다고 하자. 이는 움직임을 나누어 생각한다면, 강체 상의 한 점 A는 **병진운동**과 회전운동의 합성이 된다. 즉, [그림 10-8]에서 점 A와 점 B는 1차적으로, 점 A_1과 점 B_1으로 병진운동이 일어난 다음, 점 B_1을 중심으로 회전운동이 일어나는 것과 같은 것이다. 그림에서 벡터의 삼각구도에 의해, $d\mathrm{r}_A = d\mathrm{r}_B + d\mathrm{r}_1$인 관계가 있음을 알 수 있고, 미소 변위벡터 $d\mathrm{r}_1$의 크기는 짝힘 P와 -P의 수직거리인 r과 회전각 $d\theta$의 곱인 $rd\theta$가 된다. 따라서, 미소 일을 dU라 하면 dU는 힘 벡터 P의 크기 P와 미소 변위벡터의 크기 $rd\theta$의 곱으로 다음과 같이 표현된다.

$$dU = Prd\theta = Md\theta \tag{10.7}$$

식 (10.7)의 미소 일이 dU이므로 전체 일을 U라 하면 U는 다음과 같다.

$$U = \int dU = \int_{\theta_1}^{\theta_2} Md\theta = M(\theta_2 - \theta_1) \tag{10.8}$$

Section 10.2

가상일의 원리와 응용

학습목표

- ✔ 가상일의 개념을 이해하고, 가상일의 원리를 학습한다.
- ✔ 단일 강체에 대해 가상일의 원리를 적용하고, 이를 확장시켜, 연결 강체에 대해서도 가상일의 원리를 적용한다.

가상일virtual work의 원리는 베르누이[10]에 의하여 처음 발표되었는데, 정적 평형상태에서의 문제에만 적용할 수 있었다. 그 후, **달랑베르**[11]에 의해 **관성력**의 개념을 포함하는 동적 평형상태를 취급함으로써, 동역학 문제에 적용할 수 있었다. 정역학의 내용을 다루는 이 책의 이 절에서는 정적평형과 관련된 가상일의 원리를 학습한다.

10.2.1 가상일의 원리

가상일의 원리는 물체의 정적 평형에 관련되어 있으며, "일련의 힘들이 작용하고 있는 정적 평형계에 가상변위가 가해진다면, 이 힘들에 의해 행해진 가상일은 영zero이다."라는 원리이다. 어떤 시스템의 미소 변위인 **가상변위**virtual displacement $\delta \mathbf{r}$가 있다면, 이 가상변위를 위해 시스템에 한 일을 가상일이라 칭하고, 이 장에서는 δW로 표시하기로 한다.

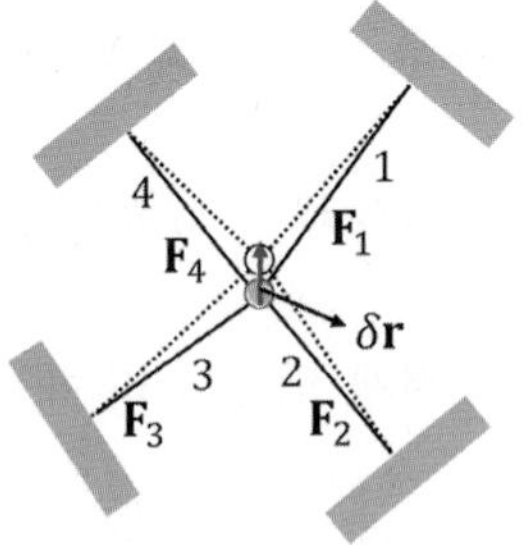

[그림 10-9] 힘들과 가상변위가 주어진 시스템

10 Johann J. Bernoulli(1667~1748), Basel, Switzerland

11 Jean-Baptiste Le Rond d'Alembert(1717~1783), France

[그림 10-9]는 정적 평형상태에 있는 시스템에 다수의 힘들(F_1, F_2, F_3, F_4)과 가상변위 $\delta\mathrm{r}$이 주어진 경우를 보여주고 있다. 이 시스템에 한 가상일 δW는 다음과 같이 나타낼 수 있다.

$$\delta W = (\mathrm{F}_1 + \mathrm{F}_2 + \mathrm{F}_3 + \mathrm{F}_4)\cdot \delta\mathrm{r} \tag{10.9}$$

정적 평형상태에서는 모든 합력 힘이 영이므로, $\mathrm{F}_1 + \mathrm{F}_2 + \mathrm{F}_3 + \mathrm{F}_4 = 0$이다. 따라서, 식 (10.9)는 다음과 같이 쓸 수 있다.

$$\delta W = \sum_i \mathrm{F}_i \cdot \delta\mathrm{r} = 0, \quad \delta W = 0 \tag{10.10}$$

이미 10.1절에서 학습한 바 있지만, 힘 P가 미소 변위 ds의 방향과 θ각도를 이루고 질점에 작용하는 경우의 미소 일은 $dW = (P\cos\theta)ds$가 되고, 우력 모멘트 M에 의해 미소 각변위 $d\theta$의 회전에 의한 미소 일은 $dW = Md\theta$가 된다. 따라서, 위의 각각의 경우에 대한 가상일은 다음과 같다.

$$\delta W = (P\cos\theta)\delta s\,,\ \delta W = M\delta\theta \tag{10.11}$$

정적 평형상태에 있어, **가상일의 원리**를 적용하는 장점은 복잡한 시스템에 대해서도, 일을 하는 힘들만 고려하면 되는 것이므로 미지수를 구하는 데 효율적인 측면이 있다. 어떤 시스템에 외력, 고정부 반력, 미 고정부 반력, 내력 등이 존재할 때, 가상일의 원리를 사용할 경우는 외력과 미 고정부 반력에 의한 가상일만 생각하면 되는 것이다. 이제, 단일 강체나 복합 강체에 대해 가상일의 원리를 적용해 보자.

[그림 10-10(a)]는 중앙에 집중하중 P가 작용하는 단순지지보 구조물을 보여준다. 다만, 점 A는 힌지, 점 B는 롤러지지로 되어 있다. 이 경우, 점의 지지 반력을 구하는 문제에 있어, 정적 평형방정식에 의해 구할 수도 있지만, 이 절에서 학습하고 있는 가상일의 원리를 써서 구해보기로 한다.

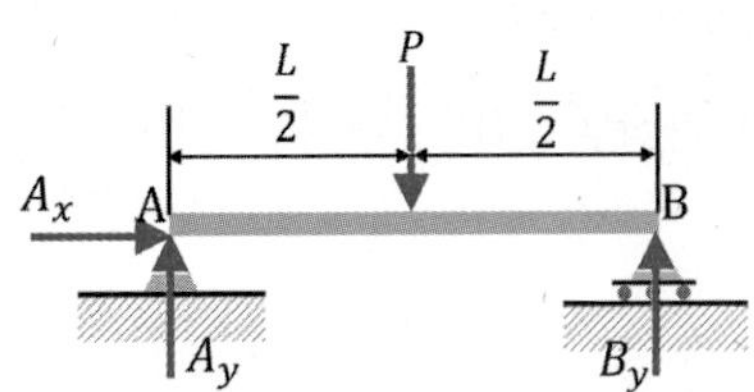

(a) 외력과 반력을 나타낸 단순지지보

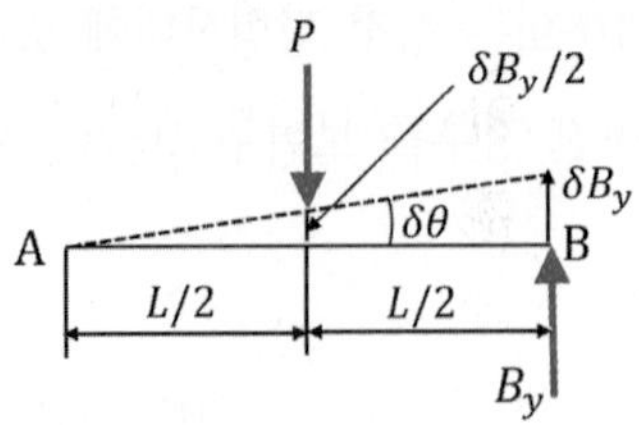

(b) 가상변위에 의한 자유물체도

[그림 10-10] 외력 P를 받는 단순지지보

[그림 10-10(b)]에서, 반력을 구하고자 하는 점 B에 가상변위 δB_y를 가하면 그림에 나타난 바와 같이 선형적으로 변위들의 변화가 있음을 알 수 있다. 점 B의 가상변위 δB_y는 가상 각변위 $\delta\theta$와 $\delta B_y = L\sin\delta\theta \simeq L\delta\theta(\delta\theta << 1)$의 관계가 있고, 외력 P의 작용점의 가상변위는 $\frac{\delta B_y}{2}$로 $\frac{\delta B_y}{2} \simeq \frac{L}{2}\delta\theta$의 관계가 있다. 따라서, 외력 P와 점 B의 반력 B_y에 의한 가상일은 영이므로 다음과 같이 나타낼 수 있다.

$$\delta W = B_y L\delta\theta - P\frac{L}{2}\delta\theta = 0,\ \delta W = \left(B_y L - P\frac{L}{2}\right)\delta\theta = 0 \tag{10.12}$$

식 (10.12)로부터 가상변위 $\delta\theta$는 영이 아니므로, 구하고자 하는 B_y는 $B_y = \frac{P}{2}$가 된다.

이제 연결 강체에 가상일의 원리를 적용시켜 보자.

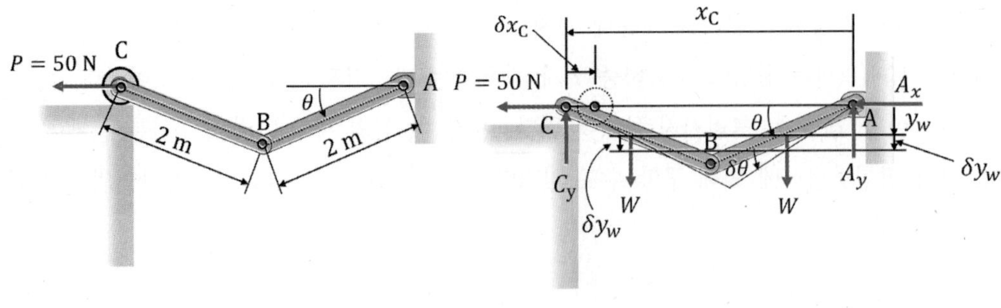

(a)

(b) 가상변위에 의한 자유물체도

[그림 10-11] 연결 강체

[그림 10-11(a)]는 각각 질량이 $m = 10\ \mathrm{kg}$인 두 개의 링크가 연결된 강체를 보여준다. 강체의 점 C에 $P = 50\ \mathrm{N}$의 힘을 작용시킬 때, 정적평형을 이루기 위한 각 θ를 가상일의 원리를 써서 구해보자.

먼저, 힘 P가 각각의 무게가 W인 두 링크의 중력에 의한 영향보다 크다면 연결 강체는 좌측으로 움직여 정적평형을 이루겠지만, 두 링크의 무게에 의한 영향이 힘 P에 의한 영향보다 크면 [그림 10-11(b)]와 같이 좌측 링크가 우측으로 움직여 정적평형을 이룰 것이다. 점 A에서 점 C 방향으로의 거리를 양의 x_{C}, 점 A에서 수직 아래로 각 링크의 무게중심까지의 거리를 양의 y_w라 하자. 그러면 x_{C}와 y_w는 각각 다음과 같이 표현된다.

$$x_{\mathrm{C}} = (4\ \mathrm{m})\cos\theta, \quad y_w = (1\ \mathrm{m})\sin\theta \tag{10.13}$$

식 (10.13)을 변분variation을 취하면 다음과 같이 된다.

$$\delta x_{\mathrm{C}} = -(4\ \mathrm{m})(\sin\theta)\delta\theta, \quad \delta y_w = (1\ \mathrm{m})(\cos\theta)\delta\theta \tag{10.14}$$

가상일의 원리를 적용시켜, 우선 힘 P와 무게 W에 의한 가상일을 다음과 같이 영으로 놓는다.

$$2W\delta y_w + P\delta x_{\mathrm{C}} = 0, \quad 2W(\cos\theta)\delta\theta - 4P(\sin\theta)\delta\theta = 0 \tag{10.15}$$

식 (10.15)에서 $\delta\theta \neq 0$이므로, 이 관계를 포함시키고, 구체적인 수치 값을 대입하면 다음과 같은 정적 평형상태에서의 각 θ를 얻을 수 있다.

$$\tan\theta = \frac{W}{2P} = \frac{mg}{2P} = \frac{10\times 9.81\ \mathrm{m/s^2}}{2\times 50\ \mathrm{N}}, \ \theta = \tan^{-1}(0.981) = 44.45^{\circ} \tag{10.16}$$

예제 10-1 이중 진자의 정적 평형 위치 구하기

[그림 10-12(a)]와 같은 이중 진자double pendulum의 m_2에 수평력 P가 작용할 때, 정적 평형상태를 이루는 θ_1과 θ_2의 위치를 구하여라.

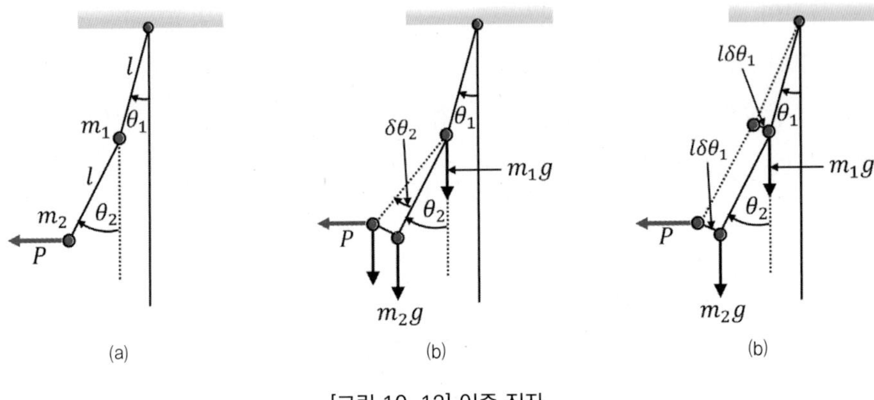

[그림 10-12] 이중 진자

분석

- 먼저, [그림 10-12(b)]와 같이 m_2에 가상 각변위 $\delta\theta_2$를 가하고, 다음 순서로 m_1에 가상 각변위 $\delta\theta_1$을 가한다.
- 가상일을 생각하고, 가상일의 원리로부터 평형상태의 θ_1과 θ_2의 위치를 구한다.

풀이

❶ 먼저, [그림 10-12(b)]와 같이 m_2에 가상 각변위 $\delta\theta_2$를 가하면 이에 따른 가상일의 원리에 따라 다음과 같은 식을 얻게 된다.

$$\delta W = -(m_2 g \sin\theta_2)(l\delta\theta_2) + (P\cos\theta_2)(l\delta\theta_2) = 0 \tag{1}$$

❷ 이제 가상 각변위 $\delta\theta_2$는 $\delta\theta_2 = 0$로 두고, [그림 10-12(b)]와 같이 m_1에 가상 각변위 $\delta\theta_1$을 가하면, 이에 따른 가상일의 원리에 따라 다음과 같게 된다.

$$\delta W = -(m_1 g \sin\theta_1)(l\delta\theta_1) - (m_2 g \sin\theta_1)(l\delta\theta_1) + (P\cos\theta_1)(l\delta\theta_1) = 0 \tag{2}$$

❸ 식 (1)과 식 (2)에서 $l\delta\theta_1 \neq 0$, $l\delta\theta_2 \neq 0$이므로 식 (1)과 식 (2)를 풀면 다음과 같은 평형 위치의 각을 얻을 수 있다.

$$\tan\theta_1 = \frac{P}{(m_1+m_2)g} \ , \ \theta_1 = \tan^{-1}\left(\frac{P}{(m_1+m_2)g}\right) \quad (3)$$

$$\tan\theta_2 = \frac{P}{m_2 g} \ , \ \theta_2 = \tan^{-1}\left(\frac{P}{m_2 g}\right) \quad (4)$$

고찰

2 자유도계인 이중진자의 가상변위를 가할 때는 회전에 관계되는 문제이므로 가상 각변위를 각각의 진자에 $\delta\theta_2$, $\delta\theta_1$을 가하고, 이로부터 가상 선변위 $l\delta\theta_2$, $l\delta\theta_1$를 하중과 곱하여 가상일의 원리를 적용한다.

정역학에서 가상일의 원리를 적용할 때는 항상 정적 평형상태에서 적용한다. 그러나, 추후 동역학 문제를 다룰 경우는 동적 평형상태에서 가상일의 원리를 적용한다. 여기서 동적 평형이란 $\Sigma(\mathrm{F}_i - m_i\mathbf{a}_i)\cdot\delta\mathrm{r} = 0$로 관성력 항인 $m_i\mathbf{a}_i$를 고려하여야 한다.

$\Sigma(\mathrm{F}_i - m_i\mathbf{a}_i) = 0$은 뉴턴의 운동법칙 $\Sigma\mathrm{F}_i = m_i\mathbf{a}_i$와 같게 된다. 동적 평형의 개념은 최초로 달랑베르D'Alembert에 의해 공식화되었다.

예제 10-2 연결봉의 정적 평형 위치 구하기

[그림 10-13(a)]와 같은 연결봉 시스템의 점 A에 $P = 40\ \mathrm{N}$이 작용할 때, 정적 평형상태를 이루는 θ_1과 θ_2의 위치를 구하여라. 단, 두 연결 봉의 질량은 같고, $m = 10\ \mathrm{kg}$이고, 연결봉의 길이 l은 $l = 1\ \mathrm{m}$이다.

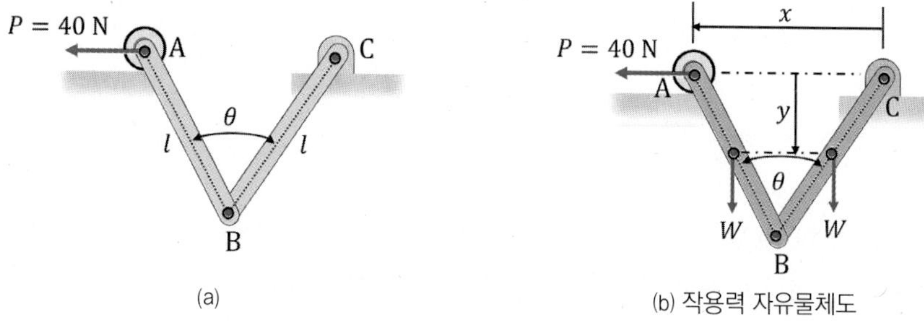

[그림 10-13] 연결봉 시스템

분석

- 먼저, [그림 10-13(b)]와 같이 작용력 P와 $W = mg$ 외의 반력들은 가상변위가 작용하는 동안 일을 하지 않으므로, 작용력에 의한 가상일만 고려하면 된다.
- 가상일은 x 방향과 관계된 가상변위 δx와 무게 방향(y 방향)에 관계된 가상변위 δy에 의한 일을 생각한다.

풀이

❶ 먼저, δx의 가상변위 동안에 한 가상일은 다음과 같다.

$$\delta W = P\delta x + 2mg\,\delta y = 0 \tag{1}$$

❷ 이제 x, y와 가상변위 δx, δy를 θ로 나타내면 다음과 같다.

$$x = 2l\sin(\theta/2),\ \delta x = l\cos(\theta/2)\,\delta\theta,\ y = \frac{l}{2}\cos(\theta/2),\ \delta y = -\frac{l}{4}\sin(\theta/2)\,\delta\theta \tag{2}$$

❸ 식 (2)를 식 (1)에 대입하고 정리하면 다음과 같다.

$$\left[P(\cos(\theta/2)) - \frac{2mg}{4}\sin(\theta/2)\right] l\,\delta\theta = 0 \tag{3}$$

❹ 식 (3)에서 $\delta\theta \neq 0$이므로, 양변을 $l\delta\theta$로 나누고, 식 (3)을 정리하면 다음과 같다.

$$\tan(\theta/2) = \frac{2P}{mg} = \frac{80\ \mathrm{N}}{98.1\ \mathrm{N}} = 0.815,\ \theta/2 = \tan^{-1}(0.815) = 39.18°,$$

$$\theta = 78.36° \tag{4}$$

고찰

연결봉의 정적 평형 위치 또는 정적 평형 각을 구하는 데 있어, 하중이나 힘이 작용하는 방향의 부호와 가상변위의 부호 계산에 실수가 없도록 해야 한다.

Section 10.3

에너지의 개념과 퍼텐셜 함수

학습목표

✔ 에너지의 개념과 정의를 이해하고, 퍼텐셜 함수와 힘과의 관계를 익힌다.

✔ 다양한 종류의 힘에 의한 에너지의 개념과 에너지의 부호(양의 일 또는 음의 일)를 학습한다.

에너지의 개념은 일반적으로 "일을 할 수 있는 능력"을 일컫는다. 에너지의 종류는 다양하지만, 이 절에서는 정역학에 관계된 중력 퍼텐셜에너지와 탄성 퍼텐셜에너지에 대한 개념을 소개하고, 이들 에너지의 부호를 설정하는 방법도 소개한다.

여기서 **퍼텐셜**potential이란 **역장**force fields 가운데서 물체 입자가 어떤 위치(현재의 위치)에서 어떤 기준 위치datum까지 움직일 때, 힘을 위치 함수로 표시한 **스칼라양**scalar quantity을 의미한다. 퍼텐셜은 물체 입자의 위치만으로 나타내지고, 물체 입자가 현 위치에서 기준 위치에 관하여 갖게 되는 퍼텐셜(위치) 에너지와도 같다.

10.3.1 에너지의 개념

1) 중력 퍼텐셜에너지

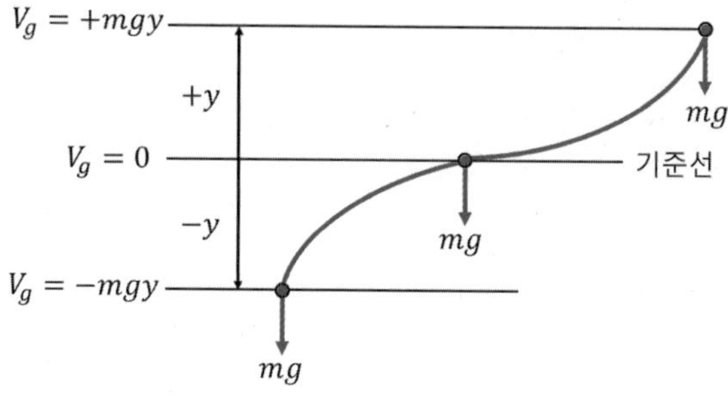

[그림 10-14] 중력 퍼텐셜에너지

중력 퍼텐셜에너지gravitational potential energy는 물체가 어떤 위치에 존재함으로써 갖는 잠재적인 에너지이다. 이러한 위치에너지에는 중력 위치에너지, 스프링과 관련된 탄성 위치에너지, 전기력에 의한 위치에너지 등이 있다. [그림 10-14]와 같이 기준선을 높이의 중간으로 잡으면, 이 기준선으로부터 아래로 y 만큼 떨어져 있는 위치의 중력 퍼텐셜에너지는 $-mgy$로 나타내지며, 이 기준선에서 위로 y 만큼 떨어진 위치의 중력 위치에너지는 $+mgy$가 된다. 여기서 +, −의 부호는 다음과 같이 설정된다. 예를 들어 $-mgy$의 경우는 무게 mg의 방향(↓)과 기준 위치로 회귀하려는 방향(↑)이 서로 다르므로 부호는 음이 된다. 반면에 $+mgy$의 경우는 무게 mg의 방향(↓)과 기준선으로 돌아가려는 방향(↓)이 같기 때문에 부호는 양이 된다. 따라서 중력 퍼텐셜에너지는 기준선을 중심으로 다음과 같이 표현할 수 있다.

$$V_g = +mgy \text{ 또는 } V_g = -mgy \tag{10.17}$$

2) 탄성 퍼텐셜에너지

탄성력elastic force이란 고체의 변형에 의하여 생기는 힘으로서, 스프링이 원래의 상태로 돌아가려는 힘을 일컬으며, 힘을 받아 늘어나거나 줄어든 길이가 작은 경우(변형이 작은 경우)는 변형된 길이에 비례하며, 물체의 순간적인 변형에만 존재한다.

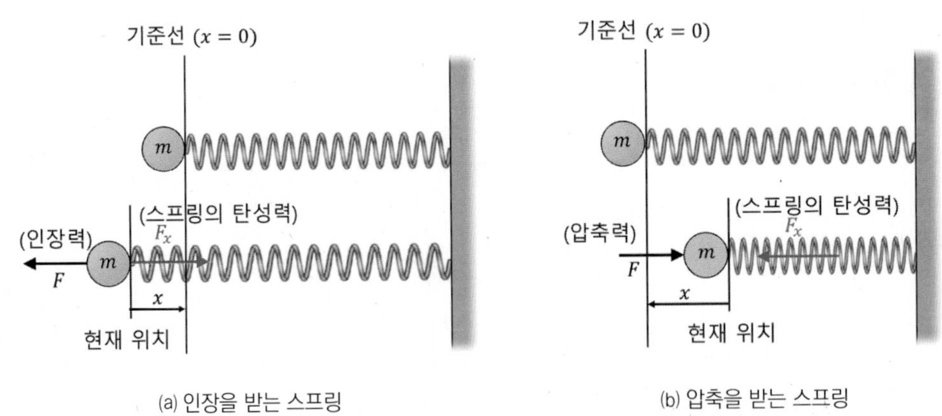

(a) 인장을 받는 스프링 (b) 압축을 받는 스프링

[그림 10-15] 인장과 압축을 받는 스프링

스프링에 의한 **탄성 퍼텐셜에너지**elastic potential energy는 [그림 10-15]와 같이 스프링에 인장이나 압축을 가했을 때, 항상 양positive의 값이 된다. 예를 들어 [그림 10-15(a)]와 같이 스프링에 인장력 F를 가해 기준선에서 x 만큼 인장되었을 때, 스프링의 탄성력 F_x는 인장력

F의 반대 방향(우측 방향)으로 작용한다. 이 탄성력과 인장된 상태에서 기준선 방향으로 회귀하려는 방향(우측 방향)이 동일하기 때문에 탄성 퍼텐셜에너지는 양이 된다. 한편, [그림 10-15(b)]와 같이 압축력 F가 질점에 가해져 기준선에서 x 만큼 압축되었을 때, 스프링의 탄성력 F_x는 압축력 F의 반대 방향(좌측 방향)으로 작용한다. 이 탄성력의 방향과 압축된 상태에서 기준선 방향으로 회귀하려는 방향(좌측 방향)이 동일하기 때문에, 탄성 퍼텐셜에너지는 양이 된다. 따라서 스프링이 인장이든 압축이든 탄성 퍼텐셜에너지는 항상 양의 값을 갖는다. 즉 탄성 퍼텐셜에너지를 V_e라 하면 V_e는 다음과 같이 표현될 수 있다.

$$V_e = +\frac{1}{2}kx^2 \tag{10.18}$$

만일 초기 위치가 x_1, 나중 위치가 x_2인 경우는 탄성 퍼텐셜에너지 V_e는 다음과 같다.

$$V_e = +\frac{1}{2}k\left(x_2^2 - x_1^2\right) \tag{10.19}$$

10.3.2 퍼텐셜 함수와 보존력장

이 절에서는 **보존계**conservative system와 **비보존계**nonconservative system에 대한 개념과 함께 퍼텐셜 함수와 **보존력장**conservative fields에 대한 개념을 학습한다.

1) 보존계와 비 보존계

(1) 보존계

어떤 힘이 물체에 작용하여 경로 1을 따라 이동하거나, 경로 2를 따라 이동할 수 있다. 이때, 경로에 무관하게 위치 1에서 위치 2로 이동했을 때, 이 어떤 힘을 보존력이라고 한다. 보존력의 특징 중 하나는 보존력에 의해 운동 중에 하는 일은 **가역적**reversible이라는 점이다. 여기서 가역적이란 [그림 10-16(a)]와 같이 어떤 물체가 보존력에 의해 위치 1에서 움직이기 시작해서 각각 경로 1과 경로 2를 거쳐, 위치 2에서 움직임을 완료했다면, 경로에 무관함을 일컫는다. 경로에 무관하기 때문에 어떤 경로를 거쳤더라도 보존력이 한 일은 항상 같게 된다. 또한, [그림 10-16(b)]에서와 같이, 출발점과 종료점이 동일한 경우, 보존력에 의한 전체 일은 영zero이 된다. 즉 닫힘경로closed loop에서 보존력이 한 일은 영이라는 의미이다. 한편, 보존력에 의한 일은 퍼텐셜 함수의 초기 값과 나중 값의 차이로 표현할 수도 있다. 이러한 보존력의 예를 들면 스프링의 탄성력, 중력, 자기력 등이 있다.

(a) 경로에 무관한 보존력 (b) 닫힘 경로에서 보존력이 한 일

[그림 10-16] 보존계

(2) 비 보존계

어떤 힘이 물체에 작용하여, 위치 1에서 위치 2로 이동했을 때, 이 힘에 의한 일이 물체의 이동 경로와 관계가 있는 경우, 이 어떤 힘은 **비보존력**nonconservative force이라 한다. 비보존력이 한 일은 퍼텐셜 함수로도 표현할 수 없으며, **비가역적**irreversible이다. 또한, 비보존력은 역학적 에너지의 총량에 소실을 가져온다. 이러한 비보존력의 예를 들면 공기저항력, 마찰력, 유체저항력 등이 있다.

2) 보존력장과 퍼텐셜 함수

어떤 질점이 무게에 의한 중력을 받거나, 스프링에 의한 탄성력을 받는 경우, 이 무게나 스프링의 탄성력에 의한 일은 질점의 위치변화나 스프링의 위치변화에만 관계되고, 질점이 이동한 경로에는 무관하다는 것은 이미 학습한 바 있다. 중력이나 탄성력은 보존력인데, 이 보존력이 미치는 힘의 공간을 **보존력장**conservative force field이라 한다. 예로써, 하나의 질량체가 있으면 이 주위에는 단순한 공간이 아니라 힘이 미치는 공간으로 변경되게 된다. 즉, 이 질량체 주변에는 중력장이 만들어져 다른 질량체가 이 중력장에 놓이게 될 때, 두 질량체 사이에는 중력이 작용하게 되는 것이다. 또 하나의 예로써, 중력은 보존력이므로 물체를 들어 올릴 때, 중력을 거슬러 한 일과 물체를 놓았을 때 중력이 물체에 행한 일은 같게 된다. 보존력인 질점의 무게나 스프링의 탄성력에 의한 일은 **퍼텐셜 함수**potential function와 관계된다. 이 퍼텐셜 함수는 $V(x,\ y,\ z)$로 나타내기로 한다. 이제 3차원 공간상에서 어떤 힘 벡터

$\mathrm{P} = P_x \mathrm{i} + P_y \mathrm{j} + P_z \mathrm{k}$가 x-y-z의 함수인 보존력장에 대해 살펴보자.

일반적으로 힘의 작용점의 미소 변위벡터를 $d\mathrm{r} = dx\,\mathrm{i} + dy\,\mathrm{j} + dz\,\mathrm{k}$라 하면, 힘 P가 행한 일은 다음과 같이 쓸 수 있다.

$$U_{1-2} = \int \mathrm{P} \cdot d\mathrm{r} = \int (P_x dx + P_y dy + P_z dz) = \int_{V_1}^{V_2} - dV = -(V_2 - V_1) \quad (10.20)$$

식 (10.20)에서 음의 부호는 보존력장과 반대 방향으로 행해진 일이 퍼텐셜(위치)에너지를 증가시켰음을 의미하며, 보존력장에 의한 일은 위치에너지를 감소시킨다. 또한, 식 (10.20)에서 V_1, V_2는 각각 위치 1과 위치 2에서의 퍼텐셜 함수를 나타낸다. 어떤 퍼텐셜 함수 $V(x, y, z)$가 존재해서, 이 퍼텐셜 함수의 전미분[12] 또는 **완전미분**exact differential dV는 일반적으로 다음과 같이 나타낼 수 있다.

$$dV = \frac{\partial V}{\partial x} dx + \frac{\partial V}{\partial y} dy + \frac{\partial V}{\partial z} dz \quad (10.21)$$

식 (10.20)과 식 (10.21)의 관계들, 즉 $-dV = \mathrm{P} \cdot d\mathrm{r} = P_x dx + P_y dy + P_z dz$로부터 힘 성분과 위치 함수 사이에 다음 관계식을 얻을 수 있다.

$$P_x = -\frac{\partial V}{\partial x}, \quad P_y = -\frac{\partial V}{\partial y}, \quad P_z = -\frac{\partial V}{\partial z} \quad (10.22)$$

식 (10.22)는 퍼텐셜 함수의 x, y, z 방향에 대한 편미분의 음negative의 값은 x, y, z 각 방향의 힘 P_x, P_y, P_z를 의미한다.

따라서 힘 벡터 P는 다음과 같이 나타낼 수 있다.

$$\mathrm{P} = -\nabla V \quad (10.23)$$

식 (10.23)에서 ∇는 기울기gradient 벡터로서 다음과 같이 표현한다.

$$\nabla = \frac{\partial}{\partial x}\mathrm{i} + \frac{\partial}{\partial y}\mathrm{j} + \frac{\partial}{\partial z}\mathrm{k} \quad (10.24)$$

12 어떤 함수 u의 미분소differential du가 존재할 때, du를 완전미분exact differential이라 한다.

이제 퍼텐셜 함수 V에 추가적인 설명을 위해 [그림 10-17]과 같은 스프링과 질량 m으로 이루어진 시스템을 생각해 보자.

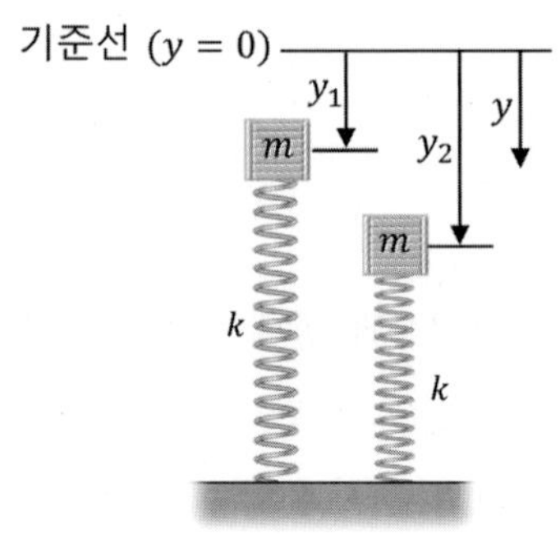

[그림 10-17] 스프링-질량 시스템

[그림 10-17]을 참고할 때, 퍼텐셜 함수 V는 스프링이 변형되기 전, 즉 스프링이 줄어들지 않은 위치인 기준선에서 측정한 좌표 y를 이용하여 다음과 같이 나타낼 수 있다.

$$V = V_g + V_e = -mgy + \frac{1}{2}ky^2 \tag{10.25}$$

식 (10.25)에서 V_g는 중력 퍼텐셜에너지, V_e는 탄성 퍼텐셜에너지를 나타낸다. 이미 10.3.1절에서 설명한 바 있듯이 V_g의 부호가 음인 이유는 하중 mg의 방향은 아래쪽이고, 기준선으로 회귀하려는 방향은 위쪽 방향이므로, 즉 힘의 방향과 기준선으로 회귀하려는 방향이 다르기 때문이다. 한편, 탄성 퍼텐셜에너지 V_e의 부호가 양인 이유 또한, 이미 10.3.1절에서 설명한 바 있듯이 스프링의 인장이나 압축 시의 부호는 항상 양이기 때문이다.

[그림 10-17]에서, 만일 나무 블록이 위치 y_1에서 위치 y_2로 이동하였다면, 식 (10.20)으로부터 질량 m과 스프링에 의하여 행해진 일은 다음과 같이 표시될 수 있다.

$$U_{1-2} = -(V_2 - V_1) = V(y_1) - V(y_2) = -mg(y_1 - y_2) + \frac{1}{2}k(y_1^2 - y_2^2) \tag{10.26}$$

예제 10-3 경사면에서 나무상자가 한 일 구하기

[그림 10-18(a)]와 같은 경사면에 놓인 질량 $m = 10\ \mathrm{kg}$의 나무상자에 수평력 $Q = 200\ \mathrm{N}$이 작용하여 나무상자를 점 A부터 점 B까지 1 m 끌어 올릴 때, 나무상자에 작용하는 모든 힘에 의한 전체 일을 구하여라. 단, 스프링의 초기 위치는 이미 0.5 m 초기 인장된 상태이고, 경사면과 나무상자 사이의 마찰은 무시하라.

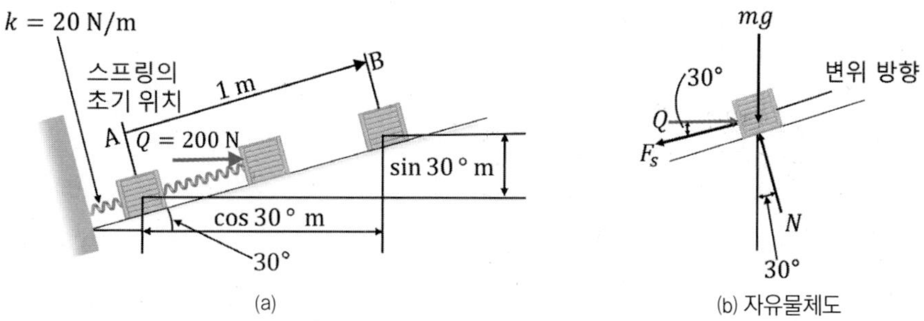

[그림 10-18] 경사면 위의 나무상자

분석

- 먼저, [그림 10-18(a)]에서 행해진 일은 Q에 의한 일, 무게에 의한 일, 스프링의 탄성력에 의한 일이다. 마찰은 무시한다고 하였으므로 이에 의한 일은 없다.
- [그림 10-18(b)]와 같이 수직항력 N은 변위의 방향에 직각이므로 일을 행하지 않는다.

풀이

❶ 외력 Q, 탄성력 F_s, 무게 mg에 의한 일은 각각 다음과 같다.

$$U_Q = Q\cos 30^\circ\,(1\ \mathrm{m}) = (200\ \mathrm{N})\cos 30^\circ(1\ \mathrm{m}) = 173.21\ \mathrm{N\cdot m} \tag{1}$$

$$U_W = -mg(\sin 30^\circ) = -(10\ \mathrm{kg})(9.81\ \mathrm{m/s^2})(\sin 30^\circ) = -49.05\ \mathrm{N\cdot m} \tag{2}$$

$$U_s = -\frac{1}{2}k(s_2^2 - s_1^2) = -\frac{1}{2}(20\ \mathrm{N/m})\left((1.5^2 - 0.5^2)\ \mathrm{m^2}\right) = -20\ \mathrm{N\cdot m} \tag{3}$$

❷ 식 (1)~식 (3)까지의 일들을 모두 합하면 전체 일이 되며, 다음과 같다.

$$U = U_Q + U_W + U_s = 173.21\ \mathrm{N\cdot m} - 49.05\ \mathrm{N\cdot m} - 20\ \mathrm{N\cdot m} = 104.16\ \mathrm{N\cdot m} \tag{4}$$

$$U = 104.16\ \mathrm{N\cdot m}$$

고찰

수평력 Q와 변위 방향은 일치하지 않으므로 Q의 $\cos 30^\circ$ 성분만이 일에 가담한 것이 된다. 또한 $Q\cos 30^\circ$ 가 일으킨 변위는 점 A에서 점 B까지의 거리인 1 m가 된다.
변위의 방향과 직각인 힘들은 일을 하지 않는다. 따라서, 수직항력 N에 의한 일은 없다. 스프링의 경우 일을 구하는 데 주의해야 하는데, 스프링은 항상 늘어나지 않은 위치가 기준이 되므로 초기인장이 0.5 m가 있는 경우는 점 A가 $s_1 = 0.5$ m, 점 B는 $s_2 = 1.5$ m가 되는 것을 알아야 한다.

Section 10.4

평형상태와 안정성

학습목표

- ✔ 계의 평형상태의 조건과 퍼텐셜 함수와의 관계를 정립한다.
- ✔ 계의 평형상태와 안정 및 불안정 상태의 개념을 이해한다.

정역학에서 일컫는 정적 평형상태란 힘의 평형과 모멘트의 평형이 모두 이루어지는 상태를 말한다. 즉, $\sum F = 0$, $\sum M = 0$이다. 이 절에서는 정적 평형상태에 대한 설명과 함께, 퍼텐셜 함수로부터의 평형조건과 물체의 안정 및 불안정 상태에 대한 조건을 알아본다.

10.4.1 퍼텐셜 함수의 평형조건

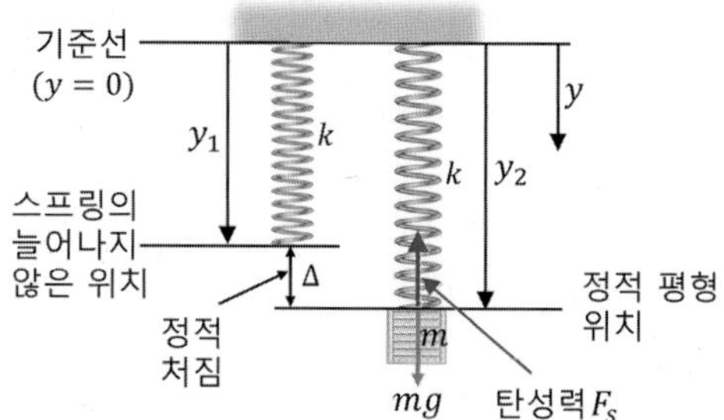

[그림 10-19] 스프링 질량 계의 평형조건

[그림 10-19]는 스프링과 질량으로 이루어진 계를 보여준다. 먼저, 스프링은 스프링의 질량을 무시하고, 공기적인 마찰 등을 무시할 때, 기준선에 스프링을 매달아 놓으면 스프링의 늘어나지 않은 위치($y = y_1$)에 위치하게 된다. 다음은 이 스프링의 끝에 질량 m의 나무상자를 매단다면 스프링의 늘어나지 않은 위치에서 $y = y_2$의 위치까지 늘어나게 되고, 이 위치에서 멈추게 된다고 하자. 이미 10.3.2절에서 학습한 바 있듯이, 미소 일을 dU, 퍼텐셜 함수를 V라 하면 미소일은 다음과 같은 관계가 있음을 알았다.

$$dU = -dV \tag{10.27}$$

또한, dV의 전미분은 식 (10.21)과 같이 $dV = \frac{\partial V}{\partial x}dx + \frac{\partial V}{\partial y}dy + \frac{\partial V}{\partial z}dz$로 표현된다는 것도 알았다. [그림 10-19]에서는 y 방향으로만 움직임이 있으므로 퍼텐셜 함수 V는 y만의 함수인 $V(y)$가 되고, V의 전미분 dV는 다음과 같은 관계만 있게 된다.

$$dV = \frac{\partial V}{\partial y}dy \tag{10.28}$$

만일 [그림 10-19]의 스프링의 늘어나지 않은 위치에서 실제로 미소 변위 dy 만큼이 아니라 가상변위 δy 만큼 아래로 움직인다면, 식 (10.27)과 식 (10.28)의 변형 형태인 각각 다음과 같은 식이 된다.

$$\delta U = -\delta V \tag{10.29}$$

$$\delta V = \frac{\partial V}{\partial y}\delta y \tag{10.30}$$

식 (10.29)는 가상일의 원리에 의해 $\delta U = 0$이고, 따라서, $\delta V = 0$이 된다. 식 (10.30)에서 가상변위 $\delta y \neq 0$이므로 $\frac{\partial V}{\partial y} = 0$이어야 한다.

[그림 10-19]에서와 같은 스프링 질량 계에서 퍼텐셜 함수 V는 $V(y)$로서, 식 (10.25)를 참조하면 다음과 같이 표현됨을 알 수 있다.

$$V(y) = -mgy + \frac{1}{2}ky^2 \tag{10.31}$$

따라서, $\frac{\partial V}{\partial y} = 0$으로부터 다음의 관계가 성립된다.

$$\frac{\partial V(y)}{\partial y} = -mg + ky = 0 \tag{10.32}$$

식 (10.32)로부터, 평형 위치는 다음과 같음을 알 수 있다.

$$y = y_{eq} = \frac{mg}{k} \tag{10.33}$$

이 평형 위치 y_{eq}는 [그림 10-19]에 있어 정적 처짐과 같은데, 이는 스프링의 늘어나지 않은 위치에서 정적평형 위치까지의 거리와도 같다. 왜냐하면 [그림 10-19]에서 정적 평형 위치에서는 모든 힘의 합이 영이므로 $\Sigma F=0$이 된다. 아래로 작용하는 무게 mg와 이와 반대 방향인 스프링의 탄성력 $F_s = ky$가 맞서고 있기 때문에 다음과 같은 관계가 된다.

$$\Sigma F=0 \ ; \ mg-k\Delta=0, \ \Delta=y_{eq}=\frac{mg}{k} \tag{10.34}$$

10.4.2 평형의 안정성 조건

평형의 안정성 조건을 논하기에 앞서, [그림 10-20]과 같이 어떤 곡선 함수가 있을 때, 구간 A 및 B구간은 어떤 함수의 기울기 즉 1계 도함수가 감소하는 구간이고, 구간 C 및 D는 어떤 함수의 기울기가 증가하는 구간이다. 1계 도함수가 증가한다는 것은 2계 도함수가 양수라는 의미이고, 아래로 볼록한 함수를 나타낸다. 1계 도함수가 감소한다는 것은 2계 도함수가 음수라는 의미이고, 위로 볼록한 함수를 나타낸다. 또한, 이러한 의미를 구간 A, B, C, D로 나누어 생각해 보면 다음과 같다. 첫째, 구간 A는 1계 도함수 양수, 2계 도함수 음수, 둘째, 구간 B는 1계 도함수 음수, 2계 도함수 음수, 셋째, 구간 C에서, 1계 도함수 음수, 2계 도함수 양수, 넷째, 구간 D에서는 1계 도함수 양수, 2계 도함수 양수이다.

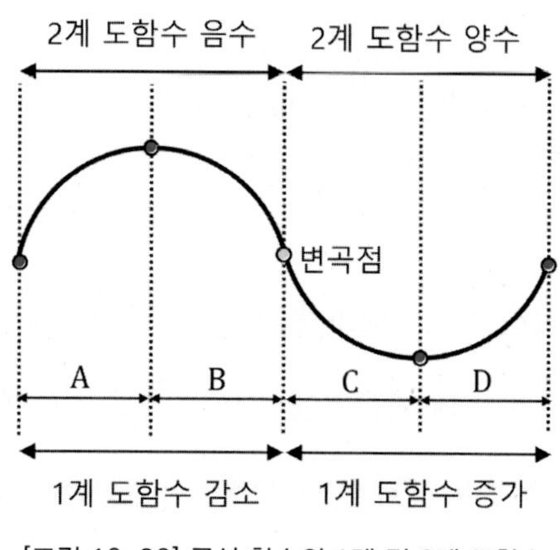

[그림 10-20] 곡선 함수의 1계 및 2계 도함수

이제, 1 자유도를 갖는 어떤 계의 한 방향의 좌표가 y라 정의될 때, 그 계의 퍼텐셜 함수 V는 좌표 y의 함수들로 나타낼 수 있다. [그림 10-21]은 세가지 유형(**안정 평형**, **불안정 평형**, **중립 평형**)의 안정성 여부를 보여주고 있으며, 각 유형의 특징은 다음과 같다.

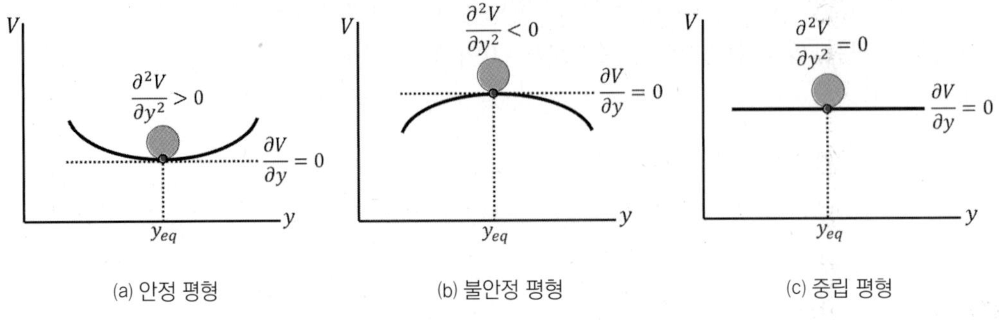

(a) 안정 평형 (b) 불안정 평형 (c) 중립 평형

[그림 10-21] 세 가지 유형의 안정성 여부

1) 안정 평형

안정 평형의 경우는 [그림 10-22(a)]와 같이 곡선의 좌측에서 우측으로 진행함에 따라 퍼텐셜 함수의 기울기$\left(\frac{\partial V}{\partial y}\right)$가 음의 기울기에서 영의 기울기를 지나 양의 기울기로 점점 증가한다. 반복된 설명이지만, 기울기가 증가한다는 뜻은 퍼텐셜 함수의 2계 도함수$\left(\frac{\partial^2 V}{\partial y^2}\right)$가 영보다 큰 것이다. 즉, 안정 평형의 경우는 다음 식과 같은 경우이다.

$$\frac{\partial V}{\partial y} = 0, \quad \frac{\partial^2 V}{\partial y^2} > 0 \tag{10.35}$$

2) 불안정 평형

불안정 평형의 경우는 [그림 10-22(b)]와 같이 곡선의 좌측에서 우측으로 진행함에 따라 퍼텐셜 함수의 기울기$\left(\frac{\partial V}{\partial y}\right)$가 양의 기울기에서 영의 기울기를 지나 음의 기울기로 점점 감소한다. 기울기가 감소한다는 뜻은 퍼텐셜 함수의 2계 도함수가 영보다 작은 것이다. 즉, 불안정 평형의 경우는 다음 식과 같은 경우이다.

$$\frac{\partial V}{\partial y} = 0, \quad \frac{\partial^2 V}{\partial y^2} < 0 \tag{10.36}$$

3) 중립 평형

중립 평형의 경우는 [그림 10-22(c)]와 같이 곡선의 좌측에서 우측으로 진행함에 따라 퍼텐셜 함수의 기울기$\left(\dfrac{\partial V}{\partial y}\right)$가 영의 기울기를 갖게 되며, 다음 식과 같은 경우이다.

$$\frac{\partial V}{\partial y} = 0, \quad \frac{\partial^2 V}{\partial y^2} = 0 \tag{10.37}$$

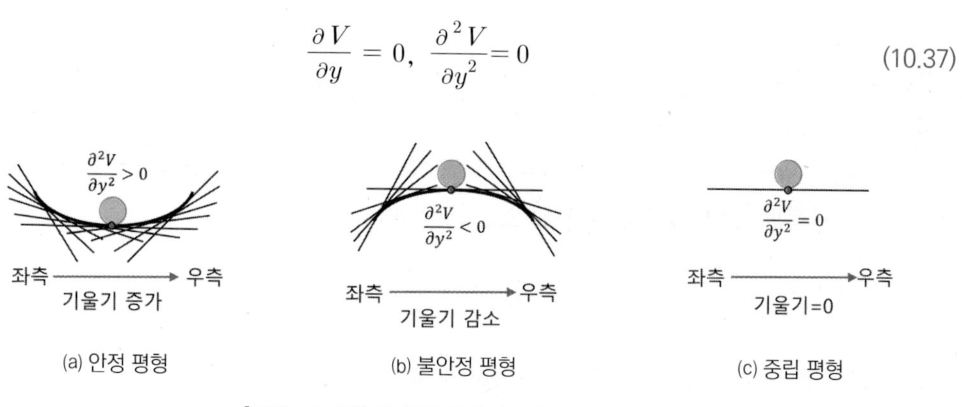

[그림 10-22] 세 가지 유형의 기울기 증감 여부

예제 10-4 스프링이 연결된 원판 디스크에 부착된 블록의 안정성 판별

[그림 10-23(a)]와 같이 질량 $5\ \mathrm{kg}$을 갖는 블록이 반경 $d = 0.3\ \mathrm{m}$인 원판 디스크의 살[rim]에 부착되어 있다. 스프링 AB는 $\alpha = 0°$일 때, 스프링의 변형되지 않은 길이이다. 블록이 평형상태를 유지하는 각위치 α를 구하고, $\alpha = 0°$일 때와 평형상태를 이룰 때의 각에 대한 안정성을 판별하라.

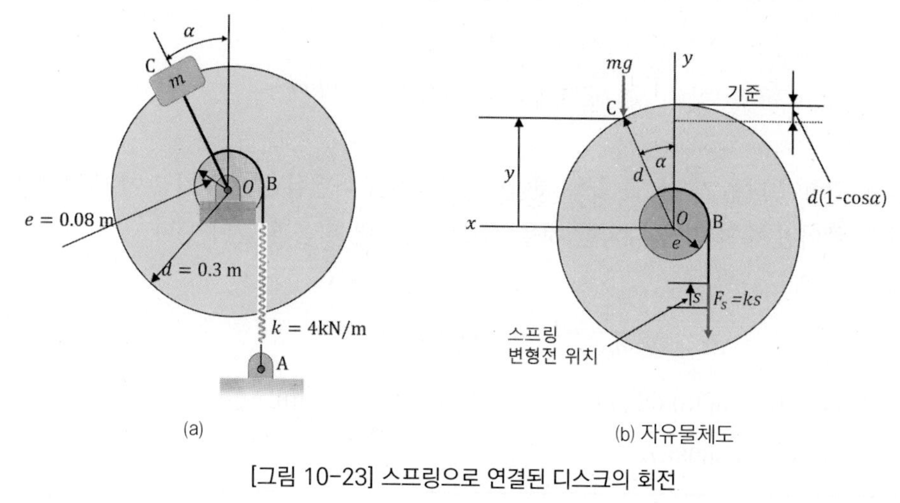

[그림 10-23] 스프링으로 연결된 디스크의 회전

분석

- 평형상태를 구하기 위해서는 먼저, 퍼텐셜 함수 V를 찾아야 한다. 이 V의 편미분이 영이 되는 위치를 계산한다.
- 안정과 불안정 및 중립 평형의 문제는 식 (10.35)~식 (10.37)의 조건에 의해 판별하면 된다.

풀이

❶ 주어진 조건은 $m = 10\,\text{kg}$, $k = 4\,\text{kN/m}$, $d = 0.3\,\text{m}$, $e = 0.08\,\text{m}$이다. 퍼텐셜 함수를 구하기에 앞서, 점 O로부터 좌측 방향과 위 방향을 각각 x와 y의 양의 방향이라 할 때, 각 α와 원판 반경 등과의 관계를 설정하면 다음과 같다.

$$s = e\alpha, \quad y = d\cos\alpha \tag{1}$$

❷ 이미 식 (10.18)을 통해 살펴본 바와 같이, 스프링의 경우는 퍼텐셜에너지가 인장이든 압축이든 항상 양의 값을 갖게 되었다. 그러나, 무게에 의한 퍼텐셜에너지는 부호가 바뀔 수 있다. [그림 10-23(b)]에서, $\alpha = 0°$에서 반시계 방향으로 회전하여 질량의 높이 차가 $d(1-\cos\alpha°)$이고, 무게는 아래 방향, 기준 위치로 회귀하려는 방향이 위 방향이므로 퍼텐셜에너지의 부호는 음이 된다. 따라서, 이제 퍼텐셜 함수 V를 표현하면 다음과 같다.

$$V = V_g + V_e = \frac{1}{2}ks^2 - mgd(1-\cos\alpha) = \frac{1}{2}ks^2 + mgd\cos\alpha - mgd \tag{2}$$

❸ 식 (1)의 관계를 식 (2)에 대입하면 다음과 같이 된다.

$$V = \frac{1}{2}ke^2\alpha^2 + mgd\cos\alpha - mgd \tag{3}$$

❹ 이제, 평형이 되는 각위치를 찾는 것이므로 식 (3)의 퍼텐셜 함수 V를 α에 대해 편미분하고, 주어진 수치 값을 대입한 것을 영으로 놓으면 다음과 같이 된다.

$$\frac{\partial V}{\partial\alpha} = ke^2\alpha - mgd\sin\alpha = 0 \tag{4}$$

$$(4{,}000\,\text{N/m})(0.08\,\text{m})^2(\alpha) - (10\,\text{kg})(9.81\,\text{m/s}^2)(0.3\,\text{m})(\sin\alpha) = 0,$$

$$\sin\alpha = 0.86986\,\alpha \tag{5}$$

❺ 이제, 식 (5)의 $\sin\alpha = 0.86986\alpha$를 푸는 데 있어 시행착오trial & error법으로 풀면 다음과 같은 α값이 산출된다. α값을 구해보면 $\alpha = 0\,\text{rad}$ 또는 $\alpha = 0.9015\,\text{rad}$, 각도로는 $\alpha = 0°$ 또는 $\alpha = 51.652°$이다.

❻ 이제, 평형상태의 안정성에 대해 논하자. 퍼텐셜 함수 V의 2계 편미분은 다음과 같다.

$$\frac{\partial^2 V}{\partial \alpha^2} = ke^2 - mgd\cos\alpha = 4{,}000(0.08)^2 - (10)(9{,}81)(0.3)\cos\alpha$$

$$= 25.6 - 29.43\cos\alpha \tag{6}$$

❼ $\alpha = 0°$일 때: 식 (6)의 값은 $\dfrac{\partial^2 V}{\partial \alpha^2} = -3.83 < 0$이 되어, $\alpha = 0°$에서 불안정이 된다.

❽ $\alpha = 51.652°$일 때: $\dfrac{\partial^2 V}{\partial \alpha^2} = 7.341 > 0$이 되어, $\alpha = 51.652°$에서는 안정이 된다.

고찰

만일 원판 디스크 계가 평형 위치에서 멈춘다면, 그 평형 각도는 $\alpha = 51.652°$가 된다. 만일 이 계를 $\alpha = 0°$로 해 두었다면, 그 상태에서 조금만 터치touch해도 움직임이 있을 것이다.

일의 정의

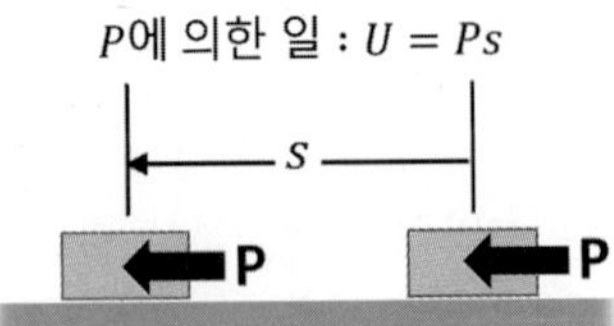

(a) 일을 하는 경우(힘과 이동방향이 같거나 직각 아님)

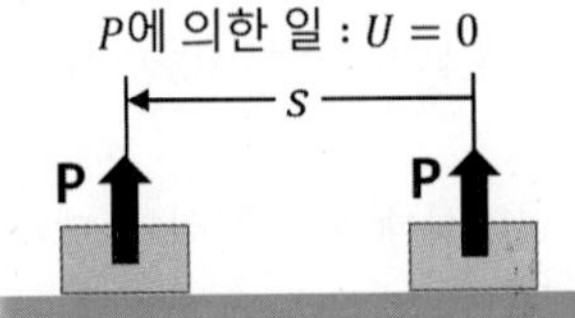

(b) 일을 하지 않는 경우(힘과 이동방향이 직각)

다양한 힘에 의한 일

■ **힘 *P*에 의한 일**

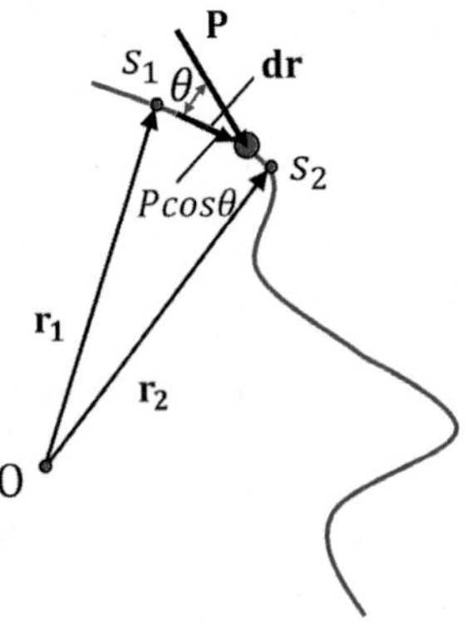

$$(U_{1-2})_P = \int_{\mathrm{r}_1}^{\mathrm{r}_2} \mathrm{P} \cdot d\mathrm{r} = \int_{s_1}^{s_2} P\cos\theta\, ds$$

■ **중력에 의한 일**

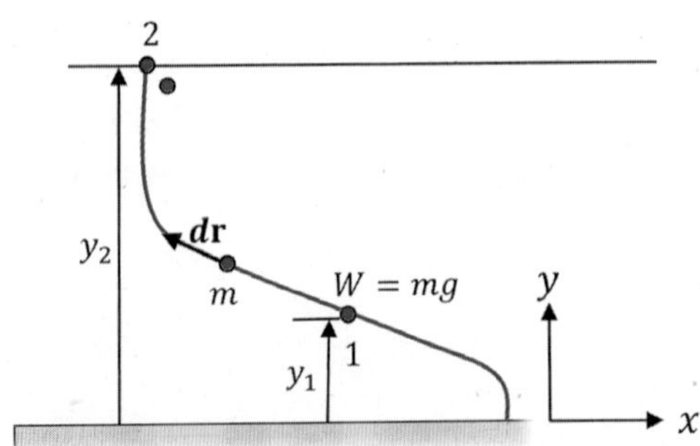

$$(U_{1-2})_g = \int \mathrm{W} \cdot d\mathrm{r} = \int -mg\,\mathbf{j} \cdot d\mathrm{r} = \int_{y_1}^{y_2} -mg\,dy = -mg(y_2 - y_1)$$

■ 스프링의 탄성력에 의한 일

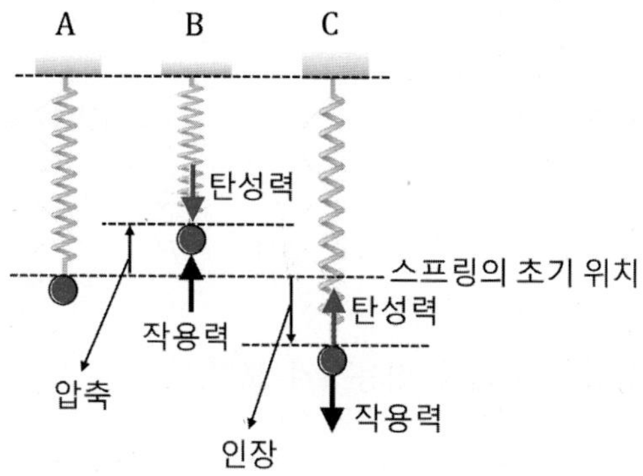

$$(\Sigma U_{1-2})_e = \int_{x_1}^{x_2} F_s\,dx = \int_{x_1}^{x_2} -kx\,dx = -\frac{1}{2}k\,(x_2^2 - x_1^2)$$

■ 우력에 의한 일

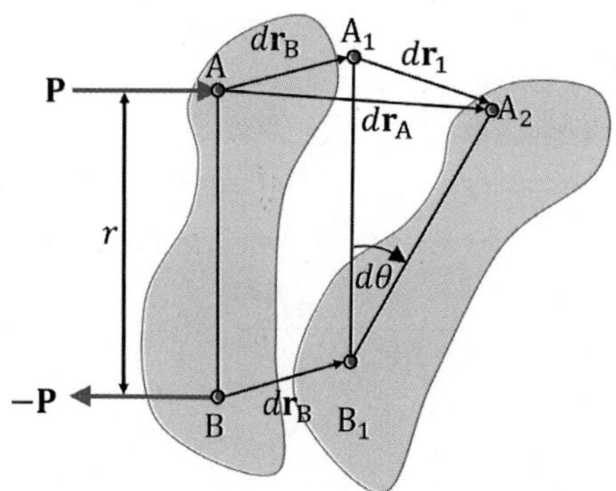

$$U = \int dU = \int_{\theta_1}^{\theta_2} M d\theta = M(\theta_2 - \theta_1)$$

가상일의 원리

$$\delta W = \sum_i \mathrm{F}_i \cdot \delta \mathrm{r} = 0,\ \delta W = 0$$

$$\delta W = (P\cos\theta)\delta s\,,\ \delta W = M\delta\theta$$

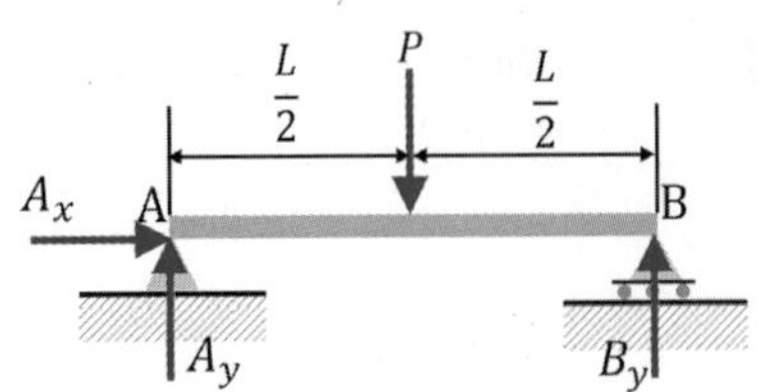

(a) 외력과 반력을 나타낸 단순지지보

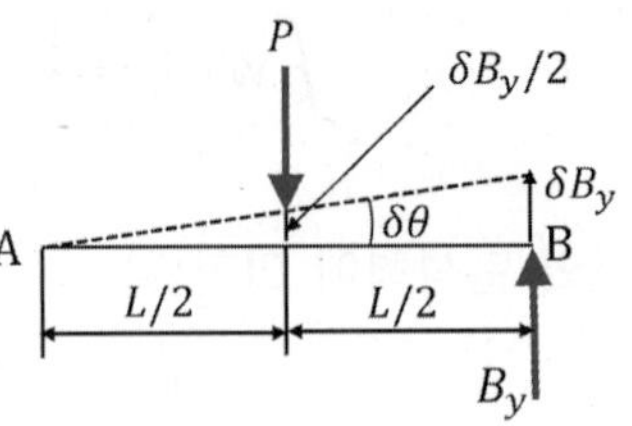

(b) 가상변위에 의한 자유물체도

$$\delta W = B_y L\delta\theta - P\frac{L}{2}\delta\theta = 0,\ \delta W = \left(B_y L - P\frac{L}{2}\right)\delta\theta = 0$$

이제 연결 강체에 가상일의 원리를 적용시켜 보자.

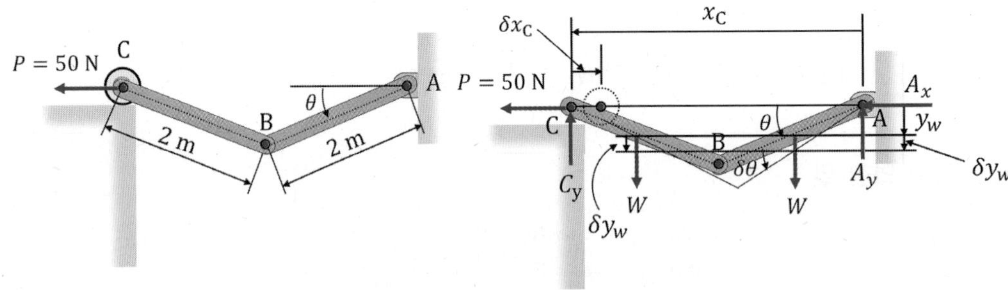

(a)

(b) 가상변위에 의한 자유물체도

$$\tan\theta = \frac{W}{2P} = \frac{mg}{2P} = \frac{10\times 9.81\ \text{m/s}^2}{2\times 50\ \text{N}},\ \theta = \tan^{-1}(0.981) = 44.45°$$

에너지의 개념과 퍼텐셜 함수

■ **중력 퍼텐셜에너지**

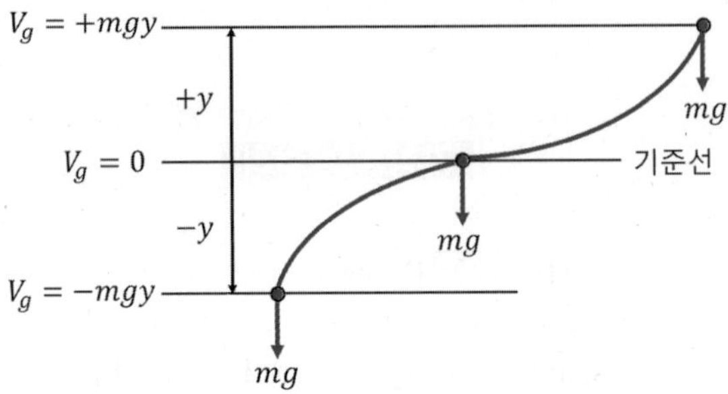

$$V_g = +mgy \text{ 또는 } V_g = -mgy$$

■ **탄성 퍼텐셜에너지**

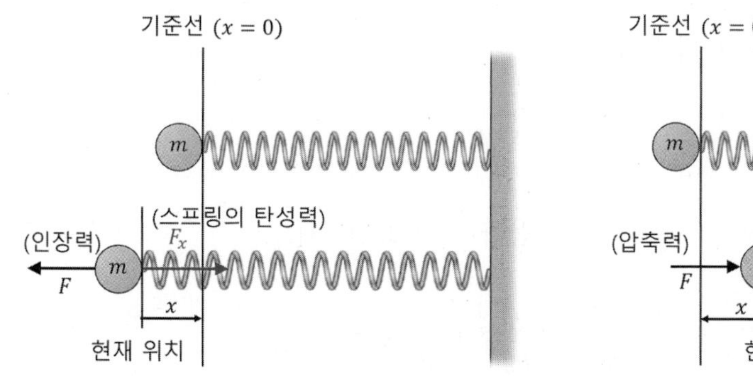

(a) 인장을 받는 스프링

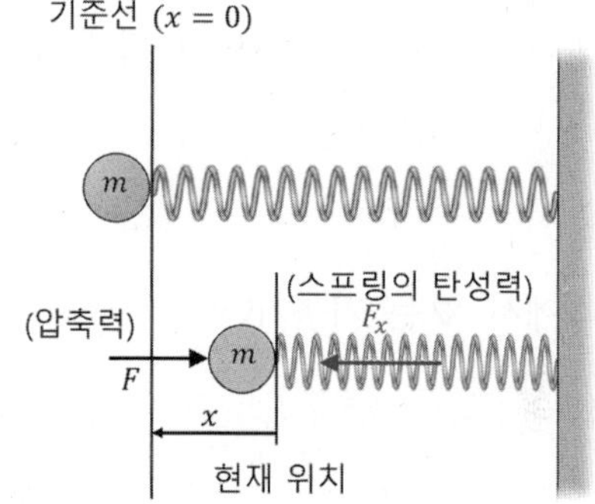

(b) 압축을 받는 스프링

$$V_e = +\frac{1}{2}kx^2, \quad V_e = +\frac{1}{2}k(x_2^2 - x_1^2)$$

퍼텐셜 함수와 보존력장

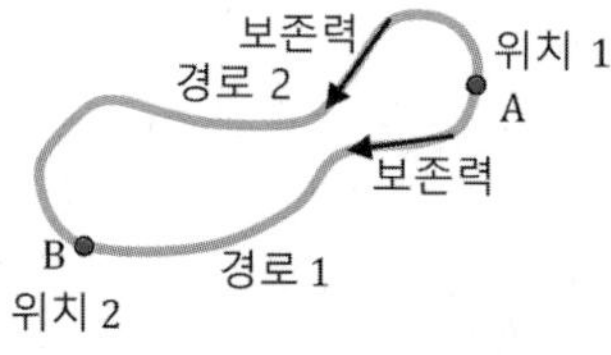

(a) 경로에 무관한 보존력

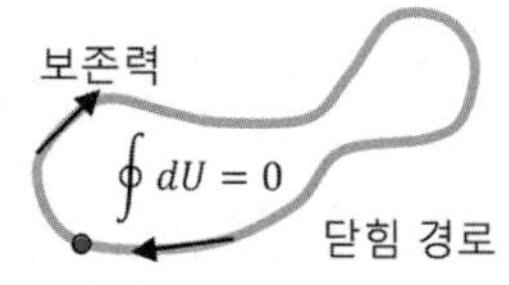

(b) 닫힘 경로에서 보존력이 한 일

어떤 질점이 무게에 의한 중력을 받거나, 스프링에 의한 탄성력을 받는 경우, 이 무게나 스프링의 탄성력에 의한 일은 질점의 위치 변화나 스프링의 위치 변화에만 관계되고, 질점이 이동한 경로에는 무관하다는 것은 이미 학습한 바 있다. 중력이나 탄성력은 보존력인데, 이 보존력이 미치는 힘의 공간을 **보존력장**conservative force field이라 한다.

$$U_{1-2} = \int \mathrm{P} \cdot d\mathrm{r} = \int (P_x\,dx + P_y\,dy + P_z\,dz) = \int_{V_1}^{V_2} -dV = -(V_2 - V_1)$$

$$dV = \frac{\partial V}{\partial x}dx + \frac{\partial V}{\partial y}dy + \frac{\partial V}{\partial z}dz$$

$$P_x = -\frac{\partial V}{\partial x}, \quad P_y = -\frac{\partial V}{\partial y}, \quad P_z = -\frac{\partial V}{\partial z}$$

힘 벡터 P는 다음과 같이 나타낼 수 있다.

$$\mathrm{P} = -\nabla V$$

위 식에서 ∇는 기울기gradient 벡터로서 다음과 같이 표현된다.

$$\nabla = \frac{\partial}{\partial x}\mathrm{i} + \frac{\partial}{\partial y}\mathrm{j} + \frac{\partial}{\partial z}\mathrm{k}$$

■ **퍼텐셜 함수**

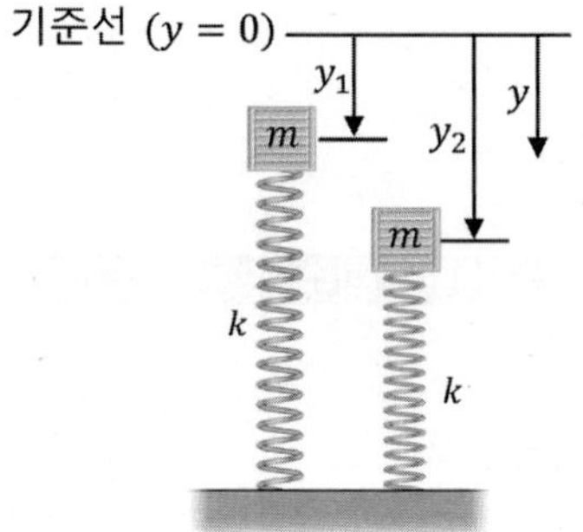

$$V = V_g + V_e = -mgy + \frac{1}{2}ky^2$$

위 그림에서, 만일 나무 블록이 위치 y_1에서 위치 y_2로 이동하였다면, 질량 m과 스프링에 의하여 행해진 일은 다음과 같이 표시될 수 있다.

$$U_{1-2} = -(V_2 - V_1) = V(y_1) - V(y_2) = -mg(y_1 - y_2) + \frac{1}{2}k(y_1^2 - y_2^2)$$

퍼텐셜 함수의 평형조건

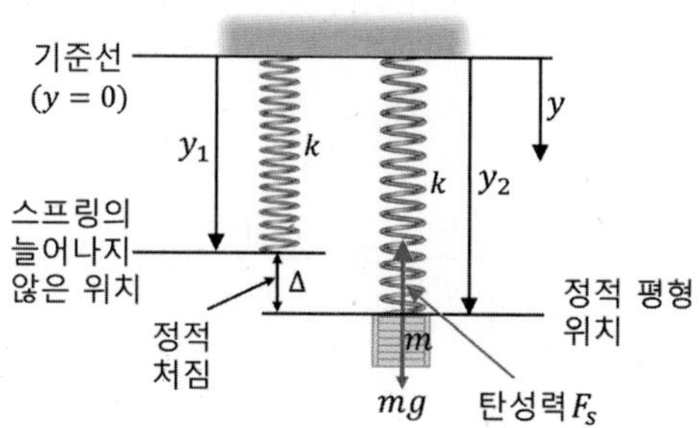

❶ y 방향으로만 움직임이 있으므로 퍼텐셜 함수 V는 y만의 함수인 $V(y)$가 되고, V의 전미분 dV는 다음과 같은 관계만 있게 된다.

$$dV = \frac{\partial V}{\partial y}dy, \quad V(y) = -mgy + \frac{1}{2}ky^2$$

❷ $dU = -dV$이고, $\frac{\partial V}{\partial y} = 0$으로부터, 다음의 관계가 성립된다.

$$\frac{\partial V(y)}{\partial y} = -mg + ky = 0, \quad y = y_{eq} = \frac{mg}{k} \text{ (평형 위치)}$$

평형의 안정성 조건

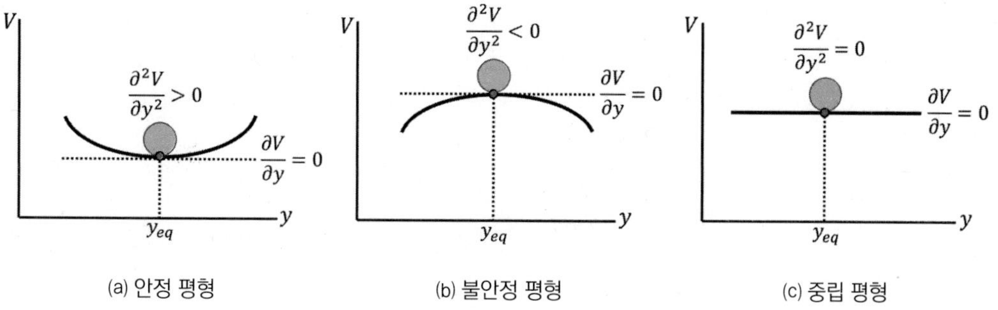

(a) 안정 평형 (b) 불안정 평형 (c) 중립 평형

핵심 요약

■ **안정 평형**

$$\frac{\partial V}{\partial y} = 0, \ \frac{\partial^2 V}{\partial y^2} > 0$$

■ **불안정 평형**

$$\frac{\partial V}{\partial y} = 0, \ \frac{\partial^2 V}{\partial y^2} < 0$$

■ **중립 평형**

$$\frac{\partial V}{\partial y} = 0, \ \frac{\partial^2 V}{\partial y^2} = 0$$

▶10.1절

10.1 연습문제 [그림 10-1]과 같이, 질량이 $m = 5\ \mathrm{kg}$의 나무상자가 매끄러운 수평면 위에 놓여 있다. 수평면과 $30°$를 이루는 힘 $P = 400\ \mathrm{N}$이 작용하여, 나무상자를 우측으로 $s = 2\ \mathrm{m}$ 이동시켰을 때, 블록에 작용하는 모든 힘에 의한 일을 구하여라. (단, 스프링 상수는 $50\ \mathrm{N/m}$이고, $P = 400\ \mathrm{N}$의 힘을 받기 전, 원래 스프링은 변형되지 않은 상태이다.)

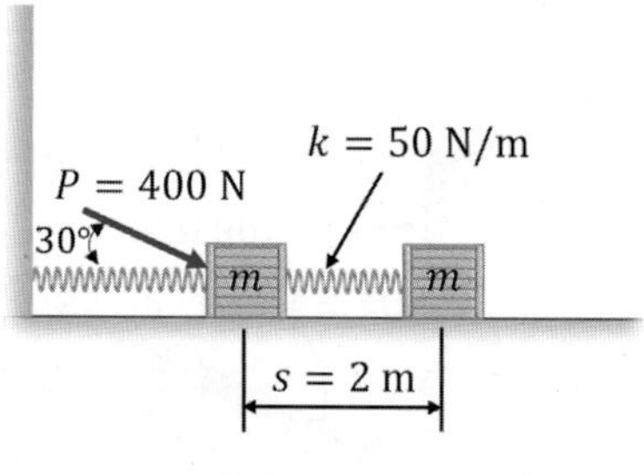

연습문제 [그림 10-1]

▶10.1절

10.2 연습문제 [그림 10-2]와 같이, $m = 10\ \mathrm{kg}$의 나무상자가 수평면과 $30°$를 이루는 경사면 위에 놓여 있고, $k = 100\ \mathrm{N/m}$의 스프링에 연결되어 있다. 이 나무상자에 수평력 $P = 500\ \mathrm{N}$이 작용하여, 나무상자를 경사면을 따라 $s = 1.5\ \mathrm{m}$ 위로 끌어올릴 때, 나무상자에 작용하는 모든 힘에 의한 일을 구하여라. $P = 500\ \mathrm{N}$의 힘이 가해지기 전, 스프링은 변형이 없는 상태이다.

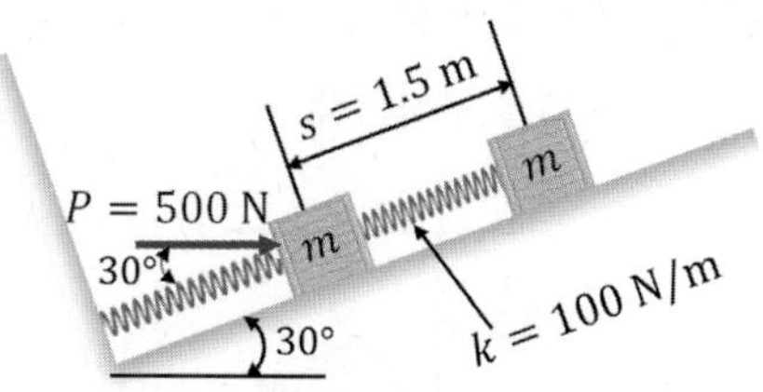

연습문제 [그림 10-2]

▶10.1절

10.3 연습문제 [그림 10-3]과 같이, $m = 10\ \mathrm{kg}$의 봉이 우력 모멘트 $M_0 = 100\ \mathrm{N \cdot m}$를 받고, 봉의 끝단에 봉에 수직인 힘 $P = 50\ \mathrm{N}$을 받는다. 그림에 나타난 스프링의 늘어나지 않은 길이는 $0.75\ \mathrm{m}$이고, 점 A의 롤러 가이드에 의해 수직 위치로 유지된다. 봉이 $\theta = 0°$에서 $\theta = 90°$까지 아래로 회전할 때, 봉에 작용하는 모든 힘에 의한 일의 합을 구하여라. (그림에서처럼 스프링 상수 $k = 100\ \mathrm{N/m}$이다.)

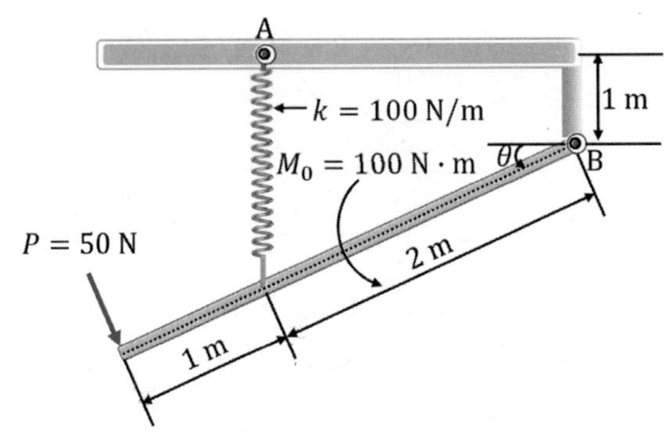

연습문제 [그림 10-3]

▶10.1절

10.4 연습문제 [그림 10-4]와 같이, 질량이 $10\ \mathrm{kg}$의 수직 봉에 $Q = 10\ \mathrm{N}$의 수평력과 우력 모멘트 $M = 50\ \mathrm{N \cdot m}$가 작용하여, 봉을 수직 상태에서 수평 상태로 되게 했을 때, 봉에 작용한 모든 힘이나 우력 모멘트에 의한 일의 합을 구하여라.

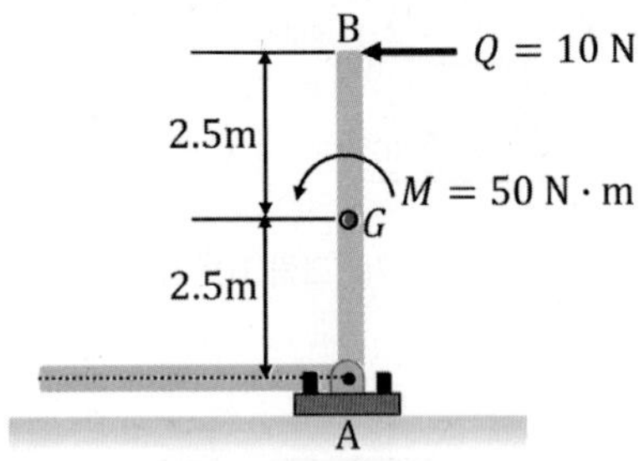

연습문제 [그림 10-4]

▶10.1절

10.5 연습문제 [그림 10-5]와 같이, 질량이 $10\ \mathrm{kg}$의 나무상자가 스프링 위에 얹어져, $0.1\ \mathrm{m}$ 내려가 멈추었을 때, 나무상자에 작용하는 모든 힘들에 의한 일의 합을 구하여라. (단, 스프링 상수 $k = 10\ \mathrm{N/m}$이고, 나무상자가 스프링 위에 올려지기 전, 스프링은 변형되지 않은 상태이다.)

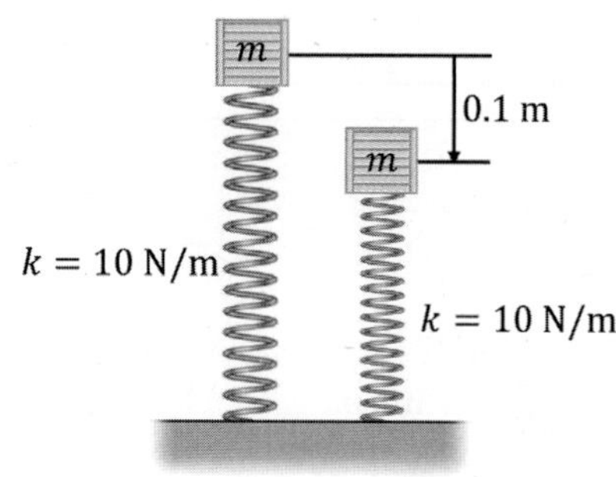

연습문제 [그림 10-5]

▶10.2절

10.6 연습문제 [그림 10-6]과 같은 원판 디스크는 $W = 10\ \mathrm{N}$의 무게를 갖고, $Q = 8\ \mathrm{N}$과 우력 모멘트 $M = 10\ \mathrm{N \cdot m}$를 받고 있다. 원판 디스크와 연결된 스프링의 스프링 상수를 $k = 100\ \mathrm{N/m}$라 할 때, 원판 디스크가 회전함에 따라 스프링의 끝이 원판 디스크 주위를 감싼다면, 원판 디스크의 회전각 α를 구하여라. (단, $r = 0.5\ \mathrm{m}$이다.)

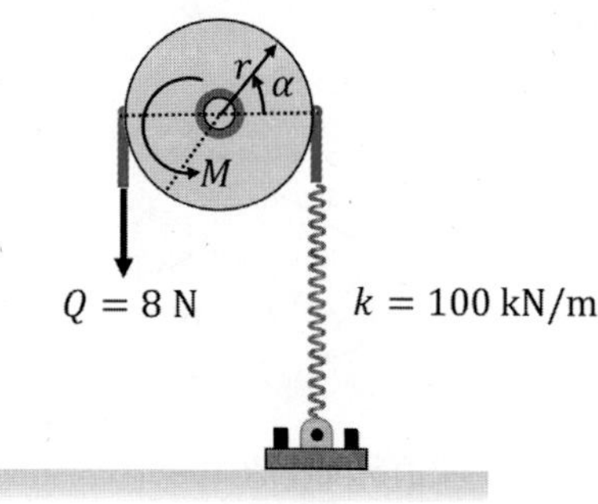

연습문제 [그림 10-6]

▶10.2절

10.7 연습문제 [그림 10-7]과 같은 시스템에 있어, $\theta = 30°$에서 평형을 유지하기 위한 우력 모멘트를 M_0를 구하여라. 얇은 평판의 무게는 $W = 100\ \mathrm{kN}$이고, 링크 AB와 링크 CD의 무게는 무시하여라.

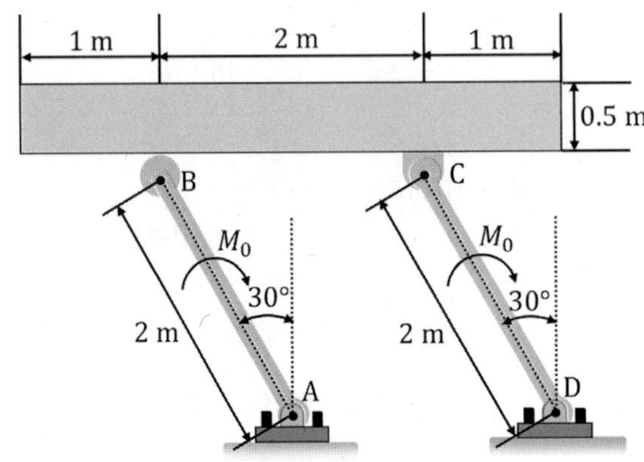

연습문제 [그림 10-7]

▶10.2절

10.8 연습문제 [그림 10-8]과 같은 무게 $W = 1\ \mathrm{kN}$의 균일한 봉의 길이는 $1\ \mathrm{m}$이다. 균일 봉과 수직한 벽이 이루는 각도가 $\theta = 60°$라면, 봉이 평형상태에 놓여 있기 위해 가해야 할 우력 모멘트 M_0는 얼마이어야 하는가?

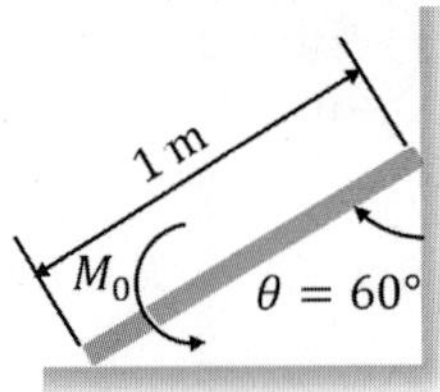

연습문제 [그림 10-8]

▸10.2절

10.9 연습문제 [그림 10-9]와 같이, 균질의 두 개의 봉 AB와 BC는 각각 무게 $W = 1\ \mathrm{kN}$을 갖고, 점 A의 롤러지지점에서 수평력 Q를 받는다. $\theta = 60°$라 할 때, 현 위치에서 평형을 유지하기 위해 필요한 힘 Q를 구하여라.

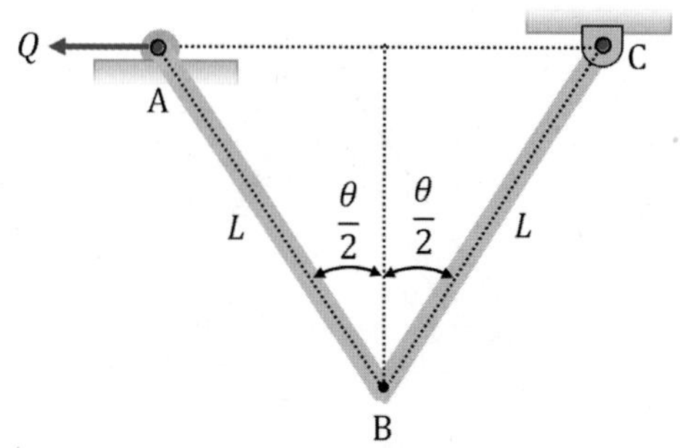

연습문제 [그림 10-9]

▸10.2절

10.10 연습문제 [그림 10-10]과 같이, 균질의 두 개의 봉 AB와 BC는 각각 무게 $W_1 = 5\ \mathrm{N}$과 $W_2 = 2\ \mathrm{N}$을 갖고, 점 B에서 수평력 Q를 받는다. 그림에 보이는 상태에서 평형을 유지하는 데 필요한 힘 Q를 구하여라.

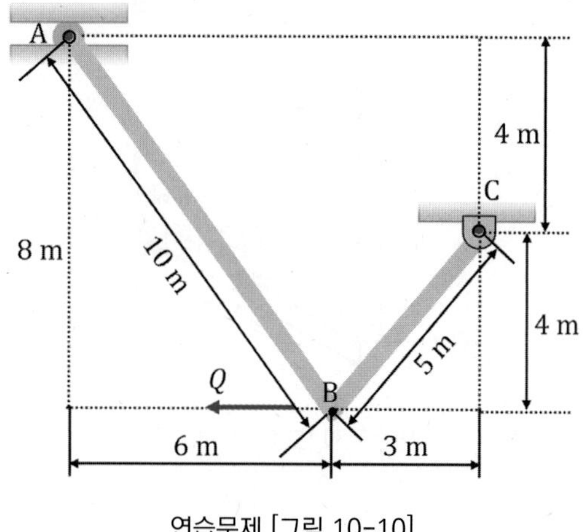

연습문제 [그림 10-10]

▶10.2절

10.11 연습문제 [그림 10-11]과 같이, 무게를 무시할 만한 균질의 프레임의 점 C에 수직하중 $Q = 10\ \mathrm{N}$이 작용하고 있다. $\alpha = 30°$일 때, 점 A에서의 수평 반력 성분 S는 얼마인가?

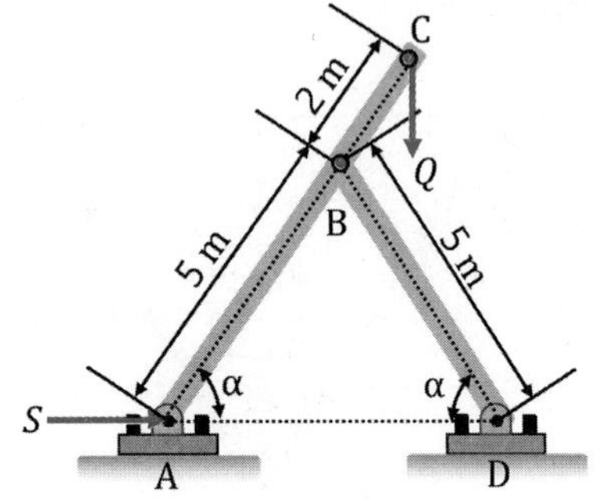

연습문제 [그림 10-11]

▶10.2절

10.12 연습문제 [그림 10-12]와 같이, 균질인 동일한 무게 $W = 5\ \mathrm{N}$을 갖는 3개의 링크 연결장치의 그림에 보이는 상태에서의 평형상태를 유지하기 위한 수평력 Q를 구하여라.

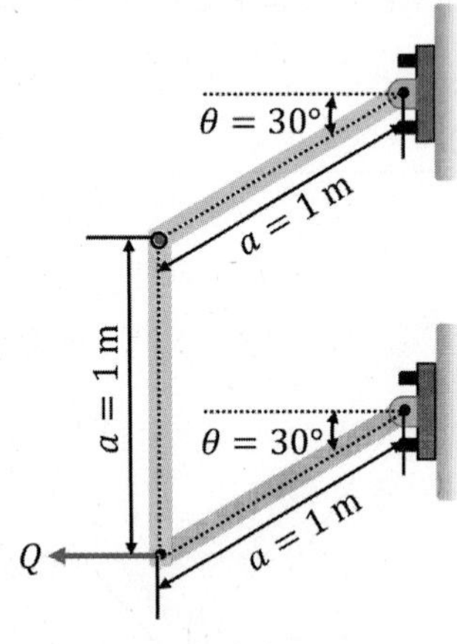

연습문제 [그림 10-12]

▶10.2절

10.13 연습문제 [그림 10-13]과 같이, $W = 2\ \mathrm{kN}$의 블록이 도르래 A에 매달려 있다. 이 블록을 들어 올리는 데 점 B에 가해야 할 필요한 힘 Q를 구하여라.

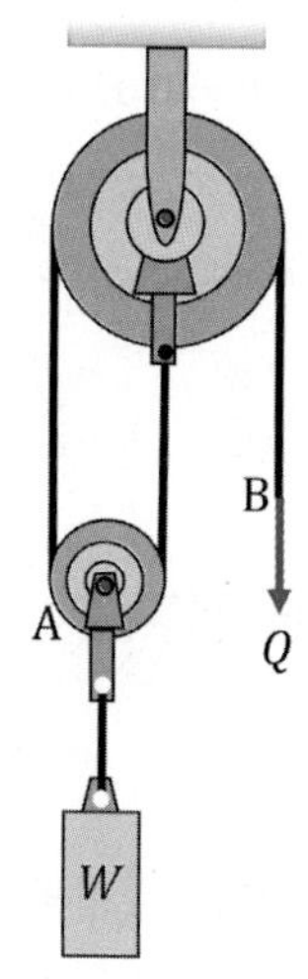

연습문제 [그림 10-13]

▶10.2절

10.14 연습문제 [그림 10-14]와 같이, 로버발 천칭Roberval balance은 접시 A와 접시 B에 아무 것도 없을 때, 평형상태에 있다. 두 접시 위에 놓인 각각의 두 질량 m_{A}와 m_{B}는 어느 위치에도 놓일 수 있다면, $m_{\mathrm{A}} s_{\mathrm{A}} = m_{\mathrm{B}} s_{\mathrm{B}}$이면 평형이 유지될 수 있음을 증명하여라.

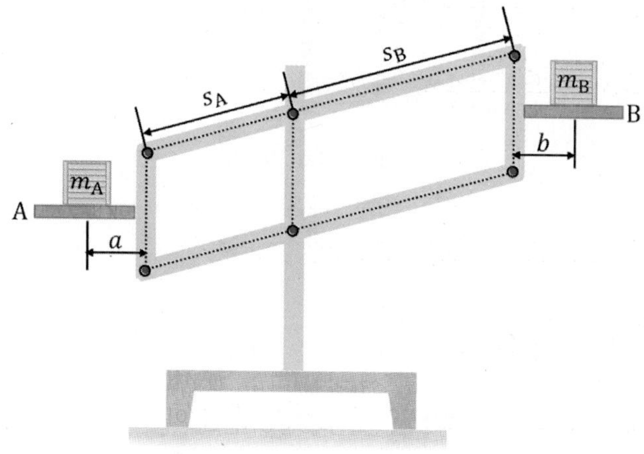

연습문제 [그림 10-14]

▶10.2절

10.15 연습문제 [그림 10-15]와 같이, 가위형 잭jack은 무거운 하중 $W = 10$ kN을 들어 올리기 위해 사용된다면, 각 θ를 기준으로 하중을 지지하는 데 필요한 우력 모멘트 M_0를 구하여라.

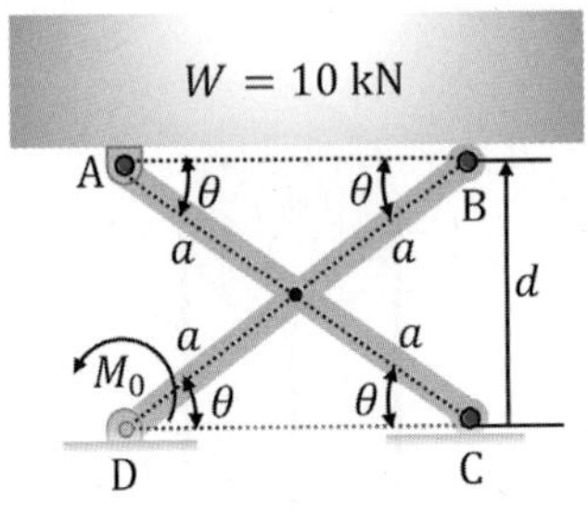

연습문제 [그림 10-15]

▶10.3절

10.16 연습문제 [그림 10-16]과 같이, 질량 10 kg의 블록이 $k = 10$ kN/m인 스프링 위에 놓여져, 스프링이 0.2 m 압축되고 멈춘다. 스프링은 질량을 올려놓기 전에는 스프링은 변형되지 않은 상태이다. 스프링이 변형되기 전과 압축된 후의 위치에서의 퍼텐셜에너지는 얼마인가?

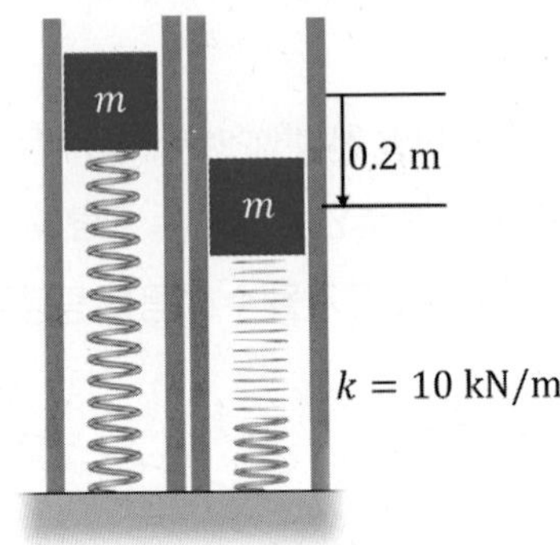

연습문제 [그림 10-16]

▶10.3절

10.17 연습문제 [그림 10-17]과 같이, 질량이 $10\ \mathrm{kg}$이고, 길이가 $2\ \mathrm{m}$의 봉이 수평 상태의 위치 ❶에서 수직 상태인 위치 ❷로 회전했을 때, 위치 ❶과 위치 ❷에서의 퍼텐셜에너지의 변화량은 얼마인가?

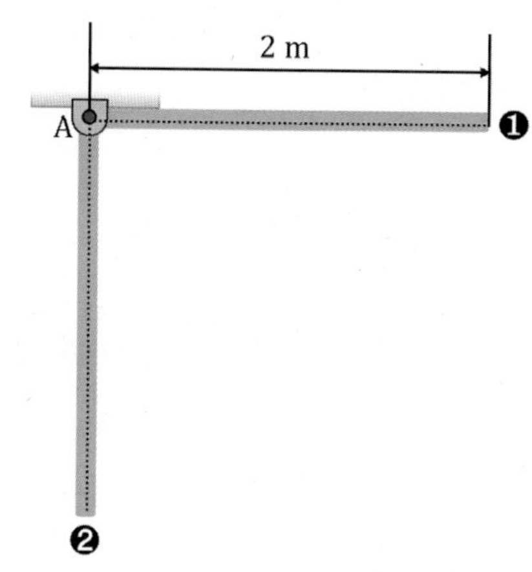

연습문제 [그림 10-17]

▶10.3절

10.18 연습문제 [그림 10-18]과 같이, 스프링에 연결된 무게 $W = 10\ \mathrm{N}$의 블록이 있다. 위치 ❶에서의 중력 퍼텐셜에너지와 탄성 퍼텐셜에너지, 그리고 위치 ❷에서의 중력 퍼텐셜에너지와 탄성 퍼텐셜에너지를 나타내어라. 단, 위치 ❶에서 스프링은 변형되지 않은 상태이고, 중력의 퍼텐셜 기준선이다.

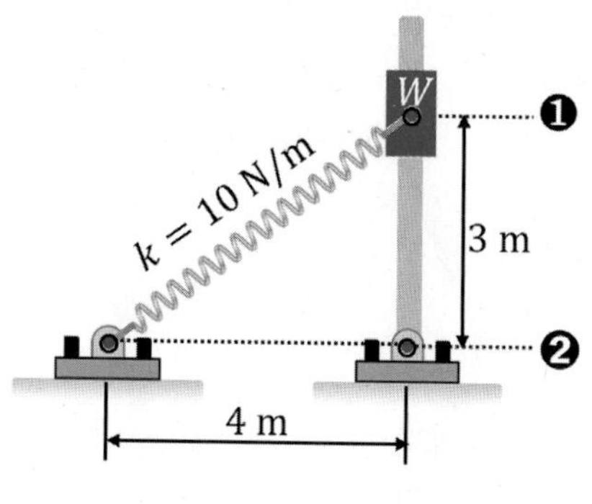

연습문제 [그림 10-18]

▶10.4절

10.19 연습문제 [그림 10-19]와 같이, W의 무게를 갖는 사각 블록이 길이 $L = 3\ \mathrm{m}$의 봉 위에 부착되어 있다. 또한, 봉은 밑면으로부터 $a = 2\ \mathrm{m}$ 떨어진 위치에 스피링 $k = 10\ \mathrm{kN/m}$의 스프링에 연결되어 있고, 점 A에서 힌지지지되어 있다. 봉에 부착된 스프링은 인장과 압축에 견딜 수 있다고 가정할 때, 봉이 수직 평형상태에 있기 위한 블록의 최대 무게 W는 얼마인가? 스프링은 봉이 수직 상태에 있을 때 변형되지 않았다.

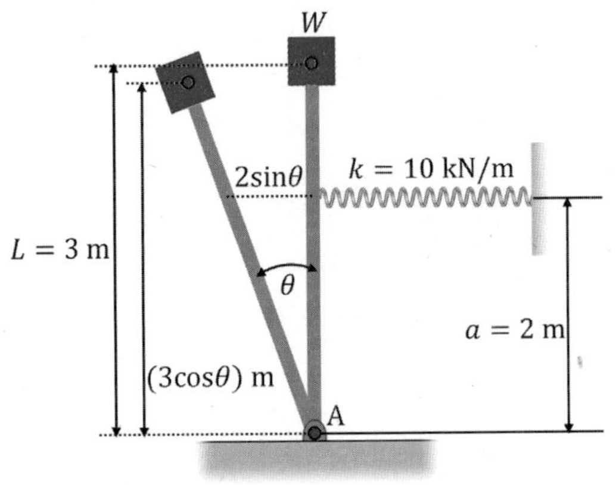

연습문제 [그림 10-19]

▶10.4절

10.20 연습문제 [그림 10-20]과 같이, 저울 스프링의 원래 길이가 $d\ \mathrm{m}$일 때, 저울의 윗면 부재 위에 W의 하중이 올려져 있을 때, 평형상태에서의 각 θ를 구하여라. 또한, $\theta = 0°$일 때 저울의 중립 평형상태를 유지하기 위한 W는 얼마인가? 계산에 있어 부재의 무게는 무시하라.

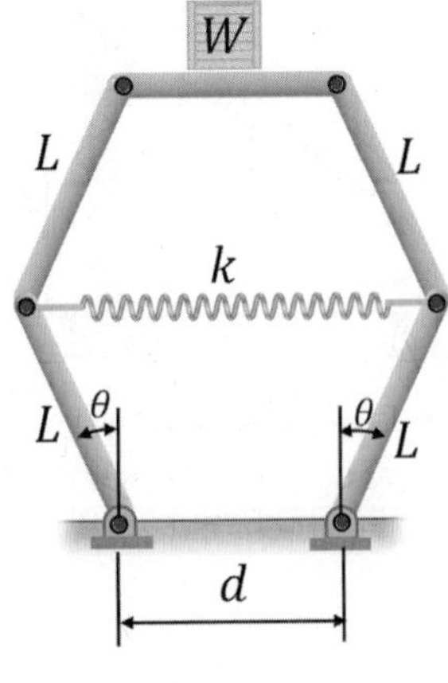

연습문제 [그림 10-20]

APPENDIX A

주요 수학 공식 및 선형대수 기초

CONTENTS

Section A.1

삼각함수와 미·적분

A-1-1 삼각함수

■ 삼각함수의 정의

직각삼각형의 세 변의 길이의 비ratio는 직각삼각형을 구성하는 각angle과 일정한 관계가 있고, 삼각비에서는 직각삼각형의 빗변에 대한 밑변과 높이의 비(단순히 길이의 비)만을 나타낸 것이라면, 삼각함수에서는 [그림 A-1]과 같이, 좌표 평면 상에서 이 비를 나타내므로, 각의 위치에 따라, 삼각함수 값의 부호가 양positive일 수도 있고, 음negative일 수도 있다.

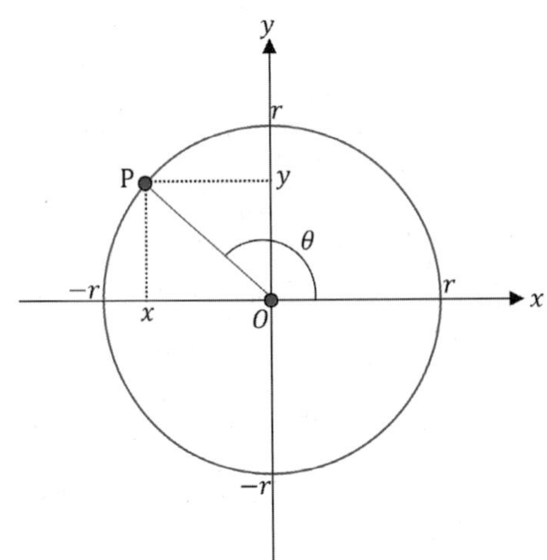

[그림 A-1] 삼각함수의 표현

[그림 A-1]으로부터 다음과 같이 삼각함수가 정의된다.

$$\sin\theta = \frac{y}{r},\ \cos\theta = \frac{x}{r},\ \tan\theta = \frac{y}{x},\ \csc\theta = \frac{r}{y},\ \sec\theta = \frac{r}{x},\ \cot\theta = \frac{x}{y}$$

■ 삼각함수의 부호

[표 A-1]은 각 사분면에서의 삼각함수 부호를 보여주고, [그림 A-2]는 $x-y$평면 상에서, 삼각함수의 부호를 표현하는 각 사분면을 나타낸다.

[표 A-1] 각 사분면에 따른 삼각함수의 부호

함수 \ 사분면	1	2	3	4
$\sin\theta$	+	+	−	−
$\cos\theta$	+	−	−	+
$\tan\theta$	+	−	+	−
$\csc\theta$	+	+	−	−
$\sec\theta$	+	−	−	+
$\cot\theta$	+	−	+	−

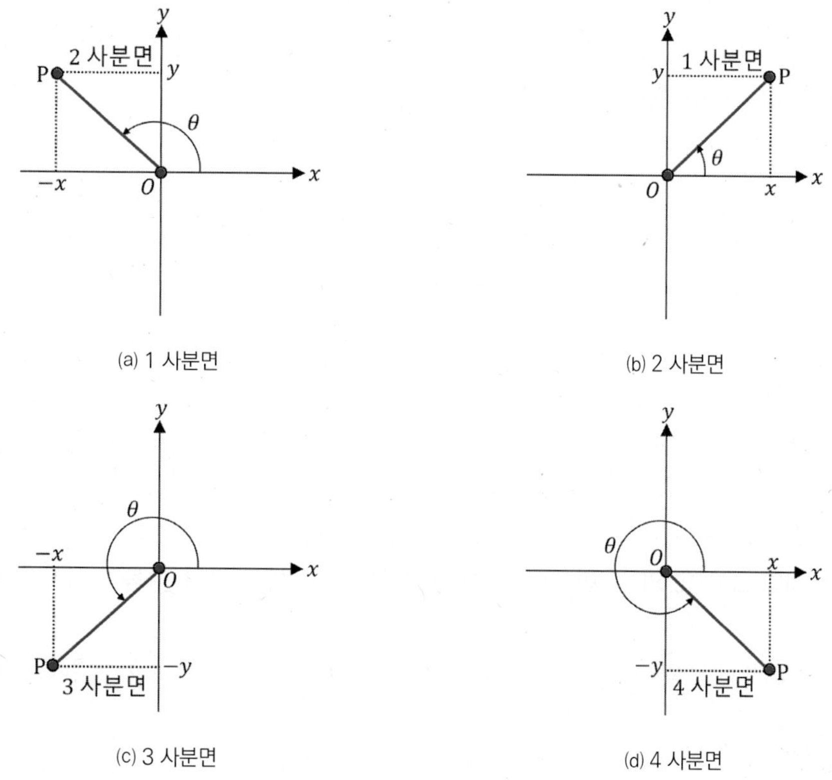

(a) 1 사분면

(b) 2 사분면

(c) 3 사분면

(d) 4 사분면

[그림 A-2] 삼각함수 부호(사분면) 표현

■ 삼각함수의 주요 공식 1

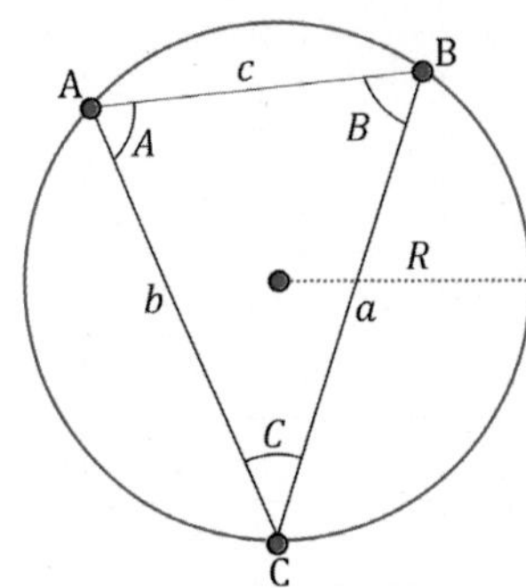

[그림 A-3] 삼각형 ΔABC와 외접원의 반경 R

❶ 사인 법칙

[그림 A-3]의 ΔABC의 세 변 a, b, c와 세 각 A, B, C, 그리고 외접원의 반경 R에 대하여, 다음의 법칙이 성립된다.

$$\frac{a}{\sin A} = \frac{b}{\sin B} = \frac{c}{\sin C} = 2R$$

❷ 제 1 코사인 법칙

[그림 A-3]의 ΔABC의 세 변 a, b, c와 세 각 A, B, C에 대하여, 다음의 법칙이 성립된다.

$$a = b\cos C + c\cos B,\quad b = c\cos A + a\cos C,\ c = a\cos B + b\cos A$$

❸ 제 2 코사인 법칙

[그림 A-3]의 ΔABC의 세 변 a, b, c와 세 각 A, B, C에 대하여, 다음의 법칙이 성립된다.

$$a^2 = b^2 + c^2 - 2bc\cos A,\ b^2 = a^2 + c^2 - 2ac\cos B,\ c^2 = a^2 + b^2 - 2ab\cos C$$

■ 삼각함수의 주요 공식 2

❶ 덧셈 법칙

$$\sin(\alpha \pm \beta) = \sin\alpha\cos\beta \pm \cos\alpha\sin\beta\ (\text{복호동순})$$

$$\cos(\alpha \pm \beta) = \cos\alpha\cos\beta \mp \sin\alpha\sin\beta\ (\text{복호동순})$$

$$\tan(\alpha + \beta) = \frac{\tan\alpha + \tan\beta}{1 - \tan\alpha\tan\beta},\ \tan(\alpha - \beta) = \frac{\tan\alpha - \tan\beta}{1 + \tan\alpha\tan\beta}$$

❷ 배각 공식

$$\sin 2\theta = 2\sin\theta\cos\theta,\ \cos 2\theta = 2\cos^2\theta - 1 = 1 - 2\sin^2\theta,\ \tan 2\theta = \frac{2\tan\theta}{1-\tan^2\theta}$$

❸ 반각 공식

$$\sin^2\left(\frac{\theta}{2}\right) = \frac{(1-\cos\theta)}{2},\ \cos^2\left(\frac{\theta}{2}\right) = \frac{(1+\cos\theta)}{2},\ \tan^2\left(\frac{\theta}{2}\right) = \frac{(1-\cos\theta)}{(1+\cos\theta)}$$

❹ 세 배각 공식

$$\sin 3\theta = 3\sin\theta - 4\sin^3\theta,\ \cos 3\theta = 4\cos^3\theta - 3\cos\theta,\ \tan 3\theta = \frac{3\tan\theta - \tan^3\theta}{1-3\tan^2\theta}$$

❺ 일반 공식

$$\sin^2\theta + \cos^2\theta = 1,\ 1+\tan^2\theta = \sec^2\theta,\ \ 1+\cot^2\theta = \csc^2\theta$$

A-1-2 급수와 근사화

■ **테일러 급수 전개**Taylor series expansion

어떤 함수 $f(x)$에 대해, 이 함수의 x를 영zero 근방에서 테일러 급수 전개하면 다음과 같이 나타낸다.

$$f(x) = f(0) + xf'(0) + x^2\frac{f''(0)}{2!} + x^3\frac{f'''(0)}{3!} + \cdots$$

❶ $f(x) = \sin x$: $f(x) = x - \frac{x^3}{3!} + \cdots$

❷ $f(x) = \cos x$: $f(x) = 1 - \frac{x^2}{2!} + \cdots$

❸ $f(x) = e^x$: $f(x) = 1 + x + \frac{x^2}{2!} + \frac{x^3}{3!} + \cdots$

❹ $f(x) = e^{-x}$: $f(x) = 1 - x + \frac{x^2}{2!} - \frac{x^3}{3!} + \cdots$

❺ $f(x) = \sinh x$: $f(x) = x + \frac{x^3}{3!} + \frac{x^5}{5!} + \cdots$

❻ $f(x) = \cosh x$: $f(x) = 1 + \frac{x^2}{2!} + \frac{x^4}{4!} + \cdots$

❼ $f(x) = e^{ix}$: $f(x) = \left(1 - \frac{x^2}{2!} + \frac{x^4}{4!} + \cdots\right) + i\left(x - \frac{x^3}{3!} + \cdots\right)$

$= \cos x + i \sin x$ (오일러 공식Euler's formula)

❽ $f(x) = e^{-ix}$: $f(x) = \left(1 - \frac{x^2}{2!} + \frac{x^4}{4!} + \cdots\right) - i\left(x - \frac{x^3}{3!} + \cdots\right)$

$= \cos x - i \sin x$ (오일러 공식Euler's formula)

■ **근사화Approximation**

테일러 급수 전개에 의해, 어떤 함수 $f(x)$의 첫 항까지만 근사화하면 다음과 같다.

❶ $f(x) = \sin x$: 첫 항까지만 취하면, $\sin x \simeq x$

❷ $f(x) = \cos x$: 첫 항까지만 취하면, $\cos x \simeq 1$

■ **퓨리어 급수 전개Fourier series expansion**

어떤 주기함수 $f(x)$에 대해, 퓨리어 급수 전개하면 다음과 같다.

$$f(x) = \frac{a_0}{2} + \sum_{n=1}^{\infty}\left[a_n \cos\left(\frac{n\pi x}{L}\right) + b_n \sin\left(\frac{n\pi x}{L}\right)\right],$$

$$a_n = \frac{1}{L}\int_{-L}^{L} f(x)\cos\left(\frac{n\pi x}{L}\right)dx,\ b_n = \frac{1}{L}\int_{-L}^{L} f(x)\sin\left(\frac{n\pi x}{L}\right)dx \quad (n = 0, 1, \cdots, \infty)$$

A-1-3 미분 공식

미분은 적분에 비해 계산이 다소 쉽다. 여기서는 기본적인 미분 공식만을 싣는다.

❶ 임의의 상수의 미분

$$\frac{d}{dx}[c] = 0$$

❷ 임의의 상수 곱의 함수 미분

$$\frac{d}{dx}[cf(x)] = cf'(x)$$

❸ **지수함수의 미분**

$$\frac{d}{dx}[x^n] = n\,x^{n-1}$$

❹ **함수 곱의 미분**

$$\frac{d}{dx}[f(x)\cdot g(x)] = f'(x)g(x) + f(x)g'(x)$$

❺ **함수 덧셈의 미분**

$$\frac{d}{dx}[f(x) \pm g(x)] = f'(x) \pm g'(x) \quad \text{(복호동순)}$$

❻ **분수함수의 미분**

$$\frac{d}{dx}\left[\frac{f(x)}{g(x)}\right] = \frac{f'(x)g(x) - f(x)g'(x)}{(g(x))^2}, \quad (g(x) \neq 0)$$

❼ **삼각함수와 exponential 함수의 미분**

$$\frac{d(\sin x)}{dx} = \cos x, \quad \frac{d(\cos x)}{dx} = -\sin x, \quad \frac{d(\tan x)}{dx} = \sec^2 x$$

$$\frac{d(\sinh x)}{dx} = \cosh x, \quad \frac{d(\cosh x)}{dx} = \sinh x, \quad \frac{d(\tanh x)}{dx} = \mathrm{sech}^2 x$$

A-1-4 적분 공식

어떤 함수의 적분은 미분에 비해, 상대적으로 계산이 까다롭고, 어떤 함수의 부정적분 indefinite integral은 초등함수로 표현이 불가능한 경우가 많다. 따라서, 어떤 함수의 부정적분을 구하는 경우, 치환적분 또는 부분적분 등을 사용하여, 부정적분을 구하기 쉬운 함수로 변형한 뒤에, 다음과 같은 적분 공식을 이용하여 적분 값을 구한다.

❶ **기본 형태**basic forms

$$\int \frac{1}{bx+d}\,dx = \frac{1}{b} ln \mid bx+d \mid$$

$$\int x^n\,dx = \frac{1}{n+1} x^{n+1}$$

$$\int \frac{1}{x} dx = \ln \mid x \mid$$

$$\int u dw = uw - \int w du$$

❷ **유리함수**integrals of rational functions

다항식을 다항식으로 나눈 유리식으로 정의되는 대수함수

$$\int (x+b)^n dx = \frac{(x+b)^{n+1}}{n+1} + c,\ n \neq -1$$

$$\int \frac{1}{(x+b)^2} dx = -\frac{1}{x+b}$$

$$\int x(x+b)^n dx = \frac{(x+b)^{n+1}((n+1)x-b)}{(n+1)(n+2)}$$

$$\int \frac{1}{1+x^2} dx = \tan^{-1} x$$

$$\int \frac{x^2}{b^2+x^2} dx = x - b\tan^{-1}\left(\frac{x}{b}\right)$$

$$\int \frac{1}{b^2+x^2} dx = \frac{1}{b}\tan^{-1}\left(\frac{x}{b}\right)$$

$$\int \frac{x}{b^2+x^2} dx = \frac{1}{2}\ln \mid b^2+x^2 \mid$$

$$\int \frac{x^3}{b^2+x^2} dx = \frac{1}{2}x^2 - \frac{1}{2}b^2 \ln \mid b^2+x^2 \mid$$

$$\int \frac{1}{ax^2+bx+d} dx = \frac{2}{\sqrt{4ad-b^2}}\tan^{-1}\left(\frac{2ax+b}{\sqrt{4ad-b^2}}\right)$$

$$\int \frac{1}{(x+a)(x+b)} dx = \frac{1}{b-a} ln\left(\frac{a+x}{b+x}\right),\ a \neq b$$

$$\int \frac{x}{(x+b)^2} dx = \frac{b}{b+x} + \ln \mid b+x \mid$$

$$\int \frac{x}{ax^2+bx+c} dx = \frac{1}{2a}\ln \mid ax^2+bx+c \mid - \frac{b}{a\sqrt{4ac-b^2}}\tan^{-1}\left(\frac{2ax+b}{\sqrt{4ac-b^2}}\right)$$

❸ 루트 함수의 적분integrals of roots

$$\int \sqrt{x-b}\,dx = \frac{2}{3}(x-b)^{3/2}$$

$$\int \frac{1}{\sqrt{x \pm b}}\,dx = 2\sqrt{x \pm b} \quad (\pm \text{ 복호동순})$$

$$\int \frac{1}{\sqrt{b-x}}\,dx = -2\sqrt{b-x}$$

$$\int x\sqrt{x-b}\,dx = \frac{2}{3}b(x-b)^{3/2} + \frac{2}{5}(x-b)^{5/2}$$

$$\int \sqrt{ax+b}\,dx = \left(\frac{2b}{3a} + \frac{2x}{3}\right)\sqrt{ax+b}$$

$$\int (ax+d)^{3/2}\,dx = \frac{2}{5a}(ax+d)^{5/2}$$

$$\int \frac{x}{\sqrt{x \pm b}}\,dx = \frac{2}{3}(x \mp 2b)\sqrt{x \pm b}, \ (\text{복호동순})$$

$$\int \sqrt{\frac{x}{b-x}}\,dx = -\sqrt{x(b-x)} - b\tan^{-1}\left(\sqrt{\frac{x(b-x)}{(x-b)}}\right)$$

$$\int \sqrt{\frac{x}{a+x}}\,dx = \sqrt{x(a+x)} - a\ln(\sqrt{x} + \sqrt{x+a})$$

$$\int x\sqrt{bx+d}\,dx = \frac{2}{15b^2}(-2d^2 + bdx + 3b^2x^2)(\sqrt{bx+d})$$

$$\int \sqrt{x(ax+b)}\,dx = \frac{1}{4a^{3/2}}\left[(2ax+b)\sqrt{ax(ax+b)} - b^2\ln\left|a\sqrt{x} + \sqrt{a(ax+b)}\right|\right]$$

$$\int \sqrt{x^3(ax+b)}\,dx = \left[\frac{b}{12a} - \frac{b^2}{8a^2x} + \frac{x}{3}\right]\sqrt{x^3(ax+b)} + \frac{b^3}{8a^{5/2}}\ln\left|a\sqrt{x} + \sqrt{a(ax+b)}\right|$$

$$\int \sqrt{x^2 \pm b^2}\,dx = \frac{1}{2}x\sqrt{x^2 \pm b^2} \pm \frac{1}{2}b^2\ln\left|x + \sqrt{x^2 \pm b^2}\right| \quad (\text{복호동순})$$

$$\int \sqrt{a^2 - x^2}\,dx = \frac{1}{2}x\sqrt{a^2 - x^2} + \frac{1}{2}a^2\tan^{-1}\left(\frac{x}{\sqrt{a^2 - x^2}}\right)$$

$$\int \frac{1}{\sqrt{a^2 - x^2}}\,dx = \sin^{-1}\left(\frac{x}{a}\right)$$

$$\int \frac{x}{\sqrt{x^2 \pm b^2}}\,dx = \sqrt{x^2 \pm b^2} \quad (\text{복호동순})$$

$$\int x\sqrt{x^2 \pm b^2}\,dx = \frac{1}{3}(x^2 \pm b^2)^{3/2} \text{ (복호동순)}$$

$$\int \frac{1}{\sqrt{x^2 \pm b^2}}\,dx = \ln|x + \sqrt{x^2 \pm b^2}|$$

$$\int \frac{x}{\sqrt{b^2 - x^2}}\,dx = -\sqrt{b^2 - x^2}$$

$$\int \frac{x^2}{\sqrt{x^2 \pm b^2}}\,dx = \frac{1}{2}x\sqrt{x^2 \pm b^2} \mp \frac{1}{2}b^2\ln|x + \sqrt{x^2 \pm b^2}| \text{ (복호동순)}$$

$$\int \sqrt{ax^2 + bx + c}\,dx = \left(\frac{b + 2ax}{4a}\right)\sqrt{ax^2 + bx + c}$$

$$+ \left(\frac{4ac - b^2}{8a^{3/2}}\right)\ln|2ax + b + 2\sqrt{a(ax^2 + bx + c)}|$$

$$\int x\sqrt{ax^2 + bx + c}\,dx$$

$$= \left(\frac{1}{48a^{5/2}}\right)((2\sqrt{a}\sqrt{ax^2 + bx + c})(-3b^2 + 2abx + 8a(c + ax^2))$$

$$+ 3(b^3 - 4abc)\ln|(b + 2ax + 2\sqrt{a}\sqrt{(ax^2 + bx + c)}|)$$

$$\int \frac{x}{\sqrt{ax^2 + bx + c}}\,dx$$

$$= \frac{1}{a}\sqrt{ax^2 + bx + c} - \frac{b}{2a^{3/2}}\ln|2ax + b + 2\sqrt{a(ax^2 + bx + c)}|$$

$$\int \frac{1}{\sqrt{ax^2 + bx + c}}\,dx = \frac{1}{\sqrt{a}}\ln|2ax + b + 2\sqrt{a(ax^2 + bx + c)}| \tag{40}$$

$$\int \frac{1}{(b^2 + x^2)^{3/2}}\,dx = \frac{x}{b^2\sqrt{b^2 + x^2}}$$

❹ 로그 함수의 적분integrals with logarithms

$$\int \ln bx\,dx = x\ln bx - x$$

$$\int \frac{\ln bx}{x}\,dx = \frac{1}{2}(\ln bx)^2$$

$$\int \ln(bx + d)\,dx = \left(x + \frac{d}{b}\right)\ln(bx + d) - x,\ a \neq 0$$

$$\int (x^2 - b^2)dx = x\ln(x^2 - b^2) + abln\left(\frac{x+a}{x-b}\right) - 2x$$

$$\int (x^2 + b^2)dx = x\ln(x^2 + b^2) + 2b\tan^{-1}\left(\frac{x}{b}\right) - 2x$$

$$\int \ln(ax^2 + bx + c)dx = \frac{1}{a}\sqrt{4ac - b^2}\tan^{-1}\left(\frac{2ax+b}{\sqrt{4ac-b^2}}\right)$$

$$-2x + \left(\frac{b}{2a} + x\right)\ln(ax^2 + bx + c)$$

$$\int x\ln(ax+b)\,dx = \frac{bx}{2a} - \frac{1}{4}x^2 + \frac{1}{2}\left(x^2 - \frac{b^2}{a^2}\right)\ln(ax+b)$$

$$\int x\ln(a^2 - b^2x^2)dx = -\frac{1}{2}x^2 + \frac{1}{2}\left(x^2 - \frac{a^2}{b^2}\right)\ln(a^2 - b^2x^2)$$

❺ Exponential 함수의 적분integrals with exponential function

$$\int e^{bx}dx = \frac{1}{b}e^{bx}$$

$$\int \sqrt{x}\,e^{bx}\,dx = \frac{1}{b}\sqrt{x}\,e^{bx} = \left(\frac{i\sqrt{\pi}}{2b^{3/2}}\right)erf(i\sqrt{bx}),\ \text{여기서},\ erf(x) = \frac{2}{\sqrt{\pi}}\int_0^x e^{-t^2}dt$$

$$\int x\,e^x\,dx = (x-1)e^x$$

$$\int xe^{bx}\,dx = \left(\frac{x}{b} - \frac{1}{b^2}\right)e^{bx}$$

$$\int x^2e^x\,dx = (x^2 - 2x + 2)e^x$$

$$\int x^2e^{bx}\,dx = \left(\frac{x^2}{a} - \frac{2x}{a^2} + \frac{2}{a^3}\right)e^{bx}$$

$$\int x^3e^x\,dx = (x^3 - 3x^2 + 6x - 6)e^x$$

$$\int x^n e^{ax}\,dx = \frac{x^n e^{ax}}{a} - \frac{n}{a}intx^{n-1}e^{ax}\,dx$$

$$\int x^n e^{ax}\,dx = \frac{(-1)^n}{a^{n+1}}\Gamma[1+n, -ax],\ \text{여기서},\ \Gamma(a,x) = \int_0^\infty t^{a-1}e^{-t}\,dt$$

$$\int e^{bx^2}dx = -\frac{i\sqrt{\pi}}{2\sqrt{b}}erf(ix\sqrt{b})$$

$$\int e^{-bx^2}dx = -\frac{\sqrt{\pi}}{2\sqrt{b}}erf(x\sqrt{b})$$

$$\int x e^{-bx^2} dx = -\frac{1}{2b} e^{-bx^2}$$

$$\int x^2 e^{-bx^2} dx = \frac{1}{4}\sqrt{\frac{\pi}{b^3}}\, erf(x\sqrt{b}) - \frac{x}{2a} e^{-bx^2}$$

❻ 삼각함수의 적분integrals with trigonometric functions

$$\int \sin bx\, dx = -\frac{1}{b}\cos bx$$

$$\int \sin^2 bx\, dx = \frac{x}{2} - \frac{\sin 2bx}{4b}$$

$$\int \sin^n bx\, dx = -\frac{1}{b}\cos bx \times {}_2F_1\left[\frac{1}{2}, \frac{1-n}{2}, \frac{3}{2}, \cos^2 bx\right]$$

$$\int \sin^3 bx\, dx = -\frac{3\cos bx}{4b} + \frac{\cos 3bx}{12b}$$

$$\int \cos bx\, dx = \frac{1}{b}\sin bx$$

$$\int \cos^2 bx\, dx = \frac{x}{2} + \frac{\sin 2bx}{4b}$$

$$\int \cos^n bx\, dx = -\frac{1}{b(1+n)}\cos^{(1+n)} bx \times {}_2F_1\left[\frac{1+n}{2}, \frac{1}{2}, \frac{3+n}{2}, \cos^2 bx\right]$$

$$\int \cos^3 bx\, dx = \frac{3\sin bx}{4b} + \frac{\sin 3bx}{12b}$$

$$\int \cos ax \sin bx\, dx = \frac{\cos[(a-b)x]}{2(a-b)} - \frac{\cos[(a+b)x]}{2(a+b)},\quad a \neq b$$

$$\int \sin^2 ax \cos bx\, dx = -\frac{\sin[(2a-b)x]}{4(2a-b)} + \frac{\sin bx}{2b} - \frac{\sin[(2a+b)x]}{4(2a+b)}$$

$$\int \sin^2 x \cos dx = \frac{1}{3}\sin^3 x$$

$$\int \cos^2 ax \sin bx\, dx = \frac{\cos[(2a-b)x]}{4(2a-b)} - \frac{\cos bx}{2b} - \frac{\cos[(2a+b)x]}{4(2a+b)}$$

$$\int \cos^2 ax \sin ax\, dx = -\frac{1}{3a} cos^3 ax$$

$$\int \sin^2 ax \cos^2 bx\, dx = \frac{x}{4} - \frac{\sin 2ax}{8a} - \frac{\sin[2(a-b)x]}{16(a+b)} + \frac{\sin 2bx}{8b} - \frac{\sin[2(a+b)x]}{16(a+b)}$$

$$\int \sin^2 ax \cos^2 ax\, dx = \frac{x}{8} - \frac{\sin 4ax}{32a}$$

$$\int \tan bx\, dx = -\frac{1}{b}\ln \cos bx$$

$$\int \tan^2 bx\, dx = -x + \frac{1}{b}\tan bx$$

$$\int \tan^n bx\, dx = \left(\frac{\tan^{n+1} bx}{b(1+n)}\right) \times {}_2F_1\left(\frac{n+1}{2}, 1, \frac{n+3}{2}, -\tan^2 bx\right)$$

$$\int \tan^3 bx\, dx = \frac{1}{b}\ln \cos bx + \frac{1}{2b}sec^2 bx$$

$$\int \sec x\, dx = \ln | \sec x + \tan x | = 2\tanh^{-1}\left(\tan\frac{x}{2}\right)$$

$$\int \sec^2 bx\, dx = \frac{1}{b}tanbx \tag{83}$$

$$\int \sec^3 x\, dx = \frac{1}{2}secx\tan x + \frac{1}{2}\ln | \sec x + \tan x |$$

$$\int \sec x \tan x\, dx = \sec x$$

$$\int \sec^2 x \tan x\, dx = \frac{1}{2}\sec^2 x$$

$$\int \sec^n x \tan x\, dx = \frac{1}{n}\sec^n x,\ n \neq 0$$

$$\int \csc x\, dx = \ln \left| \frac{\tan x}{2} \right| = \ln | \csc x - \cot x | + C$$

$$\int \csc^2 ax\, dx = -\frac{1}{a}\cot ax$$

$$\int \csc^3 x\, dx = -\frac{1}{2}\cot x \csc x + \frac{1}{2}ln | \csc x - \cot x |$$

$$\int \csc^n x \cot x\, dx = -\frac{1}{n}\csc^n x,\ n \neq 0$$

$$\int \sec x \csc x dx = \ln | \tan x |$$

❼ 삼각함수와 단항식의 곱의 적분integral with products of trigonometric function and monomials

$$\int x\cos x\, dx = \cos x + x\sin x$$

$$\int x\cos bx\, dx = \frac{1}{b^2}\cos bx + \frac{x}{b}\sin bx$$

$$\int x^2 \cos x\, dx = 2x\cos x + (x^2 - 2)\sin x$$

$$\int x^2 \cos ax\, dx = \frac{2x\cos ax}{a^2} + \left(\frac{a^2x^2 - 2}{a^3}\right)\sin ax$$

$$\int x^n \cos x\, dx = -\frac{1}{2}(i)^{n+1}\left[\Gamma(n+1, -ix) + (-1)^n \Gamma(n+1, ix)\right]$$

$$\int x^n \cos ax\, dx = \frac{1}{2}(ia)^{1-n}\left[(-1)^n \Gamma(n+1, -iax) - \Gamma(n+1, ixa)\right]$$

$$\int x\sin x\, dx = -x\cos x + \sin x$$

$$\int x\sin ax\, dx = -\frac{x\cos x}{a} + \frac{\sin ax}{a^2}$$

$$\int x^2 \sin x\, dx = (2 - x^2)\cos x + 2x\sin x$$

$$\int x^2 \sin ax\, dx = \left(\frac{2 - a^2x^2}{a^3}\right)\cos ax + \frac{2x\sin ax}{a^2}$$

$$\int x^n \sin x\, dx = -\frac{1}{2}(i)^n\left[\Gamma(n+1, -ix) - (-1)^n \Gamma(n+1, -ix)\right]$$

❽ 삼각함수와 exponential 함수와의 곱의 적분integrals with triginometric function and exponential functions

$$\int e^x \sin x\, dx = \frac{1}{2}e^x(\sin x - \cos x)$$

$$\int e^{bx} \sin ax\, dx = \frac{1}{a^2 + b^2}e^{bx}(b\sin ax - a\cos ax)$$

$$\int e^x \cos x\, dx = \frac{1}{2}e^x(\sin x + \cos x)$$

$$\int e^{bx} \cos ax\, dx = \frac{1}{a^2 + b^2}e^{bx}(a\sin ax + b\cos ax)$$

$$\int x e^x \sin x\, dx = \frac{1}{2}e^x(\cos x - x\cos x + x\sin x)$$

$$\int x e^x \cos x\, dx = \frac{1}{2}e^x(x\cos x - \sin x + x\sin x)$$

❾ **쌍곡선 함수의 적분integrals with hyperbolic function**

$$\int \cosh ax\,dx = \frac{1}{a}\sinh ax$$

$$\int e^{ax}\cosh bx dx = \left\{\frac{e^{ax}}{a^2-b^2}[a\cosh bx - b\sinh bx]\right\},\ (a \neq b\text{일 때})$$

$$= \left\{\frac{e^{2ax}}{4a} + \frac{x}{2}\right\},\ (a = b\text{일 때})$$

$$\int \sinh ax\,dx = \frac{1}{a}cosh ax$$

$$\int e^{ax}\sinh bx\,dx = \left\{\frac{e^{ax}}{a^2-b^2}[-b\cosh bx + a\sinh bx]\right\},\ (a \neq b\text{일 때})$$

$$= \left\{\frac{e^{2ax}}{4a} - \frac{x}{2}\right\},\ (a = b\text{일 때})$$

$$\int e^{ax}\tanh bx\,dx =$$

$$\left\{\frac{e^{(a+2b)x}}{(a+2b}\,{}_2F_1\left[1+\frac{a}{2b},1,2+\frac{a}{2b},-e^{2bx}\right] - \frac{1}{a}e^{ax}\,{}_2F_1\left[\frac{a}{2b},1,1E,-e^{2bx}\right],\right.$$

$(a \neq b$일 때)

$$= \left\{\frac{e^{ax}-2\tan^{-1}[e^{ax}]}{a},\ (a = b\text{일 때})\right.$$

$$\int \tanh ax\,dx = \frac{1}{a}\ln\cosh ax$$

$$\int \cos ax\cosh bx\,dx = \frac{1}{a^2+b^2}[a\sin ax\cosh bx + b\cos ax\sinh bx]$$

$$\int \cos ax\sinh bx\,dx = \frac{1}{a^2+b^2}[b\cos ax\cosh bx + a\sin ax\sinh bx]$$

$$\int \sin ax\cosh bx\,dx = \frac{1}{a^2+b^2}[-a\cos ax\cosh bx + b\sin ax\sinh bx]$$

$$\int \sin ax\sinh bx\,dx = \frac{1}{a^2+b^2}[b\cosh bx\sin ax - a\cos ax\sinh bx]$$

$$\int \sinh ax\cosh ax\,dx = \frac{1}{4a}[-2ax + \sinh 2ax]$$

$$\int \sinh ax\cosh bx\,dx = \frac{1}{b^2-a^2}[b\cosh bx\sinh a - a\cosh ax\sinh bx]$$

Section A.2

벡터 연산

2장과 4장에서 벡터를 사용하여 힘, 모멘트, 위치벡터, 단위벡터 표현하였다. 여기서 임의의 직교좌표계 벡터 $\mathbf{A} = A_x\mathbf{i} + A_y\mathbf{j} + A_z\mathbf{k}$, $\mathbf{B} = B_x\mathbf{i} + B_y\mathbf{j} + B_z\mathbf{k}$, $\mathbf{C} = C_x\mathbf{i} + C_y\mathbf{j} + C_z\mathbf{k}$와 스칼라 a를 사용하여 대표적인 벡터 연산 결과를 요약한다.

❶ **덧셈**addition

$$\mathbf{A}+\mathbf{B} = \mathbf{B}+\mathbf{A} = (A_x + B_x)\mathbf{i} + (A_y + B_y)\mathbf{j} + (A_z + B_z)\mathbf{k}$$

❷ **뺄셈**subtraction

$$\mathbf{A}-\mathbf{B} = -\mathbf{B}+\mathbf{A} = (A_x - B_x)\mathbf{i} + (A_y - B_y)\mathbf{j} + (A_z - B_z)\mathbf{k}$$

❸ **스칼라곱**scalar multiplication

$$a\mathbf{A} = aA_x\mathbf{i} + aA_y\mathbf{j} + aA_z\mathbf{k}$$

❹ **내적**dot product or inner product

$$\mathbf{A}\cdot\mathbf{B} = \mathbf{B}\cdot\mathbf{A} = A_xB_x + A_yB_y + A_zB_z$$

❺ **외적**cross product

$$\mathbf{A}\times\mathbf{B} = -\mathbf{B}\times\mathbf{A} = \begin{vmatrix} \mathbf{i} & \mathbf{j} & \mathbf{k} \\ A_x & A_y & A_z \\ B_x & B_y & B_z \end{vmatrix}$$

$$= (A_yB_z - A_zB_y)\mathbf{i} + (A_zB_x - A_xB_z)\mathbf{j} + (A_xB_y - A_yB_x)\mathbf{k}$$

❻ **스칼라 삼중곱**scalar triple product

$$\mathbf{A}\cdot(\mathbf{B}\times\mathbf{C}) = \mathbf{C}\cdot(\mathbf{A}\times\mathbf{B}) = \mathbf{B}\cdot(\mathbf{C}\times\mathbf{A}) = \begin{vmatrix} A_x & A_y & A_z \\ B_x & B_y & B_z \\ C_x & C_y & C_z \end{vmatrix}$$

$$= A_xB_yC_z - A_xB_zC_y + A_yB_zC_x - A_yB_xC_z + A_zB_xC_y - A_zB_yC_x$$

Section A.3

선형 연립방정식 풀이

선형 연립방정식을 푸는 방법은 다양하다. 대표적으로 가감법 또는 소거법addition/subtraction or elimination method, 대입법substitution method, 가우스 소거법Gaussian elimination, 행렬로 푸는 방법, 크래머의 법칙Cramer's rule, 수치해석numerical method 등이 있다. 여기서는 벡터와 행렬 연산을 사용하는 방법을 간단히 소개하고, 설명한다. 또한, 공학 및 수치 연산에 특화된 컴퓨터 프로그래밍 언어인 Octave/Matlab을 사용하여, 행렬과 벡터를 이용한 방법으로 연립방정식을 풀이하는 샘플 스크립트를 소개한다.

❶ 행렬과 벡터를 이용한 선형 방정식 풀이

정역학에서는 정정 문제를 다루므로 미지수의 개수와 독립 방정식의 개수가 같다. 따라서 다음과 같이 n개의 미지수 $x_1, x_2, \ldots, x_n$를 갖는 n개의 독립 선형 방정식이 주어졌다고 하자.

$$\begin{aligned} a_{11}x_1 + a_{12}x_2 + \cdots + a_{1n}x_n &= b_1 \\ a_{21}x_1 + a_{22}x_2 + \cdots + a_{2n}x_n &= b_2 \\ \vdots \quad\quad \vdots \quad\quad\quad\quad \vdots \quad &\quad \vdots \\ a_{n1}x_1 + a_{n2}x_2 + \cdots + a_{nn}x_n &= b_n \end{aligned}$$

이 선형 방정식을 행렬과 벡터로 표현하면, 다음과 같이 표현할 수 있다.

$$\mathrm{Ax} = \mathrm{B}$$

여기서 계수행렬coefficient matrix $\mathrm{A} = \begin{bmatrix} a_{11} & a_{12} & \ldots & a_{1n} \\ a_{21} & a_{22} & \ldots & a_{2n} \\ \vdots & \vdots & \vdots & \vdots \\ a_{n1} & a_{n2} & \ldots & a_{nn} \end{bmatrix}$, 상수 벡터constant vector $\mathrm{B} = \begin{bmatrix} b_1 \\ b_2 \\ \vdots \\ b_n \end{bmatrix}$,

미지수 벡터unknown vector $\mathrm{x} = \begin{bmatrix} x_1 \\ x_2 \\ \vdots \\ x_n \end{bmatrix}$이다. 따라서 계수행렬 A의 역행렬 A^{-1}이 존재하고 $\mathrm{B} \neq 0$이면, 미지수 x의 해를 다음과 같이 구할 수 있다.

$$\mathrm{x} = (\mathrm{A}^{-1})\mathrm{B}$$

❷ Octave/Matlab를 이용한 선형 방정식 풀이

일반적으로 독립 방정식의 개수 n가 3보다 크면, 이 연립방정식의 해를 손으로 계산하는 것이 복잡해진다. 따라서 이럴 경우는 컴퓨터나 전자계산기를 사용해서 계산하는 것이 편리하다. 특히, 범용적인 공학 및 과학 등 분야의 계산에 특화된 Mathworks사의 상용 프로그램 언어인 Matlab(URL: https://mathworks.com/) 또는 Matlab과 호환되는 무료 프로그램 언어인 GNU Octave(URL: https://octave.org/)를 사용하면 연립방정식의 계산을 쉽게 할 수 있다. 참고로 호환성이 높아 Octave에서 대부분 Matlab의 실행 코드인 m 스크립트 파일을 직접 실행할 수 있다. 또한 온라인에 무료로 Octave/Matlab 스크립트를 실행할 수 있는 웹사이트들이 많이 있다. 인터넷을 검색하면 쉽게 프로그램 스크립트를 실행할 수 있는 온라인 프로그램 언어 컴파일러complier를 제공하는 웹사이트들을 찾을 수 있다. 참고로 여기에 그중 일부 사이트 주소를 첨부하니 참고하기를 바란다.

https://octave-online.net/
https://www.tutorialspoint.com/execute-matlab-online.php
https://www.jdoodle.com/execute-octave-matlab-online/
https://ideone.com/l/octave

이제 일반적인 선형 연립방정식의 해를 구하는 간단한 Matlab/Octave 샘플 스크립트 코드와 간단한 설명을 제공한다. 여기서 제공되는 스크립트 코드는 n개의 방정식을 풀 수 있다. 하지만 쉬운 설명을 위하여 다음의 계수와 상수를 알고 있는 3개의 독립 선형 방정식을 예로 들어 해를 구해보기로 한다.

$$\begin{aligned} 3x + 4y + 5z &= 4 \\ 2x + 3y + 2z &= 10 \\ 5x + 6y + 10z &= 2 \end{aligned}$$

Octave/Matlab의 명령창command window 또는 온라인 컴파일러의 스크립트 입력창에 다음 스크립트를 입력하여 실행하면 명령창 또는 결과창에 연산 결과가 출력된다. 일반적으로는 직접 명령창에 실행 명령어들을 입력하는 것보다는 스크립트 에디터editor에서 입력하여 코드를 실행하는 것이 편리하다.

연립방정식이 Ax=b 형태일 때 방정식 풀이 샘플 코드: 명령창/입력창 또는 스크립트 에디터에 입력

```
A = [3 4 5;
     2 3 2;
     5 6 10 ];          % 계수 행렬
b = [4; 10; 2];         % 상수 행렬

x = A \ b;              % Ax = b를 풀어라. 즉, 해를 구하여 x에 저장한다
display(x);             % 미지수 x를 명령창에 표시하라
```

명령창/결과창의 스크립트 실행 결과

```
x =
  42.0000
 -18.0000
 -10.0000
```

이 코드 중 '\'는 $(A^{-1})B = \frac{B}{A}$를 풀라는 명령어이다. 참고로 해를 구하기 위해 'x = A \ b' 대신 'x = linsolve(A, b)' 명령어를 사용할 수도 있다. 그리고 스크립트에서 변수를 사용할 때, 소문자와 대문자를 서로 구별해서 사용해야 한다는 것에 유의한다. 지면 관계상 그리고 사용된 스크립트가 직관적이기 때문에 Octave/Matlab 명령어에 대한 자세한 설명은 생략한다. 필요하면 도서관 및 온라인에 많은 참고 설명자료 및 튜토리얼들이 있으니 참고하기 바란다.

연립방정식이 Ax=b 형태가 아닐 때 방정식 풀이 샘플 코드: 명령창/입력창 또는 스크립트 에디터에 입력

```
syms x y z   % 미지수를 심볼(symbol)로 설정

f1 = 3*x + 4*y + 5*z == 4;   % 첫 번째 방정식
f2 = 2*x + 3*y + 2*z == 10;   % 두 번째 방정식
f3 = 5*x + 6*y + 10*z == 2;   % 세 번째 방정식
```

```
sol = solve([f1, f2, f3], [x, y, z]); % 방정식을 풀어 미지수 [x, y, z]를 구하라

X=[sol.x; sol.y; sol.z] % 계산된 미지수 [x, y, z]를 변수 X에 저장하라

% 주어진 방정식 f1, f2, f3로부터 A와 B를 계산하라
[A,B] = equationsToMatrix([f1, f2, f3], [x, y, z])
```

명령창/결과창의 스크립트 실행 결과

```
X =

 42
-18
-10

A =

[3, 4,  5]
[2, 3,  2]
[5, 6, 10]


B =

 4
10
 2
```

일반적으로 코드나 스크립트를 반복적으로 사용하는 경우는 이를 모듈화하거나 사용자 함수로 정의하여 재사용하는 것이 좋다. 다음에 제공되는 함수 스크립트를 Matlab/Octave에서 'solve_linear_equations.m'이란 이름으로 현재 명령창의 폴더folder에 저장한 다음 명령

창에서 변수 A와 b에 값을 저장하고, 함수 'solve_linear_equations(A,b)'를 호출하면 해를 구할 수 있다.

Ax=b 형태의 연립방정식을 푸는 함수: 'solve_linear_equations.m'이란 이름으로 저장

```
function [x] = solve_linear_equations(A, b)

% Check the dimensions of A and b.
if size(A, 2) ~= size(b, 1)
  error('오류: A의 열과 b의 행의 차원이 같지 않음!')
end

% A 행렬이 정방(square)행렬인지 확인
if size(A, 1) ~= size(A, 2)
error('오류: A가 정방행렬이 아님');
end

x = A \ b;   % Ax = b를 풀어라

return  % x 반환
end   % 함수 종료
```

명령창에 스크립트 입력

```
A = [3 4 5;
    2 3 2;
    5 6 10 ];  % 계수 행렬
b = [4; 10; 2]; % 상수 벡터

% A와 b를 함수 solve_linear_equations에 대입하여 해를 구하라
x = solve_linear_equations(A, b)
```

명령창/결과창의 스크립트 실행 결과

```
x =

   42.0000
  -18.0000
  -10.0000
```

APPENDIX B

주요 면적 관성모멘트 및 질량 관성모멘트

CONTENTS

Section B.1

면적 관성모멘트

[표 B-1] 면적 관성모멘트

연번	도형 명칭	도형 형태	도심	면적 관성모멘트
1	원 (circle)	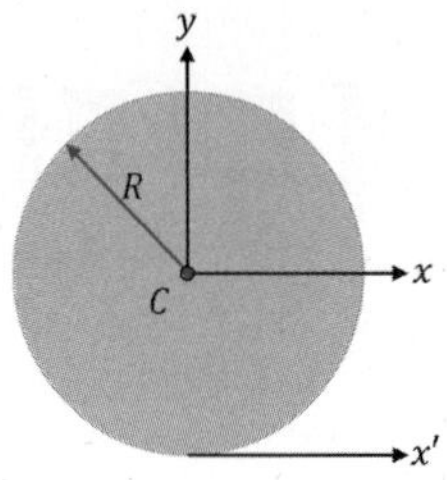	-	$I_{xx} = \frac{\pi R^4}{4}$, $I_{yy} = \frac{\pi R^4}{4}$, $I_{xy} = I_{yx} = 0$, $I_p = \frac{\pi R^4}{2}$, $I_{x'x'} = \frac{5\pi R^4}{4}$
2	반원 (semicircle)	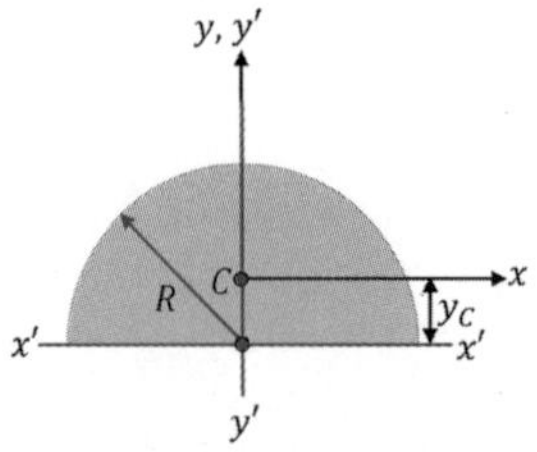	$y_C = \frac{4R}{3\pi}$	$I_{x'x'} = \frac{\pi R^4}{8}$, $I_{y'y'} = \frac{\pi R^4}{8}$, $I_{xx} = \frac{(9\pi^2 - 64)R^4}{72\pi}$, $I_{yy} = \frac{\pi R^4}{8}$, $I_{x'y'} = I_{y'x'} = 0$
3	1/4원 (quarter circle)	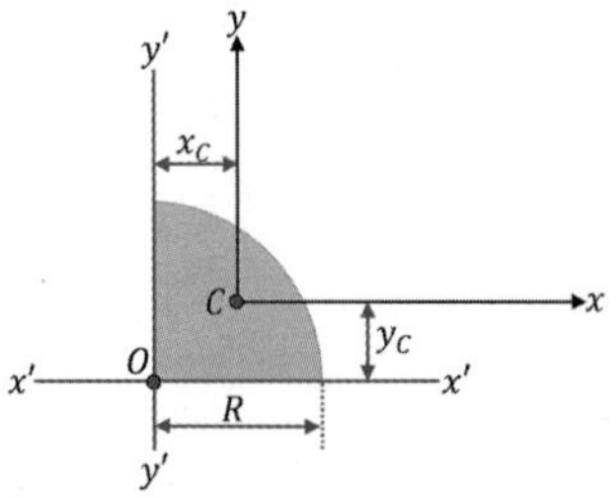	$y_C = \frac{4R}{3\pi}$	$I_{x'x'} = \frac{\pi R^4}{16}$, $I_{y'y'} = \frac{\pi R^4}{16}$, $I_{x'y'} = I_{y'x'} = \frac{R^4}{8}$, $I_{xx} = \frac{(9\pi^2 - 64)R^4}{144\pi}$, $I_{yy} = \frac{(9\pi^2 - 64)R^4}{144\pi}$
4	원호 부분 (circular sector)	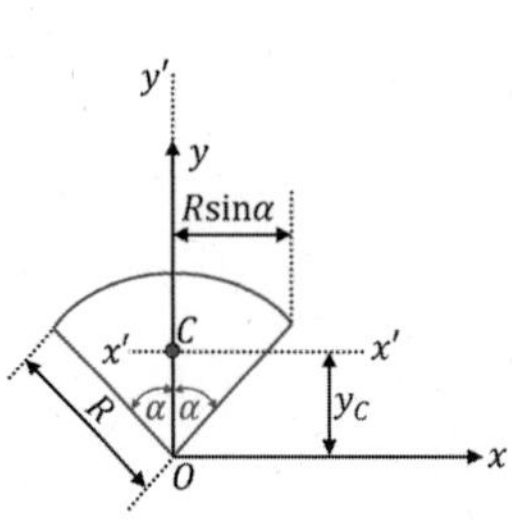	$y_C = \frac{2R\sin\alpha}{3\alpha}$	$I_{xx} = \frac{R^4}{4}(\alpha + \sin\alpha\cos\alpha)$, $I_p = \frac{\alpha R^4}{2}$, $I_{yy} = \frac{R^4}{4}(\alpha - \sin\alpha\cos\alpha)$, $I_{xy} = I_{yx} = 0$, $I_{x'x'} = \frac{9\alpha^2 R^4 + 9\alpha R^4\cos\alpha\sin\alpha - 16R^4\sin^2\alpha}{36\alpha}$, $I_{y'y'} = \frac{R^4}{4}(\alpha - \sin\alpha\cos\alpha)$

연번	도형 명칭	도형 형태	도심	면적 관성모멘트
5	n차 포물선 아치 (spandrel n-th degree)	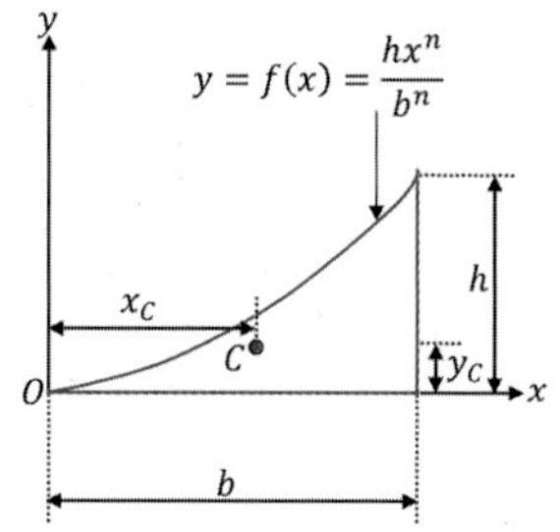 $y = f(x) = \frac{hx^n}{b^n}$	$x_C = \frac{b(n+1)}{n+2}$, $y_C = \frac{h(n+1)}{2(2n+1)}$	$I_{xx} = \frac{bh^3}{3(3n+1)}$, $I_{yy} = \frac{hb^3}{(n+3)}$, $I_{xy} = I_{yx} = \frac{h^2b^2}{4(n+1)}$
6	n차 포물선 요소 (semisegment of n-th degree)	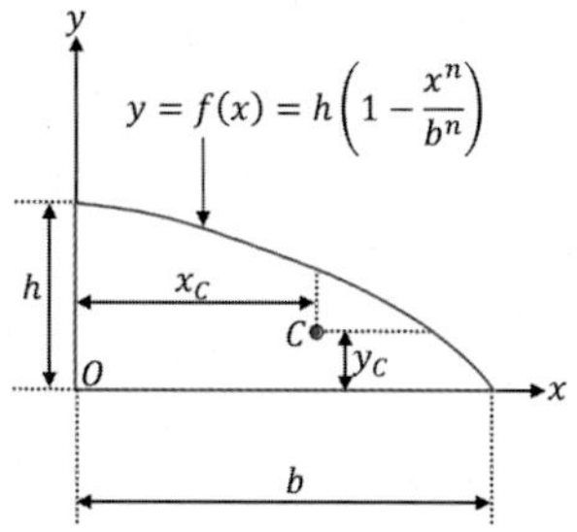 $y = f(x) = h\left(1 - \frac{x^n}{b^n}\right)$	$x_C = \frac{b(n+1)}{2(n+2)}$, $y_C = \frac{nh}{(2n+1)}$	$I_{xx} = \frac{2bh^3n^3}{(n+1)(2n+1)(3n+1)}$, $I_{yy} = \frac{nhb^3}{3(n+3)}$
7	타원 (ellipse)	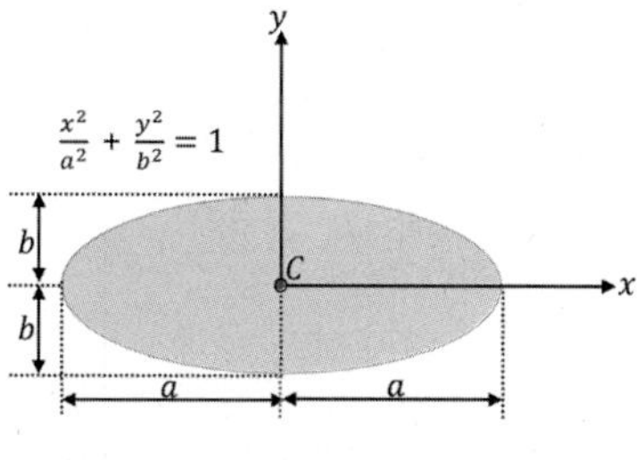 $\frac{x^2}{a^2} + \frac{y^2}{b^2} = 1$	-	$I_{xx} = \frac{\pi ab^3}{4}$, $I_{yy} = \frac{\pi a^3 b}{4}$, $I_p = \frac{\pi ab(a^2+b^2)}{4}$, $I_{xy} = I_{yx} = 0$
8	사각형 (rectangle)	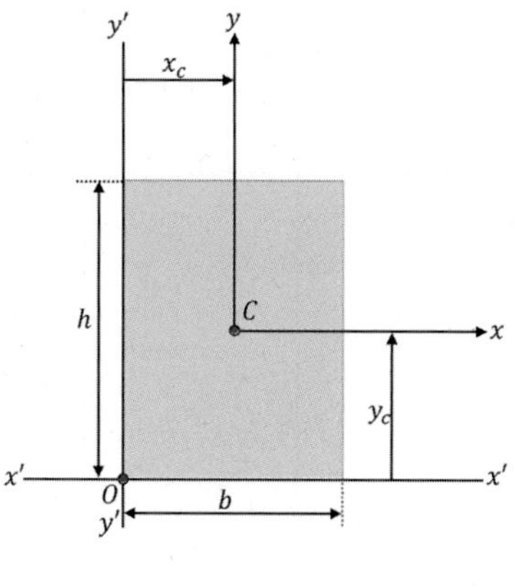	-	$I_{xx} = \frac{bh^3}{12}$, $I_{yy} = \frac{1}{12}hb^3$, $I_{x'x'} = \frac{bh^3}{3}$, $I_{y'y'} = \frac{1}{3}hb^3$, $I_p = \frac{bh(b^2+h^2)}{12}$, $I_{xy} = I_{yx} = 0$, $I_{x'y'} = I_{y'x'} = \frac{b^2h^2}{4}$

연번	도형 명칭	도형 형태	도심	면적 관성모멘트
9	직각삼각형 (right triangle)	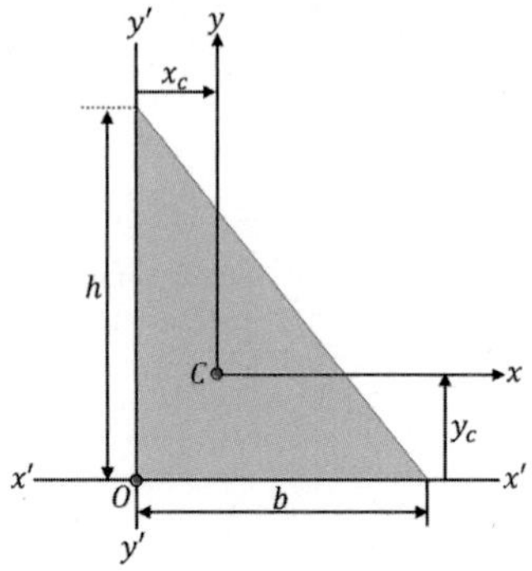	$x_c = \dfrac{b}{3}$, $y_c = \dfrac{h}{3}$	$I_{x'x'} = \dfrac{bh^3}{12}$, $I_{y'y'} = \dfrac{hb^3}{12}$, $I_{xx} = \dfrac{bh^3}{36}$, $I_{yy} = \dfrac{hb^3}{36}$, $I_{x'y'} = I_{y'x'} = \dfrac{b^2h^2}{24}$, $I_{xy} = I_{yx} = -\dfrac{b^2h^2}{72}$, $I_{p'} = \dfrac{bh(h^2+b^2)}{12}$, $I_p = \dfrac{bh(b^2+h^2)}{36}$
10	삼각형 (triangle)	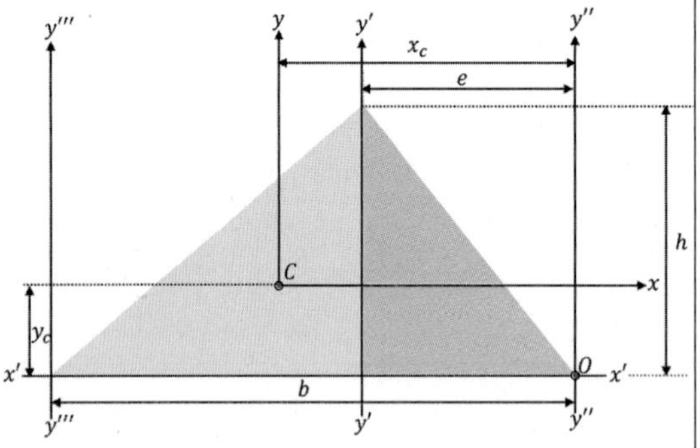	$x_c = \dfrac{(b+e)}{3}$, $y_c = \dfrac{h}{3}$	$I_{x'x'} = \dfrac{bh^3}{12}$, $I_{y'y'} = \dfrac{bh(b^2-3be+3e^2)}{12}$, $I_p' = \dfrac{bh(h^2+b^2-3be+3e^2)}{12}$, $I_{xx} = \dfrac{bh^3}{36}$, $I_{yy} = \dfrac{bh}{36}(b^2-be+e^2)$, $I_p = \dfrac{bh}{36}(h^2+b^2-be+e^2)$, $I_{x'y'} = I_{y'x'} = -\dfrac{bh^2(2e-b)}{24}$, $I_{xy} = I_{yx} = \dfrac{bh^2(b-2c)}{72}$
11	얇은 두께의 원형 아크 (Thin circular arc)	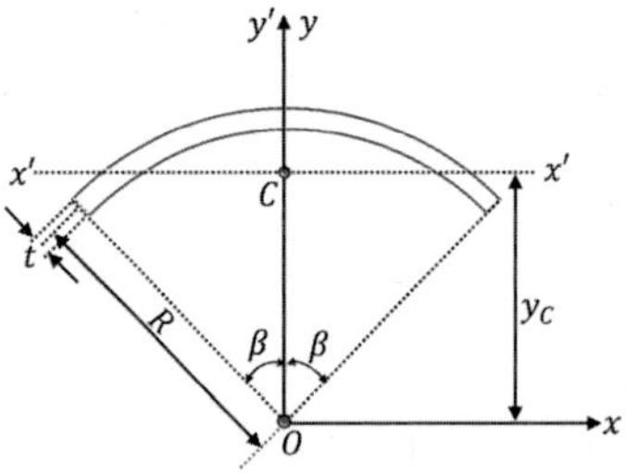	$y_c = \dfrac{R\sin\beta}{\beta}$	$I_{xx} = tR^3\left[\beta - \dfrac{\sin 2\beta}{2}\right]$, $I_{yy} = tR^3\left[\beta + \dfrac{\sin 2\beta}{2}\right]$ $I_{xy} = I_{yx} = 0$, $I_{y'y'} = I_{yy}$, $I_{x'x'} = R^3t\left(\dfrac{2\beta+\sin 2\beta}{2} - \dfrac{(1-\cos 2\beta)}{\beta}\right)$
12	얇은 원형 링 (Thin circular ring)	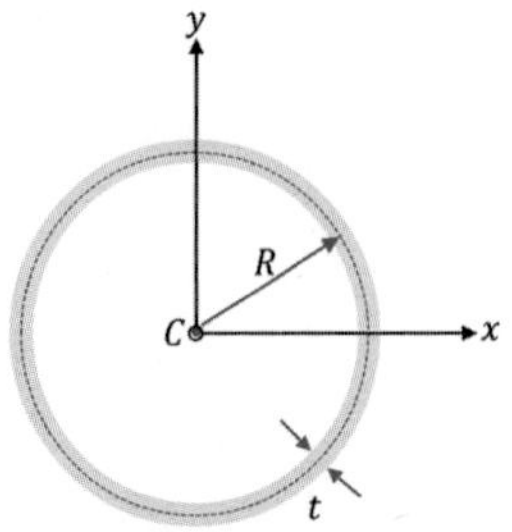	-	$I_{xx} = I_{yy} = \dfrac{\pi}{4}(4R^3t + Rt^3) \approx \pi R^3 t$, $I_p = 2\pi R^3 t$, $I_{xy} = I_{yx} = 0$

연번	도형 명칭	도형 형태	도심	면적 관성모멘트
13	또 다른 직각 삼각형 (another right triangle)	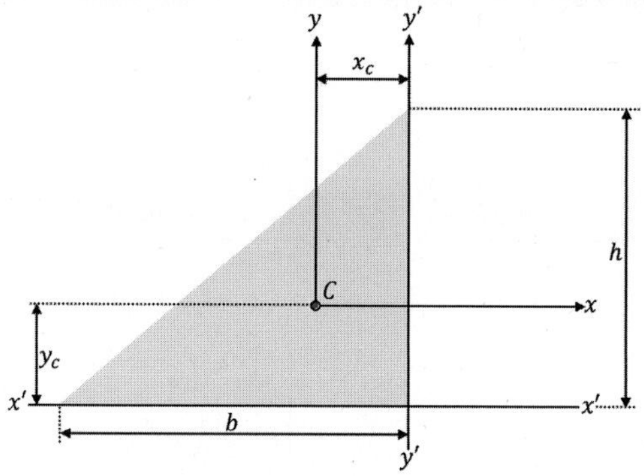 y, y', x_c, h, C, x, y_c, x', x', b, y'	$x_c = \frac{b}{3}$, $y_c = \frac{h}{3}$	$I_{y'y'} = \frac{hb^3}{12}$, $I_{x'x'} = \frac{bh^3}{12}$, $I_{xx} = \frac{bh^3}{36}$, $I_{yy} = \frac{hb^3}{36}$, $I_{xy} = \frac{b^2h^2}{72}$, $I_{x'y'} = I_{y'x'} = -\frac{b^2h^2}{24}$
14	사다리꼴 (Trapezoid)	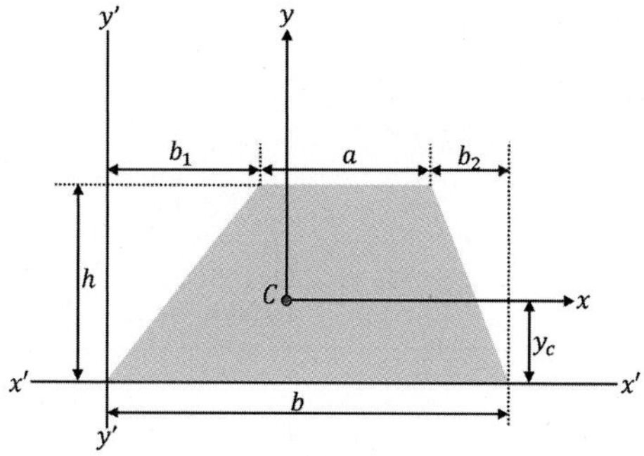 y', y, b_1, a, b_2, h, C, x, y_c, x', x', b, y'	$y_c = \frac{(b+2a)h}{3(a+b)}$	$I_{x'x'} = \frac{(b+3a)h^3}{12}$, $I_{xx} = \frac{h^3(a^2+4ab+b^2)}{36(a+b)}$
15	코사인 곡선 (cosine wave)	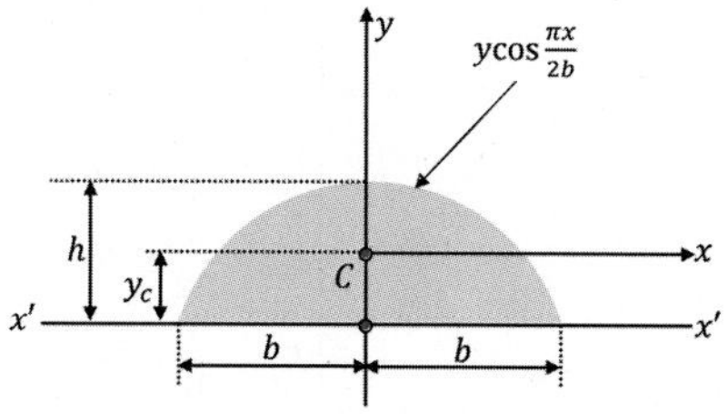 y, $y\cos\frac{\pi x}{2b}$, h, y_c, C, x, x', x', b, b	$y_c = \frac{\pi h}{8}$	$I_{x'x'} = \frac{8bh^3}{9\pi}$, $I_{y'y'} = I_{yy} = \left[\frac{4}{\pi} - \frac{32}{\pi^3}\right]hb^3$, $I_{xy} = 0$, $I_{xx} = \left[\frac{8}{9\pi} - \frac{\pi}{16}\right]bh^3$,

Section B.2

질량 관성모멘트

[표 B-2] 질량 관성모멘트

물체	질량중심	회전축에 따른 질량 관성모멘트
반원통	$\bar{x}=\dfrac{4r}{3\pi}$	$I_{xx}=I_{yy}=\dfrac{1}{4}mr^2+\dfrac{1}{12}ml^2$ $I_{x_1x_1}=I_{y_1y_1}=\dfrac{1}{4}mr^2+\dfrac{1}{3}ml^2$ $I_{zz}=\dfrac{1}{2}mr^2$ $\overline{I_{zz}}=\left(\dfrac{1}{2}-\dfrac{16}{9\pi^2}\right)mr^2$
중공 원통	–	$I_{xx}=\dfrac{1}{2}mr^2+\dfrac{1}{12}ml^2$ $I_{x_1x_1}=\dfrac{1}{2}mr^2+\dfrac{1}{3}ml^2$ $I_{zz}=mr^2$
원통	–	$I_{xx}=\dfrac{1}{4}mr^2+\dfrac{1}{12}ml^2$ $I_{x_1x_1}=\dfrac{1}{4}mr^2+\dfrac{1}{3}ml^2$ $I_{zz}=\dfrac{1}{2}mr^2$
직육면체		$I_{xx}=\dfrac{1}{12}m(a^2+l^2)$ $I_{yy}=\dfrac{1}{12}m(b^2+l^2)$ $I_{zz}=\dfrac{1}{12}m(a^2+b^2)$ $I_{y_1y_1}=\dfrac{1}{12}mb^2+\dfrac{1}{3}ml^2$ $I_{y_2y_2}=\dfrac{1}{3}m(b^2+l^2)$
중공 반원통	$\bar{x}=\dfrac{2r}{\pi}$	$I_{xx}=I_{yy}=\dfrac{1}{2}mr^2+\dfrac{1}{12}ml^2$ $I_{x_1x_1}=I_{y_1y_1}=\dfrac{1}{2}mr^2+\dfrac{1}{3}ml^2$ $I_{zz}=mr^2$ $\overline{I_{zz}}=\left(1-\dfrac{4}{\pi^2}\right)mr^2$

물체	질량중심	회전축에 따른 질량 관성모멘트
구 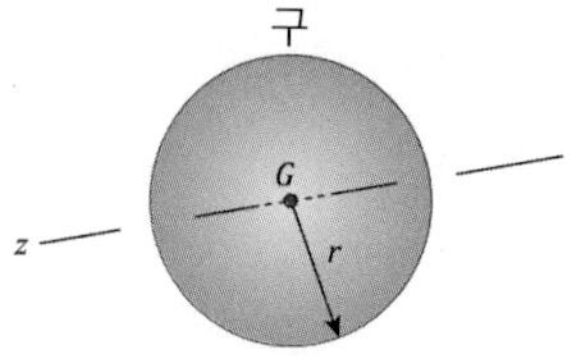	-	$I_{zz} = \frac{2}{5}mr^2$
가는 봉(thin rod) 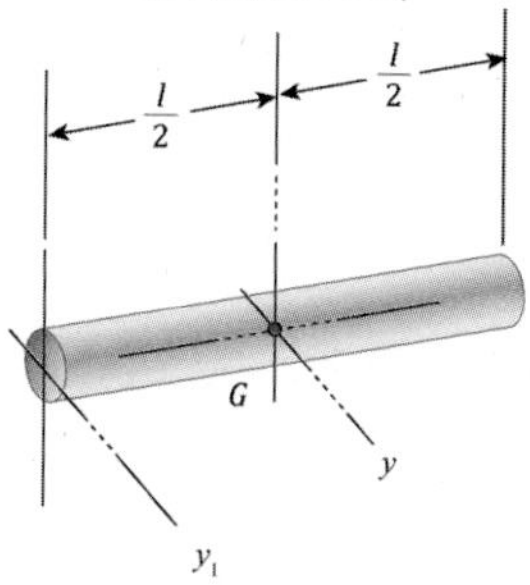		$I_{yy} = \frac{1}{12}ml^2$ $I_{y_1y_1} = \frac{1}{3}ml^2$
속이 빈 반구 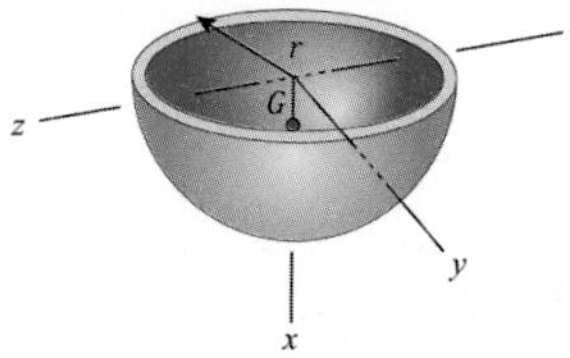	$\bar{x} = \frac{r}{2}$	$I_{xx} = I_{yy} = I_{zz} = \frac{2}{3}mr^2$ $\overline{I_{yy}} = \overline{I_{zz}} = \frac{5}{12}mr^2$
반구 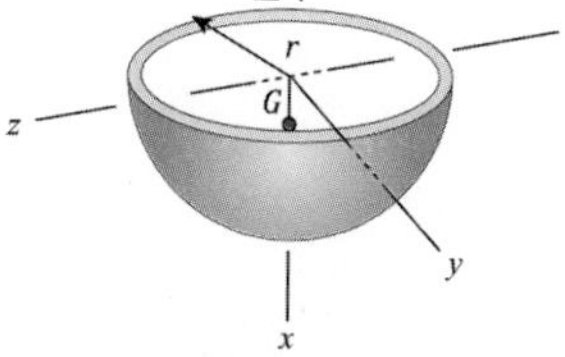	$\bar{x} = \frac{3r}{8}$	$I_{xx} = I_{yy} = I_{zz} = \frac{2}{5}mr^2$ $\overline{I_{yy}} = \overline{I_{zz}} = \frac{83}{320}mr^2$
속이 빈 구 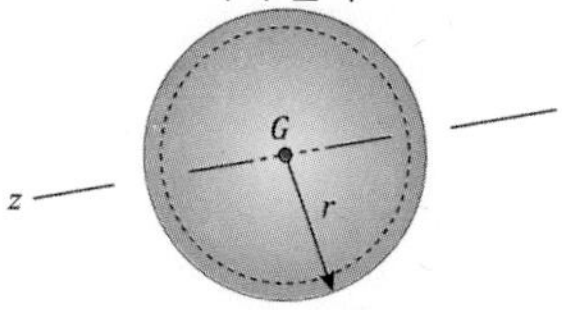		$I_{zz} = \frac{2}{3}mr^2$

연습문제 정답

CHAPTER 01 연습문제 정답

1.1 (1) **강체역학**: 실제에는 존재하지 않는 이상적인 물체로서 힘을 받아도 물체의 변형이 없다고 가정한 물체. 예) 동역학, 정역학 등

(2) **변형체 역학**: 힘을 받는 물체의 변형을 다루는 학문으로 이때 변형은 아주 작은 것으로 간주함.

예) 재료역학, 유체역학 등

1.2 (1) **중력**: 지구와 어떤 물체 사이의 끌어당기는 힘 또는 지구가 어떤 물체를 끌어당기는 힘.

(2) **만유인력**: 어떤 두 물체 사이의 끌어당기는 힘.

1.3 (1) **뉴턴 운동 제 1법칙**: 어떤 물체에 외력이 가해지지 않는 한, 그 물체는 정지해 있거나, 직선 정속운동(등속도 운동)을 한다.

(2) **뉴턴 운동 제 3법칙**: 어떤 물체에 작용이 있으면, 반드시 크기가 같고 방향이 반대인 반작용이 있다.

1.4 **만유인력 법칙**: "삼라만상의 모든 만물 사이에는 서로 끌어당기는 힘이 존재한다"는 법칙이며, 만유인력의 크기는 두 물체의 질량의 곱에 비례하고, 두 물체의 중심 간의 거리의 제곱에 반비례한다.

1.5 $F = 6.67 \times 10^{-2}\ \mathrm{kg \cdot m/s^2} = 6.67 \times 10^{-2}\ \mathrm{N}$

1.6 (1) **질점**: 물체의 크기를 무시하고, 질량이 하나의 점에 집중되어 있다고 보는 점을 일컬으며, 이 점에 의하여 물체의 위치 및 운동을 나타냄.

(2) **강체**: 강체란 어떤 힘을 받아도 절대로 변형이 일어나지 않는 물체라고 정의되지만, 실제로 이러한 물체는 존재하지 않음. 물체 내의 임의의 두 점 사이의 거리가 변형이 없을 때, 즉 일정 불변인 경우의 이상적인 물체를 일컬음. 물체 내의 상대적인 변형이 무시할 정도로 작을 때 그 물체를 강체로 간주함.

1.7

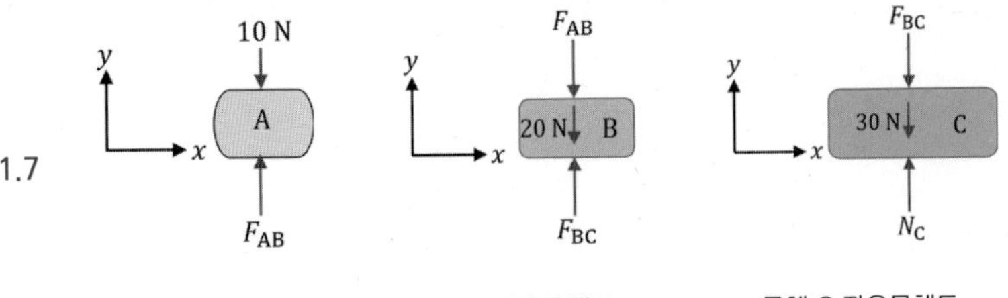

물체 A 자유물체도 물체 B 자유물체도 물체 C 자유물체도

1.8

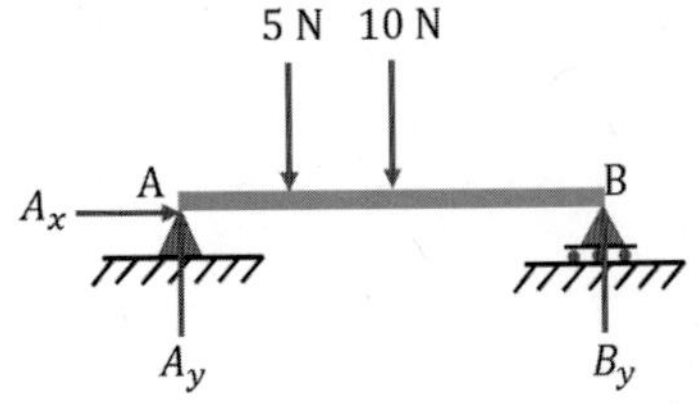

자유물체도

1.9 (1) $1.39\ \mathrm{m/s}$, (2) $1.67\times10^{-6}\ \mathrm{m/s}$

1.10 (1) $800\ \mathrm{MN}$, (2) $62.5\ \mathrm{Gm\cdot N}$

1.11 $981\ \mathrm{N}$

1.12 $239.4\ \mathrm{N/m^2}$

1.13 $F=\pi_1\dfrac{mv^2}{r}$

1.14 $t=\pi_1\sqrt{\dfrac{L}{g}}$

1.15 $x=r\cos\theta,\ y=r\sin\theta,\ r=\sqrt{x^2+y^2},\ \theta=\tan^{-1}(\dfrac{y}{x})$

1.16 (1) $0.125\ \mathrm{km^3}$, (2) $343\ \mu\mathrm{m}^3$

1.17 (1) 1246, (2) 23.57×10^{-3}

1.18 (1) $3.46\ \mathrm{m}$, (2) $3.38\ \mathrm{Mg}$, (3) $2.58\ \mathrm{kN}$

1.19 $f(x)=e^x=1+x+\dfrac{x^2}{2!}+\dfrac{x^3}{3!}+\dfrac{x^4}{4!}+\cdots Z$

첫 항까지만 근사화: $x\ll1$인 경우, $f(x)\simeq1$

1.20 $f(\theta)=e^{i\theta}=1+i\theta-\dfrac{\theta^2}{2!}-i\dfrac{\theta^3}{3!}+\dfrac{\theta^4}{4!}+\cdots=\left(1-\dfrac{\theta^2}{2!}+\dfrac{\theta^4}{4!}\right)+i\left(\theta-\dfrac{\theta^3}{3!}\right)+\cdots$

$=\cos\theta+i\sin\theta$

둘째 항까지만 근사화하면, $\theta\ll1$인 경우, $f(\theta)\simeq1+i\theta$가 됨.

CHAPTER 02 연습문제 정답

2.1 $Q_x=866.03\ \mathrm{kN},\ Q_y=500\ \mathrm{kN}$

2.2 $Q=\sqrt{(300)^2+(400)^2}=500\ \mathrm{N},\ \beta=\tan^{-1}\left(\dfrac{400}{300}\right)=53.13°$

2.3 $P=317.34\ \mathrm{N},\ \theta=\tan^{-1}\left(\dfrac{314.63}{41.42}\right)=82.49°$

2.4 $P=721.11\ \mathrm{N}$

2.5 $P=107.04\ \mathrm{N},\ \theta=\tan^{-1}\left(\dfrac{106.08}{14.34}\right)=82.30°$

2.6 $\Sigma F_x=283.01\ \mathrm{N},\ \Sigma F_y=1{,}009.81\ \mathrm{N}$

2.7 $\Sigma F_x=-84.52\ \mathrm{N},\ \Sigma F_y=-271.66\ \mathrm{N}$

2.8 $\Sigma F_x=261.62\ \mathrm{N},\ \Sigma F_y=-85.38\ \mathrm{N}$

2.9 $\Sigma F_x=217.86\ \mathrm{N},\ \Sigma F_y=189.88\ \mathrm{N}$

2.10 $Q=(200\ \mathrm{N})\times(1.25)=250\ \mathrm{N},\ Q_y=Q\times\left(\dfrac{1.5}{2.5}\right)=150\ \mathrm{N}$

2.11 $F=174.05\ \mathrm{N}$

2.12 $F = 173.45\ \mathrm{N}$

2.13 $Q = 200\ \mathrm{N}$, $Q_y = 100\sqrt{3}\ \mathrm{N} = 173.21\ \mathrm{N}$

2.14 $Q = 565.69\ \mathrm{N}$, $Q_x = Q\sin 45^\circ\ \mathrm{N} = 400\ \mathrm{N}$

2.15 $F_x = 692.82\ \mathrm{N}$, $F_y = 400\ \mathrm{N}$

2.16 $F_x = 58.19\ \mathrm{N}$, $F_y = 41.70\ \mathrm{N}$

2.17 $\theta = 41.21^\circ$, $Q_2 = 390.24\ \mathrm{N}$

2.18 $\mathrm{F} = 433.01\,\mathrm{i} + 250\,\mathrm{j} - 250\,\mathbf{k}$

2.19 $\alpha = 45.57^\circ$, $\gamma = 53.1^\circ$, $\beta = 66.42^\circ$

2.20 $F_y = 24.15\ \mathrm{N}$, $F = 93.31\ \mathrm{N}$

CHAPTER 03 연습문제 정답

3.1 $Q = 245.25\ \mathrm{N}$

3.2 $T_\mathrm{A} = 130.54\ \mathrm{N}$, $T_\mathrm{B} = 175.88\ \mathrm{N}$

3.3 $T_1 = 258.82\ \mathrm{N}$, $T_2 = 366.03\ \mathrm{N}$

3.4 $T = \dfrac{10\cos 45^\circ}{\cos 16.33} = 7.37\ \mathrm{N}$, $\theta = 16.33^\circ$

3.5 $T_1 = 143.41\ \mathrm{N}$, $T_2 = 134.76\ \mathrm{N}$

3.6 $N_c = 740.38\ \mathrm{N}$

3.7 $R_\mathrm{A} = 732.05\ \mathrm{N}$, $R_\mathrm{B} = 517.64\ \mathrm{N}$

3.8 $N_\mathrm{A} = 50\ \mathrm{N}$, $F_\mathrm{BA} = 86.6\ \mathrm{N}$, $N_\mathrm{B1} = 75\ \mathrm{N}$, $N_\mathrm{B2} = 216.5\ \mathrm{N}$

3.9 $F = 2.5\ \mathrm{kN}$

3.10 $F = 1\ \mathrm{N}$

3.11 $F = 1\ \mathrm{N}$

3.12 $F_\mathrm{BA} = F_\mathrm{CA} = 3.2\ \mathrm{N}$, $F_{\mathrm{C}x} = 3.2\cos 51.32^\circ = 2\ \mathrm{N}$, $F_{\mathrm{C}y} = 7.498\ \mathrm{N}$

3.13 $F_\mathrm{AB} = 230.4\ \mathrm{N}$, $F_\mathrm{BC} = 187.54\ \mathrm{N}$, $L_\mathrm{AB} = 0.41\ \mathrm{m}$, $L_\mathrm{BC} = 0.687\ \mathrm{m}$

3.14 $T_\mathrm{BA} = 483.09\ \mathrm{N}$, $T_\mathrm{BC} = 341.6\ \mathrm{N}$

3.15 $T_\mathrm{CA} = 80.46\ \mathrm{N}$, $T_\mathrm{CB} = 246.14\ \mathrm{N}$

3.16 $T_\mathrm{CA} = 54.64$, $T_\mathrm{CB} = 66.92$

3.17 $T_\mathrm{DB} = 60.73\ \mathrm{N}$, $T_\mathrm{DA} = 68.62\ \mathrm{N}$, $T_\mathrm{DC} = -24.96\ \mathrm{N}$

3.18 $T_\mathrm{AB} = 45.78\ \mathrm{N}$, $T_\mathrm{AC} = 18.54\ \mathrm{N}$, $T_\mathrm{AD} = 43.29\ \mathrm{N}$

3.19 $T_\mathrm{AB} = T_\mathrm{AC} = 3.356\ \mathrm{kN}$, $T_\mathrm{AD} = 5\ \mathrm{kN}$

3.20 $T_\mathrm{AB} = 1{,}118.57\ \mathrm{N}$, $T_\mathrm{AC} = 749.63\ \mathrm{N}$, $T_\mathrm{AD} = 558.45\ \mathrm{N}$

CHAPTER 04 연습문제 정답

4.1 $T_{AB} = \dfrac{250\ \text{N}}{\sin 25°} = 591.55\ \text{N}$

4.2 $Q = 500 \sin 30° = 250\ \text{N}$

4.3 $T_B = T_C = 107.18\ \text{N}$, $F_s = 53.59\ \text{N}$

4.4 $T_B = 8.66\ \text{kN}$, $F_C = \sqrt{8.66^2 + 3^2} = 9.16\ \text{kN}$ ($C_x = 8.66\ \text{kN}$, $C_y = 3\ \text{kN}$)

4.5 $M_A = 1{,}465.02\ \text{N} \cdot \text{m}$,

$F_A = \sqrt{(755.83)^2 + (4{,}295.71)^2} = 4{,}361.697\ \text{N}$ ($A_x = 755.83\ \text{N}$, $A_y = 4{,}295.71\ \text{N}$)

4.6 $\theta = 33.56°$

4.7 $Q = 2.5\ \text{kN}$, $R_A = 2.277\ \text{kN}$, $R_B = 2.053\ \text{kN}$

4.8 $T = 151.56\ \text{N}$,

$F_A = \sqrt{(-75.78)^2 + (217.18)^2} = 230.02\ \text{N}$ ($A_x = -75.78\ \text{kN}$, $A_y = 217.18\ \text{N}$)

4.9 $R_A = 0.2887\ \text{kN}$, $R_B = 0.5\ \text{kN}$, $R_C = 0.5774\ \text{kN}$

4.10 $F_A = 0.6\ \text{kN}$, $F_B = 0.3\ \text{kN}$, $\delta_A = 0.06\ \text{m}$

4.11 $T_{BD} = 1{,}250\ \text{N}$,

$F_C = \sqrt{1{,}000)^2 + (1{,}150)^2} = 1{,}523.98\ \text{N}$ ($C_x = 1{,}000\ \text{N}$, $C_y = 1{,}150\ \text{N}$)

4.12 $T_{CA} = 424.26\ \text{N}$, $F_B = \sqrt{(300)^2 + (100)^2} = 316.23\ \text{N}$ ($B_x = 300\ \text{N}$, $B_y = 100\ \text{N}$)

4.13 $R_B = 224\ \text{N}$, $F_B = \sqrt{(112)^2 + (306.01)^2} = 325.86\ \text{N}$ ($A_x = 112\ \text{N}$, $A_y = 306.01\ \text{N}$)

4.14 $R_A = 1{,}500\ \text{N}$, $F_B = 1{,}581.14\ \text{N}$ ($B_x = 1{,}500\ \text{N}$, $B_y = 500\ \text{N}$)

4.15 $W = 77.35\ \text{N}$

4.16 $R_B = 5.33\ \text{kN}$, $R_A = 0.67\ \text{kN}$

4.17 $N_C = 0.532\ \text{kN}$, $F_A = \sqrt{0.426)^2 + (1.68)^2} = 1.733\ \text{N}$ ($A_x = 0.426\ \text{kN}$, $A_y = 1.68\ \text{kN}$)

4.18 $T_A = 150\ \text{N}$, $T_C = 75\ \text{N}$, $T_D = 675\ \text{N}$

4.19 $T_A = 166.67\ \text{N}$, $T_B = 500 - T_A = 333.33\ \text{N}$, $T_C = 500\ \text{N}$

4.20 $T_A = 428.57\ \text{N}$, $T_B = T_C = 357.14\ \text{N}$,

$T_{AB} = 1{,}118.57\ \text{N}$, $T_{AC} = 749.63\ \text{N}$, $T_{AD} = 558.45\ \text{N}$

CHAPTER 05 연습문제 정답

5.1 $F_{AB} = -5\ \text{kN}$(압축), $F_{AD} = -20\ \text{kN}$(압축), $F_{BD} = 33.54\ \text{kN}$(인장), $F_{BC} = 10\ \text{kN}$(인장),

$F_{CD} = -14.14\ \text{kN}$(압축), $F_{CB} = 10\ \text{kN}$(인장)

5.2 $F_{DB} = -125$ N(압축), $F_{DC} = -75$ N(압축), $F_{CB} = 125$ N(인장),
$F_{CD} = -75$ N(압축), $F_{AD} = 100$ N(인장), $F_{AB} = 150$ N(인장)

5.3 $F_{AB} = -24.75$ N(압축), $F_{AD} = 17.5$ N(인장), $F_{EC} = -17.68$ N(압축),
$F_{ED} = 12.5$ N(인장), $F_{DB} = -7.07$ N(압축), $F_{DC} = 5$ N(인장), $F_{CB} = -17.68$ N(압축),
$F_{CB} = -17.68$ N(압축)

5.4 $F_{AB} = -70.71$ N(압축), $F_{AC} = -50$ N(압축), $F_{CB} = 70.71$ N(인장), $F_{CA} = -50$ N(압축)

5.5 $F_{AB} = -212.13$ N(압축), $F_{AD} = 50$ N(인장), $F_{CB} = -70.71$ N(압축),
$F_{CD} = 50$ N(인장), $F_{BD} = 200$ N(인장)

5.6 $A_y = 10$ kN, $C_x = 7.5$ kN, $A_x = 7.5$ kN, F(압축),
$F_{CA} = 7.5$ kN(인장), $F_{AD} = 3.53$ kN(인장), $F_{AB} = 5$ kN(인장), $F_{DB} = -7.07$ kN(압축)

5.7 $A_x = 0$, $E_y = 12.5$ kN, $A_y = 17.5$ kN, $F_{AB} = -21.875$ kN(압축),
F(인장), $F_{BC} = -13.125$ kN(압축), $F_{BG} = 17.5$ kN(인장),
$F_{ED} = -15.625$ kN(압축), $F_{EF} = 9.375$ kN(인장), $F_{DC} = -9.375$ kN(압축),
$F_{DF} = 12.5$ kN(인장), $F_{CG} = 3.125$ kN(인장), $F_{CF} = -3.125$ kN(압축),
$F_{FG} = 11.25$ kN(인장)

5.8 $\mathrm{A}_y = 159.5$ kN, $\mathrm{D}_y = 440.5$ kN, $A_x = -400$ kN, $F_{CD} = -1{,}133.34$ kN(압축),
$F_{BC} = -400$ kN(압축), $F_{BA} = -692.8$ kN(압축), $F_{CA} = 666.67$ kN(인장),

5.9 $F_{CA} = -6.25$ kN(압축), $F_{BA} = -11.83$ kN(압축), $F_{CD} = 6.92$ kN(인장),

5.10 $F_{AB} = -2.5$ kN(압축), $F_{DE} = 2.5$ kN(인장)

5.11 $F_{CD} = -3.61$ kN(압축), $F_{CB} = 3$ kN(인장), $F_{BA} = 3$ kN(인장), $F_{BD} = -3$ kN(압축),
$F_{AD} = 2.70$ kN(인장), $F_{DE} = -6.31$ kN(압축)

5.12 $A_x = 0$, $D_y = 6.67$ kN, $A_y = 3.33$ kN, $F_{AG} = -4.71$ kN(압축), $F_{AB} = 3.33$ kN(인장),
$F_{BC} = 3.33$ kN(인장), $F_{BG} = 0$, $F_{DE} = -9.43$ kN(압축), $F_{DC} = 6.67$ kN(인장),
$F_{CG} = 4.71$ kN(인장), $F_{CE} = 6.67$ kN(인장), $F_{EG} = -6.67$ kN(압축)

5.13 $E_x = -160$ kN, $C_x = 160$ kN, $F_{AD} = -84.85$ kN(압축), $F_{AB} = 60$ kN(인장),
$F_{BC} = 60$ kN(인장), $F_{BD} = -40$ kN(압축), $F_{ED} = -160$ kN(압축), $E_y = 0$ kN,
$C_y = 100$ kN, $F_{CD} = 141.42$ kN(인장)

5.14 $A_x = 3$ kN, $E_y = 13.125$ kN, $A_y = 8.875$ kN, $F_{BC} = -3$ kN(압축),
$F_{AB} = -8$ kN(압축), $F_{AC} = -1.46$ kN(압축), $F_{AF} = 4.168$ kN(인장),
$F_{CD} = -4.168$ kN(압축), $F_{CF} = -3.124$ kN(압축), $F_{EF} = 0$ kN,
$F_{ED} = -13.125$ kN(인장), $F_{DF} = 5.21$ kN(인장)

5.15 $B_y = 40$ N, $B_x = 26.67$ N, $C_y = 20$ N, $C_x = 6.67$ N, $A_x = 6.67$ N, $A_y = 40$ N

5.16 $C_y = 5$ kN, $F_x = 9.29$ kN, $C_x = 9.29$ kN, $B_x = 30$ kN, $B_y = 10$ kN, $E_x = 30$ kN,

$E_y = 10$ kN, $D_x = 25$ kN, $D_y = 5$ kN

5.17 $C_x = 60$ N, $C_y = 240$ kN, $A_x = 300$ N, $A_y = 400$ kN, $B_x = 60$ N, $B_y = -80$ N,

$F_E = 200$ N, $F_D = 400$ N, $F_F = 200$ N

5.18 $A_y = 5$ kN, $B_y = 10$ kN

5.19 $A_y = 5.5$ kN, $B_y = 1$ kN, $C_y = 3.21$ kN, $D_y = 3.79$ kN

5.20 $F_C = 3{,}232.05$ N, $F_D = 3{,}732.05$ N, $F_E = 1{,}866.025$ N

CHAPTER 06 연습문제 정답

6.1 $x_C = 4.733$ cm, $y_C = 2.099$ cm

6.2 $x_C = 2.53$ cm, $y_C = 2.30$ cm

6.3 $x_C = 3.4$ cm, $y_C = 3.466$ cm

6.4 $x_C = 3.97$ cm, $y_C = 2.36$ cm

6.5 $x_C = 2.497$ cm, $y_C = 1.641$ cm

6.6 $x_C = 1.42$ cm, $y_C = 0$ cm

6.7 $x_C = 2.606$ cm, $y_C = 1.619$ cm

6.8 $x_C = 3.89$ cm, $y_C = 1.11$ cm

6.9 $L = 6.981$ cm, $x_C = 9.21$ cm

6.10 $y_C = 3.96$ cm

6.11 $A = 35.896\ \text{cm}^2$

6.12 총 집중하중 8.5 N, $R_B = 8.5$ N, $M_B = 23.17$ N · m,

6.13 총 집중하중 12.5 N, $R_A = 5.83$ N, $R_B = 6.67$ N

6.14 $S = 6{,}850.19$ kN, $x = 3.18$ m

6.15 $Q = 1.373.4$ kN

6.16 $x_G = 1.969$ cm, $y_G = 1.313$ cm, $z_G = 1.066$ cm

6.17 $x_G = 5.75$ cm, $y_G = 0$ cm

6.18 $x_G = 0.328$ m

6.19 $m = 6.582$ kg

6.20 $V = 488.77\ \text{m}^3$

CHAPTER 07 연습문제 정답

7.1 $I_{xx} = 3{,}002.54\ \text{cm}^4$, $I_{yy} = 2{,}360.56\ \text{cm}^4$, $r_x = 6.84\ \text{cm}$, $r_y = 6.06\ \text{cm}$

7.2 $I_{xx} = 1{,}267.66\ \text{cm}^4$, $I_{yy} = 142.916\ \text{cm}^4$

7.3 $I_{xx} = 71.39\ \text{cm}^4$, $I_{yy} = 111.39\ \text{cm}^4$

7.4 $I_{xx} = 127.75\ \text{cm}^4$, $I_{yy} = 1{,}012.41\ \text{cm}^4$

7.5 $I_{xx} = I_{yy} = 628.38\ \text{cm}^4$, $I_{xy} = I_{yx} = 0\ \text{cm}^4$, $I_p = 1{,}256.76\ \text{cm}^4$

7.6 $I_{x'x'} = 1{,}963.5\ \text{cm}^4$, $I_{y'y'} = 1{,}963.5\ \text{cm}^4$, $I_{xx} = 544.78\ \text{cm}^4$, $I_{yy} = 544.78\ \text{cm}^4$

7.7 $I_{xx} = 0.05\ \text{m}^4$, $I_{yy} = 0.0833\ \text{m}^4$

7.8 $I_{yy} = 2{,}083.33\ \text{cm}^4$

7.9 $I_{xx} = 3{,}330.37\ \text{cm}^4$, $I_{yy} = 339.69\ \text{cm}^4$

7.10 $I_{xx} = 9.44\ \text{cm}^4$, $I_{yy} = 5.58\ \text{cm}^4$, $I_{xy} = 0\ \text{cm}^4$

7.11 $I_{xx} = 100.15\ \text{cm}^4$, $I_{yy} = 100.15\ \text{cm}^4$, $I_{xy} = -7.067\ \text{cm}^4$, $I_1 = 107.219\ \text{cm}^4$,
$I_2 = 93.081\ \text{cm}^4$

7.12 $x_C = 2\ \text{cm}$, $y_C = 1.5\ \text{cm}$, $\theta = 26.565^\circ$, $I_1 = 10\ \text{cm}^4$, $I_2 = 2.5\ \text{cm}^4$

7.13 $x_C = 5.5\ \text{cm}$, $y_C = 4\ \text{cm}$, $I_1 = 247.228\ \text{cm}^4$, $I_2 = 30.272\ \text{cm}^4$

7.14 $I_{xx} = 1{,}008.1\ \text{cm}^4$, $I_{yy} = 560.1\ \text{cm}^4$, $I_{xy} = 565.875\ \text{cm}^4$, $\theta = 34.2^\circ$,
$I_1 = 1{,}392.7\ \text{cm}^4$, $I_2 = 175.5\ \text{cm}^4$

7.15 $I^*_{yy} = 7.81\ \text{kg}\cdot\text{m}^2$, $I^*_{y1y1} = 11.805\ \text{kg}\cdot\text{m}^2$

7.16 $I^*_{OO} = 6.01\ \text{kg}\cdot\text{m}^2$

7.17 $I^*_{OO} = 8.113\ \text{kg}\cdot\text{m}^2$

7.18 $I^*_{OO} = 9.07\ \text{kg}\cdot\text{m}^2$

7.19 $I^*_{xx} = 0.1767\ \text{kg}\cdot\text{m}^2$

7.20 $I^*_{OO} = 0.0565\ \text{kg}\cdot\text{m}^2$

CHAPTER 08 연습문제 정답

8.1 $E_y = 916.67\ \text{N}$, $M_1 = 687.5\ \text{N}\cdot\text{m}$, $V_1 = 550\ \text{N}$, $H_1 = 733.34\ \text{N}$

8.2 $D_x = 1{,}187.5\ \text{N}$, $D_y = 250\ \text{N}$, $H_2 = 1{,}187.5\ \text{N}$, $V_2 = 250\ \text{N}$, $M_2 = 187.5\ \text{N}\cdot\text{m}$

8.3 $H_E = 500\ \text{N}$, $V_E = 500\ \text{N}$, $M_E = 500\ \text{N}\cdot\text{m}$

8.4 $A_y = 1{,}250\ \text{N}$, $F_x = 0\ \text{N}$, $F_y = 750\ \text{N}$, $B_x = 0\ \text{N}$, $B_y = 2{,}500\ \text{N}$, $E_x = 0\ \text{N}$,

$E_y = 500\ \mathrm{N}$, $D_x = 0\ \mathrm{N}$, $D_y = 1{,}250\ \mathrm{N}$, $H_1 = 883.88\ \mathrm{N}$, $V_1 = 883.88\ \mathrm{N}$, $M_1 = 2{,}500\ \mathrm{N \cdot m}$

8.5 $H_2 = 0\ \mathrm{N}$, $V_2 = 500\ \mathrm{N \cdot m}$, $M_2 = -1{,}500\ \mathrm{N \cdot m}$

8.6 $H_1 = -2.88\ \mathrm{kN}$, $V_1 = 3.84\ \mathrm{kN}$, $M_1 = 11.52\ \mathrm{kN \cdot m}$

8.7 $H_1 = -500\ \mathrm{N}$, $V_1 = -500\ \mathrm{N}$, $M_1 = 2{,}000\ \mathrm{N \cdot m}$

8.8 $H_1 = 0$, $V_1 = -500\ \mathrm{N}$, $M_1 = -3\ \mathrm{kN \cdot m}$

8.9 $d = 3\ \mathrm{m}$

8.10 $V_1 = 5\ \mathrm{kN}$, $M_1 = 15\ \mathrm{kN \cdot m}$

8.11 $V_1 = 0\ \mathrm{kN}$, $M_1 = 64\ \mathrm{kN \cdot m}$

8.12 $V_{max} = |V|_{x=10\ \mathrm{m}} = 33.33\ \mathrm{kN}$, $M_{max} = [M_b]_{x=5.774\ \mathrm{m}} = 64.15\ \mathrm{kN \cdot m}$

8.13 $|V_{max}| = 4\ \mathrm{kN}$, $|(M_b)_{max}| = 12\ \mathrm{kN \cdot m}$

8.14 $x = 2\ \mathrm{m}$ (보의 좌단에서 $x = 2\ \mathrm{m}$)

8.15 $V = 0\ \mathrm{kN}$, $M_b = -5\ \mathrm{kN \cdot m}$

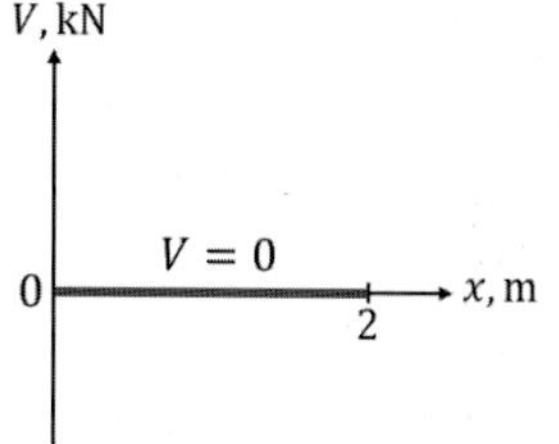

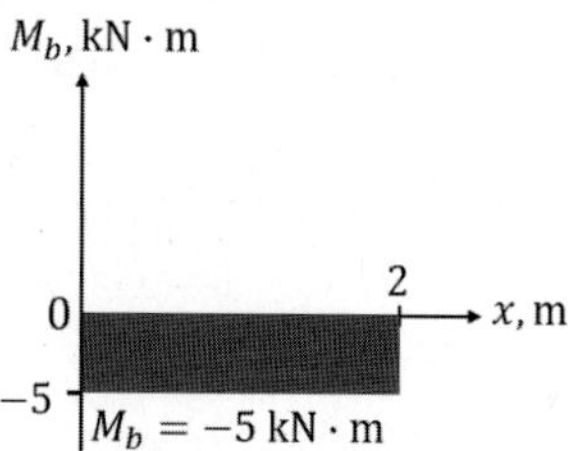

8.16 $V = 0.4\ \mathrm{kN}$, $M_b = (0.4x - 2)\ \mathrm{kN \cdot m}$

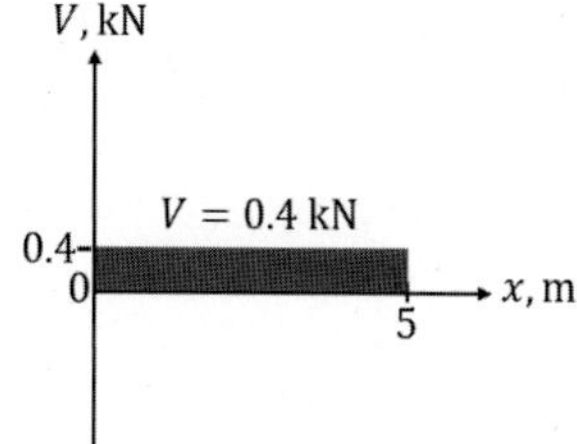

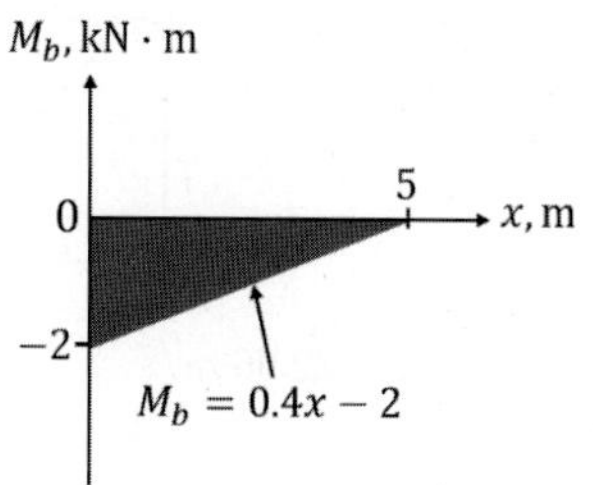

8.17 $V = 4\ \mathrm{kN}$, $M_b = 4x\ \mathrm{kN \cdot m}$, $V = 4\ \mathrm{kN}$, $M_b = (4x + 2)\ \mathrm{kN \cdot m}$, $V = -6\ \mathrm{kN}$, $M_b = (-6x + 6)\ \mathrm{kN \cdot m}$

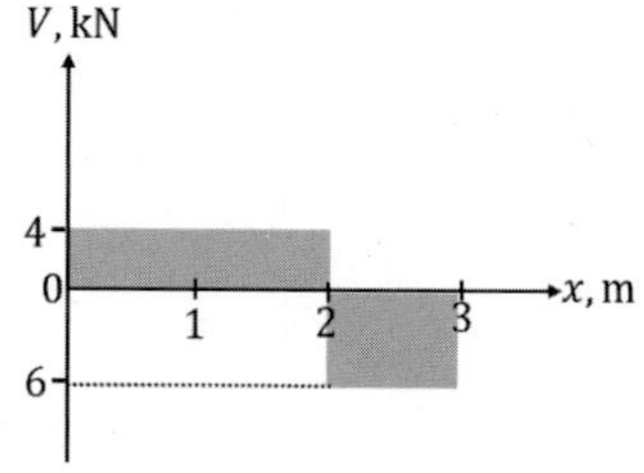

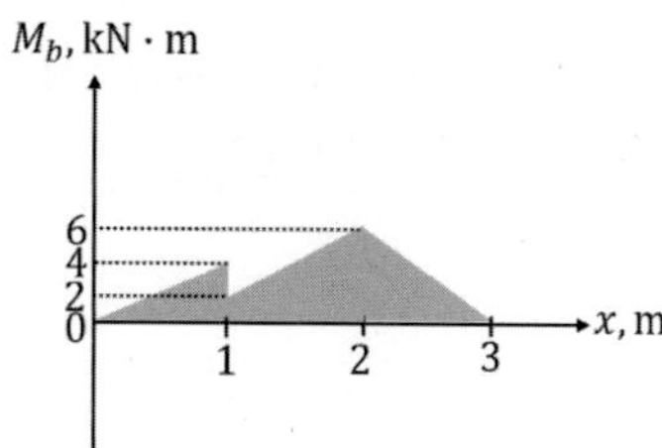

8.18 $V = -1\text{ kN},\ M_b = (-x-1)\text{ kN}\cdot\text{m},\ V = 0\text{ kN},\ M_b = -3\text{ kN}\cdot\text{m}$

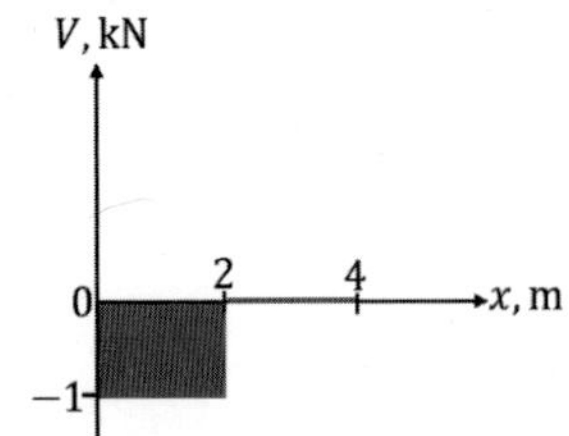

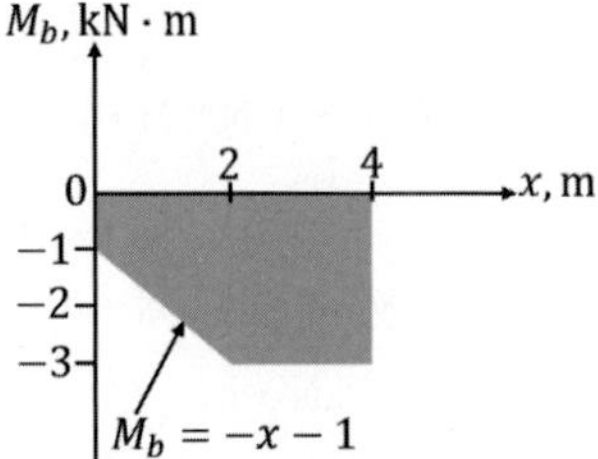

8.19 $V = 6 - x\text{ kN},\ M_b = \left(-\dfrac{x^2}{2} + 6x - 12\right)\text{ kN}\cdot\text{m},\ V = -2x + 5\text{ kN},$

$M_b = (-x^2 + 5x - 6.5)\text{ kN}\cdot\text{m},\ V = -x + 1,\ M_b = (-0.5x^2 + x - 0.5)\text{ kN}\cdot\text{m}$

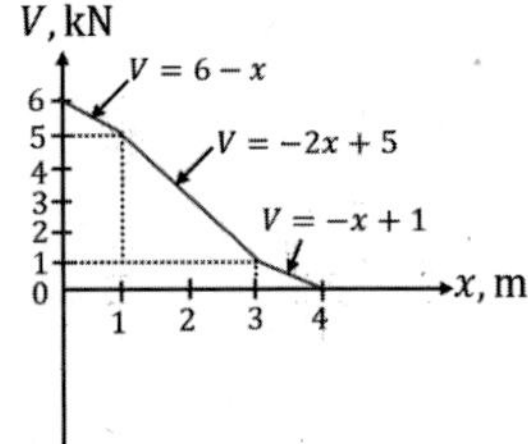

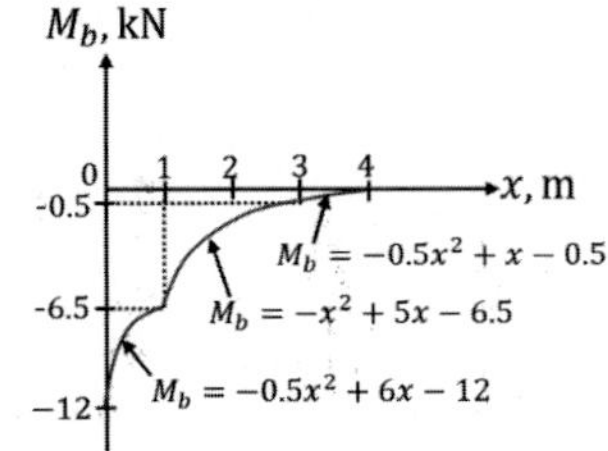

8.20 $V = (-0.5x^2 - 3)\text{ kN},\ M_b = \left(-\dfrac{1}{6}x^3 - 3x\right)\text{ kN}\cdot\text{m},\ V = (-3x + 9)\text{ kN},$

$M_b = (-1.5x^2 + 9x - 13.5)\text{ kN}\cdot\text{m}$

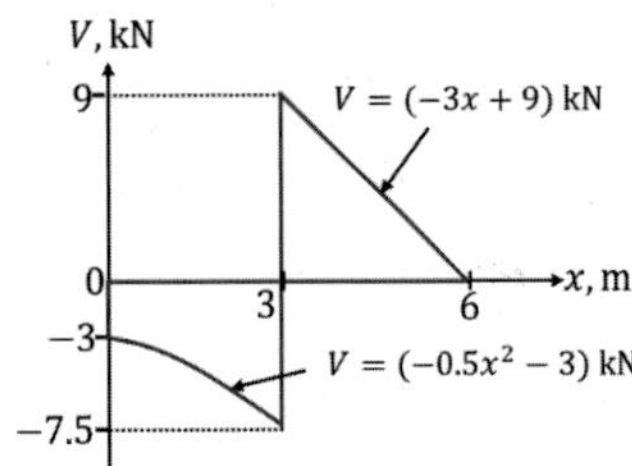

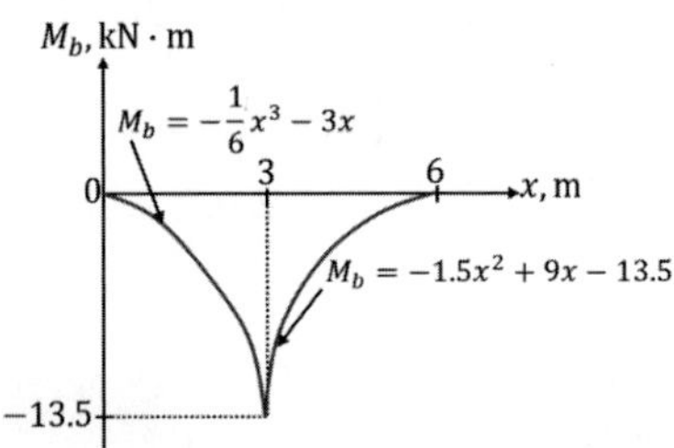

8.21 $T_{\max} = 56.57\text{ kN},\ s(x = 20\text{ m}) = 22.96\text{ m}$

CHAPTER 09 연습문제 정답

9.1 $F_f = 53.59\text{ N}$, 마찰력 방향↗30°, 평형상태에 있음.

9.2 $F_k = 183.25\text{ N}$, 마찰력 방향↘30°, 평형상태에 있지 못함.

9.3 $Q = 1{,}783.63\text{ N}$

9.4 $Q = 9.6875\text{ N}$

9.5 $Q = 80.509\text{ N}$

9.6 $A_x = \mu_s B_y = 54.94\ \text{N}$, $\theta = 60.75°$

9.7 $Q = 116.79\ \text{N}$

9.8 $Q = 0.35\ \text{kN}$, $x = 0.08\ \text{m}$

9.9 $Q = 579.32\ \text{N}$

9.10 $Q = 363.33\ \text{N}$

9.11 8개

9.12 $\theta = 57.99°$

9.13 $W = 207.88\ \text{N}$

9.14 $T_o = 1{,}615.5\ \text{N}$

9.15 $Q = 226.56\ \text{kN}$

9.16 $Q = 328.34\ \text{N}$

9.17 $M_0 = 167.29\ \text{N} \cdot \text{m}$, $M_0 = 86.18\ \text{N} \cdot \text{m}$

9.18 $M_0 = 13.44\ \text{N}$, $\phi_s < \theta$ 이므로, 자동잠금이 되지 않아, 어떤 우력 토크도 필요하지 않다.

9.19 $M_0 = 7.78\ \text{N} \cdot \text{m}$

9.20 $T_B = 0$, $T_C = 100\ \text{N} \cdot \text{m}$, $T_D = 300\ \text{N} \cdot \text{m}$

CHAPTER 10 연습문제 정답

10.1 $U = 592.82\ \text{N} \cdot \text{m}$

10.2 $U = 463.44\ \text{N} \cdot \text{m}$

10.3 $U = 289.85\ \text{N} \cdot \text{m}$

10.4 $U = 339.5\ \text{N} \cdot \text{m}$

10.5 $U = 9.76\ \text{N} \cdot \text{m}$

10.6 $\alpha = 32.09°$

10.7 $M_0 = 50\ \text{kN} \cdot \text{m}$

10.8 $M_0 = 0.5\sin 60° = 0.433\ \text{N} \cdot \text{m}$

10.9 $Q = 288.7\ \text{N}$

10.10 $Q = 2.625\ \text{N}$

10.11 $S = 12.12\ \text{N}$

10.12 $Q = 17.32\ \text{N}$

10.13 $Q = 1\ \text{kN}$

10.14 $\delta U = m_A g \delta y_C - m_B g \delta y_D = [m_A g s_A \cos\theta - m_B g s_B cos\theta]\delta\theta = 0$이므로, $m_A s_A = m_B s_B$가 됨.

10.15 $M_0 = 20a(\cos\theta)\ \text{kN} \cdot \text{m}$

10.16 $V_2 = 0$, $V_1 = 180.38\ \text{N} \cdot \text{m}$

10.17 $\varDelta V = 98.1\ \text{N} \cdot \text{m}$

10.18 $V_1 = 0\ \text{N} \cdot \text{m}$, $V_2 = V_{g2} + V_{e2} = 15\ \text{N} \cdot \text{m}$

10.19 $W_{\text{max}} = 13.33\ \text{kN}$

10.20 $W = 2kL$

INDEX